Nr. 50 — 1953
S. 8769—9052 — 16. Dezember

Chemisches Zentralblatt

Vollständiges Repertorium für alle Zweige der reinen und angewandten Chemie

1830 gegründet. 1897—1945 von der Deutschen Chemischen Gesellschaft fortgeführt.
Im Auftrage der Deutschen Akademie der Wissenschaften zu Berlin, der Chemischen Gesellschaft in der Deutschen Demokratischen Republik, der Akademie der Wissenschaften zu Göttingen und der Gesellschaft Deutscher Chemiker

herausgegeben von Prof. Dr. **Maximilian Pflücke**

124. Jahrgang

1 9 5 3

Chefredakteure: Dr. Eugen Klever und Prof. Dr. Maximilian Pflücke

Akademie-Verlag GmbH., Berlin — Verlag Chemie, GmbH., Weinheim/Bergstr.

Inhalt

Geschichte. Unterricht .... —
A. Allgemeine und physikalische Chemie 8769
- A_1 Kernphysik und Kernchemie 8769
- A_2 Optisches Verhalten der Materie 8775
- A_3 Elektrizität. Magnetism. Elektrochem. 8778
- A_4 Thermodynamik. Thermochemie 8787
- A_5 Grenzschichtforschung. Kolloidchem. 8789
- A_6 Strukturforschung 8791
- A_7 Gleichgewichte. Kinetik 8795

B. Anorganische Chemie 8799
C. Mineralogische und geologische Chemie 8803
D. Organische Chemie 8806
- D_1 Allgem. u. theoretische organ. Chemie 8806
- D_2 Präparat. organ. Chemie. Naturstoffe 8827
  - Mono- und Oligosaccharide. Glykoside —
  - Alkaloide 8872
  - Natürliche Farbstoffe .... —
  - Terpene. Sapogenine 8872
  - Sterine. Gallensäuren .... —
  - Hormone. Vitamine. Enzyme 8873
  - Antibiotica .... —
  - Andere Naturstoffe 8878
- D_3 Makromolekulare Chemie 8880

E. Biologische Chemie. Physiologie. Medizin 8883
- E_1 Allgemeine Biologie und Biochemie. 8883
- E_2 Enzymologie. Gärung 8886
- E_3 Mikrobiolog. Bakteriolog. Immunolog. 8893
- E_4 Pflanzenchemie. Pflanzenphysiologie Pflanzenpathologie 8900
- E_5 Tierchemie. Tierphysiologie. Tierpathologie 8901
- E_6 Pharmakologie. Therapie. Toxikologie. Hygiene 8915

F. Pharmazie. Desinfektion 8926
G. Analyse. Laboratorium 8940
H. Angewandte Chemie 8949
- I. Allgemeine chemische Technologie .. 8949
- II. Feuerschutz. Rettungswesen .... —
- III. Elektrotechnik 8953
- IV. Wasser. Abwasser 8956
- V. Anorganische Industrie 8958
- VI. Silicatchemie. Baustoffe 8960
- VII. Agrikulturchemie. Schädlingsbekämpfung 8965
- VIII. Metallurgie. Metallographie. Metallverarbeitung 8969
- IX. Organische Industrie 8981
- X. Färberei. Organische Farbstoffe .. 8999
- XI. a) Farben. Anstriche. Lacke. Naturharze 9001
  - b) Plaste (Kunstharze, Plastische Massen) 9004
- XII. Kautschuk. Guttapercha. Balata .. 9013
- XIII. Ätherische Öle. Parfümerie. Kosmetik .... —
- XIV. Zucker. Kohlenhydrate. Stärke ... —
- XV. Gärungsindustrie 9014
- XVI. Nahrungs-, Genuß- und Futtermittel 9016
- XVII. Fette. Seifen. Wasch- u. Reinigungsmittel. Wachse. Bohnermassen usw. 9022
- XVIII. a) Holz. Cellulose. Zellstoff. Papier. Papierdruck. Celluloid. Linoleum 9025
  - b) Textilfasern 9027
- XIX. Brennstoffe. Erdöl. Mineralöle 9031
- XX. Schieß- u. Sprengstoffe. Zündmittel 9048
- XXI. Leder. Gerbstoffe .... —
- XXII. Leim. Klebstoffe usw. .... —
- XXIII. Tinte. Hektographenmassen u. a. Spezialpräparate .... —
- XXIV. Photographie 9052

Bibliographien: 8883. 8886. 8893. 8900. 8901. 8925. 8940. 8949. 8953. 8981. 9022. 9024.

Namenregister

Abel 8798.
Abelin 8908.
Abrahams 8783.
Acker 8737. 8836.
Adams, N. R. 9033.
Adams, R. 8833. 8835. 8836. 8837. 8838. 8846. 8847. 8848. 8851. 8852.
Adkins 8830.
Aguilar 8772.
Aigrain 8782.
Akoji 8793.
Aktiebolaget Astra, Apotekarnes Kemiska Fabriker 8932.
Aktiebolaget Rosenblads Patenter 8951.
Aktiebolaget Separator 9016. 9043.
Akt.-Ges. Hommel's Haematogen 8932.
Akt.-Ges. für Unternehmungen der Eisen- und Stahlindustrie 8977. 8979.
Aktieselskabet Atlas 8967.
A/S Den Norske Remfabrik 8952.
Albert 8868.
Albert-Emulsionswerk G. m. b. H. 8963.
Aldridge 8887.
Alha 8924.
Alinari 8966.
Allan, Van 8830.
Allen & Hanburys Ltd. 7931.
Allied Chemical & Dye Corp. 8952. 9024.
Allmark 8927.
Almy 8888.
Alpen 8916.
Aluminium Co. of America 8977.
Amat 8807.
American Bitumuls & Asphalt Co. 9048.
American Cyanamid Co. 8934. 8935. 8938. 8939. 8960. 8999. 9010. 9012.
American Home Foods, Inc. 9021.
American Viscose Corp. 8991.
American Steel & Wire Co. of New Jersey 8964.
Americo 8769.
Amine 8973.
Ammon 8918.
Anders 8973.
Andersen [9024].
Anderson, B. I. 8900.
Anderson, H. H. 8924.
Anderson, O. E. 9025.
Anderson, P. A. 8785.
Anderson, P. W. 8784.
Andrew 8796. 8797. 8798.
Andrillat, H. 8775.
Andrillat, Y. 8775.
Angier 8877.
Anglo-Iranian Oil Co. Ltd. 9024. 9038. 9042. 9044.
Annecke 8926.
Annis 8770.
Appavadhanulu 8805.
Appleman 8896.
Ardichvili 9004.
Armbrust jr. 8923.
Armour & Co. 8989.
Armstrong 8950.
Arnborger 8928.
Arndt 8883.
Arnim, Graf von 8951.
Arnold 8958.
Arrigo 8902.
Ashe Laboratories Ltd. 9023.
Asser 9048.
Aston 8832.
Atlantic Refining Co. 9038. 9044.
Atoji 8815.
Atwood 8958.
Audubert 8955.
Augustinsson 8887. 8929.
Austern 8771.
Austerweil 8832.
Azbe 8961.
Baake 8975.
Bacchus 8912.
Bacco, di 8930. 8948.
Bach 8941.
Badische Anilin- & Soda-Fabrik 8932. 8953. 8960. 8980. 8982. 8983. 8984. 8985. 8986. 8987. 8988. 8992. 8993. 8994. 8995. 8996. 8998. 9003. 9007. 9009. 9012. 9013. 9029. 9036. 9039. 9041.
Badische Bau- und Kunststoff G. m. b. H. 8953.
Baelen 9027.
Bair 8773.
Bakelite Gesellschaft m. b. H. 9002.
Bakelite Ltd. 9011.
Baker, L. A. 8905.
Baker, R. H. 8867.
Ball, 8912.
Ballard 8795.
Ballio 8863.
Baltes 9020.
Banerjee, B. N. 8888.
Banerjee, S. 8912.
Bange 9026.
Bard 8894.
Barefoot 8946.
Barile 9020.
Barker 8894.
Barr 8801.
Barthel, Michael, & Co., Chemische und Mineralölwerke G. m. b. H. 9048.
Barthélèmy 9002.
Barton 9025.
Basler 9012.
Basolo 8795.
Basset 8918.
Bata, Národní Podnik 8989.
Bateman 8787.
Bates, L. F. 8783.
Bates, T. F. 8803.
Batisse 8970.
Batres 8873.
Batta 8972.
Bauer 8920.
Baugh 8958.
Baumgärtel 8910.
Baxter 8912.
Beamish 8946.
Beattie 9014.
Beccard 9017.
Bechtel 9018.
Becker, K. 9015.
Becker, M. 8776.
Becker, V. 8884.
Becker III, W. J. 8818.
Bedoit jr. 8825.
Běhounek 8946.
Behrens, H. 8796.
Behrens, R. W. 8966.
Beinert 8887.
Belcher, E. H. 8778.
Belcher, R. 8945.
Bellanca 8793.
Bellavita 8917.
Bellemans 8815.
Beltrán 8801.
Benacerraf 8907.
Benedict 8812.
Bengtsson 8999.
Beningno 8896.
Bennet 8943.
Benoit 8777.
Berdonneau 8907.
Berengo 8919.
Bergbau Akt.-Ges. Neue Hoffnung 8987.
Berger, Lewis, & Sons Ltd. 9012.
Bergfeld 8916.
Berglund 8795.
Bernard 8940.
Berndt 8918.
Bernstein 8770.
Bershof 8919.
Bersworth 8997.
Bertraut 8792.
Berti 8896.
Bertorelle 8973.
Bertram 9017.
Bessant 9008.
Bethe 8771.
Bethune 8900.
Bhatia 9018.
Bhatnagar 9023.
Bianco 8777.
Bick 8922.
Binder 8950.
Biondi 8799.
Bishop 8813.
Bittner 8781.
Black 8885.
Blackmore 8946.
Blair [9022].
Blanchard 8974.
Blanding 8884.
Blatz 8880.
Bleichert 8910.
Bloom 8773.
Blum 8792.
Boas 8909.
Bobingen Akt.-Ges. für Textilfaser 8932.
Boby, Robert, Ltd. 9016.
Bochirol 8792.
Bode 8941.
Bodó 8777.
Böcker 8778.
Bödcher 9016.
Böhler, Gebr., & Co. Akt.-Ges. 8979.
Boehm 8930.
Boehringer, C. F., & Söhne G. m. b. H. 8936. 8998.
Bömeke 8898.
Bonner 8817.
Bonnet 8950.
Boothe 8877.
Borell 8901.
Born 8791.
Borst 8774.
Bossenmaier 8909.
Boulloud 8778.
Bourjol 9049.
Bovey 8881.
Bowers 8785.
Boyd 8807.
Boyer 8897.
Bozel-Maletra (Soc. Industrielle de Produits Chimiques) 8987.
Bozsai 8944.
Bradley, W. B. 9018.
Bradley, W. F. 8700.
Braier 9021.
Bramer, von 8982.
Braude 8822.
Bremer 8817.
Brenowitz 8885.
Brett 8966.
Bretton, P. 8802.
Bretton, R. H. 8823.
Bridge 8770.
Bridger 8965.
Briot 8907.
British Thomson-Houston Co. Ltd. 8954. 8996. 9045. 9046.
British Cast Iron Research Association 8976.
British Celanese Ltd. 8989.
British Cellophane Ltd. 9027.
British Resin Products Ltd. 9009.
Britt 8951.
Brizon 9024.
Brockman 8828.
Brömme, geb. Behrens 8938.
Brostedt 9015.
Brothman 9010.
Brown 8861.
Browning 8789.
Brugsch 8931.
Brundy 8772.
Bruun 8816.
Bryson 8897.
Brzezinski 8929.
Buchanan 8815.
Buchborn 8921.
Buck 8966.
Buhs 8911.
Bullis 9015.
Bunnet 8809.
Burbridge 8924.
Burbury 8769.
Burgt, van der 8784.
Burley 8904.
Burnheimer 8909.
Burr 8823.
Burstein 8780.
Burtner 8886.
Bury 8789.
Buser 9001.
Bussinello 8919.
Butler 8867.
Butt 8929.
Buu-Hoi 8918.
Byczkowski 8929.
Byler 8954.
Cahill 8818.
California Research Corp. 9023.
Calise 8957.
Calmon 8957.
Camba 8920.
Campbell J. M. 9033.
Campbell, K. N. 8828.
Campbell B. K. 8828.
Canadian General Electric Co. Ltd. 8953. 9003.
Capitani 8947.
Caras 8793.
Carbide & Carbon Chemicals Corp. 9007. 9043.
Cario 8775.
Carlson, R. R. 8773.
Carlson, S. 8892.
Carsten 8948.
Carstensen 8909.
Casablanca 8951.
Cassella Farbwerke Mainkur 8933. 9005. 9011. 9029.
Catalá 8772.
Caujolle 8917.
Caulk 8769.
Cavalieri 8883.
C. D. Patents Ltd. 8962.
Cecconi 8966.
Cedrangolo 8886.
Celanese Corp. of America 8984.
Celsi 8915.
Centre National de la Recherche Scientifique 8960.
Chabbert 8897.
Chakravarti 8901.
Chalvet 8813.
Champeix 8782.
Chance 8891.
Chandrasekhara 8890.
Chang 8844.
Chanley 8820.
Chaplin jr. 8913.
Charet 8918.
Charrin 8960.
Chatterjee, B. G. 9020.
Chatterjee D. P. 8971.
Chaudhuri 8901.
Chemisches Forschungsinstitut der Industrie Österreichs 9002.
Chemische Werke Albert 8959.
Chemische Werke Hüls G. m. b. H. 8985. 8987. 8993.
Chemstrand Corp. 9010.
Chen 8920.
Chew 8771.
Chiba 8794.
Chilton 8920.
Chitwood 8824.
Chloberag Chlor Betrieb Rheinfelden Akt.-Ges. 8984.
Chotinskaja 8852.
Christomano 8902.
Chu 8896.
Chupka 8788.
Ciba Akt.-Ges. 8932. 8933. 8934. 8936. 8937.
Cilag Akt.-Ges. 8933.
Cities Service Oil Co. 8989.
Clark, D. E. 8907. 8908.
Clark, G. W. 8770.
Clark H. F. 8958.
Clark, L. D. 8913.
Clasen 8779.
Class 8832.
Clausen 9015.
Cleland 8782.
Čmelik 8893.
Coda 8916.
Cohn 8770.
Cohnhoff 9011.
Colgate 8771.
Collet 9002.
Collin, F. I., Akt.-Ges. 9036.
Collins jr. 9025.
Combes, L. S. 8795.
Combes, R. [8901].
Conjeaud 8793.
Consolazio 8914.
Cook, J. W. 8853.
Cook, P. M. 8926.
Cook jr., W. R. 8780.
Cooke 8971.
Cooper M. 8804.
Cooper, P. D. 8897.
Corà 8910.
Corcoran 8907.
Corey 8882.
Cornut 8895.
Courant 8770.
Courtaulds Ltd. 8989.
Courtel 8800.
Courtemanche 8769.
Courty 8791.
Cousins 9023.
Couturier 8917.
Cram 8815.
Crampton 8884.
Crawford jr. 8782.
Cresta 8886.
Creutz 8971.
Cristol 8845.
Crombie 8828. 8829.
Cüer 8775.
Curl 8780.
Curran 8796.
Cuthbertson 8899.
Daimler-Benz Akt.-Ges. 9043.
Dakshinamurti 9020
Dalen, van 8944.
Dalin 9035.
Dallemagne, G. 8972.
Dallemagne, M. J. 8902.
Dammer 9004.
Danielson 8780.
Darmois 8973.
Das 8803.
Davies 8929.
Davis, J. H. 8783.
Davis, L. R. 8769.
Davis, R. W. 8774.
Davisson 8780.
Davoine 8940.
Davy 8982.
Day 8915.
Dearborn Chemical Co. 8951.
Deb 8912.
Decker, Rudolf, und Hellmuth Holz 8996.
Deffet 9049.
Deffner 8982.
Dekker 8786.
Delaby 8927.
Delort-Stachenko 8832.
Demers 8769.
Densham 9032.
Denton 8813.
Denver Fire Clay Co. 9050.
Desalbres 9011.
Deschamps 9025.
Desseigne 9049.
Dessibourg 8865.
Detrex Corp. 9024.
Deutsche Edelstahlwerke Akt.-Ges. 8975.
Deutsche Gold- & Silberscheideanstalt vormals Roessler 8995.
Deutsche Hydrierwerke Akt.-Ges. 8968. 8985. 9029. 9031.
Deutsche Rhodiaceta Akt.-Ges 9030.
Deutsches Hydrierwerk Rodleben VEB 8982. 9006.

Dewey & Almy Chemical Co. 9005.
Didier-Werke Akt.-Ges. 8962.
Dieckelmann 8911.
Diensberg 8919.
Diesbach, de 8865.
Dietrich 8804.
Dillon 8811.
Disstler 8882.
Distillers Co. Ltd. 8987. 8993. 9008.
Dittrich 8844.
Djatkina 8814.
Djerassi 8873. 8874. 8875. 8876.
Dobry 8789.
Dodge 8823.
Dodgson 8892.
Dörr 9019. 9020.
Domagk 8897.
Donáth 8804. 8805.
Dorfman 8903.
Dornbusch 9004.
Douglas 8790.
Douglass 8915.
Douwes 8940.
Dow Corning Corp. 8997. 9003.
Dowden 8798.
Downing 8967.
Drägerwerk Heinr. & Bernh. Dräger 8931.
Dreblow 8942.
Dreher 9022.
Drews, B. 9016.
Drews, E. 9020.
Dreyfus 8986.
Drimmelen, van 8899.
Dubourg 8951.
Duckworth 8772.
Dufty 8969.
Duke 8817.
Dunker 8922.
Dunn 9020.
Du Pont de Nemours E. J., & Co. 8984. 9010. 9014.
Dustan 8907.
Dutt 9023.
Dutta 8901.
Dynamit Akt.-Ges., vormals Alfred Nobel & Co. 9051.
East 8904.
Eastman Kodak Co. 8935.
Ebel 8950.
Eby 8884.
Eckardt 8885.
Eckbo 8981.
Edeleanu G. m. b. H. 9037.
Edwards jr., J. D. 8752. 8851.
Eggleston 8893.
Eglin 9022.
Eichel 8890.
Eirich 8880.
Eisenwerke Gelsenkirchen Akt.-Ges. 8974.
Eisenwerke Mülheim/Meiderich Akt.-Ges. 8974.
Eldridge 8772.
Elliott 8810.
Elslager 8835.
Endo 8832.
Engelbrecht 8800.
Engels 8913.
Ensor 8920.
Epelboin 8973.
Erikson 8795.
Erlenbach 8985.
Esso Akt.-Ges. 9047.
Estignard-Bluard 8983.
Eternit Werke Ludwig Hatschek 8964.
Etess 8920.
Ethyl Corp. 9042. 9043.
Evans, E. M. 9009.
Evans, J. B. 8886. 8894.
Evans, J. E. 8774.
Evans, R. S. 9125.
Ewing 8880.
Fa. Carl Still 9036.
Fahey 8967.
Faire 8779.
Fallah 8823.
Fan 8776.
Farbenfabriken Bayer 8960. 8969. 8993. 8995. 8996. 8997. 9012. 9013. 9014. 9026.
Farbwerke Hoechst, vormals Meister Lucius & Brüning 8933. 8986. 8990. 8991. 9000. 9008. 9009. 9044.
Fawcett 8822.
Fedorow 8896.
Fedtke 8918.
Feenberg 8772.
Felton 8886.
Ferguson [8883].
Fernandez 8900.
Feuge 9023.
Few 8897.
Fidanza 8886.
Field, F. H. 8806.
Field, J. B. 8910.
Fieser 8877.
Finck 8799.
Fine 8782.
Fink 8921.
Finlayson 8791.
Finney 9020.
Firestone Tire & Rubber Co. 8984.
Fischer, F. G. 8871.
Fischer, H. G. M. 8884.
Fischer, M. S. 8955.
Fisher, C. E. 8965.
Fisher, E. 8896.
Fisher, T. 8896.
Fishman 8903.
Fitzpatrick 8824.
Flegler 8784.
Fleschner 8936.
Flory 8881.
Flotow 8925.
Föppl 9004.
Foëx 8784.
Fogliani 8973.
Foldy 8771.
Foley jr. 8843.
Fontana 8974.
Fordham 8818.
Fordhanensis 8929.
Ford Motor Co. Ltd. 8975.
Fore 9023.
Forrester 8979.
Forster 9018.
Foster 8792.
Foth 8921.
Fowler 8824.
Fox 8965.
Francone 9021.
Francone 9021.
Franjetich 8963.
Frank 8793.
Frankl 8795.
Franklin 8806.
Fraser 8883.
Freamo 8799.
Fredericq 8877.
Fresenius 8817.
Freudenberg 8845.
Freure 8824.
Freyberg 8907.
Friedman, G. M. 8804.
Friedman, M. H. F. 8910.
Friend 8812.
Friess 8821.
Frischmann 8932.
Froewis 8920.
Frost 8972.
Fry 8915.
Fucks 8778.
Fuhrmann 9018.
Fukui 8949.
Fundingsland 8779.
Fusco 8861.
Gabl 8913.
Gaebler 8889.
Gänshirt 8926.
Gailiard 8907.
Galuszka 9009.
Garbo Akt.-Ges. 8938.
Gardiner 8804.
Gariner 9025.
Garner 8823.
Garsche 8819.
Garton 8913.
Gary 8894.
Gasc 8917.
Gasoline Research Industrial & Commercial Co. Inc. 9043.
Geigy, J. R., Akt.-Ges. 8968. 9001.
Gejrot 9035.
Geldreich 8958.
Gell-Mann 8772.
George 8909.
General Electric Co. 8978. 9006.
General Electric Co. Ltd. 8955. 8956.
General Mills, Inc. 9002.
Gerhardt 8966.
Gerster 8950.
Gesellschaft für Teerstraßenbau m. b. H. 9048.
Gesellschaft für Teerverwertung 9011.
Gevers 8784.
Giang 8967.
Gibellini, de 9021.
Giertz 9025.
Gilbert 8771.
Gilder 8888.
Gilwood 8957.
Giola 8886.
Giorda-Issaly 9013.
Giovannozzi 9019.
Giudler 8820.
Gintersdorfer 9021.
Ghosh 8862.
Glaceries de la Sambre, Soc. An. 8962.
Glacier Metal Co. Ltd. 8979.
Glanzstoff-Courtaulds G. m. b. H. 9030.
Glaser 8779.
Glasson 8919.
Glaxo Laboratories Ltd. 8934.
Glück 8967.
Graham, C. E. 8914.
Graham, S. H. 8815.
Grahn 8887.
Gramont, De 8791.
Grasenick 8791.
Grasselly 8804. 8805.
Grasshof 8985.
Grassi 8916.
Graves 8774.
Gray 9015. 9016.
Green 8887.
Greenfeld 8905.
Greep 8888.
Greer 8957.
Grenier-Besson 8807.
Griffin 8966.
Griffith, G. C. 8910.
Griffith, S. V. 8971.
Grim 8700.
Grob 8925.
Gros 8965.
Grosse 8800.
Grünewald 9015.
Grumbach 8897.
Grundmann 8831.
Gruner 8804.
Godbole 8806.
Godlewski 8922.
Görges 8919.
Götte 8916.
Goetzewerke Friedrich Goetze Akt.-Ges. 8978.
Gohr 8919.
Goldberg, L. 8775.
Goldberg, L. C. 8918.
Goldberg, R. J. 8883.
Goldberger 8771. 8772.
Goldfarb 8910.
Goldgraber 8776.
Goldman 8887.
Goldschmidt, Th., Akt.-Ges. 8979.
González García 8804.
Goodchild 9008.
Goodrich, B. F., Co. 8995. 9008.
Goodman 8905.
Gorbatschewa 8902.
Gore 8841. 8842.
Gorin 8796.
Goring 8796.
Gossling 8956.
Gosstew 8810.
Gots 8896.
Gottschewski 8941.
Gourévitch 8915.
Granier 8980.
Guary 9003.
Günther 8781.
Guernsey 8772.
Guilbaud 8967.
Guillot 8926.
Guinness, Arthur, Son & Co. Ltd. 9016.
Gulati 9020.
Gulbransen 8796. 8797. 8798.
Gulf Oil Corp. 9037.
Gulf Research & Development Co. 9037.
Gulliksen 8972.
Gunsalus 8894.
Gurin 8893. 8914.
Gurinsky 8971.
Gutberlet 8844.
Gutehoffnungshütte Oberhausen Akt.-Ges. 9044.
Haas 8899.
Haefer 8791.
Haendler 8800.
Hahn 8931.
Halford 8840.
Hall, Fr. 9018.
Hall, S. A. 8967.
Halliday 8909.
Halpern, B. N. 8007.
Halpern, O. 8771.
Hamburger 8955.
Hamill 8822.
Hamilton 9020.
Hammer, J. M. 8921.
Hammer, O. 8925.
Hampton 8868.
Hansel 8904.
Hanya 8806.
Harant 8022.
Harding 8770.
Hard Metal Tools Ltd. 8978.
Hardwick 8892.
Haring 8921.
Harman 8912.
Harper, H. A. 8910.
Harper, S. H. 8828. 8829.
Harrington 8948.
Harris 8880.
Harrison 8778.
Harrow 9000.
Hart 8908.
Hartmann, von 9004.
Hartung 8844.
Harvel Corp. 8969. 9046.
Harvey, A. M. 8925.
Harvey, J. A. 8773.
Hastings 8956.
Hatcher 8788.
Haurowitz 8884.
Haustein, geb. Petow 9026.
Haward 8924.
Hayakawa 8769.
Hayes 8844.
Hazen 8770.
Hedbäck 9035.
Heel 8845.
Hegedüs 8944.
Hegnauer 8903.
Heidenreich 9028.
Heidenstam, von 9016.
Heil 9020.
Heim 8919.
Heintz 8881.
Heisel 8974.
Heiss 9018.
Hekker 8787.
Heller 8943. 8944.
Hellmann 8890.
Hellwege 8776.
Helmreich 8845.
Henbest 8861.
Hendricks 8885.
Henglein 8809. 8813.
Henkel & Cie., G. m. b. H. 8984. 9024. 9029.
Henne 9004.
Hennig 8932.
Henry 8785.
Herrick 8885.
Hershkowitz 8774.
Hersperger 8923.
Herzberg 8776.
Hess, D. N. 8823.
Hess, I. 8950.
Hessels 9013.
Heumann 8835.
Heyrovský 8943.
Hickling 8787.
Hier 8914.
Higuchi 8794.
Hill, D. D. 9015.
Hill, S. 8787.
Hill, W. L. 8965.
Hilty 8930.
Hine 8924.
Hirokawa 8816.
Hisaw 8904.
Hjelte 8963.
Hjorth 8821.
Hodges [8925].
Höganäs-Billesholms Aktiebolag 8965.
Höll 8957.
Hofbauer 8827.
Hoffmann 8781.
Hoffmann-La Roche, F., & Co. Akt. Ges. 8933. 8938. 8967.
Hofman 8895.
Hofmann-Credner 8916.
Hogness 8820.
Hohlweg 8931.
Hollis 9008.
Holmes, B. G. 8800.
Holmes, R. R. 8846. 8847.
Holmgren 8871.
Holt, A. S. 8807.
Holt, J. F. [8925].
Holt, J. P. 8885.
Honkonen 8795.
Hook 8791.
Horák 8865.
Horn 8777.
Horner 8909.
Horning 8830.
Horsch 8930.
Horsford 8912.
Horton 8801.
Houdry Process Corp. 9041.
Houston, E. C. 8958.
Houston, F. G. 9020.
Houtman 8914.
Hovi 8788.
Howe 8923.
Hoyos de Castro 8804.
Hsieh 8788.
Hubbard 8957.
Hubert 8774.
Hudson 8770.
Hübner 8777.
Huggins 8882.
Hughes 8841. 8842. 8880.
Huhn 8798.
Huisman 8941.
Hults 8776.
Human 8940.
Humphreys 8776.
Hundley 8906.
Hunter 8853.
Husaini 9022.
Huste 8927.
Hutchin 8910.
Hutchings 8877.
Hutchinson 9008.
Hydrocarbon Research, Inc. 9040.
Hyvönen 8788.
Iacobucci 8927.
I. G. Farbenindustrie Akt.-Ges. 8952. 8994. 8998. 9005.
I. G. Farbenindustrie Akt.-Ges., Werk Rheinfelden 9009.
Iljina 8809.
Illingworth 8905.
Imhausen 8985. 8988.
Imperial Chemical Industries Ltd. 8980. 8989. 8993. 9029. 9042. 9050. 9051.
Ing 8906.
Inghram 8788.
Ingle 8905.
Interchemical Corp. 9027.
International General Electric Co., Inc. 9003.
Ishimaru 8947.
Ishiwari 8773.
Ishizaki 8773.
Isoma, Ges. für Isoliermaterial m. b. H. 8964.
Jacob 8917.
Jacobi 9004.
Jacobs 8807.
Jacobson 8920.
Jaffe 8780.
Jaffee 8971.
Janke 8895.
Jancsó 8931.
Jansen 8897.
Janssen 9023.
Jaroschka 8924.
Jaup 8916.
Jeanneton 9030.
Jech 8775.
Jenkins 8832.
Jenkinson 8972.
Jensen, J. N. 8908.
Jensen, W. 8900.
Jentschke 8771.
Jeter 8958.
Jötten 8925.
Johansson 8964.
Johns-Manville Corp. 8964.
Johnson, A. E. 8972.

Johnson, C. A. 8930.
Johnson, C. Y. 8769.
Johnson, P. C. 8857.
Johnson, R. H. 8787.
Johnston, R. W. 8775.
Joint Français 9030.
Joliot-Curie 8769.
Jónás 8937.
Jonassen 8795.
Joneidi 8927.
Jones, D. E. H. 8678.
Jones, E. R. H. 8861.
Jonas, F. T. 8816.
Jong, De 8918.
Jordan 8791.
Jossem 8775.
Junghans 8980.
Jungwirth 8947.
Justi 8785.
Juveland 8828.
Kabler 8958.
Kadaner 8972.
Kägi 9028.
Kahl 8943.
Kaindl 8952.
Kainer 8813.
Kaliforschungsinstitut G.m.b.H. 8959.
Kalinina 8949.
Kalinowski 8913.
Kalivertriebestelle G.m.b.H., Abtlg. Kaliforschungsstelle 8959.
Kallmann 8774.
Kalpers 8973.
Kaluzynski 8928.
Kamal 8863.
Kamaljan 8891.
Kapeller-Adler 8890.
Kapusta 8965.
Karafiat 9000.
Karassewitsch 8893.
Karlin 8911.
Karlson 8885.
Karsten 9001.
Karzmark 8770.
Kassner 8930.
Katase 8794.
Kaufmann 9020.
Keesom 8788.
Kehren 8957.
Keijer 8824. 8825.
Kelley 8915.
Kellogg, M. W., Co. 8989.
Kemp 9008.
Kendall 8906.
Kennametal, Inc. 8978.
Ketley 8819.
Kiang 8950.
Kimmel 8910.
Kimura 8694. 8773. 8774.
King, E. G. 8788.
King, R. 8772.
King jr., W. H. 8884.
Kington 8773.
Kinnunen 8917.
Kiprianow 8807.
Kirkby 9031.
Kirov 9031.
Kisselewa 8862.
Kisser 9025.
Kittel 8783.
Khan 8831.
Khorana 8883.
Klamann 8827.
Klema 8981. 9004.
Klimowa 8809.
Kline, I. T. 8903.
Kline, L. 8894.
Klingspor 8965.
Klosa 8979. 8898.
Klosse 8973.
Klostergötter 8925.
Koch, B. 8943.
Koch, J. 9018.
Koch, O. 8779.
Koch, S. 8804. 8805.
Koch, W. 8780.
Kodama 8949.
Koehler-Gleitmetall, Dr., G.m.b.H. 8978.
Koenig 9019.
Kohl 9050.
Kohler 8789.
Kohn 8970.
Kokame 8794.
Kolthoff 8716. 8881.
Kombine 8950.
Koninklijke Industrieele Mij. voorheen Noury & van der Lande N. V. 8969.
Kooy 8792.
Kopp 9034.
Koppers Co., Inc. 9035. 9036.
Koppers, Heinrich, G.m.b.H. 8958. 8977. 9035.
Kořístek 8901.
Kornberg 8888.
Korschak 8882.
Korschunow 8812.
Knapsack-Griesheim Akt.-Ges. für Stickstoffdünger und Autogentechnik 8991.
Knox 8890.
Knutson-Hall 9051.
Kraemer 8975.
Krans 8941.
Kranz 9019.
Krassowitzki 8852.
Krauter 8941.
Krebs, H. A. 8893.
Krebs, J. R. 8950.
Krigbaum 8881.
Kroll 8972.
Krotow 8805.
Kruger 8771.
Krupp, Friedr., Akt.-Ges. 8982.
Kubirayashi 8816.
Kubo 8782.
Kuc 8926.
Küchmeister 8922.
Kuhlmann, H. 8900.
Kuhn 8813.
Kulvila 8818.
Kumabe 8773.
Kummer 8920.
Kunstlederwerk Laufenberg G.m.b.H. 9029.
Kunzer 9004.
Kurath 8772.
Kurmärkische Zellwolle und Zellulose Akt.-Ges. 9030.
Kurz 9026.
Kushner 8973.
Kusminych 8949.
Kutscher 8920.
Laboratoires Industriels Alchimiques 9003.
Ladman 8904.
Laeis 9004.
Laforgue 8792.
Laidler 8810.
Lamanna [8900].
Lamarche 8769.
Lambot 8792. 8794.
Lampe [8925].
Landerl 9034.
Lang 8884.
Langlois 9034.
Langston 9032.
Lapierre 8907.
Lara Saenz 8900.
Larivière 8907.
Lark-Horovitz 8776. 8782.
La Rosée, v. 8920.
Lauderbaugh 8978.
Laue, v. 8777.
Lauer 8777.
Laurence 9033.
Laurent 8970.
Lax 8903.
Leblanc 8804.
Lecarme 8967.
Lech-Chemie Gersthofen 8990. 8991.
Leclercq 9049.
Lees 8895.
Leibetseder 8913.
Leitz, Ernst, G.m.b.H. 8980.
Lemmon 8873.
Lengersdorff 8962.
Lenstra 8918.
Leo Corp. 9042.
Lepp 8975.
Lerche 8898.
Lerman 8889.
Le Roi 9091.
Lespagnol 8923.
Lesser 9023.
Levy jr., M. D. 8923.
Lévy, R. 9049.
Lewis, H. J. 8816.
Lewis, H. W. 8783.
Li 8909.
LICENTIA Patent-Verwaltungs-G.m.b.H. 8956.
Lillie 8886.
Lincke 8971. 8972.
Linde Air Products Co. 8979.
Lindegren 9016.
Lindeskog 8795.
Lindgren 8966.
Lindqvist 8792.
Lingafelter 8808.
Linke 8924.
Linström 9027.
Lips 8971.
Lissin 8961.
Little, Arthur D. Inc. 8964.
Ljunggren 8907.
Llopis 8786.
Lochmann 9033.
Loeffler 8910.
Löhberg 8971.
Lonchamp 8775.
Long, R. 8823.
Long, R. S. 8903.
Loriers 8800.
Loschkarew 8961.
Louhivuori 8899.
Lounsbury 8941.
Lovell 8872.
Løvens Kemiske Fabrik ved. A. Kongsted 8938.
Lowry 8909.
Lu 8905.
Lufa S. A. 9026.
Luft 8907.
Luisada 8921.
Luitpold-Werk Chemisch-pharmazeutische Fabrik 8938.
Lumb 8817.
Lundgren 8930.
Lunseth 8905.
Lux 8975.
Maassen 8908.
Macbeth 8872.
McCall 8965.
McCamy 8958.
McClary 9016.
McClure 8769.
McCreery 8903.
McDonnell 8828.
McElvain 8870.
MacIntyre [8925].
McKenna 8808.
McKennis jr. 8843.
Macklin 8924.
Maclagan 8908.
MacRae 9049.
Märkische Seifen-Industrie 8985. 8988. 9023.
Magnusson 8949.
Mahadevan 8803.
Maher 8927.
Mair 9004.
Malette [8900].
Mallory Batteries Ltd. 8954.
Malzac 9001.
Mancera 8874. 8875. 8876.
Mandel 8916.
Mannelli 8913.
Manners 8887.
Manz 8961.
Mare, de la 8819.
Marian 9012.
Marks, J. L. 8809.
Marks, M. A. 8946.
Marmorston 8905.
Marsh 8930.
Marshall, G. 8783.
Marshall, H. L. 8965.
Marshall, W. 8912.
Marstrander 8795.
Martin 8810.
Martin, Glenn. L. Co. 9030.
Martini 8910.
Martinuzzi 8823.
Martin Vivaldi 8804.
Maschinenfabrik Oerlikon 8956.
Mashima 8832.
Massey 8777.
Massimo 8922.
Mathies 8889.
Mathieson Chemical Corp. 8977.
Mathot 8815.
Mathur 9018.
Mattei 8960.
Matzkewitsch 8852.
Mayer, G. J. 8970.
Mayer, H. 9014.
Mayerl 9050.
Mayneord 8915.
Maxwell 8782.
Mecham 9017.
Meinecke 8906.
Meisel 8914.
Meisner 9018.
Meloche 8819.
Melville 8909.
Memmesheimer 8900.
Merck & Co. 8939. 8987.
Merz 8881.
Meschan 8915.
Metallgesellschaft Akt.-Ges. 8951. 8958. 8959. 8975. 8980. 9036.
Metallwerk Plansee G.m.b.H. 8980.
Metals Disintegrating Co., Inc. 9002.
Meyerhans 9004.
Meyers 8832.
Mezösi 8805.
Middlesex Oil & Chemical Works Ltd. 9011.
Mignolet 8786.
Mil 8887.
Milani 8947.
Miller, E. L. 8846.
Miller, D. 8950.
Miller, H. 8920.
Miller, L. E. 8832.
Miller, R. R. 8788.
Milligan 8800.
Mills 8872.
Milnes 8953.
Milnes Electrical Engineering Co. Bingley Ltd. 8953.
Milzer 8899.
Minnesota Mining & Mfg. Co. 8984. 8991.
Miyake 8773.
Miyashiro 8774.
Möller, E. F. 8911.
Möller, J. B. 8973.
Moffett 8861.
Mohammad 9017.
Mohr 8950.
Moller, Valentin Aage, & Co. 8975.
Mond Nickel Co. Ltd. 8976. 8977.
Monsabert, de 8795.
Monsanto Chemical Co. 8953. 9046.
Montañes del Olmo 8929.
Montecatini (Soc. Gen. per. l'Industria Mineraria e Chimeca) 9040.
Montini 8902.
Montroll 8783.
Morard 8865.
Morgan 9033.
Mori 8800.
Morley, C. W. J. 8973.
Morley, E. H. 8905.
Moroni 9006.
Morse, A. 8888.
Morse, R. E. 9015.
Mosberg 8915.
Moss 9015.
Mott 8772.
Mowat 8877.
Mrozowski 8776.
Mülhausen 8913.
Müller, A. 9004.
Müller, E. 8974.
Muhr 9011.
Munns 8892. 9014. 9015.
Murdock 9025.
Murmann 8795.
N. V. de Bataafsche Petroleum Mij. 9005. 9011. 9023. 9048.
N. V. Organon 8935.
N. V. Philips' Gloeilampenfabrieken 8953. 8955. 8956. 8963. 8976.
Naftalin 8913.
Nagata 8769.
Nagy 8778.
Nakagawa 8802.
Nakamoto 8807.
Nam 8918.
Nametkin 8832.
Nassau Smelting and Refining Co., Inc. 8974.
Nataf 7872.
Nathanson 8920.
National Jewish Hospital 8940.
Nawachi 8794.
Nederlandsche Organisatie voor Toegepast-Natuurwetenschappelijk Onderzoek ten Behoeve van Nijverheid, Handel en Verkeer 8963.
Nederlandsche Organisatie voor Toegepast-Natuurwetenschappelijk Onderzoek ten Behoeve van de Voeding 9021.
Nelsen 8907.
Nelson 8772.
Neubauer 8805.
Neuert 8779.
Neumann 8871.
Newcomb 8888.
Newell 8783.
Newstead 8911.
Ney 8931.
Nezamis 8905.
Nicholson 8899.
Niedieck & Co. Akt.-Ges. 9030.
Nielsen 8963.
Niemann 8820.
Nishimura 8769.
Nitschke 9027.
Nitta 8816.
Nitz 8921.
Niven jr. 8886.
Noble jr 8840.
Noll 8975.
Nopitsch 9027.
Norsk Hydro-Elektrisk Kvaelstofaktieselskab 8960.
North 8883.
Norton 8967.
Nowaczinski 8865.
Nowakowski 8963.
Novo Terapeutisk Laboratorium A/S 8938.
Noyes 8771.
Nutten 8944. 8945.
Oakwood 8832.
Oberly 8780.
Obolenzew 8824.
O'Brien 8974.
Offe 8897.
Ogawa 8943.
Ohno 8773.
Ohta 8826.
Oka 8794.
Okaya 8943.
Oldham 9024.
Olsen 8904.
Opfermann, Johann G. W., & Sohn 8992.
Orchin 8854.
Organon Laboratories Ltd. 8936
Orkla Grube-Aktiebolag 8956. 8975.
Osborne 8788.
Ostra-Chemie G.m.b.H. 9021.
Otter, den 9022.
Otvos 9033.
Oxman 8919.
Ozaki 8794.
Pace 8942.
Pätiälä 8902.
Page, I. H. 8907.
Page, R. C. 8885.
Page's Inc. 9009.
Palleroni 9016.
Paltzer 8999.
Pan American Refining Corp. 9038.
Papineau-Couture 8904.
Papini 8872.
Pappalardo 8830.
Parke, Davis & Co. 8939.
Parratt 8775.
Paschkis 8911.
Pascucci 9020.
Pass 9001.
Pataki 8875. 8876.
Patent-Treuhand-Gesellschaft für elektrische Glühlampen m.b.H. 8979.
Paterson [8925].
Pattelsky 9031.
Paul 8831.
Pauling 8809. 8882.
Pearce 9019.
Pearlman 8788.
Pearson 8811
Pelczar jr. 8895.
Pell 8941.
Pence 9017.
Penico 8779.

Peppler 9017.
Perle 8888.
Perlman 8899.
Perlow 8769.
Perrier 8965.
Persch 8921.
Person, P. 8890.
Person, W. B. 8808.
Pertrix-Union G.m.b.H. 8954.
Pest Control Ltd. 8969. 8997.
Peszel 8926.
Peterman 8909.
Peters 8914.
Petersen 9021.
Peterson 8908.
Petiau 8771.
Petrik 9004.
Petrow 8827.
Pettit 8872.
Pfizer, Chas., & Co., Inc. 8939.
Picha 8920.
Pichamuthu 8803.
Pickford 8907.
Pien 8957.
Pierce 9034.
Pigford 8949.
Pigg, J. C. 8782.
Pigg, J. V. 8941.
Pike 8957.
Pilkington 8955.
Pimentel 8808.
Pine 8894.
Pinxteren, van 8928.
Piontelli 8786.
Piret 8950.
Pironneau 8794.
Pittsburgh Corning Co. 8952.
Piwowarsky 8976.
Philipps 8859.
Philips Lamps Ltd. 8954.
Phillips, D.C. 8816.
Phillips, D.D. 8774.
Phillips, N.M. 8956.
Phillips Petroleum Co. 8951. 9014. 9037. 9041.
Phrix-Arbeitsgemeinschaft 9030.
Platon 8970.
Plesch [8883].
Pocchiari 8863.
Poetter 8970.
Poganski 8780.
Polaroid Corp. 9011.
Polder 8784.
Politou 8904.
Pollister 8883.
Pomerantz 8769.
Pommer 8855.
Popp 8957.
Poretti 8908.
Porter 8801.
Postner 8966.
Potapenko 8961.
Pratesi 8928.
Preen, von 8960.
Preston, B. 8912.
Preston, R. 9028.
Price 8830.
Priestley jr. 8884.
Prigogine 8815.
Pristera 9050.
Pritzker 9018.
Procházka 8901.
Puch 8906.
Pugin 8865.
Pullman 8813.
Pummerer 8849.
Pure Oil Co. 9038.
Pusanowa 8922.
Puzenat 8805.
Pyrene Co. Ltd. 8981.
Quagliariello 8886.
Quaker Oats Co. 9035.
Quarendon 9001.
Quartaroli 8966.
Quevauviller 8927.
Quintin 8802.
Rabald 9021.
Rabl 8913.
Radley 8942.
Rado 8784.
Radvanyi 8773.
Rackallio 8902.
Raetz 8881.
Raiman 8907.
Rajtora 8951.
Ramakrishnan 8888.
Ramamoorthy 9020.
Ramasarma 8899.
Ramsay 8776.
Randall 8883.
Rao, D.V.R. 8946.
Rao, M.S. 8805.
Rapoport 8872.
Ravazzani 8923.
Ravazzoni 8901.
Ray 8940.
Raychaudhuri 8806.
Rayner 8908.
Read 8795.
Rebentisch 8781.
Redonnet 8926.
Reedy 8841.
Reggel 8854.
Regler 8791.
Rehner jr. 8884.
Reichel 8910.
Reichstein 8914.
Reid 8915.
Reisner 8830.
Reith 8940.
Remley 8771.
Remusat Remno 8927.
Renner 8922.
Renoux 8897.
Repaske 8895.
Reppe 8993.
Reutow 8844.
Reynold, G. A. 8830.
Reynolds, G.T. 8778.
Reynolds, P. W. 8798.
Reynolds Metals Co. 8981.
Rexford 8851.
Rheinische Kunstseide Akt.-Ges. 9030.
Rheinische Zellwolle Akt.-Ges. 9030.
Rheinpreußen Akt.-Ges. für Bergbau und Chemie 9013.
Rice 8799.
Richter, F. 8971.
Richter, G. 8979.
Riedl 8878.
Riegel 8867.
Rienits 8902.
Rigby 8900.
Riley, D.F. 8949.
Riley, D.P. 8883.
Riley, J. F. 8909.
Risemann 8880.
Riska 8803.
Ritchie 8880.
Rius 8786.
Rjabinina 8913.
Roast 8971.
Roberts 8890. 8899.
Robertson 8857. 8859. 8863.
Robinson, D.W. 8800.
Robinson, H.L. 8777.
Roborgh 8914.
Roch 8871.
Rochat 8775.
Rodionow 8862. 8872.
Rodwell 8916.
Röhm & Haas G.m.b.H. 8993.
Roger 8806.
Rohm & Haas Co. 8986. 8992.
Rohn 9009.
Rohrer 8963.
Romo 8873. 8875.
Roncaglia 8924.
Ropes 8913.
Rose, D. 9019.
Rose, F. 8781.
Rosen 8774.
Rosenblum 8912.
Rosenkranz 8873. 8874. 8875. 8876.
Rosenthal 8830.
Rosenthaler 8928.
Ross, E.J. 8908.
Ross, T.M. [8953].
Rossa 9001.
Rossi 8770.
Rosum 8807.
Rotini 8965.
Rotsch 9017.
Roux, G. 8917.
Roux, J. 8897.
Rowley 8897.
Royer 8911.
Rubber-Stichting 8964.
Ruben 8954.
Rubin, B.A. 8876.
Rubin, L.C. 8812.
Rudert 9017.
Rüetschi 8812.
Ruhrchemie Akt.-Ges. 8982. 8983. 8991. 8998. 9040.
Runner 8904.
Rupp 8911.
Rusk 8967.
Russell, J. A. 8905.
Russell, M. [8925].
Rutenburg 8886.
Ruthruff 9039.
Sadashivaiah 8805.
Saeman 8958.
Sänger 9048.
Sailor 8774.
Saito, Kazŭo 8945. 8946.
Saitō, Ken 8947.
Saji 8773.
Sakisaka 8773. 8774.
Saletore 9022.
Salhanick 8904.
Samuelson [8949].
Sanderson 8880.
Sandow 9001.
Sandoz Akt.-Ges. 8998. 9000. 9001.
Sanford 8843.
Santamaria 8917.
Sargent II 8914.
Sarjant 9031.
Sartori 9049.
Sasada 8815.
Sasaki 8789.
Sasterhausen Chemie G.m.b.H. 9021.
Sawai 8960.
Scarpa 8920.
Scevola 8893.
Schachman 8948.
Schäfer 8983.
Schaller 9018.
Schamp jr. 8780.
Schreepers 8972.
Scheifele 9001.
Scherbe 9024.
Schering Akt.-Ges. 8934. 8935. 8936. 8937.
Schermeister 8927.
Schidlowskaja 8810.
Schiff 8772.
Schlechter 8905.
Schlesische Zellwolle Akt.-Ges. 9030.
Schlichting 8832.
Schmalfeldt 8958.
Schmid 9018.
Schmidt 9019.
Schmith 9015.
Schmitz, A. 9022.
Schmitz, G. 8779.
Schneider, J. 8923.
Schneider, W. A. 8774.
Schörberl 9032.
Schoeller 8937.
Schönberg, v. 8907.
Schoog 8921.
Schowalter 8833.
Schpolski 8809.
Schraga, de 9021.
Schramm 8789.
Schroder 8885.
Schroeder 8769.
Schuler 8822.
Schultz 8785.
Schulz 8813.
Schuster 8931.
Schwan 8909.
Schwarting 8894.
Schwartz 8772.
Schwartzmann 8846.
Schwarzenbach 8844. 8943.
Schwietzke 8969.
Scott 8873.
Scudder 8910.
Séailles 8952.
Seaman 8896.
Seeger 8885.
Seel 8926. 8931.
Seemann 8901.
Seifert 8948.
Seitz 8929.
Seligman 8886.
Sellers, A. L. 8905.
Sellers, E.S. 9016.
Semb 8877.
Sen 8806.
Senet 8772.
Senfter 8970.
Serentschy 9025.
Serowy 8922.
Serra 8786.
Serres 8784.
Sersale 8799.
„Servita" Gyógyszergyar es Vegyipari R.T. 8931.
Sgarlata 8793.
Sharp 8846.
Shearon jr. 8982.
Shell Development Co. 8982. 9012. 9044.
Shelton 8955.
Sheppard 8808.
Sherwin-Williams Co. 9043.
Shifrin 8905.
Shirley 8841.
Shultz 8881.
Sibbel 9020.
Siddappa 9018.
Siebert 8884.
Siedek 8916.
Siefken 8897.
Siegel 8919.
Sieglitz 8985.
Siemens-Schuckertwerke Akt.-Ges. 8962. 9021.
Sievert 8906.
Sillitto 9048.
Simha 8880.
Simmons 8903.
Simon, A. 8924.
Simon, C. R. 8918.
Simonetta 8786.
Simpson 9032.
Sinclair 8966.
Singh 9018.
Sjögren 8907.
Sjöstedt 8940.
Skraba 8823.
Skworzowa 8824.
Sleisenger 8888.
Smedslund 8941.
Smit 8784.
Smith, B. 8940.
Smith, H.A. 8825.
Smith, P. K. 8916.
Smith III, S. 8905.
Smith, T. E. 8817.
Smith, T. L. 8810.
Smith, W. E. 8884.
Smith jr., W. T. 8862.
Smyser 8958.
Sobel 8905.
Sobotka 8820.
Soc. Alfa-Laval 9016.
Soc. An. Amisa 8931.
Soc. An. des Manufactures des Glaces et Produits Chimiques de Saint-Gobain, Chauny & Cirey 8959. 9006. 9007. 9008. 9031.
Soc. An. Octreria Italiana Balzaretti Modigliani 8964.
Soc. An. Soc. Nobel Française 9009.
Soc. Belge Alfa-Laval 9016.
Soc. Organico 8995.
Soc. à.r.l. Alex 9003.
Soc. des Usines Chimiques Rhône-Poulenc 8996. 8998.
Socony-Vacuum Oil Co., Inc. 8988. 8994. 9037. 9046.
Soffel 8952.
Soloveichik 8989.
Soltys 8899.
Somcox 9001.
Somers 9028.
Sondheimer 8875. 8876.
Sonoda 8773.
Sorina 8790.
Souter 8956.
Späth 8972.
Spanel 9014.
Specht 9016.
Speer 8885.
Speiser 9000.
Spencer 8892.
Spigliati 8922.
Spojené Ocelárny, Národní Podnik 8976.
Sprague Electric Co. 8956.
Sproull 8941.
Squibb, E. R., & Sons 8939.
Sroka 8925.
Ssacharow 8961.
Ssasanowa 8812.
Ssementschenko 8790.
Sserafimow 8925.
Ssolowowa 8832.
Ssyrkin 8810. 8814.
Stacey 8828.
Stäger 9009.
Staemmler 8906.
Standard Oil Development Co. 8991. 8992. 8994. 9006. 9035. 9037. 9038. 9040. 9041. 9042. 9043. 9044. 9045. 9046. 9047.
Staněk 8805.
Stanolind Oil & Gas Co. 8988.
Stanton 8885.
Stauder 8924.
Staudinger 9009.
Steck 8831. 8841.
Stefan 8908.
Stein 9020.
Steinhoff 8923.
Steinle jr. 8862.
Steirische Chemie Akt.-Ges. 8990.
Steinwehr, v. 8791.
Stephen 8945.
Stetter 8952.
Stevens, G.W.W. 9052.
Stevens, R.S. 9025.
Stevenson, D.G. 9023.
Stevenson, D.P. 9033.
Stewart, F.C. 9016.
Stewart, J. M. 8838.
Stich 8930.
Stifel 8919.
Stille 8775.
Stöckli 8894.
Stoner 8783.
Stookey 9052.
Stora Kopparbergs Bergslags Aktiebolag 8974.
Stork 8874.
Stotz 8888.
Stoy 9017.
Straub 9001.
Stricks 8816.
Stross 8930.
Strugis 8904.
Stuckey 8930.
Sturgis 9034.
Subba Row 8877.
Süd-West-Chemie-G.m.b.H. 9013.
Sugiura, K. 8884.
Sugiura, M. 8769.
Summer 9019.
Sunderland 8884.
Sun Oil Co. 9038.
Supniewski 8901.
Sussman 8889.
Suzuki, K. 8807.
Suzuki, T. 8802.
Swaby 8900.
Swaminathan 8890.
Swanson 9033.
Sweets Laboratories, Inc. 8939.
Sylvania Electric Products, Inc. 8945.
Szybalski 8897.
Takagi 8949.
Takahashi 8943.
Takahashi, K. 8960.
Tame 8949.
Tamelen, van 8857.
Tarbell 8840.
Tarbox 8796.
Tarpey 8873.
Tartar 8808.
Tashiro 8960.
Tate 8870.
Taube 8818.
Taylor, J. 9048.
Taylor, R. 8942.
Taylor, R.D. 8974.
Teigstad 9026.
Teitsworth 9034.
Telefunken Gesellschaft für drahtlose Telegraphie m.b.H. 8962.
Termansen 8926.
Terry 8930.
Tessier 9019.
Texaco Development Corp. 9039.
Texas Co. 9012. 9039. 9040. 9042.
Tezuka 8826.
Thakar 8806.
Theopold 8932.
Thevenot 8955.
Thieblot 8923.
Thomas 8955.
Thomasow 8892.
Thompson, H. W. 8807.
Thompson, R. W. 8770.

Thomsen 8903.
Thorne 9015.
Thüringische Zellwolle Akt.-Ges. 8995.
Thyresson 8916.
Tide Water Associated Oil Co. 8989. 9038.
Tiedema 8792.
Tiedjens 8966.
Timm 9017.
Timmens 8975.
Tinsley jr. 8867.
Tirelli 8966.
Titan Co., Inc. 8994.
Tittensor 8863.
Tod [8925].
Tödt 8886.
Tolbert 8872.
Tombesi 9019.
Tomboulian 8775.
Tomíček 8943.
Tompkins 8790.
Tonhazy 8895.
Toone jr. 8913.
Toptschijew 8832.
Toutain 8952.
Towle 8804.
Traill 9028.
Trappeniers 8815.
Trave 8861.
Travers 9049.
Treiman 8769.
Trenner 8911.
Trident 8971.
Trimberger 8904.
Trinchieri 8778.
Trinh 8810.
Trümpler 8812.
Tschelnokowa 8882.
Tschernyi 8949.
Tschernyschew 8827.
Tucker 8915.
Tulasne 8898.
Twombly 8915.
Tyler jr. 8984.
Uchida, H. 8798.
Udylite Corp. 8979. 8980.
Uemura 8773.
Ulbrich 8929.
Union Carbide & Carbon Corp. 8854.
Union Oil Co. of California 9037.
United Chromium, Inc. 8981.
United Kingdom Chemicals Ltd. 8983.
United States of America 8959. 9044. 9050. 9051.
United States Rubber Co. 8967. 9006. 9008. 9010. 9014.
Universal Oil Products Co. 9005. 9041.
Unohara 8945.
Unterharzer Berg- und Hüttenwerke G.m.b.H. 8960. 8974.
Upjohn Co. 8936.
Urey 8803.
Uroma 8899.
Urquhart 8786.
Urry 8828.
Usines Chimiques des Laboratoires Français (U.C.L.A.F.) 8935.
Usines de Melle 8988.
Utiger 8032.
Vahrman 9032.
Valcha 8943.
Valensi 8904.
Valladares 8929.
Van Allan 8871.
Vara 8917.
Vassamillet 8792. 8794.
VEB Farbenfabrik Wolfen 8986.
Veibel 8821.
Veit 8849.
Velasco 8874.
Velazquez [8940].
Vendrely 8898.
V rmast 8945.
Vermeer 8918.
Vernon 8819.
Vereinigte Aluminium-Werke Akt.-Ges. 8981.
Vereinigte Deutsche Metallwerke Akt.-Ges. 8978.
Villemin 8897.
Visking Corp. 9005.
Vloeberghs 9035.
Vogel, H. 8899.
Vogel, K. 9004.
Voigt 8927.
Voisin 8769.
Voris 8848.
Wachstein 8914.
Wahl 9019. 9020.
Wagner, C.D. 9033.
Wagner, E.L. 8923.
Wagner, R.B. [8883].
Wainio 8890.
Walker 8790.
Wall, L.A. 8880.
Wall, P.D. 8915.
Waller 8877.
Wan 8823.
Wanless 8884.
Wannier 8783.
Warburton 9028.
Ware 8910.
Wark 8942.
Warren 8912.
Watanabe 8793.
Watkins 8924.
Watson, C.J. 8909.
Watson, W.J. 8914.
Watson, W.W. 8788.
Watt 8907.
Waugh 8940.
Webb 8812.
Webster 8908.
Weghaupt 8885.
Wegner 9018.
Weiss, P.R. 8784.
Weiss, R.J. 8791.
Weissmann 8840.
Weits 8914.
Wempe 8930.
Wenner 8871.
Werschinina 8824.
West, G.B. 8909.
West, L.E. 9052.
West, W.D. 8804.
Westcott 8925.
Westfälische Union Akt.-Ges. für Eisen- und Drahtindustrie 8978.
Westinghouse Electric International Co. 8955.
Westrum jr. 8788.
Wessely 8947.
Whalley 8859.
Wheeler 8863.
Whiffen 8776.
White, J. 8892. 9014. 9015.
White, J.C.D 8903.
Whitehill 8848.
Whitelaw 8970.
Whitney 9009.
Wieland 8911.
Wijn 8784.
Wild 8915.
Willard 8773.
Willi 8943.
Williams, A.F. 8942.
Williams, D.D. 8788.
Williams, H.L. 8818.
Williams, J.L.R. 8833.
Wills 8892.
Wilska 8941.
Wilson, C.W. 8913.
Wilson, J.N. 9033.
Wilson, J.W. 8954.
Wilson, P.W. 8895.
Winandy 8972.
Winje 9026.
Wingfield 8913.
Winkler 9015.
Winterberg 8967.
Wintergerst 9005.
Wirth 9024.
Wiss 8890.
Wittenberg 8888.
Witter 8888.
Wittka 8982.
Wojahn 8930.
Wokes 8912.
Wolfe 8793. 8803.
Wolff, A. 8999.
Wolff, R. 8911.
Wolin 8894.
Wolman, B. 8907.
Wolman, M. 8886.
Woodbury 8912.
Woods 8846.
Wortman 8950.
Wright 8914.
Wrinch 8883.
Wucher 8784.
Wülfing, Johann H., Chemische Fabrik 8931.
Wullhorst 8973.
Wyeth, Inc. 8933.
Xuong, Dat 8918.
Yamamoto 8809.
Yamashita 8773.
Yamazaki 9020.
Yanagisawa 8793.
Yang 8821.
Yasumi 8773.
Yokoyama 8794.
Yonng, F.E. 8810.
Young jr., F.W. 8782.
Young, W.C. 8908.
Yphantis 8940.
Zaffaroni 8876.
Zäfir 8886.
Zahn 8910.
Zandman 8795.
Zebrowski 9004.
Zeller 8803.
Zellstoff-Fabrik Waldhof 9026.
Zellwolle und Zellulose Akt.-Ges 9030.
Zentgraf 9031.
Zickel 9005.
Zietz jr. 8841.
Zima 8949.
Zimmermann 9026.
Zöllner 8921.
Zook [8883].

Chemisches Zentralblatt

1953 Nr. 50 16. Dezember

A. Allgemeine und physikalische Chemie.

A_1. Kernphysik und Kernchemie.

Joliot-Curie, *Masse, Strahlung und Energie.* Zusammenfassender Bericht über das Prinzip der Äquivalenz von M. u. Strahlungsenergie. (J. Radiol. Électrol. Arch. Électr. méd. **33.** 660–62. 1952.) REUSSE. 80

Alessandro Amerio, *Über den Ursprung der Höhenstrahlen.* Als erster Ursprung der Höhenstrahlung kann die Materieemission aus Sternen angenommen werden. Durch den Strahlungsdruck von heißen, großen Sternen aus können kleine Materieteilchen stark beschleunigt werden u. Energien über 10^{17} eV erreichen. Riesensterne mit Tempp. unter Sonnentemp. sind unwirksam, dagegen können Novae u. Supernovae beteiligt sein. Die beschleunigten Teilchen können beim Eindringen in die Atmosphäre große Schauer von Elementarteilchen erzeugen u. schwere Kerne aussenden. (Atti Accad. naz. Lincei, Rend., Cl. Sci. fisiche, mat. natur. **9.** 9–15. Juli/Aug. 1950.) R. K. MÜLLER. 85

Martin A. Pomerantz und **Gordon W. McClure,** *Die primäre Höhenstrahlung in hohen Breiten.* Sitzungsbericht zu der C. **1953** 5446 referierten Arbeit. (Physic. Rev. [2] **86.** 588–89. 15/5.; Bull. Amer. physic. Soc. **27.** Nr. 1. 13–14. 31/1. 1952. Bartol Res. Found.) WIEDEMANN. 85

L. R. Davis, H. M. Caulk, C. Y. Johnson, G. J. Perlow und **C. A. Schroeder,** *Messung der primären Protonen und α-Teilchen mittels Proportionalzähler.* (Sitzungsbericht.) Mittels eines Teleskops von GEIGER-Zählern u. 2 Proportionalzählern wurden in einer Höhe von 9 g/cm² auf der Breite 55° N die Intensitäten der prim. Protonen u. der α-Strahlen zu $0{,}24 \pm 0{,}01$ bzw. $0{,}043 \pm 0{,}004$ $cm^{-2}sec^{-1}Raumwinkel^{-1}$ bestimmt. (Physic. Rev. [2] **87.** 239–40. 1/7. 1952. Naval Res. Labor.) WIEDEMANN. 85

D. W. P. Burbury, *Die Nord-Süd-Asymmetrie der Höhenstrahlen auf hoher Breite.* Auf einer geomagnet. Breite von 51,7° S wurde für einen Zenitwinkel von 30° unter 12 cm Pb eine Nord-Süd-Asymmetrie der Höhenstrahlung festgestellt. Der Nord-Überschuß betrug $0{,}0056 \pm 0{,}0013$. Dieser Effekt kann ebenso wie die Ost-West-Asymmetrie durch die Ablenkung sek. Mesonen qualitativ u. quantitativ erklärt werden. (Physic. Rev. [2] **86.** 577–78. 15/5. 1952. Hobart, Tasmania, Univ., Dep. of Phys.) WIEDEMANN. 85

Satio Hayakawa, Jun Nishimura, Takesi Nagata und **Masahisa Sugiura,** *Der Einfluß des äquatorialen Ringstromes auf die Höhenstrahlintensität.* Im Anschluß an die STÖRMERsche Theorie über den Einfl. des erdmagnet. Feldes auf die Bahnen der Höhenstrahlteilchen wird die beobachtete Korrelation zwischen äquatorialem Ringstrom bei magnet. Stürmen u. Höhenstrahlenintensität berechnet. (J. sci. Res. Inst. [Tokyo] **44.** Nr. 1227/29. 121–26. Febr./März 1950. Osaka, Univ., Dep. of Phys.; Tokyo, Univ., Geophys. Inst.) W. SCHÄFER. 85

S. B. Treiman, *Analyse der Nucleonenkomponente aus Breitenschwankungen der Neutronen.* Ausführliche Darst. der C. **1953.** 962 referierten Arbeit. Für die spezif. Ausbeutefunktion wird ergänzend eine neue Definition gegeben. (Physic. Rev. [2] **86.** 917–23. 15/6. 1952. Chicago, Ill., Univ., Dep. of Phys., u. Inst. for Nucl. Stud.) WIEDEMANN. 85

André Voisin, *Die Zenitverteilung der durchdringenden Komponente der Höhenstrahlung in Abhängigkeit von der Höhe.* Die zenitale Richtungsverteilung der 14 cm Pb durchsetzenden Teilchen der Höhenstrahlung wurde in 2860 m Höhe (Pic du Midi) gegen Osten in den Winkeln 0, 30, 60 u. 73° vermessen. Die Meßanordnung ließ eine einwandfreie Korrektur auf Schauer zu. Aus den Messungen ergab sich ein integrales Richtungsverteilungsspektrum. Eine Abhängigkeit der Richtungsverteilung von der Höhe konnte zwischen 0 u. 3000 m Höhe nicht festgestellt werden. (C. R. hebd. Séances Acad. Sci. **230.** 1390–98. 12/4. 1950.) W. SCHÄFER. 85

Pierre Demers, Réal Courtemanche und **Gilles Lamarche,** *Anisotropie der in photographischen Emulsionen in großer Höhe registrierten Höhenstrahlen.* Zur Registrierung der Richtungsverteilung der in großen Höhen einfallenden Höhenstrahlteilchen wird ein dichter Stapel von Emulsionsplatten mit einem Ballon zwischen 14 u. 26 km Höhe exponiert. 4 von 6 schweren Teilchen besitzen westliche Einfallsrichtung, ihre Ladung ist positiv. 32 von 69 Sternen besitzen je eine sehr schwache Bahn, die von den erzeugenden Teilchen herrührt. Die Richtungsverteilung ergibt eine Bevorzugung von Teilchen aus NW u. SO, woraus geschlossen wird, daß die Primärstrahlung aus NW kommt u. die SO-Richtung diejenige der von nichtionisierender Primärstrahlung ausgelösten Teilchen ist. (C. R. hebd. Séances Acad. Sci. **231.** 651–53. 2/10. 1950.) W. Schäfer. 85

Donald E. Hudson, *Der Zusammenhang von Stößen und durchdringenden Schauern.* In 3260 m Höhe wurden Stöße u. durchdringende Schauer durch eine Anordnung aus Ionisationskammern u. abgeschirmten Zählern untersucht. Die gemischten Schauer wurden in einem Pb-Absorber, der sich über der App. befand, ausgelöst. Bei den lokalen Stößen handelt es sich im wesentlichen um Elektronenkaskaden. Etwa 58% der Stöße, die mehr als 250 Elektronen enthalten, bzw. eine Energie von mehr als $25 \cdot 10^9$ eV besitzen, sind von durchdringenden Teilchen begleitet. Diese Verbindung der harten Komponente mit den Elektronenkaskaden kann durch die Wrkg. neutraler Mesonen bei energiereichen Kernwechselwirkungen erklärt werden. Der Anteil der durchdringenden Teilchen beträgt ca. 1%, er nimmt bei größeren Stößen ab. Die Häufigkeitsverteilungen sind bei den durchdringenden u. den nichtdurchdringenden Stößen dieselben, was auf einen gleichen Ursprung hinweist. Die Multiplizität der durchdringenden Komponente ist bei den Stößen unter ca. 20 cm Pb größer als bei denen unter ca. 7,5 cm Pb. Die Übergangseffekte lassen sich durch Kernkaskade erklären. (Physic. Rev. [2] **86.** 453–64. 15/5. 1952. Ithaca, N. Y., Cornell Univ., Labor. of Nucl. Stud.) Wiedemann. 85

Ira Bernstein, *Verbesserte Berechnungen zur Theorie der Kaskadenschauer.* (Sitzungsbericht.) Die Snyderschen Lösungen der Diffusionsgleichungen der Kaskadenschauertheorie (Physic. Rev. [2] **76.** [1949.] 1563) sind durch die Verwendung völlig abgeschirmter Querschnitte nur für Teilchen hoher Energie genau. Aus einer Integralgleichung wurde ein Iterationsverf. abgeleitet, das durch Verwendung genauerer Wirkungsquerschnitte bei niedrigen Energien bessere Resultate liefert. Die erste Iteration ergibt für das Schauermaximum einen ca. 10% niedrigeren Wert u. eine Abnahme der Teilchenzahl in geringer Tiefe sowie eine Erhöhung dieser Zahl in größerer Tiefe. (Physic. Rev. [2] **80.** 134. 1/10.; Bull. Amer. physic. Soc. **25.** Nr. 4. 19. 21/6. 1950. Brookhaven, Nat. Labor.) E. Reuber. 85

J. B. Harding, *Eine mittels Scintillationszählern durchgeführte Untersuchung der durch Höhenstrahlen hervorgerufenen „Doppelsterne".* Zwei KJ-Kristalle, aktiviert mit Tl, der Dimensionen $3{,}1 \times 3{,}1 \times 1{,}2$ cm, wurden in opt. Kontakt mit zwei Multipliern gebracht. Bei einer Aufstellung übereinander betrug die Koinzidenzzahl $0{,}4 \pm 0{,}08$/Tag, bei einer nebeneinander $0{,}3 \pm 0{,}08$/Tag. Diese Koinzidenzen werden mit der Häufigkeit von Sternpaaren in Emulsionen verglichen. (Nature [London] **169.** 747–48. 3/5. 1952. Harwell, A. E. R. E.) Wiedemann. 85

W. E. Hazen, *Die Erzeugung energiereicher Sekundärteilchen durch Höhenstrahlen unter der Erde.* Mittels einer Nebelkammer, die 2,54 cm Pb-Platten enthält, wurden in einer Tiefe entsprechend $8{,}4 \cdot 10^4$ g/cm^2 unter der Erde die Wechselwirkungen von μ-Mesonen mit einer Energie von größenordnungsmäßig 10^{11} eV untersucht. Die Wahrscheinlichkeit eines Energieüberganges von $>10^9$ eV an die weiche Komponente beträgt im Mittel 3,0 $(\pm 0{,}7) \cdot 10^{-4}$ je g/cm^2 Pb. Die Hauptunsicherheit liegt in der Best. der Energie der Sekundärteilchen. Eine Berechnung der Wahrscheinlichkeit aus knock-on-Prozessen, Bremsstrahlung u. Paarerzeugung ergibt $2{,}1 \cdot 10^{-4}$ je g/cm^2 Pb. Danach werden diese Vorgänge für fast alle energiereichen weichen Sekundärteilchen verantwortlich sein. (Physic. Rev. [2] **86.** 764–66. 1/6. 1952. Ann Arbor, Mich., Univ., Randall Labor. of Phys.) Wiedemann. 85

G. W. Clark, M. Annis, H. S. Bridge, H. W. Courant und **B. Rossi,** *Zwei Beispiele des in einer Nebelkammer mit mehreren Platten beobachteten V^0-Zerfalls.* (Sitzungsbericht.) In einer mehrere Platten enthaltenden, gesteuerten Nebelkammer in 3 km Höhe wurden mehrere V^0-Zerfälle photographiert. Zwei Beispiele werden beschrieben, bei dem einen divergieren zwei Bahnen mit minimaler Ionisation mit einem Winkel von 3,7°, bei dem zweiten ist der Winkel der ionisierenden Teilchen zur Flugrichtung des V^0 groß. (Physic. Rev. [2] **87.** 182–83. 1/7. 1952. MIT.) Wiedemann. 90

R. W. Thompson, C. J. Karzmark und **H. O. Cohn,** *Über die Analyse der V^0-Zerfälle im Flug.* (Sitzungsbericht.) Der Zerfall erfolgt nach $V^0 \rightarrow p + \pi + Q$. Der Einfl. der Ungenauigkeit in der Messung des Impulses von p auf Q wird behandelt. Große Fehler in p erhöhen im allg. den berechneten Q-Wert. (Physic. Rev. [2] **87.** 182. 1/7. 1952. Indiana Univ.) Wiedemann. 90

H. P. Noyes, *Stabilität der neutralen skalaren schweren Mesonen.* (Sitzungsbericht.) Auf der Grundlage, daß S(S)- u. PS(PS)-Mesonentheorien durch Kontaktwechselwirkungen renormalisierbar sind, wird der Zerfall von schweren Mesonen mit dem Spin 0 in π-Mesonen u. γ-Strahlen untersucht. Es ergibt sich eine genügende Stabilität der schweren neutralen skalaren Mesonen gegen Zerfall über virtuelle Nucleonenzustände in leichtere Bosonen, wie sie in Höhenstrahlversuchen beobachtet werden. (Physic. Rev. [2] **86.** 625. 15/5.; Bull. Amer. physic. Soc. **27.** Nr. 1. 50. 31/1. 1952. Univ. of Rochester.) WIEDEMANN. 90

H. A. Bethe und **N. Austern,** *Winkelverteilung der π^+-Erzeugung bei (n–p)-Zusammenstößen.* Die Erzeugung geladener Mesonen bei (n—p)-Zusammenstößen liefert Aufschluß über die Art der Kopplung zwischen Mesonenfeld u. Nucleonen. Die theoret. Folgerungen, die sich aus annähernd isotroper u. aus anisotroper Verteilung geladener Mesonen ergeben, werden diskutiert. Für den gesamten Wirkungsquerschnitt wird eine Beziehung abgeleitet, für eine kinet. Energie von 50 MeV im Endzustand ist der integrierte (n—p)-Erzeugungsquerschnitt etwa ebenso groß wie derjenige bei (p—p)-Zusammenstößen. (Physic. Rev. [2] **86.** 121—22. 1/4. 1952. Ithaca, N. Y., Cornell Univ., Labor. of Nucl. Sci.) WIEDEMANN. 90

Otto Halpern, *Magnetische Abschwächung der Drei-Quanten-Vernichtung von Positronium.* (Sitzungsbericht.) Zur Verfeinerung der Theorie wird angenommen, daß die Zahl der Zusammenstöße, die einen Übergang zwischen den drei Zuständen von ortho-Positronium zur Folge haben, bei Ggw. eines magnet. Feldes im Vgl. zum Vernichtungsprozeß nicht verschwindend klein ist. (Physic. Rev. [2] **88.** 164. 1/10. 1952. Univ. of Southern California.) GANS. 90

Stirling A. Colgate, *Die Verwendung der Vernichtung von Positronen im Flug für ein scharfes γ-Spektrum.* (Sitzungsbericht.) Das Spektr. von Positronen, die im Flug durch Ruhelektronen vernichtet werden, besitzt ausgeprägte Maxima am oberen u. unteren Ende der Energie. Bei der Hälfte der Vernichtungsprozesse hat der eine der beiden γ-Strahlen eine Energie $> E - E/\pi[2/(E+1)]^{1/2}$, wobei E die Gesamtenergie des Positrons ist. Das Vernichtungs- u. Bremsspektr. eignet sich für Schwellenwertunterss. im Bereich von 10—200 MeV Positronenenergie. Z. B. ergeben 200 MeV-Positronen beim Durchgang durch 30 cm fl. H_2 ein Maximum mit der 6fachen Intensität u. 3% der Breite der entsprechenden Bremsstrahlung. (Physic. Rev. [2] **88.** 164. 1/10. 1952. Berkeley, Calif., Univ. of California.) GANS. 90

F. C. Gilbert und **Stirling A. Colgate,** *Die Vernichtung von Positronen im Fluge bei 100 und 200 MeV.* (Vgl. vorst. Ref.) (Sitzungsbericht.) Mit Hilfe einer Antikoinzidenzschaltung bestimmen Vff. den Vernichtungsquerschnitt von 100 u. 200 MeV-Positronen bzw. -Elektronen. Die Werte für Positronen bei 200 MeV stimmen mit der Theorie auf $\pm 25\%$ überein, sind aber nur 1/2 der in Kernemulsionen gefundenen (vgl. VIOLET u. Mitarbeiter, C. **1952.** 7125). Der Wert für 200 MeV-Elektronen ist ca. $^1/_4$ des Vernichtungquerschnittes für Positronen u. entspricht dem Bremsstrahlungsverlust. (Physic. Rev. [2] **88.** 164. 1/10. 1952.) GANS. 90

Geoffrey F. Chew und **M. L. Goldberger,** *Die Streuung von Elementarteilchen durch komplexe Kerne. Eine Verallgemeinerung der Impulsapproximation.* (Vgl. C. **1952.** 7762.) Es wird theoret. gezeigt, wie das Problem der Streuung eines Elementarteilchens durch einen komplexen Kern mit Hilfe von Zweikörperoperatoren ausgedrückt werden kann. (Physic. Rev. [2] **87.** 778—82. 1/9. 1952. Urbana, Ill., Univ., Phys. Dep.; Chicago, Ill., Univ., Inst. for Nucl. Stud. and Phys. Dep.) GOTTFRIED. 90

Gérard Petiau, *Über die Berechnung der Streuquerschnitte der Teilchen mit dem Spin 0, $\hbar/2$ und $\hbar$ durch ein skalares oder pseudoskalares Mesonfeld.* (Vgl. C. **1952.** 4879 u. 6164.) Unter Verwendung des bisherigen (l. c.) allg. Formalismus führt Vf. eine kovariante Berechnung der Streuquerschnitte zwischen zwei Teilchen vom Spin 0, $\hbar/2$ u. $\hbar$ durch, die an ein Mesonfeld entweder vom skalaren oder pseudoskalaren Typ gekoppelt sind. (C. R. hebd. Séances Acad. Sci. **234.** 1749—51. 28/4. 1952.) GERHARD SCHMIDT. 90

M. E. Remley, W. K. Jentschke und **P. G. Kruger,** *Neutron-Proton-Streuung bei Verwendung organischer Kristallscintillationsdetektoren.* (Sitzungsbericht.) Die Winkelverteilung der Rückstoßprotonen monochromat. Neutronen von 13,7 u. 28,4 MeV wurde untersucht. Die Verteilung bei 13,7 MeV entspricht kugelsymm. Streuung, bei 28,4 MeV ist die Rückwärtsstreuung bevorzugt. Diese Anisotropie ist etwas größer als theoret. erwartet. (Physic. Rev. [2] **88.** 162. 1/10. 1952. Univ. of Illinois.) GANS. 90

L. L. Foldy, *Die pseudoskalare Wechselwirkung.* (Sitzungsbericht.) Die Bewegung eines einzelnen Nucleons in einem äußeren neutralen pseudoskalaren Potential mit pseudoskalarer Kopplung wird durch Verwendung einheitlicher Transformationen behandelt. Es wird ein rohes Modell des Deuterons zugrunde gelegt u. gefunden, daß keine gebundenen Singulett- oder Triplettzustände existieren u. daß die Spin–Bahn-Kopplung stark ist. (Physic. Rev. [2] **86.** 626. 15/5.; Bull. Amer. physic. Soc. **27.** Nr. 1. 51. 31/1. 1952. Case Inst. of Technol.) WIEDEMANN. 90

Murray Gell-Mann und **Marvin L. Goldberger,** *Starke Kopplung in der relativistischen Mesonentheorie.* (Sitzungsbericht.) Es wird gezeigt, daß das Problem der Wechselwrkg. eines Nucleons mit einem Mesonenfeld mit den Methoden der starken Kopplung behandelt werden kann. Der Fall der pseudoskalaren Mesonentheorie mit starker pseudoskalarer Wechselwrkg. wird bes. diskutiert. (Physic. Rev. [2] **87.** 218. 1/7. 1952. Univ. of Chicago.) WIEDEMANN. 90

S. I. Schiff, *Quantisierung einer nichtlinearen Mesonentheorie.* (Sitzungsbericht.) Die C. **1952.** 4404 referierten Verss. zur Quantisierung einer nichtlinearen Mesonentheorie werden verglichen u. diskutiert. (Physic. Rev. [2] **86.** 625. 15/5.; Bull. Amer. physic. Soc. **27.** Nr. 1. 50. 31/1. 1952. Stanford Univ.) WIEDEMANN. 90

D. Kurath, *Spins im Grundzustand und Energiedifferenzen nach dem jj-Kopplungsmodell.* (Sitzungsbericht.) Die Reihenfolge der Energieniveaus für verschied. Konfigurationen der *jj*-gekoppelten Nucleonen wird untersucht. Für ungerade-A-β-Zerfälle in der $1f_{7/2}$-Schale zeigen die Differenzen der Bindungsenergien, von dem COULOMB-Anteil abgesehen, eine bessere Übereinstimmung mit dem *jj*-Kopplungsmodell als mit dem Modell der schwachen Spin–Bahn-Kopplung. (Physic. Rev. [2] **87.** 218. 1/7. 1952. Argonne Nat. Labor.) WIEDEMANN. 95

John A. Eldridge und **Richard J. Brundy,** *Die Unregelmäßigkeit der Kernenergieflächen.* (Sitzungsbericht.) Die negativen Abweichungen der Kernenergiefläche beim Wechsel von p oder n von ungeraden auf gerade Werte gegenüber dem Parabelgesetz werden an zwei Reihen von Kernen gezeigt. (Physic. Rev. [2] **88.** 163. 1/10. 1952. State Univ. of Iowa.) GANS. 95

Henry E. Duckworth, *Beweis für Kernschalen aus Messungen der Atommassen.* Aus der Kurve der Bindungsenergie/Nucleon gegen die Massenzahlen, die massenspektroskop. sowie aus Zerfalls- u. Mikrowellenabsorptionsdaten ermittelt wurden, werden Schlüsse auf die Neutronen- u. Protonenzahl in den stabilen Schalen gezogen. Es werden Anzeichen für die 82-Protonen- u. die 126-Neutronenschale sowie für die 50-Neutronen-, die 50-Protonen- u. die 28-Protonenschale gefunden. (Nature [London] **170.** 158—59. 26/7. 1952. Hamilton, Ontario, Can., McMaster Univ., Dep. of Phys.) WIEDEMANN. 95

R. King und **E. Feenberg,** *Kernstruktur und Deutung des β-Zerfalls.* (Sitzungsbericht.) Das *ft*-Prod. des β-Zerfalls verbindet die Eigg. der β-Übergänge mit Spin u. Parität der Kernniveaus. An Hand eines Histogramms der *ft*-Prodd. werden einzelne Übergänge u. die entsprechenden Werte von log *ft* diskutiert. (Physic. Rev. [2] **87.** 218. 1/7. 1952. Washington Univ.) WIEDEMANN. 95

Roger Nataf, *Bemerkung über die Auswahlregeln für verbotene β-Übergänge.* Unter Benutzung der Rechenmethoden von MARSHAK (Physic. Rev. [2] **61.** [1942.] 431) werden für a) Vernachlässigung der Relativitätskorrekturen u. der nicht zentralen Kräfte u. b) Berücksichtigung der Relativitätskorrekturen die Bedingungen für das Auftreten verbotener Linien ermittelt. Vf. zeigt für beide Fälle die Gleichheit der Änderung des Kern–Bahn-Impulses mit der Ordnung, in der der Übergang verboten ist. (C. R. hebd. Séances Acad. Sci. **230.** 532—34. 6/2. 1950.) E. REUBER. 103

H. M. Schwartz, *Anregung von Atomen beim β-Zerfall.* Die Anregung u. Ionisation des bei einem β-Zerfall entstehenden Folgeatoms werden theoret. untersucht. Explizite Berechnungen werden für eine Darst. der beteiligten Anregungszustände durch wasserstoffähnliche Ein-Elektronen-Wellenfunktionen durchgeführt. Die Ergebnisse werden mit denen anderer Autoren verglichen. (J. chem. Physics **21.** 45—51. Jan. 1953. Fayetteville, Ark., Univ. of Arkansas, Dep. of Phys.) WEIGEL. 103

J. Catalá, F. Senent und **J. Aguilar,** *Das Energiespektrum der Protonen aus der Kernreaktion $^{12}C(d,p)^{13}C$, im Hinblick auf die möglichen Anregungszustände von ^{13}C.* 3. Mitt. (2. vgl. C. **1953.** 169.) Als Abschluß der Unterss. des Energiespektr. der bei der Rk. $^{12}C(d,p)^{13}C$ frei werdenden Protonen werden eine Reihe von Energieniveaus für den ^{13}C-Kern im Energiebereich zwischen 4 u. 8,5 MeV festgestellt, die bisher wenig bekannt waren. (An. Real Soc. españ. Física Quím., Ser. A **48.** 73—80. März/April 1952. Valencia, Inst. de Opt. „Daza de Valdés".) FAHLENBRACH. 103

George R. Mott, Gordon L. Guernsey und **Bruce K. Nelson,** *Gesamtquerschnitte von Kohlenstoff und Wasserstoff für Neutronen hoher Energie.* Es wurden die Gesamtquerschnitte von C u. H bei Neutronenenergien von 97 ± 5, 117 ± 5, 140 ± 5, 156 ± 5,

180 ± 7 u. 220 ± 10 MeV mit Hilfe eines geeichten Anthracenscintillators als energieempfindlichen Rückstoßprotonendetektor gemessen. Dieser Kristall wurde als der vierte eines Vierfachkoinzidenzzählerteleskops geschaltet, mit dem Protonen erfaßt werden konnten, die unter 20° von einem Polyäthylentarget gestreut wurden, das mit einem Neutronenbündel hoher Energie aus dem 130 in.-Cyclotron beschossen wurde. Die totalen (n — p)-Querschnitte wurden über den Gesamtbereich eines kontinuierlichen Neutronenenergiespektrums gleichzeitig gemessen. Die gefundenen Werte sind um etwa den Faktor 2 kleiner als die von Ashkin u. Wu (C. **1949**. II. 1156) im 100—200 MeV-Gebiet vorausgesagten Werte, die unter Benutzung von Tensorkräften u. des symm. Rarita-Schwinger-Austauschmodells berechnet wurden. (Physic. Rev. [2] **88**. 9—14. 1/10.; Sitzungsbericht: [2] **86**. 594. 15/5.; Bull. Amer. physic. Soc. **27**. Nr. 1. 19. 31/1. 1952. Univ. of Rochester.) Weigel. 103

Stewart D. Bloom, *Innere Paarkonversion in ^{24}Mg.* Mit einem modifizierten β-Spektrometer (Agnew u. Anderson, Rev. sci. Instruments **20**. [1949.] 869) u. einem Geiger-Müller-Zähler werden die Positronenspektren aus der inneren Paarkonversion der beiden γ-Strahlen, die dem β^--Zerfall von ^{24}Na folgen, beobachtet. Die entsprechenden Koeffizienten ergeben sich zu $7{,}1 \cdot 10^{-4}$ für den 2,758 MeV-γ-Strahl u. zu $0{,}6 \cdot 10^{-4}$ für den 1,380 MeV-γ-Strahl. Die Werte für die Koeffizienten u. der Verlauf der Spektren führen zu dem Schluß, daß beide γ-Strahlen elektr. Quadrupolübergänge darstellen. In dem Energieniveaudiagramm für den Zerfall von ^{24}Na läßt sich aus den beobachteten Werten die Paritäts- sowie Spinzuordnung angeben. (Physic. Rev. [2] **88**. 312—21. 15/10. 1952. Chicago, Ill., Univ. of Chicago, Inst. for Nucl. Stud.) Gerhard Schmidt. 103

J. D. Kington, J. K. Bair, R. R. Carlson und **H. B. Willard,** *Die Massendifferenz $^{27}Si-^{27}Al$.* Unter Benutzung des elektrostat. 5,5 MeV-Generators wurde die Schwelle der Rk. ^{27}Al(p, n) ^{27}Si bei $5{,}819 \pm 0{,}010$ MeV gefunden. Daraus ergibt sich die Massendifferenz ^{27}Si — ^{27}Al zu 0,00519 Masseneinheiten u. die Zerfallsenergie von ^{27}Si zu 3,81 $\pm 0{,}01$ MeV. Die γ-Strahlen wurden mit NaJ-Kristallzähler u. die Neutronen mit einem Zähler vom Bonner-Butler-Typ (C. **1953**. 7018) gemessen. (Physic. Rev. [2] **89**. 530. 15/1. 1953. Oak Ridge, Tenn., Oak Ridge Nat. Labor.) Conrad. 103

J. A. Harvey, *Unelastische Streuung von 7,7 MeV-Protonen.* (Sitzungsbericht.) Das unelast. Protonenspektr. wurde für eine Reihe von Elementen gemessen. Bei ^{40}Ca liegt das erste engeregte Niveau bei 3,8 MeV. Die Winkelverteilung ist fast isotrop in dem untersuchten Winkelbereich. Für das 1,38 MeV-Niveau in ^{24}Mg ist die Winkelverteilung energieabhängig. Die totalen Wirkungsquerschnitte liegen zwischen 200—500 mbarn mit Ausnahme von *V* mit 40 mbarn, was auf die niedrige (p, n)-Schwelle bei V zurückgeführt wird. (Physic. Rev. [2] **88**. 162. 1/10. 1952. MIT.) Gans. 103

Kiichi Kimura, Ryutaro Ishiwari, Masakatsu Sakisaka, Isao Kumabe, Sukeaki Yamashita und **Kōzō Miyake,** *Die Intensitätsverteilung langsamer Neutronen in $KMnO_4$-Lösungen. Die Erzeugung von radioaktivem Mangan durch Neutronenbestrahlung.* (Sitzungsbericht.) In einem Neutronengenerator (vgl. C. **1953**. **8774**) wurden Be(d, n)-Neutronen durch 340 keV-Deuteronen erzeugt. In einem die Quelle umgebenden, entweder mit W. (**I**) oder 5% ig. $KMnO_4$-Lsg. (**II**) gefüllten Tank wurde die Neutronendichte (N) als Funktion des Abstandes (R) von der Quelle gemessen. Als Indicator diente in beiden Fällen 5% ig. $KMnO_4$-Lösung. Die Neutronenverteilung war in Fall **I** u. **II** nahezu gleich, das Maximum der NR^2-Kurve lag bei R = 10 cm. Nach dreistd. Bestrahlung betrug die Ausbeute an Radio-Mn in 8 Liter $KMnO_4$-Lsg. ca. 1,5 μC. (Bull. Inst. chem. Res., Kyoto Univ. [Kagaku Kenkyusho Hokoku] **29**. Nr. 6. 68. Juni 1952. K. Kimura Labor. [Orig.: engl.]) Weigel. 103

Pierre Radvanyi, *Messung der Halbwertszeit von ^{79}Kr.* Die Aktivitätsabnahme von ^{79}Kr, das nach der Rk. ^{79}Br(d, 2 n) erhalten worden ist, wird über mehr als sechs Halbwertszeiten mit einer Ionisationskammer verfolgt, die mit einem Fadenelektrometer verbunden ist. Das akt. Kr wird nach der Lösungsmeth. von Brown u. Mitarbeitern (C. **1946**. I. 1811) unter Vakuumabschluß abgetrennt. Für die Halbwertszeit von ^{79}Kr wird ein Wert von $(34{,}5 \pm 0{,}2)$ Std. erhalten. (C. R. hebd. Séances Acad. Sci. **234**. 1275—77. 17/3. 1952.) Gerhard Schmidt. 103

Pierre Radvanyi, *Messung des Verhältnisses L-Einfang/K-Einfang von ^{79}Kr.* (Vgl. vorst. Ref.) Vf. mißt das Verhältnis von L-Einfang/K-Einfang für ^{79}Kr durch Auszählung der K-Auger-Elektronenbahnen u. der L-Auger-Elektronenbahnen in einer Wilson-Kammer zu $0{,}27 \pm 0{,}09$. Dieser Wert liegt wesentlich höher als der theoret. Wert für dieses Verhältnis von ca. 0,10. (C. R. hebd. Séances Acad. Sci. **235**. 428—30. 11/8. 1952.) Gerhard Schmidt. 103

Yoshiaki Uemura, Masateru Sonoda, Yoshio Saji, Shinjiro Yasumi, Yoshihide Ishjzaki und **Yoshihisa Ohno,** *Die durch die (Li—p)-γ-Strahlen ausgelöste (γ,n)-Reaktion* *von Silber.* (Sitzungsbericht.) Vff. beschießen ein Target aus metall. Li mit 460 keV-Protonen u. benutzen die dabei entstehenden γ-Strahlen für die Rkk. $^{107}Ag(\gamma, n)$ ^{106}Ag (I) u. $^{109}Ag(\gamma, n)^{108}Ag$ (II). Es werden die $T_{1/2}$-Werte 25,46 Min. u. 2,36 Min. für ^{106}Ag bzw. ^{108}Ag gemessen, die σ-Werte zu $1,86 \cdot 10^{-2}$ barn (II) u. $1,68 \cdot 10^{-2}$ barn (I) bestimmt. (Bull. Inst. chem. Res., Kyoto Univ. [Kagaku Kenkyusho Hokoku] **29.** Nr. 6. 66—67. Juni 1952. K. Kimura Labor. [Orig.: engl.]) WEIGEL. 103

D. D. Phillips, R. W. Davis und **E. R. Graves,** *Wirkungsquerschnitte bei unelastischem Stoß für 14 MeV-Neutronen.* Der Wirkungsquerschnitt für unelast. Stoß für 14 MeV-Neutronen wird für *B, C, N, Al, Fe, Cu, Cd, Au, Pb* u. *Bi* mit Hilfe von Schwellendetektoren (dünne Bänder aus ^{63}Cu, ^{27}Al u. ^{31}P in Messingzylinder u. GEIGER-Zählrohr) in einer kugelförmigen Schale aus der Streusubstanz bestimmt, wobei im Detektor die Rkk. $^{63}Cu(n, 2n)$ ^{62}Cu, $^{27}Al(n, p)$ ^{27}Mg u. $^{31}P(n, p)^{31}Si$ mit den Schwellenwerten von 11,5, 2,6 u. 1,4 MeV benutzt werden. Für Fe werden in Cu-, Al- u. P-Detektoren mittlere Querschnitte von 1,45 $\pm$0,02, 1,21 $\pm$0,03 bzw. 0,78 $\pm$0,03 barn ermittelt. Die σ-Werte werden durch die empir. Kurve $\sigma = \pi R^2$ mit $R = (2,5 \pm 1,1\ A^{1/3}) \cdot 10^{-13}$ cm gut wiedergegeben. Die Ergebnisse werden mit der Theorie von FESHBACH u. WEISSKOPF verglichen. (Physic. Rev. [2] **88.** 600—02. 1/11. 1952. Los Alamos, N. Mex., Univ. of California, Los Alamos Scient. Labor.) WERNER SCHULZ. 103

Elizabeth R. Graves und **Louis Rosen,** *Energieverteilung der Neutronen aus der Wechselwirkung von 14 MeV-Neutronen mit einigen Elementen.* (Vgl. C. **1953.** 3512.) Vff. bestimmen die Neutronenspektren aus der Wechselwrkg. von 14 MeV-Neutronen mit *C, Al, Fe, Cu, Zn, Ag, Cd, Sn, Au, Pb* u. *Bi.* Zur Messung wird die von PHILLIPS u. Mitarbeitern (vgl. vorst. Ref.) entwickelte Plattenmeth. in der Weise modifiziert, daß die zu untersuchende Substanz die Strahlenquelle an Stelle des Detektors umgibt. Die Neutronen werden aus dem Beschuß eines Zr–T-Targets mit 200 MeV-Deuteronen erhalten. Die Änderung von $F(E_n)$, der Anzahl der emittierten Neutronen pro Energieintervalleinheit, mit der Energie E_n folgt einer MAXWELLschen Verteilung im Bereich vom 0,5—4,0 MeV u. kann durch den Ausdruck $CE_n e^{-E_n/T} dE_n$ (T = Temperaturparameter) dargestellt werden. Für die oben angeführten Elemente wird der Neutronenfluß in Abhängigkeit von der Energie der auftreffenden Neutronen in Energiestufen von 0,5 MeV numer. angegeben. (Physic. Rev. [2] **89.** 343—48. 15/1. 1953. Los Alamos, N. Mex., Univ. of California, Los Alamos Scient. Labor.) GERHARD SCHMIDT. 103

L. B. Borst und **V. L. Sailor,** *Neutronenmessungen mit dem Kristallspektrometer von Brookhaven.* Ausführliche Darst. der C. **1953.** 5291 referierten Arbeit. An Ergebnissen werden folgende Energiewerte für die unterste Resonanzstufe einiger Elemente (in eV) mitgeteilt: *Ir* 0,654 $\pm$0,003; *Rh* 1,260 $\pm$0,004; *In* 1,458 $\pm$0,005; *Re* 2,16 $\pm$0,01; *Au* 4,93 $\pm$0,03 u. *Ag* 5,23 $\pm$0,04. (Rev. sci. Instruments **24.** 141—48. Febr. 1953. Upton, N. Y., Brookhaven Nat. Labor.) CONRAD. 103

Kiichi Kimura, Masakatsu Sakisaka und **Shôichi Miyashiro,** *Beschleunigungsrohr für Neutronenerzeugung.* (Sitzungsbericht.) Einzelheiten der Ionenquelle, der Elektroden u. des Vakuumsyst. des Beschleunigungsrohres für einen Linearbeschleuniger werden mitgeteilt. Ein Vorvers. (Beschuß von Be mit einem $\sim$340 keV-Deuteronenbündel von 120 μA) lieferte einen Neutronenstrom, der einer 1 g (Ra + Be)-Neutronenquelle äquivalent war. (Bull. Inst. chem. Res., Kyoto Univ. [Kagaku Kenkyusho Hokoku] **29.** Nr. 6. 67—68. Juni 1952. K. Kimura Labor. [Orig.: engl.]) WEIGEL. 112

John E. Evans, *Die Zwei-Plattenmethode zur Messung anisotroper schneller Neutronenspektren.* (Sitzungsbericht.) Durch Verwendung von zwei um 90° gegeneinander versetzten Kernphotoplatten lassen sich sowohl anisotrope als auch isotrope Neutronenspektren höherer Energie messen. Zwei monoenerget. Neutronengruppen mit 500 keV Energiedifferenz ergeben noch zwei unterscheidbare Maxima. (Physic. Rev. [2] **88.** 163. 1/10. 1952. Los Alamos Sci. Labor.) GANS. 112

Pierre Hubert, *Über die Theorie der β-Spektrometer bei Verwendung eines axialen gleichförmigen Magnetfeldes.* Hinweis auf einige experimentelle Bedingungen für Diaphragmen u. ausgedehnte Strahlenquellen im Zusammenhang mit den theoret. Betrachtungen von DU MOND u. PERSICO (Rev. sci. Instruments **3.** [1949.] 160 bzw. 191). (C. R. hebd. Séances Acad. Sci. **230.** 1464. 17/4. 1950.) GERHARD SCHMIDT. 112

J. Hershkowitz, H. P. Kallmann und **W. A. Schneider,** *Eine Koinzidenzmethode für die Untersuchung von Höhenstrahlen unter Verwendung von Scintillationen in Flüssigkeiten.* (Sitzungsbericht.) Es wurde eine Dreifachkoinzidenzteleskop entwickelt, das zwei Flüssigkeitssäulen u. einen Kristall als Scintillatoren verwendet. Hiermit werden Unterss. über die Energie einzelner Höhenstrahlteilchen ausgeführt. (Physic Rev. [2] **87.** 241. 1/7. 1952. New York Univ.) WIEDEMANN. 112

Čestmír Jech, *Indirekte Autoradiographie mit dem Scintillationszähler.* Die Kathodenplatte eines Funkenzählers (vgl. SAVEL, C. **1953.** 7465) wird mit einer dünnen hydrophoben Schicht aus Polystyrol oder Plexiglas überzogen. Etwa 3 mm über den Anodenfäden wird die zu untersuchende α-akt. Oberfläche angebracht u. 5 Min. exponiert. Beim Hauchen über die exponierte Kathode bilden sich an den Stellen, an denen durch die α-Teilchen hervorgerufene Funkenüberschläge aufgetreten sind, deutlich sichtbare, größere Wassertröpfchen. Auf diese Weise läßt sich schnell die Verteilung schwacher α-Quellen auf einer Oberfläche feststellen bzw. bei einer homogenen Quelle die Lage u. Funktion der Anodenfäden eines Funkenzählers kontrollieren. (C. R. hebd. Séances Acad. Sci. **236.** 482—84. 2/2. 1953.) EICHHOFF. 112

Pierre Cüer und **Jean-Pierre Lonchamp,** *Über die Dicke der Bahnspuren schwerer Kerne in Kernemulsionen.* An Hand einiger Beispiele wird gezeigt, daß die Beziehung von FREIER u. Mitarbeitern (vgl. C. **1950. I.** 1939), nach welcher die Ladung schwerer Kerne aus der „Zuspitzlänge" in Kernemulsionen berechnet wird, nicht gültig ist. Die Zuspitzung der Bahnspuren wird vielmehr durch die Verminderung der Zahl u. Länge der δ-Strahlen am Ende der Bahnspuren schwerer Teilchen hervorgerufen. Eine Unters. der Bahnspuren der ^{235}U-Spaltung bestätigt diese Hypothese. (C. R. hebd. Séances Acad. Sci. **236.** 70—72. 5/1. 1953.) EICHHOFF. 112

Olivier Rochat, *Übersicht über die photographische Methode in der Kernphysik.* 2. Mitt. (1. vgl. Ann. Guébhard-Séverine **23/24.** [1947/48] 59.) Zusammenfassende Darst. der photograph. Methoden zur Best. von Reichweite, Korndichte, Streuwinkel, Häufigkeit der δ-Strahlen, M. u. Impuls von geladenen Teilchen. Beschreibung von Höhenstrahlsternen, die Bldg. u. Eigg. von Mesonen, der Paarbldg. u. schweren Teilchen sowie der V-Teilchen mit ∼900—1300 m_e. (Ann. Guébhard-Séverine **25/26.** 69—86. 1949/1950. Bristol, H. H. Wills Phys. Labor.) EICHHOFF. 112

A_2. Optisches Verhalten der Materie.

Yvette Andrillat und **Henri Andrillat,** *Spektrophotometrische Untersuchung von BD 30° 3639 von 8750 bis 3670* Å. Im Spektr. des Kerns u. des gasförmigen Nebels des WOLF-RAYET BD 30° 3639 in dem Wellenlängenbereich 8750—3670 Å wurden eine PASCHEN-Serie von 8750—8203 Å, die BALMER-Reihe von H_α bis H_{25} 3670 Å, sowie zahlreiche Linien des O, C u. H II, die charakterist. für Sterne vom Typ WC sind, u. außerdem eine Reihe verbotener Nebellinien beobachtet. Ein photometr. Intensitätsvgl. der einzelnen Linien mit denen eines Vergleichssterns bei gleicher Wellenlänge erlaubte, den Stern in die Klasse WC 8 einzuordnen. (C. R. hebd. Séances Acad. Sci. **236.** 51—53. 5/1. 1953.) GOTTFRIED. 113

G. Cario und **U. Stille,** *Höhenbestimmung der in der Dämmerung leuchtenden atmosphärischen Natriumschicht.* Die 1941 in Braunschweig aufgenommenen Na-Spektren des Dämmerungsleuchtens in Zenit- u. Horizontrichtung werden angegeben, u. daraus der zeitliche Intensitätsverlauf der D-Linienemission festgelegt. Die Anregung des Na-Leuchtens ist ein Photoluminescenzeffekt durch das Sonnen-UV. Die obere Grenze des atmosphär. O_3 beträgt 54 ± 3 km, die obere Grenze des Na-Leuchtens 118 ± 2,5 km, die Dicke der Na-Leuchtschicht 11,5 ± 6,5 km. (Abh. braunschweig. wiss. Ges. **2.** 40—66. 1950.) D. HAHN. 113

Leo Goldberg, *Die Analyse der Sonnen- und Erdatmosphäre.* Einige im McMATH-HULBERT-Observatory bisher erzielte Untersuchungsergebnisse werden besprochen. Zur Unterstützung der Infrarotunterss. wurden im Labor. die Spektren verschied. Moll. aufgenommen, die in der Erdatmosphäre vorkommen, so hauptsächlich CH_4 u. N_2O. Im Zusammenhang damit wurde die vertikale Verteilung von CH_4 in der Erdatmosphäre untersucht. (Proc. Amer. Acad. Arts Sci. **79.** 238—53. Juli 1951. Univ. of Michigan, Mc Math-Hulbert Obs.) GOTTFRIED. 113

L. G. Parratt und **E. L. Jossem,** *Energieniveaus in KCl.* (Sitzungsbericht). Aus der Interpretation der Röntgenemissions u. Absorptionsspektren wurde geschlossen, daß unter dem besetzten 3 p-Band von K u. Cl diskrete besetzte „Ionisationsniveaus" u. unter dem Ionisationskontinuum leere „Anregungsniveaus" vorhanden sind. (Physic. Rev. [2] **85.** 729. 15/2. 1952; Bull. Amer. physic. Soc. **26.** Nr. 6. 33. 24/10. 1951. Cornell Univ.) KIRSCHSTEIN. 116

R. W. Johnston und **D. H. Tomboulian,** *Absorption von Beryllium in Nachbarschaft der K-Kante.* (Sitzungsbericht.) Die Absorption von metall. Be-Spiegeln, die auf Zapondrahtnetz aufgedampft wurden, wurde von 70—250 Å gemessen (vgl. PELL u. TOMBOULIAN, C. **1949.** E. 361). Die Absorptionskurve zeigt eine scharfe K-Kante bei 110 Å, eine intensive Bande bei ca. 100 Å u. eine sek. Struktur auf der kurzwelligen Seite der K-Kante. Diese Beobachtungen stimmen mit den Massenabsorptionskoeffizienten überein. Die Absorption von BeO ist von 70—250 Å mit der für metall. Be gemessenen identisch. (Physic. Rev. [2] **86.** 587—88. 15/5.; Bull. Amer. physic. Soc. **27.** Nr. 1. 12—13. 31/1. 1952. Cornell Univ.) D. Brück. 116

Curtis J. Humphreys, *Die sechste Serie im Wasserstoffspektrum.* In einer wassergekühlten Entladung (640 mA, 5000 V) in H_2 (mit zuströmendem Wasserdampf zwecks Unterdrückung des H_2-Spektr.) wird bei geeigneter Betrachtung durch ein Steinsalzfenster das erste Glied der sechsten Serie (6 h^2H^0—7 i^2 I) im Spektr. von H bei 12,37 μ beobachtet. Die Intensität der neuen Linie ist ca. $^1/_6$ der der Pfund-Linie bei 7,46 μ. (J. opt. Soc. America **42.** 432. Juni 1952. Corona, Calif., Nat. Bur. of Stand.) Rudolph. 118

M. Hults und **S. Mrozowski,** *Verbotene Linien im Spektrum von Sb I und As I.* (Sitzungsbericht.) Die Spektren von Bi I (vgl. C. **1946.** I. 1363), As I u. Sb I wurden durch Hochfrequenzoscillation angeregt. Unter den optimalen Bedingungen z. B. in Bezug auf den Dampfdruck des Metalls, wurde fallende Intensität der entsprechenden Linien in der Reihe Bi I, Sb I u. As I gefunden. Die Linien der „multipolen" Übergänge u. ihre Hyperfeinstruktur von Sb I u. As I werden besprochen. (Physic. Rev. [2] **86.** 587. 15/5.; Bull. Amer. physic. Soc. **27.** Nr. 1. 12. 31/1. 1952. Univ. of Buffalo.) D. Brück. 118

Howard D. Goldgraber, *Termwerte von Mn III.* (Sitzungsbericht.) Da bei der Berechnung der Termwerte von Mn III große Abweichungen gegenüber den Messungen auftreten, wurde eine Korrektur L(L + 1) in die Berechnung eingeführt, die die Abweichung wesentlich verringert. Zur Berechnung wurden die gemessenen Sextetts u. Quartetts der 3 d^5-Konfiguration benutzt. (Physic. Rev. [2] **86.** 587. 15/5.; Bull. Amer. physic. Soc. **27.** Nr. 1. 12. 31/1. 1952. Pennsylvania Univ.) D. Brück. 118

G. Herzberg und **D. A. Ramsay,** *Absorptionsspektren von freien NH_2-Radikalen.* (Sitzungsbericht.) Inhaltlich ident. mit der C. **1953.** 8 referierten Arbeit. (Physic. Rev. [2] **86.** 587. 15/5.; Bull. Amer. physic. Soc. **27.** Nr. 1. 12. 31/1. 1952. Nat. Res. Council of Canada.) D. Brück. 118

Karl-Heinz Hellwege, *Ionen Seltener Erden als optische Sonden in Kristallen.* Beobachtungen an den Absorptionsspektren von Ionen der Seltenen Erden (SE) in Kristallen von $Tb(BrO_3)_3 \cdot 9\,H_2O$ u. $Pr_2Zn_3(NO_3)_{12} \cdot 24\,H_2O$ bei 14° K werden mitgeteilt. Beim Pr–Zn-Kristallnitrat überlagert sich das gesamte Spektr. der äußeren Gitterschwingungen über eine Absorptionslinie des Pr^{3+}-Ions. Es zeigt sich, daß Elektronenbewegung u. Schwingung nicht vollständig separiert sind. Die inneren Schwingungen der NO_3-Ionen überlagern sich einer Absorptionslinie des SE-Ions. Die Schwingungen eines freien NO_3-Ions spalten im Kristall wegen der Verringerung der Eigensymmetrie u. wegen der Kopplung der verschied. NO_3-Ionen in einer Gitterzelle auf. Die reinen Elektronensprunglinien zeigen eine sogenannte Kristallhyperfeinstruktur, die vom Reinheitsgrad des Kristalls abhängt u. deshalb auf Resonanzwechselwrkg. zwischen verschied. gleichartigen SE-Ionen zurückgeführt wird. Da nicht alle Ionen von SE gleich stark mit ihrem umgebenden Gitter in Wechselwrkg. treten, sind z. B. die mit dem Gitter nur schwach gekoppelten Eu-Ionen als Sonden für stat. Struktureffekte geeignet. Pr-Ionen sind sehr empfindlich gegen Gitterbeeinflussungen. Sie können für Aussagen über dynam. Effekte, wie chem. Bindung zwischen den Ionen u. ihren Gitternachbarn oder Wechselwrkg. der Ionen untereinander herangezogen werden. (Gazz. chim. ital. **82.** 468—75. Juli/Sept. 1952. Göttingen, Univ., II. Physik. Inst.) Schöttler. 118

M. Becker, H. Y. Fan und **K. Lark-Horovitz,** *Infrarotabsorption von mit Nucleonen beschossenem Silicium.* 1. Mitt. (Sitzungsbericht.) Nach Beschuß mit Neutronen oder Deuteronen traten in Si folgende Erscheinungen auf: Bei 1,75 μ ist eine schmale Absorptionsbande zu beobachten, die sich bei abnehmender Temp. nach kürzeren Wellenlängen verschiebt (bei 100° K 1,65 μ); die Absorption bei größeren Wellenlängen wird stark herabgesetzt; die Absorptionskante verschiebt sich zu größeren Wellenlängen. Der spezif. Widerstand erreichte Werte von $10^5\ \Omega \cdot$cm. (Physic. Rev. [2] **85.** 730. 15/2. 1952; Bull. Amer. physic. Soc. **26.** Nr. 6. 34. 24/10. 1951. Purdue Univ.) Kirschstein. 120

H. Y. Fan, *Infrarotabsorption von mit Nucleonen beschossenem Silicium.* 2. Mitt. (1. vgl. vorst. Ref.) (Sitzungsbericht.) Die neu beobachtete Absorptionskante ist durch Elektronenübergänge zwischen diskreten Niveaus in der verbotenen Zone verursacht; es handelt sich um Löcher- u. Elektronenfallen. Die Verschiebung der Absorptionskante wird mit zusätzlichen Gitterstörungen erklärt. (Physic. Rev. [2] **85.** 730. 15/2. 1952; Bull. Amer. physic. Soc. **26.** Nr. 6. 34. 24/10. 1951.) Kirschstein. 120

D. H. Whiffen, *Rotationsspektren.* Zusammenfassende Übersicht der neueren Ergebnisse über die Unters. der reinen Rotationsspektren sowohl für Gase als auch für kondensierte Systeme, sowie für die Inversionsspektren. Bes. wird auf die Arbeiten im Mikrowellengebiet (0,5—5 cm Wellenlänge) hingewiesen, mit ihrer Bedeutung für die Best. von genauen Trägheitsmomenten, Bindungsabständen, Isotopenmassen, Dipolmomenten, Kernspins u. Quadrupolmomenten, innermol. elektr. Feldern u. Meßzahlen. (Quart. Rev. [chem. Soc., London] **4.** 131—52. 1950. Oxford, Univ.) WISSEROTH. 120

J. T. Massey und **D. R. Bianco,** *Mikrowellenabsorptionsspektrum von H_2O_2.* (Sitzungsbericht.) Es werden 4 Absorptionslinien des H_2O_2 bei 14830, 22050, 27638 u. 35912 MHz aufgefunden u. deren STARK-Effekt untersucht. Es wird auf eine nichtebene Struktur des Mol. geschlossen. (Physic. Rev. [2] **85.** 717—18. 15/2. 1952; Bull. Amer. physic. Soc. **26.** Nr. 6. 21—22. 24/10. 1951. Johns Hopkins Univ.) RUMPF. 121

H. L. Robinson, *Beugungsdiagramme in kreisförmigen Aperturen mit einem Durchmesser kleiner als eine Wellenlänge.* Es wurden mit 16 u. 32 cm-Mikrowellenmessungen der Beugungsdiagramme von kreisförmigen Aperturen mit Durchmessern von 0,2 bis 1,0 Wellenlängen durchgeführt, wenn eine eben polarisierte elektromagnet. Welle senkrecht auf sie einfiel. Die Intensität der Strahlung relativ zu der des ungestörten Strahls wurde an mehreren Punkten entlang der elektr. u. magnet. Durchmesser der Aperturen bestimmt. Die Ergebnisse stimmen nicht mit den Berechnungen auf der Grundlage der YOUNGschen Theorie überein. Gegenüber der obigen Theorie wurde eine scharfe Intensitätszunahme an den Enden des elektr. Durchmessers beobachtet u. ferner trat ein Intensitätsmaximum an den Mitten der Aperturen nahe dem Durchmesser von ½ Wellenlänge auf. Dies letztere Maximum läßt sich qualitativ durch mehrfache Reflexion von den Kanten nahe den Enden des magnet. Durchmessers erklären. (J. appl. Physics **24.** 35—38. Jan. 1953. Albany, N. Y., State Coll. for Teachers, Dep. of Phys.) GOTTFRIED. 121

W. Hübner, *Zur Anwendung der Vierpoltheorie auf die Maxwellschen Gleichungen. Analogiebetrachtungen im Hinblick auf optische Probleme.* Zwecks Erleichterung der Anwendung der Vierpoltheorie für die rechner. Behandlung opt. Probleme, bei denen sich die MAXWELLschen Gleichungen entsprechend umformen lassen, werden Wesen u. Vorteile der Vierpoltheorie zusammenfassend behandelt. Es wird auf Analogien u. charakterist. Unterschiede bei den speziellen Vierpolgleichungen der elektr. Doppelleitung einerseits u. den Gleichungen des elektromagnet. Feldes für die ebene Welle andererseits hingewiesen. Für das prakt. Beispiel reflexionsmindernder bzw. -erhöhender Doppelschichten wird mit Hilfe der gewonnenen Gleichungen ein Rechenschema angegeben. (Optik **7.** 128—46. Sept. 1950. Weida, Deutsch. Amt. für Maße u. Gewichte.) RUDOLPH. 122

M. v. Laue, *Lichtschwebungen.* Vf. zeigt, daß zwischen Lichtschwebungen u. Lichtinterferenzen kein Wesensunterschied besteht. Wie ferner durch relativist. Überlegungen gezeigt wird, ist die Formulierung als Schwebungen oder als Interferenzen lediglich eine Frage des benutzten Bezugssystems. Das gilt auch für eine endliche spektrale Breite jeder opt. Strahlung, sofern die Wellen kohärent sind. Daß der ZEEMAN-Effekt u. andere Aufspaltungen der Spektrallinien keine Schwebungserscheinungen geben, läßt sich auf die Inkohärenz der Komponenten zurückführen. (Optik **7.** 125—27. Sept. 1950. Göttingen, Max-Planck-Inst. für Phys.) RUDOLPH. 122

P. Horn und **H. Benoit,** *Experimentelle Untersuchung des von anisotropen Stäbchen gestreuten Lichtes.* Durch Unters. einer Suspension von *Tabakmosaikvirus* wird die Diffusionstheorie (vgl. HORN, BENOIT, OSTER, C. **1953.** 1440) bestätigt. Aus dem beim Diffusionswinkel Null extrapolierten Depolarisationsfaktor wird die Anisotropie δ zu $+0{,}3$ bestimmt. Beim Vgl. der Winkelverteilungen der verschied. Komponenten mit der theoret. Kurve erhält man mit L = 2300 Å für die Länge der Stäbchen eine zufriedenstellende Übereinstimmung. Gleiche Messungen an einer *Thymonucleinsäure* in 1 mol. NaCl-Lsg. liefern die Werte $\delta = -0{,}15$ u. L = 2000 Å. (J. Polymer Sci. **10.** 29—37. Jan. 1953. Strasbourg, Centre d'Études de Phys. Macromol.) EICHHOFF. 122

J. L. Lauer, *Eine Korrektur für die Lichtabsorption bei Fluorescenz- und Streulichtmessungen.* (Vgl. C. **1952.** 418.) Korrektur des bei Fluorescenz- u. Streulichtmessungen durch Eigenfärbung absorbierten Lichtes unter einfachen Bedingungen. (J. opt. Soc. America **41.** 482—83. Juli 1951. Norwood, Pa., Sun Oil Co.) SCHLEGEL. 122

Zalán Bodó, *Messung der Ultraviolettabsorption fluorescierender Pulver mittels ihrer diffusen Reflexion.* Mit Hilfe des früher (C. **1953.** 808) beschriebenen Verf. werden die Absorptionskoeffizienten (AK) verschied. fluorescierender Pulver bei 2537 u. 3650 Å ermittelt. Für *Willemit* (60% ZnO, 40% SiO_2) mit variierendem Mn- u. Fe-Geh. wird für die Abhängigkeit des AK bei 2537 Å von den Gewichtskonzz. C die Beziehung μ/cm $= 20 + 600\, C_{Mn} + 1200\, C_{Fe}$ gefunden. Bei 3650 Å gilt die Regel $\mu/\text{cm} = 10 + 10\, C_{Mn} + 620\, C_{Fe}$. Der AK von *Halophosphaten* mit Sb- u. Mn-Gehh. ist bei ersterer Wellenlänge eine lineare Funktion des Sb-Geh., Mn absorbiert nicht: μ/cm = 59 + 320 C_{Sb}. Bei 3650 Å dagegen absorbiert Mn stärker als Sb: μ/cm = 5 + 4,6 C_{Sb} + 10 C_{Mn}. Die Absorption des Wirtsgitters ist in beiden Fällen klein. Während die AK des Willemits u. der Halophosphate temperaturunabhängig sind, wird für Mn-aktiviertes *Cd-Borat* eine beträchtliche Abhängigkeit zwischen 100 u. 300° gefunden. (Acta physica Acad. Sci. hung. **2.** 5—11. 1952. Budapest, Res. Labor. Telecommunicat.) SCHÖTTLER. 125

Elemér Nagy, *Temperaturabhängigkeit der Willemit-Luminescenz.* (Vgl. C. **1953.** 650.) An Willemiten mit 0,001—5% Mn-Geh. u. 0,001—1% Fe-Geh. wird für die Temperaturabhängigkeit der Luminescenz an Stelle des früher angegebenen Ausdrucks die modifizierte Form $\eta = A \cdot (1 + C_1 \exp. -E_1/kT + C_2 \exp. E_2/kT)^{-1}$ gefunden, wobei der Einfl. des zweiten Exponenten erst oberhalb 600° K in Erscheinung tritt. Zwischen den Aktivierungsenergien E u. den Konstanten C scheint die Beziehung log C = a + bE zu bestehen, die auch für *Zn(Mn, Fe)-Silicate, ZnO, ZnS·Cu* u. *ZnS·Ag·Co* als gültig angenommen wird. (Acta physica Acad. Sci. hung. **2.** 89—92. 1952. Budapest, Res. Labor. Telecommunication.) SCHÖTTLER. 125

E. H. Belcher, *Die Luminescenz von bestrahlten lichtdurchlässigen Medien und der Čerenkov-Effekt.* 1. Mitt. *Die Luminescenz wässeriger Lösungen von radioaktiven Isotopen.* Ausführliche Darst. der C. **1953.** 6416 referierten Arbeit. (Proc. Roy. Soc. [London], Ser. A **216.** 90—102. 7/1. 1953.) RUDOLPH. 125

G. T. Reynolds und **F. B. Harrison.** *Scintillationseigenschaften von Lösungen.* (Sitzungsbericht.) Systemat. Unters. der Konzentrationswrkg. der Lsg. u. der Emissionsspektren verschied. Lösungen. Terphenyl in m-Xylol, p-Xylol oder thiophenfreiem Bzl. liefert Ausschläge von ca. 40% der Höhe von Anthracenausschlägen bei Beobachtung mit einem 5819-Photomultiplier. (Bull. Amer. physic. Soc. **25.** Nr. 4. 14. 21/6.; Physic Rev. [2] **80.** 129. Okt. 1950. Princeton Univ.) GERHARD SCHMIDT. 125

A_3. Elektrizität. Magnetismus. Elektrochemie.

Giuseppe Trinchieri, *Statische Elektrizität und „Antistatica“.* Überblick: Begriff der stat. Elektrizität; ihre Ausbldg.; Mittel zur Verhinderung der Ausbldg. u. Ansammlung der stat. Elektrizität; zeitlich begrenzt wirkende u. dauernd wirkende „Antistatica“. (Tinctoria [Milano] **50.** 51—54. Febr. 1953.) R. K. MÜLLER. 130

Helmut Böcker, *Über die Minimalspannung und den Entladungsvorgang beim Überschlag mit Wechselspannung in feuchter Druckluft.* Messungen zur Best. der Überschlagsspannung wurden an zylindr. Proben (Glas) von 0,6—3 cm Länge zwischen den Elektroden einer Plattenfunkenstrecke in mit Wasserdampf gesätt. Druckluft bis zu 24 at_{abs} durchgeführt. Die bei wachsender relativer Feuchtigkeit sinkende Überschlagsspannung führt zu der von RITZ (Arch. Elektrotechn. **26.** [1932.] 58) definierten Minimalspannung. Die Verss. bei geringer Feuchtigkeit u. vergleichende Durchschlagsmessungen an einer Spitze–Platte-Funkenstrecke geben über den Entladungsvorgang bei Überschlag in Druckluft Aufschluß. (Arch. Elektrotechn. **40.** 37—44. 1950. Mannheim.) KÖHN. 131

Wilhelm Fucks, *Rückwirkung und Ähnlichkeitsbetrachtungen bei der Zündung der elektrischen Gasentladung.* Als Verbesserung der TOWNSEND-Theorie verlangt eine vollständige Zündtheorie (ebenes Problem, isotherm) die Berechnung von Zündspannung u. -strom als Funktion von Gasdruck, Elektrodenabstand u. Fremdstrom. Unter Berücksichtigung der verschied. Arten der Rückwrkg. (Wechselwrkg. positiver Ionen mit der Kathode; lichtelektr. Effekt; metastabile Atome) wird das Verh. der Zündspannung untersucht u. Ähnlichkeitsbedingungen für die Zündung mit Fremdionisierung abgeleitet. (Arch. Elektrotechn. **40.** 16—30. 1950. Aachen, TH, Phys. Inst.) KÖHN. 131

André Boulloud, *Der Zündmechanismus des elektrischen Funkens in komprimierten Gasen.* Vf. nimmt an, daß zur Klärung der Lichtbogenentstehung in komprimierten Gasen die Theorien von TOWNSEND oder MEEK nicht nötig seien, wenn man die dunklen Vorströme auf Feldemission zurückführt u. nur den Feldemissionsmechanismus in Betracht zieht. Zumindest qualitativ sei eine Übereinstimmung mit den Messungen vorhanden. (C. R. hebd. Séances Acad. Sci. **233.** 932—34. 22/10. 1951.) PIEPLOW. 131

R. H. Johnson und **D. E. H. Jones,** *Abklingen des Lichtes von Funkenentladungen bis zu kleinsten Beträgen.* Das Abklingen der Lichtemission von Hochstromimpulsentladungen (10 kV, 6000 A, 1—9 μSek. Impulsdauer) in ruhender u. schnell strömender Luft sowie in W. bei Drucken bis zu 60 at zwischen Stahl- u. Al-Elektroden wird bis zu Intensitätsabnahmen größer als 10^{-8} verfolgt. Bei Luft klingt das Leuchten in den ersten 100 μSek. sehr rasch um den Faktor 10^7—10^8 ab, während anschließend ein Leuchten mit sehr geringem Abfall bis über 600 μSek. beobachtet wird. Bei W., für das der Lichtabfall ähnlich ist, wird der Anfangsabfall der Intensität bei Druckerhöhung stark beschleunigt. Das schwache, langandauernde Nachleuchten ist möglicherweise auf eine nach dem Entladungsstoß andauernde Elektronenemission aus der Kathode zurückzuführen. (Nature [London] **170.** 669—70. 18/10. 1952. Worcs, Malvern, Radar Res. and Developm. Establ.) RUDOLPH. 131

G. Glaser, *Zur Lichtemission stromstarker Funkenentladungen.* Die opt. Ausbeute wird durch den Funkenwiderstand, der Spektralcharakter durch die Funkendauer bestimmt. Zunehmende Funkendauer ergibt Verschiebung nach längeren Wellenlängen. Die spektrale Strahlungsstärke bei *Ar* ergibt am Anfang der Entladung ein Kontinuum (Elektronenbremsspektr.), das um so ausgeprägter ist, je höher Druck u. Spannung u. je kleiner die Selbstinduktion ist. Dagegen zeigt die Strahlungsdichte S, daß die Strahlung höchstens am Anfang der Entladung u. in der Funkenmitte, wenn S ein Maximum ist, quasischwarz sein kann. Das Linienspektr. des Füllgases ist um so deutlicher, je geringer die Elektronen- u. Ionendichte ist. Die opt. Ausstrahlung ($>10^{-7}$ Sek.) ist bes. bei kurzer Entladung träger als der Ablauf der Entladung. Wegen der endlichen Ausbreitungszeit der Strahlungsdiffusion ist die Strahlung der äußeren Teile des Funkens zeitlich verzögert. Die maximale Strahlungsstärke u. die maximale Strahlungsdichte sind bis zu Schwingungen von einigen 10^{-6} Sek. proportional 1/T u. streben wegen der endlichen opt. Funkendauer für $T \rightarrow 0$ je einem Grenzwert zu. *Kr, Xe,* N_2, CO_2 u. *Hg*-Dampf verhalten sich ähnlich wie Ar. Die opt. Ausbeute von N_2 u. CO_2 ist kleiner als bei den Edelgasen, die sich zur Erreichung eines intensiven Kontinuums bes. gut eignen. Die opt. Ausbeute von H_2 ist wesentlich kleiner als die der übrigen Gase. (Optik **7.** 33—53. Juli. 61—90. Aug. 1950. Stuttgart.) F. W. KRÜGER. 131

O. Koch, *Bemerkungen zur Arbeit von G. Schmitz, Zur Breite der wandstabilisierten Bogenentladung.* Vf. bemängelt, daß in den Unterss. von SCHMITZ (C. **1950.** II. 503) konstantes Wärmeleitvermögen u. eine zu hohe Achsentemp. vorausgesetzt seien; diese u. andere Umstände machten eine Eichung des Leistungsmaßstabes illusorisch. (Z. Physik **128.** 180—82. 1950. Darmstadt, TH, Phys. Inst.) PIEPLOW. 131

Georg Schmitz, *Erwiderung zu der vorstehenden Bemerkung von O. Koch.* (Vgl. vorst. Ref.) Es ist erlaubt, das Wärmeleitvermögen konstant anzusetzen, wenn der Zahlenwert so gewählt wird, daß die Messungen über die Gesamtstrahlung eines Bogens quantitativ wiedergegeben werden. Die Diskrepanzen zwischen berechneter u. gemessener Achsentemp. erhärten die Tatsache einer Unabhängigkeit der Kanalbreite von der Achsentemperatur. Im übrigen sind in der Kritik von KOCH nicht die richtigen Voraussetzungen berücksichtigt. (Z. Physik **128.** 183—84. 1950. Aachen.) PIEPLOW. 131

O. T. Fundingsland, A. C. Faire und **A. J. Penico,** *Eine Mikrowellenmethode zur Messung der mittleren Energieübertragung pro Zusammenstoß und die Geschwindigkeitsabhängigkeit des Zusammenstoßwirkungsquerschnitts für langsame Elektronen in Gasen.* (Sitzungsbericht.) Vff. änderten die früher von PHELPS, FUNDINGSLAND u. BROWN (vgl. C. **1953.** 1290) beschriebene Meth. zur Best. der Zusammenstoßwahrscheinlichkeit für Momentübertragung langsamer Elektronen in Gasen dahingehend ab, daß auch Modulierung der Elektronenenergie eingeschlossen ist. Vorläufige Ergebnisse mit dieser Meth. wurden für *Ne, He, Ar* u. N_2 erhalten. (Physic. Rev. [2] **89.** 337. 1/1. 1953. Cambridge, Air Force Res. Center.) GOTTFRIED. 131

H. Neuert, *Massenspektrometrische Bestimmung des Ionisierungspotentials von schwerem Ammoniak* ND_3. Mit einem Massenspektrometer der ATLASWERKE, Bremen, wurden die Ionisierungspotentiale von ND_3, ND_2H u. NH_3 nach der Meth. der Extrapolation des geradlinigen Teils der Ionisierungskurve bestimmt. Das Füllgas bestand zu 50% aus ND_3, im übrigen aus den weniger schweren Moll. des Ammoniaks. Die Differenzen zwischen den Ionisierungspotentialen ergaben bei jeder Maßreihe immer die gleichen Werte: ND_3-NH_3 = 0,22 ±0,05 V bzw. ND_2H-NH_3 = 0,17 ±0,04 V. Unter Zugrundelegung des von MANN u. Mitarbeitern (C. **1941.** I. 1519) gemessenen Absolutwertes von 10,5 ±0,1 V für das Ionisierungspotential von NH_3 ergeben sich daher für die Ionisierungspotentiale von ND_3 u. ND_2H die Werte 10,72 ±0,04 bzw. 10,67 ±0,04 V. (Z. Naturforsch. **7a.** 293—94. März/April 1952. Hamburg, Physikal. Staatsinst.) CONRAD. 131

H. Neuert und **H. Clasen,** *Massenspektrometrische Untersuchung von* SH_2, SeH_2, PH_3, SiH_4 *und* GeH_4. (Vgl. vorst. Ref.) Vff. haben mit einem Massenspektrometer der ATLASWERKE bei 100 V Elektronenenergie die Massenspektren von SH_2, SeH_2, PH_3, SiH_4 u. GeH_4 aufgenommen u. mit den bekannten Massenspektren von H_2O, NH_3 u. CH_4 verglichen. Aus der Zusammenstellung der isotop. korr. relativen Häufigkeiten der Ionensorten jeder der 3 Molekülarten (XH_2, XH_3 u. XH_4) ergibt sich, daß die Dissoziationswahrscheinlichkeiten mit der Molekülmasse ansteigen, wie das aus dem chem. Verh. zu erwarten ist. In analoger Weise wurden die krit. Potentiale (= Ionisierungspotential des Mol. sowie Erscheinungspotential der Fragmentionen) gemessen u. miteinander verglichen, wobei sich Übereinstimmung mit den spektroskop. gemessenen Ionisierungspotentialen ergab. Die krit. Potentiale zeigen für jede Ionensorte eine stetige Abnahme mit der Molekülmasse. (Z. Naturforsch. **7a.** 410—16. Juni 1952.) CONRAD. 131

W. R. Cook jr. und **Hans Jaffe,** *Ferroelektrizität in Oxyden mit Fluoritstruktur.* Röntgenunterss. an $Cd_2Nb_2O_7$, das bei 1150° hergestellt war, ergaben eine flächenzentrierte kub. Struktur mit der Gitterkonstante 5,185 ± 0,003 Å. Das gefundene Bild kann gedeutet werden durch die Annahme, daß in der Mol. die *O*-Atome statist. 7 der 8 Anionenplätze einnehmen u. die *Nb*- u. *Cd*-Atome statist. über die Kationenplätze verteilt sind. Die O–O-Abstände (2,59 Å) sind ungewöhnlich klein. Die aus der Gitterkonstante berechnete D. beträgt 6,24; direkte Messungen ergaben 5,89. Die von WAINER u. WENTWORTH (C. **1953.** 6338) gefundene hohe DK. wurde bestätigt. Bei Zimmertemp. betrug sie bei einer auf 1300° erhitzten Probe 450, sie stieg an auf eine Spitze (2850) bei —103°, dem CURIE-Punkt. Messungen der Hystereseschleife bei —196° ergaben, daß dieser Stoff unterhalb des CURIE-Punktes ferroelektr. ist. Die analoge, bisher noch nicht untersuchte Verb. $Pb_2Nb_2O_7$ besitzt bei Zimmertemp. eine DK. von 110 u. einen dielektr. Verlustfaktor von 0,004 bei 100 kHz. Die DK. steigt mit fallender Temp. von 80 bei 400° auf 245 bei —196° mit Andeutungen eines CURIE-Punktes bei einer noch etwas niedrigeren Temperatur. Röntgenunterss. am $Pb_2Nb_2O_7$ ergaben eine gestörte Fluoritstruktur mit rhomboedr. Struktur (a_0 = 5,285 ± 0,003 Å, α = 89°15′). Auch hier sind keine Andeutungen einer Überstruktur zu bemerken. Bedeutungsvoll ist, daß Ferroelektrizität auch in einer einfachen Strukturart auftreten kann, was bisher nicht erwartet wurde. (Physic. Rev. [2] **88.** 1426. 15/12. 1952. Cleveland, O., Brush Developm. Co.) v. HARLEM. 132

H. W. Schamp jr., *Anionenselbstdiffusion und elektrische Leitfähigkeit in Natriumbromid.* (Sitzungsbericht.) Auf einen NaBr-Einkristall wurde eine dünne, radioakt. Br enthaltende NaBr-Schicht aufgedampft. Nach Erhitzen wurde durch Zerschneiden des Kristalls festgestellt, bis zu welcher Tiefe das Br hineindiffundiert war. Es ergab sich der Diffusionskoeff. D_{Br} $50 \cdot e^{-2,02/kT}$ cm²/Sek. (oberhalb 450°), während man aus der Leitfähigkeit $D = 4,36 \cdot e^{-1,66/kT}$ berechnet. Das Verhältnis D_{Br}/D wird als Maß für die Transportzahlen angesehen. (Physic. Rev. [2] **85.** 729. 15/2. 1952; Bull. Amer. physic. Soc. **26.** Nr. 6. 33. 24/10. 1951.) KIRSCHSTEIN. 135

E. Burstein, J. J. Oberly und **J. W. Davisson,** *Die Wirkung von Druck auf die Lage des F-Bandes in Alkalihalogeniden.* (Sitzungsbericht.) Durch Drucke bis zu 2000 at wurde in *NaCl, KCl* u. *KJ* die Lage des F-Bandes stärker verschoben, als man nach der Änderung der Gitterkonstanten erwarten sollte. Vermutlich können die Alkaliionen in die Fehlstelle, in der sich ein Elektron statt eines Cl^--Ions befindet, weiter eindringen. Rechnungen scheinen diese Vorstellung zu bestätigen. (Physic. Rev. [2] **85.** 729. 15/2. 1952; Bull. Amer. physic. Soc. **26.** Nr. 2. 33. 24/10. 1951. Naval Res. Labor.) KIRSCHSTEIN. 135

G. W. Curl und **G. C. Danielson,** *Gleichrichtereffekte in Diamant.* (Sitzungsbericht.) Kurze Mitt. über die Beobachtung, daß Diamantzähler u. photoleitende Diamantproben Punktkontaktgleichrichtung aufwiesen, bes. wenn der Kristall die positive Elektrode ist. (Physic. Rev. [2] **85.** 729—30. 15/2. 1952; Bull. Amer. physic. Soc. **26.** Nr. 6. 33—34. 24/10. 1951. Iowa State Coll.) KIRSCHSTEIN. 135

Werner Koch, *Über eine einfache Darstellung des Selen-Sperrschicht-Mechanismus vom Standpunkt seiner wichtigsten experimentellen Grundlage.* Es wird eine Darst. des Gleichrichtermechanismus gegeben, aufbauend auf der Ausbldg. einer elektr. Doppelschicht bei der Berührung zweier Körper. Zur quantitativen Behandlung dieser Vorgänge wird die POISSONsche Differentialgleichung herangezogen. Im einzelnen liegen die Verhältnisse bei den Se-Gleichrichtern wesentlich komplizierter als auf Grund dieser einfachen Darst. zu erwarten ist. So muß man gewisser Beobachtungen wegen annehmen, daß die Störstellen im Se eine gewisse Beweglichkeit haben u. daß außerdem eine Diffusion von Metallionen aus der Sperrelektrode in das Se hinein stattfindet. Vor allem hierdurch bildet sich eine für irreversible Alterungserscheinungen vorwiegend verantwortliche Selenidschicht zwischen Metall u. Se aus. Schließlich wird die Frage erörtert, warum die Sperrwrkg. von Gleichrichtern bei sehr hohen Sperrspannungen verschwindet. (Forsch. u. Fortschr. **26.** Sonderheft 3. 15—17. Aug. 1950. Belecke/Möhne, AEG-Gleichrichterlabor.) H. W. LEVI. 135

Siegfried Poganski, *Über die Zwischenschicht bei Selengleichrichtern.* Es werden die Fragen untersucht, warum nur wenige *Cd-Legierungen* im Kontakt mit Se eine wirksame u. stabile Sperrschicht ergeben u. warum die Art, wie das Metall auf das Se aufgebracht wird, von so erheblichem Einfl. auf die Sperreigg. ist. Zwischen Se u. Metall bildet sich von selbst eine Zwischenschicht aus, die im Falle des Cd–Se im Laufe einiger Tage einem Grenzwert der Dicke von $1 \cdot 10^{-5}$ cm zustrebt. Bei Temperaturerhöhung oder Anlegen eines elektr. Feldes in Sperrichtung nimmt die Wachstumsgeschwindigkeit stark zu, ohne daß sich der Grenzwert der Schichtdicke wesentlich ändert. Werden *Bi*-Elektroden im Vakuum auf das Se aufgedampft, so nehmen mit wachsender Dicke der Zwischenschicht die Schleusenspannung u. der Sperrschichtwiderstand ab. Die Sperreigg. verschwinden nahezu vollständig, wenn durch mehrstd. Tempern bei 210° das Bi restlos in Bi_2Se_3 umgewandelt wird. Wird die Bi-Elektrode nicht im Vakuum aufgedampft, sondern an der Luft aufgespritzt, so nehmen Schleusenspannung u. Sperrschichtwiderstand mit wachsender Zwischenschichtdicke monoton zu. Auch der Verlauf der Kennlinie zeigt charakterist. Unterschiede gegenüber dem Fall der aufgedampften Bi-Elektrode. Zur Deutung dieses Verh. wird angenommen, daß die Bi_2Se_3-Zwischenschicht bei aufgedampfter Bi-Elektrode weder ein ausgeprägter Überschuß- noch ein ausgesprochener Defekthalbleiter, bei aufgespritzter Elektrode dagegen ein Überschußhalbleiter mit einer Se ähnlichen Störstellendichte ist, so daß in diesem Fall zwei hintereinandergeschaltete Sperrschichten wirksam werden. (Forsch. u. Fortschr. **26.** Sonderheft 3. 17—18. Aug. 1950. Belecke/Möhne, AEG-Gleichrichterlabor.) H. W. LEVI. 135

Arnulf Hoffmann, *Über den Mechanismus des Thallium-Einflusses auf Selengleichrichter.* Es werden zwei Verff. zur Herst. von Se-Gleichrichtern mit Tl-haltiger Deckelektrode beschrieben. Bei dem ersten Verf. wird die Deckelektrode vor dem Tempern des Präp. bei 210° aufgebracht, bei dem zweiten nach dem Tempern vor der elektr. Formierung. Der Einfl. des Tl ist bei Präpp. der zweiten Art überraschenderweise etwas größer. Parallel mit der durch das Tl bewirkten Abnahme der Störstellendichte geht eine Zunahme des Flußwiderstandes u. der Dicke der Raumladungsschicht im stromlosen Zustand. Es wird erörtert, wie man die charakterist. Größen (Diffusionsspannung, Randfeldstärke u. Defektelektronendichte) am Rande abschätzen kann u. welche Schwierigkeiten dabei auftreten. Die geschätzten Werte sind tabellar. zusammengestellt. Zusammenfassend wird festgestellt, daß die Diffusionstheorie das Flußverh. recht gut, das Verh. im stromlosen Zustand einigermaßen, das Verh. im Sperrgebiet dagegen nicht mehr beschreiben kann. (Forsch. u. Fortschr. **26.** Sonderheft 3. 18—19. Aug. 1950. Pretzfeld, Siemens-Schuckertwerke Akt.-Ges.) H. W. LEVI. 135

P. L. Günther, W. Rebentisch und **J. Bittner,** *Ein Beitrag zur Bestätigung der Wagner-Schottkyschen Theorie durch Untersuchung am Pyritdetektor.* Eine Darst. von Pyrit aus Fe, Br_2 u. S wird kurz beschrieben. Der so dargestellte Pyrit enthält einen Fe-Überschuß von bis zu 0,4% u. zeigt das Verh. eines Überschußleiters. Durch Darst. aus FeS u. S, ohne daß eine Schmelze dabei auftritt, werden Prodd. mit einem S-Überschuß erzielt, die Defektleiter sind. Auf Bruchflächen von Pyritkörnern (ca. 3 mm Durchmesser), die im Mittel annähernd stöchiometr. zusammengesetzt sind, kann gleichzeitig an verschied. Stellen Überschuß- u. Defektleitung beobachtet werden, was durch verschieden starke Sulfidierung im Innern u. am Rande des Kornes erklärt werden kann. Pyrite, die unter Verwendung sehr reiner Ausgangsmaterialien aus der Schmelze hergestellt wurden, sind stöchiometr. zusammengesetzt, sehr hochohmig u. zeigen einen geringen Gleichrichtereffekt. Durch Einbau von Fremdmetallen (Cu) wird bei stöchiometr. Präpp. die Leitfähigkeit u. die Detektorwrkg. verbessert. (Forsch. u. Fortschr. **26.** Sonderheft 3. 35—36. Aug. 1950. Jena, Zeiss-Werke.) H. W. LEVI. 135

Frank Rose, *Über die Leitfähigkeitsschichtung in Cu_2O-Gleichrichtern.* Es wird angenommen, daß im Cu_2O außer den Acceptoren sogenannte Giftstellen vorhanden sind, die im dissoziierten Zustand neutral sind u. Defektelektronen zu binden vermögen, wodurch sie sich positiv aufladen. Entsprechend der vom Metallrande zum Halbleiterinnern ansteigenden Defektelektronenkonz. sind drei Grenzfälle zu unterscheiden. 1. Am Rande des Mutterkupfers sind alle Acceptoren (A-Stellen) u. alle Giftstellen (G-Stellen) dissoziiert, die Konz. der Defektstellen ist so gering, daß eine kleine Änderung dieser Konz. prakt. keine Änderung der Raumladung hervorruft. Es liegt also eine echte Erschöpfungsrandschicht vor. 2. Mit größerem Abstand vom Mutterkupfer nimmt der Dissoziationsgrad der A- u. G-Stellen ab u. die Defektelektronenkonz. zu. Sind undissoziierte G-Stellen vorhanden, so rufen Schwankungen der Defektelektronenkonz. merkbare Änderungen in deren Konz. u. damit der Raumladung hervor. Man nennt diese Schicht Giftstellen–Reserve-Randschicht. 3. Bei noch höheren Defektelektronenkonzz. sind alle G-Stellen assoziiert, u. die Raumladung ist wieder unabhängig von der Konz. der Defektelektronen. Es liegt eine Pseudoerschöpfungsrandschicht vor. Bei sehr reinen Cu-Sorten lassen sich tatsächlich zwei voneinander getrennte Gebiete scheinbar örtlich konstanter Leitfähigkeit beobachten, ein Erschöpfungs- u. ein Pseudoerschöpfungsgebiet. Bei gewöhnlichem techn. Cu liegt der Sonderfall gleicher Konzz. an A- u. G-Stellen vor, so daß hier die Pseudoerschöpfungsschicht verschwindet.

In diesem Fall läßt sich verhältnismäßig leicht die Dissoziationsenergie der G-Stellen berechnen. Es ergab sich nach verschied. Methoden $E_G = 0{,}40$ eV. (Forsch. u. Fortschr. **26.** Sonderheft 3. 20—21. Aug. 1950. Pretzfeld, Siemens-Schuckertwerke Akt.-Ges.) H. W. LEVI. 135

Robert Champeix, *Vergleich zwischen der elektronischen und der thermodynamischen Temperatur von Oxydkathoden.* Zwischen einer heißen Kathode u. einer schwach negativ gegen diese vorgespannten Anode erhält man einen Elektronenstrom, aus dessen Größe nach einer einfachen Beziehung die sogenannte *Elektronentemp. T* der Kathode berechnet werden kann. Diese weicht von der pyrometr. gemessenen *thermodynam. Temp.* Θ ab. Messungen des Vf. haben gezeigt, daß bei *Ba–Sr-Oxyd*-Kathoden Θ kleiner als T ist. Der Wert $(T - \Theta)/\Theta$ liegt zwischen 852 u. 1149° zwischen 17,4 u. 10,9% bei nichtaktivierten, bei aktivierten Kathoden zwischen 29,2 u. 17%. Die geometr. Form der Anode beeinflußt die Werte merklich. Bei einer massiven Anode (vgl. obige Zahlen) betragen die Werte ca. 0,5 derjenigen mit einer gitterförmigen Elektrode. Allg. gilt im genannten Temperaturbereich die Beziehung $T = \Theta a + b$, wobei $a < 1$. (C. R. hebd. Séances Acad. Sci. **230.** 64—65. 2/1. 1950.) REUSSE. 135

Pierre Aigrain, *Der Rückstrom bei Germanium-Dioden.* Die bisherigen Theorien über den Rückstrom bei Ge-Gleichrichterdioden ergeben niedrigere Werte als sie tatsächlich gemessen werden. Die für diese Abweichungen von der Theorie maßgebenden Ursachen wurden bisher in der Bldg. von Elektronenfallen in der Oberfläche der Kristalle gesehen, wodurch jedoch nicht alle Differenzen zwischen Theorie u. Experiment beseitigt werden konnten. Vf. betrachtet demgegenüber die Oberfläche als Defekthalbleiter, wahrscheinlich durch O-Atome verursacht. Diese wirken als Acceptoren, die an der Oberfläche die im Gesamtvol. des Kristalls gleichmäßig verteilten Donatoren überwiegen. Bei Übergang von der Oberfläche in das Innere des Kristalls ergibt sich daraus ein allmählicher Übergang vom p-Typ zum n-Typ. Die mathemat. Behandlung dieses Ansatzes ergibt bessere Übereinstimmung mit dem Experiment. (C. R. hebd. Séances Acad. Sci. **230.** 62—63. 2/1. 1950.) REUSSE. 135

Pierre Aigrain, *Die Oberflächenleitfähigkeit von Germanium.* Die von BARDEEN u. BRATTAIN (C. **1949.** I. 1334) genannte Oberflächenleitfähigkeit hat Vf. an einer schrägkantig geschnittenen Ge-Diode mit höherem Umkehrwiderstand aufgezeigt. Für schwache Ströme (7,4 mA) liefert die geltende theoret. Formel (vgl. vorst. Ref.) einen Oberflächenwiderstand von 30 kΩ. Der Transistoreffekt wird einer Modulation der Oberflächenleitfähigkeit zugeschrieben. (C. R. hebd. Séances Acad. Sci. **230.** 732—33. 20/2. 1950.) KÖHN. 135

J. H. Crawford jr., J. W. Cleland, K. Lark-Horovitz, J. C. Pigg und **F. W. Young jr.,** *Beweis für durch Beschuß mit schnellen Neutronen erzeugten Löcherfallen in Ge.* (Sitzungsbericht.) Die Löcherkonz. hat einen Grenzwert, nach dessen Überschreitung die Leitfähigkeit durch Neutronenbeschuß verringert wird; er ist $5 \cdot 10^{17}$ pro cm³ bei 55° u. $4 \cdot 10^{16}$ pro cm³ bei —78°. (Physic. Rev. [2] **85.** 730. 15/2. 1952; Bull. Amer. physic. Soc. **26.** Nr. 6. 34. 24/10. 1951. Oak Ridge Nat. Labor.) KIRSCHSTEIN. 135

E. Maxwell, *Ähnlichkeitseigenschaften des Zweiflüssigkeitenmodells der Supraleitfähigkeit.* (Vgl. C. **1952.** 7774.) Weitere Betrachtungen über die Entropien der „n." u. der „supraleitenden" Elektronen führen zu dem Ergebnis, daß das Zweiflüssigkeitenmodell von GORTER u. CASIMIR (Z. Physik **35.** [1934.] 963) mit den Beobachtungen gut vereinbar ist; es wird durch 3 Parameter charakterisiert, von denen einer von der Isotopenmasse abhängt. (Physic. Rev. [2] **87.** 1126—27. 15/9. 1952. Erratum. **88.** 1434. 15/12. **1952.** Washington, D. C., Nat. Bur. Standards, Cryogenics Sect.) KIRSCHSTEIN. 136

Ryogo Kubo, *Die Spin-Wellentheorie der Antiferromagnetika.* Die thermdynam. Eigg. der Antiferromagnetika werden für niedrige Tempp. T mit Hilfe der Spin-Wellen-Theorie untersucht, wobei die Behandlung des Problems abweichend von der halbklass. Meth. von ANDERSON quantenstatist. in der Formulierung von HOLSTEIN u. PRIMAKOFF erfolgt. Hiernach ist die Susceptibilität parallel zur Spinrichtung proportional T^2, quer dazu von T unabhängig bei Berechnung in erster Näherung, jedoch umgekehrt proportional T bei Berechnung in zweiter Näherung. Die nicht durch die freie Rotation der Magnetisierungsvektoren bestimmte Divergenz verschied. thermodynam. Größen der Antiferromagnetika bei Abwesenheit jeglicher Art von Isotropie wird erörtert. (Physic. Rev. [2] **87.** 568—80. 15/8. 1952. Chicago, Ill., Univ. of Chicago, Inst. for the Study of Metals.) WERNER SCHULZ. 137

M. E. Fine, *Magnetomechanische Effekte in einem Antiferromagneticum, CoO.* Vf. untersuchte den YOUNGschen Modul u. die innere Reibung des antiferromagnet. CoO in Abhängigkeit von der Temperatur. In der Nähe der NÉEL-Temp. (bei der untersuchten Probe —2°) fällt der Elastizitätsmodul rasch ab u. erreicht ein Minimum bei ungefähr -17^0; er fällt dabei um 60% von 17 auf $6,4 \cdot 10^{11}$ dyn cm^{-2}. Der Einfl. des Antiferromagnetismus bleibt mindestens noch bis -196^0 bestehen, wo der Wert halb so groß ist wie bei Zimmertemperatur. Die innere Reibung steigt mit abnehmender Temp. schnell an u. erreicht ein Maximum von $1/Q = 9 \cdot 10^{-3}$ bei etwa der gleichen Temp., wo der Elastizitätsmodul sein Minimum hat. Bei Zimmertemp. u. bei -20^0 hat eine Steigerung der maximalen Spannungsamplitude von 10^{-8} auf 10^{-5} nur geringen Einfl. auf E oder $1/Q$, bei -190^0 nimmt E jedoch um 1% ab, u. $1/Q$ steigt von 5 auf $25 \cdot 10^{-4}$ an. Eine Erklärung für diese Erscheinungen wird gegeben. (Rev. mod. Physics **25.** 158. Jan. 1953. Murray Hill, N. J., Bell Telephone Labor.) v. HARLEM. 137

Edmund C. Stoner, *Die Analyse von Magnetisierungskurven.* Selbst wenn die quantitativen Charakteristiken der verschied. Elementarprozesse bekannt sind, kann im allg. die Analyse nicht allein auf Grund einer gegebenen Magnetisierungskurve durchgeführt werden, da bei einer gewöhnlichen polykrist. Probe die verschied. Vorgänge in komplizierter Weise überlagert sind. Weitere Aufklärung kann z. B. die Messung der therm. Änderungen, die eine adiabat. Magnetisierung begleiten (vgl. nachst. Ref.), geben. Vf. gibt eine ausführliche Übersicht über die Deutung des magnetocalor. Effektes, der Unterss. der reversiblen Susceptibilität, des BARKHAUSEN-Effektes, der reversiblen Änderung der Magnetisierung mit der Temp. bei konst. Feld. Durch diese Unterss. ist es heute möglich, nicht nur die relativen Beiträge der reversiblen u. irreversiblen Prozesse zur Magnetisierungsänderung in jedem Teil der Magnetisierungskurve zu bestimmen, sondern auch die hiermit verbundenen therm. Änderungen. Der durch Änderung der inneren Magnetisierung bedingte Teil der reversiblen Änderung kann bestimmt werden, u. in manchen Fällen kann erkannt werden, ob der Rest der reversiblen Änderungen von der Drehung der Magnetisierungsrichtung gegen die Kristall- oder Spannungsanisotropie oder durch andere Vorgänge, wie Wandverschiebungsprozesse, bedingt wird. Aus der Best. der Anzahl u. Größe der BARKHAUSEN-Sprünge können Schlüsse auf die irreversiblen Vorgänge gezogen werden, welche im allg. nicht durch spontane Bewegungen der ursprünglichen Wände als Ganzes hervorgerufen werden, sondern durch kleinere sektionsweise verteilte Irregularitäten in der Bewegung. Speziell analysiert werden die Magnetisierungskurven von ausgeglühtem *Ni*, hartgezogenem *Fe* u. einigen anderen Stoffen. (Rev. mod. Physics **25.** 2—16. Jan. 1953. Leeds, Univ., Phys. Dep.) v. HARLEM. 137

L. F. Bates und **G. Marshall,** *Wärmeeffekte im Verlauf der Magnetisierung von Siliciumeisen.* Vff. berichten ausführlich über die von ihnen entwickelte Meth., die im Verlauf der Magnetisierung einer Probe auftretenden Temperaturänderungen sehr genau zu messen. Die Ergebnisse, die nach dieser Meth. an Legierungen aus Fe mit 0,5 bzw. 4% Si im unbehandelten u. ausgeglühten Zustand erhalten wurden, werden auf Grund der Theorie von STONER u. RHODES u. der modernen Elementarbereichstheorie des Ferromagnetismus eingehend diskutiert. Die Beobachtungen stehen in vollem Einklang mit den Anschauungen von KITTEL (Rev. mod. Physics **21.** [1949.] 541) über das Auftreten von „Schlußsteinen" u. gewissen Eigenheiten der BITTERschen Streifen. Diskussionsbemerkungen von G. RATHENAU u. C. A. FOWLER. (Rev. mod. Physics **25.** 17—33. Jan. 1953. Nottingham, Univ.) v. HARLEM. 137

L. F. Bates und **J. H. Davis,** *Wärmeänderungen bei der Magnetisierung in niedrigen und mäßigen Feldern: Spannungseffekte und theoretische Deutung.* Nach der Meth. von BATES u. Mitarbeitern (C. **1948.** E. 705) wurden die adiabat. Temperaturänderungen während der Magnetisierung von *Ni* bei wachsender innerer Spannung gemessen. Genaue therm. Kurven während der Erstmagnetisierung wurden erhalten, der Induktionseffekt u. sein Ursprung untersucht. Eine neue theoret. Betrachtung berücksichtigt die mit der Magnetostriktion verbundenen Änderungen u. erlaubt die Berechnung der therm. Kurven aus den Magnetisierungs- u. Magnetostriktionswerten; die allg. physikal. Deutung der Kurven wird gegeben. Die Übereinstimmung für Proben maximaler Spannung ist gut, bei geglühten Proben unzureichend. (Proc. physic. Soc., Sect. A **63.** 1265—82. 1/11. 1950. Nottingham, Univ.) KÖHN. 137

H. W. Lewis und **G. H. Wannier,** *Sphärisches Modell eines Ferromagnetikums.* Vff. knüpfen an eine Arbeit von BERLIN u. KAC (C. **1953.** 1763) an u. zeigen, daß sich der mathemat. Aufwand wesentlich einfacher gestalten läßt. (Physic. Rev. [2] **88.** 682—83. 1/11. 1952. Murray Hill, N. J., Bell Telephone Labor.) v. HARLEM. 137

Gordon F. Newell und **Elliott W. Montroll,** *Über die Theorie des Ising-Modells des Ferromagnetismus.* Kurze Übersicht über die Theorie des ISING-Modells des Ferromagnetismus. (Rev. mod. Physics **25.** 159—60. Jan. 1953. College Park, Md., Univ., Inst. for Fluid Dynamics and Appl. Math.) v. HARLEM. 137

C. Kittel und **Elihu Abrahams,** *Relaxationsprozesse beim Ferromagnetismus.* Übersicht über die Theorien der Spin–Spin- u. Spin–Gitter-Relaxation bei ferromagnet.

Stoffen mit Bezug auf die ferromagnet. Resonanz. Die Rechnungen, die speziell für Ni durchgeführt wurden, benutzen eine makroskop. Spin–Gitter-Wechselwrkg., die bestimmbar ist aus der beobachteten Magnetostriktion, u. eine pseudodipolare Spin–Spin-Wechselwrkg., die aus der beobachteten Anisotropie bestimmbar ist. Es reicht nicht aus, nur magnet. Dipolkopplung für beide Relaxationsprozesse zu betrachten. Die Nullpunktsschwankungen im pseudodipolaren Feld spielen bei der Entw. der Theorie eine ausschlaggebende Rolle. Diskussionsbemerkung von G. T. Rado über den Einfl. von Kristallunvollkommenheiten auf die Breite der ferromagnet. Resonanz. (Rev. mod. Physics **25.** 233—38. Jan. 1953. Berkeley, Calif., Univ. of California, Dep. of Phys.) v. Harlem. 137

Eugen Flegler, *Oxydische Ferromagnetstoffe.* Es werden die Frequenzgänge der elektr. u. magnet. Stoffwerte von γ-Eisenoxyden u. Ferriten untersucht. Zum Teil **läßt** sich die Frequenzabhängigkeit der Permeabilität durch Flußverdrängungsvorgänge bei Annahme elektr. u. magnet. inhomogener Struktur der Proben erklären. Verschied. Beobachtungen (Einfl. der Sinterungstemp., Schliffbild) lassen auch bei den untersuchten Ferriten auf eine inhomogene Struktur schließen. Ob bei allen Proben die gleichen Ursachen für die Frequenzabhängigkeit der Stoffwerte maßgebend waren, lassen die bisherigen Unterss. noch nicht eindeutig entscheiden, es kann aber wohl damit gerechnet werden, daß die einzelnen Einflüsse bei den verschied. Proben verschieden stark wirksam waren. Auf die verschiedenartige Verwendung der Bezeichnung „komplexe Permeabilität" wird kurz eingegangen. (Arch. Elektrotechn. **40.** 4—16. 1950. Aachen, TH, Rogowski-Inst. für Elektrotechnik.) v. Harlem. 137

H. P. J. Wijn, M. Gevers und **C. M. van der Burgt,** *Bemerkung zu der Hochfrequenzdispersion in Nickel–Zink-Ferriten.* Vff. bestimmten die komplexe Anfangspermeabilität von Ni–Zn-Ferriten (*Ferroxcube IV*) in Abhängigkeit von der Frequenz von kleinen Frequenzen hinauf bis zu 3000 MHz. Die chem. Zus. der Ferrite war: Fe_2O_3 jeweils 50%, NiO von 18—50%, ZnO von 32—18%. In Übereinstimmung mit früheren Ergebnissen wird für jeden der untersuchten Ferrite nur ein Resonanzgebiet gefunden. Es wird daraus geschlossen, daß die Dispersion bei diesen Ferriten nur auf Rotationsprozessen beruht. Diskussionsbemerkung von G T. Rado. (Rev. mod. Physics **25.** 91—92. Jan. 1953. Eindhoven, N. V. Philips Gloeilampenfabrieken, Philips Res. Labor.) v. Harlem. 137

George T. Rado, *Magnetische Spektren von Ferriten.* Inhaltlich ident. mit der C. **1952.** 3609 referierten Arbeit. (Rev. mod. Physics **25.** 81—89. Jan. 1953. Washington, D. C., Naval Res. Labor.) v. Harlem. 137

D. Polder und **J. Smit,** *Resonanzerscheinungen in Ferriten.* Oberhalb einer gewissen Frequenz, in der Größenordnung von 5—100 MHz, werden die Verluste der Ferrite in einem Wechselfeld sehr hoch. Vff. zeigen, daß in einem in Resonanz befindlichen unmagnet. Stoff Magnetpole geschaffen u. an einer Bloch-Wand vernichtet werden können, wenn das Wechselfeld eine Komponente parallel zu ihr hat. Bei einer gewissen regulären Anordnung der Weissschen Bezirke kann dieser Effekt zusammen mit der Entmagnetisierung an den Korngrenzen Anlaß zu einer hohen Resonanzfrequenz geben. Diskussionsbemerkung von G. T. Rado. (Rev. mod. Physics **25.** 89—90. Jan. 1953. Eindhoven, N. V. Philips Gloeilampenfabrieken, Philips Res. Labor.) v. Harlem. 137

Gabriel Foëx und **Alice Serres,** *Über die Eigenschaften von Magnesiumferrit bei hohen Temperaturen.* Die zur Klärung des Paramagnetismus der Ferrite betrachtete hyperbol. ($1/\chi$; T)-Kurve (vgl. Serres, Ann. Physique **17.** [1932.] 5) zeigt bei hohen Tempp. eine Asymptote, aus deren Neigung die Curie-Konstante zu mindestens 6,40 berechnet wird, was den Wert (5,54) für 2wertiges Fe nach der Theorie von Hund übertrifft. Auch die Theorie von Néel (C. **1949.** I. 767) ist zur Deutung der Beobachtungsergebnisse ungenügend. (C. R. hebd. Séances Acad. Sci. **230.** 729—30. 20/2. 1950.) Köhn. 137

Jules Wucher, *Änderungen der paramagnetischen Curie-Punkte von Palladiumlegierungen.* Das nach der Weissschen Molekularfeldtheorie erwartete Abnehmen der Konstante Θ bei Auflösen in einem diamagnet. Metall u. das Verschwinden bei großen Verdünnungen treffen für Pd-Legierungen mit verschied. diamagnet. Metallen nicht zu. Die paramagnet. Curie-Punkte der Pd-Legierungen sind allein Funktionen der Elektronenkonz. u. nicht der Zahl der benachbarten Momententräger u. deren reziproken Abstandes. (C. R. hebd. Séances Acad. Sci. **230.** 730—32. 20/2. 1950.) Köhn. 137

P. W. Anderson und **P. R. Weiss,** *Austausch-Näherung bei der paramagnetischen Resonanz.* Vff. behandeln das Problem der Linienform bei der paramagnet. Resonanz, wenn die Austauschwechselwrkg. groß ist. Es wird dabei ein vereinfachtes mathemat. Modell benutzt. Es wird angenommen, daß das Atom eine einzelne Frequenz absorbiert, welche über eine Verteilungskurve variiert, die durch das lokale Dipolfeld bestimmt wird. Diese Frequenz variiert jedoch nach Zufall mit einer Geschwindigkeit, die von den Austauschwechselwirkungen bestimmt wird. Die gute Übereinstimmung, die in den untersuchten Fällen mit den experimentellen Ergebnissen besteht, läßt erwarten, daß eine quantitative Lösung des Problems der Linienbreite der paramagnet. Resonanz nur unter Verwendung der Dipolwechselwrkg., Austauschnäherung u. Feinstrukturaufspaltung möglich sein wird. (Rev. mod. Physics **25.** 269—76. Jan. 1953. Murray Hill, N. J., Bell Teleph. Labors.; New Brunswick, N. J.,Rutgers Univ.) v. HARLEM. 137

K. D. Bowers, *Paramagnetische Resonanz in Kaliumchrom(III)-cyanid.* Vf. untersuchte die paramagnet. Resonanz des diamagnet. K–Co(III)-Cyanids mit einem Geh. zwischen 1 u. 0,1% Cr(III)-Cyanid. Ferner wurde *Mangan(III)-cyanid* als Lösungsm. benutzt, da dieses im Temperaturgebiet 12—290° K kein paramagnet. Resonanzspektr. zeigt. In jedem Fall entsprach das Spektr. den 2 Ionen in der Einheitszelle u. ließ sich durch eine HAMILTON-Spinfunktion mit $S = {}^3/_2$ darstellen. Bei Benutzung von *Co(III)-Cyanid* als Lösungsm. sind die experimentell gefundenen Parameter: $g = 1{,}992$, $D = +0{,}083\ cm^{-1}$, $E = 0{,}011\ cm^{-1}$, im anderen Fall $g = 1{,}993$, $D = +0{,}054\ cm^{-1}$, $E = 0{,}012\ cm^{-1}$. Der experimentelle Fehler betrug $\pm 0{,}002$ bei g u. $\pm 0{,}001\ cm^{-1}$ bei D u. E. Aus der Hyperfeinstruktur eines an ^{53}Cr angereicherten Cyanidkristalls konnte der Wert $^3/_2$ für den Kernspin bestätigt werden. Abschätzungen ergaben für die Größe des magnet. Kernmomentes den Wert $0{,}5 \pm 0{,}1$ Kernmagnetonen. Einkristalle aus unverd. Kaliumchrom(III)-cyanid ergaben eine einzige breite isotrope Linie mit $g = 1{,}99 \pm 0{,}01$. Die Linienbreite war anisotrop, u. ihre Änderung hat roh die gleiche Winkelabhängigkeit wie die Trennung der beiden äußeren Linien in dem verd. Chrom(III)-Cyanid. Vf. vermutet daher, daß in dem konz. Salz zwischen benachbarten Ionen eine merkliche Austauschwechselwrkg. besteht. (Proc. physic. Soc., Sect. A **65.** 860—61. 1/10. 1952. Oxford, Clarendon Labor.) v. HARLEM. 137

Warren E. Henry, *Spin-Paramagnetismus des Cr^{3+} bei der Temperatur des flüssigen Heliums und hohen magnetischen Feldern.* (Sitzungsbericht.) Inhaltlich ident. mit der C. **1953.** 1130 referierten Arbeit. (Physic. Rev. [2] **86.** 628. 15/5.; Bull. Amer. physic. Soc. **27.** Nr. 1. 53. 31/1. 1952. Naval Res. Labor.) WIEDEMANN. 137

Paul A. Anderson, *Ein direkter Vergleich der Kelvin- und Elektronenstrahlmethode zur Kontaktpotentialmessung.* Das Kontaktpotential des für diese Messungen bes. gut geeigneten Metallpaares *Ba–Ag* (auf Ta-Unterlage) wird vergleichsweise in einer abgeschlossenen Röhre mit der KELVIN- u. der Elektronenstrahlmeth. gemessen, um den Einfl. makro- oder mikroskop. Bereiche mit verschied. Arbeitsfunktion, welcher nur von der 2. Meth. erfaßt wird, festzustellen. Das Kontaktpotential wird mit der KELVIN-Meth. zu $1{,}78 \pm 0{,}01$ V u. mit der Elektronenstrahlmeth. zu $1{,}79 \pm 0{,}03$ V bestimmt. Das Meßergebnis wird an Hand der theoret. Ausdrücke für das Kontaktpotential diskutiert. Danach kann durch den Kristallwachstumsprozeß der Einfl. der Bereiche mit verschied. Arbeitsfunktion unter günstigen Bedingungen bis auf einen vernachlässigbaren Betrag red. werden, ist unter n. Energiebedingungen (starkes Beschleunigungsfeld für die Elektronen) wahrscheinlich nicht vorhanden u. kann nur bei Absorption langsamer Elektronen Bedeutung gewinnen. Es wird angenommen, daß durch eine elektronenopt. Behandlung eine zufriedenstellende Theorie gewonnen werden kann. (Physic. Rev. [2] **88.** 655—58. 1/11. 1952. Pullman, Wash., State Coll. of Washington.)
WERNER SCHULZ. 140

Eduard Justi und **Hermann Schultz,** *Neue Versuche und Vorstellungen über die Feinwanderung in elektrischen Abhebekontakten.* Die Feinwanderung kommt dadurch zustande, daß sich beim Öffnen eines Abhebekontaktes eine Brücke aus geschmolzenem Metall bildet, bei deren Zerreißen das Schmelzgut sich nicht gleichmäßig auf die beiden Elektroden verteilt. In dieser Brücke muß außer der JOULEschen Wärme durch einen stromrichtungsabhängigen Effekt Wärme entwickelt werden. Hierfür kommen der PELTIER- u. der THOMSON-Effekt in Frage. Da beide Effekte zur Deutung der Feinwanderung allein nicht ausreichen, wird der allerdings noch umstrittene zweite BENEDICKS-Effekt herangezogen. Dieser Effekt tritt auf, wenn an den Kontaktflächen Gashäute adsorbiert sind, die die Elektronen infolge des Tunneleffektes durchdringen können. Die zwischen der Anode u. der Kathode auftretende Temperaturdifferenz berechnet sich nach KOHLER (vgl. Ann. Physique [5] **38.** [1940.] 542) zu $T_A^2 - T_K^2 = U_H^2 (1 - U_H/U_C)/4 L$. Hierin sind U_H der Spannungsabfall am Hautwiderstand (Hautspannung), U_C der gesamte Spannungsabfall am Kontakt u. $L = \lambda/\varkappa T$ die WIEDEMANN-FRANZsche Zahl. Hiernach sollte man die positive Feinwanderung vermindern können, wenn man eine Anode verwendet, die höher schm. als die Kathode. Mit einer *Ag*-Kathode u. Anoden aus *Pd, Pt* u. *Ir* ließ sie sich tatsächlich auf $^1/_4$ verringern. Der gleiche

Effekt müßte sich durch ein Kathodenmaterial höherer Austrittsarbeit erreichen lassen, was aber bisher nur bei einem *Th*-Zusatz beobachtet wurde. Schließlich wird die Feinwanderung durch die leichtere Oxydierbarkeit eines mit Cu legierten Ag-Kontaktes herabgesetzt. (Forsch. u. Fortschr. **26.** Sonderheft 3. 21—22. Aug. 1950. Braunschweig, Inst. für techn. Physik.) H. W. LEVI. 140

J. C. P. Mignolet, *Untersuchungen über Kontaktpotentiale.* 1. Mitt. *Die Adsorption von einigen Gasen an aufgedampften Nickelfilmen.* Durch Messung der Kontaktpotentiale wurden folgende Oberflächenpotentiale φ bestimmt (im Folgenden beziehen sich die ersten 3 Werte auf chem. Adsorption, die übrigen auf VAN DER WAALSsche Adsorption): Ni-*H* $\varphi = -0{,}345$ V; Ni-C_2H_2 1,0; Ni-C_2H_4 0,83; Ni-*Xe* 0,85; Ni-N_2 0,21 u. Ni-C_2H_6 0,77. Die Ni-Filme waren durch Verdampfen des Ni im Vakuum hergestellt worden. Die Verss. zeigen, daß die φ-Messungen eine Unterscheidung zwischen beiden Adsorptionsarten ermöglichen. Die hohen φ-Werte bei der VAN DER WAALSschen Adsorption werden auf eine Polarisation der adsorbierten unpolaren Moll. in der elektr. Doppelschicht der Metalloberfläche zurückgeführt. (Discuss. Faraday Soc. Nr. **8.** 105 bis 114. **1950.** Liège, Labor. de Chim. générale.) FUCHS. 140

J. C. P. Mignolet, *Untersuchungen über Kontaktpotentiale.* 2. Mitt. *Vibrationszellen für die Methode des schwingenden Kondensators.* (1. vgl. vorst. Ref.) Beschreibung von zwei Vibrationszellen zur Messung von Kontakt- u. Oberflächenpotentialen von an aufgedampften Metallen adsorbierten Gasfilmen; erstere sind auf 2 mV, letztere auf 10 bis 20 mV genau meßbar. Die Fehlerquellen werden eingehend diskutiert. Über einige Ergebnisse vgl. vorst. Referat. (Discuss. Faraday Soc. Nr. **8.** 326—31. 1950.) FUCHS. 140

A. J. Dekker und **Helen M. A. Urquhart,** *Über die Kapazität poröser Aluminiumoxydschichten.* Poröse Al-Oxydschichten, die sich unter dem Einfl. einer Säure bilden, weisen zur Oberfläche senkrechte Poren auf, die aber nicht bis auf das metall. *Al* herabreichen: Zwischen Porengrund u. metall. Al verbleibt eine dünne Oxydschicht. Bei den mit konstantem Strom durchgeführten Verss. sinkt die Kapazität mit wachsender Stromdichte u. wächst mit der Säurekonz.; in jedem Fall aber stellt sich nach verhältnismäßig kurzer Zeit ein unveränderlicher Endwert ein, für den die Dicke der sperrenden Oxydschicht am Porengrund maßgebend ist. Das Vorhandensein dieses Endwertes kann nur durch die Annahme eines Elektronenstroms neben dem Ionenstrom im Elektrolyten erklärt werden. (Canad. J. Res., Sect. B **28.** 541—50. Sept. 1950. Vancouver, B. C., Univ. of Brit. Columbia, Dep. of Phys.) PIEPLOW. 140

Roberto Piontelli und **Massimo Simonetta,** *Untersuchungen über das Verhalten der Metalle in Konzentrationsketten.* 7. Mitt. (6. vgl. Gazz. chim. ital. **79.** [1949.] 716.) Die Unterss. des elektrochem. Verh. der Metalle mittels der Konzentrationsketten u. mittels anderer Methoden (Best. der stat. Potentiale oder von Potentialschwankungen, Anwendung radioakt. Indicatoren, Verdrängungs-Rkk.) liefern übereinstimmende Ergebnisse. Die an Konzentrationsketten erhaltenen Meßresultate (Tabelle) ermöglichen eine Unterscheidung des elektrochem. Verh. der Metalle, da nur die als „elektrochem. n.“ anzusehenden Metalle definierte u. reproduzierbare EMK-Werte geben, während die „elektrochem. inerten“ keine den thermodynam. Voraussagen entsprechenden Elektrodenpotentiale liefern. Eine ähnliche Unterscheidung ergibt sich aus der Best. der Intensität des umlaufenden Stroms. Es werden die Faktoren besprochen, von denen die relative Aktivität der Konzentrationsketten mit den n. Metallen abhängt, u. Resultate zusammengestellt, die sich durch Ersatz von Elektroden aus einem Metall durch eine andere aus einem weniger edlen Metall in den Ketten ergeben (Tabelle). (Gazz. chim. ital. **80.** 189—98. März/Mai 1950. Milano, Politecnico, Labor. di Chimica fisica, Elettrochimica e Metallurgia.) v. DECHEND. 140

R. Piontelli und **M. Simonetta,** *Untersuchungen über das Verhalten der Metalle in Konzentrationsketten.* 8. Mitt. (7. vgl. vorst. Ref.) Neue Verss. mit *Indium* (Elektrode aus Elektrolytmetallblech oder aus Cu mit dichtem elektrolyt. abgeschiedenem In-Überzug) ergeben, daß dieses Metall hinreichend akt. Konzentrationsketten gibt, wenn man mit salzsauren Kathodenlsgg. arbeitet, die eine genügende Konz. an Metall, aber keine freie Säure enthalten. — Es werden die möglichen Störungen durch H_2 (anod. oder bes. durch Vergrößerung der kathod. Sperrwrkg. oder parasitäre Kathodenprozesse) oder O_2 (anod. Passivierung, parasitäre Kathodenprozesse) in Konzentrationsketten erörtert u. ergänzende Verss. mit *Ni*, *Fe* u. *Cr* mitgeteilt; aus beidem ergibt sich, daß unter den eingehaltenen Bedingungen qualitative Störungen der genannten Art auszuschließen sind. (Gazz. chim. ital. **80.** 779—82. Nov./Dez. 1950.) v. DECHEND. 140

A. Rius, J. Llopis und **M. Serra,** *Polarographische Untersuchung des Nickels.* An $NiSO_4$ verschied. Konz. in verschied. Basislsgg. wurde das elektrochem. Verh. des Ni sowohl mit der Tropf- als auch mit der Strahlelektrode polarograph. untersucht. Mit mol. *KSCN*- (A), mol. *NH_4Cl*- + mol. *NH_3*- (B), mol. *KCN*- (C), 0,1 mol. *Na-Acetat*- + mol. *KNO_3*- (D) u. mol. *KCl*- + 0,0005 n*HCl*-Lsg. (E) als Basislsgg. wurden die Halbwellenpotentiale $E_{1/2}$ u. die Konstanten b der Gleichung von TOMES [b = Neigung von log $i/(i_d - i)$ gegen das Potential] bestimmt, von denen die letzten stets größer als der theoret. Wert sind, demnach also Ni^{2+} u. Ni-Komplexionen an der Kathode mehr oder weniger irreversibel red. werden. Der Diffusionsstrom i_d wurde bei Benutzung der Basislsgg. A, B u. D proportional der Ni-Konz. gefunden. Mit Lsg. B wurde der Temperatureinfl. auf $E_{1/2}$, b u. i_d untersucht: die Abhängigkeit von i_d führt zu einer Aktivierungsenergie der Ionendiffusion von 3,4 kcal/g-Ion. In Lsg. D (p_H 5,3) wurden Ni^{2+} u. *Cd^{2+}* polarograph. verglichen. Die kathod. Abscheidung des Cd^{2+} ist reversibel. Die Form der Ni-Welle weicht von der anderer Metalle ab, wofür eine Erklärung vorgeschlagen wird. In Lsg. E erhöht Ni^{2+} die H^+-Welle; das beweist eine gegenseitige Abhängigkeit der Ni-Abscheidung u. der H_2-Entw. an der Kathode. (An. Real Soc. españ. Física Quím., Ser. B **48.** 851—60. Dez. 1952. Madrid, Inst. „A. de G. Rocasolano" de Quím.-Fís.) METZENER. 142

A. Hickling und **S. Hill,** *Sauerstoffüberspannung.* 2. Mitt. *Der Einfluß der Wasserstoffionenkonzentration, der Art des Elektrolyten, der Temperatur und zugesetzter Fluoride.* (1. vgl. Discuss. Faraday Soc. **Nr. 1.** [1947.] 236.) Als Fortsetzung ihrer Arbeiten über die Sauerstoffüberspannung (η) untersuchen Vff. den Einfl. der H^+-Ionenkonz., der Elektrolytzus., der Temp. u. zugesetzter Fluoride an ***Pt***- u. ***Au***-Anoden für den Stromdichtebereich von 10^{-5}—1,0 A/cm². Als Elektrolyte dienten n KOH, Phosphatpuffer (p_H 6,8) u. H_2SO_4. Die Form der η — log I-Kurven wird durch den p_H deutlich geändert, die Annäherung der Kurven an die Linearität wird mit fallendem p_H größer. Der Einfl. der Temp. wird für **Pt, Au, platiniertes Pt** u. *Co* in n KOH u. für Pt u. Au in n H_2SO_4 bei 70° untersucht. Bei 70° ist η in vielen Fällen geringer als bei 20°. Die Form der η — log I-Kurven ändert sich ebenfalls; für Au werden die bei 20° beobachteten Stufen der Kurve bei 70° nach höheren Stromdichten verschoben. Der Zusatz von Fluoriden bewirkt nur an Pt eine Änderung von η. Vff. diskutieren eingehend das Ergebnis ihrer Unters., das zum Teil im Gegensatz zu den Ergebnissen anderer Autoren steht. (Trans. Faraday Soc. **46.** 550—57. Juli 1950. Liverpool, Univ., Dep. of Inorg. and Physic. Chem.) WOELK. 143

A. Hickling und **S. Hill,** *Sauerstoffüberspannung.* 3. Mitt. *Eine Bemerkung über die Normalpotentiale von Hydroxylradikalen und atomarem Sauerstoff.* (2. vgl. vorst. Ref.) Vff. untersuchen, ob die Ansammlung instabiler Zwischenprodd. an der Anode für die beobachteten hohen O_2-Überspannungen (η) verantwortlich sein kann. Sie berechnen aus thermodynam. Daten die **Normal**potentiale von OH u. atomarem O zu +2,00 bzw. +1,59 V. Die Überspannung, die OH-Radikale unter einem Druck von 1 at erzeugen können, ist dann 1,6 V. Dem Bereich, in dem η schwankt (0,2—1,6 V), entspricht dann einer Veränderung des OH-Drucks von 10^{-24}—1,0 at. Atomarer O vermag bei 1,0 at ein maximales η von 1,19 V zu verursachen. Nimmt man die üblichen Änderungen des Potentials mit dem Druck an, würde für ein η von 1,6 V ein atomarer O-Druck von der Größenordnung 10^{14} at nötig sein. Vff. sind daher der Ansicht, daß keine Rk., die OH-Radikale einschließt oder sich auf atomaren Sauerstoff stützt, wie 2 O → O_2, die experimentell gefundenen Werte für η erklären kann. (Trans. Faraday Soc. **46.** 557—59. Juli 1950.) WOELK. 143

A₄. Thermodynamik. Thermochemie.

Th. Hekker, *Die Dühringsche Regel, angewandt auf die Siedepunktserhöhung konzentrierter Elektrolytlösungen.* Die DÜHRINGsche Regel besagt, daß der Kp. einer bestimmten Elektrolytlsg. eine lineare Funktion des Kp. von W. ist, dessen Kp. seinerseits eine Funktion des auf ihm lastenden Druckes ist. Diese Regel wird theoret. erklärt u. an einigen Beispielen erläutert. Mit Hilfe der Regel kann man aus der Kp.-Erhöhung einer Elektrolytlsg., die sich aus 2 verschied. Drucken ergibt, die Kp.-Erhöhung bei anderen Drucken berechnen. (Chem. Weekbl. **46.** 645—48. 9/9. 1950. N. V. Kunstzijdespinnerij Nyme, Res. Afdeling.) WESLY. 147

Richard Louis Bateman, *Das scheinbare Molvolumen von Bariumchlorid in Äthanol-Wasser-Gemischen.* Durch genaue Einwaagen u. pyknometr. Best. der D. von $BaCl_2$-Lsgg. in 0—60%ig. wss. A. wurde die Zunahme des Vol. beim Lösen u. daraus das scheinbare Molvol. des $BaCl_2$ bestimmt. Es nimmt bei gleichem Lösungsm. mit der Konz. zu, erreicht in ca. 50%ig. A. ein Minimum u. wird in ca. 10%ig. A. am größten. (J. Amer. chem. Soc. **74.** 5516. 5/11. 1952. East Lansing, Mich., Michigan State Coll., Dep. of Chem.) BLUMRICH. 148

D. D. Williams und **R. R. Miller,** *Dichten des flüssigen und des festen Indiums.* Die Dichten des fl. u. festen In (99,98%, Hauptverunreinigung Fe) werden zwischen 25 u. 300° dilatometr. gemessen. Fälschung der Messungen durch etwaige Lunker im festen *In* werden vermieden, indem Meßreihen an drei verschieden erstarrten Proben ausgeführt werden, die gut untereinander übereinstimmen. Die Dichten sind tabellar. dargestellt; sie lassen sich durch folgende Formeln interpolieren: $d = 7{,}321 - 7{,}31 \cdot 10^{-4} \cdot t$ (für 25–156,14°) u. $d = 7{,}160 - 8{,}13 \cdot 10^{-4} \cdot t$ (für 156,14–300°). (J. Amer. chem. Soc. **72.** 3821. Aug. 1950. Washington, D. C., Naval Res. Labor., Chem. Div.) WITTIG. 148

W. W. Watson, *Methoden zur Erhöhung der Leistungsfähigkeit von Thermodiffusionssäulen.* Vf. diskutiert hauptsächlich an Hand der vorliegenden Literatur u. einiger eigener Verss. die Möglichkeit zur Verbesserung der Leistungsfähigkeit von Thermodiffusionssäulen zur Trennung von Isotopen. (Z. Physik **133.** 272–75. 1952. New Haven, Conn., Yale Univ.) GOTTFRIED. 149

P. H. Keesom und **Norman Pearlman,** *Atomwärme von Silicium und Germanium bei sehr tiefen Temperaturen.* (Sitzungsbericht.) Für Si gilt zwischen 1 u. 4° K $C_v = 6{,}5 \cdot 10^{-6} T^3 + 3{,}1 \cdot 10^{-5} T$ Joule/Grad·Mol, für Ge sind die Koeffizienten 38,7 u. 2,6. Die DEBYE-Tempp. sind unterhalb 4° K 668° für Si u. 369° für Ge. Bei T = 40° K tritt für Si u. bei 22° K für Ge ein Minimum in der ϑ_D-Kurve auf. Um den linearen Term auf die Stromträger zurückführen zu können, müßten deren Konzz. 100mal größer sein, als sich aus HALL-Effektmessungen ergab. (Physic. Rev. [2] **85.** 730. 15/2. 1952; Bull. Amer. physic. Soc. **26.** Nr. 6. 34. 24/10. 1951. Purdue Univ.) KIRSCHSTEIN. 151

Yü-Chang Hsieh, *Berechnung der spezifischen Wärme von Ge.* (Sitzungsbericht.) Aus den elast. Konstanten wurde die spezif. Wärme von Ge berechnet; zwischen 20 u. 150° K ergab sich bis auf 10% Übereinstimmung mit unveröffentlichten experimentellen Daten. (Physic. Rev. [2] **85.** 730. 15/2. 1952; Bull. Amer. physic. Soc. **26.** Nr. 6. 34. 24/10. 1951. Purdue Univ.) KIRSCHSTEIN. 151

Edgar F. Westrum jr., J. B. Hatcher und **Darrell W. Osborne,** *Entropie und Wärmekapazität bei tiefen Temperaturen von Neptuniumdioxyd.* Das ^{237}Np wurde gereinigt u. sorgfältig behandelt u. bei 700° zu Neptuniumdioxyd geglüht. Der Kryostat mit eingebautem Calorimeter, in dem die Messungen vorgenommen wurden, wird eingehend beschrieben. Die gemessene mol. spezif. Wärme wurde zwischen 10,82 u. 52,27° K in Abhängigkeit von der Temp. aufgetragen. Sie steigt steil an bis zum Wert 6,2 cal/Mol·Grad bei 25,3° K, fällt dann steil wieder ab u. trifft bei 50° K etwa mit der DEBYEschen T^3-Kurve zusammen. Das anomale Verh. wird mit einem magnet. Umwandlungspunkt erklärt. Aus den gemessenen Werten wird die Enthalpie u. Entropie des NpO_2 berechnet. Die Werte sind in einer Tabelle gegeben. Bei 298,16° K ist die mol. Enthalpie 2770 ± 15 cal u. die Entropie 19,19 ± 0,1 cal/Grad. (J. chem. Physics **21.** 419–23. März 1953. Lemont, Ill., Argonne Nat. Labor.) MIETHING. 151

William A. Chupka und **Mark G. Inghram,** *Untersuchung der Verdampfungswärme von Kohlenstoff.* Für die Verdampfungswärme von C sind nach verschied. Methoden Werte von 136, 141 u. 171 kcal/Mol gefunden worden. Zur Klärung dieser Widersprüche bestimmten Vff. die M. der von einem Draht verdampften u. mit Elektronen bekannter Energie ionisierten C-Teilchen massenspektrometr. u. beobachteten C^+ bei einer Mindestelektronenenergie von 11,1 ± 0,5 V, C_2^+ bei mindestens 11,5 ± 1 V. Aus der Abhängigkeit der Verdampfungsgeschwindigkeit von der Temp. folgt für die Sublimationswärme 178,5 ± 10 kcal/Mol bei 0° K. (J. chem. Physics **21.** 371–72. Febr. 1953. Cambridge, Mass., Harvard Univ., Mallinckrodt Chem. Labor., u. Chicago, Ill., Univ. u. Argonne Nat. Labor.) MIETHING. 155

Väinö Hovi und **Leo Hyvönen,** *Die freie Bildungsenthalpie und die Löslichkeitslücke von festen Alkalihalogenidlösungen.* Es wird eine statist. Meth. angeführt, die es ermöglicht, die freien Bildungsenthalpien von bin. festen Alkalihalogenidlsgg. zu berechnen. Als Beispiele werden die Systeme *NaCl–NaBr, KCl–KBr* u. *KCl–RbCl* angeführt, wobei gute Übereinstimmung mit den vorhandenen experimentellen Daten erzielt wurde. Bei jeder von den berechneten Kurven traten zwei Mischungslücken auf, worüber bisher noch keine experimentellen Befunde vorliegen. (Suomalaisen Tiedeakatemian Toimituksia [Ann. Acad. Sci. fennicae], Sarja A I. Nr. 106. 1–16. 1951.) KLAFFKE. 155

E. G. King, *Die Bildungswärmen von kristallinem Calciumorthosilicat, Tricalciumsilicat und Zinkorthosilicat.* Die Bildungswärmen wurden durch Messung der Reaktionswärmen von Ca_2SiO_4, *CaO*, *SiO₂*, Ca_3SiO_5 u. Zn_2SiO_4 mit 20,1% *HF* bei 73,7° (bzw. 50,0° für die Zn-Verbb.) mit der bei TORGESON u. SAHAMA (C. **1949.** I. 1217) beschriebenen App. bestimmt. Es ergeben sich folgende $\Delta H_{298,16}$-Werte für die Bildungswärmen der Silicate aus den Oxyden: Ca_2SiO_4 (β): −30190 ± 230, Ca_3SiO_5: −26980 ± 220

u. Zn_2SiO_4 (*Willemit*): -6990 ± 140 cal/Mol. (J. Amer. chem. Soc. **73.** 656—58. Febr. 1951. Berkeley, Calif., Pacific Exp. Stat., Bur. of Min., U. S. Dep. of Interior.) U. WINKLER. 155

Max Kohler, *Zur Schallausbreitung in verdünnten Gasen.* Gaskinet. Berechnung der Dispersion der Schallgeschwindigkeit in einatomigen verd. Gasen ergibt einen um 50—70% höheren Dispersionseffekt gegenüber der Berechnung auf hydrodynam. Grundlage. Die Dispersion tritt für Normaldruck erst bei extrem hohen Frequenzen (10^9 Hz) auf u. wird bei niedrigen Drucken in ein prakt. gut erreichbares Frequenzgebiet verschoben. (Abh. braunschweig. wiss. Ges. **2.** 104—08. 1950. Braunschweig.) H. JACOB. 159

A₅. Grenzschichtforschung. Kolloidchemie.

A. Dobry, *Untersuchungen über die lyotrope Reihe.* Inhaltlich ident. mit der C. **1953.** 6634 referierten Arbeit. Experimentelle Einzelheiten über die bereits beschriebene Meth. der Dampfdruckänderung werden mitgeteilt. (J. Chim. physique Physico-Chim. biol. **50.** 49—52. Jan. 1953. Paris, Inst. de Biol. phys.-chim.) G. HEINRICH. 160

Ryszard Wiktor Schramm, *Untersuchungen über Struktur und Eigenschaften der Silberhydrosole nach Paal.* 3. Mitt. *Oberflächenspannung und ultramikroskopisches Bild.* An verschied. PAALschen Ag-Hydrosolen (Ber. dtsch. chem. Ges. **35.** [1902.] 2195) wurde die Änderung der Oberflächenspannung u. des ultramkr. Bildes unter dem Einfl. der Zeit u. der Strahlung untersucht. Es sollte festgestellt werden, ob Eiweiß oder Ag diesen Einflüssen unterworfen sind u. inwieweit Abhängigkeit vom Verhältnis Eiweiß/Ag u. der Hydrosolherst. bzw. der Dialyse der Lsgg. besteht. Zum Vgl. wurden reine Na-Lysalbin- u. Ag-Keimhydrosole nach GAŁECKI u. KEMPF (vgl. Z. anorg. allg. Chem. **170.** [1928.] 45) hergestellt u. ebenfalls untersucht. Die Versuchslsgg. waren 0,1- bis 0,001%ig. Durch Zusatz von Lsgg. mit bekanntem Na-Lysalbingeh. zu $AgNO_3$-Lsgg. wurden Hydrosole von einem Eiweiß/Ag-Verhältnis S erhalten, das mehr als 3mal kleiner war als jenes, das durch Zugabe von $AgNO_3$- zur Protalbinlsg. gewonnen werden kann. In diesem Fall übersteigt die Kolloidkonz. niemals 20,7 Gew.-%. S betrug ca. 3,8. Beobachtungen über die Bldg. PAALscher Ag-Kolloide u. über die Abhängigkeit der Reduktionsgeschwindigkeit von der Temp. u. Ag-Menge bei Abwesenheit eines äußeren Reduktionsmittels legen es nahe anzunehmen, daß während oder zumindest zu Beginn der Vorgänge eine Denaturierung des Eiweißes erfolgt, bei der SH-Gruppen reduzierend wirken u. das red. Ag katalyt. den weiteren Verlauf der Oxydations-Red.-Rkk. beeinflußt. Auch scheinen einige temporäre Prodd., wie das sogenannte Protalbin-Ag, vor der Red. in NaOH gelöst zu werden u. die Ag-Sole komplexe Verbb. zu sein. Aus den Messungen der Oberflächenspannung darf geschlossen werden, daß die PAALschen Ag-Teilchen im ursprünglichen Stadium nicht genügend konstant sind u. manchen Änderungen unterliegen. Dies hängt sowohl von der Zeit als auch von der Reinigung durch die Dialyse ab. Die Oberflächenspannung wird in einem gewissen Bereich nicht durch S beeinflußt. Die Ag-Teilchen der PAALschen Hydrosole sind nach ultramkr. Unterss. kleiner als die Na-Protalbinteilchen. Die Oberflächenspannung hängt von der Konz. des PAALschen Hydrosols etwa nach einer Exponentialgleichung ab. Die Hydrosole sind dem Lichteinfl. gegenüber recht beständig. Diffuses Tageslicht ist ohne Wrkg., UV-Strahlung koaguliert das Ag-Hydrosol; das Eiweiß wird leicht beeinflußt, wie an reinen Na-Lysalbinlsgg. festgestellt wird, während reines koll. Ag sehr geringe Koagulation zeigt. Die Art der Änderungen hängt von der Solkonz. ab. Höher konz. Sole erweisen sich als beständiger. (Poznańskie Towarzystwo Przyjaciół Nauk, Wydział mat.-przyrodniczy, Prace Komisji mat.-przyrodniczej **6.** 1—84. 1951. Poznań, Univ., Inst. für physikal. Chem.) FREYTAG. 166

Koko Sasaki, *Die Chemie der Benetzung.* An Hand von 63 Literaturangaben werden die neueren theoret. physiko-chem. Vorstellungen des Benetzungsproblems skizziert. (Chem. and chem. Ind. [Kagaku to Kogyo] **3.** 274—79. Sept. 1950. Kyushu, Univ. [Orig.: japan.]) SCHULER. 166

C. R. Bury und **J. Browning,** *Vergleich ionisierbarer und nichtionisierbarer Netzmittel.* Koll. Lsgg. mit nichtionisierbaren Teilchen dürften sich voraussichtlich leichter an der Oberfläche unter Aggregatbldg. u. als Micellen anreichern als ähnlich gebaute ionisierbare Kolloidteilchen. Zur Prüfung dieser Annahme wurde die krit. Micellenkonz. auf Grund von Oberflächenspannungsmessungen (Tropfengewichtsmeth.) bei verschied. Konz. für *n-Octylglykosid* (nach BÖHME, E. P. 421 318) u. *n-Octylpyridiniumbromid* verglichen. Wie erwartet wird das Glykosid an der Grenzfläche wss. Lsg./Luft stärker angereichert u. zeigt eine niedrigere krit. Konz. der Micellenbldg. (für 20° bei 0,026 Mol/1000 g W.) als das Pyridiniumbromid (0,23 Mol/1000 g W.); für letzteres steigt die Oberflächenspannung nach Erreichen des Minimums wieder an. (Trans. Faraday Soc. **49.** 209—11. Febr. 1953. Arnside, Durham, Eagleschiffe Co.) HENTSCHEL. 166

H. W. Douglas und **R. A. Walker,** *Das elektrokinetische Verhalten von Islandspat gegen wässerige Elektrolytlösungen.* Das elektrokinet. Verh. von Islandspat gegen wss. Elektrolytlsgg. wird im Hinblick auf das Problem des elektrokinet. Potentials ζ u. der Struktur untersucht. Die Gleichung von SMOLUCHOWSKI $\zeta = 4\,\pi\,\eta\,v_\varkappa/\varepsilon$ i führen Vff. in $(\zeta \cdot 4\,\pi\,\eta\,v/\varepsilon)(\varkappa_{KCl} \cdot R_{KCl}/v)$ über, worin R_{KCl} der Widerstand des Kristalls gegen n/10 KCl u. $\varkappa_{KCl}$ die spezif. Leitfähigkeit bedeuten. Vff. untersuchten den Einfl. der verschied. Vorbehandlung der Kristalle auf die ζ-Potentialbildung. Das ζ-Potential eines mit H_2O behandelten Spats ist -15 mV gegen seine eigene gesätt. Lsg. in CO_2-freiem H_2O, das eines mit Säure behandelten Kristalls bis zu -40 mV gegen H_2O. Weiter wurden die Änderungen des ζ-Potentials in Ggw. verschied. Elektrolyte [$CaCl_2$, $BaCl_2$, $Pb(NO_3)_2$, $MgCl_2$, $NaCl$, $NaOH$, Na_2CrO_4, $NaCNS$, *Na-Citrat*, $Na_2C_2O_4$, Na_2CO_3, $(NaPO_3)_6$, $PbCl_2$, Na_2SO_4, Na_2HPO_4] in Abhängigkeit von der Vorbehandlung der Kristalle bestimmt. Die Verschiebung des ζ-Potentials nach negativen Werten wird von elektronenopt. verfolgten Veränderungen der Kristalloberfläche begleitet. Nach Ansicht der Vff. können diese Veränderungen der Oberfläche das elektrokinet. Verh. des Kristalls auf verschied. Weise beeinflussen: 1. Vergrößerung der tatsächlichen, ladungtragenden Oberfläche, 2. Veränderung der Kristallkräfte, die auf die Ca^{2+}- u. die CO_3^{2-}-Ionen der Oberfläche wirken, 3. Veränderung der Adsorptionskräfte. Für die Bldg. der Doppelschicht vermuten Vff.: 1. Ca^{2+} oder CO_3^{2-} gehen von der Oberfläche in Lsg., auf der Oberfläche bleibt die entgegengesetzte Ladung zurück, oder 2. die Oberfläche adsorbiert H^+, OH^- oder andere in der Lsg. vorhandene Ionen. Das Ergebnis der Unters. wird ausführlich unter sorgfältiger Berücksichtigung der Literaturangaben im Hinblick auf Doppelschicht vom Sterntyp, Kristalloberflächen- u. Hydratationskräfte u. die Regel von PANETH-FAJANS diskutiert. (Trans. Faraday Soc. **46.** 559—68. Juli 1950. Liverpool, Univ., Dep. of Inorg. and Physic. Chem., Muspratt Labor.) WOELK. 167

W. K. Ssementschenko und **Je. L. Sorina,** *Phasenübergänge zweiter Art und kritische Erscheinungen.* 4. Mitt. *Viscosität von binären flüssigen Systemen im kritischen Gebiet.* (3. vgl. C. **1953.** 194.; vgl. auch C. **1953.** 3537.) Im krit. Temperatur- u. Konzentrationsgebiet wird mit Temperaturabständen von 0,01° die Viscosität der Systeme Nitrobenzol (38,5—43,7%)-Hexan u. Triäthylamin (I, 3,07—13,14%)-W. untersucht. Die in beiden Systemen beobachteten Maxima werden mit der Entfernung von der krit. Temp. kleiner. Das krit. Gebiet ist bzgl. Tempp. u. Konzz. begrenzt. Als prim. Vorgang wird die Entstehung u. Entw. einer Mikroheterogenität betrachtet, die unter den krit. Bedingungen als disperses Syst. ihr Maximum erreicht. Die Phasenübergänge 2. Art stellen nur verschied. Entwicklungsstadien dieser Mikroheterogenität dar, die auch die Viscositätsänderungen u. die Maxima der Absorption von Ultraschallwellen im krit. Mischungsgebiet zweier Fll. bedingt. Im Syst. I-W. erreicht die Viscosität das 12fache der Viscosität des I u. das 5fache der Viscosität des W. bei den gleichen Temperaturen. (Журнал Физической Химии [J. physik. Chem.] **26.** 520—29. April 1952. Moskau, Inst. für allg. u. anorgan. Chem. der Akad. der Wiss. der UdSSR.) R. K. MÜLLER. 172

F. C. Tompkins, *Physikalische Adsorption an nicht gleichförmigen Oberflächen.* Die von HALSEY u. Mitarbeitern (C. **1950.** I. 1326 u. früher) gemessene Verminderung der Adsorptionswärme muß auf den nicht gleichförmigen Charakter der akt. Oberfläche zurückzuführen sein. Dieser Effekt wird in vorliegender Arbeit eingehend in bezug auf die Veränderung der Wärmen u. auf den Charakter der Isotherme, u. zwar bei lokalisierten u. nicht lokalisierten Monoschichten untersucht. Vf. zeigt in Übereinstimmung mit HALSEY u. TAYLOR (C. **1948.** I. 1283), daß die Verteilungsfunktion des adsorbierten Mol. $j_i(T)$ unabhängig vom Adsorptionspotential χ_i ist, u. leitet ab, daß der log des Druckes linear mit dem log der adsorbierten Menge verläuft, gleichgültig, ob der adsorbierte Film als Ein- oder Mehrphasensyst. betrachtet wird. (Trans. Faraday Soc. **46.** 569—80. Juli 1950. South Wales, Imp. Coll., Dep. of Inorg. and Phys. Chem.) JÄGER. 176

F. C. Tompkins, *Adsorptionsisothermen für nicht gleichförmige Oberflächen.* Vf. leitet folgende 4 bekannten Gleichungen für die Adsorptionsisotherme aus der Veränderung der Adsorptionswärme beim Benetzen ab, wobei einige Einschränkungen der Größe gewisser Entropieänderungen gemacht werden müssen: 1. die Gleichung von BRUNAUER u. von TEMKIN, die bei katalyt. Prozessen von Bedeutung ist, 2. die von PALMER, der sie bei der Adsorption von Silicagel fand, u. die von BOER u. VON BRADLEY theoret. abgeleitet wurde, 3. die FREUNDLICHsche Adsorptionsisotherme u. 4. die von HALSEY. (Trans. Faraday Soc. **46.** 580—86. Juli 1950.) JÄGER. 176

J. W. Jordan, B. J. Hook und **C. M. Finlayson,** *Organophile Bentonite.* 2. Mitt. *Gele mit organischen Flüssigkeiten.* (1. vgl. Mineralog. Mag. J. mineralog. Soc. **28.** [1949.] 598.) Durch Kationenaustausch eines Wyoming-Bentonits mit quaternären NH_4-Salzen u. höheren aliphat. Aminen werden verschied. aliphat. Ammoniumbentonite hergestellt, die mit verschied. organ. Fll. oder Flüssigkeitsgemischen Gele liefern. Bei der Messung der Gelfestigkeit mittels eines Kegelpenetrometers für Schmiermittel ergaben sich bzgl. der Gelbldg. als typ. Quellfl. Gemische aus nichtpolaren KW-stoffen (Toluol) mit polaren aliphat. Verbb. (wie Alkoholen). Die Gelfestigkeit als Kriterium der flüssigkeitsbindenden Fähigkeit steht im allg. mit der bei früheren Unterss. benutzten Quellprobe in Zusammenhang. Für eine gute Gelbldg. erscheint eine ca. 5%ig. Bedeckung der Tonflocken mit organ. Verbb. durch Ionenaustausch wesentlich. Optimale Gelbldg. erfolgt im Gebiet der vollständigen Ionenaustausch-Rk. des Tons mit dem organ. Ammoniumsalz. Es ergibt sich auch eine Bestätigung früherer Theorien über den Mechanismus der Solvatation. Durch vollständiges Überziehen der Tonflocken charakterisierte Komplexe werden durch eine einzige nichtpolare Fl. in Gele übergeführt; derartige Gele zeigen eine bemerkenswerte Thixotropie. (J. physic. Colloid Chem. **54.** 1196–1208. Nov. 1950. Pittsburgh, Pa., Mellon Inst.) HENTSCHEL. 176

Clément Courty, *Über die auf die Adsorption angewandten magnetischen Messungen.* Die Anwendbarkeit magnet. Messungen auf die Adsorption feuchter Luft an Aktivkohle aus Cocosnußschalen wird gezeigt u. liefert folgende Ergebnisse: 1. der Magnetisierungskoeff. des adsorbierten W. ist konstant; 2. der Koeff. von Luft nimmt sofort nach Sättigung der Kohle mit Luft langsam ab. (C. R. hebd. Séances Acad. Sci. **230.** 745–47. 20/2. 1950.) KÖHN. 176

A₆. Strukturforschung.

Willi C. Born, *Zur Theorie und Praxis der Elektronenmikroskopie.* Allg. kurze Übersicht. (Mikrokosmos **42.** 229–32. Juli 1953. Frankfurt/M.) KLEVER. 181

F. Grasenick und **R. Haefer,** *Zur elektronenmikroskopischen Untersuchung von Oberflächen mit Hilfe von Kohlehüllen.* Zur elektronenmkr. Unters. von Oberflächen eignen sich Kohlehüllen, da sie gegen Chemikalien, gegen starke Elektronenbestrahlung u. mechan. widerstandsfähig sind u. fast keine Eigenstruktur besitzen. Zur Herst. werden 4 Verff. beschrieben: 1. Glimmentladung in einer KW-stoffatmosphäre, die zu einer Polymerisationsschicht führt, die dann durch Bestrahlung mit 15 keV-Elektronen dehydriert wird. 2. Zerstäubung von Kohleelektroden in verschied. Gasatmosphären, z. B. H_2 oder Ar, nachträgliche Bestrahlung. 3. Elektronenbestrahlung der Objekte in einer KW-stoffatmosphäre bei Drucken von 10^{-2}–10^{-4} Torr. 4. Adsorption organ. Substanzen, nachträgliche Elektronenbestrahlung. Es wird eine Aufdampfapp. verwendet, dabei besteht die Kathode aus einer Kohleplatte in einem Isolierring. Die Kohleschichten werden 50 mμ dick. Die Substanzen werden dann mit Säure aus ihrer Kohlenumhüllung herausgelöst. Als Beispiele sind MgO u. Diatomeen angeführt u. abgebildet. (Mh. Chem. **83.** 1069–82. 15/8. 1952; S.-B. österr. Akad. Wiss., math.-naturwiss. Kl., Abt. IIb **161.** 1069–82. 1952. Graz, TH, Physikal. Inst.) WIEDEMANN. 181

De Gramont, *Elektronen- und Protonenmikroskopie.* Vf. behandelt allg. die physikal. Grundlagen des Elektronenmikroskops u. diskutiert die Möglichkeiten des Protonenmikroskops, mit dem infolge der kürzeren DE BROGLIE-Wellenlänge eine noch höhere Auflsg. erreicht werden kann. Die dabei auftretenden techn. Schwierigkeiten werden erläutert. (J. Radiol. Électrol. Arch. Électr. méd. **33.** 637–40. 1952.) REUSSE. 181

R. J. Weiss, *Extinktionseffekte bei der Neutronendurchstrahlung von polykristallinen Medien.* Ausführliche Fassung des C. **1953.** 2239 referierten Sitzungsberichts. (Physic. Rev. [2] **86.** 271–75. 1/5. 1952. Watertown, Mass., Watertown Arsenal.) GOTTFRIED. 181

H. E. v. Steinwehr, *Ein einfacher Probenschutz für Debye-Scherrer-Heizkammern.* Vf. empfiehlt, Proben für Pulveraufnahmen, die gegen Einw. von O_2, N_2, CO_2 usw. empfindlich sind, in ein MARK-Röhrchen einzuschm., in das oberhalb der Substanz in Al-Blech eingehüllte Mg-Späne gebracht sind. Nach dem Zuschmelzen wird das Mg erhitzt u. absorbiert alle schädlichen Gase. (Neues Jb. Mineralog., Mh. **1953.** 16–17. Febr. Mainz.) HILLER. 181

F. Regler, *Neue Ergebnisse mit Röntgenrückstrahlverfahren.* 2. Mitt. (1. vgl. C. **1953.** 5302.) Zusammenfassend werden behandelt: Unterss. über Korn- u. Kristallgrößen mit Hilfe des Rückstrahlverf., Rückstrahlaufnahmen von grobkristallinen Proben, Unterss. an verformten Proben sowie Schichtdickenmessung. (Radex-Rdsch. **1952.** 200–09. Okt. Wien, TH, Inst. für Experimentalphys.) GOTTFRIED. 181

Honoré Lambot und **Lawrence Vassamillet,** *Bestimmung der Gitterdesorientierungen durch Beugung der durch Einkristalle gehenden Röntgenstrahlen.* Schwenkt man einen Einkristall kontinuierlich während der Durchstrahlung mit monochromat. Röntgenlicht, so erhält man Bragg-Interferenzen, deren Form u. Dimensionen unabhängig von der geometr. Vollkommenheit des Gitters sind. Die innere Verteilung der Intensität der Interferenzen ist prakt. nie gleichmäßig u. wird durch eine deutliche Streifung charakterisiert. Diese bisher noch nicht beobachtete Struktur kann auf Desorientierungen der Gitternormalen in einer vertikalen Ebene u. auf Änderungen des Extinktionsfaktors zurückgeführt werden. Wird der Kristall während der Durchstrahlung nicht bewegt u. bringt man den Film in großer Entfernung (1—2 m) an, dann kann man mit großer Genauigkeit die maximale Desorientierung der horizontalen Normalen in dem untersuchten Bereich durch Best. der azimutalen Öffnung des reflektierten Strahls bestimmen. Eine entsprechende Formel wird angegeben. Die Unterss. wurden an anorgan., organ. u. Metallkristallen durchgeführt. Vollkommene Kristalle wurden fast nicht gefunden; als nahezu vollkommen erwiesen sich Quarzkristalle mit Winkelabweichungen von 10—20 Sekunden. (C. R. hebd. Séances Acad. Sci. **235.** 1136—38. 10/11. 1952.)
Gottfried. 181

Alexandre Laforgue, *Über die Definition der Atome im Molekül und die Systematisierung der Diagramme.* Vf. verallgemeinerte auf theoret. Wege die von Daudel, Laforgue u. Vroelant (vgl. C. **1953.** 4006) auf Grund der Atombahnen eingeführten mol. Funktionen. (C. R. hebd. Séances Acad. Sci. **235.** 1299—1301. 24/11. 1952.)
Gottfried. 182

T. J. Tiedema und **C. L. D. Kooy,** *Herstellung von bikristallinen Bleiplatten. Berichtigung.* Vff. machen darauf aufmerksam, daß in der Arbeit von Brugman u. Tiedema (vgl. C. **1953.** 5143) über die Herst. bikristalliner Pb-Platten insofern ein Fehler unterlaufen ist, als die Folge der aufeinanderfolgenden Manipulationen nicht richtig angegeben ist. Die genaue Darstellungsvorschrift wird beschrieben. (Appl. sci. Res. A **3.** 391—92. 1952. Delft, Techn. Univ., Labor. of Phys. Chem.) Gottfried. 190

Ingvar Lindqvist, *Eine Kristallstrukturuntersuchung des Paramolybdations.* Ausführliche Wiedergabe der C. **1952.** 3453 referierten Arbeit. (Ark. Kemi **2.** 325—41. 1950. Uppsala, Univ., Inst. of Chem.) Gottfried. 195

Ingvar Lindqvist, *Die Struktur des Tetramolybdations.* Vf. hatte früher (vgl. C. **1951.** I. 978.) die Vermutung ausgesprochen, daß die Tetramolybdate aus Oktamolybdationen aufgebaut sind. Diese Vermutung konnte durch die in der vorliegenden Arbeit durchgeführte Kristallstrukturbest. von $(NH_4)_2O \cdot 4\ MoO_3 \cdot 2{,}5\ H_2O$ bestätigt werden. Durch Drehkristall- u. Weissenberg-Aufnahmen ergaben sich für die trikline Zelle die folgenden Abmessungen: a = 7,76 Å; b = 9,75 Å; c = 9,78 Å; α = 97,2°; β = 100,5°; γ = 98,4°. Raumgruppe ist $C_i^1 - P\bar{1}$; Z = 8. Mit Hilfe einer dreidimensionalen Patterson-Synth. wurden die Mo-Atome festgelegt. Die gefundenen Parameter sind: Mo_I (x =) 0,42; (y =) 0,27; (z =) 0,55; Mo_{II} 0,27; 0,95; 0,48; Mo_{III} 0,57; 0,07; 0,80; Mo_{IV} 0,58; 0,25; 0,78. Auf Grund kristallchem. Betrachtungen wurden die O-Atome festgelegt, Parameter werden nicht angegeben. Struktureinheit sind 8 MoO_6-Oktaeder der Zus. $Mo_8O_{26}^{4-}$; dieses Ion ist aus zwei ziemlich regelmäßigen Quadraten von Oktaedern aufgebaut. Die Formel des untersuchten Salzes lautet $(NH_4)_4Mo_8O_{26} \cdot 5\ H_2O$. Nach einer kurzen Besprechung der Chemie der Tetramolybdate kommt Vf. bei seinen weiteren Diskussionen zu dem Ergebnis, daß ein Trimolybdation nicht existiert. Das Vork. von festen Trimolybdaten kann durch die Annahme erklärt werden, daß es sich bei ihnen um Doppelsalze von Para- u. Tetramolybdaten, $R_{10}(Mo_7O_{24}) \cdot (Mo_8O_{26}) \cdot n\,H_2O$, handelt. (Ark. Kemi **2.** 349—55. 1950. Uppsala, Univ., Inst. of Chem.)
Gottfried. 195

Félix Bertaut, Louis Bochirol und **Pierre Blum,** *Synthesen und Raumgruppen der Boroferrite.* Boroferrite der Formel Fe_2O_3, B_2O_3, 4 MO, wobei M = Fe, Ni, Co u. Cu, werden durch Lösen der Oxyde in einem Alkaliboratmedium u. langsames Abkühlen hergestellt. Nach Lösen in HNO_3 konnten bis 10 mm lange, nadelförmige Kristalle isoliert werden. Die Symmetrieverhältnisse konnten durch Laue-Diagramme zu m m m bestimmt werden. Eine Tabelle der Boroferrite, enthaltend die Gitterkonstanten, den Winkel α, das Vol. der Elementarzelle, die D. u. das Verhältnis a:b:c wird gegeben. Die Elementarzellen enthalten 2 Formeleinheiten u. gehören der Gruppe D_{2h}^9 — P b a m (holoedr.) an. Durch Lösen von MgO u. Fe_2O_3 in Borsäure wurde *Fe_2O_3, B_2O_3, 2 MgO*, durch Erhitzen der gepulverten Oxyde im Quarzrohr auf 9000° die Verbb. Fe_2O_3, B_2O_3, 2 MO erhalten, wobei M = Fe, Co, Ni. Sie gehören der Kristallgruppe D_{2h}^{16} — P n a m mit Z = 2 an. Die Daten werden tabellar. mitgeteilt. Alle erhaltenen Verbb. sind bei Zimmertemp. paramagnetisch. Die Verbb. Fe_2O_3, B_2O_3, 4 MgO; Fe_2O_3, B_2O_3,

2 CuO u. Fe_2O_3, B_2O_3, ZnO konnten nicht erhalten werden. (C. R. hebd. Séances Acad. Sci. **230**. 764—65. 20/2. 1950.) MOSLÉ. 195

Tokunosuke Watanabe und **Masao Akoji,** *Kristallstruktur von Äthylendiaminkomplexsalzen.* Durch Röntgenbeugungsphotogramme wurden die Daten für die Kristallstruktur von $[Ni(en)_3](NO_3)_2$ (I) (aus Äthylendiamin u. $Ni(NO_3)_2$ in W.) u. $[Cu(en)_2]\cdot(NO_3)_2\cdot H_2O$ (II) erhalten. I wurde auch im Vakuum verdampft u. bildet spiralige Kristalle. Die Einheitszelle von I enthält 2 Moll., die von II 4 Moleküle. Das Cu-Atom ist in derselben Ebene von 4 N umgeben. Kagaku [Science] **21.** 301—02. Juni 1951. Osaka. [Orig.: japan.]) SCHULER. 195

Angelo Bellanca und **Francesco Sgarlata,** *Die Struktur des Avogadrits.* Es werden LAUE-Diagramme u. WEISSENBERG-Aufnahmen von Avogadrit, rhomb. KBF_4, gemacht, der aus der wss. Lsg. von Krusten aus dem Vesuvkrater durch fraktionierte Kristallisation in sehr klaren Kristallen erhalten wird. Identitätsperioden $T_{[100]}$ = 8,10 Å, $T_{[010]}$ = 5,18 Å, $T_{[001]}$ = 6,64 Å, Raumgruppe D_{2h}^{17}, Z = 4. — Die Atomkoordinaten werden nach der Meth. des „steilsten Abfalles" (steepest descents) von BOOTH (vgl. C. **1948.** II. 561 u. 935) ermittelt. — Es ergibt sich ein Strukturmodell, in dem jeweils 1 B tetraedr. von 4 F umgeben ist; von letzteren sind 8 an den Ecken eines Kubus um 1 K angeordnet. Abstände B—F = 1,40 Å (in Übereinstimmung mit dem von Vff. an rhomb. $NaBF_4$ gefundenen Wert), F—F = 2,30 Å u. K—F = 2,60 bis 2,80 Å. (Ricerca sci. **20.** 1648—51. Nov. 1950. Palermo, Univ., Inst. di mineral. e petrogr.) v. DECHEND. 195

C. W. Wolfe und **Alice Caras,** *Elementarzelle von Schairerit.* Kurze Mitt. zu der C. **1952.** 5056 referierten Arbeit. (Bull. geol. Soc. America **62.** 1491. Dez. 1951. Boston, Mass., Univ.) GOTTFRIED. 195

F. C. Frank, *Die Theorie der orientierten Aufwachsung von Kristallen.* Vf. bespricht krit. die von verschied. Seiten durchgeführten experimentellen u. theoret. Unterss. über die Stabilität einer Einzelschicht eines Alkalihalogenids auf der Oberfläche desselben oder eines anderen Alkalihalogenids. Er kommt dann auf seine theoret. Unterss. mit VAN DER MERWE (vgl. FRANK u. VAN DER MERWE, Proc. Roy. Soc. [London], Ser. A **198.** [1949.] 216) zu sprechen, bei denen unter Zugrundelegung eines einfachen Modells festgestellt worden ist, daß die Einzelschicht stabil ist, wenn die Differenz der Parameter zwischen Substrat u. Gastkristall $<9\%$ ist, u. metastabil ist, wenn diese Differenz 9—14% beträgt. Bei noch größeren Differ enzen geht die Kohärenz durch Bldg. von Versetzungen zwischen Substrat u. Gastkristall verloren. Vf. geht dann hauptsächlich auf die Unterss. von SMOLLETT u, BLACKMAN (vgl. C. **1953.** 2882) ein, wobei er feststellt, daß die von diesen Autoren gezogenen Schlußfolgerungen dadurch beeinflußt werden, daß sie nicht in Betracht gezogen haben, daß in der Spaltfläche eines Alkalihalogenids die positiven u. negativen Ionen in einer Richtung senkrecht zur Oberfläche eine verschied. Lage haben. Vf. ist der Ansicht, daß man durch eine Kombination der theoret. Unterss. von SMOLLET u. BLACKMAN (vgl. l. c.) sowie der von MOLIÈRE u. STRANSKI (vgl. C. **1949.** II. 283) u. von VERWEY (vgl. Rec. Trav. chim. Pays-Bas **65.** [1946.] 521) einen weiteren Einblick in die Konfiguration einer solchen Einzelschicht erlangen würde. (Proc. physic. Soc., Sect. A **64.** 941—42. 1/10. 1951. Bristol, Univ., H. H. Wills Phys. Labor.) GOTTFRIED. 196

Pierre Conjeaud, *Elektronenbeugungsuntersuchung der Entwicklung von dünnen Schichten von Antimon, Arsen und Wismut, die durch thermische Verdampfung innerhalb der Beugungsapparatur selbst erzeugt werden.* Die im Innern der Beugungsapp. auf Kollodiumfolien aufgedampften Schichten von Sb sind zunächst amorph, wandeln sich aber bei Zimmertemp. allmählich in eine orientierte Kristallstruktur um. Diese Umwandlung wird durch Elektronenbestrahlung stark beschleunigt. As-Filme bleiben amorph, während Bi-Filme sofort beim Aufdampfen Kristallstruktur zeigen. (C. R. hebd. Séances Acad. Sci. **235.** 1213—15. 17/11. 1952.) LENZ. 196

Masaaki Yanagisawa, *Oberflächendiffusion von Quecksilber auf Zinnfolien.* Zur Unters. gelangten zwei Gruppen von Sn-Folien, deren Dicke von 2 mm auf 7 μ red. worden war. Die eine Gruppe (A) wurde mit Bzl. u. Ae. behandelt, die andere (B) mit Bzl., hierauf mit verd. HCl geätzt u. gründlich mit W., A. u. Ae. gewaschen. Röntgenaufnahmen nach zweitägigem Walzen zeigten, daß beide Proben rekrist. waren. Die Folien wurden hierauf über Hg aufgehängt, das sich in einer Schale befand, u. die Differenzkonstante D wurde bei verschied. Tempp. zwischen 12 u. 95° im Thermostat gemessen. Es wurde erhalten: D_A = 0,1516 exp. (— 3450 /RT) u. D_B = —1,148 exp. (—5180 /RT). In weiteren Verss. wurden zwei Folien in Hg eingehängt u. ein direkter Strom angelegt. Ganz allg. ergab sich hierbei, daß die Diffusionsgeschwindigkeit an beiden Elektroden größer ist als ohne Strom, wahrscheinlich infolge Temperaturerhöhung durch die JOULEsche Wärme. Das gebildete Amalgam erwies sich auf Grund von Röntgenrückstrahlaufnahmen als hexagonal. (Bull. Inst. chem. Res., Kyoto Univ. [**Kagaku Kenkyusho Hokoku**] **27.** Nr. 12. 22—28. Dez. 1951. H. Takagi Labor. [Orig.: japan.; Auszug: engl.]) GOTTFRIED. 196

Honoré Lambot und **Lawrence Vassamillet,** *Über die Deformation und die Polygonisierung von Aluminiumeinkristallen.* Vff. untersuchten röntgenograph. mit einer früher beschriebenen Technik die bei Al-Einkristallen nach verschied. therm. u. mechan. Behandlungen auftretenden schwachen winkelmäßigen Desorientierungen. Die Al-Einkristalle verschied. Reinheit wurden zu 10% gezogen u. hierauf bei verschied., allmählich ansteigenden Tempp. angelassen. Die nicht behandelten Ausgangskristalle zeigten eine variable Vollkommenheit. Proben, die um 1% gezogen worden waren, zeigten eine Deformation der Gebiete, die im Ausgangskristall am vollkommensten waren. Aus der inneren Struktur der erhaltenen Interferenzen folgte, daß die Deformation durch Rotation von Ebenengruppen bewirkt wird, die ihre frühere Vollkommenheit ziemlich beibehalten u. sich voneinander durch einige Bogenminuten unterscheiden. Dieser Prozeß setzt sich bis zu einer Verlängerung von ca. 3% fort. Aus der Intensitätsverteilung der Interferenzen läßt sich schließen, daß die fast vollkommenen Ebenenpakete ihre Individualität verlieren u. daß die Netzebenen sich mehr u. mehr krümmen. Bei einer Verlängerung bis zu 10% nimmt die Gitterkrümmung in größeren Bereichen immer mehr zu. Die Polygonisierung bei 99,99%ig. Al, das um 4% gezogen war, beginnt nach 12std. Erhitzen auf 200°; bei 99,95%ig. Al beginnt dieser Prozeß erst nach 12std. Erhitzen auf 550°. (C. R. hebd. Séances Acad. Sci. **235.** 1232—34. 17/11. 1952.) GOTTFRIED. 197

Izumi Higuchi und **Hiroshi Chiba,** *Untersuchungen über das System Calciumlegierung–Wasserstoff.* 2. Mitt. *System Calcium–Magnesium–Wasserstoff und Calcium–Aluminium–Magnesium–Wasserstoff.* 3. Mitt. *Die Absorptionsgeschwindigkeit von Wasserstoff durch eine Calcium–Magnesium-Legierung.* (1. vgl. C. **1953.** 4174.) Freies Ca enthaltende **Ca–Mg-** u. **Ca–Mg–Al-Legierungen** zeigen H_2-Absorption mit S-förmiger Absorptionskurve ohne Induktionsperiode, deren Anfangsteil der Beziehung zwischen T u. $V^{1/3}$ entspricht. Die H_2-Aufnahme bei Ca-Legierungen wird mit abnehmendem Ca-Geh. geringer, wobei das als Ca_3Mg_4 gebundene Ca 75% (gegenüber reinem Ca) des H_2 zur Bldg. von CaH_2 aufnimmt. H_2-gesätt. Legierungen ($Ca–Mg–H_2$ u. $Ca–Al–Mg–H_2$) nehmen durch O- u. H_2O-Aufnahme an der Luft an Gewicht zu, können aber in dichten Gefäßen aufbewahrt werden. Diese H-Legierungen geben mit W. H_2 ab, wobei Mg u. Al als schwarzer Schlamm hinterbleibt. Bei Ca–Mg-Legierungen mit 70,61% Ca wurde für die Anfangsperiode die Abhängigkeit der H_2-Absorptionsgeschwindigkeit von Temp. u. Druck untersucht u. die Aktivierungsenergie E = 20,59 kcal/Mol abgeleitet. Die Bldg. von Absorptionskernen in der Ca-Phase für die Bldg. von CaH_2 wird erörtert, um das Verh. von reinem Ca gegenüber seinen Legierungen zu erklären. (J. chem. Soc. Japan, pure Chem. Sect. [Nippon Kagaku Zassi] **73.** 400—05. Juni 1952. Sendai, Tohoku Univ. [Orig.: japan.]) SCHULER. 197

Tatsuo Yokoyama, Shumpei Oka und **Keisuke Ozaki,** *Darstellung einer Calcium–Blei-Legierung aus Calciumcarbid und Blei.* Am geeignetsten für die Bldg. einer **Pb–Ca-Legierung** von 4,84% Ca erwies sich Erhitzen von CaC_2 mit Pb in H_2 bei Unterdruck auf 1000° während 2 Stunden. Ob höhere Temp. u. längere Zeit Ca-reichere Pb-Legierungen gibt, wurde nicht festgestellt. (J. chem. Soc. Japan, ind. Chem. Sect. [Kōgyō Kagaku Zassi] **55.** 64—66. Febr. 1952. Ryojun, TH. [Orig.: japan.]) SCHULER. 197

Yves Pironneau, *Deformation von Al–Cu-Einkristallen durch wiederholte Stöße.* Es wurden Proben von Al-Einkristallegierungen mit 4% Cu in fester Lsg. untersucht. Die Proben tragen an ihrem freien Ende eine M. u. sind an ihrem oberen Ende an einem starren Metallrahmen befestigt. Dieser Metallrahmen wird elast. Stößen ausgesetzt. Die kinet. Energie der M. bewirkt dadurch eine Verlängerung oder einen Bruch der Versuchsprobe. Es wurde gefunden, daß die beobachtete Längenänderung proportional der Anzahl der Stöße, also proportional der absorbierten Energie ist. (C. R. hebd. Séances Acad. Sci. **236.** 46—48. 5/1. 1953.) GOTTFRIED. 200

Kiichi Kimura, Akira Katase, Jun Kokame und **Yasuo Nawachi,** *Über die Methode zur Messung des Youngschen Moduls von kleinen Metallproben* (*Stäbchen*). Es wurde die natürliche Frequenz der seitlichen Schwingung von kleinen Metallstäben direkt gemessen u. hieraus der YOUNGsche Modul berechnet. Die Meth. wird genau beschrieben. Zur Unters. gelangten eine Reihe von *Fe*-Stäben mit 3 mm Durchmesser u. Längen zwischen 3 u. 11 cm. Die Ergebnisse sind zum Teil tabellar. zusammengestellt. (Bull. Inst. chem. Res., Kyoto Univ. **27.** Nr. 12. 53. Dez. 1951. K. Kimura Labor. [Orig.: engl.]) GOTTFRIED. 200

Lewis S. Combes, Stanley S. Ballard und **David L. Honkonen,** *Unelastische Verformung (kaltes Fließen) gewisser kristalliner Materialien unter Biegungsbeanspruchung.* (Sitzungsbericht.) Vff. ergänzen ihre Mitteilungen (C. **1953.** 2243 u. 2564) über die elast. Eigg. kub. Kristalle vom *NaCl-, CsCl-* u. *CaF_2*-Typ. Biegeverss. bei 30° wurden mit Beanspruchungen bis zur elast. Grenze für jeweils 50 Std. durchgeführt. Nur CaF_2 u. *BaF_2* zeigten dabei kein Fließen unterhalb der Bruchgrenze. (Physic. Rev. [2] **88.** **153.** 1/10. 1952. Medford, Mass., Tufts Coll.) GANS. 200

D. R. Frankl und **T. A. Read,** *Einflüsse von F-Zentren auf die innere Reibung von Steinsalzeinkristallen.* Bei frischen Steinsalzeinkristallen ist die Zunahme der inneren Reibung mit steigender Spannungsamplitude qualitativ ähnlich der von Metallen. Nach kurzer Bestrahlung (20 Min. bei 40 kV u. 20 mA) bei Zimmertemp. nimmt die innere Reibung stark ab. Bleichen mit sichtbarem Licht oder durch Infrarotbestrahlung läßt die innere Spannung nicht auf ihren anfänglichen Wert ansteigen. Dies tritt jedoch bei halbstd. Erhitzen auf 200° u. langsamem Abkühlen ein, doch wird auch in diesem Fall der Anfangswert nicht ganz wieder erreicht. Bestrahlt man den Kristall bei der Temp. des fl. N_2 u. bleicht bei der gleichen Temp., dann tritt keine wesentliche Abnahme der inneren Reibung auf. Bleicht man dagegen nach Erwärmen des Kristalles auf Zimmertemp., dann erniedrigt sich die innere Reibung. Nach der Theorie von SEITZ (vgl. C. **1946.** I. 1671) enthält der Kristall anfänglich eine gleiche Anzahl von positiven u. negativen Leerstellen, von denen die meisten zu Paaren gebunden sind. Beim Einfallen eines Elektrons in eine negative Leerstelle wird die entsprechende positive Leerstelle beweglich u. diffundiert, wenn die Temp. genügend hoch ist. Vff. schlagen vor, daß die freien positiven Ionenleerstellen diffundieren u. mit Versetzungen in Wechselwrkg. treten. Die hohe anfängliche Dämpfung ist der Bewegung von „freien" oder „lose gebundenen" Versetzungen zuzuschreiben; beim Einfangen dieser positiven Ionenleerstellen werden die Versetzungen „fester gebunden", erhöhen den Modul u. erniedrigen die innere Reibung. (Physic. Rev. [2] **89.** 663—64. 1/2. 1953. New York, N. Y., Columbia Univ.) GOTTFRIED. 200

Félix Zandman, *Photoelastische Untersuchung des Bruchs.* An rechteckigen Proben von *Methylmethacrylat,* die auf zwei Stützen ruhten u. die einem Hammerschlag ausgesetzt wurden, wurde photoelast. die Bruchbldg. verfolgt. (C. R. hebd. Séances Acad. Sci. **235.** 1472—74. 10/12. 1952.) GOTTFRIED. 200

A₇. Gleichgewichte. Kinetik.

Torkel Berglund, *Reaktionsgleichgewichte beim Schutzgasglühen.* 1. Mitt. *Entwicklung des Schutzgasglühens und Bedeutung der Gasgleichgewichte für die Eigenschaften der Schutzgase.* Vf. bespricht die Meth. zur Herst. von Schutzgasen u. die verschied. beteiligten Gasgleichgewichte: Syst. Fe—C—CO—CO_2; Redoxgleichgewichte im Syst. Fe—H—O; Syst. Fe—C—H_2—CH_4; W.-Gas-Rk. u. ihr Einfl.; Einw. der BOUDOUARD-Rk. auf die Gaszus.; Gleichgewichtsverhältnisse zwischen Stahl u. Gas; Meth. von GURRY (Trans. Amer. Inst. Mining metallurg. Engr. **188.** [1950.] 671). (Jernkontorets Ann. **136.** 253—74. 1952.) R. K. MÜLLER. 221

Torkel Berglund, Stig-Erik Erikson, Bertil Lindeskog und **Rolf Marstrander,** *Reaktionsgleichgewichte beim Schutzgasglühen.* 2. Mitt. *Gleichgewichtsberechnungen für Gasreaktionen mit Schutzgasglühen.* (1. vgl. vorst. Ref.) Es werden Gleichungen angegeben für die Redoxgleichgewichte in den Systemen Fe—C—O u. Fe—H—O (Tabellen) u. die Rk. Graphit + $CO_2 \rightleftharpoons 2\,CO$ (Tabellen: Berechnung von ΔC_p, K_p-Werte von 670 bis 1400° K u. CO_2-Gehh. für verschied. Partialdrucksummen); Gasgleichgewichte mit den verschied. Phasen des Stahles; CH_4-Gleichgewicht (Graphit + $2H_2 = CH_4$); Gasgleichgewichte mit den Phasen des Stahles im Syst. Fe—C—H_2—CH_4 (Tabellen u. Diagramme); die W.-Gas-Rk. u. ihr Einfl. auf die übrigen Rkk. mit u. ohne Temperaturänderung; Diskussion. (Jernkontorets Ann. **136.** 274—316. 1952.) R. K. MÜLLER. 221

Hans B. Jonassen und **Winston R. de Monsabert,** *Anorganische Komplexverbindungen mit mehrwertigen Gruppen.* 8. Mitt. *Zirkonium(IV)-Komplexe mit 2-Nitroso-1-naphthol.* (7. vgl. C. **1953.** 6437.) Durch Lichtabsorptionsmessungen wurden in wss. A. Komplexe von Zr^{4+} u. 2-Nitroso-1-naphthol im mol. Verhältnis 1:1 (Instabilitätskonstante p_K 3,7), nach Ansäuern mit $HClO_4$ (mindestens 3 mol. $HClO_4$ bei 0,003 mol. Zr^{4+}) aber im Verhältnis 1:4 festgestellt. In 50%ig. Dioxan bilden sich stets 1:4-Komplexe (p_K 11,6). (J. Amer. chem. Soc. **74.** 5298—5301. 5/11. 1952. New Orleans, La., Tulane Univ., Richardson Chem. Labor.) BLUMRICH. 223

Fred Basolo und **R. Kent Murmann,** *Sterische Effekte und die Beständigkeit von Komplexverbindungen.* 1. Mitt. *Die Chelatbildungstendenz von N-Alkyläthylendiamin mit Kupfer(II)- und Nickel(II)-Ionen.* Auf Grund von Unterss. über das Verhältnis $K_{Me^{2+}}$/

log K_H^+ ergibt sich aus Befunden der Vff. ein Beweis für das Vorhandensein einer ster. Hinderung bei der Bldg. von Komplexen aus Ni(II) u. Cu(II) mit N-Alkyläthylendiamin. Für die Cu^{2+}- u. Ni^{2+}-Komplexe mit der Koordinationszahl (KZ) 4 erwies sich der ster. Faktor als gleich, während er bei Ni^{2+}-Komplexen mit KZ 6 merklich größer ist. Die stufenweisen Bildungskonstanten der Komplexe aus Ni^{2+} u. Cu^{2+} mit $R-NH-CH_2-CH_2-NH_2$ (I) (R = H; CH_3-; C_2H_5-; n-C_3H_7-; n-C_4H_9- u. iso-C_3H_7-) wurden bei 0 u. 25° bestimmt. Mit wachsender Kettenlänge der geradkettigen Alkylgruppen ergab sich allg. ein Abfall der Komplexstabilität, die jedoch beim I mit R = n-C_4H_9- wieder anstieg. Dies erklären Vff. durch die Annahme einer Umschlingung des Zentralatoms durch die C_4-Kette, wodurch das Zentralatom viel weniger mit dem Lösungsm. in Wechselwrkg. treten kann. Komplexe mit N-(Isopropyl)-äthylendiamin sind weniger stabil als mit den geradkettigen Isomeren. Aus den Bildungskonstanten errechneten Vff. die ΔF-, ΔH- u. ΔS-Werte. Beim N-Alkyläthylendiamin-Nickel(II) vom Typ $[Ni(AA)_2]^{2+}$ liegen die ΔH-Werte annähernd bei -13 kcal u. die ΔS-Werte bei $+5$ cal/Grad, beim entsprechenden $[Cu(AA)_2]^{2+}$ bei $\Delta H \sim -15$ kcal u. $S \sim +30$ cal/Grad. Die große Änderung der freien Energie beim Cu^{2+}-Komplex im Vgl. zum Ni^{2+}-Komplex wird als Entropieeffekt gedeutet. Außer den bereits bekannten Säuredissoziationskonstanten (MELLOR, C. 1945. II. 454) bestimmten Vff. die des Äthylendiamins bei 0° zu $pK_{AH_2}{}^{2+} = 7{,}98$; $pK_{AH}{}^+ = 10{,}73$ u. bei 25° $pK_{AH_2}{}^{2+} = 7{,}47$; $pK_{AH}{}^+ = 10{,}18$. (J. Amer. chem. Soc. **74.** 5243—46. 5/11. 1952. Evanston, Ill., Northwestern Univ., Dep. of Chem.) PLUST. 223

H. Behrens, *Mechanismus und Kinetik der Wassergasreaktion in abkühlenden Verbrennungsgasen.* Vf. leitet die Einfriertemp. der Wassergas-Rk. aus dem Mechanismus der Rk. u. den zugehörigen kinet. Daten ab. Er nimmt die Ketten-Rk. an: $CO + OH = CO_2 + H$ u. $H + H_2O = H_2 + OH$. Aus den Radikalkonzz. in den Verbrennungsgasen von Pulvern wird kinet. die Reaktionsgeschwindigkeit in Abhängigkeit von der Temp. errechnet u. in Verbindung mit der Abkühlungsgeschwindigkeit die Einfriertemp. abgeschätzt. Es ergibt sich, daß der Einfriervorgang sich in einem relativ engen Temperaturbereich vollzieht. Die Ergebnisse stimmen mit den experimentellen Resultaten gut überein. (Z. physik. Chem. **195.** 24—36. Mai 1950.) FREIWALD. 225

G. E. Goring, G. P. Curran, R. P. Tarbox und **Everett Gorin,** *Kinetik der Kohlevergasung durch Dampf. Einfluß von Hochtemperaturvorbehandlung auf die Reaktionsfähigkeit von Tieftemperaturkohle mit Dampf und Kohlendioxyd.* Nach einem beschriebenen Verf. stellen Vff. eine aus 74,8% C bestehende Substanz (I) her, an der sie ihre Verss. über Gasentwicklungen durchführten. In einem durch einen elektr. Ofen geheizten Reaktionsrohr wurde die Wrkg. von strömendem CO_2 (II) u. Wasserdampf (III) auf I bei 1600° F u. Drucken von 1 at untersucht. Jede Probe wurde zunächst auf 1000° u. dann unter N_2-Atmosphäre auf 1600° F weitererhitzt u. je nach Vers. 0 bis 24 Std. unter N_2 bei dieser Temp. vor der Rk. mit II oder III gehalten. I wurde vor u. nach jedem Vers. chem. analysiert, die Gase der II-Serie wurden auf II, H_2, CO u. III, die der III-Serie auf H_2, CO, CH_4, H_2S, II u. III untersucht. Vff. stellen auf Grund ihrer Ergebnisse die Gesetze für die Rkk. auf, bei denen die Dauer der Vorerhitzung eine wesentliche Rolle spielt. (Ind. Engng. Chem. **44.** 1051—57. Mai 1952. Library, Pa., Pittsburgh Consolidat. Coal Co.) ROEDER. 225

G. E. Goring, G. P. Curran, R. P. Tarbox und **Everett Gorin,** *Kinetik der Kohlevergasung durch Dampf. Einfluß des Druckes und des Kohleabbrandes auf die Wechselwirkungsgeschwindigkeit von Tieftemperaturkohle mit Dampf–Wasserstoffmischungen bei 1600° F.* (Vgl. vorst. Ref.) Die bei 1600° F durchgeführten Verss. über die Kinetik der Kohle–Wasserdampf- u. Kohle–H_2-Rk. zeigten, daß eine intensivere Kohlevergasung die Aktivität der Kohle herabsetzt, was sich aus der niedrigeren Vergasungsgeschwindigkeit v_G u. etwas weniger auch aus der CH_4-Bildungsgeschwindigkeit v_{CH_4} ergibt. Eine Druckzunahme (Vff. untersuchten bis zu Drucken von 30 at) vergrößert v_G u. v_{CH_4}. Für v_{CH_4} ist der Druckkoeff. größer als für v_G. Vergrößerung der Wasserdampfzufuhrgeschwindigkeit vergrößert v_G u. v_{CH_4}. Eine Verminderung des Verhältnisses H_2/Wasserdampf im zugeführten Gasgemisch erhöht ebenfalls v_G u. v_{CH_4}. Vff. stellen auf Grund der Ergebnisse die entsprechenden Reaktionsgleichungen auf. (Ind. Engng. Chem. **44.** 1057—65. Mai 1952.) ROEDER. 225

Earl A. Gulbransen und **Kenneth F. Andrew,** *Reaktionen von künstlichem Graphit. Oxydationskinetik von künstlichem Graphit bei Temperaturen von 425 bis 575° und Sauerstoffdrucken von 0,15 bis 9,8 cm Hg.* Vff. studierten die prim. chem. Rk. des *Graphits* (I) mit O_2. Dünne Tafeln von I wurden an den einen Waagebalken einer Vakuummikrowaage gehängt, ein Gegengewicht aus I an den anderen (Vakuum = 10^{-6} mm Hg). Das Syst. wurde mit einem elektr. Ofen 2 Std. lang auf 900° erhitzt u. dann auf die jeweilige Reaktionstemp. abgekühlt. Dadurch werden etwa anhaftende Oxyde u. enthaltene Gase entfernt. Die Oxydation wird als Funktion der Zeit t, der Temp. T, des Druckes P u. der Vorbehandlung untersucht. Der beobachtete Gewichtsverlust (GV) wurde auf die Größe der Oberfläche von **I** umgerechnet. Aus dem zwischen T = 425 u. 575° festgestellten zeitlichen GV leiten Vff. die Formel $W = K \cdot t + C \cdot t^2$ ab, wo W = GV in g/cm², t = Zeit in Min. u. K, C = Konstanten sind. Über 500° sind K u. C positiv, u. die Reaktionsgeschwindigkeit wächst mit der Zeit; da unter 475° K positiv u. C negativ ist, wird hier die Rk. mit t langsamer. Zwischen 475 u. 500° ist K positiv u. C ~ 0 (Werte für K u. C in Abhängigkeit von T vgl. Tabelle im Original). K stellt die Geschwindigkeit der Rk. dW/dt in g/cm²·min zur Zeit 0 dar. d^2W/dt^2 wurde stets zu 2 C festgestellt, einerlei, ob die Versuchsdauer 2 oder 5 Std. betrug, d. h. $(d^2W/dt^2)/(dW/dt) = 2\,C/(K + 2\,C\,t)$. Wurde K gegen 1/t aufgetragen, errechnete sich bei 7,6 mm Hg O_2-Druck die Aktivierungsenergie E zu 36700 cal/Mol. Als allg. Gleichung wurde gefunden: $W = Z \cdot e^{-E/RTt}$, wobei $Z = 7{,}16 \cdot 10^3$. Beim Auftragen von GV gegen t bei verschied. P ergaben sich stets gerade Linien, so daß allg. $K = A + BP$ gilt (bei 500° ergab sich z. B., wenn P = O_2-Druck in cm Hg ist, $A = 1{,}35 \cdot 10^{-9}$ u. $B = 0{,}505 \cdot 10^{-9}$). Bei $P > 10$ cm Hg ist die Oxydation eine Rk. 1. Ordnung, bei $P < 10$ cm Hg nullter Ordnung. Die Vorbehandlung von **I** spielt eine wichtige Rolle. Wurde z. B. **I** vorher nicht entgast, ist dW/dt bedeutend größer. Vff. untersuchten den Einfl. der Vorbehandlung mit H_2 u. den von teilweise oxydierten Oberflächen bei verschied. Temperaturen. Die Rk. von **I** mit CO_2 wurde im Temperaturbereich 500—900° erforscht. Bei 500° u. 7,6 cm Hg ergab sich eine Dicke der Oxydschicht von weniger als $^1/_{40}$ einer monomol. Schicht. Fe beeinflußt diese Rk. wesentlich. Die Oberflächenrauhigkeiten wurden aus der Adsorption von Kr bei der Temp. des fl. N_2 berechnet. Eine Oberflächen-Rk. kann in mindestens 5 Schritte aufgeteilt werden: 1. Transport des reagierenden Gases zur Oberfläche; 2. Chemisorption des Gases; 3. Chem. Rk. an der Oberfläche; 4. Desorption des Reaktionsprod; 5. Transport des Reaktionsprod. in die Gasphase. 1. u. 5. sind Diffusionsvorgänge u. bestimmen wahrscheinlich die Geschwindigkeit der Gesamtreaktion. Sie gehen vermutlich proportional $T'^{3/2}$ (wo T' = absol. Temp. ist). (Ind. Engng. Chem. **44**. 1034—38. Mai 1952. East Pittsburgh, Pa., Westinghouse Res. Labors.) ROEDER. 225

Earl A. Gulbransen und **Kenneth F. Andrew**, *Reaktionen von künstlischem Graphit. Bildung von Oberflächenoxyden und Untersuchungen über die Oberflächenrauhigkeit im Zusammenhang mit der Oxydation von künstlichem Graphit bei Temperaturen von 25° und zwischen 425 und 575°.* (Vgl. vorst. Ref.) Zweck der Unterss. war es, festzustellen, wieweit Oberflächenoxyde die Rkk. zwischen *Graphit* (**I**) oder *Holzkohle* (**II**) mit O_2 beeinflussen. Die Verss. wurden mit einer Vakuummikrowaage durchgeführt (l. c.). Die Best. der Oberflächenrauhigkeit V' (= Verhältnis der wirksamen zur geometr. ausgemessenen Oberfläche) wird hier näher beschrieben. Es betrug bei **I** vor jeder Behandlung V' = 164 u. nach der Oxydation bei 500° V' = 372. Der Grund ist der, daß durch das Aufbrechen zweier C-Bindungen für jedes freigewordene CO-Mol. neue Oberflächen entstehen. Erhitzen auf Tempp. zwischen 700 u. 900° liefert auch höhere V'-Werte, Zimmertemp. ist aber ohne Einfluß. Wurden entgaste **II**-Proben mehrere Monate in trockener Luft gelagert, so wurden beim Erhitzen auf Tempp. zwischen 25 u. 190° Gewichtsverluste (GV) von 8,33 γ/cm² beobachtet, bei 840—916° 18,7 γ/cm². Der GV bei niedrigerer Temp. ist auf das Freiwerden vorher adsorbierten Wasserdampfes, bei höherer Temp., wie massenspektrograph. gezeigt werden konnte, durch das Freiwerden von CO bedingt. Der GV bleibt auch nach der Entfernung aller Oberflächenoxyde weiter bei langer Erhitzung bestehen, wahrscheinlich als Folge von Rkk. zwischen O_2 u. **II** oder zwischen Verunreinigungen in Form von Oxyden u. **II**. Bei der Erhitzung von **I** in H_2-Atmosphäre (2,2 cm Hg) geht der GV langsamer vor sich als im Vakuum, da das bei der Zers. der Oxyde entstandene CO dann eine geringere Diffusionsgeschwindigkeit besitzt. Für die Desorption der Oberflächenoxyde wurde die Aktivierungsenergie $E_{Des} = 40000$ cal/Mol festgestellt. Aus der Oberflächenrauhigkeit zu V' = 354 für erhitzte **I**-Proben ergaben sich für die Oxydations-Rk. folgende Gesetze: Da (vgl. l. c.) $W = 7{,}16 \cdot 10^3\, e^{-E/RTt}$ (t in Min.), was gleichbedeutend ist mit $W = 6{,}00 \cdot 10^{24}\, e^{-E/RTt'}$ (t' = Zeit in Sek.), wo E = 36700 cal/Mol, so gilt für die Oxydation von **I** die Beziehung $W = 1{,}70 \cdot 10^{22}\, e^{-E/RTt'}$. Bei 500° ist dann die Anfangsgeschwindigkeit $W_{t=0} = 7{,}23 \cdot 10^{16}$ C-Atome, die pro cm² pro Sek. reagieren. (Ind. Engng. Chem. **44**. 1030—44. Mai 1952.) ROEDER. 225

Earl A. Gulbransen, *Reaktionen von künstlichem Graphit. Der Oxydationsmechanismus von Graphit bei Temperaturen von 425 bis 575°.* (Vgl. vorst. Reff.) Bei den Arbeiten über die Oxydation von Graphit (**I**) konnte Vf. nicht die Theorie von RHEAD u. WHEE-

LEE (J. chem. Soc. [London] **101.** [1912.] 846) bestätigen, daß vor der Rk. zunächst Oberflächenoxyde entstehen. Die Empfindlichkeit der Vakuummikrowaage hätte ausgereicht, um das Auftreten von Oberflächenoxyden festzustellen. Vf. hält es für wahrscheinlicher, daß sich an der Oberfläche eine monomol. O-Atomschicht bildet, mit der die akt. endständigen C-Atome des I-Gitters vergesellschaftet sind, die durch das Erwärmen auf über 750° im Vakuum oder inerter Gasatmosphäre freigesetzt worden sind. Vf. stellt eingehende Überlegungen über den möglichen Reaktionsmechanismus an, dessen endgültige Form er durch die früher beschriebenen Verss. bestätigt findet. (Ind. Engng. Chem. **44.** 1045–47. Mai 1952.) ROEDER. 225

Earl A. Gulbransen und **Kenneth F. Andrew**, *Reaktionen von künstlichem Graphit. Die Reaktion von Kohlendioxyd mit reinem künstlichem Graphit bei Temperaturen von 500 bis 900°.* (Vgl. vorst. Reff.) Mit der Vakuummikrowaage, mit der noch Gewichtsunterschiede von $0,3 \cdot 10^{-6}$ g festgestellt werden konnten, untersuchten Vff. die Rk. $CO_2 + C$, wo C durch reinen künstlichen Graphit (I) dargestellt wird, im Temperaturbereich 500–900° bei einem CO_2-Druck von 7,6 cm Hg. Die I-Proben wurden vor den Verss. bei 1000° entgast, die Oberflächenrauhigkeit wurde zu $V' = 358$ festgestellt. Bei 500° war noch keine Rk. zu beobachten. Bei 600° wurde keine anfängliche Gewichtszunahme gefunden, die auf die Bldg. von Oberflächenoxyden hätte schließen lassen können. Der Einfl. von Zusätzen auf die Reaktionsgeschwindigkeiten bei den einzelnen Tempp. wurde untersucht. *Fe_2O_3* erwies sich als bes. wirksam, so daß nach Vorerhitzen auf 800° im Vakuum Proben erhalten wurden, die äußerst schnell mit CO_2 reagierten. In Kurven zeigen Vff. die Wrkg. auf die Reaktionsgeschwindigkeiten durch unterschiedliche Vorbehandlung der I-Proben, wie Voroxydierung bei verschied. Tempp. usw. (Ind. Engng. Chem. **44.** 1048–51. Mai 1952.) ROEDER. 225

Péter Huhn, *Behandlung von komplexen Reaktionen nach der Methode von Ssemjenow und nach dem „Vierstufen"-Mechanismus.* Diskussion der Methoden nach SSEMJENOW (Chem. Kinetics and Chain Reactions, Oxford, 1935) u. SZABÓ (Magyar Tudom. Akad. Kém. Oszt. Közl. **1.** [1952.] Nr. 3–4). Vgl. beider Methoden am Beispiel des *ClO*-Zerfalls läßt erkennen, daß erstere Meth. nur auf die Anfangsstadien, letztere „Vierstufen-Meth." jedoch auf den Gesamtverlauf der Rk. Verwendung finden kann. (Magyar Kémiai Folyóirat [Ung. Z. Chem.] **58.** 380–84. Dez. 1952. Szeged, Tudományegyet., Szervetl. és Analit. Kém. Int.) v. PILINSZKY. 225

E. Abel, *Über den Mechanismus der Jod–Thiosulfat-Reaktion.* Nach Arbeiten von AWTREY u. CONNICK (C. **1951. II.** 2292) läßt sich die trimol. Rk. $J_2 + 2\,S_2O_3^{2-} \rightarrow S_4O_6^{2-} + 2\,J^-$ bei geeigneter, sehr schneller Arbeitsweise in eine dimol. Rk. aufspalten. Bei einem Verhältnis $J_2 : S_2O_3^{2-} = 1:1$ wurde zuerst eine völlig klare Lsg. beobachtet, die sich rasch durch wieder ausgeschiedenes J_2 verfärbte. AWTREY u. CONNICK nahmen, wie seinerzeit schon RASCHIG, eine Zwischenverb. S_2O_3NaJ an, die unter Freigabe von J_2 schnell in Tetrathionat übergeht. Ein direkter Beweis dieser Verb. kann nicht geliefert werden. Vf. empfiehlt dagegen die Annahme eines freien Radikals S_2O_3, das dann nach der Gleichung $S_2O_3 + J^- \rightarrow {}^1/_2 S_4O_6^{2-} + {}^1/_2\,J_2$ ebenfalls nach Überschreiten des kurzen Haltepunktes bei der stöchiometr. Zus. 1:1 J_2 in Freiheit setzt. Bei einem Überschuß an $S_2O_3^{2-}$ nimmt Vf. außerdem noch folgende Bldg. von Tetrathionat an: $S_2O_3 + S_2O_3^{2-} \rightarrow S_4O_6^{2-}$. (Z. anorg. allg. Chem. **269.** 207–09. Sept. 1952. London.) PLUSKAL. 225

Hiroshi Uchida, *Untersuchungen an Katalysatoren für synthetisches Ammoniak.* 1. Mitt. *Veränderung der katalytischen Aktivität der Mischungen von Eisenoxyd- und Aluminiumoxydpulver mit fortschreitender Linderung.* Es wurden an vier augenblicklich verwendeten u. an zwei in Deutschland üblichen Katalysatoren Unterss. durchgeführt über die Aktivität, die chem. Zus., Mikrostruktur u. Gitterkonstanten. Ein Katalysator hoher Qualität wird hergestellt durch gleichmäßiges Verteilen eines Promotors im Fe_2O_3, indem Promotor u. Fe, beide in Pulverform, in H_2 zu Stäben gesintert werden, worauf das Material mit KNO_3-Lsg. begossen u. dann in O_2 geschmolzen wird. (Rep. Government chem. ind. Res. Inst., Tokyo **45.** XXXIX. Dez. 1950. [Orig.: japan.; Auszug: engl.]) BOYE. 227

D. A. Dowden und **P. W. Reynolds**, *Einige Reaktionen an Legierungskatalysatoren.* Der Zerfall von wss. *H_2O_2*, die Hydrierung von *Styrol* in methanol. Lsg. u. der Zerfall von *Ameisensäure* u. von *Methanol* in der Dampfphase werden an Ni–Fe- u. Ni–Cu-Katalysatoren verschied. Zus. untersucht. Die Ni–Fe-Katalysatoren werden durch gemeinsame Fällung der Carbonate auf Kieselgur, Calcinieren bei 400° u. Red. mit H_2 bei 500° hergestellt. Die Ni–Cu-Katalysatoren werden in Form aus den Legierungen ausgewalzter Folien angewandt. Die katalyt. Ergebnisse werden elektron. Eigg. der

Legierungen (Anzahl der unbesetzten Stellen pro Atom im d-Band; Elektronenterm der spezif. Wärme; magnet. Susceptibilität) gegenübergestellt. Die Diskussion der theoret. Zusammenhänge zwischen beiden Größen führt zu der Folgerung, daß die Aktivität der Ni–Fe-Legierungen bei der Hydrierung von Mehrfachbindungen in demjenigen Gebiet stark ansteigen sollte, in dem die Energiedichte der Elektronenniveaus an der FERMI-Oberfläche ansteigt, u. daß ferner bei Rkk. wie den hier untersuchten Zerfalls-Rkk., deren Geschwindigkeit durch den Übergang eines Elektrons vom Metall zum Substrat bestimmt wird, die Geschwindigkeit an Ni–Cu-Legierungen mit Leerung des 3d-Bandes abnehmen sollte. Die Versuchsergebnisse sind im Einklang mit diesen Folgerungen. (Discuss. Faraday Soc. **Nr. 8.** 184—90. **1950.** Billingham, Imp. Chem. Ind. Ltd.) REITZ. 227

J. L. Finck, *Thermodynamik von materiellen Systemen: eine Theorie der Katalyse.* (Sitzungsbericht.) In Fortsetzung früherer Unterss. (C. **1949.** I. 171 u. II. 289) führt Vf. unter Benutzung des Begriffes eines „kompletten" Syst., welches zur vollständigen Definition ein Syst. von n unabhängigen Variabeln verlangt, aus, daß unter diesen unabhängigen Variabeln solche sein können, die die chem. Zus., die Grade der Umwandlung zwischen den Phasen des Syst., die Grade, bis zu welchen chem. Rkk. stattfinden, u. auch Größen, wie mechan. Spannungen, elektr. u. magnet. Feldstärken, eingeschlossen sein können. Die Geschwindigkeit wird auch betrachtet, da sie in die kinet. Energie eingeht. Alle Arten metastabiler Zustände werden mit eingeschlossen. Eine Gleichung für die Kontinuität der Energie eines kompletten Syst. wird entwickelt u. die Begriffe der Isotropie u. Homogenität für Betrachtungen der Aktivität des Syst. benutzt. Der Begriff der „Grenzen" wird verallgemeinert, u. dies führt direkt zu einer log. Theorie der Katalyse. Es wird gezeigt, daß es mechan., elektr., chem., Phasen- u. andere Arten von „Grenzen" gibt, für ein komplettes Syst. existieren n Arten von Grenzen. Für jede Grenze existiert ein Gradient, der, wenn nicht gleich Null, eine Aktivität erzeugt, die eine Energieänderung mit der Zeit einschließt. Es ist daher die Funktion von heterogenen Katalysatoren, solche Gradienten im Syst. zu erzeugen. Der Begriff des Gleichgewichtes wird ausgebaut, u. es wird gezeigt, daß das Massenwirkungsgesetz von GULDBERG u. WAAGE eine sehr abgekürzte Beschreibung dessen ist, was wirklich bei der Aktivität eines Syst. eintritt. (Physic. Rev. [2] **83.** 244. 1/7.; Bull. Amer. physic. Soc. **26.** Nr. 3. 53. 26/4. 1951. J. L. Finck Labor.) v. HARLEM. 227

B. Anorganische Chemie.

Manfred A. Biondi, *Darstellung von äußerst reinem Heliumgas.* Unterhalb des λ-Punktes (2,186° K) entwickelt fl. He bekanntlich eine superfluide Komponente mit der Viscosität Null. Die Darstellungsmeth. für äußerst reines He beruht auf der Fähigkeit dieses superfluiden He, eine sehr kleine Öffnung oder ein „superleak" zu durchdringen. Dieses „superleak" besteht aus einem Pt-Draht, der in eine Pyrexcapillare eingeschmolzen ist, die ein Bad fl. He mit einem hochevakuierten Syst. verbindet. Die nicht vollkommene Einschmelzung zwischen Pt u. dem Glas gestattet n. Fll. keinen Durchtritt, wohl aber dem superfluiden He. Der Arbeitsgang wird genau beschrieben. Die Reinheit des so erhaltenen He beträgt im Augenblick der Darst. ca. $1:10^{10}$. (Rev. sci. Instruments **22.** 535—36. Juli 1951. East Pittsburgh, Pa., Westinghouse Res. Labor.) GOTTFRIED. 231

Francis Owen Rice und **Melvin Freamo,** *Die Bildung des Imin-Radikals in der elektrischen Entladung.* In Fortsetzung ihrer Unterss. über die Bldg. des Imin-Radikals durch elektr. Entladung in N_3H (vgl. C. **1952.** 5058) berichten Vff. über Entladungsverss. in *HCNO*, NH_3, N_2H_4 u. in einer Mischung von N_2 u. H_2. In HCNO wird ein purpurfarbener Nd. gebildet, der eine Mischung von NH u. unzers. HCNO zu sein scheint. In den drei anderen Fällen wird unter den verschiedensten Bedingungen kein NH gebildet. Ein grünlich-bläulicher Schimmer an der mit fl. Luft gekühlten Kondensfläche in einer mit NH_3 gefüllten Entladungsröhre kann nach den Unterss. der Vff. jedenfalls nicht als NH-Bldg. angesehen werden. (J. Amer. chem. Soc. **75.** 548—49. 5/2. 1953. Washington, D. C., Catholic Univ., Dep. of Chem.) NIEMITZ. 243

Riccardo Sersale, *Über die thermische Aktivierung der Bauxite.* 2 italien. Bauxite aus Vorkk. in der Campagna werden auf ihr Verh. beim Erhitzen durch Gewichtsverlustbest., thermodilatometr. u. therm. Differentialanalyse sowie röntgenograph. untersucht. Beide gehören dem Böhmittyp an (γ-$Al_2O_3 \cdot H_2O$); der eine, rotgefärbte, enthält 25% Fe_2O_3, der hellere 9% (als Hämatit). Bei der therm. Differentialanalyse zeigen beide einen endothermen Effekt bei ca. 480°, der der H_2O-Abgabe aus γ-$Al_2O_3 \cdot H_2O$ entspricht; die Kurven der Gewichtsverlustbest. bestätigen dieses Ergebnis.

Die mittels CHEVENARD-Dilatometer erhaltenen Kurven lassen für beide Bauxite bei 480° eine schroffe Kontraktion erkennen (Beginn der H_2O-Abgabe), der eine plötzliche starke u. bleibende Dilatation folgt. Dieser quasi-explosiven Wasserabgabe schreibt Vf. die große Porosität der therm. aktivierten Bauxite zu. Infolge der Abgabe des W. entsteht γ-Al_2O_3, gut erkennbar am Röntgenogramm, bes. bei längerem Erhitzen auf 500°; erst oberhalb 900° erfolgt der auch am thermodilatometr. Diagramm durch Kontraktion deutlich werdende Übergang in α-Al_2O_3. Mit zunehmender Vergrößerung der γ-Al_2O_3-Kristalle bei steigender Temp. nimmt infolge Verringerung der akt. Oberfläche die Aktivität der Bauxite ab. — Röntgenograph. sind im Untersuchungsbereich nur γ- u. α-Al_2O_3 nachweisbar. In einem Vergleichsvers. mit künstlichem Bayerit („Bayer-Tonerde") wird zwischen γ- u. α-Al_2O_3 bei 900° im Röntgendiagramm eine neue Phase beobachtet, die nicht näher definiert wird. (Ricerca sci. **20.** 1685—98. Nov. 1950. Neapel, Univ., Ist. di chim. ind.) v. DECHEND. 294

W. F. Bradley und **R. E. Grim**, *Thermische Effekte von Ton und verwandten Mineralien bei hohen Temperaturen.* (State Illinois, Divis. State geol. Surv., Rep. Invest. **36.** 182—201. 1951. — C. **1953.** 1143.) W. FABER. 294

Robert Courtel und **Jean Loriers**, *Über die Bildung von kubischem Ce_2O_3 während der Oxydation des Cers und sein Nachweis durch Elektronenbeugung.* Durch die Meth. des Mahlens bei vermindertem Druck konnte bei 10^{-4} mm Hg das kub. Ce_2O_3 als erste Oxydationsstufe des Ce erhalten u. durch Elektronenbeugung identifiziert werden. Seine Struktur ist analog der der anderen Sesquioxyde der Seltenen Erden. Die Würfelkantenlänge der Elementarzelle beträgt 11,26 Å. Die Anzahl der Formeleinheiten in dem flächenzentrierten Gitter wurde zu 16 berechnet. (C. R. hebd. Séances Acad. Sci. **230.** 735—37. 20/2. 1950.) MOSLÉ. 304

Helmut M. Haendler und **Dean W. Robinson**, *Ammoniumpentafluorzirkonat(IV) und sein Monohydrat.* Das bei der therm. Zers. von $(NH_4)_3ZrF_7$ (vgl. C. **1952.** 7623) entstehende Ammoniumpentafluorzirkonat, OH_4CrF_5, wurde durch sehr langsames Eindampfen (2—3 Wochen) einer Lsg. von ZrO_2 u. 75% der theoret. Menge NH_4F in HF in Gestalt kleiner, nahezu quadrat. Tafeln dargestellt. Bei schnellem Eindampfen bildet sich hauptsächlich das Hydrat $NH_4ZrF_5 \cdot H_2O$ in Büscheln aus sechsseitigen Prismen. In trockener Luft verliert das Hydrat sofort sein W. u. geht in die wasserfreie Verb. über. (J. Amer. chem. Soc. **75.** 3846. 5/8. 1953. Durham, N. H., Univ. of New Hampshire, Dep. of Chem.) FORCHE. 322

W. O. Milligan und **B. G. Holmes**, *Röntgenuntersuchungen an dem System Al_2O_3–SnO_2–TiO_2.* Das vorliegende Syst. wurde analog dem Syst. NiO–Cr_2O_3–ZrO_2 (MILLIGAN u. WATT, J. physic. Chem. **52.** [1948.] 230) untersucht. Bestimmte Lsgg. von *Al-Isopropylat, Ti-Äthylat* u. *Sn-Äthylat* wurden gemischt, mit W. hydrolysiert u. die ausgefallenen, luftgetrockneten Hydroxyde bzw. Oxydhydrate nach 2 Std. Erhitzen auf 400, 600, 800 u. 1000° röntgenograph. untersucht. Die Dreieckskoordinaten des Syst. für die ersten drei Tempp. wurden gezeichnet. Bei 400° treten kleinere Gebiete von γ-Al_2O_3 u. *Anatas*, ein Gebiet einer festen Lsg. von SnO_2–TiO_2, u. ein größeres röntgenamorphes Gebiet auf. Bei 600° vergrößert sich das γ-Al_2O_3-Gebiet wenig. Das Gebiet der amorphen Phase nimmt auf Kosten der Anatas- u. SnO_2–TiO_2-Gebiete ab. Bei 800° wird das γ-Al_2O_3-Gebiet kleiner, die amorphe Phase verschwindet fast, Gebiete von γ-Al_2O_3 + Anatas, *Rutil* + Anatas, Rutil u. Rutil + SnO_2 treten neu auf, während sich das SnO_2–TiO_2-Gebiet unter Verlagerung weiter vergrößert. Der Einfl. von Al_2O_3 u. SnO_2 auf die Umwandlung Anatas–Rutil wird untersucht u. diskutiert. Die Änderungen der Gitterkonstanten der festen Lsg. von SnO_2–Rutil mit dem Molverhältnis wird mitgeteilt. Bei 1000° ist das amorphe Gebiet völlig verschwunden, u. TiO_2 liegt nur als Rutil vor. (J. physic. Chem. **57.** 11—14. Jan. 1953. Houston, Tex., Rice Inst.) MOSLÉ. 327

Masayasu Mori, *Einige tieffarbige Chloroplumbate(II, IV) vom Typ $[M^{III}A_6]PbCl_6$.* Vf. stellte den Antimonverbb. Rb_2SbBr_6 usw. analoge Pb-Verbb. dar. Letztere sind, wie die entsprechenden Sb-Verbb., tieffarbig u. zeigen anomales magnet. Verhalten. Dargestellt wurden die Verbb. $[Co(NH_3)_6]PbCl_6$ (**I**), $[Cr(NH_3)_6PbCl_6]$ (**II**), $[Co(NH_3)_5 \cdot H_2O]PbCl_6$ (**III**) u. $[Cr(NH_3)_5H_2O]PbCl_6$ (**IV**) aus Lsgg. von $[Co(NH_3)_6]Cl_3$ usw. in verd. HCl u. einer H_2PbCl_6-Lsg. bei 40—60°. **I** u. **III** sind diamagnet. u. werden daher als Hexamminkobalt(III)-chloroplumbate(II, IV) usw. aufgefaßt. Zur gleichen Auffassung kommt Vf. auch für **II** u. **IV**, die jedoch Paramagnetismus zeigen. Diesen führt Vf. auf das Vorhandensein eines ungepaarten Elektrons beim Cr^{3+} zurück. (Bull. chem. Soc. Japan **24.** 285—87. Dez. 1951. Tokyo, Univ. of Tokyo, Chem. Inst., Fac. of Sci. [Orig.: engl.]) PLUST. 328

Alfred Engelbrecht und **Aristid V. Grosse**, *Reines Chromylfluorid.* Vff. stellten erstmalig reines CrO_2F_2 durch Umsetzung von CrO_3 mit wasserfreier HF in mehr als fünffachem Überschuß bei Zimmertemp. in einem Cu-Gefäß dar. Die erste Reinigung erfolgte durch zweimaliges Abkühlen des Prod. auf -78^0 u. Abgießen der HF u. W. enthaltenden Schicht. Zur endgültigen Reinigung wurde das Präp. langsam durch ein mit NaF- oder KF-Tabletten gefülltes Rohr aus Cu oder Kel-F dest., wobei die letzten Spuren HF in Gestalt der beständigen Additionsverbb. *NaF·HF·*CrO_2F_2 bzw. *KF·HF·*CrO_2F_2 gebunden werden. Die Ausbeute beträgt 85%. — Reines CrO_2F_2 bildet violettrote, leicht sublimierende Kristalle, die bei 29,6° einen Druck von 760 mm haben u. bei 31,6° schmelzen. Der Dampfdruck beim Tripelpunkt beträgt 885 mm. Der Dampfdruck der festen Substanz gehorcht der Gleichung $\log_{10} p(mm) = 6{,}25189 + 959/T - 599333/T^2$. Hieraus berechnet sich die Sublimationswärme zu 13800 cal/Mol. Der Dampfdruck des fl. CrO_2F_2 wird durch die Gleichung $\log_{10} p(mm) = 8{,}80494 - 1785{,}5/T$ wiedergegeben, aus der sich die Verdampfungswärme beim Tripelpunkt zu 8200 cal/Mol errechnet. Die Schmelzwärme als Differenz zwischen der Sublimationswärme u. der Verdampfungswärme beträgt demnach 5600 cal/Mol. — CrO_2F_2 ist in wasserfreier HF bei Zimmertemp. beträchtlich, bei -78^0 nur wenig löslich. In reinem Zustand ist CrO_2F_2 im Dunkeln viele Monate ohne Polymerisation lagerfähig; im Tages- oder UV-Licht polymerisiert es langsam. Von W. wird CrO_2F_2 leicht zu H_2CrO_4 u. HF hydrolysiert u. kann mit Alkali gegen Phenolphthalein titriert werden. CrO_2F_2 ist außerordentlich reaktionsfähig, bes. gegenüber allen oxydierbaren organ. Verbindungen. Bei höheren Tempp. entzünden sich Methan u. Butan in gasförmigem CrO_2F_2 u. brennen mit leuchtender Flamme unter Entw. eines Rauches aus Cr_2O_3 u. CrF_3. Mit KF oder NaF setzt sich reines CrO_2F_2 bei Zimmertemp. nicht um; mit KHF_2 bildet es (ähnlich wie UF_6) leicht die Additionsverb. $KF·HF·CrO_2F_2$. (J. Amer. chem. Soc. **74.** 5262—64. 5/11. 1952. Philadelphia, Pa., Temple Univ., Res. Inst.) FORCHE. 335

J. Beltrán und **C. Porter,** *Beitrag zur Kenntnis der roten Peroxychromate.* 2. Mitt. *Die Peroxychromate des Calciums.* (1. vgl. An. Real Soc. españ. Física Quím., Ser. B **45.** [1949] 697.) Durch Fällung einer Lsg. des l. c. erhaltenen HAUSSERMANNschen Salzes $Cr_2O_{15}Na_6 · 15\,H_2O$ mit $CaCl_2$-Lsg. wird ein gelatinöser, gelblichbrauner Nd. von $Cr_2O_{15}Ca_3 · nH_2O$ erhalten, dessen Zus. durch oxydimetr. Best. des Cr nach Zers. des Salzes u. Überführung in CrO_4^{2-}, durch permanganatometr. Best. des Ca nach Oxalatfällung u. durch gasometr. Best. des akt. O bei der Zers. mit H_2SO_4 festgestellt wurde. Sie stimmt zahlenmäßig mit der von RAYNOLDS u. REEDY (J. Amer. chem. Soc. **52.** [1930.] 1851) erhaltenen Verb., welche auch die gleichen Eigg. aufweist, überein, der diese Vff. die Zus. $Cr_2O_{12}Ca_3 · 12\,H_2O$ mit 3wertigem Cr beilegen. Dies wird durch die pyrolyt. Zers. widerlegt, bei der CaO, O_2 u. $CaCrO_4$, aber kein Cr_2O_3 entstehen. (An. Real Soc. españ. Física Quím., Ser. B **48.** 879—82. Dez. 1952. Valencia, Univ., Labors. Quím. inorgán.) METZENER. 335

John T. Barr und **Charles A. Horton,** *Einige neue Urankomplexe,* Viele organ. Verbb. bilden mit Uransalzen in nichtwss. Lösungsmitteln Komplexe, die sich von den aus gleichen Komponenten in wss. Phase bereiteten weitgehend unterscheiden. Diese neuen Komplexe sind in W. stärker lösl. als in organ. Lösungsmitteln, ihr F. liegt nicht unter 350°. Sie haben teilweise ion. Charakter. Der Typ der erhaltenen Verb. ist von der Oxydationsstufe des U u. dem organ. Liganden abhängig. Mit organ. Basen bildeten UO_2^{2+}- (**I**) u. U(IV)-Salze (**II**) Ammine, während Verbb. mit Carboxylgruppen wahrscheinlich leichtlösl. Innerkomplexe bilden. **I** reagiert mit 2-wertigen sauren Liganden in organ. Lösungsmitteln u. organ. Basen zu Komplexen, bei denen 1 Mol. Base, 1 Mol. Säure u. 1 Mol. W. die Koordinationssphäre um **I** gemäß der Koordinationszahl (KZ) 4 füllen. Nur ein anorgan. Anion ist ion. gebunden. Unter gleichen Bedingungen bildet **II** Komplexe, die 2 Moll. Säure, 2 Moll. Base u. wahrscheinlich auch zwei anorgan. Anionen gemäß KZ 8 des U^{4+} in die Koordinationssphäre einschließen. Verbb., die neben einer sauren auch eine bas. Gruppe enthalten, geben mit **I** innere Komplexe, mit **II** der obengenannten Kombination ähnliche Komplexe, jedoch sind 2 bas. Koordinationsgruppen durch ein 3. Mol. Aminosäure ersetzt. U(V)- u. U(VI)-Salze bilden in CCl_4 mit Basen u. Aminosäuren Ndd., die unter CCl_4 kurze Zeit haltbar sind, jedoch an feuchter Luft sofort hydrolysieren. Verbb. ohne bas. Gruppe werden durch die höheren U-Chloride sofort oxydiert u. sind dann leicht zersetzlich. Als Ursache dieser in nichtwss. u. wss. Lösungsmitteln unterschiedlichen Komplexbldg. diskutieren Vff. die verschied. Ionisierung der U-Verbb. in den untersuchten Lösungsmitteln, hier W. u. Butylacetat. Außer der Darst. der Komplexe beschreiben Vff. deren spektrophotometr. Unters. mittels eines BECKMAN-Spektrophotometers Modell B.

Versuche: *Dipyridinuranylnitrat,* $UO_2(NO_3)_2 · 2\,C_5H_5N$. Darst. aus Pyridin + $UO_2(NO_3)_2 · 6\,H_2O$ (**III**) über das $UO_2(NO_3)_2 · H_2O · C_5H_5N$. Glänzend gelbe

Kristalle, die sich langsam zersetzen. Lösl. in niederen Alkoholen, Ketonen u. Aminen. Wenig lösl. in Äthylacetat, unlösl. in Bzl., Ae., W. u. $CHCl_3$. — *Dimethyläthanolaminuranylnitrat*, $UO_2(NO_3)_2 \cdot (CH_3)_2NCH_2CH_2OH$. Als Nd. aus 3 cm^3 Dimethyläthanolamin u. 10 g **III** in 50 cm^3 Butylacetat (**IV**). Nach Waschen mit Ae. u. Methanol wurden 7,5 g der rotorangen mikrokrist. Verb. erhalten. Schwach lösl. in Methanol, A. u. C_5H_5N, unlösl. in Estern. Mit W. erfolgte Zersetzung. — *Tripyridinuran(IV)-chlorid*, $2\ UCl_4 \cdot 3\ C_5H_5N$. Aus 1,8 cm^3 Pyridin + 5 g UCl_4 in 50 cm^3 **IV**. Ausbeute 7,0 g, F. 235°. Kleine hellgrüne Kristalle, die unlösl. in Ae., Bzl. u. $CHCl_3$ u. wenig lösl. in A. u. Pyridin sind. Lösl. in Dimethylformamid, aus dem die Verb. mit Ae. als Öl gefällt werden kann. Mit W. Hydrolyse. — *Dianilinuran(IV)-chlorid*, $UCl_4 \cdot 2\ C_6H_5 \cdot NH_2$. Aus UCl_4 u. Anilin als dunkelgrünes Kristallpulver, welches sich bei 210° zersetzt. — *Salicylatoaquopyridinuranylnitrat*, $[H_2O \cdot C_5H_5N \cdot UO_2(C_7H_5O_3)]^+NO_3^-$. Aus 4 cm^3 Pyridin, 10 g **III** u. 10 g Salicylsäure in 100 cm^3 warmem **IV**. Ausbeute: 11 g des dunkelroten Komplexes. Umkristallisation aus A. ergab monokline Kristalle der D. 1,967, welche bei 100° sintern, bei 150° dunkel werden, aber nicht unter 350° schmelzen. Lösl. in W., Pyridin, Aceton u. A., unlösl. in Bzl., Ae., Hexan u. $CHCl_3$. — *Salicylatoaquo-n-butylaminuranylnitrat*, $[H_2O \cdot C_4H_9NH_2 \cdot UO_2(C_7H_5O_3]^+NO_3^-$. Darst. u. Verh. vgl. vorst. Verbindung. Rotorange Kristalle, F. >350°! — *Salicylatoaquopyridinuranylchlorid*, $[H_2O \cdot C_5H_5N \cdot UO_2(C_7H_5O_3)]^+Cl^-$. Darst. vgl. Nitrat mit $UO_2Cl_2 \cdot 3\ H_2O$. Dabei entsteht Gemisch aus *Aquopyridinuranylchlorid*, $UO_2Cl_2 \cdot H_2O \cdot C_5H_5N$, u. der Salicylsäure-Verb., welche daraus durch fraktionierte Kristallisation aus Methanol als rotbrauner Komplex erhalten wurde. F. nicht unter 350°. — *Dichlorodisalicylatodipyridinuran(IV)*, $[2\ C_5H_5 \cdot N \cdot UCl_2 \cdot (C_7H_5O_3)_2]$. 22 g eines grünweißen Nd. wurden aus 5 cm^3 Pyridin, 10 g UCl_4 u. 20 g Salicylsäure in 125 cm^3 **IV** erhalten. Nach Waschen mit Ae. u. Trocknen, F. 165°. Ohne Lösungsm. war die Verb. stabil. In Berührung mit Aceton oder A. erfolgte spontane Oxydation, in wss. Lsg. Hydrolyse. Umkristallisation aus Pyridin ergab *Dipyridinuranylchlorid*, $UO_2Cl_2 \cdot 2\ C_5H_5N$, gelb, mit F. 115° in guter Ausbeute. — *Dichinaldinatodiaquouranyl*, $UO_2(C_{10}H_6O_2N)_2 \cdot 2\ H_2O$. Aus 3 g Chinaldinsäure in 50 cm^3 heißem **IV** u. 2 g **III** in 50 cm^3 **IV** sofortige Bldg. eines Nd., aus dem nach Umkristallisieren aus A. ca. 2 g des schwach gelben Innerkomplexes mit F. 245° erhalten wurden. Lösl. in A., Aceton u. Methyläthylketon. Unlösl. in Ae., Bzl. u. Dioxan. Schwach lösl. in Wasser. In dieser Lsg. erfolgte mit Säuren u. Basen Zersetzung. — *Dichlorodichinaldinatochinaldinuran(IV)*, $[UCl_2(C_{10}H_6O_2N)_2 \cdot C_{10}H_7O_2N]$. 5 g Chinaldinsäure + 2 g UCl_2 in 125 cm^3 **IV** gaben dichten cremefarbenen Nd., aus dem mit A. eine hellgrüne Substanz, die bei 160° sinterte u. sich bei 225° zers., gewonnen wurde. Wenig lösl. in Methanol, A. u. Aceton. Unlösl. in organ. Lösungsmitteln. — *Bis-(N-phenylglycinato)-tetraaquouran(IV)-chlorid*, $[4\ H_2O \cdot U(C_8H_8O_2N)_2]^{2+} \cdot 2\ Cl^-$. 15 g N-Phenylglycin in 75 cm^3 **IV** wurden langsam zu 10 g UCl_4 in 150 cm^3 **IV** getropft. Das entstandene Öl erstarrte nach längerem Rühren unter Ae., dann Waschen mit Äther. Nach dem Trocknen wurden 23 g des grünen, leicht oxydablen amorphen *Dichloro-bis-(N-phenylglycinato)-N-phenylglycinuran(IV)* erhalten. Die Tetraaquoverb. bildete sich daraus (5 g) mit W. u. 6nHCl. Waschen mit A. u. Ae., Umkristallisieren aus W. + Dioxan ergaben 2 g der hellgrünen Verb., die außer in W. u. Methanol in allen untersuchten Lösungsmitteln lösl. war. Bei 115° wurde das W. abgegeben, über 220° erfolgte Zersetzung. — **Uran(IV)-chlorid** u. **Pyridin** ergaben in CCl_4 braunen Nd., der mit 50%ig. wss. A. zu einer hellgelben Verb. hydrolysierte. Daraus mit Pyridin/Ae. *Dipyridinuranylchlorid* mit dem F. 112—115°. (J. Amer. chem. Soc. **74**. 4430—35. 5/9. 1952. Oak Ridge, Tenn., Carbide and Carbon Chem. Comp., K-25 Plant.) PLUST. 339

Takamura Suzuki und **Masanao Nakagawa**, *Verwendbarkeit von Jarosit.* 1. Mitt. *Thermische Eigenschaften im Vergleich zu Alunit.* Verschied. Proben von *Jarosit* (**I**) u. *Alunit* (**II**) aus Japan u. Korea werden mittels differentialcalorimetr. Analyse u. Thermowaage (Temperaturanstieg 15 bzw. 20°/5 Min.) verglichen. Die Wärmeaufnahme infolge Abgabe gebundenen W. u. des H_2SO_4-Restes scheint bei **I** zögernder zu erfolgen, nach der Gewichtsabnahme an der Thermowaage bei 100—150° ist sie beim **II** nicht deutlich zu erkennen. Die Entbindung des sauren Restes, die sich daran anschließt, erfolgt in einem weiteren Temperaturbereich, ist aber im Betrieb leicht zu ermitteln. Bei 250—300° zeigt **I** eine sek. beeinflußte, daher abgestumpfte Wärmeabsorptionskurve u. bei 500° ein spitzes Maximum der Wärmeabgabe, welche beide von der Ggw. von Braun- u. Ockereisenerz herrühren, deren entsprechende Prüfung diese Annahme bestätigte. (J. chem. Soc. Japan, ind. Chem. Sect. [Kōgyō Kagaku Zassi] **55**. 71—73. Febr. 1952. Tokyo, Ind. Res. Labor. [Orig.: japan.]) SCHULER. 356

Pierre Bretton und **Marguerite Quintin**, *Über einen Kupferkomplex von l-Leucin.* Aus potentiometr. Messungen in Lösungsgemischen von $CuSO_4$ u. *l*-Leucin wird die

Existenz einer Komplexverb. zwischen einem *l*-Leucinmol. u. einem Cu^{2+}-Ion bei einem p_H-Wert von 4,50 u. einer scheinbaren Gleichgewichtskonstante 2,80 gefolgert. (C. R. hebd. Séances Acad. Sci. **232.** 1210—13. 19/3. 1951.) RUDOLPH. 358

C. Mineralogische und geologische Chemie.

Thomas F. Bates, *Morphologie von Schichtgittersilicaten.* In Schichtgittermineralien spielen die Maße der Platten, die die Schichten bilden, u. die Stärke der Zwischenschichtbindungen eine wichtige Rolle bei der Best. von Kristallgröße u. -form. In Silicaten mit Plattenstruktur des 2:1-Typs verursacht die Verschiedenheit der Plattengröße eine Spannung, die die Entw. von Latten u. Fasern mehr als die von Platten begünstigt. In Mineralien des 1:1-Typs wird die Spannung sehr leicht durch die Biegung der Schicht vermindert. Der Grad der Krümmung von Platten als dem einen, zu Röhren als dem anderen Extrem verändert sich mit der Stärke der Zwischenschichtbindungen. Die Mineralien der Kaolin- u. Serpentingruppe veranschaulichen diese Erscheinung. Wenn man die Zwischenschichtentfernung u. den Grad der Unordnung der aufeinanderfolgenden Schichten als Maß der Zwischenschichtbindungskräfte benutzt, erhält man eine Wechselbeziehung zwischen diesen Faktoren u. der Morphologie der Kristalle. Bei *Amesit* u. *Cronstedtit,* die ebenfalls zum 1:1-Strukturtyp der Schichtgittersilicate gehören, kann eine verläßliche Deutung der Morphologie in Beziehung zur Struktur noch nicht gegeben werden. (J. sci. Lab. Denison Univ. **42.** 83—91. Aug. 1951. Pennsylvania State Coll., School of Mineral Ind.) WALCKER. 372

C. W. Wolfe und **Daphne Riska,** *Kristallographie von Jadeit (?) aus der Nähe von Cloverdal, Californien.* Die goniometr. Unters. von Jadeit (?) aus der obigen Fundstelle ergab monokline Symmetrie mit a:b:c = 1,067:1:0,584; $\beta = 108^0 20'$. Auftretende Formen sind {110} u. {111}. Die opt. Daten sind: $n_\alpha = 1,652 \pm 0,003$; $n_\beta = 1,658 \pm 0,003$; $n_\gamma = 1,663 \pm 0,003$; positiv; 2 V = 70°; 2 E = 125°; nicht pleochroit.; Auslöschung z : c = 34°; y = b. Die Elementarzelle hat a = 9,51 kX; b = 8,64 kX; c = 5,25 kX; $\beta = 108^0 10'$. Raumgruppe C2/C. (Bull. geol. Soc. America **62.** 1491. Dez. 1951. Boston, Mass., Univ.) GOTTFRIED. 372

Harold C. Urey, *Die Häufigkeit der Elemente.* Der Vf. hatte kürzlich vorgeschlagen (vgl. C. **1953.** 1618.), die Häufigkeit der Elemente auf Grund der Zus. chondrit. Meteorite abzuschätzen. Von diesem Vorschlag ausgehend, arbeitete Vf. eine Liste der Häufigkeiten der Elemente aus, die in der vorliegenden Arbeit wiedergegeben ist. Die Angaben unterscheiden sich nicht wesentlich von den Abschätzungen GOLDSCHMIDTs, weichen jedoch stark von den Berechnungen von BROWN (Rev. mod. Physics **21.** [1949.] 625) ab. Fe ist gegenüber den Schätzungen BROWNs sehr viel weniger häufig; ebenso liegen die Werte des Vf. für Se, Te, Br u. J tiefer, wahrscheinlich wegen des Verschwindens dieser Elemente bei der Bldg. der Meteorite. Aus demselben Grund dürfte auch der Wert des Vf. für Hg zu tief liegen. (Physic. Rev. [2] **88.** 248—52. 15/10. 1952. Errata: Physic. Rev. [2] **90.** 1131. 15/6. 1953. Chicago, Ill., Univ., Inst. for Nucl. Stud.) GOTTFRIED. 378

Edward J. Zeller, *Neue Bestimmungen des geologischen Alters nach der Thermoluminescenzmethode.* Zur Prüfung der Genauigkeit der Altersbest. mit Hilfe der Thermoluminescenzmeth. wurden eine Reihe von Kalksteinen von verschied. stratigraph. Schichten untersucht. Da nur rekrist. Kalksteine nach dieser Meth. untersucht werden können, kann man, wenn nicht rekrist. Kalksteine derselben Formation vorliegen, direkt das Alter der Rekristallisation mit dem des ursprünglichen Sedimentes vergleichen. (Bull. geol. Soc. America **62.** 1493. Dez. 1951. Madison, Wis., Univ.) GOTTFRIED. 378

C. Mahadevan und **A. Srirama Das,** *Eine Schwermineralbeziehung der Sedimente von Teilen der Distrikte Visakhapatnam und Ost-Godavari.* Zur Best. des Alters der in den obigen Gebieten vorkommenden ton- u. eisenhaltigen Sandsteine wurde eine Schwermetallanalyse der Gesteine durchgeführt, die die früheren Unterss. bestätigte, daß sie dem oberen Jura angehören. (Quart. J. geol., Mining metallurg. Soc. India **24.** 115—24. 1952.) GOTTFRIED. 378

C. S. Pichamuthu, *Nichtpleochroitischer Akmit von den Bababudan-Hügeln, Staat Mysore.* An dem Kontakt zwischen den den Bababudan-Hügel aufbauenden eisenhaltigen Quarziten u. dem intrudierten Epidiorit tritt der Na-Amphibol Bababudanit auf, mit dem eng ein Pyroxen assoziiert ist, der vom Vf. näher untersucht wird. Die chem. Zus. des Pyroxens ist: SiO_2 52,75(%); Al_2O_3 0,35; Fe_2O_3 33,00; MgO 0,24; CaO 0,80; Na_2O 9,70; K_2O Spur; H_2O^+ 1,00; H_2O^- 0,50; P_2O_5 Spur. Makroskop. ist das Mineral gelblich oder bräunlichgrün mit Schillerglanz; im Dünnschliff gelblichgrün u. nichtpleochroitisch. Die opt. Achsenebene ist parallel 010. Der Pyroxen ist opt. negativ mit 2 V = 82°; $\gamma-\alpha = 0{,}042$; $\gamma-\beta = 0{,}018$ u. $X \wedge c = 2-3°$. Aus der chem. Zus. u. den physikal. Eigg. folgt, daß es sich bei dem Pyroxen um einen Akmit handelt, der bisher in Mysore noch nicht gefunden wurde. Das Auftreten des Akmits an dem Kontakt deutet darauf hin, daß seine Bldg. dem Einfl. der bas. Intrusion zuzuschreiben ist, wobei das Na metasomat. von dem bas. Gestein in die eisenhaltigen Quarzite übergeführt wurde. (Quart. J. geol., Mining metallurg. Soc. India **24.** 55—60. 1952. Bangalore, Mysore Geol. Dep.) GOTTFRIED. 380

Sándor Koch und **Éva Donáth,** *Beiträge zur Kenntnis des Alabandins von Sacaramb (Nagyag, Rumänien) und des Hauerits von Kalinka (Tschechoslowakei).* Der untersuchte, stets mit *Rhodochrosit* assoziierte Alabandin enthält 61,45 (%) Mn u. 34,52 S, der Hauerit 46,00 Mn u. 53,75 S. Es werden Unterss. einzelner Kristalle mitgeteilt. (Acta Univ. Szegediensis, Sect. Sci. natur., Acta mineralog., petrogr. **4.** 42—46. 1950. Szeged, Univ., Mineralog.-petrogr. Inst.) R. K. MÜLLER. 380

Sándor Koch und **Gyula Grasselly,** *Der Altait von Stanija (Sztanizsa, Rumänien).* Der in größeren, reinen Exemplaren vorkommende Altait entspricht in seiner Zus. (2 Analysen) ziemlich genau PbTe, das mkr. Bild zeigt hexaedr. Skelettkristalle. (Acta Univ. Szegediensis, Sect. Sci. natur., Acta mineralog., petrogr. **4.** 47—49. 1950. Szeged, Univ., Mineralog.-petrogr. Inst.) R. K. MÜLLER. 380

Richard V. Dietrich, *Hexagonale Hornsteinprismen vom Knox-Dolomit.* Vf. beschreibt hexagonale Prismen von Hornstein, der opt. u. chem. als solcher definiert ist. Für die Bldg. der Prismen wird diskutiert: 1. Sie sind Pseudo- oder Paramorphosen, 2. die glatten Flächen sind durch Klüftung entstanden, 3. sie sind das Ergebnis von Trockenrissen u. 4. die Prismen sind Hornsteinkristalle. Vf. entscheidet sich für die letztere Ansicht. (J. Geology **61.** 65—68. Jan. 1953. Virginia Polytechn. Inst.) HILLER. 380

Gerald M. Friedman, *Untersuchungen über Högbomit.* (Vgl. C. **1953.** 3210.) **Högbomit** kommt in Schmirgel u. schmirgelhaltigen Hornfelsen in 2 Modifikationen vor, von denen die A-Form eine Übergangsform von Spinell zur B-Form darstellt. Bei dem Vork. von New York, Virginia, ist das Mineral jünger als der Schmirgel, aber älter als die Hochtemperaturquarzgänge. (Amer. Mineralogist **37.** 600—08. Juli/Aug. 1952. Cincinnati, O., Univ.) ENSSLIN. 380

W. D. West, *Eine Mitteilung über die Pyroxene des Deccantrapps.* Eine Unters. der Pyroxene ergab, daß es sich bei ihnen weder um Pigeonit noch um Augit handelt, sondern um eine intermediäre Gruppe, die Vf. als Augit mit zu niedrigem Kalkgeh. anspricht. Nur bei langsam abgekühlten Mineralien handelt es sich zum Teil um Pigeonit. (Quart. J. geol., Mining metallurg. Soc. India **24.** 153—57. 1952.) GOTTFRIED. 380

A. Hoyos de Castro, F. González García und **J. L. Martín Vivaldi,** *Über die Konstitution und die Eigenschaften eines Vermiculits von Beni Buxera (Spanisch-Marokko).* Aus der Analyse von Proben eines Vermiculits ergibt sich als Formel für die Zus. im Gleichgewicht mit 50%ig. H_2SO_4 bei 20°: $[Si^{4+}_{2,98}Al^{3+}_{1,02}]$ $[Al^{3+}_{0,12}Fe^{3+}_{0,22}Fe^{2+}_{0,04}\cdot Ti^{4+}_{0,07}Mg^{2+}_{2,55}]O_{10}(OH)_2Mg_{0,26}(H_2O)_{3,94}$. Es wird das therm., chem. u. koll.-chem. Verh. des Minerals u. sein Röntgendiagramm untersucht. Bemerkenswert ist das hohe Kationenaustauschvermögen des Mg^{2+}, das z. B. gegenüber NH_4^+ im Mittel 144,8 mÄquivalente/100 g beträgt. (An. Real Soc. españ. Física Quím., Ser. B. **46.** 715—26. Dez. 1950. Granada, Inst. de Edafología y Fisiol. vegetal.) R. K. MÜLLER. 380

Pierre Leblanc, *Über die Gegenwart von Wolframit am Rande des Granitmassivs von Tafraout (westlicher Antiatlas, Marokko).* Wolframit tritt in den Quarzgängen in der Nähe des Granitsockels von Idikel auf, die die Schiefer durchziehen u. die ihrerseits durch das Granitmassiv von Tafraout metamorphosiert sind. Das Mineral kommt teils in großen Lamellen, teils in bis zu mehreren cm großen Kristallen vor. Der sek. auftretende Scheelit bedeckt entweder die Oberflächen des Wolframits oder füllt in ihm auftretende Sprünge aus. Die Paragenese ist: wenig zers. Pyrit, violette Fluoritwürfel u. Hämatit; zuweilen werden Malachit u. Azurit gefunden. (C. R. hebd. Séances Acad. Sci. **235.** 1236—38. 17/11. 1952.) GOTTFRIED. 380

Margaret Cooper, *Bibliographie und Literaturverzeichnis über Uran und Thorium und radioaktive Vorkommen in den Vereinigten Staaten.* 1. Mitt. *Arizona, Nevada und New Mexico.* (Bull. geol. Soc. America **64.** 197—234. Febr. 1953. New York, N. Y., U. S. Atomic Energy Comm., Div. of Raw Materials.) KLEVER. 383

John W. Gruner, Charles C. Towle und **Lynn Gardiner,** *Uranmineralisation im Todilto-Kalkstein, nahe Grants, McKinley County, New Mexico.* Der in dem obigen Gebiet anstehende Kalkstein ist in seinem oberen Teil stark rekrist. u. enthält den größten Teil der Mineralien. *Carnotit, Tyuyamunit, Uranophan* u. einige amorphe, schlecht definierte U–V-Verbb. ersetzen zum Teil den Calcit; *Pechblende* konnte in kleinen Knollen identifiziert werden. In dem unteren Teil des Kalksteins tritt U in Adern u. Sprüngen auf. Der U-Geh. der Mineralien ist wahrscheinlich syngenet. Ursprunges. (Bull. geol. Soc. America **62.** 1445. Dez. 1951. Minneapolis, Minn., Univ.; Denver, Colo., Atomic Energy Comm., Denver Exploration Branch.) GOTTFRIED. 384

Léon Puzenat, *Wahrscheinlichkeiten des Auftretens von radioaktiven Mineralien in gewissen Gebieten von Französisch-Marokko.* Auf Grund der für U-Lagerstätten in der Welt bekannten geolog., tekton. u. metallogenet. Charakteristiken untersuchte Vf. die Möglichkeit des Auftretens von U-Mineralien in Französ.-Marokko. Am aussichtsreichsten erscheint Vf. hierfür das metamorphosierte Präkambrium von Bou Azzer u. El Graara, 265 km südlich von Marrakech. (C. R. hebd. Séances Acad. Sci. **235.** 1234 bis 1236. 17/11. 1952.) GOTTFRIED. 384

B. P. Krotow, *Frage der Metallogenie der Verbreitungsgebiete hypergener Eisenerzlagerstätten.* Übersicht über die Metallogenie der hypergenen Eisenerzlagerstätten unter besonderer Berücksichtigung der regionalen Gesetzmäßigkeiten der Bldg. u. Verbreitung der verschied. Lagerstätten sowie der verschied. Typen der oolit. Fe-Erze im Zusammenhang mit den epyrogenet. Bewegungen. (Известия Академии Наук СССР, Серия Геологическая [Nachr. Akad. Wiss. UdSSR, geol. Ser.] **1953.** Nr. 3. 72—95. Mai/Juni.) LEBTAG. 384

W. Neubauer, *Geologie der Blei–Zink–Silber–Eisen-Lagerstätte von Oberzeiring, Steiermark.* Die Ansicht, nach der die Vererzung der Pb–Zn–Ag–Fe-Lagerstätten von Oberzeiring präkambr. sein müßte, ist zu rechtfertigen. Anzeichen varisz. oder altalpiner (austr.) Tektonik konnten nicht wahrgenommen werden. — Die älteste u. wohl höher temperierte Bildungsphase ist die Arsenkiesphase mit *Arsenkies, Gudmundit, Magnetkies, Kupferkies* (?) u. *Pyrit.* Die Stellung des *Markasits* ist fraglich. Ihr gehört eine vorwiegend quarzige Gangart als etwa gleichzeitige Bldg. an. Als niedrig-thermaler Absatz folgen der die Lagerstätte charakterisierende *Bleiglanz* u. die *Zinkblende,* untergeordnet scheiden sich Kupferkies, *Bornit, Fahlerz, Bournonit* u. vermutlich Pyrit aus. Die jüngsten Nachschübe bilden *Antimonit, Pyrargyrit,* gediegenes *Ag, Wolfsbergit, Jamesonit* (?), *Plagionit* (?), *Heteromorphit* (?), *Ankerit* u. *Quarz.* Durch das Auftreten prim. Sb-reicher Paragenesen gewinnt Oberzeiring das Attribut einer Sb-betonten Lagerstätte. (Berg- u. hüttenmänn. Mh. montan. Hochschule Leoben **97.** 5—15. Jan. 21—27. Febr. 1952. Leoben, Montanist. Hochschule, Geolog. Inst.) OPPERMANN. 384

Sándor Koch, Gyula Grasselly und **Éva Donáth,** *Die Mineralien der Eisenerzvorkommen Ungarns.* Überblick über die mineralog. Zus. der einzelnen Vorkk. mit 43 Analysen u. 20 Schliffbildern. Es liegen sowohl Erze magmat. Ursprungs als auch hydrothermale metasomat. Erze u. durch Sedimentation entstandene Erze vor. (Acta Univ. Szegediensis, Sect. Sci. natur., Acta mineralog., petrogr. **4.** 1—41. 1950. Szeged, Univ., Mineralog.-petrogr. Inst. [Auszug: engl.].) R. K. MÜLLER. 384

M. Srirama Rao und **K. Appavadhanulu,** *Alte Kupferausbeutungsstätten von Agnigundala, Distrikt Guntur.* Vff. untersuchten das obige Gebiet, in dem sich zahlreiche verfallene Cu-Gruben befinden. Hauptkupfermineralien sind *Malachit* u. *Azurit,* die in dünnen Filmen auf den Oberflächen von Quarziten u. schiefrigen Phylliten vorkommen. Aus den Analysen einer Reihe Cu-führender Gesteine ergab sich, daß der Cu-Geh. zwischen 0,16 u. 2,57 % liegt. Die chem. Analyse eines schiefrigen Phyllits mit Filmen von Malachit u. Azurit lieferte die folgenden Werte: SiO_2 74,77(%); Al_2O_3 11,67; Fe_2O_3 + FeO 4,23; CaO 0,74; MgO 0,08; Na_2O + K_2O 4,86; CuO 2,99; H_2O 0,96; CO_2 0,18. Die chem. Analyse einiger Bleiglanz u. Chalkopyrit führender Kalksteine zeigte, daß es sich nicht um wahre Dolomite handelte. Der Pb-Geh. liegt sehr selten oberhalb 1 %. — Die Cu-Mineralien sind hydrothermalen Ursprungs. Eine genauere Prospektierung des Gebietes wird empfohlen. (Quart. J. geol., Mining metallurg. Soc. India **24.** 75—82. 1952.) GOTTFRIED. 384

József Mezösi, *Die Gesteinsprovinzlage des Bükk-Gebirges im Komitat Borsod.* Die magmat. Gesteine des Bükk-Gebirges stellen eine selbständige Kalk–Alkali-Provinz dar, die sich von der Umgebung durch verschied. NIGGLI-Werte, erhöhte Konz. der Fe-Erze u. deren V-Geh. unterscheidet. (Acta Univ. Szegediensis, Sect. Sci. natur., Acta mineralog., petrogr. **4.** 50—58. 1950. Szeged, Univ., Mineralog.-petrogr. Inst.) R. K. MÜLLER. 385

M. S. Sadashivaiah, *Petrologie der Doleritgänge des Iharia-Kohlenfeldes und des Kodarma-Glimmerfeldes.* Petrograph. wurden die Doleritgänge des obigen Gebietes untersucht. Prim. Bestandteile des Gesteins sind tafelförmiger *Plagioklas*, ein zonar gebauter *Labradorit* mit $Ab_{67}An_{36}$ am Rand, $Ab_{45}An_{55}$ in der Mittelzone u. $Ab_{28}An_{72}$ im Kern, *Bowlingit, Iddingsit, Chlorophäit, Delessit, Pigeonit* u. entglastes Glas. Durch Rest-Fll. wurden diese Bestandteile zum Teil postmagmat. umgewandelt. Opt. wurde der Pigeonit genauer untersucht. Diese Dolerite ähneln in bezug auf mineralog. Zus., postmagmat. Veränderung u. Kristallisationsfolge den Basalten vom Deccan. (Quart. J. geol., Mining metallurg. Soc. India **24.** 105—14. 1952. Dhanbad.) GOTTFRIED. 385

Saurindranath Sen und **Sunilkumar Raychaudhuri,** *Über die Kalkmagnesiametamorphite und die mit ihnen vorkommenden Amphibolite von Baghraybari-Pahargora, Nordmanbhum.* In dem obigen Gebiet treten Diopsid–Tremolit–Calcit-Granulite eng vergesellschaftet mit Amphiboliten auf, wobei die Amphibolite das Hauptgestein bilden. Die ausführliche petrograph. Unters. ergab, daß beide Gesteine starke Änderungen in ihrer Zus. zeigen u. daß zwischen ihnen vielfache Übergänge bestehen. Beide Gesteine unterlagen einer sehr starken Metamorphose u. wurden hierauf einer ähnlichen Retrogression durch Granitisierung unterworfen. Einige neue Gesteinsanalysen werden mitgeteilt. (Quart. J. geol., Mining metallurg. Soc. India **24.** 141—52. 1952. Calcutta, Univ.) GOTTFRIED. 385

R. D. Godbole und **B. G. Thakar,** *Um Muddebihal und Nalatwad, Distrikt Bijapur, Bombay, vorkommende archäische Gesteine.* Es wurden die in dem obigen Gebiet auftretenden archäischen Gesteine untersucht. Es lassen sich deutlich vier verschied. Gruppen unterscheiden, u. zwar *Hornblendeschiefer, Biotitgranitgneis, Biotithornblendegneis* sowie granit. u. pegmatit. Intrusionen. Es werden eine größere Anzahl neuer Gesteinsanalysen mitgeteilt. Die Alters- u. Verwandtschaftsbeziehungen werden ausführlich diskutiert. (Quart. J. geol., Mining metallurg. Soc. India **24.** 89—103. 1952. Poona, Coll. of Engng.) GOTTFRIED. 385

Takahisa Hanya, *Untersuchung von Trübstoffen in natürlichen Wässern.* 2. Mitt. *Trübungsänderungen in natürlichen Wässern.* (1. vgl. C. **1952.** **6914.**) Der Trübungsgrad wird nach verschied. Verff. der Wasserentnahme u. in verschied. Tiefen bei Meer- u. Seewasser in verschied. Intervallen bestimmt u. in mg SiO_2/Liter ausgedrückt. Es zeigen sich nach 5tägiger Beobachtung Änderungen von $\pm 50\%$. An organ. Materie reiches Meerwasser neigt zur Trübungszunahme, an anorgan. Materie reiches W. aus Teichen zur Abnahme. Bei Seen zeigt sich eine deutliche Schichtung nach der Tiefe, was sich im „Absetzungsgrad" (oder „Trübungsbeständigkeit") (= Trübung der geklärten Schicht/Trübung des frisch geschöpften W.) ausdrückt, der mit der Tiefe (bis 15 m) zunimmt. (J. chem. Soc. Japan, pure Chem. Sect. [Nippon Kagaku Zassi] **73.** 288—90. Mai 1952. Tokyo, Metrop. Univ. [Orig.: japan.]) SCHULER. 393

D. Organische Chemie.

D_1. Allgemeine und theoretische organische Chemie.

J. L. Franklin und **F. H. Field,** *Die Energien von gespannten Carboniumionen.* Von dem durch Elektronenstoß aus dem Bromid erzeugten *Bicyclo-*[*2:2:1*]*-heptyl-* (**I**), *Bicyclo-*[*2:2:2*]*-octyl-* (**II**) u. *tert.-Butylion* (**III**) wurden mit dem Massenspektrometer nach der Meth. von FIELD (J. chem. Physics **20.** [1952.] 1734) die Appearence-Potentiale (in eV) zu 10,66, 9,98 u. 10,36 bestimmt. Die Ionisationspotentiale betrugen von **I**-Bromid 9,90 eV u. von **II**-Bromid 9,76 eV, das von **III**-Bromid konnte auf 10,0—10,3 eV geschätzt werden. Daraus mußte auf ein Abstoßungspotential des **III**-Bromidions geschlossen werden, das den Wert des Appearence-Potentials nach größeren Werten verschiebt. Der unter Berücksichtigung dieser Verhältnisse berechnete Wert liegt bei 9,6 eV, so daß sich für die Ionen entsprechend ihrer inneren Spannungen (Abweichung von der ebenen Anordnung) die Reihenfolge **I** > **II** > **III** ergibt. Aus diesen Ergebnissen schließen Vff., daß im allg. die Appearence-Potentiale von unbehinderten Ionen der Bldg. der Ionen im wesentlichen in einer Gleichgewichtskonfiguration entsprechen. (J. chem. Physics **21.** 550—51. März 1953. Baytown, Tex., Humble Oil and Refining Co., Technic. and Res. Div.) L. FISCHER. D 100

Frédéric Roger, *Über die Anwendung der Methode „Kupplung der Bestandteile" auf den bathochromen Effekt, der in der Reihe der p-Polyphenyle beobachtet wird.* Vf. betrachtet im Rahmen seines früher entwickelten Verf. (vgl. C. R. hebd. Séances Acad. Sci. **236.** [1953.] 2207) bei den p-Polyphenylen die Phenylgruppen als maßgebende Bestandteile; unter Berücksichtigung der Kupplung nur zwischen zwei benachbarten Kernen berechnet er für die UV-Absorption von Verbb. der Form $C_6H_5(C_6H_4)_nC_6H_5$ die Gleichung $1/\lambda_n = a \cdot \varrho_n + b$ mit $a = 10{,}30 \cdot 10^{-3}$, $b = 50{,}06 \cdot 10^{-5}$ (in Chlf.) bzw.

$50,95 \cdot 10^{-5}$ (in Hexan) u. $\varrho_n = 2\cos[\pi/(n+3)]$. Die Übereinstimmung mit dem Experiment für n = 0—4 ist gut. (C. R. hebd. Séances Acad. Sci. **237.** 385—87. 3/8. 1953.) KRESZE. D 114

Kazuo Nakamoto und **Keisuke Suzuki,** *Direkter Beweis für den n → π-Elektronenübergang bei der Nitrosoabsorption.* Die theoret. Ausdeutung des Dichroismus von *m-Nitronitrosobenzol* (I)-Kristallen (vgl. NAKAMOTO, C. **1953.** 6843) zeigt, daß für I 3 Arten von Elektronenübergängen möglich sind, je ein n → π-Übergang von NO_2- u. NO-Gruppe u. ein π → π-Übergang. Diesem letzten ist die Bande bei 350—360 mμ zuzuordnen (gestörte π-Elektronenabsorption des Benzolkerns), die Bande bei 760 mμ entspricht dann dem Nitroso-n→π-Übergang, der entsprechende NO_2-Übergang bei 390—400 mμ ist durch die starke π → π-Absorption überdeckt. Die Ergebnisse stimmen mit denen von MCCONNELL (C. **1953.** 4812) überein. (J. chem. Physics **20.** 1971—72. Dez. 1952. Osaka, Univ., Fac. of Sci., Dep. of Chem.) KRESZE. D 118

A. I. Kiprianow und **Ju. Ss. Rosum,** *Absorptionsspektren von Benzothiazolderivaten im Ultraviolett.* Die Absorptionsspektren von Benzothiazolderivv. u. ihrer quartären Salze wurden in 10^{-2}—10^{-4} mol. alkoh. Lsg. aufgenommen. Nachst. F., Kp., die Lage der Maxima (λ in Å) u. in () die Intensität (ε) für die untersuchten Verbindungen. *2-Methylbenzothiazol* (I), $Kp._3$ 102°; 2940 (1300), 2830 (1400), 2520 (6000). *Jodmethylat,* F. 222°; 2695 (3000). *Jodäthylat,* F. 198°; 2780 (2800). *Jodphenylat,* F. 234°; 2840 (4000). *2-Äthyl-α-naphthothiazol,* F. 25°; $Kp._3$ 162°; 3330 (500), 3245 (350), 2855 (6000). *2-Methyl-α-naphthothiazoljodäthylat,* F. 232°; 3350 (2000), 2690 (16000). *2-Methyl-6-aminobenzothiazol,* F. 126°; 2895 (800). *2-Methyl-6-dimethylaminobenzothiazol* (II), F. 74°; 3050 (10000). *Jodmethylat,* F. 258°; 3360 (9000), 2515 (16000). *2-Methyl-5-dimethylaminobenzothiazol,* F. 86°; 3370 (2000). *2-Methyl-5-aminobenzothiazol,* F. 102°; 3240 (2600). *2-Methyl-7-aminobenzothiazol,* F. 96,5°; 3150 (2600), 2380 (16000). Ferner wurden 10^{-3} mol. alkoh. Lsgg. des Jodmethylats von I in Ggw. von C_2H_5ONa (1:3 Mol), die 2-Methylen-3-methylbenzothiazolidin im Gleichgewicht mit seinem Dimeren (vgl. MUMM u. Mitarbeiter, Ber. dtsch. chem. Ges. **72.** [1939.] 2115 u. KIPRIANOW u. BABITSCHEW, C. **1950.** II. 1574) enthalten, untersucht. Das Spektr. dieser Lsgg. ist demjenigen des ohne C_2H_5ONa erhaltenen sehr ähnlich, aber nach längeren Wellen verschoben. Danach zu urteilen, ist im Gleichgewicht vorzugsweise das Monomere vorhanden, da nur bei diesem (in seiner polarisierten Form: N positiv, CH_2 negativ geladen, Bindungswechsel) die Bindungs- u. Ladungsverhältnisse des Jodmethylats wiederkehren. Die Unters. alkoh. Lsgg. von **II** in Ggw. von verschied. Mengen H_2SO_4 ließ erkennen, daß bei geringerer H_2SO_4-Konz. vorwiegend N der $(CH_3)_2N$-Gruppe u. untergeordnet N des Thiazolrings an der Salzbildung beteiligt ist, während völlige Ionisierung an beiden Stellen erst bei 10000 Mol H_2SO_4/Mol **II** eintritt. Das Spektr. ist dann in der Form demjenigen des Jodmethylats sehr ähnlich. (Журнал Общей Химии [J. allg. Chem.] **21** (**83**). 2038—45. Nov. 1951. Inst. für organ. Chem. der Akad. der Wiss. der UkrSSR.) R. KNOBLOCH. D 118

Earl E. Jacobs und **A. Stanley Holt,** *Absorptionsspektren von kristallisierten Chlorophyllderivaten.* Die Absorptionsspektren der beiden *Äthylchlorophyllide* (I bzw. II), einem Chlorophyll **a** bzw. **b**, dessen Phytylseitenkette durch Äthyl ersetzt ist, wurden in Acetonlsg. u. in koll. Suspension kleiner Kristalle in Aceton-W.-Mischung gemessen. Die Spektren unterscheiden sich stark. Während das langwellige Maximum von **I** in Aceton bei 658 mμ liegt, wird es in den Kristallsuspensionen je nach Größe der Kristalle bis auf 745 mμ verschoben. Das Maximum des Spektr. des Chlorophylls a in gasförmigem Zustand liegt (extrapoliert) bei 648 mμ. Ähnliche Ergebnisse werden bei **II** erhalten: im Gaszustand 630 mμ, in Acetonlsg. 644 mμ u. krist. 725 mμ, analog bei den *Phäophorbiden a* u. *b* sowie bei *Bakteriochlorophyll.* Die starke langwellige Verschiebung des Absorptionsmaximums bei Kristallen wird auf Resonanz der Moll. untereinander u. damit auf Energiefortleitung im geordneten Kristall zurückgeführt. (J. chem. Physics **20.** 1326. Aug. 1952. Urbana, Ill., Univ., Dep. of Botany.) D. BRÜCK. D 118

D. R. J. Boyd und **H. W. Thompson,** *Die Rotationskonstanten von Methylacetylen.* Durch Vergrößerung des Auflösungsvermögens war es Vff. möglich, die Feinstruktur der Absorptionsbande von *Methylacetylen,* die der C≡C-Dehnungsschwingung zuzuschreiben ist, im Gebiet von 2115—2160 cm^{-1} mit einer Genauigkeit in B'' u. B' von ±0,02 cm^{-1} zu untersuchen. Für die Rotationskonstanten ν wurden die Werte 0,285 u. 0,283 cm^{-1} u. für ν_0 2142,04 cm^{-1} erhalten. Ein 3., in die anderen übergreifender Übergang zeigte sich bei 2145 cm^{-1}. Der Ursprung sämtlicher Übergänge wurde aufgeklärt. (Trans. Faraday Soc. **49.** 141—42. Febr. 1953. Oxford, Univ., Dep. of Chem.) L. FISCHER. D 120

M.-L. Grenier-Besson und **G. Amat,** *Messung der Intensität der Infrarotabsorptionsbanden in den Rotationsschwingungsspektren.* Eine früher entwickelte Meth. zur

Messung der Absorption der Schwingungsbanden von Fll. (vgl. AMAT, C. R. hebd. Séances Acad. Sci. **232.** [1951.] 1752 u. **233** [1951.] 372) wird für die Best. der Intensität der Rotationsschwingungsbanden von gasförmigem *Methyljodid* bei 1,6 μ bei verschied. Drucken, Küvettenlängen u. Eintrittsspaltbreiten eines Gitterspektrographen angewandt. Das Verf. ist bei relativ schwacher Dispersion eines Spektrographen anwendbar, wenn die Spaltbreite einem Spektralbereich gleicher Größenordnung wie die Breite der zu messenden Bande entspricht. (J. Physique Radium **13.** 451—57. Okt. 1952.) RUDOLPH. D 120

N. Sheppard, *Die Infrarotspektren und die Bestimmung der Fundamentalfrequenzen der Alkylhalogenide.* 1. Mitt. *tertiär-Butylhalogenide.* Für die systemat. Interpretation der Infrarot- u. RAMAN-Spektren ist die Identifizierung der Fundamentalformen der Schwingungen von KW-stoffgruppen in verschied. Moll. wichtig. In der vorliegenden Arbeit werden die Infrarotabsorptionsspektren von *tert.-Butylchlorid, -bromid* u. *-jodid* in fl. Zustand zwischen 3500 cm^{-1} u. 450 cm^{-1} angegeben (Abb.). In einer Tabelle sind die Fundamental-Infrarot- u. RAMAN-Schwingungsfrequenzen der tert.-Butylhalogenide u. des *Butylmercaptans* aufgeführt. (Trans. Faraday Soc. **46.** 527—33. Juli 1950. Cambridge, Dep. of Coll. Sci.) D. HAHN. D 120

N. Sheppard, *Die Infrarotspektren und die Bestimmung der Fundamentalfrequenzen der Alkylhalogenide.* 2. Mitt. *Isopropylhalogenide.* (1. vgl. vorst. Ref.) Im Gebiet zwischen 1500 cm^{-1} u. 450 cm^{-1} werden die Infrarotabsorptionsspektren von *Isopropylchlorid, -bromid* u. *-jodid* im fl. Zustand aufgenommen, um Kenntnis von den Fundamental–Schwingungs-Frequenzen zu erhalten. Eine Abb. gibt die aufgenommenen Spektren wieder, u. in einer Tabelle sind die beobachteten Fundamental–Infrarot- u. RAMAN-Schwingungsfrequenzen der Isopropylhalogenide u. des *Isopropylmercaptans* zusammengestellt. (Trans. Faraday Soc. **46.** 533—39. Juli 1950.) D. HAHN. D 120

Willis B. Person und **George C. Pimentel,** *Infrarotuntersuchungen von Mischkristallen: Naphthalin-d_8 in Naphthalin.* Vff. berichten über Infrarotunterss. in dem Gebiet zwischen 615 u. 645 cm^{-1} an verd. festen Lsgg. von Naphthalin-d_8 in Naphthalin mit 10, 20 u. 30% $C_{10}D_8$ in $C_{10}H_8$ sowie an reinem $C_{10}H_8$ u. $C_{10}D_8$ u. gasförmigem $C_{10}D_8$. Die festen Lsgg. wurden durch gemeinsame Sublimation der beiden Komponenten in den gewünschten Mengenverhältnissen dargestellt; ihre Dicke betrug ca. 30 μ. Es wurde die ab-Fläche bei n. Einfall mit parallel oder senkrecht zur b-Achse polarisiertem Licht untersucht. Die in reinem $C_{10}D_8$ beobachtete dichroit. Aufspaltung der 632 cm^{-1}-Bande nimmt mit der Konz. ab; sie betrug 3,5; 1,5; 1,0 u. 0,0 cm^{-1} für 100, 30, 20 u. 10 Mol-% $C_{10}D_8$ in $C_{10}H_8$. Es wird darauf hingewiesen, daß die $C_{10}H_8$-Bande bei 618 cm^{-1} nicht diese Konzentrationsabhängigkeit zeigt; der Dichroismus dieser Bande ist unverändert innerhalb der experimentellen Fehlergrenzen. Die dichroit. Verhältnisse $I_\perp/I_\parallel$ für die Bande 632 cm^{-1} wurden für jeden Mischkristall abgeschätzt; ihre Werte liegen alle bei ca. 1,2. Die für $C_{10}D_8$ beobachtete Aufspaltung wurde von der Faktorgruppenanalyse vorhergesagt u. wird intermol. Kupplung zugeschrieben. Es ist dies eine weitere Bestätigung, daß die Größe dieser Aufspaltung in $C_{10}H_8$ nur einige cm^{-1} beträgt, u. daß weiter das von PIMENTEL u. MCCLELLAN (vgl. J. chem. Physics **20.** [1952.] 270) vorgeschlagene Modell des „orientierten Gases" anwendbar ist. (J. chem. Physics **20.** 1913—15. Dez. 1952. Berkeley, Calif., Univ., Dep. of Chem. and Chem. Engng.) GOTTFRIED. D 120

F. E. McKenna, H. V. Tartar und **E. C. Lingafelter,** *Untersuchungen über die Halbacetalbildung in Alkohol–Aldehyd-Systemen.* 2. Mitt. *Refraktionsuntersuchungen.* (1. vgl. C. **1950.** I. 685.) Vff. haben n_D u. $D._4$ für verschied. Alkohol–Aldehyd-Systeme in Abhängigkeit von der Zus. zwischen —64,2 u. 25° gemessen u. einige überwiegend positive Abweichungen von den additiven Werten festgestellt, was auf die Bldg. von Halbacetalen zurückgeführt wird. Das Maximum der Abweichungen liegt bei 50 Mol-%, der Betrag steigt mit fallender Temp., für isomere Alkohole mit dem gleichen Aldehyd fällt er in der Reihenfolge prim. > sek. > tert. Alkohol. Untersucht wurden Systeme mit *Propionaldehyd* (Kp. 48,0°, $D.^{25}_4$ 0,80350, $D.^{0,5}_4$ 0,82903, $D.^{-64,2}_4$ 0,90003, n_D^{25} 1,36349, $n_D^{0,5}$ 1,37874, $n_D^{-64,2}$ 1,4144), *n-Butyraldehyd* (I, Kp. 74,5°) u. *Isobutyraldehyd* (Kp. 62,0°) mit *Methanol* (Kp. 64,6°, $D.^{25}_4$ 0,78660, $D.^{0,5}_4$ 0,80958, $D.^{-64,2}_4$ 0,87156, n_D^{25} 1,32777, $n_D^{0,5}$ 1,33802, $n_D^{-64,2}$ 1,3623); *Äthanol* (Kp. 78,5°, $D.^{25}_4$ 0,78510, n_D^{25} 1,35951); *n-Propanol* (Kp. 97,2°, n_D^{25} 1,3837); *Propanol-(2)* (Kp. 82,2°, n_D^{25} 1,3755); *Butanol-(1)* (Kp. 117,7°, n_D^{25} 1,3973); *-(2)* (Kp. 99,4°, n_D^{25} 1,3950); *2-Methylpropanol-(1)* (Kp. 108,0°, n_D^{25} 1,3938); *-(2)* (Kp. 82,6°, n_D^{25} 1,3850); *Pentanol-(1)* (Kp. 138,0°, n_D^{25} 1,4062); *-(2)* (Kp. 119,2°, n_D^{25} 1,4052); *-(3)* (Kp. 116,2°, n_D^{25} 1,4072); *3-Methylbutanol-(1)* (Kp. 131,8°, n_D^{25} 1,4055); *-(2)* (Kp. 112,4°, n_D^{25} 1,4076); *2-Methylbutanol-(1)* (Kp. 128,6°, n_D^{25} 1,4066); *-(2)* (Kp. 101,9°, n_D^{25} 1,4018); *2.2-Dimethyl-*

propanol-(1) (F. 51,8° [Ae.–A., 1:1], aus der GRIGNARD-Verb. von 2-Methyl-2-chlorpropan [Kp. 51°, n_D^{25} 1,3831] u. Formaldehyd, 7% Ausbeute); *Hexanol-(1)* (Kp. 157,4°, n_D^{25} 1,4150); *Heptanol-(1)* (Kp. 176,4°, n_D^{25} 1,4218); *Octanol-(1)* (Kp. 194,2°, n_D^{25} 1,4274); *Nonanol-(1)* (Kp. 213,1°, n_D^{25} 1,4318); *Decanol-(1)* (Kp. 231,3°, n_D^{25} 1,4360); *Undecanol-(1)* (F. 16,5°, n_D^{25} 1,4380); *Dodecanol-(1)* (Kp.$_{18}$ 145–146°, n_D^{25} 1,4396) u. *Propen-(2)-ol-(1)* (Kp. 96,9°, n_D^{25} 1,4102) u. von *Butanthiol-(1)* (Kp. 97,0–97,1°, n_D^{25} 1,4411) mit I. — *Aceton*, Kp. 56,2°. — *Äthylchlorid*, Kp. 13,9–14,0°. — *Methylbromid*, Kp. 4,3–4,4°. (J. Amer. chem. Soc. **75**. 604–07. 5/2. 1953. Seattle, Wash., Univ., Dep. of Chem. and Chem. Engng.) L. FISCHER. D 122

J. F. Bunnett und **Jean Lovendahl Marks**, *Versuche zur Spaltung racemischer Amine mit Hilfe von optisch-aktiven, sauren, synthetischen Polymeren.* Aus opt.-akt. β-[p-Oxyphenyl]-buttersäure (I) u. N-[p-Toluolsulfonyl]-L-tyrosin wurden opt.-akt. Phenol–Formaldehyd-Harze hergestellt. Während der Polymerisierung oder folgenden Behandlung trat keine wesentliche Racemisierung auf. Diese Harze sollten einen Antipoden einer racem. Base bevorzugt adsorbieren; Verss., bei denen die Harze in Art von Ionenaustauschern u. Lsgg. rac. Amine (α-Pipecolin, α-Methylbenzylamin, 4-Dimethylamino-2.2-diphenylvaleronitril) verwendet wurden, hatten jedoch kein positives Ergebnis. Vff. versuchen das theoret. zu deuten.

V e r s u c h e : (±)-*β-[p-Oxyphenyl]-buttersäure* (I), $C_{10}H_{12}O_3$, F. 136–136,5° (W.), Darst. nach der Reaktionsfolge: REFORMATSKI-Rk. von p-Methoxyacetophenon mit Bromessigester → p-Methoxy-β-methylzimtsäureäthylester (64% [Ausbeute]), Verseifung u. Red. mit Na-Amalgam → β-[p-Methoxyphenyl]-buttersäure (69%) u. Entmethylierung mit 48%ig. HBr–Eisessig (72,6%). — (−)-I, F. 150–150,5° (W.), durch Spaltung von (±)-I mit Brucin, Umkristallisation aus 25%ig. A., $[\alpha]_D^{25}$ −34,4° (A., c = 4,12); *Brucinsalz*, $C_{33}H_{38}O_7N_2 \cdot 2\frac{1}{2} H_2O$, F. 100–112°, $[\alpha]_D^{20}$ −35° (A., c = 2,67). — (+)-I, F. 150–151°, $[\alpha]_D^{25}$ +33,1°, *Brucinsalz* ölig. — *N-[p-Toluolsulfonyl]-L-tyrosin*, F. 182 bis 183,5° (W.), aus Tyrosinmethylester-HCl nach FISCHER u. LIPSCHITZ (Ber. dtsch. chem. Ges. **48**. [1915.] 360) u. Verseifung mit KOH, $[\alpha]_D^{24}$ −11,0° (0,5 nNaOH, c = 6,26); *Methylester*, $C_{17}H_{19}O_5NS$, F. 131,5–132,5° (Chlf.–CCl_4), $[\alpha]_D^{28}$ +4,1° (Methanol, c = 9,98). (J. Amer. chem. Soc. **74**. 5893–97. 5/12. 1952. Portland, Ore., Reed Coll., Dep. of Chem.) E. W. HAAS. D 122

E. W. Schpolski, A. A. Iljina und **L. A. Klimowa**, *Fluorescenzspektrum von Coronen in gefrorenen Lösungen.* Die grüne, stark verwaschene Fluorescenz von krist. *Coronen* geht bei Auflösung in *Paraffinöl* (I) u. *Bzl.* (II) sowie *n-Hexan* (III) u. *n-Pentan* (IV) unter Schärferwerden der Banden in eine blauviolette über. Beim Abkühlen der Lsgg. auf −196° tritt außer der Fluorescenz eine um 7000 cm^{-1} in längerwellige verschobene Phosphorescenz (ca. 1 Min.) auf. Die Fluorescenzbanden selbst werden in den Lösungsmitteln I, II weiter verschärft, bei III u. IV treten in ihrer Schärfe dem Sm^{3+}- u. Eu^{3+}-Spektr. vergleichbare Fluorescenzlinienspektren auf. Ein weniger ausgeprägtes Fluorescenzlinienspektr. stellen Vff. bei Lsgg. (−196°) von *3.4-Benzpyren* in Hexan fest. (Доклады Академии Наук СССР [Ber. Akad. Wiss. UdSSR] [N. S.] **87**. 935–38. 21/12. 1952. Moskau, Pädagog. Lenin-Inst.) AMBERGER. D 125

Daijiro Yamamoto, *Über die anisotrope Auflösung des phosphorescierenden Farbstoffes Trypaflavin im Citronensäurekristall.* Durch Kristallisation aus gesätt. wss. Lsgg. von *Citronensäure* (I) u. *Trypaflavin* (II) werden rhomb. Kristalle mit 1–1,5·10^{-6} Mol. II erhalten, in denen das II jedoch anisotrop verteilt ist. Die (0 1 1)-, (0 $\bar{1}$ 1)-, (0 1 $\bar{1}$)- u. (0 $\bar{1}$ $\bar{1}$)-Flächen sind nicht gefärbt. Diese anisotrope Verteilung des II wird durch eine Unters. der Phosphorescenz bestätigt: In Richtung (0 1 1) u. (0 1 $\bar{1}$) war keine Phosphorescenz feststellbar. Die Unters. der Orientierung der Farbstoffmoll. in I mittels polarisierten Lichtes führt zur Vermutung, daß die Richtung der Oscillatoren der II-Moll. parallel zur c-Achse des Kristalls geht. (J. chem. Physics **20**. 1974–75. Dez. 1952. Tokyo, Otsuka, Univ. of Educat., Dep. of Chem.) RUDOLPH. D 125

Arnim Henglein, *Ein Vergleich der Massenspektren einfach und doppelt geladener Ionen von Kohlenwasserstoffen.* Mit der früher (C. **1952**. **7608**; **1953**. **989**) beschriebenen Meth. wurden die Unterss. über die Massenspektren doppelt geladener Ionen von KW-stoffen bis zu Substanzen der C_5-Serie fortgesetzt. Folgende Gesetzmäßigkeiten wurden gefunden: Doppelt geladene Molekülionen treten nur bei ungesätt. Verbb. auf. In den Massenspektren der einfach u. doppelt geladenen Ionen der KW-stoffe sind von den Ionen gleicher C-Atomzahl diejenigen mit einer geraden Elektronenzahl häufiger vertreten. Es wird ein charakterist. Intensitätswechsel zwischen Ionen benachbarter Massenzahl beobachtet. Bei den einfach geladenen Ionen sind die ungeraden Massen häufiger besetzt als die geraden, während bei den doppelt geladenen Ionen das Umge-

kehrte gilt. Deutungsmöglichkeiten dieser Erscheinungen werden diskutiert. (Z. Naturforsch. **7a.** 297—99. März/April 1952. Mainz, Max-Planck-Inst. für Chem.)
CONRAD. D 131

A. N. Schidlowskaja, M. I. Gosstew und **Ja. K. Ssyrkin,** *Dipolmomente von Pentachlorphenolderivaten.* Die DK. der untersuchten Verbb. wurde in Bzl. bei 25° gemessen. Das Dipolmoment ($\mu \cdot 10^{18}$) wurde nach der HEDESTRANDschen Gleichung berechnet; es ist bei *Pentachlorphenol* (F. 191°) 2,12, *Pentachlorphenolchlor* (**I,** phenol. Struktur, F. 51—52°) 2,07, *Pentachlorphenolbrom* (**II,** phenol. Struktur, F. 87°) 2,03 u. *Bis-[pentachlorphenyl]-peroxyd* (**III,** F. 178°) 1,30 D. Die beim Erwärmen oder Lösen von Fll. von großer DK. aus **I** u. **II** entstehenden Isomeren **Ia** (F. 106°) u. **IIa** (F. 182°) mit Cyclohexadienstruktur haben die Momente 1,62 bzw. 1,72 D. Unter Benutzung des Wertes 0,88 D für Pentachlorbenzol (SMYTH u. LEWIS, J. Amer. chem. Soc. **62.** [1946.] 721) wurde das Moment von **Ia** zu 1,68 D, fast mit dem experimentell ermittelten übereinstimmend, errechnet. Das Moment von **III,** unter der Voraussetzung berechnet, daß die Benzolringe in 2 aufeinander senkrechten Ebenen liegen, ergibt sich zu 1,32 D, in naher Übereinstimmung mit dem experimentell gefundenen Wert. (Доклады Академии Наук СССР [Ber. Akad. Wiss. UdSSR] [N. S.] **87.** 101—03. 1/11. 1952. Lomonossow-Inst. für feinchem. Technol.)
KIRSCHSTEIN. D 132

Nguyen-Quang Trinh und **Henri Martin,** *Dielektrische und magnetochemische Untersuchung einiger substituierter Phenylallylchloride.* Vff. bestimmten die Mol.-Refr. (MR), Dipolmomente u. die magnet. Susceptibilitäten folgender Verbb.: *α.α-* u. *α.γ-Diphenylallylchlorid, α-Chlormethylstilben* u. *Diphenylchlormethan* zu: MR = 71,2, nicht gemessen, 71,9 u. 60,5; $10^{18} \mu$ = 1,93; 2,02; 1,98 u. 1,91; sowie $-K_M\, 10^{16}$ = 146,1; 140,7; 144,8 u. 131,9. Die Ergebnisse werden diskutiert u. mit theoret. berechneten verglichen. (C. R. hebd. Séances Acad. Sci. **230.** 1161—62. 20/3. 1950.)
NIEMITZ. D 132

Thor L. Smith und **John H. Elliott,** *Säure–Basen-Gleichgewichte in Eisessig.* Vff. ermittelten in 0,067 Mol W. enthaltender Essigsäure die Werte der HAMMETTschen Säurefunktion H_0 von folgenden Säuren: [in () H_0 bei Konzz. von 0,5, 1 u. $5 \cdot 10^{-3}$ Mol/Liter] *$HClO_4$* (**I;** —0,30; —0,44; —1,12), *HBr* (**II;** (—; —; —1,05), *Chlorcarboxymethansulfonsäure* (**III;** +0,07; —0,12; —0,94), *Chlormethansulfonsäure* (**IV;** +0,34; +0,13; —0,56), *Carboxymethansulfonsäure* (**V;** +0,52; +0,28; —0,50), *H_2SO_4* (**VI;** +0,65; +0,38; —0,29), *Methansulfonsäure* (**VII;** +1,19; +0,90; +0,27), *HCl* (**VIII;** +1,33; +1,13; +0,40) sowie [in () H_0 bei 0,5, 2,5 u. $5 \cdot 10^{-3}$ Mol/Liter] von *Chlormethandisulfonsäure* (**IX;** —0,55; —1,18; —1,50), *Methandisulfonsäure* (**X;** —0,26; —0,88; —1,33) u. von *Methantrisulfonsäure* (**XI**) —0,60 bei $0,33 \cdot 10^{-3}$ bzw. —1,29 bei $1,67 \cdot 10^{-3}$ Mol/Liter. Die Messung wurde durch spektrophotometr. Best. der opt. D. bei Ggw. von α-Naphtholbenzein (**XII**) bzw. o-Nitranilin (**XIII**) vorgenommen. Ebenso wurde H_0 in wasserfreier Essigsäure bei $8,5 \cdot 10^{-5}$ mol. Indicator ermittelt für: [in () H_0 u. Säurekonz.$\cdot 10^3$ Mol] **I** (—1,58; 5,0), **II** (—1,33; 5,0), **VI** (—0,40; 5,0), **VIII** (+0,40; 5,0), **XI** (—1,54; 1,67), **IX** (—1,64; 5,0), **X** (—1,48; 5,0 bzw. —1,18; 2,5). Es wurde durch Titration festgestellt, daß in Essigsäure sämtliche Säuren einbas. sind, außer den zweibas. **IX** u. **X** u. der dreibas. **XI.** Der mol. Extinktionskoeff. für die saure Form von **XII** beträgt $1,06 \cdot 10^4$ bei 6400 Å, für die bas. Form von **XIII** $4,77 \cdot 10^3$ bei 4000 Å bzw. $3,90 \cdot 10^3$ bei 4200 Å. Das BEERsche Gesetz wird erfüllt bis zu Konzz. von $5 \cdot 10^{-5}$ mol (**XII**) bzw. $9 \cdot 10^{-5}$ (**XIII**). Unter der Annahme einer Grenzäquivalentleitfähigkeit $\Lambda_0 = 44$ wurden mit den konduktometr. Daten von KOLTHOFF u. WILLMANN (J. Amer. chem. Soc. **56.** [1934.] 1007) die klass. Dissoziationskonstanten K_c in reiner Essigsäure ermittelt für **I** $9 \cdot 10^{-7}$, **II** $1,9 \cdot 10^{-7}$, **VI** $7,4 \cdot 10^{-9}$, **VIII** $5,1 \cdot 10^{-10}$ sowie für *LiCl* $7,4 \cdot 10^{-8}$. Zum Vgl. wurden berechnet $\Delta pK_c = pK_c - pK_{HClO_4} = 2 \Delta H_0$ sowohl nach den KOLTHOFFschen Messungen als auch aus den H_0-Werten bei befriedigender Übereinstimmung. Ferner berechneten Vff. für die 0,067 Mol W. enthaltende Essigsäure die K^B_c für folgende Säuren u. die Basenstärke des W. im gleichen Medium $k^W_c = [H_2O] \cdot [HX]/[H_3O^+][X^-]$ (HX = Säure): [in () $K^B_c \cdot 10^3$; $k^W_c \cdot 10^3$] **I** (0,194; 0,036), **II** (0,345; 0,071), **VI** (2,94; 0,240) u. **VIII** (18,6; >2). Hierbei mußte für **VIII** die Wasserkonz. auf über 0,5 Mol gebracht werden, bevor eine Änderung des Indicatorverhältnisses beobachtet werden konnte, da erwartungsgemäß eine Säure um so weniger mit W. reagiert, je schwächer sie ist. Obwohl der von LEMAIRE u. LUCAS (C. **1953.** 3374) angegebene k^W_c-Wert mit **I** u. ihre für Basen berechneten thermodynam. Konstanten zutreffend sind, weisen Vff. darauf hin, daß ihre Annahme einer vollständigen Dissoziation der **I** falsch ist.

Versuche: *Carboxymethansulfonsäure* (**V**), über das Ba-Salz (aus Chloressigsäure u. Na_2SO_3) u. H_2SO_4. — *Chlorcarboxymethansulfonsäure* (**III;** aus Chloressigsäure u. SO_3) über das Ba-Salz analog **V.** — *Methansulfonsäure* (**VII**), Kp.$_{0,37-0,60}$ 115—130°,

F. −8 bis +8°. — *Methandisulfonsäure* (**X**), aus Methylenchlorid u. wss. K_2SO_3 im MONEL-Autoklaven 4 Std. bei 155° u. Ionenaustausch (an Amberlite IR-120) bei 100°. — *Chlormethansulfonsäure* (**IV**), über das Na-Salz (F. 261—262,5° [A.], aus dem Na-Salz von **X** u. HCl). — *Chlormethandisulfonsäure* (**IX**), über das Di-K-Salz (aus KCN u. $KHSO_3$ über das Mono-K-Salz der Aminomethandisulfonsäure, umsetzen mit KNO_2 zum Di-K-Salz der Diazomethandisulfonsäure [**XIV**], dann mit HCl behandeln) durch Ionenaustausch. — *Methantrisulfonsäure* (**XI**), aus **XIV** u. $KHSO_3$ analog **IX**. (J. Amer. chem. Soc. **75**. 3566—71. 20/7. 1953. Wilmington, Del., Hercules Powder Co., Exp. Station.) GNAUCK. D 139

Ralph G. Pearson und **Robert L. Dillon**, *Ionisationsgeschwindigkeiten von Pseudosäuren. 4. Mitt. Beziehung zwischen Geschwindigkeiten und Gleichgewichten.* (3. vgl. C. **1952**. 6827.) Vff. stellten die Ionisierungsgeschwindigkeiten von Pseudosäuren durch konduktometr. Best. der Bromierungsgeschwindigkeitskonstanten k_{Br} in W. fest, wobei zum Teil zur Prüfung k_{Br} parallel titrimetr. bestimmt wurde. Außerdem wurden potentiometr. die Ionisationskonstanten K_a bei 25° von den zum Teil mit NaOH neutralisierten Säuren ermittelt. Es wurden gefunden: [in ( ) Aktivierungsenergie E (in kcal/Mol) u. -entropie der Ionisierung $\Delta S^{\pm}$ (in cal/Mol·Grad); K_a-Wert] *1-Chlornitroäthan* (**I**; 20; −22; $<10^{-7}$), *Äthylnitroacetat* (**II**; 16; −16; $1{,}52 \pm 0{,}02 \cdot 10^{-6}$), *Äthylcyanacetat* (**III**; 17; −14; $<10^{-9}$), *Malonitril* (**IV**; 18; −7; $6{,}5 \pm 0{,}5 \cdot 10^{-12}$) u. *Nitroaceton* (**V**; 19; −3; $8{,}0 \pm 0{,}5 \cdot 10^{-6}$) sowie von [in ( ) Geschwindigkeitskonstante der Ionisierung k' bei 0° in $Min.^{-1}$; K_a-Wert] *Dinitromethan* (**VI**; $2{,}7 \pm 0{,}1$; —), *Äthylbromcyanacetat* (**VII**; ~5; $\sim 10^{-6}$) u. *Brommalonitril* (**VIII**; >10; $\sim 10^{-5}$). **II**—**V** wurden bei 0 u. 10°, **I** bei 34,9 u. 47,5° untersucht. — **II**—**VI** verbrauchten 2 Mol Br_2. Da die Rk. der 1. Ordnung bis zu 80% Umsatz entspricht, wird angenommen, daß die 2. Stufe der Bromierung viel schneller als die 1. abläuft, was durch die k'-Werte von **VII** u. **VIII** auch bestätigt wird. Da nach BELL, GELLES u. MÖLLER (C. **1949**. E. 216) aber diese Annahme nicht immer zutrifft, wurden zur Ermittlung von k' die k_{Br} in den Fällen durch 2 geteilt, wo Dibromierung auftrat. **I** setzt in wss. Lsg. ohne Br_2-Zugabe Cl^- frei. Diese Rk. 1. Ordnung wurde titrimetr. bei 34,9° verfolgt, $k = 4{,}8 \cdot 10^{-5}$ $Min.^{-1}$. Diese Zers. tritt jedoch bei Ggw. von Br_2 nicht auf. Von den untersuchten Verbb. zeigte nur **IV** eine Abhängigkeit der k' von der $[Br_2]$ u. $[H^+]$; k' nimmt mit steigender [HBr] ab u. mit der $[Br_2]$ zu. Bei hohen $[Br_2]$ u. Abwesenheit von $[H^+]$ zu Beginn der Rk. war k' unabhängig von $[Br_2]$, u. die Rk. verlief nach der 1. Ordnung. Bei der Best. der K_a-Werte trat Hydrolyse oder Spaltung auf, bes. bei **I** u. **III**, deren Werte nur abgeschätzt werden konnten. Die übrigen K_a wurden in Abhängigkeit von der Zeit gemessen u. auf $t = 0$ extrapoliert. — Vff. führen die Gleichgewichts- u. Geschwindigkeitsdaten anderer Autoren für 48 Pseudosäuren bei 25° in W. auf u. zeigen, daß eine grobe lineare Abhängigkeit zwischen den k'- u. K_a-Werten besteht u. diskutieren die auftretenden positiven u. negativen Abweichungen der k'-Werte. Negative Abweichung zeigen einfache Nitroverbb. u. Trifluormethyldiketone, während Verbb. mit 2 Carbonyl- oder Carbäthoxygruppen, bes. aber solche mit CN- u. SO_2-Gruppen, positive aufweisen. Bei cycl. Ketoestern zeigen 5gliedrige Ringe positives, 6gliedrige aber negatives Abweichen. Da die Abhängigkeit der Rekombinationsgeschwindigkeitskonstanten k'' des Pseudosäureanions mit H^+ vom K_a-Wert zu ähnlichen Verhältnissen führt, zeigen also Verbb. entweder kleine k' u. k'' oder große k' u. k''. Hiermit wird die Abhängigkeit der Bromierungsgeschwindigkeit von Nitrilen u. Sulfonen von der $[Br_2]$ erklärt. Zur Deutung der Abweichungen von der linearen Beziehung nehmen Vff. an, daß stark Elektronen anziehende Gruppen, wie NO_2, ein Carbanion bilden, in dem am C, das H^+ abgespalten hat, keine negative Ladung mehr sitzt: $CH_2{=}\overset{+}{N}\langle^{O^-}_{O^-}$. Durch diese Stabilisierung wird die Geschwindigkeit der Rekombination mit H^+ stark herabgesetzt; der K_a-Wert ist also höher, als dem k'-Wert entspräche. Es gilt für diesen Effekt die Folge $NO_2 >$ CO > CN u. SO_2; u. CF_3CO > CO. Der Eintritt einer 2. ungesätt. Gruppe, z. B. Dinitromethan, führt unerwarteterweise zu einer Abschwächung der Abweichung, was Vff. damit erklären, daß die 2. Gruppe die Elektronegativität des betreffenden C-Atoms erhöht, während Substitution an diesem C-Atom durch eine Alkylgruppe, deren induktiver Effekt die Elektronegativität herabsetzt, zu einer stärkeren Abweichung führt. Mittels der linearen Beziehung zwischen K_a u. k' u. den bekannten k'-Werten sowie unter der Annahme, daß das Verhältnis der k'-Werte für W. u. OH^- bei Aceton auch etwa bei nachstehenden Verbb. gilt, schätzen Vff. die K_a-Werte in W. bei 25° ab für die Pseudosäuren von *Dimethylsulfon* 10^{-23}, *Acetonitril* 10^{-25}, *Äthylacetat* $10^{-24{,}5}$, *Essigsäure* 10^{-24} u. *Acetamid* 10^{-25}; die hieraus berechneten k'' halten sich unter dem maximalen Wert von ONSAGER von 10^{13} Liter/Mol·Minute. — Ferner bestimmten

MUETTERTIES u. PEARSON für *Acetylacetaldehyd* $K_a = 1{,}2 \cdot 10^{-6}$. Für die Wrkg. von aktivierenden Gruppen auf die Säurestärke des Typs CH_3X ergibt sich $NO_2 > CO > SO_2 > COOH > COOR > CN \cong CONH_2 >$ Halogen. Diese Folge entspricht nicht der für Säuren des Typs HOX. — Im Gegensatz zu LEWIS u. SEABORG (J. Amer. chem. Soc. **61.** [1939.] 1886) sind Vff. der Ansicht, daß kein Anlaß für eine scharfe Unterscheidung von prim. u. sek. Säuren u. Basen besteht, sondern ein allmählicher Übergang von langsam reagierenden = Pseudosäuren bzw. -basen zu schnell reagierenden = n. Säuren u. Basen existiert. — *1-Chlornitroäthan* (I), $Kp._{20}$ 37—38°, n_D^{25} 1,4235. — *Äthylnitroacetat* (II), $Kp._2$ 65°, n_D^{25} 1,4229. — *Äthylcyanacetat* (III), Kp. 198°, n_D^{20} 1,4176. — *Äthylbromcyanacetat* (VII), $Kp._{40}$ 135°. — *Malonitril* (IV), F. 31° (W.). — *Nitroaceton* (V), F. 46—48°. — *Brommalonitril* (VIII), F. 62°. (J. Amer. chem. Soc. **75.** 2439—43. 20/5. 1953. Evanston, Ill., Northwestern Univ., Chem. Labor.) GNAUCK. D 139

P. Rüetschi und **G. Trümpler**, *Mehrstufige Polarogramme.* 3. Mitt. (2. vgl. C. **1953.** 990.) Die Theorie der H-Ionenverarmung bei der Polarographie von organ. Verbb. in ungenügend gepufferter Lsg. (vgl. C. **1952.** 7453) wird für dissoziierbare Stoffe erweitert u. am Beispiel der *Azobenzolmonocarbonsäure* experimentell geprüft. Stufenhöhe u. Kurvenform können berechnet u. der Einfl. der Dissoziationskonstanten von Depolarisator u. Reduktionsprod. kann angegeben werden. Ferner wird die Theorie von KOUTECKY u. BRDICKA für Reaktionsstufen in gepufferter Lsg. auf den untersuchten Fall angewandt u. die Geschwindigkeitskonstante der Assoziations-Rk. zwischen H-Ion u. Anion zu $1{,}7 \cdot 10^{13}$ bestimmt. Die polarograph. ermittelten Reaktionsgeschwindigkeiten werden mit kinet. berechneten verglichen. Die Pufferverarmung u. die Dissoziationszweistufigkeit werden verglichen u. ihre charakterist. Eigg. diskutiert. Die ILKOVIČ-Konstante ergibt sich zu K = 0,833, die Diffusionskonstante $D_R^{1/2}$ zu $1{,}80 \cdot 10^{-3}$ $(cm^2/sec)^{1/2}$. Gegenüber dem Azobenzol bringt also die Carboxylgruppe eine wesentliche Verkleinerung der Diffusionskonstanten mit sich. (Helv. chim. Acta **35.** 1957—70. 15/10. 1952. Zürich, ETH, Phys. u. Elektrochem. Labor.) NIEMITZ. D 142

I. A. Korschunow und **L. N. Ssasanowa,** *Reduktion von Dioxindol an der Quecksilbertropfelektrode. Dioxindol* (F. 178—180°) wurde nach HELLER durch Red. von Isatin mit Zn-Staub u. Eisessig bei Zimmertemp. hergestellt. Untersucht wurden wss.-alkoh., gepufferte (mit NaOH neutralisierte Lsgg. von H_3BO_3, CH_3CO_2H u. H_3PO_4) u. nichtgepufferte Lsgg. (LiCl-, $LiNO_3$-, $NH_3 + NH_4Cl$- u. KOH-Grundlsgg.) bei $20 \pm 0{,}5°$. Das Halbwellenpotential ($\pi_{1/2}$) wurde gegen die gesätt. HgCl-Elektrode bestimmt. In gepufferten Lsgg. vom p_H 1,03—5,15 war $\pi_{1/2}$ prakt. konstant 1,04—1,07 V u. unabhängig von der Konz. (1,1—3,8 mMol/Liter). In n LiCl-Lsg. war $\pi_{1/2}$ 1,06, in n $LiNO_3$-Lsg. 1,02, in einer 0,5 nNH_3- u. 0,5 nNH_4Cl-Mischlsg. 1,32 V; in 0,2 nKOH-Lsg. fiel ein gelber Nd. aus, eine Welle trat nicht auf. In saurer Lsg. war die Stärke des Diffusionsstroms der Konz. proportional. Die Best. der Anzahl Elektronen, die an der Red. teilnehmen, aus der HEYROVSKY-ILKOVIČschen Gleichung ergab einen Wert <1. Wahrscheinlich ist hieraus auf Irreversibilität der Red. u. auch auf komplizierte Prozesse an der Kathode zu schließen. (**Журнал Общей Химии** [J. allg. Chem.] **23 (85). 145 bis 148.** Jan. 1953. Gorki, Univ., Wiss. Forschungsinst. für Chem.)

R. KNOBLOCH. D 142

Manson Benedict, George B. Webb und **Louis C. Rubin,** *Eine empirische Gleichung für thermodynamische Eigenschaften niedrigmolekularer Kohlenwasserstoffe und ihrer Gemische. Flüchtigkeiten und Flüssigkeits–Dampf-Gleichgewichte.* Eine früher aufgestellte empir. Gleichung mit 8 Parametern (vgl. Chem. Engng. Progr. **47.** [1951.] 419) wird auf ihre Genauigkeit für die Berechnung der Gleichgewichtskonstanten von bin. Gemischen thermodynam., rechner. u. experimentell überprüft. Experimentell ermittelte Werte für folgende Gemische: *Methan* (I)–*Propan* (II); I–*Iscbutan* (VIII); I–*Butan* (III); I–*Pentan* (VI); *Äthylen* (VII)–*Heptan* (IV); *Äthan* (V)–III; V–IV; III–IV; II–VI; I–VII–VIII; I–V–VI; I–II–VI. Die Abweichungen liegen in jedem Fall unter 5%. (Chem. Engng. Progr. **47.** 449—54. Sept. 1951. Jersey City, N. J., M. W. Kellogg Co.)

MIETHING. D 150

Manson Benedict, George B. Webb, Louis C. Rubin und **Leo Friend,** *Eine empirische Gleichung für thermodynamische Eigenschaften niedrigmolekularer Kohlenwasserstoffe und ihrer Mischungen. Übertragung der Gleichung auf Tafeln zur Vorausbestimmung von Flüssigkeits–Dampf-Gleichgewichten.* Nach empir. Gleichungen für Flüchtigkeit (f), Dampfdruck u. andere thermodynam. Eigg. von KW-stoffgemischen (vgl. vorst. Ref.) werden Tabellen für f u. den Verteilungskoeff. in bin. Systemen mit den Komponenten: *Methan, Äthan, Propan, n-Butan, n-Pentan, n-Hexan, n-Heptan, Isobutan, Isopentan, Äthylen, Propylen* u. *Isobutylen* berechnet, aus denen diese Eigg. in Abhängigkeit vom

mol. Durchschnittssiedepunkt ablesbar sind. Der Vgl. von Experiment u. Rechnung zeigt außer bei Isopentan eine Durchschnittsabweichung von 7,1%. Auch bei Mehrstoffmischungen werden die Tafeln zur Berechnung angewandt. (Chem. Engng. Progr. **47.** 571—78. Nov. 609—20. Dez. 1951. Jersey City, N. J., M. W. Kellogg Comp.)
MIETHING. D 150

Richard B. Bishop und **William I. Denton,** *Azeotrope Gemische von Kohlenwasserstoffen mit Acetonitril.* Vff. untersuchen den Destillationsverlauf folgender mit *Acetonitril* (I) dest. KW-stoffe: *n-Hexan, n-Heptan, n-Octan, n-Decan, 2.2.4-Trimethylpentan, 2.2.5-Trimethylhexan, Cyclohexan, Methylcyclohexan, Octen-(1), Octen-(2), Decen-(1), Bzl., Toluol* (II), *Äthylbenzol* u. ein Gemisch verschied. *Xylole.* Die Zus., Kpp. u. einige andere Eigg. der gebildeten azeotropen Gemische werden bestimmt. Aus einem Vgl. der experimentellen Ergebnisse mit den theoret. (unter der Annahme fehlender Mischbarkeit zwischen I u. den KW-stoffen) lassen sich folgende Schlüsse ziehen: Bzl. u. II sind die einzigen aromat. KW-stoffe, die mit I Azeotrope bilden. Diese sind homogen im Gegensatz zu den mit den Paraffinen (bis zu 9 C-Atomen), den Isoparaffinen, den n-Olefinen u. den Naphthen-KW-stoffen gebildeten, die in 2 Flüssigkeitsschichten kondensieren, wobei n-Olefine u. I beträchtliche gegenseitige Löslichkeit aufweisen. II kann von Paraffinen u. Naphthen-KW-stoffen bis zu 9 C-Atomen mittels Verwendung von I als azeotropierendes Reagens getrennt werden. Verzweigtkettige KW-stoffe werden durch gegebene Mengen an I in größerem Betrag überdest. als die entsprechenden geradkettigen KW-stoffe. Die Kpp. u. die Zus. nichtaromat. KW-stoffazeotrope läßt sich annähernd aus den für die Dest. unmischbarer Fll. geltenden Gesetzen berechnen. (Ind. Engng. Chem. **42.** 883—85. Mai 1950. Paulsboro, N. J., Socony-Vacuum Labors., Res. and Developm. Dep.)
NIEMITZ. D 150

Rolf Schulz und **Arnim Henglein,** *Über den Nachweis von freien Radikalen, die unter dem Einfluß von Ultraschallwellen gebildet werden, mit Hilfe von Radikalkettenpolymerisation und Diphenylpikrylhydrazyl.* Zum Nachw. der Bldg. freier Radikale unter der Einw. von Ultraschallwellen (500 kHz) dienten die Polymerisation von *Acrylamid* (I) u. die Rkk. des *Diphenylpikrylhydrazyls* (II). I wurde in wasserfreiem Methanol (III) gelöst u. die Lsg. in Ggw. von Ar oder N_2 beschallt. Nach wenigen Min. trat eine Abscheidung von polymeren I auf; der Umsatz ist in Ggw. von Ar 5mal größer als in N_2. Die Polymerisationsgeschwindigkeit ist von 2. Ordnung in bezug auf die Konz. von I. In Ggw. von H_2 oder CO_2 trat keine Polymerisation von I auf. Lsgg. von II in III werden durch Ultraschall entfärbt; der Einfl. der anwesenden Gase ist der gleiche wie vorher. Vff. nehmen an, daß III prim. in CH_3 u. OH zerfällt, u. daß sich weiter gemäß $CH_3OH + OH \rightarrow CH_2OH + H_2O$ CH_2OH-Radikale bilden, die die Polymerisation von I auslösen bzw. die mit II unter Bldg. farbloser Prodd. reagieren. (Z. Naturforsch. **8b.** 160—61. März 1953. Mainz, Univ., Organ.-Chem. Inst. u. Max-Planck-Inst für Chem.)
FUCHS. D 159

Odilon Chalvet, *Anwendung der Methode der Spinzustände in der Näherung von Vroelant und Daudel.* 1. Mitt. *Freie Valenzindices von Atomen, die organischen konjugiert-ungesättigten Molekülen ohne Substituenten oder Heteroatome angehören.* (Vgl. DAUDEL u. Mitarbeiter, C. **1950. I.** 154.) Tabellar. sind die Bindungsindices nach PENNEY für die verschied. Bindungstypen in einem konjugiert-ungesätt. Syst. angegeben u. die daraus für die einzelnen Atomtypen nach der l. c. angegebenen Formel bzw. nach MOFFITT (Trans. Faraday Soc. **45.** [1949.] 373) berechneten Freie-Valenz-Indices zusammengestellt. (Bull. Soc. chim. France, Mém. [5] **17.** 571—75. Mai/Juni 1950.)
KRESZE. D 182

Alberte Pullman, *Die Charakteristik der aktiven Zentren von aromatischen Kohlenwasserstoffen in Beziehung zu deren cancerogener Wirkung.* Während Vf. bisher (C. **1953.** 7261) das Additionsvermögen von bestimmten Bindungen in aromat. KW-stoffen mit deren cancerogener Wrkg. verglichen hatte, versucht sie jetzt, ähnliche Beziehungen zur Reaktivität bei Substitutions-Rkk. an akt. Zentren der Moll. aufzustellen. Sie berechnet dazu Paralokalisierungsenergien u. Polarisationsenergien der C-Atome in der L-Region für *Pentacen, 1.2-Benzonaphthacen* u. *-Benzanthracen, Naphthacen, Anthracen, 1.2;3.4-, 1.2;5.6-* u. *1.2;7.8-Dibenzanthracen.* Für cancerogene KW-stoffe, die eine L-Region besitzen, ist nach den Ergebnissen nur sehr geringe Reaktionsfähigkeit bei Substitutionen anzunehmen. Bei Vorbb. mit nur einem akt. Zentrum oder mehreren im Mol. verteilten, die also keine L-Region besitzen, wie z. B. *3.4-Benzopyren,* sind cancerogene Wrkg. u. Reaktivität bei Substitutionen voneinander unabhängig. Eine allg. Regel für alle krebserregenden Stoffe läßt sich also nicht aufstellen. (C. R. hebd. Séances Acad. Sci. **237.** 173—75. 15/7. 1953.)
KRESZE. D 182

Richard Kuhn und **Helmuth Kainer,** *Über Zwitterionen, die nur aus Kohlenstoff, Wasserstoff und Stickstoff aufgebaut sind.* Zur Darst. von Zwitterionen, die nur aus C,

H u. N bestehen, wurde als saure Komponente Tetrazol gewählt, das in Form des Benzaldehydtetrazolyl-5-hydrazons mit diazotiertem Anilin zu *N-Tetrazolyl-(5)-C.N'-diphenylformazan* (**I**) umgesetzt wurde, welches mit N-Bromsuccinimid *C.N-Diphenyl-N'-tetrazolyl-(5)-tetrazoliumbetain* (**II**) ergab. Durch Red. von **II** wird **I** zurückgebildet. Während **I** in methanol. Lsg. durch n. Licht schnell irreversibel gebleicht wird, ist **II** lichtbeständig u. zeigt ein UV-Absorptionsspektr. ähnlich dem des Triphenyltetrazoliumchlorids (TTC). Ferner wurden von **I** u. **II** sowie vom *Cu-Komplex* des **I** die Infrarotspektren aufgenommen, wobei erwartungsgemäß nur bei **I** die N–H-Frequenzen auftreten. Ferner stellten Vff. aus 2-Phenylaminonaphthalin u. diazotiertem 5-Aminotetrazol das dimorphe *1-[Tetrazolyl-(5)-azo]-2-phenylaminonaphthalin* (**III**) dar, aus dem analog **II** *1-Phenyl-2-[tetrazolyl-(5)]-[1'.2':4.5-naphthotriazolium]-betain* (**IV**) erhalten wurde. Für das von Thiele [1895] dargestellte *5-Diazotetrazol* schlagen Vff. Struktur **V** vor, analog soll *5-Aminotetrazol* (**VI**) in wss. Lsg. als $H_3N^+CN_4^-$ vorliegen. Nach den Ergebnissen des alkal. Abbaus (nach Busch [1905]), der zu Triphenylaminoguanidin

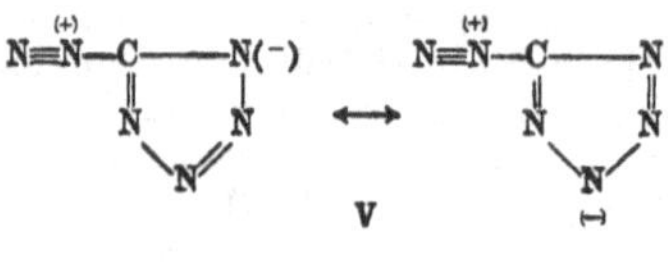

V

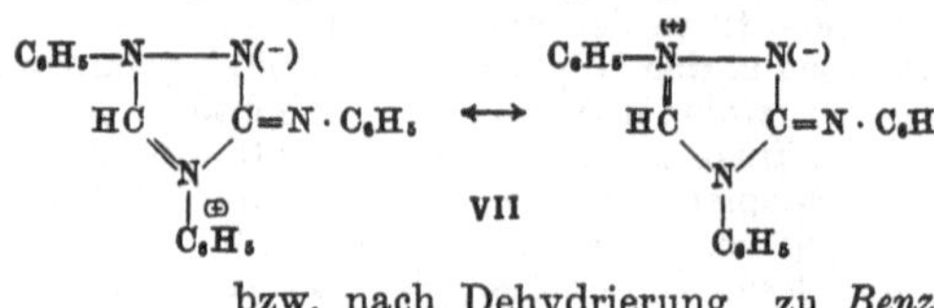

VII

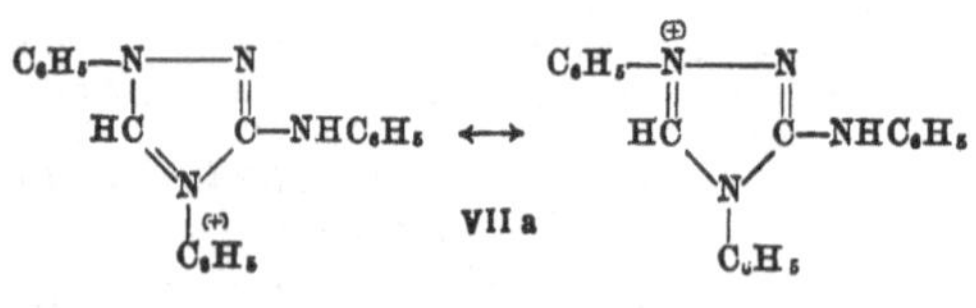

VII a

bzw. nach Dehydrierung zu *Benzolameisensäurediphenylamidin* führte, ist *Nitron* (**VII**) ebenfalls als Zwitterion zu formulieren. Die gelbe Farbe des **VII** hängt danach mit der exocycl. Doppelbindung zusammen. Die Bldg. farbloser Salze wird durch Wanderung dieser Doppelbindung in den Ring (**VIIa**) erklärt. — Die UV-Spektren werden angegeben von **III** u. **IV** in Eisessig, von **V** u. **VI** in Methanol, von **VII** in Dioxan, n/10 HCl sowie von **VII**-Jodmethylat in Methanol. — Es werden Hinweise zur Elementaranalyse der leicht detonierenden, N-reichen Verbb. gegeben.

Versuche: *Benzaldehydtetrazolyl-(5)-hydrazon*, $C_8H_8N_6$, F. 229—230°, durch Zugabe der Diazolsg. von **VI** zu salzsaurer $SnCl_2$-Lsg. unter Eiskühlung u. Rühren, dann Zugabe von Benzaldehyd unter N_2. — *N-Tetrazolyl-(5)-C.N'-diphenylformazan* (**I**), $C_{14}H_{12}N_8$, rote Prismen aus Aceton–W., F. 143° (Zers.), aus vorst. Verb. in Pyridin–Methanol u. Zusatz von Na-Acetat bei 0° u. unter starkem Rühren diazotiertes Anilin zugeben, 2 Std. Rühren unter Eiskühlung, dann W.–Eisessig zufügen. Reinigung durch Chromatographie an Al_2O_3 in Chlf.–Aceton. *Cu-Komplex*, $C_{14}H_{10}N_8Cu$, dunkelblau, aus **I** u. $CuSO_4$ in Methanol. — *C.N-Diphenyl-N'-tetrazolyl-(5)-tetrazoliumbetain* (**II**), $C_{14}H_{10}N_8$, aus Pyridin–Ae., F. 209—210° (Verpuffung), aus **I** in Essigester unter Zusatz einiger Tropfen Eisessig u. Zugabe von N-Bromsuccinimid in Essigester, Erwärmen einige Min. auf 60—70°. Geht durch Red. mit Ascorbinsäure, Zn-Staub–Essigsäure, $(NH_4)_2S$ u. Dithionit in **I** über. — *1-[Tetrazolyl-(5)-azo]-2-phenylaminonaphthalin* (**III**), $C_{17}H_{13}N_7$, a) rote Nadeln aus Aceton–W., F. 162° (Zers.), durch Diazotierung von **VI** nach Thiele u. Marais [1892] u. Eintropfen unter Rühren in alkoh. N-Phenyl-β-naphthylamin; 93,5 % (Ausbeute); b) rote Nadeln vom F. 122°, durch Umkristallisieren von a) aus A. ohne Essigsäure (**IX**)-Zusatz, geht mit **IX** in a) über. *Cu-Komplex*, $C_{17}H_{11}N_7Cu$, analog **I**. — *1-Phenyl-2-[tetrazolyl-(5)]-[1'.2':4.5-naphthotriazolium]-betain* (**IV**), aus Pyridin–Ae., F. 233° (Verpuffung), analog **II**; 52,5 %; Red. mit Ascorbinsäure ergab **III**. — *Benzolazoameisensäurediphenylamidin*, $C_{19}H_{16}N_4$, F. 103—105° (Methanol), aus **VII** u. alkoh. KOH unter N_2, 10 Min. schwach erwärmen, A. zugeben, 15 Min. auf dem Wasserbad u. mit W. fällen, mit PbO_2 dehydrieren. (Angew. Chem. **65**. 442—46. 7/9. 1953. Heidelberg, Max-Planck-Inst. für Med., Forschungsinst. für Chem.)

Gnauck. D 182

Ja. K. Ssyrkin und **M. Je. Djatkina**, *Zur „Resonanz- oder Mesomerietheorie"*. Vff. erklären, daß sie sich irrten, als sie sich in ihren Veröffentlichungen auf die Resonanztheorie stützten. Sie sehen in ihr nur eine mathemat. Fiktion ohne Beziehung zur Wirklichkeit u. ein Eindringen fehlerhafter idealist. Anschauungen in die Naturwissenschaft. Die Grundlage zur Erforschung der chem. Struktur organ. Verbb. bilden die Anschauungen von Butlerow, Mendelejew, Markownikow u. anderen Koryphäen der russ. Wissenschaft. (Известия Академии Наук СССР, Отделение Химических Наук [Nachr. Akad. Wiss. UdSSR, Abt. chem. Wiss.] **1952**. 1116—21. Nov./Dez.)

R. Knobloch. D 184

C. Buchanan und **S. H. Graham,** *Asymmetrische Lösungsmittelwirkung.* Vff. weisen darauf hin, daß sie (vgl. J. chem. Soc. [London] **1950.** 500) bereits vor GLAZER, HARRIS u. TURNER (vgl. C. **1952.** 3305) das Eintreten opt. Aktivierung durch asymm. Lösungsmittelwrkg. festgestellt haben. (Chem. and Ind. **1950.** 627. 19/8. 1950.)
CORTE. D 184

Donald J. Cram, *Stoffwechselprodukte von Schimmelpilzen.* 5. Mitt. *Stereochemie und Ultraviolettabsorptionsspektrum von Citrinin.* (4. vgl. J. Amer. chem. Soc. **71.** [1949.] 3863.) Die Racemisierung des nebenst. abgebildeten Abbauprod. (I) von *Citrinin* (II) verläuft nach der Art einer WAGNER-MEERWEIN-Umlagerung. Dies wurde durch Behandlung der opt. Antipoden des ähnlichen 3-Phenylbutanol-(2) (III) mit starker H_2SO_4 festgestellt. Die säurekatalysierte Racemisierung dieser Verbb. verläuft analog der von I. Hierdurch wird die Konfiguration der beiden asymm. C-Atome für I geklärt, der die von II wahrscheinlich entspricht. — Die UV-Absorptionsspektren von II in saurer bzw. bas.-alkoh. Lsg. zwischen 220 u. 440 mμ werden angegeben. (J. Amer. chem. Soc. **72.** 1001—02. Febr. 1950. Los Angeles, Calif., Univ. of California, Dep. of Chem.)

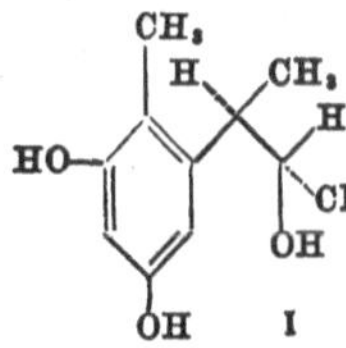

I

CLEVE. D 184

I. Prigogine, N. Trappeniers und **V. Mathot,** *Über die Anwendung der Zellmethode auf r-mere Flüssigkeiten.* (Vorl. Mitt.) Vff. wenden die Zelltheorie der Fll. (vgl. LENNARD-JONES, DEVONSHIRE, Proc. Roy. Soc. [London], Ser. A **163.** [1937.] 53. **165.** [1938.] 1) auf r-mere Moll. an. Es wird eine red. Zustandsgleichung **(Z)** für r-mere Fll. aufgestellt, die zum Vgl. thermodynam. Eigg. in einer homologen Serie von r-Meren, z. B. der KW-stoffe, verwendet werden kann. Da ein direkter Vgl. mit experimentellen Daten nicht möglich ist, wird von Vff. ein Parameter der **Z** für Pentan sowohl aus **Z** u. Dichteangaben als auch aus der theoret. Dampfdruckkurve berechnet. Die Übereinstimmung ist befriedigend. Jedes Element des r-Meren ist annähernd äquivalent einer Methylengruppe. (J. chem. Physics **21.** 559—60. März 1953. Brüssel, Univ., Fac. of Sci.) G. WINKLER. D 186

I. Prigogine, V. Mathot und **N. Trappeniers,** *Über die statistische Theorie r-merer Lösungen.* (Vorl. Mitt.) Vff. versuchen eine allg. theoret. Behandlung des Problems r-merer Lsgg., indem zu den bekannten kombinator. Effekten auch die Änderungen der Verteilungsfunktionen der Komponenten berücksichtigt werden. Um die Größenordnung der verschied. Effekte abzuschätzen, werden numer. Werte für eine äquimol. CO–Propan-Mischung bei 90,6° K berechnet. In diesem Fall tritt bei der Mischung Kontraktion ein; die neuen Entropieeffekte sind von der gleichen Größenordnung wie der Kombinationsterm, aber mit entgegengesetztem Vorzeichen. (J. chem. Physics **21.** 560—61. März 1953. Brüssel, Univ., Fac. of Sci.) G. WINKLER. D 186

I. Prigogine und **A. Bellemans,** *Anwendung des Zellmodells auf die statistische Thermodynamik von Lösungen. Volumenänderungen beim Mischen in Lösungen von Molekülen leicht verschiedener Größe.* (Vorl. Mitt.) Vff. haben in den vorhergehenden Arbeiten (vgl. u. a. PRIGOGINE u. MATHOT, C. **1953.** 338) über die Zellmeth. des fl. Zustandes u. die Anwendung auf die statist. Theorie der Lsgg. das überschüssige Vol. von Mischungen berechnet unter der Annahme, daß die Radien der Moll. gleich sind. Das führt zu einer Volumenkontraktion u. ist nur zutreffend für Systeme wie *Cyclohexan/Neopentan* (I), *Bzl.*/I u. *CCl_4*/I. Die meisten der untersuchten Systeme mit nichtpolaren Kräften zeigen jedoch eine Volumenexpansion. In diesen Mischungen ist obige Bedingung nicht erfüllt. Vff. berechnen für diesen Fall das überschüssige Volumen. Das Ergebnis ist graph. dargestellt; die Übereinstimmung mit den experimentellen Daten (aus Dampfdruck, Verdampfungswärme, D. u. krit. Konstanten) ist nur mangelhaft, bei Mischungen mit Bzl. sogar schlecht, wahrscheinlich durch das Vorhandensein nichtzentraler Kräfte bedingt. (J. chem. Physics **21.** 561—62. März 1953. Brüssel, Univ., Fac. of Sci.)
G. WINKLER. D 186

Yoshio Sasada und **Masao Atoji,** *Kristallstruktur und Gitterenergie von rhombischem Hexachloräthan.* Hexachloräthan krist. in 3 verschied. Formen, einer rhomb., einer triklinen u. einer kub. Modifikation mit den Umwandlungspunkten 45,0° u. 71,4°. Vff. untersuchten röntgenograph. die rhomb. Form. LAUE- u. Schwenkaufnahmen lieferten die Zelldimensionen a = 11,56 Å; b = 10,18 Å; c = 6,12 Å. Raumgruppe ist D_{2h}^{16} — P n m a; Z = 4. Die Strukturparameter wurden mittels zwei- u. dreidimensionalen FOURIER-Synthesen festgelegt. Es liegen 4 $C_{(1)}$ in (c) mit (x =) 0,111; (y =) 0,250; (z =) —0,212; 4 $C_{(2)}$ in (c) mit 0,139; 0,250; 0,023; 4 $Cl_{(1)}$ in (c) mit 0,246; 0,250; —0,360; 4 $Cl_{(2)}$ in (c) mit 0,008; 0,250; 0,168; 8 $Cl_{(3)}$ in (d) mit 0,030; 0,393; —0,278 u. 8 $Cl_{(4)}$ in (d) mit 0,221; 0,108; 0,086. Die auf Grund dieser Werte errechneten Molekulardimensionen sind $C_{(1)}$—$C_{(2)}$ = 1,54 Å; $C_{(1)}$—$Cl_{(1)}$ u. $C_{(1)}$—$Cl_{(3)}$ = 1,76 Å;

$C_{(2)}-Cl_{(2)}$ u. $C_{(2)}-Cl_{(4)}$ = 1,77 Å; die vier Cl—C—Cl-Winkel liegen alle nahe bei 109°. Die intermol. Cl—Cl-Abstände liegen zwischen 3,7—4,1 Å, sie sind damit größer als der gewöhnliche van der Waalssche Abstand von 3,60 Å. Auf Grund der erhaltenen Struktur wurde die Gitterenergie dieser rhomb. Form nach drei verschied. Methoden berechnet. Die anisotrope Flüchtigkeit dieser Form läßt sich in befriedigender Weise auf Grund der theoret. Berechnungen erklären. (J. chem. Physics **21**. 145—52. Jan. 1953. Osaka, Univ., Fac. of Sci.) Gottfried. D 195

Sakutaro Hirokawa, Shunsuke Kubirayashi und **Isamu Nitta**, *Die Kristallstruktur von α-Aminoisobuttersäure.* Einkristalle von α-Aminoisobuttersäure zur Röntgenunters. wurden durch langsame Verdampfung einer wss. Lsg. erhalten. Die Zelle der monoklinen Kristalle hat die Dimensionen a = 10,59 ± 0.04 KX; b = 8,97 ± 0,01 KX; c = 11,34 ± 0,03 KX; β = 94 ± 0,5°. Raumgruppe ist C^6_{2h} — C 2/c; Z = 8. Die Struktur wurde durch Patterson-Harker-Projektionen sowie durch zwei- u. dreidimensionale Fourier-Analysen aufgeklärt. Sämtliche Atome liegen in der allgemeinsten Punktlage mit den Parametern: N: (x =) 0,154; (y =) 0,100; (z =) 0,388; $C_{Carb.}$ 0,178; —0,025; 0,199; $C_α$ 0,212; —0,031; 0,331; C_1 (Methyl) 0,355; —0,027; 0,365; C_2 (Methyl) 0,148; —0,167; 0,382; O_1 0,112; 0,083; 0,159; O_2 0,224; —0,121; 0,138. Die beiden $C_α—C_1$- bzw. C_2-Abstände u. der Abstand $C_α$—N betragen 1,53; 1,54 u. 1,49 KX. Die Abstände C—O_1 u. C—O_2 sind 1,26 bzw. 1,20 KX, der Abstand $C_α$ zum Carboxyl-C schließlich ist 1,52 KX. Es bestehen zwei Typen von H-Bindungen, einmal zwischen N u. O_1 mit 2,82 KX u. zwischen N u. O_2 mit 2,88 KX. Die CH_3-Gruppen benachbarter Moll. sind 3,63 KX voneinander entfernt. Durch diese intermol. Abstände lassen sich die beiden Spaltbarkeiten parallel (1 1 0) u. (0 0 1) gut erklären. (Bull. chem Soc. Japan **25**. 192—95. Juni 1952. Osaka, Univ., Fac. of Sci. [Orig.: engl.]) Gottfried D 195

D. C. Phillips, *Kristallstrukturen von l-Ephedrinhydrochlorid und -hydrobromid. l-Ephedrinhydrochlorid* (I) u. *-hydrobromid* (II) kristallisieren monoklin mit den Dimensionen für I: a = 12,64 Å; b = 6,15 Å; c = 7.34 Å; β = 102° 6′ u. für II: a = 12,74 Å; b = 6.20 Å; c = 7,62 Å; β = 100° 48′. Raumgruppe für I u. II P 2_1; Z = 2. Durch Patterson-Projektionen wurden die Lagen der Cl- u. Br-Atome festgelegt sowie die Vorzeichen der Strukturfaktoren in den [0 1 0]-Zonen berechnet. Eine genaue Strukturbest. wird in Aussicht gestellt. (Research **3**. 388. Aug. 1950. Cardiff, Univ Coll., Viriamu Jones Labor.) Gottfried. D 195

Frank E. Young, Francis T. Jones und **Harold J. Lewis**, *d-Fructosedihydrat. β-d-Fructosedihydrat* wird durch Impfen einer 75%ig wss. Fructose (I) Lsg. bei 0° mit einem Fructoseanhydridkristall erhalten. Orthorhomb. Prismen mit 83,3% I, F. 21.3°. $[α]_D^{20}$ —124°, Mutarotationskoeff. 52,2 Min.$^{-1}$; Brechungsindices bei 14°: α 1,5061. β 1,5221. γ 1,5444. 2 V = 80°. 2 E = 156°; schwache Dispersion r > v. Hauptlinien des Röntgenspektr. (Pulver): 6,60 [Å] 5,83, 5,14, 4.77 4,36, 4,05 3 51, 3,42, 3 34. 2 422. (J. physic. Chem. **56**. 738—39. Juni 1952. Albany Calif, Western Reg. Res Labor) Free. D 195

Henrik Bruun, *Untersuchungen multimolekularer Schichten der Isodextropimarsäure mit der Oberflächenwaage.* In dem Temperaturbereich von 5—40° werden die Eigg. von Isodextropimarsäureschichten auf W. u. HCl-Lsgg. mit einer Oberflächenwaage untersucht. Wird eine monomol. Schicht so zusammengepreßt, daß pro Mol. nur 42,6 Å^2 zur Verfügung stehen, bricht die Schicht zusammen u. wird flüssig. Wird diese Flüssigkeitsschicht weiter zusammengepreßt, wird sie bei 21,3 Å^2 pro Mol. erneut fest (bimol. Schicht), verflüssigt sich mit steigendem Druck wieder u. verfestigt sich erneut bei 14,5 Å^2 pro Molekül. Dies entspricht dem Flächenbedarf bei trimol. Schicht. Monomol. Schichten von *Dextropimar-, Abietin-, Dehydroabietin-, Dihydroabietin-* u. *Tetrahydroabietinsäure* bleiben auch bei starker Kompression flüssig. (Acta chem. scand **6**. 798 bis 800. 1952. Åbo, Finnland, Åbo Akad., Inst. of Phys. Chem.) v. Schieszl. D 196

W. Stricks und **I. M. Kolthoff**, *Gleichgewichtskonstanten der Reaktionen von Sulfit mit Cystin und mit Dithiodiglykolsäure.* Die Rk. zwischen *Cystin* (I) u. Sulfit: RSSR + SO_3^{2-} ⇌ RS^- + $RSSO_3^-$ in alkal. Medium (p_H zwischen 8 u. 13) ist reversibel; das Gleichgewicht wird von beiden Seiten her rasch eingestellt. Für die verschied. Ladungstypen der Anionen von Cystein, I u. Cysteinsulfonat existieren 4 Gleichgewichte: 1. NH_2·$RSSRNH_2$ + SO_3^{2-} = NH_2RS^- + $NH_2RS—SO_3^-$, 2. $NH_3^+RSSRNH_2$ + SO_3^{2-} = NH_2RS^- + $NH_3^+RSSO_3^-$; 3. $NH_3^+RSSRNH_2$ + SO_3^{2-} = $NH_3^+RS^-$ + $NH_2RSSO_3^-$; 4. $NH_3^+RSSRNH_3^+$ + SO_3^{2-} = $NH_3^+RS^-$ + $NH_3^+RSSO_3^-$, deren Gleichgewichtskonstanten $K_1—K_4$ bei 12, 25 u. 37° bestimmt werden. Bei 25° ergeben sich bei üblicher Definition (Konzz. der rechten Seite im Zähler) die Werte K_1 = 0,010, K_2 = 0,00052, K_3 = 0,016 u. K_4 = 0,15. Unter Vernachlässigung der Dissoziationswärme der Sulfhydrylgruppe u. unter Annahme von + 12 kcal für diejenige der NH_3^+-Gruppe folgt die

Wärmetönung für die Spaltung von I mit Sulfit zwischen 12 u. 37° zu 7 kcal. — Die entsprechende Rk. zwischen *Dithiodiglykolsäure* (**II**) u. Sulfit kann wegen des bei höherem p_H eintretenden Zerfalls von **II** nur bei p_H unter 9,5 untersucht werden. Das Syst. ist wegen des Fehlens der Aminogruppen einfacher. Seine Gleichgewichtskonstante wird bei 25° im p_H-Bereich zwischen 9,4 u. 6,6 u. in Mischungen der Ionenstärke 1 zu $K_x = 4{,}7 \cdot 10^{-4}$ bestimmt. Die Konstante K_y des Gleichgewichtes zwischen **II** u. dem Anion HSO_3^- läßt sich hieraus zu 1,4 berechnen. Die Gleichgewichtskonstanten der Rkk. von Sulfit mit **I** u. mit **II** werden miteinander verglichen, die Änderungen der freien Energien für die einzelnen Rkk. angegeben. — Die Messungen werden nach einer polarograph. Meth. ausgeführt. (J. Amer. chem. Soc. **73.** 4569—74. Okt. 1951. Minnesota, Minn., Univ. of Minnesota, School of Chem.) REITZ. D 221

Ph. Fresenius, *Über die Eisenkomplexe des Vioforms und Oxins.* Die grüne Färbung, die bei der Best. von *Vioform* (**I**) nach Zusatz von $FeCl_3$ entsteht u. colorimetr. gemessen wird, ist auf einen säureempfindlichen Komplex aus 1 Mol **I** mit 3 Äquivalenten Fe zurückzuführen, wie der Extinktionsverlauf bei Zusatz steigender Mengen $FeCl_3$ zu **I**-Lsgg. zeigte. Der präparativ darstellbare Komplex enthält dagegen nur 1 Äquivalent Fe auf 1 Mol **I.** Ähnliche Verss. mit *Oxin* (**II**) ergaben gleichfalls die Möglichkeit je eines Komplexes aus 1 u. 3 Äquivalenten Fe mit 1 Mol **II,** die sich beide krist. darstellen ließen. (Arzneimittel-Forsch. **1.** 180—83. Juli 1951. Karlsruhe, TH, Pharmazeut.-chem. Inst.) KRUSEN. D 223

E. C. Lumb, *Phasengleichgewichte in Mischungen von Alkoholen mit wässerigen hydrotropen Salzlösungen.* (Vgl. auch WINSOR, C. **1949.** II. 26.) Die Phasendiagramme in Dreieckskoordinaten wurden bei 25° über die fl.–fl.-Gebiete für folgende Systeme aufgenommen u. diskutiert, die Lösungsgrenzen durch Titration mit einer Komponente bis zum Übergang einer isotropen Lsg. zum Gel bestimmt. *W.–K-n-Butyrat* mit 1. *n-Butanol,* 2. *n-Hexanol,* 3. *n Octanol,* 4. *n-Dodecanol*; *W.–K-n-Octanoat* mit 5. *n-Butanol,* 6. *n-Octanol.* Die Natur u. Zus. der sich neubildenden Phasen bei weiterer Alkoholzugabe zu einer gesätt. Lsg. dieses Alkohols u. wss. Seifenlsg. werden diskutiert. In den Systemen 1, 2 u. 5 coexistieren 2 isotrope Phasen über einen großen Bereich. Bei niedriger Alkoholkonz. herrschen hydrophile u. bei höherer Alkoholkonz. lipophile Micellen vor. Die „Plait"-Punkte werden angegeben. In Syst. 3 bildet sich mit wachsendem Butyrat/W.-Verhältnis (31 Gew.-%) ein Gel u. existiert als unabhängige Phase über 40 Gew.-% Butyrat. Die Stabilität dieses aus lamellaren Micellen bestehenden Gels liegt bei 25° zwischen der der hydrophilen u. lipophilen Micellen. Mit wachsender Temp. nimmt der Bereich der lamellaren Micellen (fl. Kristalle) schnell ab, während die Stabilität der anderen Micellen kaum beeinflußt wird, so daß Syst. 3 bei 70° dem Syst. 2 bei 25° ähnlich wird. Nimmt das Mol.-Gew. des hydrotropen Salzes zu, so nimmt die Konz. des Salzes, bei der die Löslichkeitsmachung des Alkohols beginnt, ab u. wächst der Existenzbereich der Gelphase. Beim Octanoat bildet sich im Gegensatz zum Butyrat eine getrennte anisotrope Phase aus (middle Soap), die viscoser als das Gel ist. Der Stabilitätsbereich des Gels mit Octanoat breitet sich bei wachsendem Mol.-Gew. des Alkohols aus, während dies auf die middle-soap-Phase keinen Einfl. hat. (Trans. Faraday Soc. **47.** 1049—55. Okt. 1951. Chester, Thornton Res. Centre, „Shell" Refining and Marketing Co. Ltd.) MOSLÉ. D 224

Thomas E. Smith und **Robert F. Bonner,** *Das System n-Propylalkohol–n-Propylacetat–Wasser. Löslichkeitsdaten bei 20 und 35°.* Vff. beschreiben einen einfachen App. zur Best. der Löslichkeitsdaten bei von Zimmertemp. abweichenden Tempp. u. berichten über Löslichkeitsmessungen des Syst. *n-Propylalkohol–n-Propylacetat–W.* bei 20° u. bei 35°. Die Temp. hat auf die Grenzlöslichkeitskurve nur geringen Einfl., während sie die Neigung der Verbindungslinien abschätzbar beeinflußt. (Ind. Engng. Chem. **42.** 896—98. Mai 1950. Baltimore, Md., U. S. Ind. Chemicals Inc.) NIEMITZ. D 224

Frederick R. Duke und **Robert F. Bremer,** *Die Theorie und Kinetik spezifischer Oxydationen.* 4. Mitt. *Die Cerat–Butandiol-(2.3)-Reaktionen in Perchloratlösungen.* (3. vgl. C. **1950.** II. 981.) Die Kinetik der Bldg. von Koordinationskomplexen zwischen *Butandiol-(2.3)* (**I**) u. Ce(IV)-Ionen in Perchloratlsgg. wird bei 0° unter Variation der Konzz. der verschied. Reaktionspartner jodometr. untersucht. Das ClO_4-Ion scheint mit Ce(IV) keine Komplexe bilden zu können; in Perchloratlsgg. bilden sich vielmehr nur Komplexe mit OH^--Ionen oder Wasser. Das W. bzw. die OH^--Ionen in den Koordinationskomplexen können teilweise durch **I** ersetzt werden, wobei die Bldg. von Komplexen sowohl mit 1 als auch mit 2 Moll **I** nachgewiesen werden kann. Komplexe mit 3 Moll. **I** sind durch die Verss. nicht ausgeschlossen, aber es liegen bisher auch keine Hinweise auf ihre Existenz vor. Die Bruttokomplexbildungsgeschwindigkeit, d. h. die Geschwindigkeit des Verschwindens von freiem Ce^{4+} ist bei H^+-Konzz. bis ca. 0,3n etwas abhängig von der H^+-Konzentration. Aus den Messungen ergeben sich nach der Probiermeth. folgende Gleichgewichts- u. Geschwindigkeitskonstanten (X bedeutet ClO_4^-, OH^- oder H_2O, G bedeutet **I**): $Ce(H_2O)X_5 \rightleftharpoons Ce(OH)X_5 + H^+$, $K_a = 0{,}09 \pm 0{,}02$; $Ce(H_2O)X_5 + G \rightleftharpoons Ce(H_2O)X_3G + 2\,X$, $K_1 = 15 \pm 1$, $k_1 = 0{,}0225 \pm 0{,}0010$ Sek.$^{-1}$; $Ce(H_2O)X_3G + G \rightleftharpoons Ce(H_2O)XG_2 + 2\,X$, $K_2 = 2{,}3 \pm 0{,}4$, $k_2 = 0{,}0117 \pm 0{,}0020$ Sek.$^{-1}$. Die Tatsache, daß **I** durch Ce nur nach Komplexbldg. oxydiert wird, liefert einen weiteren Beweis für die C. **1947.** E. 500 aufgestellte Theorie der intermediären Komplexbldg. bei spezif. Oxydationen von organ., in 1.2-Stellung O enthaltenden Verbindungen. (J. Amer. chem. Soc. **73.** 5179—81. Nov. 1951. Ames, Io., Iowa, State Coll., Inst. of Atomic Res., u. Dep. of Chem.) Reitz. D 225

J. W. L. Fordham und **H. Leverne Williams,** *Die Cumolhydroperoxyd–Eisen(II)-Reaktion in Abwesenheit von Sauerstoff.* In Fortsetzung früherer Verss. (vgl. C. **1951.** II. 2860) über *Cumolhydroperoxyd* (**I**) als Polymerisationsinitiator werden die folgenden Ergebnisse in Abwesenheit von O_2 erhalten: In verd. wss. Lsgg. von niedrigem p_H (0,1 nH_2SO_4) u. in Abwesenheit von polymerisationsfähigen Monomeren liegt das stöchiometr. Verhältnis von oxydiertem Fe^{2+} zu verbrauchtem **I** zwischen 0,85 u. 1. Fe^{2+} verschwindet unter diesen Bedingungen nicht nach einer Rk. 2. Ordnung. In Ggw. von Acrylonitril unter sonst ähnlichen Bedingungen verschwindet Fe^{2+} **nur durch die bimol. Rk. zwischen** Fe^{2+} u. **I**. Zwischen 0 u. 25° kann die Geschwindigkeitskonstante dieser Rk. durch $k_1 = 1{,}07 \cdot 10^{10}\ e^{-12000/RT}$ Liter·Mol^{-1} sec^{-1} dargestellt werden. Das Ausmaß der Rk. zwischen **I** u. dem Tri-α.α'-bipyridylkomplex von Fe^{2+} ist dagegen mindestens zu Anfang vernachlässigbar klein. In Ggw. von Dioxyaceton ist das Verhältnis von oxydiertem Fe^{2+} zu verbrauchtem **I** etwas verringert. In 0,1 nNaOH-Lsg. findet eine rasche Rk. zwischen **I** u. dem monomeren Acrylonitril statt, für die ein Ionenmechanismus anzunehmen ist. (J. Amer. chem. Soc. **73.** 1634—37. April 1951. Sarnia, Ont., Polymer Corp. Ltd., Res. and Dev. Divis.) Reitz. D 225

Henry G. Kuivila und **William J. Becker III,** *Geschwindigkeiten der Chromsäureoxydation einiger Cyclanole.* Um den Einfl. der Ringgröße auf die Reaktionsfähigkeit von Alicyclen zu ermitteln, untersuchten Vff. die Oxydation durch 0,001—0,002 mol Chromsäure von *Cyclobutanol* (**I**), *Cyclopentanol* (**II**) *Cyclohexanol* (**III**), *Cycloheptanol* (**IV**) u. *Cyclooctanol* (**V**) sowie von *Isopropylalkohol* (**VI**) in W. bei 40° u. der Ionenstärke 0,40 nach der Meth. von Westheimer u. Novick (J. Chem. Physics **11.** [1943.] 506). Nach dem Mechanismus von Westheimer u. Nicolaides (C. **1950.** I. 960) sind die langsamen Stufen der Rk.: $R_2CHOCrO_3H + H_2O \rightarrow H_3O^+ + R_2C{=}O + HCrO_3^-$ u. $(R_2CHOCrO_3H_2)^+ + H_2O \rightarrow H_3O^+ + R_2C{=}O + H_2CrO_3(K_2)$. Die folgenden Reaktionsgeschwindigkeitskonstanten [in () k_1 u. k_2 in (Mol/Liter)$^{-2}$ Min^{-1}] wurden erhalten: **I** (0,20; 5,07), **II** (0,13; 4,90), **III** (0,16; 3,24), **IV** (0,61; 12,4), **V** (0,47; 13,5) u. **VI** (0,053; 1,94). Bei **I**, bei dessen Oxydation auch *Cyclopropylaldehyd* (vermutlich über Cyclopropylcarbinol) entsteht, sind die Werte unsicher. Die größeren k-Werte von **II**, **IV** u. **V**, verglichen mit **III**, werden durch die Annahmen von Brown (C. **1953.** 4021) erklärt. Auffallend sind aber die relativ geringen Unterschiede u. ferner, daß **VI** langsamer als **III** oxydiert wird. — **I**, Kp. 125—126°, n_D^{20} 1,4328. — **II**, Kp. 140—141°, n_D^{20} 1,4531. — **III**, F. 24°. — **IV**, Kp. 183—184°, n_D^{20} 1,4773. — **V**, Kp.$_{50}$ 128—130°, n_D^{25} 1,4823. — **VI**, Kp. 82,5°, n_D^{21} 1,3778. (J. Amer. chem. Soc. **74.** 5329—30. 5/11. 1952. Durham, N.H., Univ., Dep. of Chem.) Gnauck. D 225

Allen E. Cahill und **Henry Taube,** *Ein-Elektronen-Oxydation von Kupferphthalocyanin.* Bei der Oxydation von Kupferphthalocyanin mit starken Oxydationsmitteln zu Phthalimid werden pro Mol 2 Äquivalente Oxydationsmittel verbraucht (vgl. Dent, Linstead u. Lowe, J. chem. Soc. [London] **1934.** 1033). In Verss. mit dem K-Salz von tetrasulfuriertem Kupferphthalocyanin (**I**), das wegen seiner besseren Dispergierbarkeit in wss. Lsgg. an Stelle der nichtsulfurierten Verb. genommen wird, kann gezeigt werden, daß bei der Oxydation in W. mit gewissen Agentien (Ce^{4+}, MnO_4^- in saurer Lsg., $Cr_2O_7^{2-}$ in saurer Lsg., $HClO_4$, $[Fe(o\text{-Phenylendiamin})_3]^{3+}$, schlechter mit ClO_2 u. mit H_2O_2) ein flüchtiges rotes Zwischenprod. **II** mit einer Lebensdauer von einigen Sek. entsteht. Ein-Elektronen-Oxydationsmittel von hinreichendem Oxydationspotential erzeugen **II** am wirkungsvollsten, während bei Br_2, Tl^{3+}, Fe^{3+} oder anod. Oxydation die Rotfärbung ausbleibt. Eine ähnliche rote Zwischenstufe wird auch bei der Oxydation der entsprechenden (Co(II)-, Fe(III)-, Al(III)- u. Zn(II)-Komplexe sowie bei weniger hoch sulfurierten Komplexen, nicht aber bei metallfreiem sulfuriertem Phthalocyanin beobachtet. In 85%ig. H_3PO_4 ist die Lebensdauer von **II** sehr viel größer als in W.; sie beträgt z. B. bei 25° ca. 15 Min. u. bei 2° ca. 65 Minuten. Die Bldg. von **II** ist bereits bei 2° in wenigen Min. quantitativ. Die Lebensdauer von **II** wird durch überschüssiges Oxydationsmittel verkürzt. Das Spektr. von **II** ist wesentlich verschieden von dem des Ausgangskomplexes **I**. — Die kinet. Unterss. werden durch Extinktionsmessung bei 530 mμ durchgeführt. Die Bldg. von **II** ist quantitativ mit einem Ein-Elektronenübergang verknüpft. **II** verschwindet durch Disproportionierung, wobei teilweise die ursprüngliche Verb. wieder regeneriert wird oder in Ggw. von überschüssigem Oxydationsmittel ein weiterer Ein-Elektronenübergang erfolgt. Die Kinetik des Verschwindens von **II** in phosphorsauren Lsgg. wird untersucht; die Reaktionsordnung in bezug auf **II** ist je nach der H_3PO_4-Konz. (85 oder 68%) u. äquivalenter oder überschüssiger Oxydationsmittelmenge 1 oder 2. Diese Anomalie der Kinetik kann am besten durch die Annahme einer koll. Natur des Syst. gedeutet werden. Die Geschwindigkeit hat ein deutliches Minimum bei ca. 85% ig. H_3PO_4 u. steigt in P_2O_5-reicheren Systemen stark an; bei Zusatz von konz. H_2SO_4 zu 85%ig. H_3PO_4 wird sie unmeßbar schnell. (J. Amer. chem. Soc. **73.** 2847—51. Juni 1951. Chicago, Ill., Univ., George Herbert Jones Labor.) REITZ. D 225

P. B. D. de la Mare, A. D. Ketley und **C. A. Vernon,** *Essigsäurehypochlorit als Reagens für elektrophile Chlorsubstitution.* Beim Schütteln einer essigsauren Cl_2-Lsg. mit trockenem Hg-Acetat verschwindet die Cl_2-Farbe, u. das durch Vakuum-Dest. erhaltene Prod. hat Chlorierungsvermögen. Vff. nehmen an, daß nach $Cl_2 + Hg(OCO \cdot CH_3)_2 \rightarrow ClHgOCOCH_3 + ClOCOCH_3$ *Essigsäurehypochlorit* (**I**) entsteht. Unerwarteterweise chloriert **I** *tert.-Butylbenzol* schneller zu tert. Butylchlorbenzolen als freies Cl_2, wobei Mineralsäure stark katalyt. wirksam ist, gegenüber geringem Einfl. bei der Cl_2-Chlorierung. Cl^+ oder $ClOCOCH_3H^+$ wird als wirksam angenommen. — Die Chlorierung von *Anisol* (**II**) mit HOCl bei 25° in CH_3COOH, die 2% W. enthält, u. bei Ggw. von 0,01 Mol $AgClO_4$ zur Zers. von Cl_2 ist eine Rk. 1. Ordnung. Die Reaktionsgeschwindigkeit v hängt nur von der Konz. der chlorierenden Substanzen ab, wobei Säuren u. Basen katalyt. wirken; mit u. ohne Säure ist v unabhängig von [**II**]. Auch die Natur des Aromaten hat in gewissen Grenzen keinen Einfl., denn für **II** wie für *m-Xylol* betrug die Reaktionsgeschwindigkeitskonstante k_1 0,015 Sek^{-1} bei Ggw. von 0,02 mol $HClO_4$. Als geschwindigkeitsbestimmender Schritt nehmen Vff. die Bldg. von **I** aus HOCl an, worauf schnell Cl^+ oder $ClOCOCH_3H^+$ entsteht. Das reaktionsträge *Toluol* (**III**) dagegen wird nach einer Rk. 2. Ordnung chloriert, wobei v der [**III**] proportional ist u. von Basen weniger beeinflußt wird. Bei Ggw. der katalysierenden Mineralsäuren ist v auch der Konz. an Essigsäure proportional. Der Struktureffekt von Alkyl- u. Halogenbenzolen auf v ist ähnlich dem für die Nitrierung (vgl. COHN, HUGHES, JONES u. PEELING, C. **1953.** 196 u. früher), weniger dem bei der Cl_2-Halogenierung gefundenen. Für C_6H_5F betrug bei 25° k_2 2,4·10^{-4} Liter/Mol·Sek, für *Bzl.* aber 5,4·10^{-4} bei Einw. von HOCl in Essigsäure mit 2,7% W. u. 0,009n$HClO_4$, während die umgekehrte Folge bei Halogenierung mit freiem Cl_2 gefunden wurde. Dies stimmt mit der Annahme überein (vgl. DE LA MARE u. ROBERTSON, C. **1949.** II. 1063 u. J. chem. Soc. [London] **1949.** 2871), daß in Rkk., wo die Zwischenstufe eine volle (+)-Ladung trägt, der induktive Effekt von F mehr zur Wrkg. kommt. (Res. Corresp., Suppl. zu: Research **6.** Nr. 2. 12 S—13 S. Febr. 1953.) GNAUCK. D 225

Isabel Meloche und **Keith J. Laidler,** *Substituenteneffekte bei der sauren und basischen Hydrolyse von aromatischen Säureamiden.* Die saure u. alkal. Hydrolyse von 0,025 mol *Benzamid* (**I**), *p-Nitro-* (**II**), *p-Chlor-* (**III**), *p-* (**IV**) u. *o-Methylbenzamid* (**V**) durch 0,025 mol NaOH bzw. Benzolsulfonsäure (**VI**) wurde in 60% ig. wss. A. durch colorimetr. Best. des NH_3 mit NESSLERs Reagens bei Tempp. zwischen 52 u. 100° verfolgt. **VI** ist im Reaktionsmedium vollständig dissoziiert, die Veresterung war vernachlässigbar gering. Für die Rkk. 2. Ordnung wurden folgende Aktivierungsenergien E, Häufigkeitsfaktoren A u. Aktivierungsentropien ΔS bestimmt: [in () E in kcal/Mol; A in Liter/Mol·Sek.; ΔS in cal/Mol·Grad] a) alkal. Hydrolyse **I** (18,7; 2,77·10^7; —26,8), **II** (16,1; 5,72·10^6; —30,0), **III** (17,6; 9,26·10^6; —29,0), **IV** (18,9; 2,33·10^7; —27,2) u. **V** (23,1; 4,55·10^8; —21,3); b) saure Hydrolyse **I** (23,3; 1,25·10^{10}; —14,7), **II** (24,6; 3,74·10^{10}; —12,5), **III** (23,7; 1,09·10^{10}; —14,1), **IV** (22,0; 1,46·10^9; —18,9) u. **V** (27,1; 8,79·10^{10}; —10,8). Die HAMMETTschen ϱ-Konstanten betrugen für die saure bzw. alkal. Hydrolyse 0,15 bzw. 0,7, die im Gegensatz zu den aus den Daten REIDs (1899) gewonnenen ϱ-Werten stehen, die aber sich nicht auf Rk. in homogener Lsg. beziehen. Elektronenabziehende Substituenten im Benzolring verringern bei der alkal. Hydrolyse E, während Gruppen mit (+)-Effekten das Gegenteil bewirken, bei der sauren Hydrolyse gelten die umgekehrten Verhältnisse. Vff. nehmen zum Mechanismus der Hydrolyse von Verbb. des Typs RCOX (X hier NH_2, oder auch OR in Estern bzw. NHR′ in substituierten Amiden) an, daß bei der alkal. (sauren) Hydrolyse $OH^-(H_2O)$ das Carbonyl-C-Atom u. $H_2O(H_3O^+)$ den Substituenten X angreift u. unter heterolyt. Spaltung der C–X-Bindung HX u. $RCOO^-(RCOOH)$ gebildet werden. Als gemeinsamer

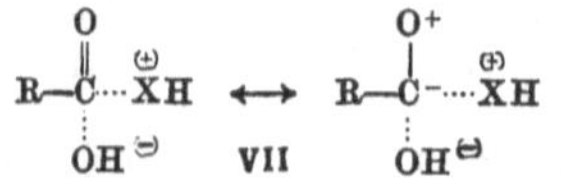

Übergangszustand wird **VII** angenommen. Der geringe Substituenteneinfl. bei der sauren Hydrolyse wird darauf zurückgeführt, daß hier das weiter vom Benzolring entfernte N durch H_3O^+ angegriffen wird im Gegensatz zum C-Atom der C=O-Gruppe, an dem bei der alkal. Hydrolyse OH^- angreift. Die bei der sauren Esterhydrolyse umgekehrte Folge der Substituenteneinfll. wird der schwächer bas. Eigg. des O im Vgl. mit N zugeschrieben, wodurch analog der alkal. Hydrolyse der Einfl. des Angriffs von H_2O auf das Carbonyl-C-Atom über den von H_3O^+ auf das Ester-O-Atom vorherrscht. Bei der Hydrolyse von Aniliden ist die Basizität des N durch den Benzolkern geschwächt, so daß die N–H_3O^+ Wechselwrkg. schwächer als bei Amiden ist u. ähnliche Verhältnisse wie bei der Esterhydrolyse auftreten. (J. Amer. chem. Soc. **73.** 1712—14. April 1951. Washington, D. C., Catholic Univ. of Amer., Dep. of Chem.) GNAUCK. D 225

J. D. Chanley, E. M. Gindler und **Harry Sobotka**, *Der Mechanismus der Hydrolyse von Salicylphosphat.* 1. Mitt. Vff. untersuchten die Kinetik der Hydrolyse von *Salicylphosphat* (**I**) zu Phosphorsäure (**II**) u. Salicylsäure (**III**, F. 158°) bei 37,2°, 42,0° u. 47,4° zwischen p_H 2 u. 10. Der Fortgang der Rk. wurde durch colorimetr. Best. von **II** mit Ammoniummolybdat u. 1.2.4-Aminonaphtholsulfonsäurereagenz verfolgt. Es ergab sich eine starke Abhängigkeit der Hydrolysegeschwindigkeit vom p_H, das Maximum lag bei allen Tempp. bei p_H 5,3, eine Beeinflussung durch Veränderung der Puffersubstanzen trat nicht ein, die Rk. folgte dem Zeitgesetz 1. Ordnung. Bei p_H 5,67 wurden für die Geschwindigkeitskonstanten bei den oben genannten Tempp. die Werte (in $10^{-5}\cdot Sek^{-1}$) 9,11, 16,2 u. 38,0 erhalten. Bei der Hydrolyse von **I** reagieren nach den Ergebnissen hauptsächlich die folgenden beiden Ionenarten: $HOOC–C_6H_4\cdot OPO_3H^- \rightleftharpoons {}^-OOC\cdot C_6H_4OPO_3H_2$ (**I'a,b**) u. ${}^-OOC\cdot C_6H_4\cdot OPO_3H^- \rightleftharpoons HOOC\cdot C_6H_4OPO_3{}^{2-}$ (**I''c,d**). Für **I'** u. **I''** wurden bei 37,2° u. p_H 5,67 nach der Gleichung $k_{beob.} = k_1\cdot[I'[/[I] + k_2[I'']/[I]$ die Geschwindigkeitskonstanten $k_1 = 0,890\cdot 10^{-5}$ sec^{-1} u. $k_2 = 10,2\cdot 10^{-5}$ sec^{-1} erhalten. Die Aktivierungswärmen von **I'** u. **I''** (in kcal/Mol) berechneten sich zu 22,4 ± 1,0 u. 23,5 ± 0,8 u. die Aktivierungsentropie von **I''** (in cal/Mol·Grad) zu —1,2 ± 2,5. Von **I'** u. **I''** sind nur **I'b** u. **I''c** bei der Rk. wirksam, wobei k_2 unmittelbar **I''c** zugeordnet werden kann. Bei **I'** liegt das Gleichgewicht überwiegend auf der Seite von **I'a**, weshalb der wahre, **I'b** entsprechende Wert der Geschwindigkeitskonstante etwa 100 mal größer als k_1 ist. Auf Grund der gewonnenen Resultate sowie durch Vgl. mit ähnlichen Rkk. wurde für den Mechanismus dieser Rk. die Bldg. eines cycl. Übergangszustandes angenommen, der entweder über das Salicylphosphat oder direkt unter vorheriger H_2O-Aufnahme in die Komponenten aufgespalten wird. Als geschwindigkeitsbestimmender Schritt ist jeweils die erste Stufe der Rk. anzunehmen. Die Methanolyse von **I** in Ggw. von 2 Äquivalenten Pyridin lieferte Methylphosphat u. **III**. — *Salicylphosphat* (**I**) $C_7H_7O_6P$, F. 162,5—163° (wss. Aceton–Bzl.), aus **III** u. PCl_5, 1,5 Std. bei Zimmertemp. bis 65° unter Feuchtigkeitsausschluß, Reaktionsgemisch in Aceton u. Bzl. unter Eiskühlung u. Rühren lösen, mit W. versetzen u. über Nacht stehenlassen, Nadeln, 60%. (J. Amer. chem. Soc. **74.** 4347—52. 5/9. 1952. New York, N. Y., Mount Sinai Hosp., Dep. of Chem.) L. FISCHER. D 225

David S. Hogness und **Carl Niemann**, *Die Kinetik der durch α-Chymotrypsin katalysierten Hydrolyse von Acetyl-L-tyrosinhydroxamsäure in wässeriger Lösung bei 25° und p_H 7,6.* Die durch α-Chymotrypsin katalysierte, colorimetr. verfolgte Hydrolyse von *Acetyl-L-tyrosinhydroxamsäure* (**I**) bei 25° in einem 0,3 mol wss. Tris-[oxymethyl]-aminomethanhydrochlorid-Puffer zeigt eine maximale Geschwindigkeit bei p_H 7,6. Die scheinbaren, potentiometr. bestimmten Ionisationskonstanten von **I** betrugen: pK'_{a2} 9,0 u. pK'_{a2} 10,2, wobei wegen der ähnlichen Werte von Tyrosin u. Glycyltyrosin pK'_{a2} dem phenol. Hydroxyl u. pK'_{a1} der Hydroxamsäuregruppe zugeschrieben wird. Vff. vergleichen die Abhängigkeit der Hydrolyse vom p_H bei **I** mit der von Acetyl-L-tyrosinamid (**II**) (vgl. THOMAS, MACALLISTER u. NIEMANN, C. **1952.** 1179), wobei das Verh. von **I** dem von **II** bis ca. p_H 7,6 entspricht, **I** dann aber weniger schnell hydrolysiert. Mittels der Werte von **II** u. der pK_a-Werte von **I** berechnen Vff. die Reaktionsfähigkeit von **I** in Abhängigkeit vom p_H, wobei gute Übereinstimmung mit den experimentellen Befunden erzielt u. somit die Annahme, daß nur das undissoziierte **I** hydrolysiert, nicht aber das Hydroxamatanion (**III**), bestätigt wird. Vernachlässigt wurde eine mögliche Inhibitorwrkg. des **III** auf die Hydrolyse bzw. eine langsamere Hydrolyse des **III**. Mit den Feststellungen von HUANG u. NIEMANN (C. **1952.** 1179) wurde die Zerfallsgeschwindigkeitskonstante k des angenommenen Addukts Enzym-Substrat (**IV**) bei p_H 7,6 u. 25° im genannten Puffer zu 2,0 sec^{-1} berechnet. Nach 35%ig. Rk. zeigt sich eine Verzögerung der Hydrolyse durch wenigstens ein inhibierendes Reaktionsprod., offenbar Acetyl-L-tyrosin. Da eine Initialperiode nicht beobachtet wurde, ist die Annahme berechtigt, daß bis zur Erreichung der maximalen Konz. des **IV** die [I] sich nur wenig ändert. Vff. untersuchten ferner die Inhibierung der Hydrolyse von **I** bei obigen Bedingungen durch je $5 \cdot 10^{-3}$ mol Acetyl-D-tyrosinamid (**V**), -hydrazid (**VI**), -hydroxamsäure (**VII**) bzw. äthylester (**VIII**) u. ermittelten die Dissoziationskonstanten K_J der Enzym-Inhibitor-Addukte u. die Änderung der freien Energie ΔF^0 dieser Rk.: [in () K_J in 10^{-3} Mol; $-\Delta F^0$ in cal/Mol] **V** (11,2; 2660), **VI** (6,8; 2960), **VII** (7,7; 2890) u. **VIII** (4,0; 3270). Aus der Übereinstimmung der Daten von **V** u. **VII** mit denen von THOMAS, MACALLISTER u. NIEMANN (l. c.) sowie der Unveränderlichkeit der K_J von **V** u. **VIII** bei 15facher Vergrößerung der Pufferkonz. u. bei Abnahme des p_H um 0,3 Einheiten schließen Vff., daß **V** u. **III** an der gleichen katalyt. wirksamen Stelle hydrolysiert werden. — **VIII**, $C_{13}H_{17}O_4N$, F. 96—97°, $[\alpha]_D^{25}$ —24,8° (c = 7, A.). — **V**, $C_{11}H_{14}O_3N$, F. 225—226°, $[\alpha]_D^{25}$ —51,5° (c = 0,8, W.). — **VI**, $C_{11}H_{15}O_3N_3$, F. 236—236,5° (W.), durch Zugaben von **VIII** zu Hydrazinhydrat in A., 2 Std. am Rückfluß, 3 Tage bei 4°, $[\alpha]_D^{25}$ —44,4° (c = 0,4, W.). — **VII**, $C_{11}H_{14}O_4N_2$, aus W., F. 143—144° (Zers.), durch Einw. von $NaHSO_4$ auf das Na-Salz von **VII** (F. 182—183° [Zers.], aus **VIII** u. NH_2OH in Methanol u. Zugabe von methanol. $NaOC_2H_5$ bei 0°, 5 Tage bei 4°). — **I**, $C_{11}H_{14}O_4N_2$, F. 143—144°, analog vorst. Verb. aus Acetyl-L-tyrosinäthylester (F. 96—97°, $[\alpha]_D^{25}$ +24,6° [c = 7, A.]; $[\alpha]_D^{25}$ +38,3° (c = 5, W.). (J. Amer. chem. Soc. **75.** 884—90. 20/2. 1953. Pasadena, Calif., Calif. Inst. of Technol., Gates and Crellin Labors. of Chem.) GNAUCK. D 225

S. L. Friess, *Geschwindigkeiten und Aktivierungsenergien der säurekatalysierten Hydrolyse von Adenosintriphosphat.* Vff. untersuchen im Temperaturbereich von 40—50° die Hydrolyse von *Adenosintriphosphorsäure* (*ATP*), um die erhaltenen Daten mit denjenigen zu vergleichen, die bei einfacheren Polyphosphaten u. beim Myosin-katalysierten ATP-Dephosphorisierungsprozeß erhalten werden. Bei p_H 1,33 u. Ggw. von 0,3 Mol NaCl wurden bei 40° folgende Daten für ATP erhalten. E^A 21,2 ± 0,4 kcal/Mol; $\Delta F^{\neq}$ 26,0 ± 0,5 kcal/Mol; $\Delta H^{\neq}$ 20,6 ± 0,4 kcal/Mol; $\Delta S^{\neq}$ —17,4 ± 0,4 e.u. Diese Werte sind alle höher als die entsprechenden Werte bei der Hydrolyse des Enzym-Substrat-Komplexes für die Myosin-katalysierte Rk. (vgl. OUELETT, LAIDLER u. MORALES, Arch. Biochem. Biophysics **39.** [1952.] 37). Sie sind fast ident. mit den Aktivierungswerten für die Hydrolyse von Di- oder Triphosphaten unter gleichen Bedingungen. Die Werte für die Geschwindigkeit der säurekatalysierten ATP-Hydrolyse bei 50° liegen zwischen denen bei Triphosphorsäure u. Diphosphorsäure. Sie sind im p_H-Bereich von 1—1,5 der Acidität des Mediums direkt proportional. Von der Gesamtsalzkonz. hängen die Geschwindigkeiten in komplizierter Form ab. (J. Amer. chem. Soc. **75.** 323—26. 20/1. 1953. Bethesda, Md., Naval Med. Res. Inst.) J. MATTNER. D 225

Stig Veibel und **Edith Hjorth,** *Saure und enzymatische Hydrolyse von β-Glucosiden.* 2. Mitt. (1. vgl. C. **1941.** II. 1860.) Vff. berechneten nach der GUGGENHEIMschen Formel (Proc. Roy. Soc. [London], Ser. A **203.** [1950.] 17) die Geschwindigkeitskonstanten in Abhängigkeit von der Temp. sämtlicher in der 1. Mitt. enthaltenen Hydrolysen von Alkyl-β-glucosiden nach $k_1 \cdot 10^4/\text{Min}^{-1} = a \cdot c_{HCl} \cdot 10^{(0,710 - 0,0015 \cdot T)\, c_{HCl}}$. Die Unterss. wurden auf *Phenyl-* (I) u. *o-Kresyl-β-D-glucosid* (**II**) ausgedehnt, deren Hydrolyse in 0,05—0,1 mol Lsgg. mit 0,5 u. 1 n HCl bei 40—80°, sowie mit β-Glucosidase von süßen Mandeln in 0,04 mol Konz. von **I** bzw. **II** bei p_H 4,4 bei 20 u. 30° durchgeführt wurde. Die saure Hydrolyse von **I** verläuft etwas schneller als die von **II**, während der entsprechende k-Wert bei der enzymat. Hydrolyse von **I** ca. 5,5mal kleiner als der von **II** ist. Diese Erscheinung hängt mit der wachsenden Affinität von **II** zum Enzym u. dessen raschere Dissoziation in Enzym, Glucose u. Aglucon zusammen. Die ermittelten Aktivierungsenergien betragen in der Reihenfolge saure — enzymat. Hydrolyse für **I** 29600 — 11980, für **II** 30520 — 10790 cal/Mol, die log **PZ** für **I** 14,9 — 6,0 u. für **II** 15,1 — 5,9. Die ermittelten Werte zeigen mit Literaturwerten teilweise gute Übereinstimmung. Für die Aktivierungsenergie ergibt sich allg. eine Abnahme mit wachsender Temp. u. mit Zunahme der Konz. der Säure, k wird ferner durch c_{HCl} beeinflußt, jedoch kaum von c_I bzw. c_{II}. Die Geschwindigkeitskonstante der enzymat. Hydrolyse wurde nach der Formel berechnet: $k = k_{beob.} (K_m + c + (K_m/K_{m_1} + K_m/K_{m_2} - 1)\, c_x/e(\text{Sal f})$, wobei $k_{beob.}$ = Konstante ist, die von Punkt zu Punkt berechnet wurde, c_x = Durchschnittskonz. der Hydrolyseprodd. in dem zur Berechnung von $k_{beob.}$ benutzten Punkte ist, K_m, K_{m_1} u. K_{m_2} die Dissoziationskonstanten von I- bzw. II-Enzym, Enzym-Glucose u. Enzym-Aglucon bedeuten. Der β-Glucosidasewert war dabei 2,00. (Acta chem. scand. **6.** 1353—65. 1952. Kopenhagen, Univ. of Technol., Dep. of Organ. Chem.) L. FISCHER. D 225

Stig Veibel und **Shih-Lin Yang,** *Saure und enzymatische Hydrolyse von β-Glucosiden.* 3. Mitt. (2. vgl. vorst. Ref.) Vff. untersuchten die Hydrolyse von *Mesityl-* (I) u. *o.o'-Xyle-*

nyl-β-D-glucosid (II) in 0,007 mol wss. Lsg. mit 0,5 u. 1,0nHCl bei 60° u. mit Emulsin (β-Glucosidase von süßen Mandeln) in einer Konz. von 0,0043 g/50 cm³ mit einem β-Glucosidasewert von 2,00 bei p_H 4,4 u. verglichen die Werte der Geschwindigkeitskonstanten mit zum Teil aus der Literatur entnommenen Werten für Phenyl-, o-, m- u. p-Kresyl-, o.o'- u. o.p-Xylenyl-β-D-glucosid. Die Konstanten betrugen für **II** mit 1nHCl $13,8 \cdot 10^{-4}$ [Min^{-1}]; mit 0,5nHCl $6,2 \cdot 10^{-4}$, für **I** in gleicher Reihenfolge $17,5 \cdot 10^{-4}$ u. $6,9 \cdot 10^{-4}$, mit Emulsin für **II** $3,9 \cdot 10^{-4}$ u. für **I** $3,6 \cdot 10^{-4}$. Bei der sauren Hydrolyse wirkt eine Methylgruppe in o-Stellung zur Glucosidbindung verzögernd, in p-Stellung ebenfalls, jedoch ganz geringfügig, 2 Methylgruppen in o- u. o'-Stellung wirken beschleunigend auf die Geschwindigkeit der Hydrolyse. Bei der enzymat. Hydrolyse bringt die Einführung einer Methylgruppe in o-Stellung eine Beschleunigung, zweier Methylgruppen in o- u. o'-Stellung eine Verzögerung ebenso einer Methylgruppe in p-Stellung.

Versuche: *Tetraacetyl-mesityl-β-D-glucosid*, $C_{23}H_{30}O_{10}$, F. 164,5—165° (Methanol), aus β-Pentaacetylglucose u. Mesitol mit wenig p-Toluolsulfonsäure, 5 Std. auf dem Dampfbad, Nadeln, $[\alpha]_D^{20}$ —14,8° (c = 1,016 in Chlf.), 65% (Ausbeute). — *Mesityl-β-D-glucosid* (I), $C_{15}H_{22}O_6$, F. 222,5—223,5° (W.), $[\alpha]_D^{20}$ —6,07° (c = 0,989 in W.). (Acta chem. scand. **6.** 1366—73. 1952.) L. FISCHER. D 225

E. A. Braude und **J. S. Fawcett,** *Die Kinetik anionotroper Umlagerung.* 9. Mitt. *Die Einflüsse polycyclischer aromatischer Substituenten auf die Reaktivität. Ein Vergleich der elektronischen Eigenschaften der Phenyl-, α-Naphthyl-, β-Naphthyl-, Anthryl-(9)- und Phenanthryl-(9)-Gruppe.* (8. vgl. C. **1948.** E. 30.) Die Kinetik der durch Säure katalysierten oxotropen Umlagerungen von *1-Phenyl-* (**I**), *1-α-Naphthyl-* (**II**), *1-β-Naphthyl-* (**III**), *1-[Anthryl-(9)]-* (**IV**) u. *1-[Phenanthryl-(9)]-3-methylallylalkohol* (**V**) in die entsprechenden 3-Aryl-1-methylallylalkohole wurde spektrophotometr. in wss. Dioxanlsg. zwischen 0 u. 60° bestimmt. Die Rkk. sind von 1. Ordnung. Wurde als Lösungsm. 80%ig. statt 60%ig. Dioxan verwendet, so nahmen die Geschwindigkeitskonstanten auf $^1/_3$ ab u. die Aktivierungsenergien stiegen um ca. 3 kcal/Mol. Ein geringes Anwachsen der Geschwindigkeitskonstanten wurde in der Reihenfolge der Verbb.: **V** < **I** < **III** ≈ **II** < **IV** beobachtet. Die Aktivierungsenergien u. die Häufigkeitsfaktoren sind für die 5 Verbb. bei gleichem Lösungsm. prakt. gleich. Vff. diskutieren die Reaktivität der Polycyclen u. vgl. ihre Ergebnisse mit denen anderer Autoren. Allg. wurde dieselbe Reihenfolge der Reaktivität gefunden, nur die Stellung der Phenanthryl-(9)-Gruppe variiert je nach der untersuchten Reaktion. Ferner werden induktive, tautomere u. mesomere Effekte der Polycyclen auf der Basis der Theorien von INGOLD (Chem. Reviews **15.** [1934.] 233) sowie die Reaktivität an Hand der Theorien der Valenzbindungs- u. der Elektronenbahnmeth. diskutiert. Die Dissoziationskonstanten von Arylcarbonsäuren (*Benzoesäure, α-* u. *β-Naphthoesäure, Anthryl-(9)-* u. *Phenanthryl-(9)-carbonsäure*) wurden in 60%ig. Aceton gemessen, sie zeigen, in Übereinstimmung mit Ergebnissen anderer Autoren, ein Anwachsen in der theoret. zu erwartenden Folge der Reste: Vinyl- < Phenyl- < β-Naphthyl- < α-Naphthyl- < Phenanthryl < Anthryl. Die Geschwindigkeitskonstanten der oxotropen Umlagerung von 1-Aryl-3-methylallylalkoholen wurden aufgetragen a) gegen die Zahl der möglichen polaren Resonanzstrukturen des jeweiligen Arylsubstituenten, wobei sich eine Gerade ergab, von der nur **V** stark abweicht (der mesomere Effekt der Phenanthrylgruppe ist also sehr klein), b) gegen die Selbstpolarisierbarkeit (COULSON u. LONGUET-HIGGINS, Proc. Roy. Soc. [London], Ser. A **192.** [1947.] 16), wobei starke Abweichungen von der Geraden auftraten, am stärksten wieder bei der Phenanthrylgruppe. (J. chem. Soc. [London] **1950.** 800—808. März. London, Imperial Coll. of Sci. and Technol.)

CLEVE. D 225

Robert H. Schuler und **William H. Hamill,** *Zersetzung der Alkylhalogenide durch schnelle Elektronen und durch Röntgenstrahlen.* In fl. Zustand wurden *Methyl-* (**I**), *Äthyl-* (**II**), *Propyl-* (**III**) u. *Methylenjodid* (**IV**), ferner *Äthylbromid* (**V**) u. *Äthylenbromid* (**VI**) mit schnellen Elektronen bei Energien zwischen 0,60 u. 1,76 MeV beschossen. Die Ausbeute an J_2, ausgedrückt als die Anzahl G von Atomen freien Jods, das sich pro 100 eV durch die Probe absorbierte Energie gebildet hatte, hängt nicht von der Elektronenenergie, dem Elektronenstrom oder der gesamten Expositionszeit der Probe, sondern nur von der durch die Probe absorbierten Energie ab. Bei Zusatz von J_2 zu **II** vor der Beschießung ging die Jodausbeute etwas zurück, u. zwar von G = 4,1 auf G = 3,5. Um das Ausmaß der Rück-Rk. $\cdot R \cdot + J_2 \rightarrow RJ + J \cdot$ zu untersuchen, wurde **I** u. **II** vor der Bestrahlung ^{128}J zugesetzt. Die Ausbeuten für den Austausch waren G = 6,0 pro 100 eV für **I** u. 5,5 für **II**. Weiter wurden Lsgg. von **II** in n-Heptan mit Elektronen beschossen. Bei Konzz. von 25—100 Gew.-% **II** ist die Ausbeute an J_2, berechnet auf der Grundlage des Anteils der durch **II** absorbierten Energie, angenähert dieselbe wie für reines **II**. In verdünnteren Lsgg. sinkt die Ausbeute an freiem J_2 mit abnehmender Konz. sehr stark. **V** lieferte nur geringe Menge von freiem Brom u. etwas HBr. Wurde vor der Beschießung Triphenylmethan zugesetzt, dann stieg die Ausbeute stark an. Hauptzersetzungsprod. von **VI** ist freies Brom, doch ebenfalls in geringer Ausbeute. Weiter wurde die Zers. von **I**, **II**, **V**, **VI**, *Brombenzol* (**VII**) u. *Äthylenchlorid* (**VIII**) bei Bestrahlung mit Röntgenstrahlen im Gebiet von 1 MV untersucht. **I** u. **II** lieferten freies J_2, u. zwar ungefähr in der gleichen Ausbeute wie bei der Beschießung mit Elektronen. **V** zers. sich zu HBr u. bei tieferen Tempp. zu freiem Br_2 doch sind die Ausbeuten gering. **VI** liefert viel HBr, jedoch kein freies Br_2, **VII** ebenfalls nur HBr. **VIII** schließlich zers. sich unter Bldg. von HCl. (J. Amer. chem. Soc. **74**. 6171—74. 20/12. 1952. Notre Dame, Ind., Univ., Dep. of Chem.) GOTTFRIED. D 226

W. J. Skraba, J. G. Burr und **D. N. Hess**, *Die Zersetzung von Methanol-*^{14}C *unter dem Einfluß seiner Eigenstrahlung.* Vff. untersuchen die Prodd., die aus *Methanol-*^{14}C (I) (spezif. Aktivität 8—10 mC/mM) durch Radiolyse, hervorgerufen durch die Eigenstrahlung (β-Partikel, Durchschnittsenergie 0,049 MeV), entstehen. An **I** zurückgewonnen wurden 81%. Gesamtausbeute an gasförmigen Prodd. 5,4 $\pm$ 0,3 Moll./100 eV: CH_4 u. H_2, kein CO. Fl. Prodd. waren Äthylenglykol, Glycerin u. Erythrit im Verhältnis 1360 : 14,9 : 1, kein Formaldehyd. (J. chem. Physics **21**. 1296. Juli 1953. Oak Ridge, Tenn., Nat. Labor., Chem. Div.) G. WINKLER. D 226

R. H. Bretton, Shen-Wu Wan und **B. F. Dodge**, *Katalytische Dampfphasenoxydation einiger Kohlenwasserstoffe mit vier Kohlenstoffatomen.* Vff. haben bei der Oxydation von Butan (**I**), Buten-(1) (**II**), Buten-(2) (**III**), Isobuten (**IV**) u. Butadien (**V**) in Ggw. von Oxydationskatalysatoren wie Ag_2O u. V_2O_5 im Temperaturbereich zwischen 300 u. 1290° F den Einfl. der KW-stoffstruktur, des Katalysatortyps u. der Verfahrensbedingungen auf die Art u. Menge der gebildeten Prodd. untersucht. Mit einem Ag_2O-Katalysator, wie er für die Oxydation von Äthylen benutzt wird, wurden bei allen untersuchten KW-stoffen nur Spuren von Zwischenverbb. erhalten. Mit V_2O_5 als Katalysator führte die Oxydation von **V** zu *Maleinsäure*, H_2CO u. *Glyoxal*. Bei der Oxydation von **II** u. **III** mit dem gleichen Katalysator wurde darüber hinaus noch *Acetaldehyd Essigsäure* u. *Methylvinylketon* erhalten. Die gleichen Endprodd. in kleinen Mengen — ausgenommen Methylvinylketon — ergab die Oxydation von **I**, während die von **IV** zu *Essigsäure*, α-*Methylacrolein* u. H_2CO führte. Die erhaltenen Umsätze u. Ausbeuten sind mit den Versuchsdaten (Temp., Kontaktzeit, Luft-KW-stoff-Verhältnis) tabellar. zusammengestellt. Mögliche Reaktionsmechanismen werden diskutiert. (Ind. Engng. Chem. **44**. 594—603. März 1952. New Haven, Conn., Yale Univ.) CONRAD. D 227

A. Fallah, R. Long und **F. H. Garner**, *Dampfphasenoxydation von Kohlenwasserstoffen.* 2. Mitt. *Wirkung der Konzentration von Kohlenwasserstoff u. Sauerstoff bei der Tieftemperaturoxydation von n-Heptan.* (1. vgl. C. **1952**. 7473.) Die Tieftemperaturoxydation von n-Heptan unterhalb 450° ist eine zusammengesetzte Rk. mit 2 ausgeprägten Minima u. Maxima in der Kurve, die man erhält, wenn die Konz. des Peroxyds bzw. der Gesamtaldehyde oder -ketone gegenüber der Oxydationstemp. aufgetragen wird. Bei der dem ersten Kurvenknick entsprechenden Temp. tritt ein Maximum in der Peroxydkurve auf, wenn entweder das O_2–N_2-Verhältnis oder das KW-stoff–O_2–N_2-Verhältnis variiert wird. Unterhalb dieses Maximums ist die Konz. des Peroxyds prakt. unabhängig von dem O_2–N_2-Verhältnis bei festliegender KW-stoff-Konz., wenn O_2 im Überschuß ist. Die Konz. des Peroxyds steigt stufenweise mit steigendem KW-Stoff–O_2–N_2-Verhältnis bei festliegender O_2-Konz. u. fällt, wenn der KW-stoff im Überschuß ist. Bei der dem 2. Kurvenknick entsprechenden Temp. tritt kein Maximum in der Peroxydkurve auf, aber ein steter Anstieg, wie die beiden Verhältnisse anwachsen. Das verschied. Verh. zwischen den Kurvenknicken im Tieftemperaturbereich unter Berücksichtigung der Oberflächenwrkg. u. der Konz. des KW-stoffes u. des O_2 beruht wahrscheinlich auf eintretende Kettensprengungsreaktionen. Damit erklären Vff. die Verschiedenheit des Oxydationsmechanismus in den beiden Kurvenbereichen. (Fuel **31**. 403—08. Okt. 1952. Birmingham, Univ., Dep. of Chem. Engng.) K. O. MÜLLER. D 227

Enzo A. Martinuzzi, *Katalytische Oxydation des Äthylalkohols in der Dampfphase.* Die katalyt. Oxydation von A.-Dämpfen durch V_2O_5 auf SiO_2-Gel oder Infusorienerde als Trägermaterial hat den Nachteil der Überhitzung der akt. Stellen des Katalysators infolge der exothermen Rk., so daß diese über die Zwischenstufen bis zu CO_2 weiter läuft. Um Katalysatoren von guter Wärmeleitfähigkeit darzustellen, wurden verschied. Verff. benutzt. 1. Eine Lsg. von 200 mg NH_4VO_3 (I) in 10 ml 9 Gew.-%ig. SO_2-Lsg. + 30 ml W. wird auf dem Wasserbad zur Austreibung der SO_2 erwärmt u. auf 50 ml verd., wonach sie p_H 3,4 haben muß. Man gibt 5 ml Fe-Drehspäne zu, bewegt gelegentlich, gießt nach 1 Tag ab, wäscht, trocknet bei 80° u. aktiviert gleich danach durch Erwärmen auf 400—450° im Luftstrom. 2. Zu einer Lsg. von 200 mg **I** u. 200 mg Äpfelsäure in 10 ml W. gibt man 5 ml Metalldrehspäne, die zuvor mit HCl geätzt u. mit W. chloridfrei gewaschen worden waren, verdampft unter Umrühren, so daß die Paste gut auf dem Metall haftet, trocknet bei 80° u. aktiviert sofort durch allmähliches Erwärmen auf 400° im Luftstrom. Versuchsapp. für die Oxydation einer Mischung wasserfreier A.-Luft durch Überleiten über den Katalysator unter Temperaturregelung s. Original. Die üblichen Analysenverff. (für *Acetaldehyd* [**II**] mit $NaHSO_3$ in Phosphatpuffer vom p_H 7) zeigten Abhängigkeit der Ausbeute an **II** u. kleineren Mengen Essigsäure von der Zus. der A.-Luftmischung (optimal 1 g A./2,4 Liter Luft), der Strömungsgeschwindigkeit zwischen 0,42 u. 0,72 Liter/Min. u. der Katalysatorentemp. zwischen 500 u. 560°; Überlegenheit des Zn–V- gegenüber dem Fe–V-Katalysator (Ausbeuten 72—79% gegen 64—73%, bezogen auf die Menge des oxydierten A.); Abwesenheit von H_2 u. KW-stoffen, also keine Neben-Rkk. neben der Oxydation. (Rev. Fac. Quím. ind. agríc., Santa Fé, Argentina **19**. 80—87. 1950.) METZENER. D 227

R. D. Obolenzew, K. A. Werschinina und **Je. W. Skworzowa,** *Umwandlung von Kohlenwasserstoffen in Gegenwart von Oxydkatalysatoren.* 4. Mitt. *Dehydrierung von Butanen am Chromkatalysator.* (3. vgl. C. **1953**. 1943.) Bei der Dehydrierung von *Butan* (**I**) oder *Isobutan* (**II**) an $Cr_2O_3 + Al_2O_3$, aus den gemeinsam gefällten Hydroxyden erhalten, entstehen bei 500—550° in beiden Fällen *n-Butylene* (**III**) u. *Isobutylen* (**IV**) neben wechselnden Mengen H_2; außerdem erfolgt Isomerisierung von **I** zu **II** bzw. **II** zu **I**. Die Abweichung der H-Menge von der, die sich auch der Summe **III** + **IV** ergibt — bald mehr, bald weniger als die Theorie verlangt — wird auf die Aktivitätsunterschiede des regenerierten Katalysators zurückgeführt, wodurch in einem Falle H, im anderen die KW-stoffe durch den Katalysator oxydiert werden. Der Isomerisierungsgrad schwankt zwischen 5,8 u. 17,9%, ohne erkennbare Beziehung zu Temp. u. Kontaktdauer (T). Es wird also, im Gegensatz zu BLOCH u. SCHAAD (vgl. C. **1947**. I. 10), festgestellt, daß der Cr_2O_3/Al_2O_3-Katalysator ohne weitere Zusätze isomerisierend wirkt. Bei den Isomerisierungen wird wie früher (Журнал Общей Химии [J. allg. Chem.] **16** (**78**). [1946.] 933) als Zwischenprod. eine Verb. mit 3gliedrigem Ring angenommen. Das gleiche dürfte für die Isomerisierungen anderer Verbb. am Cr_2O_3/Al_2O_3-Katalysator gelten; der von HERRINGTON u. DIDEAL (Proc. Roy. Soc. [London], Ser. A **184**. [1945.] 434, 447) u. BALANDIN u. RAIK (vgl. C. **1948**. II. 952), z. B. bei der Chromatisierung von 2.2.4-Trimethylpentan angenommene Weg, der über einen 5gliedrigen Ring führt, wird angezweifelt. Es werden Gleichungen für den Dehydrierungsgrad u. die Geschwindigkeit als Funktion von τ für 553° gegeben; letztere erreicht für **I** bzw. **II** bei $\tau = 0{,}98$ bzw. 0,67 Sek. ihr Maximum; die Rkk. haben eine Induktionsperiode, was mit den Angaben von GROSSE u. IPATJEW (Ind. Engng. Chem., ind. Edit. **32**. [1940.] 269) nicht übereinstimmt. (Журнал Общей Химии [J. allg. Chem.] **21** (**83**). 1800—06. Okt. 1951. Saratow, Tschernyschewski-Univ., Lehrstuhl für chem. Bearbeitung von Erdöl u. Gas.) QUECK. D 227

H. C. Chitwood, J. T. Fitzpatrick, G. W. Fowler und **B. T. Freure,** *Phenole durch Dehydrierung.* Die Dehydrierung von Cyclohexanen u. Cyclohexanol zu *Phenol* läßt sich durch Verwendung geeigneter, hitzebeständiger Mischkatalysatoren verbessern. Als Promotoren für die üblicherweise verwendeten Ni-Katalysatoren eignen sich Cu, Cr, Pt u. Alkalisulfate, die durchwegs additiv wirken. Cu hemmt die Ringspaltung. Alkalisulfate, in Mengen von 0,06% auf verwendetes Ni berechnet, erhöhen die Lebensdauer des Katalysators. Zwecks günstiger Gleichgewichtslage wird bei Atmosphärendruck u. 300° gearbeitet, die Gleichgewichtszus. zwischen 200 u. 375° ist graph. angegeben. Das Reaktionsprod. enthielt 81% *Phenol* u. unverändertes Ausgangsmaterial. An Substitutionsprodd. wurden untersucht (350°, in Ggw. von H_2): 3-Methylcyclohexen-(2)-on (95% *m-Kresol*), 3-Methyl-5-propylcyclohexen-(2)-on (90% *3-Methyl-5-propylphenol*), 3.5-Dimethylcyclohexen-(2)-on (90% 3,5-Xylenol), α-Tetralon-α-Tetralol (74% *α-Naphthol* u. 12% *Naphthalin*) sowie Cyclohexandiol-(1.2) (65% *Brenzcatechin* u. 25% *Phenol*). (Ind. Engng. Chem. **44**. 1696—98. Juli 1952. South Charleston, W. Va., Carbide and Carbon Chem. Co.) STEINER. D 227

N. P. Keijer, *Aufklärung der Rolle verschiedener Adsorptionszentren bei der Hydrierung von Acetylen an metallischem Nickel.* 1. Mitt. *Untersuchung der aktiven Nickeloberfläche mittels der differentiellen Isotopenmethode.* (Vgl. C. **1951**. II. 645.) Es wurde die Rolle akt. Zentren eines Ni-Katalysators in bezug auf die Adsorption von C_2H_2 u. die dabei eintretenden katalyt. Rkk. untersucht. Der Katalysator wurde aus einer 50%ig. Ni-Al-Schmelze durch Behandeln mit Alkalilauge hergestellt. Die Anwendung der differentiellen Meth. — aufeinanderfolgende Adsorption von gewöhnlichem C_2H_2 u. akt.

$^{14}C_2H_2$ — zeigte, daß bei der im Vakuum bei 55° durchgeführten Desorption vorzugsweise inakt. C_2H_2 desorbiert wurde, was auf verschied. akt. Zentren zurückzuführen ist. Weitere Verss., bei denen die Desorptionstemp. bis auf 400° gesteigert wurde, ergaben, daß adsorbiertes Acetylen (akt. u. nichtakt.) folgenden Umwandlungen unterliegt: $(C_2H_2)_{ads} \rightarrow (C_2H_2)_{des}$; $4\ (C_2H_2)_{ads} \rightarrow 2\ C_2H_4 + 6\ C$, $(C_2H_2)_{ads} \rightarrow 2\ C + H_2$, $(C_2H_2)_{ads} \xrightarrow{+H_2} C_2H_4$ u. $(C_2H_2)_{ads} \xrightarrow{2\ H_2} C_2H_6$. Die Hydrierung von C_2H_2 erfolgt auf denjenigen Zentren, die dieses reversibel adsorbieren. Diese Zentren erfüllen 4—6% der Oberfläche. Die Bldg. von CH_4 tritt auf den Zentren mit höherer Adsorptionswärme ein, der Zerfall von C_2H_2 unter Bldg. von H_2 auf den Zentren mit maximaler Adsorptionswärme. Die Beziehung zwischen den Aktivierungsenergien der Adsorption u. Desorption ist durch eine Kurve charakterisiert, die ein Desorptionsminimum aufweist. (Известия Академии Наук СССР, Отделение Химических Наук [Nachr. Akad. Wiss. UdSSR, Abt. chem. Wiss.] **1952.** 616—26. Juli/Aug. Inst. für physik. Chem. der Akad. der Wiss. der UdSSR.) R. KNOBLOCH. D 227

N. P. Keijer, *Aufklärung der Rolle verschiedener Adsorptionszentren bei der Hydrierung von Acetylen an metallischem Nickel.* 2. Mitt. *Untersuchung der Hydrierungskinetik und aktivierten Adsorption von Acetylen am Nickelkatalysator.* (1. vgl. vorst. Ref.) Angesichts der Uneinheitlichkeit der akt. Ni-Oberfläche wurde die Verteilung der akt. Zentren als Funktion der Aktivierungsenergie (E) bei der C_2H_2-Adsorption ermittelt. Es ergab sich $\varrho(E) = 2{,}13 \cdot 10^{-12} e^{3{,}86 \cdot 10^{-4}E}$ cm^3/g. ads. $(cal/Mol)^{-1}$ (vgl. C. **1951.** I. 569.) Die hierzu notwendige Best. der Adsorptionsgeschwindigkeit bei 2 verschied. Tempp. — es wurden 0° u. 19,5 ± 0,1° gewählt — wurde an stets frisch hergestellten Katalysatorpräpp. durchgeführt. Bei Nichtbeachtung dieser Maßnahme waren die Verss. nicht reproduzierbar. E ist eine Funktion der Adsorptionsgröße; sie wächst von 11 bis 18 kcal/Mol bei Ansteigen der Adsorption von 0,25—2,56 ml/g. — In bes. Verss. wurde die Hydrierung von C_2H_2 im Gemisch mit H_2 untersucht. Hierbei ergab sich folgendes: 1. Die Hydrierung von C_2H_2 erfolgt erst nach der Adsorption. 2. Neben der Hydrierung werden C_2H_2 u. H_2 so adsorbiert, daß beide nicht mehr reagieren, in Übereinstimmung mit der Tatsache, daß nicht alle C_2H_2 reversibel adsorbierenden Zentren Hydrierungszentren sind. 3. Die Adsorption von H_2 ist in Ggw. von adsorbiertem C_2H_2 erhöht. 4. Die katalyt. Aktivität ist bei wiederholten Verss. konstant, weil die akt. Zentren erneuert werden. 5. Mit höherer Temp. wächst der für die Hydrierung notwendige Mindestdruck des C_2H_2. — Es wird ein Hydrierungsmechanismus vorgeschlagen, dessen 1. Stadium eine reversible chem. Adsorption von C_2H_2 an Ni ist: Bldg. von NiCH = CHNi. Der Bldg. von CH_4 liegen 2 Vorgänge zugrunde, von denen einer bei höherer Temp. verläuft u. in der Red. von Ni_3C, — diese Verb. wurde röntgenograph. festgestellt — der andere in einer Weiterhydrierung der vorhydrierten Verb. $NiCH_2CH_2Ni$ besteht. Der 1. ist auf akt. Zentren mit relativ hohen, der 2. auf solchen mit weniger hohen Adsorptionswärmen realisiert. (Известия Академии Наук СССР, Отделение Химических Наук [Nachr. Akad. Wiss. UdSSR, Abt. chem. Wiss.] **1953.** 48—57. Jan./Febr.) R. KNOBLOCH. D 227

Hilton A. Smith und **William C. Bedoit jr.,** *Kinetik der katalytischen Hydrierung von Nitrogruppen auf Platin.* Die Kinetik der Hydrierung von *Nitroäthan* (**I**), *Nitrobenzol* (**II**), *Nitrostyrol* (**III**), *Nitromesitylen* (**IV**) u. *2-Nitrobuten-(1)* (**V**) in Essigsäure in Ggw. von PtO_2 nach ADAMS bei 30° u. H_2-Anfangsdruck bis zu 74 lbs./sq. in. wurde untersucht. Zur Messung diente eine modifizierte PARR-Niederdruck-Apparatur. Die Hydrierung von **I** lieferte *Äthylamin*, die von **II** u. **IV** mit größerer Geschwindigkeit zunächst die entsprechenden Amine, die dann weiter unter Hydrierung der Benzolringe reagierten. **III** bildete nach Aufnahme von 1,5 Mol H_2 ein Gemisch von *1.4-Dinitro-2.3-diphenylbutan*, wenig *Phenylacetoxim*, wenig *Phenyläthylamin* u. Harzen. Unter den Versuchsbedingungen wurde von **III** maximal 12% der zur vollständigen Hydrierung benötigten Menge H_2 aufgenommen. **V** hatte sich nach Absorption von 2 Mol H_2 zu *Methyläthylketoxim* umgesetzt. Die Hydrierung von **I** erwies sich als Rk. 1. Ordnung in bezug auf **I** u. von 0. Ordnung in bezug auf H_2, für die anderen Verbb. ergaben sich Rkk. 1. Ordnung in bezug auf H_2 u. 0. Ordnung in bezug auf die Nitroverbindungen. Folgende Aktivierungsenergien (in cal/Mol) u. Geschwindigkeitskonstanten (in $cm^3 \cdot Min^{-1} \cdot g_{Katalysator}^{-1}$) wurden erhalten: **I**: 12300; 0,4; **II**: Nitrogruppe: 3700, 3030; Benzolkern: 7500, 133; **III**: 4900, 2660; **IV**: 4250, 585; **V**: 4900, 3570. — Die Hydrierung von **III** u. **V** verläuft wenigstens teilweise über eine 1.4-Addition. Für die sehr ähnliche Red. von **II** wird daraus gefolgert, daß auch bei **II** eine ähnliche Addition von H_2 erfolgt, daß sich jedoch dieses Zwischenprod. sofort zu Anilin umlagert. Die langsamere Rk. von **IV** ist vermutlich auf die durch ster. Hinderung verringerte Resonanz der NO_2-Gruppe mit dem Benzolkern zurückzuführen.

Versuche: *Essigsäure*, Kp.$_{740}$ 116,0°. — *Nitroäthan* (**I**), Kp.$_{741}$ 113,2°. — *Nitrobenzol* (**II**), Kp.$_{60}$ 118,5°. — *Anilin*, Kp.$_{50}$ 103,4°. — *Nitrostyrol* (**III**), F. 57,5—58° (absol. A.). — *1.4-Dinitro-2.3-diphenylbutan*, F. 242,5—243° (Essigsäure), durch Hydrierung von **III** nach Aufnahme von 1,5 Mol H_2; daneben Amin, Harz u. *Phenylacetoxim*, F. 87,5° (Ligroin). — *Nitromesitylen* (**IV**), F. 42,8—43,2° (A.). — *Mesidin*, Kp.$_{740}$ 222,5—223,0° aus **IV** in absol. A. mit H_2 in Ggw. von Pt bei anfangs 60 lbs./sq. in., unter N_2 aufbewahren. — *2-Nitrobutanol-(1)*, Kp.$_7$ 99,8—103,8°. — *2-Nitrobuten-(1)* (**V**), Kp.$_{15}$ 39,5°, aus vorst. Verb. durch Kochen mit Acetanhydrid u. Essigsäure in Ggw. von H_2SO_4, 45 Min.; Ester aufarbeiten u. mit 25% $NaHCO_3$-Lsg. zers., n_D^{24} 1,4358. — *Methyläthylketoxim*, durch Hydrierung von **V** nach Aufnahme von 2 Mol H_2. — *Methyläthylketon*, durch Verseifen vorst. Verb. mit verd. HCl u. Dest., Fraktion zwischen 72,5 u. 85° wurde aufgefangen (azeotrop. Gemisch mit W.). *2.4-Dinitrophenylhydrazon*, F. 114,5—115,4°. (J. physic. Colloid Chem. **55.** 1085—1104. Juni 1951. Knoxville, Tenn., Univ., Dep. of Chem.) L. FISCHER. D 227

Nobuto Ohta und **Takashi Tezuka**, *Über die katalytische Hydrolyse von Chlorbenzol zu Phenol in der Dampfphase.* 1. Mitt. *Herstellungsverfahren und katalytische Wirkung des Kontakts.* Inhaltlich ident. mit nachst. Referaten. (J. chem. Soc. Japan, ind. Chem. Sect. [Kōgyō Kagaku Zassi] **54.** 297—99. April 1951. Tokyo, Governm. chem. Res. Inst. [Orig.: japan.]) SCHULER. D 227

Nobuto Ohta, *Über die katalytische Hydrolyse von Chlorbenzol zu Phenol in der Dampfphase.* 2. Mitt. *Beziehung zwischen Herstellungsmethode und katalytischer Aktivität des Silicagel-Kupfer(II)-chlorid-Katalysators Silicagel.* (1. vgl. vorst. Ref.) Vf. stellt unter verschied. Bedingungen einen $CuCl_2$–Silicagel-Katalysator für die Umwandlung von Chlorbenzol in *Phenol* in der Dampfphase her. Die Herstellungsart des Katalysators beeinflußt dessen Wirksamkeit. Im Prinzip geht Vf. wie folgt vor: Wasserglaslsg. wird in verd. H_2SO_4 gegeben, das W. bis zur Bldg. eines Gels verdampft, das zerriebene Gel wird mit W. gewaschen u. dann mit einer $CuCl_2$-Lsg. getränkt. Der erhaltene Körper wurde dann bei verschied. Tempp. u. verschied. Dauer getrocknet. Den aktivsten Katalysator erhält man unter folgenden Bedingungen: 1. Es muß Wasserglas mit einem großen Verhältnis von $NaOH/SiO_2$ verwendet werden, oder es muß Na_2SO_4-Lsg. zugesetzt werden; 2. beim Eingießen der Wasserglaslsg. in die verd. H_2SO_4 muß am Ende des Zusatzes ein p_H von < 3 herrschen; 3. beide Lsgg. müssen genügend verd. sein; 4. der gelierten Lsg. muß so schnell wie möglich das W. entzogen werden, wobei der endliche Wassergeh. des Gels 50—60% betragen soll; 5. das so erhaltene Gel muß so schnell wie möglich mit W. elektrolytfrei gewaschen werden. Vf. glaubt, daß die angeführten Punkte über die Herst. des Silicagels mit seiner früher gegebenen theoret. Betrachtung (Rep. Government chem. ind. Res. Inst., Tokyo **42.** [1943.] 150; J. Ind. Chem. [Japan] **51.** [1943.] 17) in Einklang stehen. (Rep. Government chem. ind. Res. Inst., Tokyo **46.** 31—36. Jan. 1952. [Orig.: japan., Auszug: engl.] u. J. chem. Soc. Japan, ind. Chem. Sect. [Kōgyō Kagaku Zassi] **54.** 328—30. Mai 1951. [Orig.: japan.]) J. MATTNER. D 227

Nobuto Ohta, *Über die katalytische Hydrolyse von Chlorbenzol zu Phenol in der Dampfphase.* 3. Mitt. *Die Wirkung der Reaktionstemperatur, der Volumengeschwindigkeit, des Verhältnisses Wasser-Chlorbenzol und die Verwendung von Ammoniakwasser an Stelle von Wasser.* (2. vgl. vorst. Ref.) Vf. verwandelt unter Verwendung eines Silicagel-Katalysators, der 2% $CuCl_2$ enthält, unter verschied. Reaktionsbedingungen Chlorbenzol (**I**) in *Phenol* (**II**). Die Reaktionsgeschwindigkeit steigt zunächst schnell mit steigender Temperatur. Bei 525° soll sie am höchsten sein u. dann — genügende Verweilzeit am Kontakt vorausgesetzt — etwa konstant bleiben. Wenn die Volumengeschwindigkeit des **I** 0,06 ist, betragen bei einem Verhältnis von W./**I** wie $^1/_3$ die Ausbeuten an HCl u. **II** bei 450° für **II** 10,4%, für HCl 21,2%; bei 475° für **II** 18,6% u. für HCl 24,6%; bei 500° für **II** 23,3% u. für HCl 37,8%; bei 525° für **II** 41,7% u. für HCl 54,9%; bei 550° für **II** 36,8% u. für HCl 48,4%; bei 600° für **II** 36,8% u. für HCl 54,0%. Mit größer werdender Verweilzeit am Kontakt steigen die Ausbeuten. Bei einer Volumengeschwindigkeit von 0,5; 0,25; 0,125 bzw. 0,06 betragen die Ausbeuten bei 525° an **II** 17,9; 28,1; 34,0 bzw. 41,7% u. die Ausbeuten an HCl 20,9; 34,6; 50,0 bzw. 54,9%. Das optimale Verhältnis von W. zu **I** beträgt 3:1 Mol. Bei großer Verweilzeit u. unterhalb 500° ist NH_3-haltiges W. gewöhnlichem W. überlegen. So wurde bei einer Volumengeschwindigkeit von **I** von 0,06 bei 475° mit 3,7 n NH_3-Lsg. 25% **II**, mit W. nur 18,6% **II** erhalten. Die experimentellen Ergebnisse stehen in Einklang mit der Vorstellung des Vf. von den akt. Zentren des Katalysators. (Rep. Government chem. ind. Res. Inst., Tokyo **46.** 37—43. Jan. 1952. [Orig.: japan., Auszug: engl.]; J. chem. Soc. Japan, ind. Chem. Sect. [Kōgyō Kagaku Zassi] **54.** 462. Juli 1951. [Orig.: japan.])
J. MATTNER. D 227

D_2. Präparative organische Chemie. Naturstoffe.

Dieter Klamann und **Gertrude Hofbauer,** *Umamidierung, Umlagerung und Spaltung von Sulfamiden.* Sulfamide reagieren mit Salzen prim. u. sek. Amine unter Umamidierung, mit freien Aminen dagegen nicht. Vff. ließen folgende Sulfamide mit den Hydrochloriden entsprechender Basen (in[ ]) bei Tempp. nahe über dem F. des betreffenden Gemisches reagieren: p-Toluolsulfanilid (**I**) [Diphenylamin (**II**), 26% (Ausbeute); N-Äthylanilin (**III**), 10,2%; Diäthylamin (**IV**), 0,0%], N-Äthyl-p-toluolsulfanilid (**VIII**) [Anilin (**V**), 64,8%; N-n-Dodecylanilin (**VI**), 46,2%; Äthylamin (**VII**), 3,1%; NH_4Cl, 0,23%], p-Toluolsulfamid (**IX**) [**V**, 93,3%; **III**, 12,3%; **VII**, 0,0%; **IV** 0,0%], N-Äthyl-p-toluolsulfamid (**X**) [**V**, 73,2%; **II**, 66,8%; **III**, 18,1%; Dimethylamin, 3,5%], N-Diäthyl-p-toluolsulfamid (**XI**) [**V**, 99,5%; **III**, 61,2%; **VII**, 17,0%; NH_4Cl, 0,0%], Reaktionsdauer war jeweils 30—120 Minuten. Aus der Rk. von **VIII** mit **VI**, die glatt verlief, ist zu schließen, daß N-Alkyl-p-toluolsulfamilide mit zunehmender Länge des Alkylrestes gegen kation. Spaltmittel beständiger werden. — **VIII** wurde mit Pyridinhydrochlorid (**XII**) oder mit Ansolvosäuren, z. B. $AlCl_3$, in ein Gemisch von o- u. p-N-Äthylaminophenyl-p-tolylsulfon umgelagert. In Ggw. von W. bewirkten tert. Aminsalze Spaltung der folgenden Sulfamide in Amin u. Sulfonsäure: **VIII**, N-n-Butyl- u. **N-n-Octyl p-toluolsulfanilid, XI u.** N-n-Octyläthyl-p-toluolsulfamid. Als Spaltmittel eignet sich **XII** am besten, das Hydrobromid schlechter, Triäthylaminhydrochlorid nur wenig. Der Spalteffekt ging bei N-Alkylsulfaniliden u. N-Dialkylsulfamiden mit zunehmender Länge des Alkylrestes zurück. — Der kation. Mechanismus der Sulfamidspaltung erwies sich bei der Spaltung von **VIII** durch Auftreten von Ansolvosäurekatalyse, die in Eisessig mit W. oder wss. HCl durch $ZnCl_2$ bzw. $SnCl_4$ bzw. $AlCl_3$ bewirkt wurde, u. deren Wrkg. auf die Bldg. der Säuren $H[AlCl_4]$, $H[AlCl_3OH]$ u. $H[AlCl_3OOCCH_3]$ zurückgeführt wird. NaCl u. Na-Phenolat waren unwirksam. — Auf Grund der Übereinstimmung der Ergebnisse der Umamidierung mit denen der Säurespaltung (Mh. Chem. **84.** [1953.] 62) nehmen Vff. an, daß einer Verstärkung der kation. Wirksamkeit eines Aminsalzes eine Erschwerung der Kationenanlagerung an das entsprechende Sulfamid entspricht. Bzgl. der Haftfestigkeit der SO_2–N-Bindung ergibt sich aus den Versuchsergebnissen folgende Reihe: **I** $>$ Diphenyl-p-toluolsulfamid $>$ **VIII** $>$ **IX** $>$ **X** $>$ **XI.** Ferner steigt die Haftfestigkeit mit der Länge der N-Alkylreste wieder an. — Für die Umamidierungen u. Umlagerungen kommt folgender Mechanismus in Betracht: 1. Das Sulfamid reagiert mit dem Aminsalz unter Anlagerung eines Kations an den Amid-N, 2. Zerfall dieses Komplexes in Amin u. Arylsulfonylkation, 3. Zusammenlagerung dieses Kations mit einem der beiden Amine, 4. Abspaltung eines Protons vom entstandenen Sulfamidkomplex, wobei Sulfamid u. Aminsalz ausgebildet werden. (Liebigs Ann. Chem. **581.** 182—97. 1953. Wien, TH, Inst. für organ.-chem. Technol.) CLEVE. 450

A. D. Petrow und **Je. A. Tschernyschew,** *Magnesiumorganische Synthese von Tetraalkylmethanen C_{12}—C_{19}.* Durch Kondensation von 4-Chlor-4-propylheptan (**I**) u. 5-Chlor-5-butylnonan (**II**) — aus Tripropyl- bzw. Tributylcarbinol durch Sättigen mit HCl in 65—80%ig. Ausbeute — mit GRIGNARD-Verbb. werden asymm. *Tetraalkylmethane* dargestellt. Während die Rk. mit C_2H_5MgBr mit 36%ig. Ausbeute verläuft, ist bei Alkyl = n-C_6H_{13} die Grenze erreicht, bei der die Rk. noch gelingt. Mit n-$C_8H_{17}MgBr$ erfolgt nur noch HCl-Abspaltung aus **I** bzw. **II**; mit tert.-C_4H_9MgCl spalten diese zu 75% HCl ab, zu 25% findet Red. zu *Tripropylmethan* bzw. *Tributylmethan* statt. Alle dargestellten asymm. Tetraalkylmethane erstarren im Gegensatz zu den symm. Verbb. glasartig u. bei niedrigeren Temperaturen.

V e r s u c h e: *4-Äthyl-4-propylheptan,* $C_{12}H_{26}$, E. —70°; Kp.$_{17}$ 80—81°; zu der GRIGNARD-Verb. aus 54,5 g C_2H_5Br u. 12 g Mg in 100 cm³ Ae. werden 4 g $HgCl_2$ u. unter Rühren bei 20—25° in 3 Std. 44 g **I** hinzugefügt; man rührt 2 Std. bei Zimmertemp. u. 3 Std. bei Sd. Ae., zers. mit Eis u. 10%ig. HCl, kocht das Reaktionsprod. mit Na u. fraktioniert; D.$^{20}_{4}$ 0,7659; n_D^{20} 1,4298; Mol-Refr. 57,32; 15,3 g (Ausbeute) neben 17,5 g *4-Propylhepten-(3),* Kp.$_{17}$ 58—60°; D.$^{20}_{4}$ 0,7688; n_D^{20} 1,4384. — *4-Propyl-4-isopropylheptan,* $C_{13}H_{28}$, E. —72°; Kp.$_{17}$ 92—93°; D.$^{20}_{4}$ 0,7804; n_D^{20} 1,4392; 15,5%. — *4.4-Dipropyloctan,* $C_{14}H_{30}$, E. —69°; Kp.$_{18}$ 104—105°; D.$^{20}_{4}$ 0,7800; n_D^{20} 1,4358; 22,5%. — *4.4-Dipropyldecan,* $C_{16}H_{34}$, E. —63°; **Kp.$_{16}$ 124—126°**; D.$^{20}_{4}$ 0,7879; n_D^{20} 1,4398; 12,5%. — *5-Äthyl-5-butylnonan,* $C_{15}H_{32}$, E. —66°; Kp.$_{5}$ 90—91°; D.$^{20}_{4}$ 0,7865; n_D^{20} 1,4412; 27%. — *5-Propyl-5-butylnonan,* $C_{16}H_{34}$, E. —55°; Kp.$_{8}$ 106—107°; D.^{20} 0,7918; $n_D^{20}{}_4$ 1,4425; 25%. — *5-Isopropyl-5-butylnonan,* $C_{16}H_{34}$, E. —48°; Kp.$_{5,5}$ 93,5—94°; D.^{20} 0,7978; n_D^{20} 1,4472; 14,5%. — *5.5-Dibutylundecan,* $C_{19}H_{40}$, E. —51°; Kp.$_{5,5}$ 127—129°; D.$^{20}_{4}$ 0,8010; n_D^{20} 1,4478; 13,3%. (Доклады Академии Наук СССР [Ber. Akad. Wiss. UdSSR] [N. S.] **86.** 957—59. 11/10. 1952. Inst. für organ. Chem. der Akad. der Wiss. der UdSSR.)

H. FRÖHLICH. 510

Kenneth N. Campbell und **Barbara K. Campbell**, *n-Butylacetylen.* Aus n-Butylbromid u. Na-Acetylid in fl. NH_3. — Man sättigt 3 Liter fl. NH_3 mit Acetylen u. gibt in 45 Min. ohne Unterbrechung des Acetylenstromes 92 g metall. Na zu. Danach werden 548 g n-Butylbromid in 45—60 Min. eingetropft, 2 Std. gerührt, 500 cm^3 NH_4OH zugegeben, mit 1—1,5 Liter W. verdünnt u. fraktioniert. *n-Butylacetylen*, C_6H_{10}, Kp. 71 bis 72°, n_D^{20} 1,3984 bis 1,3990; 70—77% (Ausbeute). — Analog: *n-Propylacetylen*, Kp. 39—40°, n_D^{20} 1,3850; 40—50%. *n-Amylacetylen*, Kp. 98°, n_D^{20} 1,4088; 70—80%. *Isoamylacetylen*, Kp. 91—92°, n_D^{20} 1,4060; 70—80%; *n-Hexylacetylen*, $Kp._{150}$ 76—77°, n_D^{20} 4157; 65%. (Org. Syntheses **30.** 15—18. 1950.) TROFIMOW. 530

W. H. Urry, F. W. Stacey, O. O. Juveland und **C. H. McDonnell**, *Peroxyd- und lichtinduzierte Reaktionen von Alkoholen mit Olefinen.* Die Entdeckung, daß sich prim. u. sek. Alkohole in Ggw. von Peroxyden oder Licht an Olefine addieren (vgl. J. Amer. chem. Soc. **74.** [1952.] 6155), führte zur Darst. folgender Verbb.: *Decanol-(2)* (**I**), $Kp._1$ 52—54°, aus 454 g A., 35 g Octen-(1) (**II**) u. 4,4 g tert.-Butylperoxyd (**III**) im Autoklaven bei 115—118° in 40 Std., n_D^{20} 1,4357; 11,6 g (Ausbeute). *α-Naphthylurethan*, F. 69°. — *Prod. aus 2 Mol* **II** u. *1 Mol A.*, $Kp._1$ 120—126°, als Nebenprod. bei Darst. von **I**, n_D^{20} 1,4479; 4,0 g. — *2-Methyldecanol-(2)* (**IV**), $C_{11}H_{24}O$, $Kp._{0,1}$ 49°, a) analog aus 28 g **II**, 356,7 g Propanol-(2) (**V**) u. 5 cm^3 **III** bei 120° in 30 Std., n_D^{20} 1,4359; 16,5 g; b) aus n-Octyl-MgBr u. Aceton; c) aus 19,9 g **II** u. 198,8 g **V** im UV-Licht in 96 Std., n_D^{20} 1,4369; 6 g. *Allophansäureester*, $C_{13}H_{26}O_3N_2$, F. 113—114°. — *2:1-Prod.*, $Kp._{0,1}$ 120—130°, n_D^{20} 1,4525, bei Darst. von **IV** nach a) 7 g, nach c) 3,1 g als Nebenprodukt. — *Dodecanol-(4)* (**VI**), $C_{12}H_{26}O$, $Kp._1$ 83—84°, a) aus 29,1 g **II**, 581 g Butanol-(1) u. 3 g **III** bei 115—116° in 43 Std., n_D^{20} 1,4409; 18 g; b) durch Red. von Dodecanon-(4) (aus n-Butyraldehyd u. **II** mit Peroxyd gestartet) mit $LiAlH_4$. *α-Naphthylurethan*, $C_{23}H_{33}O_2N$, F. 57—58°. — *2:1-Prod.*, $Kp._1$ 120—145°, bei Darst. von **VI** nach a) als Nebenprod., n_D^{20} 1,4518; 7,5 g. — *3-Methylundecanol-(3)* (**VII**), $C_{12}H_{26}O$, $Kp._{0,2}$ 58—60° a) aus 26,5 g **II**, 247 g Butanol-(2) u. 5 cm^3 **III** bei 117—118° in 40 Std., n_D^{20} 1,4418; 13,3 g; b) aus n-Octyl-MgBr u. Butanon-(2), n_D^{20} 1,4416. *Allophansäureester*, $C_{14}H_{28}O_3N_2$. F. 76—77°. — *2:1-Prod.*, $Kp._{0,2}$ 150—160°, bei Darst. von **VII** nach a) als Nebenprod., n_D^{20} 1,4532; 6,2 g. (J. Amer. chem. Soc. **75.** 250—51. 5/1. 1953. Chicago, Ill., Univ., George Herbert Jones Labor.) L. FISCHER. 560

Leslie Crombie und **Stanley H. Harper**, *Stereochemische Untersuchungen olefinischer Verbindungen.* 2. Mitt. *Ringspaltung von 2-[1-Halogenalkyl]-tetrahydrofuranen und 3-Halogen-2-alkyltetrahydropyranen als Weg zu Alken-(4)-olen-(1) bekannter Konfiguration und als Methode zur Kettenverlängerung um fünf Methylengruppen.* (1. vgl. C. **1951.** I. 27.) Vff. untersuchen die Konfiguration von *Alkenolen*, die durch Ringspaltung cycl. *β*-halogenierter Äther mit Na entstehen. Der Vers., aus 2-[1-Halogenalkyl]-tetrahydrofuranen Alkenole darzustellen, verlief unbefriedigend, da die 2-[1-Oxyalkyl]-tetrahydrofurane nicht in befriedigender Weise in die Halogenverbb. übergeführt werden konnten. Dagegen führte die Rk. Dihydropyran → *2.3-Dihalogentetrahydropyran* → *3-Halogen-2-methyltetrahydropyran* u. Spaltung mit Na bei guten Ausbeuten zu ster. einheitlichem *n-Hexen-(4)-ol-(1)* (**I**). Vff. glauben, daß *2.3-Dichlortetrahydropyran* (**III**) ster. einheitlich ist (trans-Form). *3-Chlor-2-methyltetrahydropyran* (**II**) läßt sich in eine höher- u. eine tiefersd. Fraktion auftrennen (vgl. RIOBÉ, C. **1947.** 1755). Auf Grund der AUWERS-SKITA-Regel ordnen Vff. der tiefersd. Fraktion die trans- u. der höhersd. Fraktion die cis-Konfiguration zu. Das aus beiden Formen durch Ringspaltung erhaltene **I** (vorläufige Bezeichnung *α*-**I** für **I** aus trans-**II**, *β*-**I** für **I** aus cis-**II**) ist wieder einheitlich u. stellt die trans-Form dar. Der Beweis hierfür wird auf folgendem Wege erbracht. *α*- u. *β*-**I** haben ident. physikal. Eigg. u. geben ident. 1-Naphthyl- u. 4-Diphenylylurethane. Nach Überführung von **I** in das Halogenid u. dessen Umsatz mit Mg gibt die erhaltene GRIGNARD-Verb. mit CO_2 eine *n-Hepten-(5)-säure*, deren Derivv. sich als einheitlich erwiesen (vgl. nachst. Ref.). Auch der Umsatz von **III** mit GRIGNARD-Verbb. homologer Alkylhalogenide ließ nach Ringspaltung die Ggw. von nur einer stereoisomeren Form erkennen. Die Festlegung der Konfiguration von **I** erfolgte durch Darst. von authent. cis- u. trans-**I** [aus Hexin-(4)-ol-(1) (**IV**)], wobei die Derivv. der trans-Form in allen Eigg. mit denjenigen von **I** aus **II** ident. waren. Auch der Vgl. der Infrarotspektren führte zu der Auffassung, daß die aus **II** erhaltene Verb. die reine trans-Form darstellt. Dagegen deutet das Infrarotspektr. des aus 2-[1-Bromäthyl]-tetrahydrofuran erhaltenen **I** darauf hin, daß in diesem Präp. ein Gemisch der cis- u. trans-Formen vorliegt, wobei allerdings trans-**I** überwiegt.

V e r s u c h e (zum Teil mit **J. H. Brockman**): *2-[1-Oxyäthyl]-furan*, $Kp._{21}$ 80,5°, aus Furfurol u. CH_3MgJ; n_D^{20} 1,4794; 65% (Ausbeute). — *2-[1-Oxyäthyl]-tetrahydrofuran*, $C_6H_{12}O_2$, $Kp._{20}$ 75—77°, durch Hydrierung vorst. Verb. mit RANEY-Ni in A. (3 Std. bei 100° u. 125 at); nach Pilzen riechende Fl.; n_D^{20} 1,4480; 89%; Verlängerung der Hydrierungsdauer führt zu einer Herabsetzung der Ausbeute. — *2-[1-Halogenäthyl]-tetrahydrofurane.* Einw. von $SOCl_2$ u. Pyridin sowie von trockenem HCl-Gas bei Tempp. bis zu -20^0 auf vorst. Verb. führte zu Verharzungen u. nur Spuren des gewünschten Chlorids. Rk. mit rotem P u. J_2 ergab ein *Jodid* mit stetig steigendem Kp. ($Kp._3$ 45 bis 103°) u. nicht stimmenden Analysenzahlen. Mit demselben Resultat wurde ein *Bromid* bei der Einw. von PBr_3 mit u. ohne Pyridin bei 0 bzw. -5^0 erhalten, $Kp._{14}$ 68 bis 100°, n_D^{28} 1,4740—1,4744, u. daraus durch Ringspaltung mit Na in Ae. I vom Kp. 130—180°, $Kp._{11}$ 52—66°. — *3-Chlor-2-methyltetrahydropyran* (**II**), Kp. 150—175°, aus 2.3-Dichlortetrahydropyran (**III**) (1 Mol) in Ae. mit CH_3MgJ (1,5 Mol); n_D^{20} 1,4594. Durch Feinfraktionierung *trans* **II**, Kp. 154°, $Kp._{18}$ 51°, $D.^{21}_4$ 1,071, n_D^{21} 1,4551, u. *cis*-**II**, Kp. 172°, $Kp._{18}$ 66°, $D.^{21}_4$ 1,091, n_D^{21} 1,4626. — *trans-n-Hexen-(4)-ol-(1)* (trans-I), Kp. 158°, durch Zutropfen von cis- + trans-**II** bzw. reinem cis- oder trans-**II** zu gepulvertem Na in Ae.; $Kp._{15}$ 68,5°, n_D^{20} 1,4403; 82 bzw. 78 bzw. 87%. *1-Naphthylurethan,* Nadeln aus PAe. (40—60°), F. 73°. *4-Diphenylylurethan,* Nadeln aus Bzn. (80—100°), F. 93—94°. — *n-Hexin-(4)-ol-(1)* (**IV**), $C_6H_{10}O$, Kp. 165—168°, aus trans-I u. Br_2 in Ae. $<10^0$ u. Behandlung des erhaltenen *erythro-4.5-Dibromhexanols* mit $NaNH_2$ in fl. NH_3; n_D^{20} 1,4586; 31%. *1-Naphthylurethan.* $C_{17}H_{17}O_2N$, aus PAe. (40—60°), F. 82°. — Red. von **IV** mit Na in fl. NH_3 lieferte trans-**I**; 72%; Partialhydrierung über $Pd/CaCO_3$ bei n. Temp. u. Druck ohne Lösungsm. cis-I, Kp. 158—159°, n_D^{20} 1,4420; 75%; *1-Naphthylurethan,* Nadeln aus PAe. (40—60°), F. 74—75°; *4-Diphenylylurethan,* Nadeln aus Bzn. (80—100°), F. 77,5°. — *3-Chlor-2-äthyltetrahydropyran,* Gemisch der cis- u. trans-Form, wie **II**; $Kp._{11-12}$ 52—81°; 61%. — *trans-n-Hepten-(4)-ol-(1),* $Kp._{11}$ 74 bis 76°, aus vorst. Verb. wie trans-**I**; n_D^{20} 1,4439. — *3-Chlor-2-n-propyltetrahydropyran,* $Kp._{18}$ 82—89°, n_D^{20} 1,4588; 62%. — *trans-n-Octen-(4)-ol-(1),* $Kp._{11}$ 86—88°, n_D^{20} 1,4456; 88%. — *3-Chlor-2-n-butyltetrahydropyran,* $Kp._{11}$ 83—108°; 63%. — *trans-n-Nonen-(4)-ol-(1),* $Kp._{13}$ 101—105°, n_D^{20} 1,4476; 84%. (J. chem. Soc. [London] **1950.** 1707—14. Juli. London, Univ., King's Coll.) GRALHEER. 560

Leslie Crombie und **Stanley H. Harper,** *Stereochemische Untersuchungen olefinischer Verbindungen.* 3. Mitt. *Ringspaltung von 3-Halogen-2-alkyltetrahydrofuranen als Weg zu Alken (3)-olen-(1) bekannter Konfiguration und als Methode zur Kettenverlängerung um vier Methylengruppen.* (2. vgl. vorst. Ref.) Das durch Chlorieren von Tetrahydrofuran erhältliche *2.3-Dichlortetrahydrofuran* (**I**) reagiert mit CH_3MgBr bzw. C_2H_5MgBr zu *3-Chlor-2-methyl-* (**II**) bzw. *-2-äthyltetrahydrofuran* (**III**), mit RMgBr unter Bldg. von *3-Chlor-2-alkyltetrahydrofuranen,* die durch Ringspaltung (vgl. l. c.) n-Penten-(3)-ol-(1) (**IV**) bzw. n-Hexen-(3)-ol-(1) (**V**) liefern. **I** erscheint einheitlich, oder aber cis- u. trans-Form haben sehr ähnliche Siedepunkte. **II** u. **III** dagegen lassen sich in die cis- u. trans-Formen trennen, wobei auf Grund der AUWERS-SKITA-Regel den höhersd. Isomeren die cis- u. den tiefersd. Formen die trans-Konfiguration zugeschrieben wird. Ringspaltung eines Gemisches von cis- u. trans-**II** liefert **IV**, das aber im Gegensatz zu den Alken-(4)-olen-(1) aus 3-Chlor-2-alkyltetrahydropyranen (vgl. l. c.) ster. nicht einheitlich ist. Nur reines trans-**II** liefert ster. einheitliches trans-**IV**, während cis-**II** ein Gemisch von cis- u. trans-**IV** ergibt. **III** verhält sich analog. Hydrierung von **IV** u. **V** liefert die gesätt. n. Alkohole, wodurch eine bequeme Meth. aufgezeigt wird, eine gegebene Kohlenstoffkette um 4 Methylengruppen zu verlängern. Zum Reaktionsmechanismus der Spaltung der Pyrane u. Furane nehmen Vff. an, daß an der Na-Metalloberfläche nucleophiler Angriff auf das Cl-Atom erfolgt; durch Elektronenübergang zu $C_{(\alpha)}$ u. Sprengung der $C_{(\alpha)}$—O-Bindung bildet sich die Doppelbindung aus. Beim „n." S_N2-Mechanismus tritt Inversion ein, beim S_N1-Mechanismus nicht, doch kann durch ster. Faktoren die bevorzugte Bldg. eines der beiden möglichen Isomeren aus dem intermediären planaren Carboniumion bewirkt werden. Die Spaltung der trans-Pyrane u. -Furane dürfte demnach nach einem S_N2-Mechanismus, die der cis-Vorbb. nach S_N1 verlaufen, wobei bei den Furanen wegen geringerer ster. Hinderung eine teilweise „Racemisierung" erfolgt.

Versuche: *2.3-Dichlortetrahydrofuran* (**I**), $C_4H_6OCl_2$, $Kp._{21}$ 63—66°, durch Sättigen von Tetrahydrofuran in CCl_4 mit trockenem Cl_2; n_D^{20} 1,4841; 71% (Ausbeute). — *3-Chlor-2-methyltetrahydrofuran* (**II**), C_5H_9OCl. Langsames Eintropfen von **I** (1 Mol) in eine äther. CH_3MgBr-Lsg. (1,5 Mol) ergibt ein Gemisch von cis- u. trans-**II**, $Kp._{19}$ 40 bis 50°, n_D^{20} 1,4487; 82%. Feindest. liefert *trans*-**II**, Kp. 130°, $D.^{20}_4$ 1,087, n_D^{20} 1,4420, u. *cis*-**II**, Kp. 145°, $D.^{20}_4$ 1,098, n_D^{20} 1,4520. — *3-Chlor-2-äthyltetrahydrofuran* (**III**), $C_6H_{11}OCl$, analog, $Kp._{21}$ 60—72°, n_D^{20} 1,4510; 85%. *trans*-**III**, Kp. 150°, $D.^{20}_4$ 1,058, n_D^{20} 1,4463. *cis*-**III**, Kp. 165°, $D.^{20}_4$ 1,078, n_D^{20} 1,4553. — Ringspaltung von cis- + trans-**II** mit Na lieferte ein Gemisch von *cis-* u. *trans-n-Penten-(3)-ol-(1)* (**IV**), $C_5H_{10}O$, Kp. 137—138°, n_D^{20} 1,4350; 83%. Reines trans-**II** lieferte ster. einheitliches *trans*-**IV**, Kp. 136—137°, n_D^{20} 1,4343; 57%; *1-Naphthylurethan,* $C_{16}H_{17}O_2N$, Nadeln aus PAe.,

F. 92°; *p-Nitrophenylurethan*, $C_{12}H_{14}O_4N_2$, Nadeln aus PAe.–CCl_4 (3 : 1), F. 80°. *cis-n-Penten-(3)-ol-(1)-p-nitrophenylurethan*, F. 76°. Die Ozonisierung sämtlicher Formen von **II** lieferte *Acetaldehyd* (*Dimedonderiv.*, F. 140—141°). Hydrierung ergab *n-Amylalkohol* (*3.5-Dinitrobenzoat*, F. 43—44°). — *1-Brompenten-(3)* (**VI**), aus **IV** mit PBr_3 in Pyridin. Ein Gemisch von cis- u. trans-**IV** lieferte ein Gemisch der stereoisomeren **VI**, Kp.$_{225}$ 89—97°, n_D^{25} 1,4700. Reines trans-**IV** ergab *trans*-**VI**, Kp.$_{260}$ 90—94,5°, n_D^{20} 1,4690. — *Hexen-(4)-säure* (**VII**), $C_6H_{10}O_2$, aus einem Gemisch von cis- u. trans-**VI** nach GRIGNARD; Kp.$_{24}$ 117—119°, n_D^{20} 1,4380; 65%. Die FF. des Toluidids u. p-Bromphenacylesters waren nicht scharf, die Säure ist daher nicht einheitlich. trans-**VI** liefert *trans*-**VII**, Kp.$_{13}$ 102,5—103°, F. —1 bis +1°, n_D^{20} 1,4388; 67%; *p-Bromphenacylester*, F. 82—82,5°. — Ringspaltung von cis- u. trans-**III** ergab ein Gemisch von *cis-* u. *trans-n-Hexen-(3)-ol-(1)* (**V**), Kp.$_{19}$ 67—71°, n_D^{20} 1,4377; 81%. trans-**III** lieferte trans-**V**, Kp.$_{16}$ 63—64°, n_D^{20} 1,4385; 53%; *1-Naphthylurethan*, F. 68—69°; *3.5-Dinitrobenzoat*, F. 46—47,5°; *p-Nitrophenylurethan*, F. 84—85°; *4-Diphenylylurethan*, F. 99,5°. Die beiden letzten Derivv. wurden auch aus einem aus Hexin-(3)-ol-(1) durch Red. mit Na in fl. NH_3 hergestellten trans-**V** dargestellt. — *1-Bromhexen-(3)*, Kp.$_{15}$ 47—53°, aus cis- u. trans-**V** mit PBr_3 in Pyridin, n_D^{20} 1,4690; 71%. — *Hepten-(4)-säure*, $C_7H_{12}O_2$, Kp.$_{20}$ 123—125°, aus vorst. Verb. nach GRIGNARD, n_D^{20} 1,4407; 68%. Daraus nach Kristallisation aus wss. A. *cis-Hepten-(4)-säure-p-bromphenacylester*, leichter lösl., F. 47°, u. *trans-Hepten-(4)-säure-p-bromphenacylester*, F. 78—79°. (J. chem. Soc. [London] **1950**. 1714—22. Juli.) GRALHEER. 560

Charles C. Price und **Joseph A. Pappalardo,** *β-Chlorvinylisoamylketon.* Aus Isocaproylchlorid in CCl_4 u. Acetylen in Ggw. von $AlCl_3$: $C_8H_{13}OCl$, Kp.$_{20}$ 96—98°; n_D^{25} 1,4619; 54—64% (Ausbeute). — Die Meth. kann auch für die Darst. der Isobutyl- u. Isohexylhomologen angewandt werden. (Org. Syntheses **32.** 27—29. 1952. Notre Dame, Ind., Univ.) TROFIMOW. 710

George A. Reynolds und **J. A. Van Allan,** *Methylglyoxal-ω-phenylhydrazon.* Aus Acetessigester mit KOH, Abkühlen, Ansäuern mit konz. HCl in Eiswasser u. Zugabe einer Lsg. von diazotiertem Anilin: $C_9H_{10}ON_2$, Kristalle aus Toluol, F. 148—150°; 82% (Ausbeute). — Die Meth. ist anwendbar für die Darst. verschied. Phenylhydrazone. (Org. Syntheses **32.** 84—86. 1952. Rochester, N. Y., Eastman Kodak Co.) TROFIMOW. 740

D. B. Reisner und **E. C. Horning,** *Chloracetonitril.* Durch Dehydratation von Chloracetamid (I) mit P_2O_5. — 170 g P_2O_5, 187 g **I** u. 800 cm³ Trimethylbenzol werden 1 Std. unter Rückfluß erhitzt. Nach Abkühlen auf 100° u. Dest. redest. man über 10 g P_2O_5: C_2H_2NCl, Kp.$_{15}$ 30—32°, Kp.$_{760}$ 123—124°; Ausbeute 93—106 g. (Org. Syntheses **30.** 22—23. 1950.) TROFIMOW. 810

Homer Adkins und **Robert W. Rosenthal,** *Carbonylierung von Alkoholen mit Nickelcarbonylkatalysator.* Vff. carbonylieren verschied. Alkohole mit CO in Ggw. von Ni-Carbonyl, $NiCl_2$ u. HCl zu den entsprechenden, ein C-Atom mehr enthaltenden Säuren. Sek. aliphat. u. alicycl. Alkohole ließen sich mit einer mittleren Ausbeute von 75%, prim. u. tert. Alkohole mit Ausbeuten von 30—60% carbonylieren. Es bilden sich einheitliche Prodd. mit verzweigter Kette; so liefern z. B. Butanol-(1) u. Butanol-(2) 2-Methylbuttersäure. Einige Alkohole ließen sich nicht carbonylieren. So entstehen aus aromat. Alkoholen Alkylbenzole. Glykole liefern Monocarbonsäuren, wobei der zur Red. der zweiten OH-Gruppe benötigte H offenbar nach $CO + H_2O \rightleftharpoons CO_2 + H_2$ gebildet wird. Es wird angenommen, daß bei der Carbonylierung sich aus dem Alkohol unter Wasserabspaltung das Olefin bildet, welches dann CO u. H_2O anlagert.

V e r s u c h e : Nachst. Alkohole wurden durch katalyt. Hydrierung hergestellt: *3-Phenylpropanol-(1)*, aus Zimtaldehyd, n_D^{25} 1,5346, Kupfer–Chrom-Oxyd (Katalysator). — *Cyclopentanol*, aus Cyclopentanon, n_D^{25} 1,4503, Kupfer–Chrom-Oxyd. — *β-Dekalol*, aus β-Naphthol, n_D^{25} 1,5012, RANEY-Ni W–2. — *Hexandiol-(1.6)*, F. 40 bis 41°, aus Adipinsäurediäthylester, Kupfer–Chrom-Oxyd. — *4-Methylcyclohexanol-(1)*, aus p-Kresol, n_D^{25} 1,4555, RANEY-Ni W–2. — *3-Cyclohexylpropanol-(1)*, aus 3-Phenylpropanol-(1), n_D^{25} 1,4625, RANEY-Ni W–2. — *Heptanol-(1)*, durch Verseifung von Essigsäure-n-heptylester, n_D^{25} 1,4230. — *Methyl-β-naphthylcarbinol*, F. 74—75°, durch Hydrierung von 2-Acetylnaphthalin über Kupfer–Chrom-Oxyd. — *4-Phenylbutanol-(1)*, durch Red. von β-Benzoylpropionsäureäthylester (aus β-Benzoylpropionsäure, die durch FRIEDEL-CRAFTS-Rk. von Bernsteinsäureanhydrid mit Bzl. erhalten wurde) über Kupfer–Chrom-Oxyd, n_D^{25} 1,5122. — *2-Methyloctansäure*, Kp.$_{20}$ 130 bis 135°, durch Mischen von 41 g Octanol-(2), 15 g W., 17 g Ni-Carbonyl, 5 g $NiCl_2 \cdot 6\,H_2O$ u. 3 ml konz. HCl in einem Druckgefäß von 190 ml Inhalt, Zusatz von CO mit einem Druck von 900 lbs./sq.in., 15std. Erhitzen der Bombe auf 300°, wobei der Druck von anfangs 4200 auf 4000 lbs./sq.in. fällt. Nach dem Ablassen des Gases wurde der Inhalt mit Ae. extrahiert, der Ae. abgedampft, der Rückstand mit 10%ig. NaOH neutralisiert, mit Ae. ausgezogen, die wss. Phase angesäuert u. die abgeschiedene Säure unter vermindertem Druck dest.; n_D^{25} 1,4302; 76% (Ausbeute); ebenso aus Octanol-(1); 30%. *Amid*, F. 78–79°. — Analog wurden hergestellt: *2-Methylbuttersäure*, $Kp._{19}$ 81 bis 88°, aus Butanol-(1) bzw. Butanol-(2); n_D^{25} 1,4099; 47 bzw. 70%; *p-Bromphenacylester*, F. 53–54°. — *2-Methylvaleriansäure*, $Kp._{20}$ 103–105°, aus Pentanol-(1) bzw. Pentandiol-(1.5), n_D^{25} 1,4121; 54 bzw. 10%; *Amid*, F. 79–80°. — *2-Methylhexansäure*, $Kp._{20}$ 110–112°, aus Hexanol-(1) bzw. Hexandiol-(1.6); n_D^{25} 1,4200; 70 bzw. 30%; *Amid*, F. 70–71°. — *2-Methylheptansäure*, $Kp._{25}$ 138–140°, aus Heptanol-(1) bzw. Heptanol-(2), n_D^{25} 1,4252; 33 bzw. 70%; zum Vgl. dargestellt aus Methylamylacetessigsäureäthylester nach MARVEL u. HAGER (Org. Syntheses Coll. Vol. **I.** [1932.] 248). *Amid*, F. u. Misch-F. 74–75°. — *3-Cyclohexyl-2-methylpropionsäure*, $Kp._2$ 114–115°, aus 3-Cyclohexylpropanol-(1); n_D^{25} 1,4616; 36%; daneben ungesätt. Verbindungen. — *Diäthylmethylessigsäure*, $Kp._{27}$ 123–125°, aus 2-Äthylbutanol-(1), n_D^{25} 1,4212; 40%; *Amid*, F. 78–79°. — Neopentylalkohol gab ein Gemisch von C_6-Säuren; *Amide*, F. 114 bis 115° u. F. 107–109°. — *Cyclopentancarbonsäure*, $Kp._{23}$ 118°, aus Cyclopentanol; n_D^{25} 1,4522; 84%; *Amid*, F. 176–178°. — *4-Methylcyclohexancarbonsäure*, $Kp._{13}$ 129 bis 131°, aus 4-Methylcyclohexanol-(1); n_D^{25} 1,4569; 53%; *Amid*, F. 177–179°; daneben neutrale ungesätt. Verbb., vermutlich eine Mischung von Methylcyclohexenen, $Kp._{740}$ 80 bis 105°, n_D^{25} 1,4449. — *Dekahydro-α-naphthoesäure*, F. 100–105°, aus β-Dekalol; *Amid*, F. 195–196°; daneben neutrale ungesätt. Substanzen, offenbar eine Mischung von Oktalinen, $Kp._{25}$ 83–88°, n_D^{25} 1,4997, u. eine Mischung von *Dekahydro-α-* u. *-β-naphthoesäure* (?), *Amid*, F. 175–180°. — *Dimethyläthylessigsäure*, $Kp._{15}$ 94–96°, aus tert.-Amylalkohol; n_D^{25} 1,4127; 25%; *Amid*, F. 102–103°. — *Äthylbenzol*, Kp. 134 bis 135°, aus 2-Phenyläthanol-(1); n_D^{25} 1,4935; 12%; daneben harzige Produkte. — *n-Propylbenzol*, $Kp._{749}$ 157°, aus 3-Phenylpropanol-(1); n_D^{25} 1,4917; 40%; daneben harzige Produkte. — *n-Butylbenzol*, $Kp._{750}$ 175–180°, aus 4-Phenylbutanol-(1); n_D^{25} 1,4922; 40%; daneben harzige Produkte. — *Polymeres Vinylnaphthalin* (?), aus Methyl-β-naphthylcarbinol. (J. Amer. chem. Soc. **72.** 4550–53. Okt. 1950. Madison, Wis., Univ., Labor. of Organ. Chem.) J. MATTNER. 810

N. A. Khan, *Undecin-(10)-säure.* Aus Undecen-(10)-säure in Ae. mit Br_2, Dehydrobromierung der entstandenen 10.11-Dibromundecansäure mit Na-Amid u. Ansäuern: $C_{11}H_{18}O_2$, F. 42,5–43°; Ausbeute 38–49%. (Org. Syntheses **32.** 104–07. 1952. Columbus, O., Univ.) TROFIMOW. 810

Edgar A. Steck, *α-[Benzylmercaptomethyl]-bernsteinsäureanhydrid. α-[Benzylmercaptomethyl]-bernsteinsäuredimethylester*, $C_{14}H_{18}O_4S$, $Kp._{0,7}$ 154–156°, n_D^{25} 1,5250, aus Itaconsäuredimethylester in A. u. Benzylmercaptan + Piperidin am Rückfluß (10 Std.), Abdest. des Lösungsm. u. Fraktionieren; 78% (Ausbeute). — *α-[Benzylmercaptomethyl]-bernsteinsäure*, $C_{12}H_{14}O_4S$, F. 108,5–109° (Hexan–Bzl.-Gemisch), aus vorst. Verb. durch Kochen mit KOH. — *α-[Benzylmercaptomethyl]-bernsteinsäureanhydrid*, $C_{12}H_{12}O_3S$, F. 58–58,5° (Cyclohexan–Bzl.-Gemisch), $Kp._{0,2}$ 150–155°, durch Erhitzen von vorst. Verb. mit Essigsäureanhydrid (4 Std.); 83%. (J. Amer. chem. Soc. **74.** 5547. 5/11. 1952. Rensselaer, N. Y., Sterling-Winthrop Res. Inst.) BOLLINGER. 820

Ch. Grundmann und **Heinz Paul,** *Notiz zur Kenntnis der Äthan-1.1.2.2-tetraessigsäure.* Acetondicarbonsäuremethyl- u. -äthylester wurden sowohl durch Red. mit Al-Amalgam als auch durch Hydrierung in Ggw. von RANEY-Ni zu den entsprechenden β-Oxyglutarsäureestern (**I u. II**) umgewandelt, deren β-Brom- bzw. -Jodverbb. bei Behandlung mit feinverteiltem Ag neben Glutarsäureester u. polymeren Glutaconsäureester nach Verseifung nur zu 3,7% die gewünschte *Äthan-1.1.2.2-tetraessigsäure* lieferten.

Versuche (FF. korr.): *β-Oxyglutarsäuredimethylester* (**I**), durch Red. von Acetondicarbonsäuredimethylester a) mit Al-Amalgam in Ae. unter Rühren u. Kühlen bei Zimmertemp. in 8 Std., $Kp._{12,5}$ 135–138°; 80,9% (Ausbeute); b) mit H_2 in Ggw. von RANEY-Ni in Dioxan, $Kp._{10}$ 134–136°; 90%. *Phenylurethan*, $C_{14}H_{17}O_6N$, seidige Nadeln aus Ae.-PAe., F. 55,5–56,5°. *3.5-Dinitrobenzoat*, $C_{14}H_{14}O_{10}N_2$, blaßgelbe Nadeln aus PAe., F. 84–85°. — *β-Oxyglutarsäurediäthylester* (**II**), $Kp._{10}$ 142–144°, analog nach a) 75,5%; nach b) 88,7%. — *β-Bromglutarsäuredimethylester* (**III**), $C_7H_{11}O_4Br$, $Kp._9$ 130–134°, durch allmähliches Zugeben von PBr_5 zur Lsg. von **I** in CCl_4 bei 50–60°; 40,6%. — *β-Bromglutarsäurediäthylester*, $C_9H_{15}O_4Br$, $Kp._{12}$ 144–147°; analog aus **II**. — *β-Jodglutarsäurediäthylester* (**IV**), $C_9H_{15}O_4J$, $Kp._{11}$ 141°, durch Kochen einer Lsg. vorst. Verb. in wasserfreiem Aceton mit NaJ nach 3 Stunden. — *Äthan-1.1.2.2-tetraessigsäure*, $C_{10}H_{14}O_8$, F. 212–214° (Zers.) (Aceton), bei 203° Sintern, a) durch Erhitzen von 17,6 g **III** mit 17 g Ag-Pulver (durch Red. von AgCl mit Formaldehyd im alkal. Milieu) 6 Std. auf 160°, Extraktion mit Methanol u. Vakuumdest. neben unverändertem **III** u. weiteren Prodd.; 340 mg; b) analog aus 7,76 g **IV**; 30 mg bräunliche prismat. Nadeln. *Tetra-p-bromphenacylester,* $C_{42}H_{34}O_{12}Br_4$, F. 125—126° (Aceton–A.). — *Glutarsäure,* F. 94—96°, Nebenprod. bei der Darst. vorst. Verb. neben Glutaconsäure u. deren polymerisiertem Ester. *Bis-phenylhydrazid,* $C_{17}H_{20}O_2N_4$, F. 217—219° (Zers.). (Chem. Ber. **86.** 186—89. 1953. Columbus, O., Ohio State Univ., Res. Found.) L. Fischer. 840

David A. Schlichting und **Glenn L. Jenkins,** *Das γ-Lacton der 3-Tridecyl-4-oxybuten-(2)-säure. 1-Acetoxypentadecanon-(2)* (I), Kp.$_2$ 153—163°, F. 49—52°, durch Umsetzung von Myristoylchlorid mit Diazomethan u. Behandeln des Diazoketons mit Eisessig; 70% (Ausbeute). — *γ-Lacton der 3-Tridecyl-4-oxybuten-(2)-säure,* $C_{17}H_{30}O_2$, Kp.$_{3-4}$ 185—195°, F. 57—58° (W.+ A.), aus I in Bzl./Ae. mit Bromessigester + Zn, Zersetzen der Zinkkomplexverb. u. Behandeln des Prod. mit HBr in Eisessig. — *1-Acetoxyheptadecanon-(2),* $C_{19}H_{36}O_3$, F. 62—63°, analog I; 68%, aus Palmitoylchlorid. (J. Amer. chem. Soc. **74.** 5547. 5/11. 1952. Lafayette, Ind., Purdue Univ., School of Pharmacy.) Bollinger. 850

Juitsu Endo und Michio Mashima, *Über die chemische Zusammensetzung und die Bildung von Mercurofulminat.* Durch Ausführung der für *Knallquecksilber* (**I**), $Hg(ONC)_2$, üblichen Herstellungsmeth. bei Tempp. von 36—90° zeigte sich, daß bei Reaktionstempp. von 45—55° *Quecksilber(I)-fulminat* (**II**), HgONC, entsteht, was durch qualitative Rkk. u. Analyse bestätigt wurde. **II** krist. im Gegensatz zu **I** (Tafeln) in Prismen. Unterhalb 45° wurde $HgNO_3 \cdot H_2O$, über 55° stets **I** erhalten, dessen Analyse nach dem Umkristallisieren die richtigen Werte ergab. (J. chem. Soc. Japan, pure Chem. Sect. [Nippon Kagaku Zassi] **73.** 454—55. Juni 1952. Niigata Univ. [Orig.: japan.]) Schuler. 890

J. B. Class, J. G. Aston und **T. S. Oakwood,** *Trimethylhydrazin und Tetramethylhydrazin.* Vff. stellen *Trimethylhydrazin* (**I**) durch Red. von Methylendimethylhydrazin in Ggw. von $LiAlH_4$ dar. *Tetramethylhydrazin* wird durch analoge Red. von N.N'-Diformyl-N.N'-dimethylhydrazin erhalten.

V e r s u c h e: *Methylendimethylhydrazin,* F. $-103 \pm 10°$, Kp.$_{730}$ 72°, aus N.N-Dimethylhydrazin u. 37%ig. Formaldehydlsg. bei 25—30°, mit NaOH sättigen u. Dest. über NaOH u. CaH_2; $D.^{20}$ 0,8125; n_D^{20} 1,4338; Mol.-Refr. ($[MR]_D$) 23,14; 78—83% (Ausbeute). — *Trimethylhydrazin* (**I**), F. $-73°$, Kp.$_{735}$ 60°. Zur äther. Lsg. von $LiAlH_4$ (12,6 g $LiAlH_4$) werden innerhalb von 3 Std. 80 g vorst. Verb. gegeben, es wird 1 Std. erhitzt, mit W. versetzt, 500 cm³ 6nHCl hinzugefügt, auf 200 cm³ eingeengt, die Lsg. zur heißen Lsg. von 280 g NaOH in 120 cm³ W. gegeben, Dest. bis 100° u. mehrmalige Dest. über NaOH u. CaH_2; $D.^{20}$ 0,7716; n_D^{20} 1,4039; $[MR]_D$ 23,49; 69—74%. — Bei der Rk. von CH_3J mit dem $LiAlH_4$-Komplex von **I** wurden neben NH_3 Spuren von *Dimethylamin* (identifiziert als Sulfonamid) u. *Triäthylamin* (Pikrat) erhalten. — *Tetramethylhydrazin,* F. $-118 \pm 10°$, Kp.$_{730}$ 73°. Zur Lsg. von 23 g $LiAlH_4$ in 500 cm³ Ae. werden 58 g N.N'-Diformyl-N.N'-dimethylhydrazin hinzugefügt; 1 Std. erhitzt, dazu 150 cm³ W., Ae. mit 80 g NaOH in 100 cm³ W. versetzen u. dest.; $D.^{20}$ 0,7794; n_D^{20} 1,4040; $[MR]_D$ 27,66; 15%. (J. Amer. chem. Soc. **75.** 2937—39. 20/6. 1953. State Coll., Pa., School of Chem. and Phys.) H. Ulrich. 910

Cal Y. Meyers und **Leonhard E. Miller,** *ε-Aminocapronsäure.* Aus ε-Caprolactam durch Hydrolyse mit HCl: $C_6H_{13}O_2N$, F. 202—203°, Ausbeute 90%. (Org. Syntheses **32.** 13—16. 1952. Brooklyn, N. Y., Polytechn. Inst.) Trofimow. 950

Géza Austerweil und **Janine Delort-Stachenko,** *Reinigung von Glutaminsäure durch Ionenaustausch.* Durch Filtration von *Glutaminsäure* (**I**)-Lsgg. über ein Kationenaustauschharz kann man **I** von den sie begleitenden Verunreinigungen [vor allem von ihrem Lactam, der *Pyrrolidon-(2)-carbonsäure-(5)*] trennen. — Infolge ihrer NH_2-Gruppe wird **I** auf dem Harz fixiert, während das Lactam im Filtrat bleibt. **I** wird dann durch Soda-, Barytlauge oder saure Lsgg. gelöst. (C. R. hebd. Séances Acad. Sci. **235.** 1252—54. 17/11. 1952.) Gabriele Günther. 950

A. W. Toptschijew, N. Ss. Nametkin und **O. P. Ssolowowa,** *Darstellung von siliciumorganischen Verbindungen aus ungesättigten Kohlenwasserstoffen.* Durch Anlagerung von Tribromsilan (I) an ungesätt. KW-stoffe unter Bestrahlung mit UV-Licht wurden *Organosiliciumverbb.* erhalten.

V e r s u c h e: *Hexyltribromsilan,* $C_6H_{13}Br_3Si$, Kp.$_{15}$ 119—120°; 36 g Hexen-(1) (Kp.$_{750}$ 62,4—63°; $D.^{20}{}_4$ 0,6734; n_D^{20} 1,3888, durch Pyrolyse von Hexylacetat) u. 39,3 g rohes **I** (Kp. 107—118°; aus Si oder Si–Cu-Legierung mit 20% Cu im schnellen HBr-Strom u. Fraktionieren des Gemischs von ca. 65% **I**, $SiBr_4$ u. etwas SiH_2Br_2 in N_2-Atmosphäre) werden im Quarzkolben 50 Std. mit UV-Licht bestrahlt, wobei

entweder freie unterchlorige oder unterbromige Säure oder deren aliphat. Ester einwirken, z. B. tert.-Butylhypochlorit, wobei an die Doppelbindung $\Delta^{3,4}$ der Rest HOX angelagert wird. — Man erhält viscose, fast farblose Öle; Verwendung als reaktionsfähige *Zwischenprodukte.* — Aus 2.5-Diäthoxy-2.5-dihydrofuran u. tert.-Butylhypochlorit (**III**) entsteht *2.5-Diäthoxy-3-oxy-4-chlortetrahydrofuran,* $Kp._{14}$ 96—115°, gereinigt $Kp._{0,3}$ 94—96°. — Aus 2.5-Diacetoxy-2.5-dihydrofuran entsteht in entsprechender Weise *2.5-Diacetoxy-3-oxy-4-chlortetrahydrofuran,* $Kp._{0,15}$ 132—134°. — 2.5-Diisopropoxy-2.5-dihydrofuran u. **III** bilden *2.5-Diisopropoxy-3-oxy-4-chlortetrahydrofuran.* (**Oe. P. 174 905** vom 18/1. 1952, ausg. 26/5. 1953. Schwz. Prior. 2/12. 1949.)
M. F. MÜLLER. H 3061

American Cyanamid Co., New York, N. Y. (Erfinder: **Ludwig Jacob Christmann,** Bronxville, N. Y., und **George H. Foster,** Stamford, Conn.), V. St. A., *Herstellung von Melamin* u. seinen Desaminierungsprodd. (*Melam, Melem* u. *Mellon*) als Gemisch. Geschmolzenes Dicyandiamid wird in einem Ofen bei prakt. n. Druck in Form dünner Filme in Berührung mit ausgedehnten Flächen erheblicher Wärmekapazität erhitzt, bes. in einem rotierenden Ofen, der eine Kugelmühle darstellt. — Arbeitsschema. (**D. B. P. 889 749** Kl. 12p vom 30/3. 1940, ausg. 14/9. 1953.) BRÖSAMLE. H 3313

X. Färberei. Organische Farbstoffe.

—, *Neue Farbstoffe und Hilfsmittel.* Prodd. der CIBA AKT.-GES., Basel: *Chloranilinlichtblau 2 BLL* für Baumwolle u. Reyon. Die Lichtechtheit der Färbung ist gut. Der Farbstoff deckt streifig färbende Viscosereyon u. färbt Baumwolle u. Viscosereyon Ton-in-Ton (Zirkular Nr. 695). — *Cibaechtblau F 3 R* färbt Acetatreyon sowie Nylon, Perlon, Grilon u. andere Polyamidfasern. Die Allgemeinechtheiten sind gut. Der Farbstoff ist auch für den Direktdruck geeignet (Zirkular Nr. 704). — *Cibalanbordeaux RL* besitzt gute Echtheitseigg. u. ergänzt das Cibalansortiment. — *Coprantingelb RL* gibt auf Baumwolle, Zellwolle u. Reyon reine Gelbfärbungen von guter Lichtechtheit u. von sehr guten Naßechtheiten. Sie widerstehen der Knitterfestausrüstung u. sind weiß ätzbar (Zirkular Nr. 702). — *Cibantingelb 2 GB* für den Druck auf Baumwolle, Zellwolle u. Reyon. Die Färbungen besitzen vorzügliche Wasch- u. Chlorechtheit u. gute Lichtechtheit (Zirkular Nr. 703). — *Sapamin WP* ist ein Weichmachungsmittel für die Permanentappretur, das den verschied. Fasern, ausgenommen Wolle, einen kochbeständigen Weichgriff verleiht (Zirkular Nr. 2096). — Prodd. der FARBWERKE HOECHST, Frankfurt/M.: *Remalangelb GG* ist ein Säurefarbstoff, der sich durch sehr gute Echtheitseigg. auszeichnet. Dient hauptsächlich zum Färben loser Wolle, Kammzug, Web-, Wirk- u. Strickgarnen sowie von Polyamidfasern, ferner zur Herst. von Ätzböden auf Wolle u. Perlon. — *Indanthrenblau HCGK Plv. fein für Färbung.* Einheitlicher Farbstoff, der sich durch sehr gutes Egalisiervermögen sowie durch seine Cl-Beständigkeit auszeichnet. Er eignet sich für die Apparatefärberei sowie für Fondfärbungen von Weißätzartikeln. — *Indanthrendruckblau HR Suprafix Teig* ist ein einheitlicher Druckfarbstoff mit sehr guten Echtheitseigenschaften. Verwendbar bes. für Waschartikel. — *Indanthrengelb H 2 GK Plv. fein für Färbung* ist sowohl für Wasch- als auch für Buntgewebe- u. Buntbleichartikel geeignet. Gefärbt wird nach Verf. IK. — *Anthrasololivgrün IBB* kann zum Färben von Baumwolle, Leinen, Viscose- u. Kupferreyon bzw. -zellwolle verwendet werden. Die Echtheitseigg. werden als sehr gut bezeichnet. (Textil-Rdsch. [St. Gallen] **8.** 319—20. Juni 1953.)
P. ECKERT. 7018

Anders Bengtsson, *Einige Gesichtspunkte zum Färben mit Direktfarbstoffen.* Vortrag: Definitionen; hochkonz. Farbstoffe, homogene u. heterogene Farbstoffe; graph. Darst. der Färbeeigg. (Aufziehkurven mit u. ohne Salzzusatz; Klassifiziersyst.; Wrkg. der Salzkonz., der Basverhältnisse, der Temp., der Flüssigkeitsströmungsgeschwindigkeit; Färbung verschied. Cellulosematerials; Ursachen der häufigsten Fehler; Egalisiermittel. (Färgeriteknik **28.** 201—05. Dez. 1952. Elser, Borås.) R. K. MÜLLER. 7020

R. Paltzer, *Die Metallkomplexverbindungen in der Baumwollfärberei.* Nach eingehenden Ausführungen über die theoret. Grundlagen der Komplexbldg. von Farbstoffen an Hand von Formelbildern wird die Nachkupferung u. Nachchromung von Direktfarbstoffen sowie die dadurch erzielten Nuancen u. Echtheitseigg. besprochen, ferner wird das Färben mit Copraminfarbstoffen behandelt. (Klepzigs Textil-Z. **55.** 700—802. 5/7. 1953.) P. ECKERT. 7020

A. Wolff, *Die Coprantinfarbstoffe beim Direktdruck und Ätzartikel.* (Vgl. C. **1953.** 1085.) Die Coprantinfarbstoffe (CIBA) haben im Textildruck u. Ätzartikel für die Herst. licht- u. waschechter Waren große Bedeutung gewonnen, namentlich für tiefe Grundtöne in Marineblau, Marron, Braun, Schwarz, Flaschengrün usw., die sich so

Waschechtheit. (**Schwz. PP. 280 734** u. **280 735** vom 15/8. 1949, ausg. 1/10. 1952. **Zusätze zu Schwz. P. 277 659; C. 1952. 7895.)** KALIX. 7055

Sandoz Akt.-Ges., Basel, Schweiz, *Azofarbstoff.* 1 (Mol) tetrazotiertes Dianisidin wird zuerst mit 1 1-Oxynaphthalin-3.5.7-trisulfonsäure, dann mit 1 2-Sulfo-4-oxy-α.β-naphthophenazin gekuppelt u. der isolierte Farbstoff durch 18 std. Kochen am Rückflußkühler mit einer Cu-abgebenden Verb. in den Cu-Komplex umgewandelt. Wasserlösl. Pulver, das Baumwolle u. Cellulose grünstichig blau u. lichtecht färbt. (**Schwz. P. 283 641** vom 25/5. 1950, ausg. 1/10. 1952.) KALIX. 7055

J. R. Geigy Akt.-Ges., Basel, Schweiz, *Polyazofarbstoffe* der **nebenst. allg.** Formel erhält man durch Kupplung einer Aminobenzoldisulfonsäure $B-NH_2$ einerseits u. eines Aminodisazofarbstoffs andrerseits mit einer 2 mal kupplungsfähigen 1.3-Diaminobenzolverb.; hierbei bedeutet A den Rest einer o-Oxybenzolcarbonsäure X ein H-Atom oder CH_3; das eine Y ein H-Atom, das andere Y eine SO_3H-Gruppe u. B den Rest einer Benzoldisulfonsäure.

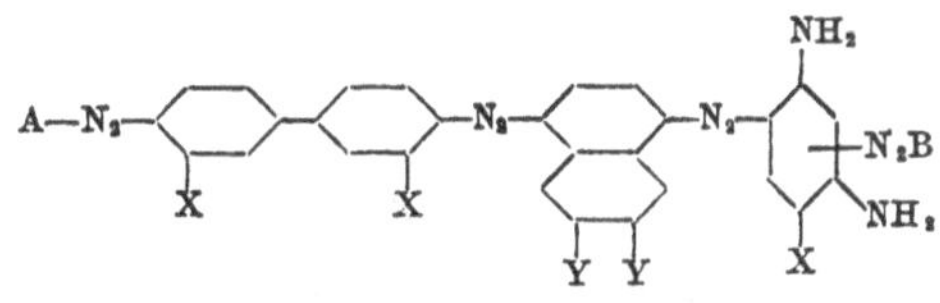

— Man kuppelt z. B. je 1 (Mol) 1.3-Diaminobenzol, 1 1-Aminobenzol-2.5-disulfonsäure u. 1 des Farbstoffes aus 1 (Mol) 4.4'-Tetrazo-3.3'-dimethyldiphenyl, 1 Salicylsäure u. 1 des techn. Gemisches aus 1-Aminonaphthalin-6- u. -7-sulfonsäure. Schwärzliche, wasserlösl. Pulver, die Leder aus ameisensaurem Bade dunkelbraun färben. (**Schwz. P. 278 941** vom 28/6. 1949, ausg. 16/2. 1952.) KALIX. 7055

XIa. Farben. Anstriche. Lacke. Naturharze.

A. Pass, *Zinkstaub als Schutzpigment.* Überblick über die physikal. Eigg. u. chem. Zus. von Zn-Staub, Diskussion der Eignung von Zn–ZnO-Pigmenten für Schutzanstriche auf Eisen- u. Stahloberflächen. Grundanstriche auf Holz. (Paint Manufact **22.** 299–301. Aug. 1952.) DALL'ASTA 7092

B. B. Rossa, *Ketone als Lacklösungsmittel.* Allg. Ausführungen. (Prakt. Chem. [Wien] **4.** 32–37. Febr. 59–60. März 1953. Wien.) WINIKER. 7100

A. K. Somcox, *Über synthetische Ketone und Alkohole aus Erdöl.* Überblick über die lacktechn. Bedeutung von Erdölderivaten. (Chem. Rdsch. [Solothurn] **5.** 209–11. 1/7. 229–30. 15/7. 240–41. 1/8. 1952.) WINIKER 7100

—, *Farbtypen und Teste.* Zusammenstellung von 40 Standardtypen von Öl-, Wasserfarben, Lacken u. Glasuren für die verschiedensten Verwendungszwecke, zusammengefaßt im British Standard Code of Practice. Vorschriften zur Vermeidung der typ. Schäden bei Anstrichen sowie Erläuterung ihrer Ursachen. Vorschriften zum Testen der Farbanstriche auf Qualität u. Beständigkeit gegen Atmosphärilien. (Paint Manufact. **22.** 289–95. 301. Aug. 1952.) DALL'ASTA. 7106

E. Straub, *Über Qualität und Qualitätserkennung bei Anstrichstoffen.* Allg. Ausführungen. (Chem. Rdsch. [Solothurn] **6.** 213–14. 1/7. 1953. Zürich.) WINIKER. 7106

W. Sandow, *Fehlerverhütung bei Schutzanstrichen.* Allg. Ausführungen. (Chem. Rdsch. [Solothurn] **6.** 217–19. 1/7. 1953. Killwangen, Verband Schweiz. Lack- u. Farbenfabrikanten.) WINIKER 7106

A. Muhr, *Schutzanstriche und Zemente auf Basis von Furfurylalkohol.* Allg. Ausführungen. (Chem. Rdsch. [Solothurn] **6.** 221. 1/7. 1953.) WINIKER. 7106

K. Buser, *Anstrichfarben aus oxydiertem Kautschuk und cyclisiertem Kautschuk.* Allg. Ausführungen. (Chem. Rdsch. [Solothurn] **6.** 149. 1/5. 1953.) WINIKER. 7106

B. Scheifele, *Kunstharzmöbellacke. Typen, Filmeigenschaften und Anwendungsmerkmale.* (Ind. Lackier-Betrieb **21.** 163–65. Aug. 1953.) WINIKER. 7106

Erich Karsten, *Über die Außenlackierung feiner Blechwaren.* Allg. Ausführungen. (Ind.-Lackier-Betrieb **21.** 25–26. Febr. 1953. Kettwig/Ruhr.) GRAF. 7106

A. Muhr, *Bekämpfung von Pilzwachstum auf und in Anstrichstoffen.* Allg. Ausführungen. — 11 Literaturhinweise. (Chem. Rdsch. [Solothurn] **6.** 222. 1/7. 1953.) WINIKER. 7106

R. Quarendon, *Die Verwendung des Elektronenmikroskops in der Anstrichindustrie.* An Hand der Literatur (34 Hinweise) gibt Vf. einen zusammenfassenden Überblick über die Unters. von Anstrichen mit Hilfe des Elektronenmikroskops. (Paint Manufact. **23.** 111–18. 133. April. 152–50. Mai 1953.) DALL'ASTA. 7158

Albert-Casimir Malzac, Frankreich, *Herstellung von hochprozentigen gelben Eisenoxydpigmenten aus natürlichen Ockerarten.* Die natürlich vorkommenden Ocker, die neben 15–20% Fe_2O_3 noch Quarz u. Ton enthalten, werden unter Druck mit NaOH

Triphenylacetylchlorid (**XI**), F. 127—128°, aus Triphenylessigsäure u. $SOCl_2$ in Bzl. mit 1 cm³ Pyridin; Prismen aus Bzl./PAe.; 80%. — Analog nachst. *Acetylchloride*: *Diphenyl-o-tolyl-* (**XII**), F. 86—87°, durch 3 std. Erhitzen auf dem Wasserbad, Verdampfen des Bzl. u. Behandlung des orangefarbenen Öls mit sd. PAe.; Nadeln; 82%. — *Phenyl-di-o-tolyl-* (**XIII**), $C_{22}H_{19}OCl$, F. 104° (Bzl./PAe.); 85%. — *Äthyltriphenylcarbinylketon*, F. 103—104°, aus 3,5 g **XI** u. 0,1 Mol C_2H_5MgJ; 1,2 g. — Analog folgende *Carbinylketone*: *Äthyldiphenyl-o-tolyl-*, $C_{23}H_{22}O$, F. 108—109° (PAe.), aus **XII**; 24%. — *Äthylphenyldi-o-tolyl-* (**III**), $C_{24}H_{24}O$, F. 103—104° (A.), aus **XIII**; 67%. — *Methylphenyldi-o-tolyl-* (**IV**), $C_{23}H_{22}O$, F. 123—124° (A.), aus **XIII** u. CH_3MgBr; 72%. — *Methyldiphenyl-o-tolyl-* (**II**), $C_{22}H_{20}O$, F. 94—95° (PAe.), durch Oxydation von **VI** in Eisessig mit CrO_3 in wss. CH_3COOH bei 50°, 30 Min. Erhitzen auf dem Wasserbad bis zur Grünfärbung u. Gießen auf Eis; 60%. — *α-Methyl-β-keto-γ-phenyl-γ.γ-di-o-tolylbuttersäure* (**V**), $C_{25}H_{24}O_3$, F. 148—149° (Zers.), durch langsames Zufügen von **III** in Ae. zu 2fachem Überschuß von C_2H_5MgBr u. weiteres 3 std. Erhitzen; in einer Hydrierapp. bei 3 at CO_2 einleiten, 10 Std. schütteln, mit Eis u. HCl zersetzen, mit 3%ig. NaOH extrahieren u. unter Eiskühlung mit 6nHCl ansäuern; aus Bzl. als *Solvat* $C_{25}H_{24}O_3 \cdot 1,5C_6H_6$, F. 95°. *Chlorid* (**XIV**), $C_{25}H_{23}O_2Cl$, F. 123—124° (PAe.); 81%. *Anilid*, $C_{31}H_{29}O_2N$, F. 175° (A.). *Amid*, $C_{25}H_{25}O_2N$, F. 161° (A./PAe.); 84%. *Methylester*, $C_{26}H_{26}O_3$, F. 113—114° (Methanol/Methylacetat), a) aus **V** u. Diazomethan in Ae.; 80%; b) durch 3 std. Kochen von **XIV** in Methanol; 69%. — *β-Keto-γ-phenyl-γ.γ-di-o-tolylbuttersäure*, $C_{24}H_{22}O_3$, F. 158—159° (Zers.; PAe.), aus **IV** analog **V**; 31%. Beim Erhitzen tritt Decarboxylierung zu **IV** ein, eine Anlagerungsverb. mit Bzl. wird nicht gebildet. (J. Amer. chem. Soc. **74**. 5588—92. 20/11. 1952. Urbana, Ill., Univ., Noyes Chem. Labor.)

FRANCK. 2410

Rudolf Pummerer und **Irmgard Veit**, *Über Dehydronaphthole und ein Diurethan des 1-Methylnaphthols-(2)*. 12. Mitt. *über die Oxydation der Phenole*. (11. vgl. C. **1953**. 5485.) Für das *Dehydro-1-methylnaphthol-(2)* (**I**) wurde die bereits diskutierte nachst. Chinolätherstruktur durch die Bldg. eines *Mono-2.4-dinitrophenylhydrazons* bei Tempp. <60° gestützt. Die Behandlung von FRIESschem Chinolinchlorid **Ia** mit Hg ergab ebenfalls **I** in der gleichen Form. **I** dissoziierte >61° in 2 mesomere Radikale vom Typ eines Aroxyls (einsames Elektron am Sauerstoff) u. eines α-Ketomethyls (einsames Elektron am C-Atom). Die

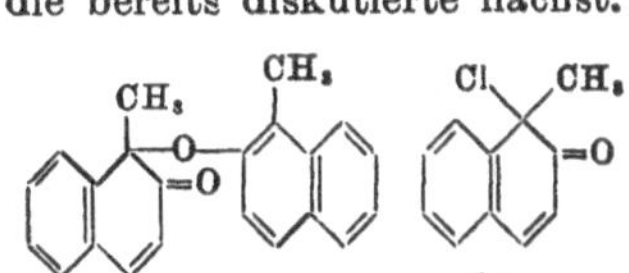

I Ia

Zers. von 2 Mol **I** in sd. Xylol lieferte 1 Mol *1.1'-Äthylendehydronaphthol-(2)* (**II**) u. 2 Mol *1-Methylnaphthol-(2)* (**III**). Der Verlauf der Zers. wird so erklärt, daß die eine Hälfte von **I** *Naphthochinon-(2)-methid-(1)* (**IV**) bildet, u. daß 2 Mol **IV** durch eine Heterodiensynth. zu **II** reagieren. Die Isolierung des Zwischenprod. **IV** durch Rk. mit reaktionsfähigen C=C-Bindungen, wie sie im Styrol oder Maleinsäureanhydrid vorliegen, gelang nicht. Die Zers. von **I** in Styrol lieferte etwas Polystyrol u. in Maleinsäureanhydrid keine definierten Produkte. Eine andere Möglichkeit zur Erklärung des Mechanismus der Zers. von **I**, bei dem *1.2-Bis [2-oxynaphthyl-(1)]-äthan* (**V**) auftritt, wurde ausgeschlossen. **V** sollte durch weiteres **I** zu **II** dehydriert werden u. gleichzeitig 2 Mol **III** bilden. Die Zers. von **I** in Ggw. von **V** verlief jedoch ohne Beteiligung von **V**. Durch Zusatz von Phenylisocyanat (**VI**) wurde nicht das **V** entsprechende Urethan erhalten, sondern ein Diurethan von **III**. — *Dehydro-1-chlornaphthol-(2)* (**VII**), mit einer dem **I** entsprechenden Struktur, wurde durch Dehydrierung von 1-Chlornaphthol-(2) (**VIII**) mit Dehydrotetrachlor-p-kresol dargestellt. **VII** lieferte in alkoh. Lsg. mit 2 Mol Anilin *4-Anilinonaphthochinon-(1.2)* u. **VIII** neben HCl u. Anilin. — *Dehydro-6-brom-1-methylnaphthol-(2)* reagierte in der Kälte mit Acetylchlorid (**IX**) vermutlich zunächst unter 1.4-Addition an das konjugierte Syst. —CH—CH—C—O des Chinolringes zu einem Zwischenprod., das unter weiterer Acetylierung zu *6-Brom-4-chlor-1-methylnaphthol-(2)-acetat* (**X**) u. *6-Brom-1-methylnaphthol-(2)-acetat* zerfiel. **X** wurde mit Permanganat in Sodalsg. zu 4-Bromphthalsäure oxydiert. Das aus **X** gewonnene Naphthol ließ sich mit Ferricyankalium dehydrieren u. zeigte dann die analogen Zersetzungsprodd. wie **I**. **VII** reagierte mit **IX** ebenso, vermutlich unter 1.4-Addition, danach wurde jedoch HCl abgespalten u. *4-Chlor-1-[1-chlor-β-naphthoxy]-naphthol-(2)-acetat* gebildet, dessen Acetylgruppe durch Umesterung mit 3%ig. methanol. HCl verseift wurde. Das so erhaltene *4-Chlor-1-[1-chlor-β-naphthoxy]-naphthol-(2)* (**XI**) ließ sich in der üblichen Weise dehydrieren u. lieferte das gemischte Acetal des 4-Chlornaphthochinons (1.2), das *Bis-1.1' [1-chlor-β-naphthoxy]-dehydro-4-chlornaphthol-(2)* (**XII**). Die Hydrolyse von **XII** mit H_2SO_4 (1:1) bei 100° ergab **VIII, XI** u. *4-Oxynaphthochinon (1.2)*. **I** u. **IX** lieferten nach der Verseifung mit methanol. KOH *4-Chlor-1-methylnaphthol-(2)* u. eine Verb. der Bruttoformel $C_{22}H_{18}O_2$, die 2 phenol. OH-Gruppen enthielt, deren Konst. jedoch noch nicht aufgeklärt werden konnte. — **III** setzte sich in der Hitze mit **VI** ohne Verwendung eines Lösungsm. zu einem Diurethan, dem *N.N'-Diphenylallophansäureester* von **III**, um. Nach der Verseifung dieser Verb. in der Kälte wurde wieder **III** erhalten. Beim Erhitzen äquimol. Mengen von **III** u. **VI** in Bzl. entstand das n. Monourethan von **III**. Bei weiterer Unters. der Reaktionsfähigkeit von Phenolen mit **VI** wurde folgendes gefunden: Phenol, β-Naphthol, m- u. p-Kresol u. p-Chlorphenol bildeten in der Hitze ohne Ggw. von Solventien stets n. Phenylurethane; Tetrachlor-p-kresol, Guajacol, **VIII** u. **V** lieferten unter gleichen Bedingungen Prodd., deren N-Geh. zwischen dem für Mono- u. Diurethan berechneten lag, ohne bisher reine Diurethane isolieren zu können; o-Kresol u. o-Chlorphenol wirkten auf **VI** polymerisierend. Es entstand Triphenylisocyanursäure. Eine allg. Erklärung für das Verh. der Phenole kann noch nicht gegeben werden. — Als Nachtrag zur 11. Mitt. (l. c.) werden einige experimentelle Einzelheiten zur Darst. u. Bestimmung des Oxydationswertes von Dehydrotetrachlor-p-kresol mitgeteilt.

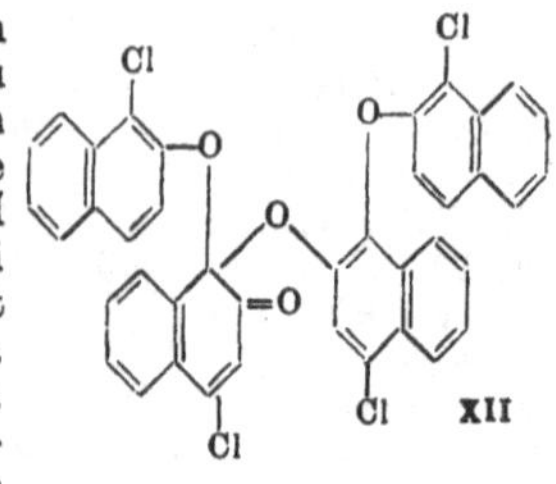

XII

Versuche: *Dehydro-1-methylnaphthol-(2)* (I), $C_{22}H_{18}O_2$, F. 134°, 1-Chlor-2-keto-1-methyl-1.2-dihydronaphthalin (**Ia**) wurde in äther. Lsg. mit Hg in einer CO_2-Atmosphäre im Einschmelzrohr 20 Std. geschüttelt; 86 % (Ausbeute). *2.4-Dinitrophenylhydrazon*, $C_{28}H_{22}O_5N_4$, umkrist. aus Bzl. + PAe., Substanz sintert bei 135° u. schm. bis 145°. — *1.1'-Äthylendehydronaphthol-(2)* (**II**), aus **I** durch Kochen in Bzl. oder Xylol neben nachst. Verbindung. — *1-Methylnaphthol-(2)* (**III**), F. 110°, aus **I**. — *Estersäure aus* **III** *u. Maleinsäure*, $C_{15}H_{12}O_4$, F. 208° (A.), durch Erhitzen von **III** u. Maleinsäureanhydrid 2 Std. auf 140—150°, neben Fumarsäure. — *Verb.* $C_{26}H_{22}O_6$, durch Umsetzung von **I** mit Maleinsäureanhydrid nach 2 Std. bei 140—150° u. schwieriger Aufarbeitung, Substanz wird nicht als definiert angesehen, da bei verschied. Verss. schwankende Analysenergebnisse erhalten wurden, bei 142—145° entsteht ein dunkel gefärbtes Harz, kein Schmelzpunkt. — *Dehydro-1-chlornaphthol-(2)* (**VII**), $C_{20}H_{12}O_2Cl_2$, F. 120° (Bzl. + PAe.), aus 1-Chlornaphthol-(2) (**VIII**) u. Dehydrotetrachlor-p-kresol in Ae. durch Schütteln nach 70 Min., Substanz ist feuchtigkeitsempfindlich; gelbe Kristalle; 90 % (Rohausbeute). — *1-Chlornaphthol-(2)* (**VIII**), F. 70° (PAe.), aus **VII** durch Verreiben mit Anilin in A. u. Versetzen mit H_2SO_4 neben nachst. Verbindung. — *4-Anilinonaphthochinon-(1.2)*, aus **VII**, rote Kristalle, Zers. bei 250°. — *6-Brom-1-methylnaphthol-(2)-acetat*, F. 89° (Methylcyclohexan), durch Behandeln von Dehydro-6-brom-1-methylnaphthol-(2) mit **IX** bei Zimmertemp. nach 3 Tagen, nachdem nachst. Verb. isoliert wurde, aus der Mutterlauge. — *6-Brom-4-chlor-1-methylnaphthol-(2)-acetat* (**X**), F. 161° (wss. Aceton). — *6-Brom-4-chlor-1-methylnaphthol-(2)* (**XIII**), F. 179° (Bzl.), a) aus **X** durch Erhitzen mit $NaOCH_3$ im Einschmelzrohr auf 120° nach 3 Std.; b) aus **X** durch Kochen mit KCN in wss. Alkohol. — *4-Bromphthalsäure*, F. 166° (Xylol), aus **X** durch Kochen unter N_2 u. Rühren in 10%ig. Sodalsg. u. Zutropfen wss. $KMnO_4$ im Überschuß nach 8 Std.; 25 %. — *Dehydro-4-chlor-6-brom-1-methylnaphthol-(2)*, $C_{22}H_{14}O_2Cl_2Br_2$, F. 111° (wss. Aceton), aus 1 g **XIII** in wss. Alkali unter Kühlung mit wss. Kaliumferricyanid, gelbe Prismen; 0,9 g. — *4-Chlor-6-brom-1-methylnaphthol-(2)* (**XIII**), durch Zers. von 2 g vorst. Verb. in Xylol durch **30** Min. Kochen u. über Nacht stehenlassen, nachdem nachst. Verb. abgeschieden wurde; 0,9 g. — *1.1'-Äthylendehydro-4-chlor-6-bromnaphthol-(2)*, $C_{22}H_{12}O_2Cl_2Br_2$, F. 243° (Zers.; Xylol), gelbe plattenförmige Kristalle; 0,9 g. — *Diacetat vom 1.2-Bis-[4-chlor-6-brom-2-oxynaphthyl-(1)]-äthan*, $C_{26}H_{18}O_4Cl_2Br_2$, F. 323, (Aceton + W.) (unter CO_2), aus vorst. Verb. durch Kochen in Eisessig mit Zn-Staub nach 2 Stunden. *Monoacetat*, $C_{24}H_{16}O_3Cl_2Br_2$, F. 348° (unter CO_2), aus vorst. Verb. durch 2std. Kochen mit 2%ig. methanol. KOH. — *4-Chlor-2-acetoxy-1-[1-chlor-β-naphthoxy]-naphthalin*, $C_{22}H_{14}O_3Cl_2$, F. 105° (Methanol), durch Übergießen von 3 g **VII** mit **IX** nach 2—3 Tagen, Blättchen; 3 g. — *4-Chlor-1-[1-chlor-β-naphthoxy]-naphthol-(2)* (**XI**), $C_{20}H_{12}O_2Cl_2$, F. 141° (Hexahydrotoluol), durch Kochen von 1 g vorst. Verb. in 3%ig. methanol. HCl 2 Std.; 0,8 g. — *Bis-1.1'-[1-chlor-β-naphthoxy]-dehydro-4-chlornaphthol-(2)* (**XII**), $C_{40}H_{22}O_4Cl_4$, durch Oxydation von 1 g **XI** in wss.-alkal. Methanol unter Eiskühlung mit Kaliumferricyanid, Umkristallisation aus Bzl. + PAe., Zers. bei 148°, gelbe Kristalle. — *4-Oxynaphthochinon-(1.2)*, $C_{10}H_6O_3$, aus **XII** durch Erhitzen auf 100° mit H_2SO_4 (1:1 verd.) neben **XI** u. **VIII**, gelbe Nadeln aus Eisessig, bei 190° Zersetzung. — *4-Chlor-1-methylnaphthol-(2)*, $C_{11}H_9OCl$, F. 101°, durch Übergießen von 10 g **I** mit **IX** bei Zimmertemp., mit 4%ig. methanol. KOH verseifen, ansäuern u. mit Wasserdampf dest.; 2 g. — *Verb.* $C_{22}H_{18}O_2$, F. 217° unter CO_2 (Xylol), im Rückstand der Wasserdampfdest. bei der Darst. vorst. Verb., plattenförmige Kristalle, Verb. ist vermutlich ein Isomeres von **V**. *Diacetylverb.*, $C_{26}H_{22}O_4$, F. 170° (Hexan), aus vorst. Verb. mit

Acetanhydrid + wenig konz. H_2SO_4, Blättchen. — *Methylnaphtholmonourethan*, $C_{18}H_{15}O_2N$, F. 152° (Bzl.), aus **III** u. **VI** in Bzl. nach 3 std. Kochen am Rückfluß, Nadeln. *Methylnaphtholdiurethan*, $C_{25}H_{20}O_3N_2$, F. 191° (Xylol), aus vorst. Verb. oder **III** u. überschüssigem **VI** nach 2 Std. bei 130°, Nadeln. — Die folgenden Monourethane verschied. Phenole wurden durch 4std. Kochen des entsprechenden Phenols mit dem 10fachen Überschuß an **VI** dargestellt: *Carbanilsäureester* des *Phenols*, F. 126°; des *β-Naphthols*, F. 155°; des *m-Kresols*, F. 121°; des *p-Kresols*, F. 114°; des *p-Chlorphenols*, F. 138°. — *Tetrachlor-p-kresolmonourethan*, $C_{14}H_9O_2NCl_4$, F. 161° (Bzl.), aus dem entsprechenden Phenol durch 3std. Kochen mit **VI** in Bzl., auch durch Erhitzen auf 100—130° ohne Bzl., Nadeln. — *Verb. aus Tetrachlor-p-kresol* u. **VI**, F. 158° (Bzl.), aus Komponenten mit überschüss. **VI** nach 4std. Kochen, Analysenwerte liegen zwischen denen für Mono- u. Diurethan. — Mit den gleichen Ergebnissen wurden folgende Verbb. mit überschüssigem **VI** dargestellt: vom *Guajacol*, F. 145° (A.), Nadeln; von **VIII**, F. 141° (CCl_4), Nadeln. — **V**-*Triurethan*, $C_{43}H_{33}O_5N_3$, F. 232—236° (Xylol), aus **V** u. überschüssigem **VI** in Xylol nach 4std. Kochen. — *o-Kresolmonourethan*, F. 145° (A.). — *Triphenylisocyanursäure*, $C_{21}H_{15}O_3N_3$, F. 276° (Bzl.), a) in Ggw. von 1 g o-Kresol aus 12 g **VI** durch Kochen nach 5 Min.; 10 g; b) analog in Ggw. vorst. Verb.; c) in Ggw. von 1 g o-Chlorphenol, aus 11 g **VI** 5,5 g. — *Diphenylharnstoff*, F. 236° (Methanol), aus vorst. Verb. durch Verseifung mit 5%ig. methanol. KOH. — *Chinitrol*, aus Tetrachlor-p-kresol in Eisessig unter Rühren mit roter rauchender HNO_3. — *Dehydrotetrachlor-p-kresol*, vorst. Verb. bei 20° in Methanol suspendieren u. öfters rühren, nach 2 Std. ist Umwandlung beendet u. Verb. kann aufgearbeitet werden; die Best. des Oxydationswertes geschieht jodometr. in Aceton unter Eiskühlung. (Chem. Ber. **86.** 412—32. 1953. Erlangen, Univ., Chem. Labor.) L. FISCHER. 2700

Dean R. Rexford, *Darstellung von 1.4-Dioxynaphthyl-(2)-oxymethylketon. 1-Oxy-4-acetoxynaphthyl-(2)-brommethylketon*, $C_{14}H_{11}O_4Br$, F. 172° (Zers.), durch Zugabe von Br_2 in Eisessig zu 1-Oxy-4-acetoxynaphthyl-(2)-methylketon in Eisessig, Erwärmen, Eingießen des Reaktionsprod. in Eis, Umkristallisieren aus A. u. Sublimieren bei 120° u. 0,1 Torr. — *1.4-Diacetoxynaphthyl-(2)-brommethylketon*, aus vorst. Verb. mit $(CH_3 \cdot CO)_2O$ u. $ZnCl_2$. — *1.4-Dioxynaphthyl-(2)-oxymethylketon*, durch Hydrolyse vorst. Verb. nach SPRUIT (C. **1949.** II. 528). (J. Amer. chem. Soc. **73.** 5900—01. Dez. 1951. Princeton, N. J., Univ., Frick Chem. Labor.) W. HOFFMANN. 2700

Roger Adams und **J. D. Edwards jr.,** *Chinonimide.* 11. Mitt. *Anlagerung von Dienen an p-Chinondibenzolsulfonimid.* (10. vgl. C. **1953. 8833.**) Bei der Anlagerung von Dienen an p-Chinondibenzolsulfonimid (I) führt die Anwendung von Chlf. als Solvens bei Zimmertemp. zu verbesserten Ausbeuten u. ermöglicht die Isolierung früher nicht erhaltener Zwischenprodukte. Mit Butadien, 2.3-Dimethylbutadien-(1.3) (**II**) u. Chloropren entstehen farblose *5-8-Dihydronaphthalin-1.4-dibenzolsulfonmide* (**III**). Das prim. *gelbe Addukt* (**IV**) von Isopren an **I** ist beständig u. lagert sich erst mit Säure in das *6-Methylderiv.* von **III** (**V**) um. Während sich Anthracen in sd. $CH_3 \cdot COOH$ an **I** zu 2-[Anthranyl-(9)]-p-phenylendibenzolsulfonamid anlagert, addiert es **I** in Bzl. bei Zimmertemp. n. als Dien zu einer *gelben Verb.* (**VIII**), die sich mit Säure in das farblose *Triptycen-2.5-dibenzolsulfonamid* (**VI**; vgl. ADAMS u. WALTER, J. Amer. chem. Soc. **73.** [1951.] 1152) umlagert.

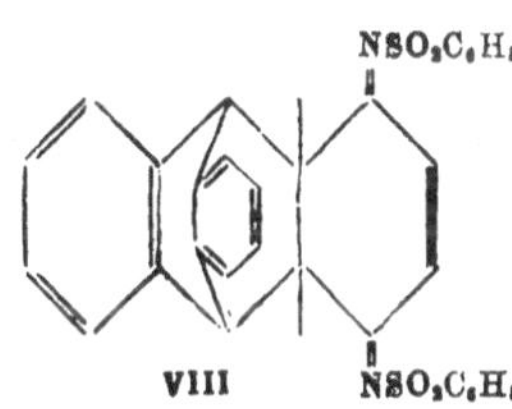

VIII

V e r s u c h e (FF. korr.; Chlf. reinst, über $CaCl_2$ getrocknet. Verss. nach Umschlag von tiefgelb in hellgelb aufgearbeitet): *5.8-Dihydronaphthalin-1.4-dibenzolsulfonamid* (**VII**), $C_{22}H_{20}O_4N_2S_2$, F. 247—248° (Zers; aus CH_3COOH), aus 2 g **I** in 20 cm³ Chlf. u. 4 cm³ Butadien; nach 3 Wochen mit PAe. bis zur Trübung verd.; 1,8 g (Ausbeute). *5.8-Dihydro-1.4-naphthochinondibenzolsulfonimid*, $C_{22}H_{18}O_4N_2S_2$, F. 237—239° (Zers., bei 160° gelb), aus 0,5 g **VII** in CH_3COOH u. 0,6 g $(CH_3COO)_4Pb$ bei 100° ohne weitere Erwärmung; Zugabe von 3 Tropfen $(CH_2OH)_2$ zum Filtrat; orangefarbene Kristalle aus Bzl.–PAe.; 0,28 g roh; sehr luftempfindlich in Ggw. von CH_3COOH, trocken nur wenige Tage haltbar; 0,25 g gaben in CH_3COOH mit 0,2 g Zn-Staub (¹/₄ Std. Dampfbad, Erwärmen des Nd. mit Pyridin, Filtrieren u. Verdünnen) 0,2 **VII**. — *4a.5.8.8a-Tetrahydro-6-methyl-1.4-naphthochinondibenzolsulfonimid* (**IV**), $C_{23}H_{22}O_4N_2S_2$, F. 146,5—147,5°, aus 1 g **I** u. 2 cm³ Isopren wie **VII**; gelbe Kristalle aus Essigester–PAe.; 0,75 g. — *5.8-Dihydro-6-methylnaphthalin-1.4-dibenzolsulfonamid* (**V**), $C_{23}H_{22}O_4N_2S_2$, F. 188—190° (Zers.), aus 0,1 g **IV** in warmer CH_3COOH + 2 Tropfen 48%ig. HBr u. Zugabe von W.; Nadeln aus Essigester–PAe.; 100%. — *5.8-Dihydro-6.7-dimethylnaphthalin-1.4-dibenzolsulfonamid*, $C_{24}H_{24}O_4N_2S_2$, F. 200—201° (Zers.; aus Essigester–PAe.), aus **I** u. **II** wie

VII; 90%. — *6-Chlor-5.8-dihydronaphthalin-1.4-dibenzolsulfonamid*, $C_{22}H_{19}O_4N_2ClS_2$, F. 215—218° (Zers.; aus Essigester–PAe.), durch 3monatiges Stehen von **I** u. Chloropren in Chlf. u. Zugabe von PAe.; 52%. — *Addukt* (**VIII**) *von Anthracen u. p-Chinondibenzolsulfonimid* (**I**), $C_{32}H_{24}O_4N_2S_2$, F. 192—195° (Zers.); Komponenten in Bzl. 2 Monate hingestellt, gelber Nd. aus Chlf.-PAe. umkrist. u. 48 Std. bei 180°/1 mm getrocknet; 30%; hält organ. Fll. sehr zurück. — *Triptycen-2.5-dibenzolsulfonamid* (**VI**), F. 298° (Zers.; CH_3COOH), aus vorst. Verb. wie **V** aus **IV**. (J. Amer. chem. Soc. **74**. 2603—04. 20/5. 1952. Urbana, Ill., Univ. of Illinois, Noyes Chem. Labor.)

Lehmstedt. 2700

Roger Adams und **J. D. Edwards jr.**, *Chinonimide*. 12. Mitt. *Anlagerung von Dienen an p-Chinonmonobenzolsulfonimid*. (11. vgl. vorst. Ref.) p-Chinonmonobenzolsulfonimid (**I**) gibt mit Butadien, Isopren u. Anthracen n. *Addukte*, die sich in Ggw. von Säure in *Derivv.* von *4-Benzolsulfonamido-5.8-dihydronaphthol-(1)* (**II**) umlagern. **II** selbst wird durch $(CH_3COO)_4Pb$ zu *5.8-Dihydro-1.4-naphthochinonmonobenzolsulfonimid* (**III**) dehydriert. Das Addukt aus 1.Acetoxybutadien.(1.3) (**IV**) wird durch HBr unter Entacetoxylierung in *4-Benzolsulfonamidonaphthol-(1)* (**V**) umgelagert. Bei Chloropren u. 2.3-Dimethylbutadien-(1.3) (**VI**) sind die prim. Addukte unbeständig u. lagern sich gleich in die **II**-*Derivv.* um. Cyclopentadien u. unter besonderen Bedingungen auch Butadien addieren sich 2fach an **I**. Mit Bicyclohexenyl wird **I** nur zu *p-Benzolsulfonamidophenol* (**VII**) reduziert.

Versuche (FF. korr.; Chlf. reinst u. über $CaCl_2$ getrocknet; Verss. nach Umschlag von Tieforange nach Hellgelb aufgearbeitet): *4a.5.8.8a-Tetrahydro-1.4-naphthochinonmonobenzolsulfonimid*, $C_{16}H_{15}O_3NS$, F. 94—96°, aus 2 g **I** in 20 cm³ Chlf. u. 2 cm³ Butadien (1 Woche, Zimmertemp.); Filtrat bei Zimmertemp. vakuumverdampft, Rückstand mit Ae. angerührt u. filtriert; gelbe Kristalle aus Essigester (**VIII**)–PAe.; 70% (Ausbeute). — *4-Benzolsulfonamido-5.8-dihydronaphthol-(1)* (**II**), $C_{16}H_{15}O_3NS$, F. 194,5—195,5° (Zers.; CH_3COOH), aus 0,7 g vorst. Verb. in warmem CH_3COOH + 2 Tropfen 48%ig. HBr; krist. mit etwas W.; 100%. — *5-* u./oder *8-Acetoxy-4a.5.8.8a-tetrahydro-1.4-naphthochinonmonobenzolsulfonimid* (**IX**), $C_{18}H_{17}O_5NS$, F. 155—160° (Zers., aus CH_3COOH, dann **VIII**-PAe.), aus 2 g **I** in Chlf. u. 1 g **IV**; nach 3 Tagen PAe. bis zur Trübung zugefügt; gelb; 58%. — *4-Benzolsulfonamidonaphthol-(1)* (**V**), $C_{16}H_{13}O_3NS$, F. 196—197° (**VIII**–PAe.), aus **IX** wie **II**, aber kaltes Gemisch auf dem Dampfbad bis zur Entfärbung gelinde erwärmt (sonst starke Zers.); 80%. — *4a.5.-8.8a-Tetrahydro-6-* u. *-7-methyl-1.4-naphthochinonmonobenzolsulfonimid*, $C_{17}H_{17}O_3NS$, F. 111—114° (**VIII**-PAe.), aus **I** u. Isopren analog **IX** (3 Wochen); gelb; 56%. — *4-Benzolsulfonamido-5.8-dihydro-6-* u. *-7-methylnaphthol-(1)*, $C_{17}H_{17}O_3NS$, F. 224—227° (Zers.; **VIII**–Cyclohexan), analog **II**; 100%. — *5.8-Dihydro-1.4-naphthochinonmonobenzolsulfonimid* (**III**), $C_{16}H_{13}O_3NS$, F. 135—137° (Zers.; CH_3COOH), durch 3std. Stehen von 1,18 g **II** in 20 cm³ CH_3COOH mit 2 g $(CH_3COO)_4Pb$ u. Eintropfen von $(CH_2OH)_2$ (10 Min.), bis KJ-Papier-Rk. negativ; orangefarben; 48% roh; wurde mit Zn-Staub in CH_3COOH zu **II** red.; 90%. — *4-Benzolsulfonamido-5.8-dihydro-6.7-dimethylnaphthol-(1)*, $C_{18}H_{19}O_3NS$, F. 204—206,5° (Zers.; aus Chlf., dann **VIII**–PAe.), aus **I** u. **VI** in Chlf. (3 Wochen); Nd.; Filtrat konz. u. mit PAe. verd.; 82%. — *4-Benzolsulfonamido-6-* u./oder *-7-chlor-5.8-dihydronaphthol-(1)*, $C_{16}H_{14}O_3NClS$, F. 220—223° (Zers.; aus **VIII**–PAe.), aus **I** u. Chloropren in Chlf. (3 Monate); 30% roh. — *1.4.4a.10a.5.8.8a.9a-Oktahydro-9.10-anthrachinonmonobenzolsulfonimid*, $C_{20}H_{21}O_3NS$, F. 138 bis 140° (aus **VIII**–Cyclohexan), durch 24std. Erhitzen von 2 g **I** u. 4 cm³ Butadien in reinem Bzl. auf 100° im Druckrohr; mit Cyclohexan auf 100 cm³ verd. u. im Vakuum bis zur Trübung konz.; 40%. — *1.4.4a.10a.5.8.8a.9a-Oktahydro-1.4;5.8-dimethano-9.10-anthrachinonmonobenzolsulfonimid*, $C_{22}H_{21}O_3NS$, F. 153 bis 153,5° (Chlf.-Cyclohexan), aus 2,1 cm³ frischem Cyclopentadien u. 2 g **I** in 15 cm³ Chlf. (Wärmeentw.); Gießen in 70 cm³ Cyclohexan; 2,5 g. — *1.6-Dihydro-5-benzolsulfonimido-2-oxo-triptycen* (**X**), $C_{26}H_{19}O_3NS$, F. 179—181° (Zers.; CH_3COOH, dann **VIII**–PAe.), durch 48std. Kochen von 2 g **I** u. 2,7 g Anthracen in Chlf. u. Zugabe von PAe.; orangefarben; 1,8 g. — *5-Benzolsulfonamido-2-oxytriptycen*, $C_{26}H_{19}O_3NS$, F. 230—231°, aus **X** wie **III**; aus **VIII**–PAe. umkrist. u. 48 Std. bei 180°/1 mm getrocknet; hält organ. Fll. sehr fest. — Bicyclohexenyl u. **I** gaben in Chlf. nur Harz u. etwas *p-Benzolsulfonamidophenol* (**VII**). (J. Amer. chem. Soc. **74**. 2605—07. 20/5. 1952.)

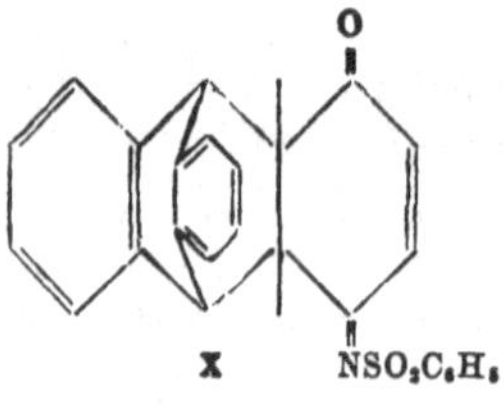

X

Lehmstedt. 2700

B. M. Krassowitzki, **R. M. Matzkewitsch** und **Je. Je. Chotinskaja**, *Herstellung von Aminophenylimiden der Naphthalsäure in einer Operation aus Naphthalsäureanhydrid und Nitroanilinen*. Durch Kondensation von Naphthalsäureanhydrid (**I**) mit m-Phenylendiamin in wss. Medium wurde *Naphthalsäure-m-aminophenylimid* in 70%ig. Ausbeute erhalten. In Abänderung dieser auf PORAI-KOSCHÜTZ u. ARCHIPOWA zurückgehenden Arbeitsweise (Журнал Общей Химии [J. allg. Chem.] **14** (**76**). [1944.] 842) wurde die Kondensation von **I** mit m- u. p-Nitroanilin (**II** bzw. **III**) in Ggw. eines Reduktionsmittels, wozu sich $NaHSO_3$ eignete, in alkoh.-wss. Lsg. durchgeführt. Hierbei ließen sich *Naphthalsäure-m-* u. *p-aminophenylimid* in 45—60%ig. Ausbeute gewinnen.

Versuche: *Naphthalsäure-p-aminophenylimid*, $C_{18}H_{12}O_2N_2$, F. 288°; man fügt zu dem sd. Gemisch von 21 g **I**, 16,2 g **III** u. 200 ml A. 100 ml W. u. dann 32 g $NaHSO_3$ in kleinen Anteilen hinzu, erhitzt 3 Std., filtriert heiß, digeriert den Nd. mit heißer Na_2CO_3-Lsg. zur Entfernung von *Naphthalsäure*, löst in verd. HCl u. fällt mit NH_3; gelbes Pulver; 14,3 g (Ausbeute). — *Naphthalsäure-m-aminophenylimid*, $C_{18}H_{12}O_2N_2$, F. 226°; aus **I** u. **II** (1:1 Mol) analog Vorst.; nach 3std. Erhitzen auf dem Wasserbad wird die wss.-alkoh. Lsg. von nicht umgesetztem **I** abfiltriert, der A. abdest. u. mit HCl das *Hydrochlorid* abgeschieden; hieraus mit NH_3 das freie Amin; 35%. Werden 2 Mol **II** auf 1 Mol angewendet, so steigt die Ausbeute auf 60%. (Доклады Академии Наук СССР [Ber. Akad. Wiss. UdSSR] [N. S.] **86**. 953—55. 11/10. 1952. Charkow, Gorki-Univ.) H. FRÖHLICH. 2700

J. W. Cook und **L. Hunter**, *Dehydratisierung von 2-[Fluorenyl-(9')]-cyclohexanol.* *2-[Fluorenyl-(9')]-cyclohexanon* (**I**) wurde zu *cis-* u. *trans-2-[Fluorenyl-(9')]-cyclohexanol* (**II**) red., die beide zu *9-[Cyclohexen-(1')-yl]-fluoren* (**III**) dehydratisiert wurden, das HURD u. MOLD (C. **1949**. I. 48) für *1.9-Cyclohexylenfluoren* hielten. Die Ggw. einer Doppelbindung in **III** wurde bewiesen u. **III** zu *9-Cyclohexylfluoren* (**IV**) hydriert, das auch aus *9-Cyclohexylidenfluoren* (**V**) entstand.

Versuche: *1-[Fluorenyl-(9')]-2-ketocyclohexancarbonsäureäthylester*, F. 133 bis 134° (CH_3COOH), aus 15,9 g 2-Ketocyclohexancarbonsäureäthylester u. Na in Bzl. (unter Toluol gepulvert) durch Stehen über Nacht, Zugabe von 23,7 g 9-Bromfluoren, 24std. Kochen u. Gießen in W.; Evakuieren u. Anreiben mit PAe.; 23,8 g (Ausbeute).— *2-[Fluorenyl-(9')]-cyclohexanon* (**I**), $C_{19}H_{18}O$, F. 111,5—112,5°, aus 10 g vorst. Verb. u. $Ba(OH)_2$ in sd. 90%ig. A., Evakuieren, Zugabe von HCl u. Ausäthern, Blättchen aus A.; 3,91 g. *Semicarbazon*, $C_{20}H_{21}ON_3$, F. 235—238° (Zers.). — *trans(?)-2-[Fluorenyl-(9')]-cyclohexanol* (trans(?)-**II**), $C_{19}H_{20}O$, F. 126,5—127,5°, aus 2,62 g **I** in Dioxan u. H_2 (90 at, Cu-Chromit, $1^3/_4$ Std., 150°), Mikrokristalle aus Cyclohexan; 0,3 g. *Phenylurethan*, $C_{26}H_{25}O_2N$, F. 171,5—172,5°, mit C_6H_5NCO (5 Min., 100°), aus PAe. seidige Nadeln. — *Hexahydro-2-[fluorenyl-(9')]-cyclohexanol* (**VI**), $C_{19}H_{26}O$, F. 177—181° (A., dann Aceton, Chlf. u. Hexan), aus Filtrat von trans-**II**, Nadeln; 3,9 g roh. — *cis(?)*-**II**, F. 122,5—123°, aus den Alkoholfiltraten von **VI**, aus A. Nadeln. Red. von 5,42 g **I** in Dioxan über sehr akt. Cu-Chromit (H_2, 88 at, 80°, 2 Std.) gab 3,5 g *cis*-**II** u. bei 150° in 1,75 Std. ein Gemisch von *trans*-**II** u. **VI**. — *9-Cyclohexen-(1')-ylfluoren* (**III**), $C_{19}H_{18}$, F. 110,5—111°, a) aus cis-**II** u. H_3PO_4 (230°, ½ Std.), Nadeln aus CH_3OH; 45%; in A. λ_{max} 266,5 mμ (log ε 4,23), 292 (3,72), 302,5 (3,85); Doppelbindung durch Mikrohydrierung (Pd-Mohr) in CH_3COOH u. durch Titration mit Monoperphthalsäure (**VII**) nachgewiesen; langsame Rk. mit Br_2 in CCl_4 u. mit $KMnO_4$ in alkal. oder saurer Lsg.; b) aus trans-**II** wie bei a); c) durch langsame Sublimation von cis-**II** + $KHSO_4$ bei 15 mm. Gab durch 1½std. Kochen mit CrO_3 in CH_3COOH *Fluorenon*, F. 80—81,5°, aus Bzl.–PAe. (*Oxim*, F. 192—193,5°). — *9-Cyclohexen-(1')-ylfluorenepoxyd*, $C_{19}H_{18}O$, F. 89—90°, aus 0,35 g **III** u. **VII** in Ae.; nach 2 Tagen mit NaOH ausgezogen u. verdampft; aus PAe. Prismen; 0,36 g roh. — *9-[1'.2'-Dioxycyclohexyl]-fluoren*, $C_{19}H_{20}O_2$, F. 183—184°, aus 0,34 g **III** in Bzl. + Pyridin u. OsO_4; Nd. in Chlf. gelöst, 2½ Std. mit 1%ig. KOH in Ggw. von Mannit geschüttelt u. aus CH_3OH umkrist.; 0,3 g. — *1-[Fluorenyl-(9')]-cyclohexanol*, $C_{19}H_{20}O$, F. 130—131°; aus 25 g Fluoren u. C_2H_5MgBr in Xylol Nd. von Fluorenyl-(9)-MgBr; dekantiert, unter Xylol bei 80° mit 0 g Cyclohexanon + Bzl. 2 Std. verrührt u. am nächsten Tage in kalte verd. H_2SO_4 gegossen; Nadelbüschel aus PAe.; 6 g. Dehydratisierung mit $KHSO_4$ gab **III**; Herst. eines Acetats, 3.5-Dinitrobenzoats u. Phenylurethans gelang nicht. — *9-Cyclohexylfluorenol-(9)*, $C_{19}H_{20}O$, F. 126,5—128° (wss. CH_3OH), durch 3std. Kochen von Fluorenon in Ae. u. Cyclohexyl–MgBr in Ae. u. Zers. mit wss. NH_4Cl. *Phenylurethan*, $C_{26}H_{25}O_2N$, F. 184—186° (Zers.), aus PAe. seidige Nadeln. — *9-Cyclohexylidenfluoren* (**V**), $C_{19}H_{18}$, F. 107—108°, aus 0,33 g vorst. Verb. wie **III** nach c); Nadeln aus CH_3OH; 0,27 g; λ_{max} 233 mμ (log ε 4,67), 250 (4,35), 259,5 (4,37), 287 (4,24), 318,5 (4,14); sehr unbeständig; der F. fiel in 24 Std. auf ca. 90°; wurde an der Luft gelb u. schließlich harzig. — *9-Cyclohexylfluoren* (**IV**), F. 115—115,5° (CH_3OH), a) durch 2std. Hydrierung von **V** in CH_3COOH über Pd-Mohr; λ_{max} 227 mμ (log ε 3,79), 266,5 (4,24), 291,8 (3,74), 302,8 (3,88); b) aus **III** analog a) (12 Std.). (J. chem. Soc. [London] **1952**. 3168—71. Aug. Glasgow, Univ.) LEHMSTEDT. 2750

Milton Orchin und **Leslie Reggel**, *Synthese von Benz-[j]-fluoranthen und Benz-[k]-fluoranthen.* Durch Cyclodehydrierung von Dinaphthyl-(1.2′) (vgl. C. **1948.** II. 392) entstehen *Benz-[k]-fluoranthen* (**I**) u. *Benz-[j]-fluoranthen* (**II**). Acenaphthenchinon (**III**) u. o-Phenylendiacetonitril (**IV**) wurden zu *7.12-Dicyanbenz-[k]-fluoranthen* (**V**) kondensiert, **V** in das *7.12-Dicarboxamid* (**VI**) übergeführt u. dieses mit H_3PO_4 in **I** umgewandelt. — Durch REFORMATZKI-Rk. mit *1.2-Benzfluorenon* (**VII**, neue Synth.) wurde *1.2-Benzfluorenyl-(9)-essigsäure* (**VIII**) gewonnen u. durch ARNDT-EISTERT-Rk. in die *Propionsäure* (**IX**) übergeführt. **IX** gab durch Ringschluß *3-Keto-12c.1.2.3-tetrahydrobenz-[j]-fluoranthen* (**X**) u. dieses durch Red. u. Dehydrierung **II**.

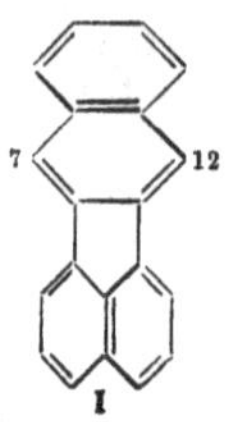
I

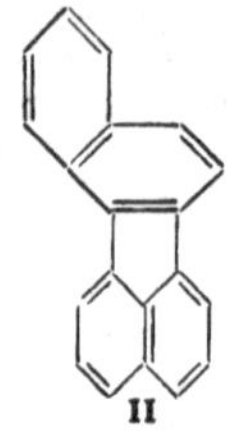
II

Versuche (FF. korr.): *7.12-Dicyanbenz-[k]-fluoranthen* (**V**), $C_{22}H_{10}N_2$, F. 357 bis 359°, aus **III** u. **IV**, beide in Piperidin (Selbsterwärmung), 1std. Rühren im Eisbad u. 4std. bei Raumtemp.; nach 63 Std. in W. gegossen u. mit konz. HCl gefällt; Nd. wiederholt mit $Na_2S_2O_5$, W. u. etwas A. 2 Std. gekocht; gelbe Kriställchen aus $(CHCl_2)_2$; 65% (Ausbeute). — *Benz-[k]-fluoranthendicarboxamid-(7.12)* (**VI**), $C_{22}H_{14}O_2N_2$, F. 395,5 bis 397° (Zers.), durch 48std. Kochen von 2,24 g **V**, 45 g KOH, 225 cm³ $C_2H_5OCH_2 \cdot CH_2OH$ (**XI**) u. 18 cm³ W. u. Gießen in Eis; Nd. in CH_3COOH gelöst u. konz.: blaßgelbe Tafeln; 83%; sublimiert bei 325—335°/1 mm; wurde in sd. CH_3COOH–65% ig. H_2SO_4 (10:1 Vol.) in 2 Tagen kaum verseift; gab in CH_3COOH u. etwas H_2SO_4 mit wss. $NaNO_2$ (50 Min. Zimmertemp., ½ Std. Dampfbad) gelbe Nadeln; mit wss. $NaNO_2$ noch je ½ Std. bei Zimmertemp. u. auf Dampfbad belassen, Nd. aus **XI** umkrist.: unreine *Mononitrosobenzfluoranthendicarbonsäure* (?), $C_{22}H_{11}O_5N$, Zers. 300—400° ohne F.; bei gleicher Rk. wurde Fluorenoncarboxamid-(1) zu 97% verseift. — *Benz-[k]-fluoranthen* (**I**), F. 217—217,3°, aus **VI** u. 100% ig. H_3PO_4 durch 8std. Erhitzen auf 190—210°, Gießen in W. u. Ausziehen mit Bzl.; Chromatographie in Bzl. an Al_2O_3–Supercel (1:1), aus Bzl. blaßgelbe Nädelchen; 95%. *2.4.7-Trinitrofluorenonverb.*, F. 251,5—253,5°, aus Bzl. orangerote Nädelchen. Pikrinsäure u. symm. Trinitrobenzol gaben in Bzl. nur Gemische. — *2-Benzoylaminonaphthalin* (**XII**), F. 160,8—162,2°, aus 2-Naphthylamin u. C_6H_5COCl in Pyridin; aus CH_3COOH, dann absol. A. Nadeln. *2.4.7-Trinitrofluorenonverb.*, $C_{30}H_{18}O_8N_4$, F. 137—138,4°, aus Bzl.–A. orangefarbene Prismen. — *1-Benzoyl-2-benzoylaminonaphthalin*, $C_{24}H_{17}O_2N$, F. 155,5—157,2°, durch ½std. Zugabe von 234 cm³ $SnCl_4$ zu 98,8 g **XII** u. 160 cm³ C_6H_5COCl bei 100—110° (Bad); nach weiteren 12 Min. in W. gegossen, Nd. in Bzl. gelöst, mit HCl u. NaOH gewaschen u. Bzl. durch A. ersetzt; Mutterlauge bei 270—300°/1—3 mm dest. u. aus A. umkrist.; braunstichige Nadeln; 104 g. — *1-Benzoylnaphthylamin-(2)* (**XIII**), $C_{17}H_{13}ON$, F. 168,8—169,8°, aus 96,4 g vorst. Verb. in 760 cm³ sd. A. u. Lsg. von 100 g KOH in 150 cm³ W. u. 200 cm³ A. durch 12—16std. Kochen; Nd. mit W. neutral u. mit absol. A. gewaschen; Filtrate konz. u. verd.; hellgelbe Nadeln aus A.; 62,35 g; der 2. Nd. kann auch dest. ($Kp._1$ 200 bis 240°) u. dann aus A. umkrist. werden. Mit 2.4.7-Trinitrofluorenon in CH_3COOH dunkelpurpurne Nadeln, F. 220—232°, nicht untersucht. — *1.2-Benzfluorenon* (**VII**), F. 134,5—135°, durch ½std. Rühren von 49,4 g **XIII**, 1500 cm³ CH_3COOH u. 21 cm³ H_2SO_4 mit 53 cm³ Isoamylnitrit in 250 cm³ CH_3COOH (Eisbad), ½std. Rühren mit 25,5 g Cu-Pulver, 2½ Std. bei Zimmertemp. u. 3 Std. auf Dampfbad; ca. 1200 cm³ abdest. u. Rückstand in 1 Liter W. filtriert: Teer; W. dekantiert u. mit Benzol ausgezogen; Teer mit Bzl.–Ae. (1 : 1) ausgekocht; Extrakte dest. ($Kp._{2-4}$ 210 bis 235°); orangefarbene Nadeln aus A.; 14,94 g. *2.4.7-Trinitrofluorenonverb.*, $C_{30}H_{15}O_8N_3$, F. 218—220°, gelborangefarbene Nadeln aus CH_3COOH. *Oxim*, F. 193,2—194° (Zers.), Herst. in Pyridin–A., aus Bzl. hellgelbe Prismen. *2.4-Dinitrophenylhydrazon*, $C_{23}H_{14} \cdot O_4N_4$, F. 325—326° (Zers.), rote Nadeln aus Pyridin. *Semicarbazon*, $C_{18}H_{13}ON_3$, F. 263,5 bis 266,5° (Zers.), Herst. in Pyridin–A., hellgelbe Kristalle aus Pyridin. — *1.2-Benzfluorenyliden-(9)-bernsteinsäure* (**XIV**) ,$C_{21}H_{14}O_4$, F. 237,5—239,5° (Zers.), durch 1½std. Kochen der Lsg. von 1,02 g K in tert. Butanol, 4,6 g **VII** u. 6,97 g $(CH_2COOC_2H_5)_2$ unter N_2, Zers. mit verd. HCl u. Einengen im Vakuum; Ätherlsg. des Rückstandes mit $NaHCO_3$-Lsg. extrahiert, angesäuert u. ausgeäthert; durch Dest. (1 mm/Bad 290°) 5,12 g schwarzes, zähes Harz [*β-Carbäthoxy-β-(1.2-benzfluorenyliden-(9))-propionsäure*]; in CH_3COOH, 48% ig. HBr u. W. (3 : 2 : 1 Vol.) 6 Std. gekocht, mit Bzl.–Ae. extrahiert u. Extrakt mit $NaHCO_3$-Lsg. ausgezogen; HCl-Nd. aus Bzl.–A. umkrist., hellbraun; 1,2 g roh; Mutterlauge gab noch Kristalle aus verd. CH_3COOH, F. 169,5—175° (nicht konstant), vielleicht ein unreines Stereoisomeres von β-[1.2-Benzfluorenyliden-(9)]-propionsäure oder von **XIV**. — *1.2-Benzfluorenyl-(9)-essigsäure* (**VIII**), $C_{19}H_{14}O_2$, F. 191 bis 193,5°, aus 11,76 g Zn u. 1 Jodkristall mit 27,6 g **VII** u. 32,76 g $CH_2BrCOOC_2H_5$ in Bzl., 24std. Kochen unter N_2, Gießen auf Eis + H_2SO_4 u. Ausäthern; roher Oxyester mit 55% ig. HJ u. CH_3COOH (3 : 8 Vol.) 24 Std. gekocht, eingeengt u. in Eis + $Na_2S_2O_5$ gegossen; trockner Nd. in CLAISEN-Alkali + W. gelöst, mit Bzl. extrahiert u. in Eis + HCl gegossen; Nd. im SOXHLET mit Toluol extrahiert; Nadeln; 91%; 0,5 g gaben bei 2,5std. Kochen mit 5% ig. NaOH einen weißen Nd. u. orangefarbenen Belag im Kühler; mit Bzl.–Ae. 0,036 g orangefarbenes Öl, darin (durch UV-Analyse) 11% *1.2-Benzfluoren* u. 13% **VII**; 92% **VIII** zurückerhalten. *2.4.7-Trinitrofluorenonverb.*, $C_{22}H_{19}O_9N_3$, F. 169—170°, orangegelb aus CH_3COOH. *Äthylester*, $C_{21}H_{18}O_2$, F. 69,4 bis 70,6°, aus A. fast farblose Platten. *Amid*, $C_{19}H_{15}ON$, F. 235—237°, blaßrot aus $CH_3 \cdot COOH$. — *9-Methyl-1.2-benzfluoren*, F. 124—124,9°, durch 1¼std. Kochen von **VIII** u. Cu-Pulver in Chinolin, Aufarbeiten u. 4,5std. Kochen mit Cu u. Cu-Salz von **VIII** in 2.7-Dimethylchinolin; Chromatographie in Bzl. an Al_2O_3 u. Elution mit Bzl.–PAe. (1 : 1); aus A. sehr blaßgelbe Tafeln. — *β-[1.2-Benzfluorenyl-(9)]-propionsäure* (**IX**), $C_{20}H_{16}O_2$, F. 192—195,5°, aus rohem Chlorid von **VIII** (Herst. mit PCl_5) in Bzl. u. CH_2N_2 in Bzl.–PAe. (1 : 1) (2 Std.), 17std. Stehen im Eisbad u. Evakuieren bei 12 mm in trocknem N_2 bei 50—55°; dunkelbraunes *Diazoketon* in A. gelöst u. bei 55—60° mit alkoh. Brei von Ag_2O verrührt; nach 25 Min. noch 1 Std. gekocht; A. evakuiert, dann bei 1—2 mm/Bad 290° dest.; Destillat (*Ester*) 24 Std. mit CH_3COOH–HCl (2 : 1 Vol.) gekocht; aus Bzl.–CH_3COOH, dann Bzl. braune Tafeln; 56%. — *3-Keto-12c.1.2.3-tetrahydrobenz-[j]-fluoranthen* (**X**), $C_{20}H_{14}O$, F. 97—98,2°, durch ¼std. Einrühren der Benzollsg. des Chlorids von **IX** (Herst. mit PCl_5) in Bzl. u. $AlCl_3$ bei 5—8°; 2¼ Std. bei 5°, 1 Std. bei 10°, Zugabe von Ae. bei 3—5° u. von HCl–W. (1 : 1) bis zur Entfärbung; neutrales Prod. in absol. A. mit $H_2NCONHNH_2 \cdot HCl$ u. Pyridin 2,5 Std. gekocht u. konz.; hellbraunes krist. *Semicarbazon* (Mutterlauge gab öliges **X**) einige Min. mit W. gekocht u. Rückstand ½ Std. mit sd. HCl–W. (2 : 1) zers.; Öl mit Bzl. verarbeitet; aus Bzl.–CH_3OH, dann CH_3OH blaßrote Tafeln. — *Benz-[j]-fluoranthen* (**II**): CLEMMENSEN-MARTIN-Red. von 0,87 g öligem **X** (19 Std.), Aufnehmen in Bzl. u. Chromatographie an Al_2O_3, 0,11 g gelbes Öl, wohl *12c.1.2.3-Tetrahydrobenz-[j]-fluoranthen* [aus festerem, blau fluorescierendem Band 0,34 g Öl; krist. in sd. CH_3OH, aus Bzl.–A. 2 Prodd., F. 260—270° u. F. 216—226°, vielleicht ein polymeres Dihydrobenz-[j]-fluoranthen, $(C_{20}H_{14})_n$]; mit 30% ig. Pd-Kohle 45 Min. auf 300—320° u. 20 Min. auf 350° erhitzt; in Bzl. an Al_2O_3 chromatographiert; aus gelb fluorescierendem Band 0,027 g **II**; gab in CH_3OH–A. die *symm.-Trinitrobenzolverb.* (**II t**), F. 213—216,5°, braune Nadeln; 0,028 g; nach Misch-F. u. UV-Spektr. ident. mit **II t** aus Dinaphthyl-(1.2′) (F. 219,8 bis 220,5°, orange Nadeln). — Red. von **X** mit $LiAlH_4$ u. Dehydrierung wie oben gab 2 *Trinitrobenzolverbb.*: orangebraune Tafeln, F. 158—179°, u. schwarze Nadeln, F. 233 bis 235°; auch Red. von **X** (H_2, PtO_2) zum Carbinol u. Dehydrierung wie oben gab kein **II**. (J. Amer. chem. Soc. **73**. 436—42. Jan. 1951. Bruceton, Pa., U. S. Bur. of Mines, Off. of Synth. Liqu. Fuels, u. Pittsburgh, Univ., Dep. of Chem.) LEHMSTEDT. 2950

Horst Pommer, *Ein neuer Weg zur Synthese von alkylierten Azulenen.* (Vgl. C. **1952**. 6366.) Vf. gelang eine klare Synth. von *Azulen* u. auf analogem Wege auch die Synth. von einigen alkylierten, sonst schwer zugänglichen Azulenen. Furfurol wird mit Acetaldehyd zu *β-[α-Furyl]-acrolein* kondensiert u. hieraus durch Kondensation mit Essigester *γ-Furfurylidencrotonsäureäthylester* erhalten. Über RANEY-Ni wird zum *δ-[α′-Tetrahydrofuryl]-valeriansäureäthylester* durchhydriert. In alkoh. Lsg. läßt sich der Tetrahydrofuranring mit HBr aufsprengen, u. es entsteht *1.4-Dibromnonansäureäthylester-(9)*. Beim Umsatz mit 2 Molen Na-Malonester tritt, wie schon PERKIN JR. [1887] an aliphat. Dibromiden feststellte, Ringschluß unter Bldg. eines cycl. Monomalonesters ein. In diesem Falle entsteht *δ-[Cyclopentyl-(2)-1.1-dicarbäthoxy]-valeriansäureäthylester.* Die freie Tricarbonsäure spaltet beim Erhitzen über ihren F. CO_2 ab, u. es bildet sich *δ-[Cyclopentyl-(2)-1-carboxy]-valeriansäure.* Durch Pyrolyse des gemischten Fe-Ba-Salzes tritt Ringschluß zu *Bicyclo-[0.3.5]-decanon-(6)* (**I**) ein. Mit $LiAlH_4$ wird zum Alkohol red., darauf mit $KHSO_4$ W. abgespalten u. durch Auftropfen auf 350° heiße 15% ig. Pd-Kohle zum *Azulen* dehydriert. Aus **I** ist mit CH_3MJ, Dehydratisierung u. Dehydrierung *8-Methylazulen* zugänglich. Zu in 5-Stellung substituierten Azulenen gelangt man durch Kondensation des Furfurols mit einem anderen Aldehyd an Stelle von Acetaldehyd. Ein in 5-Stellung substituiertes Furfurol kann zu Azulenen mit Substituenten in 1-Stellung führen. In entsprechender Weise sind auch di- u. trisubstituierte Azulene zugänglich.

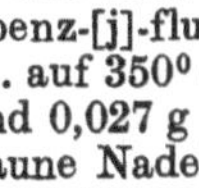
I

Versuche: *1.4-Dibromnonansäureäthylester-(9)*, $C_{11}H_{20}O_2Br_2$, Kp.$_{0,22}$ 154—159°. δ-[α′-Tetrahydrofuryl]-valeriansäureäthylester wird mit absol. alkoh. HBr unter Kühlung behandelt. Nach Zugabe von W. wird das Öl mit CH_2Cl_2 extrahiert u. der Auszug im Vakuum destilliert. Zwischen 80—140°/0,02 mm geht noch unveränderte Substanz über, die erneut mit HBr gespalten werden kann; 50% (Ausbeute). — *δ-[Cyclopentyl-(2)-*

1.1-dicarbäthoxy]-valeriansäureäthylester, $C_{18}H_{30}O_6$, Kp.$_{0,03}$ 150°, zur absol. alkoh. Lsg. von Na-Malonester wird vorst. Verb. getropft. Nach Zusatz von W. wird ausgeäthert u. im Vakuum rektifiziert; 81%. — *δ-[Cyclopentyl-(2)-1.1-dicarboxy]-valeriansäure*, $C_{12}H_{18}O_6$, F. 125° (Zers.), durch Verseifung vorst. Verb.; Blättchen (W.); 81%. — *δ-[Cyclopentyl-(2)-1-carboxy]-valeriansäure*, $C_{11}H_{18}O_4$, F. 50—52°, durch Erhitzen der Säure im Ölbad auf 160°, zum Schluß im Vakuum bis zur Beendigung der Gasentw.; Nadeln (W.); 96%. — *Bicyclo-[0.3.5]-decanon-(6)* (I), $C_{10}H_{16}O$, Kp. 235°. Vorst. Säure wird mit Fe-Pulver/$Ba(OH)_2$ im Metallbad auf 180—200° erhitzt, nach 2 Std. die Temp. allmählich auf 420° gesteigert, Destillat in Ae. aufgenommen u. nach Waschen mit $NaHCO_3$-Lsg. das Keton dest.; 71%. *Oxim*, F. 124—131°. Durch Kristallisation mit Benzoylchlorid in Pyridin die *trans-Benzoylverb. des Oxims*, F. 87—89°. *trans-Oxim*, F. 140°; *cis-Oxim*, F. 118—119°. — *Bicyclo-[0.3.5]-decen*, $C_{10}H_{16}$, Kp.$_{10}$ 92°, I mit $AlLiH_4$ in Ae. unter Eiskühlung red., das überschüssige Reduktionsmittel mit Essigester zers., wss. NH_4Cl-Lsg. zugetropft u. nach Dest. bei 12 mm/110—136° mit $KHSO_4$ 10 Min. auf 180° erhitzt. — *Azulen*, $C_{10}H_8$, F. 99°. Vorst. Verb. wird auf 350° heiße 15%ig. Pd-Kohle getropft. Das gebildete Azulen dest. gleichzeitig ab. Es wird in PAe. aufgenommen u. chromatographiert, violettblaue Blättchen; 4,5%. — *Bicyclo-[0.3.5]-6-methyldecen*, $C_{11}H_{18}$, Kp.$_8$ 93—95°; aus I u. Methyl-MgJ in Ae. u. Dehydratisierung mit $KHSO_4$ bei 180° während 10 Minuten. — *8-Methylazulen*, analog vorvorst. Verb. aus vorst. Verbindung. *Trinitrobenzolat*, F. 177—178°. — *β-[α'-Furyl]-α-methylacrolein*, $C_8H_8O_2$, aus Furfurol + verd. NaOH mit Propionaldehyd bei 0°, Ansäuern mit Essigsäure u. Extrahieren mit CH_2Cl_2, hellgelbes, opalescierendes, nach Zimt riechendes Öl, Kp.$_{55}$ 141 bis 142°; 85%. — *1-α-Furyl-2-methylpentadien-(1.3)-säureäthylester-(5)*, $C_{12}H_{14}O_3$, F. 33 bis 35°, aus vorst. Verb. u. mit Eis/Kochsalz gekühlten Essigester + Na, Ansäuern nach 6 Std. bei 20° u. Fraktionieren im Vakuum; 70%. — *1-[α-Tetrahydrofuryl]-2-methylpentansäureäthylester-(5)*, $C_{12}H_{22}O_3$, Kp.$_5$ 122°, durch RANEY-Ni-Hydrierung vorst. Verb. bei 115° u. 120 atü H_2 in absol. A.; 87%. — *1.4-Dibrom-6-methylnonansäureäthylester-(9)*, $C_{12}H_{22}O_2Br_2$, Kp.$_{0,1}$ 152—154°, durch Ringsprengung mit alkoh. HBr wie oben beschrieben; 64%. — *δ-[Cyclopentyl-(2)-1.1-dicarbäthoxy]-γ-methylvaleriansäureäthylester*, $C_{19}H_{32}O_6$, Kp.$_{0,09}$ 153—154°, wie oben beschrieben aus vorst. Verb.; 82%. — *δ-[Cyclopentyl-(2)-1.1-dicarboxy]-γ-methylvaleriansäure*, $C_{13}H_{20}O_6$, F. 192° (Zers.), Blättchen (W.), durch Verseifung vorst. Esters; 97%. — *δ-[Cyclopentyl-(2)-carboxy]-γ-methylvaleriansäure*, $C_{12}H_{20}O_4$, sehr zähes Öl, Kp.$_{0,05}$ 180° (Kugelrohr), durch Decarboxylierung vorst. Säure im Vakuum bei 200°; 97%. — *Bicyclo-[0.3.5]-3-methyldecanon-(6)*, $C_{11}H_{18}O$, Kp.$_9$ 117—118°, durch Pyrolyse des Fe–Ba-Salzes der vorst. Säure; terpenartig riechendes, schwach grünblau gefärbtes Öl; 71%. *Semicarbazon*, $C_{12}H_{21}ON_3$, F. 224—227° (nach 18maligem Umkristallisieren). — *Bicyclo-[0.3.5]-3-methyldecen*, $C_{11}H_{18}$, Kp.$_8$ 92—94°, durch Red. des Ketons mit $LiAlH_4$ u. Wasserabspaltung mit $KHSO_4$; 89%. — *5-Methylazulen*, durch Dehydrierung wie oben beschrieben. *Trinitrobenzolat*, F. 143—144°. Freies 5-Methylazulen, F. 26°, tiefblaue Kristalle (CH_3OH). — *Bicyclo-[0.3.5]-3.6-dimethyldecen*, $C_{12}H_{20}$, Kp.$_8$ 98°, durch Umsetzung des vorst. Ketons mit CH_3MgJ u. Wasserabspaltung; 75%. — *5.8-Dimethylazulen*, $C_{12}H_{12}$, Kp.$_{10}$ 110°, violettblaues Öl, durch Dehydrierung vorst. KW-stoffes über das *Trinitrobenzolat*, $C_{18}H_{15}O_6N_3$, F. 162°, braunschwarze Nadeln. — *5-Methyl-8-isopropylazulen*, $C_{14}H_{16}$, violettblaues Öl, analog vorst. mit Isopropyl–MgBr. Isolierung mit H_3PO_4 über das *Trinitrobenzolat*, $C_{20}H_{19}O_6N_3$, F. 98°, feine braune Nadeln. — *β-[5-Methylfuryl-(2)]-α-methylacrolein*, $C_9H_{10}O_2$, F. 39 bis 40°, Nadeln (A.), aus 5-Methylfurfurol u. Propionaldehyd; 60%. *Semicarbazon*, $C_{10}H_{13}O_2N_3$, F. 236—237°, feine Nadeln (A.). — *1-[5'-Methylfuryl-(2')]-2-methylpentadien-1.3-säureäthylester-(5)*, $C_{13}H_{16}O_3$, Kp.$_{0,03}$ 137—139°, durch Kondensation vorst. Verb. mit Essigester. — *1-[5'-Methyltetrahydrofuryl-(2')]-2-methylpentansäureäthylester-(5)*, $C_{13}H_{24}O_3$, Kp.$_{17}$ 148—152°, durch Perhydrierung über RANEY-Ni aus vorst. Ester. — *2.5-Dibrom-7-methyldecansäureäthylester*, $C_{13}H_{24}O_2Br_2$, Kp.$_{0,03}$ 143—144°, braunes Öl, das wegen leichter Zers. nur in kleinen Portionen dest. werden konnte. Durch Sprengung des Tetrahydrofuranringes vorst. Verb. mit HBr. — *δ-[Cyclopentyl-(2)-1.1-dicarbäthoxy-5-methyl]-γ-methylvaleriansäureäthylester*, $C_{20}H_{34}O_6$, Kp.$_{0,005}$ 140—142°, durch Umsetzung der Dibromverb. mit Na-Malonester. — *δ-[Cyclopentyl-(2)-1.1-dicarboxy-5-methyl]-γ-methylvaleriansäure*, $C_{14}H_{22}O_6$, F. 208° (Zers.), Blättchen (W.). — *δ-[Cyclopentyl-(2)-1-carboxy-5-methyl]-γ-methylvaleriansäure*, $C_{13}H_{22}O_4$, Kp.$_{0,005}$ 160° (Kugelrohr), durch Decarboxylierung vorst. Säure bei 130°. — *Bicyclo-[0.3.5]-3.8-dimethyldecanon-(6)*, $C_{12}H_{20}O$, Kp.$_{18}$ 132—142°, durch Pyrolyse des Fe/Ba-Salzes. — *Bicyclo-[0.3.5]-3.8-dimethyldecen*, $C_{12}H_{20}$, Kp.$_{10}$ 105—106°, durch Red. u. Dehydratisierung vorst. Verb. wie oben beschrieben. — *1.5-Dimethylazulen*, $C_{12}H_{12}$, F. 30—33°, stahlblaue Nadeln nach Dest. im Kugelrohr bei 18 mm/145—150°, durch Dehydrierung vorst. Verb. u. Isolierung über das *Trinitrobenzolat*, $C_{18}H_{15}O_6N_3$, F. 150—151°, lange,

schwarze Nadeln. — *Bicyclo-[0.3.5]-3.6.8-trimethyldecen*, $C_{13}H_{22}$, Kp.$_8$ 105—106°, aus dem vorst. Keton mit CH_3MgJ wie beschrieben. — *1.5.8-Trimethylazulen*, durch Dehydrierung vorst. Verb. über Schwefel bei 210—230°. Reinigung chromatograph. an Al_2O_3 u. Isolierung als *Trinitrobenzolat*, $C_{19}H_{17}O_6N_3$, F. 167°, schwarze Nadeln. (Liebigs Ann. Chem. **579**. 47—76. 1953. Braunschweig, TH, Inst. für Organ. Chem.)
NEZEL. 2950

Eugene E. van Tamelen, *Cyclohexensulfid (7-Thia-bicyclo-[4.1.0]-heptan)*. Durch Einw. von KCNS in wss. A. auf Cyclohexenoxyd: $C_6H_{10}S$, Kp.$_{21}$ 71,5—73,5°; Kp.$_{19}$ 69 bis 71°; n_D^{25} 1,5306—1,5311; Ausbeute 71—73%. Das Prod. kann bei 5° mehrere Monate ohne Zers. aufbewahrt werden. (Org. Syntheses **32**. 39—40. 1952. Madison, Wis., Univ.)
TROFIMOW. 3030

P. C. Johnson und **Alexander Robertson,** *Furanverbindungen*. 11. Mitt. *Die Synthese von α-Anhydro-O-trimethylbrasilon und verwandten Substanzen*. (10. vgl. MACKENZIE, J. chem. Soc. [London] **1949**. 2057.) Die Richtigkeit der von PERKIN u. ROBINSON (J. chem. Soc. [London] **95**. [1909.] 381) aufgestellten Strukturformel für *α-Anhydro-O-trimethylbrasilon* (**I**), eines Abbauprod. des natürlichen O-Trimethylbrasilins, wird von Vff. durch Synth. bewiesen. Zu diesem Zweck stellen sie eine Reihe von Modellsubstanzen des *4'*- u. *3'-Oxynaphtho-[2'.1':2.3]-cumaron*-Typs her (die einzelnen Verbb. s. Versuchsteil). Es wird gezeigt, daß das synthetisierte *3'-Oxy-6.6'.7'-trimethoxy-naphtho-[2'.1':2.3]-cumaron* (**XXVII**) in allen seinen Eigg. mit dem aus Naturprodd. gewonnenen **I** ident. ist. — Die Darst. von **XXVII** nimmt folgenden Verlauf: Resorcin (**XXVIII**) u. m-Hemipinsäureanhydrid werden nach PERKIN u. Mitarbeitern (J. chem. Soc. [London] **127**. [1925.] 195) in Nitrobenzol in Ggw. von $AlCl_3$ kondensiert, das entstehende *2'-Carboxy-2.4-dioxy-4'.5'-dimethoxybenzophenon* wird mit A. verestert; bei der Umsetzung dieses Esters (**XX**) mit CH_3J wird *2'-Carbäthoxy-2-oxy-4.4'.5'-trimethoxybenzophenon* (**XXI**) erhalten. **XXI** gibt mit Bromessigester öligen *Brasilinsäureäthylester*, nach Verseifung die freie Säure (**XXII**). Durch Erhitzen von **XXII** mit Acetanhydrid in Ggw. von K-Acetat wird Ringschluß zu *3-[2'-Carboxy-4'.5'-dimethoxyphenyl]-6-methoxycumaron* (**XXIII**) erreicht. Über das entsprechende Säurechlorid wird mit CH_2N_2 das *Diazoketon* (**XXV**) u. nach ARNDT-EISTERT über das Amid die homologe Essigsäure, *3-[2'-Carboxymethyl-4'.5'-dimethoxyphenyl]-6-methoxycumaron* (**XXVI**) dargestellt. Ringschluß mit konz. H_2SO_4 gibt das synthet. **XXVII** (natürliches **I**).

Versuche: *2.4-Dioxy-3'.4'-dimethoxybenzophenon*, $C_{15}H_{14}O_5$, F. 177°. Eine Mischung von 2 g **XXVIII**, 3 g Veratrumsäure u. 3 g $SnCl_2$-Pulver wird bei 170° kondensiert u. mit W. extrahiert; schwach gelbe rhomb. Platten (verd. A.); 1,1 g (Ausbeute), oder aus 9 g **XXVIII** u. 16 g Veratroylchlorid in Nitrobenzol in Ggw. von $AlCl_3$; 13—14 g. — *2-Oxy-4.3'.4'-trimethoxybenzophenon*, $C_{16}H_{16}O_5$, F. 140°, aus 10 g vorst. Verb. u. 2,7 cm³ CH_3J in 100 cm³ sd. Aceton in Ggw. von 15 g K_2CO_3; schwach gelbe Nadeln (CCl_4); 9,4 g. *2.4-Dinitrophenylhydrazon*, $C_{22}H_{20}O_8N_4$, F. 231°, tiefrote Prismen (Essigester). — *5-Methoxy-2-veratroylphenoxyessigsäureäthylester* (**II**), $C_{20}H_{22}O_7$, F. 80°, aus 25 g vorst. Verb. u. 16 cm³ Bromessigester durch 8 std. Erhitzen in 300 cm³ Aceton in Ggw. von 70 g K_2CO_3; Nadeln (A.); 31 g. — *5-Methoxy-2-veratroylphenoxyessigsäure* (**III**), $C_{18}H_{18}O_7$, F. 149°, durch die alkal. Verseifung von **II**; Nadeln (Essigester/PAe.). — *3-[3'.4'-Dimethoxyphenyl]-6-methoxycumaron* (**IV**), $C_{17}H_{16}O_4$, F. 74°, aus 6 g **III** durch Ringschluß mit Acetanhydrid in Ggw. von Na-Acetat; Platten aus verd. Essigsäure; in konz. H_2SO_4 hellrot; 4,2 g. — *3-[3'.4'-Dimethoxyphenyl]-2-formyl-6-methoxycumaron* (**V**), $C_{18}H_{16}O_5$, F. 158°, aus 5 g **IV** durch Formylierung mit HCN in Ae. in Ggw. von $SnCl_2$ u. HCl bei 0°; fahlgelbe Nadeln (A.); 5 g; in konz. H_2SO_4 hellrot, beim Verdünnen mit W. grün → hellblau. *2.4-Dinitrophenylhydrazon*, $C_{24}H_{20}O_8N_4$, F. 260°, nach Sintern bei 255°; carmoisinrote Nadeln (Nitrobenzol/A.). — *3-[3'.4'-Dimethoxyphenyl]-6-methoxycumaron-2-carbonsäureäthylester*, $C_{20}H_{20}O_6$, F. 134°, durch 1std. Erhitzen von 14,1 g **II** u. Na-Äthylat in absol. A.; längliche, schwach gelbe Nadeln (verd. A.); 5,8 g; hellrot (H_2SO_4). Aus der Mutterlauge 1,5 g *3-[3'.4'-Dimethoxyphenyl]-6-methoxycumaron-2-carbonsäure* (**VI**), $C_{18}H_{16}O_6$, F. 204° (Zers.); prismat. Nadeln (Essigsäure); rot/tiefviolett (H_2SO_4 kalt/warm). Wird auch aus 8 g vorst. Esters durch alkal. Verseifung erhalten; 6,5 g; oder aus **V** durch $KMnO_4$-Oxydation. Aus der Mutterlauge von **VI** 1,8 g **IV** u. 1,3 g **III**. — Das nicht näher charakterisierte, aus 4 g **VI** mit PCl_5 dargestellte *Säurechlorid* wird mit CH_2N_2 bei 0° umgesetzt u. das entsprechende *Diazoketon*, $C_{19}H_{16}O_5N_2$, F. 159° (Zers.), erhalten; gelbe Prismen (Bzl./PAe.); 2,4 g. — *3-[3'.4'-Dimethoxyphenyl]-6-methoxycumaron-2-brenztraubensäure* (**VII**), $C_{20}H_{18}O_7 \cdot H_2O$, F. 195—196° (Zers.). 10 g **V**, 6 g Hippursäure u. 5 g Na-Acetat in 50 cm³ Acetanhydrid werden 15 Min. auf 100° erhitzt u. das aus 50%ig. A. erhaltene *Azlacton* [$C_{27}H_{21}O_6N$, F. 219°, kleine glänzende rote Nadeln (Bzl.); 13,9 g] mit

10% ig. wss. NaOH verseift; kleine gelbe Nadeln (verd. Methanol); 5 g. *Oxim*, $C_{20}H_{19}O_7N$, F. 146°, Nadelbüschel (verd. Methanol). — *3-[3'.4'-Dimethoxyphenyl]-6-methoxycumaron-2-essigsäure* (**VIII**), $C_{19}H_{18}O_6$, F. 178°, durch Oxydation von 5 g **VII** mit alkal. H_2O_2; fast farblose Nadeln (verd. A.); 3,5 g; tiefrot (H_2SO_4). *Amid*, $C_{19}H_{19}O_5N$, F. 190°, aus **VIII** über das Säurechlorid; prismat. Nadeln (verd. A.). — *4'-Oxy-6.6'.7'-trimethoxynaphtho-[2'.1':2.3]-cumaron*, $C_{19}H_{16}O_5$, F. 195—196°, durch Cyclisierung von 1 g **VIII** mit P_2O_5 in sd. Bzl.; fast farblose Prismen (Essigester); 0,25 g; tiefrot/grün (H_2SO_4, kalt/warm). *p-Nitrobenzoat*, $C_{26}H_{19}O_8N$, F. 193°, gelbe, längliche rechtwinklige Platten (Essigsäure). — *2.4-Dioxy-4'-methoxybenzophenon*, F. 160°, aus 16 g **XXVIII** u. 25 g Anisoylchlorid wie oben; schwach gelbe Nadeln (verd. A.); 26 g; *2.4-Dinitrophenylhydrazon*, $C_{20}H_{16}O_7N_4$, F. 264—265°, kleine orangerote Prismen (Essigester/PAe.). — *2-Oxy-4.4'-dimethoxybenzophenon*, $C_{15}H_{14}O_4$, F. 118°, aus 20 g vorst. Verb. u. CH_3J; schwach gelbe Nadeln (PAe./oder Aceton); 18,7 g. *2.4-Dinitrophenylhydrazon*, $C_{21}H_{18}O_7N_4$, F. 238°, tiefrote Prismen (Essigester). — *2-Anisoyl-5-methoxyphenoxyessigsäureäthylester* (**IX**), $C_{19}H_{20}O_6$, F. 80°, aus 10 g vorst. Verb. analog **II**; lange Nadeln (verd. A.); 12,2 g. — *2-Anisoyl-5-methoxyphenoxyessigsäure*, $C_{17}H_{16}O_6$, F. 139°, durch alkal. Verseifung von 33 g **IX**; Nadeln aus Bzl./PAe.; 27 g. — *6-Methoxy-3-[p-methoxyphenyl]-cumaron* (**X**), $C_{16}H_{14}O_3$, F. 60°, aus 10 g vorst. Säure durch Ringschluß mit Acetanhydrid; lange Nadeln aus verd. Essigsäure; 6,3 g; rotbraun (H_2SO_4). — *2-Formyl-6-methoxy-3-[p-methoxyphenyl]-cumaron* (**XI**), $C_{17}H_{14}O_4$, F. 167°, aus 5 g **X** analog **V**; Nadeln aus verd. A.; 5 g; in H_2SO_4 von braunrot schnell nach gelbgrün, beim Verdünnen mit W. u. Erwärmen von Grün nach Tiefblau. *2.4-Dinitrophenylhydrazon*, $C_{23}H_{18}O_7N_4$, F. 255° (Sintern bei 230°); mattrote Nadeln (Nitrobenzol/A.). — *6-Methoxy-3-[p-methoxyphenyl]-cumaron-2-carbonsäuremethylester* (**XII**), $C_{19}H_{18}O_5$, F. 98°, durch Cyclisation von 5 g **IX** mit Na-Äthylat in sd. A. (1 Std.) u. Verdünnen mit W.; aus A. lange Nadeln; 1,4 g; in konz. H_2SO_4 rotorange. — *6-Methoxy-3-[p-methoxyphenyl]-cumaron-2-carbonsäure* (**XIII**), $C_{17}H_{14}O_5$, F. 233° (Zers.), aus 0,3 g **XII** durch alkal. Verseifung; Nadeln (Essigester); 0,2 g; aus der rohen Reaktionslsg. durch überschüssige HCl weitere 0,5 g neben 1,1 g **X**; wird auch durch alkal. Oxydation von **XI** mit 30% ig. H_2O_2 erhalten. — *6-Methoxy-3-[p-methoxyphenyl]-cumaron-2-brenztraubensäure* (**XIV**), $C_{19}H_{16}O_6$, F. 225—226° (Zers.). Aus 10 g **XI** u. Hippursäure werden analog **VII** 12,4 g *Azlacton* [$C_{26}H_{19}O_5N$, F. 226° (hellorange Nadeln aus Bzl.)] erhalten u. aus 10 g dieser Verb. 7 g **XIV**; schwach gelbe, rechtwinklige, längliche Prismen (verd. Essigsäure). *Oxim*, $C_{19}H_{17}O_6N$, F. 164° (Zers.), schmale Stäbe (Essigester/PAe.). — *6-Methoxy-3-[p-methoxyphenyl]-cumaron-2-essigsäure*, $C_{18}H_{16}O_5$, F. 169—170°, durch Oxydation von 5 g **XIV** mit 30% ig. H_2O_2; fast farblose Nadeln aus Bzl./PAe.; 3,7 g; tieforangebraun (H_2SO_4). — *Amid*, $C_{18}H_{17}O_4N$, F. 210°, kleine Prismen (Bzl./PAe.). — *4'-Oxy-6.6'-dimethoxynaphtho-[2'.1':2.3]-cumaron*, $C_{18}H_{14}O_4$, F. 179—180°, aus 0,8 g vorst. Säure mit P_2O_5; kleine Nadeln aus Essigsäure; 0,2 g; tiefrot/grün (H_2SO_4 kalt/warm). — *2.4-Dioxy-3'-methoxybenzophenon*, $C_{14}H_{12}O_4$, F. 176°, aus 9 g **XXVIII** u. m-Anisoylchlorid wie oben; schwach gelbe, rechtwinklige Prismen aus verd. A.; 16 g. *2.4-Dinitrophenylhydrazon*, $C_{20}H_{16}O_7N_4$, F. 285—287°, orange Prismen (Essigester). — *2-Oxy-4.3'-dimethoxybenzophenon*, $C_{15}H_{14}O_4$, F. 66°, aus 30 g vorst. Verb. u. CH_3J; cremfarbige Nadeln (Methanol); 2,2 g. *2.4-Dinitrophenylhydrazon*, $C_{21}H_{18}O_7N_4$, F. 204°, glänzendrote längliche Prismen (Essigester). — *2-[m-Anisoyl]-5-methoxyphenoxyessigsäureäthylester* (**XV**), $C_{19}H_{20}O_6$, F. 76°, aus 20 g vorst. Verb. u. Bromessigester; unregelmäßige Prismen aus verd. Methanol; 24 g. — *2-[m-Anisoyl]-5-methoxyphenoxyessigsäure*, $C_{17}H_{16}O_6$, F. 80—81°, aus 4,5 g **XV**; lange Nadeln aus Essigester/PAe.; 4 g. — *6-Methoxy-3-[m-methoxyphenyl]-cumaron*, $C_{16}H_{14}O_3$, F. 55°, aus 6 g vorst. Verb. analog **X**; lange Nadeln (Methanol); 4 g; gelborange (H_2SO_4). — *2-Formyl-6-methoxy-3-[m-methoxyphenyl]-cumaron*, $C_{17}H_{14}O_4$, F. 92°, aus 5 g vorst. Verb. analog **V**; unregelmäßige gelbe Prismen (A.); 4,1 g; gelb/blaugrün (H_2SO_4/Verdünnen mit W.). *2.4-Dinitrophenylhydrazon*, $C_{23}H_{18}O_7N_4$, F. 226—227°, mattrote Nadeln (Essigsäure). — *6-Methoxy-3-[m-methoxyphenyl]-cumaron-2-brenztraubensäure* (**XVI**), $C_{19}H_{16}O_6$, F. 170—172° (Zers.), analog **VII** aus 3 g vorst. Verb. unter Bldg. des *Azlactons* [$C_{26}H_{19}O_5N$, F. 226° (hellorange rechtwinklige Prismen aus Bzl.)], daraus durch Hydrolyse 1 g; gelbe Prismen (Essigester/PAe.). — *6-Methoxy-3-[m-methoxyphenyl]-cumaron-2-essigsäure* (**XVII**), $C_{18}H_{16}O_5$, F. 141—142°, durch Oxydation von **XVI** mit 10% ig. alkal. H_2O_2; Nadeln aus PAe.; tiefgelb/tiefgrün (H_2SO_4 kalt/warm). — *6-Methoxy-3-[m-methoxyphenyl]-cumaron-2-carbonsäure*, $C_{17}H_{14}O_5$, F. 192° (Zers.). 18 g **XV** geben beim Erhitzen mit Na-Äthylat 7,5 g kleiner Prismen (Bzl.); (H_2SO_4 analog **XVII**). — Überführung vorst. Verb. in das Säurechlorid u. Diazotierung gibt das entsprechende *Diazoketon*, $C_{18}H_{14}O_4N_2$, F. 124 bis 126° (Zers.), gelbe lange Prismen (Bzl./PAe.). — **XVII**-*Acetamid*, $C_{18}H_{17}O_4N$, F. 153°, aus vorst. Verb.; Nadeln (Bzl.); 1,8 g. Hydrolyse gibt **XVII**. — *4'-Oxy-6.7'-dimethoxy-*

naphtho-[2'.1':2.3]-cumaron, $C_{18}H_{14}O_4$, F. 158—159°, aus 0,8 g **XVII** mit P_2O_5; schwach gelbe Prismen aus Bzl./PAe.; 0,3 g; tiefrot/grün (H_2SO_4). — *2'-Carbäthoxy-2-oxy-4-methoxybenzophenon* (**XVIII**), $C_{17}H_{16}O_5$, F. 100°, aus 25 g *2'-Carbäthoxy-2.4-dioxybenzophenon* (DESAI u. FIGUEREDO, Proc. Indian Acad. Sci. Sect. A **14**. [1941.] 605) u. CH_3J; gelbe unregelmäßige Prismen (PAe.); 23,8 g; Hydrolyse gibt *2'-Carboxy-2-oxy-4-methoxybenzophenon*, F. 165°. — *2-[o-Carboxybenzoyl]-5-methoxyphenoxyessigsäure*, $C_{17}H_{14}O_7$, F. 177—178°, aus 22 g **XVIII** analog **II** u. nachfolgender Verseifung des sirupartigen Esters; flache Prismen (A./PAe.); 23 g. — *3-[o-Carboxyphenyl]-6-methoxycumaron*, $C_{16}H_{12}O_4$, F. 135°, aus 10 g vorst. Verb. analog **X**; rechteckige Prismen (PAe.); 3,8 g; tiefbaugrün (H_2SO_4). — *3-[o-Carbamylmethylphenyl]-6-methoxycumaron* (**XIX**), $C_{17}H_{15}O_3N$, F. 148°. 5 g vorst. Säure werden durch Diazotieren des Säurechlorids in das entsprechende *Diazoketon* [$C_{17}H_{12}O_3N_2$, F. 85—87° (fahlgelbe Nadeln aus Bzl./PAe.)] übergeführt u. dieses mit $AgNO_3$ in konz. NH_3 behandelt; 3 g; Nadeln (Bzl./PAe.). — *3-[o-Carboxymethylphenyl]-6-methoxycumaron*, $C_{17}H_{14}O_4$, F. 125°, durch alkal. Hydrolyse von 2 g **XIX**; Nadeln aus verd. Methanol; 2 g; tiefrot (H_2SO_4). — *3'-Oxy-6-methoxynaphtho-[2'.1':2.3]-cumaron*, $C_{17}H_{12}O_3$, F. 163°, aus 1 g vorst. Verb. in konz. H_2SO_4; prismat. Nadeln aus Bzl. oder verd. A.; 0,5 g; gibt mit alkoh. KOH in Ggw. von Chlf. beim Erwärmen tiefblaue Färbung, die über Grün nach Gelb geht. *p-Nitrobenzoat*, $C_{24}H_{15}O_6N$, F. 191°, gelbe Platten (Essigester). — *2'-Carboxy-2.4-dioxy-4'.5'-dimethoxybenzophenon*, $C_{16}H_{14}O_7$, F. 255° (Zers.), aus 5 g **XXVIII** u. m-Hemipinsäureanhydrid wie oben; hellgelbe Prismen (Essigester/PAe.); 10 g. — *Äthylester* (**XX**), $C_{18}H_{18}O_7$, F. 171, gelbe Nadeln aus verd. A.; 7,5 g. — *2'-Carbäthoxy-2-oxy-4.4'.5'-trimethoxybenzophenon* (**XXI**), $C_{19}H_{20}O_7$, F. 119°, aus 8 g **XX** u. CH_3J; irreguläre Prismen (verd. A.); 8 g. Alkal. Hydrolyse gibt die freie *Säure*, $C_{17}H_{16}O_7$, F. 212°, gelbe Prismen (Essigester/PAe.). — *Brasilinsäure* (**XXII**), $C_{19}H_{18}O_9$, F. 208 bis 209°, aus 8 g **XXI** analog **II**; nach Verseifung des öligen Esters 8,2 g; Prismen (verd. Essigsäure). — *3-[2'-Carboxy-4'.5'-dimethoxyphenyl]-6-methoxycumaron* (**XXIII**), $C_{18}H_{16}O_6$, F. 210°, aus 9 g **XXII** analog **IV**; 4,9 g; schwach gelbe prismat. Nadeln (Essigsäure). — *3-[2'-Carbamylmethyl-4'.5'-dimethoxyphenyl]-6-methoxycumaron* (**XXIV**), $C_{19}H_{19}O_5N$, F. 143°, aus 5 g **XXIII** analog **XIX** über das *Diazoketon* [**XXV**, $C_{19}H_{16}O_5N_2$, (F. 86—88° aus Bzl./PAe.)]; Prismen aus verd. Methanol; 2,2 g. Daraus durch alkal. Verseifung *3-[2'-Carboxymethyl-4'.5'-dimethoxyphenyl]-6-methoxycumaron* (**XXVI**), $C_{19}H_{18}O_6$, F. 148,5—149,5°; Nadeln (verd. Methanol); 1,7 g; tiefrot (H_2SO_4). — *3'-Oxy-6.6'.7'-trimethoxynaphtho-[2'.1':2.3]-cumaron*; *α-Anhydro-O-trimethylbrasilon* (**XXVII** = **I**), $C_{19}H_{16}O_5$, F. 198°, aus 1,2 g **XXVI** mittels konz. H_2SO_4; gelbe Platten (A.); 0,8 g; mit alkoh. KOH in Ggw. von Chlf. intensiv blaue Farbe, die über Grün nach Hellbraun wechselt. Orangerot in H_2SO_4, in der Wärme tiefrot. *Acetat*, $C_{21}H_{18}O_6$, F. 174—175°, längliche Platten (Bzl.). *p-Nitrobenzoat*, $C_{26}H_{19}O_8N$, F. 233—234° (Essigsäure), glänzend gelbe längliche Prismen. — Aus **XXVII** dargestelltes *Acetyl-nitro-α-anhydro-O-trimethylbrasilon*, $C_{21}H_{17}O_8N$, schm. bei 235° (Zers.) nach Sintern bei 212°, glänzend gelbe Nadeln (Essigsäure), purpurfarben/gelbbraun (H_2SO_4/+ W.). (J. chem Soc. [London] **1950**. 2381—89. Sept. Liverpool, Univ.) SCHÖNEWALD. 3061

G. H. Philipps, Alexander Robertson und **W. B. Whalley**, *Furanverbindungen*. 12. Mitt. *Einige Analoge von Khellin und Visnagin*. (11. vgl. vorst. Ref.) Vff. beschreiben die Darst. einiger mit Kellin u. Visnagin verwandter *Furanochromone* sowie einiger *-cumarine* u. bezeichen *5-Methoxy-2-methylfurano-[2'.3':7.8]-chromon* als *Allovisnagin*. Als Ausgangsprodd. dienen Acetylresorcine, die unter Anwendung bekannter Methoden zu *Cumaronderivv*. u. weiter zu den entsprechenden *Furanochromonen* bzw. *-cumarinen* cyclisiert werden. Die Struktur der durch mehrdeutige Rkk. entstandenen Zwischenprodd. wird durch zusätzliche Verss. gesichert.

Versuche: *4-Acetyl-3-oxy-5-methoxyphenoxyessigsäureäthylester* (**I**), $C_{13}H_{16}O_6$, F. 120°, durch 1½std. Kochen von 4 g 2.4-Dioxy-6-methoxyacetophenon u. Bromessigsäureäthylester (**II**) in Ggw. von K_2CO_3 in Aceton; aus A. lange Prismen; 3,8 g (Ausbeute). *Acetat*, $C_{15}H_{18}O_7$, F. 69°; aus Bzl.–PAe. dicke Prismen. — *4-Acetyl-3.5-dimethoxyphenoxyessigsäureäthylester*, $C_{14}H_{18}O_6$, F. 82°, a) durch 16std. Rk. von **I** u. CH_3J in sd. Aceton; aus wss. A. Prismen; quantitativ; b) aus 4-Oxy-2.6-dimethoxyacetophenon u. **II** in sd. Aceton; quantitativ. — *4-Acetyl-2-formyl-3-oxy-5-methoxyphenoxyessigsäureäthylester*, $C_{14}H_{16}O_7$, F. 166°, durch 48std. Rk. von 2 g **I** mit $Zn(CN)_2$ u. HCN in bei 5° gesätt. äther. HCl u. etwas Chlf., Aufkochen des Nd. in W. u. Behandeln mit $NaHCO_3$; aus A. lange Prismen; 0,7 g; *2.4-Dinitrophenylhydrazon*, $C_{20}H_{20}O_{10}N_4$, F. 240° (Zers.); aus Essigsäure scharlachfarbene Nadeln. Daneben 0,6 g freie *Säure*, $C_{12}H_{12}O_7$, F. 199°, auch aus dem Ester mit 2n NaOH; aus wss. Methanol Nadeln. — *5-Acetyl-4-oxy-6-methoxycumaron*, $C_{11}H_{10}O_4$, F. 85°, durch ½std. Kochen von 1 g vorst. Säure in Ggw. von Na-Acetat in Essigsäureanhydrid (**III**), Neutralisieren mit $NaHCO_3$ Ausäthern u. Erhitzen des entstandenen *Acetats* in 2n NaOH; aus wss. Methanol citronengelbe Prismen, die bei 120°/0,1 mm sublimieren; 0,6 g. *5-Acetoacetyl-4-oxy-6-methoxycumaron*, $C_{13}H_{12}O_5$, F. 114°, durch 5std. Erhitzen von 5 g vorst. Verb. u. Essigsäureäthylester (**IV**) in Ggw. von Na u. Zugabe von Methanol, W. u. Essigsäure; aus wss. Methanol Nadeln; 0,5 g. Daraus durch Aufkochen in Essigsäure (u. wenig HCl), Aufnehmen in Chlf. u. Sublimieren bei 140°/0,1 mm quantitativ *5-Methoxy-2-methylfurano-[2'.3':7.8]-chromon* (*Allovisnagin*), $C_{13}H_{10}O_4$, F. 162°; Prismen. *Piperonylidenderiv.*, $C_{21}H_{14}O_6$, F. 264°; aus A. hellgelbe Nadeln. — *2.4-Diacetylresorcin* (**V**), F. 85°, durch 1std. Erhitzen von 5 g Resorcindiacetat in Ggw. von BF_3 in Essigsäure, Zugabe von W. u. CH_3COONa, Aufnehmen in A., dann PAe. u. Einengen; Nadeln; 3,1 g; aus der Mutterlauge *4.6-Diacetylresorcin* (**VI**), F. 182°; aus Chlf.–PAe. Nadeln; 0,8 g. — *2.4-Diacetyl-3-oxyphenoxyessigsäureäthylester*, $C_{14}H_{16}O_6$, F. 87°, durch 6std. Kochen von 10 g **V** u. **II** in Ggw. von K_2CO_3 in Aceton u. Aufnehmen in wss. A.; aus A. Nadeln; 14 g. *Acetat*, $C_{16}H_{18}O_7$, F. 92°, aus PAe. Prismen Freie *Säure*, $C_{12}H_{12}O_6$, F. 165°; aus W. Nadeln; 4,2 g (aus 5 g Äthylester). *Methylester*, $C_{13}H_{14}O_6$, F. 74°; aus wss. Methanol Nadeln. — *4-Acetoxy-5-acetyl-3-methylcumaron*, $C_{13}H_{12}O_4$, F. 109°, durch 3/4std. Kochen von 5 g vorst. Säure u. **III** in Ggw. von Na-Acetat; aus PAe. Prismen; 4 g. *2.4-Dinitrophenylhydrazon*, $C_{19}H_{16}O_7N_4$, F. 159°, aus PAe.–Bzl. orangefarbene oder gelbe (F. 152°) Nadeln. — *5-Acetyl-4-oxy-3-methylcumaron* (**VII**), $C_{11}H_{10}O_3$, F. 64°, aus 5 g vorst. Verb. mit 2n NaOH; schwachgelbe, rechtwinklige Prismen aus verd. A.; 3,6 g. *2.4-Dinitrophenylhydrazon*, $C_{17}H_{14}O_6N_4$, F. 265—267° (Zers.); aus Dioxan rote Nadeln. — *5-Acetyl-4-oxy-3-methylcumaran*, $C_{11}H_{12}O_3$, F. ca. 20°, Kp.$_{0,5}$ 160°, durch 4std. Hydrierung von 3 g vorst. Verb. in Ggw. von Pd-Kohle in Methanol; hellgelbes Öl; 2,9 g. *2.4-Dinitrophenylhydrazon*, $C_{17}H_{16}O_6N_4$, F. 268—269°; aus Dioxan–A. scharlachfarbene, rechtwinklige Prismen. — *5-Acetoacetyl-4-oxy-3-methylcumaron*, $C_{13}H_{12}O_4$, F. 83°, aus **VII** u. **IV** in Ggw. von Na; aus PAe. gelbe Nadeln. Daraus in 1% HCl enthaltender sd. Essigsäure *2.4'-Dimethylfurano-[2'.3':7.8]-chromon*, $C_{13}H_{10}O_3$, F. 198°; aus wss. A. hellbraune Prismen. *Piperonylidenderiv.*, $C_{21}H_{14}O_5$, F. 242°; aus Essigsäure gelbe Nadeln. — *5-Formylacetyl-4-oxy-3-methylcumaron*, aus **VII** u. Ameisensäureäthylester (**VIII**); 70%; cyclisiert analog zu *4'-Methylfurano-[2'.3':7.8]-chromon*, $C_{12}H_8O_3$, F. 140°; aus verd. A. Prismen. — Bei 2std. Kochen von 2 g **VI** u. **II** in Ggw. von K_2CO_3 in Aceton u. fraktionierte Kristallisation aus A., dann Methanol erhält man 0,4 g *5-Acetyl-2.4-bis-[carbäthoxymethoxy]-acetophenon*, F. 130°, als leichter lösl. Verb. u. 1,2 g *2.4-Diacetyl-5-oxyphenoxyessigsäureäthylester*, $C_{14}H_{16}O_6$, F. 134°; gelbe Blättchen; *Acetat*, $C_{16}H_{18}O_7$, F. 93°; aus PAe. Blättchen. Freie *Säure*, $C_{12}H_{12}O_6$, F. 255° (Zers.); aus wss. Dioxan kleine Nadeln. *Acetat*, $C_{14}H_{14}O_7$, F. 275° (Zers.); aus wss. Dioxan kleine Nadeln. — *6-Acetoxy-5-acetyl-3-methylcumaron*, $C_{13}H_{12}O_4$, F. 108°, durch 2std. Kochen von 2 g vorst. Säure in **III** in Ggw. von Na-Acetat, Zugabe von W. u. 2 tägiges Stehen; aus PAe. Nadeln; 1,7 g. *2.4-Dinitrophenylhydrazon*, $C_{19}H_{16}O_7N_4$, F. 221°; aus Essigsäuremethylester orangefarbene Nadeln. — *5-Acetyl-6-oxy-3-methylcumaron* (**IX**), $C_{11}H_{10}O_3$, F. 132°, aus 2,3 g vorst. Verb. mit 2n NaOH; aus wss. A. hellgelbe Nadeln; 1,7 g. *2.4-Dinitrophenylhydrazon*, $C_{17}H_{14}O_6N_4$, F. 285° (Zers.); aus Dioxan rote, rechtwinklige Prismen. — *5-Acetyl-6-oxy-3-methylcumaran*, $C_{11}H_{12}O_3$, F. 86°, a) durch Hydrierung von 4 g **IX** in Ggw. von Pd-Kohle in Methanol u. Aufnehmen in Ae.; aus PAe. Nadeln; 3,8 g; b) durch Erhitzen von 6-Oxy-3-methylcumaran u. **III** in Ggw. von BF_3 in Essigsäure u. Behandeln mit A.; W. u. 2n NaOH. *Acetat*, $C_{13}H_{14}O_4$, F. 100°; aus PAe. Nadeln. *2.4-Dinitrophenylhydrazon*, $C_{17}H_{16}O_6N_4$, F. 300° (Zers.); aus Dioxan rote Nadeln. — *5-Acetoacetyl-6-oxy-3-methylcumaran*, $C_{13}H_{14}O_4$, F. 106,5°, aus vorst. Verb. u. **IV** in Ggw. von Na; aus PAe.–Essigester rechtwinklige Prismen. Daraus fast quantitativ *4'.5'-Dihydro-2.4'-dimethylfurano-[3'.2':6.7]-chromon*, $C_{13}H_{12}O_3$, F. 131°; aus PAe. Prismen. *Piperonylidenderiv*, $C_{21}H_{16}O_5$, F. 188°; aus A. hellgelbe Nadeln. — *4'-Methylfurano-[3'.2':6.7]-chromon*, $C_{12}H_8O_3$, F. 136°, durch Kondensation von **VIII** u. **IX** u. Cyclisieren in sd. A. in Ggw. von wenig HCl; aus verd. A. hellgelbe Nadeln. — *5-Acetoacetyl-6-oxy-3-methylcumaron*, $C_{13}H_{12}O_4$, F. 143—145°, durch Rk. von 2 g **IX** u. **IV** in Ggw. von Na bei 0°, 5std. Kochen u. Zugabe von A., W. u. verd. Essigsäure; aus Essigester–PAe. Prismen; 2 g. Daraus fast quantitativ *2.4'-Dimethylfurano-[3'.2':6.7]-chromon*, $C_{13}H_{10}O_3$, F. 158°; aus Essigester–PAe. Nadeln. *Piperonylidenderiv.*, $C_{21}H_{14}O_5$, F. 239°; aus verd. A. hellgelbe Nadeln. — *ω-Carbäthoxykhellinon*, $C_{15}H_{16}O_7$, F. 71—72°, durch Rk. von 3 g Khellinon u. Diäthylcarbonat (**X**) in Ggw. von Na bei 0°, 1/2std. Erhitzen, Zugabe von A. u. Ae., Aufnehmen in W. u. Ansäuern mit Essigsäure; aus verd. A. kleine gelbe Prismen; 3,2 g. Daraus (2 g) durch Erhitzen in Essigsäure–konz. HCl u. Gießen in W. *4-Oxy-5.8-dimethoxyfurano-[3'.2':6.7]-cumarin*, $C_{13}H_{10}O_6$, F. 200—201°; aus verd. Essigsäure hellbraune rechtwinklige Prismen. — *ω-Carbäthoxydihydrokhellinon*, $C_{15}H_{18}O_7$, F. 100—101°; aus wss. A. gelbe rechtwinklige Prismen. Daraus *4'.5'-Dihydro-4-oxy-5.8-dimethoxyfurano-[3'.2':6.7]-cumarin*, $C_{13}H_{12}O_6$, F. 186—187; aus wss. Essigsäure rechtwinklige Blättchen. Daraus mit CH_2N_2 in Chlf.-Ae. *Methyläther*, $C_{14}H_{14}O_6$, F. 167—168°; aus wss. Methanol Prismen. — *4-Oxy-4'-methylfurano-[2'.3':7.8]-cumarin*, $C_{12}H_8O_4$, F. 256—259°, aus **VII**, **X** u. Na; aus wss. A. schwachgelbe kleine Prismen. *Methyläther*, $C_{13}H_{10}O_4$, F. 167—170°; aus verd. Methanol hellgelbe Prismen. (J. chem. Soc. [London] **1952**. 4951—57. Dez.) W. HOFFMANN. 3061

R. B. Moffett, *5.5-Dimethylpyrrolidon-(2)*. Aus Methyl-γ-methyl-γ-nitrovalerat in einer Schüttelbombe, A. u. RANEY-Ni bei einem H_2-Druck von 1000 lbs./sq.in. u. 55—60°: $C_6H_{11}ON$, $Kp._{12}$ 126,5—128,5°, F. 42—43° (PAe.); 88—96% (Ausbeute). (Org. Syntheses **32**. 59—61. 1952. Kalamazoo, Mich., Upjohn Co.) TROFIMOW. 3081

Raffaello Fusco und **Roberto Trave,** *Synthese von α-Phenyloktahydroindol*. Durch Kondensation der Na-Verb. von α-Cyclohexanoncarbonsäureäthylester mit Phenacylbromid (**IV**) in Ae. entsteht glatt *α-Phenacylcyclohexanoncarbonsäureäthylester* (**I**). Mit verd. Alkali bei Raumtemp. entsteht aus **I** *α-Phenylacylcyclohexanon* (**II**), während mit konz. Alkali in der Wärme *α-Phenacylpimelinsäure* gebildet wird. Das Dioxim von **II** (**III**) gibt bei Red. mit PtO_2/H_2 *α-Phenyloktahydroindol*. Eine ähnliche Reaktionsfolge führt von Cyclopentanoncarbonsäuremethylester zu *α-Phenacyladipinsäure*; ein Keton analog **II** konnte nicht erhalten werden.

Versuche: *2-Phenacylcyclohexanon-(1)-carbonsäure-(2)-äthylester* (**I**), $C_{17}H_{20}O_4$, F. 94° (Nadeln aus 80%ig. Methanol), durch Erhitzen von Na-α-Cyclohexanoncarbonsäureäthylester u. **IV** in Ae. (30 Std.), 60% (Ausbeute). — *α-Phenacylcyclohexanon* (**II**), $C_{14}H_{16}O_2$, F. 47°, durch Verrühren von **I** mit verd. wss.-alkoh. NaOH bei 20°, Nadeln aus Methanol u. dann aus PAe.; 84%. *Monoxim*, $C_{14}H_{17}O_2N$, F. 116—118° (aus 50%ig. A.). *Dioxin* (**III**), $C_{14}H_{18}O_2N_2$, F. 172° (aus 50%ig. A.); 76%. — *α-Phenacylpimelinsäure*, $C_{15}H_{18}O_5$, F. 132°, aus **I** durch Erhitzen mit wss.-alkoh. NaOH (2 Std.), Nadeln aus W.; 75%. — *α-Phenyloktahydroindol*, aus **III** mit PtO_2/H_2 in Methanol + Eisessig bei 20° (16 Std.), Öl. *Hydrochlorid*, $C_{14}H_{20}NCl$, F. 152—163° (aus absol. A. + Ae.). *Benzoylderiv.*, $C_{21}H_{23}ON$, F. 122° (aus 60%ig. A.). — *2-Phenacylcyclopentanoncarbonsäure-(2)-methylester*, $C_{15}H_{16}O_4$, F. 51° (aus 80%ig. Methanol), aus Na-α-Cyclopentanoncarbonsäuremethylester u. **IV** wie **I**; 41%. — *α-Phenacyladipinsäure*, $C_{14}H_{16}O_5$, F. 178° (Blättchen aus W.), aus vorst. Verb. durch Erhitzen mit wss.-alkoh. NaOH; 90%. (Gazz. chim. ital. **80**. 496—501. Juli 1950. Mailand, Univ., Ist. di chim. ind., Cattedra di chim. org.) K. FABER. 3081

J. B. Brown, H. B. Henbest und **E. R. H. Jones,** *3-Indolylacetaldehyd und 3-Indolylaceton*. *3-Allylindol* (**I**) wurde zu *3-[Indolyl-(3')]-propandiol-(1.2)* (**II**) u. dieses zu *Indolyl-(3)-acetaldehyd* (**III**) oxydiert. **III**, der dem Heteroauxin (**IV**) entsprechende Aldehyd, scheint nur beim Übergang in **IV** als Wuchshormon zu wirken; er wurde eingehend charakterisiert u. auch das verwandte *Indolyl-(3)-aceton* (**V**) hergestellt.

Versuche (FF. im KOFLER-Block, korr., UV-Spektren in A.): *3-Allylindol* (**I**), $Kp._{0,03}$ 94—98°: Indolyl-MgBr (aus Indol in Bzl. mit 1,2 Mol C_2H_5MgBr in Ae., 20 Min.) u. Allylbromid in Bzl. bei 20° über Nacht gerührt u. ausgeäthert; n_D^{19} 1,5998, noch unrein; λ_{max} 220 mμ (ε 35000), 274 (6400), 286 (5300); 70% (Ausbeute). — *3-Propylindol*, aus 1,71 g **I** in A. u. H_2 über PtO_2 u. Eindampfen; 1,72 g; λ_{max} 223 mμ (ε 33800), 282 (5900), 290 (5000). — *3-[Indolyl-(3')]-propandiol-(1.2)* (**II**), $C_{11}H_{13}O_2N$, F. 97,5 bis 98°, aus 1,3 g **I** in Ae. + Pyridin u. OsO_4 in Ae. bei —30°; in 1 Std. auf 15° erwärmt; Nd. in Chlf. gelöst u. 10 Min. in 1%ig. KOH mit Mannit geschüttelt; wss. Schicht 6 Std. kontinuierlich ausgeäthert; Eindampfrückstand mit Ae.-PAe. (1 : 1) verrieben; aus Bzl. Tafeln; λ_{max} 224 mμ (ε 33800), 282 (5000), 290 (5000); 1,35 g roh. — *Indolyl-(3)-acetaldehyd* (**III**), $C_{10}H_9ON$, n/10 Na_3JO_5 mit Ae.-PAe. (1 : 1) unter N_2 verrührt u. 0,5 g **II** in W. zwischen beide Schichten eingeführt; nach 5 Min. getrennt, ausgeäthert u. evakuiert; 0,29 g Sirup; durch Kurzwegdest./10^{-5} mm/120° (Bad) unter starker Polymerisation 0,09 g, n_D^{18} 1,6178, λ_{max} 222 mμ (ε 32600), 280 (6000), 289 (5000). *2.4-Dinitrophenylhydrazon*, $C_{16}H_{13}O_4N_5$, F. 196—202°, gelbbraune Tafeln aus wss. Dioxan; λ_{max} 208 mμ (ε 16800), 358 (23600). *Semicarbazon*, $C_{11}H_{12}ON_4$, F. 142—155°, Nadeln aus wss. CH_3OH; λ_{max} 221 mμ (ε 42900), 273 (6900), 280 (6950), 290 (5650). *Dimedonderiv.*, $C_{26}H_{31}O_4N$, F. 148—152°, in CH_3OH-W. (1 : 1) bei 20° über Nacht u. verd., Nadeln aus Chlf. oder wss. CH_2OH. — *N-Acetylindolyl-(3)-aceton* (**VI**), $C_{13}H_{13}O_2N$, $Kp._{10^{-5}}$ 120° (Bad), durch 18std. Erhitzen von 2 g Indolyl-(3)-essigsäure, 1,55 g $CH_3 \cdot COONa$ u. 5 cm^3 $(CH_3CO)_2O$ auf 135—140° (Bad), Zugabe von W. u. Chlf.-Ae. (1 : 4); nach Ausziehen mit $KHCO_3$ evakuiert u. dest.; blaßgelber Sirup; n_D^{19} 1,5953; λ_{max}

238 mμ (ε 16800), 291 (6500), 300 (6700); 1,1 g, enthielt wohl noch etwas Enolacetat. *2.4-Dinitrophenylhydrazon*, $C_{19}H_{17}O_5N_5$, F. 194—195°, orangegelbe Nadeln aus Essigester. *Semicarbazon*, $C_{14}H_{16}O_2N_4$, F. 208—211° (Methylcellosolve), körnig. — *Indolyl-(3)-aceton* (V), $C_{11}H_{11}ON$, F. 115—117°,5, aus 0,93 g **VI** u. 0,8 cm³ nCH_3ONa–CH_3OH in CH_3OH bei 40°; nach 10 Min. mit verd. HCl angesäuert u. ausgeäthert; Nadeln aus wss. CH_3OH (1 : 1); λ_{max} 221 mμ (ε 35100), 280 (6400), 289 (5300); 3380 cm⁻¹ (stark, –NH–), 1706 (stark, C=O); 0,41 g roh. *2.4-Dinitrophenylhydrazon*, $C_{17}H_{15}O_4N_5$, F. 161 bis 163°, orangerote Prismen aus CH_3OH-Essigester. — Infrarotspektren von Indol, 2-, 3-Methyl-, 3-n-Propylindol, **I** u. **III** s. Original. (J. chem. Soc. [London] **1952**. 3172—76. Aug. Manchester, Univ.) LEHMSTEDT. 3081

T. N. Ghosh, *Suche nach neuen Antispasmodicis.* 2. Mitt. (1. vgl. PATHAK u. GHOSH, J. Indian chem. Soc. **26**. [1949.] **371**.) 1-Phenyl-3-aminopyrazolon-(5) wurde mit KSCN zum entsprechenden Thiocarbamidderiv. **I** umgesetzt. Mit α.β-Dichloräthyläther entstand daraus das Thiazolylpyrazolonderiv. **II**. Beim Vers., in **II** über eine MANNICH-Rk. eine tert. Aminogruppe einzubauen, entstand die Methylenbisverb. **III**.

Versuche: *1-Phenyl-3-thiocarbamidopyrazolon-(5)* (I), $C_{10}H_{10}ON_4S$, F. 198 bis 199° (Zers.), durch Erwärmen von 1-Phenyl-3-aminopyrazolon-(5)-hydrochlorid in W. mit konz. wss. KCNS-Lsg., aus A. hellgelbe, rechteckige Plättchen. — *1-Phenyl-3-[thiazolyl-(2')-amino]-pyrazolon-(5)* (II), $C_{12}H_{10}ON_4S$, F. 220—221° (Zers.), aus **I** in A. u. α.β-Dichlordiäthyläther am Rückfluß (2 Std.), Verdünnen mit W., Erwärmen, Lösen der M. in verd. Alkali u. Fällen mit HCl, rötlichbraune Nadeln (A.). — *Methylen-bis-[1-phenyl-3-(thiazolyl-(2')-amino)-pyrazolon-(5)]* (III), $C_{25}H_{20}O_2N_8S_2$, F. 259—260°, aus **II**, Pyridin, 20%ig. HCl u. Formalin in A. 8 Std. am Rückfluß, aus A. bräunliche Nadeln. (J. Indian chem. Soc. **27**. 455—56. Sept. 1950. Calcutta, Bengal Immunity Res. Inst.) NEZEL. 3122

Walter T. Smith jr. und **E. C. Steinle jr.,** *Einige substituierte Benzimidazole.* Verschieden substituierte Benzimidazole, die auf ihre wachstumsfördernde Wrkg. untersucht werden sollen, werden durch Kondensation von o-Phenylendiamin, *3.6-Dimethyl-o-phenylendiamin* u. *4-Fluor-o-phenylendiamin* mit Ameisensäure, Essigsäure, Fluoressigsäure, Trifluoressigsäure u. Pentafluorpropionsäure dargestellt.

Versuche: *6-Nitro-2.5-xylidin*, F. 33—36°, durch Acetylierung von 4-Amino-2.5-xylolsulfonsäure, ½std. Nitrierung des in konz. H_2SO_4 gelösten *N-Acetylderiv.* bei 30°, Gießen in W., Kochen zur Entfernung der Acetyl- u. Sulfonsäuregruppen u. Dampfdest.; orangefarben; 50% (Ausbeute). — *3.6-Dimethyl-o-phenylendiamin, Hydrochlorid*, durch Red. vorst. Verb. mit $NaHSO_3$-Lsg. in sd. A., ½std. Erhitzen, Extrahieren mit Bzl. u. Einleiten von HCl-Gas; 60%; aus der Benzolmutterlauge durch Fällen mit Skellysolve H 31% als *Base*, F. 72,5—74°. — *2-Nitro-4-fluoranilin* (I), F. 93° (W.), durch Nitrierung von p-Fluoracetanilid mit Methylnitrat, Hydrolyse des erhaltenen *2-Nitro-4-fluoracetanilids* mit 8n HCl u. Dampfdest.; 81,3%. — *4-Fluor-o-phenylendiamin*, F. 89—92° (Bzl.), durch Red. vorst. Verb. mit Zn u. NaOH, ½std. Erwärmen auf dem Dampfbad, Aufnehmen in Bzl. u. Fällen mit Skellysolve H; 72%; auch durch Red. mit Natriumhydrosulfit; 37%. — *Benzimidazole* (FF. auf dem vorgeheizten FISCHER-JOHNS-Block). Durch Erhitzen der entsprechenden Diamine oder deren Hydrochloride mit einem Überschuß der betreffenden Säure in 4n HCl bzw. W., Alkalisieren u. Reinigen durch Umkristallisieren u. Sublimation. *4.7-Dimethyl-*(II), $C_9H_{10}N_2$, F. 266—267° (wss. A.), 1½std. Reaktionsdauer; 60%. — *2.4.7-Trimethyl-*, $C_{10}H_{12}N_2$, F. 245—245,5° (wss. A.), 2 Std.; roh 76%. — *4.7-Dimethyl-2-[trifluormethyl]-*, $C_{10}H_9N_2F_3$, F. 217,5—219° (wss. A.), 4 Std.; roh 32,6%. — *4.7-Dimethyl-2-[pentafluoräthyl]-*, $C_{11}H_9N_2F_5$, F. 211—212° (wss. A.), 4 Std.; roh 13%. — *5(6)-Fluor-*, $C_7H_5N_2F$, F. 137—137,5° (Bzl. u. Skellysolve H), 4 Std.; roh 11,4% (bezogen auf I). — *5(6)-Fluor-2-[trifluormethyl]-*, $C_8H_4N_2F_4$, F. 219—220° (Bzl. u. Skellysolve H), ¾ Std.; 32%. — *5(6)-Fluor-2-[pentafluoräthyl]-*, $C_9H_4N_2F_6$, F. 192—193° (Bzl. u. Skellysolve H), einige Std.; 15,9%. — *2-[Fluormethyl]-*, $C_8H_7N_2F$, F. 132,5—134,5° (Bzl. u. Skellysolve H), 3 Std.; 50%. — *2-[Trifluormethyl]-*, $C_8H_5N_2F_3$, F. 210—210,5° (wss. A.), 6 Std.; 75,5%. — *2-[Pentafluoräthyl]-*, $C_9H_5N_2F_5$, F. 214—214,5° (wss. A.), 6 Std.; 11,9%. — **II** entsteht auch durch Red. eines Gemisches von 2.3- u. 2.6-Dinitro-p-xylol mit Eisenpulver u. HCl, Isolierung der isomeren *Diamino-p-xylole* als *Sulfate* (55%) u. Kondensation mit verd. Ameisensäure; 32,8%. (J. Amer. chem. Soc. **75**. 1292—94. 20/3. 1953. Iowa City, Io., State Univ., Chem. Labor.) W. HOFFMANN. 3122

W. M. Rodionow und **W. W. Kisselewa,** *Neue Daten über die Hofmannsche Reaktion.* 4. Mitt. *Reaktion von Amiden N-acylierter β-Phenyl-β-alanine.* (3. vgl. C. **1951**. II. 2179.) Die in früheren Unterss. aus Amiden N-acylierter β-Phenyl-β-alanine mit

Alkalihypobromiten unter den Bedingungen der HOFMANNschen Rk. als Nebenprod. erhaltene Verb. $C_8H_6O_2N_2$, F. 138—139°, ist *2-Phenyl-1.3.4-oxdiazolon* (I). Es wird ein Schema der Bldg. dieser Verb., das über 4-Phenylglyoxalidon (II), Phenylhydantoin (III) u. Benzoylharnstoff (IV) führt, gegeben. III u. IV konnten in der Reaktionsmasse nicht als Nebenprodd. festgestellt werden. Es ließ sich aber in gesonderten Rkk. zeigen, daß II, III u. IV mit Alkalihypobromid I liefern. Da das Hydrolysenprod. von III, α-Phenyl-α-ureidoessigsäure, möglicherweise in das Umwandlungsschema einzuschalten war, wurde auch diese mit Hypobromit behandelt; hierbei wurden aber nur *Benzaldehyd* u. *Benzoesäure* erhalten. I ist mit der von SCHESTAKOW u. Mitarbeitern (Журнал Русского Физико-Химического Общества [J. russ. physik.-chem. Ges.] **37.** [1905.] 1; **40.** [1908.] 330) aus IV u. Hypochlorid erhaltenen, aber falsch formulierten, von STOLLE u. LEVERKUS (Ber. dtsch. chem. Ges. **46.** [1913.] 4076) in seiner Konst. richtig erkannten Verb. indentisch.

Versuche: HOFMANNsche Reaktionen. a) In eine aus 3,3 ml Br_2 u. NaOH bei —10° hergestellte NaOBr-Lsg. werden unter Rühren allmählich 5 g II eingetragen; das Gemisch wird 4 Std. gerührt, langsam auf 55—65° erwärmt, dann schnell mit Eis + NaCl abgekühlt; von dem unverbrauchtes II enthaltenden, nicht näher untersuchten Öl (4,15 g) wird abfiltriert u. aus dem Filtrat durch Ansäuern wenig Benzoesäure u. I erhalten. b) In KOBr-Lsg. (1,93 g KOH, 0,5 ml Br_2, 14 ml W.) werden bei —10° 0,75 g III eingetragen; man rührt 1 Std., filtriert die Trübung ab u. erhitzt 10 Min. auf 80°; durch Ansäuern 0,1 g I. c) 3 g IV werden bei —5° mit KOBr-Lsg. (aus 1 ml Br_2) behandelt; nach 2std. Rühren bei Zimmertemp. wird die Lsg. auf dem Wasserbad auf 80° erhitzt; erhalten werden 40% I, wenig *Benzoesäure* u. *Anilin*. (Известия Академии Наук СССР, Отделение Химических Наук [Nachr. Akad. Wiss. UdSSR, Abt. chem. Wiss.] **1951.** 57—62. Jan./Febr. Chem.-Technol. Mendelejew-Inst.) R. KNOBLOCH. 3163

T. S. Wheeler, *Flavon.* Das durch Einw. von Benzoylchlorid auf o-Oxyacetophenon (I) in Pyridin erhaltene *o-Benzoyloxyacetophenon* ($C_{15}H_{12}O_3$, F. 87—88°; 79—83% [Ausbeute]) wird entweder durch Erhitzen in Glycerin direkt zu *Flavon* ($C_{15}H_{10}O_2$, Nadeln, F. 96—97°; 43—48%) cyclisiert oder durch Alkalieinw. in *o-Oxydibenzoylmethan* ($C_{15}H_{12}O_3$, F. 117—120°; 80—85%) übergeführt, das durch Erhitzen in Schwefelsäure 59—68% *Flavon*, bezogen auf I, ergibt. (Org. Syntheses **32.** 72—76. 1952. Dublin, Ireland, Univ. Coll.) TROFIMOW. 3211

Alessandro Ballio und **Francesco Pocchiari,** *Flavonderivate des Oxyhydrochinons.* Durch Kondensation von 2-Oxy-3.6-dimethoxyacetophenon mit Benzaldehyd bzw. Anisaldehyd bzw. Veratrumaldehyd werden folgende Chalkone erhalten: *2-Oxy-3.6-dimethoxychalkon,* F. 80,5°, Kristalle durch Fällen aus alkal. Lösung. *2-Oxy-3.6.4'-trimethoxychalkon,* F. 152—153°, aus A. Kristalle. *2-Oxy-3.6.3'.4'-tetramethoxychalkon,* F. 117—118°, aus A. Kristalle. — Daraus werden mit SeO_2 die nachst. Flavone erhalten: *5.8-Dimethoxyflavon,* F. 145—146°, Kristalle aus A. u. dann aus Äthylacetat, ist ident. mit *Primetindimethyläther. 5.8.4'-Trimethoxyflavon,* F. 162°, Kristalle aus Äthylacetat. *5.8.3'.4'-Tetramethoxyflavon,* F. 168°, Kristalle aus Äthylacetat. — Durch Behandeln vorst. Flavone mit HJ bei 130° entstehen unter gleichzeitiger Entmethylierung u. Isomerisierung folgende 5.6-Dioxyflavone: *5.6-Dioxyflavon,* F. 189—190°, aus A. Kristalle. *5.6.4'-Trioxyflavon* (I), F. 302—308° (Zers.), Kristalle aus Eisessig. *5.6.3'.4'-Tetraoxyflavon* (II), F. 305—310° (Zers.), Kristalle aus Eisessig. — *5.6.4'-Trimethoxyflavon,* F. 165°, aus I durch Methylieren, Kristalle aus Äthylacetat. *5.6.3'.4'-Tetramethoxyflavon,* F. 174—176°, ebenso aus II, Kristalle aus Äthylacetat. (Ricerca sci. **20.** 1301—02. Aug./Sept. 1950. Rom, Univ., Labor. di Chim. org., u. Centro di studio per la chim. gen. del CNR.) K. FABER. 3211

A. Kamal, Alexander Robertson und **E. Tittensor,** *Oxycarbonylverbindungen.* 14. Mitt. *Die Synthesen einiger Isocumarine.* Vff. haben verschied. *Methoxyisocumarinderivv.* dargestellt nach der Meth. von DIECKMANN u. MEISER (Ber. dtsch. chem. Ges. **41.** [1908.] 3253). Es wird nachgewiesen, daß die von JERDAU (J. chem. Soc. [London] **75.** [1899.] 808) als 1) *4-Carbäthoxy-2-carboxy-3.5-dioxyphenylessigsäure,* 2) *2-Carboxy-3.5-dioxyphenylessigsäureäthylester,* 3) *2-Carbäthoxy-3.5-dioxyphenylessigsäureäthylester* u. 4) *2-Carbäthoxy-3.5-dioxyphenylessigsäure* angesehenen Verbb. tatsächlich folgende Verbb. sind: 1) *2-Carbäthoxy-4-carboxy-3.5-dioxyphenylessigsäure,* 2) *4-Carboxy-3.5-dioxyphenylessigsäureäthylester,* 3) *4-Carbäthoxy-3.5-dioxyphenylessigsäureäthylester* u. 4) *4-Carbäthoxy-3.5-dioxyphenylessigsäure.*

Versuche: *2-Carboxy-4-methoxybenzylcyanid,* $C_{10}H_9O_3N$, aus 6-Methoxyphthalid mit KCN, 45 Min. bei 185—195° rühren, abkühlen, in wenig W. aufnehmen, filtrieren u. mit HCl bei 0° ansäuern. Schwachgelbe Prismen, F. 135° (Methanol). — Daraus mit

20%ig. KOH beim Kochen *2-Carboxy-4-methoxyphenylessigsäure* (I), $C_{10}H_{10}O_5$, Blättchen, F. 184° (Methanol); lösl. in Essigsäure, Essigester; weniger in A., $CHCl_3$. — *I-Methylester*, F. 58°, mit Methanol/H_2SO_4 oder CH_2N_2. — *α-[2-Carbomethoxy-4-methoxyphenyl]-α-formylessigsäuremethylester*, $C_{13}H_{14}O_6$, durch Zugabe von $NaOCH_3$ zur Lsg. von 2-Carbomethoxy-4-methoxyphenylessigsäuremethylester in $HCOOCH_3$ unter heftiger Reaktion. Nach eintägigem Stehen überschüssigen $HCOOCH_3$ im Vakuum abdampfen, mit HCl ansäuern u. ausäthern. Prismen, F. 94° (Methanol). — Daraus durch Erwärmen mit 1 Tropfen HCl *7-Methoxyisocumarin-4-carbonsäuremethylester*, $C_{12}H_{10}O_5$, F. 124°. — Daraus durch Verseifung *7-Methoxyisocumarin-4-carbonsäure*, F. 255°. — Daraus durch Decarboxylierung mit Cu-Bronze bei 280—290° *7-Methoxyisocumarin*, $C_{10}H_8O_3$, prismat. Nadeln, F. 108—109° (Bzl.-Bzn. oder Chlf.), Kp.$_{12}$ 175°. — *2-Carbomethoxy-5-methoxyphenylessigsäuremethylester*, $C_{12}H_{14}O_5$, aus der Dicarbonsäure mit CH_2N_2; lange Prismen (Bzl./Bzn.). — Daraus mit $HCOOCH_3$ u. $NaOCH_3$ in absol. Ae. bei 24 std. Stehen öliges Formylderiv., das beim Erwärmen (20 Min.) mit 1 Tropfen HCl *6-Methoxyisocumarin-4-carbonsäuremethylester*, $C_{12}H_{10}O_5$, liefert, rechteckige Prismen, F. 128,5° (Methanol). — Daraus bei 7 std. Kochen in Essigsäure/konz. HCl (oder HJ) nach Verdünnen mit W. *6-Methoxyisocumarin-4-carbonsäure*, $C_{11}H_8O_5$, aus verd. CH_3COOH rechteckige Platten, F. 256° (Zers.). — *2-Carboxy-4.5-dimethoxyphenylacetonitril*, $C_{11}H_{11}O_4N$, bei 1 std. Kochen von 5.6-Dimethoxy-2-oximinoindanon-(1) in 10%ig. NaOH u. Zutropfen von p-Toluolsulfochlorid; prismat. Nadeln, F. 183,5° (Methanol). — Nach Verseifung durch Kochen (15 Std.) mit konz. H_2SO_4/Methanol *2-Carbomethoxy-4.5-dimethoxyphenylessigsäuremethylester*, $C_{13}H_{16}O_6$, dünne Nadeln, F. 92° (Bzl.). — Daraus mit $HCOOCH_3$ u. $NaOCH_3$ in Ae. bei 24 std. Stehen bei Zimmertemp. u. 4 std. Kochen mit weiterem $HCOOCH_3$, Eindampfen u. Lösen in W., Ansäuern mit HCl u. Extraktion mit Ae. ein öliges Deriv., das mit etwas HCl beim Erwärmen cyclisiert zu *6.7-Dimethoxyisocumarin-4-carbonsäuremethylester*, $C_{13}H_{12}O_6$, prismat. Nadeln, F. 175° (Methanol); lösl. in A., Bzl.; Essigester. *Äthylester*, $C_{14}H_{14}O_6$, Nadeln, F. 156° (A.), durch Kondensation mit $HCOOC_2H_5$ an Stelle von $HCOOCH_3$. — Daraus wie vorst. *6.7-Dimethoxyisocumarin-4-carbonsäure*, $C_{12}H_{10}O_6$, Nadeln aus CH_3COOH, F. 313° (Zers.). — Daraus wie vorst. *6.7-Dimethoxyisocumarin*, $C_{11}H_{10}O_4$, Prismen, F. 122° (Bzl./PAe.). — *5-Methoxy-7-methylisocumarin-4-carbonsäuremethylester*, $C_{13}H_{12}O_5$, wie vorst. aus 2-Carbomethoxy-6-methoxy-4-methylphenylessigsäuremethylester, prismat. Nadeln, F. 160° (Methanol oder verd. Essigsäure). — Daraus mit HJ (8 Std., 60—65°) *5-Oxy-7-methylisocumarin-4-carbonsäure*, $C_{11}H_8O_5$, mkr. Prismen, F. 265—267° unter Zers. (W.). — Daraus durch Decarboxylierung wie oben bei 230—240° *5-Oxy-7-methylisocumarin*, $C_{10}H_8O_3$, sublimiert im Vakuum, mkr. Prismen, F. 163—164° (Bzl./PAe.). Gibt keine Phenol-Rk. mit $Fe^{(III)}$ in A.; lösl. in verd. wss. NaOH u. organ. Lösungsmitteln. — *5-Methoxy-7-methylisocumarin*, $C_{11}H_{10}O_3$, aus vorvorst. Ester, Essigsäure u. BF_3; aus verd. CH_3OH lange Nadeln, F. 108°. — *4-Carbomethoxy-3.5-dioxyphenylessigsäuremethylester*, $C_{11}H_{12}O_6$, aus der Säure mit CH_2N_2; Prismen, F. 78° (Bzl.). — Daraus mit CH_3J/K_2CO_3 in Aceton beim Kochen in theoret. Ausbeute *4-Carbomethoxy-3.5-dimethoxyphenylessigsäuremethylester* (II), $C_{13}H_{16}O_6$, Prismen, F. 82° (Bzl.). — Daraus mit 25% wss.-alkoh. NaOH *4-Carboxy-3.5-dimethoxyphenylessigsäure*, $C_{11}H_{12}O_6$, Prismen, F. 183° (Essigsäure oder verd. Methanol). — Daraus mit alkal. $KMnO_4$ *2.6-Dimethoxyterephthalsäure*, $C_{10}H_{10}O_6$, Prismen, F. 292°, Zers. (verd. Methanol). — *α-[4-Carbomethoxy-3.5-dimethoxyphenyl]-α-formylessigsäuremethylester*, $C_{14}H_{16}O_7$, aus II, $HCOOCH_3$ u. $NaOCH_3$ in Ae.; unregelmäßige Prismen, F. 112,5° (Essigester). Die Verb. läßt sich nicht cyclisieren. — *2.4-Dicarbäthoxy-3.5-dimethoxyphenylessigsäureäthylester*, $C_{18}H_{24}O_8$, aus der Dioxyverb. mit CH_3J/K_2CO_3 beim Kochen in Aceton (8 Std.); Prismen, F. 53—54° (Bzl./PAe.). — Daraus mit C_2H_5ONa in $HCOOC_2H_5$/Ae. nach Cyclisierung *6.8-Dimethoxyisocumarin-4.7-dicarbonsäurediäthylester* (III), $C_{17}H_{18}O_8$, dünne Nadeln, F. 135,5° (A./Essigsäure) — Daraus mit HJ phenol. *Verb.* $C_{16}H_{16}O_8$, Nadeln, F. 112—113°. Mit HJ/Acetanhydrid entsteht aus III beim Erhitzen (8 Std.) eine saure *Verb.* $C_{14}H_{12}O_8$ (wahrscheinlich *7-Carbäthoxy-6-oxy-8-methoxyisocumarin-4-carbonsäure*), feine Nadeln, F. 238—239°, Zers. (Methanol). — Aus 2-Carbäthoxy-4-carboxy-3.5-dioxyphenylessigsäureäthylester entsteht durch Decarboxylierung bei 150° in Glycerin (15 Min.) *2-Carbäthoxy-3.5-dioxyphenylessigsäureäthylester*, F. 108°, in guter Ausbeute. Methylierung mit CH_3J/K_2CO_3 gibt *2-Carbäthoxy-3.5-dimethoxyphenylessigsäureäthylester*. Daraus mit $NaOC_2H_5/HCOOC_2H_5$ in Ae. u. Cyclisierung mit warmer HCl *6.8-Dimethoxyisocumarin-4-carbonsäureäthylester*, $C_{14}H_{14}O_6$, prismat. Nadeln, F. 148° (A. oder Essigsäure). — Daraus mit HJ/Acetanhydrid (5 Std. Wasserbad) saure *Verb.* mit F. 182°, die blauviolette Rk. mit $Fe^{(III)}$ gibt. — *6-Oxycumaranon-(2)-carbonsäure-(4)*, $C_9H_6O_5$, aus 4.6-Dimethoxyphthalid-3-carbonsäure durch Kochen mit HJ/P; dünne Prismen, F. 306°, Zers. (Methanol). — Aus vorst. Verb. mit überschüssigem $(CH_3)_2SO_4$/NaOH beim

Kochen *2-Carboxy-4.6-dimethoxyphenylessigsäure* (**IV**), $C_{11}H_{12}O_6$, Nadeln, F. 202°, Zers. (W.). — Daraus durch Oxydation mit CrO_3/Eisessig *3.5-Dimethoxyphthalsäure*, F. 158°. — Aus **IV** mit CH_2N_2 *2-Carbomethoxy-4.6-dimethoxyphenylessigsäuremethylester*, $C_{13}H_{16}O_6$, rhomb. Prismen, F. 58,5° (Bzl./PAe.). — Daraus mit $NaOC_2H_5$/HCOO·CH_3 nach Cyclisierung wie beschrieben *5.7-Dimethoxyisocumarin-4-carbonsäuremethylester*, $C_{13}H_{12}O_6$, Nadeln, F. 161°. — *2-Formyl-3.5-dimethoxybenzoesäuremethylester*, $C_{11}H_{12}O_5$, aus 2-Formyl-α-resorcylsäuremethylester mit CH_3J/K_2CO_3 in Aceton bei 10 std. Kochen; Prismen, F. 106° (Bzl./PAe.). *2.4-Dinitrophenylhydrazon*, $C_{17}H_{16}O_8N_4$, orangefarbene Prismen, F. 245° (verd. Methanol). — Daraus mit Rhodanin, Essigsäure u. $NaOOCCH_3$ beim Erhitzen (40 Min.) in W. *6-Carbomethoxy-2.4-dimethoxybenzylidenrhodanin*, $C_{14}H_{13}O_5NS_2$, gelbe Nadeln, F. 217,5° (Aceton). — Daraus beim Erhitzen mit wss. NaOH (15%ig., 1 Std. Wasserbad) u. Ansäuern bei 0° mit 15%ig. HCl *5.7-Dimethoxyisothiocumarin-3-carbonsäure*, $C_{12}H_{10}O_5S$, in schwachgelben Nadeln, F. 264° (Methanol). (J. chem. Soc. [London] **1950**. 3375—80. Dez. Liverpool, Univ.) GOEBEL. 3211

J. Staněk und **M. Horák**, *Eine neue Anwendung der Perkin-Reaktion.* Es wird eine neue Meth. zur Kondensation von Benzaldehyd (**I**) mit Heterocyclen, die eine akt. Methylengruppe enthalten, unter den Bedingungen der PERKINschen Rk. beschrieben. Das Verf. liefert gute Ausbeuten u. ist einfacher als bisher bekannte Darstellungsmethoden. Dargestellt wurden *2-* u. *4-Stilbazol*, *2.6-Distyrylpyridin·2-Methyl-6-styrylpyridin*, *2-Styrylchinolin*, *3-Benzaloxindol* u. *Chalkon*. Kondensationsprodd. zwischen **I** u. reinem 3-Picolin, Campher, Diphenylmethan, Fluoren, Acenaphthen, o- u. p-Nitrophenol sowie 2.4-Dinitrophenol wurden nicht erhalten.

Versuche: *2.6-Distyrylpyridin*, $C_{21}H_{17}N$, F. 166,5° (A./Chlf.); aus 0,2 Mol 2.6-Lutidin (**II**) u. 0,42 Mol **I** in 50 cm³ Acetanhydrid (**III**); 21,5% (Ausbeute); oder wie oben in Ggw. von 6 g $ZnCl_2$; 25%; oder aus 0,2 Mol **II** mit je 0,6 Mol **I** u. **III** u. 0,2 Mol K-Acetat mit wenig Jod bei 40 std. Kochen; 74%; (daneben 7,3% Zimtsäure). *Hydrochlorid*, $C_{21}H_{18}NCl$, F. 211°. — *2.6-Distyrylpyridintetrabromid*, $C_{21}H_{17}NBr_4$, F. 179°; aus der Base mit Br_2 beim Kochen in CCl_4; aus A./Chlf. Kristalle; 91%. — *2-Stilbazol*, $C_{13}H_{11}N$, F. 88° (A.); aus 0,5 Mol Picolin u. 0,7 Mol **I** in 0,5 Mol **III** mit 50 g K-Acetat u. wenig Jod bei 40 std. Kochen; 51%. *Äthojodid*, $C_{15}H_{16}NJ$, F. 208° (A.). — *4-Stilbazol*, F. 125°; Kp.₈ 170—182°; analog Vorst. aus 4-Picolin. *Äthojodid*, $C_{15}H_{16}NJ$, F. 183°; gelbe Kristalle. *Pikrat*, $C_{19}H_{14}O_7N_4$, F. 221°. — *2-Styrylchinolin*, $C_{17}H_{13}N$, F. 98°; aus je 0,1 Mol Chinaldin u. K-Acetat mit je 1,5 Mol **I** u. **III** u. wenig Jod bei 40 std. Kochen; 70%. — *3-Benzaloxindol*, $C_{15}H_{11}ON$, F. 176°; aus 6,65 g Oxindol, 8,04 g **I** u. 5,1 g **III** mit 5 g K-Acetat u. wenig Jod bei 3 std. Kochen; aus A. lange gelbe Nadeln; 81%. — *Chalkon*, aus Acetophenon u. **I** wie vorst.; 50%. Kondensation in Ggw. von Alkali liefert höhere Ausbeuten. *Dibromverb.*, F. 157,5°. (Collect. Trav. chim. Tchécoslov. **15**. 1037—45. 1950. Prag, Karls-Univ., Organ. Chem. Inst.) GOEBEL. 3231

M. Horák und **J. Staněk**, *2-Methyl-6-styrylpyridin.* (Vgl. vorst. Ref.) Bei der Kondensation von 2.6-Lutidin mit Benzaldehyd (**II**) entsteht neben *2.6-Distyrylpyridin* (**I**) *2-Methyl-6-styrylpyridin* (**III**), das mit weiterem **II** zu **I** kondensiert. Die von SCHUSTER (Ber. dtsch. chem. Ges. **25**. [1892.] 2398) als **III** bezeichnete Verb. dürfte in Wirklichkeit *γ-Stilbazol* sein.

Versuche: *2-Methyl-6-styrylpyridin* (**III**), $C_{14}H_{13}N$, F. 38°, Kp.₄ 174°; aus 0,5 Mol Lutidin u. 1,5 Mol **II** in 100 cm³ Acetanhydrid wie üblich, Dampfdest. der HCl-Lsg., dann mit NH_4OH versetzen u. ausäthern; gelbe, stark lichtbrechende Fl., die erstarrt; [daneben Fraktion Kp.₄ 140—160° (3,8% Ausbeute, erstarrt nicht)]; Rosetten aus Pentan; 14,2%. *Pikrat*, $C_{20}H_{16}O_7N_4$, F. 221°; kleine gelbe Kristalle; das Pikrat der niedrigsiedenden Fraktion ist mit Vorst. identisch. *Dibromid*, $C_{14}H_{13}NBr_2$, F. 178°; aus **III** mit Br_2 in CCl_4; aus Chlf. Kristalle; die niedrigsiedende Fraktion liefert dasselbe Dibromid. — *2.6-Distyrylpyridin* (**I**), $C_{21}H_{17}N$, F. 164°; aus 4,6 g **III** u. 3,8 g **II** in Acetanhydrid bei 20 std. Erhitzen in Ggw. eines wasserentziehenden Mittels; Aufarbeitung u. Abtrennen von mitgebildeter Zimtsäure wie oben; aus A./Chlf. lange Nadeln. (Collect. Trav. chim. Tchécoslov. **15**. 1046—49. 1950. Prag, Karls-Univ., Organ. Chem. Inst.) GOEBEL. 3231

Henri de Diesbach, André Pugin, François Morard, Wojciech Nowaczinski und **Joseph Dessibourg**, *Untersuchung über Chinolinketone.* 1. Mitt. Die Darst. einer Reihe von *6-Benzoylchinolinen* durch SKRAUPsche Synth. wird beschrieben. Sie liefern bei der Red. mit Al-Isopropylat nach MEERWEIN-PONNDORF *Chinolyl-(6)-carbinole* oder mit RANEY-Ni die entsprechenden *[Tetrahydrochinolyl-(6)]-arylketone*; erstere werden mit RANEY-Ni weiterred. zu Derivv. des *6-Benzyltetrahydrochinolins*, während sich aus letzteren mit Al-Isopropylat keine analysierbaren Prodd. gewinnen ließen; es erfolgte wahrscheinlich Polymerisation. In keinem Falle bildeten sich [Tetrahydrochinolyl-(6)]-carbinole. Dagegen sind aus 2-, 4- oder 8-Benzoylchinolinen die entsprechenden *Tetrahydrochinolylcarbinole* ohne weiteres durch Red. mit RANEY-Ni zugänglich. Vff. erklären dieses unterschiedliche Verh. mit der nur in 2-, 4- bzw. 8-Stellung möglichen Beeinflussung der Carbonyl- durch die Imino-Gruppe. — Die Nitrierung zweier Benzoylchinoline wird beschrieben u. die Konst. des von KUNCKELL u. VOLLHASE [1909] durch FRIEDEL-CRAFTS-Synth. erhaltenen 1-Acetyl-6-[chloracetyl]-tetrahydrochinolins durch weitere Verss. bestätigt.

Versuche: *6-[Chloracetyl]-tetrahydrochinolin*, durch Verseifung des 1-Acetylderiv. (aus N-Acetyltetrahydrochinolin u. $ClCH_2COCl$ bei Raumtemp.) mit sd. 20%ig. HCl. Daraus durch Erhitzen mit Fe-Pulver u. etwas 2 n HCl in 80%ig. A., Einengen u. Zugabe von W. *6-Acetyltetrahydrochinolin* (I), $C_{11}H_{13}ON$, F. 105—107°; grünliche Blättchen; 95% (Ausbeute). *Pikrat*, F. 125°. *Oxim*, $C_{11}H_{14}ON_2$, F. 144°, durch 1 std. Erhitzen von I mit $HONH_2 \cdot HCl$ u. CH_3COONa in wss. A.; gelbliche Blättchen. Daraus durch 20 Min. Erhitzen mit konz. H_2SO_4, 10 Min. Kochen in W., Alkalisieren u. Aufnehmen in Ae. *6-Aminotetrahydrochinolin*, F. 95,5—96°. —*6-Acetylchinolin*, $C_{11}H_9ON$, F. 75—76°, durch 5 std. Erhitzen von 2 g I mit Hg-Acetat in halbkonz. Essigsäure auf 188° im Rohr, Behandeln mit W., H_2SO_4 u. Alkali u. Aufnehmen in Ae.; aus Bzn. gelbliche Prismen; 1 g. *Pikrat*, $C_{17}H_{12}O_8N_4$, F. 242° (W. oder verd. A.). — *N-Acetyltetrahydrochinaldin*, F. 57°, Kp.$_{12}$ 153°, durch Erhitzen von Tetrahydrochinaldin (dieses durch Red. von Chinaldin mit $C_5H_{11}ONa$ in Amylalkohol; 93%) mit Essigsäureanhydrid u. Vakuumdest.; gelb. — *6-[Chloracetyl]-tetrahydrochinaldinhydrochlorid*, $C_{12}H_{15}ONCl_2$, F. 225—226° (A.), durch 2 std. Einw. von $AlCl_3$ auf vorst. Verb. u. $ClCH_2COCl$ in CS_2, Versetzen mit W., 4 std. Erhitzen des **Reaktionsprod. in A., Eindampfen u. Aufnehmen** in Aceton. Daraus die *Base*, F. 121° (Bzn.); gelb; gibt mit Fe (**vgl. oben**) *6-Acetyltetrahydrochinaldin*, $C_{12}H_{15}ON$, F. 69°. — *4-Nitro-2'.4'-dichlorbenzophenon*, $C_{13}H_7O_3NCl_2$, F. 131—132° (Methanol), durch mehrstd. Erhitzen von p-Nitrobenzoylchlorid (**II**), $AlCl_3$ u. m-Dichlorbenzol (**III**) auf dem Wasserbad, Dampfdest., Aufnehmen des Rückstands in Essigsäureamylester, Alkalisieren, Eindampfen u. Chromatographie in Bzn.; 73%; gibt bei 24 std. Red. mit RANEY-Ni bei 80 at u. 100° in Methanol *4-Amino-2'.4'-dichlorbenzophenon*, $C_{13}H_9ONCl_2$, F. 130—131° (A.); 100%. — *4-Nitro-2'.5'-dichlorbenzophenon*, $C_{13}H_7O_3NCl_2$, F. 147—148° (A.), durch 24 std. Erhitzen von **II**, $AlCl_3$ u. p-Dichlorbenzol auf dem Wasserbad u. 2 Std. auf 130°, Weiterverarbeitung wie oben, Umkristallisation aus Bzn. u. Chromatographie in Toluol; 15%; gibt mit $SnCl_2$ oder Na_2S *4-Amino-2'.5'-dichlorbenzophenon*, $C_{13}H_9ONCl_2$, F. 123° (60%ig. A.). — *4-Nitro-3'.4'-dichlorbenzophenon*, $C_{13}H_7O_3NCl_2$, F. 127—128°, Kp.$_{0,05}$ 203—204°, aus **II** u. o-Dichlorbenzol (**IV**); Reinigung durch Vakuumdest.; aus A. hellgelbe Nadeln; gibt mit $SnCl_2$ u. HCl in A. *4-Amino-3'.4'-dichlorbenzophenon*, $C_{13}H_9ONCl_2$, F. 161—162° (A.). — *4-Nitro-2'.4'-dichlor-[diphenylmethan]*, $C_{13}H_9O_2NCl_2$, F. 103° (A.), durch 6 std. Erhitzen von p-Nitrobenzylchlorid, $AlCl_3$ u. **III** in CS_2 auf dem Wasserbad; 85%; daraus mit $SnCl_2$ *4-Amino-2'.4'-dichlor-[diphenylmethan]*, $C_{13}H_{11}NCl_2$, F. 102 bis 103°. *Acetylderiv.*, $C_{15}H_{13}ONCl_2$, F. 141—142°. — *4-Nitro-3'.4'-dichlor-[diphenylmethan]*, $C_{13}H_9O_2NCl_2$, F. 115—116°, Kp.$_{0,2}$ 148°, aus p-Nitrobenzylbromid, $AlCl_3$ u. **IV**; Reinigung durch Vakuumdest.; aus A. Nadeln; daraus mit $SnCl_2$ *4-Amino-3'.4'-dichlor-[diphenylmethan]*, Öl. *Benzoylderiv.*, $C_{20}H_{15}ONCl_2$, F. 106—107°. — *6-Benzoylchinolin* (**V**), $C_{16}H_{11}ON$, F. 60,5° (Ligroin), Kp.$_{16}$ 240°, durch 3 std. Erhitzen von p-Aminobenzophenon, Nitrobenzol, Glycerin u. konz. H_2SO_4 auf 160°, Dampfdest. aus saurer u. alkal. Lsg., Aufnehmen des Rückstands in 2 n HCl, Alkalisieren u. Ausäthern; gibt bei Umkristallisation aus Methanol oder A. *Hydrat*, $C_{16}H_{11}ON \cdot H_2O$, F. 39—40°; Blättchen. *Pikrat*, $C_{22}H_{14}O_8N_4$, F. 222° (Essigsäure oder Cumol). *Phenylhydrazon*, $C_{22}H_{17}N_3$, aus 50%ig. Essigsäure nach Aufnehmen in HCl mit NH_4OH gefällt, F. 184° (Bzl.). *Oxim*, $C_{16}H_{12}ON_2$, FF. 198—205° u. 192—195° (unvollständige Trennung der syn-anti-Isomeren in Methanol). — Analog **V** werden aus den entsprechenden 4-Aminobenzophenonen bzw. 4-Amino-[diphenylmethanen] folgende Verbb. synthetisiert: *6-Benzoyl-8-methylchinolin* (**VI**), $C_{17}H_{13}ON$, F. 142°; aus verd. A. gelbliche Blättchen. *Pikrat*, $C_{23}H_{16}O_8N_4$, F. 99° (Eisessig). *Phenylhydrazon*, $C_{23}H_{19}N_3$, F. 235—237° (Bzl.); gelb. — *6-[4'-Chlorbenzoyl]-chinolin*, $C_{16}H_{10}ONCl$, F. 127—128° (Bzn., dann Methanol). *Pikrat*, F. 204° (Methanol). — *6-[2'.4'-Dichlorbenzoyl]-chinolin*, $C_{16}H_9ONCl_2$, F. 131—132°. — *6-[2'.5'-Dichlorbenzoyl]-chinolin*, $C_{16}H_9ONCl_2$, F. 134—135°; aus verd. A. Nadeln. *Pikrat*, F. 208—209°. — *6-[3'.4'-Dichlorbenzoyl]-chinolin*, $C_{16}H_9ONCl_2$, F. 139—140° (Bzn., dann Methanol). *Pikrat*, F. 173—174°. — *[4-Chlorphenyl]-[chinolyl-(6)]-methan*, Öl. *Pikrat*, $C_{22}H_{15}O_7N_4Cl$, F. 191,5—192° (A.). — *[2.4-Dichlorphenyl]-[chinolyl-(6)]-methan* (sehr schlechte Ausbeute). *Pikrat*, $C_{22}H_{14}O_7N_4Cl_2$, F. 167—168°. — *[3.4-Dichlorphenyl]-[chinolyl-(6)]-methan*. *Pikrat*, $C_{22}H_{14}O_7N_4Cl_2$, F. 164—165°. — *Phenyl-[chino-*

lyl-(6)]-carbinol (**VII**), $C_{16}H_{13}ON$, F. 127—128° (verd. A.), durch 2std. Rk. von **V** mit Al-Isopropylat in sd. Isopropanol, Alkalisieren, Dampfdest. u. Aufnehmen des Rückstands in sd. W.; fast 100%. *Pikrat*, F. 190°. *Pikrat des Acetylderiv.*, $C_{24}H_{18}O_9N_4$, F. 188°. — Analog **VII** werden folgende Verbb. erhalten: *Phenyl-[8-methylchinolyl-(6)]-carbinol* (**VIII**), $C_{17}H_{15}ON$, F. 133°. *Pikrat*, F. 202—203°. *Acetylderiv.*, $C_{19}H_{17}O_2N$, F. 100° (verd. A.). — *[4-Chlorphenyl]-[chinolyl-(6)]-carbinol*, $C_{16}H_{12}ONCl$, F. 153°. *Pikrat*, F. 186°. *Pikrat des Acetylderiv.*, $C_{24}H_{17}O_9N_4Cl$, F. 209°. — *[2.4-Dichlorphenyl]-[chinolyl-(6)]-carbinol*, $C_{16}H_{11}ONCl_2$, F. 161°. *Pikrat*, F. 225°. *Acetylderiv.*, $C_{18}H_{13}O_2NCl_2$, F. 125—126°. Dessen *Pikrat*, F. 212°. — *[2.5-Dichlorphenyl]-[chinolyl-(6)]-carbinol*, $C_{16}H_{11}ONCl_2$. F. 161°. *Acetylderiv.*, $C_{18}H_{13}O_2NCl_2$, F. 174°. — *[3.4-Dichlorphenyl]-[chinolyl-(6)]-carbinol*, $C_{16}H_{11}ONCl_2$, F. 145°. *Pikrat des Acetylderiv.*, $C_{24}H_{16}O_9N_4Cl_2$, F. 189 bis 190°. — Durch Red. der entsprechenden Chinolylketone mit RANEY-Ni bei 1 at u. Raumtemp. oder 40—50° in Methanol werden folgende *Tetrahydrochinoline* in guter Ausbeute dargestellt: *6-Benzoyl-*, $C_{16}H_{15}ON$, F. 113°; gelblich; gibt mit Al-Isopropylat nicht identifizierte Prodd. (F. 120—140°), die polymerisieren. *Nitrosoderiv.*, $C_{16}H_{14}O_2N_2$, F. 119—120°. *Benzoylderiv.*, $C_{23}H_{19}O_2N$, F. 131°; aus 50%ig. Essigsäure Nadeln. *Acetylderiv.*, $C_{18}H_{17}O_2N$, F. 97° (verd. A.). — *6-Benzoyl-8-methyl-*, $C_{17}H_{17}ON$, F. 118°; hellgelbe Nadeln. — *6-[4'-Chlorbenzoyl]-*, $C_{16}H_{14}ONCl$, F. 156°. *Nitrosoderiv.*, $C_{16}H_{13}O_2N_2Cl$, F. 173—174°. *Benzoylderiv.*, $C_{23}H_{18}O_2NCl$, F. 146°. — *6-[2'.4'-Dichlorbenzoyl]-*, $C_{16}H_{13}O$·NCl_2, F. 137°. *Nitrosoderiv.*, $C_{16}H_{12}O_2N_2Cl_2$, F. 145°. —*6-[2'.5'-Dichlorbenzoyl]-*. *Nitrosoderiv.*, $C_{16}H_{12}O_2N_2Cl_2$, F. 135—136°. — *6-[3'.4'-Dichlorbenzoyl]-*, $C_{16}H_{13}ONCl_2$, F. 153°. — *Phenyl-[tetrahydrochinolyl-(6)]-methan* (im Original: *Phenyl-[chinolyl-(6)]-methan*), $C_{16}H_{17}N$, F. 48—49° (verd. A.), durch Red. von **VII** mit RANEY-Ni bei 1 at u. Raumtemp. in Methanol. — *Phenyl-[8-methyltetrahydrochinolyl-(6)]-methan* (im Original: *Phenyl-[8-methylchinolyl-(6)]-methan*), $C_{17}H_{19}N$, F. 55° analog vorst. Verb. aus **VIII**. — *Phenyl-[chinolyl-(2)]-carbinol*, $C_{16}H_{13}ON$, F. 69° (Gasolin), durch Red. von 2-Benzoylchinolin (**IX**) mit Al-Isopropylat (quantitativ) oder mit RANEY-Ni bei Raumtemp. u. 1 at; entsteht auch durch GRIGNARD-Rk. aus Chinaldinaldehyd u. C_6H_5MgBr. *Pikrat*, $C_{22}H_{16}O_8N_4$, F. 138°; gelb. — *Phenyl-[tetrahydrochinolyl-(2)]-carbinol*, $C_{16}H_{17}ON$, $Kp._{0,005}$ 140°, durch 1std. Hydrierung von **IX** mit RANEY-Ni in Methanol bei 70° u. 50 at. *Nitrosoderiv.*, $C_{16}H_{16}O_2N_2$, F. 103°; aus verd. A. gelbe Blättchen. *Dibenzoylderiv.*, $C_{30}H_{25}O_3N$, F. 161° (Bzn.). — *Phenyl-[chinolyl-(4)]-carbinol*, $C_{16}H_{13}ON$, F. 127° (verd. A.), durch Red. von 4-Benzoylchinolin (**X**) mit Al-Isopropylat. *Acetylderiv.*, $C_{18}H_{15}O_2N$, F. 100°; Blättchen. — *Phenyl-[tetrahydrochinolyl-(4)]-carbinol*, $C_{16}H_{17}ON$, F. 135° (verd. A.), durch Hydrierung von **X** mit RANEY-Ni bei 100° u. 70 at u. Sublimation bei 110—115°/0,001 mm. *Nitrosoderiv.*, $C_{16}H_{16}O_2N_2$, F. 105°; aus verd. A. gelbe Blättchen. *Dibenzoylderiv.*, $C_{30}H_{25}$·O_3N, F. 156° (Bzn.). — *2-Methyl-4-cyanchinolin*, $C_{11}H_8N_2$, F. 106°, durch 15—20 Min. Erhitzen von 2-Methylcinchoninsäureamid u. PCl_5 in $POCl_3$ auf 110°; aus Ligroin Nadeln. Daraus mit C_6H_5MgBr nach GRIGNARD *2-Methyl-4-benzoylchinolin* (**XI**), $C_{17}H_{13}ON$, F. 118°; aus PAe. glänzende Blättchen. — *Phenyl-[2-methylchinolyl-(4)]-carbinol*, $C_{17}H_{15}$·ON, F. 167°, durch Red. von **XI** mit Al-Isopropylat; aus verd. A. Prismen. *Acetylderiv.*, $C_{19}H_{17}O_2N$, F. 103° (verd. A.). — *Phenyl-[2-methyltetrahydrochinolyl-(4)]-carbinol*, C_{17}·$H_{19}ON$, F. 162° (verd. A.), durch Red. von **XI** mit RANEY-Ni bei 100° u. 70 at u. Sublimation bei 130°/0,001 mm. *Dibenzoylderiv.*, $C_{31}H_{27}O_3N$, F. 149° (Bzn.). — *Phenyl-[tetrahydrochinolyl-(8)]-carbinol*, $C_{16}H_{17}ON$, $Kp._{0,001}$ 120°, durch Red. von 8-Benzoylchinolin mit RANEY-Ni bei Raumtemp. u. 1 at. *Nitrosoderiv.*, $C_{16}H_{16}O_2N_2$, F. 146°; aus A. gelbe Prismen. *Dibenzoylderiv.*, $C_{30}H_{25}O_3N$, F. 132° (Bzn.). — *6-[3'-Nitrobenzoyl]-chinolin*, $C_{16}H_{10}O_3N_2$, F. 160°, durch Zugabe von wenig Nitriersäure zu **V** in konz. H_2SO_4 bei —10°; aus A. gelbe Nadeln. Daraus mit $SnCl_2$ in alkoh. Lsg. *6-[3'-Aminobenzoyl]-chinolin*, $C_{16}H_{12}ON_2$, F. 142° (W.); gelb. — *6-[3'-Nitrobenzoyl]-8-methylchinolin*, $C_{17}H_{12}O_3N_2$, F. 156°, durch Nitrierung von **VI**; gibt mit $SnCl_2$ *6-[3'-Aminobenzoyl]-8-methylchinolin*, $C_{17}H_{14}ON_2$, F. 187° (Bzn.); gelb. — Benzoylchinoline mit Cl im Phenylrest ließen sich nicht nitrieren. (Helv. chim. Acta **35**. 2322—32. 1/12. 1952. Fribourg [Schweiz], Univ., Inst. de chim.) W. HOFFMANN. 3231

Robert H. Baker, Samuel W. Tinsley jr., Dorothy Butler und **Byron Riegel**, *3-Halochinoline mit Substituenten in 6- und 8-Stellung.* Vff. untersuchen die Darst. von *3-Brom-6-methoxy-8-nitrochinolin* (**I**) u. anderen Chinolinen mit Halogen in 3-Stellung. Direkte Bromierung der entsprechenden Verbb. lieferte *Di-* u. *Tribromderivate*. Austausch einer COOH-Gruppe an $C_{(3)}$ gegen Brom ließ sich bei Chinolinolen-(4) durchführen, jedoch gelang die anschließende Abspaltung der OH-Gruppe nicht. Die Kondensation von 2-Nitro-4-methoxyanilin (**II** mit α-Bromacrolein in Ggw. von H_3PO_4 führte zu *6-Methoxy-8-nitrochinolin*), in Ggw. von HBr wurde in geringen Mengen **I** erhalten. Dagegen gelang die Darst. von **I** mit guter Ausbeute aus 2.2.3-Tribrompropanal u. **II** in Eisessig. Die Struktur von **I** u. ähnlichen Verbb. wurde durch oxydativen Abbau zu *5-Bromnico-*

tinsäure bewiesen. Bei Verwendung von o-Nitroanilin (ohne p-Substituenten) zur Kondensation entstanden *3-*, *6-Brom-* u. *3.6-Dibrom-8-nitrochinolin* nebeneinander. **I** u. 3-Brom-6-chlor-8-nitrochinolin wurden red. u. die NH_2-Gruppe mit 1-Brom-5-isopropylaminopentan kondensiert.

Versuche: *3-Brom-6-methoxy-8-nitrochinolinol-(4)*, $C_{10}H_7O_4N_2Br$, F. 210°, aus dem Ag-Salz von 3-Carboxy-6-methoxy-8-nitrochinolinol-(4) durch Kochen mit Br_2 in Essigsäure, orangefarbene Kristalle nach Sublimation; 50% (Ausbeute). — *α-Bromacrolein*, Kp.$_{28}$ 46—48°, durch Zutropfen von Br_2 zu Acrolein in W. bei Zimmertemp. u. Dampfdest.; 45%. — *6-Methoxy-8-nitrochinolin*, F. 153—155° (A.), aus vorst. Verb. u. 2-Nitro-4-methoxyanilin (**II**) bei Ggw. von H_3PO_4; 68%. — *3-Brom-6-methoxy-8-nitrochinolin* (**I**), $C_{10}H_7O_3N_2Br$, F. 160—162°, Silberflocken, a) analog Vorst. bei Ggw. von 65%ig. HBr statt H_3PO_4; 1 g aus 12,6 g **II**. b) Aus α-Bromacrolein, durch Bromieren zu *2.2.3-Tribrompropanal* u. Rk. mit **II**; 73%. — *3-Brom-6-chlor-8-nitrochinolin*, $C_9H_4O_2N_2ClBr$, F. 173—175°, analog Vorst. aus 2-Nitro-4-chloranilin, gelbe Nadeln. — *3-Brom-8-nitrochinolin*, F. 123—124°; wie vorst. beschrieben unter Verwendung von o-Nitroanilin; 1%. Bei gleicher Rk. *6-Brom-8-nitrochinolin*, $C_9H_5O_2N_2Br$, F. 172—173°, Nadeln aus A.; 23%; u. *3.6-Dibrom-8-nitrochinolin*, $C_9H_4O_2N_2Br_2$, F. 179—180°, Plättchen; 14%. — *6-Brom-8-aminochinolin*, $C_9H_7N_2Br$, F. 75—76°, durch Red. der entsprechenden Nitroverb. mit $SnCl_2$ u. HCl. — *3-Brom-6-methoxy-8-aminochinolin*, $C_{10}H_9ON_2Br$, F. 95—96°, analog vorst. Verbindung. — *3-Brom-6-chlor-8-aminochinolin*, $C_9H_6N_2ClBr$, F. 117—118°. — *3.6-Dibrom-8-aminochinolin*, $C_9H_6N_2Br_2$, F. 119—220°. — *5-Bromnicotinsäure*, $C_6H_4O_2NBr$, F. 182,5—183°, durch 30 std. Kochen von 3-Bromchinolin (*Pikrat*, F. 190°) mit konz. HNO_3, Blättchen aus W.; 45%. *Methylester*, F. 99—100°, aus Bzl. Kristalle. — *3-Brom-6-methoxy-8-[5'-isopropylaminopentylamino]-chinolinhydrobromid*, $C_{18}H_{26}ON_3Br.HBr$, aus der entsprechenden vorst. Aminochinolinverb. u. 5-Isopropylamino-1-brompentanhydrobromid bei Ggw. von Na-Acetat. — *3-Brom-6-chlor-8-[5'-isopropylaminopentylamino]-chinolinhydrobromid*, $C_{17}H_{23}N_3ClBr \cdot HBr$, analog vorst. Verbindung. (J. Amer. chem. Soc. **72**. 393—95. Jan. 1950. Evanston, Ill., Northwestern Univ., Chem. Labor.) LEHWALD. 3231

Adrien Albert und **Alexander Hampton**, *Analoge von 8-Oxychinolin mit zusätzlichen Ringstickstoffatomen.* 1. Mitt. *Präparativ.* Ausgehend von m-Oxybenzaldehyd (**I**) synthetisieren Vff. in mehrstufiger Rk. über *3-Methoxyanthranilsäuremethylester* u. *2-[2-Amino-3-methoxyphenyl]-propanol-(2)* das *2-[2-Amino-3-methoxyphenyl]-propen*, welches zu *8-Methoxy-4-methylcinnolin* cyclisiert u. über das *4-Styrylderiv.* zu *8-Oxycinnolin* abgebaut wird. — Durch Cyclisierung der ebenfalls aus **I** zugänglichen Verbb. *2-* bzw. *6-Nitro-3-oxybenzylidenbisformamid* gelangt man zu *8-* bzw. *6-Oxychinazolin*. — Beschrieben werden auch Synthesen von *5-Oxychinoxalin* u. *8-Oxy-1.6-naphthyridin* sowie von *8-Oxy-1.7-naphthyridin* durch Cyclisierung von 3-Amino-2-oxypyridin (**IX**) an $C_{(4)}$ in einer abgewandelten SKRAUPschen Rk.; das Originalverf. lieferte eine nicht identifizierte *Verb.* $C_{11}H_{11}O_3N_3$. — Durch Rk. von 2.3.4-Triaminopyridin (**II**) u. Polyglyoxal (**III**) entsteht bei p_H 2 *4'-Aminopyridino-[2'.3':2.3]-pyrazin*, bei p_H 7 dagegen *2'-Aminopyridino-[3'.4':2.3]-pyrazin*; beide werden zu den entsprechenden *Oxypyridinopyrazinen* umgesetzt, die beide Farb-Rkk. mit Fe^{2+} geben, da —OH in peri-Stellung zu einem Ringstickstoffatom steht, wodurch Chelatbindungen ermöglicht werden. *2'-Oxypyridino-[3'.4':2.3]-pyrazin* wird auch aus 3.4-Diamino-2-oxypyridin u. **III** in eindeutiger Rk. erhalten.

Versuche: *m-Methoxybenzaldehyd*, aus **I** u. $(CH_3)_2SO_4$ in Ggw. von NaOH in Methanol; 95% (Ausbeute). Daraus *3-Methoxy-2-nitrobenzaldehyd* (**IV**). — *3-Methoxy-2-nitrobenzoesäure*, F. 253°, durch $^1/_2$ std. Rk. von **IV** mit $KMnO_4$ in sd. Sodalsg. u. Ansäuern; 94%. Daraus nach CURD, LANDQUIST u. ROSE (C. **1950**. I. 414) *3-Methoxyanthranilsäuremethylester*; 85%. — *2-[2-Amino-3-methoxyphenyl]-propanol-(2)*, $C_{10}H_{15}O_2N$, F. 77°, durch Rk. vorst. Verb. mit CH_3MgBr bei 2—5° in Ae. unter N_2, 4 std. Kochen, Zers. mit Eis u. NH_4Cl u. Ansäuern; 94%. Daraus durch 8 std. Kochen Toluol in Ggw. von J_2 *2-[2-Amino-3-methoxyphenyl]-propen*, $C_{10}H_{13}ON$, Kp.$_{0,05}$ 57°; n_D^{25} 1,5644; 89% (bezogen auf vorvorst. Verb.). — *8-Methoxy-4-methylcinnolin*, $C_{10}H_{10}ON_2$, F. 131—132°, durch Zugabe von $NaNO_2$-Lsg. zu vorst. Verb. in wss. H_2SO_4 bei —7 bis —5°, mehrtägiges Stehen im Dunklen, Alkalisieren u. Extraktion mit Bzl.; aus PAe., dann Bzl. gelbe Prismen; 72%. Daraus (3 g) durch 10 std. Kochen in 48%ig. HBr, Fällen bei p_H 4 u. Sublimation bei 150—160°/0,1 mm *8-Oxy-4-methylcinnolin*, $C_9H_8ON_2$, F. 176,5—177,5°; aus Bzl. cremefarbene Nadeln; 2,3 g. Durch $1^1/_2$ std. Einleiten von HCl in eine Suspension des *Monohydrochlorids* vorst. Verb. in Benzaldehyd bei 155 bis 160° (Bad), Zugabe von Bzl., Aufnehmen des Nd. in warmem W. u. Neutralisieren mit NH_4OH entsteht *8-Oxy-4-styrylcinnolin*, $C_{16}H_{12}ON_2$, F. 200—201°; aus Bzl., dann

Methanol gelbe Nadeln; 95%. Daraus mit Benzoylchlorid in Pyridin bei 40—80° u. Zugabe von Ae. *8-Benzoyloxy-4-styrylcinnolin*, $C_{23}H_{16}O_2N_2$, F. 212—213°, aus Bzl. gelbe Prismen. — *8-Oxycinnolin-4-carbonsäure*, $C_9H_6O_3N_2$, F. 200° (Zers.), durch 1/2 std. Rk. vorst. Verb. u. $KMnO_4$ in wss. Pyridin bei 2—5°, dann 2 Std. bei 20°, Filtrieren, Ansäuern, Extrahieren mit Ae., Behandeln mit äther. HCl zur Entfernung der gebildeten *Benzoesäure* u. Zugabe von NaOH zum entstandenen *Hydrochlorid*; aus W. rote Nadeln; 82%. Daraus durch kurzes Erhitzen in Glykol auf 180° unter N_2, Fällen mit W., Aufnehmen in Chlf. u. Sublimation bei 115—120°/0,05 mm *8-Oxycinnolin*, $C_8H_6ON_2$, F. 186—187° (Bzl.); gelbe Nadeln; 92%. — *3-Methoxy-2-nitrobenzylidenbisformamid*, $C_{10}H_{11}O_5N_3$, F. 187—188°, durch Einleiten von HCl in eine Lsg. von **IV** in Formamid (**V**), mehrstd. Stehen u. Alkalisieren bei 0°; aus W. cremefarbene Nadeln; 73%. — *8-Methoxychinazolin* (**VI**), $C_9H_8ON_2$, F. 92°, durch 3 1/2 std. Rk. vorst. Verb. mit Zn-Staub in essigsaurer Lsg., Alkalisieren u. Ausäthern; aus PAe. Nadeln; 97%. — Nitrierung von **I** ergibt 28% *6-Nitro-*(**VII**) u. 5% *2-Nitro-3-oxybenzaldehyd*; aus letzterem mit **V** *3-Oxy-2-nitrobenzylidenbisformamid*, $C_9H_9O_5N_3$, F. 239° (Zers.); aus W. hellgelbe Nadeln; roh 85%. — *8-Oxychinazolin*, $C_8H_6ON_2$, F. 149—150°, a) durch 3 std. Rk. von **VI** mit $AlCl_3$ bei 120—125°, Lösen in W., 6 std. Extraktion mit Ae. bei p_H 4, dann 10 Std. mit PAe. u. Sublimation bei 140—145°/25 mm; cremefarbene Nadeln; 49%; b) analog **VI** aus vorst. Verb., aber Fällen des Zn als ZnS; aus W. hellgelbe Nadeln; 66%. — *3-Oxy-6-nitrobenzylidenbisformamid*, F. 250° (Zers.), aus **VII** u. **V**; aus W. hellgelbe Nadeln; 95%. — *6-Oxyquinazolin*, $C_8H_6ON_2$, F. 238—239° (Zers.), analog **VI** aus vorst. Verb., aber 8 std. Extraktion mit Ae. bei p_H 7—8; aus W. cremefarbene Nadeln; 57%. — *5-Methoxychinoxalin*, aus 2.3-Dinitroanisol; 67%. Daraus durch 6 std. Kochen in 48%ig. HBr, Ausäthern bei p_H 4 u. Sublimation bei 90°/25 mm *5-Oxychinoxalin*, $C_8H_6ON_2$, F. 99,5°; gelbe Nadeln; 74%. — *5.8-Dioxy-1.6-naphthyridin-7-carbonsäuremethylester* (**VIII**), F. 205° (Zers.), durch Rk. von Chinoloyliminoessigsäuremethylester mit CH_3ONa in Methanol, 6 std. Kochen, Fällen mit wss. Oxalsäure als *Oxalat*, Aufnehmen in W. u. mehrstd. Kühlen bei p_H 4; aus W. cremefarbene Nadeln; 50%; Reinigung durch Papierchromatographie in W.–Dimethylformamid. *8-Acetat*, F. 224°. — *5.8-Dioxy-1.7-naphthyridin-6-carbonsäuremethylester*, F. 201° (Zers.), aus der Mutterlauge bei der Darst. von **VIII** mit Chlf.; aus Methanol cremefarbene Nadeln; 18%; frei von **VIII** nur durch Papierchromatographie. *5-Acetat*, F. 199° (Zers.). — *5-Chlor-8-oxy-1.6-naphthyridin-7-carbonsäuremethylester*, F. 228° (Zers.), durch 1/2 std. Kochen von **VIII** in $POCl_3$, Eindampfen, Gießen auf Eis u. wss. NH_4OH, Einengen, 10tägiges Stehen u. Behandeln mit Chlf. u. Aceton; aus Methylisobutylketon strohfarbene Nadeln; 52%. — *8-Oxy-1.6-naphthyridin*, $C_8H_6ON_2$, F. 162°, durch 2 1/2 std. Erhitzen vorst. Verb. in HJ auf anfangs 65—75°, dann 135—140°, Zugeben des Reaktionsprod. zu $Na_2SO_3 \cdot 7\,H_2O$ in W., mehrstd. Stehen bei p_H 6, Aufnehmen in Chlf. u. Sublimation bei 95°/0,01 mm; aus W. cremefarbene Nadeln; 35%. — *3-Amino-2-oxypyridin* (**IX**), $C_5H_6ON_2$, F. 128—129°, durch Hydrierung von 2-Oxy-3-nitropyridin in Ggw. von 5%ig. Pd-Kohle in A.; aus Bzl. cremefarbene Nadeln; 83%. — *8-Oxy-1.7-naphthyridin*, $C_8H_6ON_2$, F. 233,5°, durch Zugabe von Glycerin (**X**), W. u. **IX** zu einem 1 Std. auf 100° erhitzten Gemisch von Nitrobenzol u. 20%ig. Oleum, 3 std. Kochen, Gießen auf Eis, Neutralisieren mit wss. NH_4OH, Aufnehmen in W. u. 40 std. Extraktion mit Chlf.; aus W. cremefarbene Nadeln; 19,5%. — *Verb.* $C_{11}H_{11}O_3N_3$, Zers. bei 210—215°, bei 6 std. Erhitzen von 0,5 g **IX** in **X** u. konz. H_2SO_4 in Ggw. von As_2O_5 auf 190°, Fällen mit W. u. Sublimation bei 280°/0,4 mm; aus W. rosafarbene, nach Trocknen bei 110° gelbe Nadeln; lösl. in 0,1 n NaOH u. 3 n HCl; 0,15 g. — *4-Chlor-2-oxy-3-nitropyridin*, F. 216°, neben *2.4-Dichlor-3-nitropyridin* beim Erhitzen von 2.4-Dioxy-3-nitropyridin in $POCl_3$, Zers. mit Eis u. Kristallisation des in Chlf. unlösl. Anteils aus A.; gelbe Blättchen; 50%. Daraus *4-Amino-2-oxy-3-nitropyridin* (**XI**). — *2.3.4-Triaminopyridin* (**II**), *Dihydrochlorid*, F. 240—248°, durch Hydrierung von 2.4-Diamino-3-nitropyridin in Ggw. von RANEY-Ni in A. u. Zugeben zu 10 n HCl; 95%. — *2'-Aminopyridino-[3'.4':2.3]-pyrazin*, F. 187—188°, durch 1 std. Kochen von **II**-Dihydrochlorid u. **III** in alkoh. NaOH oder von **II** u. **III** in W., Eindampfen u. Sublimieren bei 140—160°/25 mm; aus W. gelbe Nadeln; 20 bzw. 15%. Daraus durch 3 std. Erhitzen in 5 n NaOH auf 140°, Eindampfen bei p_H 6 u. 8 std. Extraktion mit absol. A. *2'-Oxypyridino-[3'.4':2.3]-pyrazin* (*5-Oxy-1.4.6-triazanaphthalin*); das *Hemihydrat*, $C_7H_5ON_3 \cdot 1/2\,H_2O$, F. 270° (Zers.), entsteht auch durch Hydrierung von **XI** in Ggw. von RANEY-Ni in A. u. 1 std. Kochen des gebildeten *3.4-Diamino-2-oxypyridins* u. **III** in A.; aus A. gelbe Nadeln; 57%. — *4'-Aminopyridino-[2'.3':2.3]-pyrazin, Monohydrat*, $C_7H_6N_4 \cdot H_2O$, F. 254—255° (Zers.), durch 1 std. Kochen von **II**-Dihydrochlorid u. **III** in einer Lsg. vom p_H 2 u. Neutralisieren; aus W. orangegelbe Blättchen; 64%. Daraus mit 5 n NaOH *4'-Oxypyridino-[2'.3':2.3]-pyrazin*, $C_7H_5ON_3$,

Zers. bei 290—310°; aus W. gelbe Nadeln; 61%. (J. chem. Soc. [London] **1952**. 4985—93. Dez. London, Australian Nat. Univ.) W. HOFFMANN. 3272

S. M. McElvain und **Bryce E. Tate,** *Weitere Beobachtungen über die Alkoholyse von Diiminomalonsäurediäthylestermonohydrochlorid. Einige neue Pyrimidine.* Bei der Einw. von sd. A. auf *Diiminomalonsäurediäthylestermonohydrochlorid* (**I**) entstehen nur geringe Mengen der zu erwartenden Verbb. *Malonsäurediäthylester* (**II**) bzw. *Carbäthoxyacetamid;* unter den Bedingungen, bei denen aus anderen Iminoesterhydrochloriden NH_4Cl abgespalten wird, liefert die Alkoholyse von **I** als Hauptprod. *Malondiamidindihydrochlorid* (**III**). Daneben werden *2-[Carbäthoxymethyl]-* (**IV**) u. *2-[Carboxyamidomethyl]-4.6-diäthoxypyrimidin* (**V**) u. ein *Polymerisationsprod.* erhalten, welches vielleicht die Konst. **VI** besitzt; die zu niedrigen Analysenwerte für Cl deuten jedoch auch auf andersartige Verknüpfung (Abspaltung von NH_4Cl oder C_2H_5Cl) hin.

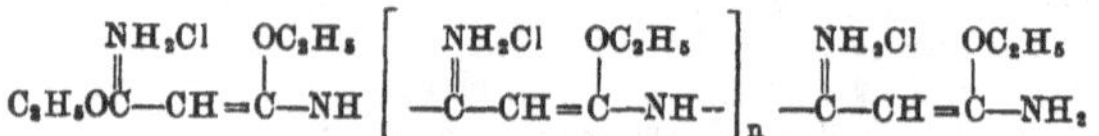

VI

— Vff. erklären die schon früher (C. **1950**. I. 860) beobachtete außerordentliche Stabilität von **I** mit den besonderen Resonanzmöglichkeiten, die eine Verteilung der positiven Ladung auf beide Iminogruppen gestatten; **I** nimmt damit eine Mittelstellung ein zwischen n. Iminoesterhydrochloriden u. den in sd. A. stabilen freien Iminoestern. Ein Schema zur Deutung der Rkk. wird angegeben. — Es gelang nicht, **IV** bzw. **V** unabhängig zu synthetisieren, da sich das aus Carbäthoxyiminoessigsäureäthylesterhydrochlorid (**VII**) zugängliche *2-[Carboxamidomethyl]-4.6-dioxypyrimidin* nicht veräthern ließ. Im Laufe dieser Verss. wurden einige verwandte *Pyrimidine* dargestellt.

Versuche: *Diiminomalonsäurediäthylestermonohydrochlorid* (**I**), $C_7H_{15}O_2N_2Cl$, F. 102—104°, durch Einw. von 1 Mol C_2H_5ONa auf das Dihydrochlorid (**VIII**) in absol. A., Filtrieren u. langsames (3 Std.) Einengen im Vakuum; 84% (Ausbeute); bei der Rk. von **VIII** mit genau 2 Mol C_2H_5ONa entsteht der freie *Ester;* daraus oder direkt aus **VIII** mit überschüssigem C_2H_5ONa nach 2std. Stehen u. Dest. *Cyaniminoessigsäureäthylester* (**IX**), F. 78—81° (Ae.), Kp.$_{20}$ 105—115°; 58%. — **I** liefert bei der Pyrolyse bei 160—180° (Bad): a) *A.*, Kp. 76—79°, n_D^{25} 1,3597; 71% (*α-Naphthylurethan,* F. 77—79°); b) *Äthylchlorid,* Kp. 14—15°; 66%; c) einen gelben Rückstand, F. > 355°; lösl. in sd. 10%ig. NaOH; daraus (1,14 g) durch Sublimation Kristalle, die bei 180—190° dunkeln; 0,14 g; eventuell **III**. — *Cyanacetamid,* F. 116—119° (A.-Essigsäureäthylester), bleibt bei ½std. Erhitzen auf 170—180° unverändert. — Bei 10std. Kochen von **I** (ohne Isolisierung aus **VIII**) in A. werden folgende Verbb. erhalten: *Malondiamidindihydrochlorid* (**III**), ohne F., Nd. beim Kühlen u. Einengen; Reinigung mit sd. absol. A.; 22,2%. Daraus durch Kochen in gesätt. Sodalsg., Einengen u. Aufnehmen in sd. absol. A. *Malondiamid,* F. 168—170,5° (absol. A.). — *Polymerisationsprod.* $(C_5H_9ON_2Cl)_x$ (**VI?**), durch Einengen der Mutterlaugen von **III** im Vakuum zur Sirupkonsistenz u. gründliches Auslaugen mit Ae.; 23% (bezogen auf Gewicht an **I**); nicht rein; spaltet beim Erwärmen C_2H_5Cl ab; gibt beim Kochen in 2,7nNaOH u. Waschen mit Ae. (zur Entfernung von etwas **V**), Neutralisieren u. Extraktion mit Ae. *Malonsäure,* F. 125—130° (Ae.); 43% (bezogen auf Gewicht an **VI**). — *2-[Carboxyamidomethyl]-4.6-diäthoxypyrimidin* (**V**), $C_{10}H_{15}O_3N_3$, F. 139—140° (PAe.), a) aus der äther. Mutterlauge von **VI** durch Einengen u. Nachwaschen des Nd. mit PAe.; 3,6% (roh) einschließlich der vorher u. später isolierten Anteile; b) durch 2wöchige Einw. von konz. NH_4OH auf **IV**; 89%. — Bei der Dest. der Mutterlauge von **V** werden mehrere Fraktionen erhalten; daraus: a) *Malonsäurediäthylester* (**II**), Kp.$_8$ 77—85°; n_D^{25} 1,4219; 1,6% (bezogen auf **I**); b) *2-[Carbäthoxymethyl]-4.6-diäthoxypyrimidin* (**IV**), $C_{12}H_{18}O_4N_2$, Kp.$_{10}$ 147,5—148,5°, n_D^{25} 1,4809, $D._4^{25}$ 1,103; 12,5%; c) etwas rohes **V**; d) 0,98 g (aus 165 g **VIII**) einer *Verb.* $C_{12}H_{19}O_3N_3$, F. 54,5—55° (A.), eventuell *2-[Carbiminoäthoxymethyl]-4.6-diäthoxypyrimidin;* gab kein Hydrochlorid; e) höhersd., nicht identifizierte Produkte. Bei einem Vers. wurde zusammen mit **IV** *Carbäthoxyacetamid* erhalten, F. 45—47,5°, krist. aus der Lsg. von **IV** in PAe.; 1%. — Bei 1std. Hydrolyse von **V** in sd. 48%ig. HBr entstehen NH_4Br u. *Essigsäure* (*p-Nitrobenzylester,* F. 76 bis 78,5°). — *Carboxyamidoacetamidinhydrochlorid,* $C_3H_8ON_3Cl$, F. 172,5—174° (absol. A.), durch 2tägige Rk. von **VII** mit NH_3 in absol. A.; 85%. — *2-[Carboxyamidomethyl]-4.6-dioxypyrimidin,* $C_6H_7O_3N_3$, durch 12std. Rk. vorst. Verb. mit **II** u. C_2H_5ONa in absol. A. bei Raumtemp., Aufnehmen des Nd. in wenig W., schwaches Ansäuern, Kühlen u. Umkristallisieren aus W.; weiterer Anteil durch Einengen der alkoh. Mutterlauge; 16,5%; Verätherung gelang nicht durch Kochen mit C_2H_5J u. C_2H_5ONa in A., mit C_2H_5J oder $(C_2H_5)_2SO_4$ in wss. NaOH, mit C_2H_5J u. wss. Ag_2O oder mit Ketenacetal. — *2-[Cyanmethyl]-4.6-dichlorpyrimidin,* $C_6H_3N_3Cl_2$, F. 97,5—99° (PAe.), durch Rk. vorst. Verb. mit $POCl_3$ u. Dimethylanilin, kurzes Erwärmen, Gießen auf Eis u.

Aufnehmen in Ae. oder Chlf.; 76%; reagiert nicht mit Ag_2CO_3 in sd. A.; gibt mit C_2H_5ONa in sd. absol. A. undefinierbare Prodd.; $Kp._8 > 325^0$. — *Carbäthoxyacetamidinhydrochlorid*, $C_5H_{11}O_2N_2Cl$, F. 107—108° (A.–Ae.), durch 2std. Rk. von **VII** mit gesätt. alkoh. NH_3, Filtrieren vom NH_4Cl (83%), Einengen, Zugabe von 7,3n alkoh. HCl u. 1wöchiges Stehen unter Kühlung; durch längeres Stehen u. Einengen weiterer Anteil; 69%; zuletzt krist. *Carboxyacetamidinhydrochlorid*, $C_3H_7O_2N_2Cl$, F. 144,5—146° (Zers.; absol. A.); 7,2%. — *2-[Carbäthoxymethyl]-4-amino-6-oxypyrimidin*, $C_8H_{11}O_3N_3$, F. 206,5 bis 207° (A.), durch 2std. Rk. von **VII** mit gesätt. alkoh. NH_3, Filtrieren vom NH_4Cl (87%), Eindampfen u. Aufnehmen in A.–Essigsäureäthylester; 22%. — *2-[Cyanmethyl]-4.6-diaminopyrimidin*, $C_6H_7N_5$, F. 241,5—243° (Zers.; W.), durch 2std. Rk. von **IX**-Hydrochlorid mit gesätt. alkoh. NH_3, Filtrieren vom NH_4Cl (65%) u. Einengen; 82%. (J. Amer. chem. Soc. **73**. 2760—64. Juni 1951. Madison, Wis., Univ., Labor. of Organ. Chem.) W. HOFFMANN. 3272

J. A. VanAllan, *2.4-Diamino-6-oxypyrimidin.* Aus Äthylcyanacetat u. Guanidinhydrochlorid: $C_4H_6ON_4$, gelbe Nadeln, F. 260—270° (Zers.); Ausbeute 80—81%. (Org. Syntheses **32**. 45—46. 1952. Rochester, N. Y., Eastman Kodak Co.) TROFIMOW. 3272

A. V. Holmgren und **Wilhelm Wenner,** *Alloxanmonohydrat.* (*5.5-Dioxybarbitursäure*). Nach A. P. 2 445 898 aus Barbitursäure mit CrO_3 + Essigsäure unterhalb 50°: $C_4H_4O_5N_2$, F. 254° (Zers.); Ausbeute 75—78%. (Org. Syntheses **32**. 6—7. 1952. Nutley, N. J., Hoffmann-La Roche, Inc.) TROFIMOW. 3272

F. Gottwalt Fischer, Wilhelm Paul Neumann und **Josef Roch,** *Eine neue Synthese der Harnsäure und des Xanthins.* Aus 5-Nitrouracil (**II**) erhielten Vff. durch Red. in stark alkal. Lsg. mit Na-Dithionit 5-Sulfamidouracil (**I**), das beim Schmelzen mit Harnstoff durch innermol. Oxydored. unter Ringschluß in fast quantitativer Ausbeute *Harnsäure* (**III**), mit Formamid *Xanthin* (**V**) u. mit Acetamid *8-Methylxanthin* (**VII**) liefert. Mit HNO_3 entsteht aus **I** *5-Diazobarbitursäure* (**VIII**). Der Mechanismus dieser Rkk. konnte noch nicht restlos geklärt werden.

V e r s u c h e : *5-Sulfamidouracil* (**I**), $C_4H_5O_5N_3S$, zers. sich bei 280° (rasch erhitzt) unter Aufblähen, a) aus **II** in 3n NaOH durch abwechselnde Zugabe von Na-Dithionit u. 3n NaOH bei 30°; nach Filtrieren u. Neutralisieren mit Eisessig scheidet sich das prim. *Na-Salz* in derben, prismat., flachen Nadeln ab; krist. aus W. in feinen, meist sternförmig verwachsenen Nadeln oder gröberen Parallelogrammen mit 2 Mol Kristallwasser; UV-Absorption der 10^{-4}mol. wss. Lsg. λ_{max} 210 (mμ) ([log ε =] 3,90), 227 (3,90), 310 (3,82), λ_{min} 220 (3,88), 265 (3,18). Freies **I**, aus dem Na-Salz mit 5n HCl in groben Kristallkörnern; 85—90% (Ausbeute); red. Phosphormolybdat unter Blaufärbung, jedoch nicht ammoniakal. $AgNO_3$-Lsg.; mit Diazobenzolsulfosäure in sodaalkal. Lsg. keine Färbung; b) **I** aus dem rohen K-Salz von **II** (aus nitrouracilcarbonsaurem K durch Decarboxylierung in 2 Std. bei 160°) wie bei a); 85—90%. — *5-Aminouracil* (**VI**), aus **I** durch kurzes Erhitzen mit sirupöser H_3PO_4 über freier Flamme. — *5-Oxyuracil*, aus **I** durch 2std. Kochen mit 5n HCl; 80%. — *Harnsäure* (**III**), $C_5H_4O_3N_4$, aus **I** u. Harnstoff durch 30 Min. Erhitzen auf 190—200°; die noch heiße Schmelze wird mit W. ausgelaugt u. noch heiß filtriert, wodurch mitentstandene Cyanursäure in Lsg. geht, während der Rückstand aus Mono-NH_4-Urat besteht, daraus **III** durch Lösen in NaOH, Kochen mit Tierkohle u. Fällen mit HCl; 90%. Aus **VI** bildet sich bei der Rk. mit Harnstoff unter gleichen Bedingungen nur *5-Ureidouracil*; 60%. Aus Uramil oder Thionursäure entsteht mit Harnstoff bei 200° nur *Pseudoharnsäure* (**IV**). **IV** bildet auch bei mehrstd. Erhitzen mit Harnstoff keine **III**. — *Xanthin* (**V**), $C_5H_4O_2N_4$, aus **I** u. Formamid durch 40 Min. Erhitzen auf 200°; nach 2—3std. Stehen wird **V** abgesaugt u. durch Umfällen aus Lauge mit Essigsäure gereinigt; 75—80%. — *Coffein*, $C_8H_{10}O_2N_4$, F. 232°, aus **V** u. CH_2N_2. — *5-Formylaminouracil*, ab 275° Bräunung, F. 315° (unter Aufschäumen), aus **VI** u. Formamid; zu Büscheln vereinigte lange Nadeln. — *8-Methylxanthin* (**VII**), $C_6H_6O_2N_4$, aus **I** u. Acetamid durch 30 Min. Erhitzen auf 200°; nach Zugabe von W. zur noch warmen Schmelze scheidet sich **VII** aus u. wird durch Umfällen aus NH_3 mit Eisessig gereinigt, Prismen; 75%. — *5-Diazobarbitursäure* (**VIII**), $C_4H_2O_3N_4$, F. 270° (Zers.), aus **I**, das mit W. angefeuchtet wurde, dem ein Körnchen $NaNO_2$ zugesetzt war, durch langsame Zugabe von HNO_3 (D. 1,40); nach Versetzen mit W. unter Eiskühlung scheiden sich 80—85% **VIII** ab; stark lichtbrechende, sechseckige Platten, häufig als Rosetten (W.). UV-Absorption (in wss. $1,5 \cdot 10^{-4}$mol. Lsg.): λ_{max} 208 (mμ) ([log ε =]) 4,28), 263 (4,15), λ_{min} 227 (3,68). In soda-alkal. Lsg. kuppelt **VIII** langsam mit α-Naphthol unter Bldg. eines tief rotvioletten Nd.; Red. von **VIII** in ätzalkal. Lsg. mit Na-Dithionitüberschuß führt zu *Uramil.* Nebenprod. der **VIII**-Synth. ist *Alloxan.* — *1.3-Dimethyl-5-diazobarbitursäure*, $C_6H_6O_3N_4$, F. 165°, aus **VIII** u. Dimethylsulfat; derbe, stark lichtbrechende Prismen (W.). (Chem. Ber. **85**. 752—60. 1952. Würzburg, Univ., Chem. Inst.) IPPEN. 3272

Piero Papini, *Über die Synthese von 3-Aryl-4.6-diiminotriazinen-(1.3.5).* Bei Rk. von Dicyandiamid (**II**) mit Diarylformamidinen (**I**) entstehen 3-Aryl-4.6-diiminotriazine-(1.3.5). Zu denselben Verbb. kommt man auch durch Rk. von **I** oder HCOOH mit Monoarylbiguaniden.

Versuche: *3-Phenyl-4.6-diiminotriazin-(1.3.5),* $C_9H_9N_5$, F. 228—230°, aus äquimol. Mengen Dicyandiamid (**II**) u. Diphenylformamidin (**III**) durch Verschmelzen bei 110—130° u. anschließendes Erhitzen auf 200° (10 Min.), Aufnehmen der erkalteten Schmelze in verd. HCl u. Fällen mit NaOH oder durch Erhitzen äquimol. Mengen von Monophenylbiguanid (**IV**) u. HCOOH (½ Std.) oder durch allmähliches Erhitzen äquimol. Mengen von **III** u. **IV** bis auf 150°, aus A. Kristalle. *Hydrochlorid,* $C_9H_{10}N_5Cl$, F. 255° (Zers., färbt sich ab 225° braun), aus A. lange Nadeln. *Pikrat,* $C_{15}H_{12}O_7N_8$, F. über 300° (Zers.), gelbe Kristalle aus A. oder Essigsäure. — *3-p-Phenetyl-4.6-diiminotriazin-(1.3.5),* $C_{11}H_{13}ON_5$, F. 196—198°, durch Verschmelzen von **II** mit Bis-[p-phenetyl]-formamidin wie oben, Kristalle aus Essigsäure. *Hydrochlorid,* $C_{11}H_{14}ON_5Cl$, F. 256° (Zers.), Nadeln. *Pikrat,* $C_{17}H_{16}O_8N_8$, zers. sich über 300°, orangegelbe Kristalle aus Essigsäure. — *3-p-Tolyl-4.6-diiminotriazin-(1.3.5),* $C_{10}H_{11}N_5$, F. 218—220°, aus **II** u. Bis-[p-tolyl]-formamidin wie oben, Kristalle aus Essigsäure. *Hydrochlorid,* $C_{10}H_{12}N_5Cl$, zers. sich über 260°, lange Nadeln. *Pikrat,* $C_{16}H_{14}O_7N_8$, zers. sich über 280°, orangegelbe Kristalle aus A. oder Essigsäure. (Gazz. chim. ital. **80.** 837—43. Nov./Dez. 1950. Florenz, Univ., Ist. di Chim. farm.) K. FABER. 3313

W. M. Rodionow, *Chemie der Alkaloide, ihre Bedeutung und Aufgaben.* Die Entw. der Chemie der Alkaloide als besonderes Gebiet der organ. Chemie, ihre Bedeutung für die Ausarbeitung synthet. Methoden u. Schaffung synthet. Verbb. ohne schädliche Nebenwrkg.; Ausblick auf die weitere Entw., bei der die Bedeutung der Alkaloide für das Leben der Pflanze aufzuklären sein wird. (Известия Академии Наук СССР, Отделение Химических Наук [Nachr. Akad. Wiss. UdSSR, Abt. chem. Wiss.] **1953.** 385—91. März/April.) R. KNOBLOCH. 3500

Henry Rapoport, Calvin H. Lovell und **Bert M. Tolbert,** *Darstellung von* $^{14}C_{(N\text{-}Methyl)}$*-Morphin.* $^{14}C_{(N\text{-}Methyl)}$*-Morphin,* F. 254—255° (A.), entsteht in 22%ig. Ausbeute durch Erhitzen von $^{14}C_{(N\text{-}Methyl)}$-Codeïn mit Pyridinhydrochlorid, Alkalisieren mit verd. NaOH, Extrahieren mit Chlf., Fällen des Reaktionsprod. aus der wss. Phase bei p_H 9, Aufnehmen in CH_3OH, chromatograph. Adsorption an Al_2O_3, Eluieren mit CH_3OH, Eindampfen, Lösen in verd. NaOH, Wiederausfällen bei p_H 9, Trocknen u. Sublimieren bei 180—190° u. 0,1 Torr. (J. Amer. chem. Soc. **73.** 5900. Dez. 1951. Berkeley, Calif., Univ. of California, Dep. of Chem. and Radiat. Labor.)

W. HOFFMANN. 3500

A. Killen Macbeth, J. A. Mills und **R. Pettit,** *Methoden zur Antipodenspaltung.* 3. Mitt. *Variationen der Antipodenspaltung von Alkoholen über saure Ester.* Das opt.-akt. Benzylaminderiv. (—)-*p-Aminomethylbenzomenthylamid* (**I**) eignet sich zur Zerlegung des *sauren Phthalesters von Octanol-(2)* (**II**), während es in zwei anderen Fällen versagt. **I** ist als Vertreter einer Klasse von Verbb. anzusehen, die geeignet sind, Alkaloide bei der Antipodenspaltung zu ersetzen. — Nach einer Erörterung von Methoden zur Spaltung von Glykolen über deren *Bis-[hydrogenphthalate]* berichten Vff. über die Möglichkeit, rac. Alkohole durch ein Adsorptionsverf. zu trennen. Schickt man das aus einem sauren Phthalat u. einer opt.-akt. Base gebildete Salz durch eine Adsorptionssäule, die die opt.-akt. Base enthält, so erreicht man in einigen Fällen weitgehende Spaltung; z. B. erhält man aus (±)-**II** nahezu reines (—)-**II**, ferner aus dem *sauren Phthalester von* (±)-*trans-3-Methylcyclohexanol* (**III**) (—)-**III** in 98%ig. Reinheit. Diese Meth. ist jedoch nicht allg. anwendbar. Wahrscheinlich spielen Austausch-Rkk. innerhalb der Säule nur eine geringe Rolle; vielmehr dürften Löslichkeitsunterschiede entscheidend sein.

Versuche: (—)-*p-Aminobenzomenthylamid* (**IV**), durch Hydrierung von (—)-p-Nitrobenzomenthylamid bei 75° in A. in Ggw. von RANEY-Ni, F. 188—189°. — (—)-*3.5-Diaminobenzomenthylamid* (**V**), $C_{17}H_{27}ON_3$, durch Druckhydrierung der entsprechenden 3.5-Dinitroverb. (Darst. vgl. READ u. GRUBB, J. chem. Soc. [London] **1934.** 1779) in Essigester in Ggw. von RANEY-Ni bei 120°, Reinigung über das *Hydrochlorid,* das mit NH_4OH zers. wird, amorphes, an der Luft schnell braun werdendes Pulver, F. 153°. — (—)-N^1*-Menthylsulfanilamid* (**VI**), $C_{16}H_{26}O_2N_2S$. Die durch Einw. von p-Nitrobenzolsulfochlorid auf (—)-Menthylamin gewonnene Verb. (F. 115,5°) wird in A. bei 75—85° unter Druck in Ggw. von RANEY-Ni hydriert, dann Dampfdest. zur Entfernung des A., aus A. gelbe Kristalle, F. 165°. — Die Verbb. **IV, V, VI** erwiesen sich als zu schwach bas. für die Bldg. stabiler Salze mit sauren Estern. — (—)-*p-Aminomethylbenzomenthylamid* (**I**), $C_{18}H_{28}ON_2$. p-Cyanbenzoesäure wird in ihr *Chlorid*

(Kp.$_{1,6}$ 108°) übergeführt u. dieses bei Zimmertemp. mit (—)-Menthylamin in Bzl. + etwas Pyridin umgesetzt. Das so erhaltene (—)-*p-Cyanbenzomenthylamid* (aus 60% ig. A. Kristalle, F. 123—124°) wird in methanol. NH_3 bei 100° unter Druck mit RANEY-Ni schnell hydriert, aus Bzl. + PAe. weiße Körnchen, F. 164—165°, $[\alpha]_D$ —61,1° (Chlf.; c = 5). — *Äthylenglykol-bis-[hydrogenphthalat]*, $C_{18}H_{14}O_8$, durch Zugabe von Phthalsäureanhydrid zu einer Lsg. von Glykol in Pyridin unter Rühren; nach Abklingen der exothermen Rk. 48std. Stehenlassen, dann Eingießen in Eis + verd. HCl, aus 50% ig. Methanol Nadeln, F. 158—159°, sowie Stäbchen, F. 163—164° (die erste Kristallform wandelt sich bei Berührung mit der Mutterlauge langsam in die zweite um). — *Propylenglykol-bis-[hydrogenphthalat]*, $C_{19}H_{16}O_8$. Darst. analog der vorst. Verb., aus Chlorbenzol Nadeln, F. 147—148°. — Einzelheiten über die Spaltungsverss. mit I sowie über das Adsorptionsverf. vgl. Original. (J. chem. Soc. [London] **1950**. 3538—42. Dez. Adelaide, Univ., Johnson Chem. Labors.) HENKEL. 3600

Carl Djerassi, E. Batres, J. Romo und **G. Rosenkranz**, *Steroidsapogenine*. 22. Mitt. *Steroide*. 34. Mitt. *Abbau von in 11-Stellung oxydierten Sapogeninen. Synthese von Allopregnan-3β.11β-diol-20-on und Allopregnan-3β.11α-diol-20-on*. (21. vgl. C. **1952**. 867; 33. vgl. PATAKI u. Mitarbeiter, C. **1953**. **8875**.) Der Abbau der Seitenkette von 20-Isoallospirostan-3β-ol-11-on (I; 11-Ketotigogenin) führt zum *Δ^{16}-Allopregnen-3β-ol-11.20-dionacetat*, das zu *Allopregnan-3β-ol-11.20-dionacetat* (II) hydriert wird. Dieses wird nach Schutz der 20-Ketogruppe als Ketal durch Red. mit $LiAlH_4$ u. saure Hydrolyse oder als Hemithioketal durch Spaltung mit RANEY-Ni in das *Allopregnan-3β.11β-diol-20-on* übergeführt. Das entsprechende α-Epimere wird dargestellt durch Abbau der Seitenkette von 22-Isoallospirostan-3β.11α-diol u. anschließende Hydrierung des gebildeten *Δ^{16}-Allopregnen-3β.11α-diol-20-ondiacetats*.

Versuche (opt. Drehungen in Chlf., UV-Spektren in A.): *Allopregnan-3β.16β-diol-11.20-dion-3-acetat-16-[γ-methyl-δ-acetoxyvalerat]*, $C_{31}H_{46}O_8$, F. 128—130° (Methanol), aus I in Acetanhydrid 8 Std. im Bombenrohr bei 190° u. anschließende Oxydation des gebildeten öligen *$\Delta^{20,22}$-Allofurosten-3β.26-diol-11-ondiacetats* mit CrO_3; $[\alpha]_D^{20}$ +47°; 56% (Ausbeute). — *Δ^{16}-Allopregnen-3β-ol-11.20-dionacetat*, $C_{23}H_{32}O_4$, F. 184—185° (Methanol–Chlf.), aus vorst. Verb. durch Verseifung mit Bicarbonat; $[\alpha]_D^{20}$ +66°, λ_{max} 237 u. 312 mμ (log ε = 4,13 u. 1,85); 53% (auf I bezogen). — *Allopregnan-3β-ol-11.20-dionacetat* (II), F. 143—145° (Hexan–Aceton), aus vorst. Verb. durch katalyt. Hydrierung in Essigester mit Pd-Kohle; $[\alpha]_D^{20}$ +86,5°; 86%. — *Allopregnan-3β-ol-11.20-dion-3-acetat-20-äthylenhemithioketal*, $C_{25}H_{38}O_4S$, F. 191—193°, aus II, β-Mercaptoäthanol, Na_2SO_4 u. $ZnCl_2$ in Dioxan; glänzende Tafeln aus Chlf.–Methanol; $[\alpha]_D^{20}$ +35° (Dioxan); 0,8 g. — *Allopregnan-3β.11β-diol-20-on-20-äthylenhemithioketal*, $C_{23}H_{38}$·O_3S, F. 175—178° (Methanol–W.), aus 0,4 g vorst. Verb. in Tetrahydrofuran u. $LiAlH_4$ in Ae., 20 Min. am Rückfluß; $[\alpha]_D^{20}$ +28° (Dioxan); 350 mg. — *Allopregnan-3β.11β-diol-20-on*, $C_{21}H_{34}O_3$, F. 232—234° (Hexan–Aceton), a) aus 300 mg vorst. Verb. in Aceton mit RANEY-Ni, 2 Std. am Rückfluß; $[\alpha]_D^{20}$ +114°; 190 mg; b) aus Allopregnan-3β-ol-11.20-dion-3-acetat-20-äthylenketal (aus 0,8 g II) durch Red. mit $LiAlH_4$ wie oben u. anschließende Behandlung mit p-Toluolsulfonsäure in Aceton. *3-Monoacetat*, $C_{23}H_{36}O_4$, F. 180—182°, $[\alpha]_D^{20}$ +102°, in Chlf. λ_{max} 1722, 1700 cm^{-1} u. freie Hydroxylbanden. — *Δ^{16}-Allopregnen-3β.11α-diol-20-ondiacetat*, $C_{25}H_{36}O_5$, F. 156—158° (Ae.–Hexan), aus 22-Isoallospirostan-3β.11α-diol durch Abbau der Seitenkette wie oben ohne Isolierung der Zwischenprodd.; $[\alpha]_D^{20}$ —10°, λ_{max} 237 mμ (log ε = 4,12), in Chlf. λ_{max} 1724 u. 1668 cm^{-1}; 43—47%. — *Allopregnan-3β.11α-diol-20-ondiacetat*, $C_{25}H_{38}O_5$, F. 171—173°, aus vorst. Verb. durch katalyt. Red. wie oben; $[\alpha]_D^{20}$ —44°, in Chlf. λ_{max} 1724 u. 1702 cm^{-1}; 90%. — *Allopregnan-3β.11α.17α-triol-20-on-3.11-diacetat*, $C_{25}H_{38}O_6$, F. 180—182° (Hexan Aceton), aus vorst. Verb. durch Überführung in das Enolacetat, dessen Behandlung mit Monoperphthalsäure u. anschließende Verseifung u. Acetylierung; $[\alpha]_D^{20}$ —28°; 65—73%. (J. Amer. chem. Soc. **74**. 3634—36. 20/7. 1952. Mexico City, D. F., Syntex, S. A., Res. Labors.) H.-J. KOCH. 3650

R. M. Lemmon, Winifred Tarpey und **Kenneth G. Scott**, *Papierchromatographie in der synthetischen organischen Chemie. Synthesen von markiertem Monojodtyrosin, Dijodtyrosin und Thyroxin im Mikrogrammaßstab*. Mit ^{131}J markiertes *3.5-Dijod-L-tyrosin* (I) u. *Monojod-L-tyrosin* (II) wurden durch Jodierung von L-Tyrosin nach der Meth. von HARINGTON (Biochem. J. **22**. [1928.] 1429) im Mikromaßstab synthetisiert; mit ^{131}J markiertes *Thyroxin* (III) wurde aus nicht radioakt. Thyroxin durch Austausch mit ^{131}J nach FRIEDEN u. Mitarbeiter (C. **1948**. E. 79) dargestellt. Trennung u. Identifizierung der Reaktionsprodd. erfolgte papierchromatograph.; die Lage der Flecken auf dem Chromatogramm wurde radiometr. ermittelt. Die Verbb. I bis III haben in alkal. Lsg. relativ hohe mol. Extinktionskoeffizienten im UV; auf dieser Grundlage wurden sie halbquantitativ bestimmt.

Versuche: *3.5-Dijod-L-tyrosin-*^{131}*J* (I) u. *Monojod-L-tyrosin-*^{131}*J* (II), durch Zugabe von 0,497 μMol L-Tyrosin in 20 μl konz. NH_4OH zu 1,72 μÄquivalenten ^{131}J (aus 0,56 μMol KJO_3 u. $Na^{131}J$) in 11 μl Eisessig + 20 μl W. u. weiterer Zugabe von 0,66 μÄquivalenten J in 20 μl 0,174n KJ-Lsg. (6 Std. bei Raumtemp.). *Inakt. 3.5-Dijodtyrosin,* $C_9H_9O_3NJ_2$, auf gleiche Weise im 100 mg-Maßstab, F. 202° (Zers.), aus verd. Äthylalkohol. — Chromatograph. Trennung von I u. II auf SCHLEICHER u. SCHÜLL-Papier Nr. 589 mit Butanol–Eisessig–W. (74 : 19 : 51); R_F-Werte: I: 0,76; II: 0,66. Spektrophotometr. Best. von I u. II durch Elution der Flecken mit 3 ml 50% ig. A., Zugabe von 1 Tropfen 0,1n NaOH u. Messung der Extinktion bei 315 mμ mit dem BECKMAN-Spektrophotometer (Modell DU); mol. Extinktionskoeff. von I bei 315 mμ: $6{,}58 \cdot 10^3$. — *Thyroxin-*^{131}*J* (III), durch 12 Std. Kochen von 150 μg Thyroxin mit ^{131}J in 2 ml Butanol–W. (9 : 1) + HCl (bei p_H 5—6); Chromatographie mit Butanol–W. (7 : 1) als Lösungsm.; R_F-Wert: 0,82. Best. durch Elution mit 3 ml 1% NH_4OH enthaltendem 50% ig. A., Zugabe von 1 Tropfen 0,1n NaOH zum Eluat u. Extinktionsmessung bei 326 mμ; mol. Extinktionskoeff.: $6{,}05 \cdot 10^3$. (J. Amer. chem. Soc. **72.** 758—61. Febr. 1950. San Francisco, Calif., Univ., Med. School, Div. of Radiol., u. Berkeley, Calif., Univ., Radiat. Labor.) K. F. MÜLLER. 3750

Carl Djerassi, O. Mancera, M. Velasco, Gilbert Stork und **G. Rosenkranz,** *Steroide.* 32. Mitt. *Einführung der 11-Keto- und 11α-Oxygruppen in im Ring C unsubstituierte Steroide.* 5. Mitt. *Δ*^{8}*-7-Ketone.* (31. bzw. 4. vgl. ROMO u. Mitarbeiter, C. **1953. 8618.**)

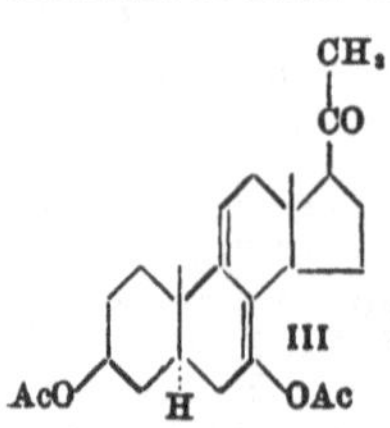
III

Zur Überführung von Δ^8-7-Ketosteroiden in 11-Oxysteroide diente als Ausgangsprod. das durch HCOOOH-Oxydation von $\Delta^{7.9,11}$-Allopregnadien-3β-ol-20-on-acetat als Nebenprod. anfallende Δ^8-Allopregnen-3β-ol-7.20-dion-acetat (I), das mit Rücksicht auf die 20-Ketogruppe durch Abwandlung des üblichen Acetanhydridverf. mit Isopropenylacetat (II) in das ölige, nicht kristallisierende $\Delta^{7.9,11}$*-Enolacetat* III umgesetzt werden konnte. Aus III entsteht durch Oxydation mit Phthalmonopersäure *Δ*^{8}*-Allopregnen-3β.11α-diol-7.20-dion-3-monoacetat* (IV). Nach dem gleichen Verf. wurde aus Δ^8-3α-Acetoxy-7-ketocholensäuremethylester (V) der entsprechende *11α-Oxycholensäuremethylester* erhalten. Der Reaktionsmechanismus der direkten Bldg. von IV aus III wird diskutiert.

Versuche (Best. der Drehwerte in Chlf.): *Δ*^{8}*-Allopregnen-3β.11α-diol-7.20-dion-3-monoacetat* (IV), $C_{23}H_{32}O_5$, F. 192—194°, durch Einengen eines Gemisches von 0,5 g I, 0,075 g p-Toluolsulfonsäuremonohydrat, 2 cm³ Isopropenylacetat (II) u. 25 cm³ Bzl. innerhalb 4½ Std. durch Dest. bis zur Hälfte des Vol. unter Zugabe von je 1 cm³ II nach 2 bzw. 4 Std. (Meth. A), Eindampfen bis zur Trockene u. Extraktion des Rückstandes mit Ae. (+ 2 Tropfen Pyridin); Lösen des nach Abdampfen des Ae. resultierenden Öls [III; λ_{max} 241 mμ (log ε = 4,17) in A.] in 5 cm³ Ae., Behandeln mit 3,2 cm³ äther. Phthalmonopersäure (0,071 g/cm³) u. 2tägiges Stehen bei Raumtemp.; aus Hexan/Aceton Kristalle; $[\alpha]_D^{20}$ +14°; 0,37 g (71% Ausbeute); λ_{max} 252 mμ (4,12) in A.; λ_{max} (in cm^{-1}) 1728 (Acetat), 1700 (20-Keton), 1670 (α.β-ungesätt. Keton) u. freie OH-Bande. *Diacetat,* $C_{25}H_{34}O_6$, F. 216—218° (Hexan/Aceton), mit Acetanhydrid/Pyridin; $[\alpha]_D^{20}$ +52°; λ_{max} 252 mμ (4,09 in A.). — *Δ*^{8}*-Allopregnen-3β-ol-7.11.20-trion-acetat,* $C_{23}H_{30}O_5$, F. 171—173° (Hexan/Bzl.), durch Oxydation von 0,3 g IV in 10 cm³ Essigsäure mit 0,15 g CrO_3 in 5 cm³ 90% ig. CH_3COOH, 2 Std. bei Raumtemp.; Reinigung an Al_2O_3; 0,16 g gelblicher Kristalle; $[\alpha]_D^{20}$ +50°; λ_{max} 268 mμ (3,88) in A.; bei Oxydation von IV mit $Na_2Cr_2O_7 \cdot 2\,H_2O$ 70%. — *Allopregnan-3β.11α-diol-7.20-dion-3-monoacetat,* $C_{23}H_{34}O_5$, F. 184—186° (Hexan/Aceton), durch 2std. Hydrieren von 0,1 g IV in 60 cm³ A. an 0,1 g 10% Pd-Kohle; $[\alpha]_D^{20}$ —10°; 0,88 g; keine selektive UV-Absorption; λ_{max} 1736, 1718 u. 1700 cm^{-1} (in Nujol) u. freie OH-Bande. *Diacetat,* $C_{25}H_{36}O_6$, F. 155—157°; λ_{max} 1736 (Acetat), 1718 (7-Keton) u. 1710 cm^{-1} (20-Keton) in CS_2. — *Allopregnan-3β-ol-7.11.20-trion-acetat,* $C_{23}H_{32}O_5$, F. 209—211°, durch Oxydation vorst. Monoacetats analog IV; $[\alpha]_D^{20}$ +20°; 80%. — *Δ*^{8}*-3α-Acetoxy-7-keto-11α-oxycholensäuremethylester,* $C_{27}H_{40}O_6$, F. 170—172° (CH_3OH), aus 1,5 g V nach A über das ölige $\Delta^{7.9,11}$*-7-Enolacetat* [λ_{max} 242 mμ (4,20 in A.); 1736, 1728 cm^{-1} in Chlf.; keine α.β-ungesätt. CO-Bande] u. Behandeln der Chloroformlsg. mit 1,2 Mol Perbenzoesäure bei 5° in 72 Std.; 0,51 g; λ_{max} 252 mμ (4,06 in A.); λ_{max} 1736, 1720 u. 1680 cm^{-1} (Nujol). *Diacetat,* $C_{29}H_{42}O_7$, F. 158—160° (Aceton); $[\alpha]_D^{20}$ +48°; λ_{max} 252 mμ (4,10 in A.). — *Δ*^{8}*-3α-Acetoxy-7.11-diketocholensäuremethylester,* $C_{27}H_{38}O_6$, F. 119—120,5° (Ae.), durch Oxydation von 0,75 g des vorst. Monoacetats in 20 cm³ Bzl. mit 1,3 g $Na_2Cr_2O_7 \cdot 2\,H_2O$ in 20 cm³ Eisessig bei 15°, Stehen über Nacht, Verdünnen mit W. u. Ae.-Extraktion; 0,53 g gelblicher Kristalle; $[\alpha]_D^{20}$ + 36° (Dioxan); λ_{max} 270 mμ (3,94 in A.). (J. Amer. chem. Soc. **74.** 3321—23. 5/7. 1952. Mexico City, D. F., Syntex S. A., Res. Labors.) HERR. 3750

J. Pataki, G. Rosenkranz und **Carl Djerassi,** *Steroide.* 33. Mitt. *Δ⁷-Allopregnen-3β.17α-diol-20-on und verwandte Verbindungen.* (32. vgl. vorst. Ref.; vgl. auch KRITCHEVSKY u. GALLAGHER, J. biol. Chemistry **179.** [1949.] 507 u. C. **1952.** 1333.) Vff. wenden zur Einführung der 17α-Oxygruppe die Meth. von KRITCHEVSKY u. GALLAGHER auf Δ⁷-Allopregnen-3β-ol-20-on (**I**) an. Das hieraus gebildete *Δ⁷-Allopregnen-3β.17α diol-20-on-3-acetat* (**II**) wird mit Hg(I)-Acetat zu *Δ⁷·⁹·¹¹-Allopregnadien-3β.17α-diol-20-on-3-acetat* u. mit $LiAlH_4$ zu *Δ⁷-Allopregnen-3β.17α.20-triol* reduziert. Zum Beweis der Konst. werden die UV- u. Infrarotabsorptionsmaxima aufgenommen.

V e r s u c h e: *Δ⁷·¹⁷-Allopregnadien-3β.20-diol-diacetat,* $C_{25}H_{36}O_4$, F. 138—140° (Hexan), aus 7,0 g des Acetats von **I** u. 0,35 g p-Toluolsulfonsäure in 40 cm³ Acetanhydrid, Einengen der Lsg. bis auf 15 cm³ innerhalb 5 Std., Gießen in Eiswasser u. Extraktion mit Ae.; $[\alpha]_D^{20}$ +5° (Chlf.). — *Δ⁷-Allopregnen-3β.17α-diol-20-on,* $C_{21}H_{32}O_3$, F. 223—225° (Chlf.–Hexan), aus vorst. Verb. u. 1,2 Mol Phthalmonopersäure in Ae., 20 Std. bei 5°; $[\alpha]_D^{20}$ —73° (Chlf.); 21%. *3-Monoacetat* (**II**), $C_{23}H_{34}O_4$, F. 215—217° (Methanol); $[\alpha]_D^{20}$ —62° (Chlf.). — *Δ⁷-Allopregnen-3β.17α.20-triol,* $C_{21}H_{34}O_3$, F. 230 bis 231,5° (Essigester), aus 1,55 g **II** u. $LiAlH_4$ in Ae., 1 Std. am Rückfluß; $[\alpha]_D^{20}$ —29° (A.); 1,15 g. — *Δ⁷·⁹·¹¹-Allopregnadien-3β.17α-diol-20-on-3-acetat,* $C_{23}H_{32}O_4$, F. 196 bis 198° (Methanol), aus **II** u. Hg(I)-Acetat; $[\alpha]_D^{20}$ +7° (Chlf.); 46%. (J. Amer. chem. Soc. **74.** 3436—37. 5/7. 1952.) H.-J. KOCH. 3750

O. Mancera, J. Romo, F. Sondheimer, G. Rosenkranz und **Carl Djerassi,** *Steroide.* 35. Mitt. *Synthese von 11α-Oxyprogesteron.* (34. vgl. DJERASSI u. Mitarbeiter, C. **1953.** **8873.**) Allopregnan-3β.11α-diol-20-on (**I**) kann auf 3 Wegen in das *3-Keto-11α-oxy-deriv.* (**II**) übergeführt werden: a) durch selektive Verseifung des 3.11-Diacetats (**Ia**) zum *11α-Monoacetat* (**Ib**) u. anschließende CrO_3-Oxydation; b) durch selektive Oxydation von **I** an $C_{(3)}$ mit N-Bromacetamid; c) durch OPPENAUER-Oxydation von **I**. Das **II**-Acetat wird in die *2.4.17-Tribromverb.* verwandelt u. diese mit NaJ in das intermediäre *2-Jod-17-brom-Δ⁴-pregnen-3.20-dion-11α-ol-acetat* (**IV**) übergeführt (vgl. ROSENKRANZ u. Mitarbeiter, C. **1951.** II. 2185), das nach Red. mit $CrCl_2$ u. Verseifung das *11α-Oxyprogesteron* (**V**) ergibt. Acetylierung von **V** gibt das krist. *Acetat,* CrO_3-Oxydation führt zu *11-Ketoprogesteron.*

V e r s u c h e (opt. Drehungen in Chlf., UV-Absorptionsspektren [mμ] in 95%ig. A., Infrarotspektren [cm⁻¹] in Chlf.): *Allopregnan-3β.11α-diol-20-on* (**I**), $C_{21}H_{34}O_3$, F. 177—179° (Hexan–Aceton), aus 5,0 g seines Diacetats (**Ia**; vgl. l. c.) in Methanol u. K_2CO_3-Lsg., 30 Min. am Rückfluß; $[\alpha]_D^{20}$ +60°; λ_{max} 1700 u. OH-Bande; 3,35 g (Ausbeute). *11-Monoacetat* (**Ib**), $C_{23}H_{36}O_4$, F. 177—179° (Hexan–Aceton), aus **Ia** in Methanol u. $KHCO_3$, 1,5 Std. am Rückfluß; $[\alpha]_D^{20}$ +47°; λ_{max} 1720 u. 1704 u. OH-Bande; 75%. — *Allopregnan-3.20-dion-11α-ol* (**II**), $C_{21}H_{32}O_3$, F. 193—195° (Hexan–Aceton), a) als **II**-Acetat [$C_{23}H_{34}O_4$, F. 177—179° (Hexan–Aceton)] aus **Ib** u. CrO_3 in Essigsäure; $[\alpha]_D^{20}$ +66°; λ_{max} 1718 u. 1700; keine OH-Bande; 94%; b) aus 0,5 g **I** in Toluol u. Cyclohexanon u. Al-Isopropylat, 45 Min. am Rückfluß; $[\alpha]_D^{20}$ +83°; λ_{max} 1700 u. OH-Bande; 0,3 g; Acetylierung gibt **II**-Acetat; c) aus 0,27 g **I** u. N-Bromacetamid in Aceton; 0,11 g. — *11α-Oxyprogesteron* [**V**; *Δ⁴-Pregnen-3.20-dion-11α-ol*], $C_{21}H_{30}O_3$, F. 165—167° (Ae.–Hexan nach Chromatographie), aus 3 g **II**-Acetat in 70 cm³ Eisessig u. etwas HBr u. 4,1 g Br_2 in 40 cm³ Eisessig, 5 Std. bei Zimmertemp., → *Tribromderiv.* (4,75 g), dieses durch 14std. Einw. von 6,5 g NaJ in Methyläthylketon am Rückfluß in **IV** [λ_{max} 240 ($\log \varepsilon = 4{,}09$)] übergeführt, das rohe **IV** in Aceton mit $CrCl_2$ 20 Min. bei Zimmertemp. unter CO_2 red. u. das durch Ae.-Extraktion erhaltene gelbe Öl [λ_{max} 240 ($\log \varepsilon = 4{,}07$)] mit wss.-methanol. K_2CO_3 (2,0 g) 30 Min. am Rückfluß gekocht; nach Chloroformextraktion an Al_2O_3 chromatographiert u. mit Chlf.–Bzl. (7 : 3) eluiert; 0,425 g; $[\alpha]_D^{20}$ +169°; λ_{max} 242 ($\log \varepsilon = 4{,}18$); λ_{max} 1660 u. 1704 u. OH-Bande. **V**-*Acetat,* $C_{23}H_{32}O_4$, F. 173—175° (Hexan–Aceton); $[\alpha]_D^{20}$ +138° (Aceton); λ_{max} 240 ($\log \varepsilon = 4{,}18$); λ_{max} 1724, 1700 u. 1670, keine OH-Bande. **V** gibt bei Oxydation mit CrO_3/CH_3COOH *11-Ketoprogesteron,* F. 170—172°; $[\alpha]_D^{20}$ +238°; λ_{max} 1708 u. 1670; keine OH-Bande; 60%. (J. org. Chemistry **17.** 1066—70. Juli 1952. Mexico City, D. F., Syntex, S. A., Res. Labors.) H.-J. KOCH. 3750

J. Romo, G. Rosenkranz und **Carl Djerassi,** *Steroide.* 36. Mitt. *Desulfurierungsversuche in der 7-Ketopregnanreihe.* (35. vgl. vorst. Ref.) Im Modellvers. zur Entfernung der 7-Ketogruppe aus 7.11-**Dik**etosteroiden der Alloreihe wird Δ⁵-Pregnen-3β.20β-diol-7-on-diacetat (**I**) in *Δ⁵-Pregnen-3β.20β-diol-diacetat* (**III**) verwandelt. Katalyt. Hydrierung von **I** gibt das *Allopregnen-3β.20β-diol-7-on-diacetat* (**IV**), das bei Bromierung u. Dehydrobromierung wieder **I** liefert. **I** wird mit Äthandithiol u. $ZnCl_2$ in das *7-Cycloäthylenmercaptol* (**II**) übergeführt. **II** gibt nach Desulfurierung **III**. Der Vers. zur Bldg. des Benzylthioenoläthers von **I** führte zu *Δ⁵-3-Benzylmercaptopregnen-7-on-20β-ol-*

acetat (**VI**). Diese Rk. verläuft über das *$\Delta^{3.5}$-Dien-7-on* (**V**) mit anschließender 1.6-Addition von Benzylmercaptan, was durch die getrennte Durchführung der beiden Reaktionsstufen gezeigt wird. Desulfurierung von **VI** ergibt *Δ^5-Pregnen-7-on-20β-ol-acetat* (**VII**), das zu *Allopregnan-7-on-20β-ol-acetat* (**VIII**) hydriert wird. Die Überführung von **VIII** in *Allopregnan-20β-ol* erfolgt durch reduktive Desulfurierung des *7-Cycloäthylenmercaptols* (**IX**) u. anschließende Verseifung.

Versuche (opt. Drehungen in Chlf., UV-Absorptionsspektren in 95% ig. A.): *Δ^5-Pregnen-3β.20β-diol-7-on-diacetat* (**I**), $C_{25}H_{36}O_5$, F. 192—193° (Capillare; aus $CH_3 \cdot OH/CH_2Cl_2$), F. 198—200° (KOFLER), a) aus **III** durch CrO_3-Oxydation in Eisessig; $[\alpha]_D^{20}$ —87°; λ_{max} 236 mμ ([log ε] = 4,24); 30% (Ausbeute); b) durch Bromierung von 1,6 g **IV** in 50 cm³ HBr-haltigem Eisessig mit einer 5% ig. Lsg. von 1,05 Mol Br_2 in Eisessig (1½ Std.) unter Bldg. von *6-Bromallopregnan-3β.20β-diol-7-on-diacetat* ($C_{25}H_{37}O_5Br$, F. 197—198° [Methylenchlorid–Hexan]; $[\alpha]_D^{20}$ +19°) u. anschließende HBr-Abspaltung mit 10 cm³ Kollidin (1 Std. am Rückfluß); $[\alpha]_D^{20}$ —89°; 1,18 g; λ_{max} 236 mμ (4,22). *Semicarbazon*, $C_{26}H_{39}O_5N_3$, F. 227—228°; $[\alpha]_D^{20}$ —272°; λ_{max} 276 mμ (4,28 in Chlf.). — *Allopregnan-3β.20β-diol-7-on-diacetat* (**IV**), $C_{25}H_{38}O_5$, F. 154—156° (Methanol), durch Hydrierung von **I** mit 5% Pd-Kohle in Essigester (1½ Std.); $[\alpha]_D^{20}$ —15°; keine selektive Absorption im UV; 85%. Gibt durch $LiAlH_4$-Red. *Allopregnan-3β.7.20β-triol* [$C_{21}H_{36}O_3$, F. 218—220°; $[\alpha]_D$ +22° (A.)]; hieraus durch CrO_3-Oxydation *Allopregnan-3.7.20-trion* ($C_{21}H_{30}O_3$, F. 207—209°; $[\alpha]_D^{20}$ +25°). — *Δ^5-Pregnen-3β.20β-diol-diacetat-7-cycloäthylenmercaptol* (**II**), $C_{27}H_{40}O_4S_2$, F. 216—217° (CH_2Cl_2/Hexan), aus **I** in Dioxan mit Na_2SO_4, $ZnCl_2$ u. Äthandithiol bei Zimmertemp. über Nacht; $[\alpha]_D^{20}$ —71° (Dioxan); 83%. — *Δ^5-Pregnen-3β.20β-diol-diacetat* (**III**), F. 126 bis 127° (Methanol), aus **II** in Aceton mit RANEY-Ni am Rückfluß (1½ Std.); 85%. — *$\Delta^{3.5}$-Pregnadien-7-on-20β-ol-acetat* (**V**), $C_{23}H_{32}O_3$, F. 171—172°, aus 6,0 g **I** in Methanol mit konz. HCl am Rückfluß (3 Std.); $[\alpha]_D^{20}$ —287°; λ_{max} 278 mμ (4,48); λ_{max} 1724 u. 1656 cm^{-1} (Nujol); 2,7 g. *2.4-Dinitrophenylhydrazon*, $C_{29}H_{36}O_6N_4$, F. 254—257°; tiefrote Kristalle aus Chlf.–Methanol. — *3-Benzylmercapto-Δ^5-pregnen-7-on-20β-ol-acetat* (**VI**), $C_{30}H_{40}O_3S$, F. 219—221°, a) aus 4,0 g **I** in Bzl. mit Benzylmercaptan in Ggw. von p-Toluolsulfonsäure am Rückfluß (5 Std.); Nadeln aus Methanol; $[\alpha]_D^{20}$ —87° (Dioxan); λ_{max} 236 mμ (4,29); λ_{max} 1724 u. 1674 cm^{-1} (Nujol); 2,1 g. b) Aus 1 g **V** in Bzl. wie unter a) (2 Std.); $[\alpha]_D^{20}$ —91° (Dioxan); 0,6 g. — *Δ^5-Pregnen-7-on-20β-ol-acetat* (**VII**), $C_{23}H_{34}O_3$, F. 145—147° (Hexan–Aceton), aus 0,5 g **VI** in Aceton mit RANEY-Ni am Rückfluß (1 Std.); $[\alpha]_D^{20}$ —134°; λ_{max} 236 mμ (4,24); 0,280 g. *2.4-Dinitrophenylhydrazon*, $C_{29}H_{38}O_6N_4$, F. 278—280°; λ_{max} 387 mμ (4,59). — *Allopregnan-7-on-20β-ol-acetat* (**VIII**), $C_{23}H_{36}O_3$, F. 202—203° (Aceton–Methanol), aus **VII** durch 2std. Hydrierung mit Pd-Kohle in Essigester; $[\alpha]_D^{20}$ —33°; λ_{max} 286 mμ (1,60); 76%. Dasselbe Prod. durch katalyt. Hydrierung von **V**. *2.4-Dinitrophenylhydrazon*, $C_{29}H_{40}O_6N_4$, F. 231—233°; gelbe Kristalle; $[\alpha]^{20}_D$ —398°; λ_{max} 370 mμ (4,48 in Chlf.). — *Allopregnan-7-on-20β-ol-acetat-7-cycloäthylenmercaptol* (**IX**), $C_{25}H_{40}O_2S_2$, F. 165—167°, aus 500 mg **VIII** in HBr-haltigem Eisessig bei Zimmertemp. über Nacht; Nadeln aus Chlf.–Methanol; $[\alpha]_D^{20}$ +19° (Dioxan); 480 mg. — *Allopregnan-20-on*, F. 134—136°, aus **IX** in A. mit RANEY-Ni am Rückfluß, anschließende Verseifung mit alkoh. KOH zu *Allopregnan-20β-ol* ($C_{21}H_{36}O$, F. 139—140° [Methanol]; $[\alpha]_D^{20}$ +4°; 72%) u. nachfolgende CrO_3-Oxydation. (J. org. Chemistry **17**. 1413—18. Okt. 1952.) H.-J. KOCH. 3750

O. Mancera, Alejandro Zaffaroni, B. A. Rubin, Franz Sondheimer, G. Rosenkranz und **Carl Djerassi**, *Steroide*. 37. Mitt. *Eine Umwandlung von Progesteron in Cortison über zehn Stufen*. (36. vgl. vorst. Ref.) In Analogie zu der von PETERSON u. MURRAY (C. **1953**. 65) mit *Rhizopus arrhizus* durchgeführten mikrobiol. Oxydation von Progesteron zu *11α-Oxyprogesteron* (**I**) vollzogen Vff. dieselbe Oxydation mit einem noch nicht identifizierten Pilz der *Rhizopus*-Familie (Stamm SY 152) in 45% ig. Ausbeute. Die katalyt. Hydrierung von **I** führte im Gegensatz zu 11-Keto- u. 11β-Oxysteroiden nicht zu 5α-(allo)-Dihydroderivv., sondern zu *Pregnan-3.20-dion-11α-ol* (**II**), F. 116—118°, $[\alpha]_D^{20}$ —91° (Chlf.); λ_{max} 1700 cm^{-1} (alle Messungen in Chlf.). *Acetat*, F. 148—149°, $[\alpha]_D^{20}$ —65°; λ_{max} 1736, 1720 u. 1700 cm^{-1}. Das aus **II** mit CrO_3 erhaltene *Pregnan-3.11.20-trion*, F. 158—160°, $[\alpha]_D^{20}$ —128°, λ_{max} 1702 cm^{-1}, wurde mit $NaBH_4$ in Pyridin zu *Pregnan-11.20-dion-3α-ol*, F. 169—171°, $[\alpha]_D^{20}$ —105°, λ_{max} 1700 cm^{-1}, red. u. **dieses** zum *Pregnan-11.20-dion-3α-ol-acetat*, F. 134—135°, $[\alpha]_D^{20}$ —135°, acetyliert. (J. Amer. chem. Soc. **74**. 3711—12. 20/7. 1952.) SCHORRE. 3750

J. Pataki, G. Rosenkranz und **Carl Djerassi**, *Steroide*. 38. Mitt. *Synthese von Allopregnan-3.11.20-trion-17α.21-diol* (*Dihydroallocortison*) *aus Allopregnan-3β-ol-11.20-dion*. (37. vgl. vorst. Ref.) Allopregnan-3β-ol-11.20-dion (**I**) wird in das Enolacetat verwandelt u. nach Oxydation mit Benzopersäure zum *Allopregnan-3β.17α-diol-11.20-*

dion (II) verseift. Außerdem wird Δ^{16}-Allopregnen-3β-ol-11.20-dion-acetat (III) durch Oxydation mit alkal. H_2O_2 u. Reacetylierung in das *16.17-Epoxyd* (IV) übergeführt, das nach Überführung mit HBr in das Bromhydrin u. dessen Debromierung mit RANEY-Ni II liefert. II ergibt nach Bromierung an $C_{(21)}$, Austausch durch Jod u. Acetolyse *Allopregnan-3β.17α.21-triol-11.20-dion-21-monoacetat* (V), das mit REICHSTEINs *Verb. D-Monoacetat* (Helv. chim. Acta **25**. [1942.] 1009) ident. ist. V liefert nach Oxydation mit N-Bromacetamid das gewünschte *Dihydroallocortisonacetat.*

Versuche (opt. Drehungen in Chlf.): *Allopregnan-3β.17α-diol-11.20-dion* (II), $C_{21}H_{32}O_4$, F. 273—274° (Aceton), a) aus I durch Überführung in das Enolacetat mit Acetanhydrid u. p-Toluolsulfonsäure (4 Std.) nach KRITSCHEVSKY u. GALLAGHER (vgl. viertvorst. Ref. l. c.) u. nachfolgende Behandlung mit Benzopersäure in Chlf.; $[\alpha]_D^{20}$ +67° (Dioxan); λ_{max} 1700 cm^{-1} (Nujol) u. freie OH-Bande. b) Eine Lsg. von 2,47 g III in Methanol wird in ein Gemisch aus 30%ig. H_2O_2 u. 5%ig. NaOH eingetropft, 20 Std. im Eisschrank gehalten u. anschließend acetyliert zu *16α.17α-Oxido-allopregnan-3β-ol-11.20-dion-acetat* (IV) [$C_{23}H_{32}O_5$, F. 236—238°; $[\alpha]_D^{20}$ —72°; keine selektive Absorption im UV; 2,03 g (Ausbeute)]; anschließend werden 1,5 g IV mit HBr in Eisessig bei 15° 15 Min. behandelt; durch 5std. Kochen des *Bromhydrins* in A. mit RANEY-Ni wird es zum II-*Acetat* ($C_{23}H_{34}O_5$, F. 171—173° [Methanol]; $[\alpha]_D^{20}$ + 8°; λ_{max} 1720 u. 1700 cm^{-1} u. freie OH-Bande; 1,05 g) red. u. dieses alkal. verseift. — *Allopregnan-3β.17α.21-triol-11.20-dion-21-monoacetat* (V; REICHSTEINs *Verb. D-Monoacetat*), $C_{23}H_{34}O_6$, F. 235—237° (Hexan–Aceton), durch Überführung von 1,5 g II mit Br_2 in Chlf. bei Zimmertemp. in das *21-Bromderiv.* (F. 242—244° [Zers.]; $[\alpha]_D^{20}$ +73° [Dioxan]), dessen Behandlung mit NaJ in Aceton (30 Min. bei Zimmertemp.) u. 8std. Kochen des Jodderiv. am Rückfluß mit $KHCO_3$ u. Eisessig; $[\alpha]_D^{20}$ +66° (Aceton); 0,8 g. — *Allopregnan-3.11.20-trion-17α.21-diol-21-acetat* (*Dihydroallocortisonacetat*), $C_{23}H_{32}O_6$, F. 234—236° (Aceton), aus 200 mg V in Pyridin mit N-Bromacetamid bei Zimmertemp. (16 Std.); $[\alpha]_D^{20}$+78° (Aceton), +89° (Chlf.); 170 mg. (J. Amer. chem. Soc. **74**. 5615—16. 20/11. 1952.) H.-J. KOCH. 3750

Eugène Fredericq, *Der Aggregationszustand des Insulins in monomolekularer Oberflächenschicht.* Das aus Sedimentations- u. Diffusionsverss. gefundene Bestehen von Insulinsubmoll. von sehr geringem Mol.-Gew. (<12000) konnte durch Unters. der Monofilme dieses Proteins im Bereich sehr geringer Oberflächendrucke (0,05—0,5 dyn/cm) bestätigt werden. Nach der Formel von GUASTALA u. BULL (vgl. BULL, J. biol. Chemistry **185**. [1950.] 27 u. früher) für das Prod. aus Oberflächendruck u. Flächenbedarf des Mol. erhält man für das auf 0,01n HCl gespreitete Insulin Mol.-Gew.-Werte von 5000—6000. Wird Insulin auf Phosphatpuffern konstanter Ionenstärke (0,01) u. einem von 2,5—7 ansteigenden p_H-Wert gespreitet, so beobachtet man bei p_H 5,6 einen Maximalwert des Mol.-Gew. von 120000, der bei p_H 7 wieder auf ca. 30000 absinkt. Cl$^-$-Ionen sind ohne Einfl. auf das Mol.-Gew., während CNS$^-$-Ionen das Mol.-Gew. im p_H-Bereich 4,5—7 erheblich herabsetzen, also in dem Bereich, in dem sie die Löslichkeit des Proteins gerade stark erhöhen. (Biochim. biophysica Acta [Amsterdam] **9**. 601—08. Dez. 1952. Lüttich, Univ.) HENTSCHEL. 3750

Louis F. Fieser, *Absorptionsspektren von Carotinoiden, Struktur des Vitamins A_2.* In einer sehr eingehenden theoret. Betrachtung vergleicht Vf. die Absorptionsspektren von ca. 65 *Carotinoiden* (natürlichen u. synthet. Alkoholen, Aldehyden, Ketonen, Oxyden u. KW-stoffen) einschließlich ihrer Abhängigkeit vom Lösungsm. untereinander. Alle Spektren werden tabellar. aufgeführt, für die einzelnen Carotinoidklassen werden Gesetzmäßigkeiten abgeleitet u. in 8 Regeln zusammengefaßt. Die Konst. des *Vitamins A_2* (I), die durch Abbau nicht zu ermitteln war, wird nach diesen Regeln vorausgesagt. In die Unters. werden auch das *Retinen*$_1$ u. das *Retinen*$_2$ miteinbezogen. Danach hat I wahrscheinlich die Konst. **Ia** oder **Ib**. (J. org. Chemistry **15**. 930—43. Sept. 1950. Rehovoth, Israel, Weizmann Inst. of Sci.) POMMER. 3800

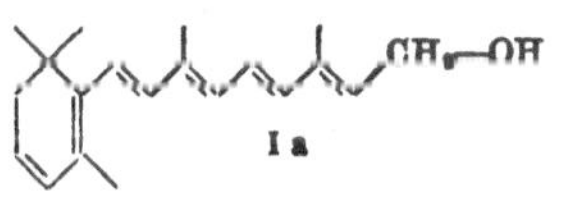

Ia

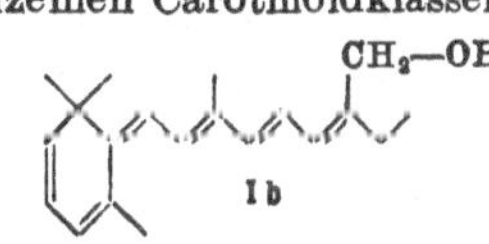

Ib

R. B. Angier, C. W. Waller, B. L. Hutchings, J. H. Boothe, J. H. Mowat, J. Semb und **Y. Subba Row,** *Pteroinsäurederivate.* 6. Mitt. *Eindeutige Synthesen einiger isomerer Glutaminsäurepeptide.* (5. vgl. C. **1950**. I. 1365.) l-Pyrrolidon-(2)-carbonsäure-(5) geht bei Behandlung mit alkoh. HCl unter Ringaufspaltung in Glutaminsäurediäthylester über. l-Pyrrolidon-(2)-carbonsäure-(5)-amid (I) gibt bei gleicher Behandlung *γ-Carbäthoxy-α-aminobutyramid* (II, *Isoglutaminäthylester*). Aus II wurde nach p-Nitrobenzoylierung *p-Nitrobenzoylisoglutaminazid* (V) dargestellt, das mit II, Glutaminsäurediäthylester u. γ-Glutamylglutaminsäuretriäthylester zu *p-Nitrobenzoylisoglutaminylisoglutamin-*

äthylester, p-Nitrobenzoylisoglutaminylglutaminsäurediäthylester (**VII**) u. *p-Nitrobenzoylisoglutaminyl-γ-glutamylglutaminsäuretriäthylester* umgesetzt wurde. — Die Umsetzung von l-Pyrrolidon-(2)-carbonsäure-(5)-azid (**X**) mit Glutaminsäurediäthylester ergab *α-[Pyrrolidon-(2)-carbonsäure-(5)-amido]-glutarsäurediäthylester* (**XI**), der mit alkoh. HCl in *α-Glutamylglutaminsäuretriäthylester* (**XII**) übergeführt werden konnte. Kupplung von **XII** mit **X** führte zu *γ-[Pyrrolidon-(2)-carbonsäure-(5)-amido-N-[1.3-dicarbäthoxypropyl]-glutaramidsäureäthylester* (**XIV**), der mit alkoh. HCl in *α-Glutamyl-α-glutamylglutaminsäuretetraäthylester* (**VI**) überging. Die aus **XII** bzw. **VI** dargestellten p-Nitrobenzoylderivv. **XIII** bzw. **VIII** waren mit den entsprechenden, nach anderen Methoden dargestellten Prodd. ident., ebenso die aus **VII** dargestellte freie Säure.

Versuche: *Glutaminsäurediäthylesterhydrochlorid*, $C_9H_{17}O_4N \cdot HCl$, F. 113 bis 114° (aus Xylol u. Aceton–Ae.), durch 1std. Erhitzen von l-Pyrrolidon-(2)-carbonsäure-(5) u. mit HCl gesätt. A.; $[\alpha]_D$ +22,4° (c = 4 in W.). — *l-Pyrrolidon-(2)-carbonsäure-(5)-amid* (**I**), F. 166—168°, aus Glutaminsäurediäthylester u. 28% ig. NH_4OH (5 Std. bei Raumtemp.); $[\alpha]_D$ —42,25° (c = 2 in W.); 75% (Ausbeute). — *γ-Carbäthoxy-α-aminobutyramid* (**II**)-*hydrochlorid* (*Isoglutaminäthylesterhydrochlorid*), $C_7H_{14}O_3N_2 \cdot HCl$, F. 197—198° (aus A.), durch 30—40 Min. Erhitzen von **I** in 1,3 Äquivalente HCl enthaltendem absol. A.; $[\alpha]_D^{25}$ +21,2° (c = 2 in W.); 30%. *p-Nitrobenzoylisoglutaminäthylester* (**III**), $C_{14}H_{17}O_6N_3$, F. 186—188° (Plättchen aus A.), aus **II** [aus dem Hydrochlorid u. $(C_2H_5)_3N$ in Essigester] u. p-Nitrobenzoylchlorid; Reinigung durch Schütteln des Rohprod. (F. 175—181°; 85%) mit $NaHCO_3$-Lsg., Lösen in Eisessig u. Wasserzugabe; $[\alpha]_D^{25}$ +11,75° (c = 2 in Eisessig). — *p-Nitrobenzoylisoglutamin-γ-hydrazid* (**IV**), $C_{12}H_{15}O_5N_5$, F. 185—187° (A.), aus **III** u. 100% ig. $N_2H_4 \cdot H_2O$ u. A.-Zugabe; 57%. — *p-Nitrobenzoylisoglutamin-γ-azid* (**V**), durch Zugabe von wss. $NaNO_2$-Lsg. zu einer auf 0—5° gekühlten Suspension von **IV** in W. u. Essigester, die mit konz. HCl versetzt ist. — *p-Nitrobenzoylisoglutaminylisoglutaminäthylester*, $C_{19}H_{25}O_8N_5$, F. 223—224° (aus W.), aus **II** u. **V** in Essigester; $[\alpha]_D^{28}$ +8,5° (c = 2 in Eisessig); 54%. — *p-Nitrobenzoylisoglutaminylglutaminsäurediäthylester* (**VII**), $C_{21}H_{28}O_9N_4$, F. 193—194° (aus W. u. A.), aus **V** u. Glutaminsäurediäthylester in Essigester; $[\alpha]_D^{25}$ +8,75° (c = 2 in Eisessig); 62%; Hydrolyse mit n NaOH bei 40—50° gibt *p-Nitrobenzoyl-γ-glutamylglutaminsäure*, F. u. Misch-F. 194—195°. — *p-Nitrobenzoylisoglutaminyl-γ-glutamylglutaminsäuretriäthylester*, $C_{28}H_{39}O_{12}N_5$, F. 193—194° (aus Eisessig), aus **V** und *γ*-Glutamylglutaminsäuretriäthylester in Essigester (2 Std. bei Raumtemp.); $[\alpha]_D^{27}$ +4,5° (c = 2 in Eisessig); 68%. — *l-Pyrrolidon-(2)-carbonsäure-(5)-hydrazid* (**IX**), $C_5H_9O_2N_3$, F. 114—115° (Nadeln aus A.), aus dem Äthylester u. $N_2H_4 \cdot H_2O$ in A. bei 40°; $[\alpha]_D^{28}$ —11,75° (c = 2 in W.); 77%. — *α-[Pyrrolidon-(2)-carbonsäure-(5)-amido]-glutarsäurediäthylester* (**XI**), $C_{14}H_{22}O_6N_2$, F. 132—134° (aus Essigester), durch Zugabe einer aus **IX** erhaltenen wss. Lsg. des Azids **X** zu Glutaminsäurediäthylester in W. in Ggw. von $NaHCO_3$ bei 5—10°, Erwärmen auf 20° u. Stehenlassen über Nacht, Auskochen mit A. u. Ae.-Zugabe zur alkoh. Lsg.; $[\alpha]_D^{29}$ —40,3° (c = 4 in W.); 20%. — *p-Nitrobenzoyl-α-glutamylglutaminsäuretriäthylester* (**XIII**), $C_{23}H_{31}O_{10}N_3$, F. 148—149° (aus A.), durch 1std. Erhitzen von **XI** in mit HCl gesätt. A., Auflösen in $(C_2H_5)_3N$ enthaltendem Essigester u. Umsetzung des Filtrats mit p-Nitrobenzoylchlorid; $[\alpha]_D^{28}$ +2,76° (c = 2 in Eisessig); **XIII** auch durch Veresterung von p-Nitrobenzoyl-α-glutamylglutaminsäure (nach MOWAT u. Mitarbeiter, C. **1950. I. 1363**), F. u. Misch- F. 147—149°; $[\alpha]_D^{26}$ +3,25° (c = 2 in Eisessig). — *γ-[Pyrrolidon-(2)-carbonsäure-(5)-amido]-N-[1.3-dicarbäthoxypropyl]-glutaramidsäureäthylester* (**XIV**), $C_{21}H_{33}O_9N_3$, F. 133 bis 135° (nach Erweichen bei 117°), Kristalle aus A.; durch 1std. Erhitzen von **XI** mit HCl enthaltendem A. u. Umsetzung des entstandenen **XII** (*Hydrochlorid*, Sirup) mit Azid **X** (aus **IX**) analog **XI**; 11%. — *p-Nitrobenzoyl-α-glutamyl-α-glutamylglutaminsäuretetraäthylester* (**VIII**), $C_{30}H_{42}O_{13}N_4$, F. 114—115° (aus A.); durch 1std. Erhitzen von **XIV** mit HCl enthaltendem A. u. Rk. des Esters **VI** mit p-Nitrobenzoylchlorid in Essigester (2 Std. bei Raumtemp.); 29%; höherschm. Form aus wss. A., F. 147 bis 149°. (J. Amer. chem. Soc. **72**. 74—77. Jan. 1950. Pearl River, N. J., Amer. Cyanamid Co., Lederle Labors. Div.) K. F. MÜLLER. 3800

Wolfgang Riedl, *Konstitution und Synthese der Hopfenbitterstoffe dl-Humulon und Lupulon sowie einiger Analoga.* 5. Mitt. (4. vgl. C. **1952**. 2271.) Die von WIELAND u. Mitarbeitern (Ber. dtsch. chem. Ges. **59**. [1926.] 2352 u. früher) aufgestellten Konstitutionsformeln für *Humulon* (**I**) u. *Lupulon* (**II**) wurden vom Vf. in bezug auf die Doppelbindung in der Seitenkette an $C_{(4)}$ abgeändert, da der Ozonabbau nur Aceton, nicht aber Isobutyraldehyd, der nach der WIELANDschen Formel zu erwarten war, lieferte u. diese Formeln durch Synth. von dl-**I** u. **II** bewiesen werden konnten. Danach handelt es sich bei der Seitenkette an $C_{(4)}$ bei **I** u. bei beiden Seitenketten an $C_{(4)}$ bei **II** nicht um 3-Methylbuten-(1)-yl-, sondern ebenso wie bei den übrigen ungesätt. Seitenketten um 3-Methylbuten-(2)-yl-(„Prenyl")-Gruppen. Die dl-**I**-Synth. wurde, ausgehend vom Phlorisovalerophenon (**III**) (vgl. 2. Mitt., C. **1952**. 2271) über dessen Di-Na-Verb. durch Umsatz von Prenylbromid (**VIII**) bei 0° in Bzl. u. anschließende Oxydation nach WÖLLMER (Ber. dtsch. chem. Ges. **58**. [1925.] 672) mit Luft-O_2 in Methanol bei Ggw. von Pb(II)-Acetat durchgeführt; es gelang nicht, das hypothet. Zwischenprod. *4-Desoxyhumulon* zu isolieren oder durch Derivv. zu charakterisieren. **II** wurde aus der Tri-Na-Verb. von **III** durch Umsatz mit **VIII** in Ae. erhalten. Die Isolierung u. Reinigung von **I** u. **II** erfolgte durch Chromatographie an bes. vorbehandeltes Kieselgel. Auf dem gleichen Wege wie **II** wurden außerdem *3-Prenylphlorisovalerophenon* (**VII**), *6-Prenyllupulon* sowie einige **II**-Analoga erhalten; für letztere wird die Bezeichnung *Lupuphenone* vorgeschlagen, danach kann **II** *Isovalerolupuphenon* genannt werden.

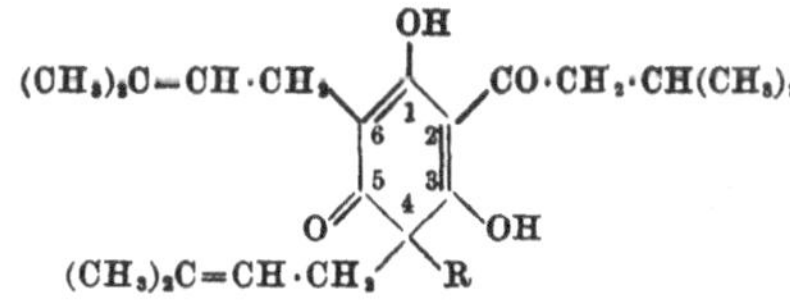

I R = OH
II R = —CH_2·CH=C(CH_3)$_2$

Versuche: Isolierung von *Humulon* (**I**), F. 64—65°, u. *Lupulon* (**II**), F. 93°, nach GOVAERT u. Mitarbeiter (Congr. intern. des Ind. de Fermentation, Gent 1947; Conférence et Communication, 297) mit „Kieselgel zur chromatograph. Hopfenanalyse nach RIEDL" (**IX**) (MERCK). — Ozonisierung von **II** in Chlf. bei —2° u. Zers. des Ozonids mit W. gab 1,17 Mol *Aceton* (*p-Nitrophenylhydrazon*, $C_9H_{11}O_2N_3$, F. 146 bis 147°). — *Phloracetophenon* (**IV**), F. 218—220°, nach HOESCH [1915]. — *2-Benzoylphloroglucin* (**V**), F. 165°, u. *Phlorbutyrophenon* (**VI**), F. 179—180°, nach ROSENMUND u. Mitarbeiter (Ber. dtsch. chem. Ges. **61**. [1928.] 2601). — *2.4.6-Tris-[γ.γ-dimethylallyl]-phloroglucin* (*2.4.6-Triprenylphloroglucin*), $C_{21}H_{30}O_3$, Kp.$_{0,5}$ > 155°, aus der Tri-Na-Verb. des Phloroglucins (aus Phloroglucin in A. mit $NaOC_2H_5$) in Bzl. mit **VIII** unter N_2 durch 5std. Kochen; der nach Filtration u. Abdest. des Bzl. im Vakuum verbleibende rote ölige Rückstand wurde in PAe. aufgenommen, mit 50%ig. alkal. CH_3OH (1n bezogen auf NaOH) extrahiert, nach Ansäuern mit PAe. aufgenommen u. an **IX** chromatographiert; auch nach Elution mit Bzl. u. Einengen ließ sich das rote Öl nicht kristallisieren. — 1 Mol des Di-Na-Salzes von **III** (aus **III** u. $NaOC_2H_5$) u. 2 Mol **VIII** wurden in Bzl. 45 Min. erwärmt u. mit Ae. verd.; nach Filtration wurde die Ae.-Lsg. erschöpfend mit n-NaOH extrahiert; aus den alkaliunlösl. Anteilen ließen sich 11,3% einer *Verb.* $C_{19}H_{28}O_4$, F. 222—223° (korr.), isolieren, bei der es sich wahrscheinlich um ein (isovaleryliertes) Chroman oder Benzodipyran handelt; seidig schimmernde Nädelchen (Chlf.), leicht lösl. in CH_3OH, Ae., Bzl. u. Chlf., mäßig lösl. in CH_2Cl_2, unlösl. in CCl_4 u. PAe.; mit $FeCl_3$ keine Rk., in heißer 10%ig. NaOH nur wenig lösl.; hemmt das Wachstum von Mycobact. tuberculosis bis 1:10000. Aus dem alkalilösl. Teil des Reaktionsprod. ließen sich auch nach Chromatographie an **IX** keine definierten Prodd. isolieren; die WÖLLMER-Oxydation dieser Fraktion lieferte Blei-dl-Humulat höchstens in Spuren. Verss. zur stufenweisen Triprenylierung von **III** unter den vorst. beschriebenen CLAISEN-Bedingungen waren ebenfalls erfolglos. — *dl-Humulon* (dl-**I**), $C_{21}H_{30}O_5$, aus 1 Mol **III** in A.-Bzl. mit 2 Mol Na in CH_3OH u. 2 Mol **VIII** bei 0°; durch Filtration u. Einengen wurde ein orangefarbenes, öliges Prod. gewonnen, das in CH_3OH gelöst u. in Ggw. von $Pb(OOCCH_3)_2$ durch Einleiten von O_2 oxydiert wurde; die resultierende gelbe Pb-Verb. wurde in CH_3OH suspendiert u. mit H_2SO_4 (32%ig) zers.; die nach Zentrifugieren erhaltene Lsg. wurde mit W. versetzt u. mit Hexan extrahiert; nach Chromatographie aus Bzl. an **IX**, Elution mit Bzl. u. Einengen im Vakuum wurde **I** als gelbliches Öl erhalten; 6,1% (Ausbeute). *o-Phenylendiaminsalz*, $C_{27}H_{38}O_5N_2$, F. 109—110° (Bzl.). — *Humulinsäure*, F. 92° (CH_3OH), aus **I** in A. durch 90 Min. Kochen mit n-NaOH u. anschließendes Ansäuern; 55%. — *Lupulon* (**II**), $C_{26}H_{38}O_4$, F. 93°, aus 1 Mol **III** u. je 3 Mol $NaOCH_3$ u. **VIII** in Ae. bei 0°; der Ae.-Extrakt wurde nach Waschen mit HCl, $NaHCO_3$-Lsg. u. W. eingeengt, in CH_3OH aufgenommen u. nach Zusatz von 0,5%ig. H_2SO_4 mit PAe. ausgeschüttelt; der PAe.-Extrakt wurde nach Einengen aus Bzl. an **IX** chromatographiert; bei der Elution mit Bzl. lieferte die erste Fraktion nach Einengen u. Versetzen mit PAe. **II** als Kristallbrei; Reinigung durch Waschen mit PAe. bei —15° u. Umkristallisation aus 70%ig. CH_3OH; große Kristalle; 20,8%. In 15,5 ml sd. PAe. ist 1 g **II** lösl., in Methanollsg. rotbraun-weinrote $FeCl_3$-Reaktion. Die wss.-alkoh. Lsg. schmeckt bitter u. läßt sich mit NaOH scharf einbas. titrieren. — **I** aus 1 Mol **III**, 2 Mol $NaOCH_3$ u. 2 Mol **VIII** wie für **II** beschrieben; 3—5%; nach Ausschütteln mit Hexan schied sich aus der wss.-methanol. Lsg. beim Stehen im Eisschrank *3-Prenylphlorisovalerophenon* (**VII**; *1-Isovaleryl-3-[γ.γ-dimethylallyl]-2.4.6-trioxybenzol*), $C_{16}H_{22}O_4$, F. 138,5 bis

140°, aus; gelbliche Prismen aus 50—60% ig. Methanol; 1 g ist in 400 ml Hexan lösl., in wss.-methanol. Lsg. mit $FeCl_3$ rotstichig blau; schwach sauer, Titration mit NaOH nicht möglich. — *3-Isoamylphlorisovalerophenon*, F. 169—170° (Hexan), aus **VII** in Eisessig durch Hydrierung in Ggw. von Pd-Mohr bei 18°/709 mm; 81%. — *2-Isoamylphloroglucin*, F. 124—125° (Bzl.), aus vorst. Verb. durch 1std. Kochen mit 10% ig. KOH unter N_2; 61%. — *Acetolupuphenon* (*1-Acetyl-3.3.5-tris-[γ.γ-dimethylallyl]-cyclohexadien-(1.5)-diol-(2.6)-on-(4)*, $C_{23}H_{32}O_4$, F. 119—120°, aus 1 Mol **IV** u. je 3 Mol Na u. **VIII** analog **II**; derbe Prismen (CH_3OH) oder feine lange Nadeln (Hexan); 26,2%; mit $FeCl_3$ rotbraun-weinrot, schmeckt in wss.-alkoh. Lsg. schwach bitter, mit NaOH titrierbar. — *Benzolupuphenon* (*1-Benzoyl-3.3.5-tris-[γ.γ-dimethylallyl]-cyclohexadien-(1.5)-diol-(2.6)-on-(4)*, $C_{28}H_{34}O_4$, F. 149—152°, wie vorst. aus **V**; derbe glänzende Prismen (CH_3OH) oder feine seidige Nädelchen (PAe.); 27%. — *n-Butyrolupuphenon* (*1-Butyryl-3.3.5-tris-[γ.γ-dimethylallyl]-cyclohexadien-(1.5)-diol-(2.6)-on-(4)*, $C_{25}H_{36}O_4$, F. 106—107° (PAe.), aus **VI**; Prismen; 21,6%. — *6-Prenyllupulon* (*1-Isovaleryl-3.3.5.5-tetrakis-[γ.γ-dimethylallyl]-cyclohexen-(1)-ol-(2)-dion-(4.6)*, $C_{31}H_{46}O_4$, F. 92—93° (PAe.), aus 1 Mol **III** u. je 4 Mol **VIII** u. $NaOCH_3$ wie **II**; derbe Prismen; 19,8%. — Verss. zur Darst. von 3.5-Diprenylphloracetophenon mißlangen. (Chem. Ber. **85**. 692—710. 1952. München, TH, Inst. für chem.-techn. Analyse.) IPPEN. 3950

Jean Ewing, G. K. Hughes und **E. Ritchie,** *Die chemischen Bestandteile von australischen Xanthoxylumarten.* 1. Mitt. *Suberosin, 6-[γ.γ-Dimethylallyl]-7-methoxycumarin.* Aus dem methanol. Rindenextrakt von *Xanthoxylum suberosum* krist. eine Verb. $C_{15}H_{16}O_3$, F. 87,5°, die Suberosin genannt wird. Sie erwies sich als *6-[γ.γ-Dimethylallyl]-7-methoxycumarin.*

Versuche: *Suberosin* (I), $C_{15}H_{16}O_3$, F. 87,5°. Die gemahlene Rinde wird bei 20° mit CH_3OH ausgezogen. Der konz. Extrakt liefert nach Tagen im Eisschrank die Verb. als Prismen. *Dibromid*, $C_{15}H_{16}O_3Br_2$, F. 148°, aus vorst. Verb. mit Br_2 in Bzl., Plättchen. — *Tetrahydrosuberosin*, $C_{15}H_{20}O_3$, F. 48°, durch Hydrierung von **I** in A. über Pd-Kohle bei 20°, Prismen (wss. A.). — *Methylsuberosinsäure*, $C_{16}H_{20}O_4$, F. 134°, durch Methylieren von **I** mit Dimethylsulfat in wss.-methanol. NaOH, gelbliche Prismen (A.). — *Tetrahydromethylsuberosinsäure*, $C_{16}H_{24}O_4$, F. 64°, Plättchen (wss. A.), durch Hydrierung vorst. Verbindung. — Oxydation der Methylsuberosinsäure in verd. KOH mit $KMnO_4$ bei 20° gab *4.6-Dimethoxyisophthalsäure*, $C_{10}H_{10}O_6$, F. 266° (Zers.), Nadeln. **I** lieferte mit CrO_3/Eisessig *Aceton*, *7-Methoxycumarin-6-aldehyd*, $C_{11}H_8O_4$, F. 252—253°, Nadeln (Chlf./PAe.) [*Phenylhydrazon*, $C_{17}H_{14}O_3N_2$, F. 183°, gelbliche Nadeln aus A.; *Oxim*, $C_{11}H_9O_4N$, F. 228° (Zers.), Nadeln], u. *7-Methoxycumarincarbonsäure-(6)*, $C_{11}H_8O_5$, F. 264°, Nadeln (*Methylester*), $C_{12}H_{10}O_5$, F. 167°, Nadeln). — Alkalischmelze von **I** gab *Resorcin*, F. 108°, u. *β-Resorcylsäure*, F. 195—197° (Zers., nach Einführen in ein 150° heißes Bad). (Austral. J. sci. Res., Ser. A **3**. 342—45. Juni 1950. Sydney, Univ., School of Chem.) NEZEL. 3950

G. C. Harris und **T. F. Sanderson,** *Abietinsäure.* Aus Holzharz mit HCl, Überführen des isomerisierten Harzes in das Diamylaminsalz u. dessen Zers. mit Essigsäure, Lösen in A. u. Fällen mit W. $C_{20}H_{30}O_2$: Ausbeute 40%, $[\alpha]_D^{24}$ —106°. Das UV-Absorptionsspektr. zeigt ein Maximum bei 241 mμ. (Org. Syntheses **32**. 1—4. 1952. Wilmington, Del., Hercules Powder Co.) TROFIMOW. 3950

D_3. Makromolekulare Chemie.

Jacob Risemann und **Frederick R. Eirich,** *Intrinsicviscosität von Makromolekülen.* Die Gleichungen für die Intrinsicviscosität von linearen Makromoll. von PETERLIN (C. **1952**. 1016), WILSON (C. **1949**. II. 962) u. von KIRKWOOD u. RISEMAN (C. **1949**. I. 864) werden miteinander verglichen. Die beiden ersten sind Näherungsformen der Gleichung von KIRKWOOD u. RISEMAN. (J. Polymer Sci. **5**. 633—34. Okt. 1950. Philadelphia, Penn., Internat. Resistance Co., u. Brooklyn, N. Y., Polytechn. Inst. of Brooklyn, Inst. of Polymer Res.) LANTZSCH. 4000

Robert Simha, L. A. Wall und **P. J. Blatz,** *Depolymerisation als eine Kettenreaktion.* (Vgl. C. **1953**. 5514.) Es wird die Kinetik von Depolymerisations-Rkk., die nach einem Kettenmechanismus verlaufen, entwickelt, wobei eine Auslösung von Radikalen angenommen wird, auf die Fortpflanzung, Übertragung u. Abbruch folgen. Die Fortpflanzungs-Rk. erzeugt kleinere Radikale u. monomere Moleküle. Die Übertragung stabilisiert ein gegebenes Radikal u. erzeugt ein anderes, das sich weiterhin in ein kleineres Radikal u. eine stabile Kette zersetzt. Es wird vorausgesetzt, daß der Kettenabbruch nur durch Disproportionierung stattfindet. Dieses Schema führt zu folgenden Ergebnissen: Für den Fall, daß u. solange wie eine stationäre Konz. an Radikalen besteht, ist der Reaktionsverlauf (d. h. die Bldg. von kleineren stabilen Arten) ungefähr gleich demjenigen, wie er bei einer Stufen-Rk. bei dem früher (C. **1943**. I. 1558) behandelten Typ vorausgesagt wurde. Die effektiven Geschwindigkeiten dieser Rk. sind eine Funktion der Auslösungs- u. Übertragungskonstanten, der Radikalkonz. u. der kinet. Kettenlänge. Sie sind ferner von der Lage der zu spaltenden Bindung abhängig, obwohl a priori keine Abhängigkeit von der Lage im Mol. (schwache Bindung) oder der Größe des Mol. angenommen wurde. Der Effekt ist rein statistisch. Wenn ein Radikal überall in einem polymeren Mol. ausgelöst werden kann, werden Bindungen im Inneren bereitwilliger gespalten als solche an den Enden. Wenn die Aktivierung nur an den endständigen Bindungen eintreten kann, ist die Situation umgekehrt. Dieser selektiven Tendenz wirkt eine Übertragungs-Rk. entgegen, die, abgesehen davon, daß sie die Wahrscheinlichkeit der Auslösung für ein gegebenes Mol. erheblich erhöht, eine statist. Verteilung bewirkt. Es wird eine allg. Gleichung angegeben u. in Beziehung zur kinet. Kettenlänge diskutiert. Wenn diese im Vgl. zum anfänglichen Polymerisationsgrad sehr klein ist, wird der Reaktionsablauf durch die Auslösung u. die Übertragung bestimmt. Wenn die Auslösung regellos entlang der Kette auftritt, so wird der Abbau rein statist. sein. Erfolgt der Abbau vom Kettenende her, so findet eine stufenweise Abspaltung der Endmonomeren statt. Wenn die kinet. Kettenlänge größer als der Polymerisationsgrad ist, werden vorzugsweise kleine Moll. gebildet. Die mol. Größenverteilung u. das mittlere Mol.-Gew. werden als eine Funktion des Umsatzes dargestellt. Die Größe der kinet. Kette u. der Wert der Auslösungskonstanten werden abgeschätzt. (J. Polymer Sci. **5.** 615—32. Okt. 1950. Washington, D. C., N. B. S. u. Catholic Univ. of Amer.) LANTZSCH. 4000

E. Heintz, *Die Fluorescenz des Polystyrols. Untersuchung der Polarisation der Fluorescenz des Polystyrols. Untersuchung der Polarisation der Fluorescenz von Polystyrolen unter dem Einfluß einer Löschsubstanz.* Messungen der Polarisation des Fluorescenzlichtes von *Polystyrol P III* (mittleres Mol.-Gew. 130000), *PE 800* (Mol.-Gew. 520000) u. *Styrol* in Ggw. einer Löschsubstanz ergeben für alle drei die gleiche Grundpolarisation p = 0,23. Dieses Ergebnis weist darauf hin, daß ein Löschmol. nicht die großen Moll. des Polystyrols, vielmehr allein die aus Monomeren gebildeten Fluorescenzzentren auslöscht. Diese Annahme wird durch die ermittelten Werte der Löschkonstanten bestätigt. (J. Physique Radium **12.** 16—17. März 1951. Strasbourg.) RUDOLPH. 4010

E. H. Merz und **R. W. Raetz,** *Einfluß des Molekulargewichts auf die Eigenschaften von Polystyrol.* 2. Mitt. *Fraktionierung der Polymeren.* (1. vgl. J. Polymer Sci. **4.** [1949.] 605, vgl. auch C. **1952.** 2516.) Polystyrol, das durch Polymerisation des Monomeren bei 93° im Block in Abwesenheit von O_2 u. Katalysatoren bis 15% Umsatz hergestellt wurde, wird fraktioniert gefällt durch schrittweise Erniedrigung der Temp. einer Butanon–Methanollösung. Die Intrinsicviscosität wird für alle 39 Fraktionen bestimmt. Bei 8 Fraktionen wird das aus Lichtstreuungsmessungen erhaltene Mol.-Gew. angegeben. Die Verteilungskurve hat ein einziges breites Maximum. (J. Polymer Sci. **5.** 587—90. Okt. 1950. Springfield, Mass., Monsanto Chem. Co., Res. Labor., Plastics Div.) LANTZSCH. 4010

F. A. Bovey und **I. M. Kolthoff,** *Untersuchungen über Verzögerer und Inhibitoren bei der Emulsionspolymerisation von Styrol.* 2. Mitt. *Inhibitoren.* (1. vgl. KOLTHOFF C. **1949. II.** 596.) Die bei der Emulsionspolymerisation von *Styrol* (**I**) (mit Dodecylaminhydrochlorid als Emulgator u. Kaliumpersulfat als Katalysator) durch *p-Benzochinon* (**II**), *K-9.10-Phenanthrenchinon-3-sulfonat* (**III**) u. *Chloranil* (**IV**) hervorgerufenen Induktionsperioden werden untersucht. Die durch **II** hervorgerufenen Induktionsperioden sind proportional der anfänglichen **II**-Menge, umgekehrt proportional der Persulfatkonz. u. nahezu unabhängig von der Konz. des Emulgators. Die Geschwindigkeit des Verschwindens von **II** ist annähernd halb so groß wie die Geschwindigkeit der Bldg. freier monomerer Radikale. Die Geschwindigkeit der Bldg. von Radikalen ist bei Beginn der Polymerisation proportional der Persulfatkonz. u. fast unabhängig von der Konz. des Emulgators zwischen 0,625 u. 5,0 g Dodecylaminhydrochlorid pro 100 g **I**. Der Aktivierungsvorgang benötigt eine Energie von 33000 ± 400 cal/Mol. **III** ist

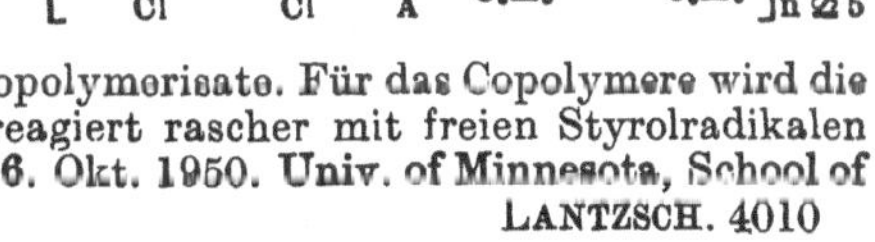

ein nichtidealer Inhibitor. **IV bildet mit I** Copolymerisate. Für das Copolymere wird die obenst. Struktur **A** angegeben. Sauerstoff reagiert rascher mit freien Styrolradikalen als die Chinone. (J. Polymer Sci. **5.** 563—86. Okt. 1950. Univ. of Minnesota, School of Chemistry.) LANTZSCH. 4010

P. J. Flory, W. R. Krigbaum und **W. B. Shultz,** *Die Abhängigkeit der Viscositätszahl des Natriumpolyacrylats von der Salzkonzentration.* Für nicht ionisierte Makromoll. ist die Viscositätszahl $[\eta]$ der dritten Potenz einer Größe α als linearer Dimension der Kette des Makromol. in verd. Lsgg. proportional: $\alpha^3 = [\eta]/[\eta]\vartheta$, wobei ϑ eine für die betreffende Polymerfraktion charakterist. Temp. bedeutet. Trägt man auf Grund de Viscositätsmessung an Fraktionen von Natriumpolyacrylat bei Ggw. von NaCl verschied. Ionenstärke S den Wert für $\alpha^5 - \alpha^3$ in Abhängigkeit von 1/S graph. auf, so erhält man näherungsweise eine Gerade. Eine solche lineare Beziehung spricht dafür, daß die für nichtionisierte Makromoll. ursprünglich aufgestellte Beziehung auch für Makromoll. mit Elektrolytnatur gilt. (J. chem. Physics **21.** 164—65. Jan. 1953. Ithaca, N. Y., Cornell Univ.) Hentschel. 4010

W. W. Korschak, G. N. Tschelnokowa und **G. I. Disstler,** *Über die Bedeutung der Austauschreaktionen bei der Polykondensation.* Die *Polykondensationsprodd.* aus *Sebacinsäure* (**I**) mit *Äthanolamin* (**II**) u. mit*Sebacinsäure-di-*[*β-oxyäthylamid*] (**III**) werden zur Prüfung der Frage, ob die bei Polykondensationen beobachteten Austausch-Rkk. an allen oder nur an einem Teil der Kettenglieder auftreten, herangezogen. Wenn der Austausch sich über die ganze Kette erstreckt, so ist in beiden Fällen das gleiche Reaktionsprod. $[-NHCH_2CH_2OCO(CH_2)_8CO-]_n$ (**IV**) zu erwarten; unterbleibt ein Austausch völlig, so muß aus **I** u. **III** aber $[-CO(CH_2)_8COOCH_2CH_2NHCO(CH_2)_8CONHCH_2CH_2O-]_n$ (**V**) entstehen. Die elektronograph. Unters. zeigte, daß in allen Fällen die Reaktionsprodd. gleich sind. Ungereckte Folien aus den Reaktionsprodd. zeigten im Elektronogramm 8 scharf ausgebildete Ringe, denen verhältnismäßig große Einheiten (Kristallite) zugrunde liegen, die in ungerecktem Zustand mit ihrer mit der Molekülachse zusammenfallenden Achse senkrecht zur Folienebene, gereckt parallel zur Zugrichtung angeordnet sind. Aus dem Elektronogramm der gereckten Folie ließ sich eine der Struktureinheit **IV** entsprechende Identitätsperiode von 16,9 Å (berechnet 17,2 Å) ermitteln; **V** würde einen doppelt so hohen Wert verlangen, der aber nicht beobachtet wird. Es entsteht also in beiden Fällen ein u. derselbe Polyamidester mit gleichmäßiger Verteilung der Amid- u. Esterbindungen. (Доклады Академии Наук СССР [Ber. Akad. Wiss. UdSSR] [N. S.] **82.** 589—91. 1/2. 1952. Inst. für organ. Chem. der Akad. der Wiss. der UdSSR.). Trofimow. 4010

Maurice L. Huggins, *Polypeptidschrauben in Proteinen.* Vf. weist darauf hin, daß von ihm vor 15 Jahren Schraubenstrukturen für Polypeptidketten in Proteinen diskutiert wurden (Schrauben mit Achtringen, Schrauben mit Zehnringen). Bragg, Kendrew u. Perutz (Proc. Roy. Soc. [London], Ser. A **203.** [1950.] 321) haben Schrauben mit Elfringen u. Dreizehnringen, die pro Windung 4 Aminosäurereste enthalten, Pauling, Corey (J. Amer. chem. Soc. **72.** [1950.] 5349) haben die Schraube mit Dreizehnringen mit ca. 3,7 Resten pro Windung vorgeschlagen. Die Elfringstruktur ist möglich; sie entspricht den veröffentlichten Röntgendaten u. den die Bindungswinkel u. -abstände betreffenden Postulaten von Pauling u. Corey mit der Ausnahme, daß die N—C*-Bindung nicht in der C—C'O—NH-Ebene liegt, sondern mit ihr einen Winkel von 30° bildet. In Übereinstimmung mit Bamford u. Mitarbeitern (C. **1952.** 7790) wird angenommen, daß für die *synthet. α-Polypeptide,* die *α-Faserproteine* u. die *Korpuskularproteine* beide Strukturen (Schrauben mit Elfringen u. Dreizehnringen) möglich sind; in natürlichen Faserproteinen können sogar beide Strukturen zusammen vorkommen. Durch die Röntgendaten scheinen, zumindest für die synthet. α-Polypeptide, alle anderen Strukturtypen ausgeschlossen zu sein. (J. Amer. chem. Soc. **74.** 3963. 5/8. 1952. Rochester, N. Y., Eastman Kodak Co., Res. Labors.) K. F. Müller. 4070

Maurice L. Huggins, *Koordination der 11-Ring-Polypeptidschraube.* Unter bestimmten Annahmen wurden die Atomkoordinaten für die Elfringpolypeptidrechtsschraube (vgl. vorst. Ref.) berechnet: (x, y, z, ϱ [Å]; Φ^0) C: 0,00, —2,245, 0,00, 2,245; 0,0. C': 1,21, —1,30, 0,00, 1,78; 42,9. O: 1,70, —0,90, —1,06, 1,92; 62,1. N: 1,69, —0,95, 1,18, 1,94; 60,7. C*: 2,21, 0,39, 1,47, 2,245; 100,0. C_β: 0,28, —3,48, —0,88, 3,51; 4,2. H_N: 1,18, —1,36, 1,96, 1,80; 41,0. — Abstand der H-Bindung: 2,88 Å. Winkel zwischen der N-C*-Ebene u. der C-C'O-N-Ebene: 30°. Winkel zwischen H-N···O zwischen N-H-Bindung u. H-Bindung: 5°. Winkel C'=O···N zwischen C'=O-Bindung u. H-Bindung: 149°. Winkel zwischen C=O u. Schraubenachse: 31°. Winkel zwischen N-H u. Schraubenachse: 39°. Winkel N-C-C_β: 116°. Winkel C'-C-C_β: 112°. (J. Amer. chem. Soc. **74.** 3963—64. 5/8. 1952. Rochester, N. Y., Eastman Kodak Co., Res. Labors.) K. F. Müller. 4070

Linus Pauling und **Robert B. Corey,** *Die Planarität der Amidgruppe in Polypeptiden.* In der von Huggins (vgl. vorst. Ref.) vorgeschlagenen Schraubenkonfiguration für Polypeptidketten ist die Amidgruppe, im Gegensatz zur der von denVff. vorgeschlagenen Konfiguration der α-Schraube, nicht planar. Aus der Nichtplanarität der verdrehten Amidgruppe wurde eine Gesamtspannungsenergie der Amidgruppe von 6 kcal/Mol errechnet. Diese Spannungsenergie, welche in der von Huggins vorgeschlagenen Struktur jedem Aminosäurerest zukommt, ist so groß, daß sie diese Struktur unannehmbar macht; die α-Schraubenstruktur ist in dieser u. in anderer Hinsicht befriedigend. (J. Amer. chem. Soc. **74**. 3964. 5/8. 1952. Pasadena, Calif., Inst. of Techn., Gates and Crellin Labors. of Chem.) K. F. MÜLLER. 4070

H. G. Khorana, *Strukturuntersuchungen an Peptiden und Proteinen.* Übersicht über die Methoden der Strukturaufklärung von Peptiden u. Proteinen unter besonderer Berücksichtigung von Endgruppenbestimmungen des schrittweisen Abbaus von Amino- u. Carboxylendgruppen der Polypeptidkette, der partiellen Hydrolyse, des enzymat. Abbaus u. des Vork. von D-Aminosäuren. (Quart. Rev. [chem. Soc., London] **6**. 340—57. 1952. Cambridge, Univ., Chem. Labor.) HEYNS. 4070

Richard J. Goldberg, *Verhinderung der Gelatinierung von Gelatine durch Gelatine, die im Autoklaven vorbehandelt ist.* In Gelatinesystemen, die klin. als Blutersatz benutzt werden, sind Thiocyanate, Harnstoff u. andere bekannte Inhibitoren nicht zu verwenden. Die Anwendung der Theorie der Molekülverteilung bei der Kondensation von Polymeren auf das Gelatineproblem führten Vf. dazu, nach einwertigen Gelatinemoll. zu suchen, die zu der klin. verwandten KNOX-Gelatinelsg. zugesetzt werden können. Diese Speziallsg. enthält 6% Protein bei p_H 7 in physiol. NaCl-Lsg. u. wird bei 15 lbs./sq. in. Druck im Autoklaven 20 Min. vorbehandelt (P–20). Wird nun P–20 500 Min. im Autoklaven behandelt (P–500) u. der Ausgangssubstanz in verschied. Mengen zugesetzt, so zeigt P–500 die Tendenz, die Gelatinierung von P–20 zu verhindern. Der Gel-Punkt nimmt mit steigendem Verhältnis P–500 zu P–20 ab, ohne daß dabei die Gelatinekonz. geändert wird. (J. chem. Physics **20**. 1816—17. Nov. 1952. Madison, Wis., Univ. of Wisconsin, Dep. of Chem.) G. HEINRICH. 4070

J. T. Randall, R. D. B. Fraser und **A. C. T. North,** *Die Struktur von Kollagen.* (Vgl. C. **1953**. 2616.) Die von verschied. Seiten vorgeschlagenen Modelle für die Struktur des *Kollagens* werden krit. diskutiert. (Proc. Roy. Soc. [London], Ser. B **141**. 62—66. 11/3. 1953. London, King's Coll., Wheatstone Phys. Labor.) GOTTFRIED. 4070

Dorothy Wrinch, *Globuliteinheiten in Proteinkristallen?* Deutung u. Diskussion der Intensitätskurven von *Myoglobin* u. *Pferdehämoglobin* in Abhängigkeit von dem Abstand vom Zentrum führten zu dem Ergebnis, daß die Kurven mit der Annahme von Globuliteinheiten in den Proteinkristallen verträglich sind. (Acta crystallogr. [Copenhagen] **5**. 694—95. 10/9. 1952. Northampton, Mass., Smith Coll., Dep. of Phys.) GOTTFRIED. 4070

Liebe F. Cavalieri, *Die Identifizierung von Cytidylsäure a und b.* Vorl. Mitt. über Ergebnisse von Messungen, die eine Best. des Abstands zwischen der 4-Amino- u. der Phosphorsäuregruppe der *Cytidylsäuren* erlauben mit Hilfe von Dichtemessungen der wss. Lsgg. u. Best. der Dissoziationskonstanten. *Cytidylsäure a* (I) u. *b* (II) wurden über ihre Ammoniumsalze bis zur Konstanz ihrer UV-Absorptionsspektren, Drehwerte, DD. u. p_H-Titrationskurven gereinigt, 250/260, 280/260 u. 290/260. Werte: I 0,47; 1,80 bzw. 1,21; II 0,43; 2,01 bzw. 1,43; I $[\alpha]_D$ -3^0; II $[\alpha]_D$ $+50^0$ (c = 1; wss. NaOH, p_H 10). II besitzt in allen Konzz. größere D. wie I. Dissoziationskonstanten der 4-Ammoniumgruppen auf Grund von p_H-Titrationskurven: I pK'a 4,36; II 4,28; d. h. in II ist der Abstand zwischen der Amino- u. der Phosphorsäuregruppe größer wie in I; Vf. nimmt daher an, daß es sich bei II um *Cytidin-3'-phosphat* handelt. (J. Amer. chem. Soc. **74**. 5804. 20/11. 1952. New York, N. Y., Sloan-Kettering Inst. for Cancer Res.) GOEBEL. 4090

Lloyd N. Ferguson, Electron structures of organic molecules. London: Constable. 1953. (330 S.) 48 s.

P. H. Plesch, Cationic polymerisation and related complexes. London: W. Heffer. 1953. (XII + 166 S.) 20 s.

Romeo B. Wagner and Harry D. Zook, Synthetic organic chemistry. New York: Wiley. 1953. (899 S., Diagr. Bibl.) $ 11,50.

E. Biologische Chemie. Physiologie. Medizin.

E_1. Allgemeine Biologie und Biochemie.

D. P. Riley und **U. W. Arndt,** *Grundstoffe des Lebens.* Zusammenfassung eines Vortrages vor der Royal Institution, London, mit Ausführungen über Ergebnisse u. weitere Möglichkeiten in der Eiweißforschung. (Nature [London] **171**. 144—45. 24/1. 1953. London, Royal Inst.) KRUSEN. 4100

Arthur W. Pollister, *Nucleoproteine des Zellkerns.* Übersichtsbericht über die chem. Zus. des Nucleus: *Desoxyribonucleinsäure, Ribonucleinsäure, Histonproteine, Nichthistonproteine, intranucleares Protein* (I), I-Veränderungen während der Mitose, Kernstruktur u. Nucleoproteine (II), Kernzus. u. Zelldifferenzierung, II u. intranucleare

Physiologie. — 39 Literaturangaben; Diskussionsbemerkungen. (Exp. Cell. Res., Suppl. **1952.** 59—74. New York, N. Y., Columbia Univ.) K. Maier. 4150

F. Haurowitz und **Charles F. Crampton,** *Die Rolle des Zellkerns bei der Eiweißsynthese.* Die *Eiweiß* (**I**)-Synth. stellt eine zweiphasige Rk. dar. In der 1. Stufe vereinigen sich *Aminosäuren* (**II**) unter Bldg. einer charakterist. artspezif. *Peptid*-Anordnung, in der 2. faltet sich die Peptidkette unter Bldg. eines dreidimensionalen **I**-Kugelmoleküls. Es sind 2 Typen von **I**-Spezifität zu unterscheiden: Die unveränderliche Artspezifität, die auf einer unveränderlichen **II**-Reihenfolge beruht, u. die Formspezifität, die durch Einw. von Antigenen (**III**) während der 2. Phase der **I**-Synth. modifiziert werden kann. Da **III** vorwiegend in den Cytoplasmagranula (Mitochondrien) abgelagert werden, ist anzunehmen, daß die 2. Stufe der Plasma-**I**-Synth. in diesen Granula stattfindet. Der Zellkern ist möglicherweise an der 1. Phase der Synth. beteiligt. — 32 Literaturangaben. Diskussionsbemerkungen: **Stern, Miller, Mudd, Reiner, Pollister.** (Exp. Cell. Res., Suppl. **1952.** 45—57. Bloomington, Ind., Univ., Dep. of Chem.) K. Maier. 4150

K. Lang und **G. Siebert,** *Untersuchungen über die Stoffwechselprozesse in isolierten Zellkernen.* 6. Mitt. *Methodik der Gewinnung reiner intakter Zellkerne in beliebigem Maßstab.* (5. vgl. Biochem. Z. **322.** [1951.] 196.) Vff. beschreiben ein neuartiges Gerät zur schonenden Gewinnung reiner u. intakter Zellkerne, in welchem die Zellen in der Kälte durch geringe Scherkräfte zerkleinert werden. (Biochem. Z. **322.** 360—67. 1952. Mainz, Johannes Gutenberg Univ., Physiol.-chem. Inst.) Neckel. 4150

Volker Becker, *Histochemische Untersuchungen an sogenannten Paraprotein-Kristallen. Zugleich ein Beitrag zur histoenzymatischen Untersuchungstechnik.* Paraproteinkristalle u. Bence-Jones-Eiweißkörper (aus dem Harn einer Plasmocytompatientin) zeigten gleiche histoenzymat. Rkk. (Verdaulichkeit durch Trypsin, Ribonuclease, Desoxyribonuclease, Hyaluronidase) u. histochem. Rkk. (Färbung mit Methylgrün–Pyronin, Gallocyanin–Chromalaun, HCl–Giemsa-Lsg., HCl–Thionin, polychromem Methylenblau, Färbung nach Feulgen, Perchlorsäurehydrolyse, Fibrinfärbung nach Weigert, Färbung mit Kongorot). Plasmazellen erwiesen sich nach diesen Methoden als stofflich verschieden. Beschreibung der Methodik. (Zbl. allg. Pathol. **pathol.** Anatom. **90.** 81—94. 20/4. 1953. Heidelberg, Univ., Pathol. Inst.) Ludolphy. 4160

William E. Smith, Douglas A. Sunderland und **Kanematsu Sugiura,** *Experimentelle Analyse der cancerogenen Wirksamkeit einiger Erdölprodukte.* Pinselungsverss. an weißen Mäusen zeigten, daß die aromat. Anteile von hochsd. Fraktionen katalyt. gecrackten Erdöls cancerogene Wirksamkeit besitzen. Die größte Wirksamkeit verteilte sich gleichmäßig in der Fraktion vom Kp. 420—550°, d. h. es handelt sich dabei um mehrere wirksame Verbindungen. Durch Behandeln mit konz. H_2SO_4 wird die cancerogene Wrkg. nicht verändert; durch milde Hydrierung oder Absorption an *Norit* oder *Magnesol* wird sie etwas gesenkt. Unraffinierte („slack“) Wachse, bes. ihr aromat. Anteil, rufen gutartige Papillome u. nach längerer Pinselung auch Tumoren hervor. Teere aus dem Crackprozeß besitzen verschieden hohe cancerogene Wirksamkeit, die jedoch geringer ist als die der hochsd. Fraktion. (A. M. A. Arch. ind. Hyg. occupat. Med. **4.** 299—314. Okt. 1951. New York, N. Y., Univ.-Bellevue, Med. Center, Med. School, Dep. of Ind. Med., **u.** Sloan Kettering Inst. for Cancer Res.) H. Scheurlen. 4160

H. G. M. Fischer, William Priestley jr., L. T. Eby, G. G. Wanless und **John Rehner jr.,** *Eigenschaften von hochsiedenden Erdölprodukten. Physikalische und chemische Eigenschaften im Zusammenhang mit der cancerogenen Wirksamkeit.* Vff. berichten über die Isolierung von *6-* (oder *5-*) *Isopropyl-1.2-benzanthracen* u. von *Methylchrysen* (Stellung der Methylgruppe unbekannt) aus einer hochsd. Fraktion katalyt. gecrackten Erdöls. Es werden ferner 4 Laboratoriumsmethoden beschrieben, die es ermöglichen sollen, die durch Mäusepinselungsverss. ermittelte „Tumorstärke“ (Blanding, King, Priestley u. Rehner, vgl. nachst. Ref.) von cancerogenen Verbb., auch auf chem. oder pyhsikal. Weg ermitteln zu können: UV-Absorption. Die Absorption bei 360 mμ gibt nach Berücksichtigung einiger Korrekturglieder (Kp., Viscosität usw.) einen auf ± 10 E. genauen Wert für die „Tumorstärke“. *Coffein*-Extraktion. Extraktion der Fraktion mit wss. Coffeinlsg. u. opt. Messung letzterer nach Wanless, Eby u. Rehner (C. **1952.** 2284). Chromatograph.-refraktometr. Methode. Die Refraktion der durch Chromatographie erhaltenen Fraktionen wird nach dem Geh. an Verbb. mit mehr als 3 aromat. Ringen ausgewertet. *Maleinsäureanhydrid*-Methode. Sie beruht auf einem Verf. von Wanless zur Best. der Komponenten mit *Anthracen*-Ringsystem. (A. M. A. Arch. ind. Hyg. occupat. Med. **4.** 315—24. Okt. 1951. Linden, N. J., Standard Oil Development Comp., Esso Labor.) H. Scheurlen. 4160

F. H. Blanding, W. H. King jr., William Priestley jr. und **John Rehner jr.,** *Eigenschaften von hochsiedenden Erdölprodukten. Quantitative Analyse der durch Applikation *von Raffinationsprodukten an der Haut von Mäusen erhaltenen Tumorwirksamkeit.* Bei Pinselungsverss. an der Mäusehaut wurde bei verschied. Erdölfraktionen das Auftreten von gut- u. bösartigen Tumoren beobachtet. Trägt man die %-Zahl der auftretenden Tumoren gegen eine logarithm. Zeitskala auf, so erhält man für benigne u. maligne Tumoren 2 parallele ansteigende Geraden. Zum Vgl. der cancerogenen Wrkg. einzelner Substanzen wird der Begriff der „Tumorstärke" (= 10000/Anzahl der Tage bis zu 54%ig. Tumorbefall) eingeführt. Tumorstärke von *Methylcholanthren* ca. 100, die von verschied. Erdölprodd. zwischen 0—50. Man kann aus den Daten für die Häufigkeit des Auftretens von benignen Tumoren mit Hilfe der gegen die in logarithm. Maßstab aufgetragene Zeit erhaltenen Geraden eine ungefähre Voraussage für die Anfälligkeit bzw. auch für die Tumorstärke in Bezug auf maligne Tumoren machen. Dies kann von Nutzen sein bei vorzeitig abgebrochenen Verss. oder bei Substanzen, die bösartige Tumoren erst nach sehr langer Zeit oder in geringer Anzahl hervorrufen. (A. M. A. Arch. ind. Hyg. occupat. Med. **4.** 335—45. Okt. 1951. Linden, N. J., Standard Oil Development Comp., Esso Labor.) H. SCHEURLEN. 4160

J. P. Holt, N. V. Hendricks, R. E. Eckardt, C. L. Stanton und **R. C. Page,** *Ein Programm zur Krebskontrolle bei hochsiedenden katalytisch gecrackten Ölen.* Da gewisse, aus katalyt. Crackprozessen stammende Erdölprodd., die oberhalb 380° sd., sich gegenüber Mäusen, Kaninchen u. Affen als stark cancerogen erwiesen, wurde in mehreren Erdölraffinerien ein Krebsbekämpfungsprogramm aufgestellt, das die Arbeiter vor dem Kontakt mit den Ölen schützen u. eine ärztliche Betreuung zur Diagnose u. Therapie der Hautschädigungen dieser Arbeiter sicherstellen soll. (A. M. A. Arch. ind. Hyg. occupat. Med. **4.** 325—34. Okt. 1951. New York, N. Y., Standard Oil Comp., Med. Dep., Res. Sect.) H. SCHEURLEN. 4160

Maurice M. Black und **Francis D. Speer** (unter techn. Mitarbeit von **Phyllis Brenowitz**), *Die Wirkung von Chemotherapeuticis gegen Krebs auf die Dehydrogenaseaktivität des menschlichen Krebsgewebes in vitro.* Auf die Aktivität der *Dehydrogenase* verschied. Krebsgewebe des Menschen wurde aus der Menge des aus 2.3.5-Triphenyltetrazoliumchlorid in vivo entstehenden Formazans geschlossen, u. in vitro wurde der Einfl. von *Urethan* oder *Triäthylenmelamin* auf die Formazanbldg. bestimmt. Kombiniert zeigten beide Präpp. manchmal einen größeren chemotherapeut. Effekt als allein. Der Urethaneffekt lief der Strahlenempfindlichkeit des Gewebes parallel. (Amer. J. clin. Pathol. **23.** 218—27. März 1953. New York, N. Y., Med. Coll., Dep. of Pathol., Flower and Fifth Avenue Hosp.) LUDOLPHY. 4160

P. G. Seeger, *Die gegen- und eigengeschlechtliche Hormonbehandlung des Mamma- und Prostatacarcinoms und der Versuch, ihre Wirkungsweise im Rahmen der cancerogenen Entartung zu erklären.* Vf. zitiert zahlreiche Autoren u. ihre experimentellen Befunde sowie eigene Arbeiten über die Wrkg. von Geschlechtshormonen auf die Entw. von Mamma- u. Prostatacarcinomen. Die Entstehung des Spontantumors (wenigstens der Mamma) könnte man als Folge der Wechselwrkg. zwischen vermehrtem, nicht hydriertem Follikelhormon u. fermentativ entgleisten Mikrosomen ansehen. Vermutungen werden auch über die Wirkungsweise der gegen- u. eigengeschlechtlichen Hormonbehandlung angestellt. Es fehlen gründliche Kenntnisse der Zellstoffwechselvorgänge. (Dtsch. Gesundheitswes. **5.** 1157—62. 14/9. 1950. Berlin.) LUDOLPHY. 4160

K. Weghaupt, *Erfolge der Radiumtherapie weit fortgeschrittener Collumcarcinome (Colli IV).* Vf. berichtet über 23 Fälle von Carcinoma colli uteri, Stadium 4, die mit Ra-Einlagen erfolgreich behandelt wurden. Zunächst wurde mit einer Einlage von 80 mg Ra die Portis bestrahlt, später mit 40 mg Ra intrauterin. Daneben wurde über mehrere Paravertebralfelder mit 5600 r röntgenbestrahlt. Bei Carcinombefall der Vagina wird diese zeitlich vor diesem Behandlungsgang separat mit Ra bestrahlt. Von 23 Fällen sind nur 4 ad exitum gekommen, die übrigen sind zum Teil in ausgezeichneter Verfassung am Leben. (Wiener med. Wschr. **103.** 134—37. 14/2. 1953. Wien, Univ., 1. Frauenklinik.) REUSSE. 4160

James D. Schroder, J. F. Herrick und **Alfred G. Karlson,** *Die Wirkung von Ultraschall auf das übertragbare Walker-Rattencarcinom.* Mit WALKER-Rattencarcinom 256 infizierte Albinoratten, bei denen sich 10—14 Tage nach der Infektion Tumoren von 1—2 cm Durchmesser zeigten, wurden der Einw. von Ultraschall (US) ausgesetzt. Benutzt wurde ein SIEMENS-Sonostat mit 800 kHz, die Beschallung der Tiere erfolgte mit 15 u. 50 Watt, Beschallungszeit 2—10 Minuten. Um Nebenwirkungen auf Rückenmark u. das Auftreten von Hämorrhagien durch US zu vermeiden, erwies sich die Abschirmung des Tierkörpers bis auf die zu beschallende Stelle als notwenig. Eine spezif. Hemmwrkg. durch US auf die Geschwulst war nicht festzustellen. (Arch. physic. Med. **33.** 660—67. Nov. 1952. Rochester, Minn., Univ. of Minnesota, Mayo Found., Div. of Exp. Med.) DOSSMANN. 4160

E_2. Enzymologie. Gärung.

Fritz Tödt, *Über die elektrochemische Messung biochemischer Zuckerumsätze.* Die elektrochem. O_2-Messung kann zur Messung des biochem. Zuckerstoffwechsels herangezogen werden, da dieser mit einem O_2-Umsatz u. folglich mit einer Änderung des in W. gelösten O_2 verbunden ist. Die durch ein aus Pt u. Fe bestehendes, in einer Hefesuspension befindliches Elektrodenpaar angezeigte Stromstärke ist ein genaues Maß des jeweiligen O_2-Gehaltes. Bei allen untersuchten Hefen rief *Zucker* (I)-Zusatz Beendigung der Atmung bei O_2-Konzz. hervor, die um das Mehrfache höher lagen als die O_2-Gehh., bei denen ohne I-Zugabe noch Atmung erfolgte. Eine p_H-Änderung von 6,5 auf 4,5 rief eine starke Atmungsverminderung hervor. I verursacht bei Backhefe keine Änderung oder Erhöhung der Atmung, bei Bierhefe eine sehr starke Senkung. Der I-Aufbau läßt sich durch die O_2-Zunahme messen (Genauigkeit ca. 0,001 mm^3/cm^3 $\sim$0,001 mg O_2/Liter). Neben der hohen Genauigkeit u. Einfachheit der Meßmeth. ist deren Schnelligkeit bemerkenswert, die Beobachtungen, die in Bruchteilen von Sek. ablaufen, zu messen erlaubt. (Z. Zuckerind. **3** (**78**). 18. 20/1. 1953. Berlin-Dahlem, Materialprüfungsamt., Berlin-Charlottenburg, Techn. Univ.) K. MAIER. 4200

Mâlik Zâfir, *Über die Rolle des Imidazols bei der Peroxydase- und Katalasewirkung des Hämins.* Ausgehend von der Tatsache, daß *Imidazol* (I) die Katalase- u. Peroxydasewrkg. des Hämins erhöht, weist Vf. darauf hin, daß das I-enthaltende ***Histamin*** auf pflanzliche Peroxydasen hemmend wirkt. Vf. vermutet, daß die $C_{(4)}$=$C_{(5)}$-Doppelbindung dafür verantwortlich ist. (Folia pharmac. [Istanbul] **1.** 96—97. 1950.) KRUSEN. 4210

R. D. Lillie und **H. J. Burtner,** *Die Beziehung der Sudanophilie menschlicher, neutrophiler Leukocyten zur Peroxydase und Oxydase.* Vff. untersuchten u. diskutieren die Richtigkeit der Theorie von SEHRT (Münchener med. Wschr. **74.** [1927.] 139) nach der die *Oxydase* der Leukocyten ein Fettsäureperoxyd ist. Es konnte dagegen gezeigt werden, daß Aldehyd- oder Äthylengruppen nicht nachweisbar sind, wie auch *Leukocytenperoxydase* sich ähnlich wie Benzidinperoxydase u. Indophenoloxydase verhält, jedoch keine Ähnlichkeit mit sudanophilen Substanzen der Leukocyten zeigt. Die Färbung, Entfärbung u. Wiederfärbung neutrophiler Leukocyten mit Sudanschwarz verlief wesentlich schwieriger u. unsicherer als bei Lipoiden. Für die Sudanophilie der Leukocyten wird keine endgültige Erklärung gegeben. (J. Histochem. Cytochem. **1.** 8—25. Jan. 1953. Bethesda, Nat. Inst. of Health.) V. KEREKJARTO. 4210

Eileen A. Felton, James B. Evans und **C. F. Niven jr.,** *Bildung von Katalase bei Pediokokken.* Vff. fanden, daß *Pediokokken,* die bisher in der Literatur als katalasenegativ beschrieben wurden, auf YTG-Agar (1% Trypton, 0,5% Hefeextrakt, 0,5% NaCl, 0,2% $KHPO_4$, 1,5% Agar u. 0,05% Glucose) *Katalase* (I) bilden; bei anaerober Bebrütung wird nicht mehr I gebildet; bei Zusatz von Citrat oder von viel Glucose entsteht ebenfalls weniger I. Eine Kontrollkultur von Micrococcus pyogenes gab starken I-Test, während Streptococcus faecalis auf YTG-Agar keine I bildete. Es ist möglich, daß die starke Säurebldg. bei Pediokokken in Medien mit viel vergärbarem Zucker zur Inaktivierung der geringen gebildeten I-Mengen führt. Auf Grund der Fähigkeit, I zu bilden, wird vorgeschlagen, die *Pediokokken* unter die *Micrococcaceae* einzuordnen. (J. Bacteriol. **65.** 481—83. April 1953. Chicago, Ill., Univ. of Illinois, Amer. Meat Inst. Found., Div. of Bacteriol., u. Dep. of Bacteriol. and Parasitol.) GOEBEL. 4210

Alexander M. Rutenburg, Moshe Wolman und **Arnold M. Seligman,** *Die Verteilung der Succinodehydrase in Säugetieren und eine Modifizierung der histochemischen Technik.* Bei Maus, Ratte, Meerschweinchen, Hamster, Kaninchen u. Hund ist aus 17 verschied. Organschnitten die Aktivität der *Succinodehydrase* untersucht worden. Die größten Aktivitäten waren in Herz u. Niere, etwas kleinere in Leber, Hirn u. Skelettmuskel, nur Spuren oder keine Aktivität in anderen Organschnitten zu beobachten. Unter anaeroben Bedingungen waren stets bessere Ergebnisse zu erzielen, als unter aeroben. Vff. fanden, daß in Ggw. von HCO_3^-, Ca^{2+}, Mg^{2+} u. Al^{3+} die enzymat. Rk. in Gewebeschnitten intensiver erfolgte. (J. Histochem. Cytochem. **1.** 66—81. Jan. 1953. Boston, Beth Israel Hosp., Yamins Labor. for Surg. Res. and Harward Med. School, Dep. of Surg.) V. KEREKJARTO. 4210

Francesco Cedrangolo, Ernesto Quagliariello, Alberto Fidanza, Alberto Gioia und **Massimo Cresta,** *Wirkung von Penicillin auf Succinodehydrogenase.* Die *Succinodehydrogenase* (I) unversehrter Zellen vom Brustmuskel der Taube entfaltete ihre Wrkg. gegen Succinat u. Methylenblau nicht, wenn die Gewebefasern vorher 3 Std. mit einer hohen Dosis von *Penicillin* (II) behandelt wurden. Wurden die Zellen nachträglich mit Quarzsand zerrieben, so war I wieder wirksam. Wenn die Zellwände von vornherein zerstört wurden, so ließ sich I durch II nicht inaktivieren. (Atti Accad. naz. Lincei, Rend.,

Cl. Sci. fisiche, mat. natur. **11.** 292—97. Nov. 1951. Neapel, Univ., Fac. di Med. e Chirurgia, Inst. di Chim.) LUDOLPHY. 4210

D. J. Manners, *Die Wirkung von kristalliner β-Amylase auf einige Glykogene.* β-Amylase spaltet Glykogene verschied. Herkunft mit einer Kettenlänge von 11-bis 13 Glucoseeinheiten in Dextrine, die 6—7 Glucoseeinheiten mit endständiger β-Glucose enthalten. Ebenso werden Glykogene mit 5—7 Einheiten gespalten. Ein Vgl. mit den Ergebnissen von BELL, der *Amylopektin* (25 Glucoseeinheiten) mit β-Amylase spaltete, läßt darauf schließen, daß *Glykogene* mit 12 Glucoseeinheiten, *Amylopektine* mit 25 Einheiten sowie die dazwischen liegenden *Polysaccharide* verschied. Kettenlängen u. Herkunft von der β-Amylase gleichermaßen in Einheiten gespalten werden, die sämtlich endständige β-Glucose enthalten — das heißt, daß es keine scharfe Trennung zwischen *Glykogenen* u. *Amylopektinen* gibt. (Biochem. J. **51.** Juli 1952. Cambridge, Univ., Biochem. Labor.) BAUMANN. 4210

W. N. Aldridge, *Serumesterasen.* 1. Mitt. *Zwei p-Nitrophenylacetat, -propionat und -butyrat hydrolysierende Esterasetypen (A und B) und eine Methode zu ihrer Bestimmung.* Die *Serumesterasen* (I) vieler Tierarten können in 2 Typen, *A*- u. *B-Esterase* (**Ia, Ib**) eingeteilt werden. **Ia** wird durch *p-Nitrophenylphosphorsäurediäthylester* (*E 600,* **II**) in Konzz. bis 10^{-3} mol. nicht gehemmt u. hydrolysiert *p-Nitrophenylacetat* (**III**) mit größerer Geschwindigkeit als *p-Nitrophenylbutyrat* (**IV**); die Werte für *p-Nitrophenylpropionat* liegen dazwischen. **Ib** wird durch 10^{-7} bis 10^{-8}mol. **II**-Konzz., ferner durch *Tetraäthylpyrophosphat* u. *Diisopropylfluorphosphonat* gehemmt u. hydrolysiert **IV** mit der gleichen oder mit größerer Geschwindigkeit als **III**. Möglicherweise sind **Ia** u. **Ib** an der *Aliesterase*-Aktivität des Serums beteiligt. **Ia** wurde in den Sera von 13 untersuchten Species, mit einer Ausnahme, nachgewiesen. Entenserum enthielt kein **Ia**, Hühnerserum sehr wenig, Schaf-, Kuh- u. Ziegenserum nur **Ia**. Die Best. der I-Aktivität erfolgte manometr. auf Grund der aus Bicarbonatpuffer durch die bei der Hydrolyse gebildeten 2 Moll. Säure freigesetzte CO_2-Menge. Zur Ausschaltung der *Cholinesterase*-Aktivität diente *Eserin,* zur Unterscheidung von **Ia** u. **Ib** die **II**-Hemmung von **Ib**. **Ia** u. **Ib** werden durch Schwermetallsalze ($NiSO_4$, $CuSO_4$), p-Chlormercuribenzoesäure u. NaF gehemmt. (Biochem. J. **53.** 110—17. Jan. 1953. Carshalton, Surrey, Serum Res. Inst., Med. Res. Counc. Unit for Res. in Toxicol.) K. MAIER. 4210

W. N. Aldridge, *Serumesterasen.* 2. Mitt. *Ein p-Nitrophenylphosphorsäurediäthylester (E 600) hydrolysierendes Enzym und seine Identität mit der A-Esterase von Säugetierseren.* (1. vgl. vorst. Ref.) In den Geweben von Kaninchen u. Ratte sowie im Serum vieler anderer Species (z. B. Schaf, Meerschweinchen, Ziege, Mensch, Pferd, Maus) wurde ein *Enzym* (I) nachgewiesen, das *Diäthyl-p-nitrophenylphosphat* hydrolysiert (*E 600-Esterase*). **I** aus Kaninchenserum hat ein p_H-Optimum von 7,4—7,6, wird durch $NiSO_4$, $CuSO_4$ u. *p-Chlormercuribenzoesäure* gehemmt (50%: $7{,}6\cdot10^{-6}$, $8{,}9\cdot10^{-6}$, $4{,}0\cdot10^{-6}$mol., 15 Min., 37°), durch $9\cdot10^{-3}$mol. *Jodacetat* zu 27% (30 Min., 37°), während *Eserin* prakt. ohne Wrkg. ist (8%: $8\cdot10^{-4}$mol.). **I** ist, wie durch *Diäthylphenylphosphat*-Hemmung u. das Aktivitätsverhältnis in verschied. Enzympräpp. gezeigt werden konnte, mit *A-Esterase* identisch. Die Enzymaktivitäten des Serums von Kaninchen, Ratte u. Pferd haben verschied. Substratspezifität. Von den 6 bekannten Enzymen, die *Nitrophenylester* hydrolysieren, Menschenserumcholinesterase, Orangenacetylesterase (**vgl.** JANSEN u. **Mitarbeiter,** C. **1949. II.** 1416), Chymotrypsin, Erythrocytencholinesterase, *A*- u. *B*-Esterase zahlreicher Seren, werden 5 durch Organophosphorverbb. gehemmt, **I** dagegen nicht. Anscheinend wird der sich als Substrat verhaltende Inhibitor hydrolysiert, wobei eines der Spaltprodd., die substituierte Phosphorsäure, mit dem Enzym verknüpft bleibt u. eine weitere Aktivität verhindert. Im Falle von **I** gehen dagegen beide Hydrolyseprodd. in Lsg., wodurch das akt. Zentrum intakt bleibt. (Biochem. J. **53.** 117—24. Jan. 1953.) K. MAIER. 4210

D. E. Green, D. S. Goldman, S. Mil und **Helmut Beinert,** *Das Enzymsystem zur Aktivierung und Spaltung von Acetessigsäure.* Aus Taubenherzmuskel wurde ein Enzym oder Enzymgemisch isoliert, das die reversible Überführung von *Acetessigsäure* in *Acetyl-Coenzym A* (**I**) in Ggw. von *Succinyl-Coenzym A* (**II**) bewirkt. Die Aktivierung von Acetessigsäure geht vor sich durch eine Austausch-Rk. mit **II**, die zur Bldg. von *Acetoacetyl-Coenzym A* (**III**) führt, das dann in 2 Moll. **I** gespalten wird. Im Nachwort wird die bis dahin hypothet. Bldg. von **III** durch Darst. von **III** bewiesen; enzymat. Oxydation von *β-Oxybutyryl-Coenzym A* (aus Crotonyl-Co-A) mit DPN liefert **III**, das bei milder alkal. Hydrolyse **I** liefert. (J. biol. Chemistry **202.** 137—50. Mai 1953. Madison, Wis., Univ. of Wisconsin, Inst. for Enzyme Res.) GOEBEL. 4210

Klas-Bertil Augustinsson (unter Mitwirkung von **Margareta Grahn**), *Schutz von Cholinesterasen durch Procain gegen Inaktivierung durch Tabun in vitro. Procain* (**I,** *Novocain*) schützt *Cholinesterasen* gegen Inaktivierung durch „*Tabun*“ (*Dimethylamido-*

äthoxyphosphorylcyanid). Die Schutzwrkg. von I in vitro wird demonstriert mit menschlichem Blutplasma, Erythrocyten u. Kobragift als Enzymquellen; die Wrkg. ist ausgeprägter bei Plasma-, als bei Erythrocyten- u. Kobragiftesterase. (Acta physiol. scand. **27**. 10—17. 20/12. 1952. Stockholm, Schweden, Univ. of Stockholm, Inst. of Organ. Chem. and Biochem.) GOEBEL. 4210

M. H. Sleisenger, T. P. Almy, H. Gilder und **G. Perle,** *Colorimetrische Bestimmung von Serumcholinesterase: ihr Wert bei Leber- und Gallentraktkrankheiten.* Der durchschnittliche *Serumcholinesterase* (I)-Spiegel bei 47 n. Personen betrug 29,6 E./100 cm^3 (19,2 bis 50,6), während für 24 Patienten mit dekompensierter Cirrhose 5 E. (< 1,0—13,3) u. für solche mit kompensierter Cirrhose 19,6 E. (8,0—38,4) gefunden wurden; bei 13 Fällen von akuter Virushepatitis betrug der Durchschnittswert 16,1 E. (5,3—25,6); bei 5 Fällen von Pankreascarcinom war der I-Spiegel erniedrigt, ebenso bei 3 mit Choledocholithiasis u. 2 mit Virushepatitis. I-Best. spiegelte den genaueren Verlauf von akuter Virushepatitis u. dekompensierter Cirrhose. Unterss. von Serumalbumin (II) u. I in 54 Fällen ergaben bei vermindertem II-Spiegel auch eine I-Depression, während bei n. II auch I n. war. (J. clin. Invest. **32**. 466—72. Juni 1953. New York, N. Y., New York Hosp., Cornell Med. Center, Dep. of Med.) GOEBEL. 4210

Jonathan Wittenberg und **Arthur Kornberg,** *Cholinphosphokinase.* Aus Bierhefe wurde ein Enzym, *Cholinphosphokinase* (I), isoliert, das folgende Rk. ermöglicht: Cholin + Adenosintriphosphat (ATP) → Phosphorylcholin + Adenosindiphosphat (ADP). I bewirkt auch die Phosphorylierung von Dimethyl- u. Diäthyläthanolamin, Monomethyl- u. Monoäthyläthanolamin u. Äthanolamin. Der Reaktionsmechanismus wird im einzelnen beschrieben, wobei auch Tracersubstanzen (^{14}C-Cholinbromid, ^{14}C-Phosphorylcholin, ATP mit ^{32}P) Verwendung fanden. Auch durch Acetonextraktion gewonnene Pulverpräpp. aus Leber, Hirn, Darm u. Niere verschied. Tierarten besitzen die Fähigkeit, die direkte Phosphorylierung von Cholin durch ATP zu bewirken. — 34 Literaturangaben. (J. biol. Chemistry **202**. 431—44. Mai 1953. Bethesda, Md., United States Public Health Serv., Nat. Inst. of Health, Nat. Inst. of Arthritis and Metabol. Diseas.) R. KÖNIG. 4210

Anna Morse und **Roy O. Greep,** *Der Einfluß anomaler Stoffwechselzustände auf die histochemisch nachgewiesene Verteilung der alkalischen Phosphatase in der Tibia von Albinoratten.* Anomale Stoffwechsellagen, bedingt durch hohen Ca- u. niedrigen P-Geh. der Nahrung u. gleichzeitig n. bzw. mangelnder Vitamin-D-Zufuhr (rachitogene Kost), Hypophysektomie oder überhaupt eingeschränkter Gesamtnahrung, verursachen Veränderung der Morphologie in der Tibia von Albinoratten. Dabei bleibt die Lokalisation der alkal. Phosphatase im einzelnen unbeeinflußt, während sich die Stärke der Ferment-Rk. durch Vermehrung phosphatasepositiver Elemente (z. B. hypertropher Epiphysenknorpel, osteoider Gewebe) stark erhöht, nach Hypophysektomie durch Verminderung phosphatasepositiver Elemente in Knorpel u. Metaphyse deutlich reduziert. (Anatom. Rec. **111**. 193—219. Okt. 1951. Boston, Mass., Harvard School of Dent. Med., Biol. Res. Labor.) RUPPERT. 4210

C. V. Ramakrishnan und **B. N. Banerjee,** *Untersuchungen über Schimmelpilzlipase.* (Vgl. auch C. **1952**. 5907.) Eine Anzahl von auf Baumwollsamen (Gossypium herbaceum) beim Aufbewahren in einem Exsiccator unter gleichmäßigem Wassergeh. u. geregeltem Luftstrom gewachsenen Pilzen zeigte einen Geh. an *Lipase* (I). Auf CZABEK-Nährböden weitergezüchtet (37°; 4 Tage) wurden: Rhizopus C_1, Aspergillus flavus C_2, Asp. oryzae C_3 u. Asp. oryzae C_4. Bei Einw. auf Erdnußöl zeigten die Pilze eine I-Wrkg. mit Optimum bei p_H 6,2—6,8, die durch weiteres Züchten auf Ölkuchen von Baumwollsamen noch erhöht werden konnte. Die I zeigt bei Einw. auf Butylalkohol + Ölsäure auch synthet. Wirkung. (Research **4**. 434—35. Sept. 1951. Bangalore, South India, Indian Inst. of Sci.) HESSE. 4210

Robert F. Witter, Ethel H. Newcomb und **Elmer Stotz,** *Die Rolle von Adenosintriphosphat bei der Aktivierung der Fettsäureoxydation in vitro.* Die Unters. der Wrkg. verschied. Methoden zur Aufrechterhaltung des *Adenosintriphosphat* (I)-Spiegels gewaschener Leberpartikel u. Mitochondrien (Ratte) bei der Oxydation von *Sorbinsäure,* einer ungesätt. C_6-Carbonsäure, zeigte, daß dies in Rattenlebersystemen mittels *Phosphopyruvat-* oder *Phosphokreatin* (II)–*Adenosindiphosphat* (III)-Transphosphorylierungssystemen von Kaninchenmuskelextrakten möglich war. Ein Teil der Wrkg. des erstgenannten Syst. beruhte auf der Oxydation des bei der Transphosphorylierungs-Rk. gebildeten *Pyruvats* (IV). Der Aktivierungseffekt eines nichtoxydativen Prozesses zur Aufrechterhaltung des I-Spiegels, z. B. des II–III-Syst. des Kaninchenmuskels, wurde mit dem von I-Quellen, die von einer oxydativen Rk. abhängen, verglichen. Diese, wie *Malat,* hitzestabiler Faktor (aus Rattenleber), IV u. α-*Ketoglutarat,* waren wirksamere Aktivatoren der Sorbatoxydation (V) als das II–III-Syst. des Kaninchenmuskels, das eine langsame **V** katalysierte. Neben **I** erfordert **V** anscheinend einen weiteren Faktor, der bei der Oxydation der Aktivatoren gebildet wird oder von dieser abhängig ist. Die **IV**-Oxydation katalysiert **V** möglicherweise über Bldg. von *Acetoacetat.* (J. biol. Chemistry **200.** 703—13. Febr. 1953. Rochester, N. Y., Univ., School of Med. and Dent., Dep. of Biochem.) K. MAIER 4210

Oliver H. Gaebler und **James C. Mathies,** *Die Bedeutung der Veränderungen der Nieren- und Leber-L-Glutaminsäuredehydraseaktivität hypophysektomierter oder normaler, mit Wachstumshormon oder Thyroxin behandelter Ratten.* Bei hypophysektomierten, nach Belieben fressenden Ratten stimulierten hohe Dosen *Wachstumshormon* (**I**) die Bldg. von Leber- u. Nierengewebe mit niedrigem *L-Glutaminsäuredehydrase* (**II**)-Gehalt. Eine Abnahme der **II**-Gewebskonz. scheint jedoch nicht der Mechanismus zu sein, durch den Zunahmen der Körper- oder Organgewichte zustande kommen, da eine solche bei n., ad libitum fressenden u. mit hohen **I**-Dosen behandelten Tieren oder bei hyophysektomierten, ad libitum fressenden u. mit niedrigen, einen beträchtlichen Anstieg der Körper- u. Organgewichte bewirkenden Dosen behandelten Ratten nicht beobachtet wurde. *Thyroxin* änderte die **II**-Aktivität des Lebergewebes nicht. Die Konz. der Leber-**II** hypophysektomierter Ratten war mit der n. Tiere vergleichbar, wenn beide Gruppen ad libitum gefüttert wurden. Bei n. Ratten, die wie hypophysektomierte gefüttert wurden, ruft der Wachstumsstillstand anscheinend eine Anhäufung von **II** in der Leber hervor. (Endocrinology **51.** 469—75. Dez. 1952. Detroit, Henry Ford Hosp., Edsel B. Ford Inst. for Med. Res.) K. MAIER. 4210

Eugene Roberts, *Weitere Untersuchungen über die Hemmung von Bakterien-Glutaminsäuredecarboxylase.* (Vgl. AYENGAR u. ROBERTS, C. **1953.** 3899.) Eine Anzahl mit Glutaminsäure strukturverwandte Verbb. wurden auf ihre Fähigkeit, *Glutaminsäuredecarboxylase* aus Escherichia coli zu hemmen, getestet; stärkste Inhibitorwrkg. zeigten *α-Oximinoglutar*-(**I**) u. *α-Methyl-DL-glutaminsäure* (**II**). Die Wrkg. von **I** durfte in der Bldg. von *Hydroxylamin* durch Hydrolyse begründet sein; **II** ist ein kompetitiver Inhibitor für das Enzym, der sich nur langsam mit ihm verbindet u. dann so langsam dissoziiert, daß unter den Versuchsbedingungen kein Austausch durch das Substrat beobachtet werden konnte. Es wird gezeigt, daß **II** mit dem Enzym an 3 Stellen Bindung eingeht u. daß Decarboxylierung nicht eintreten kann, weil am $C_{(\alpha)}$ kein H vorhanden ist. (J. biol. Chemistry **202.** 359—67. Mai 1953. St. Louis, Mo., Washington Univ., School of Med., Wernso Labor. of Cancer Res.) GOEBEL. 4210

Leonard S. Lerman, *Eine biochemisch spezifische Methode zur Enzymisolierung.* Vf. berichtet über die Reinigung von *Pilztyrosinase* durch Adsorption des mit einem diazotierten aromat. Amin gekuppelten phenolinhibierten Enzyms. Ausgegangen wird von der Theorie, daß ein spezif. kompetitiver Inhibitor oder ein passendes Enzymsubstrat an die Oberfläche eines inerten Stoffes adsorbiert wird, an dem dann das spezif. Enzym reversibel gebunden wird, während unspezif. Enzyme u. Proteine nicht gebunden werden. Die Verss. werden durchgeführt mit einer dialysierten Enzymlsg. in Malonatpuffer (p_H 5,8); als Adsorbentien wurden aromat. Celluloseäther mit p-Azophenol- oder verwandten Gruppierungen benutzt (Darst. ist angegeben). Retention des Enzyms trat bei den Adsorbentien **I–III**, nicht bei **IV–VII** ein. Eluierung des zurückgehaltenen Enzyms aus der Säule durch 0,02mol. Pyrophosphat (p_H 8,3), 0,1mol. Glycin (p_H 9,6) oder andere Puffer mit ähnlichem p_H; ca. 56% des Ausgangsenzyms wurden durch Eluieren wiedergewonnen, dabei gelang 61fache Aktivitätssteigerung gegenüber dem rohen Ausgangsprodukt. Es wurden die *Celluloseäther* von *p'-[4'-Oxyphenylazo]-p-[2.4-dioxyphenylazo]-diphenyl* (**I**), *4'-[4''-Oxyphenylazo]-2.4-dioxyphenylazobenzol* (**II**), *p-[4'-Oxyphenylazo]-benzylalkohol* (**III**), *p-[4'-Oxytolyl-(3')-azo]-benzylalkohol* (**IV**), *p-[3'-(4''-Arsenophenylazo)-4'-oxyphenylazo]-benzylalkohol* (**V**), *4'-Carboxy-2.4-dioxyazobenzol* (**VI**) u. *4'-[4'' Carboxyphenylazo] 2.4 dioxyazobenzol* (**VII**) verwendet. (Proc. nat. Acad. Sci. USA **39.** 232—36. April 1953. Chicago, Ill., Univ. of Chicago, Inst. of Radiobiol. and Biophys.) GOEBEL. 4210

Alfred S. Sussman, *Tyrosinase und die Atmung der Puppen von Platysamia cecropia L.* Der Q_{O_2}-Wert während der Diapause von Puppen von Platysamia cecropia wird nicht durch Injektionen von Substraten (*Brenzcatechin, Tyrosin, Adrenalin, Protocatechinsäure*) oder Inhibitoren (*Na-Diäthyldithiocarbamat, Salicylaldoxim, Jodessigsäure, Malachitgrün*) der *Tyrosinase* (**I**) beeinflußt. Dagegen wird der Wert bei Homogenaten solcher vorbehandelten Tiere merklich verändert. Gleichzeitig tritt eine Steigerung der Empfindlichkeit gegen Cu als Eiweißgift, gegen Jodacetat u. gegen Tyrosin auf. **I** ist somit nicht als terminale Oxydase für die Atmung während der Diapause zu betrachten. (Biol. Bull. **102.** 39—47. Febr. 1952. Ann Arbor, Mich., Univ., Dep. of Bot.) LÜPNITZ. 4210

Oswald Wiss und **Heinrich Hellmann**, *Über die Einführung phenolischer Hydroxylgruppen beim oxydativen Tryptophanstoffwechsel.* Beim oxydativen *Tryptophan*-Abbau erfolgt eine Oxydation des *Kynurenins* (I) zu *3-Oxykynurenin* (II). Es wird über Verss. berichtet, bei denen zunächst *l*-Tryptophan, dann I unter aeroben Bedingungen bei 37° auf Rattenleberhomogenat (III) incubiert wurde. Mit Hilfe der Papierchromatographie konnte jedoch kein freies II nachgewiesen werden. Bei Verwendung von Anthranilsäure wurde jedoch eine phosphorsäurehaltige Verb. der 3-Oxyanthranilsäure (IV) erhalten. Im III ist also ein Ferment enthalten, das eine phenol. OH-Gruppe in o-Stellung zu einer aromat. prim. Aminogruppe einzuführen gestattet. Die Identifizierung der IV wurde durch Farb-Rkk. sowie durch Unters. der UV- u. Ultrarotspektren durchgeführt (vgl. DANNENBERG, Z. Naturforsch. **4b**. [1949.] 327). Es wird vermutet, daß die Oxydation von I ähnlich erfolgt, weshalb sich auch kein freies II im Chromatogramm findet. (Z. Naturforsch. **8b**. 70—76. Febr. **1953**. Tübingen, Univ., Physiol.-chem. Inst., u. Max-Planck-Inst. für Biochem.) R. KÖNIG. 4210

W. E. Knox, *Die Beziehung zwischen Leberkynureninase zum Tryptophanstoffwechsel bei Pyridoxyinmangel.* Unter optimalen Bedingungen betrug die durchschnittliche *Kynureninase* (I)-Aktivität n. Rattenleber 11,1 μ-Mol *L-Kynurenin* (II)/g Trockengewicht Protein/Std., während die von *Pyridoxin*-Mangelratten infolge des fehlenden Coenzyms auf 5,9 abgesunken war. I wurde durch Zuführung von II oder *Tryptophan* (III) nicht adaptiv gesteigert. Durch *Tryptophanperoxydase* (IV) n. Rattenleber wird II mit einer durchschnittlichen Geschwindigkeit von 9,3 μ-Mol/g Trockengewicht/Std. gebildet. Die Geschwindigkeit kann durch III-Gaben adaptiv um das 10fache vermehrt werden. Die anomale Anhäufung von III-Metaboliten ist auf eine relativ unzureichende Entfernung von II zurückführbar, die auf einer I-Abnahme infolge Coenzymmangels (*Pyridoxalphosphat*, V) oder einer adaptiven Zunahme des II-bildenden Enzyms (IV) bzw. auf beiden beruht. Für die Best. der I-Aktivität wird eine neue Meth. angegeben, wobei die Bebrütung von II in Ggw. von V bei p_H 8 u. 37°, die Enteiweißung mit Borsäure–A. u. die Best. von II durch Messung der Extinktion bei 365 mμ erfolgt. (Biochem. J. **53**. 379—85. Febr. **1953**. London, Ridgeway, Mill Hill, Nat. Inst. for Med. Res.) K. MAIER. 4210

M. R. Chandrasekhara und **M. Swaminathan**, *Die Proteasen aus „Ragi“- (Eleusine coracana, gaertn.) Malz.* Vff. untersuchen die Proteasen (Pr.) aus hirseähnlichem „Ragi“-(Eleusine coracana) Malz (I). Die Pr. wurden mit Acetatpuffer bei p_H 4,4 (25°) aus dem Malz extrahiert; p_H-Optimum der Pr. bei 4—4,4 in Acetatpuffer bei 37°; krit. Inaktivierungstemp. (Zerstörung der halben Enzymaktivität innerhalb 1 Std.) 50°; NaCN (0,002 mol.) u. H_2S (Sättigen der Enzymlsg.) geben 50%ig. Aktivitätssteigerung; mit Ascorbinsäure entsteht schwache, mit Cu'' (0,002 mol. $CuSO_4$) völlige Hemmung. Ungekeimtes „Ragi“ besitzt keinerlei proteolyt. Aktivität. (Bull. centr. Food technol. Res. Inst., Mysore **2**. 99—101. Jan. **1953**. Mysore, Central Food Technol. Res. Inst., Div. of Biochem. and Nutrit.) GOEBEL. 4210

R. Kapeller-Adler, *Der Histaminstoffwechsel in der menschlichen Placenta und im Nabelschnurblut.* Die *Histaminase* (I)-Aktivität wurde mittels einer mikrochem. volumetr. Meth. (C. **1951**. II. 2055) in 124 Placenten von Frauen mit n. oder toxäm. Schwangerschaft untersucht u. die Ergebnisse mit den von anderen Autoren mittels biol. Methoden erhaltenen verglichen. Der *Histamin* (II)-Geh. von Placenten betrug nach n. Schwangerschaft 0,10 ± 0,0104 γ II/g Gewebe, nach milder Toxämie 0,06 ± 0,0054, nach starker 0,40 ± 0,1700. Die I- u. II-Aktivität des mütterlichen u. fötalen Bluts wurden gleichzeitig untersucht u. die mögliche Bedeutung von II beim Verschluß der Nabelschnurarterien während der Geburt diskutiert. Placenta-I wirkte stärker auf *Cadaverin* (III) als auf II. Nieren-I u. I aus menschlicher Placenta unterscheiden sich hinsichtlich ihrer Wirkungen auf II u. III. (Biochem. J. **51**. 610—13. Aug. 1952. Edinburgh, Univ., Dep. of Pharmacol.) K. MAIER. 4210

P. Person, W. W. Wainio und **Bertram Eichel**, *Die prosthetischen Gruppen von Cytochromoxydase und Cytochrom b.* Vff. berichten über die Isolierung der prosthet. Gruppen von *Cytochromoxydase* (I) u. *Cytochrom b* (II). Um das Enzym in Lsg. zu halten u. abtrennen zu können, wurde Na-Desoxycholat in verschied. Konzz. zugesetzt u. dann prosthet. Gruppen mit Pyridin in Form ihrer red. Hämochrome extrahiert. Es ist dies der erste Fall, daß aus tier. Gewebe die prosthet. Gruppe von II isoliert wurde. Das red. Pyridinhämochrom von I zeigt im Absorptionsspektr. Maxima im Bereich von 428—430 u. 585—587 mμ, daneben absorbierten einige Präpp. schwächer im Gebiet von 525—530 mμ, jedoch ist die Natur dieser zusätzlichen Absorption unbekannt. Die Metallkomponente der prosthet. Gruppe von I scheint Fe u. nicht Cu zu sein. Das red. Pyridinhämochrom von II absorbiert im Sichtbaren gleich wie das red.

Pyridinhämochrom von Ferroprotoporphyrin. Pyridinlsgg. der isolierten prosthet. Gruppen sind für mehr als 4 Monate bei 4° haltbar. (J. biol. Chemistry **202.** 369—81. Mai 1953. New Brunswick, N. J., Rutgers Univ., Bur. of Biol. Res.) GOEBEL. 4210

Britton Chance, *Die Kohlenmonoxydverbindungen von Cytochromoxydasen.* 1. Mitt. *Differenzspektren.* Vf. hat mit Hilfe neuer spektrophotometr. Unterss. die SORET-Banden der *Cytochrom-CO*-Verbb. aus Muskel, Hefe u. einigen Bakterien untersucht, die CO-Verbb. aus Muskel u. Hefe zeigen SORET-Banden der Absorptionsmaxima, die mit denen von red. Cytochrom ident. sind; das Maximum bei 430 mμ stimmt fast mit dem von WARBURG bei Hefezellen festgestellten Absorptionsspektr. überein; die in dieser Unters. gefundenen Werte geben die Absorption der Cytochrome im Zustand ihres natürlichen Vorkommens u. können daher nicht mit Desoxycholat-behandelten Präpp. verglichen werden. Die von KEILIN u. HARTREE bei *Cytochrom a_3* gefundenen Eigg. besitzen Ähnlichkeit mit dem Atmungsferment aus Hefe von WARBURG. Bei *Bacillus subtilis* liegt die SORET-Bande der CO-Verb. an derselben Stelle wie bei Hefe u. Muskel, es handelt sich dabei um einen *Cytochrom a_3*-Typ, jedoch ist in B. subtilis mehr *Cytochrom a_3* als *Cytochrom a* vorhanden. Bei *Acetobacter pasteurianum* ist der Gipfel der SORET-Bande der CO-Verb. verschieden von dem bei CO-Cytochrom a_3; es wird daraus geschlossen, daß bei A. pasteurianum ein anderes Atmungsferment vorliegt als bei Hefe u. Muskel. Bei *Staphylococcus albus* wurde die SORET-Bande eines neuen CO-bindenden Pigments bei 416 mμ gefunden, was zu dem Schluß führt, daß dieses Pigment ein Cytochrom mit Protohäminnatur ist; daneben tritt noch bei 603 mμ eine Bande von *Cytochrom a* auf, während keine Cytochrom a_3-CO-Bande im Gebiet der SORET-Banden gefunden wurde. Das Ergebnis zeigt, daß *Cytochrom a* u. *a_3* nicht immer im selben Verhältnis zueinander u. daß *Cytochrom a* auch allein vorkommt; die Beobachtung der sichtbaren Absorptionsbande von *Cytochrom a* darf also nicht zu dem Schluß verleiten, daß auch Cytochrom a_3 vorhanden ist. Die SORET-Banden anderer Bakterien führen zu dem Schluß, daß Gemische von 2 oder mehr CO-bindenden Cytochromtypen vorliegen; so enthält Proteus vulgaris das Cytochrom a_1 aus A. pasteurianum u. das neue CO-bindende Pigment aus S. albus. Aerobacter aerogenes, Escherichia coli u. Azotobacter chroococcum enthalten ein komplizierteres Gemisch, das nicht ganz in die Einzelkomponenten aufgelöst werden konnte (wahrscheinlich Cytochrom a_1, a_2 u. das neue CO-bindende Pigment). Beschreibung der Methodik. (J. biol. Chemistry **202.** 383—96. Mai 1953. Philadelphia, Pa., Univ. of Pennsylvania, Johnson Res. Found.) GOEBEL. 4210

Britton Chance, *Die Kohlenmonoxydverbindungen von Cytochromoxydasen.* 2. Mitt. *Photodissoziationsspektren.* (1. vgl. vorst. Ref.) Es wird die Versuchsanordnung zur Messung der Photodissoziationsspektren im SORET-Gebiet beschrieben. Untersucht wurde die Photodissoziation der CO-Cytochromverbb. aus Herzmuskel, Backhefe, Bacillus subtilis, Acetobacter pasteurianum, Staphylococcus albus u. Micrococcus lysodeikticus; die Spektren der photodissoziablen Verbb. aus Muskel u. Hefe sind nahezu miteinander ident. u. ebenso mit dem Absorptionsspektr. von *CO-Cytochrom a_3*; sie stimmen überein mit dem Wirkungsspektr. der Atmungsfermente von WARBURG; *Cytochrom a_3* u. das *Atmungsferment* aus *Hefe* wurden spektroskop. eindeutig identifiziert. Das Photodissoziationsspektr. von A. pasteurianum stimmt überein mit dem Absorptionsspektr. von *CO-Cytochrom a_1* u. mit dem von KUBOWITZ u. HAAS (Biochem. Z. **255.** [1932.] 247) für das Wirkungsspektr. des Atmungsferments bei diesem Bakterium aufgenommenen Spektrum. Cytochrom a_1 fungiert also bei A. pasteurianum als Atmungsferment. Die Unterss. zeigten klar, daß *Cytochrom a_1* sich von *Cytochrom a_3* unterscheidet. (J. biol. Chemistry **202.** 397—406. Mai 1953.) GOEBEL. 4210

Britton Chance, *Die Kohlenmonoxydverbindungen von Cytochromoxydasen.* 3. Mitt. *Molekularextinktionskoeffizienten.* (2. vgl. vorst. Ref.) Beim Vgl. der Kinetik der Photodissoziation von *Myoglobin-CO* u. *Cytochromoxydase-CO* wurden neue, genauere Werte für die Molekularextinktionskoeffizienten der α-Bande von *CO-Cytochrom a_0* aus Muskel u. Hefe u. *CO-Cytochrom a_1* aus Acetobacter pasteurianum erhalten; die Werte sind 11, 12 bzw. 12 $cm^{-1} \cdot mmol.^{-1}$ bei 589 mμ (reaktionskinet. berechnet). Bei der Annahme, daß Lactoperoxydase ein spektroskop. Analogon zur Cytochromoxydase darstellt, ist das Verhältnis von Cytochrom a_3 zu a in Herzmuskel, Hefe u. Bacillus subtilis 0,7, 1,1 bzw. 2,3:1. *Cytochrom a_3* ist nach den Unterss. ident. mit dem Atmungsferment aus Backhefe, es zeigt Verschiedenheiten in seinen Eigg. u. in seiner Beziehung zu *Cytochrom a* in verschied. biol. Material. Beschreibung der Methodik u. der Berechnung. — Abb. Tabellen. (J. biol. Chemistry **202.** 407—16. Mai 1953.) GOEBEL. 4210

G. W. Kamaljan, *Die Wirkung von Colamin auf die Oxydationsprozesse in den überlebenden Geweben der Leber und der Nieren.* Mit Hilfe der WARBURG-App. wird an Leberschnitten von Meerschweinchen u. weißen Mäusen festgestellt, daß *Colaminhydro-*

chlorid (I) in Dosen von 3—11 mg die O_2-Aufnahme durch das Gewebe leicht hemmt u. den Atmungskoeff. (wahrscheinlich durch gesteigerten Fettzerfall) merklich senkt. An Nierenschnitten wirkt I für sich allein nicht auf die Oxydationsprozesse, in Kombination mit *Cu* (0,1—0,5 mg) wird jedoch der Atmungskoeff. gesenkt (wahrscheinliche Bldg. eines Cu-Komplexes). I wird während der Verss. nicht desaminiert. (Биохимия [Biochemie] **18.** 191—94. März/April 1953. Erewan, Zool.-Vet.-Inst., Lehrstuhl für Biochem.) RENTZ. 4210

J. Thomasow, *Über Enzyme des Bacterium linens.* Kulturen des *Bacterium linens* (B. l.) wurden auf Ggw. von *Amylase* (I), *Phosphatase* (II), *Labenzym* (III), *Katalase* (IV), *Peroxydase* (V) u. SCHARDINGER-*Enzym* (VI) untersucht. Im Kulturfiltrat von B. l. waren nachweisbar: **I, IV** u. **V**; in der autolysierten B. l.-Suspension: **I, IV** u. **VI.** Von den proteolyt. Enzymen waren *Proteinasen* gut nachweisbar; sie traten überwiegend im Kulturfiltrat auf. *Peptidasen* waren in geringerer Menge vorhanden, u. zwar sowohl im Kulturfiltrat als auch in der B. l.-Suspension; es konnten *Di-* u. *Polypeptidasen* nachgewiesen werden. Die Peptidspaltung wurde durch zweiwertige Metallionen gefördert. Das zeitliche Auftreten der *Proteinasen* wurde verfolgt; in Filtraten junger Kulturen war das Caseinspaltungsvermögen deutlich, es fiel dann ab, durchlief ein Minimum u. stieg wieder an. Das Peptonspaltungsvermögen war in Filtraten junger Kulturen zunächst gering, stieg aber bald an u. blieb dann ziemlich unverändert. p_H-Optima für die Caseinspaltung p_H 7,0, für die Peptonspaltung p_H 6,5. *Kaliumhexacyanoferrat* erwies sich ohne besonderen Einfl. auf die Spaltung; *Hydrazinsulfat, HCN, Ascorbinsäure* u. *Cystein* hingegen hemmten sie. Die *Proteinasen* wurden durch Erhitzen über 50° merklich geschädigt. Verss. zur Anreicherung der proteolyt. Enzyme durch Fällung mit Methanol lieferten Enzymlsgg. mit geringerer Aktivität, der Hauptanteil der Enzyme wurde nicht gefällt. Eine Steigerung der Methanolmenge bei der Fällung auf das dreifache führte zu verstärkter Schädigung der Enzyme. Fällung der Enzyme mit $(NH_4)_2SO_4$ bzw. Aceton setzte ihre proteolyt. Aktivität stark herab. Ausführliche Versuchsbeschreibung, Diskussion u. Literaturzitate. ((Kieler milchwirtsch. Forschungsber. **2.** 35—62. 1950. Kiel, Chem. Inst. der Verbrauchs- u. Forschungsanstalt für Milchwirtschaft.) GOEBEL. 4210

W. A. Hardwick und **J. W. Foster,** *Enzymatische Veränderungen während der Sporogenese bei einigen aeroben Bakterien.* 17 verschied. Enzymsysteme, die in vegetativen Zellextrakten von *Bacillus mycoides* u. in anderen aeroben sporenbildenden Bakterien eindeutig nachweisbar waren, kamen in Sporenzellextrakten nicht vor. Dies stützt die Hypothese, daß *Sporogenese* auf Kosten von vorgebildeten (Enzym-)Proteinen in den vegetativen Zellen verläuft; Enzyme, die im Kohlenhydratstoffwechsel benötigt werden, verschwinden dabei rascher als solche des Aminosäurestoffwechsels. In Ggw. eines Kohlenhydratsubstrats werden die zu diesem Abbau benötigten Fermente erhalten u. die Zelle verbleibt im negativen Stadium. (J. Bacteriol. **65.** 355—60. April 1953. Austin, Tex., Univ. of Texas, Dep. of Bacteriol.) GOEBEL. 4210

E. D. Wills, *Die Wirkung von anionischen Detergentien und verwandten Verbindungen auf einige Enzyme. Na-Dodecylsulfat* (I) hemmt bei p_H 5,0 *Urease* vollständig, die Hemmung nimmt jedoch mit leicht ansteigendem p_H schnell ab u. wird bei 5,4 aufgehoben. In gleicher Weise werden *Invertase, Peroxydase* u. *Malzamylase* gehemmt. Dagegen hat I keine Wrkg. auf die Cytochromoxydase u. beschleunigt die Trypsinwirkung. (Biochem. J. **53.** XX. Febr. 1953. London, St. Bartholomew's Hosp.) KRUSEN. 4210

K. S. Dodgson und **B. Spencer,** *Bestimmung von Sulfat bei der Untersuchung von Sulfatasen.* Um Mengen zwischen 10 u. 15 γ Sulfat mit einer Genauigkeit von ±5% zu bestimmen, setzen Vff. dem enteiweißten Enzym-Substrat-Gemisch bekannte Mengen Sulfat zu, fällen mit Benzidin, diazotieren, Kuppeln mit Thymol u. colorimetrieren. Die Meth. wurde bei Geweben von Säugetieren, Seetieren u. Seetang ausprobiert. Ca-, Ba- u. Fe-Ionen stören, K, Na, Mg, Cl, F, CN u. PO_4-Ionen dagegen nicht. Bei weiteren Unterss. wurde gefunden, daß die Arylsulfatase verschied. Organe von Ratten p-Acetylphenylsulfat in p-Oxyacetophenon u. anorgan. Sulfat spaltet. (Biochem. J. **51.** XXIX—XXX. Juli 1952. Cardiff, Newport Road, Physiol. Inst.) BAUMANN. 4210

John White und **D. J. Munns,** *Vorkommen und Bestimmung von für das Wachstum von Hefen wichtigen Vitaminen.* Allg. Ausführungen — 12 Literaturhinweise. (Amer. Brewer **86.** Nr. 2. 29—33. 83. Febr. 1953. Birmingham, England.) HAEVECKER. 4270

Sven Carlson, *Der Einfluß von niederem Wechselstrom auf die enzymatische Tätigkeit von Sproßpilzen in der anaeroben Gärung.* Neben zahlreichen anderen Maßnahmen zur Förderung der Alkoholgärung durch Saccharomyces hat sich eine Behandlung mit niederem Wechselstrom als wirksam erwiesen. Bes. groß (75%) war die Beschleunigung der Reaktionsgeschwindigkeit der Vergärung zu Beginn der Behandlung, während sie im späteren Verlauf wieder abnahm. Wichtig für den Verlauf der Gärung ist die Einhaltung optimaler Temp. (bei Stellhefe 30°, bei der obergärigen Bierhefe 15°). Eine Temperaturerhöhung wurde bei den strombehandelten Hefen ausgeschlossen. Das p_H übt einen entscheidenden Einfl. auf die Gärtätigkeit aus (optimal bei p_H 5—6). (Arch. Hyg. Bakteriol. **137.** 85—95. 1953. Mainz, Univ., Hyg.-Inst.) LENHARD. 4270

H. A. Krebs, S. Gurin und **L. V. Eggleston,** *Der Verlauf der Acetatoxydation in Backhefe.* Es wurden die Eigg. von Backhefe, die durch Einw. von Trockeneis für *Di-* u. *Tricarbonsäuren* permeabel gemacht war, untersucht. Die Wrkg. der Abkühlung auf die Permeabilität hängt von der Abkühlungsgeschwindigkeit ab. Während allmähliches Abkühlen auf Trockeneistemp. keine größere Wrkg. hat, hebt eine plötzliche Übertragung von 20—40° in festes CO_2 die Fähigkeit zur *Acetat* (**I**)-Oxydation nahezu vollständig auf, während die zur *Succinat* (**II**)-Oxydation zunimmt. Ein Wechsel von +2° auf Trockeneistemp. erhält teilweise das Oxydationsvermögen für **I**, *A.* u. *Glucose* (**III**). 1 Std. auf 50° erhitzte, dann in Trockeneis gebrachte Hefezellen zeigen einen niedrigen Leeratmungswert u. oxydieren weder **I**, A. oder **III**, jedoch **II** u. *D-* u. *L-Lactat.* Mit festem CO_2 behandelte Zellen sind für *Fumarat* (**IV**), *Malat* (**V**) u. *Citrat* permeabel, wie durch die Hefe-*Fumarase-* u. *Aconitase*-Aktivität nachgewiesen wurde. Die Permeabilität für **II** wurde durch dessen Oxydation in den Zellen demonstriert. Alle beteiligten Enzyme sind mit der Zellsubstanz verbunden u. gehen nicht in Lösung. Die **II**-Oxydation wird konkurrierend durch *Malonat* (**VI**) gehemmt. Die Hemmung beträgt 50% bei einem Konzentrationsverhältnis [II]/[VI] = 60. Die **I**-Oxydation durch mit Trockeneis behandelte Hefe wird durch **VI** unter Bedingungen, wobei eine Hemmung der **II**-Oxydation stattfindet, nicht gehemmt. Dies schließt **II** als Zwischenstufe der **I**-Oxydation aus. Gleichzeitige Oxydation von ^{14}C-**I** zusammen mit einem nichtmarkierten 2. Substrat, wie **II, IV, V**, *α-Ketoglutarat, Glyoxylat, Formiat* u. *Acetoacetat,* zeigt, daß diese Verbb. nicht als Zwischenstufen der **II**-Oxydation durch kältebehandelte Hefe auftreten. Obwohl die **I**-Oxydation durch Hefe im wesentlichen nicht über den Tricarbonsäurecyclus verlaufen kann, sind die Einzel-Rkk. des Cyclus in Hefezellen möglich u. dienen anscheinend zur Bldg. von Zwischenstufen für weitere Synthesen. Es werden Beobachtungen mitgeteilt, die darauf hinweisen, daß bei vielen anderen Mikroorganismen die Rkk. des Tricarbonsäurecyclus prim. weit mehr zur Versorgung mit Zwischenverbb. als zur Energielieferung verwendet werden. (Biochem. J. **51.** 614—28. Aug. 1952. Sheffield, Univ., Dep. of Biochem., Med. Res. Council for Res. in Cell Metabolism.) K. MAIER. 4270

Ju. N. Karassewitsch, *Einfluß der Stickstoffernährung auf den Wachstumscharakter der faltigen und der glatten Form von Saccharomyces cerevisiae.* Auf einem Nährboden der Zus. 3 (g/Liter) $(NH_4)_2SO_4$ (**I**), 0,7 $MgSO_4 \cdot 7H_2O$, 0,5 NaCl, 0,4 $Ca(NO_3)_2$, 60 Glucose, 1 KH_2PO_4, 0,1 K_2HPO_4, 20 Agar, p_H 6,5 treten in der Ansammlung der Biomasse u. im Zuckerverbrauch keine Unterschiede zwischen der faltigen u. der glatten Form von Saccharomyces cerevisiae zutage. Wenn jedoch bei sonst gleicher Zus. **I** als N-Quelle durch Glutaminsäure (auch Asparaginsäure, Pepton usw.) ersetzt wird, zeigt die faltige Form eine um 79% höhere Zunahme der Biomasse, um 38% höheren Zuckerverbrauch u. einen um 31% höheren Ausnutzungskoeff. als die glatte Form. (Доклады Академии Наук СССР [Ber. Akad. Wiss. UdSSR] [N. S.] **89.** 741—43. 1/4. 1953.) R. K. MÜLLER. 4270

M. E. Scevola, *Toxizität des Phenylhydraziniumoxalates für Hefen, Lactobacillen und Clostridien verglichen mit der freien Base.* Die Toxizität des Phenylhydraziniumoxalates (**I**) ist sehr viel geringer als die des freien Phenylhydrazins, geprüft an verschied. Mikroorganismen. Die Entw. von Saccharomyces cerevisiae ist noch bei einer Konz. von 80 mg-% **I**, von Lactobacillus mannitopeus bei 70 mg-% **I** u. von Clostridium acetobutylicum noch bei 50 mg-% **I** möglich. Die geringe Toxizität des **I** erlaubt seine Verwendung zum Abfangen von intermediären Carbonylprodd. des Stoffwechsels von Mikroorganismen sowohl bei anabol. als auch bei katabol. Prozessen. (Farmaco [Pavia] 6. 566—72. Sept./Okt. 1951. Pavia, Univ., Ist. di Chim. Farmaceut.) IPPEN. 4270

E_3. Mikrobiologie. Bakteriologie. Immunologie.

S. Čmelik, *Über die Verwendbarkeit einiger Algen der Adria zur Agarbereitung.* Verschied. adriat. Algen wurden getrocknet, gepulvert, mit der 20—40fachen Menge dest. W. 3 Std. gekocht u. durch Watte filtriert. Die erkaltete Gallerte wurde 24 Std. bei —12° ausgefroren, auf 5° erwärmt u. vom W. befreit. — *Pterocladia capillacea* lieferte den besten Agar für bakteriol. Zwecke; Aschegeh. 8,5%, Ausbeute 25%, E. der 3%ig. Lsg. 38°. — Aus *Hypnea musciformis* wurden 39% Agar erhalten; Asche 12%, E. 48°. —

Phyllophora nevosa gab 9% Agar, E. 42°. — Die grüne Alge *Palmophyllum crassum* enthält 50% gelatinierende Substanzen, die schon bei Zimmertemp. quellen, aber bei längerem Kochen ihre Gelierfähigkeit verlieren. (Acta pharmac. jugosl. **1**. 63—66. 1951. Zagreb, Hygien. Inst.) BECKMANN. 4310

V. E. Tyler jr. und **A. E. Schwarting,** *Die Züchtung von Claviceps purpurea.* 1. Mitt. *Wachstum und Ernährung in Submerskultur. Cl. purpurea* zeigte in Submerskultur Mycelbldg., wobei sich 2% ***Mannit*** als *C*- u. 1% *Caseinhydrolysat* als *N*-Quelle in Verbindung mit einer Grundlsg. geeigneter anorgan. Salze u. Spurenelemente maximale Entw. ermöglichten. Eine weitere gute *C*-Quelle, vor allem im Hinblick auf die Kombinierbarkeit mit den verschied. *N*-Quellen, war *Lävulose. Maltose, Lactose* u. *Galaktose* erwiesen sich als minderwertige *C*-Lieferanten. Die durchschnittliche Mycelausbeute betrug 1,48 g Trockensubstanz/100 cm³ Nährlsg. innerhalb 7 Tage. Zwischen Wachstum u. p_H-Änderung der Kultur-Fl. bestand eine Wechselbeziehung, die eine Schätzung der optimalen Gärungsdauer durch p_H-Best. ermöglichen dürfte. Bei der Submerskultur von *Cl. purpurea* wurde im Verlauf von 3 Jahren eine gewisse Variation des Stammes hinsichtlich Wachstumsgeschwindigkeit, Aussehen, Farbstoffbldg. u. anderen Stoffwechselprozessen beobachtet. (J. Amer. pharmac. Assoc., sci. Edit. **41**. 590—94. Nov. 1952. Storrs, Conn., Univ. of Connecticut, Coll. of Pharmacy.) K. MAIER. 4310

Leo Kline, L. Pine, I. C. Gunsalus und **H. A. Barker,** *Wahrscheinliche Identität des wachstumsfördenden Faktors für Butyribacterium rettgeri mit anderen biologisch aktiven Substanzen.* Vff. berichten über Unterss. des von KLINE u. BARKER (J. Bacteriol. **60** [1950.] 349) gefundenen, noch nicht identifizierten Wachstumsfaktors (*B. R.-Faktor*), der von *Butyribacterium rettgeri* (B. R.) zum Wachstum in Lactatmedium benötigt wird. Es wird weiter wahrscheinlich gemacht, daß der *B. R.-Faktor* in Beziehung steht zu den von SNELL u. BROQUIST (Arch. Biochemistry **23**. [1949.] 326) beschriebenen 3 akt. Systemen (**I**): Acetat ersetzender Faktor, Brenztraubensäureoxydase u. protogene Gruppe. Der B. R.-Faktor u. **I** besitzen dieselben relativen Aktivitäten für B. R., ebenso ist das chromatograph. Verh. ähnlich; hochgereinigte **I**-Präpp. sind auch für B. R. sehr wirksam; beide Faktoren sind schwache Säuren mit p_K ca. 5; die Hitzestabilität, das Vork. in 2 oder mehr akt. Formen u. die Verteilung zwischen W. u. organ. Lösungsm. sind gleich. (J. Bacteriol. **64**. 467—72. Okt. 1952. Berkeley, Calif., Univ. of California, Div. of Plant Biochem., u. Urbana, Ill., Univ. of Illinois, Dep. of Bacteriol.) GOEBEL. 4310

Arno Stöckli, *Über die wachstumshemmende Wirkung von Hefe auf die tetradenbildenden Streptokokken.* Vf. prüfte die wachstumshemmende Wrkg. von Hefe auf tetradenbildende Streptokokken, die darauf zurückzuführen ist, daß die Hefe dem Substrat die für das Bakterienwachstum notwendigen Wuchsstoffe entzieht. (Schweiz. Brauerei-Rdsch. **64**. 69—74. Mai 1953. Zürich, Versuchsstat. Schweizer. Brauereien.) HAEVECKER. 4310

N. D. Gary und **R. C. Bard,** *Wirkung der Ernährung auf Wachstum und Stoffwechsel von Bacillus subtilis.* Der Typ des Glucose–Dissimilations-Mechanismus bei Bacillus subtilis, Stamm Marburg, während seines Wachstums ist eine Funktion seiner Ernährung. In Trypton, Hefeextrakt, Glucosemedium gewachsene Zellen (C-Zellen) zeigen starke Respiration u. Fermentation, während solche aus organ. N-Salzen, Glucose (S-Zellen) lediglich Atmungsaktivität besitzen. C-Zellen oxydieren Glucose unvollständig zu *CH_3COOH, Acetylmethylcarbinol, CO_2* u. *H_2O*; anaerob wurde ein typ. homolact. Gärungstyp beobachtet. S-Zellen oxydieren Glucose völlig zu CO_2 u. H_2O mit Spuren CH_3COOH; anaerob verläuft derselbe Gärungstyp wie bei C-Zellen, aber in geringerem Maße. Zugabe von Aminosäuren zum anorgan. Medium bewirkt starken Anstieg der Gärungsaktivität bei S-Zellen. Anstieg des O_2-Drucks während des Wachstums bewirkt Absinken der Gärungsaktivität u. gleichzeitig Steigerung der Atmungskapazität von C-Zellen. Oxydation von Gluconat u. Ribose durch S-Zellen u. Unempfindlichkeit gegen Fluorid während der Glucoseoxydation zeigen, daß diese Zellen Glucose über den *Hexosemonophosphat* (**I**)-Weg dissimilieren. Empfindlichkeit gegen Fluorid während der Glucoseoxydation u. Gärung bei C-Zellen sowie die Natur der Endprodd. zeigen, daß sie die Dissimilation nach dem EMBDEN-MEYER-Schema ausführen, jedoch besitzen C-Zellen auch den **I**-Mechanismus, die Atmung von S-Zellen ist empfindlich gegen Cyanid, Azid u. CO (Cytochromsyst.), während C-Zellen lediglich gegen Azid empfindlich sind. C-Zellen enthalten ca. 10mal so viel Ribonucleinsäure wie S-Zellen. (J. Bacteriol. **64**. 501—12. Okt. 1952. Bloomington, Indiana Univ., Dep. of Bacteriol.) GOEBEL. 4320

Meyer J. Wolin, James B. Evans und **C. F. Niven jr.,** *Die Oxydation von Buttersäure durch Streptococcus mitis.* Ein Stamm von Streptococcus mitis oxydiert Buttersäure zu $2CH_3COOH$ u. $2H_2O_2$. Zellsuspensionen in dest. W. oder Phosphatpuffer, oder im Vakuum getrocknete Zellen erleiden einen Aktivitätsverlust, der durch Hefeextrakt wieder behoben wird; ebenso wird die Aktivität von frischen Zellen durch Hefeextrakt gesteigert. Das p_H-Optimum für das Syst. liegt bei p_H 6,5. Valeriansäure wird ebenfalls, aber in geringerem Maße, oxydiert. (J. Bacteriol. **64**. 531—35. Okt. 1952. Chicago, Ill., Univ., Amer. Meat Inst. Found., Div. of Bacteriol., u. Div. of Bacteriol. and Parasitol.) GOEBEL. 4320

Stanislas Cornut, *Direkte Oxydation der Glucose durch die Bakterien.* Von 52 untersuchten Bakterienstämmen assimilierten 32 Gluconat. Im WARBURG-App. wurde ferner das Assimilationsvermögen von anaerob oder aerob gewachsenem *Aerobacter* für verschied., theoret. denkbare Zwischenprodd. bei der direkten Oxydation der Glucose (I) geprüft. Es wurde festgestellt, daß *d-Arabinose, 5-Ketogluconat* (Na-Salz), *d-Arabonat* (Na-Salz) u. *d-Ribonat* (Na-Salz) nicht verbraucht werden. Vf. stellt ein neues Schema zur bakteriellen Oxydation von I auf. (Fermentatio [Gand] **1951**. 145—52. Gand, Univ., École vétérinaire, Labor. de Biochimie.) RUTKOWSKI. 4320

Alexander Janke, *Der mikrobielle Abbau der Aminosäuren.* Ausführlicher zusammenfassender Bericht über die verschied. Abbau-Rkk. von α-Aminosäuren durch Mikroben, die je nach dem p_H-Wert als Decarboxylierungs-Rkk. (bei saurem Substrat) oder Desaminierungs-Rkk. (bei alkal. Substrat) von der Carboxyl- oder der Aminogruppe des Mol. aus vor sich gehen u. dabei stets den anfänglichen p_H-Wert des Substrates zum Neutralpunkt hin verschieben. (Arch. Mikrobiol. **15**. 472—501. 1951.) GERDA SCHULZE. 4320

Nicholas E. Tonhazy und **Michael J. Pelczar jr.,** *Oxydation von Aminosäuren und von Verbindungen des Tricarbonsäurecyclus durch Neisseria gonorrhoeae.* Es wird über Stoffwechselunterss. (manometr. Meth.) an ruhenden Zellsuspensionen von Neisseria gonorrhoeae ATCC 9827 berichtet, die auf einem modifizierten Glucose-Stärke-Agar gewachsen waren. Von den Gliedern des Tricarbonsäurecyclus wurden lediglich *α-Ketoglutar-, Bernstein-, Fumar-, L-Äpfel-, Oxalessig-* u. *Brenztraubensäure* oxydiert; eine *Oxalessigsäuredecarboxylase* konnte nachgewiesen werden. Der Organismus kann geringe Mengen *Citronensäure* bilden. Von sämtlichen Aminosäuren wurden nur *D-* u. *L-Glutaminsäure* (I) rasch abgebaut, L-Histidin wurde desaminiert. Die Oxydation von L-Glutaminsäure war optimal bei p_H 7,2. Eine *Glutaminsäure/Asparaginsäure-Transaminase* wurde gefunden; Glutaminsäure/Alanin-Transaminase war nicht vorhanden. *L-Asparagin* wurde nicht oxydiert, konnte aber bei der Transaminierung *L-Asparaginsäure* vertreten. *L-Glutamin* wurde langsamer oxydiert als L-Glutaminsäure. Der Hauptabbauweg für I verläuft über die n. Zwischenprodd. des KREBS-Cyclus zur Essigsäure; Sekundär-Rkk. werden diskutiert. Penicillin hatte keine Wrkg. auf vorst. Rk.; der Abbau bei N. gonorrhoeae wird verglichen mit dem bei niederen Neisseria-Arten u. mit anderen pathogenen Bakterien. (J. Bacteriol. **65**. 368—77. April 1953. College Park, Md., Univ. of Maryland, Dep. of Bacteriol.) GOEBEL. 4320

T. Hofman und **H. Lees,** *Die Atmung von Nitrosomonas.* Die Unters. der Atmung gewaschener *Nitrosomonas*-Suspensionen mittels der WARBURG-Methodik bestätigte die quantitative Übereinstimmung von O_2-Aufnahme, Nitritbldg. u. NH_3-Verbrauch mit der Gleichung $NH_4^+ + 1{,}5 O_2 = 2H^+ + NO_2^- + H_2O$. Bei p_H 6,5 betrug die Nitritbldg. noch 60% der bei optimalen p_H-Wert (8,5) erhaltenen. Die Ergebnisse ähneln den bei Unters. des *Nitrosomonas*-Stoffwechsels in Böden gefundenen. In Übereinstimmung mit BÖMECKE (Arch. Mikrobiol. **10**. [1939.] 385) wurde in Abwesenheit von NH_3 eine sehr kleine „Restatmung" festgestellt, die durch Nitrit, Nitrat, Sulfat oder Chlorit stimulierbar ist. (Biochem. J. **52**. XIX. Dez. 1952. Aberdeen, Univ., Dep. of Biol. Chem.) K. MAIER. 4320

T. Hofman und **H. Lees,** *Der intermediäre Nitrosomonas-Stoffwechsel. Allylthioharnstoff* (I), der im Boden die Nitrifizierung u. in gewaschenen *Nitrosomonas*-Suspensionen die Nitrit (II)-Bldg. hemmt, stellt für die 1. Stufe des von KLUGNER u. DONKER angegebenen Schemas der II-Bldg. bei *Nitrosomonas*: $NH_3 \rightarrow NH_2OH \rightarrow$ *Hyponitrit* → II, ein selektives Gift dar. Gewaschene Zellsuspensionen zeigten in Ggw. von NH_3 u. 10^{-5} mol. I keine O_2-Aufnahme u. keine II-Bldg.; beide verliefen jedoch in Ggw. von I n., wenn den Suspensionen NH_2OH an Stelle von NH_3 zugesetzt wurde. *Hydrazin* (III) hemmt die NH_2OH-Oxydation. Mit $5 \cdot 10^{-3}$ mol. III behandelte Suspensionen häuften mit NH_3 als Substrat NH_2OH an, das nach CSAKY (Acta chem. scand. **2**. [1949.] 450) identifiziert u. damit erstmals als Zwischenstufe der NH_3-Oxydation durch *Nitrosomonas* nachgewiesen wurde. (Biochem. J. **52**. XX. Dez. 1952. Aberdeen, Univ., Dep. of Biol. Chem.) K. MAIER. 4320

Roy Repaske und **P. W. Wilson,** *Oxydation von Zwischenprodukten des Tricarbonsäurecyclus durch Extrakte aus Azotobacter agile.* Die Fähigkeit von nichtadaptierten

Zellen von *Azotobacter agile 4.4* u. von deren zellfreien Extrakten, Zwischenprodd. des *Tricarbonsäurecyclus* zu oxydieren, wurde verglichen. Für ganze Zellen ist zur Oxydation aller Substrate, außer Acetat u. Citrat, vorherige Adaption notwendig; Acetat wurde unmittelbar abgebaut, während für Citrat eine Anlaufzeit von ca. 1 Std. notwendig war; zellfreie Extrakte oxydierten alle Substrate unmittelbar, dialysierte Extrakte benötigen Coenzyme, die den im tier. Gewebe zum Tricarbonsäurecyclus benötigten ähnlich sind: *Triphosphopyridinnucleotide* zur *Citrat*-Oxydation, *Coenzym A. Diphosphopyridinnucleotide* u. *Mg''* zum Abbau von *α-Ketoglutarsäure, Mg'', Coenzym A* u. *ATP* zur *Acetat*-Oxydation. (Proc. nat. Acad. Sci. USA **39**. 225—32. April 1953. Madison, Wis., Univ. of Wisconsin, Inst. for Enzyme Res. u. Dep. of Bacteriol.) GOEBEL. 4320

M. W. Fedorow, *Die stickstoffbindende Aktivität von mehrfach eingefrorenen Zellen von Azotobacter.* Kulturen von Azotobacter agile werden 5mal abwechselnd einige Tage auf —15 bzw. —20° abgekühlt u. 28 bzw. 35 Tage lang bei +30° wieder aufgetaut. Die dabei verlorene N-Bindungsaktivität wird durch Zusätze von *Ascorbinsäure* (I) um 25%, von *Chinasäure* um 19,4%, von *Glutaminsäure* um 16,9% erhöht. Da Indigocarmin u. Methylenblau keine aktivierende Wrkg. zeigen, beruht die Aktivierung durch I nicht auf einer Beeinflussung der Redoxverhältnisse, sondern darauf, daß I eine akt. Gruppe im Fermentapp. ersetzt, die bei mehrfacher Abkühlung ausfällt. Bei Vitamin B_2 u. Thiamin ist die aktivierende Wrkg. nur halb so groß wie bei I. Die Kälteinaktivierung von Azotobacter ist also nicht auf Vitaminmangel zurückzuführen. Auch ungenügende H-Mobilisierung kann nicht ihre Ursache sein, denn das dehydrasevergiftende Malachitgrün setzt die Atmungsintensität um 20% herab, erhöht aber die N-Bindung um 17,9%. Die durch I ersetzte Fermentgruppe muß mindestens 5 C-Atome haben, weil Asparagin- u. Fumarsäure unwirksam sind. (Доклады Академии Наук СССР [Ber. Akad. Wiss. UdSSR] [N. S.] **89**. 745—48. 1/4. 1953. Moskau, Landw. Timirjasew-Akad.) R. K. MÜLLER. 4320

Thelma Fisher, Earl Fisher und **Milo Don Appleman,** *Nitrifizierung durch einige im Boden vorkommende heterotrophe Bakterien.* Bei Unterss. von Bodenbakterien wurden chemosynthet. heterotrophe Stämme isoliert, die NH_3 zu NO_2' oxydieren; die Oxydation verläuft nur in Bodenextraktbrühe; Gelatine wird nicht verflüssigt. Die Bakterien wachsen nicht auf den für autotrophe N-oxydierende Bakterien üblichen Medien; Vff. nehmen an, daß es sich um eine neue Gruppe handelt. (J. Bacteriol. **64**. 596. Okt. 1952. Los Angeles, Calif., Univ. of Southern California, Dep. of Bacteriol.) GOEBEL. 4320

Joseph S. Gots und **Eileen C. Chu,** *Untersuchungen über den Purinstoffwechsel bei Bakterien.* 1. Mitt. *Die Rolle von p-Aminobenzoesäure.* Vff. konnten wahrscheinlich machen, daß *p-Aminobenzoesäure* (I) eine Funktion bei der ***Purin***-Synth. auf dem Weg über *4-Amino-5-imidazolcarboxamid* (II) oder seine Derivv. besitzt. Dieses Ergebnis basiert 1. auf der Anhäufung von II bei einer I-benötigenden Mutante von *Escherichia coli* u. 2. dem Nachw. einer II-Ansammlung bei Hemmung durch I-Analoge (Atoxyl, p-Aminoacetophenon, p-Aminosalicylsäure). Isostere Verbb., die keine kompetitiven Antagonisten zu I sind, erwiesen sich als inaktiv. ***Methionin*** (III) u. Vitamin B_{12} sind beide fähig, den I-Bedarf der Mutante zu verringern u. die II-Anhäufung herabzusetzen, sie sind jedoch in dieser Wrkg. nicht äquivalent; diese Fähigkeit von III ist abhängig von der I-Konz.; die Ergebnisse werden so ausgelegt, daß III ein notwendiger Faktor bei der Überführung von II ist (C-Lieferant); I bzw. ein von ihr gebildetes Coenzym vermittelt diese Rk.; Formiat oder andere bekannte C-Lieferanten sind inaktiv. (J. Bacteriol. **64**. 537—46. Okt. 1952. Philadelphia, Pa., Univ. of Pennsylvania, School of Med., Dep. of Microbiol.) GOEBEL. 4320

Gerald R. Seaman, *Synthese von B-Vitaminen durch Tetrahymena geleii S.* Angepaßte Organismen von T. geleii S wachsen in Medien ohne *Thiamin* oder *Riboflavin* ebenso schnell wie nichtangepaßte in kompletten Medien. Die Wachstumsgeschwindigkeit ist jedoch bei Abwesenheit von Nicotinamid etwas geringer als bei den anderen Kulturen. Analysen der Kulturen u. Vergleichsexperimente ergeben, daß die wachsenden Zellen die im Nährboden fehlenden genannten Vitamine selbst synthetisieren. (Physiol. Zoöl. **26**. 22—28. Jan. 1953. Galveston, Tex., Univ. of Texas, Med. Branch, Carter Physiol. Labor.) GERDA SCHULZE 4320

P. Beningno und **T. Berti,** *Quantitative Untersuchungen über Stoffe, die die antibakterielle Wirkung des Cetyltrimethylammoniumbromids (CTAB) aufheben.* Der antibakterielle Effekt des *Cetyltrimethylammoniumbromids* (CTAB; I) läßt sich durch ***Albumin, Lecithin*** (II) u. ***anion Netzmittel*** (III) mehr oder weniger weit aufheben. III heben die Wrkg. des I auf Escherichia coli auch auf, wenn sie erst 5 Min. nach Zusatz des I zu den Bakterienkulturen gegeben werden. Bei gleichzeitiger Gabe von I u. II tritt vermehrtes Wachstum der Kulturen ein. Der mögliche Wirkungsmechanismus der genannten Hemmstoffe des I wird diskutiert. (Farmaco [Pavia] **6.** 15—21. Jan./Febr. 1951. Padova, Univ., Ist. di Farmacol.) IPPEN. 4330

Helmut Jansen, *Kurzer Beitrag zur Frage Bakteriostase–Bakterizidie des Isonicotinsäurehydrazids.* Vf. untersuchte im Kultur- u. Tiervers. den Einfl. von *Isonicotinsäurehydrazid* (INH) auf Tuberkelbacillen. Die bactericide Kraft ist, wenn überhaupt vorhanden, nur sehr gering. Nach 7 Tagen waren Tuberkelbacillen, die in vitro mit INH im Brutraum zusammengebracht worden waren, nicht abgestorben, sondern zeigten im Tiervers. nur eine gewisse Infektionsschwäche. (Klin. Wschr. **30.** 829—30. 15/9. 1952. Berlin, Hauptlabor. der Schering AG.) K. BÖHM. 4330

Hans A. Offe, Werner Siefken und **Gerhard Domagk,** *Neoteben, ein neues, hochwirksames Tuberkulostaticum und die Beziehungen zwischen Konstitution und tuberkulostatischer Wirksamkeit von Hydrazinderivaten.* Nach Darst. mehrerer Hundert Hydrazinderivv. wurde erkannt, daß das wirksame Prinzip auf der Konfiguration $R \cdot CX \cdot NH \cdot N = C \cdot R_2 \cdot R_1$ beruht. Die tuberkulostat. Wrkg. wurde durch Variierung der Substituenten R_1 u. R_2, mitunter bis zur Wirkungslosigkeit, verändert. *Nicotinsäurehydrazid* u. seine Hydrazone übten in vitro gute, im Tiervers. jedoch ungenügende Hemmwrkg. aus. Dagegen erwiesen sich *Isonicotinsäurehydrazid* (*Neoteben*; I) u. seine Hydrazone als hochwirksam. Schon bei Verdünnungen von 10^{-5} wurden Streptomycin-, PAS- u. Thiosemicarbazon-resistente Tuberkelstämme vollständig gehemmt. I kann mit Oxoverbb. Derivv. bilden, z. B. mit Glucose. Wahrscheinlich beruht seine Wirkungsweise im Organismus auf einer entsprechenden Reaktion. — Ringförmige Verbb. (Pyridazone, Pyrazolone, Phthalazone), die dem abgegebenen Prinzip entsprechen, zeigen gelegentlich gewisse Wirksamkeit. (Naturwissenschaften **39.** 118. 1. Märzheft 1952. Leverkusen, Farbenfabrik Bayer, Wiss. Hauptlabor., u. Wuppertal-Elberfeld, Bayer-Forschungsstätten, Abt. für Exp Pathol. u. Bakteriol.) HILDEGARD BAGANZ. 4330

A. V. Few, P. D. Cooper und **D. Rowley,** *Bestimmung der Radiopenicillin-Aufnahme durch Elektrodialyse.* Bei Verss. über die Aufnahme von markiertem *Penicillin* (I) durch Bakterien wird das überschüssige I durch Elektrolyse entfernt. Um dabei eine I-Zerstörung weitgehend zu vermeiden, muß unter Eiskühlung, mit einer Stromstärke von maximal 5 mA, u. unter Verwendung von dest. u. mit einem Ionenaustauscher behandeltem W. gearbeitet werden. (Biochem. J. **53.** XIX. Febr. 1953. London. Wright-Flaming Inst. of Microbiol.) KRUSEN. 4340

G. Renoux und **J. Roux,** *Wirkung von 2.3-Dimercaptopropanol (BAL) allein oder in Verbindung mit Chloramphenicol oder Aureomycin auf einige gramnegative Bakterien.* Während *BAL* auf Brucellen bakteriostat. wirkt u. die antibiot. Wrkg. von Chloramphenicol u. Aureomycin steigert (vgl. RENOUX u. Mitarbeiter, Ann. Inst. Pasteur **80.** [1951.] 189), ist ein derartiger Einfl. bei anderen gramnegativen Bakterien nicht festzustellen. (Ann. Inst. Pasteur **80.** 633—38. Juni 1951. Montpellier, Fac. de Méd., Labor. de Microbiol. et Centre de Rech. sur la Fièvre ondulante.) FISCHOEDER. 4340

P. Villemin, F. Grumbach und **F. Boyer,** *Vergleichende Untersuchungen über die Wirksamkeit mehrerer Antibiotica in vitro und in vivo.* Geprüft wurden Penicillin, Streptomycin, Polymyxin, Neomycin, Aureomycin u. Terramycin sowie 15 verschied. Bakterienarten. Die bakteriostat. Wirksamkeit der einzelnen Antibiotica auf bestimmte Bakterien im Röhrchentest entsprach im Infektionsvers. an der Maus der curativen antibiot. Infektabwehr. (Ann. Inst. Pasteur **80.** 605—18. Juni 1951. Paris, Inst. Pasteur, Serv. de Chim. thérap.) FISCHOEDER. 4340

Y. Chabbert, *Die Empfindlichkeit gegen Antibiotica von 700 aeroben, im Jahre 1950 geprüften Keimen.* 9 aus Untersuchungsmaterial gezüchtete Bakterienarten wurden mit Penicillin, Terramycin, Aureomycin, Streptomycin u. Chloromycetin getestet. Seit Jahren wird eine fortschreitende Zunahme resistenter oder wenig empfindlicher Keime festgestellt. In einigen Krankenhäusern sind bis zu 60% aller Staphylokokken-, Streptokokken- u. D. coli-Stämme gegen ein oder mehrere Antibiotica resistent. (Ann. Inst. Pasteur **80.** 627—32. Juni 1951. Paris, Inst. Pasteur, Serv. de microbiol. génerale.) FISCHOEDER. 4340

Waclaw Szybalski und **Vernon Bryson,** *Genetische Untersuchungen der Mikroben-Kreuzresistenz gegen toxische Stoffe.* 1. Mitt. *Kreuzresistenz von Escherichia coli gegen 15 Antibiotica.* Stämme von *Escherichia coli* wurden resistent gemacht gegen *Aureomycin* (I), *Bacitracin* (II), *Catenulin* (III), *Chloromycetin* (IV), *Circulin* (V), *Dihydrostreptomycin* (VI), *Oxystreptomycin* (VII), *Neomycin* (VIII), *Netropsin* (IX), *Penicillin* (X), *Polymyxin B* (XI), *Streptothricin* (XII), *Terramycin* (XIII), *Vinactin* (XIV) u. *Viomycin* (XV); der Resistenzfaktor wurde bestimmt. Der Grad der Kreuzresistenz wurde festgestellt durch Testen der resistenten Stämme gegen jedes der Antibiotica. Resistente Bakterien zeigten gleiche, geringere oder höhere Empfindlichkeit gegenüber den anderen Antibioticis als ihre Mutterkulturen; es wurde indirekte

Resistenzentw. beobachtet: Stämme, die gegen einen Stoff unempfindlich geworden waren, wurden durch andere Stoffe, denen sie noch nie ausgesetzt waren, nicht mehr geschädigt. Die getesteten Antibiotica lassen sich nach diesen Verss. in 4 Gruppen einteilen, die unter sich verwandt sind: 1. Gruppe **XII**, **XV**, **XIV** (Actinomycespolypeptide), **III** u. **VIII**; Stämme, die gegen diese Verbb. unempfindlich sind, zeigen auch gegen die Streptomycine Resistenz, jedoch besteht die umgekehrte Beziehung nicht. Völlige Kreuzresistenz u. Kreuzabhängigkeit besteht zwischen **VI** u. anderen Streptomycinen. — Gruppe 2 **I**, **IV** u. **XIII**; **X** u. Mycine sind weniger eng verwandt. — Gruppe 3 **XI** u. **V** (cycl. Bakterienpolypeptide); Stämme, die gegen diese beiden Antibiotica resistent sind, zeigen auch Einwegkreuzresistenz zu **XII**, **III**, **VIII** u. Streptomycin. — Gruppe 4 **II** (Bakterienpolypeptid). Ansteigen der Empfindlichkeit gegen ein Antibioticum bei steigender Resistenz gegen ein anderes wird als **kollaterale** Empfindlichkeit bezeichnet (z. B. entwickelt Stamm B/r einen 300fachen Resistenzanstieg gegen **IV** u. wird dabei gleichzeitig 100mal empfindlicher gegen **XI**). Diskussion der Kreuzresistenzanalyse im Vgl. mit der Best. von Bakterienhemmungsspektren, Klassifizierung neuer Antibiotica u. Planung chemotherapeut. Programme. (J. Bacteriol. **64.** 489—99. Okt. 1952. Cold Spring Harbor, N. Y., Biol. Labor.) GOEBEL. 4340

Josef Klosa, *Über die antibiotische Wirkung der Flechtenstoffe.* Eine große Anzahl von Flechten wurde mit einem Gemisch von Chlf.-Ae.-Bzl.-Aceton extrahiert u. die Gemische der Flechtensäuren, die zu den Depsiden rechnen, auf ihre anibiot. Wirksamkeit untersucht. Es zeigte sich, daß fast alle Flechten eine antibiot. Wirksamkeit besitzen. Die größten Effekte wurden mit Flechteninhaltsstoffen aus der Familie der *Cladoniaceae*, *Parmeliaceae* u. *Usneaceae* gegen *Staph. aureus*, *Strept. haem.*, *Pneumokokken* u. Diphtheriebacillen erzielt. Es zeigte sich, daß die Spaltprodd. der Flechtensäuren *in vitro* stärker wirksam, jedoch auch toxischer als die Depside sind. Durch Gemische von Flechtensäuren mit Spaltprodd. sowie verschied. Flechteninhaltsstoffen untereinander konnten stark potenzierte Wirkungen erzielt werden. — Die antituberkuläre Wirksamkeit wurde mit verschied. Nährböden bestimmt. Es zeigte sich, daß die Flechteninhaltsstoffe durch Serumzusatz inaktiviert werden.

Versuche: Zerriebene Flechten wurden 2—5 Std. mit Chlf.-Ae.-Bzl.-Aceton extrahiert u. das Lösungsm. aus dem Filtrat entfernt. Wurde kein trockenes Kristallpulver erhalten, so wurde mit einem Gemisch von A.-Aceton u. viel Ae. aufgenommen, mit verd. $NaHCO_3$ oder 2nSoda ausgeschüttelt, angesäuert u. der Nd. gegebenenfalls unter Zusatz von A. oder Aceton aufgenommen. Die Isolierung der einzelnen Flechtensäuren erfolgte nach ZOPF. (Hoppe-Seyler's Z. physiol. Chem. **287.** 195—204. Juni 1951. Berlin-Adlershof.) HILDEGARD BAGANZ. 4340

R. Vendrely und **R. Tulasne**, *Erste Beobachtungen über den chemischen Bau der L-Formen der Bakterien.* Die *L-Formen* von *Bakterien* (Rev. Immunologie **15.** [1951.] 223) sind filtrierbare Zwergformen (ca. vom Umfang größerer Viren), die nach einer spontanen oder durch schädigende Einw. gewisser Substanzen, z. B. Penicillin, erfolgenden tiefgreifenden Umwandlung entstehen. Die Umwandlung n. Bakterien in die L-Form ist von erheblichen chem. Veränderungen begleitet. Der *Nucleinsäure*-Stoffwechsel erfährt eine deutliche Störung in Form einer Abnahme der *Ribonucleinsäure* (**I**), die einem verlangsamten Synthesevermögen u. einer verringerten Vermehrungsgeschwindigkeit entspricht. Gleichzeitig häufen sich niedermol. *P*-Verbb., die wahrscheinlich I-Vorstufen darstellen, an. Der *Lipid*-Geh. weist eine beträchtliche Zunahme auf u. kann bis zu 25% des Gesamtgewichtes der L-Form erreichen. (Bull. Soc. Chim. biol. **34.** 785—89. 1952. Strasbourgh, Fac. de Méd., Inst. d'Hygiène et de Bactériol.) K. MAIER. 4350

H. Bömeke, *Nitrosomonas oligocarbogenes, ein obligat autotrophes Nitritbacterium.* Unterss. über das N/C-Verhältnis bei Nitritbakterien vom Nitrosomonas-Stamm zwecks Aufklärung der von verschied. früheren Forschern erhaltenen stark schwankenden N/C-Verhältnisse. Es wird dabei festgestellt, daß diese N/C-Unterschiede auf das Vorhandensein verschied. Arten von Nitritbakterien zurückzuführen sind, u. zwar wurde neben dem bekannten N. europaea mit einem N/C-Verhältnis von 35/1 ein weiteres, ebenfalls autotrophes nitrifizierendes Bacterium mit einem N/C-Verhältnis von 70/1 gefunden, das N. oligocarbogenes benannt worden ist. Es bildet Schwärmer u. verträgt weniger hohe Tempp. u. Salzkonzz. als die erstgenannte Art. (Arch. Mikrobiol. **15.** 414—27. 1951. Münster/Westf., Botan. Inst.) GERDA SCHULZE. 4350

Christian Lerche, *Elektrophorese von Micrococcus pyogenes aureus.* Die Anwendung der Elektrophorese auf die genannte Mikrobe führte zu neuen Erkenntnissen über die Eigg. von deren Oberfläche. (Acta pathol. microbiol. scand., Suppl. **1953.** Nr. 98. 1—194. Oslo, Ullevål Hosp.) LOCH. 4350

W. F. J. Cuthbertson, *Die mikrobiologische Bestimmung des Vitamins B_{12}.* Nachweis u. Best. von *Vitamin B_{12}* (I) gelingen mit einer Genauigkeit von 10—15% bis herunter zu Konzz. von 0,002 γ pro cm^3 Substrat durch Kultur von Lactobacillus lactis, L. leichmannii oder Escherichia coli auf völlig I-freien Nährböden, auf denen die Kontrollen keinerlei Entw. zeigen. *Desoxyriboside* stören, bleiben aber im Gegensatz zu I nach vorherigem Aufkochen noch erhalten; *Methionin* stört erst in wesentlich höheren Konzz. u. kann, wie andere störende Beimengungen, gegebenenfalls durch chromatograph. Abtrennung entfernt werden. (Boll. chim. farmac. **89.** 361—65. Sept. 1950. Greenford, Middlesex, Glaxo Labors.) KIMPEL. 4360

Haas, *Immunbiologie der Tuberkelbakterien.* Übersichtsreferat. Tb-Bakterienaufbaustoffe: *Lipoidstoffe*, wie Mycolsäure, Phthiocerol, Mykocerosinsäure, Phosphatide (Cardiolipin, Sitolipin), *methylverzweigte Fettsäuren, Phthionsäure, Polysaccharide, Nucleinsäuren, Eiweißkörper* als Träger der Tuberkulinwrkg., *Cordfaktor* u. Virulenz; *BCG*-Impfstoffe, *Vole*-Bacterium. — 123 Literaturangaben, Diskussionsbemerkungen. (Zbl. Bakteriol., Parasitenkunde, Infektionskrankh. Hyg., I. Abt., Orig. **158.** 175—92. 30/6. 1952. Marburg, Behring-Inst.) K. MAIER. 4370

M. A. Soltys, *Eine tuberkulostatische Substanz in tuberkulösen Organen.* (Vgl. C. **1953.** 1828.) Aus bovinen tuberkulösen Lymphknoten sowie aus Milz u. Leber tuberkulöser Meerschweinchen u. Kaninchen kann nach Homogenisieren u. 7tägigem Stehen bei 4° in SAUTON-Lsg. ein Extrakt gewonnen werden, der tuberkulostat. Eigg. besitzt. Damit behandelte Tuberkelbacillen rufen, wenn Versuchstieren injiziert, keine Tuberkulin-Rk. hervor. Diese Wrkg. kann durch Waschen der Bacillen mit NaCl-Lsg. wieder aufgehoben werden. Das relativ fest an die Gewebszellen gebundene Agens ist nicht mit *Spermin* ident., stellt vielmehr einen *Antikörper* dar. (J. comparat. Pathol. Therapeut. **63.** 147—52. April 1953. Liverpool, Univ., Dep. of Veterin. Pathol.) LENHARD. 4370

G. C. van Drimmelen, *Supravitalfärbung als Methode zur Prüfung der Lebensfähigkeit von Bakterien in Suspensionen.* Brucella-Abortus-Vaccine läßt sich auf der Farm auf ihre Brauchbarkeit prüfen durch die mit 2.3.5-Triphenyltetrazoliumbromid eintretende Rotfärbung. Bei Aufbewahrung bei 37° sinkt die Brauchbarkeit innerhalb weniger Tage auf 0, bei 3° bleibt sie wochenlang erhalten. (South African J. Sci. **49.** 255—60. März 1953.) FRESENIUS. 4370

Eero Uroma und **Antti Louhivuori,** *Herstellung von Sitolipin.* Beschreibung der Gewinnung von *Sitolipin* (I), das als Syphilisantigen verwendet wird, aus Weizenkeimpulver (fraktionierte Extraktion mit Aceton u. Methanol, Fällung der Methanollsg. mit $BaCl_2$, Extraktion mit Ae., Fällung mit Methanol, Reinigung mit $CaCl_2$) u. der Standardisierung (in Verbindung mit Cholesterin u. Lecithin) seiner antigenen Eigenschaften. Reines I enthält 4,26% P u. zeigt ein JZ. von 119,5. (Ann. Med. exp. Biol. fenn. **29.** 227—32. 1951. Helsinki, State Serum Inst.) PATZSCH. 4370

Eugene Roberts und **G. B. Ramasarma,** *Die Aminosäuren des Virus der gelben Mosaikkrankheit der Rübe.* Der Eiweißbestandteil des „*gelben Mosaikvirus*" der Rübe wurde mikrobiol. u. papierchromatograph. nach ROBERTS auf seine Aminosäurenzus. untersucht. Neben den gewöhnlich auftretenden Aminosäuren wurden *Glucosamin, α-Amino-n-buttersäure* u. *γ-Aminobuttersäure* in Spuren festgestellt. *Tryptophan* wurde nicht gefunden (Säurehydrolyse!). Auffällig war der hohe Geh. an *Serin, Threonin* u. *Prolin*, während *Oxyprolin* nicht gefunden wurde. (Proc. Soc. exp. Biol. Med. **80.** 101—03. Mai 1952. St. Louis, Mo., Wernse Labor. of Cancer Res., Washington Univ., School of Med.) WOLFGANG ALBRECHT. 4374

Hans Vogel, *Die chemotherapeutischen und antibiotischen Möglichkeiten der Virustherapie.* Gedrängte Übersicht ohne Literaturangaben. (Österr. Apotheker-Ztg. **4.** 428. 431. 26/8. 1950.) E. LEHMANN. 4374

Albert Milzer und **Freddie Nicholson,** *Wirkung verschiedener Allergene und Antibiotica auf experimentelle Poliomyelitis.* Verss. an Mäusen. Nach intravenöser oder intraperitonealer Impfung mit verschied. *Allergenen* (I) u. *Antibioticis* (II) ergab sich bei intracerebral mit dem Lansingstamm des Poliomyelitisvirus infizierten Tieren keine eindeutige Abnahme der Inkubationszeit vor Einsetzen der Paralyse. Untersucht wurden I: Staub, gemischte Pollen von Bäumen u. Gräsern, gemischte Sporen, Pferdeserum; II: *Dihydrostreptomycin, Terramycin* u. *Penicillin.* Nur mit Salmonella-Typhimurium-Vaccinen wurde eine sichtbare Verkürzung der Inkubationszeit erzielt. (Proc. Soc. exp. Biol. Med. **80.** 442—45. Juli 1952. Chicago, Ill., Michael Reese Hosp.) DOSSMANN. 4374

D. Perlman, *Physiologische Untersuchungen an Actinomyceten.* Übersichtsbericht. Probleme bei der Unters. des Actinomycetenwachstums u. -stoffwechsels; Bldg. von

Antibioticis (I): Testmethoden, Auswahl von Actinomycetenkulturen, Nährmedien für die I-Erzeugung durch Actinomyceten, techn. I-Produktion, Rolle der I-Biosynth. im Actinomycetenstoffwechsel; die Umwandlung von *Kohlenhydraten* (II), *Lipiden* (III) u. *N*-haltigen Substanzen durch Actinomyceten; Bldg. von Vitaminen u. Wuchsfaktoren. Vertreter der Actinomyceten können II u. III zu CO_2 oxydieren, ohne daß die einzelnen Zwischenstufen dieser Reaktionsfolge bekannt sind. Die meisten Actinomyceten wirken proteolyt. u. greifen *Proteine* sowie *Polypeptide* an u. verwerten *Nitrate* u. NH_3 als *N*-Quellen. Fast alle synthetisieren bei Züchtung in Co-Salze enthaltenden Medien *Vitamin* B_{12}, u. viele bilden kompliziert gebaute organ. Moll. mit antibiot. Eigg., wobei deren Bildungsmechanismus u. Bedeutung für den Stoffwechsel des Pilzes unbekannt sind. — 595 Literaturangaben (vor 1952) mit Titelzitaten. (Bot. Rev. **19.** 46—97. Jan. 1953. Princeton, N. J.) K. MAIER. 4380

Beverley I. Anderson und **R. J. Swaby,** *Die fungistatische Wirkung von 8-Oxychinolin (Oxin) und seiner Metallkomplexe beeinflussenden Faktoren.* Die fungistat. Wrkg. von *8-Oxychinolin* (I) gegenüber *Aspergillus niger* wird stark herabgesetzt, wenn das Medium zuerst von 2 wertigem *Cu* befreit wird. Andrerseits erhöht sich mit steigenden *Cu*-Mengen die I-Toxizität. Die Toxizität wird selbst in Ggw. großer *Cu*-Konzz. durch p_H-Erniedrigung weitgehend aufgehoben. Entfernung von Fe^{2+} setzt die fungistat. I-Wirksamkeit geringfügig herab, während *Zn-*, *Mn-* oder *Mo*-Mangel ohne Einfl. sind. Die I-Hemmwrkg. wird durch Zusatz hoher Konzz. von *Co, Zn, Mn, Fe* u. *Cu* nicht, durch *Mo* nur teilweise aufgehoben. Die Toxizität von weiteren 7 Chelate bildenden Verbb., *Na-Diäthyldithiocarbamat, Cupferron, o-Phenanthrolin, 4-Methyl-1.2-dimercaptobenzol* (*Dithiol*), *Diphenylthiocarbazon* (*Dithizon*), *1-Oxyphenazin* u. *6-Oxy-m-phenanthrolin,* wurde in u. ohne Ggw. von *Cu* getestet. Bei den 4 letzgenannten nahm die fungistat. Wrkg. in Ggw. von *Cu* zu. Der fungistat. Wirkungsmechanismus von *Cu-Oxinat* (oder *Fe-Oxinat*) ist unbekannt. (Austral. J. sci. Res., Ser. B. **4.** 275—82. Aug. 1951. Sidney, Univ., New Med School, Bacteriol. Dep.) K. MAIER. 4380

Alois M. Memmesheimer und **H. Kuhlmann,** *Über die Prüfung pilzabtötender Mittel.* Bericht über Prüfung der Hemmwrkg. von *Phebrocon,* ammoniakal. $AgNO_3$-Lsg., *D 25, Hexylresorcin, Mycal* u. *Asterol* in verschied. Verdünnungen auf das Wachstum von *Microsporon gypseum* u. *Candida albicans* nach der Meth. des hängenden Tropfens bei Beobachtung im Phasenmikroskop. Die unterschiedliche Wrkg. der einzelnen Fungicide wird besprochen, desgleichen die beobachteten morpholog. Veränderungen. Kontrolle der Ergebnisse durch Weiterimpfung der Mikrokulturen auf Nährböden. (Dermatol. Wschr. **127.** 459—63. 1953. Essen, Städt. Krankenanstalten.) DOSSMANN. 4380

Carl Lamanna and Frank Mallette, Basis bacteriology. Its biological and chemical background. London: T. & C. Bailliere. 1953. (XIV + 677 S. m. Abb.) 76 s. 6 d.

E₄. Pflanzenchemie. Pflanzenphysiologie. Pflanzenpathologie.

W. Jensen, *Untersuchungen über Suberin.* 4. Mitt. *Isolierung von Phloionsäure aus Suberin von Quercus suber.* (3. vgl. C. **1952.** 4470.) Außer den bereits früher (l. c.) aus dem *Suberin* von *Quercus suber* isolierten Säuren *Eikosandicarbonsäure-(1.20)* (II), *Phellonsäure* (III) u. der *Säure* $C_{18}H_{34}O_4$ wurde jetzt noch aus diesem Material *Phloionsäure* (I), F. 122,8—124° (PAe. + A.), als *Dimethylester,* $C_{20}H_{38}O_6$, F. 75,8—76,1°, aus Ae. dünne Nadeln, isoliert. Das Trennungsverf. wurde durch Einschaltung einer Aussalzoperation modifiziert, wobei II u. III zum Teil abgetrennt werden. Die erhaltene Menge an I-Dimethylester entspricht ca. 10% des Suberins. Aus der Rinde von *Betula verrucosa* konnte I nicht erhalten werden. (Paperi ja Puu **34.** 467—68. 470. 1952. Åbo, Univ., Dep. of Chem., u. Chem. Technol. of Forest Products.) AMELUNG. 4420

Obdulio Fernández und **Dolores Lara Saenz,** *Chemische Phylogenie des Lignins.* 3. Mitt. 1. Teil. (2. vgl. C. **1953.** 77.) Erörterung der Konst. des Lignins u. ihr Zusammenhang mit verschied. Holzarten (Weich-, Hartholz). Analysenmethoden für KLASON-Lignin, Lignole nach PAULY. Acetylierung der Lignine. (Farmac. nueva **17.** 437—42. Sept. 1952.) ALTPETER. 4420

F. L. Rigby und **J. L. Bethune,** *Cohumulon, ein neuer Hopfenbestandteil.* Durch Gegenstromverteilung im Syst. 2.2.4-Trimethylpentan (I)/Phosphat-Citrat-Puffer p_H 4,9 der Petrolätherextrakte verschied. Biere u. Messung der opt. Dichten bei 255 mμ wurde die Anwesenheit zweier Hauptbestandteile (Verteilungskoeff. 0,9 u. 1,9) u. mindestens eines Nebenbestandteiles (3,2) nachgewiesen. Die Substanz mit dem Verteilungskoeff. 1,9 ist ident. mit *Isohumulon,* diejenige mit dem Koeff. 0,9 entsteht zusammen damit beim Kochen der Pb-Salzfraktion eines Hopfenextraktes. Gegenstromverteilung dieser Fraktion im Syst. I/Phosphatpuffer p_H 8,5 u. Messung der opt. D. bei

332 mμ zeigt die Anwesenheit von *Humulon* u. einer neuen Substanz mit dem Verteilungskoeff. 0,53 an, die *Cohumulon* genannt wird u. die durch Kochen mit Phosphatpuffer p_H 5,2 in die aus Bier isolierte neue Substanz übergeht. — Humulinon konnte weder in der Pb-Salzfraktion noch im ganzen Extrakt durch Gegenstromverteilung nachgewiesen werden, ist also kein natürlicher Hopfenbestandteil, sondern entsteht erst bei der Aufarbeitung. Da für Humulon keine theoret. Verteilungskurve erhalten werden konnte, wird angenommen, daß in der Pb-Salzfraktion noch mindestens eine 3. Komponente vorhanden sein muß. (J. Amer. chem. Soc. **74.** 6118—19. 5/12. 1952. Toronto, Ontario, Can., Canada Breweries Ltd., Res. Div.) SPAETH. 4420

Ž. Procházka und **S. Kořistek,** *Ein Beweis des Vorkommens von gebundener Ascorbinsäure in Kohlpflanzen mit Hilfe der Papierchromatographie.* Ein aus zerkleinertem Kohl mit W. extrahiertes, mit Aktivkohle ausgeschütteltes u. daraus mit Chlf.-A. (7 : 3) extrahiertes Prod. zeigt als Konzentrat nach Hydrolyse mit konz. HCl durch Vgl. mit einem authent. Präp. papierchromatograph. *Ascorbinsäure* (**I**). Vff. schließen daraus auf das Vork. einer gebundenen Form von **I** u. schätzen 7—13 mg in 1650 g Kohl. — Als Lösungsm. zur Entw. verschied. Chromatogramme wurden verwendet (R_F-Werte in Klammern): *n-Propanol* (0,00); A. (0,04—0,02); *Methanol* (0,20—0,30), Werte stark konzentrationsabhängig; *50%ig. Methanol* (0,85); *W.* (0,98); *konz. HCl* (0,9); *Essigsäure* (0,35—0,55); *Ameisensäure* (0,85); *n-Butanol–Essigsäure–W.* 4 : 1 : 5 (0,34—0,45). — Als Indicator für **I** wurde ammoniakal. $AgNO_3$, saures $KMnO_4$, J_2–KJ-Stärkelsg. u. Dichlorphenolindophenol verwendet. (Collect. czechoslov. chem. Commun. **16.** 65—68. 1951. Prag, Tschechoslowakei, Chem. Werke, Pharmaceut. u. Biochem. Forschungsinst.) DIETRICH. 4425

Felix Seemann, *Der Einfluß von Neutralsalzen und Nichtleitern auf die Wasserpermeabilität des Protoplasmas.* In Verss. an Zellen der Wasserblätter von Salvinia natans u. der Innenepidermis von Allium cepa konnte eine Erhöhung der Wasserpermeabilität des Protoplasmas nach Vorbehandlung mit hypoton. Neutralsalzlsgg. (**I**) u. eine Hemmung nach Vorbehandlung mit Harnstoff (**II**)- u. Traubenzucker (**III**)-Lsgg. nachgewiesen werden. In quantitativer Hinsicht wird der Effekt durch die Konz. u. die Dauer der Einwirkungszeiten bestimmt. Die durch **III** erreichbare Hemmung der Permeabilität tritt wie die Erhöhung durch **I** rasch ein, während **II** bis zur Erzielung optimaler Hemmungsgrade eine verhältnismäßig lange Einwirkungszeit benötigt. Die Befunde werden vor allem im Hinblick auf die Bedeutung des Plasmas u. des Plasmalemmas für die Wasserpermeabilität diskutiert. (Protoplasma **42.** 109—32. 1953. Wien, Univ., Pflanzenphysiol. Inst.) OELSSNER. 4450

C. Ravazzoni, *Wirkung von Wuchsstoffen und Herbiciden auf die Fermentsysteme der Pflanzen.* Der Vf. untersucht den Einfl. der 2.4-Dichlorphenoxyessigsäure (**I**) (2.4-D), die durch Wrkg. auf die phosphorübertragenden Fermente als Wachstumsstimulans oder Herbicid wirkt, der Indolylessigsäure, Naphthylessigsäure u. Naphthoxyessigsäure auf verschied. pflanzliche Fermentsysteme (Amylasen [**II**], Lipasen[**III**], Katalasen u. Peroxydasen [**IV**]). In Mengen, die noch nicht zur Wachstumshemmung führen, hemmen diese Substanzen die **III**, während die **IV** etwas u. die **II** deutlich aktiviert werden. Bei höheren Dosen werden alle diese Fermentsysteme durch die **I** u. die anderen genannten Verbb. gehemmt. (Farmaco [Pavia] **6.** 588—91. Sept./Okt. 1951. Milano, Univ., Ist. di Chim. Organ.) IPPEN. 4486

Raoul Combes, L'Assimilation du carbone par les végétaux chlorophylliens. Alençon: Impr. de Poulet-Malassis. 1953. (27 S. m. Abb.) fr. 100,—.

E_5. Tierchemie. Tierphysiologie. Tierpathologie.

J. Supniewski, *Die Bedeutung des Eisens im Tierorganismus.* Übersichtsreferat. (Farmacja polska **7.** 197—202. Aug. 1951.) FISCHOEDER. 4510

R. N. Chaudhuri, R. Chakravarti und **B. N. Dutta,** *Bestimmung der extracellulären Körperflüssigkeit mit Thiocyanat bei gesunden Indern.* Die durchschnittliche interstitielle Fl. bei 17 Personen, nach der Meth. von CRANDALL u. ANDERSON (Amer. J. Digest. Diseases Nutrit. **1.** [1934.] 126) bestimmt, betrug 160 ± 26,3 ml/kg. (Indian J. med. Res. **39.** 553—58. Okt. 1952. Calcutta, School of Trop. Med.) KRUSEN. 4510

Ulf Borell, *Die Verteilung von organischem und anorganischem Phosphat im menschlichen Endometrium unter normalen und pathologischen Bedingungen.* Vf. fand in der Proliferationsphase einen niedrigeren P-Geh. als in der Sekretionsphase. Die einzelnen Fraktionen zeigten keinen Unterschied, nur kurz vor Beginn der Menstruation stieg der freie P an, der langsam hydrolysierbare P nahm ab. Der Geh. des Rest-P (nach Extraktion) war bei Frauen in der Menopause u. bei Amenorrhoe im Verhältnis zu den anderen

P-Verbb. hoch. Der Geh. an Orthophosphat u. Lipid-P stieg nach Gabe von *Östradiolbenzoat* (I) an, während *Progesteron* (II), welches nach einer Vorbehandlung mit I gegeben wurde, einen Anstieg des langsam hydrolysierbaren P zur Folge hatte. Die Befunde stützen die Theorie, nach welcher das Endometrium auch während der Proliferationsphase unter II-Einfl. steht u. nur kurz vor Beginn der Menstruation durch östrogene Hormone allein beeinflußt wird. (Acta obstetr. gynecol. scand. **32.** 170–89. 1953. Stockholm, Karolinska Sjukhuset.) WOLFGANG ALBRECHT. 4510

Lodovico Arrigo und **Tullio Montini,** *Gegenwart und Verhalten der Lipide im Darmsaft.* Vff. fanden experimentell ein direkt proportionales Konzentrationsverhältnis zwischen Darmsaft u. Blut des Hundes für *Triglyceride* u. *Phosphatide,* nicht für *Cholesterin.* Entfernung der Bauchspeicheldrüse erhöhte, Entfernung der Niere erniedrigte die Konzz. der Lipide im Darmsaft. (Atti Accad. naz. Lincei, Rend., Cl. Sci. fisiche, mat. natur. **11.** 297–301. Nov. 1951. Genova, Univ., Ist. di Fisiol. Umana.) LUDOLPHY. 4520

Anast. Christomanos, *Purpurpigment und Protein in den Fangfäden der Seeanemone, Adamsia rondeleti.* A. rondeleti bringt Fangfäden mit gefärbtem Protein hervor, von dem ein Purpurpigment (I) mit dest. W. extrahiert werden kann. I zeigt eine intensive blaue Fluorescenz im UV (Maximum bei 555 mμ, kleinere Spitzen bei 465, 450 u. 435 mμ). Beim Erhitzen wird die wss. Lsg. gelb. I wird bei p_H 1,92 farblos, ist aber bis p_H 12,36 beständig. Bei Zugabe von 0,1 nNaOH wird es gelb u. zeigt den Geruch nach Trimethylamin. I scheint zur Gruppe der Chromoproteine zu gehören. Papierchromatograph. wurden folgende Aminosäuren festgestellt: *Cystein, Asparagin-* u. *Glutaminsäure, Valin, Alanin, Histidin, Threonin, Serin, Lysin, Arginin, Prolin, Tyrosin, Tryptophan, Oxylysin* u. eine nicht näher identifizierte Säure u. *Tetramethylammoniumhydroxyd.* Die ersten 3 Säuren überwiegen. (Nature [London] **171.** 886–87. 16/5. 1953. Athen, Univ., Dep. of Biochem. II.) PATZSCH. 4520

K. G. Rienits, *Elektrophorese saurer Mucopolysaccharide auf Filterpapier.* Beschreibung einer App. zur Ausführung der Papierelektrophorese in horizontaler Anordnung. Das elektrophoret. Verh. von 3 sauren Mucopolysacchariden (I), *Hyaluronsäure* (aus Acetontrockenpräp. menschlicher Nabelschnur), *Chondroitinsulfat* (aus Rindertracheen), *Heparin* (aus Ochsenlungengewebe), wurde untersucht. Die Lage von I wurde durch Färben mit 0,125%ig. Toluidinblau-, 0,05%ig. Azur A-Lsg. oder quantitative Elution der Papierabschnitte mit anschließender Best. des *Hexosamin-* oder Hexuronsäuregeh. jeden Eluats ermittelt (Beschreibung eines App. zur quantitativen I-Elution). Nach der angegebenen Meth. wurden Extrakte aus Schweinehaut auf *Glucosamin*-haltige Verbb. untersucht (0,1 mol. Na-Acetat–Essigsäure-Puffer, p_H 5,0, 16 Std., 4,0 V/cm). (Biochem. J. **53.** 79–85. Jan. 1953. Birmingham, Univ., Dep. of Anat.) K. MAIER. 4520

Marcel J. Dallemagne, *Die Biochemie der Ossifikation.* Übersichtsref. mit 123 Literaturangaben. Besprochen u. diskutiert werden die physikal., physikochem. u. chem. Unterss. über Ca-Phosphate, die Enzyme u. Substrate, die bei der Knochenbldg. mitwirken, u. die Molekularstruktur der Ca-, Na-, K- u. Mg-Salze mit besonderer Berücksichtigung von Bildungsweise u. Eigg. des Grundelementes: *Tricalciumphosphat.* (J. Radiol. Électrol. Arch. Électr. méd. **32.** 176–88. 1951. Liège, Fac. de Méd.) DOSSMANN. 4550

R. Pätiälä und **Raekallio,** *Saccharin als ein allergisches Agens. Bericht über einen Fall gleichzeitiger Kreuzsensibilisierung gegen verschiedene Sulfonamidpräparate und Saccharin.* Ein 35jähriger ♂ zeigte nach jedesmaliger Aufnahme von mit *Saccharin* (I) gesüßten Lebensmitteln allerg. Erscheinungen (Erbrechen, Diarrhöe). Dulcin wirkte nicht allergisch. Der Patient hatte eine polyvalente Überempfindlichkeit gegen Sulfonamidpräpp. (SA). Aus der Ähnlichkeit der chem. Struktur der SA u. des I wird die allerg. Wrkg. des I zu deuten versucht. Mit dem Hauttest konnte die Frage nicht geklärt werden, ob eine **I-Allergie** oder eine polyvalente, aber spezif. Überempfindlichkeit vorliegt. Die Grenze zwischen der I-Allergie u. der polyvalenten SA-Allergie ist nur leidlich evident. (Ann. Med. exp. Biol. fenn. **29.** 191–96. 1951.) PATZSCH. 4551

A. P. Gorbatschewa, *Stickstoffhaltige Stoffe des Blutes als „Vorprodukte" der stickstoffhaltigen Bestandteile der Milch.* Aus der Best. von Gesamt-N, Rest-N, Polypeptiden, Aminosäuren, Diaminosäuren u. Aminodicarbonsäuren in der Milch u. in Blutproben aus der Vena subcutanea abdominus u. der Vena jugularis von Milchkühen während der Weide- u. Stallperiode wird geschlossen, daß die Milchdrüse die verschied. N-Bestandteile des Gesamtblutes stärker bindet als die des Plasmas. Das Plasma ist in seiner Zus. beständiger als das Gesamtblut. Die Unters. des Plasmas u. Serums des Blutes ermöglicht keine Klärung des Bildungsmechanismus der Milch. (Доклады Всесоюзной ордена Ленина Академии Сельскохозяйственных Наук имени В. И. Ленина

[Ber. Allunions landwirtsch. (Lenin-Orden) Lenin-Akad.] **15.** 7—13. 1950. Allunions Wiss. Forschungsinst. für Tierzucht.) SCHMEISS. 4555

J. C. D. White, *Zusammensetzung der Walmilch.* Die chem. Zus. der Milch von Baloenoptera musculus u. physalus wird angegeben (W.: 38—76 [%]; Fett: 17—51; Protein: 3,6—13; Lactose: 1,1—4,8; Asche: 0,8—1,8). Die Sammlung der Proben erfolgte zwischen 6 u. 19 Std. nach dem Tod der Tiere. (Nature [London] **171.** 612. 4/4. 1953. Kirkhill, Ayr., Hannah Dairy Res. Inst.) FRESENIUS. 4555

Klaus Thomsen, *Über die biologische Funktion des Lochialsekretes. Hemmungsversuche mit Colibakterien.* Die Unters. von steril gewonnenem Uterussekret des 1. bis 10. Wochenbettstages ergab, daß alle geprüften Sekrete in vitro bei 37° über eine starke wachstumshemmende Aktivität gegenüber *Coli*-Bakterien (7 Stämme) verfügten u. die Zahl vermehrungsfähiger Keime nach 2 std. Einwirkungszeit von der Mehrzahl der Lochialsekrete auf einen unter 10% liegenden Wert gesenkt wurde. Mit fortschreitender Entfernung vom Geburtstermin steigt die wachstumshemmende Aktivität des Lochialsekretes an, während dessen Menge abnimmt. Die in der Wochenbettperiode ständig sezernierten puerperalen Wundsekrete des Uterus erfüllen anscheinend durch den Schutz der puerperalen Wundfläche gegen Infektionen eine wichtige biol. Funktion. Die Ursache der Inhibitionsleistung des Lochialsekretes ist möglicherweise in der Aktivität der Leukocyten zu suchen. (Arch. Gynäkol. **182.** 429—44. 1953. Hamburg-Eppendorf, Univ.-Frauenklinik.) K. MAIER. 4555

Irene T. Kline und **Ralph I. Dorfman** (unter techn. Mitarb. von **Patricia McCreery**), *Stimulierung des Eileiters von Küken mit Vitaminmangel durch Östrogen.* Der als Folge des Vitaminmangels eintretende Hungerzustand bewirkt eine unspezif. verminderte Ansprechbarkeit des Eileiters gegenüber *Östrogen* (I). Unter Berücksichtigung dieses Umstandes zeigt I bei Hühnchen mit *Aneurin*-Mangel eine größere stimulierende Wrkg. als erwartet, vermutlich durch Ausfall von Hemmungsmechanismen. Die schwächere Wrkg. von I bei *Lactoflavin*-Mangel beruht möglicherweise allein auf dem Hungerzustand oder bildet das Ergebnis einander entgegenwirkender Prozesse. Bei *Nicotinsäure*-Mangel rufen niedrige I-Gaben größeres Wachstum des Eileiters hervor als hohe Dosen. Mangel an *Pteroylglutaminsäure* (II) verhindert eine Wrkg. von I, da II für den Ablauf des Wirkungsmechanismus von I notwendig ist. (Endocrinology **48.** 345—57. April 1951. Cleveland, O., Western Reserve Univ., School of Med., and Lakeside Hosp.) SPITALER. 4558

William H. Fishman, *Die Beziehung zwischen Östrogenen und Enzymaktivität.* Übersichtbericht. Stoffwechsel u. Wrkg. der *Östrogene* (I): Spezifität von I, Rk. der Gewebe auf I, die I-Aktivität beeinflussende Faktoren, Lokalisierung der I-Wrkg., Bedeutung der I-Konjugate; Verh. von I im Organismus: Quelle von I, I im Blut, Verschwinden on I in der Leber, die Rolle der Niere, Verwertung von I; „Aktivierung" u. „Inaktivierung" von I in der Leber: in vitro-Inaktivierung, Inaktivierung durch pflanzliche Enzyme, Bedeutung der Eingeweideorgane für die I-Aktivität; *β-Glucuronidase* u. I: Tierverss., Beobachtungen am Menschen (Blut, Gewebe der Sexualorgane, Vaginal-Fl., Krebs), Hydrolyse der Steroidglucuronide des Urins; *Phosphatase*; *Cholinesterase*; andere Enzymsysteme. — 113 Literaturangaben. (Vitamins and Hormones **9.** 213—36. 1951. Boston, Mass., Tufts Coll., Med. School.) K. MAIER. 4558

Hermann Hegnauer, *Zur Physiologie und Pathologie der Sexualhormone in der Schwangerschaft.* Vf. bespricht die physiol. Aufgaben der Sexualhormone während der Schwangerschaft u. diskutiert die Ursachen für Störungen in der hormonalen Schwangerschaftsregulation. (Zbl. Gynäkol. **75.** 849—68. 1953. München, Univ., Frauenklinik u. Hebammenschule.) BRAUKMANN. 4559

Robert S. Long und **Eugene E. Simmons,** *Leber und Östrogenstoffwechsel.* Beschreibung von klin. u. experimentellem Material, das auf eine enge Beziehung zwischen Leberfunktion u. Östrogenstoffwechsel hinweist. Bei 55 Patientinnen mit Störungen des Östrogenstoffwechsels (Dysmenorrhöe, Endometriosis, Mastalgie usw.) konnten durch eine auf Verbesserung der Leberfunktion gerichtete Therapie gute bis ausgezeichnete Behandlungsergebnisse erzielt werden. (A. M. A. Arch. intern. Med. **88.** 762—69. Dez. 1951. Omaha, Univ. of Nebraska, Coll. of Med., Dep. of Internal Med.) K. MAIER. 4559

H. Lax, *Untersuchungen über die Wirkung des Choriongonadotropins.* Chorionepitheliom u. Blasenmole im Zustand hormonaler Aktivität können eine Veränderung des Eiweißspektr. verursachen. Bei 2 ad exitum gekommenen Fällen wurden auch Schäden an der Leber beobachtet. Bei einer Patientin mit sek. Amenorrhoe wurde durch *Choriongonadotropin* (I; *Pregnyl*, SCHERING A. G.; Dosis: 10000 E. 2 mal/Tag, 10 Tage lang) eine Steigerung der α_2-Globuline ohne Hypalbuminämie erzielt. Auch Verss. an Kaninchen (Dosis: 500 E. I/Tag) führten zum gleichen Ergebnis. Wird I durch Kochen oder Trypsin inaktiviert, so ruft es ebenfalls Veränderungen im Eiweißspektr. hervor. Sie unterscheiden sich jedoch von dem mit hormonal aktivierten I neben einer α_2- durch eine gleichzeitige deutliche β-Globulinvermehrung u. Hypalbuminämie. (Z. Geburtshilfe Gynäkol. **139.** 33—47. 1953. Berlin, Univ., Frauenklinik.) R. KÖNIG. 4559

William Hansel und **George W. Trimberger,** *Atropin-Blockierung der Ovulation bei der Kuh und ihre wahrscheinliche Bedeutung.* Verss. mit 16—30 Monate alten Kühen, denen subcutan *Atropinsulfat* (I; 4,1—39,5 mg/kg) in verschied. Zeiten der Präovulation injiziert wurde. Es trat eine Ovulationsverzögerung von 22—66 Std. ein. Die kombinierte Anwendung von I u. *Chorion-Gonadotropin* ließ die Ovulation etwas früher eintreten. Es wird angenommen, daß neben der hormonalen Steuerung des Ovulationscyclus auch noch ein nervöser Faktor eine Rolle spielt. (J. Animal Sci. **10.** 719—25. Aug. 1951. Cornell Univ.) LÜPNITZ. 4559

June East, *Östrogene Wirkungen von unterirdischem Klee (T. subterraneum L. var. Dwalganup): Brustdrüsenentwicklung beim kastrierten männlichen Meerschweinchen.* Es wurde das Verh. der Brustwarze kastrierter männlicher Meerschweinchen bei einer Diät aus östrogen wirksamem unterird. Klee untersucht. *Östrogen*-Behandlung in Form von aufgenommenem Klee oder injiziertem *Stilböstrol* rief eine gleichartige, statist. signifikante Zunahme der Länge der Brustwarze hervor. Die Wrkg. der Kleeverfütterung war nach 14 Tagen feststellbar u. erreichte nach einem Monat ein Maximum. Eine Verlängerung der Brustwarze infolge Kastration oder nach *Testosteronpropionat* (I) war nicht fetstellbar. Wenn I in Verbindung mit der Kleediät gegeben wurde, waren die Brustwarzen beträchtlich kleiner als nach Klee allein. Die Schutzwrkg. von I reichte demnach nicht zur vollständigen Aufhebung der Östrogenaktivität aus. (Austral. J. exp. Biol. med. Sci. **28.** 449—58. Juli 1950. Nedlands, Univ. of Western Australia, Inst. of Agric.) K. MAIER. 4559

Valensi, *Ein Fall einer Behandlung von Schwangerschaftstoxikose durch Östrogene.* Nach einer vorangegangenen schweren Schwangerschaftstoxikose, die den Tod des Föten zur Folge gehabt hatte, trat eine mit dem gleichen Krankheitsbild beginnende 2. Schwangerschaft ein. Täglich 10—15 mg *Diäthylstilböstrol* bewirkten Rückgang der Krankheitserscheinungen, sowie n. Entw. der Schwangerschaft u. n. Entbindung. (Tunisie méd. **29.** 191—95. Febr. 1951.) K. MAIER. 4559

G. Papineau-Couture und **R. A. Burley,** *Die quantitative Bestimmung von Pregnenolon und Pregnenolonacetat mittels infraroter Spektrophotometrie.* Eine neue quantitative Bestimmungsmeth. für *Pregnenolon* (I) u. I-*Acetat* wurde auf der Grundlage infraroter Messung entwickelt, wobei die Spezifität der Messung durch die Erfassung mehrerer unspezif. Banden gesichert wird. (J. Amer. pharmac. Assoc., sci. Edit. **39.** 683—86. Dez. 1950.) HEINZE. 4559

Aaron J. Ladman und **Meredith N. Runner,** *Vergleich der Empfindlichkeit von noch nicht geschlechtsreifen und tragenden Mäusen für die Bestimmung von Gonadotropin.* Unterss. ergaben, daß tragende Mäuse als Versuchstiere für Gonadotropin (Ovulationstest) bereits auf $^1/_8$ der Dosis ansprechen, die bei den gewöhnlich verwendeten noch nicht geschlechtsreifen Tieren (100%ig. Zunahme des Verhältnisses von Organgewicht/Körpergewicht) nötig ist. (Endocrinology **48.** 358—64. April 1951. Indiana Univ., Dep. of Anat., u. Roscoe B. Jackson Mem. Labor.) SPITALER. 4559

S. H. Strugis und **V. C. Politou,** *Bestimmung von Präparaten, die ovarielle Hyperämie bei der noch nicht geschlechtsreifen Ratte durch intravenöse Injektion hervorrufen.* Ovarielle Hyperämie wurde nach intravenöser Injektion von *Gonadotropin* des Chorions am deutlichsten 1—3 Std. nach Injektion, von Hypophysenextrakten nach 1 Std. hervorgerufen. Mit Östronsulfat ließen sich keine brauchbaren Ergebnisse erhalten. — Der Vorteil der Meth. beruht auf geringem Zeitaufwand u. darauf, daß eine genau kontrollierbare Menge des zu prüfenden Extraktes in den Kreislauf gebracht werden kann. (Endocrinology **48.** 435—42. April 1951. Massachusetts General Hosp., Gynecol. Serv., Vincent Mem. Hosp. and Labor.) SPITALER. 4559

Albert G. Olsen, Hilton A. Salhanick und **Frederick L. Hisaw,** *Die hemmende Wirkung verschiedener Steroide auf die Bestimmung von Progesteron nach Hooker-Forbes. Östra-(17β)-diol* (I) hemmt die im biol. Test nach HOOKER-FORBES durch *Progesteron* (II) hervorgerufene positive Rk. der Stromakerne des Bindegewebes des Mäuseuterusendometriums, wenn das I : II-Verhältnis > 1 : 200 ist. *Stilböstrol* u. *Testosteron* hemmen ebenfalls die typ. Rk., u. *Desoxycorticosteronacetat*- oder -*glucosid* verschleiert die II-Wrkg. auf die Kerne. Diese Befunde sind für die quantitative II-Best. in Gemischen, die andere Steroidhormone enthalten, von Wichtigkeit. (Endocrinology **51.** 519—23. Dez. 1952. Cambridge, Mass., Harvard Univ., Biol. Labors.) K. MAIER. 4559

Paolo Schlechter, *Die gonadotropen Hormone der Hypophyse.* Übersicht über Chemie u. Physiologie der Gonadotropine mit 148 Literaturangaben. (Farmaco [Pavia] **6.** 74—93. Jan./Febr. 1951. Bologna, Univ., Ist. di Patol. Generale.) IPPEN. 4560

Barbara A. Illingworth und **Jane A. Russell,** *Die Wirkung von Wachstumshormon auf den Glykogengehalt in Rattengewebe.* Es wurden Verss. über die Wrkg. von *Wachstumshormon* auf den Glykogengeh. von Herz, Zwerchfell, Leber u. Musculus gastrocnemius von Ratten angestellt. Als Versuchstiere dienten fastende u. mit Glucose gefütterte Ratten, diabet. Tiere u. solche, denen die Nebenniere entfernt worden war, sowie fastende nach Entfernung der Hypophyse. Ferner wurde die Wrkg. von Wachstumshormon u. Insulin bei n. Tieren verglichen. — Durch Insulin wurde der Glykogengeh. des Zwerchfells, durch Wachstumshormon der des Herzens am meisten gesteigert. Der Glykogenspiegel der Leber wurde durch Hormonbehandlung nur wenig verändert. (Endocrinology **48.** 423—34. April 1951. New Haven, Yale Univ., School of Med., Dep. of Physiol. Chem.) SPITALER. 4560

Jane A. Russell, *Die Wirkung von Wachstumshormon auf die Glykosurie der diabetischen Ratte.* Bei durch Alloxanbehandlung diabet. gewordenen, ausreichend gefütterten Ratten bewirkte einige Tage lang verabreichtes *Wachstumshormon* (I) in Gaben von 4—5 mg je 100 g Körpergewicht je Tag eine Erhöhung der Glucoseausscheidung. Wurde die Behandlung mit I eingestellt, so ging die Glykosurie in einigen Fällen zurück, in anderen blieb sie eine Zeitlang erhöht. Bei einigen empfindlichen Tieren verursachte eine einzige Verabreichung von I eine beständige Erhöhung des Blutzuckerspiegels. (Endocrinology **48.** 462—70. April 1951. New Haven, Conn., Yale Univ., School of Med., Dep. of Physiol. Chem.) SPITALER. 4560

Frank C. Lu, *Die erhöhende Wirkung des pressorischen Hormons des Hypophysenextraktes auf die Kontraktion des isolierten durchströmten Säugetierherzens: Die Beziehung der Kranzgefäßflut zur Herzkontraktion.* Die Vergrößerung der Herzschlagamplitude, hervorgerufen durch das pressor. Hormon des Hypophysenextraktes, ist eher eine Folge seiner zusammenziehenden Wrkg. auf die Kranzgefäße als das Resultat einer unmittelbaren Stimulation. Die gleiche Wrkg. kann erzielt werden, wenn die Kranzgefäßflut durch Erniedrigung des Strömungsdruckes herabgesetzt wird. Anoxie oder das Freiwerden von Epinephrin oder einer dem Epinephrin gleichen Substanz sind nicht daran beteiligt. (J. Pharmacol. exp. Therapeut. **102.** 145—49. Juli 1951. Montreal, Can., McGill Univ., Dep. of Pharmacol.) PATZSCH. 4560

John H. Lunseth, Lyle A. Baker und **Alexander Shifrin,** *Chronisches Skleroderma mit akuter Exacerbation während Corticotropintherapie.* Beschreibung eines Falles von chron. Skleroderma, dessen Behandlung mit *Corticotropin* (I) (Gesamtdosis 475 mg) am 4. Tage nach Entw. fulminanter Anzeichen einer Erkrankung der Kreislauf-Nieren-Syst., sowie einer Gelbsucht rasch zum Exitus führte. Die Autopsiebefunde deuteten darauf hin, daß möglicherweise durch I, vielleicht über eine Wrkg. auf immunol. Mechanismen, das chron. Skleroderma in einen akuten fibrinoid-nekrot. Prozeß überging. (A. M. A. Arch. intern. Med. **88.** 783—92. Dez. 1951. Hines, Ill., Veteran. Administ. Hosp., Dep. of Pathol. and Med.) K. MAIER. 4560

Dwight J. Ingle, Erving H. Morley und **James E. Nezamis,** *Das Arbeitsverhalten normaler Ratten bei kontinuierlichen intravenösen Injektionen von Cortison und Corticotropin.* Normale männliche Ratten von 200 g wurden mit Barbituraten anästhetisiert u. nach Hypophysektomie der Gastrocnemiusmuskel sofort elektr. Reizung unterworfen, wobei ein 100 g-Gewicht 5 mal/Sek. gehoben u. die Hubarbeit automat. registriert wurde. Die Reizung (Impulsdauer 20 Millisek., Intensität 20 Milliamp.) wurde 48 Std. fortgesetzt. *Corticotropin* (I) oder *Cortison* (II) wurden kontinuierlich intravenös injiziert. 1 Ratte eines Paares erhielt die gleiche Flüssigkeitsmenge (20 cm³/24 Std.) ohne Hormon. Die Arbeitsleistung der mit 5, 10 u. 20 E. I/Ratte/Tag behandelten Tiere lag um ca. 8,6%, die der mit 4 u. 6 mg II/Ratte/Tag behandelten um ca. 22,4% über der Norm. (Endocrinology **51.** 487—91. Dez. 1952. Kalamazoo, Mich., Upjohn Comp., Res. Labors.) K. MAIER. 4560

H. Sobel, J. Marmorston, H. Greenfeld, H. C. Goodman, A. L. Sellers und **S. Smith III,** *Die Beziehung zwischen Nebenniere und Hypophyse und der Ausscheidung neutraler reduzierend wirkender Lipide im Urin bei der Ratte.* Einfl. von Nebenniere u. Hypophyse auf die Ausscheidung *neutraler reduzierend wirkender Lipide* (I), die entsprechend der Nebennierenrindenaktivität ausgeschieden werden, wurde an der Ratte untersucht. Ratten vom SLONAKER-ADDIS-Stamm wurden bei einer Grunddiät gehalten. Über Nacht erhielten sie eine Lsg. von 15% Glucose, 0,4% NaCl u. 0,5% „Betaplexin", eines Vitamin-B-Gemisches, ad libitum. Der Nachturin, p_H 6,0—6,5, wurde gesammelt u. ein Aliquot mit 4 : 1 Chlf.-Ae. ausgeschüttelt. Nach Behandeln mit eiskalter 0,1 n NaOH u. W. wurde der über Na-Sulfat getrocknete Extrakt unter Stickstoff vorsichtig eingedampft u. der Rückstand mit 1 : 1 Eisessig–Phosphormolybdänsäure-Lsg. nach FOLIN-WU 60 Min. auf dem Wasserbad erhitzt. Ablesen der gebildeten Farbe bei 667 mμ, Vergleichslsg. entsprechend behandeltes Desoxycorticosteron. — Die Rinderhypophysen wurden nach Präparation in Aceton homogenisiert, getrocknet u. subcutan in physiol. NaCl-Lsg. gegeben. Vff. stellten fest, daß durch Adrenalektomie die Ausscheidung von I auf die Hälfte des Kontrollwerts herabgesetzt wurde. Weder *ACTH*, *Wachstumshormon*, noch *Hypophysenvorderlappenhormon* erzeugten einen signifikanten I-Anstieg. *Hypophysenhinterlappenpulver* bewirkte dagegen eine Erhöhung der I-Ausscheidung auf das Dreifache. Bei nebennierenlosen Tieren war diese Wrkg. deutlich vermindert. Die für diese Erhöhung verantwortliche Substanz ist thermolabil u. wirkt wahrscheinlich über die Nebennieren, wenn auch ein gewisser I-Anstieg im Urin bei nebennierenlosen Tieren zu beobachten ist. (Proc. Soc. exp. Biol. Med. **80**. 717—20. Aug./Sept. 1952. Los Angeles, Calif., Univ. of Southern California, School of Med., Dep. of Biochem., Div. of Labors.; Cedars of Lebanon Hosp.; Dep. of Med.) WOLFGANG ALBRECHT. 4560

Edward C. Kendall, *Hormone der Nebennierenrinde in Gesundheit und Krankheit.* Zusammenfassender Überblick. (Proc. Amer. philos. Soc. **97**. 8—11. 14/2. 1953. Princeton. Univ., James Forrestal Res. Center.) H. SCHEURLEN. 4561

James M. Hundley und **Robert B. Ing**, *Wirkung der Nebennieren- und Hypophysektomie auf die Achromotrichie von Ratten mit Kupfermangel.* Kupfermangel ruft bei jungen schwarzen Ratten innerhalb von 8 Wochen die Bldg. grauer Haare hervor. Die Entfernung der Nebenniere verhindert diese Wirkung. Nach der Ergrauung vorgenommene Nebennieren- oder Hypophysenektomie führt nicht zur Regenerierung des schwarzen Haarkleides. Es scheint also eine Stoffwechselbeziehung zwischen Nebennierenrinde u. Cu zu bestehen. (Endocrinology **48**. 482—84. April 1951. Bethesda, Md., Nat. Inst. of Arthritis and Metabolic Diseases, Nat. Inst. of Health, Public Health Serv., Fed. Sec. Abency.) SPITALER. 4561

H.-J. Staemmler, *Die Corticoidausscheidung gesunder Frauen.* Bei der geschlechtsreifen Frau beträgt die mittlere *Corticoid* (I)-Ausscheidung im Harn 880 γ/Tag, wobei das Verhältnis zwischen *Mineralo-* u. *Gluco*-I-Fraktion 1/1,63 beträgt. Die I-Werte steigen vom Intermenstruum mit ca. 800 γ/Tag zur Menstruation hin um ca. 20% an. Funktionsprüfungen (*Uropepsin*-Test) lassen im Intermenstruum eine herabgesetzte Aktivität des Hypophysenvorderlappen–Nebennierenrinden-Syst. erkennen. Bei genitaler Hypoplasie ist die I-Ausscheidung fast um die Hälfte der Norm reduziert. In der Gravidität entspricht die I-Ausscheidung bis zum 4. Monat mit 942 γ der Menstruationsphase, wobei das Fraktionsverhältnis deutlich nach der *Mineralo*-I-Seite verschoben ist. Im 5. bis 6. Monat sind die I-Werte mit ca. 550 γ um 45% erniedrigt, steigen in der anschließenden 3. Phase im 7. Monat auf 1180 γ an u. betragen bis zum Ende ca. 925 γ/Tag. Im Puerperium fallen die I-Werte um 60% ab. In der Menopause betragen die Werte 520 γ/Tag, d. h. 40% weniger als bei geschlechtsreifen Frauen. Da höchstens 1% der I-Produktion durch die Nieren ausgeschieden wird, lassen sich wahrscheinlich nur relativ große Schwankungen der Sekretion durch die Harn-I-Best. statist. sicher erfassen. (Arch. Gynäkol. **182**. 506—20. 1953. Kiel, Univ.-Frauenklinik.) K. MAIER. 4561

H.-J. Staemmler, *Untersuchungen über die Funktion der fetalen und Neugeborenennebennierenrinde.* (Vgl. auch C. **1953**. 4715.) Die fetalen Nebennieren enthalten spätestens vom 5. Monat an quantitativ-chem. meßbare Mengen an *Corticosteroiden* (I), die bis zur Geburt um ca. das 20fache zunehmen, während das Organgewicht um das 7fache anwächst. Während die Nebennierenrinde schon vor der Geburt in Tätigkeit ist, schüttet die Adenohypophyse erst 2—3 Tage post partum *ACTH* aus. Die Nebennieren verlieren nach 1—2 Lebenstagen ca. die Hälfte des bei der Geburt vorhandenen I-Geh.; am 5. Tag u. später beträgt der I-Geh. nur noch ca. $^1/_5$. (Arch. Gynäkol. **182**. 521—28. 1953. Kiel, Univ.-Frauenklinik.) K. MAIER. 4561

Arno Puck, Carl Sievert und **Friedrich W. Meinecke**, *Quantitativer Nachweis von 17-Ketosteroiden aus dem mütterlichen Blut und aus dem Nabelschnurblut des Neugeborenen. (Zugleich Untersuchungsreihe zur Bestimmung der Fehlerbreite beim Nachweis von Steronen im menschlichen Blut.)* Die von ZIMMERMANN angegebene Meth. zur Best. der *17-Ketosteroide* (I) mittels der *m-Dinitrobenzol*-Rk. eignet sich zur Best. der Blut-I mit einer Fehlerbreite von δ 16,6% (± 6,6% höher als im Urin). Retroplacentäres Blut: 7,5 bzw. 7,76 mg I/Liter (ohne bzw. mit Hydrolyse); Nabelschnurblut von (18) Knaben bzw. (12) Mädchen: 9,2 bzw. 10,1 mg; Nabelschnurblut im Vgl. mit mütterlichem Venenblut: 9,6 u. 8,6 mg; fetale I-Werte bei Geburtsgewicht bis 4000 g: 11,0 mg, > 4000 g: 6,8 mg; I-Werte im venösen Blut der Mutter unmittelbar nach der Geburt (bei mehr als 12std. Geburtsdauer, Stresswrkg.) u. am Entlassungstag: 12,45 u. 3,13 mg. (Arch. Gynäkol. **182**. 414—19. 1953. Bonn, Univ., Frauenklinik.) K. MAIER. 4561

A. C. Corcoran, Harriet P. Dustan und **Irvine H. Page,** *Notiz über apparative Hilfsmittel zur Bestimmung formaldehydbildender Corticoide des Urins.* Beschreibung einer automat. Pipette zur Abmessung von *Chromotropsäure*-Reagens u. eines Aggregats von 7 Einheiten zur Abdest. von CH_2O nach der Perjodatoxydation von formaldehydbildenden Corticoiden des Urins. (J. Lab. clin. Med. **38.** 780—82. Nov. 1951. Cleveland, O., Clinic Foundation, Res. Div., and Frank E. Bunts Educat. Inst.) K. MAIER. 4561

Henri Galliard, Jacques Lapierre, Robert Berdonneau und **Michel Larivière,** *Wirkungen von Cortison und ACTH auf die Entwicklung und Eosinophilie bei bestimmten menschlichen und experimentellen Helmintheninfektionen.* 2 experimentell mit Strongyloides stercoralis infizierte Hunde wurden nach 25—27 Tagen 6 Tage lang mit täglich 25 mg *Cortison* (I) behandelt. Obwohl bei einem Hund eine starke Abnahme der Larven eintrat, blieb die Infektion bei beiden Hunden bestehen. Die Wrkg. von ACTH u. I auf die bei menschlicher u. experimenteller Helminthiasis bestehende Eosinophilie war uneinheitlich. (C. R. hebd. Séances Acad. Sci. **236.** 639—40. 9/2. 1953.) KRUSEN. 4561

Håkan Ljunggren, Rolf Luft und **Björn Sjögren,** *Das Elektrocardiogramm und der Kaliumstoffwechsel bei Gabe von ACTH, Cortison und Desoxycorticosteronacetat.* Tägliche Dosen von 13—80 mg *ACTH* (10—20 Tage), 200 mg *Cortison* (28 bzw. 76 Tage) u. 20—30 mg *Desoxycorticosteronacetat* (43,60 bzw. 34 Tage) bewirkten bei Patienten mit rheumat. Arthritis eine starke Abnahme des K-Spiegels im Plasma. Die Veränderung des intracellulären K-Geh. betrug weniger als 10% des Gesamt-K-Geh. des Körpers. Bei der K-Abnahme wurden keine typ. Veränderungen im Elektrocardiogramm beobachtet. (Amer. Heart J. **45.** 216—26. Febr. 1953. Stockholm, Schweden, Serafimerlasarettet.) H. SCHEURLEN. 4561

Basil Wolman, *Die orale Verwendung von Cortison in der Kinderheilkunde.* Bei oraler Anwendung von *Cortison* (I) in Tablettenform bei Kindern wurden in 3 Fällen von rheumatoider Arthritis u. in 1 Fall von rheumatoider Pericarditis Erfolge erzielt. In 1 Fall von Nephrose erfolgte Diurese u. Besserung. I hat bei oraler Anwendung qualitativ u. quantitativ die gleiche Wrkg. wie bei parenteraler Anwendung. (Brit. med. J. **1951.** II. 1246—50. 24/11. Manchester, Univ., Dep. of Child Health.) H.-J. KOCH. 4561

Dwight E. Clark, Thomas S. Nelsen und **Robert J. Raiman,** *Behandlung von subakuter, nichteiternder Thyreoiditis mit Cortison.* Es wird über 3 Fälle von subakuter, nichteiternder Thyreoiditis berichtet, die erfolgreich mit 25 mg/Tag *Cortison* (12 bis 14 Tage) behandelt wurden. Vff. weisen vor allem auf die prompte Beseitigung der Beschwerden u. das Fehlen von Nebenerscheinungen bei dieser Therapie hin. (J. Amer. med. Assoc. **151.** 551—52. 14/2. 1953. Chicago, Univ., Dep. of Surgery.) H. SCHEURLEN. 4561

R. H. Freyberg, *Die Anwendung von Cortison bei rheumatischen Leiden.* Vf. warnt vor der Anwendung der Cortisonbehandlung als Routineverfahren, da auf diesem Gebiete bisher noch keine endgültige Klärung erfolgt ist. (Practitioner **167.** 442—51. Okt. 1951. New York, Hosp. for Spezial Surgery, Cornel University Medical College.) HEINZE. 4561

W.-D. v. Schönberg, *Über die mineralocorticoide Wirkung des Desoxycorticosterons bei der Hepatitis.* Vf. prüfte zunächst an 4 Gesunden u. 15 Hepatitiskranken die Wrkg. einer einzelnen *Desoxycorticosteron* (I)-Injektion. Gesunde u. Hepatitiskranke reagieren vollkommen gleich. 1—2 Std. nach intramuskulärer Injektion von 50 mg öllöslichem I wird der Na/K-Index charakterist. gesenkt. Nach intravenöser Injektion von wss. I tritt kein sicherer mineralocorticoider Effekt auf. An weiteren 26 Hepatitiskranken wird dann gezeigt, daß für eine Therapie der Hepatitis mit I sich aus dessen angeblicher Beeinflussung eines gestörten Elektrolytstoffwechsels keine Berechtigung ableiten läßt. (Klin. Wschr. **30.** 833—35. 15/9. 1952. Hamburg, 1. Med. Klin. d. Allgem. Krh. St. Georg.) BÖHM. 4561

B. N. Halpern, B. Benacerraf und **M. Briot,** *Die Schutzwirkung des Cortisons beim hämorrhagischen, traumatischen und toxischen Schock des adrenalektomierten Tieres. Verstärkende Synergie mit Adrenalin.* Verss. an adrenalektomierten Ratten ergaben, daß *Cortison* (I) die Widerstandsfähigkeit gegenüber hämorrhag., traumat. u. tox. Schock merklich steigerten. In Verb. mit *Adrenalin* bewirkt I Wiederherst. n. Widerstandsfähigkeit der nebennierenlosen Tiere gegenüber *Histamin.* Allem Anschein nach spielt I beim Gefäßkompensationsmechanismus, der vom Organismus als Maßnahme gegen die schädlichen Schockwirkungen getätigt wird, eine entscheidende Rolle. (Semaine Hôpitaux Paris **28.** 3273—75. 2/11. 1952.) K. MAIER. 4561

M. Pickford und **J. A. Watt,** *Vergleich einiger Wirkungen von Adrenalin und Noradrenalin auf die Niere.* Vff. untersuchen die Wrkg. von *Adrenalin* (I) u. *Noradrenalin* (II) in intravenös verabfolgten Dosen von 5—20 γ auf die mengenmäßigen Ausscheidungen der Nieren beim nichtnarkotisierten Hund. Ergebnis der Verss.: I vermindert sowohl vor wie nach der Atropinsulfat (III)-Applikation die Urinmenge, die Niereneiweißmenge u. die glomeruläre Ausscheidung. Vor der III-Gabe wurde der Gang des Herzens verlangsamt, nach der III-Gabe beschleunigt. II vor III vermindert den Urin- u. Niereneiweißfluß sowohl wie den Pulsschlag, aber vermindert die glomeruläre Ausscheidung. III vor II vermindert den Urinfluß u. den Pulsschlag, aber Niereneiweiß u. glomeruläre Ausscheidung werden erhöht. Es wird vermutet, daß weder I noch II eine direkte Wrkg. auf die Nierentätigkeit ausüben, daß sie sie aber durch Änderung der Blutkreislaufbedingungen beeinflussen. (**Quart. J. exp. Physiol. cognate med. Sci. 36.** 205—12. **1951.** Edingburgh, Univ., Dep. of Physiol.) BRAUKMANN. 4561

Roy R. Peterson, Richard C. Webster, Barbara Rayner und **William C. Young,** *Schilddrüse und Fortpflanzung beim ausgewachsenen weiblichen Meerschweinchen.* Bei weiblichen Meerschweinchen wurde die Fortpflanzung in hypo- u. hyperthyreoid. Zustand untersucht, wobei der Grad der veränderten Schilddrüsenaktivität aus Messungen des O_2-Verbrauchs u. der Herzgeschwindigkeit ermittelt wurde. Operative Thyreoidektomie, die den O_2-Verbrauch um 6,4 u. die Herzgeschwindigkeit um 18% senkte, verminderte die Häufigkeit der cycl. Vaginalöffnung um den %-Satz der in Hitze befindlichen Tiere, der fruchtbaren Begattung u. der lebend geborenen Jungen. Durch *Propylthiouracil* (I) hervorgerufene Hyperthyreose, die etwa der Schilddrüsenaktivität nach Thyreoidektomie entsprach, war auf die Fortpflanzung ohne nachweisbare Wrkg., außer daß die Jungtiere in diesen Fällen große Köpfe aufwiesen. Bei ovariektomierten Tieren änderte I-induzierte Hypothyreose die Ansprechbarkeit der beteiligten Gewebe auf *α-Östradiolbenzoat* nicht. Die Fortpflanzung durch *Thyroxin* hyperthyreoid gemachter Weibchen war besonders bzgl. des %-Satzes lebender Jungen günstiger als bei den Kontrollen. Fortpflanzung ist innerhalb eines großen Bereichs der Schilddrüsenaktivität möglich. (Endocrinology **51.** 504—18. Dez. 1952. Lawrence, Univ. of Kansas, Dep. of Anat.) K. MAIER. 4562

J. N. Jensen und **D. E. Clark,** *Die Lokalisierung radioaktiven l-Thyroxins in der Neurohypophyse.* Radioaktives ^{131}*J-l-Thyroxin* (I) wird nach intravenöser Zufuhr bei Kaninchen rasch u. selektiv von der Neurohypophyse aufgenommen, während Hypophysenvorderlappen u. Gehirn nur eine minimale Konz. von radioaktivem I aufweisen. Radioaktives ^{131}*J* wird weder in der Neurohypophyse noch im Vorderlappen oder Gehirn lokalisiert. Möglicherweise spielt I bei der Bldg. des *thyreotropen Hormons* eine regulator. Funktion. (J. Lab. clin. Med. **38.** 663—70. Nov. 1951. Chicago, Ill., Univ., Dep. of Surgery.) K. MAIER. 4562

I. Abelin und **G. Poretti,** *Über die Speicherung des Broms durch die Thyreoidea. Ein Beitrag zur Schilddrüsendiagnostik.* Verss. an Ratten mit ^{82}*Br* zeigten, daß die Schilddrüse Br mit der gleichen Geschwindigkeit aufnimmt wie J. Bei experimentell hervorgerufener Hyperfunktion nimmt die Schilddrüse Br langsamer u. in geringerer Menge auf. Die diagnost. u. therapeut. Verwendbarkeit von ^{82}Br wird kurz diskutiert. Im Anhang wird die Berechnung der Strahlendosis nach ^{82}-Br-Verabfolgung durchgeführt. (Schweiz. med. Wschr. **82.** 1186—89. 15/11. 1952. Bern, Univ., medizin.-chem. Inst. u. Hallerianum.) H. SCHEURLEN. 4562

F. Dudley Hart und **N. F. Maclagan,** *Perorale Thyroxingaben bei der Myxödembehandlung.* Perorale, 18 Monate lange Behandlung von 9 Myxödemfällen mit verschied. synthet. Thyroxinpräpp. (N-Formyl-dl-thyroxin, dl-Thyroxin, dl-Thyroxin–Natrium, *l*-Thyroxin–Natrium). Alle Präpp. gaben zufriedenstellende klin. Resultate. *l*-Thyroxin–Natrium (durchschnittlich 0,15—0,30 mg tägliche Dosis) war die aktivste Verbindung. Nebenerscheinungen traten nicht auf, es sei denn bei Überdosierung. (Brit. med. J. **1950. I.** 512—18. 4/3. London, Univ. Westminster Medical School.) W. BRANDT. 4562

Hermann Stefan, *Tetanie und Nebenschilddrüsenhormonbehandlung.* Nach Ausführungen über die verschied. die Pathogenese der Tetanie betreffenden Theorien u. des Einfl. des Blut-p_H auf die neuromuskuläre Erregbarkeit, bespricht Vf. die von ihm mit gutem Erfolg angewandten Behandlungsmethoden von Ca-Gaben zus. mit *Parathormon.* Diese Therapie soll besser sein als die übliche Behandlung mit AT 10 u. Ca-Injektionen. Dosierung bei akuten tetan. Anfällen 2 mal 30 E. täglich bis der Blut-Ca-Spiegel n. Werte erreicht hat. (Therap. d. Gegenwart **92.** 94—96. März 1953.) P. G. SCHEURLEN. 4563

A. P. Maassen, *Insulin und Wachstum.* An Ratten wurde bei fünftägigen täglichen Injektionen von 0,02 I.E. bei beschränkter Diät eine Zunahme des Schwanzwachstums u. des Körpergewichtes beobachtet. (Proc., Kon. nederl. Akad. Wetensch., Ser. B **54.** 160—61. März/April 1951. Leiden, Univ., Pharmacolog. Inst.) GOTTFRIED. 4564

E. J. Ross, *Insulin und die Permeabilität von Zellmembranen für Glucose.* Isolierte Linsen von Kaninchenaugen wurden in KREBS-HENSELEIT-RINGER-Phosphatlsg., die die gleiche *Glucose* (I)-Konz. wie die Linsenfl. hatte, bei 37° 3 Std. inkubiert. Die mittlere I-Aufnahme der Linsen betrug 0,20 mg/g/Std.; wurde jedoch zu 3 ml Phosphatlsg. 1 E. lösl. *Insulin* (**II**) gegeben, so wurden 0,71 mg/g/Std. aufgenommen. Bei Linsenhomogenaten wurde die I-Aufnahme durch **II** jedoch nur um 33% gesteigert. Bei *Galaktose*, die ohne **II** nicht aufgenommen wird, beträgt die Aufnahme nach **II**-Zusatz 0,11 mg/g/Std., während *Saccharose* in keinem Fall aufgenommen wird. Auf Grund dieser Ergebnisse folgert Vf., daß **II** weniger die I-Oxydation als vielmehr den Durchtritt von I durch die Zellmembranen beschleunigt. Demnach wäre die diabet. Hyperglykämie auf eine durch **II**-Mangel verursachte verminderte Permeabilität der Zellmembranen für I zurückzuführen. (Nature [London] **171.** 125. 17/1. 1953. London, Inst. of Ophthalmol.) KRUSEN. 4564

J. F. Riley und **G. B. West,** *Histamin in Mastzellen des Gewebes.* Bei der Unters. verschiedener Gewebe (Aorta, Vena cava inferior, Leber u. Unterhautgewebe) wird eine positive Beziehung zwischen dem Geh. der Gewebe an Mastzellen u. an *Histamin* (I) (u. an *Heparin*) gefunden. In einem mastzellenreichen Gewebe von Urticaria pigmentosa beim Menschen wurde der 2,5fache Geh. an I der Umgebung der Läsion gefunden. (J. Physiology **117.** 72P—73P. 28/8. 1952. Dundee, Univ. of St. Andrews Med. School, Dep. of Pharmacol. and Therapeutics; Royal Infirmary, Dep. of Radiotherapy.) H.-J. KOCH. 4569

Edwin L. Carstensen, Kam Li und **Herman P. Schwan,** *Bestimmung der akustischen Eigenschaften von Blut und dessen Bestandteilen.* Mittels eines empfindlichen Vergleichsverf. wurden die Schallgeschwindigkeit u. die Schallabsorption von *Blut, Blutplasma, Hämoglobin* u. *Albumin* mit Ultraschallimpulsen im Frequenzbereich von 800 bis 3000 kHz gemessen. Das akust. Verh. des Blutes wird weitgehend von dessen Geh. an *Protein* bestimmt. Die Absorption sinkt mit steigender Temperatur. Eine Dispersion konnte nicht beobachtet werden. (J. acoust. Soc. America **25.** 286—89. März 1953. Moore School of Electric Eng., u. Univ. of Philadelphia, Dep. of Phys. Med.) HAGEMANN. 4572

Donald B. Melville und **William H. Horner,** *Blutergothionein in keimfreien Küken.* Zur Klärung der Frage, ob das n. *Ergothionein* (I) im Blut durch Mikroorganismen des Darmes gebildet würde, wurde der I-Spiegel im Blut bei keimfrei ernährten Küken bestimmt. Er liegt in n. Höhe. Method. Angaben zur Isolierung u. Best. kleiner I-Mengen. Der I-Geh. muß dabei entweder von der zugeführten Diät herrühren oder er ist durch Synth. im Gewebe gebildet worden. (J. biol. Chemistry **202.** 187—91. Mai 1953. New York, Univ. Med. Col., Dep. Biochem.) SCHELER. 4572

Robert C. C. St. George und **Linus Pauling,** *Das Bindungsbestreben des Hämoglobins zu Alkylisocyaniden und die Natur der Häm-Häm-Wechselwirkung im Hämoglobin.* Unters. der Bindung von *Alkylisocyaniden* an freies *Häm* (**I**) u. an *Hämoglobin* (**II**). *Äthylisocyanid* (**III**), *Isopropylisocyanid* (**IV**) u. *tert. Butylisocyanid* (**V**) unterscheiden sich hinsichtlich ihrer Affinität zu **I** nur unwesentlich, dagegen ist das Bindungsbestreben zu **II** von der Molekülgröße der Liganden abhängig. **III** besitzt die stärkste, **V** die geringste Affinität zu **II**. Für n. menschliches **II** betragen z. B. die Konzz., um Halbsättigung des **II** zu erreichen, beim **III** = 0.075 mMol/Liter, beim **IV** = 0,3 u. beim **V** = 16 mMol/Liter. Es wird in den Verss. der Beweis erblickt, daß die Hämgruppen in das Proteinmol. eingebettet liegen u. der Zutritt von Reaktionspartnern je nach deren Größe eine mehr oder weniger starke ster. Hinderung erfährt. Die Energie der ster. Hinderung liegt für die Bindung des **IV** an das **II** um 0,7 kcal, für die des **V** an **II** um 3,1 kcal höher als die Energie der **III**–**II**-Bindung. Der S-förmige Verlauf der Sauerstoffbindungskurve des **II** u. die Wechselwrkg. zwischen den Hämen wird auf ster. Effekte zurückgeführt. (Science [Washington] **114.** 629—34. 14/12. 1951. Pasadena, California Inst. of Technology, Gates and Crellin Laborat. of Chem.) SCHELER. 4572

P. T. Lowry, Irene Bossenmaier und **C. J. Watson,** *Eine Methode zur Isolierung von Bilirubin aus den Fäces.* Verabreichung von Antibioticis (*Aureomycin, Terramycin, Neomycin*) hemmt die bakterielle Red. des *Bilirubins* (I) im Darm. Die Fäces bilden unter diesen Bedingungen eine gute I-Quelle. Nach Ae.–A.-Behandlung der Fäces erfolgt unter Ascorbinsäure die Extraktion des I mittels NaOH. Weitere Reinigung führt zur Krystallisation des I. Ausbeute: 40 mg I/Tag beim n. Menschen unter Terramycinbehandlung u. 420 mg/Tag bei einem Patienten mit hämolyt. Anämie. (J. biol. Chemistry **202.** 305—09. Mai 1953. Minneapolis, Univ. Hosp., Dep. Med.) SCHELER. 4572

Norman F. Boas und **Albert F. Peterman,** *Wirkung von Alter, Nahrungsaufnahme und Beanspruchung auf den Plasma–Hexosamin-Spiegel der Ratte.* Der Plasma–Hexosaminspiegel der Ratte steigt während der Periode des schnellen Wachstums an u. zeigt keine deutlichen Schwankungen im Tagesablauf. Die aufgenommene Nahrungsmenge ist von wesentlicher Bedeutung für die Aufrechterhaltung eines n. Spiegels. Beanspruchung durch Fraktur, Terpentininjektion, Scheinoperation, Epinephrin oder Aderlaß vermehrt u. Fasten vermindert den Plasma–Hexosamingeh. der n. Ratte, wobei ein vorhergehendes Fasten den erwarteten Zuwachs nach Beanspruchung unterdrückt. (Proc. Soc. exp. Biol. Med. **82.** 19–24. Jan. 1953. Bethesda, Public Health Service, Nation. Inst. of Health, Nation. Inst. of Arthritis and Metabolic Diseases.) NEHRING. 4574

Harold A. Harper, Maxine E. Hutchin und **Joe R. Kimmel,** *Die Konzentration von neunzehn Aminosäuren im Blutplasma und Urin von nüchternen, gesunden Männern.* In Blut u. Urin von gesunden jungen Männern, die 12 Std. vor Entnahme der Proben gefastet haben, werden 19 Aminosäuren bestimmt. In einer tabellar. Übersicht sind die im Blut gefundenen Mengen Werte anderer Autoren gegenübergestellt. Im Urin werden vorwiegend *Glykokoll* u. *Histidin* gefunden, dann folgen *Glutamin* u. *Cystin. Leucin, Isoleucin, Valin, Asparagin-* u. *Glutaminsäure* u. *Methionin* werden in Mengen unter 1 mg/Std. ausgeschieden. Die Werte sind bei den einzelnen Proben sehr verschieden. (Proc. Soc. exp. Biol. Med. **80.** 768–71. Aug./Sept. 1952. Calif., Oakland, Metabolic Research Facility, U. S. Navy Hospital.) BAUMANN. 4574

Domenico Corà, *Der Einfluß der Bilirubin–Eiweiß-Beziehung auf die Diazoreaktion.* Das Bestehen eines Gleichgewichts Bilirubin $\rightleftharpoons$ Eiweiß mit Bilirubin–Eiweiß-Komplexen, sowohl unter n. wie patholog. Bedingungen, kann als erwiesen gelten. Die Komplexe können hinsichtlich ihrer chem. Zus. noch nicht definiert werden. Das Gleichgewicht wird durch verschied. Faktoren, wie Gallensäuren, Art der Proteine u. die Salzkonz., beeinflußt. (Acta med. scand. **145.** 263–77. 8/5. 1953. Vicenza, Italien, Civil Hospital.) FRESENIUS. 4574

H. Reichel, F. Martini und **A. Bleichert,** *Untersuchungen über die Kreislaufwirkung eines neuen Hämostypticums.* Das Thrombokinase aus Rinderhirn enthaltende Hämostypticum *Tachostypt* (I, HORMON-CHEMIE, München) wurde 5 kreislaufgesunden Versuchspersonen intravenös injiziert u. die Wrkg. auf die zentrale u. periphere Pulswellengeschwindigkeit, die Frequenz u. den Blutdruck untersucht. Während des untersuchten Zeitraums von bis zu 20 Min. nach der Injektion wurde kein Einfl. auf Herz u. Vasomotorik festgestellt. (Arzneimittel-Forsch. **3.** 252–53. Mai 1953. München, Univ., Physiolog. Institut.) WILLENBERG. 4574

John B. Field, Martin S. Goldfarb, Arnold G. Ware und **George C. Griffith,** *Die Wirkung eines neuen Indandion–Antikoagulans beim Menschen.* Vff. berichten über ein neues Antikoagulans *Dipaxin* (I) (Diphenylacetyl-1.3-indandion). I ruft schon in kleineren Dosen als 4 mg wirksame Hypoprothrombopenie hervor u. besitzt auf Gewicht berechnet die größte bisher bekannte Antikoagulantienwirksamkeit. I ruft klin. erprobt keine Blutungen hervor u. ist nicht toxisch. Anfangsdosis von 20 mg erzeugt in 48 Std. wirksame Hypoprothrombopenie (H. P.) für 6–10 Tage anhaltend. Zur Aufrechterhaltung der H. P. genügen Dosen von 2–4 mg/Tag. Der Plasma–Ac–Globulinspiegel wird durch I nicht verändert. (Proc. Soc. exp. Biol. Med. **81.** 678–81. Dez. 1952. Los Angeles, Univ. of Southern Calif., Dep. of Med., School of Med., u. Los Angeles County General Hospital.) BRATFISCH. 4574

R. Kenneth Loeffler und **John Scudder,** *Ausscheidung und Verteilung von Polyvinylpyrrolidon beim Menschen; Bestimmung mit Hilfe von radioaktivem Kohlenstoff als Indicator.* Injiziertes *Polyvinylpyrrolidon* (*PVP-Macrose*) (I) mit markierte C-Atome enthaltenden Vinylketten u. einem Mol.-Gew. von 20000—80000 (Mittel ca. 40000) wurde zu $^1/_3$ in den ersten 6 Std. durch den Urin ausgeschieden u. zu $^2/_3$ binnen 24 Stunden. Als an I reich erwiesen sich bei der Sektion (Krebspatienten) Niere, Lunge, Leber, Milz u. Lymphknoten. Der I-Geh. im linken u. rechten Teil paariger Organe schwankte. I konnte wegen seiner Löslichkeit durch Anfärbung in den Geweben nicht nachgewiesen werden. Die Gewebe selbst ließen keine Schädigungen erkennen. (Amer. J. clin. Pathol. **23.** 311–21. April 1953. New York, N. Y., Columbia Univ., Francis Delafield Hospital, Dep. of Radiotherapy and Surgery.) WILLENBERG. 4576

M. H. F. Friedman, *Die Magensaftsekretion senkenden Substanzen* (*Urogastron*) *des Urins.* Übersichtsbericht. Artspezifität im Urin vorkommender, die Magensekretion senkender Substanzen, Hemmung der Magenmotilität, Dauer der Sekretionshemmung, nichtspezif. depressor. Substanzen, Bestimmungenmethoden, Darst., Herkunft u. Ausscheidung, Wirkungsmechanismus. — 138 Literaturangaben. (Vitamins and Hormones **9.** 313–53. 1951. Philadelphia, Pa., Jefferson Med. Coll.) K. MAIER. 4577

Tr. Baumgärtel und **D. Zahn,** *Zur Biosynthese der Folsäure.* Folsäure (I) ermöglicht unter anaeroben Bedingungen das Wachstum von *Bact. coli* in glucosehaltiger NH_4-

Lactat(II)-Lösung. Da I enteral-bakteriell gebildet wird, wurde die bakterielle I-Synth. aus den strukturellen Teilstücken von I in vitro untersucht. *Pteridinaldehyd* u. *p-Aminobenzoylglutaminsäure* (je 10 mg) wurden mit einer dichten *B. coli*-Aufschwemmung (2 cm^3) in NaCl-Lsg. versetzt, die Röhrchen hoch mit Glucose-II-Nährlsg. (je 1 g/100 cm^3 Leitungswasser, 0,05 g K_2HPO_4, Neutralisation mit $NaHCO_3$, 10 mg p-Aminobenzoesäure je Kultur) aufgefüllt u. bei 37° bebrütet. Nach 5 Tagen war unter gelbgrünlicher Verfärbung der Kultur-Fl. das charakterist. Oberflächenhäutchen entstanden, was auf I-Bldg. hindeutete. I wurde isoliert u. durch die charakterist. Form der Kristalle sowie deren Lösungsverh. identifiziert. (Klin. Wschr. **30**. 718—19. 1/8. 1952. München, Labor. für Coliforsch.) K. MAIER. 4587

Theodor Wieland, Ernst Friedrich Möller und **Gerhard Dieckelmann**, *Antagonisten des Lactobacillus-bulgaricus-Faktors und der Pantothensäure.* Die *S-Methyl* (I)-, *S-Äthyl* (II)- u. *S-Benzyl* (III)-Derivv. von *Pantethein* (IV = *Pantothensäurethioäthylamid, Lactobacillus-bulgaricus-Faktor*) wurden aus Na-Pantothenat u. den entsprechenden Thioäthanolaminderivv. auf dem Weg über das gemischte Anhydrid der Pantothensäure (V) u. der Äthylkohlensäure synthetisiert. Die Verbb. I—III haben in kleiner Konz. im V-freien Nährmedium für *Lactobacillus helveticus V.80* eine geringe Wuchsstoffwrkg., die bei höherer Konz. in eine durch IV u. V aufhebbare Hemmung übergeht. Während diese Hemmung bei I u. II nach ca. 2 Tagen überwunden ist, ist die durch III erzeugte Hemmung nach 5 Tagen noch beobachtbar. Die Unters. des Antagonismus von III ergab, daß innerhalb eines Konzentrationsbereiches von 2—200 γ/ml ein annähernd kompetitiver Antagonismus gegenüber IV u. V besteht. Der bakteriostat. Index von IV beträgt 30—70, der von V 2—4. In III ist erstmalig ein Stoff gefunden, der im wesentlichen ein IV-Antagonist ist, indem er die Verwertung dieses Teilstückes bei der Coenzym-A-Synthese hemmt. Das analog dargestellte V-*Amid* hat keine bakteriostat. Eigenschaften. Es vermag als Wuchsstoff V (u. IV) bei L. helveticus, Saccharomyces carlsbergensis u. einem Enterokokkenstamm, allerdings erst in höherer Konz., zu ersetzen.

Versuche: *S-Methylthioäthanolamin,* aus je 0,1 Mol Äthylenimin u. CH_3SH in CH_3OH bei —15°, $Kp._{760}$ 146—148°; *Hydrochlorid,* F. 120°, glänzende Blättchen. *S-Äthylthioäthanolamin,* analog, $Kp._{760}$ 163°; Hydrochlorid, F. 147°, Blättchen. — *S-Methylpantethein* (I), $C_{12}H_{24}O_4N_2S$, Lsg. von Na-d-Pantothenat in Dimethylformamid wird bei 0° mit Chlorameisensäureäthylester versetzt u. einige Std. bei 0° stehengelassen; die gekühlte Lsg. wird mit S-Methylthioäthanolamin versetzt; Reinigung durch Gegenstromverteilung in Butanol—W.; Öl; 40% (Ausbeute). — *S-Äthylpantethein* (II), $C_{13}H_{26}$·O_4N_2S, analog I, mit gleicher Ausbeute. — *S-Phenylpantethein* (III), $C_{17}H_{26}O_4N_2S$, analog I. — *d-Pantothensäureamid,* $C_9H_{18}O_4N_2$, analog I mit fl. NH_3, jedoch bei —60°; Öl; 40%. *α-Oxy-β.β-dimethyl-γ-butyrolactoiminoätherhydrochlorid,* $C_6H_{11}O_2N·HCl$, durch Einleiten von trockenem HCl in Lsg. von α.γ-Dioxy-β.β-dimethylbutyronitril unter Eiskühlung; Prismen. (Chem. Ber. **85**. 1035—42. 1952. Mainz, Univ., Organ.-chem. Inst., u. Heidelberg, Max-Planck-Inst. für Med. Forsch.) K. F. MÜLLER. 4587

J. Rupp und **K. E. Paschkis**, *Mangelnder Vitamin-B_{12}-Einfluß auf die Proteinabbauwirkung von Cortison.* Vff. führen ihre Unterss. an Ratten durch, die durch Magensonde eine konstante Nahrungsmenge erhielten. Gewichts- u. N-Verlust durch *Cortison* (I)-Gaben konnten durch *Vitamin* B_{12}(II) nicht vermindert werden. Diese fehlende Wrkg. auf den I-bedingten Proteinabbau steht im Gegensatz zur N-sparenden Wrkg. von II bei dem Thyroxin-bedingten Proteinabbau. (Proc. Soc. exp. Biol. Med. **82**. 65—66. Jan. 1953. Philadelphia, Pa., Jefferson Med. Coll., Div. of Endocrine and Cancer Res.) NEHRING. 4587

R. Wolff, R. Karlin und **P. Royer**, *Über die Existenz eines Bindungsvermögens des Serums für Vitamin B_{12}.* Normalserum enthält kein freies *Vitamin* B_{12} (I) u. ermöglicht kein Wachstum von *Lactobacillus leichmannii*. Werden Serum steigende, für die Entw. des Testorganismus ausreichende I-Mengen zugesetzt, so tritt erst nach Überschreiten einer bestimmten Konz. Wachstum ein. Anscheinend enthält Serum einen Faktor, der sich mit bestimmten I-Mengen verbinden kann u. einige Eigg. des gastr. Faktors von TERNBERG u. EAKIN u. des Serum-I-bindenden Faktors aufweist. (C. R. Séances Soc. Biol. Filiales **146**. 1008. Juli 1952.) K. MAIER. 4587

R. P. Buhs, E. G. Newstead und **N. R. Trenner**, *Ein Vitamin-B_{12}-Analoges.* Durch Umsatz von durch katalyt. Hydrierung hergestelltem Vitamin B_{12a} (I) mit 10fachem KSCN-Überschuß bei Zimmertemp. in W. erhielten Vff. nach Versetzen mit der 20fachen Menge Aceton das *Rhodananaloge* (II) des *Vitamin* B_{12} (III) in tiefpurpurroten Nadeln. Im biol. Test mit Lactobacillus lactis verhält sich II wie I u. III; ohne Reduktionsmittelzusatz zeigte II ebenso wie I eine wesentlich geringere Wachstumswrkg. auf L. lactis

u. L. leichmannii als **III**. Gegen Perniciosa ist **II** voll wirksam. An der Maus konnten bis zu Mengen, die 3,2 mg für einen 70 kg schweren Menschen entsprechen, keine tox. Erscheinungen beobachtet werden. Das UV-Spektrum des **II** entspricht weitgehend dem **I**: 352 mμ (Extinktion 174%), 525 (61). Das Infrarotspektr. ähnelt dagegen mehr dem **III**, indem **II** bei 4,70 μ das für Rhodangruppen charakterist. Absorptionsband zeigt, während **I** im Bereich 4—5 μ kein Band besitzt. Auch im Verteilungskoeffizienten zwischen Benzylalkohol u. W. entspricht **II** (1,66) mehr dem **III** (0,84) als dem **I** (0,13). Durch Ascorbinsäure (20 mg/ml) wird **II** (20 /ml) ebenso wie **I** zersetzt. Im Gegensatz zum **III** tritt in 24 Std. Entfärbung der Lsg. ein. Auf Grund dieser Ergebnisse warnen Vff. davor, aus dem Vgl. weniger Eigg. in der **III**-Gruppe Analogieschlüsse zu ziehen, da das **II** in seinem Verhalten teils dem **I**, teils dem **III** ähnlich ist, während es wegen seiner Struktur dem **III** sehr viel näherstehen müßte. (Science [Washington] **113.** 625—26. 1/6. 1951. Rahway, N. J., Merck & Co., Inc., Res. Labors.) IPPEN. 4587

Stanley Ball, *Vitamin B_{12}, Eigenschaften und Prüfung.* Kurze Übersicht über Eigg., Chemie, mikrobiol. Prüfung u. Vork. in Mikroorganismen. (Chemist and Druggist **153.** 86—88. 21/1. 1950.) HOTZEL. 4587

Charles Rosenblum und **D. T. Woodbury**, *Die Bestimmung der Stabilität von Vitamin B_{12} in Multivitaminmischungen durch eine Methode mit radioaktivem Indicator.* Durch mikrobielle Synth. wurde ein mit ^{60}Co markiertes radioaktives *Vitamin B_{12}* hergestellt. Dieses wurde in methanol. Lsg. 4 Multivitamingemischen zugesetzt u. gelagert. — Der maximale Verlust an Vitamin B_{12} betrug 31% nach über einem Jahr. Ggw. von Fe^{2+} oder Fe^{3+} **war ohne Einfluß.** (J. Amer. pharmac. Assoc., sci. Edit. **41.** 368—71. Juli 1952. Rahway, N. J., Res. and Development Div , Merck & Co.) SPITALER. 4587

F. Wokes, Nora Baxter, Janet Horsford und **Barbara Preston**, *Wirkung von Licht auf Vitamin B_{12}.* Lsgg. von 300 γ *Cyanocobalamin* (**I**) in verd. HCl oder H_2SO_4 (p_H 4) zeigten eine Verschiebung der anfänglichen Absorptionsmaxima von **278,** 361 u. **548** mμ auf **275,** 350 u. **525** mμ. Der Verlauf der Änderung bes. der Linie von **361** mμ mit einem isosbest. Punkt bei **355** mμ deutet auf einen Ersatz der CN-Gruppe durch den Sulfat- oder Chloridrest hin. Dieser Erscheinung muß bei der photometr. Best. von **I** Rechnung getragen werden. (Biochem. **J. 53.** XIX—XX. Febr. 1953. King's Langsley, Herts, Ovaltine Res. Labor.) KRUSEN. 4587

Mary T. Harman und **Leonard Earnest Warren**, *Einige embryologische Aspekte von Vitamin-C-Mangel bei Meerschweinchen* (*Cavia cobaya*). Fütterungsverss. an trächtigen Meerschweinchenweibchen ergaben, daß *Vitamin-C*-Mangel sich nicht nur in den Muttertieren ungünstig auswirkt, sondern daß auch die Embryonen in ihrer gesamten Entw. erheblich zurückbleiben. Die Epidermis der Haut verdickte sich bei den Embryonen der Versuchstiere erst nach 34 Tagen gegenüber den n. ernährten Tieren nach weniger als 7 Tagen. Die Zellwände der Versuchstiere waren schlecht ausgebildet. Die Gewebefärbung mit DELAFIELDs Hämatoxylin u. Triosin der Vitamin-C-Mangeltiere war schlechter als bei den Kontrolltieren. Bei Vitamin-C-Mangel treten Kreislaufstörungen u. Wasserentzug auf, so daß nur wenig Blut in den Gefäßen der Embryonen gefunden wurde. (Trans. Kansas Acad. Sci. **54. 42**—57. März 1951. Manhattan, Kansas State College.) LENHARD. 4587

Wallace Marshall, *Post partum und post operative Thrombophlebitis, behandelt mit Rutin und Vitamin C.* Vf. verabreichte 2 Tabletten *Rutin* u. *Vitamin C* 3mal täglich bei prä- u. postoperativen Fällen mit gutem Erfolg. (Clinica Med. **58.** 116—18. Mai 1951.) BRATFISCH. 4587

Habeeb Bacchus, *Ascorbinsäure und durch Formaldehydreizung hervorgerufene Arthritis bei adrenalektomierten Ratten.* Die *Ascorbinsäure* (**I**)-Behandlung adrenalektomierter Ratten mit Formaldehyd (**II**)-induzierter Arthritis bewirkt keine gesteigerte Wiederherst. der Tiere im Gegensatz zur positiven Wrkg. bei intakten, d. h. nicht adrenalektomierten Tieren. Die **I**-Wrkg. bei **II**-induzierter Arthritis beruht wahrscheinlich nicht auf einer Umwandlung von *17-Ketosteroid*-Metaboliten in aktive Rindensteroide, sondern eher auf einer Verminderung des *Cortison*-Abbaus. (Endocrinology **51.** 576—78. Dez. 1952. Washington, D. C., George Washington Univ., School of Med., Dep. of Physiol., Res. Labors.) K. MAIER. 4587

Sachchidananda Banerjee und **Chandicharan Deb**, *Die Nebennierenrindenaktivität bei Skorbut.* Bei skorbut. u. n. weiblichen Meerschweinchen wurden der *Na*- u. *K*-Geh. des Blutes sowie die *K*-Ausscheidung im Urin untersucht. Skorbut. Tiere zeigten vermehrten *K*- u. verminderten *Na*-Geh. des Blutes u. schieden im Urin weniger *K* aus. Serum skorbut. Tiere verringerte die Amplitude der Krötenherzkontraktionen. Die n. rhythm. Kontraktion des isolierten Uterus eines skorbut. Meerschweinchens in einem

Organbad war herabgesetzt. Anscheinend liegt bei skorbut. Meerschweinchen eine Untersekretion der Nebennierenrinde vor. Die verminderte Bldg. von Nebennierenrindenhormon bei Skorbut könnte auf dem verringerten *Ascorbinsäure-* u. *Cholesterin-*Geh. der Nebennieren beruhen. (Endocrinology **51.** 572—76. Dez. 1952. Calcutta, Presidency Coll., Dep. of Physiol.) K. MAIER. 4587

Giovanni Mannelli, *Die colorimetrische Bestimmung der Ascorbinsäure.* Inhaltlich ident. mit der C. **1951.** I. 77 referierten Arbeit. (Sperimentale Sez. **chim. biol. 1.** 118 **bis 124.** 25/3. 1950. Florenz, Univ., Istit. Chim. analit.) METZENER. 4587

Kazimierz Kalinowski, *Quantitative Bestimmung der l-Ascorbinsäure mittels der bromometrischen Methode unter Verwendung eines besonderen Apparates.* Vf. hat einen Flaschenaufsatz konstruiert, aus dem die zu prüfende Fl. u. die notwendigen Reagentien unter Luftabschluß in die Flasche gebracht werden können. Der Messungsfehler betrug bei Verwendung dieses Gerätes (Abb.) u. der von SCHULEK u. KOWÁCZ (C. **1940.** II. 2046) angegebenen bromometr. Meth. ca. 0,5% bei Untersuchungsmengen von 10 bis 50 mg *l*-Ascorbinsäure. (Farmacja polska **7.** 121—24. Juni 1951. Lublin, Akademia lekarska, Zakl. Chemii Farmaceutycznej.) FISCHOEDER. 4587

Charles W. Wilson, William L. Wingfield und **Elam C. Toone jr.,** *Vitamin-D-Vergiftung mit metastatischer Kalkablagerung. Bericht über einen Fall und Überblick über den Vergiftungsmechanismus.* Ausführlicher Bericht über einen 62jährigen Mann, der 6 Jahre lang täglich 4 Kapseln *Nion D* (NION CORP., Los Angeles, Calif.) mit je 50000 E. *Vitamin D* (**I**) genommen hatte. Es bildeten sich in verschied. Körperteilen (an den Knochen der Hände, in der rechten Hüfte usw.) extreme Kalkab agerungen, verbunden mit einer irreversiblen Verschlechterung der Nierenfunktion. An Hand der einschlägigen Literatur wird der Wirkungsmechanismus der **I**-Vergiftung besprochen u. vor Anwendung allzu großer Dosen **I** gewarnt. (Amer. J. Med. **14.** 116—23. Jan. 1953. Richmond, Va., Med. Coll., Dep. of Med., u. McGuire Veterans Administr. Hosp., Med. Serv.) R. KÖNIG 4587

Hugh Chaplin jr., Lincoln D. Clark und **Marian W. Ropes,** *Vitamin-D-Vergiftung.* Beschreibung der Syndroms der D-Hypervitaminose an 111 in der Literatur beschriebenen u. 7 selbst beobachteten Fällen. Hinweise auf die großen individuellen Schwankungen der Verträglichkeit gegenüber *Vitamin D* (**I**). Warnung vor den Gefahren der Therapie mit hohen Dosen an **I**. Ratschläge für die Behandlung der **I**-Vergiftung. (Amer. J. med. Sci. **221.** 369—78. April 1951. Massachusetts General Hosp., Med. Services, u. Harvard Med. School, Dep. of Med.) SPITALER. 4587

G. A. Garton und **J. M. Naftalin,** *Massive Ödeme (exsudative Diathese) bei mit einer an Lebertran reichen Diät gefütterten Schweinen.* 2 Schweine, die 50 Tage lang ein 5 bis 25% Lebertran enthaltendes Futter bekamen, zeigten schwere Ödeme, wie sie von anderen Autoren bei einer *Vitamin-E*-Mangelfütterung beobachtet wurden. (Veterin. Rec. **65.** 232—63. 25/4. 1953. Bucksburn, Aberdeenshire, Rowett Res. Inst.) KRUSEN. 4587

W. Mülhausen, *Über die Wirkung von T-Vitamin-Goetsch bei entwicklungsgestörten und untergewichtigen Jugendlichen.* Bei 34 untergewichtigen Jugendlichen einer Pflegeanstalt bewirkte 5 Monate lange Verabreichung von *Vitamin T* (3mal täglich, 10, steigend bis 20 T-Vitamin-GOETSCH-Tropfen; PHARMAZELL, Raubling/Obb.) Gewichtszunahme in der Altersklasse von 10—16 Jahren um 240%, in der von 4—10 Jahren um 160% der Norm. Während des Pubertätsalters scheint Vitamin T eine bes. deutliche Wrkg. entfalten zu können. (Mschr. Kinderheilkunde **101.** 13—14. Jan. 1953.) SPITALER. 4587

O. Engels, *Die Bedeutung der mineralischen Beifutterstoffe, der Spurenelemente und Vitamine für den tierischen Organismus.* Die neueren Erkenntnisse über die Tierernährung mit besonderer Berücksichtigung von Mineralnährsalzen, Spurenelementen u. Vitaminen. (Dtsch. Drogisten-Ztg. **5.** 342. 347—48. 1/7. 1950. Speyer.) GRIMME. 4589

F. Leibetseder, I. Rabl und **F. Gabl,** *Die Behandlung von Hypoproteinämien mit Enzymhydrolysat der Leber.* Behandlung von 22 Patienten mit symptomat. Hypoproteinämie mittels proteolysierter Leber. Hypochrome Anämien reagieren mit Anstieg des Serumeiweißspiegels u. Normalisierung des Albumin–Globulin-Quotienten; bei Nephrosen u. Lebererkrankungen keine Änderung der Eiweißzusammensetzung. (Praxis [Bern] **42.** 447—49. 28/5. 1953. Innsbruck, Univ., Med. Klin.) SCHELER. 4589

S. A. Rjabinina, *Einfluß des Eiweißmangels auf Struktur und funktionellen Zustand der Ovarien weißer Ratten.* Weiße Ratten erhielten bei sonst gleichem Fett-, Vitamin- u. Mineralgeh. eine Diät mit 1,5%, die Kontrolle eine solche mit 19,5% Eiweiß. Dauer der Verss. mit geschlechtsreifen Tieren 90—105 Tage, mit infantilen Tieren 45—50 Tage. Es kommt zu einer Störung der Funktion der Ovarien. Hemmung der geschlechtlichen Entw.

bei infantilen Ratten u. Sistieren des Östrus bei den geschlechtsreifen Ratten. Gleichzeitig kommt es in den Ovarien zu einer Hemmung der Differenzierung der primordialen Follikel u. der Bldg. neuer Gelbkörper sowie zu verstärkter Atresie der Follikel. (Доклады Академии Наук СССР [Ber. Akad. Wiss. UdSSR] [N. S.] **86.** 877—80. 1/10. 1952.) RENTZ. 4589

M. Wachstein und **E. Meisel,** *Gleiche Wirksamkeit von L- und D-Äthionin bei der Erzeugung von Gewebeschädigungen bei Ratten und Mäusen.* L- u. D-Äthionin sind gleich wirksam bei der Erzeugung von Pankreas- u. Nierenschäden bei der Ratte sowie von Fettinfiltrationen der Leber u. Pankreasschäden bei der Albinomaus. Chron. Äthionin-Zufuhr ruft intralobuläre hepat. Fibrosis mit vorhergehender schwerer Fettinfiltration bei ♂ u. ♀ Mäusen hervor. (Proc. Soc. exp. Biol. Med. **82.** 70—72. Jan. 1953. Brooklyn, St. Catherine's Hospital, Dep. of Pathology.) NEHRING. 4589

Claire E. Graham, Irving P. Reichstein, William J. Watson und **Stanley W. Hier,** *Wirkungen von Proteinen auf Körper- und Organgewichte der Thyreoid-gefütterten Ratte.* Zur Unters. des „antithyreotox. Faktors" prüfen Vff. eine Reihe von Proteinen (Casein, Rindermuskel, Eialbumin, Weizenkleber, Erdnußmehl, Sojabohnen-α-Protein u. Vollei) auf ihre Wrkg. auf Körper- u. Organgewicht der Thyreoid-gefütterten Ratte im Vgl. zur Wrkg. von entfetteten Leberrückständen. Hierbei zeigte es sich, daß nur Rindermuskelprotein ähnliche Resultate wie die entfetteten Leberrückstände ergab. Nach Ansicht der Vff. sind mehrere Faktoren beteiligt, da einige Proteine bei der Thyreoid-gefütterten Ratte wohl das Körpergewicht aufrechterhalten, aber nicht auf das Organgewicht einwirken, während andere Proteine umgekehrt das Organgewicht beeinflussen, ohne das Körpergewicht aufrechtzuerhalten. (Proc. Soc. exp. Biol. Med. **82.** 7—9. Jan. 1953. Chicago, Wilson Labor., Res. Labor.) NEHRING. 4589

J. Weits, A. C. Houtman und **J. R. Roborgh,** *Die Wirkung einer jodierten Caseinfraktion auf den Milchertrag von Ziegen.* Die Wrkg. von jodiertem Casein u. thyroxinfreiem Lactogenfaktor (Fraktion B), isoliert aus jodiertem Casein, wird an lactierenden Ziegen untersucht. Beide Präpp. erhöhten zwar Milch- u. Fettausbeuten, jedoch trat auch in beiden Fällen Körpergewichtsverlust ein. Die Ergebnisse stimmen nicht mit denen von POULSEN (240. Beretning fra forsøgslaboratoriet [1949.]) überein. Die Behauptung, daß Fraktion B nur einen lactogenen Faktor enthält, kann somit nicht aufrechterhalten werden. (Netherl. J. agric. Sci. **1.** 39—43. Febr. 1953. Weesp, N. V. Philips-Roxane, Biol. Labor.) PATZSCH. 4589

John P. Peters, *Die gegenseitigen Beziehungen der Nahrungsstoffe im Stoffwechsel.* Vf. entwickelt eine Hypothese über die gegenseitigen Beziehungen der Nahrungsstoffe im Stoffwechsel und stellt sie zur Diskussion. — 21 Literaturangaben. (Yale J. Biol. Med. **24.** 48—72. Sept. 1951. Yale, Univ., School of Med., Dep. of Int. Med.) PATZSCH. 4596

Frederick Sargent II und **C. Frank Consolazio,** *„Stress" und Ketonkörperstoffwechsel.* Ketonurie tritt unter dem Einfl. von Belastungen (stress) auf, von denen Kälte am wirksamsten ist, während an Muskelleistungen relativ schnell Anpassung erfolgte. Von der Zus. der Nahrung war die Ketonurie kaum abhängig, jedoch erreichte die Häufigkeit der Ketonurie um so schneller ein Maximum, je negativer die Kalorienbilanz war. Da kein erhöhter Abbau von Leberglykogen stattfand, fassen Vff. die Ketonurie als Ausdruck einer Adaptation an den betreffenden „stress" auf. (Science [Washington] **113.** 631—33. 1/6. 1951. Chicago, Ill., US. Army Med. Nutrition Labor.) IPPEN. 4596

Samuel Gurin, *Lipogenese.* Zusammenfassender Überblick über die Arbeiten, betreffend die Fettbldg. im Organismus von Mensch u. Tier. Behandelt werden die Ergebnisse von Unterss. mit isotop markierten Verbb., die Rolle der 2-C-Systeme bei der Fettsäuresynth., die Verss. in vitro u. in vivo mit Gewebeschnitten n. Tiere sowie solcher mit Mängeln (diabet., des Pankreas bzw. der Hypophyse beraubt usw.). Hinweis, daß die Lipogenese nachgewiesen ist für Milchdrüse, Leber, Niere, Testis, Herz, Lunge, Milz, Darmmucosa, Fettgewebe; es wird die Frage nach den beteiligten Fermentsystemen erörtert. (New England J. Med. **248.** 965—67. 4/6. 1953. Philadelphia, Univ. of Pennsylvania, School of Med., Dep. of Physiol. Chem.) TÄUFEL. 4596

Lemuel D. Wright, *Antimetabolite des Nucleinsäurestoffwechsels.* Übersichtsbericht. *Folsäure* (I)-Mangel u. I-Antimetabolite, *Biotin* (II)-Mangel u. II-Antimetabolite, *Purin*-Antimetabolite, *Pyrimidin*-Antimetabolite, *Ribonucleinsäure* u. Derivv. als Antimetabolite, *2.6-Diaminopurin* als Antimetabolit, *Benzimidazol*-Antimetabolite, *Triazolopyrimidin*-Antimetabolite, *Glycin*-Antimetabolite, verschied. Antimetabolite (*Pteridine, Proflavin, Protamin, Urethan*). — 105 Literaturangaben. (Vitamins and Hormones **9.** 131—59. 1951. Glenolden, P., Sharp and Dohme, Inc., Med. Res. Div.) K. MAIER. 4596

Gray H. Twombly, *Synthese und Stoffwechsel radioaktiv markierter Steroide.* Übersichtsbericht. Synth. radioaktiver *Steroide* (I): *Cholesterin, Cholestanon, Coprostanon, Cholestan, Cholestenon, Testosteron, Methyltestosteron, Progesteron, Desoxycorticosteronacetat, Östrogene* (*Östron, Methylöstradiol, Na-Östronsulfat, Diäthylstilböstrol, Triphenylbromäthylen, Bromdimethyläthylallenolsäure, Hexöstrol, Jod-α-östradiol, Dibromöstron*; Lokalisierung radioaktiver I beim Tier u. Menschen; Ausscheidungswege für markierte I; Metabolite injizierter radioaktiver I. — 47 Literaturangaben. (Vitamins and Hormones **9.** 237—61. 1951. New York, N. Y., Columbia Univ., Coll of Physic. and Surg., Dep. of Obstetrics and Gynecol.) K. MAIER. 4596

Alexandre Gourévitch, *Verbrauch von Glykogen durch die Retina im Licht und in der Dunkelheit.* Zwischen dem Geh. der beiden (Karpfen-) Retinen, von denen die eine im Dunklen, die andere im Licht gehalten wurde (6—7 Tage), an *Glykogen* (I) bestand innerhalb der Versuchsfehlergrenze kein Unterschied. Im Gegensatz dazu wurde bei einer Versuchsdauer von 20—30 Std. in der beleuchteten Retina ein sehr niedriger I-Geh. festgestellt. Dieser Verlust entspricht im Mittel 12,3% des Gesamt-I. Die I-Reserven in der beleuchteten Retina scheinen sich schneller zu erschöpfen als bei der verdunkelten Retina. Der I-Verbrauch wird durch das Licht stimuliert. Bei 49—50 std. Versuchsdauer wurde eine geringere Differenz im I-Geh. der beiden Retinen gefunden. Die I-Reserven scheinen sich bei längerer Belichtung selbst wieder zu ergänzen. — 9 Literaturangaben. (J. de Physiol. **43.** 255—61. 1951. Paris, Labor. d'Ophthalm. de l'École pratique des Hautes Études.) PATZSCH. 4598

E$_6$. Pharmakologie. Therapie. Toxikologie. Hygiene.

Carl D. Douglass, Paul L. Day, Barbara Kelley und **I. Meschan,** *Der Einfluß einer Röntgenbestrahlung und derjenige von Atabrin auf die Befiederung von Küken.* Insgesamt 30 Ein-Tages-Küken wurden in 2 Gruppen geteilt, deren eine die Normalnahrung nach KEITH ergänzt durch 2 mg Folsäure/kg Körpergewicht u. deren andere außerdem 500 mg *Atabrin* (I) erhielt. Die mittleren Gewichtszunahmen der Tiere waren während der Beobachtungsperiode von 26 Tagen in beiden Gruppen gleich. 15 Tage nach Beginn der Beobachtungszeit wurden die Tiere mit Röntgenstrahlen totalbestrahlt. Bestrahlungsdaten: 220 kV, 15 mA, HWS 0,25 mm Cu. Fokus-Objektabstand ca. 80 cm, Dosisleistung 42,5 r/Min., Gesamtdosis 865 r. 15 Tage nach der Bestrahlung zeigte die mit I gefütterten Tiere ein kräftigeres Federkleid als die anderen. Diese hatten n. Befiederung am Flügel u. Schwanz; Brust, Rücken u. Nacken zeigten sich dagegen schwach befiedert. (Science [Washington] **117.** 274. 13/3. 1953. Little Rock, Univ. of Arkansas, School of Med., Dep. of Biochem. and Radiol.) REUSSE. 4601

W. V. Mayneord, *Die Radiographie des menschlichen Körpers mittels radioaktiver Isotope.* Vf. diskutiert die Möglichkeit, das Röntgendiagnostikgerät durch Isotope mit weicher γ-Strahlung, z. B. ^{135}Xe (85 kV) zu ersetzen. Da die Berechnung erforderliche Isotopenmengen von 100 kC ergibt, muß die genannte Möglichkeit verneint werden. Dagegen ergeben sich diagnost. Möglichkeiten mit nahezu punktförmigen Strahlern, die in Körperhöhlen eingeführt werden u. z. B. zur Lokalisierung von Fremdkörpern verwendet werden können. Bes. geeignet ist das Isotop ^{170}Tm, das als Oxyd TmO angewendet wird u. außer β-Strahlen eine γ-Strahlung von 0,084 MeV emittiert. Durch Eigenerregung werden außerdem die K-, L-, M- u. N-Spektren des ^{170}Yb mit 52—0,5 kV angeregt. Das aktive Material wird in geeignet geformten Kapseln aus Perspex von ca. 5 mm Durchmesser angewendet. Ein Beispiel aus dem Gebiet der Kieferdiagnostik wird erläutert. (Brit. J. Radiol. **25.** 517—25. Okt. 1952. London, Roy. Cancer Hosp., Physics Dep.) REUSSE. 4601

Santiago A. Colsi, *Die Radioisotopen und ihre Anwendung.* Übersicht über neuere Entw., Verf. zur Herst. der Isotopen, Messung u. Feststellung, Anwendung bes. in der Medizin, Diagnostik. (Rev. farmacéutica **94** (**95**). 184—211. Sept./Okt. 1952.) ALTPETER. 4601

P. D. Wall, D. Tucker, F. J. Fry und **W. H. Mosberg,** *Die Anwendung von Ultraschall hoher Intensität in der experimentellen Neurologie.* Es wurde gefunden, daß Nervenzellkörper gegen kurze energiereiche Ultraschallimpulse empfindlicher sind als benachbarte Blutgefäße oder Nervenfasern. Diese Erscheinung ermöglicht eine Beeinflussung z. B. des Rückenmarks, ohne daß das umgebende Gewebe geschädigt wird. (J. acoust. Soc. America **25.** 281—85. März 1953. Chicago, Ill., Univ., Urbana, Ill., Univ., u. Manteno, Ill., State Hosp.) HAGEMANN. 4601

J. J. Wild und **John M. Reid,** *Der Einfluß von biologischem Gewebe auf Ultraschall von 15 MHz Impulsen.* Mit Ultraschallimpulsen von 0,5 μSek. bei einer Frequenz von

15 MHz und oscillograph. Anzeige zeigte es sich, daß Art u. Dicke des Gewebes aus den Oscillogrammen erkannt, werden konnten und daß Aussicht besteht, spezielle Gewebeerkrankungen festzustellen. (J. acoust. Soc. America **25.** 270—80. März 1953. Univ. of Minnesota, Dep. of Electric-Engng.) Hagemann. 4601

Reinhard Jaup, *Die Bedeutung der Kochsalzquellen in der Bäderheilkunde.* Überblick über die Wirkungsweise der Kochsalzquellen bei Trink-, Bade- u. Inhalationskuren u. die Indikationen für ihre Anwendung. (Die Medizinische **1952.** 1325—19. 18/10.) Haller. 4603

Walther Bergfeld, *Beobachtungen über das Verhalten des Organismus bei gewöhnlichen Wasserbädern.* Verss. zeigen, daß unter Einfl. gewöhnlicher Vollbäder die Ausscheidung einiger Mineralsalze vermehrt bzw. vermindert wird. Ob es sich dabei um eine längere, in den Mineralhaushalt eingreifende Veränderung handelt, konnte nicht entschieden werden. (Die Medizinische **1952.** 1329—31. 18/10.) Haller. 4603

D. Hofmann-Credner und **H. Siedek,** *Die Hautquaddelresorption von ^{131}J unter Jodbehandlung bei Claudicatio intermittens.* Es wurde der Erfolg einer kombinierten Behandlung mit Jodsolebädern u. Überwärmungspackungen bei *Claudicatio intermittens* mit Hilfe eines ^{131}J-Resorptionstests (*disappearance-clearance*) untersucht. Die Meth. erwies sich für eine exakte Verfolgung des Krankheitsverlaufes als geeignet. Im Gegensatz zu entzündlichen Gefäßerkrankungen waren bei der arteriosklerot. Dysbasie u. Erfrierungen gute Heilerfolge zu verzeichnen. (Z. Kreislaufforsch. **42.** 2—13. Jan. 1953. Wien, I. Univ.-Klinik, Hall. Paracelsus-Inst., Innere Abt.) Wallis. 4603

Hans Götte, *Untersuchungen mit hochpolymeren radioaktiv markierten Phosphaten im Säugetierorganismus.* Hochpolymere Phosphate der Zus. $[KNa_2(PO_3)_3]_n$ werden Hunden injiziert. Das Polyphosphat wird in Leber u. Milz gespeichert, u. zwar in der Lipoidfraktion; dabei vermag die Leber nur einen Bruchteil der ihr angebotenen Polyphosphatmenge aufzunehmen. Das Polyphosphat wird abgebaut u. dann in den Stoffwechsel einbezogen bzw. ausgeschieden. Nach Dialysieren von Harnproben wird ein geringer Anteil hochmol. nicht dialysierbarer Verbb. gefunden. Nach 8—9 Std. werden 13,7% des Grahamschen Salzes u. 15,2% des Tammannschen Salzes ausgeschieden. (Z. Naturforsch. **8b.** 173—76. April 1953. Mainz, Max-Planck-Inst. für Chemie.) Heerdt. 4606

Nils Thyresson, *Experimentelle Untersuchungen der Thalliumvergiftung bei der Ratte.* Vf. untersucht mittels ^{204}Tl den *Tl*-Stoffwechsel mit akuter u. chron. Vergiftung an Ratten. Sie erhalten eine subcutane Injektion von 40 bzw. 20 μgTl (als $TlNO_3$-Lsg., die radioaktives ^{204}Tl in Mengen von 0,5 mC/g enthält) pro g Körpergewicht. Der höchste Tl-Geh. wird in den Nieren festgestellt. Auch im Verdauungskanal (bes. im Mastdarm), sowie in der Schilddrüse, den Geschlechtsorganen, der Pankreas, Milz, Haut werden erhebliche Mengen Tl gefunden, während das Fettgewebe, Gehirn, Rückenmark, die Leber u. das Blut nur sehr wenig Tl enthalten. Die Tl-Ausscheidung mit dem Urin ist am 1. Tag nach der Vergiftung größer als mit den Fäces, später umgekehrt. Nach einem Monat sind 61,2% Tl ausgeschieden, u. zwar 42,2% mit den Fäces u. 19% mit dem Urin. Ein Zusatz von 2% *Cystin* (**I**) zur Nahrung steigert nur die Tl-Ausscheidung mit dem Urin, nicht aber im Stuhl. Die günstige Wrkg. des **I** bei chron. Tl-Vergiftung läßt sich aber nicht mit der Zunahme der Ausscheidung erklären. Bei akuter Tl-Vergiftung zeigen **I**, Methionin, $Na_2S_2O_3$ u. BAL keine schützende Wirkung. Die radioautograph. Unterss. zeigen, daß Tl in der Haut aufgespeichert wird u. dort hauptsächlich an die Haarfollikel gebunden ist, wo es die Keratinbldg. stört. (Acta dermato-venereol. [Stockholm] **31.** 3—27. 1951. Stockholm, Dep. of Occupat. Health, Nat.-Inst. of Publ. Health, Dep. of Dermato-Venereology, Caroline Hosp.) Fahrnlaender. 4606

Edward L. Alpen, H. George Mandel, Victor W. Rodwell und **Paul K. Smith,** *Der Stoffwechsel der in der Carboxylgruppe mit ^{14}C markierten Salicylsäure beim Hund und Menschen.* Die Urinmetabolite der *Salicylsäure* (**I**) beim Hund betrugen: 50 (%) unveränderte **I**, 25 gebundene Glykuronsäureverbb., 10 Salicylursäure u. 4—5 Gentisinsäure, beim Menschen: 10—85 freie **I**, 0—50 Salicylursäure, 1 oder weniger Gentisinsäure u. 15—4 gebundene Glykuronsäureverbindungen. 2 Verbb. der **I** mit Glykuronsäure im menschlichen Urin wurden isoliert, von denen die eine eine freie Salicylhydroxylgruppe enthielt. Andere Glykuronatverbb. mit Metaboliten der **I** wurden nicht identifiziert. Im Hundeurin wurde eine **I**-Verb. mit Glykuronsäure gefunden. (J. Pharmacol. exp. Therapeut. **102.** 150—55. Juli 1951. Washington, D. C., G. Washington Univ., School of Med., Dep. of Pharmacol.) Patzsch. 4607

S. Coda und **M. Grassi,** *Der Mesoinosit und seine therapeutische Bedeutung.* Zusammenfassende Darst. über Vork., Konst. u. Eigg. des Mesoinosits sowie die neueren

Erkenntnisse des letzten Jahrzehnts über seine Rolle als Vitamin für einige Tierarten, Wachstumsfaktor für gewisse Bakterien u. bes. seine wichtige Rolle als lipotropher Faktor im Stoffwechsel, bes. dem der Lipoide u. Phosphatide bei höheren Tieren u. dem Menschen, die bereits zu seiner Verwendung in der Therapie von Lebererkrankungen sowie anderen, ebenfalls durch Störung des Fettstoffwechsels bedingten Erkrankungen, wie Lipoidnephrose u. Psoriasis geführt haben; Dosen bis 5 g/Tag werden subjektiv u. objektiv vorzüglich sowohl per os wie **intravenös** vertragen, seine Nebenwrkg. als Diureticum ist günstig. (Boll. chim. farmac. **89.** 456—59. Nov. 1950.) KIMPEL. 4607

Fernand Caujolle, Paul Couturier, Georges Roux und **Yves Gasc,** *Toxizität von Cyclohexanon und einiger homologer Ketone.* An Hunden wurden geprüft *Cyclohexanon*(I), *2-Methyl-, 3-Methyl-, 4-Methylcyclohexanon, Menthon, Pulegon* u. *Isopulegon.* Die absol. letalen Dosen lagen zwischen 0,27 u. 0,63 g/kg, wobei I die geringste Toxizität aufwies. Die wichtigsten Vergiftungssymptome waren Blutdrucksenkung, Bradycardie u. Polypnoe. Die Toxizität der Methylcyclohexanone steigt in der Reihenfolge: p-, m-, o-Methylcyclohexanon. (C. R. hebd. Séances Acad. Sci. **236.** 633—35. 9/2. 1953.) KRUSEN. 4607

Vito Bellavita und **Leonida Santamaria,** *Neue Derivate des Benzothiazols.* 3. Mitt. *Biologische Eigenschaften.* (2. vgl. Boll. Soc. ital. Biol. sperim. **27.** [1951.] 298.) Bei der Prüfung der gesätt. Lsgg. von *Sulfanilamid* (I) u. der Na-Salze der verschied. Benzothiazolderivv. gegen Staphylococcus aureus-Kulturen zeigte *S-Benzothiazolyl-(2)-α-thiomilchsäure* (II) 80% (der bakteriostat. Wrkg. des I); schwächere Wirkungen zeigten *6-Nitro-2-mercaptobenzothiazol* (III, 70%), *S-Benzothiazolyl-(2)-thioglykolsäure* (IV, 50%), *Tris-[benzothiazolyl-(2)-mercapto]-essigsäure* (V, 35%), *5-[6-Nitrobenzothiazolyl-(2)]-thioglykolsäure* (VI), *2-Aminobenzothiazolcarbonsäure-(6)*; keine Wrkg. *6-Nitro-2-äthylmercaptobenzothiazol* (VII) u. *Benzothiazolsulfonsäure-(2).* An der Nierenrinde von Albinoratten wurde im WARBURG-App. die Hemmung der Zellatmung bestimmt. Sie war bedeutend für $5 \cdot 10^{-4}$ mol. III- (mit —81% des Qo_2-Wertes) u. $2 \cdot 10^{-5}$ mol. VI-Lsg. (—69%), gering für $2 \cdot 10^{-5}$ mol. Lsgg. von II, IV u. V. Bei in vitro-Verss. mit St. aureus wurde die Atmungshemmung an Bakterienzellen untersucht. Hier tritt aber für 10^{-3} mol. III-Lsg. eine Erhöhung des Xo_2-Wertes auf, während sich für IV, V u. VI-Lsgg. eine ähnliche Abnahme zeigt wie bei den tier. Zellen. Nur II macht eine Ausnahme, da sie in $2 \cdot 10^{-3}$ mol. Lsg. eine ca. 50%ig. Hemmung der Bakterienatmung verursacht, so daß in dieser eine stark bakteriotrope Verb. mit geringer Organotropie vorliegt. VII besitzt keine atmungshemmende Wrkg., seine Ungiftigkeit im Vgl. zu III weist auf die tox. Funktion der freien SH-Gruppe hin.

Versuche: *6-Nitro-2-äthylmercaptobenzothiazol* (VII), $C_9H_8O_2N_2S$, F. 105—106° (A.), aus äquimol. Mengen NaOH u. p-Toluolsulfochlorid in A., 2 Std. gekocht. — *S-Benzothiazolyl-(2)-α-thiomilchsäure* (II), aus 2-Mercaptobenzothiazol in wss. NaOH u. α-Brompropionsäure in Sodalsg., 2 Std. auf dem Wasserbad; Isolierung als *Na-Salz,* aus A. oder CH_3OH wasserfreie Kristalle. Freie II zers. sich bei der Dest. auch im Vakuum. (Ricerca sci. **22.** 250—58. Febr. 1952. Perugia, Univ., Ist. di chim. gen. e inorg., u. Ist. di patol. gen.) METZENER. 4607

J. Jacob, *Zentral stimulierende und dämpfende Wirkungen von Pyrimidinderivaten.* Die folgenden zentral stimulierenden Pyrimidinderivv.: *2-Amino-4-dimethylamino-5-benzylpyrimidin* (I) u. *N.N'-Tetramethyl-2.4-diamino-5-benzyl-pyrimidin* (II) führten bei Maus u. Kaninchen in intravenös gegebenen Dosen von 5—10 mg/kg zu Ruhelosigkeit u. Tremos u. in höheren Dosen zu Krämpfen. I u. II verkürzten bei diesen Tieren die Evipan-Narkosedauer u. steigerten die durch Morphin herabgesetzte Atemfrequenz. I u. II wirkten in denselben Dosen wie Benzodrin (Phenylaminopropan; III) u. erinnerten in ihrer Wrkg. an Coffein. In 10—20 mal größeren Dosen als III bewirkten I u. II beim Hund eine periphere arterielle Blutdrucksteigerung, die nicht durch Tetraäthylammoniumbromid unterdrückt werden konnte. Bei Wiederholung der Injektionen wurde die Hypertension geringer u. verschwand schließlich. *2.4-Dipiperidino-5-benzylpyrimidin* (IV) wirkte zentral dämpfend. 25 mg IV/kg führten beim Kaninchen zu einer längeren Narkose als 50 mg/kg Evipan. IV setzte die Atemfrequenz herab. (Experientia [Basel] **7.** 352—53. 15/9. 1951. Paris, Inst. Pasteur. Lab. de pharmacodynamie, service de chimie thérapeutique.) W. BRANDT. 4607

Paavo Vara und **Olavi Kinnunen,** *Die Wirkung des Nicotins auf das weibliche Kaninchen und die Fötusentwicklung.* 14 ♀ Kaninchen erhielten im Laufe von 4—12 Wochen 5 mg *Nicotin* (I)/kg Körpergewicht täglich subcutan injiziert. Die Hälfte der Tiere war schwanger, von denen 5 abortierten u. 2 lebende Junge warfen. Der eine Wurf starb jedoch bald. Die tox. Wrkg. des I äußerte sich bei allen im Germinalepithel der

Ovarien, Primärfollikeln, Granulosazellen u. Föten. Die stärkste Wrkg. schien sich in den Föten zu offenbaren, bei denen große degenerative Veränderungen beobachtet wurden. Das Endometrium befand sich in einer akt. sekretor. Phase, ebenso die Schilddrüse. (Ann. Med. exp. Biol. fenn. **29.** 202—13. 1951. Helsinki, Univ., Women's Clin.) PATZSCH. 4607

J. C. De Jong, J. B. Lenstra und **D. J. H. Vermeer,** *Über das durch Peroba da Campos-Holz hervorgerufene Hautekzem und die Isolierung der allergischen Substanz.* Vff. isolieren aus Peroba da Campos-Holz (Bignoniaceae) die Hautekzeme hervorrufende, allerg. wirksame Substanz durch Extraktion mit A. (96%ig.). Sie wird als *Lapachonon* (I) ($C_{16}H_{16}O_2$, F. 59,5—60,5°, Mol.-Gew. ~240, rhomboidale Kristalle, am Licht gelb werdend, lösl. in A., Chlf., Ae., Bzl.) identifiziert (MATTHES u. SCHREIBER [Ber. dtsch. Pharmaceut. Ges. **1914.** 385]). I wird durch konz. H_2SO_4 indigoblau. N, S oder Halogen enthält I nicht. (Acta dermato-venereol. [Stockholm] **31.** 108—10. 1951. Amsterdam, Univ. Clin. for Shin- and Venereal-Dis., u. Dispensary of Binnen Gasthuis.) FAHRNLAENDER. 4608

—, *Die Behandlung von Vaginitis mit Roquessine als Vaginalkugeln oder Gelee.* Angaben für die Behandlung der Trichomonas-Vaginitis mit *Roquessine* (I), das in 3 Formen im Handel ist: als I-Tota, enthaltend 0,05 g sämtlicher Alkaloide von *Holarrhena africana*, titriert auf 50% *Conessine* (II) u. 0,1 g *Chininvalerianat.* Vaginalkugeln u. Gelee enthalten entsprechend: II-*Bromhydrat* 0,20 bzw. 2,4 g, *Sulfanilamid* 0,45 bzw. 5,4 g, *Milchsäure* 0,10 bzw. 1,2 g, *Na-Tetradecylsulfat,* 0,0083 bzw. 0,1 g. Therapie u. Injektionstechnik werden besprochen. (France-Pharmacie **6.** 109—10. März 1953.) DOSSMANN. 4610

H. Berndt, *Beobachtungen über die Wirkung des Präparates Otrhomin ad injectionem bei Enteritiden des Hundes.* Vf. behandelte bei Hunden 12 Fälle von Brechdurchfall, 21 unspezif. Enteritiden, 18 Fälle von Staupediarrhoe u. 2 Fälle von Leptospiroseverdacht mit intravenösen Injektionen von *Otrhomin.* Bei 42 Tieren wurde der Durchfall behoben, 6 bekamen Rezidive, 5 blieben unbeeinflußt. Am besten sprachen die Brechdurchfälle u. unspezif. Enteritiden auf die Behandlung an. Auf eine mögliche Beeinflussung von Hautleiden durch Otrhomin wird hingewiesen. (Mh. Veterinärmed. **8.** 274—77. 1/7. 1953. Karl-Marx-Stadt.) K. BÖHM. 4610

R. Ammon und **H. Fedtke,** *Über die Möglichkeit eines diagnostischen Irrtums bei der Sulfonamidtherapie.* Vff. beobachteten nach *Sulfaguanidin* im Harn eigenartige Kristalle, die an Tyrosin erinnerten. Nach Isolierung u. Reinigung ergab sich F. 263°, so daß die Kristalle als *α-Acetylsulfaguanidin* (F. 262—264°) identifiziert wurden. Reichliche Flüssigkeitszufuhr u. Zufuhr von Alkali können die Kristallbldg. weitgehend verhindern. (Die Medizinische **1953.** 611—12. 2/5. Homburg/Saar u. Ulm/Donau, Physiol.-Chem. Univ. Inst. u. Städt. Krankenhaus.) K. BÖHM. 4610

André Basset, *Der derzeitige Stand der Leprabehandlung.* Übersicht über den Stand der Leprabehandlung mit krit. Wertung u. Indikationsstellung der verschied. Therapeutica: *Sulfone, Chaulmoograverbb., Thiosemicarbazone, Streptomycin, PAS, ACTH, Penicillin.* (Semaine Hôpitaux Paris **28.** 3064—67. 14/10. 1952. Paris.) L. BERGER. 4610

N. P. Buu-Hoï, N. Dat Xuong und **N. Hoang Nam,** *Über die tuberkulostatischen Hydroxamsäuren.* Vff. beschreiben Synth. u. Eigg. einiger Salicylhydroxamsäuren u. erwähnen als vermutlich von prakt. Wert die *5-Chlorsalicylhydroxamsäure* (I), die nur schwach tox. ist u. deren Na-Salz genügend wasserlösl. ist, um intravenöse Injektionen zu gestatten.

V e r s u c h e : 1. I: Zu einer Suspension von $NH_2OH \cdot HCl$ in 70 ml A. Lsg. von 14 g KOH in 70 ml A. u. unter Umschütteln Lsg. von 10 g Methyl-5-chlorsalicylat in 70 ml A. geben. Nach 15 Min. filtrieren, Filtrat mit Essigsäure auf p_H 2 bringen. Durch Verdünnung Nd. von I, krist. aus A. in feinen Nadeln, Sublimation bei 230°, F. 246°. 2. *5-Bromsalicylhydroxamsäure*: Darst. wie I, mit Methyl-5-bromsalicylat, aus A. Nadeln, Sublimation 235°, F. 249°. 3. *5-Benzylsalicylhydroxamsäure:* Darst. wie I, mit Methyl-5-benzylsalicylat, aus A. Blättchen, F. 175°. 4. *3.5-Dichlorsalicylhydroxamsäure,* aus A. Nadeln, F. 187—189°. 5. *3.5-Dibromsalicylhydroxamsäure,* aus A. Nadeln, F. ca. 190°. (C. R. hebd. Séances Acad. Sci. **236.** 635—37. 9/2. 1953.) KRUSEN. 4610

Lawrence C. Goldberg und **Claudia R. Simon,** *Behandlung des Lupus vulgaris mit Isoniazid. Bericht über zwei Fälle.* Klin. Bericht über 2 Fälle von Lupus vulgaris mit gleichzeitiger Anämie, die erfolgreich mit 4 mg/kg *Isoniazid* ohne Nebenerscheinungen behandelt wurden. (J. Amer. med. Assoc. **151.** 640—42. 21/2. 1953.) H. SCHEURLEN. 4610

R. Garsche, *Intracranielle Verkalkungen als Spätfolge der Meningitis tuberculosa nach Streptomycinbehandlung.* Bei 12 von 35 Kindern, die durch *Streptomycin*-Behandlung eine tuberkulöse Meningitis überlebten, wurden durchschnittlich 2—3 Jahre nach Beginn der Erkrankung intracranielle Verkalkungen in der Gegend des Sella-Einganges u. in benachbarten Regionen röntgenolog. festgestellt. Es handelte sich dabei um Kalkablagerungen in den sklerosierten Leptomeningen. Die differentialdiagnost. Bedeutung bes. gegenüber toxoplasmot. Verkalkungen wird erörtert. (Fortschr. Gebiete Röntgenstrahlen verein. Röntgenprax. **78.** 391—96. April 1953. Kiel, Univ., Kinderklinik.) KRUSEN. 4611

Alvise Berengo und **Enrico Bussinello,** *Über einen besonderen Fall von subakuter bakterieller Endocarditis vom Erregertyp: Bacillus faecalis alcaligenes. Kombinationsbehandlung mit Penicillin und Sulfonamiden.* Vff. wollen als bisher einzig bekannten Fall eine durch Bac. faecalis alcaligenes hervorgerufene subakute Endocarditis beobachtet haben. Unter *Penicillin* kombiniert mit *Sulfonamiden* wurde innerhalb von 16 Tagen klin. Heilung erreicht. (Minerva med. [Torino] **44.** I. 1322—27. 19/5. 1953. Modena, Univ., Ist. di Clin. Med.) P. G. SCHEURLEN. 4611

Aribert Heim, *Lebensrettende Wirkung des Terramycins bei Peritonitis.* Vf. teilt ausführlich 6 Fälle von Peritonitis mit, die durch *Terramycin* (Dosis: 3mal 500 mg/Tag intravenös oder 2 g/Tag oral bis zu einer Gesamtmenge von 30 g) erfolgreich behandelt wurden, nachdem die Applikation von Penicillin u. Sulfonamiden versagt hatte. Gleichzeitig wurde der *Vitamin-B-Komplex* verabreicht. (Z. Geburtshilfe Gynäkol. **139.** 65—84. 1953. Ludwigshafen/Rh., Städt. Frauenklinik.) R. KÖNIG. 4611

H. Gohr, Th. Görges und **F. J. Diensberg,** *Einfluß von Antibioticis und Chemotherapeuticis auf die Gallenfarbstoffreaktionen.* Vff. untersuchten den Einfl. der Antibiotica *Terramycin, Aureomycin, Chloromycetin, Streptomycin* u. der Chemotherapeutica *Resulfon* u. *Taleudron* auf den Ausfall der Gallenfarbstoff-Rkk. im Harn u. Stuhl bei Gesunden u. bei Patienten mit verschied. Leberkrankheiten u. Prozessen mit vermehrter Erythrocytolyse. Die Rkk. werden zum Teil sehr wesentlich beeinflußt, wobei die Krankheit, das verwandte Medikament u. die angewandte Methodik von Bedeutung sind. Der Ausfall der Harn-Rkk. ist besonders wichtig. Der Nachweis von Bilirubin u. Propentdyopent wurde kaum betroffen, während die EHRLICHsche Rk. u. die SCHLESINGER-Rk. für die Diagnose u. therapeut. Beurteilung unbrauchbar werden können. (Z. ges. inn. Med. Grenzgebiete **8.** 421—24. 1/5. 1953. Köln, Klin.-Chem. Abt., Univ. Krankenanstalt Lindenburg.) K. BÖHM. 4611

B. Glasson, *Neue Gesichtspunkte im Bereich der synthetischen Morphinersatzmittel.* Vf. stellt die in der Schweiz meist gebrauchten synthet. Morphinersatzmittel zusammen: 1. Pethidingruppe: *Bemidon* u. *Cetobemidon, Centralgin, Cliradon, Demerol, Dolantin, Dolosal, Mefedin, Meperidin, Nisentil, Pantalgin, Pethidin, Sauteralgyl, Spasmedal, Spasmodolin, Suppolosal*; 2. Methadongruppe: *Adanon, Amidon, Butalgin, Depsidol, Dianon, Dolaphin, Heptadon, Heptanal, Ketalgin, Mecodin, Mephenon, Methadon, Miadon, Optalgin, Panalgen, Physepton, Polamidon C, Evadol*; 3. Phenadoxongruppe: *C. B. 11, Heptalgin, Heptazon*; 4. Morphinangruppe: *Dromoran, Metorphinan.* Davon stellt die letzte Gruppe einen wirklichen Fortschritt gegenüber dem *Morphin* dar: längere u. intensivere Analgesie bei herabgesetzten Nebenwirkungen. Jedoch erzeugt auch *Dromoran* Euphorie u. führt zur Sucht. — Das anagonist. wirkende *N-Allylnormorphin* wird kurz besprochen u. seine Bedeutung für die Therapie der Opiatvergiftungen betont. (Rev. méd. Suisse romande **73.** 159—65. März 1953. Genf, Inst. de Thér.) DAUTZENBERG. 4621

Richard Charet und **Irving Siegel,** *Ungewöhnliche Reaktion infolge Verwendung von Phenylbutazon (Butazolidin). Bericht eines Falles.* Nach Gabe von 600 mg *Phenylbutazon* traten Schüttelfrost, Fieber u. Ulcerationen an den Lippen u. an der Zunge auf. Diese Erscheinungen konnten mit *Aureomycin* u. *Corticotropin* wieder beseitigt werden. (J. Amer. med. Assoc. **151.** 556—57. 14/2. 1953. Brooklyn.) H. SCHEURLEN. 4621

Edward Bershof und **Albert C. Oxman,** *Agranulocytose infolge Verwendung von Phenylbutazon (Butazolidin). Bericht eines Falles.* Gabe von 400—600 mg *Phenylbutazon* (I) bewirkten bei einer Patientin Auftreten von Agranulocytose, die mit *Penicillin, Streptomycin* u. *ACTH* beseitigt werden konnte. Es wird bes. auf die Notwendigkeit einer wöchentlichen Blutkörperchenzählung bei der I-Therapie hingewiesen. (J. Amer. med. Assoc. **151.** 557—58. 14/2. 1953. Denver.) H. SCHEURLEN. 4621

John L. Stifel und **J. C. Burnheimer,** *Agranulocytose nach Gabe von Phenylbutazon (Butazolidin). Bericht eines Falles.* Vff. berichten über das Auftreten von Agranulocytose nach 6wöchiger Behandlung eines Falles von rheumat. Arthritis mit 600 mg/Tag

Phenylbutazon. (J. Amer. med. Assoc. **151.** 555—56. 14/2. 1953. Toledo, Hosp., Dep. of Med.) H. SCHEURLEN. 4621

A. David Etess und **Abraham S. Jacobson,** *Todesfall infolge Agranulocytose nach Anwendung von Phenylbutazon (Butazolidin).* Bericht über die Behandlung eines Falles von rheumat. Arthritis, mit 600 mg/Tag *Phenylbutazon* (2 Monate lang), die nach anfänglicher Besserung zum Tode durch Agranulocytose führte. (J. Amer. med. Assoc. **151.** 639—40. 21/2. 1953. Bronx, N. Y., Veterans Admin. Hosp., Med. Service.) H. SCHEURLEN. 4621

J. Froewis und **E. Picha,** *Die Pervitintherapie der intrauterinen Asphyxie und sein Nachweis im Neugeborenenharn.* Vff. weisen bei intravenöser Applikation (15 mg) an die Mutter schon nach 6 Min. im Harn des Neugeborenen *Pervitin* (I) nach, das zur Behandlung der intrauterinen Asphyxie der Mutter verabfolgt wurde. Bei oraler Applikation dauert es 30 Min. bis I im Harn erscheint. Der Nachw. erfolgte mit Kaliumbleijodid als ziegelrote, quadrat. Kristalle. Empfindlichkeit der Rk.: 2—4 γ des salzsauren Salzes. (Zbl. Gynäkol. **75.** 870—73. 1953. Wien, Univ., Frauenklinik.) BRAUKMANN. 4622

Austin H. Kutscher und **Neal W. Chilton,** *Die Wirkung von Antihistaminen auf die Schmerzschwelle. Untersuchungen am Dolorimeter mit Pyribenzamin und Antistin.* An einer Reihe von Versuchspersonen konnte nachgewiesen werden, daß 50 mg *Pyribenzamin* (I) oder 100 mg *Antistin* die Schmerzschwelle der intakten menschlichen Haut nicht wesentlich verändern. Ebenso wurde auch die Schmerzschwelle traumatisierter Haut durch 50 mg I nicht beeinflußt. — 41 Literaturangaben. (Amer. J. med. Sci. **223.** 239—44. März 1952. New York, N. Y., Columbia Univ., Fac. of Med., School of Dental and Oral Surg., Hannah and Harry Posner Res. Labor., Div. of Res.) KRUSEN. 4625

Raffaele Camba, *Die Toxizität und Wirkung einiger Antihistaminica auf das Parenchym. Experimentelle Untersuchungen.* Nach einem Hinweis auf die aus der Literatur bekannten Todesfälle nach Medikation von Antihistaminicis berichtet Vf. über seine an Hunden u. Meerschweinchen nach Gaben von hohen Dosen beobachteten Organveränderungen. Geprüft wurden *Antistin, Neoantergan, Fargan* u. *Pyribenzamin.* Hauptsächlich an Leber, Nieren (tubuläres System) u. am Gehirn wurden degenerative Prozesse in Form von Vacuolenbldg. in den Zellen u. Zelluntergänge neben den Zeichen ausgiebiger Ödembldg. beobachtet. Auch in den Lungen wurden Ödem u. Hämorrhagien festgestellt. Die Rk. der einzelnen Tiere gleicher Art ist verschieden u. auch nicht direkt abhängig vom jeweiligen Antihistaminpräparat. (Zacchia [Roma] [2] **16** (**28**). 28—55. Jan./März 1953. Cagliari, Univ., Ist. di Med. Legale.) P. G. SCHEURLEN. 4625

Graham Chen und **Charles R. Ensor,** *Die kombinierte krampfhemmende Wirkung und Toxizität von Dilantin u. N-Methylphenylsuccinimid.* Bei Kombination von *Dilantin* u. *N-Methylphenylsuccinimid* (*PM 334*) addieren sich deren krampfhemmende Wirkungen gegenüber dem Elektroschock (Katzen u. Mäuse). Die akute Toxizität solcher Kombinationen ist signifikant geringer, als sie nach dem Additionsprinzip zu erwarten wäre (Mäuse). Beim *Metrazol-*(*Pentamethylentetrazol-*) Krampf ist Dilantin unwirksam. Die Hemmwrkg. von *PM 334* auf den Metrazolkrampf wird aber von *Dilantin* in subtox. Dosen nicht beeinflußt (Ratten). Die beiden Verbb. haben demnach einen verschied. Wirkungsmechanismus im Zentralnervensystem. (J. Lab. clin. Med. **41.** 78—83. Jan. 1953. Detroit, Mich., Parke, Davis & Comp.) DAUTZENBERG. 4628

Franz Bauer, *Erfahrungen bei der Anwendung von Dihydroergotamin (DHE-45-Sandoz) in der Geburtshilfe. Dihydroergotamin* (DHE-45-SANDOZ) ergab bei 55 von 85 Fällen einen eindeutigen geburtsfördernden Effekt. Zur Vermeidung von Nebenwirkungen sollte es nur unter ärztlicher Kontrolle u. in einer Dosis von 0,25 mg zur Anwendung gelangen. (Z. Geburtshilfe Gynäkol. **139.** 101—13. 1953. Stuttgart, Württ. Landeshebammenschule u. Staatl. Frauenklinik.) R. KÖNIG. 4628

P. Kummer und **R. v. La Rosée,** *Über die Hochdrucktherapie mit Hydrazinophthalazinen.* Anwendung fanden die Phtalazinderivv. *Apresolin = 1-Hydrazinophththalazinhydrochlorid* (Präp. C 5968) u. vor allem *Nepresol = 1.4-Dihydrazinophthalazinhydrochlorid* (Präp. C 7441; I; CIBA). Es zeigte sich durch eingehende, im einzelnen beschriebene Verss. an 32 Hochdruckkranken, daß I einen bedeutenden blutdrucksenkenden Effekt hat (Dosis: am 1. Tag 1—2 Tabletten zu 25 mg, dann steigern bis zu 6 Tabletten/Tag). Die Nebenerscheinungen bestanden in Kopfschmerzen, Schwindelgefühl usw., konnten aber durch Zusatzmedikation weitgehend behoben werden. (Münchener med. Wschr. **95.** 729—32. 26/6. 1953. Landshut, Städt. Krankenanstalten.) R. KÖNIG. 4630

Morris H. Nathanson und **Harold Miller,** *Klinische Beobachtungen über eine neue epinephrinähnliche Verbindung, Methoxamin.* Vff. beobachteten an 20 herzkranken

Personen die Wrkg. der intravenösen Verabreichung von 3—10 mg *Methoxamin* (I; *β-[2.5-Dimethoxyphenyl]-β-oxyisopropylaminhydrochlorid*). I ruft in Dosen, die eine deutlich blutdruckerhöhende Wrkg. haben, keine Steigerung des Herzrhythmus hervor. Dies wird als ein Vorteil bei der Behandlung gewisser Krankheiten mit Hypotension betont. (Amer. J. med. Sci. **223.** 270—79. März 1952. Los Angeles, Calif.)

KRUSEN. 4630

John M. Hammer, *Behandlung des angioneurotischen Ödems mit Etamon–Benadryl-Kombinationen.* Vf. fand in 24 Fällen, daß eine kombinierte Behandlung schneller wirksam war als Anwendung jedes Präp. allein. (J. int. Coll. Surgeons **19.** 475—77. April 1953. Kalamazoo, Michigan.) BROSEMANN. 4630

T. Fink, *Ein neuer Weg der therapeutischen Beeinflussung pulmonaler und cardialer Dyspnoe mit Neocajod.* Vf. berichtet über seine Erfahrungen mit *Neocajod* (Komplexverb. des Hydrojodids von p-Aminobenzoyldiäthylaminoäthanol mit Calciumjodid u. Coffein) bei pulmonalen u. cardialen Dyspnoen. Dosierung täglich 5 cm³ intravenös eine Woche lang. Pulmonale Dyspnoen sprachen auf Neocajodinjektionen wesentlich besser an als cardiale Dyspnoen, auch wenn bei diesen mit Strophanthin kombiniert worden war. (Therap. d. Gegenwart **92.** 96—98. März 1953. Andernach/Rh.)

P. G. SCHEURLEN. 4630

Matthias Schoog, *Vasoaktive Substanzen: Pharmakologie und klinische Erfahrungen in der Dermatologie.* Nach kurzer Besprechung der pharmakol. Wirkungen von *Tetraäthylammoniumbromid* (I), *Pendiomid* (II), *Dilatol* (III), *Regitin* (IV) u. *Hydergin* (V) wird über klin. Erfahrungen mit dem lokal applizierbaren, durchblutungsfördernden *Trafuril* (Furfurylester der Nicotinsäure) u. *Rubriment* (Benzylester der Nicotinsäure) an einem dermatolog. Krankengut berichtet. Funktionelle Durchblutungsstörungen konnten mit **II, IV** u. **V** gut, Durchblutungsstörungen anderer Genese, wenn überhaupt, nur vorübergehend beeinflußt werden. Wegen unsicherer Effekte u. der Gefahr von Nebenwirkungen wurde auf eine ausgedehntere Anwendung von I verzichtet. (Ärztl. Forsch. **7.** I/129—33. 10/3. 1953. Köln, Univ.-Hautklin.) OELSSNER. 4630

G. Zöllner und **K. Foth,** *Zur Herzwirksamkeit gastroenteral verabfolgter Strophanthine.* Vff. untersuchten die Wirksamkeit gastroenteral verabfolgten *g-* (I) u. *k-* (II) *Strophanthins* sowie des *Strophorals* (III) an Katzen. Nach Verabfolgung der intravenös tödlichen Dosis von **I, II** oder **III** in den Magen oder den oberen Dünndarm zeigte sich keinerlei Herzwirkung. Dagegen scheint nach Verabreichung direkt (operative Freilegung) in die unteren Abschnitte des Dünndarmes ein geringer, im Einzelfall recht unterschiedlicher Anteil von **I, II** oder **III** zur Wrkg. zu kommen. Werden die Verbb. für 3 Std. der Einw. menschlichen Magensaftes bei Körpertemp. ausgesetzt, dann vermindert sich ihre Wirksamkeit bei intravenöser Verabreichung auf die Hälfte. Wesentliche Unterschiede der Wirksamkeit von **I, II** u. **III** ergaben sich bei der enteralen Verabreichung nicht. (Arch. Pharmaz. Ber. dtsch. pharmaz. Ges. **284/56.** 253—69. 24/9. 1951. Altona, Allgem. Krankenhaus.) ZÖLLNER. 4630

Olga M. Haring und **Aldo A. Luisada,** *Untersuchungen mit intravenös gegebenem Gitalin.* 1. Mitt. *Klinische und elektrocardiographische Beobachtungen.* Intravenöse Injektion von *Gitalin* (I) bewirkt im Elektrocardiogramm dieselben Veränderungen wie andere Digitalisglykoside. I wird innerhalb 3—4 Tagen ausgeschieden. Es scheint in vielen Fällen von Herzschädigungen angezeigt zu sein, da es ohne Nebenwirkungen gut verträglich ist. (Amer. Heart J. **45.** 108—21. Jan. 1953. Chicago, Med. School, Div. of Cardiol. u. Mount Sinai Hosp.) H. SCHEURLEN. 4630

E. Buchborn, *Klinische Erfahrungen mit Parokhellin. Parokhellin* (I) ist hauptsächlich beim stenocard. Symptomenkomplex auf der Grundlage coronarer Durchblutungsstörungen indiziert, unter bestimmten Kautelen ferner bei frischem Infarkt. Bei Asthma bronchiale u. asthmoiden Zuständen sah Vf. von I u. auch von reinem Khellin nicht so günstige Ergebnisse, wie in der Literatur mitgeteilt wird. I wirkt ferner bei peripheren vasospast. Durchblutungsstörungen. Nebenwirkungen in weniger als 1% aller Injektionen. (Aerztl. Wschr. **8.** 388—93. 17/4. 1953. Fulda, Städt. Krankenhaus.)

K. BÖHM. 4630

Walther Persch und **Rolf-Eberhard Nitz,** *Experimenteller Beitrag zur Therapie der Angina pectoris mit Parokhellin. Khellin* (I; *2-Methyl-5-8-dimethoxyfuranochromon*) *Papaverin* (II) u. *Parokhellin* (III), eine Kombination von I u. II 2:1, wurden auf ihre coronarerweiternden Wirkungen geprüft. Bei III zeigt sich eine deutliche Potenzierung der Wirkung. Die Verträglichkeit von III ist gut, Blutdruck u. Herzfrequenz werden in therapeut. Dosen nicht beeinflußt. (Aerztl. Wschr. **8.** 385—88. 17/4. 1953. Frankfurt/M.-Fechenheim, pharmazeut. Labor. d. Cassella Farbwerke Mainkur.)

K. BÖHM. 4630

H. D. Bick und **W. Renner,** *Ekg-Befunde unter Dibenamintherapie.* Es wurden nach *Dibenamin*-Behandlung häufig Ekg-Veränderungen beobachtet, die zur Vorsicht bei Verwendung an Patienten mit Angina pectoris oder Herzfehlern mahnen. (Z. Kreislaufforsch. **42.** 62—65. Jan. 1953.) WALLIS. 4630

Heinrich Küchmeister, *Läßt sich die Wirkung des Roßkastanienextraktes auf die Capillarwandfunktionen objektivieren?* Mit dem Capillarresistometer bzw. der Canthanridenblasenmeth. wurde die Wrkg. von Roßkastanienextrakt (*Venostasin*) auf die Capillarresistenz u. -permeabilität an gesunden u. kranken Versuchspersonen geprüft. Eine Zunahme der Capillarresistenz bzw. Abnahme der Durchlässigkeit für Eiweiß konnte statist. wahrscheinlich gemacht werden. (Ärztl. Forsch. **7.** I./102—08. 10/3. 1953. Hamburg-Eppendorf, II. Med. Univ.-Klin. u. Poliklin.) OELSSNER. 4633

Cuno Serowy, *Über Behandlungsversuche beim Erythematodes chronicus discoides mit Rutin.* Ambulante Patienten, die an chron. Erythematodes litten, wurden mit *Rutin* peroral behandelt, wobei sowohl an frischen wie auch an älteren Fällen günstige Erfahrungen gewonnen werden konnten. Schädliche Nebenwirkungen waren bei der Behandlungsdosis, 0,5 g /Tag, nicht zu beobachten. Vf. weist auf die Ungefährlichkeit u. bequeme Durchführung der Therapie hin. (Dermatol. Wschr. **127.** 590—95. 1953. Greifswald, Univ., Hautklinik.) V. KEREKJARTO. 4633

A. Ss. Pusanowa, *Behandlung von Magen- und Darmkranken mit Eukalyptusabsud.* Bei akuten Darm- u. Magenkrankheiten zeigte *Eukalyptusabsud* (I) auch dort gute Wrkg., wo *Sulfonamide* wirkungslos blieben. I unterbrach abortiv die tox. u. dyspept. Erscheinungen so stark, daß die Behandlung innerhalb 3—5 Tagen abgeschlossen war. Tox. u. Nebenerscheinungen traten nicht auf. (Советская Медицина [Sowjet-Med.] **17.** Nr. 1. 42. Jan. 1953.) LEBTAG. 4645

P. Spigliati und **C. Massimo,** *Untersuchungen über die Veränderungen des Magensaftes durch ein neues synthetisches Anticholinergicum.* Bei 36 Personen wurde die Wrkg. des *C S 11* (*1-[n-Amyl-(3')]-5-phenyl-5-äthylbarbitursäureäthojodid*; *Defenal*) im Hinblick auf die Sekretion des Magensaftes untersucht. Sowohl das Magensaftvol. wie auch die Acidität werden durch 10—40 mg gehemmt bzw. in einzelnen Fällen aufgehoben. Nach Histaminreizung wird zwar ebenfalls eine Hemmwrkg. beobachtet, sie tritt aber seltener u. weniger ausgeprägt in Erscheinung. Nur bei Gaben von 40 mg wurden selten geringe passagere Unverträglichkeitserscheinungen (trockener Hals, unklarer Visus) beobachtet. Als therapeut. Dosis wurden 20 mg angewandt. (Minerva med. [Torino] **44.** I. 1330—33. 19/5. 1953. Firenze, Univ., Ist. di Patol. Spec. Med.) P. G. SCHEURLEN. 4645

H. Harant und **M. Godlewski,** *Luft- und Seekrankheit.* Auf die Behandlung der Luft- u. Seekrankheit mit *Antergan, Phenergan, Antistin, Theophorin, Dramamin* (*8-Chlortheophyllinat* des *β-Dimethylaminoacethylbenzhydryls*) u. *Avomin* (*8-Chlortheophyllinat* des *Promethazins*) wird eingegangen. (Trav. Soc. Pharmac. Montpellier **11.** 29. 1951.) BROSEMANN. 4646

Melvin F. W. Dunker, *Die anthelmintische Wirkung von Fluor-substituierten Phenolen.* Es ist bekannt, daß gewisse Alkylphenole durch Einführung von Chlor in den aromat. Kern eine Steigerung der für Eingeweidewürmer giftigen Eigg. erfahren (vgl. LAMSON, STOUGHTON u. BASS, J. Pharmacol. exp. Therapeut. **56.** [1936.] 60). Auch einige Fluoralkylphenole sind bereits hergestellt u. auf ihre Wirksamkeit untersucht worden (vgl. LAMSON u. BROWN, Amer. J. Hyg. **23.** [1936.] 85). Hier werden einige weitere Körper dieser Art durch Umsetzung geeigneter Diazoniumverbb. mit Na-Borfluorid gewonnen.

V e r s u c h e: *2-n-Hexyl-4-chlorphenol,* $C_{12}H_{17}OCl$, Kp.$_3$ 133—145°; n_D^{23} 1,5247. Dient als Testsubstanz bei der Prüfung der folgenden Fluorverbindungen. *2-Fluor-4-isoamylphenol.* Aus o-Phenetidin durch Diazotieren in Ggw. von Na-Borfluorid u. trockene Dest. zunächst das *o-Fluorphenetol* (Kp.$_{33}$ 82—85°; n_D^{22} 1,4938). Dann durch Erhitzen mit $AlCl_3$ in wasserfreiem Bzl. das *o-Fluorphenol* (Kp.$_{15}$ 60—65°; n_D^{18} 1,5152). Daraus mit Isovalerylchlorid den *o-Fluorphenylisovaleriansäureester,* $C_{11}H_{13}O_2F$ (Kp.$_{3-4}$ 93°; n_D^{18} 1,4730). Beim Behandeln des Esters mit $AlCl_3$ in CS_2 *3-Fluor-4-oxyisovalerophenon,* $C_{11}H_{13}O_2F$ (F. 100—101°; aus Bzl. + PAe.); *Semicarbazon* (F. 187—188°; aus verd. A.). *2-Fluor-4-isoamylphenol,* $C_{11}H_{15}OF$, durch Red. des Ketons an Pd-Tierkohle; Kp.$_3$ 103°, n_D^{26} 1,4946. Blaugrüne Farb-Rk. mit $FeCl_3$. — *Fluorthymol,* $C_{10}H_{13}OF$, aus Aminothymol durch Diazotieren in Ggw. von Na-Borfluorid u. Zers. des Diazoniumsalzes; Kp.$_{15}$ 120—124°, F. 56—56,5° (aus PAe.). Analysenwerte nicht genau stimmend. *Acetat,* $C_{12}H_{15}O_2F$, F. 128—129° (aus verd. A.). — Bei Testverss. an Askariden des Schweins in physiolog. Kochsalzlsg. zeigte es sich, daß Zusatz von Fluorphenolen größere Schädigungen der Würmer verursachte als das zum Vgl. herangezogene 2-n-Hexyl-

4-chlorphenol. Unter den Alkylfluorphenolen waren bei Verwendung von gesätt. Lsgg. 2-n-Propyl- u. 2-Isobutyl-4-fluorphenol infolge größerer Löslichkeit bei Versuchszeiten von 10 Min. bei 37° den höheren Homologen überlegen. Fluorthymol zeigte nur geringe schädigende Wirkung. (J. Amer. pharmac. Assoc., sci. Edit. **39.** 437–40. Aug. 1950. Detroit, Wayne Univ., Coll. of Pharmacy.) ZOPFF. 4649

J. Schneider, *Der derzeitige Stand der Behandlung der durch F. loa hervorgerufenen Filariose durch 1-Diäthylcarbamyl-4-methylpiperazin.* Die unbefriedigenden Behandlungsergebnisse der durch *F. loa* hervorgerufenen Filariose mit verschied. Mitteln veranlaßten Unterss. an Ratten mit verschied. *Piperazin*-Derivaten. Am wirksamsten zeigte sich *1-Diäthylcarbamyl-4-methylpiperazin* (*Hetrazan,* LEDERLE, *Notezine,* SPEZIA) (I), das als Citrat angewendet wurde. Bes. Eigg.: 1. keine Antihistamin-Wrkg., 2. vorübergehend Atembeschleunigung, 3. *Adrenalin*-ähnliche Wrkg., 4. keine Ekg-Veränderungen. Im Körper scheint I in eine andere Verb. übergeführt zu werden, die auf die Filarien so wirkt, daß sie in der Leber zurückgehalten u. durch die Phagocyten des Reticuloendothels zerstört werden können. Leichtere Nebenerscheinungen (Magenbeschwerden, Übelkeit, Ikterus u. Temperatursteigerung) können auftreten, die aber rasch, auch bei der Fortsetzung der Therapie, verschwinden. Behandlungsschema: 0,40 g täglich in 3 Portionen, 10 Tage lang. In 80% tritt danach Heilung ein. Ältere Fälle, die länger als 5 Jahre bestehen, benötigen evtl. mehrere Wiederholungen. (Acta tropica [Basel] **8.** 345–59. 1951. Paris, Inst. Pasteur et Hôpital Beaujon.) L. BERGER. 4649

Antonio Scarpa, *Erfahrungen über die mögliche anthelmintische Wirkung von „Helba" (Trigonella foenum graecum L.).* Ausgehend von der Tatsache, daß die Samen von Trigonella foenum graecum schon im Altertum u. auch jetzt noch in der nordafrikan. Volksmedizin als Wurmmittel angewandt werden, behandelte Vf. eine größere Anzahl von mit Nematoden befallenen Kindern mit einem Aufguß dieser Samen. Der Aufguß zeigte deutliche vermicide Wrkg., wurde aber von Chenopodiumöl übertroffen. Vf. hebt bes. die gute Verträglichkeit u. das Fehlen von Nebenwirkungen auch bei mehrmaliger u. abendlicher Anwendung hervor. (Fitoterapia [N. S.] **21.** 143–45. Okt./Dez. 1950.) IPPEN. 4649

Cleto Ravazzani, *Ein neues Oxyurenmittel: Egressin.* Bericht über chem. Zus., chemotherapeut. u. pharmakolog. Charakteristik, klin. Prüfung u. Dosierung, vgl. EICHHOLZ u. Mitarbeiter, C. **1951.** II. 266. (Boll. chim. farmac. **90.** 149–51. April 1951.) R. K. MÜLLER. 4649

Heinz Steinhoff, *Versuche mit Plenosol bei der Behandlung juckender Hauterkrankungen.* An juckenden Dermatosen leidende Patienten, die mit *Plenosol* (I) behandelt wurden, konnten gute Ergebnisse bei Lichen ruber planus, Neurodermatitis circumscripta, endogenem Ekzem, Urticaria u. Strophulus infantium erzielt werden. I zeigte eine auffallend günstige Wrkg. auf den Juckreiz. Bei Psoriasis u. Alterspruritis zeigte eine Therapie mit I auch einige Erfolge. (Dermatol. Wschr. **127.** 586–90. 1953. Greifswald, Univ., Hautklinik.) v. KEREKJARTO. 4661

A. Lespagnol und **L. Thieblot,** *Auffinden antirheumatischer Substanzen.* Verss. mit dem Ziel, durch Vgl. der Strukturformeln neue Antirheumatica herauszufinden. Prüfung der Wrkg. durch Injektion der betr. Substanz in das obere Sprunggelenk von Kaninchen u. Feststellung der Beeinflussung der *Phenolsulfonphthalein*-Ausscheidung im Urin. Verglichen werden: *Monoschwefelsäureester der Salicylsäure, Aspirin, Atophan, Pyramidon, Anthranilsäure* (I), *Acetylanthranilsäure* (III), *Phenylacetylsalicylsäure = Phenylaspirin* (IV). I, II u. III zeigen keinen Einfl., die Wrkg. von *Acetylidencarbonsäure* wird bestätigt, Hinweis auf die Möglichkeit der Eignung von IV u. *Phenylpropionsäure.* (Bull. Soc. Chim. biol. **34.** 608–11. 1952. Paris, Labor. de Recherches Clin-Byla.) DOSSMANN. 4670

Gordon W. Howe, Charles A. Armbrust jr., Moise D. Levy jr. und **E. L. Wagner,** *Vorläufiger Bericht über die antirheumatische Wirkung von Heparin und Paritol-C bei Gicht und Arthritis rheumatica.* Vff. behandelten 13 Patienten mit verschied. rheumat. Leiden mit subcutanen Gaben von 200–300 mg *Heparin* alle 12 Std. 2–8 Tage lang bzw. mit intramuskulären Gaben von 3–4 mg/kg Körpergewicht *Paritol* alle 12 bis 24 Std. 1,5–31 Tage lang. Die darunter befindlichen 5 Fälle von Gicht konnten klin. geheilt werden. Auch in Fällen aktiver Arthritis rheumatica wurden günstige antirheumat. Effekte beobachtet. — 15 Literaturangaben. (Amer. J. med. Sci. **223.** 258–61. März 1952. Houston, Texas, South. Pacif. Hosp., Dep. of Med.) KRUSEN. 4670

W. Grafton Hersperger, *Goldtherapie bei Arthritis rheumatica: Eine vorläufige Auswertung.* Vf. behandelte 26 Patienten mit Arthritis rheumatica mit intramuskulären Gaben von wöchentlich 1 mal 50 mg *Myochrysin* (I; *NaAu-Thiomalat*) bis zur Erreichung einer Gesamtmenge von 1 g u. anschließend 1 mal monatlich 50 mg, insgesamt 3–27

Monate lang. Bei 22 der Patienten konnte er Besserung der subjektiven u. objektiven Beschwerden erreichen. Auf die Bedeutung einer sorgfältigen Auswahl der Patienten, vorsichtiger *Au*-Dosierung u. Beobachtung der tox. Nebenerscheinungen wird bes. hingewiesen. — 24 Literaturangaben. (Ann. intern. Med. **36.** Part 2. 571—82. Febr. 1952. Baltimore, Md.) KRUSEN. 4670

K. H. Stauder, *Über Erfahrungen mit Depot-Lecithin.* Da *Lecithin* (I) peroral nicht wirksam ist, wandte Vf. ein von KLEIN u. GROSSE entwickeltes Verf. an, bei dem mittels Emulgierung der Präpp. im DURANT-Kolloidsyst. (bestehend aus Öl, W., dem Emulgator, einem Stabilisator u. Regulatoren, die die Entmischung hindern u. die Diffusion steuern) eine Depotwrkg. erzielt werden kann. I wurde bei Patienten mit multipler Sklerose bei Tabes u. bei Myasthenia gravis angewandt. Dosierung (bei multipler Sklerose): wöchentlich anfangs je 1 Röhrchen I-DURANT, verteilt auf 3 Injektionen, in späteren Wochen Erhöhung der Einzelinjektion. Keine histolog. feststellbaren Nebenerscheinungen. (Therap. d. Gegenwart **92.** 89—91. März 1953. München 22, Steindorfstr. 12.) P. G. SCHEURLEN. 4670

K. Jaroschka, *Über die Behandlung des habituellen Abortus mit Wismut.* Vf. berichtet über die *Wismut*-Behandlung des habituellen Aborts, die sich bei ihm bewährt hat. Er gibt 10 Injektionen zu 1 cm³ im nichtschwangeren Zustand u. 10 weitere Injektionen in 2tägigem Abstand bei eingetretener Gravidität. Der Wirkungsmechanismus ist unbekannt, ob Beziehungen zur Toxoplasmose bestehen, ist noch nicht geklärt. (Zbl. Gynäkol. **75.** 468—70. 1953. Rheinhausen.) K. BÖHM. 4670

Arthur L. Watkins, *Betain und Glykocyamin bei der Behandlung von Poliomyelitis.* Nach Verabreichung von *Glykocyamin* (Dosis: 3,0—5,5 g/Tag) u. *Betain* (20—25 g/Tag) wurde an 9 Patienten mit Poliomyelitis u. 1 Patienten mit Polyneuritis keine wesentliche günstige Beeinflussung der Muskelschwäche festgestellt. Zur Best. der Stärke der Muskeln wurde ein Myodynemeter benützt. (New England J. Med. **248.** 621—23. 9/4. 1953. Boston, Harvard Med. School, Dep. of Med. and Massachusetts Gen. Hosp.) R. KÖNIG. 4670

E. Linke, *Die entzündlichen Rückenmarkserkrankungen des Hundes und ihre Behandlung mit einem neuen Injektionspräparat „Wamysol".* Erfahrungen mit einem neuen Heilmittel zur Behandlung entzündlicher Rückenmarkserkrankungen der Hunde. *Wamysol* besteht neben Eiweißspaltprodd. aus 0,003 g *Phenacetin,* 0,03 g Salze der *Dimethylarsinsäure* u. 0,001 g *Strychnin* in 5 cm³-Ampulle. In 82 % trat deutliche Besserung bzw. Heilung ein. (Mh. Veterinärmed. **8.** 7—9. 1/1. 1953. Berlin NW 7.) L. BERGER. 4670

Charles H. Hine, Thomas N. Burbridge, Edward A. Macklin, Hamilton H. Anderson und **Alexander Simon,** *Einige Gesichtspunkte zur Pharmakologie der Antabus-Alkohol-Reaktion beim Menschen.* An 51 Patienten, die wegen Alkoholismus behandelt wurden, wurden folgende Ergebnisse erzielt: Alle waren ohne organ. krankhaften Befund. Während u. nach dem *Alkohol*-Probetrunk wurden die Unterss. vorgenommen. *Antabus* (I) hat keinen Einfl. auf den *Alkohol*-Spiegel im Blut. I erhöht deutlich den n. Acetaldehyd (II)-Geh. des Blutes. Der II-Geh. nach Alkoholverabreichung wird durch I ebenfalls gesteigert. Nach allem scheint es sicher, daß II die Ursache für alle tox. Erscheinungen ist, wie die hier festgestellten: Blutdrucksenkung, Erhöhung von Puls- u. Atemfrequenz, Kollapsgefahr. Auf Grund dieser u. U. bedrohlichen Symptome erscheint es ratsam, alle erforderlichen Behandlungsmaßnahmen beim Alkoholprobetrunk nach II-Anwendung bei der Hand zu haben. (J. clin. Invest. **31.** 317—25. März 1952. San Francisco, University of Calif., School of Med., u. Langley Porter Clinic.) L. BERGER. 4670

L. R. C. Haward, *Tetraäthylthiuramdisulfid. Eine Übersicht über seine therapeutischen Nutzanwendungen und Gefahren.* Hinweis unter bes. Berücksichtigung der Gefahren der Therapie. (Chemist and Druggist **159.** Nr. 3825. 647. 13/6. 1953.) KRUSEN. 4670

A. R. Alha, *Calciumchlorid und Alkohol. Wirkung therapeutischer Calciumchloridgaben auf das klinische Stadium der Alkoholintoxikation und den Blutalkohol.* $CaCl_2$ wurde per os u. intravenös Versuchspersonen gegeben, die 1 g A./kg Körpergewicht erhielten. Bestimmungen des Serum-Ca (KRAMER-TISDALL) u. des Blut-A. (WIDMARK) u. klin. Unterss. wurden in verschied. Zeiten nach der Alkoholgabe durchgeführt. Es konnte keine Wrkg. des A. auf das Serum-Ca festgestellt werden, noch wirkte $CaCl_2$ auf die Höhe des Blut-A. ein. Eine herabsetzende Wrkg. des $CaCl_2$ auf die Intoxikationssymptome ist möglich. Ein Einfl. des $CaCl_2$ auf neurale Funktionen wird nicht ausgeschlossen. (Ann. Med. exp. Biol. fenn. **29.** 125—36. 1951. Helsinki, Univ., Dep. of Forens. Med.) PATZSCH. 4670

Maria Roncaglia, *Ionenaustauschharze in der Therapie.* Überblick über die Anwendungsmöglichkeiten bei Hyperacidität u. Ulcus. (Boll. chim. farmac. **90.** 151—53. April 1951.) R. K. MÜLLER. 4670

F. Howard Westcott, *Chlorophyll in der inneren Medizin.* In vitro-Unterss. mit Benzylmercaptan, Thioglykolsäure u. Trimethylamin sowie Verss. mit Personen nach Genuß von Zwiebel u. Knoblauch zeigten die desodorisierende Wrkg. von *Chlorophyll* (I). Über die in der Literatur mitgeteilte Anwendung von I als Desodorans u. Medikament wird berichtet. — 21 Literaturangaben. (Drug Cosmet. Ind. **72.** 328—29. 403—08. März 1953.) KRUSEN. 4670

Erich Flotow, *Kriminelle Vergiftungen aus letzter Zeit.* Bericht über kriminelle Vergiftungsfälle mit *Leuchtgas, Veronal, Morphium, Akkumulatorensäure, Bromural, Cu-Spritz-Arcal, As*-haltigen Pralinen, *Kleesalz, Strychnin* u. roher *HCl.* (Pharmaz. Zentralhalle Deutschland **90.** 222—25. Juli 1951. Dresden, Hygien. Untersuchungsanstalten, gerichtschem. Abt.) R. KÖNIG. 4675

David Grob und **A. M. Harvey,** *Die Wirkungen und Behandlung der Vergiftung mit Nervengasen.* Bei den sogenannten Nervengasen (I) handelt es sich um eine Gruppe organ. Ester von Phosphorsäurederivv., die wegen ihrer Flüchtigkeit u. Giftigkeit zu den stärksten bekannten Kampfstoffen zählen. Es wird über Verss. mit einem I, dessen Zus. jedoch nicht näher angegeben wird, berichtet. I ist eine farblose, bei gewöhnlicher Temp. flüchtige Fl., die geschmack- u. geruchlos ist. Der Wirkungsmechanismus entspricht dem ähnlich gebauter Verbb., wie Diisopropylfluorphosphat (DFP), Tetraäthylpyrophosphat (TEPP) u. Hexaäthyltetraphosphat (HETP; Parathion), u. ist vor allem durch eine irreversible Hemmung der Cholinesteraseenzyme gekennzeichnet. I kann auf jedem Wege (durch die Haut, Lungen, Magen usw.) absorbiert werden. Es wirkt zunächst auf die Seh- u. Atmungsorgane, dann auf Magen-Darm, Drüsen, Muskel, Zentralnervensyst., Plasma u. rote Blutkörperchen. Die Wrkg. ist verlängert u. kumulativ. Schutz gegen I bietet die Gasmaske u. entsprechende Kleidung. Zur parenteralen Behandlung eignet sich *Atropin,* das bei schweren Fällen bis zu 24 mg/Tag gegeben werden darf. Künstliche Atmung u. O_2 können ebenfalls Anwendung finden, sowie *Trimethadion* (*Tridion*; 1 g), wenn Konvulsionen auftreten. (Amer. J. Med. **14.** 52—63. Jan. 1953. Baltimore, Md., J. Hopkins Univ. and Hosp., Dep. of Med.) R. KÖNIG. 4675

O. Hammer, *Hormon-Unkrautvertilgungsmittel und Bienen.* Die Anwendung neuartiger Hormon-Unkrautvertilgungsmittel (I; 2.4 D u. 4 K-2 M) in Dänemark hat zu einer weitgehenden Vernichtung der Bienen geführt. Verss. mit einem Zuckersirup, der 5% *Herbatox-M* enthielt, zeigten, daß bereits 10 mm^3 auf die Biene tox. wirken. Die Anwendung der I sollte deshalb mit großer Vorsicht, vor allem aber nicht während der Blütezeit, gehandhabt werden. (Research **6.** 151—53. April 1953. Hillerod, Danish Bee Res. Inst.) R. KÖNIG. 4675

K. W. Jötten und **W. Klostergötter,** *Die Bedeutung der Löslichkeit der Kieselsäure für das Zustandekommen der Pneumonokoniosen.* Auf Grund von Verss. mit feinkörniger (10—20 mμ) amorpher leicht lösl. SiO_2, die im Gegensatz zum Quarz für Laboratoriumstiere tox. wirkte, konnte festgestellt werden, daß die Löslichkeit der SiO_2 nicht ausschlaggebend ist für das Zustandekommen von nodulär-fibrot. oder diffus-fibrot. Lungenveränderungen. Hierbei spielen vielmehr neben der Konz. der gelösten SiO_2 die Oberflächenkräfte der koll. Teilchen, mechan. u. physikalisch-chem. Verhältnisse eine Rolle. (Arch. Hyg. Bakteriol. **136.** 1—4. 1952. Münster, Univ., Staatsinst. f. Staublungenforschung u. Gewerbehygiene.) BRAUKMANN. 4681

B. N. Sserafimow, *Materialien zur Kenntnis der experimentellen Silicose bei Tieren.* Histolog. Unterss. der Organe von Ratten u. jungen Kaninchen bei täglich 1 std. Zufuhr von 12 g Staub aus 57,7 bzw. 66,98% SiO_2, 3,64% Al_2O_3, 6,04 bzw. 8,13% Fe_2O_3, 3 bzw. 3,9% Pb u. 7,0 bzw. 7,1% Zn (3 Monate) ergaben Alterationen des Nervensyst. verschied. Grades, reaktive Gliose u. Veränderungen des Gefäßnetzes. Bei einigen Tieren fanden sich auch silicöse Pseudogranulome sowohl in den Lungen u. Nieren als auch im Gehirn u. Rückenmark. (Журнал Невропатологии и Психиатрии имени С. С. Корсакова животных [Korssakow J. Neuropathol. Psychiatr.] **52.** Nr. 8. 39—45. Aug. Pawlow-Inst. für Physiol., Neuro-Histol. Labor.) RENTZ. 4681

Karl H. Sroka, *Zur Gesundheitsgefährdung bei der Arbeit mit Zink.* (Metall **5.** 309. Juli 1951. — C. **1952.** 1713.) BRAUKMANN. 4681

—. The Results of Radium and X-Ray Therapy in Malignant Disease. Being the third Statistical Report from the Radium Institute, The Christie Hospital and Holt Radium Institute, Manchester. Years 1940 to 1944 inclusive assessed at 5 years and 1934 to 1938 assessed at 10 years. Compiled by **Ralston Paterson, Magaret Tod** and **Marion Russell.** Edinburgh, Scotl.: E. & S. Livingstone Ltd. 1950. (167 S. m. zahlr. Taf.) $ 2.50.

—. The 1950 Year Book of Radiology. (June, 1949 — June, 1950.) Radiologic Diagnosis, edit. by **Fred Jenner Hodges** and **John Floyd Holt.** Radiation Therapy. edit. by **Isadore Lampe** and **Robert S. MacIntyre,** Chicago, Ill.: Year Book Publishers, Inc. 1950. (480 S. m. 400 Abb.) $ 6,75.

F. Pharmazie. Desinfektion.

Hans Seel, *Zweiter Jahresbericht der Deutschen Arzneibuch-Kommission.* (Pharmazie 7. 563—67. Sept. 1952.) Rangnick. 4750

Annecke, *Die neuen Deutschen Rezept-Formeln (DRF).* (Dtsch. Apotheker-Ztg. **90.** 369—71. 475—79. 30/6. 1950. Hannover. — C. **1950.** II. 2712.) Hotzel. 4750

T. Alday Redonnet, *Beitrag zum Studium der Pharmakopöen.* 3. Mitt. *Die gegenwärtige französische Pharmakopoe.* Geschichtlicher Überblick über die Entw., Kritik am Inhalt u. Vergleich mit Pharmakopoen anderer Länder. Besprechung einiger der 280 in Fortfall gekommenen Prodd., wie $ZnSO_4$-Lsg., MgO_2, Paraldehyd, PAe., Salben aus rotem u. gelbem Hg-Oxyd, Gelatine-Injektionslsg., Vaselinöl-Emulsion, Atropinsulfatgranulate, Fe(II)-Carbonat-Pillen usw. — Es wird eine Reihe von Fehlern u. Irrtümern erörtert. (Farmac. nueva **17.** 223—28. Mai. 275—80. Juni. 337—42. Juli. 401—02. Aug. 1952.) Altpeter. 4750

Józef Peszel, *Über Laboratoriumsglas und Aufbewahrung von Heilmitteln.* Die Verschiedenheiten der Glassorten macht es notwendig, nicht nur die Form, sondern auch die Qualität der Glasgeräte zu normen. (Farmacja polska **7.** 36—40. März 1951.) Fischoeder. 4758

M. Guillot, *Der Angriff des Glases durch wässerige Lösungen.* Nach Beschreiben der Verff. der verschied. Pharmokopöen zur Best. der hydrolyt. Widerstandsfähigkeit von Ampullenglas wird bes. die Entstehung irisierender Oberflächenfilme (aus $CaCO_3$) besprochen. (Farmaco [Pavia] **6.** 905—18. Nov./Dez. 1951. Paris.) Hentschel. 4758

J. B. Termansen, *Einfüllen von Injektionsflüssigkeiten in Injektionsröhrchen (Tubuli).* Beim Füllen von Injektionsröhrchen nach der Vakuummeth. können die gefüllten Röhrchen nicht durch Wärmebehandlung sterilisiert werden. Es wird ein Füllventil beschrieben, durch das Fll. in bestimmter Höhe in das Röhrchen eingeführt werden können, wobei der Überschuß weggeführt u. gegebenenfalls zurückgeführt wird. Ferner wird eine Vorr. an Verschlußapp. angegeben, die zum Verschließen mit 8-mm-Kapseln verwendet werden kann. (Arch. Pharmac. og Chem. **60 (110).** 375—85. 16/5. 1953. Danmarks Apotekerforenings Kontrollabor.) R. K. Müller. 4758

Paul M. Cook, *Chemisch-technische Probleme bei Algengroßkulturen.* In einem mit Kühlschlange versehenen Zylinder aus Borsilicatglas, bestrahlt von drei 100-Watt-Fluorescenzlampen (oder im freien Sonnenlicht), wurden Züchtungsverss. mit der Alge Chlorella pyrenoidosa (Emersons Stamm) ausgeführt. Die Belüftung erfolgte vom Zylinderboden aus u. betrug ca. 85 Liter/Stunde. Durch Regulierung des Kühlwasserzuflusses wurde die Temp., durch Steuerung über eine photoelektr. Zelle der Zutritt neuer steriler Ausgangskultur geregelt, das Vol. durch einen Überlauf bei 10 Liter am Zylinder konstant gehalten. Die Nährfl. enthielt 0,025 Mol K_2CO_3, 0,020 Mol Mg_2SO_4 u. 0,018 Mol KH_2PO_4. Fe war in ausreichender Menge im W. vorhanden, um ein optimales Wachstum zu gewährleisten. Ebenso erwiesen sich eine Temp. von 20—25°, ein CO_2-Geh. in der Luft von 5%, eine Bevölkerungsdichte von 0,36 g Trockengewicht/Liter u. ein horizontal gelagerter Zylinder als am günstigsten. Bzgl. des Lichtes befolgen die Chlorella-Kulturen streng das Beer-Lambertsche Lichtabsorptionsgesetz. Nachteilige Wirkungen zur Nachtzeit traten nicht ein, wenn man die Temp. um 7° absinken ließ. Die für eine gute Vermehrung notwendige Turbulenz kann auf mechan. Weise, durch die Art des Gaseintrittes oder durch turbulenten Zufluß der Ausgangskultur erreicht werden. (Ind. Engng. Chem. **43.** 2385—89. Okt. 1951. Stanford, Calif., Stanford Res. Inst.) Oppermann. 4782

Adam Kuc, *Die Trocknung von Heilkräutern im Lichte neuerer wissenschaftlicher Untersuchungen.* Die Trocknung muß möglichst bald nach der Ernte erfolgen u. ist bei einer für jede Pflanze verschied., optimalen Temp. vorzunehmen. Gute Lüftung u. gleichmäßige Verteilung der Trockenguts sind unerläßlich. (Farmacja polska **7.** 300—05. Nov. 1951. Krakow, Akademia medycina, zaletad farmacji stasowanej.) Fischoeder. 4782

Herbert Gänshirt, *Vergleich verschiedener, aus den unterirdischen Organen von Aristolochia Clematitis L. gewonnener ätherischer Öle mit Hilfe einer chromatographischen Methode.* Es wird zunächst berichtet über die Chromatostripmeth., über die Adsorptionsmittel, Fluorescenzstoffe, Bindemittel u. Testsubstanzen. Verglichen wurden die in den einzelnen Monaten durch Wasserdampfdest. gewonnenen Öle. Es wird festgestellt, daß die bei der Chromatographie erhaltenen Punkte, ihre R_F-Werte, Farben u. relativen Größen sich bei den verschied. Monatsölen nicht ändern. Dieses Verh. sowie die Konstanz der Konstanten n u. D. machen einen Wechsel in der Zus. der Öle unwahrscheinlich. Ein aus dem PAe.-Extrakt gewonnenes Öl ergab dagegen ein anderes chromatograph. Bild. Auch andere Konstanten n u. D deuten auf verschied. Zus. der Öle hin. (Pharmaz. Ind. **15.** 177—80. Juni 1953. Karlsruhe, Botan. Inst.) BOYE. 4782

Lair Remusat Remno, *Beitrag zur Untersuchung des „Papageienöls“.* Das in der Laienmedizin Brasiliens als Antiscabiosum, Ungeziefermittel u. zu anderen medizin. Zwecken verwendete sogenannte „Oleo de Papagaio“ („Papageienöl“) (I) wird durch einen Kochvorgang oder durch Pressen aus den Früchten verschied. Aegiphila-Arten (zweihäusiger Verbenaceen) gewonnen (Ae. Lhotskyana Cham., Ae. obducta Vell., Ae. integrifolia Jacks., Ae. Sellowiana Chanc.). I ist goldgelb, von sehr bitterem Geschmack u. anhaftendem, an geröstete Mandeln erinnernden Geruch. Die Aufnahme in das Brasilian. Arzneibuch wird vorgeschlagen. (Rev. brasil. Farmácia **31.** Nr. 10. 25—29. Okt. 1950.) LINDNER. 4782

M. J. Joneidi, *Eine Untersuchung der schleimhaltigen Samen von Alyssum campestre L.* Die Samen von *Alyssum campestre* werden beschrieben. Die Quellzahl wird bestimmt. Aus der wss. Ausschüttelung der Samen wird der Schleimstoff durch A. gefällt, u. gegebenenfalls unter vorherigem Zusatz von verd. HCl oder 1%ig. NaCl. Die 1. Extraktion ergibt ein weißes Prod. in Höhe von ca. 10% des Samengewichts. Weitere Extraktionen ergeben nochmals 10% eines schmutzig-weißen Präparats. Die wss. Lsg. des Präp. red. FEHLINGsche Lsg. erst nach Säurehydrolyse. Mit Borax keine Rk., mit Pb-Acetat weiße Fällung. Das in W. aufgelöste Präp. benötigt zu erneuter Fällung mehr A., als beim erstenmal. Kleine Mengen HCl, KCl, $CaCl_2$ u. Na_2SO_4 begünstigen die Fällung. Die Schleimbest. nach GREENBERG (J. Amer. pharm. Assoc., Sci. Edit. **37.** [1948.] 139) ergibt wegen der besonderen Umstände keine geeigneten Werte. Die enthaltene Schleimmenge ist ähnlich günstig wie in verschied. Plantago-Arten. (J. Pharmacy Pharmacol. **5.** 626—31. Sept. 1953. Teheran, Univ., Dep. of Pharmacy.) FRESENIUS. 4782

Leo J. Schermeister, Ralph F. Voigt und **Frank T. Maher,** *Der Einfluß variierter Stickstoffniveaus auf das Wachstum in Wasserkulturen und die Alkaloiderzeugung bei Hyoscyamus muticus L. Hyoscyamus muticus L.* läßt sich erfolgreich in Wasser–Quarzsand-Kulturen mit SKOKscher Nährlsg. kultivieren. In den vorliegenden Verss. wurde der Nitrat-N-Geh. der Lsgg. zwischen 0 u. 0,67‰ variiert. Mit steigendem NO_3-Angebot nehmen Frisch- u. Trockengewicht der Pflanzen zu u. erreichen ein Maximum bei 0,25‰ N, um dann bis zu 0,67‰ ziemlich konstant zu bleiben. Maximale Pflanzenhöhe u. Blattlänge, beste Pflanzenfarbe, größte Verzweigung, Blütenanzahl u. Wurzelentw. werden zwischen 0,25 u. 0,34‰ N beobachtet. Parallel damit steigt auch der absol. u. relative Alkaloidgeh. der Pflanzen bei Steigerung des N-Geh. der Nährlsg. von 0—0,25‰ an. Die Alkaloidkonz. ist in den blühenden Spitzen am höchsten. Die Bedeutung einer kontrollierten N-Darbietung bei pflanzenphysiol. Unterss. des Alkaloidstoffwechsels wird diskutiert. (J. Amer. pharmac. Assoc., sci. Edit. **39.** 669—72. Dez. 1950. Chicago, Ill., Univ. of Illinois, Coll. of Pharmacy, Dep. of Pharmacogn. and Pharmacol.) REITZ. 4782

M. G. Allmark, *Ein Vergleich der Wirksamkeit bei der Injektion einiger Arzneimittel in hydrolisiertem Calciumgelatinat und in destilliertem Wasser.* Die Prüfung von *Morphinsulfat, d-Tubocurarinchlorid* u. *Östron* in Lsgg. von hydrolysiertem Ca-Gelatinenat (I) u. dest. W. bei Injektionen in Tierverss. ergab keine signifikanten Unterschiede. Eine Verlängerung der Wrkg. durch die Verwendung von I gegenüber dest. W. wurde nicht beobachtet. (J. Pharmacy Pharmacol. **2.** 556—60. Sept. 1950. Ottawa, Food and Drug Labor., Dep. of Nat. Health and Welfare.) NEUWALD. 4786

R. L. Huste und **G. A. Iacobucci,** *Vorrichtung zur Extraktion von Pflanzen in der Wärme in großem Maßstab.* Für die Extraktion größerer Pflanzenmengen (0,5—2 kg) wird eine mit Schliffverbb. versehene Vorr. angegeben, bei der zwischen dem Siede- u. dem Extraktionsgefäß eines SOXHLET-App. ein Zwischenstück mit ringförmiger Rinne u. aus dieser abgeleitetem Hahnauslauf eingesetzt ist. Die Vorteile werden erläutert. Für Ae. u. PAe. wird ein zweiteiliger Kühler verwendet. (An. Asoc. quím. argent. **38.** 203—08. Juni 1950. Buenos Aires, Museo argent. de Cienc. natur. „B. Rivadavia“.) R. K. MÜLLER. 4790

P. A. Delaby, *Darstellung und Prüfung von galenischen Produkten nach der französischen Pharmakopoe 1949.* (Vgl. C. **1952.** 4656.) Es werden weiter besprochen Öle, Linimente, Lotions, Pillen, Kapseln, Puder u. Injektionspräparate. (France-Pharmacie **4.** 351—53. Nov. 1951.) BOYE. 4790

André Quevauviller, *Pharmakodynamischer Vergleich zwischen der Alkoholatura Pulsatillae aus Anemone pulsatilla L. (Codex) und einer Tinktur aus Anemone pulsatilla-Pulver.* An Tierverss. kann gezeigt werden, daß (entgegen der im Codex 1937 festgelegten Meinung) die aus den getrockneten Pflanzen gewonnenen Tinkturen den gleichen pharmakodynam. Effekt zeigen wie die officinelle aus frischen Pflanzen gewonnene

Alkoholatura Pulsatillae. (Produits pharmac **5.** 281—89. Juli 1950. Paris, Inst. de Pharmacotechnie et de la Fac. de Pharm.) FIEDLER. 4790

Kurt Arnborger, *Extrakt-Trocknungsversuche im Vakuum.* Trocknungsverss. von Frangula- u. Cascaraextrakt in einem Vakuum-Trockenschrank bei 95—100° (Dampfheizung) bei 5—6 Std. Trockenzeit ergaben eine schonendere Trocknung (geringeren unlösl. Rückstand) als die Lufttrocknung im elektr. Ofen (60°, Atmosphärendruck). Die Leistung kann für 10 kg trockenen Extrakt je m² Trockenfläche u. 4—5 Std. Trockenzeit bei 70—100° (indirekte Dampfheizung) berechnet werden. — Kurven, Tabellen. 8 Literaturhinweise. (Farmac. Revy **49.** 445—54. 19/8. 461—67. 26/8. 1950. Collect. pharmac. suecica **5.** 16 Seiten. 1950.) GEITZ. 4790

Henryk Kaluzynski, *Asarum europaeum L. das Expectorans der Zukunft.* Als Infus u. Tinktur anzuwenden. (Farmacja polska **7.** 214—16. Aug. 1951.) FISCHOEDER. 4790

—, *Neue Arzneimittel. Apalgin* (RIEDEL DE HAEN AG., Seelze): Ampullen mit 0,75(g) Dimethylaminophenyldimethylpyrazolon u. 0,75 Carbaminsäureäthylester. Analgeticum. — *Eryfol* (DEUTSCHE HOFFMANN LA ROCHE AG., Grenzach): Ampullen mit 30 γ-Vitamin B_{12} u. 10 mg Formylfolsäure. (Apotheker-Ztg. **4.** 87—88. April 1952.) HOTZEL 4800

—, *Neue Arzneimittel. Aquasol E Capsules and Drops* (U. S. VITAMIN CORPORATION, New York): Tocopherolpräparate. — *Benoquin* (PAUL B. ELDER CO., Bryan): Salbe mit 20% Hydrochinonmonobenzyläther, bei Hyperpigmentationen der Haut. — *Donaseda* (IVES-CAMERON CO., INC., New York): Elixier mit Belladonna, Phenobarbital u. den Vitaminen des B-Komplexes. Auch als Tabletten. Bei spast. Erscheinungen in den Verdauungs- u. Ausscheidungswegen, Galle, Bronchien. — *Ferro-Calfate* (WM. S. MERRELL CO., Cincinnati): Kapseln mit Ca-Pyrophosphat 0,45(g), $FeSO_4$ 0,15, Thiaminhydrochlorid 0,3 mg, Vitamin D 330 USP.-E. — *Methanabol* (JACKSON-MITCHELL PHARMACEUTICALS INC., Culver City): Buccaltabletten mit 10 mg Methylandrostendiol. — *Katonium* (WINTHROP-STEARNS INC., New York): NH_4- u. K-Polystyrolsulfonat. Kationenaustauscher zur Bindung des NaCl in der Nahrung. — *Marvite-MRT* (R. THOMPSON INC., Stamford): Polyvitaminpräparat. — *Telepaque* (WINTHROP STEARNS INC.. New York): 3-[3-Amino-2.4.6-trijodphenyl]-2-äthylpropionsäure, Tabletten, Gallenblasenkontrastmittel. (J. Amer. pharmac. Assoc., pract. Pharmacy Edit. **13.** 403—05. Juni 1952.) HOTZEL. 4800

—, *Gebräuchliche Arzneifertigpräparate. Antihypertonica. Aderin* (L. HEUMANN & CO., Nürnberg): Tabletten mit Rhodanhexamin, TRUNECEK-Salz, Extrakten aus Viscum. Crataegus, Equisetum, Aloe u. Vitamin B_1. — *Angiolingual* (ATMOS FRITSCHING & CO. GMBH., Mannheim): Brausende Tablette mit 0,0006 g Nitroglycerin. — *Antihyperton* (FRANKFURTER ARZNEIMITTELFABRIK GMBH., Frankfurt/Main): Tabletten mit Theobromin, Sr-Rhodanid, Phenyläthylbarbitursäure u. Kohle. (Med. Mschr. **4.** 852. Nov. 1950.) HOTZEL. 4800

L. Rosenthaler, *Zur Konstitution des Bismutum subsalicylicum.* PFEIFFER u. SCHMITZ (C. **1952.** 1872) schlagen für Bismutum subsalicylicum (I) in Abänderung der bisher angenommenen Formel $C_6H_4(OH)\cdot COOBiO$ (II) die Formel III vor. Vf. führt verschied. Rkk. an, die zeigen, daß keine Gründe dafür vorhanden sind, Formel II an Stelle von III aufzugeben. Dies gilt vor allem für das Verh. von I gegen kaltes W. u. kalte weingeistige KJ-Lösung. In beiden Fällen tritt Hydrolyse ein, die für das Vorliegen eines n. Bi-Salzes spricht. (Pharmaz. Ztg.-Nachr. **88.** 512. 5/7. 1952. Bern.) FIEDLER. 4806

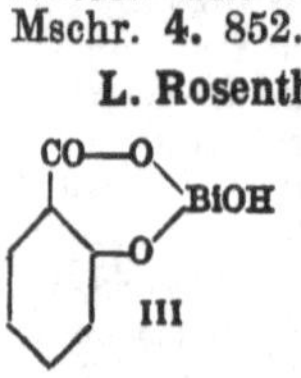

III

P. Pratesi, *Neuere Forschungsrichtungen auf dem Gebiet der synthetischen Tuberkulostatica.* Sehr ausführliche Übersicht über die bisherigen Forschungsergebnisse auf dem Gebiet der Tuberkulostatica (I), bes. im Hinblick auf Zusammenhänge zwischen Konst. u. Wrkg. der I. Weiterhin werden Folgerungen aus den Erkenntnissen über den Stoffwechsel der Tuberkelbacillen gezogen, durch die die Forschung auf diesem Gebiet nach Ansicht des Vf. weitgehend beeinflußt werden kann. — 100 Literaturangaben. (Farmaco [Pavia] **7.** 177—79. März/April 1952. Pavia, Univ., Ist. Chim. farmaceut.) IPPEN. 4806

J. A. C. van Pinxteren, *Antimalariamittel.* Antimalariamittel, ihre Handelsnamen, Synonyme, chem. Zus., Therapie u. kausal prophylakt., kurative, suppressive, rezidivabwehrende oder gametocide Wirkungen werden aufgeführt. Im einzelnen sind genannt: *Chinin; Totaquine* (Mischung verschied. Chinaalkaloide); *Atebrin; Chlorguanid* (N^1-[p-chlorphenyl]-N_5-isopropylbiguanid); *Plasmochin; Pentaquine* (6-Methoxy-8-[5-isopropylaminoamylamino]-chinolin); *Isopentaquine* (6-Methoxy-8-[4-isopropylamino-1-

1-methylbutylamino]-chinolin); *Certuna* (6-Oxy-8-[3-dimethylamino-1-methylpropylamino]-chinolin); *Chloroquine* (7-Chlor-4-[4-diäthylamino-1-methylbutylamino]-chinolin); *Oxychloroquine* (7-Chlor-4-[3-diäthylamino-2-oxypropylamino]-chinolin); *Sontochin* (7-Chlor-4-[4-diäthylamino-1-methylbutylamino]-3-methylchinolin); *S. N. 10751* (7-Chlor-4-[3-diäthylaminomethyl-4-oxyanilino]-chinolin). (Pharmac. Weekbl. **85.** 201—11. 18/3. 1950.) Wesly. 4806

L. T. Butt, *Der Schmelzpunkt von 4.4'-Diaminodiphenylsulfon (Dapsone).* Der Brit. Pharmazeut. Codex fordert für *4.4'-Diaminodiphenylsulfon* einen F. von 176—179°. Es gibt 2 Formen dieser Substanz, von denen die eine einen F. von 178,5° besitzt, die andere einen F. von 180,5°. Erstere geht durch Zerreiben oder manchmal auch durch mehrtägiges Erwärmen auf 50° in letztere über. Wird diese aus W. oder Methanol umkristallisiert, so fällt der F. wieder von 180,5 auf 178,5°. Beide Formen sind von hoher Reinheit, die hochschmelzende entspricht aber nicht genau den Anforderungen des B. P. C. (J. Pharmacy Pharmacol. **5.** 568. Aug. 1953. Blackley, Manchester, Imp. Chem. Ind. Ltd.) Fresenius. 4806

Klas-Bertil Augustinsson, *Mintacol (Diäthyl-p-nitrophenylphosphat).* Übersicht. — — 56 Literaturangaben. (Svensk farmac. Tidskr. **57.** 261—67. 10/5. 1953. Stockholm, Univ., Inst. for Org. Chem. and Biochem.) Fresenius. 4806

Stanislaw Byczkowski, *Vitamin A in Dorschtran polnischer Herkunft.* Der poln. Dorschtran enthält 600 E. Vitamin A je g. Zusatz von Hydrochinon 1 : 500—1000 schützt das Vitamin vor dem O_2 der Luft, aber nicht vor der zerstörenden Wrkg. der Lichtstrahlen. (Farmacja polska **7.** 203—07. Aug. 1951. Gdainse, Akad. med., zakt. Memii Fizjologicz.) Fischoeder. 4808

J. Ma. Montañes del Olmo und **Cibeira Valladares,** *Künstliche Östrogene.* (Vgl. C. **1953.** 1687.) Übersicht über *Hexöstrol*-Synthesen u. -Wrkg., *Diäthylstilböstrol,* seine Wertbest., Ester (tabellar. Übersicht), Derivv. von Phenanthren, Cyclopentanophenanthren, Anthracen, Chrysen, Pyren, Fluoren, Acenaphthen, Naphthalin, Inden, Triphenylmethan, α.γ-Diphenylpropen, Diphenyläthan, α.β-Diphenyläthylen (Stilben), Cyanstilben, Diphenylacetylen, Triphenyläthylen (Phenylstilben), Diphenylmethan, Diphenyläther, Bzl., Cyclohexan, Cyclopentan. (Farmac. nueva **17.** 219—22. Mai. 271—74. Juni. 331—36. Juli. 390—94. Aug. 443—46. Sept. 1952.) Altpeter. 4808

Josef Klosa, *Synthetisches Penicillin.* Vf. berichtet über die Verss., Penicillin synthet. herzustellen. Es werden 2 Verff. erwähnt: 1. Die Kondensation von Dimethylcystein (I) u. Penaldinsäure (II); 2. die Kondensation von I mit 2-Benzylmethylen-5-methoxy-4-oxazolon (III) in Ggw. von Pyridin u. Triäthylamin. — Die synthet. Darst. der Ausgangsstoffe I, II u. III wird gestreift. Verf. 1 wird als techn. untragbar angesehen. Verff. 2 ergab Prodd., die in ihrer Wirksamkeit von Penicillin G keine Unterschiede zeigten. Es wird auf weitere Abwandlungen in Verf. 2 hingewiesen. (Apotheker-Ztg. **3.** 8—10. Jan. 1951.) Endrass. 4810

F. Ulbrich, *Erfahrungen über die Trocknung biologischen Materials.* Es wird über die Vakuum-Gefriertrocknung von Blut, Serum usw. berichtet unter Verwendung einer Vakuumpumpe, eines Vakuummeters, einer Kältefalle u. eines Rezipienten (Zeichnung). Es folgt genaue Beschreibung des Arbeitsganges der Trocknung im Glaskamm, im Novus-Exsiccator u. in der Vakuumzentrifuge. (Mh. Veterinärmed. **7.** 379—83. 1/10. 1952. Berlin, Zentralkontrollinst. für Veterinärimpfstoffe.) Boye. 4812

Fordhanensis, *Ersatzstoffe für Plasma.* 2. Mitt. *Gelatinelösungen.* (1. vgl. C. **1952.** 7379.) Geschichtlicher Überblick über die Verwendung von Gelatinelsgg. (Ringer 1885, Czerny 1893), Vorschläge zur Transfusion nach Hogan 1915; neuere Verss. zur Herst. von Gelatine aus Fischen, Knochengelatine, Eigg. der Lösungen. — Anwendung von *Pektin* als Plasmaersatz. (Farmac. nueva **17.** 229—30. Mai 1952.) Altpeter. 4812

Stanislaw Brzezinski, *Das neue Nährmittel Kur-kum.* Ein Gemisch aus Kuhmilch, Bäckerhefe, wss. Extrakt aus Haferkeimlingen u. Zucker 3 Std. fermentiert in verschlossenen Fläschchen wird als Kräftigungsmittel, bes. bei Tuberkulose, empfohlen. (Farmacja polska **7.** 216—17. Aug. 1951.) Fischoeder. 4814

E. O. Seitz, *Luftentkeimung durch ultraviolette Strahlen als Hilfsmittel im pharmazeutischen Betrieb.* Es wird über die zur Erzeugung der Strahlen erforderlichen Hg-Niederdrucklampen sowie über die Wirkungsweise der Entkeimung berichtet. (Pharmaz. Ind. **15.** 194—96. Juni 1953. Hanau.) Boye. 4834

G. E. Davies, *Die Bewertung antibakterieller Agentien mit besonderer Berücksichtigung der quaternären Ammoniumverbindungen.* Es wird zunächst berichtet über die Faktoren, die bei der antibakteriellen Einw. maßgebend sind (chem. Verunreinigungen,

p_H-Wert, Tempp., Härte des W.). Die hauptsächlichste Fehlerquelle bei der Bewertung ist sowohl die Schwierigkeit der Unterscheidung zwischen bakteriostat. u. bakterieider Wirkung. Schließlich ist noch die Agglutination von Bakterien durch die quaternären Verbb. zu beachten. Es werden weiter die beiden Arten der Bewertungsunterss. behandelt. (Pharmac. J. **170.** ([4] **116.**) 277—78. 18/4. 1953. Wilmslow, Cheshire, Imperial Chemical Industries Ltd.) Boye. 4834

C. Stich, *Einfache Methode zur Prüfung des Wasserwiderstandes (hydrolytische Widerstandsfähigkeit) von Arzneigläsern und Ampullen.* Als Reagentien werden 0,01 nHCl u. 2—5 Tropfen *Methylrot* unter Bezug auf die Arbeit von Siede (C. **1952.** 5939) vorgeschlagen. (Pharmaz. Zentralhalle Deutschland **91.** 465. Dez. 1952. Leipzig.) Rangnick. 4880

Max M. Marsh und **Wayne W. Hilty,** *Pharmazeutica und natürliche Arzneimittel.* (Vgl. C. **1951.** II. 2354.) Jahresübersicht über neue analyt. Methoden. 205 Literaturangaben. (Analytic. Chem. **24.** 271—79. Febr. 1952. Indianapolis, Ind., Ely Lilly & Co.) Hotzel. 4880

G. di Bacco, *Identifizierung und Untersuchung galenischer Präparate von Valeriana officinalis L.* 2 cm³ Fluidextrakt werden mit 15 cm³ Ae. gemischt, die Mischung durch Al_2O_3 filtriert. Die Al_2O_3-Schicht wird dreimal mit je 10 cm³ PAe. eluiert, das Eluat wird in gewogener Glasschale auf dem Wasserbade verdampft u. der goldgelbe Rückstand zur Gewichtskonstanz getrocknet. Gewicht 0,034 g = 1,60%. Man nimmt in 1 cm³ A. auf u. versetzt je die Hälfte mit 3 Tropfen H_2SO_4 (D. 1,83) (Braunfärbung, nach einigen Sek. Geruch nach Fruchtester, bzw. mit 3 Tropfen 1,0% Vanillin enthaltender H_2SO_4 (Rotviolettfärbung). Nach Verdünnen mit W. verschwindet die Farbe unter Auftreten des Fruchtestergeruches. Bei alkoh. u. ätheralkoh. Tinktur beträgt die Einwaage 20 g, vor der Ae.-Behandlung wird auf dem Wasserbad fast zur Trockne verdampft. Bei wss.-alkoh. Extrakt beträgt die Einwaage 0,25 g. Der Geh. an äther. Öl soll bei den drei letzteren Prodd. 1,87, 1,71 u. 1,52% betragen. — Bei einer Mischung gleicher Teile Baldrian- u. Enzianfluidextrakt beträgt der Geh. an äther. Öl nur 0,81%. Die beiden H_2SO_4-Rkk. bleiben positiv. (Fitoterapia [N. S.] **21.** 79—82. Jan./März 1950.) Grimme. 4880

E. W. Kassner, C. A. Johnson und **N. A. Terry,** *Zur Untersuchung von Artemisia.* (Vgl. C. **1953.** 3447.) Besprechung der Schwierigkeiten bei der Gehaltsbest. des *Santoinns.* Die von Qazilbash (J. Pharmacy Pharmacol. **3.** [1951.] 105) angegebene Meth. wird modifiziert. (J. Pharmacy Pharmacol. **5.** 245—50. April 1953. Labor. of Harrison and Self.) Fresenius. 4880

Per Lundgren, *Die Flammenphotometrie als Verfahren für die Untersuchung von Infusionssalzlösungen auf Alkalien und Calcium.* Schilderung der Erprobung der Apparatur. Danach wird der Einfl. verschied. Anionen in Form ihrer Na- u. K-Salze sowie der Einfl. freier Säuren in Konz. von 0,01—0,1 n auf die Lichtemission untersucht. Die gegenseitige Beeinflussung von Na, K u. Ca sowie der Einfl. von A. u. Dextrose auf die Best. von Na u. K wird gemessen. — Beispiele für Messungen an reinen u. gemischten Salzlsgg. werden angeführt. (J. Pharmacy Pharmacol. **5.** 511—27. Aug. 1953. Stockholm, Apotekens Kontrollabor.) Fresenius. 4880

Hans Wojahn und **Ellen Wempe,** *Die Sulfonamide im Nachtrag zum DAB. 6. (Erwiderung auf die Vorschläge von Th. Boehm und G. Horsch).* Vff. beziehen sich auf Veröffentlichung von Boehm u. Horsch (C. **1953.** **2644**) u. beschreiben einen verbesserten Identitätsnachw. der *Sulfonamidgruppierung* mit der H_2O_2-Probe nach Hoffmann, sowie eine Verbesserung der bromometr. Titration von *Sulfathiazol* u. *Sulfanilthioharnstoff.* (Pharmaz. Zentralhalle Deutschland **91.** 461—63; Pharmazie **7.** 835—36. Dez. 1952. Borstel, Tuberkulose-Forschungsinst.) Rangnick. 4880

Theodor Boehm und **Gertraude Horsch,** *Die Sulfonamide im Nachtrag zum DAB. 6 (Stellungsnahme zu den Vorschlägen von Hans Wojahn und Ellen Wempe).* Vff. beantworten die Vorschläge von Wojahn u. Wempe (vgl. vorst. Ref.). — 7 Literaturhinweise. (Pharmaz. Zentralhalle Deutschland **91.** 463—64. Dez. 1952; Pharmazie **7.** 836—37. Dez. 1952. Leipzig, Univ., Pharmazeut. Inst.) Rangnick. 4880

P. Stross und **R. E. Stuckey,** *Eine Adsorptionsmethode zur Messung der Stabilität von Vitamin A.* 1 g Vitamin A-Konzentrat wird mit 49 g Ca-Phosphat B. P. möglichst rasch verrieben. Letzteres ist in Mengen von 1, 2, 4 u. 8 g allmählich zuzufügen. Das Gemisch wird dann in mehreren Portionen auf Flaschen mit Schraubverschluß verteilt u. zwischen 25 u. 37° aufbewahrt. In geeigneten Zeitabständen wird mit Chlf. oder Hexan durch Dekantieren extrahiert u. das Vitamin A spektrophotometr. oder mit $SbCl_3$ bestimmt. (J. Pharmacy Pharmacol. **5.** 547—49. Aug. 1953. London, British Drug Houses Ltd.) Fresenius. 4880

Th. Brugsch, W. Hohlweg, H. Seel und **I. Hahn,** *Die Hormone im Nachtrag zum Deutschen Arzneibuch, 6. Ausgabe.* 1. Mitt. Vff. beschreiben qualitative u. quantitative Untersuchungsmethoden folgender Hormone u. hormonähnlicher Substanzen: *Östradiol, Östradiolbenzoat, Äthinylöstradiol, Östron, Progesteron, Pregnenolon, Testosteron, Testosteronpropionat, Methyltestosteron, Desoxycorticosteronacetat, Stilböstrol, Stilböstroldipropionat, Dienöstrol.* Ferner wird ein Nachtrag zum Reagentienverzeichnis angegeben. Die Hormone *Cortison* u. *Hydrocortison* werden nicht erwähnt. (Pharmaz. Zentralhalle Deutschland **91.** 453—60. Dez. 1952; Pharmazie **7.** 811—16. Dez. 1952. Hormonausschuß der Deutschen Arzneibuchkommission der DDR.) RANGNICK. 4880

Th. Brugsch, W. Hohlweg, H. Seel und **I. Hahn,** *Die Hormone im Nachtrag zum Deutschen Arzneibuch. 6. Ausgabe.* 2. Mitt. Vff. geben eine Neufassung der in der 1. Mitt. (vgl. vorst. Ref.) angegebenen qualitativen u. quantitativen Untersuchungsmethoden für *Diäthylstilböstrol, Diäthylstilböstroldipropionat* u. *Dienöstrol.* Ferner werden die bisher aufgeführten Hormone u. hormonähnlichen Substanzen um folgende erweitert: *Methoxydiäthylstilböstrol, Dienöstroldiacetat, Thyroxin* u. *Dijodtyrosin.* Die in der 1. u. 2. Mitt. angegebenen Identitäts-Rkk., die auf der Darst. eines Deriv. beruhen, sind als Mikromethoden beschrieben u. für das Apothekenlabor. nicht verbindlich. (Pharmaz. Zentralhalle Deutschland **92.** 132—37. April 1953; Pharmazie **8. 317—22.** April **1953.**) RANGNICK. 4880

Drägerwerk Heinr. & Bernh. Dräger, Lübeck, *Medizinische Formkörper* aus hygroskop. Stoffen erhält man durch Erhitzen bis zur Sinterung nach oder während der Formgebung. Das Sintern erfolgt bes. in gasdicht verschlossenen Formen bzw. in einem Preßmundstück. Mischt man z. B. Dextrin (mit 13% W.) u. Aminosäuren, durch Totalhydrolyse von Casein erhalten (8% Wassergeh.), so sindert das Gemisch bei 84°. Dies ist auch die Temp. zur Formgebung z. B. im Wasserbad. (**D. B. P. 858 758** Kl. 30h vom 28/1. 1951, ausg. 8/12. 1952.) SCHINDLER. 4767

Johann H. Wülfing Chemische Fabrik (Erfinder: **Richard Fleischmann**), Gronau, Hann., *Herstellung von Ca enthaltenden Suppositorien* nach Patent 849 170, dad. gek., daß man ein in W. leicht lösl. anorgan. Ca-Salz, z. B. der Amidosulfonsäure, nahezu völlig entwässert, feinst mahlt u. mit der Grundmasse homogen vermengt. Zusatz anderer Arzneimittel ist vorgesehen. (**D. B. P. 855 897** Kl. 30h vom 8/3. 1951, ausg. 17/11. 1952. **Zusatz zu D. B. P. 849 170; C. 1953. 1852.**) SCHINDLER. 4767

Allen & Hanburys Ltd., London, England, *Herstellung von Salzen physiologisch wirksamer Basen* (**I**) mit *Schleimsäure.* Sie erfolgt über deren Alkali-, Erdalkali-, NH_4- oder Ag-Salze. — Beispiele für die Rk. von: Adrealin, d-Tubocurarin, Hyoscin, Neostigmin, Procain, Amidon, Amethocain, Morphin, Ergometrin, Isopropylnoradrenalin. Herst. von Injektionslösungen. (**E. P. 647 861** vom 25/6. 1948, ausg. 20/12. 1950.) MÜLLER-MEININGEN. 4787

Wilhem Ney, Deutschland, *Herstellung von Medikamenten,* dad. gek., daß die Arzneistoffe (**I**), hauptsächlich in homöopath. Verdünnung, mit Traubenzucker- oder Invertzuckersirup vermischt werden. Man kann sie auch mit Rohr- oder Rübenzucker mischen u. die Lsg. so lange bei einer 85° nicht übersteigenden Temp. erhitzen, bis ca. 80% des Zuckers invertiert sind. Um Kristallisation zu vermeiden, setzt man geringe Mengen Gelatine, Agar-Agar oder ähnliche Koll. hinzu. Die Zubereitungen werden am besten in fl. Form direkt oder in Kapseln eingeschlossen genommen. Sie können auch als Paste oder als Pulver appliziert werden. (**F. P. 1 015 453** vom 21/5. 1948, ausg. 13/10. 1952.) HEYNE. 4791

„Servita" Gyógyszergyar es Vegyipari R. T. und **Miklós Jancsó,** Ungarn, *Pharmazeutisches Präparat aus Schafgarbe.* Aus der Droge erhält man durch Wasserdampfdest. oder durch Extraktion mit einem Lösungsm. u. anschließender Wärmebehandlung ein flüchtiges Öl (**I**), welches die therapeut. wirksamen Stoffe enthält. Man kann diese durch fraktionierte Dest. anreichern. I kann mit Vaseline zu einer Salbe oder mit W. zu einer Emulsion verarbeitet werden. Man kann auch durch Lösen von I in Öl Injektionslsgg. herstellen. Die Prodd. wirken entzündungshemmend, antisept., sie können zur Behandlung von Wunden u. Verbrennungen angewandt werden. (**F. P. 1 015 118** vom 22/7. 1947, ausg. 27/8. 1952. Ung. Prior. 22/7. 1946.) HEYNE. 4791

Soc. An. Amisa, Frankreich, *Wundverbände,* bestehend aus einem Glasgewebe, das mit einem chem. u. biol. neutralen, die Sterilisation begünstigenden Klebemittel, z. B. einer Vinyl- oder Polyvinylverb., einem Celluloseester oder -äther überzogen ist. (**F. P. 1 016 569** vom 21/4. 1950, ausg. 17/11. 1952.) OPPERMANN. 4795

Otto Schuster, Stuttgart, *Herstellung von Starrverbänden* aus Binden (**I**), die ein Polymerisationsprod. (**II**) tragen, dad. gek., daß I verwendet werden, die mit einem thermoplast. II so getränkt sind, daß die Tränkung noch ein Verarbeiten der I in trockenem Zustand zuläßt u., wenn sie vorübergehend durch Erwärmen erweicht u. wieder abgekühlt werden, den Verband unter festem Verhaften der einzelnen Lagen zu einem starren Ganzen vereinigt. (**D. B. P. 843 882** Kl. 30d vom 30/4. 1950, ausg. 14/7. 1952.) Schindler. 4795

Bobingen Akt.-Ges. für Textilfaser (Erfinder: **Paul Schack**), Bobingen, *Chirurgische Nähfäden* aus einem Rundgeflecht aus hochfesten, nichtverzwirnten Einzelfäden aus synthet. Linearpolymeren, bes. hochmol. Polyamidverbb., z. B. aus polymerem ε-Caprolactam, Polyhexamethylenpimelinsäureamid, einem Mischpolyamid aus 85 (Teilen) adipinsaurem Hexamethylendiamin u. 15 ε-Caprolactam, einem Polyurethan aus 5 (Mol) Hexamethylendiisocyanat, 4 Tetramethylenglykol u. 1 β-Methylhexanmethylen-Polyäthylen u. Polydichloräthylen. Bes. vorteilhaft sind Fäden, die im wesentlichen aus adipinsaurem Tetrametylendiamin neben einem anderen polyamidbildenden Stoff bzw. Stoffpaar aufgebaut sind. (**D. B. PP. 875 995** Kl. 30i vom 1/4. 1944 u. **875 996** Kl. 30i vom 19/10. 1944, beide ausg. 7/5. 1953.) E. Petersen. 4795

Heinrich Utiger, Zürich, Schweiz, *Gips für zahnärztliche Zwecke.* Zur Verbesserung der Wärmeleitfähigkeit des Gipses wird dieser mit Metallen, wie Fe- oder Al-Pulver, vermischt, die dem Gips vor oder nach dem Brennen zugesetzt werden können. (**D. B. P. 869 617** Kl. 80b vom 4/8. 1951, ausg. 5/3. 1953.) Hans Hoffmann. 4799

Walter Frischmann, Rhône, Frankreich, *Zahnfüllung.* Für die Füllung kon. Hohlräume wird ein plast. oder pastenartiges Prod. aus Ag-Pulver u. Guttapercha, Paraffin u. dergl. verwendet. (**F. P. 1 017 323** vom 9/5. 1950, ausg. 8/12. 1952.) Holm. 4799

Ciba Akt.-Ges., Basel, Schweiz, *Herstellung neuer quaternärer Ammoniumverbindungen.* 3-Azapentan-1.5-diamine, die an den N-Atomen durch Alkylgruppen substituiert sind, werden durch mehrstd. Erwärmen mit Alkylhalogeniden oder Dialkylsulfaten quaternär gemacht. Man kann auch Halogenide quaternärer Ammoniumsalze mit entsprechenden Aminen umsetzen. Beschrieben ist die Herst. folgender Verbb.: *N.N.N.N'.N'.N'-3-Heptamethyl-3-azapentan-1.5-diammoniumdijodid*, F. 227—229°, *-dibromid*, F. 233—235°, u. *-dimethosulfat*, F. 85—87°; *N.N.N.N'.N'.N'-3.3-Octamethyl-3-azoniumpentan-1.5-diammoniumtrijodid*, $(CH_3)_2NJ[CH_2-CH_2-NJ(CH_3)_3]_2$, F. 168 bis 170°; *N.N.N'.N'-3-Pentamethyl-N.N'-diäthyl-3-azapentan-1.5-diammoniumdibromid*, F. 213—215°, u. *-dichlorid*, F. 236°; *3-Methyl-N.N.N.N'.N'.N'-3-heptaäthyl-3-azoniumpentan-1.5-diammoniumtribromid*, hygroskop; *N.N.N'.N'-3-Pentamethyl-N.N'-diallyl-3-azapentan-1.5-diammoniumdibromid*, F. 176—179°; *3-Methyl-N.N.N.N'.N'.N'-hexaäthyl-3-azapentan-1.5-diammoniumdibromid*, F. 194° (Sinterung ab 189°), u. *-dichlorid*, hygroskop; *N.N'-3-Trimethyl-N.N.N'.N'-tetraäthyl-3-azapentan-1.5-diammoniumdibromid.* — *Arzneimittel.* (**Oe. P. 169 569** vom 7/2. 1950, ausg. 26/11. 1951. Schwz. Prior. 15/2. 1949.) Nouvel. 4807

Wilhelm Theopold und **Wolfgang Hennig**, Marburg/Lahn, *Ca-Citronensäure-Komplexverbindungen* bzw. deren wss. Lsgg., die das Ca nur komplex gebunden enthalten, erhält man durch Rk. von 2—5, bes. 4 (Mol) Citronensäure (**I**) mit 1 $Ca(OH)_2$ oder einer lösl. Ca-Verbindung. Stabilisierung der Prodd. erfolgt, wenn man die Rk. in Ggw. von solchen Mengen lösl. Phosphate (**II**) durchführt, daß ein Molverhältnis von 2 Ca : 4—10 **I** : 1 **II** vorliegt. — *Therapeutica* bei Störungen im Ca-Stoffwechsel, bes. im Knochenaufbau. (**D. B. P. 882 699** Kl. 12o vom 9/4. 1950, ausg. 9/7. 1953.) Müller-Meiningen. 4807

Badische Anilin- & Soda-Fabrik (Erfinder: **Heinrich Hopff, Hermann Spänig** und **Anna Steimmig**), Ludwigshafen/Rh., *Cholinderivate* der Formel $H_2N\cdot CO\cdot O\cdot CH(R)\cdot CH(R')\cdot N(Alk)_3\cdot Hal$, worin R u. R' = H oder Alkyl, Alk 3 gleiche oder verschied. Alkylgruppen, von denen 2 einen Heteroring bilden können, u. Hal = Cl, Br oder J bedeuten, wirken *antirheumatisch.* Sie entstehen durch Rk. von Verbb. der Formel $HO\cdot CH(R)\cdot CH(R')\cdot N(Alk)_3\cdot Hal$ mit Harnstoffchlorid. — *β-Carbaminoyl-β-methylcholinchlorid*, F. 213—215°. — *β-Carbaminoylcholinchlorid*, F. 170—180°. — *N-Cetyl-N.N-dimethyl-N-(β-carbaminoyloxyäthyl)-ammoniumbromid*, wachsartig, zers. sich bei 170°. — *N-Benzyl-N-(β-carbaminoyloxyäthyl)-pyrrolidiniumchlorid.* (**D. B. P. 869 964** Kl. 12g vom 6/4. 1951, ausg. 9/3. 1953.) Langer. 4807

Aktiebolaget Astra, Apotekarnes Kemiska Fabriker, Södertälje, Schweden (Erfinder: **N. M. Löfgren** und **B. J. Lundqvist**), *Herstellung von Diäthylaminoacet-2-äthylanilid.* Man setzt Chloracet-2-äthylanilid (F. 91—92°) mit Diäthylamin, bes. im Überschuß, um. Farbloses Öl vom $Kp._{0,25}$ 131—132°. — *Lokalanästheticum.* (**Schwed. P. 135 664** vom 8/11. 1949, ausg. 13/5. 1952.) Jürgen Schmidt. 4807

Akt.-Ges. Hommel's Haematogen, Zürich, Schweiz, *α-Phenylbuttersäureguajacolester* erhält man, wenn man z. B. zur Lsg. von 124 (Gewichtsteilen) Guajacol in 361 wss.

NaOH (12,2%ig) unter Rühren 182,5 α-Phenylbuttersäurechlorid ($Kp._{10}$ 105—106°) zutropft, nach 2 std. Nachrühren das Öl in Bzl. aufnimmt, mehrmals mit 1 n NaOH ausschüttelt, mit W. neutral wäscht, über Na_2SO_4 trocknet u. Bzl. abdest., als Prod. vom F. 50—51° (aus 80%ig. A.), $Kp._{18}$ 215—217°, das in W. wenig, in A. u. Ae. gut lösl. ist. — *Heilmittel.* (**Schwz. P. 286 681** vom 19/8. 1950, ausg. 2/3. 1953.)
MÜLLER-MEININGEN. 4807

Farbwerke Hoechst, vormals Meister Lucius & Brüning (Erfinder: **Friedrich Nolte**), Frankfurt/M., *Doppelsalz aus Calcium-p-aminosalicylat und Harnstoff*, $(C_7H_6O_3N)_2Ca \cdot 2\,CH_4ON_2$. Aus den Komponenten. Wirkt *tuberkulostatisch.* (**D. B. P. 870 276** Kl. 12q vom 26/1. 1951, ausg. 12/3. 1953.) LANGER. 4807

Farbwerke Hoechst, vormals Meister Lucius & Brüning, Frankfurt/M. (Erfinder: **Josef Kaupp,** Frankfurt/M., und **Karl-Heinz Schmidt,** Bad Soden), *Salze der p-Aminosalicylsäure* (**I**) mit *Aminoalkoholen* entstehen aus den Komponenten. Sie weisen gesteigerte *tuberkulostat. Wrkg.* auf. — Salze der I mit: *Diäthylaminoäthanol, Methyldiäthanolamin, Äthanolamin, Piperidinoäthanol, Hexamethyleniminoäthanol, N.N'-Bisoxyäthylpiperazin.* (**D. B. P. 870 277** Kl. 12q vom 26/1. 1951, ausg. 12/3. 1953.)
LANGER. 4807

Wyeth, Inc., Philadelphia, übert. von: **William F. Bruce,** Havertown, und **Joseph Seifter,** Willow Grove, Pa., V. St. A., *Glycinamide* der allg. Formel $R_1NHCH_2CONHR_2$ (R_1 u. R_2 = Aralkyl mit 3 C-Atomen im Alkyl) erhält man durch Kondensation von Chloracetamiden der Formel $ClCH_2CONHR_2$ mit prim. Aminen der Formel R_1NH_2. — „Amphetamin" wird in Bzl. mit Chloracetylchlorid bei 50—60° umgesetzt, wobei man N-α-Chloracetoamphetamin, F. 71—72°, $Kp._3$ 155—165°, erhält. Dieses wird mit Amphetamin in n-Butanol in Ggw. von Na_2CO_3 12 Std. erhitzt, wobei sich *α-(1-Methyl-2-phenyläthylamino)-N-(1-methyl-2-phenyläthyl)-acetamid,* $C_{20}H_{26}ON_2$, $Kp._3$ 234—238°, bildet. — *α-(2-p.m-Dioxyphenyl-1-methyläthylamino)-N-(2-oxy-2-phenylpropyl)-acetamid.* — *α-(1-Methyl-2-phenyläthylamino)-N-(3-phenylpropyl)-acetamid.* — *α-(Phenylisopropylamino)-N-(1-methyl-2-phenyläthyl)-acetamid.* Vgl. A. P. 2 449 638; C. **1949.** I. 1395. Verwendung als *blutdruckerhöhende Mittel,* vor allem in Lipoiden, langkettigen Fettsäuren oder pflanzlichen Ölen gelöst. (**A. P. 2 499 352** vom 2/1. 1948, ausg. 7/3. 1950.) KRAUSS. 4807

Cilag Akt.-Ges., Schaffhausen, Schweiz, *Herstellung der 4-Amino-2-oxybenzol-1.5-dicarbonsäure* (**I**). Man erhitzt m-Aminophenol oder 4-Amino-2-oxybenzoesäure oder 4-Oxyanthranilsäure in Ggw. von $KHCO_3$ u. W. entweder unter Einleiten von CO_2 48 Std. auf 100° oder im Autoklaven unter einem CO_2-Druck von 15 at 12—24 Std. auf 120—130°. Beim Aufarbeiten erhält man **I**, F. 210—211° (Zers.). — *Pharmazeuticum,* bes. Mittel gegen Tuberkulosebacillen. (**Oe. P. 169 570** vom 20/2. 1950, ausg. 26/11. 1951. Schwz. Prior. 24/3. 1949.) NOUVEL. 4807

F. Hoffmann-La Roche & Co. Akt.-Ges., Basel, Schweiz, *1-Benzhydro-3-acetylharnstoff* erhält man entweder durch Rk. von Benzhydrylharnstoff mit CH_3COCl oder von Benzhydrol mit Monoacetylharnstoff. F. 154—155° (aus A.). — *Arzneimittel.* (**Schwz. PP. 284 213** u. **284 214** vom 12/6. 1950, ausg. 1/11. u. 17/11. 1952. A. Prior. 12/7. 1949.) MÜLLER-MEININGEN. 4807

Ciba Akt.-Ges., Basel, Schweiz, *Herstellung von 2-(α-Phenylaminoäthyl)-imidazolin* durch Rk. von α-Phenylaminopropionsäure oder einem ihrer funktionellen Säurederivv. mit Äthylendiamin oder mit einer in Äthylendiamin durch Rk. mit NH_3 überführbaren Verb. oder mit einem reaktionsfähigen N-Deriv. des Äthylendiamins unter direkter oder stufenweiser Bldg. des Imidazolinringes. — Aus α-Phenylaminopropionsäureimidomethylätherdihydrochlorid u. Äthylendiamin entsteht *2-(α-Phenylaminoäthyl) imidazolinhydrochlorid,* F. 206—207°. — Die Verb. ist bes. *herzwirksam* u. verursacht eine starke Coronarerweiterung u. Herzfrequenzzunahme an Warmblüterherzen. (**Oe. P. 173 698** vom 12/6. 1951, ausg. 10/1. 1953. Schwz. Prior. 5/7. 1950.)
M. F. MÜLLER. 4807

Cassella Farbwerke Mainkur (Erfinder: **Walter Persch** und **Adolf Schmidt**), Frankfurt/M., *Hypnotisch wirkende Hydantoine.* Durch Rk. von o-Oxyacetophenon mit $NH_4 \cdot HCO_3$ u. KCN in wss. A. bei 15—17 at CO_2-Überdruck u. 70—75° erhält man *5-(o-Oxyphenyl)-5-methylhydantoin,* F. 230°. Analog: *5-(p-Allyloxyphenyl)-5-methylhydantoin,* F. 171°. — *5-(p-Phenoxyphenyl)-5-methylhydantoin,* F. 182°. — *5-o-(β-Diäthylaminoäthoxy)-phenyl-5-propylhydantoin,* F. 156°. — *5-(o-Oxyphenyl)-1-butylhydantoin,* F. 191°. — *3-Methyl-5-methyl-5-(p-allyloxyphenyl)-hydantoin,* F. 137—138°. — *5-p-(β.γ-Dibrompropoxyphenyl)-5-methylhydantoin,* F. 180—183°. (**D. B. P. 880 589** Kl. 12p vom 7/3. 1950, ausg. 10/8. 1953.) BRÖSAMLE. 4807

American Cyanamid Co., New York, N. Y., übert. von: **James M. Smith jr.**, North Plainfield, N. J., V. St. A., *Herstellung von N-(2'-Thiazolyl)-2-oxypyridin-5-sulfonamid* (I). Man erhält I, F. 292—295°, *N-(4'-Methyl-2'-thiazolyl)-2-oxypyridin-5-sulfonamid*, F. 281—283,5°, u. *N-(4'.5'-Dimethyl-2'-thiazolyl)-2-oxypyridin-5-sulfonamid*, F. 328—330°, durch Hydrolyse der entsprechenden N-(2'-Thiazolyl)-2-chlorpyridin-5-sulfonamide, die durch Rk. von 2-Chlorpyridin-5-sulfonylchlorid mit entsprechenden 2-Aminothiazolen erhältlich sind. — Die Prodd. sind bes. *wirksam gegen* gewisse *Viren* u. *Rickettsien*. (**A. P. 2 611 770** vom 16/4. 1949, ausg. 23/9. 1952.) LÜTTGEN. 4807

Ciba Akt.-Ges., Basel, Schweiz, *Herstellung von 6-Nitrochinolinen der Formel* **I**, ihrer Ester, sowie ihrer Metallkomplexsalze. Es sind R u. R' = H oder eine Methylgruppe, R_1 u. R_2 = H oder ein Halogenatom. Die neuen Nitrochinoline werden erhalten durch Rk. von Nitroanilinen der Formel **II**, worin R_1 u. R_2 = H oder Halogenatom, R_3 = OH oder ein darin überführbarer Substituent **ist**, mit Verbb., welche mit Anilinen solche Chinoline zu bilden vermögen, welche im Heteroring nicht substituiert sind oder in 2- u. bzw. oder in 4-Stellung Methylgruppen enthalten. Gegebenenfalls werden in der 8-Stellung vorhandene, in die Oxygruppe überführbare Substituenten, z. B. eine Sulfogruppe oder eine verätherte Oxygruppe, in die freie Oxygruppe übergeführt u. die gebildeten Oxychinoline gleichzeitig oder nachträglich halogeniert u. bzw. oder in ihre Ester oder Metallkomplexsalze umgewandelt. — Die genannten Nitroaniline werden in üblicher Weise z. B. mit Glycerin oder mit aus diesem sich bildenden Acrolein sowie ferner mit Crotonaldehyd, Formylaceton oder Acetylaceton oder deren funktionellen Derivv. umgesetzt. Als Kondensationsmittel dient z. B. H_2SO_4 u. als Oxydationsmittel z. B. Arsensäure. — 100 (Gewichtsteile) 4-Nitro-2-oxyanilin, 100 Arsensäure, 180 W., 300 konz. H_2SO_4 u. 150 Glycerin werden während 2 Std. auf 140° erhitzt, bis die Rk. unter Blasenbldg. beginnt. Dabei entsteht 6-Nitro-8-oxychinolin (**III**), F. 190—191°. Dieses wird mit Essigsäureanhydrid u. Na-Acetat acetyliert unter Bldg. von *6-Nitro-8-acetoxychinolin*, F. 180°. Aus **III** entsteht beim Chlorieren in Ggw. von Eisessig das *6-Nitro-5(7)-chlor-8-oxychinolin*, F. 265°. — **III** wird mit Undecylensäurechlorid, in Pyridin–Äther gelöst, übergeführt in eine Verb. der Formel **IV**, F. 77—78°. — Die Nitrochinolinverbb. sind wirksam gegen Mikroorganismen, wie Bakterien oder Protozoen. Sie besitzen *amöbicide* Eigg. u. hemmen das Wachstum von Pilzen, z. B. bei Hauterkrankungen durch Pilze. (**Oe. P. 173 699** vom 6/8. 1951, ausg. 10/1. 1953. Schwz. Prior. 22/8. 1950.) M. F. MÜLLER. 4807

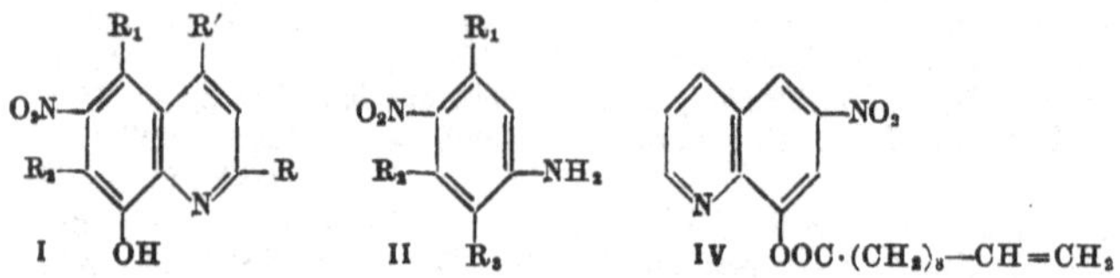
I II IV

Ciba Akt.-Ges., Basel (Erfinder: **Jean Druey**, Riehen, und **Paul Schmidt**, Therwil), Schweiz, *Phenanthrolin-5.6-chinone*. Man oxydiert Phenanthroline, die in 5- oder 6-Stellung einen durch Oxydation in eine Oxogruppe überführbaren Substituenten aufweisen, mit HNO_3. — 6-Methoxy-1.7-phenanthrolin → *1.7-Phenanthrolin-5.6-chinon*, F. 255°. 6-Methoxy-4.7-phenanthrolin → *4.7-Phenanthrolin-5.6-chinon*, F. 295°. — *1.10-Phenanthrolin-5.6-chinon*, F. 250°; *3-Methyl-4.7-phenanthrolin-5.6-chinon*, F. 230° (Zers.). — *Zwischenprodd.* zur Herst. von *Heilmitteln*. (**D. B. P. 889 446** Kl. 12p vom 1/5. 1951, ausg. 10/9. 1953. Schwz. Priorr. 5/5. 1950 u. 10/4. 1951.) BRÖSAMLE. 4807

Glaxo Laboratories Ltd., Greenford, Middlesex, England (Erfinder: **Ronald Major Evans**), *3-Methyl-1-(2'.6'.6'-trimethylcyclohex-1'-en-1'-yl)-octa-3.5-dien-1-in-7-on* (**I**), $Kp._{10^{-5}}$ 90—100°, n_D^{14} 1,5945, erhält man durch Wasserabspaltung aus 3-Methyl-1-(1'-oxy-2'.6'.6'-trimethylcyclohexyl)-octa-3.5-dien-1-in-7-on in Ggw. eines Dehydratisierungsmittels (Essigsäureanhydrid + 1% H_2SO_4, p-Toluolsulfonsäure, J_2, mindestens 80%ig. HCOOH) u. zweckmäßig eines Lösungsm. mit Kp. 80—140° (Bzl., Toluol, PAe.). *Semicarbazon*, F. 204—205°. — Zwischenprod. für *Vitamin-A-Synthese*. (**E. P. 674 090** vom 13/9. 1949, ausg. 18/6. 1952.) KRAUSS. 4809

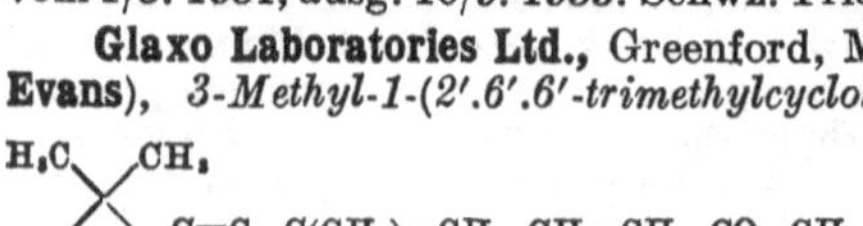
I

Schering Akt.-Ges., Berlin (Erfinder: **Rudolf Tschesche** und **Friedhelm Korte**, Hamburg), *9-Oxyfolsäure* (**I**). Man kondensiert 2-Amino-6.9-dioxypteridin-8-α-bromessigsäure mit p-Aminobenzoylglutaminsäure (**II**) u. decarboxyliert das Reaktionsprodukt. Reinigung von **I** erfolgt über das Ca- u. Ag-Salz. — Verwendet man statt **II** p-Aminobenzoesäure, so erhält man analog die *9-Oxypteroinsäure*. — Die Verbb. sind bes. gut wirksam *gegen Streptococcus faecalis*. (**D. B. P. 887 812** Kl. 12p vom 30/3. 1951, ausg. 27/8. 1953.) BRÖSAMLE. 4809

Usines Chimiques des Laboratoires Français (U. C. L. A. F.), Frankreich, *Herstellung von Jodcalciferol* (**I**). Calciferol (**II**) wird in PAe. gelöst u. bei —10° mit einer Lsg. von Jod in PAe. versetzt. Danach scheidet sich **I** als schwarzer Nd. ab, F. 142—150°. — *Antirachit.* wirksam. (**F. P. 1 001 962** vom 8/7. 1946, ausg. 29/2. 1952.) M. F. MÜLLER. 4809

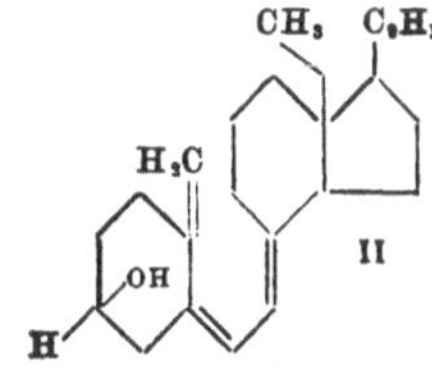

II

Eastman Kodak Co., übert. von: **John D. Cawley**, Rochester, N. Y., V. St. A., *Gewinnung eines Vitamin-E-Konzentrats* aus dem bei der Desodorierung von pflanzlichen oder tier. Ölen mittels Wasserdampf oder eines inerten Gases entstehenden Schaum. Dieser wird hydriert u. danach in einem Lösungsm. gelöst, in welchem er bei erhöhter Temp. vollständig u. bei etwas tieferer Temp. nur zum Teil lösl. ist. Beim Abkühlen der Lsg. scheidet sich der weniger lösl. Anteil ab, der danach entfernt wird. Die dabei anfallende Lsg. von Vitamin E wird für sich aufgearbeitet. Als Lösungsmittel sind Methyl- u. Äthylalkohol, Aceton u. PAe. genannt. — Das Verf. ist auch auf die Gewinnung von *Tocopherolen* aus den pflanzlichen oder tier. Ölen anwendbar. (**Can. PP. 480 482** vom 16/8. 1941, ausg. 22/1. 1952. A. Prior. 25/2. 1941, **480 483** vom 14/1. 1942, ausg. 22/1. 1952. A. Prior. 25/11. 1941 u. **480 484** vom 28/1. 1942, ausg. 22/1. 1952. A. Prior. 6/12. 1941.) M. F. MÜLLER. 4809

Schering Akt.-Ges., Berlin (Erfinder: **Hans Dannenbaum**, Falkensee-Finkenkrug), *Cyclopentanopolyhydrophenanthrencarbonsäuren* u. ihre Derivv. erhält man durch Verseifung der im Ring D ungesätt. Nitrile mit einer zur CN-Gruppe α.β-ständigen Doppelbindung unter Druck bei erhöhter Temp., mit oder ohne Zusatz metall., hydrierend wirkender Katalysatoren (Ni, Fe-Legierungen) u. Abtrennung der im Ring D ungesätt. Carbonsäuren. — 17-Cyan-$\Delta^{5.16}$-3-acetoxyandrostadien wird mit wss.-alkoh. NaOH verseift u. die $\Delta^{5.16}$-3-Oxyandrostadien-17-carbonsäure nach dem Ansäuern mit H_2SO_4 u. Zusatz von Aceton als Nd. abgetrennt. Aus der Acetonlsg. erhält man nach der Acetylierung in Pyridin u. Veresterung mit CH_2N_2 *3.16-Diacetoxy-Δ^5-ätiocholensäure-20-methylester*, F. 146°; als Nebenprod. *3.17-Diacetoxy-Δ^5-ätiocholen-17-carbonsäure-20-methylester*. — *3-Acetoxy-Δ^5-ätiocholensäure-20-äthylester*. — Vgl. D. R. P. 764 647; C. **1953**. 5885. (**D. R. P. 730 996** Kl. 12o vom 9/12. 1938, ausg. 27/10. 1952.) KRAUSS. 4809

N. V. Organon, Oss, Holland, übert. von: **Tadeus Reichstein**, Basel, Schweiz, *Abbau der Seitenkette der Cholansäure* oder ihrer niedermol. Homologen oder Stereoisomeren, welche im Ring A substituiert sind u. im Ring C ungesätt. Bindungen enthalten, nach den bekannten Methoden von WIELAND, CURTIUS u. HOFFMANN, wobei die OH-Gruppen durch Acylierung u. die Kohlenstoffdoppelbindungen durch Bromierung geschützt sind. (**Can. P. 476 745** vom 18/1. 1943, ausg. 4/9. 1951. Schwz. Prior. 15/4. 1942.) M. F. MÜLLER. 4809

N. V. Organon, Oss, Holland, übert. von: **Tadeus Reichstein**, Basel, Schweiz, *Herstellung von 11.12-α-Oxidoverbindungen der Cyclopentanopolyhydrophenanthrenreihe*, bes. des Cholansäuremethylesters (**I**) oder des 3-Ketocholansäuremethylesters (**II**), aus den entsprechenden 11.12-Halogenhydrinderivv. unter Abspaltung von Halogenhydrin. — Die 11.12-α-Oxidoverb. von **I** hat den F. 64,5—65,5° u. von **II** F. 122—124°. (**Can. P. 476 746** vom 19/9. 1950, ausg. 4/9. 1951. Schwz. Priorr. 25/4. u. 24/6. 1942.) M. F. MÜLLER. 4809

N. V. Organon, Oss, Holland, übert. von: **Tadeus Reichstein**, Basel, Schweiz, *Herstellung von Verbindungen der Cyclopentanopolyhydrophenanthrenreihe*, welche im Ring C ein O-Atom gebunden enthalten, aus Verbb. dieser Reihe mit einer Ringdoppelbindung am 11-C-Atom durch Einw. einer unterhalogenigen Säure oder von Derivv. davon unter Bldg. von Additionsverbb., in denen anschließend die OH-Gruppe im Ring C durch Oxydation in die Ketogruppe übergeführt wird. (**Can. P. 476 747** vom 11/2. 1943, ausg. 4/9. 1951. Schwz. Priorr. 25/4. u. 24/6. 1942.) M. F. MÜLLER. 4809

American Cyanamid Co., übert. von: **Seymour Bernstein** und **Louis Dorfman**, New York, N. Y., V. St. A., *Dialkylthioacetale des Cholestanon-(3)* aus Cholestanon-(3) durch Rk. mit z. B. Äthylmercaptan (**I**) in Ggw. eines wasserentziehenden Mittels, z. B. eines Gemisches von wasserfreiem Na_2SO_4 u. frisch geschmolzenem $ZnCl_2$, F. 80 bis 82°. An Stelle von **I** können auch andere Alkylmercaptane verwendet werden. Vgl. A. P. 2 440 660; C. **1949**. I. 1144. (**A. P. 2 453 566** vom 26/3. 1945, ausg. 9/11. 1948. **Can. P. 476 021** vom 9/5. 1945, ausg. 14/8. 1951. A. Prior. 26/3. 1945.) M. F. MÜLLER. 4809

Upjohn Co., übert. von: **Robert H. Levin**, Kalamazoo, Mich., V. St. A., *3-Substituierte 9.11-Oxido-bis-nor-5.7-choladiensäurealkylestermaleinsäure-, -anhydrid-, -esteraddukte* der allg. Formel I (A = Maleinsäure-, deren Anhydrid- u. Esterrest, X = Acyl niedermol. Fettsäuren oder der Benzoylreihe, R = H oder Alkylrest) erhält man durch Oxydation der entsprechenden Maleinsäureaddukte von 3-substituierten Bis-nor-5.7.9,11-cholatriensäuren u. deren Estern mit 2 Moll. eines Oxydationsmittels, wie H_2O_2, Benzoylperoxyd, Perbenzoesäure, Monoperphthalsäure. — Dehydroergosterylacetatmaleinsäureanhydridaddukt wird in Methylendichlorid bei —30° mit O_3 behandelt, nach Zusatz von Eisessig wird das Lösungsm. im Vakuum verjagt, das Ozonid mit 30%ig. H_2O_2 1 Std. auf 95° erwärmt u. ergibt nach dem Aufarbeiten durch Verseifung, Veresterung mit Diazomethan u. Acetylierung *3-Acetoxy-9.11-oxido-bis-nor-5.7-choladiensäuremaleinsäureadduktdimethylester*, F. 184—190°. — *3β-Acetoxy-9.11-oxido-bis-nor-5.7-choladiensäuremethylestermaleinsäureanhydridaddukt*, $C_{29}H_{36}O_8$, F. 258,5—260,5°. — *3β-Acetoxy-9.11-oxido-bis-nor-5.7-choladiensäuremaleinsäureaddukttrimethylester*, $C_{31}H_{42}O_9$, F. 208—209,5°. — *Zwischenprodd.* für die Herst. anderer Steroide mit -O- zwischen C 9 u. 11. (**A. P. 2 576 949** vom 4/12. 1948, ausg. 4/12. 1951.)

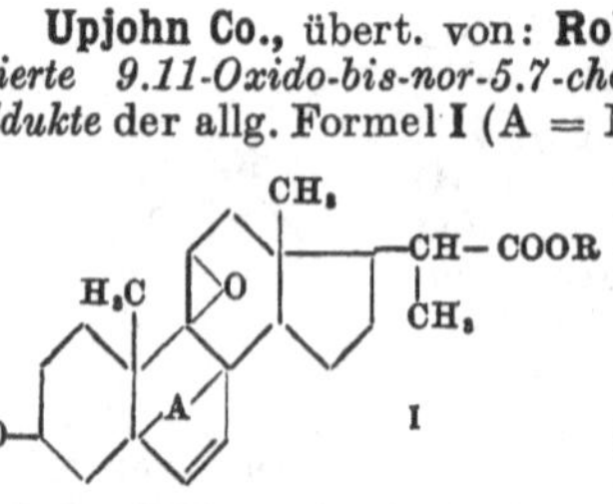

I

KRAUSS. 4809

Ciba Akt.-Ges. (Erfinder: **Tadeus Reichstein**), Basel, Schweiz, *Trennung gesättigter und ungesättigter Verbindungen der Bis-nor- und Ätiocholansäurereihe.* Das in bekannter Weise durch Oxydation gesätt. u. ungesätt. Sterine u. deren Derivv. mit einer Seitenkette in 17-Stellung, notfalls nach intermediärem Schutz vorhandener Kerndoppelbindungen u. Kern-OH-Gruppen, erhaltene Säuregemisch wird fraktioniert verestert; aus den schwer veresterbaren Anteilen werden die Säuren abgetrennt. Oder man verestert das Gemisch u. trennt nach fraktionierter Verseifung die schwer verseifbaren Anteile ab. — Cholesterin wird als Acetatdibromid mit CrO_3 oxydiert u. der saure Teil des Reaktionsgemisches nach der Entbromung mit CH_2N_2 vollständig verestert; dann verseift man mit 10%ig. methanol. KOH, trennt in neutrale u. saure Teile u. erhält aus jenen durch Dest. *3-Oxyätiocholensäuremethylester*, F. 183—186°. — Sitosterinacetatdibromid → Mischung aus *Oxy-bis-nor-* u. *Ätiocholensäure.* (**D. B. P. 857 377** Kl. 12o vom 8/10. 1938, ausg. 27/11. 1952. Schwz. Prior. 9/11. 1937.) KRAUSS. 4809

Organon Laboratories Ltd., London, England, *In 3-Stellung substituierte Ätiocholensäurederivate* gewinnt man durch Oxydation einer durch Kondensation eines Aldehyds mit einem Pregnenderiv., das in 20-Stellung eine CO-Gruppe u. in 3-Stellung eine O-Acyl-, O-Alkyl-, O-Aralkylgruppe oder Halogen trägt, erhältlichen Verb. ohne Schutz der Doppelbindung mit $KMnO_4$ in einem neutralen, organ. Lösungsm., in dem das $KMnO_4$ lösl. ist (Aceton, Dioxan, Methyläthylketon). — Furfurylidenpregnenolonacetat wird in Aceton mit $KMnO_4$ 5—10 Min. auf dem Wasserbad erhitzt u. 10 Min. stehengelassen. Nach dem Zusatz von W. wird das MnO_2 durch Einleiten von SO_2 gelöst u. die Mischung mit Ae. extrahiert, aus dem mit NaOH das *Na-Acetoxyätiocholenat* ausgefällt wird. Durch Ansäuern erhält man *3-Acetoxyätiocholensäure*, F. 230°. — Weitere Beispiele. — Als Ausgangsstoff kann auch Benzylidenpregnenolon verwendet werden. (**D. B. P. 848 650** Kl. 12o vom 27/9. 1950, ausg. 4/9. 1952. E. Prior. 21/2. 1945.) KRAUSS. 4809

C. F. Boehringer & Soehne (Erfinder: **Fritz Johannessohn, Erich Rabald** und **Adolf Hagedorn**), Mannheim, *Wasserlösliche Sexualhormonglykosidphosphorsäureester* erhält man durch Behandeln von Sexualhormonen oder ihren hormonwirksamen Derivv., bes. den Glykosiden, mit phosphorylierenden Mitteln in bekannter Weise. — Östronglucosid wird mit $POCl_3$ in Pyridin behandelt. Nach dem Aufarbeiten u. Zusatz von $Ca(OH)_2$ erhält man das *Ca-Salz* des *Östronglykosidphosphorsäureesters* in ca. 72%ig. Ausbeute. — Ferner werden hergestellt: Die *phosphorylierten Glucoside* von *Testosteron, Dehydroandrosteron* u. *Östradiol.* Die Prodd. lassen den Blutdruck u. die Atmung unbeeinflußt. Vgl. D. R. P. 650 089; C. **1937.** II. 3199. (**D. B. P. 856 149** Kl. 12o vom 16/6. 1938, ausg. 20/11. 1952.) KRAUSS. 4809

Schering Akt.-Ges., Berlin (Erfinder: **Hans-Herloff Inhoffen**, Braunschweig), *Östran- und Androstan-16.17-diketone* erhält man durch Oxydation der entsprechenden 16.17-Ketole mit Oxydationsmitteln, welche alkoh. OH-Gruppen in CO-Gruppen umzuwandeln vermögen (CrO_3). Zur Oxydation kann auch das Verf. des Austausches der Oxydationsstufen nach MEERWEIN-SCHMIDT u. PONNDORF angewandt werden. — 16-Oxyöstron gibt mit Al-Isopropylat + Aceton nach 12std. Erhitzen *16-Ketoöstron*, F. 212°. — Die Prodd. sind *östrogen* bzw. *androgen* wirksam. (**D. B. P. 875 657** Kl. 12o vom 5/10. 1939, ausg. 4/5. 1953.) KRAUSS. 4809

Ciba Akt.-Ges., Basel (Erfinder: **Karl Miescher**), Schweiz, *In 17-Stellung substituierte, gesättigte oder ungesättigte Androstanolone* u. deren Derivv. erhält man durch Kondensation von Androstandion-3-thioderivv. mit Organometallverbb. u. gegebenenfalls Hydrolyse der entstandenen Produkte. — Δ^4-Androsten-3.17-dion-3-äthylthioenoläther (aus Androstendion + Äthylmercaptan in Ggw. von p-Toluolsulfonsäure) gibt mit Acetylenmono-MgBr in Ae. beim Erhitzen *17-Äthinyltestosteron-3-äthylthioenoläther*, der sich mit Mineralsäuren in *17-Äthinyltestosteron* überführen läßt. — Androstendion-3-äthylenmercaptal + CH_3MgBr → *17-Methyltestosteron.* — *17-Methyldihydrotestosteron.* (**D. B. P. 867 092** Kl. 12o vom 23/10. 1941, ausg. 16/2. 1953. Schwz. Prior. 16/1. 1941. **Zusatz zu D. B. P. 857 195; C. 1953. 4573.**) KRAUSS. 4809

Schering Akt.-Ges. (Erfinder: **Hans-Herloff Inhoffen** und **Hans Eysenbach**), Berlin, *Im Ring A halogenierte Androstandione-(3.17)* erhält man durch Oxydation von im Ring A in 2- u./oder 4-Stellung halogenierten, gesätt. Sterin-3-ketonen oder Sterin-3-alkoholen mit Oxydationsmitteln, die C—C-Bindungen zu spalten vermögen, bes. CrO_3, in einem Lösungsmittel. — 2.4-Dibromcholestanon-(3) gibt in Äthylenchlorid-Eisessig mit wss. CrO_3 u. konz. H_2SO_4 *2.4-Dibromandrostandion*, F. 196—197°. — 2.4-Dibromcholestanol-(3), F. 174—175°, → *2.4-Dibromandrostandion*, F. 197°. (**D. B. P. 875 352** Kl. 12o vom 7/2. 1941, ausg. 30/4. 1953.) KRAUSS. 4809

Schering Akt.-Ges., Berlin (Erfinder: **Hans-Herloff Inhoffen**, Braunschweig, und **Gerhard Zühlsdorff**, Berlin-Frohnau), *$\Delta^{4:5}$-3-Ketoandrostane.* 2.4-Dihalogenalloandrostan-3-ketone geben bei der Behandlung mit organ. Basen oder Salzen organ. Säuren nach Abspaltung des 4-Halogens $\Delta^{4:5}$-ungesätt. 2-Halogen-3-ketoandrostane, in denen dann das Halogen durch H ersetzt wird. — Aus 2.4-Dibromandrostanolacetat-(17)-on-(3) (erhalten nach INHOFFEN) entsteht beim Erhitzen mit Kollidin 2-Bromandrosten-(4:5)-olacetat-(17)-on-(3), F. 169°, das beim Erhitzen mit Zn-Staub + A. *Testosteronacetat*, F. 138°, in 70%ig. Ausbeute liefert. An Stelle von Kollidin ist 2.4-Dimethylpyridin verwendbar. (**D. B. P. 864 255** Kl. 12o vom 14/11. 1942, ausg. 22/1. 1953.) KRAUSS. 4809

Schering Akt.-Ges., Berlin (Erfinder: **Hans-Herloff Inhoffen**, Braunschweig), *Androstan- und Pregnan-3-ketone* erhält man durch therm. Behandlung allein oder in Ggw. organ. N-Basen von $\Delta^{4,5;6,7}$-ungesätt. 3-Oxyverbb. dieser Reihe oder deren Derivv. nach dem nebenst. Reaktionsschema [X = O, HOH, ROH, (R = Alkyl, Alkenyl, Alkinyl)]. $\Delta^{4,5;6,7}$-Androstadiendiol-(3.17) (erhalten durch HBr-Abspaltung aus 5.6-Dibromandrostandiol mit Pyridin unter Zusatz von $AgNO_3$) gibt beim Erhitzen mit Kollidin unter Zusatz von Kollidinhydrobromid in 65%ig. Ausbeute *Testosteron*, F. 154—155°. — 5.6-Dibrompregnanol-(3)-on-(20) → *Progesteron*, F. 128°. — *Heilmittel.* (**D. B. P. 870 409** Kl. 12o vom 11/6. 1941, ausg. 12/3. 1953.) KRAUSS. 4809

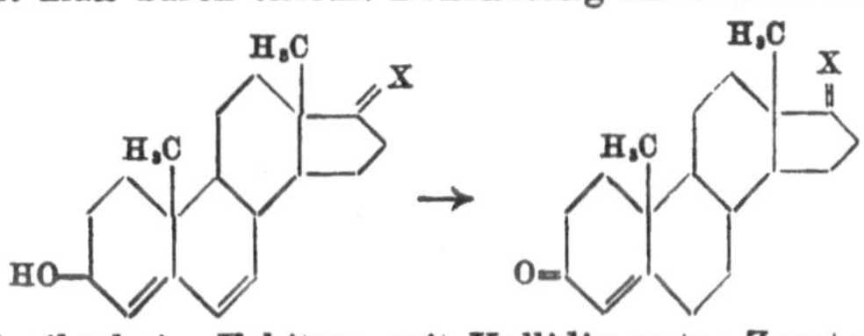

Ciba Akt.-Ges., Basel, Schweiz, *Eine Verbindung mit semicyclischer Doppelbindung*, wie *$\Delta^{5.17,20}$-3β-Acetoxypregnadien*, F. 138—140°, erhält man durch Red. einer Verb. der nebenst. Formel (=N—R ein durch Red. abspaltbarer Rest, wie Hydrazon, Oxim oder Semicarbazon), z. B. des $\Delta^{5.16}$-3β-Acetoxypregnadien-20-on-semicarbazons mit Na + A. im Einschlußrohr bei 200°, wobei unter Hydrolyse des Acylrestes u. Wanderung der 16,17-Doppelbindung *$\Delta^{5.17,20}$-3β-Oxypregnadien* gebildet wird, das dann acetyliert werden kann. (**Schwz. P. 282 377** vom 12/10. 1948, ausg. 16/8. 1952.) KRAUSS. 4809

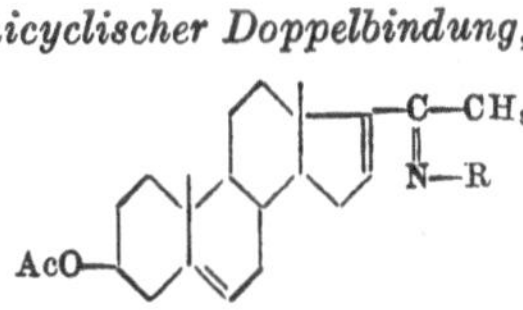

Schering Akt.-Ges., Berlin, *Corpus luteum-Hormon*, $C_{21}H_{30}O_2$, F. 120—123°. 3-Oxy-ätiocholenyl-17-methylketon, $C_{21}H_{32}O_2$, wird bromiert, das gebildete Bromid oxydiert u. das Reaktionsprod. in bekannter Weise entbromt; etwa entstandene saure Nebenprodd. werden abgetrennt. — Die Bromierung erfolgt in Chlf. mit Br_2, die Oxydation mit wss. $KMnO_4$ in 20%ig. H_2SO_4 u. die Entbromung mit Zn-Staub in Eisessig. (**D. R. P. 753 213** Kl. 12o vom 14/10. 1934, ausg. 9/4. 1953.) KRAUSS. 4809

Walter Schoeller, Konstanz, und **Johann Jónás**, Heiligenberg, Baden, *N-Acetyladrenalin* entsteht durch Rk. von Adrenalin mit Acetanhydrid in Methanol bei Ggw. von Na-Acetat. (**D. B. P. 869 966** Kl. 12q vom 25/5. 1950, ausg. 9/3. 1953.) LANGER. 4809

Schering Akt.-Ges. (Erfinder: **Jean Barrollier**), Berlin, *Insulinesterinsulinate* erhält man aus Insulin (I) u. I-Estern, z. B. dem Äthyl- oder Benzylester, nach dem Verf.

des Hauptpatents. (**D. B. P. 864 558** Kl. 12p vom 29/1. 1950, ausg. 26/1. 1953. **Zusatz zu D. B. P. 860 798; C. 1953. 4574.**) MÜLLER-MEININGEN. 4809

Luitpold-Werk Chemisch-pharmazeutische Fabrik, München (Erfinder: **E. Waldschmidt-Leitz** und **Ottomar Neumann,** Prag), *Gewinnung von Phytolipasen* **aus** pflanzlichen Materialien (Ricinussäuren), zweckmäßig in Verbindung mit einer Entwässerung von lipasehaltigen Fettemulsionen (I). Die Abtrennung der Toxalbumine, z. B. des Ricins, von den Lipasen erfolgt mit Hilfe von Lsgg. hierzu geeigneter organ. Säuren mit 4 oder mehr C-Atomen bzw. ihrer Salze, vorteilhaft der Alkalisalze oder Derivv., zweckmäßig bei einem p_H ca. 7. Das in den I enthaltene Öl, z. B. Ricinusöl, wird verdrängt oder durch andere Fette ersetzt oder mittels geeigneter Lösungsmittel, z. B. Bzn., ganz oder teilweise entfernt. Zur Entwässerung wird den I Glycerin oder ein anderer mehrwertiger Alkohol zugesetzt u. durch Zentrifugieren eine Schichtentrennung herbeigeführt, was gegebenenfalls zu wiederholen ist. (**D. R. P. 754 880** Kl. 6a vom 5/3. 1937, ausg. 17/11. 1952.) KETTNER. 4809

Liselotte Brömme, geb. Behrens, Hamburg-Stellingen, *Herstellung fermenthaltiger Trockenpräparate aus Tierdrüsen.* Die frischen Drüsengewebe (I) werden grob zerkleinert u. dann mit einer Salzlsg. behandelt, deren p_H auf die Pufferfähigkeit der betreffenden I derart abgestimmt ist, daß die zu gewinnenden Wirkstoffe innerhalb des I zur Aussalzung kommen, u. die hierdurch gehärteten Gewebe dann fein zerkleinert u. getrocknet. (**D. B. P. 855 982** Kl. 6a vom 2/10. 1948, ausg. 17/11. 1952.) KETTNER. 4809

Garbo Akt.-Ges., Schweiz (Erfinder: **Heinrich Geffcken** und **Hermann Quenzler**), *Herstellung fermenthaltiger Trockenpräparate aus tierischen Schleimhäuten und Drüsen.* Die Ausgangsstoffe, wie tier. Schleimhäute u. Drüsen, werden nach einer Grobzerkleinerung mit einer Salzlsg. behandelt, z. B. gesätt. NaCl-Lsg., deren p_H-Wert durch Zusatz von Säure, z. B. HCl, so eingestellt wurde, daß die Fermente, wie z. B. *Trypsin* u. *Pepsin,* im Innern des Zellgewebes niedergeschlagen werden. Es folgt eine Feinzerkleinerung u. Trocknung nach einem der bekannten Verfahren. So gewonnene Präpp. behalten jahrelang ihre volle Wirkung. Magenschleimhaut vom Schwein wird in grob zerkleinertem Zustand mit gesätt. NaCl-Lsg., die durch 2,8% HCl angesäuert wurde, behandelt, fein zerkleinert u. durch einen Warmluftstrom getrocknet. (**F. P. 1 015 145** vom 30/9. 1949, ausg. 27/8. 1952. Oe. Prior. 1/10. 1948.) HEYNE. 4809

Novo Terapeutisk Laboratorium A/S, Kopenhagen, übert. von: **Svend Emil Frederiksen,** Charlottenlund, Dänemark, *Gewinnung proteolytischer Enzyme mit Harnstoff aus Pankreasdrüsen* (I) *von Säugetieren.* Zerkleinerte I werden mit einem Lösungsm. aus der Gruppe der aliphat. Alkohole mit weniger als 3 C-Atomen oder Aceton mit einer für die Extraktion von Insulin (II) üblichen Konz. behandelt, dessen p_H mit H_2SO_4 unter 7 eingestellt ist. Dabei geht das II in Lsg., u. die Enzyme (III) werden ausgefällt, worauf die II-haltige Fl. von dem behandelten Drüsenmaterial (IV) abgetrennt wird. Anschließend wird das gelöste II aus der Fl. gewonnen u. die im rückständigen IV enthaltenen III mittels einer konz. Harnstofflsg. in Lsg. gebracht. — Beispiele. (**A. P. 2 573 099** vom 23/10. 1946, ausg. 30/10. 1951. Dän. Prior. 4/6. 1943.) KETTNER. 4809

F. Hoffmann-La Roche & Co. Akt.-Ges., Basel, Schweiz, *Herstellung eines Thrombokinasepräparates.* Pflanzliche oder tier. Lipoide werden mit Verdauungsfermenten umgesetzt u. das erhaltene gerinnungsakt. Ferment im Vakuum getrocknet. (**D. B. P. 837 833** Kl. 6a vom 16/11. 1949, ausg. 2/5. 1952. Schwz. Prior. 21/6. 1946.) KETTNER. 4809

Løvens Kemiske Fabrik ved A. Kongsted, Dänemark, *Reinigung von Lösungen antibiotischer Stoffe, wie Penicillin,* dad. gek., daß man in den Lsgg. einen Nd. einer anorgan. Verb. erzeugt, der die in den Lsgg. enthaltenen Verunreinigungen durch Adsorption niederreißt. Bes. geeignet ist hierzu $Al(OH)_3$, das aus einem lösl. Al-Salz durch Umsetzen mit Phosphat oder NH_3 bei einem p_H-Wert zwischen 4,5—5,5 gewonnen wird. Es können auch Ndd. von $Mg(OH)_2$ oder $BaCO_3$ verwendet werden. (**F. P. 1 015 111** vom 21/5. 1947, ausg. 27/8. 1952. Dän. Prior. 12/7. 1945.) HEYNE. 4811

American Cyanamid Co., New York, übert. von: **Wilbur G. Malcolm,** Nyack, N. Y., und **John J. Vance,** Park Ridge, N. J., V. St. A., *Injizierbares Penicillinpräparat* in Trockenform, bestehend aus Procainpenicillin, einem Alkalipenicillinsalz, Na-Citrat als Puffer für p_H 6—7 u. Carboxymethylcellulose. — Beispiele. (**A. P. 2 619 447** vom 11/3. 1949, ausg. 25/11. 1952.) SCHINDLER. 4811

American Cyanamid Co., New York, N. Y., V. St. A., übert. von: **Leon Goldman,** *Herstellung von reinem kristallisiertem Penicillin G-Natrium,* dad. gek., daß man eine Lsg. von 1—15 Gew.-% Na-Salicylat in Aceton zu einer konz. Lsg. von Triäthylammoniumbenzylpenicillat in Chlf. oder eine Lsg. von 1—15 Gew.-% Na-Salicylat in A. zu einer konz. Lsg. von Procainbenzylpenicillat in Chlf. zusetzt. (**Can. P. 479 659** vom 3/10. 1949, ausg. 25/12. 1951. A. Prior. 16/7. 1949.) OPPERMANN. 4811

Sweets Laboratories, Inc., New York, N. Y., V. St. A., *Herstellen eines therapeutisch wirksamen Kaugummis.* In eine Kaugummigrundmasse wird Penicillin oder eine Penicillinverb., z. B. das Ca-Salz, in Öl suspendiert, eingearbeitet. (**E. P. 654 467** vom 26/9. 1948, ausg. 20/6. 1951. A. Prior. 4/4. 1945.) E. PETERSEN. 4811

Merck & Co., Inc., Rahway, N. J., übert. von: **Robert E. Jones**, Elkton, und **Ronert G. Bailey**, Harrisonburg, Va., V. St. A., *Reinigen und Entfärben von Streptomycin, Dihydrostreptomycin oder deren Salzen* durch Behandeln mit oxydierenden Stoffen, wie Cl, $KMnO_4$, H_2O_2 u. $Na_2Cr_2O_7$, in saurer Lösung. — Beispiele. (**A. P. 2 617 799** vom 17/3. 1949, ausg. 11/11. 1952.) SCHINDLER. 4811

Chas. Pfizer & Co., Inc., V. St. A. (Erfinder: **Rudolph Anthony Carboni** und **Peter P. Regna**), *Verbesserungen bei der Herstellung von Dihydrostreptomycin.* Eine 10—25%ig. Lsg. in W., A. oder Methanol eines Streptomycinsalzes, z. B. Hydrochlorid oder -bromid, Sulfat oder Phosphat, wird in einem Autoklaven bei einer zwischen 50 u. 105° liegenden Temp. (bes. 75°) u. einem H_2-Druck von 35—140 kg/cm² (bes. zwischen 50 u. 70) mittels in der Lsg. suspendiertem Ni hydriert. An Stelle von reinem Ni wird besser eine Al–Ni-Legierung in einer Menge von 1—4 Gew.-% der Lsg. verwendet. Die Rk. wird unterbrochen, sobald ca. 1 Mol H mit 1 Mol Streptomycin reagiert hat, was nach ca. 2—7 Std. der Fall ist. (**F. P. 1 015 211** vom 27/3. 1950, ausg. 29/8. 1952. A. Prior. 29/3. 1949.) HEYNE. 4811

E. R. Squibb & Sons, New York, N. Y., V. St. A., *Herstellung von Dihydrostreptomycinsulfat* (**I**) durch katalyt. Hydrierung von gegebenenfalls unreinem Streptomycinsulfat mit PtO_2 in wss. Lsg. bis zur Aufnahme von ca. 1 Mol H_2. Das erhaltene **I** kann über das Reineckat, F. 195° (Zers.), u. Rk. mit Ag_2SO_4 in reiner Form erhalten werden. (**Schwz. P. 284 282** vom 9/5. 1947, ausg. 1/11. 1952. A. Prior. 9/5. 1946. **Zusatz zu Schwz. P. 279 461; C. 1953. 5888.**) SCHINDLER. 4811

Chas. Pfizer & Co., Inc., Brooklyn, N. Y., V. St. A., *Kristallisiertes Dihydrostreptomycinsulfat* (I), $[C_{21}H_{41}O_{12}N_7]_2 \cdot [H_2SO_4]_3$, F. 265°, $[\alpha]_D^{25}$ +88° (c = 1% H_2O), erhält man durch Behandeln einer wss. Lsg. von amorphem **I** mit einem wenigstens teilweise mit W. mischbarem, O enthaltendem Lösungsm. mit höchstens 5 C-Atomen (Methanol, A., Butanol, Äthoxyäthanol, Dioxan, Methyläthylketon, Aceton, Tetrahydrofuran), das **I** nicht löst. Zweckmäßig setzt man Impfkristalle zu. (**E. P. 676 146** vom 28/3. 1950, ausg. 23/7. 1952. A. Prior. 29/3. 1949.) KRAUSS. 4811

American Cyanamid Co., übert. von: **Robert L. Burckhart** und **John J. Vance**, New York, N. Y., V. St. A., *Aureomycinsalbe.* Lanolin u. gebleichtes Weichparaffin werden bei ca. 50° mit einer Mischung von Aureomycin u. Weichparaffin unter Rühren u. Abkühlen verarbeitet, bis die M. genügend fest geworden ist. Mengenmäßig soll die Salbe 0,5—15% Aureomycinhydrochlorid, 5—50% Lanolin u. als Rest eine Mischung aus Weichparaffin u. Weißöl enthalten. (**Can. P. 488 350** vom 9/8. 1950, ausg. 25/11. 1952. A. Prior. 8/4. 1950.) WITTHOLZ. 4811

Parke, Davis & Co., übert. von: **James A. Sultzaberger**, Detroit, und **Albert L. Raweins**, Grosse Points Woods, Mich., V. St. A., *Herstellung stabiler wässeriger Tyrothricinlösungen* unter Zusatz quaternärer NH_4-Salze als Lösungsvermittler. Als solche sind z. B. genannt: Cetyltrimethylammoniumchlorid, -bromid, -acetat, n-Dodecyltriäthylammoniumpropionat u. n-Tetradecyldimethyläthylammoniumacetat. — Beispiele. — Erhaltung der antibiot. Aktivität. (**A. P. 2 611 731** vom 3/9. 1946, ausg. 23/9. 1952.) SCHINDLER. 4811

Merck & Co., Inc., Rahway, übert. von: **E. Wolf**, Franklin Township, N. J., V. St. A., *Herstellung von 2-Oxypteroinsäure und deren Formylderivaten.* Man löst z. B. 26 mg Rhizopterin = 4-{[(2-Amino-4-oxy-6-pteridyl)-methyl]-formamino}-benzoesäure (**I**) in

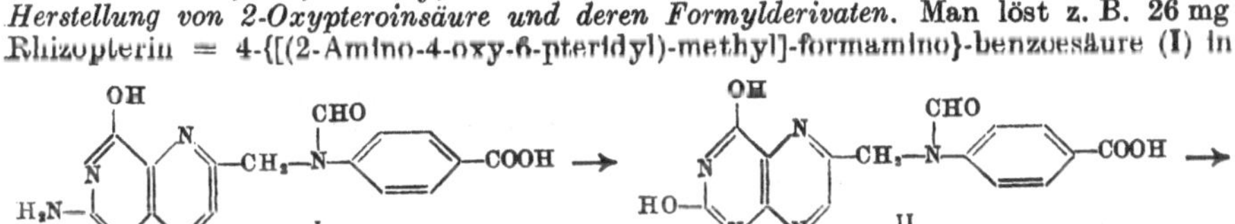

kalter konz. HCl u. gibt eine Mischung aus $NaNO_2$ + CH_3COOH zu, läßt bei Raumtemp. reagieren, dampft ein u. extrahiert den Rückstand mit W.; *Desaminorhizopterin* = *4-{[(2.4-Dioxy-6-pteridyl)-methyl]-formylamino}-benzoesäure* (**II**), $C_{15}H_{11}O_5N_5$, F. 319—322°. — 2 mg **II** werden in ca. 7—8n HCl suspendiert, 5 Min. am Wasserbad erhitzt u. durch Wasser-

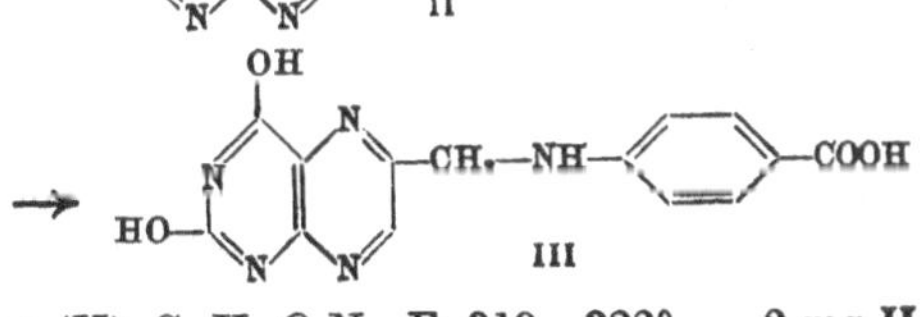

zusatz *Desaminoaporhizopterin* = *4-{[(2.4-Dioxy-6-pteridyl)-methyl]-amino}-benzoesäure*, $C_{14}H_{11}O_4N_5$ (III) gefällt. — *Biol. Bedeutung.* (**A. P. 2 580 059** vom 10/8. 1946, ausg. 25/12. 1951.) MÜLLER-MEININGEN. 4811

National Jewish Hospital, übert. von: **Harry J. Corper,** Denver, Col., V. St. A., *Tuberkulosediagnosticum,* bestehend aus einer Lsg. von Tuberkulin (I) u. in W. unlösl. Celluloseäthyläther (II) in aliphat. Chlor-KW-stoffen. — Z. B. werden 100 (g) „autolyt." Tuberkulin in einer Lsg. von 25 **II** mit 48,5—49,5% Äthoxygruppen in 250 Chlf. u. 250 Tetrachloräthylen suspendiert. Die Fl. bildet auf der Haut einen haftenden Film, der in W. unlösl., aber für W. durchlässig ist. (**A. P. 2 553 552** vom 8/11. 1946, ausg. 22/5. 1951.) K. HEINZE. 4829

B. Lorenzo Velazquez, Materias plásticas y macromoléculas en Medicina, Cirugia e Higiene, Barcelona etc.: Edit. Científico Médica. 1953. (160 S. m. Abb.) ptas. 60.—.

G. Analyse. Laboratorium.

Sten Sjöstedt, *Das Problem der Wärmemessung.* Überblick: Calorimeter u. ihre vereinfachte Ausführung; Verteilungsmesser (für Radiatormesser, für Warmwassermesser); Genauigkeit der Wärmemessung. (I V A **23.** 268—72. 1952.) R. K. MÜLLER. 5016

David F. Waugh und **David A. Yphantis,** *Rotortemperaturmessung und Kontrolle in der Ultrazentrifuge.* Es wird eine Meth. zur genauen Messung der Tempp. eines sich bewegenden Rotors in einer Ultrazentrifuge beschrieben, die auf der Infrarotstrahlung des Rotors beruht. (Rev. sci. Instruments **23.** 609—14. Nov. 1952. Cambridge, Mass., Inst. of Technol.) GOTTFRIED. 5016

C. T. Douwes und **J. F. Reith,** *Die Absorption von Wägefläschchen aus Polystyrol.* Vff. untersuchten die Gewichtszunahme von matten u. durchsichtigen Wägefläschchen aus Polystyrol (Hersteller: TOWNSON & MERCER LTD., England) in Ggw. verschied. Gase u. Flüssigkeiten. Bei matten Fläschchen kann die Wasseraufnahme vernachlässigt werden, dagegen ist diese bei durchsichtigen Fläschchen zu berücksichtiegn. A., PAe. u. Bzl. werden aus der Atmosphäre aufgenommen u. nur langsam wieder abgegeben. Ein Einfl. von 2nHCl, 2nNaOH u. fetten Ölen war nicht festzustellen. (Analytica chim. Acta [Amsterdam] **5.** 459—62. Okt. 1951. Bandung, Indonesien, Univ., Labor. Analyt. Chem.) SCHÄFF. 5022

F. Davoine und **R. Bernard,** *Ausführung eines kleinen Hochvakuumbrennofens, mit dem man 1700° erreichen kann.* Es wird ein elektr. Mo-Ofen beschrieben, der mit einer Leistung von 800 W in 20 Min. 1700° erreicht. Hauptaugenmerk ist auf die Pumpeinrichtung verwendet: eine Rotationsvorpumpe u. eine Diffusionsölpumpe schaffen bei 230 Liter/Sek. ein Vakuum von 10^{-5} mm Hg. Eine Vakuumreserve von 30 Litern ist vorgesehen. Das Vakuum wird mit dem PIRANI-Manometer bis 10^{-4} mm Hg u. mit dem Ionisationsmanometer bis 10^{-6} mm Hg gemessen, die Temp. mit dem Glühfadenpyrometer durch ein Glasfenster, das durch eine Cellophanscheibe, die sich langsam abrollt, geschützt wird. (J. Physique Radium **13.** 50 S. Juli/Sept. 1952.) MIETHING. 5028

J. P. E. Human, *Extraktionsgerät für das Laboratorium.* Beschreibung eines Gerätes aus Glas zur Extraktion von Lsgg. mit leichteren Lösungsmitteln als W., bes. für Lsgg. von Naturprodd., die zur Emulsionsbldg. neigen. Das frische Extraktionsmittel tritt durch einen hohlen Rührer in die zu extrahierende Lsg. ein, wird durch die Bewegung des Rührers umgepumpt, steigt in Tröpfchen auf u. tritt in eine Absetzkammer, aus welcher das Extraktionsmittel in den Vorratskolben zurückfließt. (Chem. and Ind. **1952.** 1052. 25/10. Adelaide, South Australia, Univ.) EICHHOFF. 5034

Bengt Smith, *Ein sich selbst füllendes Pyknometer zur Dichtebestimmung im Halbmikromaßstab.* Beschreibung eines Capillarpyknometers, das die Best. der D. an Flüssigkeitsmengen von 0,15 cm³ mit einer Genauigkeit von ca. ±0,0001 Einheiten erlaubt. (Svensk kem. Tidskr. **64.** 324—26. 1952. Göteborg, Chalmers Tekniska Högskola, Inst. för Org. Kem.) W. FABER. 5042

N. H. Ray, *Ein verbessertes Ebulliometer nach Menzies-Wright zur Molekulargewichtsbestimmung.* Abänderung des von KITSON u. Mitarbeiter (C. **1949.** E. 103. 592) beschriebenen App. (elektr. Außenbeheizung, innen angeschmolzene Frittung, Entleeren durch mit Hg füllbare Capillare usw.) u. Arbeitsweise zur Best. von Mol.-Geww. zwischen 1000 u. 4000 (Eichen mit Stoffen bekannten Mol.-Gew. von ca. 200, graph. Extrapolieren auf Konz. 0 usw.). — Vollständige Messungen mit 5—6 Zugaben einschließlich Reinigung des App. in 1 Stunde. (Chem. and Ind. **1951.** 837. 6/10. Winnington, Northwich, Chesh., Imp. Chem. Ind. Ltd., Alkali Div.) BLUMRICH. 5044

Mackenzie Lounsbury, *Ein Kontrollapparat zum Konstanthalten des Niveaus von flüssigem Stickstoff.* Beschreibung der relativ einfachen Anordnung zur längeren Konstanthaltung des Niveaus von fl. N_2 in einem DEWAR-Gefäß. (Rev. sci. Instruments **22.** 533. Juli 1951. Chalk River, Ont., Nat. Res. Council of Canada, Atomic Energy Project.) GOTTFRIED. 5046

Tor Smedslund, *Kontrolle von Laboratoriumsströmungsmessern für Gase.* Es wird eine Vorr. zur Kontrolle von Strömungsmessern für indifferente Gase beschrieben, bei der eine durch den zu kontrollierenden Strömungsmesser in einer gemessenen Zeit strömende Gasmenge eine Flüssigkeitsmenge verdrängt, die gemessen wird. Die App. ist mit einem Manometer u. einfachem Druckregler versehen. (Finska Kemistsamfundets Medd. **59.** 74—76. 1950.) BECKMANN. 5048

J. C. Pigg, *Eine automatische Registriervorrichtung mit mehreren Meßbereichen zur Messung variierender Potentiale.* (Sitzungsbericht.) Kurze Beschreibung des Geräts, das zur Messung der Leitfähigkeitsänderung von Halbleitern nach Neutronenbeschuß dient. (Physic. Rev. [2] **85.** 731. 15/2. 1952; Bull. Amer. physic. Soc. **26.** Nr. 6. 35. 24/10. 1951. Oak Ridge Nat. Labor.) KIRSCHSTEIN. 5054

E. M. Pell und **R. L. Sproull,** *Ein empfindlicher, mit Wechselstrom betriebener Apparat zur Registrierung des Hall-Effektes.* Es wird ein App. zur Messung der Beweglichkeiten in der Größenordnung von 10^{-2} cm²/V·Sek. in Halbleitern beschrieben. Der App. eignet sich bes. zur Messung der HALL-Spannung in Substanzen sehr niedriger Leitfähigkeit in der Größenordnung 10^{-11} $Ohm^{-1}\cdot cm^{-1}$. Die Empfindlichkeit wird durch ein magnet. Feld erreicht, das automat. alle 6 Sek. umgekehrt wird, einen Oscillator mit einer Frequenz von 24 Hz, einen Wechselstromverstärker sowie einen phasenempfindlichen Detektor mit der Registriervorrichtung. Das Verhältnis der HALL-EMK. zu der angelegten Spannung gibt den HALL-Winkel; die Beweglichkeit ist gegeben durch die Gleichung $\mu = E/V \cdot 10^8/H\,(w/l)\,K$, wo μ die Beweglichkeit in cm²/V·Sek., E die HALL-EMK. in V, V die angelegte Spannung, H die magnet. Feldstärke in Gauß, w/l das Verhältnis der Dicke zur Länge der Probe u. K einen geometr. Korrekturfaktor für den SHUNT-Effekt der Stromkontakte durch die Enden des Kristalls bedeutet. (Rev. sci. Instruments **23.** 548—52. Okt. 1952. Ithaca, N. Y., Cornell Univ., Phys. Dep.) GOTTFRIED. 5054

Dieter Krauter, *C-Lack in der mikroskopischen Technik.* Es wird kurz die Verwendung des von der Firma BAYER, Leverkusen, entwickelten C-Lacks in der mkr. Technik besprochen. (Z. wiss. Mikroskop. mikroskop. Techn. **61.** 222—23. Jan. 1953.) GOTTFRIED. 5056

G. H. M. Gottschewski, *Über die Anwendungsmöglichkeiten der neuen Leitz-Phasenkontrasteinrichtung mit Kondensor nach Heine.* Nach einer kurzen Einführung in das Phasenkontrastverf. werden an Hand einiger Beispiele die Vorzüge besprochen, die die LEITZsche Phasenkontrasteinrichtung speziell dem Biologen u. Mediziner bietet. (Z. wiss. Mikroskop. mikroskop. Techn. **61.** 185—200. Jan. 1953.) GOTTFRIED. 5056

Fritz Bode, *Zur Arbeitsmethodik mikrochemischer Trennungen und Analysen mittels der Papierchromatographie.* Allg. kurze Übersicht. (Mikrokosmos **42.** 234—37. Juli 1953. Frankfurt/M.) KLEVER. 5062

T. H. J. Huisman und **S. A. Krans,** *Ein einfacher Fraktionssammler.* Ein Fraktionssammler wird beschrieben, der auf dem Zeitprinzip beruht u. der für mehr als eine chromatograph. Trennung benutzt werden kann (Abb.). Ein Gerät dieser Art ist von EDMAN (C. **1948.** E. 955) beschrieben worden. (Chem. Weekbl. **48.** 1007—09. 27/12. 1952.) WESLY. 5062

Ricardo O. Bach, *Neue Versuche zur anorganischen Chromatographie.* Es werden vorläufige Beobachtungen über die chromatograph. Trennung von komplex gebundenen Metallen an akt. Al_2O_3 in nichtwss. Lsgg. mitgeteilt: *Co*^II^- u. *Fe*^III^-*Rhodanide* mit Ae. als Wasch-Fl. (WF); *Fe*^II^-, *Co*^II^- u. *Cu*^II^-*β-Nitroso-α-naphtholate* in benzol. Lsg. mit Bzl., dann Chlf. als WF; die entsprechenden *α-Nitroso-β-naphtholate* mit Ae. als WF; *Ag*-, *Hg*^II^- u. *Cu*^II^-*Dithizonate*, in CCl_4 gelöst, mit CCl_4, dann Chlf., dann Aceton als WF; *Cd*-, Cu^II^-, Hg^II^- u. *Bi-Dithizonate*, in CCl_4 gelöst, mit Chlf., dann Aceton als Waschflüssigkeiten. Bei verschied. Adsorbaten tritt Hydrolyse oder Dissoziation der Komplexverbb. auf. Allg. Grundsätze zur Ausnutzung dieser Rkk. in der qualitativen u. quantitativen Analyse werden erörtert. (Ind. y Quím. **12.** 283—86. 301. Nov./Dez. 1950. Establecim. Metalúrgicos „Meteor" S. A. I. C.) METZENER. 5062

Seppo Wilska, *Über die Empfindlichkeit der direkten Spektralanalyse von Lösungen.* Vf. untersucht die Empfindlichkeit der direkten Spektralanalyse von Spurenelementen in W. u. verwendet hierzu die Meth. der „porösen Topfelektrode" nach FELDMAN

(C. **1950**. II. 446) mit Hochspannungsbogen mit synchronem Unterbrecher oder einem unterbrochenen Niederspannungsfunken. Eine Füllung von 0,32 cm³ gestattet eine Belichtung von 150—180 sec. Vf. gibt Empfindlichkeitsgrenzen für *Ag, Al, As, Au, Be, Bi, Cd, Ce, Co, Cr, Cu, Fe, Ga, Hg, La, Li, Mn, Mo, Na, Ni, P, Pt, Sb, Sn, Sr, Te, Th, Tl, V, W, Zn, Zr* in 10% ig. H_2SO_4 sowie *Pb, Sr* u. *Ba* in 3% ig. HNO_3 bei Verwendung der „Topfelektrode" u. vergleicht sie mit den Werten von Feldman sowie denen, die mit Luft–Acetylen-Funken u. mit Beckman-Flammenphotometer erhalten wurden. Ferner Literaturwerte für B, Ge, Hf, K, In, Mg, Nb, Pd, Re, Ru, Ti, Y. Außerdem wird eine Zusammenstellung der stärksten Linien von Pb, Pt, Mo u. V, wie sie in der „Topfelektroden"-Technik auftreten, angeführt. Eine bevorzugte Adsorption der Spurenelemente an den Graphitelektroden wird nicht beobachtet. Die Genauigkeit der Best. wird vom Vf. mit 3—5% angegeben; es tritt keine Intensitätsschwankung in der vertikalen Richtung der Lichtquelle auf. Vf. beschreibt die Herst. der Elektroden, sie enthalten nur Spuren von B, Mg, Ca, Si u. Ti. Vf. bemerkt, daß die funkenähnlichsten Anregungsbedingungen die größte Empfindlichkeit ergeben u. daß die relative Intensität der Linien oft von der in Wellenlängentabellen aufgeführten abweicht. Die Meth. der „porösen Topfelektrode" ist nach Ansicht des Vf. die beste zur Best. von Spurenelementen, nur bei den *Alkalien* scheint die Flammenanregung vorteilhafter zu sein. (Acta chem. scand. **5**. 890—97. 1951. Helsinki, Finland Inst. of Technol., Dep. of Chem.) Strauss. 5063

R. Taylor, A. F. Williams und **E. S. Dreblow,** *Spezifikation für das Hilger-Spekker-Absorptiometer H 760.* Angabe eines Verf. zur Eichung des Hilger-Absorptiometers H 760, welches auch auf andere, ähnliche Instrumente ausgedehnt werden kann. (Chem. and Ind. **1952**. 1051—52. 25/10. D. S. I. R. Panel for Phys.-Chem. Methods, Res. Stat. and Res. Labor.) Eichhoff. 5063

Nicola Pace, *Eichung der Wellenlängenskala im Ultraviolett mittels Anthracenlösungen. Anthracen* wird als Eichsubstanz für die UV-Wellenlängenskala in Spektrophotometern vorgeschlagen. Zu diesem Zweck wird für das Handelsprod. ein Reinigungsverf. u. das UV-Absorptionsspektr. angegeben. (Ann. Chimica **40**. 428—30. Aug./Okt. 1950. Bologna, Univ., Ist. di Merceol., Labor. di Chim.) Goubeau. 5063

W. J. Wark, *Die Verdünnung von Cyan durch feste Kohlensäure.* Beim Arbeiten mit Kohleelektroden machen sich im UV die Cyanbanden oft sehr störend bemerkbar. Vf. entwickelt eine mit festem CO_2 (I) gefüllte Zelle, die die Elektroden umgibt. Das verdampfende I verdrängt die Luft weitgehend, wodurch die Bldg. von Cyanbanden während der Entladung sehr stark unterdrückt wird. (J. opt. Soc. America **41**. 482. Juli 1951. Kingston, Ontario, Can., Queen's Univ., Dep. of Geol. Sci., Spectrogr. Labor.) Schlegel. 5063

W. J. Wark, *Funkenanalyse von Halbmikroproben.* Zur spektralanalyt. Unters. von pulverförmigen Proben werden diese unter Druck in geeigneter Form mit Kohleelektroden zu einem „Brikett" vereinigt. Voraussetzungen sind: die Verwendung einer sehr reinen, gut krist. Spektralkohle aus *Graphit* mit einer „gezahnten" Oberfläche. Zu diesem Zweck wird die stabförmige Elektrode mit einem Fräser in 1 cm lange Stücke geschnitten, auf deren „gezahnte" Fläche die Proben wie eine Kappe aufgepreßt werden. Vorteile dieses Verf. sind: geringer Kohleverbrauch, Unterdrückung der Kohlebanden, Vermeidung des „Kraterbrandes", z. B. in der Bogenentladung u. Eignung für verschied. Entladungsarten. Die gute Reproduzierbarkeit wird an der Best. von *Rh* in *Pt* (mittlerer Fehler 2,2%) u. von *Co* in *Pyrit* dargelegt. (J. opt. Soc. America **41**. 465—67. Juli 1951. Kingston, Ont., Can., Queen's Univ.) Schlegel. 5063

J. A. Radley, *Anthron als Reagens in der Fluorescenzanalyse sowie einige Anwendungen.* Vf. untersuchte die Fluorescenz, die *Anthron* (I) als 0,1% ig. Lsg. in konz. H_2SO_4 mit zahlreichen Verbb. im Tageslicht u. gefilterten UV gibt, er bestimmt die optimale Bildungstemp. u. die kleinsten als Mikro-Rk. noch nachweisbaren Konzz. sowie die auftretenden Farberscheinungen. Die Ergebnisse werden tabellar. mitgeteilt. Danach kann I zum Fluorescenznachw. von *Glycerin* (II), *Äthylenglykol* (III), *Carbitol* (*Diäthylenglykolmonoäthyläther*), *Formaldehyd, Weinsäure, Monochlorhydrin, Dichlorhydrin, Butylcellosolve, Butylcarbitol, Trikresylphosphat, Dibutylphthalat, Cellosolve, Blutalbumin, Casein, Benzophenon, Campher* u. *Camphen* dienen, während *Citronensäure, Oxalsäure, Rohrzucker, Glucose, Äthylendiamin* (in geringen Konzz.), *Methanol, A., Isopropanol, Butanol, Pentanol, Heptanol, Oleylalkohol, Diacetonalkohol, Benzylalkohol, Cyclohexanol* u. *Mesityloxyd* keine Rkk. geben u. den Nachw. nicht stören. Anwendungen zum Nachw. von II u. III in Frostschutzmitteln, Antitrübungsmitteln, kosmet. u. Klebemitteln, in vegetabil. u. animal. Fettflecken, in Hektographen- u. Frankiertinte, in medizin. Kapseln als Weichmacher u. zum Nachw. der Ranzidität von Magermilchpulvern. (J. Sci. Food Agric. **1.** 222—24. Juli 1950. Reading, Berks., Tilehurst.) WEITBRECHT. 5063

Isao Takahashi, Akira Okaya und **Toru Ogawa,** *Ein sehr genauer Frequenzmesser für Mikrowellenspektroskopie.* Es wird ein neu konstruierter Frequenzmesser zur sehr genauen Messung der Absorptionsfrequenz von Gasen in der Mikrowellenspektroskopie beschrieben. (Bull. Inst. chem. Res., Kyoto Univ. [Kagaku Kenkyusho Hokoku] **27.** Nr. 12. 56. Dez. 1951. Nozu Labor. [Orig.: engl.]) GOTTFRIED. 5063

Bernhard Koch, *Frequenzmessung im Mikrowellengebiet.* Bei der Best. einer Frequenz durch geometr. Ausmessung der Wellenlänge hängt die Genauigkeit von der Kenntnis der Phasengeschwindigkeit im Wellenmesser ab. Es sind Eindring-, Dämpfungs-, Temperatur- u. Feuchtigkeitskorrekturen anzubringen. Es werden bei 30 bis 3 cm Wellenlänge koaxiale Wellenmesser u. bei 10—1 cm Hohlraumresonatoren verwendet. Die erreichbare Genauigkeit von 10^{-4} bis 10^{-5} wird übertroffen (bis 10^{-7}) vom Überlagerungsverf., wobei aus einer Normalfrequenz eines Schwingquarzes Oberwellen erzeugt werden. Normalfrequenzen im Bereich von 20000 MHz sind die leicht meßbaren Absorptionsfrequenzen von Molekülschwingungen z. B. des NH_3 (Tabelle der Hauptlinien). (Arch. techn. Messen **1952.** 111—16. Mai. Weil/Rh.) PAULI. 5063

F. D. Bennett und **G. D. Kahl,** *Theorie des Mach-Zehnder-Interferometers.* (Sitzungsbericht.) Fortführung der C. **1952.** 2052 angestellten theoret. Betrachtungen. (Physic. Rev. [2] **87.** 234. 1/7. 1952. Ballistic Res. Labor.) FUCHS. 5064

O. Tomíček und **A. Heyrovský,** *Titrationen in nichtwässerigen Lösungsmitteln.* 4. Mitt. *Redoxtitrationen in wasserfreier Essigsäure.* (3. vgl. DOLEŽAL u. SIMON, C. **1951.** I. 3391.) Inhaltlich ident. mit der C. **1952.** 5465 referierten Arbeit. (Chem. Listy Vědu Průmysl **44.** 245—53. 15/11. 1950. Prag, Univ., Inst. für analyt. Chemie.) STEINER. 5066

O. Tomíček und **J. Valcha,** *Titrationen in nichtwässerigen Lösungsmitteln.* 5. Mitt. *Weitere oxydimetrische Titrationen in Eisessig.* (4. vgl. vorst. Ref.) Es wird gezeigt, daß die Best. von *Halogen*-Verbb., bes. von *HCl, HBr* u. ihren Salzen in Eisessig mittels *Pb*- oder *Hg-Acetats,* aufgelöst im gleichen Lösungsm., durchgeführt werden kann. Weitere bromometr. Titrationen von *Anilin, Nitrodimethylanilin* oder *Antipyrin,* sowie eine oxydative Best. von *Ascorbinsäure* u. *Benzylmercaptan* werden ebenfalls in Eisessig ausgeführt. Eine hierbei auftretende Neben-Rk. von *Hydrochinon* mit Br wird geklärt. Ebenfalls zur Titration in Eisessig eignen sich *JCl* sowie *Pb-Tetraacetat,* nicht aber J_2 u. *JBr.* Lsgg. von JCl in Eisessig sind instabil, doch können sie zur Titration von Hydrochinon, *Resorcin, Ölsäure* oder Antipyrin benutzt werden. Der Mechanismus dieser Rkk. wird erläutert. Pb-Tetraacetat erweist sich als geeignetes Oxydationsmittel in Eisessig. Die Abhängigkeit des Redoxpotentials dieses Acetats von der Konz. der $HClO_4$ wird verfolgt. Mittels Pb-Tetraacetats sind sowohl die direkte Titration von Hydrochinon, *Brenzcatechin,* Benzylmercaptan oder Ascorbinsäure, als auch Bestt. (z. B. von *Mandelsäure*) möglich. Im letzteren Fall wird ein Überschuß von Pb-Tetraacetat zugefügt u. mittels einer Hydrochinonlsg. rücktitriert. (Chem. Listy Vědu Průmysl **44.** 283—91. 15/12. 1950. Collect. czechoslov. chem. Commun. **16.** 113—26. 1951. Prag, Karlova univ., Ústav pro chemie analytickou.) STAHL. 5066

G. Schwarzenbach und **A. Willi,** *Metallindicatoren.* 3. Mitt. *Die Komplexbildung der Brenzcatechin-3.5-disulfosäure (= Tiron) mit dem Eisen(III)-Ion.* (2. vgl. C. **1950.** II. **849.**) Das Salz der Brenzcatechin-3.5-disulfosäure mit dem Anion H_2Bz^{2-}, $[C_6H_2 \cdot (OH)_2(SO_3^-)_2]$ ist von YOE u. JONES (Ind. Engng. Chem., analyt. Edit. **16.** [1944.] 111) zur photometr. Best. des Fe u. Ti vorgeschlagen worden. Vff. fanden, daß H_2Bz^{2-} auch bei der komplexometr. Titration des Fe mit Äthylendiamintetraacetat als Indicator verwendet werden kann, u. haben die Vorgänge bei den Farb-Rkk. quantitativ untersucht. Die Angaben von YOE u. JONES sowie von HARVAY u. MANNING (C. **1951.** I. 2406) über die Komplexbldg. von Fe(III) u. H_2Bz^{2-} bei p_H 1—3 im Verhältnis 1:1 (grünblau), bei p_H 3—5 1:2 (violett) u. bei $p_H > 7$ 1:3 (rot) wurden bestätigt u. darüber hinaus gefunden, daß in saurer Lsg. zwei blaugrüne komplexe Teilchen der Formel FeHBz u. $FeBz^-$ miteinander im Gleichgewicht stehen. Die violette Lsg. enthält $FeBz_2^{5-}$, die rote $FeBz_3^{9-}$. Beim Zusammengeben des Tirons mit dem Nitrilotriacetatkomplex des Fe im Acetatpuffer treten die Reaktionspartner zu einem blauvioletten Mischkomplex, $Fe[N(CH_2-CO_2)_3]\ Bz^{4-}$, zusammen. Die Bildungskonstanten dieser Komplexionen werden mit Hilfe potentiometr. u. photometr. Methoden bestimmt u. die vorgenommenen Messungen eingehend beschrieben. (Helv. chim. Acta **34.** 528—39. 15/3. 1951. Zürich, Univ., Chem. Inst.) R. MATTNER. 5068

Jürg Heller und **G. Schwarzenbach,** *Metallindicatoren.* 4. Mitt. *Die Aciditätskonstanten und die Eisenkomplexe der Chromotropsäure.* (3. vgl. vorst. Ref.) *Chromo-*

tropsäure (I) gibt in saurer Lsg. mit Ferrisalzen eine gelbgrüne Färbung, die aber ausbleicht, wenn man nicht gleichzeitig Acetat zusetzt. Das Verhältnis I:Fe(III) im Assoziat beträgt 1:1. Der Komplex ist bis p_H 7 stabil. Fe(III) lagert nur ein einziges Anion von I an. Die Verhältnisse werden mit denen beim Tiron (vgl. 3. Mitt.) verglichen. Die Aciditätskonstanten von I werden zu log k = 15,6 (4. Stufe) bzw. log k = 5,36 (3. Stufe) bestimmt. *Ferrinitrilotriacetat* (II) [aus Nitrilotriessigsäure u. Fe(III)] u. I stehen im Gleichgewicht mit einem Komplex, der die drei Komponenten im Verhältnis 1:1:1 enthält. Das Gleichgewicht läßt sich durch Alkaliacetat beeinflussen. Dies erlaubte die Best. eines neuen Wertes für die Bildungskonstante des Mischkomplexes aus II u. Acetat. Die Messungen, die zur Kenntnis des Komplexes aus I u. II geführt haben, werden beschrieben. Die Bildungskonstante wird mit der des Komplexes aus II u. Tiron verglichen. Die Messungen werden potentiometr. u. photometr. durchgeführt. Die Gleichgewichtskonstanten werden in 0,1 n KCl als Lösungsm. bei 16—24° bestimmt. Es sind 2 Verff. beschrieben, welche die rechner. Auswertung photometr. Messungen zur Best. von Komplexbildungskonstanten rationeller gestalten. (Helv. chim. Acta **34.** 1876—89. 15/10. 1951.) J. Mattner. 5068

J. Heller und **G. Schwarzenbach** *Metallindicatoren.* 5. Mitt. *Die Eisenkomplexe der 2.3-Dioxynaphthalin-6-sulfonsäure.* (4. vgl. vorst. Ref.) Die Aciditätskonstanten der phenol. Hydroxylgruppen der 2.3-Dioxynaphthalin-6-sulfonsäure betragen für den Vorgang $H_2R^- = HR^{2-} + H^+$ $\log K^H_{H_2R} = 8{,}19 \pm 0{,}02$ u. für den Vorgang $HR^{2-} = R^{3-} + H^+$ $\log K^H_{HR} = 12{,}16 \pm 0{,}08$. Das Anion R^{3-} bildet mit Eisen (III) die Komplexe FeR, $FeR_2{}^{3-}$ u. $FeR_3{}^{6-}$, deren Stabilitätskonstanten $\log k_{FeR} = 19{,}88 \pm 0{,}1$, $\log k_{FeR_2} = 14{,}47 \pm 0{,}2$ u. $\log k_{FeR_3} = 9{,}87 \pm 0{,}15$ betragen. (Helv. chim. Acta **35.** 812 bis 817. 2/5. 1952.) J. Mattner. 5068

A. J. Nutten, *Analytische Urtitersubstanzen.* Vf. berichtet zusammenfassend über neuere Urtitersubstanzen für die alkalimetr. u. acidimetr. Maßanalyse. Unter Angabe der chem. Zus., des Äquivalentgewichtes u. der Titrationsbedingungen werden besprochen: $K_2O \cdot 5B_2O_3 \cdot 8H_2O$, $C_2O_4H_2 \cdot 2H_2O$, $KClO_3$, $KHC_4H_4O_6$, *Adipinsäure, Salicylsäure, o-Chlorbenzoesäure, p-Nitrobenzoesäure, Malein-* u. *Fumarsäure, Bernsteinsäure, Malonsäure, Äpfelsäure, 4-Amino-2-sulfobenzoesäure, 2-Nitro-4-sulfobenzoesäure, 4-Nitrotoluol-2-sulfonsäure, Pseudocumolsulfonsäure, Pikrinsäure, Ascorbinsäure, Hydrazinsulfat, Anilinsulfat, o-Chloranilinsulfat, p-Anisidinsulfat, p-Toluidinsulfat, Pyridinperchlorat,* $KHC_2O_4 \cdot H_2C_2O_4 \cdot 2H_2O$, KHC_2O_4, $CdSO_4 \cdot 8/3H_2O$, *Bromcyan CNBr,* $AgNO_3$, Na_2CO_3, $Na_2B_4O_7 \cdot 10H_2O$, $KHCO_3$. — Weiter werden die für die Acidimetrie u. Alkalimetrie vorgeschlagenen Urtitersubstanzen $NaHCO_3$, $Na_2C_2O_4$, *symm. Diphenylguanidin,* Tl_2CO_3, *Guanidincarbonat,* HgO, $Na_2S_2O_3 \cdot 5H_2O$, KJO_3 u. $NaCl$ unter Angabe der Äquivalentgewichte, der geeigneten Indicatoren u. Titrationsverff. krit. überprüft. — 60 Literaturangaben. (Metallurgia [Manchester] **41.** 175—77. 180. Jan. 237—39. Febr. 1950. Birmingham, Univ., Dep. of Chem.) Weitbrecht. 5070

a) Elemente und anorganische Verbindungen

E. van Dalen, *Schnelle Bestimmung von Nitrat in Lösung mittels katalytischer Reduktion mit Wasserstoff.* Nitratstickstoff kann in alkal. Lsg. zu NH_3 mittels eines H_2-Stromes in Ggw. eines Ni-Katalysators red. u. so bestimmt werden. NH_3 wird durch den H_2-Strom in eine Absorptionsvorlage, in der gleichzeitig titriert wird, transportiert. Diese exakte Schnellmeth. eignet sich für Makro- u. Halbmikrobestimmungen. PO_4^{3-}-, Ca-, K-, Fe(II)- u. Cu(II)-Ionen stören kaum oder nur unwesentlich. Cd- u. Pb(II)-Ionen verursachen zu niedrige Werte. — Zu 5 cm³ Nitratlsg. oder einer abgewogenen Substanzmenge mit maximal 10 cm³ W. werden 2—3 g NaCl, 80—100 mg-Äquivalent 10n oder 20n Lauge u. 0,5—2 g Ni-Katalysator (entsprechend 30—150 mg NO_3) zugegeben. Unter Sieden wird durch die Lsg. (Gesamtvol. 10—15 cm³) ein kräftiger H_2-Strom u. dieser anschließend in eine Vorlage mit 5—10 cm³ W., 1—2 Tropfen Methylorange u. einigen Tropfen HCl (Bürette) geleitet. HCl wird entsprechend der NH_3-Absorption zugetropft. Dann wird die freie Säure mit 0,02n Boraxlsg. gegen Bromkresolpurpur zurücktitriert. (Analytica chim. Acta [Amsterdam] **5.** 463—71. Okt. 1951. Amsterdam, Freie Univ., Chem. Labor.) Schäff. G 243

Imre Bozsai und **Zoltán Hegedüs,** *Polarimetrische Titrationen mit rotierenden Platinmikroelektroden.* 2. Mitt. *Die polarimetrische Tellursäurebestimmung.* (1. vgl. C. **1953. 8678.**) Die auf der Oxydation von $TeO_3{}^{2-}$ mit Bichromat beruhende Te-Best. wird im Hinblick auf ihre Eignung für die „polarimetr.“ (polarograph.) Meth. untersucht. Nachst. beschriebene Meth. eignet sich bes. zur Best. von Te-Spuren in Anodenschlamm, Flugstaub u. dgl., wobei Se^{4+}, Cu^{2+}, Ag^+, Pb^{2+}, Bi^{3+}, Fe^{3+}, Sb^{5+}, As^{5+} u. Sn^4 nicht stören. Lediglich As^{3+}, Sb^{2+}, Sn^{2+} sollen vor der Best. durch Abrauchen mit H_2SO_4–HNO_3

oxydiert werden. Die Analysenlsg. soll in 100 ml nicht unter 0,3 mg Te u. 20—30 ml H_2SO_4 (1:1 verd.) enthalten. Nach Zugabe von 5—10 ml $K_2Cr_2O_7$-Lsg. (1 mg Cr/ml) wird 30—45 Min. stehengelassen, der Überschuß an Bichromat mit $FeSO_4$-Lsg. u. amperometr. Endpunktsanzeige zurücktitriert. Ggw. von HCl bzw. HNO_3 bei der Titration bietet keine Vorteile. Die Genauigkeit der Meth. beträgt bei 5 mg Te/100 ml 0,5%, bei 0,3 mg Te/100 ml 1%. — Beleganalysen. (Magyar Kémiai Folyóirat [Ung. Z. Chem.] **58.** 335—37. Nov. 1952. Budapest, Rákosi Mátyás Vas-, Acél- és Fémmüvek, Kém. Labor.) V. PILINSZKY. G 255

F. A. F. Vermast, *Über potentiometrische Titrationen von primärem und sekundärem Ammoniumphosphat und von Mischungen dieser Salze.* Lsgg. von $NH_4H_2PO_4$ (**I**) u. $(NH_4)_2HPO_4$ (**II**) sowie Mischungen von **I** u. **II** werden mit einer starken Base oder Säure potentiometr. titriert. Die Aufzeichnung des nach der jeweiligen Zugabe von NaOH oder H_2SO_4 gemessenen p_H-Wertes in einem Koordinatensyst. läßt den Endpunkt der Titration von **I** oder **II** eindeutig erkennen. Bei der Titration von **I** (**II**) mit NaOH (H_2SO_4) liegt der Umschlagspunkt bei p_H 8 (4); bei der Titration eines Gemisches von **I** u. **II** mit H_2SO_4 liegt der Umschlagspunkt von **II** bei p_H 4. Titrationen von **I**-**II**-Mischungen mit NaOH ergeben keinen erkennbaren Endpunkt. (Chronica natur. [Batavia] **106.** 104—10. April 1950. Bandung, Indonesien, Fac. van Wiskunde en Natuurwetenschap.) WESLY. G 264

Nobuyuki Unohara, *Quantitative Analyse ohne Trennung.* 1. Mitt. *Gravimetrische Bestimmung von Ca + Ba, Ca + Sr, Sr + Ba und Ca + Sr + Ba ohne Trennung.* Mit der Thermowaage wurde die therm. Zers. der Carbonate von *Ca, Sr* u. *Ba* untersucht. Da die Zers. der Carbonate in Stufen erfolgt, ist eine quantitative Best. der einzelnen Bestandteile möglich. (J. chem. Soc. Japan, pure Chem. Sect. [Nippon Kagaku Zassi] **73.** 488—91. Juli 1952. Hirosaki, Univ. [Orig.: japan.]) SCHULER. G 280

R. Belcher, A. J. Nutten und **W. I. Stephen,** *Substituierte Benzidine und verwandte Verbindungen als Reagentien in der analytischen Chemie.* 8. Mitt. *3 3' Dimethylnaphthidin als Indicator bei der Titration von Cadmium, Calcium und Indium mit Ferrocyanid.* (7. vgl. C. **1952.** 3380.) Cd-Mengen, die 1 cm^3 einer 0,1 mol. Lsg. bis 20 cm^3 einer 0,05 mol. Lsg. entsprechen, lassen sich mit *K-Ferrocyanid* (**I**) unter Verwendung von *3.3'-Dimethylnaphthidin* (**II**) als Indicator titrieren. *Naphthidin* (**III**) u. *o-Dianisidin* (**IV**) geben etwas weniger scharfe Endpunkte, *N.N'-Diphenylbenzidin* (**V**) ist als Indicator nicht brauchbar. Der Nd. mit **I** entspricht der Zus. $Cd_5K_6[Fe(CN)_6]_4$. — Für die Titration von Ca in Ggw. von A. ist nur **II** als Indicator gut geeignet. Der Nd. entspricht der Zus. $CaK_2[Fe(CN)_6]$. — In-Mengen derselben Größenordnung wie beim Cd lassen sich in neutraler Lsg. mit **I** unter Verwendung von **II** als Indicator titrieren. Der Nd. entspricht der Zus. $In_5K[Fe(CN)_6]_4$. — A u s f ü h r u n g: 1. Cd-Titration: 1—10 cm^3 einer neutralen 0,05—0,01 mol. $CdSO_4$-Lsg. werden mit 10 cm^3 10%ig. $(NH_4)_2SO_4$-Lsg. versetzt, zu 40 cm^3 mit W. ergänzt, 2 Tropfen 1%ig. K-Ferricyanidlsg. u. 2 Tropfen Indicatorlsg. (1 g **II** in 100 cm^3 Eisessig) zugegeben u. mit 0,05 bzw. 0,01 mol. **I**-Lsg. (die pro Liter 0,2 g Na_2CO_3 enthält) titriert, bis die Farbe von rotviolett nach farblos umschlägt. 2. Ca-Titration: 1—5 cm^3 0,05—0,01 mol. Ca^{2+}-Lsg. werden mit 35 cm^3 A. versetzt, zu 40 cm^3 mit W. ergänzt u. wie oben titriert, zunächst schnell, dann tropfenweise bis zum Farbumschlag von Rosa nach Hellgelb. 3. In-Titration: 1—20 cm^3 einer neutralen 0,05—0,01 mol. In^{3+}-Lsg. werden mit W. zu 40 cm^3 ergänzt, 4 Tropfen K-Ferricyanid- u. 2 Tropfen Indicatorlsg. werden zugegeben, u. dann wird mit überschüssiger **I**-Lsg. versetzt, die mit einer Standard-In^{3+}-Lsg. zurücktitriert wird. Farbumschlag von Grauweiß nach Rosaviolett. (J. chem. Soc. [London] **1951.** 3444—47. Dez. Birmingham, Univ., Dep. of Chem.) K. F. MÜLLER. G 296

Kazuo Saito, *Volumetrische Analyse von Germanium mit Hilfe des Germanium-Saccharidkomplexes.* 1. Mitt. *Versuchsbedingungen.* Für die acidimetr. Best. des Ge wird dessen Komplexbldg. mit *Fructose* (**I**) benutzt. Die Ge^{4+}-Lsg. wird zu leichtem Sieden gebracht, **I** in fester Form in großem Überschuß zugegeben u. weiter erwärmt. Es wird überschüssiges Alkali u. Phenolphthalein als Indicator zugetropft u. mit Säure zurücktitriert. (J. chem. Soc. Japan, pure Chem. Sect. [Nippon Kagaku Zassi] **73.** 457—60. Juni 1952. Tokyo, Univ. [Orig.: japan.]) SCHULER. G 326

Kazuo Saito, *Volumetrische Analyse von Germanium mit Hilfe des Germanium-Saccharidkomplexes.* 2. Mitt. *Praktische Anwendung.* (1. vgl. vorst. Ref.) Der Einfl. fremder Ionen auf die Ge-Titration (als Fructosekomplex) sowie die Anwendbarkeit im Gang der Analyse, bei dem GeS_2 abgetrennt wird, wurde untersucht. Cl^- u. Ca^{2+} verursachen schlechte Titrationsergebnisse. Mg, K, Na, SO_4 u. NO_3, auch in relativ großen Mengen. stören nicht, wohl aber NH_4. Im Analysengang auftretendes GeS_2 läßt sich (nach Lösen in Säuren, Neutralisation usw.) mit einem Fehler unter 5% bestimmen. Bei Mitfällung von As_2S_3 sind die Fehler kaum größer. (J. chem. Soc. Japan, pure Chem. Sect. [Nippon Kagaku Zassi] **73.** 526–28. Juli 1952. Tokyo, Univ. [Orig.: japan.]) SCHULER. G 326

Kazuo Saito, *Untersuchung über die Komplexbildung von Germaniumdioxyd mit Sacchariden in wässeriger Lösung.* 1. Mitt. *Über die Unterschiede in der Fähigkeit zur Komplexbildung mit Sacchariden.* (Vgl. vorst. Reff.) Unter gleichen Bedingungen wurde die Fähigkeit von L-Arabinose, D-Xylose, L-Rhamnose, D-Glucose, D-Galaktose, D-Mannose, D-Fructose, D-Sorbose, Sorbit, Mannit, Milchzucker, Maltose, Saccharose, Inulin u. Äthylenglykol (**I**) mit GeO_2 Komplexsalze zu bilden, geprüft, u. zwar mittels deren Fähigkeit, H-Ionen zu aktivieren u. tirierbar zu machen. Die in der Struktur der einzelnen Verbb. liegenden Ursachen wurden erörtert. Die Komplexbildungsfähigkeit ist bei den Aldosen (**II**) schwächer als bei den Ketosen, Hexiten u. **I**. Beim Vgl. zwischen **I** u. **II** zeigte sich, daß das am zweiten C sitzende OH für die Komplexbldg. wichtig ist, da dieses offenbar bei günstiger räumlicher Anordnung die H-Aktivierung unterstützt. Die fehlende Ringstruktur scheint bei den Hexiten die räumlich günstige Anordnung zu fördern, bei den Aldosen aber, die Ringstruktur besitzen, zu erschweren. (J. chem. Soc. Japan, pure Chem. Sect. [Nippon Kagaku Zassi] **73.** 519–21. Juli 1952. Tokyo, Univ. [Orig.: japan.]) SCHULER. G 326

D. V. Ramana Rao, *Zum Nachweis von Molybdän. Wichtigkeit der Wasserstoffionenkonzentration.* Nach JAMES u. WARDLAW (J. chem. Soc. [London] **16.** [1928.] 2726.) soll die aus Mo^V u. NH_4SCN entstehende Rotfärbung der Bldg. von $R_2[MoO_2(SCN)_3]$ zugeschrieben werden. Vf. untersuchte die p_H-Abhängigkeit dieser Bldg. im Bereich von p_H 1–6 mit Na-Acetat–HCl-Puffer u. mit 1–12 n HCl. Zwischen p_H 3–6 beobachtete Vf. Braun-, bei p_H 2 u. p_H 1 Grün- bzw. Blaufärbung. Letztere verschwand bei höheren HCl-Konzentrationen. Die rote Färbung der Rhodanid-Rk. wird nur in einer mindestens 2 n Säure beobachtet. Unterhalb dieser Normalität tritt die Bldg. von Molybdänblau auf. Die mit den p_H-Werten auftretenden Färbungen sind reversibel. (Current Sci. **21** 257. Sept. 1952. Cuttack, Indien, Ravenshaw Coll., Dep. of Chem.) PLUST. G 336

F. Běhounek, *Analyse von Uran und Thorium durch eine Zählermethode.* Um geringe U-Gehh. in Erzen, Gestein u. Sand aus der γ-Strahlung von Ra (B + C) physikal. bestimmen zu können, umgibt Vf. das GEIGER-MÜLLER-Zählrohr in einem geeigneten Zylinder mit einer 10–20 cm dicken Schicht der zu untersuchenden Substanz. Die Best. des natürlichen Störpegels erfolgt mit inakt. Material oder mit durch Ra (B + C) aktiviertem Wasser. Unter Berücksichtigung der inneren Absorption für γ-Strahlen im radioakt. Material läßt sich die gleiche Anordnung bei einem Umrechnungsfaktor 1,86 auch zur Best. von Th-Gehh. verwenden. Der wahrscheinliche Fehler beträgt für die Best. von $1 \cdot 10^{-6}$ g U/g bzw. $1{,}86 \cdot 10^{-6}$ g Th/g ca. 15%. Verff. zur Best. von U u. Th nebeneinander werden diskutiert. (Collect. Trav. chim. Tchécoslov. **15.** 699–707. 1950. Praha-Bulovka, State Radiotherapeutic Inst., Dep. of Phys.) WEITBRECHT. G 339

A. P. Blackmore, M. A. Marks, R. R. Barefoot und **F. E. Beamish,** *Mikrogravimetrische Methode zur Bestimmung von Platin. Eine vergleichende Untersuchung.* In einer vergleichenden Arbeit wurden die gebräuchlichsten mikrogravimetr. Bestimmungsmethoden für Pt durch Fällung als $(NH_4)_2PtCl_6$ u. Red. zum Metall mit Zn oder HCOOH untersucht u. die Ursachen für die am häufigsten auftretenden Fehler festgestellt. Für den Bereich von 1–10 mg Pt erwiesen sich die Methoden, die zur Fällung NH_4Cl mit anschließender Red. durch HCOOH benutzen, als unzuverlässig, da sie mit zu großen Fehlern behaftet sind. Sehr viel genauer arbeitete das von Vff. entwickelte Verf. zur Best. von 5–10 mg Pt. Die Hexachlorplatinsäure enthaltende Lsg. mit ca. 10 mg Pt wird auf dem Wasserbad zu einem Sirup eingedampft u. nach Zusatz von 0,5 ml konz. HCl auf 85 ml mit W. verdünnt. Zu dieser Lsg. fügt man auf dem Wasserbad 100 mg Zn in Form einer wss. Suspension mit 5,5 mg Zn/ml, die durch Begießen von Zn-Staub mit W. unter lebhaftem Rühren hergestellt wird, tropfenweise in Mengen von 0,5 ml alle 10–15 Sek. hinzu, wobei sowohl die Suspension als auch die Reaktionsmischung ständig gerührt werden. Eine zweite Menge, 100 mg Zn enthaltend, wird mit etwa doppelter Geschwindigkeit zugegeben, die Mischung 1 Std. gelinde gekocht u. heiß filtriert. Den Rückstand wäscht man durch Dekantieren einmal mit 5 ml heißer 1%ig. HCl u. anschließend mit insgesamt 60–70 ml heißem W. oder 1%ig. NH_4Cl-Lösung. Mit einem kleinen, mit 1%ig. HCl befeuchteten Stück Filtrierpapier reinigt man die Wand des Becherglases, erhitzt den Rückstand mit dem Papier allmählich auf 600° in einer Muffel, hält 1 Std. bei dieser Temp., kühlt ab, erhitzt bei der Temp. des Mekerbrenners 1 Std. in H_2, kühlt in N_2 u. Luft ab u. wägt als metall. Pt. Von diesem Wert ist der Blindwert abzuziehen, den man durch Zusatz von Zn zu HCl

(p_H 1,3), Erhitzen bis zum Verschwinden der sichtbaren Rk., Kochen, Filtrieren u. Glühen unter den beschriebenen Bedingungen erhält. — Zur Best. von 1—5 mg Pt wird das Verf. in geringfügiger Weise abgeändert. (Analytic. Chem. **24.** 1815—19. Nov. 1952. Toronto, Ontario, Can., Univ.) SCHLEGEL. G 368

Ken Saitō, *Anwendung von flüssigen Amalgamen zur Legierungsanalyse.* 1. Mitt. *Differentialtitration des Vanadiums in Gegenwart von Eisen und Chrom.* Die Meth. beruht auf der Differenz der $KMnO_4$-Titrationswerte für die mit fl. Cd–Hg bzw. fl. Bi–Hg red. Lsgg. von (Fe^{3+}, VO^{3-}, Cr^{3+}), wobei neben Fe^{2+} das V einmal als V^{2+}, das 2. Mal als VO^{2+} titriert wird. Cr^{3+} bleibt unverändert. Die Kontrollwerte sind gut. Das Verf. eignet sich als Routineverfahren. (J. chem. Soc. Japan, ind. Chem. Sect. [Kōgyō Kagaku Zassi] **53.** 192—94. Juli 1950. Nagoya, Univ. [Orig.: japan.]) SCHULER. 5280

Ken Saitō, *Anwendung von flüssigen Amalgamen zur Legierungsanalyse.* 2. Mitt. *Bestimmung von V und Mo mittels differentieller Titration in Gegenwart von überschüssigem Fe und Cr.* (1. vgl. vorst. Ref.) Von 3 gleichen Teilen einer in H_2SO_4 gelösten Analysenprobe, die neben überschüssigem Fe^{3+} u. Cr^{3+} V^{5+} u. Mo^{6+} enthält, wird der 1. Teil mit *Cd–Hg* (**I**) red. u. mit $KMnO_4$ (**II**) titriert, der 2. ebenfalls mit **I** red. u. dann mit NH_4VO_3 in Ggw. von 0,1 mol. $CuSO_4$-Lsg. mit Diphenylamin als Indicator titriert u. der letzte mit *Bi–Hg* red. u. mit **II** titriert. Durch geeignete Differenzbldg. der Titrationswerte läßt sich V u. Mo berechnen. Prakt. Beispiel einer *Stahlanalyse.* (J. chem. Soc. Japan, ind. Chem. Sect. [Kōgyō Kagaku Zassi] **54.** 8—9. Jan. 1951. Nagoya, Univ. [Orig.: japan.]) SCHULER. 5280

Saburo Ishimaru und **Ken Saitō,** *Anwendung von flüssigen Amalgamen zur Legierungsanalyse.* 3. Mitt. *Bestimmung von Wolfram und Vanadium in Gegenwart von Eisen und Chrom.* (2. vgl. vorst. Ref.) Ein bekannter Bruchteil der Probe wird mit H_3PO_4 + H_2SO_4 angesäuert, mit Cd–Hg red. u. mit $KMnO_4$ titriert, wobei W^{4+} zu W^{6+} oxydiert wird. Ein zweiter Teil wird ebenso red., durch Belüftung oxydiert u. mit $KMnO_4$ titriert. Ein 3. Teil wird ebenso red. u. mit $K_2Cr_2O_7$ titriert (als Indicator Diphenylaminsulfosäure); durch $CuSO_4$-Zugabe wird diese Rk. katalysiert. Dabei wird Fe^{2+} zu Fe^{3+}, W^{4+} zu W^{6+} u. V^{2+} zu V^{4+} oxydiert. W u. V lassen sich berechnen. (J. chem. Soc. Japan, ind. Chem. Sect. [Kōgyō Kagaku Zassi] **54.** 305—08. Mai 1951. Nagoya, Univ. [Orig.: japan.]) SCHULER. 5280

b) Organische Verbindungen.

C. Capitani und **E. Milani,** *Verfahren zur Bestimmung auch sehr geringer Gesamtmengen von Halogen, Schwefel und Phosphor in organischen Substanzen.* In einer von Vff. konstruierten, genau beschriebenen App. wird die organ. Substanz zunächst im H_2-Strom verdampft, dann im O_2-Strom verbrannt u. die Verbrennungsprodd. werden schließlich in alkal. H_2O_2 aufgefangen. Die Halogene werden dann nach VOLHARD oder DOERING, der S titrimetr. mit $BaCl_2$, der P spektrophotometr. nach FERRARI bestimmt. (Chim. e Ind. [Milano] **34.** 633—38. Nov. 1952. Novara, Soc. Rodiaceta.) STEINER. 5352

F. Wessely und **H. Jungwirth,** *Über die Einwirkung von Natriumamid auf organische Verbindungen.* Vff. lassen $NaNH_2$ auf Phenole u. Alkohole einwirken u. bestimmen die jeweils entwickelte NH_3-Menge. Diese ist bei einwertigen Phenolen (*o-*, *m-*, *p-Kresol, 2.4.6-Trimethylphenol, 2.5-Dimethylphenol, α-, β-Naphthol, Hydrochinonmonomethyläther*) auf ± 2% quantitativ. Versuchszeit, Art des Lösungsm. (Ae., n-Propyläther, Bzl.), Korngröße u. Menge des $NaNH_2$ sind ohne wesentlichen Einfluß. Bei einwertigen Alkoholen (*Isoamylalkohol, 3-Phenylpropanol-(1), Benzylphenylcarbinol, Methyläthylphenylcarbinol*) liegen die gefundenen Mengen gleichfalls nur 2—4% über der Theorie, im Gegensatz zu NAVES (C. **1945.** II. 1558) u. PALFRAY (C. R. hebd. Séances Acad. Sci. **223.** [1946.] 1235), die bis zu 100% über der Theorie liegende Werte angeben. Bei den eben beschriebenen Rkk. haftet das gebildete Na-Salz nicht an der $NaNH_2$-Oberfläche. Gegensätzlich, nämlich Krusten bildend, verhalten sich die mehrwertigen Phenole [*Brenzcatechin, Resorcin* (**I**), *Hydrochinon* (**II**), *o.o'-Diphenol, p.p'-Diphenol, Pyrogallol*], bei denen die entwickelte NH_3-Menge von der Korngröße u. Menge des $NaNH_2$ abhängt u. weit unter dem theoret. Wert liegt — bei **I** u. **II** ist bei großem $NaNH_2$-Überschuß ein quantitativer Umsatz möglich — u. die mehrwertigen Alkohole [*Butindiol-(1.4), Butandiol-(1.4), Butendiol-(1.4), Hexandiol-(1.6), Decandiol-(1.10)*]. Bei den Alkoholen fällt mit steigender Kettenlänge die NH_3-Ausbeute, in der Reihe Butin-, Butan-, Butendiol steigt sie. Bei mehrwertigen Phenolen kann ohne großen $NaNH_2$-Überschuß ein quantitativer Umsatz erreicht werden durch: a) Zusatz des mehrwertigen Phenols nach Ausreagieren eines einwertigen; b) Zugabe eines einwertigen Phenols, nachdem das mehrwertige ausreagiert hat; c) gleichzeitige Zugabe beider Phenole. Erklärung: Es bildet sich RONa, das sein Na an $R'(OH)_2$ weitergeben kann. Ferner vermag ROH Krusten von $R'(ONa)_2$ unter Bldg. von $R'(OH)_2$ oder R'(OH)(ONa) aufzulösen. Verf. a) ist auch für mehrwertige Alkohole anwendbar. Die betrachtete Rk. ist nicht so allg. anwendbar wie die ZEREWITINOFF-Rk., die sie ersetzen sollte, da die etwaige Blockierung des $NaNH_2$ durch ausgeschiedenes Salz nicht vorhergesagt werden kann. Dagegen hat sie Bedeutung bei Fragestellungen konstitutioneller u. ster. Art. (Mh. Chem. **83.** 406—21. 15/4.; S.-B. österr. Akad. Wiss., math.-naturwiss. Kl., Abt. IIb **161.** 406—21. 1952. Wien, Univ., II. Chem. Labor.) LIEBIG. G 550

Giulio di Bacco, *Über die Bestimmung des Formaldehyds und Analysen seiner Verbindungen.* Es wird eine Meth. zur quantitativen *Formaldehyd* (**I**)-Best. angegeben, die auf der Rk. von **I** mit essigsaurer Pyrogallollsg. beruht. Diese Meth. erlaubt auch, **I** aus Hexamethylentetramin u. dessen Verbb. nach Dest. quantitativ colorimetr. zu bestimmen. (Boll. chim. farmac. **92.** 3—8. Jan. 1953.) P. G. SCHEURLEN. G 670

H. K. Schachman und **W. F. Harrington,** *Über Viscositätsmessung mit Hilfe der Ultrazentrifuge.* Es werden Verss. zur Best. der Viscosität der *Desoxyribonucleinsäure* (Na-Salz, **I**) u. von *Fibrinogen* (**II**) durch Ultrazentrifugieren beschrieben. Die Sedimentationsgeschwindigkeit S_0 von Makromoll. („Indicatorteilchen", z. B. Polystyrollatex, Bacteriophage [T 3], „bushy shunt virus") in einem Lösungsm. wird mit der Sedimentationsgeschwindigkeit S desselben Indicatorteilchens in einem Lösungsm. verglichen, das zusätzlich die zu bestimmende Komponente (**I** oder **II**) enthält. Das Verhältnis S_0/S ist dann ein relatives Maß für die asymm. Moll. enthaltende Lösung. Die Ergebnisse wurden mit den aus Capillaritätsmessungen ermittelten relativen Viscositäten η/η_0 verglichen. Bei **II** (mit 0,3 μ NaCl-Kakodylat als Lösungsm., p_H 7) stimmten die im Capillarviscosimeter erhaltenen relativen Viscositäten mit denen durch die Ultrazentrifugenmeth. (mit „bushy stunt virus" als Indicatorteilchen) erhaltenen S_0/S-Werten überein. Bei **I** (mit 0,3 —1,0 μ KCl-Kakodylat [p_H 7], 0,3μ Acetat [p_H 4]) wurden sehr unterschiedliche Resultate erhalten. Die Viscositäten mit Polystyrollatex als Indicatorteilchen waren wesentlich höher als die mit den beiden anderen Indicatorteilchen oder die durch Capillaritätsmessungen bestimmten Viscositäten. (J. Amer. chem. Soc. **74.** 3965—66. 5/8. 1952. Berkeley, Calif., Univ., Dep. of Biochem., Virus Labor.) K. F. MÜLLER. G 4000

d) Medizinische und toxikologische Analyse.

Mary E. Carsten, *Ionenaustauschchromatographie der Aminosäuren des Urins.* Der Urin wird über ein H-Austauschharz filtriert, alle Kationen einschließlich der Ampholyte bleiben auf dem Harz, während sich die Anionen u. Neutralsubstanzen im Filtrat befinden. Die einzige Ausnahme hiervon ist *Taurin.* Die amphoteren Substanzen werden zusammen mit den schwachen Basen durch 2 mol. NH_3 vom Harz gelöst (Eluat I). I wird im Vakuum eingeengt u. über ein stark bas. Harz filtriert. Hierbei werden nur die amphoteren Substanzen zurückgehalten, die mit 1 nHCl wieder abgelöst werden (Eluat II). II wird dann auf einem H-Harz chromatographiert. An einem künstlich zusammengestellten Urin wird die Meth. geprüft. Die Ampholytfraktion enthält kein Salz, 4% des Harnstoffs, 2% der Harnsäure, weniger als 45% des *Kreatins* u. *Kreatinins.* Bei der Chromatographie der Ampholytfraktion konnten 21 Aminosäuren abgetrennt u. identifiziert werden, dazu 11 Peptide, die hydrolysiert u. durch Chromatographie der Peptide zum Teil ebenfalls identifiziert werden konnten. Der Vgl. eines gesunden mit einem patholog. (rheumat. Arthritis) Urin ergab in letztem einen wesentlich größeren Anteil an *Prolin* u. *Oxyprolin.* Auffallend ist auch der hohe Anteil an *β-Alanin* im patholog. Urin. Er wird auf das Einnehmen von Pantothenat zurückgeführt. — Mit dem Verf. konnten im Urin bestimmt werden außer den bisher genannten Aminosäuren: *Asparaginsäure, Serin, Threonin, Glutaminsäure, Glycin, Alanin, α-Aminobuttersäure, Valin, Methioninsulfoxyd, Methionin, Isoleucin, Leucin, Ornithin, Tyrosin, Lysin, Histidin, Tryptophan, Arginin* u. *Phenylalanin* sowie verschied. Peptide. (J. Amer. chem. Soc. **74.** 5954—59. 5/12. 1952. New York, Univ., Coll. of Med., Dep. of Chem.) GABRIELE GÜNTHER. 5732

P. Seifert, *Erkennung einer Alkoholintoxikation aus dem Alkoholgehalt der Atemluft.* (Vgl. C. **1952.** 6108.) Weitere Verss. zum Vgl. der Atemkurve mit der Blutalkoholkurve nach WIDMARK zur Ermittlung von Beziehungen zwischen Atem- u. Blutalkohol. Bis 30 Min. nach der A.-Zufuhr ist es notwendig, den Mund mehrmals mit W. auszuspülen. Ein Unterschied zwischen dem A.-Geh. der Alveolarluft u. der gewöhnlichen Atemluft wurde nicht festgestellt. Diese Erscheinung wird damit erklärt, daß entstandener *Acetaldehyd* (**I**), der für $KMnO_4$ ebenfalls ein starkes Reduktionsmittel ist, sich bei Körpertemp. bereits oberhalb seines Kp. befindet u. sich daher schnell zwischen Alveolar- u. gewöhnlicher Atemluft verteilt. Damit ist auch erklärt, warum es im Blut nicht zu einer übermäßigen Anhäufung von I kommt: es wird durch die Lungen schneller abgedunstet als endogen abgebaut. (Naunyn-Schmiedebergs Arch. exp. Pathol. Pharmakol. **216.** 558–62. 1952. Heidelberg, Univ., Inst. für gerichtliche Med.)

LÜPNITZ. 5762

Olof Samuelson, Ion exchangers in analytical chemistry. New York: Wiley. 1953. (309 S. m. Abb. Diagr.) $ 6.50.

H. Angewandte Chemie.

I. Allgemeine chemische Technologie.

Otto Zima, *Über die Anwendung graphischer Methoden bei Anlage und Auswertung von Reihenversuchen.* Nach geeignetem Plan ermittelte Ausbeuten präparativer Verff. werden in Abhängigkeit von der Zus. der Ansätze als Diagramme dargestellt, bei 3 Komponenten mit Dreieckskoordinaten. Daraus lassen sich die Ansätze (auch andere Bedingungen), die zu höchsten Ausbeuten u. zu niedrigsten Gestehungskosten führen, graph. ermitteln. (Chemiker-Ztg. verein. dtsch. Chemiker-Z. **74.** 343–47. 6/7. 1950. Darmstadt, E. Merck, Hauptlabor.) BLUMRICH. 5800

Shiniro Kodama, Kenichi Fukui, Takeshi Tame und **Kasumi Takagi,** *Theoretische Untersuchung über die Temperaturverteilung bei eigenwärmeaustauschenden Reaktionskammern.* 7. Mitt. *Kammern mit Doppelkühlrohren bei Parallelströmung.* (6. vgl. J. chem. Soc. Japan, ind. Chem. Sect. [Kōgyō Kagaku Zassi] **53.** [1950.] 148.) Es wird die theoret. Grundlage rechner. entwickelt u. die gegebenenfalls prakt. Anwendung der Ergebnisse erörtert. In manchen Fällen erreicht man durch Entfernung des inneren Rohres eine gleichförmige Temperaturverteilung. Auch bei starker Zunahme der Oberfläche für den Wärmeübergang kann die Temp. nie über alle Grenzen ansteigen. (J. chem. Soc. Japan, ind. Chem. Sect. [Kōgyō Kagaku Zassi] **53.** 188–90. Juli 1950. Kyoto, Univ. [Orig.: japan.]) SCHULER. 5814

L. M. Tschernyi, *Anwendung des normalen logarithmischen Verteilungsgesetzes zur Berechnung der granulometrischen Charakteristik von zerkleinerten Materialien.* An einer Reihe von Beispielen wurde festgestellt, daß von allen nachgeprüften Vorschlägen die größte Annäherung der granulometr. Charakteristiken von zerkleinerten Stoffen an prakt. Ergebnisse durch Anwendung der abgeänderten Formel $j_i = \pm \Phi$ (z) erhalten wird. In dieser ist j_i die Gesamtausbeute nach der „Minusfraktion", die dem gegebenen Wert von l g x_i entspricht. l g x_i ist der Logarithmus der linearen Teilchengröße. Φ (z) erhält in der Gleichung das Pluszeichen, wenn $j_i < 0{,}5$, u. das Minuszeichen, wenn der Wert $> 0{,}5$ ist. (Доклады Академии Наук СССР [Ber. Akad. Wiss. UdSSR] [N. S.] **72.** 929–32. 11/6. 1950. Wiss. Forschungsinst. für gesteinschem. Rohstoffe.) FÖRSTER. 5820

D. F. Riley, *Mischen — Flüssigkeitsrührung im Vordergrund.* Literaturbericht über 8 neuere Arbeiten (1948–1949) zum Mischvorgang unter Beteiligung mindestens einer fl. Phase. Behandelt werden u. a. der Kraftbedarf verschied. Rührmischer, der Wirkungsgrad der Vermischung in Düsen, der Einfl. des Rührens bei der Flüssig/Flüssig-Extraktion u. bei Fest/Flüssig-Rkk., endlich die Vorteile des Rührens gegenüber Kolonnen bei der Absorption geringer Gasmengen in Flüssigkeiten. (Int. chem. Engng. Process Ind. **31.** 23–25. Jan. 1950.) F. HEINRICH. 5822

Karl Magnusson, *Dispergierung von Gas in einer Flüssigkeit mittels eines selbstsaugenden Rührers.* Zum Einsaugen von Luft in Öl eignet sich ein Rührer mit 6 in einem Winkel von 30° zur Horizontale eingestellten Blättern. Bei einer Viscosität von 0,4 Poise beginnt das Einsaugen mit einer relativen Saugtrichtertiefe 0,6, bei 1,5 Poise mit 0,4–0,5. Die realtive Saugtrichtertiefe ist nahezu direkt proportional der zugeführten Leistung bis zu der Umdrehungszahl, bei der das Einsaugen von Luft beginnt, dann etwa ihrer Quadratwurzel; sie ist bei zwei geometr. gleichen Rührapp. gleich, wenn die Umdrehungszahlen sich umgekehrt wie die Gefäßdurchmesser verhalten. (I V A **23.** 245–54. 1952. Mölndal, Svenska Oljeslageri-AB.) R. K. MÜLLER. 5824

R. L. Pigford, *Absorption und Befeuchtung.* (Vgl. C. **1953.** 2657.) Vf. gibt eine Literaturübersicht über Arbeiten aus den Jahren 1927–1952 bzgl. der Absorption von Gasen, der phasentheoret. Vorgänge in Türmen mit Füllkörpern u. mit Siedeböden sowie die Anwendung eines Kühlturmes in Verbindung mit einem Wärmeaustauscher. — 41 Literaturzitate. (Ind. Engng. Chem. **45.** 19–23. Jan. 1953. Newark, Del., Univ.) OPPERMANN. 5848

I. N. Kusminych und **Ss. Je. Kalinina,** *Einfluß des Kreislaufs einer Komponente in der Höhe der Kolonne auf den Absorptions-Desorptions-Prozeß.* Im Anschluß an die bei der Luftverflüssigung beobachtete Wiederverflüssigung des im unteren Teil der Kolonne vergasten Ar im oberen Teil der Kolonne werden systemat. Unterss. über das Verhältnis von Absorption u. Desorption als Vorgang eines inneren Kreislaufes der sorbierten Komponente in der Höhe der Kolonne durchgeführt. Der Anreicherungsgrad von Gas u. Fl. ist eine Funktion der Neigung der Gleichgewichtslinien (also der Temperaturverhältnisse) u. der Zahl der theoret. Böden (also der Kolonnenhöhe): wird letztere erhöht, dann wird der gleiche Anreicherungsgrad bei geringerer Temperaturdifferenz zwischen Desorptions- u. Absorptionszone erreicht u. umgekehrt. Findet kein innerer Kreislauf einer Komponente statt, dann kann durch Erhöhung der Kolonne nur eine Annäherung an die der Temperaturdifferenz entsprechende Anreicherung erzielt, diese aber nicht überschritten werden, während dies bei innerem Kreislauf möglich ist. (Журнал Прикладной Химии [J. angew. Chem.] **26.** 258–62. März 1953. Moskau, Chem.-Technol. Mendelejew-Inst.) R. K. MÜLLER. 5848

J. R. Krebs und **R. C. Binder,** *Verwendung einer Ultraschall-Koagulierkammer in Verbindung mit einem Fliehkraft-Staubscheider.* Versuchsweise wurde in den Weg von der Feuerung zum Schornstein vor dem Fliehkraft-Staubabscheider („Zyklon") eine Koagulierkammer eingebaut, die etwa die Form eines großen U-Rohres hat. Die Koagulation wird durch Ultraschall von 20 kHz (20000 Schwingungen/Sek.) bewirkt, den eine Dampfpfeife im Brennpunkt eines Parabolspiegels erzeugt u. der von passend geneigten Wänden reflektiert wird. Der Bereich der von dem Zyklon erfaßten Teilchen wurde von 10 μ auf 0,005 μ erweitert. Die Abhängigkeit von Durchströmungsgeschwindigkeit u. Verweilzeit der Teilchen in der Kammer wurde untersucht u. läßt die besten Werte erkennen. — 4 Zeichnungen, 4 Kurvenblätter. (Combustion [New York] **23.** 45–47. Juni 1952. Purdue, Purdue Univ.) PAULI. 5850

W. Mohr und **A. Wortmann,** *p_H-Messungen von Kühlsolen und Messungen der Pufferkapazität von Kühlsolen.* Vff. beschreiben die Möglichkeiten, den p_H-Wert von stark konz. Kühlsolen der Praxis schnell zu bestimmen. Es werden verschied. Indicatorpapiere, elektrometr. Messung u. Colorimetrie behandelt. Von Indicatorpapieren sind die Lyphanstreifen von Kloz **6668** ausreichend genau, während die Universal- u. Spezialpapiere für kleine Bereiche von MERCK wenig geeignet sind. Bei elektrometr. Best. wird nur die Glaselektrode empfohlen. Pt, Sb u. Chinhydronelektrode geben bei der hohen Salzkonz. keine reproduzierbaren Werte. Colorimetrie scheidet wegen Eigenfärbung meist aus. (Milchwissenschaft **7.** 343. Okt. 1952.) BILLMEIER. 5858

Edgar L. Piret, R. A. Ebel, C. T. Kiang und **W. P. Armstrong,** *Der Diffusionsanteil bei der Extraktion von porösen festen Körpern.* 1. Mitt. *Einphasenextraktionen.* Der Anteil der Diffusion von Fll. bei porösen festen Körpern spielt bei Extraktionen u. Katalysatoren eine Rolle. Es werden die theoret. Grundlagen für diese Flüssigkeitsdiffusion erörtert. Prakt. werden die Vorgänge mit 3n- u. 4n-wss. Lsgg. von KCl, NaCl, K_2CrO_4, $CuSO_4$ u. Eisessig auf 3fache Weise untersucht. 1. Dest. W. strömt langsam bestimmte Zeit an vertikalen Capillaren mit den Lsgg. vorbei, deren Restinhalt hinterher analysiert wird. 2. Glasröhren sind mit Glasperlen u. der Lsg. gefüllt u. werden ebenso wie die Capillaren extrahiert. 3. An mit der Lsg. getränkten Al_2O_3-Kugeln. Der zu jeder Kugel gehörige Teil Fl. wird analysiert. In allen Fällen fielen die gemessenen Kurven bzw. Geraden mit den theoret. errechneten zusammen. Für die Poren wurde ein Formfaktor eingeführt, für den beim Vers. verschied. Werte angenommen wurden u. der zur Deutung der Ergebnisse diente. (Chem. Engng. Progr. **47.** 405–14. Aug. 1951. Minneapolis, Minn., Univ. of Minnesota.) MIETHING. 5862

J. A. Gerster, W. E. Bonnet und **Irwin Hess,** *Massenübergangszahlen an Sprudelböden.* 2. Mitt. *Resultate an großen Kolonnen.* (1. vgl. C. **1953. 7367.**) Vff. teilen Ergebnisse von Verss. in einer Kolonne von ca. 4 m Durchmesser mit. Es zeigte sich, daß die grundsätzlichen Faktoren der Konstruktion u. Arbeitsweise die Gasfilm- u. Flüssigkeits-Filmwirksamkeiten in völlig verschied. Weise beeinflussen. Für den Zweck der Berechnung u. Voraussage muß die Gesamtwirksamkeit (over-all efficiency) in die beiden Komponenten zerlegt werden. Dies wird am Beispiel Methanol–W. belegt. (Chem. Engng. Progr. **47.** 621–27. Dez. 1951. Newark, Del., Univ.)
GERHARD GÜNTHER. 5864

Durando Miller, Westchester, N. Y., und **Thomas Raymond Kombine,** Bergen, N. J., V. St. A., *Gewinnung von Kalkkitt.* Man stellt sich durch Löschen von Kalk eine Kalkmilch her u. entwässert diese teilweise auf einem Trommelfilter. Von diesem fällt dann ein Kuchen ab, der aus einer unregelmäßigen, kittähnlichen M. besteht. — Zeichnung. (**E. P. 672 348** vom 3/2. 1950, ausg. 21/5. 1952. A. Prior. 11/2. 1949.)
NEBELSIEK. 5813

Herbert E. Britt, Los Angeles, Calif., V. St. A., *Künstlicher Schnee.* Eine Säuremischung aus 8 (g) H_3PO_4, 2 CH_3COOH u. 90 W. wird mit einer Lsg. von 8,9 Na_2O, 28,7 SiO_2 in 62,4 W., die aus getrennten Behältern verdüst werden, in einem fahrbaren Rohr vermischt u. unter Druck versprüht. — Zeichnung. (**A. P. 2 594 725** vom 6/1. 1948, ausg. 29/4. 1952.) SALZMANN. 85

Graf von Armin (Erfinder: **Fritz Offermanns,** Ratingen), München, *Extrahieren und Hydrolysieren von pflanzlichen und tierischen Rohstoffen.* Das zu behandelnde Gut wird zusammengepreßt, stetig weitergeführt, nach Zusatz von Fl. unter einem Druck von 0—12 atü u. Temp. bis 190° zerfasert u. einem mit Extraktionsmitteln beschickten Wäscher zugeführt. Darauf wird die angereicherte u. gesiebte Lsg. zur Weiterverarbeitung abgeführt oder über einen Wärmeaustauscher in den Kreislauf zurückgeführt u. von einer Presse ausgebracht. — Vorrichtung. (**D. B. P. 876 396** Kl. 12c vom 14/4. 1944, ausg. 11/5. 1953.) NEBELSIEK. 5863

Metallgesellschaft Akt.-Ges. (Erfinder: **J. Barwasser** und **F. Schytil**), Frankfurt/M., *Eindampfen und Konzentrieren von Flüssigkeiten oder Lösungen* in Form eines Flüssigkeitsfilms, der z. B. durch Strahlung beheizt wird. Das Eindampfen geschieht z. B. unter Vakuum. — Der Flüssigkeitsfilm wird z. B. an einer Wand gebildet, der gegenüber die Strahlungsquellen angeordnet sind. — Zeichnung. (**D. P. [DDR] 1 316** Kl. 12a vom 5/5. 1952, ausg. 9/7. 1952 [Ausschließungspatent].) M. F. MÜLLER. 5865

Aktiebolaget Rosenblads Patenter, Stockholm, *Eindampfen von an den Heizflächen Krusten bildenden Flüssigkeiten,* z. B. von *Sulfitablauge,* in Stufenverdampfern, wobei in den Wärmeaustauschern der einzelnen Stufen die Strömungswege der Fl. u. des Heizdampfes period. wechselseitig umgeschaltet werden, so daß die in einer bestimmten Zeitperiode an den Heizflächen gebildeten Krusten in der folgenden Zeitperiode vom Kondensat des Dampfes gelöst werden. Das Verf. ist dad. gek., daß aus einer oder mehreren Stufen, in denen das Lösungsvermögen des dort gebildeten Kondensates den zur Auflösung der Krusten erforderlichen Wert übersteigt, dieses Kondensat direkt oder indirekt einer anderen Stufe zugeführt wird, in der das dort gebildete Kondensat zur Auflösung der Krusten nicht genügt. — Zeichnung. (**Oe. P. 173 415** vom 27/10. 1950, ausg. 27/12. 1952. Schwed. Prior. 30/11. 1949.) M. F. MÜLLER. 5865

Dearborn Chemical Co., Chicago, übert. von: **Lewis O. Gunderson,** Park Ridge, Ill., V. St. A., *Verhinderung des Schäumens bei Wasserdampferzeugung* geschieht durch Zusatz von Polyäthylenpolyaminen, die in beiden prim. Aminogruppen mit einer mindestens 12 C-Atome u. in mindestens einer sek. Aminogruppe mit einer 2—10 C-Atome enthaltenden Carbonsäure acyliert sind. — Zur Verwendung gelangen *Diäthylentriamin, Triäthylentetramin, Tetraäthylenpentamin* u. ein *Polyamingemisch* mit ca. 10 Amino- u. Äthylengruppen, die mit Stearinsäure, Sojabohnenölfettsäuren, Palmitinsäure, Naphthensäuren u. Laurinsäure an den prim. Aminogruppen u. mit Essigsäure, Heptylsäure, Capronsäure, Caprylsäure, Buttersäure u. Glykolsäure an den sek. Aminogruppen acyliert sind. (**A. P. 2 600 361** vom 9/6. 1948, ausg. 10/6. 1952.) LANGER. 5865

Phillips Petroleum Co., Del., übert. von: **Sam P. Robinson,** Bartlesville, Okla., V. St. A., *Kristallisation.* In eine gekühlte, gesätt. Salzlsg. leitet man einen Gasstrom wodurch restliches W. verdunstet, die Kristallisation einsetzt, die Lsg. durcheinander gewirbelt wird u. sich gröbere u. feinere Kristalle bilden. Man leitet das Gas ab u. bringt vom Boden des Gefäßes den Kristallbrei mit den größten Kristallen in eine Kristallgewinnungszone, wo man die wiederzuverwendende Mutterlauge vom Kristallbrei trennt. — Vorrichtung. (**A. P. 2 614 035** vom 4/1. 1949, ausg. 14/10. 1952.) NEBELSIEK. 5869

Baptiste-Jean-François Casabianca und **Jean Dubourg,** Frankreich, *Beschleunigen von Kristallisationsvorgängen.* Die Kristallkeime enthaltenden Lsgg. werden permanenten Schwingungen ausgesetzt. Die Schwingungen können sowohl mechan. Ursprungs, wie durch elektromagnet. Felder erzeugt sein. Sie sollen eine so niedrige Frequenz haben, daß sie wohl die gebildeten Kristalle vergrößern, nicht aber fortlaufend die Bldg. neuer Kristalle verursachen. — Vorrichtung. (**F. P. 1 009 629** vom 2/2. 1950, ausg. 3/6. 1952.) SCHÖNAUER. 5869

Vaclav Rajtora, Paris, Frankreich, *Elektroofen zum Erhitzen von Gasen und zur Durchführung endothermer chemischer Reaktionen* in einem zwischen zwei übereinanderliegenden Elektroden geschütteten Füllgut, dad. gek., daß die Kontaktfläche der oberen, als horizontaler Ring ausgebildeten Elektrode, die mit dem Schüttgut in Berührung steht, künstlich gekühlt wird u. daß diese Kontaktfläche so weit von der Ofenwand nach dem Ofeninnern entfernt ist, daß der Strom hauptsächlich im Ofenkern fließt. — Zeichnung. (**Oe. P. 173 229** vom 21/12. 1949, ausg. 25/11. 1952. Schwz. Prior. 26/1. 1949.) M. F. MÜLLER. 5879

Pittsburgh Corning Corp., Allegheny County, übert. von: **Walter D. Ford**, Port Allegany, Pa., V. St. A., *Verlängerung der Gebrauchsdauer von Bimetallstreifen bei der Hochtemperaturmessung.* In die Umhüllung der Streifen wird ca. 2 g CrO_3 eingefüllt u. bei 1500—1800° F. verflüchtigt. Es bildet sich auf den Bimetallstreifen eine Schutzschicht von Cr_2O_3. — Zeichnung. (**A. P. 2 571 700** vom 3/5. 1946, ausg. 16/10. 1951.) STEIL. 5887

Pierre-Henri-Albert Toutain, Seine-Inférieure, Frankreich. Als *Mittel zur Prüfung der Gasdichtigkeit von Rohren oder Apparaten* verwendet man Gemische aus alkylierten Pflanzenschleimen (Alginaten) oder Methylcellulose u. Verbb., welche die Oberflächenaktivität herabsetzen, oder Netz- oder Schaummitteln, wie Seife oder Alkylnaphthalinsulfonat, in alkal. Mittel. Die neuen Mittel besitzen eine starke Schaumkraft u. haften beim Aufstreichen gut an den zu prüfenden Wänden oder Öffnungen. — Tabelle mit Beispielen. (**F. P. 973 155** vom 27/6. 1941, ausg. 8/2. 1951.) RAETZ. 5889

Allied Chemical & Dye Corp., übert. von: **Curtis B. Hayworth**, New York, N. Y., V. St. A., *Bestimmung des Feuchtigkeitsgehalts in Gasen*, bes. in den Gasen des H_2SO_4-Kontaktverf., durch Zusammenbringen mit einer Lsg. einer fl. hygroskop., nichtorgan. Substanz, z. B. einer wss. H_3PO_4-Lsg., bei konstanter Temp. u. konstantem Druck in dem Raum zwischen zwei Elektroden, z. B. bei 40° zwischen zwei Pt-Elektroden. Durch Messung der elektr. Leitfähigkeit der Fl. wird die Menge des aus dem Gas aufgenommenen W. festgestellt. — Zeichnung. (**Can. P. 476 221** vom 4/8. 1949, ausg. 21/8. 1951. A. Prior. 22/1. 1949.) M. F. MÜLLER. 5889

Karl Kaindl (Miterfinder: **Arnulf Mathiaschitz**), Linz, Oesterreich, *Materialprüfungsverfahren zur Feststellung von Oberflächenrissen mit Hilfe von radioaktiven Substanzen,* dad. gek., daß natürliche oder künstliche radioakt. Substanzen in die Risse eingelagert u. durch die Wrkg. ihrer Strahlung in an sich bekannter Weise auf empfindliches Platten- oder Filmmaterial abgebildet bzw. durch eine Zählrohrmeth. oder eine sonstige Strahlung messende App. nachgewiesen werden. Die Einbringung der radioakt. Stoffe in das zu prüfende Material in gelöstem, gasförmigem oder auch festem Zustand erfolgt unter Anwendung von Vakuum oder Druck bzw. wechselnder Einw. von Vakuum u. Druck. (**Oe. P. 169 302** vom 3/2. 1950, ausg. 10/11. 1951.) M. F. MÜLLER. 5889

A/S Den Norske Remfabrik, Oslo, Norwegen, *Verhinderung der Erhöhung der Reibung bei Belagstücken* (I) *von Treibriemen.* Man stellt I aus Metalldrähten oder Fäden her, die nicht mit dem Werkstoff des Treibriemens selbst reagieren. Man kann z. B. Drähte aus rostfreiem Stahl oder Drähte aus Metallen verwenden, die mit einem Überzug aus Ni, Al, Sn, Cr versehen sind. Auch mit Drähten armierte Kautschukmassen können dann als Spannungsorgane dienen u. verhindern eine elektrostat. Aufladung der I. (**N. P. 78 287** vom 8/10. 1947, ausg. 19/3. 1951.) JÜRGEN SCHMIDT. 5893

Hermann Neumayer, *Riemenadhäsionsmittel.* Man bestreicht den Riemen in dünner Schicht mit einem *Lack*, dem Metallpulver, bes. Al, zugesetzt ist. (**F. P. 1 001 286** vom 9/4. 1946, ausg. 21/2. 1952.) ASMUS. 5893

Peter James Soffel, Pittsburgh, Pa., V. St. A., *Exotherme Reaktionsgemische.* Zwecks Erhaltung des fl. Zustandes geschmolzenen Metalls wird ein exotherm reagierendes Gemisch von Al u. Mg mit anderen Substanzen z. B. folgender Zus. verwendet: Al_2O_3 27,79%, SiO_2 0,41, CaF_2 10,70, C 7,10, $CaCO_3$ 0,12, Fe_2O_3 5,19, TiO_2 0,41, Na_2O 0,33, $MgCO_3$ 0,12, $NaNO_3$ 5,54, AlN 0,63, KNO_3 2,85, Al_4C_3 1,29, $KClO_3$ 2,85, Al 28,98, K_2O_3 0,12, Mg 4,57, $MgSiO_3$·aq. 1,00. Mit Bindemitteln wie Dextrin, Harz, Melasse wird das Gemisch geformt. (**E. P. 662 377** vom 18/7. 1949, ausg. 5/12. 1951.) HARDER. 5897

Jean-Charles Séailles, Paris, Frankreich, *Erzeugung von leicht abtrennbaren Niederschlägen.* Die reagierenden Stoffe werden derart an zwei einander gegenüberliegenden Stellen des Reaktionsgefäßes zwecks Mischung eingeleitet, daß immer die stöchiometr. erforderlichen Mengen vorhanden sind. Bereits gebildete Ndd. können zur Erzielung eines groben Kornes nochmals in das Reaktionsgefäß eingebracht werden. (**Schwz. P. 275 788** vom 13/4. 1948, ausg. 1/9. 1951.) STEIL. 5897

I. G. Farbenindustrie Akt.-Ges., Frankfurt/M. (Erfinder: **Wilhelm v. Füner**, Ludwigshafen/Rh.), *Herstellung aktiver Tonerde*, bes. für *katalyt.* Zwecke, durch Ausfällen von $Al_2O_3 \cdot 3\,H_2O$ aus einer Al-Salzlsg. in der Wärme u. nachträgliches Erhitzen. Bei dieser Fällung hält man Tempp. > 80° u. ein p_H von 7—10 ein. (**D. R. P. 752 827** Kl. 12m vom 5/4. 1941, ausg. 11/5. 1953.) NEBELSIEK. 5905

Georg Stetter, Zell am See, Salzburg, Oesterreich, *Erhöhung der Festigkeit und Beständigkeit katalysierender Körper*, bes. metall. Katalysatoren, durch Ausbldg. der katalysierenden Körper zu sogenannten Einkristallen. Unterzieht man Metalle einer länger dauernden Wärmebehandlung, bei welcher z. B. Draht oder Blech ganz langsam durch eine Zone hoher Temp. geführt wird, so verändert sich das polykristalline Gefüge in Richtung der Ausbldg. eines Einkristalls. Voraussetzung ist die Verwendung eines Metalls von großer Reinheit. Hierdurch wird die Festigkeit der Körper stark erhöht u. die Verdampfung erheblich verringert. Verwendung als Katalysatoren in der chem. Industrie. (**Oe. P. 172 649** vom 22/12. 1950, ausg. 25/9. 1952.) WITTHOLZ. 5905

T. K. **Ross**, An introduction to chemical engineering. London: Pitman. 1953. (X + 214 S. m. Abb.) 21 s.

III. Elektrotechnik.

Badische Anilin- & Soda-Fabrik, Ludwigshafen/Rh. (Erfinder: **Fritz Stastny,** Weinheim), *Isoliermaterial.* Zur Herst. poröser, dielektr. hochwertiger Isolierungen aus thermoplast. Kunststoff (I) werden die mit I umhüllten Leiter (II) der Einw. von Flüssigkeitsgemischen ausgesetzt, die aus Lösungsmitteln (III) für I u. aus I nur quellenden Fll. (IV) bestehen, mit einem E. unter dem des I. Dann werden die II auf Tempp. oberhalb des E. der plast. M. erwärmt. Als I dient z. B. Polystyrol, als III Bzl., Toluol, Xylol oder Methylenchlorid, als IV Pentan, Hexan oder Heptan. (**D. B. P. 863 959** Kl. 21c vom 20/1. 1951, ausg. 22/1. 1953.) KESSEL. 5857

Canadian General Electric Co. Ltd., Toronto, Ontario, Can., übert. von: **Murray M. Sprung,** Scotia, N. Y., V. St. A., *Isolieren von elektrischen Leitern.* Die Leiter werden zunächst in ein Bad getaucht, das ein phenol-aldehyd-modifiziertes *Polyvinylharz* enthält. Der Überzug wird bei 200—500° eingebrannt. Dann wird in ein 2. Bad getaucht, das enthält 1. ein Harz aus der Gruppe der Polymeren von Vinylchlorid u. der Copolymeren von Vinylchlorid u. Vinylacetat, 2. ein Pigment, wie bas. Bleisilicat, TiO_2, Gasruß, 3. ein Netz- u. Quellmittel, wie Ester von Phthal- u. Phosphorsäure, 4. KW-stoffe mit einem Kp. zwischen 100 u. 225°. Auch dieser Überzug wird bei 200—500° eingebrannt. (**Can. P. 477 220** vom 7/8. 1947, ausg. 25/9. 1951.) SCHÖNAUER. 5957

Badische Bau- und Kunststoff G. m. b. H., Mannheim, *Bauelement zur Abschirmung von kurzwelligen elektromagnetischen Strahlen,* bestehend aus synthet. oder natürlichem Anhydrit. Geeignet gegen Röntgenstrahlen. (**D. B. P. 882 300** Kl. 37b vom 19/8. 1950, ausg. 6/7. 1953.) SCHINDLER. 5957

N. V. Philips' Gloeilampenfabrieken, Eindhoven, Holland (Erfinder: **B. W. Speekman**), *Örtliche Entfernung von Lackschichten von Isolierdrähten.* Man behandelt die bes. mit synthet. Lacken überzogenen Drähte mit einer organ., bes. aromat. Sulfonsäure bei mindestens 200° u. trocknet anschließend die verkohlte Lackstelle ab. Bes. verwendet man eine Lsg. der Sulfonsäure in einem netzenden Lösungsm., z. B. Toluolsulfonsäure in verd. A. bei ca. 300°. (**Schwed. P. 135 847** vom 2/4. 1951, ausg. 27/5. 1952. Holl. Prior. 4/9. 1950.) JÜRGEN SCHMIDT. 5957

Monsanto Chemical Co., St. Louis, Mo., übert. von: **Milton J. Scott,** Lexington, und **Elwood F. Jackson,** Ludlow, Mass., und **Costas H. Basdekis,** Dayton, O., V. St. A., *Aufarbeitung von Polymerisatemulsionen.* Sie werden zunächst mit einem anionenaustauschenden Kunstharz u. danach mit einem kationenaustauschenden Kunstharz oder umgekehrt oder gleichzeitig behandelt, wobei ein Brechen der Emulsionen nicht zu beobachten war. Man erhält Kunststoffe mit verbesserten *elektr. Isoliereigg.*; die Abtrennung dieser Kunststoffe aus den durch vorst. Behandlung von ionenbildenden Stoffen befreiten Emulsionen kann durch Ausfällen oder Verdüsung erfolgen. Es können z. B. so Styrol- u. Polyvinylchloridemulsionen aufgearbeitet werden. (**A. P. 2 580 325** vom 5/8. 1949, ausg. 25/12. 1951.) HERBST. 5957

Milnes Electrical Engineering Co. Bingley Ltd. und **Henry Reginald Milnes,** Bingley, England, *Alkalischer Akkumulator.* Der Akkumulator besteht aus einem Stapel von Elektrodenplatten mit abwechselnder Polarität, die mit Einschnitten u. Vertiefungen versehen u. perforiert sind. Die Vertiefungen liegen einander gegenüber. Außerdem enthalten die Platten auf den Außenflächen akt. Stoffe. Zwischen den Platten befindet sich ein freier Raum, durch den das auf den Oberflächen entwickelte Gas nach Passieren der Perforierungen austreten kann. Die positiven u. negativen Elektroden sind durch Diaphragmen getrennt, die den Elektrolyten durchlassen. Einschnitt u. Vertiefungen dienen zur Aufnahme der akt. Stoffe. Als Diaphragmen dienen Folien aus porösem Kautschuk oder Nylongewebe, mercerisierter Baumwolle, Glasgewebe, die vom Elektrolyten nicht angegriffen werden. An den Kanten werden die Diaphragmen möglichst undurchlässig gemacht, indem man sie mit Pech, Gummilsg., Paraffin oder dgl. überzieht. — Zeichnung. (**N. P. 78 710** vom 17/6. 1946, ausg. 25/6. 1951. E. Priorr. 18/6., 18/11. u. 30/11. 1945.) JÜRGEN SCHMIDT. 5971

Mallory Batteries Ltd., London, England (Erfinder: **Robert Colton,** New Rochelle, N. Y.) V. St. A., *Herstellung eines galvanischen Elementes.* Die Kathode besteht aus amalgamiertem Zinkpulver u. die Anode aus einer Mischung von HgO u. Graphit. Jede Elektrode befindet sich in einem von dem anderen isolierten niedrigen Metallbecher. Letztere sind mit Zwischenraum (I) in einem Außengehäuse (II) untergebracht. In den I werden zum Aufsaugen u. Vernichten des gegebenenfalls austretenden Elektrolyten u. Hg Papier u. ein Metall, das ein Amalgam bildet, eingebracht. Am Boden von II ist eine Entlüftungsöffnung vorgesehen. — Zeichnungen. (**D. B. P. 881 391** Kl. 21b vom 24/4. 1951, ausg. 29/6. 1953.) LAASS. 5971

Pertrix-Union G. m. b. H., Ellwangen (Erfinder: **Emil Zender,** Berlin), *Behälter für galvanische Trockenbatterien.* Um ein Auskristallisieren u. Schrumpfen des Elektrolyten zu verhindern, wird der Behälter außen mit einer 10 μ dicken Metallfolie aus Zn oder Al überzogen. Die Folie kann unter Verwendung von Papier kaschiert sein u. gegebenenfalls einen Schutzüberzug, z. B. aus einem Kunststoff, erhalten, oder zwischen zwei, den Behälter bildenden Papplagen eingebettet werden. (**D. B. P. 882 582** Kl. 21b vom 6/3. 1943, ausg. 9/7. 1953.) LAASS. 5971

Samuel Ruben, New Rochelle, N. Y., V. St. A., *Herstellung von festen Elektrolyten für Trockenelemente.* Zu 100 cm^3 des Elektrolyten, bestehend aus 100 (g) KOH, 16 ZnO u. 100 W., wird in kleinen Portionen 3—12 Na-Carboxymethylcellulose unter Erhitzen auf 117—120° hinzugegeben. Es entsteht eine klare Lsg., die in auf 117° erwärmte Formen gegossen wird u. beim Abkühlen ein steifes Gel bildet, das in Plattenzellen eingebaut wird. (**A. P. 2 576 266** vom 23/12. 1947, ausg. 27/11. 1951.) LAASS. 5971

Union Carbide& Carbon Corp., übert. von: **Lester L. Winter,** Lakewood, O., V. St. A., *Reinigung von Kohlenelektroden für Elektronenentladungsgeräte.* Aus C bestehende Gegenstände (I) werden mittels hochfrequenten elektr. Stromes in einer inerten Fl., z. B. W., auf 50—1000° oberhalb deren Kp. liegende Tempp. erhitzt. Durch die Dampfbldg. werden auf der Oberfläche der I befindliche Staubteilchen losgelöst. (**A. P. 2 527 666** vom 22/5. 1945, ausg. 31/10. 1950.) BRÄUNINGER. 5975

Philips Lamps Ltd., London, England, *Emissionsfreie Elektroden* für elektr. *Entladungsröhren* bestehen aus einer durch Schmelzen gewonnenen Legierung aus Fe mit höchstens 7% Ti. Sie werden in nicht oxydierender oder schwach reduzierender Atmosphäre (z. B. einem H_2–N_2-Gemisch) ca. 20 Min. auf 800—1000° erhitzt, wobei durch Bindung von Rest-O_2 eine dünne schwarze TiO_2-Oberflächenschicht gebildet wird. (**E. P. 639 044** vom 28/10. 1946, ausg. 21/6. 1950. Holl. Prior. 10/3. 1943.) KESSEL. 5975

Sylvania Electric Products, Inc., Salem, übert. von: **Eric L. Mager,** Peabody, Mass., V. St. A., *Herstellen von Innenüberzügen aus einer Suspension lichtvermittelnder Substanz in gekrümmten Glasrohren, zum Beispiel für Fluorescenzlampen.* Eine Suspension besteht etwa aus folgenden Bestandteilen: Lösungszus.: 75% Aceton, 25% Ae.; Binder: 1200 sec. R. S. Nitrocellulose, naß, mit 30% A.; fluorescierendes Material: 3500° weißer Phosphor; Plastifizierungsmittel: Diäthylphthalat gleich dem Gewicht der Naßnitrocellulose. Die Viscosität ist 4000 centipoises, D. 1,13. Auf einer Sondervorr. ist ein Rohr drehbar gelagert. Die Suspension wird an einem Ende eingeführt. Das Rohr wird so gedreht, daß sich an der Innenwand des Rohres die Suspension verteilt u. einen Überzug bildet, der dann getrocknet wird (Drehung: 2½ Std. pro Umdrehung = ca. 0,007 U/Min.). (**A. P. 2 512 866** vom 24/1. 1946, ausg. 27/6. 1950.) BEWERSDORF. 5975

British Thomson-Houston Co. Ltd., London, England (Erfinder: **John Edwin Stanworth** und **Gerald David Redston**), *Glas-Metall-Einschmelzungen für elektrische Entladungsgefäße.* Eine Legierung aus 46—48 (%) Ni, 3,8—5,7 Cr, Rest Fe u. Verunreinigungen läßt sich spannungsfrei verschmelzen mit einem Weichglas aus 55 bis 57 SiO_2 (davon bis 1 ersetzbar durch B_2O_3), bis 1,5 Al_2O_3, 12—13 Alkalioxyde u. 29—31 PbO. (**E. P. 642 668** vom 30/6. 1947, ausg. 6/9. 1950.) KESSEL. 5975

British Thomson-Houston Co. Ltd., London, übert. von: **Robert Stirling Wells** und **Walter Roy Blood,** Rugby, Warwick, England, *Leuchtschirm für Kathodenstrahlröhren.* Manche Leuchtstoffe (I), z. B. $Ca_3(PO_4)_2$ mit Ce aktiviert, leiden unter Oxydationserscheinungen, wenn sie mit einem Bindemittel (II) auf einer Trägerschicht (III), z. B. Glas, in Luft zur Vertreibung des II erhitzt werden. Zur Behebung dieser Güteminderung wird III nach dem Einbrennen der I in einem reduzierenden Gas- oder Dampfstrom (z. B. H_2) bis unter ihren Erweichungspunkt erhitzt. (**E. P. 635 491** vom 28/1. 1947, ausg. 12/4. 1950.) KESSEL. 5975

William H. Byler und **John W. Wilson,** Morris Plains, N. J., V. St. A., *Leuchtmasse für Röntgenschirme.* Die M. besteht aus Zn/CdS mit ca. 75% ZnS u. 25% CdS u. enthält zur Verminderung des Nachleuchtens *Rh* oder *Pd* in Mengen von 1 (Teil) auf

1000000—10000000 Teile Zn/CdS. Außerdem werden noch die üblichen Hilfsstoffe (Fluß- u. Bindemittel usw.) zugesetzt; das Gemisch kann weiterhin noch geringe Mengen von Au, Ag, Mn u. Cu enthalten. (**A. P. 2 525 860** vom 13/7. 1946, ausg. 17/10. 1950.) KALIX. 5975

Louis Christian Thevenot, Max Simon Fischer und **René Audubert,** Paris, Frankreich, *Trockengleichrichter*. Zwischen einer Cd-Elektrode (I) u. einer Gegenelektrode (II) aus einem Cu-Halogenid (z. B. CuJ_2 mit geringem Se-Geh.) liegt eine Sperrschicht aus CdS. Sie kann elektrolyt. aus Na_2S gewonnen werden, oder durch chem. Behandlung der I, z. B. durch Sulfidierung in einem fl. Medium oder in S-Dampf. (**E. P. 634 768** vom 19/2. 1948, ausg. 29/3. 1950.) KESSEL. 5977

Westinghouse Electric International Co., New York, N. Y., V. St. A., *Selengleichrichter*. Die Cd-haltige Gegenelektrode enthält bis 1 (Gew.-%) Ga oder B (z. B. ca. 70 Cd, ca. 30 Sn u. bis 1 Ga). Sie kann von der Se-Schicht durch eine dünne CdS-Schicht getrennt sein. (**E. P. 632 135** vom 29/1. 1948, ausg. 5/1. 1950. A. Prior. 20/3. 1947.) KESSEL. 5977

General Electric Co. Ltd., London, **Thomas Winfield Pilkington** und **Richard Hamburger,** Stockport, Cheshire, England, *Selengleichrichter*. Auf einer krist. Se-Schicht (I) wird eine amorphe dünne Se-Schicht (II) niedergeschlagen, die dann mit einer Cd-Gegenelektrode bedeckt wird. Zur Gewinnung der II benetzt man entweder die I mit einer durch Einleiten von H_2Se in eine konz. wss. NH_3-Lsg. hergestellten, wss., alkoh. oder ammoniakal. $(NH_4)_2Se$-Lsg., die man in warmer Luft eintrocknen läßt; oder man behandelt die mit W., A. oder einer wss. NH_3-Lsg. angefeuchtete I mit H_2Se-Dämpfen. (**E. P. 633 517** vom 13/8. 1947, ausg. 14/2. 1950.) KESSEL. 5977

N. V. Philips' Gloeilampenfabrieken, Eindhoven, Holland, *Halbleiter-Sperrschichtzelle*. Zwischen der z. B. aus Au bestehenden dünnen Gegenelektrode (I) u. der Stromzuführungselektrode (II) liegt zum Schutz der I eine bzgl. dieser chem. inerte dünne Zwischenschicht aus Fe, Zn oder Al oder einem Kunstharz, z. B. Äthylcellulose, die bei einer Schichtstärke von ca. 10 μ noch einen hinreichenden elektr. Kontakt zwischen I u. II ermöglicht. (**E. P. 632 166** vom 30/8. 1946, ausg. 5/1. 1950. Holl. Prior. 7/12. 1942.) KESSEL. 5977

N. V. Philips' Gloeilampenfabrieken, Eindhoven, Holland, *Selen-Sperrschichtzelle*. Auf die freie Oberfläche einer Se-Schicht, die auf einer aufgerauhten u. mit einer C-Schicht versehenen Trägerplatte (z. B. aus Al) aufgetragen ist, wird eine dünne Schicht einer harzbildenden Fl. (z. B. Chinolin) aufgepreßt. Dann wird die I zur Gewinnung der krist. Modifikation auf ca. 200° erhitzt. Dabei wird auf die Oberfläche eine harzbildende Fl. (z. B. Triäthanolamin) aufgesprüht, so daß sich eine wenige $\mu/_{10}$ starke Harzschicht bildet. Diese wird dann durch Kathodenzerstäubung in Luft mit einer dünnen, wenige $\mu/_{10}$ starken Se-Schicht bedeckt, auf der eine metall. Gegenelektrode aufgespritzt wird. (**E. P. 637 736** vom 15/4. 1947, ausg. 24/5. 1950. Holl. Prior. 8/8. 1944.) KESSEL. 5977

Edward Eric Shelton und **Gilbert Arthur Richard Thomas,** London, England, *Geiger-Müller-Zähler*, bes. für γ-Strahlen, enthalten selbsttragende Kathoden aus dünner Pb-Folie, die über ein Stützgitter aus Cu, Messing, Bronze, Ni oder rostfreiem Stahl gepreßt ist. (**E. P. 640 840** vom 30/6. 1948, ausg. 26/7. 1950.) KESSEL. 5979

Edward Eric Shelton und **Gilbert Arthur Richard Thomas,** London, England, *Geiger-Müller-Zähler* erhalten einen, auch gegen gelegentlichen Rückstrom beständigen inneren Kathodenbelag aus PbS (I), der chem. gewonnen wird. Der frei zu haltende Gefäßteil wird dabei prakt. mit CCl_4 gefüllt, das mit der zur Ausscheidung des I dienenden Lsg. überschichtet wird. (E. P. **643 819** vom 21/4. 1948, ausg. 27/9. 1950.) KESSEL. 5979

N. V. Philips' Gloeilampenfabrieken, Eindhoven, Holland (Erfinder: **J. Bleeksma** und **K. van Gessel**), *Geiger-Müller-Zählrohr*. Man verwendet außerordentlich dünne Glasröhrchen, die innen u. außen durch eine Metallwicklung verstärkt sind u. die man herstellen kann, indem man z. B. ein dünnes Band aus nichtrostendem Stahl von ca. 0,05 mm Stärke aufwickelt, so daß die Kanten einander überlappen, die Überlappungsstellen mit Glaspulver bestreut u. dieses zum Schmelzen bringt, so daß die Überlappungsstellen abgedichtet werden. Die außerordentlich dünnen Glasschichten liefern sehr empfindliche Zählrohre. (**Schwed. P. 135 920** vom 24/4. 1951, ausg. 3/6. 1952. A. Prior. 27/4. 1950.) JURGEN SCHMIDT. 5979

N. V. Philips' Gloeilampenfabrieken, Eindhoven, Holland (Erfinder: **H. G. Bruijning**), *Hochfrequenztransformator* zur Übertragung von elektrischen Impulsen, bes. *Radarimpulsen*. Der Transformator enthält einen Magnetkreis, der ein ferromagnet. Hochfrequenzmaterial, bes. *Ferrite*, enthält. Man erzeugt in dem Magnetkreis ein konstantes magnet. Feld mit Hilfe eines permanenten Magneten, so daß das ferromagnet. Material auch bei Ausbleiben von Impulsen magnet. gesätt. bleibt u. das durch die Impulse erzeugte Magnetfeld dem konstanten Magnetfeld entgegengerichtet ist. Hierzu ist ein geschlossener Leiter aus elektr. leitenden Stoffen zwischen dem permanenten Magneten u. dem magnet. Kreis mit dem Ferrit eingeschaltet. (**Schwed. P. 133 884** vom 11/7. 1949, ausg. 11/12. 1951. Holl. Prior. 14/7. 1948.) JÜRGEN SCHMIDT. 5981

N. V. Philips' Gloeilampenfabrieken, Eindhoven, Holland, *Zylindrische Luftkondensatoren.* Die Elektrodenzylinder (z. B. aus Al oder Leichtmetall) werden mit großen Wandstärken gegossen u. dann in einem Ätzbad (z. B. 15% ig. HCl- oder 20% ig. NaOH-Lsg.) durch Abätzen auf die gewünschten Abmessungen gebracht. (**F. P. 641 206** vom 3/8. 1948, ausg. 9/8. 1950. A. Prior. 6/8. 1947.) KESSEL. 5983

General Electric Co. Ltd., London, **Brian Stephen Gossling, Lesley Scott Souter** und **Nancy Margaret Phillips,** Wembley, Middlesex, England, *Hochohmige Flüssigkeitswiderstände* von hoher Temperaturkonstanz. Um die durch den Wasseraustausch zwischen dem Gefäß (I) u. der Widerstands-Fl. (II) verursachte Temperaturabhängigkeit des Widerstands zu beseitigen, wird die Innenwandung des I (z. B. ein mit Stromzuführungen versehenes Pb-Glasröhrchen) vor dem Einfüllen der II durch Ausheizen im Vakuum von der anhaftenden Wasserhaut befreit u. dann mit einer Wassermenge beladen, die so dosiert ist, daß sie prakt. im Gleichgewicht steht mit dem Wassergeh. der nachher eingefüllten II. Als II dient z. B. Toluol mit einem geringen Geh. an Pikrinsäure, A. u. Wasser. (**E. P. 637 497** vom 10/8. 1949, ausg. 17/5. 1950.) KESSEL. 5983

LICENTIA Patent-Verwaltungs-G. m. b. H., Hamburg (Erfinder: **Frank M. Clark,** Pittsfield, Mass., V. St. A.), *Elektrolytkondensator.* Die Oberflächenschicht der Anschlußstreifen der anod. oxydierten Al-Folien wird chem. beseitigt, z. B. durch Beizen bei 70° in 5% ig. HCl oder bei 70—95° in 1% ig. NaOH. (**D. B. P. 865 154** Kl. 21g vom 2/10. 1948, ausg. 29/1. 1952.) KESSEL. 5983

Sprague Electric Co., North Adams, Mass., V. St. A., *Elektrischer Kondensator.* Ein feuchter Papierkondensatorwickel (ca. 5—15% Wassergeh. der Papiermasse) wird mit einem Kunstharz (I) umpreßt (z. B. einem Phenol-, Melamin- oder Harnstoff–CH_2O-I mit einem organ. oder anorgan. Füllstoff), dann im Vakuum bei 100—150° getrocknet u. schließlich bei 80—150° mit einem bei diesen Tempp. fl. Dielektrikum imprägniert. (**E. P. 642 184** vom 12/1. 1948, ausg. 30/8. 1950. A. Prior. 28/12. 1946.) KESSEL. 5983

Imperial Chemical Industries Ltd., London, **Alfred Bennett, Donald Henry Prince,** Runcorn, Cheshire, und **George Ernest Edwards,** Widnes, Lancashire, England, *Anordnung der Kohleelektroden in Zellen für die Elektrolyse von Alkalimetallsalzlösungen* nach dem Verf. mit fließender Hg-Kathode. Um das gleichzeitige Justieren des Abstandes aller Kohleanoden vom Hg ohne Unterbrechung des Prozesses oder Öffnen der gasdichten Zellen zu ermöglichen, sind alle Anoden oberhalb des Zelldeckels in Trägern gelagert, deren Höhe gemeinsam mit Hilfe von Querträgern verändert werden kann. Die Abdichtung der Anoden gegenüber dem Deckel erfolgt durch biegsame Manschetten. (**E. P. 651 664** vom 4/6. 1948, ausg. 4/4. 1951.) LAASS. 5993

Orkla Grube-Aktiebolag, Løkken Verk, Norwegen (Erfinder: **Sigurd Aannerud**), *Elektrodenanordnung in Elektrolysenzellen.* Die Elektrode, an der keine Ausfällung erfolgt, befindet sich in einem durch ein Diaphragma abgetrennten Raum in Verbindung mit dem Gassammelraum. Die Elektrode ist auf beiden Seiten mit kleinen Erhöhungen versehen, deren Spitzen an dem Diaphragma anliegen u. somit einen Zwischenraum bilden, in dem die Gasblasen nach oben steigen u. damit gleichzeitig für eine gute Zirkulation sorgen können. (**N. P. 79 644** vom 8/5. 1950, ausg. 4/2. 1952.) JÜRGEN SCHMIDT. 5993

Maschinenfabrik Oerlikon, Zürich-Oerlikon, Schweiz (Erfinder: **B. Storsand**). *Bipolare elektrolytische Zellen.* Die Zellen weisen elektr. isolierte Zu- u. Abführungsleitungen für die Fll. u. Gase auf. Diese Leitungen bestehen aus einem Metallrohr u. einem steifen, anorgan. Rohrstück, die berweglich angeordnet sind, um Verschiebungen der einzelnen Gaszellen gegeneinander ohne Öffnung der Leitungen zu ermöglichen. — Zeichnung. (**Schwed. P. 134 020** vom 17/2. 1941, ausg. 27/12. 1951. Schwz. Prior. 17/2. 1940.) JÜRGEN SCHMIDT. 5993

IV. Wasser. Abwasser.

W. W. Hastings, *Chemie natürlichen Wassers.* Nach Betrachtung der Unters. u. Eigg. von Oberflächen- u. Grundwasser u. der Aufgaben des „Geolog. Survey" bespricht Vf. 6 typ. in Südwest-USA vorkommende Wässer. (Southwest Water Works J. **35.** Nr. 1. 12—13. 34—49. April 1953. U. S. Geolog. Survey, Water Branch.) MÜHLMEISTER. 6010

Karl Höll, *Nachweis einer vermeintlichen Beeinflussung des Grundwassers durch Flußwasser.* In Gebieten wie im Oberwesergebiet, wo in der Tiefe Salzstöcke u. -linsen auftreten, genügen einfache Chloridbestimmungen nicht, um die Beeinflussung des Grundwassers durch einen versalzenen Flußlauf nachzuweisen. An Hand von Reihenverss. weist Vf. an einem Beispiel der Wasserversorgung Hameln nach, daß der Chloridgeh. des Grundwassers autochthon ist, da dessen Zus. ständig konstant bleibt, während die des Weserwassers starken Schwankungen unterworfen ist. (Vom Wasser **18.** 73—77. 1950/51.) HALLER. 6010

M. E. Gilwood, Calvin Calmon und **A. H. Greer,** *Entkieselungskennwerte stark basischer Anionenaustauscher.* In Laboratoriumsverss. blieb die Kapazität der schwächer bas. Polystyrenharze mit quaternären Alkylgruppen (Permutit S-1, Dowex 1 u. Amberlite IRA-400) bestehen, während die stärker bas. Polystyrenharze mit quaternären Alkanolgruppen (Permutit S-2, Nalcite SAR u. Amberlite IRA-410) nach 400 Regenerationen eine erhebliche Kapazitätsabnahme bis zur Hälfte zeigten, was auch an Harzproben aus Betriebsanlagen bestätigt wurde. Die Kapazitätsminderung ist bei Beaufschlagung mit W. von hohem SiO_2-Geh. gegenüber dem Gesamtmineralsäuregeh. größer als bei W. mit einem im Verhältnis zum Gesamtsalzgeh. niedrigen SiO_2-Gehalt. Ein Schnelltest (Auslaugung der Harze im Rückflußkühler mit heißem dest. W. oder verd. NaOH) ergibt nach 72 Std. gleiche Ergebnisse wie der langwierige Regenerationsversuch. Die betrieblich einfachere zweistufige Entsalzung ergibt prakt. den gleichen SiO_2-Restgeh. wie die Behandlung mit gemischten Harzen. (J. Amer. Water Works Assoc. **44.** 1057—64. Nov. 1952. New York, N. Y. u. Birmingham, N. J., Permutit Co.) MANZ. 6020

Ludwig Popp, *Grundlagen der Trinkwasserchlorung.* (Vgl. C. **1953.** 4426.) Bei der Chlorung bewirkt HOCl in wenigen Sek. den Entkeimungsvorgang im prim. Keimzahlsturz, im sek. wirkt das aus N-Verbb. gebildete Chloramin langsamer. Dem Geh. an Bakterien u. organ. Substanz entspricht die Chlorzehrung. Nur bei Überschuß an HOCl, im Reinwasser durch o-Tolidin-Sofort-Rk. nachgewiesen, kann ordnungsgemäßer Entkeimungsvorgang angenommen werden. (Prakt. Desinfektor **45.** 219—22. Mai/Juni 1953. Braunschweig, Staatl. Medizinaluntersuchungsamt.) MÜHLMEISTER. 6024

V. J. Calise, *Faktoren bei der Planung und Durchführung von Enthärtungsanlagen für Heißwasser.* Untersucht werden der Einfl. der Temp. auf die chem. Rk. des Enthärtungsvorganges, der Einfl. der Zeit auf die Rk., der Einfl. des Überschusses der benötigten Chemikalien, weiter der Einfl. des Rührens u. des Mischens, die Einw. der angereicherten festen Substanzen, die Faktoren, die die Trennung der ausgeschiedenen festen Substanzen vom behandelten W. beeinflussen u. schließlich die Absetzoberflächengrößen. (Combustion [New York] **22.** Nr. 2. 49—55. Aug. 1950.) BOYE. 6030

M. Kehren, *Abwassertechnische Probleme der Textilveredlungsindustrie.* Nach kurzen Ausführungen über die Art der Verunreinigung der Abwässer der Textilindustrie wird auf die Unters. der Abwässer (Permanganatzahl) eingegangen u. an Hand einer Tabelle über die Analysendaten einiger Färbereiabwässer berichtet. Anschließend wird dann die biol. Selbstreinigung der Oberflächenwässer, die chem. Fällungsverff. sowie die Eisenung von Textilabwässern beschrieben. In diesem Zusammenhang werden das PISTA-Verf. sowie das NIERS-Verf. besprochen. Ein Überblick über die apparative Gestaltung einer Textilkläranlage nach dem NIERS-Verf. wird gebracht. Weiter wird eine Abwasserreinigungsanlage nach dem Eisenvitriol–Kalk-Fällungsverf. behandelt. Auf Grund prakt. Erfahrungen wird der mit der „Eisenung" erreichte Reinigungseffekt selbst bei Behandlung stark farbstoffhaltiger textiler Abwässer als ausreichend betrachtet. (Klepzigs Textil-Z. **55.** 802—10. 5/7. 1953.) P. ECKERT. 6036

Jean Pien, *Neue Gesichtspunkte zum Problem der Abwasserreinigung der Molkereiindustrie.* (Vgl. C. **1953.** 1865.) Für Abwasser, die mehr als 10% Molke enthalten, reicht Flockung mit Alaun u. CaO bei p_H 11—12 u. Filterung über Torffilter von 1 m Schichthöhe u. 4 m/h Belastung für geklärtes, 2 m/h für schlammhaltiges Abwasser nicht aus, um übermäßige Belastung des Vorfluters, Pilzwachstum zu vermeiden. Es wird vorgeschlagen, in solchen Fällen die bis Mittag anfallenden Molke-haltigen Abwässer zunächst in einem auf den doppelten Tagesanfall berechneten Becken unter wiederholter Zugabe von $CaCO_3$ u. Anwärmung auf 35—40° 6 Std. zu vergären, 12 Std. absetzen zu lassen, das dekantierte nun milchzuckerfreie Abwasser anschließend in einem zweiten gleichgroßen Becken in ähnlicher Weise einem Eiweißabbau zu unterwerfen, sodann weiter wie oben durch Flockung u. Torffilterung zu reinigen. Das zum raschen Lactose- bzw. Eiweißabbau geeignete Substrat, eine Lactobacillus- bzw. clostridium sulfitoreductans-Kultur, wird aus dem Abwasser bzw. dem vergorenen Abwasser durch Zugabe von Käsereiabfällen, $CaCO_3$ bzw. Käsereiabfällen, Schweinestalljauche im Verlaufe einiger Wochen gezüchtet, wobei täglich wie im späteren Betriebe nur die obere dekantierte Schicht abgehoben wird. Nach Einarbeitung geht die Lactosevergärung in ca. 6 Std. vollständig, die nach dem Verhältnis Gesamt-N zu dem nach Alaun–Kalk-Fällung Liter-N kontrollierte Proteolyse zu mindestens 80% vor sich. (Ind. laitière [N. S.] **1952**. 267—79. Dez.) Manz. 6040

Harold F. Clark, Harold L. Jeter, Edwin E. Geldreich und **Paul W. Kabler**, *Amerikanische und europäische molekulare Filtermembranen.* Membranen europäischer Herkunft werden durch Kochen in dest. W. sterilisiert, feucht aufbewahrt, sie sind empfindlich gegen Druckunterschiede von 360 mm Hg, filtrieren etwas langsamer u. haben kein Gitter zur Erleichterung der Auszählung. USA-Membranen werden mit Äthylenoxyd entkeimt, in trockenen Petrischalen aufbewahrt, sie halten Druckbeanspruchungen bis 700 mm Hg aus, filtern rascher. Die bakteriolog. Ergebnisse stimmen gut überein. Der leichteren Herst. u. besseren Durchlässigkeit wegen werden die amerikan. Membranen bevorzugt. Die Endobrühe wird auf biol. Wege durch Zusatz steigender Farbstoffmengen zu einer Testreihe eingestellt. Das günstigste Fuchsin–Sulfit-Verhältnis ergibt sich aus der höchsten Zahl der gewachsenen Colikolonien mit kennzeichnendem Metallglanz. (J. Amer. Water Works Assoc. **44**. 1052—56. Nov. 1952. Cincinnati, O., U. S. Public Health Serv., Environmental Health Center.) Manz. 6064

V. Anorganische Industrie.

M. R. Arnold, Kenton Atwood, H. M. Baugh und **H. D. Smyser**, *Nickel-Katalysatoren für die Kohlenwasserstoff–Wasserdampf-Reaktion.* Versuchsergebnisse über die Herst. von H_2 durch Rk. von KW-stoffen, z. B. CH_4 oder Naturgas mit Wasserdampf über Ni-Katalysatoren (I), die in Mengen von 4—30% auf Trägersubstanzen aufgebracht sind bzw. in Form von Bändern, Ringen, Zylindern usw. zur Anwendung gelangen. Die Unters. umfaßt die Wrkg. der Oberfläche, Porosität, Poren- u. Teilchengröße der I. In halbtechn. App. wird Lebensdauer u. Aktivität der I geprüft. Oberhalb 1050° tritt bei handelsüblichen Katalysatoren eine schnelle Inaktivierung ein. — Diagramme, Tabellen u. 12 Literaturhinweise. (Ind. Engng. Chem. **44**. 999—1003. Mai 1952. Louisville, Ky., Girdler Corp.) K. O. Müller. H 238

W. C. Saeman, I. W. McCamy und **E. C. Houston**, *Gewinnung von Ammoniumnitrat durch kontinuierliche Kristallisation im Vakuum.* Ausführliche Beschreibung des Verfahrens. — 3 Skizzen. (Ind. Engng. Chem. **44**. 1912—15. Aug. 1952. Wilson Dam, Ala., Tennessee Valley Authority.) Winiker. H 243

Hans Schmalfeldt, Castrop-Rauxel, *Oxydation und Absorption von Stickoxyden* in unter Druck arbeitenden HNO_3-Anlagen. Die einzelnen Oxydationstürme oder -stufen wurden übereinander angeordnet, u. die in den einzelnen Türmen oder Schichten umlaufende Säure wird durch den Gasstrom in die jeweils darüberliegende Stufe gehoben. — Z. B. fließt die Säure aus dem Säuresumpf der einzelnen Stufen durch ein U-Rohr in ein U-Rohr, das die Gase aus dem oberen Teil der Stufe in die nächste Stufe führt. Beide U-Rohre können in den unteren Stufen zur Abführung der Reaktionswärme gekühlt werden. Man kann auch den Außenmantel des Gesamtturms mit Kühlwasser berieseln oder den ganzen Absorptionsturm in eine Ummantelung stellen, in die Kühlluft geblasen wird. Die Säureberieselung wird bes. so vorgenommen, daß ein erheblicher Teil der Umlaufsäure an der Innenseite des Außenmantels herunterrieselt. — Vorr.; Zeichnung. (**D. B. P. 879 544** Kl. 12i vom 22/4. 1951, ausg. 15/6. 1953.) Zürn. H 243

Heinrich Koppers G. m. b. H. (Erfinder: **Willy Lindner**), Essen, *Gewinnung von S aus H_2S enthaltenden Gasen,* die N-Verbb., wie HCN, NH_3, enthalten. Die Gase werden mit einer beschränkten Menge O_2 (Luft) durch eine gegen Wärmeverluste geschützte Schicht von feuerfesten, aus einem Gemenge von Cr_2O_3 u. Al_2O_3 nach Art feuerfester Steine durch Formen, Brennen u. Zerkleinern hergestellten Kontaktkörpern bei so hohen Tempp. geleitet, daß die N-Verbb. prakt. vollständig verbrannt werden. Die aus dieser Kontaktschicht kommenden heißen Reaktionsgase strömen durch eine in einem gekühlten Kontaktraum angeordnete Schicht von Kontaktkörpern, die aus Bauxit oder dgl. bestehen oder Bauxit enthalten. Anschließend wird der S durch weitere Kühlung abgeschieden. Das Restgas kann erhitzt einem Claus-Ofen zugeführt werden. Die Kontakte der 2. Stufe können in einem Rauchrohrdampfkessel angeordnet sein, dessen Rauchrohre sämtlich eine in gleicher Weise verlaufende leichte Biegung besitzen, die bei Erwärmung ein Ausweichen gestattet. — Zeichnung. (**D. B. P. 878 939** Kl. 12i vom 9/8. 1940, ausg. 8/6. 1953.) Zürn. H 253

Metallgesellschaft Akt.-Ges. (Erfinder: **Erich Stahl** und **Rudolf Michels**), Frankfurt/M., *Gewinnung von S aus H_2S* oder solchen enthaltenden Gasen durch unvollständige Rk. mit Lsgg. u./oder Verbb. von SO_2. Man setzt nur $^2/_3$ oder wenig mehr des H_2S mit dem SO_2 um, für das als Träger eine Thiosulfat- oder Polythionatlsg. mit > 15 g S_2O_3''/Liter oder eine aromat. Aminoverb., z. B. Dimethylanilin, dient. Der nichtumgesetzte Anteil des H_2S wird nach Verbrennung zu SO_2 für die Rückbldg. der SO_2-Lsg. bzw. -Verb. verwendet. Die Abgase sind frei von H_2S u. enthalten < 0,1 Vol.-% SO_2. — Zeichnung. (**D. B. P. 879 090** Kl. 12i vom 5/2. 1939, ausg. 11/6. 1953.) ZÜRN. H 253

Metallgesellschaft Akt.-Ges., Frankfurt/M. (Erfinder: **Gerhard Junge,** Offenbach/M.), *Aufarbeitung von verdünnter Abfallschwefelsäure auf hochkonzentrierte H_2SO_4* durch Überführung in SO_2, Trocknen des Gases, Überführung in SO_3 u. Absorption des SO_3. Die SO_2 enthaltenden Gase befreit man mit Hilfe einer in gesondertem Kreislauf geführten Trockensäure (I) von der Hauptmenge des in ihnen enthaltenen Wasserdampfs. I wird unabhängig von der zur Absorption benutzten Säure aufgearbeitet. (**D. B. P. 878 940** Kl. 12i vom 14/3. 1940, ausg. 8/6. 1953. **Zusatz zu D. B. P. 861 552; C. 1953. 5722.**) ZÜRN. H 253

United States of America, übert. von: **Hermann I. Schlesinger,** Chicago, Ill., und **Herbert C. Brown,** Detroit, Mich., V. St. A., *Herstellung von B_2H_2*. Man setzt fein verteilte Alkalihydride mit Borhalogeniden, bes. BF_3, um. Die Rk. wird beschleunigt, wenn man das Borhalogenid in organ. Lösungsmitteln, bes. Ae., löst. (**A. P. 2 544 472** vom 6/2. 1945, ausg. 6/3. 1951.) ZÜRN. H 258

United States of America, übert. von: **Hermann I. Schlesinger,** Chicago, Ill., und **Herbert C. Brown,** Detroit, Mich., V. St. A., *Entfernung von Halogenwasserstoff aus B_2H_6*. Das Gemisch setzt man bei tiefer Temp. u. niedrigem Druck mit einem Amin, bes. einem tert. Amin, um, dessen Menge stöchiometr. dem Halogenwasserstoff entspricht. Nach der Rk. wird B_2H_6 durch Erhöhung der Temp. von dem Additionsprod. zwischen Amin u. Halogenwasserstoff abdestilliert. Bei Verwendung von Pyridin kühlt man mit fl. N_2 u. arbeitet bei 10^{-4} mm Hg. (**A. P. 2 555 512** vom 13/11. 1946, ausg. 5/6. 1951.) ZÜRN. H 258

Soc. An. des Manufactures des Glaces et Produits Chimiques de Saint Gobain, Chauny & Cirey, übert. von: **Antime Constant,** Paris, Frankreich, *Aufschließung von Phosphaten* mit HNO_3 (I) oder I u. mindestens einer anderen Säure derart, daß sich die Rk. inmitten einer beträchtlichen, mindestens fünfmal so großen Reaktionsmasse vollzieht, als die eingetragene Menge an I u. Phosphat beträgt. (**Can. P. 489 870** vom 4/9. 1945, ausg. 20/1. 1953. F. Prior. 20/11. 1942.) OPPERMANN. H 264

Chemische Werke Albert, Mainz-Kastel (Erfinder: **Hans Huber, Alfred Kokoschinski** und **Karl Klumpner,** Wiesbaden), *Herstellung von polymeren, wasserunlöslichen Ammoniummetaphosphaten* aus Ammoniumorthophosphaten, P_2O_5 u. NH_3. Das Ausgangsgemisch wird bei n. oder wenig erhöhter Temp. mit überschüssigem NH_3, gegebenenfalls bei geringem Überdruck, behandelt. Die Prodd. sind geringer viscos lösl. als die nach dem Verf. des Hauptpatentes unter Druck bei > 200° erhältlichen. Durch eine Nachbehandlung gemäß der Arbeitsweise des Hauptpatentes werden sie ebenfalls hochviscos löslich. (**D. R. P. 760 385** Kl. 12i vom 10/7. 1942, ausg. 29/6. 1953. **Zusatz zu D. R. P. 742 256; C. 1944. I. 1118.**) ZÜRN. H 264

Kalivertriebsstelle G. m. b. H., Abtlg. Kaliforschungsstelle, Hannover, *Aufbereitung kieserithaltiger Kalirohsalze.* Die Aufbereitung durch Flotation unter Anwendung aliphat. Amine mit 16—20 C-Atomen bzw. deren wasserlösl. Salzen erfolgt in der Weise, daß die $MgSO_4$-Konz. der Trägerlauge innerhalb der Grenzlinie für die Doppelsulfatausscheidung gehalten wird, was durch Einhaltung eines bestimmten $MgCl_2$-Geh. der Trägerlsg. erreicht wird. (**D. B. P. 871 133** Kl. 1c vom 14/12. 1951, ausg. 19/3. 1953.) W. HAUSWALD. H 275

Kalivertriebsstelle G. m. b. H., Abtlg. Kaliforschungsstelle (Erfinder: **Rudolf Bachmann**), Hannover, *Schwimmaufbereitung von kalihaltigen Salzen* u. der bei ihrer Aufbereitung anfallenden Zwischenprodukte. Man schwimmt aus der Suspension des zerkleinerten Salzes in seiner Mutterlauge den Sylvin mittels eines Salzes eines n. prim. Amines unter Zusatz eines 2wertigen aliphat. Alkoholes mit mehr als 5 C-Atomen, z. B. Octylglykol, u. unter gleichzeitiger Zugabe eines Cellulosederiv., z. B. Celluloseglykolat, oder eines Stärkeprod. auf. Die Flotation kann mit oder ohne vorherige Entschlämmung der Ausgangsstoffe (Sylvinite, Hartsalze, Carnallite oder deren Mischsalze) durchgeführt werden. (**D. B. P. 872 182** Kl. 1c vom 27/6. 1951, ausg. 30/3. 1953.) W. HAUSWALD. H 275

Kaliforschungsinstitut G. m. b. H. (Erfinder: **Fritz Serowy**), Berlin, *Herstellung von $Mg(OH)_2$* aus $MgCl_2$-Lsg. u. gebranntem Kalk. Die Rk. mit gelöschtem Kalk oder konz. Kalkmilch wird bei n. Temp. unter Rühren während weniger Min. durchgeführt,

das Filtrieren u. Auswaschen des Zwischenprod. erfolgt unmittelbar anschließend mit kaltem Wasser. Man verarbeitet bes. $MgCl_2$-haltige Endlaugen der Kaliindustrie. — Beispiele. (**D. B. P. 879 691** Kl. 12m vom 24/3. 1942, ausg. 15/6. 1953.)
NEBELSIEK. H 282

Badische Anilin- & Soda-Fabrik, Ludwigshafen/Rh. (Erfinder: **Wilhelm Pfannmüller,** Mannheim, **Karl Wintersberger,** Ludwigshafen/Rh., und **Willi Klingler,** Lampertheim), *Herstellung von Zinkhyposulfit* aus feinverteiltem Zn u. wss. H_2SO_3. Dabei verwendet man ein Zn-Pulver, das durch Verdüsen von geschmolzenem Zn mittels eines N-Stromes hergestellt ist. (**D. B. P. 879 835** Kl. 12n vom 21/6. 1951, ausg. 15/6. 1953.)
NEBELSIEK. H 288

Norsk Hydro-Elektrisk Kvaelstofaktieselskab, Oslo (Erfinder: **Hans Joachim Falck,** Oslo, und **Gunder Swensen,** Heröya, Porsgrumm), Norwegen, *Fällung von Tonerde* aus salpetersaurer Lsg. tonerdehaltiger Rohstoffe, z. B. Labradorit, mittels $CaCO_3$. Das Fällprod. wäscht man aus u. behandelt es mit $(NH_4)_2CO_3$-Lsg., wobei man bes. Aluminiumcarbonat $[Al(OH)_2]_2CO_3$ u. $NH_4 \cdot NO_3$ erhält. Letzteres geht in Lsg., wird von dem Carbonat abgetrennt u. zur Herst. von Kalksalpeter weiterverwendet. — Beispiel. (**D. B. P. 879 547** Kl. 12m vom 23/4. 1943, ausg. 15/6. 1953.) NEBELSIEK. H 294

American Cyanamid Co., New York, N. Y., V. St. A., *Verbesserungen bei der Gewinnung von $Al(OH)_3$*. Man läßt eine wss. Alkalialuminatlsg. mit einer Mineralsäure, z. B. H_2SO_4, reagieren u. hält dabei ein p_H von 5,8—8,3 bzw. 6,0—7,5, aufrecht. Dann filtriert man den Schlamm unter häufigem Waschen mit W. über ein Rundfilter u. erhält ein $Al(OH)_3$ mit $<0,1\%$ Alkaligehalt. (**E. P. 686 495** vom 7/2. 1951, ausg. 28/1. 1953. A. Prior. 10/3. 1950.) NEBELSIEK. H 294

Unterharzer Berg- und Hüttenwerke G. m. b. H., Goslar (Erfinder: **Fritz Ensslin,** Öhringen), *Reinigen von Indiumsalzen.* Rohes $In_2(SO_4)_3$ wird in W. oder verd. H_2SO_4 bis fast zur Sättigung gelöst u. dann durch Zugabe von H_2SO_4 das saure Sulfat $In_2(SO_4)_3 \cdot H_2SO_4 \cdot 7H_2O$ zur Kristallisation gebracht. — Beispiel. (**D. B. P. 879 692** Kl. 12n vom 11/8. 1942, ausg. 15/6. 1953.) NEBELSIEK. H 296

Farbenfabriken Bayer (Erfinder: **Friedrich Schubert,** Leverkusen), Krefeld, *Herstellung von Cr(III)-nitrat.* Man setzt CrO_3 in Ggw. von $CH_3 \cdot OH$, CH_2O oder HCOOH mit HNO_3 um. — Beispiele. (**D. B. P. 879 385** Kl. 12m vom 22/4. 1943, ausg. 11/6. 1953.) NEBELSIEK. H 335

Centre National de la Recherche Scientifique (Erfinder: **Yvonne Lombard, Georges Dupont** und **Raymond Dulou**), Frankreich, *Gewinnung von Entfärbungserden und Adsorbentien* unter Verbesserung ihrer Polymerisationswrkg. u. ihres Isomerisationsvermögens. — Die Erde, z. B. Ton, wird bei 100° vorgetrocknet, danach grob zerkleinert u. im Verlauf von 45 Min. unter Vakuum bei 360° erhitzt u. 10 Min. bei dieser Temp. gehalten. Danach wird das Prod. unter Aufrechterhaltung des Vakuums abgekühlt. (**F. P. 971 419** vom 27/5. 1940, ausg. 17/1. 1951.) M. F. MÜLLER. 6157

VI. Silicatchemie. Baustoffe.

V. Charrin, *Die Sandrückstände aus der Aufbereitung von Kaolin.* Es wird über gute Kaolinvorkommen in der Dordogne u. bei Allier (Coletteswald) berichtet, durch deren Aufbereitung zur Gewinnung von reinem Kaolin quarz- u. Al-haltige Sande anfallen. Diese Nebenprodd. eignen sich gut für keram. Zwecke, bes. auch zur Herst. von feuerfesten Materialien für die Metallurgie. Zus. eines angefallenen Sandes (Coletteswald): SiO_2 74,5 (%), Al_2O_3 11,8, Eisenoxyd 0,3, Kalk 0,4, Alkalien 7,1, Zinnoxyd 0,4, Manganoxyd 0,6, Glühverlust 4,6. — Geolog. Angaben. (Ind. céram. **1951.** 208. Okt.)
WINGCHEN. 6208

G. Mattei, *Theorie der Trocknung von keramischen Produkten.* Vf. stellt eine Theorie der Vorgänge bei der Trocknung keram. Prodd. auf, gibt eine therm. Bilanz für Trockenöfen u. behandelt u. a. das Problem der rationellen Trocknung durch Rückführung der schon verwendeten u. daher vorerwärmten Luft. Verschied. Arten von Öfen (Tunnel- u. Kammeröfen) werden besprochen (Betriebsbilanz für einen Tunnelofen in 24 Std.). Die Wiederverwendung der Abkühlungsluft für die Öfen nach dem Brennen u. weitere techn. Einzelheiten werden kurz erörtert. (Ind. céram. **1951.** 202—07. Okt.)
WINGCHEN. 6210

Ikutaro Sawai, Megumi Tashiro und **Katsuaki Takahashi,** *Über die Anwendung elektrostatischer Sprühmethoden bei Porzellanglasuren.* Vff. beschreiben die Anwendung eines elektrostat. Feldes zum Versprühen der Glasur auf flache Porzellanwaren, wie z. B. einer Porzellanherdplatte. Sie arbeiten mit einer Sprühkammer, 180 cm lang u. mit einem Durchmesser von 50 cm, in die der Glasurbrei durch einen Injektor eingespritzt wird. Der mit Hilfe eines angeschlossenen Ventils erzielte Luftstrom hält das Glasurteilchen in der Schwebe. Durch eine stille elektr. Entladung zwischen einem aus Cu-Drähten bestehenden Käfig u. im Zentrum der Kammer angebrachten Cu-Drähten (letztere positiv, Käfig negativ) werden sie auf die zu glasierenden Scherben versprüht. Die elektr. Spannung beträgt 28 kV. Das spezif. Gewicht der Glasur 1,64, der Druck am Injektor 15—20 lbs. Es wird bestätigt, daß die Gleichförmigkeit der Glasur durch die Meth. verbessert wurde. (Bull. Inst. chem. Res., Kyoto Univ. [**Kagaku Kenkyusho Hokoku**] **25.** 60. Juni 1951. Kyoto, Univ. [Orig.: engl.]) BÄR. 6212

Oscar Manz, *Die Verwendung von Kugelton aus Saskatchewan.* Vf. berichtet über die Eigg. u. das Verh. von Kugelton aus Saskatchewan (Westkanada; I), der mit einem bekannten Ton (USA; II) bes. in der Verarbeitung u. beim Brennen verglichen wurde. II enthielt 25, I dagegen 34% Kugelton; I hatte daher eine höhere Zähigkeit u. einen niedrigeren Ti- u. Fe-Gehalt. Beide Tone wurden mit gleichem Kugeltongeh. (25%) u. SiO_2-Geh. bei gleichartiger Feuerung mit denselben Glasuren u. Flußmitteln gebrannt. I ließ sich leichter sieben, enthielt viel weniger Lignit, aber schaumbildende Salze, die einen $BaCO_3$-Zusatz bedingten bei der Formung, benötigte jedoch in der Filterpresse die doppelte Filterzeit wie II. I ergab beim Trocknen der Proben u. beim Brennen zu Tonwaren viel weniger Ausschuß durch Bruch u. ein viel weißeres Brandgut u. zeigte außerdem die für eine automat. Massenfertigung günstige hohe Zähigkeit u. hohe Festigkeit beim Trocknen. Er ist daher für Halbglaswaren gut verwendbar u. kann den amerikan. Kugelton bei entsprechender Kontrolle in der künftigen Produktion von Weißwaren der kanad. Töpferindustrie ersetzen. (Ceram. Ind. **57. 81.** Okt. 1951. Saskatchewan, Can., Univ.) WINGCHEN. 6216

B. A. Loschkarew, *Sinterung der Charge im Teilgebiet CaO—CaO.TiO₂ des Systems „Kalk–Titandioxyd".* CaO (I) mit 3—5% TiO_2 (II) sintert bei 1500—1510°, während $3CaO \cdot 2TiO_2$ (III) oberhalb 1600° sintert. Chargen mit einem II-Geh. bis zu 10% sintern unterhalb 1580°. In Schichten, die I u. III enthalten, tritt Schrumpfung u. Kristallverfestigung da auf, wo diese Prozesse für I bereits beendet sind. Deswegen erfolgt keine gleichmäßige Schrumpfung des Scherbens. Es kann nur eine Schrumpfung einzelner an III reicher Teilgebiete des Scherbens stattfinden. Mit Erhöhung von III treten Mikrorisse u. Auflockerung auf. Dieser Prozeß der Auflockerung u. die damit verbundene Verschlechterung der Schrumpfung setzt sich so lange fort, bis die III-Menge geringer ist als die von I. Am wenigstens sintert ein Scherben, in dem die Volummengen an I u. II annähernd gleich sind. Ein Scherben mit 77,8% I ist der póröseste u. sintert am wenigsten. Eine weitere Änderung des Sinterungsgrades von Klinkern verschied. Zus. ist mit dem Auftreten von Ca-Monotitanat u. von festen Lsgg. verbunden. (Огнеупоры [Feuerfeste Mater.] **16.** 127—29. März 1951. Uraler Polytechn. Kirow-Inst.) FÖRSTER. 6220

B. Ss. Lissin und **B. P. Ssacharow,** *Silicatzement aus Gemischen von Luftkalk und Ton.* Chargen aus braunem Ton (I) u. techn. CaO (II) bzw. Kreide (III), denen zur Erleichterung der Sinterung Fe-Erz zugesetzt war, wurden bei 600, 800, 1000, 1200, 1300, 1420 u. 1450° gebrannt. Die Best. des freien II, des Glühverlustes u. des gebundenen II im Klinker ergab, daß mit II im Vgl. zu III ein geringerer Geh. an freiem II u. ein großer Geh. an gebundenem II erhalten wird. Die Mikrostruktur war mit II besser als mit III. Der 30 Min. bei 1420° gebrannte Klinker aus I u. II hatte eine D. von 2,98—3,16. Seine Festigkeit betrug in Würfeln von 2 cm² Seitenfläche 153 (in kg/cm²) nach 7 Tagen, 233 nach 28 Tagen u. 295 nach 3 Monaten gegenüber 128, 198 u. 280 beim Klinker aus I u. III. Die Ergebnisse zeigen, daß durch vorheriges Brennen des Kalksteins ein schnellbindender Zement erhalten wird. (Доповіді Академії Наук Української РСР [Ber. Akad. Wiss. UkrSSR] **1953.** Nr. 2. 93—98. Kiew, Polytechn. Inst.) LEBTAG. 6222

Victor Azbe, *Ein rationeller Kalkdrehofen.* Inhaltlich ident. mit der in C. **1951. I.** 510 referierten Arbeit. (Rev. Matér. Construct. Trav. publ., Édit. C. **1952.** 250—55. Aug./Sept.) K. SEIDEL. 6226

Ss. W. Potaponko, *Über die chemische und mineralogische Zusammensetzung der Lehmsubstanz einiger Baulehme der Ukrainischen SSR.* Die Lehmsubstanz der 13 untersuchten Baulehme enthält als Hauptbestandteile SiO_2 (I), Al_2O_3 (II), Fe_2O_3 (III) u. H_2O. Das mol. Verhältnis von I zur Summe von II, III u. MgO (in einigen Lehmen ebenfalls vorhanden) beträgt 3,0—3,6. Die bei 110—115° getrocknete Lehmsubstanz besitzt die D. 2,68—2,72. Bei einem Alkaligeh. unter 1% zeigt die Lehmsubstanz je einen endothermen Effekt bei 110—130° (stark) u. 530—580° (mittelstark), je einen exothermen Effekt bei 880—930° u. 1130—1180°. Bei 3—5% MgO tritt ein weiterer schwacher endothermer Effekt bei 800—850° auf. Bei 2—3% Alkali verschwindet der exotherme Effekt bei 1150—1250°, bei 4—5% Alkali die beiden exothermen Effekte. Die aus den quartären Ablagerungen gewonnene Lehmsubstanz besitzt je einen endothermen Effekt bei 110—130° u. 530—580° sowie einen exothermen Effekt bei 950°. Alle untersuchten Lehmsubstanzen unterscheiden sich von der der Kaoline, Bentonite u. feuerfesten Tone. (Доклады Академии Наук СССР [Ber. Akad. Wiss. UdSSR] [N. S.] **90.** Nr. 2. 251—54. 11/5. 1953.) LEBTAG. 6228

Didier-Werke Akt.-Ges., Wiesbaden (Erfinder: **Jakob Kratzert,** Duisburg), *Ausmauerungsstein für Zementschachtöfen.* Zu Sintermagnesit oder Schmelzmagnesit wird in größeren Mengen, 10—50%, Magnesiumferrit zugesetzt. Das Gemisch wird in der bei der Magnesiterzeugung üblichen Weise verformt, u. die Formlinge werden gebrannt. Der Magnesiumferrit soll möglichst in gröberer Körnung vorliegen als der Sintermagnesit, wobei die Körnung des Magnesiumferrits zweckmäßig 0,5 mm nicht unterschreitet. Die Steine sind widerstandsfähig gegen Abrieb, Druck u. hohe Temperaturen. (**D. B. P. 851 016** Kl. 80b vom 23/5. 1943, ausg. 29/9. 1952.) REINHART. 6219

Nicola Lengersdorff (Erfinder: **Nicola Lengersdorff, Carola** und **Erika Lengersdorff),** Braunlage, Harz, *Backofenherdplatten und Backofensteine.* Granulite des Porphyrs, Granits, Syenits oder ihnen verwandter Mineralien, im wesentlichen als Magermittel, werden mit feuerfestem Ton als Bindemittel vermischt, getrocknet u. gebrannt. Die so erhaltenen Platten werden in genormten Eisenrahmen für die Auskleidung von Backofenherden u. -decken benutzt. (**D. B. P. 850 719** Kl. 80b vom 15/12. 1948, ausg. 29/9. 1952.) REINHART. 6219

Glaceries de la Sambre, Soc. An., Auvelais (Erfinder: **Fernand Patentani,** Uccle), Belgien, *Keramische Produkte.* Ein Gemenge von Ton u. vom Schleifen des Spiegelglases herrührende Absande wird geformt u. gebrannt. Die Absande können durch Waschen u. Sieben, Behandeln mit einem Elektromagneten u. Behandeln mit einer Säure von tonigen u. eisenhaltigen Verunreinigungen befreit werden. — Z. B. werden 60 (%) Absande von mindestens 60 μ Korngröße gewaschen, mit 40 Ton von 25 Al_2O_3-Geh. vermischt, geformt u. bei ca. 1280° gebrannt. Es entstehen dichte Bodenfliesen. (**D. B. P. 863 476** Kl. 80b vom 29/6. 1944, ausg. 19/1. 1953. Belg. Prior. 24/3. 1944.) REINHART. 6221

Siemens-Schuckertwerke Akt.-Ges., Berlin und Erlangen (Erfinder: **Berthold Weber,** Faierborn, Ohio, V. St. A.), *Keramischer Filterstein.* Für die Entwässerung von Suspensionen, bes. von keram. Massen, wird ein Filterstein verwendet, der aus einer Mischung von 20—40 (%) Tonsubstanz, 20—40 Tonerde u. 20—40 Flußmitteln, wie Feldspat, Erdalkalioxyd oder dgl., besteht, die bei Segerkegel 10—14 gebrannt ist. Ein derartiges Prod. zeichnet sich durch eine hohe Filterleistung u. mechan. Festigkeit aus. Als Flußmittel können z. B. auch PbO, $MgCO_3$, ZnO verwendet werden. (**D. B. P. 862 869** Kl. 80b vom 30/1. 1945, ausg. 12/1. 1953.) REINHART. 6221

C. D. Patents Ltd., London, England, *Formkörper aus Kohle.* Feinzerkleinerte Kohle wird bei erhöhter Temp. mit einem mindestens einen KW-stoff enthaltenden Plastifizierungsmittel vermischt, die Mischung geformt u. die Formlinge unter nichtoxydierenden Bedingungen so rasch gebrannt, als dies bei Vermeidung des Aufblähens möglich ist. Das Plastifizierungsmittel kann Pech, Teer, ein Kohlenteerdestillat, wie Anthracenöl, Naphtha oder Bzl., oder KW-stoffhaltige Lösungsmittel allein oder gemischt sein. Es können Ziegel, Röhren, Schalen sowie komplizierte Formkörper hergestellt werden. (**Schwz. P. 282 667** vom 9/12. 1949, ausg. 16/8. 1952.) REINHART. 6221

C. D. Patents Ltd., London (Erfinder: **John Godolphin Bennett, Charles Desmond Greavens, George Cordery Phillpots, David Blythe Foster,** London, **Marcello Pirani** und **Julianus Kramers,** Kingston-on-Thames, Surrey), England, *Gegenstände aus Kohle.* Feinverteilte Kohle, welche, auf trockene aschefreie Substanz berechnet, ca. 13—30% flüchtige Bestandteile enthält, wird mit einer geringen Menge eines Mittels zum Verhindern des Treibens, wie Halogene, S, Se, Te, Nb, N, P, As, Sb, Bi oder Verbb. dieser Stoffe, gemischt, welches bei Tempp. bis 500° ein flüchtiges Hydrid bildet, diese Mischung unter einem Druck von wenigstens 310 kg/cm² geformt. Die Formlinge werden in einer nichtoxydierenden Atmosphäre auf Tempp. von ca. 550—700° unter Vermeidung des Blähens erhitzt u. hierauf in nichtoxydierender Atmosphäre abgekühlt. Es wird gut backende bituminöse Kohle verwendet u. so fein gemahlen, daß mindestens 95% durch ein Sieb mit 64000 Maschen/cm² gehen. Die Erzeugnisse haben eine Zugfestigkeit über 200 kg/cm² u. einen Bruchmodul über 350 kg/cm². (**D. B. P. 854 470** Kl. 80b vom 18/10. 1949, ausg. 4/11. 1952. E. Priorr. 22/12. 1944, 9/1. 1945 u. 18/1. 1946.) REINHART. 6221

Telefunken Gesellschaft für drahtlose Telegraphie m. b. H., Berlin (Erfinder: **Hans Pulfrich,** Berlin-Wilmersdorf, und **Richard Magner,** Eindhoven, Holland), *Lötverbindung zwischen einem Metall- und einem Keramikkörper.* In die Keramikoberfläche wird zuerst ein Überzug aus Molybdän eingebrannt u. auf diesen ein Nickelüberzug aufgebracht u. ebenfalls eingebrannt. Der Keramikkörper wird zweckmäßig aus Speckstein hergestellt. Der Molybdänüberzug wird in Form einer Paste aufgetragen u. in reduzierender Atmosphäre bei ca. 1300° eingebrannt. Der Nickelüberzug kann z. B. gleichfalls als Paste oder galvan. aufgebracht werden u. wird in einer reduzierenden Atmosphäre bei ca. 1050—1100° eingebrannt. (**D. B. P. 848 623** Kl. 80b vom 25/4. 1944, ausg. 6/10. 1952.) REINHART. 6221

François George Nowakowski (Erfinder: **Anny Holl**), Schweiz, *Mauer- oder Wandverputzmörtel in Emulsionsform.* Zur Herst. von 100 (kg) Emulsion vermischt man in einem heizbaren Gefäß z. B. 24 W., 12 Schmierseife, 16 Leinöl innig. Mit 24 Fettfirnis, der eine gewünschte Farbe enthalten kann, wird die Emulsion durchgeknetet. Dann wird mit 24 Terpentinöl ebenfalls unter Kneten verd. u. eine gut fließbare Emulsion erhalten. Diese kann beliebig mit Kreide, Marmorpulver, Gips, Holz- oder Papiermehl weitervermischt werden, um eine pastenförmige Ausfüllmasse u. einen guten Verputzmörtel zu erhalten. (**F. P. 1 000 339** vom 24/11. 1949, ausg. 11/2. 1952. Schwz. Prior. 17/9. 1949.) BEWERSDORF. 6227

Zorislav Franjetich, Buenos Aires, Argentinien, *Beschleunigen des Abbindens von Betonkörpern.* Die zu behandelnden Betonkörper werden in einen druckfesten Behälter eingeführt, dessen verbleibender Hohlraum mit W. gefüllt wird, welches unter Druck gesetzt u. über Raumtemp. erwärmt wird. Eine Vorr. zur Durchführung des Verf. wird beschrieben. — Abbildung. (**Schwz. P. 276 354** vom 21/3. 1949, ausg. 1/10. 1951.) HANS HOFFMANN. 6229

Nederlandsche Organisatie voor Toegepast-Natuurwetenschappelijk Onderzoek ten Behoeve van Nijverheid, Handel en Verkeer, Den Haag (Erfinder: **Servatius Josephus Hubertus Sprenck** und **Ir. Gerhardus Franciscus Verhorst,** Maastricht), Holland, *Herstellen gefärbter keramischer Körper.* Schöne tiefrote Farbe oder eine Intensivierung der durch Red. entstandenen Farben eisenhaltiger keram. Erzeugnisse, wie Dachziegel, werden dadurch erhalten, daß man geringe Mengen, ca. 0,5—2%, eines wasserlösl. Salzes der Alkalien oder Erdalkalien oder Gemische derselben zusetzt. (**D. B. P. 808 922** Kl. 80b vom 3/11. 1949, ausg. 19/7. 1951. Holl. Prior. 15/11. 1946.) REINHART. 6229

Evald Nielsen, Bjørnehoved pr. Fredriksvaerk, Dänemark, *Bauelemente.* Diese bestehen aus mehreren Einzelteilen (I) aus gegossenen, hydraul. oder an der Luft erhärtenden Massen, die durch Bindemittel, wie Natur- oder Kunstkautschuk, synthet. Harze, Siliconharze oder dgl., verklebt sind. Diese Klebemittel schaffen gleichzeitig eine Isolierung der I gegen das Eindringen von Feuchtigkeit. — Zeichnungen. (**Dän. P. 72 353** vom 15/3. 1947, ausg. 2/5. 1951.) JÜRGEN SCHMIDT. 6229

N. V. Philips' Gloeilampenfabrieken, Eindhoven, Holland, *Verbesserung der Feuerfestigkeit von Schallisolierungen mit hohem Schallabsorptionsvermögen.* Man spritzt auf die Isolierungen, bes. *Bauplatten,* eine so dünne Schicht von gegen Feuer schützenden Stoffen, bes. eine Wasserglaslsg. 1:2—4, auf, daß nach dem Trocknen dieser Überzug keine zusammenhängende Schicht bildet u. das Isoliervermögen gegen Schall um nicht mehr als 10% abgenommen hat. Man kann auch die Platten mit einer Leimlsg. überstreichen, die keine zusammenhängende Fläche ergibt, u. dann feine feste feuerisolierende Teilchen auf die feuchte geleimte Fläche aufspritzen. (**N. P. 77 946** vom 29/9. 1948, ausg. 22/1. 1951. Holl. Priorr. 2/10. 1947 u. 20/3. 1948.) JÜRGEN SCHMIDT. 6229

Albert-Emulsionswerk G. m. b. H. (Erfinder: **Wilhelm Muhm**), Wiesbaden-Biebrich, *Herstellung von Baustoffen.* Als Füllstoffe für wss. Emulsionen von Kondensaten oder Polymerisaten beliebiger chem. Konst., wie Polyvinylacetat, Polyvinylchlorid oder Polyacrylsäureesteremulsionen, werden hydrophile, capillarakt. Massen, wie Hochofenschaumschlacke, verwendet. (**D. B. P. 826 123** Kl. 80b vom 13/8. 1949, ausg. 27/12. 1951.) HANS HOFFMANN. 6229

Ernst Rohrer, Buchs-Altendorf/St. Gallen, und **Jacob Egli,** Zürich, Schweiz, *Herstellung von Formkörpern.* Gemahlenes cellulosehaltiges Material (Holzmehl) wird vorzugsweise im Autoklaven mit Alkalien aufgeschlossen, so daß ohne Zugabe eines Neutralisationsmittels ein annähernd neutrales Prod. entsteht. Es wird mit einem Kunstharz, z. B. einem Phenol–Formaldehyd- oder Carbamidharz u. gegebenenfalls einem Füllstoff, wie Korkmehl, vermischt u. unter Druck u. Wärme z. B. zu *Platten* oder *Bauelementen* verpreßt. (**Schwz. P. 277 319** vom 9/5. 1949, ausg. 16/11. 1951.) E. WEISS. 6229

Sixtus Magnus Hjelte, Stockholm, Schweden, *Herstellung von Bauplatten,* bes. *Dachplatten.* Man imprägniert Holzfaserplatten (I) mit in verschied. Richtungen liegenden Fasern mit Steinkohlenteer, Asphalt oder anderen bituminösen Stoffen oder auch

Holzteer oder dessen Destillationsprodd. u. erhitzt dann so hoch, daß die flüchtigen Stoffe aus dem Imprägnierungsmittel u. gegebenenfalls aus I abgetrieben werden. (**Finn. P. 25 346** vom 18/2. 1946, Auszug veröff. 31/10. 1951. Schwed. Prior. 30/1. 1946.) JÜRGEN SCHMIDT. 6229

Rubber-Stichting, Delft, Holland, *Fußbodenbelagmasse.* Eine Mischung aus stabilisiertem Latex, Zement u. gemahlenen Palmkernschalen wird mit W. angemacht u. als Schicht auf einer geeigneten Unterlage ausgebreitet, auf der die M. erhärtet. Es ist zweckmäßig, unter Verwendung nur eines Teiles des erforderlichen Zementes aus den angegebenen Stoffen zunächst einen Schlicker zu bereiten, der dann mit der restlichen Zementmenge vermischt wird. (**E. P. 662 010** vom 14/6. 1949, ausg. 28/11. 1951. Holl. Prior. 25/9. 1948.) HANS HOFFMANN. 6229

Isoma, Ges. für Isoliermaterial m. b. H., Deutschland, *Herstellung von Körpern aus Glaswolle, Glasfasern, Schlackenwolle.* Zunächst erwärmt man die Fasern, indem man sie an einer Hitze ausstrahlenden Wärmequelle vorbeiführt. Die Erhitzung kann auch mittels des elektr. Stromes vorgenommen werden. Die erwärmten, etwas viscosen Fasern werden dann durch Einpressen in Formen fest verkittet. Die Preßplatten, -matrizen oder -walzen sind z. B. aus Graphit. Es können so, je nach der Form, Bauplatten, Rohrumhüllungen u. allg. *Isolierkörper* hergestellt werden. (**F. P. 977 156** vom 27/10. 1948, ausg. 28/3. 1951.) BEWERSDORF. 6229

Soc. An. Octreria Italiana Balzaretti Modigliani, Italien, *Herstellung von Glasfaserkörpern,* wie Platten, Ziegel, Schalen. Auf die einzelnen Faserlagen sprüht man zunächst eine sehr verd., z. B. 5%ig., Casein-Lsg. auf. Darauf läßt man CH_2O-Dämpfe einwirken, so daß sich mit dem Casein ein Kondensationsprod. bildet, das die Fasern nach Erhärtung fest zusammenhält. Man kann als Bindemittel auch andere Lsgg. verwenden, die mit CH_2O Kondensationsprodd. bilden, wie die verschied. Formaldehydkunstharzkomponenten. Die so gebildeten Körper sind sehr leicht u. äußerst porös. (**F. P. 989 887** vom 29/6. 1949, ausg. 14/9. 1951. It. Prior. 9/12. 1940.) BEWERSDORF. 6229

C. W. Johansson, Danderyd, Schweden, *Herstellung von Platten aus Holzwolle.* Man vermischt die Holzwolle in einem offenen Rahmen mit einem Bindemittel, wie Zement, preßt die M. durch einen hin- u. hergehenden Kolben zusammen u. schiebt sie gleichzeitig vorwärts, so daß eine kontinuierliche Verformung erfolgt. Der erhaltene Strang wird in geeigneter Weise zerschnitten. — Zeichnungen. (**Schwed. P. 132 212** vom 29/3. 1949, ausg. 3/7. 1951.) JÜRGEN SCHMIDT. 6229

Johns-Manville Corp., New York, N. Y., V. St. A., *Wärmeisolierkörper.* Aus Asbest, Na-Silicat (I) u. W. wird eine Aufschlämmung hergestellt, die durch Rühren homogenisiert wird. In die Aufschlämmung wird feinverteiltes SiO_2 u. $Ca(OH)_2$ eingetragen, worauf die M. nach teilweiser Entwässerung unter Druck verformt u. durch gespannten Dampf gehärtet wird. Die Menge des **I** ist so zu bemessen, daß ca. 1—10% reaktionsfähige Kieselsäure in der M., bezogen auf das Trockengewicht, enthalten ist. (**A. P. 2 554 934** vom 2/11. 1945, ausg. 29/5. 1951.) HANS HOFFMANN. 6229

Arthur D. Little, Inc., Cambridge, Mass., übert. von: **Samuel Edward Eaton,** Lexington, und **Charles G. Harford,** Quincy, Mass., V. St. A., *Zusammenballung von in Wasser suspendiertem Asbest.* Um W. von darin suspendiertem, feinverteiltem Asbest zu befreien, wird dem W. zugesetzte Gelatine mit Tanninsäure ausgefällt, wobei zugleich Zusammenballung des Asbestes eintritt, welche sich leicht abfiltrieren läßt. Der gewonnene Asbest kann z. B. als *Suspendierungsmittel für Pigmentfarben* verwendet werden. (**A. P. 2 593 125** vom 9/7. 1949, ausg. 15/4. 1952.) HANS HOFFMANN. 6235

Eternit Werke Ludwig Hatschek, Vöcklabruck, Österreich (Erfinder: **Karl Reschenéder**), *Enttalken von Asbest.* Asbest wird mit wss. Lsg. organ. oder anorgan. Kolloide mit oberflächenakt. Eigg. behandelt. — 100 kg kanad. Asbestes werden 1000 Liter W. eingetragen, in denen 4—6 Liter Natronwasserglas von 36° Bé gelöst sind. Der Talk trennt sich sofort von der Faser, die entstandene Talksuspension wird mittels Siebtrommel entfernt. Der vom Talk befreite Asbest wird mit W. nachgewaschen u. so lange mit verd. Säure behandelt, bis die letzten Spuren von aus dem Wasserglas stammenden Alkali neutralisiert sind. An Stelle von Wasserglas ist auch Casein u. Eier- oder Blutalbumin zu verwenden. (**Oe. P. 173 794** vom 29/9. 1950, ausg. 26/1. 1953.) WITTHOLZ. 6235

American Steel & Wire Co. of New Jersey, N. J., übert. von: **Willis E. Boak,** Burton, O., V. St. A., *Schleifmittel,* bestehend aus feinteiligen Schleifkörpern (B_2C_2, SiC, Al_2O_3 oder dgl.), suspendiert in Äthylenglykolmono- bzw. -dioleat. Auch Rizinoleate, Caproate, Lanoate finden Anwendung. (**A. P. 2 548 582** vom 26/9. 1947, ausg. 10/4. 1951.) SCHREIBER. 6239

Carl Klingspor, Siegen/Westf., *Schleifmittel.* Die Rückseite für die Maschinenarbeit bestimmter Schleifpapiere u. -bänder wird mit einer Kunststoffm., wie Kautschuk, Nitrocellulose, Natur- u. Kunstharze, Polyvinylprodd. oder Acrylsäureester, verstärkt. (**D. B. P. 810 665** Kl. 39b vom 3/10. 1948, ausg. 13/8. 1951.) OVERBECK. 6239

Höganäs-Billesholms Aktiebolag, Höganäs, Schweden (Erfinder: **N. G. Schrewelius**), *Herstellung von Schleifkorund aus calcinierter Schamotte.* Man vermischt Schamotte mit einem Reduktionsmittel u. erhitzt im Lichtbogenofen mit Kohleelektroden zum Schmelzen u. red. so lange, bis sich die Schmelze in zwei Schichten teilt. Die obere Schicht aus Si u. Schlacke wird entfernt, während die untere Schmelze aus Al_2O_3 mit einer Fe-haltigen Zusatzcharge versetzt u. weiter im gleichen Ofen erhitzt wird, bis sich das restliche Si mit dem Fe zu Ferrosilicium legiert hat u. sich als Bodenschicht in der Schmelze abscheidet. Man läßt erstarren u. trennt dann die obere Schicht aus Al_2O_3 ab. Für die Nachcharge kann man auch Zusätze von Oxyden von Ti, Cr oder Mn oder auch ein Metallsulfid als zusätzliche Bestandteile vorsehen. (**Schwed. P. 132 872** vom 19/5. 1947, ausg. 11/9. 1951.) JÜRGEN SCHMIDT. 6239

VII. Agrikulturchemie. Schädlingsbekämpfung.

W. L. Hill, *Elementarer Phosphor und Phosphorsäure in der Düngemittelindustrie.* Angaben über Produktion, Handhabung u. Verwendung von P u. H_3PO_4 unter besonderer Berücksichtigung der Düngemittelindustrie. — 40 Literaturhinweise. (Ind. Engng. Chem. **44**. 1526—31. Juli 1952. Beltsville, Md., US. Dep. of Agriculture.) STEINER. 6282

E. J. Fox und **W. L. Hill**, *Superphosphat-Herstellung mit Gemischen von Schwefel- und Phosphorsäure.* Die bei Verwendung eines Säuregemisches erzielten Ergebnisse werden mit jenen bei Verwendung einer einzigen Säure verglichen. Bei Verwendung von Säuregemischen spielen Temp. u. Wassergeh. eine wesentlich bedeutendere Rolle. (Ind. Engng. Chem. **44**. 1532—36. Juli 1952. Beltsville, Md., US. Dep. of Agriculture.) STEINER. 6282

H. L. Marshall und **W. L. Hill**, *Zusammensetzung und Eigenschaften des Superphosphats. Einfluß des Eisen- und Aluminiumgehalts beim Lagern.* Beträgt der Geh. des Phosphats an Al_2O_3 (**I**) bzw. Fe_2O_3 (**II**) mehr als 5%, so nimmt der Geh. des Superphosphats an wasserlösl. Phosphorsäure (**III**) beim Lagern ab. Bei überwiegendem I-Geh. steigt der Geh. an citratlösl. **III**, bei überwiegendem **II**-Geh. hingegen der Geh. an citratlösl. **III**. (Ind. Engng. Chem. **44**. 1537—40. Juli 1952. Baltimore, Mathieson Chem. Corp., u. Beltsville, Md., US. Dep. of Agriculture.) STEINER. 6282

G. L. Bridger und **Edwin C. Kapusta**, *Schnellerhärtung von Superphosphat.* Das in üblicher Weise aus Rohphosphat u. 71,8%ig. H_2SO_4 hergestellte u. aufbereitete Superphosphat wurde in einem Laboratoriumsdrehofen nachbehandelt. Trocknung mit heißer Luft erwies sich als unvorteilhaft. Verwendung von Dampf–Luft-Gemisch u. Dampf allein verbessert den Umsatz. Wird mit 40—60%ig. H_2SO_4 gearbeitet, so ist der Umsatz noch besser u. wird durch Nachbehandlung mit heißer Luft bei 275° F noch weiter erhöht, so daß ein auf diese Weise hergestelltes Prod. dem techn. Prod. nach dessen Lagerung gleichwertig ist. Die physikal. Eigg. der schnell erhärtenden Prodd. sind denen der durch Lagerung erhaltenen Endprodd. überlegen. Verwendung von stärker verd. H_2SO_4 führt zu besser granulierenden Superphosphaten. (Ind. Engng. Chem. **44**. 1540—46. Juli 1952. Ames, Iowa State Coll., Dep. of Chem. and Min. Eng.) STEINER. 6282

Orfeo Turno Rotini, *Alte und neue Anschauungen über die Phosphatdüngung.* Krit. Sichtung des Schrifttums (31 Hinweise). (Atti Accad. Georgofili [6] **16**. 214—35. 1952 [ausg. 1953].) GRIMME. 6304

André Gros, *Versuche zur Verwendung von wasserfreiem Ammoniak als Stickstoffdünger in Frankreich.* Bericht über bisher erzielte Erfolge. (Ind. chimique **39**. 199—201. Juli 1952.) WINIKER. 6304

M. Perrier, *Der Schwefel in der Biologie; seine Bedeutung für die Düngung.* Allg. Ausführungen. (Ind. chimique **39**. 65—70. März 1952.) WINIKER. 6304

G. L. McCall, *CMU, ein neues Herbicid.* Überblick über physikal. Eigg., Toxizität u. Wirksamkeit von *CMU* [3-(p-Chlorphenyl)-1.1-dimethylharnstoff]. (Agric. Chemicals **7**. Nr. 5. 40—42. 127. 128. Mai 1952. Wilmington, Del., E. I. du Pont de Nemours & Co., Inc.) WINIKER. 6312

C. E. Fisher, *Bekämpfung von Holzgewächsen mit Herbiciden.* Bericht über günstige Resultate mit *2.4-D* u. *2.4.5-T*. (Agric. Chemicals **7**. Nr. 3. 49. 115. 117—18. März 1952.) GRIMME. 6312

Mario Tirelli, *In Italien noch nicht eingeschleppte Krankheiten und Parasiten des Tabaks.* Ein erschöpfender Bericht über bisher bekanntgewordene Tabakkrankheiten. Behandelt werden Bakterien u. Pilze, Viruskrankheiten, tierische Parasiten, die Schadbilder u. Abwehrmaßnahmen. (Tabacco **56.** 263—308. Sept./Okt. 1952.) GRIMME. 6312

Victor A. Tiedjens, *Bodenanwendung von Insekticiden.* Insekticide dem Saatbett beizugeben erwies sich als vorteilhaft. Bei *BHC* soll man sich jedoch vor Überdosierungen hüten, weil die Gemüseernten sonst leicht einen üblen Beigeschmack annehmen. (Agric. Chemicals **7.** Nr. 3. 45—47. 118—20. März 1952.) GRIMME. 6312

—, *Eigenschaften und Wirksamkeit im Heptachlor.* Überblick über Eigg. u. Dosierung des Insekticids *Heptachlor* (1.4.5.6.7.8.8-Heptachlor-3a.4.7.7a.tetrahydro-4.7-methaninden). (Agric. Chemicals **7.** Nr. 9. 35—37. 125—26. Sept. 1952.) WINIKER 6312

Paul D. Gerhardt, David L. Lindgren und **Walton B. Sinclair,** *Walnußbegasung.* Bericht über beste Erfolge bei der Bekämpfung von Myelois venipars Dyar u. Ephestia kühniella Zeller durch Begasung mit Methylbromid. (Calif. Agric. **6.** 5. 14. Juli 1952. Riverside, Calif., California College of Agriculture.) GRIMME. 6312

C. A. Fleschner, *Parasemidalis-Arten in Citrusanpflanzungen.* Während typische Miticide, z. B. *Ovotran,* u. *Aramite* gegen die Schädlinge wirkungslos waren, konnten sie durch *DDT* restlos vernichtet werden. (Calif. Agric. **6.** 4. Juli 1952. Riverside, Calif., California College of Agriculture.) GRIMME. 6312

H. Buck, *Die Einwirkungen von Fraßgiften in subletaler Dosierung auf Spinnerraupen.* Laboratoriumsverss. mit chlorierten Nitrocarbazolen [*Hö 2584* (**I**) der Fa. HOECHST, Frankfurt/M., *F 113* (**II**) u. *C 1* der SCHERING A. G., Berlin] ergaben, daß die absol. tödliche Konz. für Raupen des letzten Stadiums bei 1% liegt (vielfach höher als beim Kalkarsenat). **I** u. **II** waren dem **III** deutlich überlegen. Die Wirkungsgeschwindigkeit der Verbb. hingegen war in den letalen Konzz. deutlich höher als die des Kalkarsenats. Alle untersuchten Fraßgifte hemmten den Umsatz des Fettkörpers zur Gonadenbildung. Extrem geringe Eiproduktion fand sich jedoch nur bei Anwendung einer der Letaldosis stark genäherten Konzentration. Befruchtung u. Entw. des Eies wurden nur unwesentlich beeinflußt. (Forstwiss. Cbl. **72.** 221—33. Juli/Aug. 1953. Ringingen, Forstschutzstelle Südwest.) WINIKER. 6312

Charles H. Brett, *Chemische Bekämpfung der Heuschrecken.* Bei Bekämpfungsverss. mit *Dieldrin* (**I**), *Parathion, Aldrin, Heptachlor, EPN 300* (**II**), *Compound 1189* (**III**), *γ-BHC, Chlordan, Toxaphen* u. *Dilan* (jeweils 0,25%) erwies sich **I** als das wirksamste Magen- u. Kontaktgift. **II** war das am schnellsten wirkende Magengift. Seine Kontaktgiftwrkg. war mäßig. **III** wirkte als Magengift langsam. Seine Kontaktgiftwrkg. war mäßig. Die anderen Mittel nahmen bzgl. ihrer Wirksamkeit eine Mittelstellung zwischen **I** u. **II** ein. (Agric. Chemicals **7.** Nr. 5. 50—52. 135. 137. Mai 1952. Stillwater, Okla., Agricult. Exp. Stat.) WINIKER. 6312

Max Postner, *Die Wirkung toxaphenhaltiger Schädlingsbekämpfungsmittel auf Bienen.* Auf Grund von Käfig- u. Freilandverss. mit handelsüblichen *Toxaphen*-Präpp. kommt Vf. zu dem Schluß, daß dieselben, wenn sie nach den von der Lieferfirmen gegebenen Anweisungen angewandt werden, für Bienen völlig unschädlich sind. Selbst bei erheblicher Überdosierung sind Schädigungen unwahrscheinlich. (Chem. Rdsch. [Solothurn] **6.** 290—92. 1/9. 1953. Erlangen, Bayer. Landesanstalt für Bienenzucht.) WINIKER. 6312

W. C. Griffin und **R. W. Behrens,** *Bewertung landwirtschaftlicher Emulsionen.* Beschreibung einer einfachen Meth. zur Bewertung von Emulsionen bzgl. Verdünnbarkeit u. Haltbarkeit. (Agric. Chemicals **7.** Nr. 3. 63—65. März 1952.) GRIMME. 6320

A. Quartaroli, *Schnellverfahren zur Bestimmung der Bodennatur.* Zur schnellen Charakterisierung von Böden auf Grund ihres Tongehaltes hat Vf. folgende Schnellmeth. ausgearbeitet: Im 100 cm^3-Meßzylinder mit eingeschliffenem Stopfen werden 5 g Feinerde mit 25 cm^3 Leinsamenauszug (2 g Samen mit 500 cm^3 W. 10 Min. lang schütteln, dann filtrieren) versetzt u. nach Auffüllen kräftig geschüttelt. Nach Zusatz von 1 cm^3 gesätt. Kalialaunlsg. erneut kräftig schütteln u. absetzen lassen. Parallelevrs. ohne Leinsamenauszug. Nach 1 Std. wird das Vol. des abgesetzten Bodens abgelesen. In einer Tab. sind die abgelesenen Werte mit dem wie üblich festgestellten Gehalt an Sand, Ton u. CaO in Vergl. gestellt. Es zeigte sich, daß stark tonige Böden stets Absetzwerte über 10 geben, leichtere Tonböden 10—8, Lehmböden 8—6,5, sandige Lehmböden unter 6,5. (Agric. ital. **52.** ([N. S.] 7) 109—13. Juni 1952. Pisa, Univ., Istituto di Chimica Agraria.) GRIMME. 6324

E. Alinari und **C. A. Cecconi,** *Eine neue Methode zur Feststellung der verschiedenen Grade der Assimilierbarkeit von Phosphaten im Boden.* Vff. bestimmten in verschied.

Böden die Gesamtphosphorsäure sowie den in Na-Acetat–Essigsäure-Lsgg. (verschied. p_H) löslichen P_2O_5-Anteil. Werden die P_2O_5-Werte (in mg/1 kg Erde) als Funktion der entsprechenden Acidität graph. dargestellt, so ergeben sich scharf begrenzte Zonen, deren eine einer höheren bis mittleren, die andere einer niedrigeren Assimilierbarkeit entspricht. Die Differenz dieser Zonen u. des Gesamt-P_2O_5-Geh. bildet die P_2O_5-Reserve, welche nur sehr schwer aufnehmbar ist. Als ausreichender P_2O_5-Geh. werden 150 mg/1 kg Erde angesehen. (Atti Accad. Georgofili [6] **16.** 197–213. 1952, ausg. 1953.) Florenz, Istituto di Chimica Agraria.) GRIMME. 6324

George Downing und **L. B. Norton,** *Modifizierung der Schechter-Methode zur Bestimmung von DDT-Rückständen.* Vf. empfiehlt die Verwendung von Glasstopfenflaschen u. Schüttelmaschinen sowie den Ersatz des Ae. durch Benzol. (Analytic. Chem. **23.** 1870–71. Dez. 1951. Ithaca, N. Y., Cornell University.) LIEBNER. 6328

Jack E. Fahey und **Harold W. Rusk,** *Bestimmung von DDT-Rückständen in Getreide. — Vergleich analytischer Methoden.* Ein Vgl. dreier Methoden, Best. des organ. gebundenen Cl, SCHECHTER-HALLER- u. STIFF-CASTILLO-Meth. ergab, daß letztere schneller u. einfacher durchführbar ist als die SCHECHTER-HALLER-Meth. u. Werte von fast gleicher Genauigkeit liefert. Die Best. des organ. gefundenen Cl erwies sich als wenig genau. (Analytic. Chem. **23.** 1826–29. Dez. 1951. Vincennes, Ind., United States Department of Agriculture, Bureau of Entomology and Plant Quarantine.) LIEBNER. 6328

Paul A. Giang und **S. A. Hall,** *Enzymatische Bestimmung organischer Phosphorinsekticide.* Ae.-Extrakte pflanzlichen Materials, das mit organ. Phosphorinsekticiden behandelt worden war, wurden 30 Min. lang bei 25° mit einer Cholinesterase- u. Pufferlsg. behandelt, dann mit einer Acetylcholinchloridlsg. versetzt u. 60 Min. bei 25° gehalten. Aus der p_H-Wertänderung wird der Grad der Hemmung u. aus dieser die Insekticidmenge festgestellt, wofür Tabellen u. Kurven angegeben sind. (Analytic. Chem. **23.** 1830–34. Dez. 1951. Beltsville, Md., U. S. Dep. of Agric. Bur. of Entomol. and Plant Quarantine.) LIEBNER. 6328

Marius M. Ch. Guilbaud und **Jean F. I. Lecarme,** Frankreich, *Bodendünger mit verstärkter Wirkung.* Dem üblichen Mineraldünger werden, um die fruchtende Wrkg. zu erhöhen, katalyt. wirkende organ. Stoffe, wie Hormone, z. B. Folliculin, Digitoxigenin, Auxine u. Vitamine (bes. D-Vitamin) in Verb. mit Bentonit zugesetzt. — In 100 Liter W. gibt man 1–10 mg Folliculin, 1–10 mg Digitoxigenin, Auxin u. Vitamin D, homogenisiert, fügt Bentonit hinzu u. läßt 24 Std. quellen, trocknet bei unterhalb 30° im trockenen Luftstrom, pulverisiert u. siebt. Je nach den Bodenverhältnissen kommen auf den m² 50–100 g. (**F. P. 991 694** vom 28/4. 1944, ausg. 9/10. 1951.) WITTHOLZ. 6297

United States Rubber Co., New York, N. Y., V. St. A., *Aminsalze des 1.2-Dihydropyridazin-3.6-dions* sind wertvolle Stoffe zur *Regulierung* des *Pflanzenwachstums.* Man erhält sie in üblicher Weise aus den Komponenten. — *Dodecylaminsalz,* F. 120°; *Monoäthanolaminsalz,* F. 107°. (**E. P. 693 960** vom 30/3. 1950, ausg. 8/7. 1953. A. Priorr. 1/4. u. 20/7. 1949.) BRÖSAMLE. 6297

Samuel Glück und **Alexander Winterberg,** Tschechoslowakei, *Pflanzenschutzmittel,* bestehend aus Bassiaöl, Eucalyptus-, Erdnußöl u. einem spezif. Pflanzenextrakt (I). Als I verwendet man Preßsäfte der gleichen Pflanzengattung, zu der die zu schützende Pflanze gehört. Um z. B. Pflaumenbäume zu schützen, wird aus den Blättern u. Zweigen, also lebenden Pflanzenteilen derselben Gattung, ein Preßsaft hergestellt, der dem genannten Zwecke dient. (**F. P. 983 255** vom 16/3. 1949, ausg. 21/6. 1951.) WITTHOLZ. 6313

Aktieselskabet Atlas, Kopenhagen, Dänemark, *Konservieren von Pflanzenmaterial.* Zum Unschädlichmachen zerstörender, organ. Enzyme bzw. zur Erhaltung der Vitamine u. Provitamine besprüht, begast oder überbrüht man die Pflanzen mit Gemischen aus wss. Lsgg. von Natriumhexametaphosphat, alkyl- oder arylsubstituierten Dithiocarbamaten, Na_2S u./oder $NaHSO_3$ (1 : 1000). (**E. P. 641 213** vom 12/11. 1945, ausg. 9/8. 1950. Dän. Priorr. 26/7. u. 7/10. 1934.) NEBELSIEK. 6313

F. Hoffmann-La Roche & Co. Akt.-Ges., Basel, Schweiz, *Herstellung von neuen Derivaten von Benzothiazolen* u. deren Salzen, dad. gek., daß man ein 2-Monoalkylamino-6-oxy-benzothiazol in Form eines Alkalisalzes in einem organ. Lösungsm., wie Chlorbenzol, mit einem Dialkylaminoalkylhalogenid umsetzt u. das erhaltene 2-Monoalkylamino-6-dialkylaminoalkoxybenzthiazol gegebenenfalls in ein Salz überführt. — Durch Rk. von 2-n-Butylamino-6-oxybenzothiazol mit 1-Diäthylamino-2-chloräthan (I) entsteht *2-n-Butylamino-6-(β-diäthylaminoäthoxy)-benzothiazol,* $Kp._{0,05}$ 216°. — Aus

I u. 2-Isobutylamino-6-oxybenzothiazol wird *2-Isobutylamino-6-(β-diäthylaminoäthoxy)-benzothiazol*, $Kp._{0,05}$ 207°, erhalten, u. 2 n-Propylamino-6-oxybenzothiazol liefert mit I das *2-n-Propylamino-6-(β-diäthylaminoäthoxy)-benzothiazol*, $Kp._{0,03}$ 206°. — Weiter sind genannt: *2-n-Amylamino-6-(β-diäthylaminoäthoxy)-benzothiazol, 2-Methylamino-6-(β-diäthylaminoäthoxy)-benzothiazol, 2-n-Hexylamino-6-(β-diäthylaminoäthoxy)-benzothiazol, 2-Isoamylamino-6-(β-diäthylaminoäthoxy)-benzothiazol.* — Die neuen Verbb. u. ihre Salze besitzen *fungicide* Wirkung. (**Oe. P. 174 906** vom 30/4. 1952, ausg. 26/5. 1953. A. Prior. 29/5. 1951.) M. F. MÜLLER. 6313

Deutsche Hydrierwerke Akt.-Ges., Düsseldorf (Erfinder: **Winfried Hentrich**, Riehen, Basel, Schweiz, und **Christoph Grundmann**, Columbus, O., V. St. A.), *Schädlingsbekämpfung.* Verwendung von Gemischen aus S-haltigen Kohlensäurederivv. u. wasserlösl. Salzen der Äthercarbonsäuren als Schädlingsbekämpfungsmittel, bes. gegen Parasiten an Tieren u. Menschen. Beispiele für Kohlensäurederivv.: Thiolkohlensäureester, z. B. Äthylisobutylthiokohlensäureester, **Thionkohlensäureester**, z. B. Diäthylthionkohlensäureester, Thiodikohlensäurediäthylester der Formel $S(COO \cdot C_2H_5)_2$. Beispiele für Äthercarbonsäuren: Alkoxy- u. Cycloalkoxyfettsäuren, **z. B. Butoxyessigsäure, im Kern alkylierte oder cycloalkylierte Aryloxyessigsäuren.** (**D. B. P. 879 181** Kl. 451 vom 5/10. 1942, ausg. 11/6. 1953.) NEBELSIEK. 6313

Deutsche Hydrierwerke Akt.-Ges. (Erfinder: **Wolfgang Gündel**), Düsseldorf, *Schädlingsbekämpfung.* Verwendung von Estern mehrwertiger Alkohole u. bes. mehrfach halogenierter α-Halogencarbonsäuren als Schädlingsbekämpfungsmittel. — Beispiele: Glykolmonochloressigsäureester, Pentaerythritmono- bzw. -trichloressigsäureester, Dipentaerythrittrichloressigsäureester, Trimethylolpropandichloressigsäureester, Trimethylolpropan-α-chlorpropionsäureester u. andere. (**D. B. P. 879 481** Kl. 451 vom 6/6. 1944, ausg. 15/6. 1953.) NEBELSIEK. 6313

J. R. Geigy Akt.-Ges., Basel, Schweiz, *Herstellung von neuen heterocyclischen Carbaminsäureestern.* Enole von heterocycl. Oxoverbb., deren Oxogruppe dem heterocycl. Ring angehört, werden mit Dialkylcarbaminsäurechloriden in Ggw. eines säurebindenden Mittels (K_2CO_3) u. eines Lösungsm. (Bzl., Toluol, Xylol, Aceton) 12—24 Std. zum Sieden erhitzt. — Beschrieben ist die Herst. folgender *Dimethylcarbaminsäureester*: von *3-Alkyl-2.4-dioxotetrahydrofuryl-(4)* (3-Alkyl = *Äthyl*, $Kp._{0,2}$ 127—129°; *n-Propyl*, $Kp._{0,3}$ 142—143°; *Isopropyl*, $Kp._{0,2}$ 129—131°; *n-Butyl*, $Kp._{0,3}$ 151°; *Isoamyl*, $Kp._{0,25-0,3}$ 161°); von *1-Methylindazolyl-(3)*, $Kp._{0,2}$ 160—161°; von *6-Methyl-2-pyronyl-(4)*, $Kp._{0,3}$ 150—152°; von *1-Phenyl-3-methylpyrazolyl-(5)* (I), F. 50°, $Kp._{0,2}$ 160 bis 162° (außerdem folgende Substituenten im Phenylrest: *p-Methoxy*, $Kp._{0,2}$ 188—189°; *p-Äthoxy*, $Kp._{0,2}$ 173 bis 175°; *p-Amino*, F. 161—162°; *p-Cyan*, F. 101—102°; *3'.4'-Dichlor*, F. 140—141°; *2'.5'-Dichlor*, $Kp._{0,1}$ 163 bis 165°; *2'-Methyl-5'-methylsulfonyl*, F. 145—146°); von *1-Phenyl-5-ketopyrazolinyl-(3)*, F. 115—116°; von *1.2-Diphenyl-4-butyl-3-ketopyrazolinyl-(5)*, F. 135—136°; von *2.6-Dimethylpyridyl-(4)*, F. 73—74°, $Kp._{11}$ 150—153°; von *2-Alkyl-4-methylpyrimidyl-(6)* (2-Alkyl = *Methyl*, $Kp._{0,05}$ 111°; *Äthyl*, $Kp._{11}$ 163—166°; *Propyl*, $Kp._{0,07}$ 118—120°); von *1-Phenyl-1.2.4-triazolyl-(5)*, F. 87—88° (außerdem folgende Substituenten im Triazolylkern: *3-Methyl*, F. 72—73°, $Kp._{0,12}$ 170—172°; *3-Äthyl*, F. 57—58°, $Kp._{0,2}$ 172—174°; *3-Propyl*, $Kp._{0,08}$ 175—178°); von *1-Phenyl-1.2.4-triazolyl-(3)*, $Kp._{0,2}$ 192—193° (außerdem folgende Substituenten im Triazolylkern: *5-Äthyl*, $Kp._{0,4}$ 187—189° *5-Propyl*, F. 87—88°); von *1-Phenyl-4-methyl-1.2.3-triazolyl-(5)*, F. 111—113°; von *1-Phenyl-5-methylpyrazolyl-(3)*, $Kp._{0,3}$ 184—186; von *1-Phenylpyrazolyl-(4)*, $Kp._{0,03}$ 154—155°; von *Pyrazolyl-(5)* (mit folgenden Substituenten im Pyrazolylkern: *3-Methyl*, $Kp._{0,3}$ 163—164°; *1-Äthyl-3-methyl*, $Kp._{0,5}$ 115—118°; *1-Benzyl-3-methyl*, $Kp._{0,8}$ 150—153°; *1-Phenyl*, $Kp._{0,5}$ 148—150°; *1-Phenyl-3-benzyl*, $Kp._{0,2}$ 203—204°; *1.3-Diphenyl*, $Kp._{0,2}$ 205—207°; *3-Phenyl*, F. 165—167°; *1-Phenyl-3-äthyl*, $Kp._{0,1}$ 143°; *1-Cyclohexyl-3-methyl*, $Kp._{0,15}$ 165—168°); von *4-Methylthiazolyl-(2)*, F. 65°, $Kp._{0,2}$ 110—112°; von *Benzthiazolyl-(2)*, F. 95°; von *2-Methyl-1.3.4-oxdiazolyl-(5)*, F. 73—74°; von *Cumarinyl-(4)*, $Kp._{0,2}$ 182—184°; von *Pyridyl-(2)*, $Kp._{0,05}$ 99—101°; von *Pyridyl-(4)*, F. 133—134°; von *4.6-Dimethylpyridyl-(2)*, F. 75—76°; von *1.5-Diphenyl-1.2.4-triazinyl-(3)*, F. 202°. — Folgende *Diäthylcarbaminsäureester* wurden hergestellt: von *1.2-Diphenyl-3-ketopyrazolinyl-(5)*, F. 188 bis 190°; von *1-Phenyl-1.2.4-triazolyl-(5)* (mit folgenden Substituenten im Triazolylkern: *3-Methyl*, $Kp._{0,1}$ 161—163°; *3-Äthyl*, $Kp._{0,1}$ 160—161°); von *1-Phenyl-4-methyl-1.2.3-triazolyl-(5)*, $Kp._{0,3}$ 180—183°; von *1-Phenylpyrazolyl-(5)*, $Kp._{0,06}$ 148 bis 150°. — Analog sind folgende Verbb. erhältlich: *1-Phenyl-3-methylpyrazolyl-(5)-diäthylcarbamat*, $Kp._{0,3}$ 151—153°, *-dibutylcarbamat*, $Kp._{0,2}$ 170—171°, *-diallylcarb-*

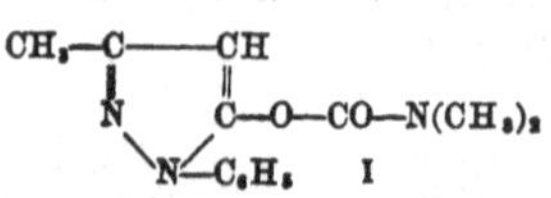

I

amat, $Kp._{0,4}$ 160—162°; *1-Phenyl-3-methyl-1.2.4-triazolyl-(5)-dibutylcarbamat*, $Kp._{0,1}$ 173—174°. — *Schädlingsbekämpfungsmittel.* (**Oe. P. 169 576** vom 10/8. 1950, ausg. 26/11. 1951. Schwz. Priorr. 22/8. u. 26/8. 1949.) NOUVEL. 6313

Pest Control Ltd., Bourn, Cambridgeshire, England, *Insekticides Mittel*, bestehend aus Bis-(monoisopropylamino)-fluorphosphinoxyd (F. ca. 59°) oder Tetrakis-(monoisopropylamino)-phosphorsäureanhydrid (F. 148°) in Verb. mit einem inerten Trägerstoff, z. B. Talkum. (**E. P. 688 766** vom 23/12. 1949, ausg. 11/3. 1953.) NEBELSIEK. 6313

Farbenfabriken Bayer, Leverkusen (Erfinder: **Gerhard Schrader**, Opladen, und **Rudolf Mühlmann**, Wuppertal), *Herstellung von Estern der Thiophosphorsäure.* Alkenylphenole, z. B. Allylphenole, werden mit Dialkylthiophosphorsäuremonochloriden bei erhöhter Temp. in Ggw. von Säurebindungsmitteln, z. B. K_2CO_3, umgesetzt. Hergestellt werden: die *Ester* aus dem *Diäthylthiophosphorsäuremonochlorid* u. *o-Allylphenol* ($Kp._2$ 145°), *p-Allylphenol* ($Kp._2$ 146°), *4-Nitro-2-allylphenol*, *4-Allyl-2-methoxyphenol* ($Kp._2$ 173°), *o-(β-Methylvinyl)-phenol* ($Kp._2$ 139°), *4-Methyl-8-allyl-7-oxycumarin* (F. 46°) u. *4-Chlor-2-allylphenol* ($Kp._3$ 161°). — *Insekticide.* (**D. B. P. 887 814** Kl. 12q vom 11/8. 1951, ausg. 27/8. 1953.) FABEL. 6313

Koninklijke Industrieele Mij. voorheen Noury & van der Lande N. V., Holland, *Herstellung von geruchlosen insekticiden Mitteln auf der Basis von Hexachlorcyclohexan*, welches gemischt wird mit Mehl, gemahlenen Keimlingen oder Kleie von Weizen oder Roggen. (**F. P. 979 370** vom 21/1. 1949, ausg. 25/4. 1951.) M. F. MÜLLER. 6313

Koninklijke Industrieele Mij. voorheen Noury & van der Lande N. V., Holland, *Herstellung von geruchlosen insekticiden Mitteln auf der Basis von Hexachlorcyclohexan* durch Zusatz von reinen Ölen u. Fetten in Verb. mit einem Trägerstoff, wie Talk, Mergel oder Silicagel. (**F. P. 979 371** vom 21/1. 1949, ausg. 25/4. 1951.) M. F. MÜLLER. 6313

Harvel Corp., Irvington, N. J., V. St. A., *Insekticides Mittel*, bestehend aus einem pyrethrum- u./oder rotenonhaltigen Material im Gemisch mit einem Chlorierungsprod. eines Phenols mit einer ungesätt. KW-stoffseitenkette von 14—28 C-Atomen oder dessen Derivv., z. B. Urushiol, gelöst in einem Petrolöl. — Beispiele. (**E. P. 640 991** vom 30/7. 1947, ausg. 2/8. 1950. A. Prior. 23/1. 1940.) NEBELSIEK. 6313

Harvel Corp., Irvington, N. J., V. St. A., *Insekticides Mittel*, bestehend aus einem pyrethrum- u./oder rotenonhaltigem Material im Gemisch mit dem Kondensationsprod. (Phenolaldehydtyp) aus einem Aldehyd, z. B. Paraformaldehyd, mit dem Chlorierungsprod. eines Phenols ungesätt. KW-stoffseitenkette von 14—28 C-Atomen) oder dessen Derivv., z. B. Urushiol, gelöst in einem **Mineralöl.** — Beispiele. (**E. P. 643 480** vom 30/7. 1947, ausg. 20/9. 1950. A. Prior. 25/1. 1941.) NEBELSIEK. 6313

VIII. Metallurgie. Metallographie. Metallverarbeitung.

Wolfgang von Preen, *Die Wärmebilanz und das Boudouardsche Gleichgewicht als Grundlagen für die rechnerische Behandlung von Schachtöfen, dargestellt am Kupolofen.* Es wird das Grundgesetz für das Kupolofenschmelzen u. eine neue, verbesserte Grundgleichung aufgestellt. Die Wärmebilanz des Kupolofens wird in Beziehung zu dieser Grundgleichung gebracht u. im Schaubild dargestellt. Eine Temperaturfeldbeurteilung der Ofenführung nach dem BOUDOUARDschen Gleichgewicht wird erläutert; die Verbrennungsvorgänge im Kupolofen werden beschrieben. Schrifttumsangaben. Gießerei, techn.-wiss. Beih. **1953.** 503—25. Mai. Huskvarna, Schweden.) HOCHSTEIN. 6370

W. M. Halliday, *Fehlerprobleme beim Spritzguß.* (Foundry **81.** Nr. 3. 196—97, 309—10. 312—13. 315—16. 318. 320—24. 326. März 1953.) APEL. 6382

Günther Schwietzke, *Die technischen und wirtschaftlichen Grundlagen von NE-Schwermetallverbundguß.* Zusammenstellung der für die Herst. von Verbundgußteilen aus *Cu-Legierungen* u. *Stahl* angewandten Verfahren. An Hand metallograph. Unterss. werden die für die verschied. Bindungsarten charakterist. Formen gezeigt. Schließlich wird der Einfl. der NE-Metallschichtdicke auf Härte, Quetschgrenze u. Festigkeit der Verbundgußkörper erörtert. (Z. Metallkunde **44.** 8—17. Jan. 1953. Düsseldorf.) APEL. 6382

Norman F. Dufty, *Querrisse bei Stahlblöcken.* Entstehung beim Gießen nach dem Abheben der äußeren Blockkruste von der Kokille durch den ferrostat. Druck des fl. Stahles. Ursache ist meist zu heißes Gießen. Verfestigung der Blockoberfläche bei Schmiedeblöcken durch polygonale Querschnitte. Walzblöcke müssen rechteckig sein. Verstärkung der Oberfläche durch gewellte Kokilleninnenfläche. Lange Blöcke sind empfindlicher als kurze. Schrifttum. (Blast Furnace Steel Plant **40.** 91—94. 130—31. Jan. 1952.) K. STEIN. 6382

J. G. Platon, *Die Rolle des Wasserstoffs in Hochöfen und seine Auswirkungen.* Theoret. Betrachtungen über die möglichen metallurg. Rkk. im Hochofen beim Einblasen von fl. KW-stoffen u. pulverisierter Kohle. (Rev. Métallurgie **49.** 125—28. Febr. 1952.) HOCHSTEIN. 6400

Georges J. Mayer, *Über Gußeisendiagramme.* Es wird vorgeschlagen, an Stelle der bekannten Gußeisendiagramme Tafeln zu verwenden, die dem Wirkungsgrad der Eisenbegleiter u. auch den Einfl. der Formbeschaffenheit u. der Wanddicke erkennen lassen. (Metallurgie u. Giessereitechn. **2.** 359—60. Okt. 1952. Leipzig.) HOCHSTEIN. 6402

Heinrich Poetter, *Unlegiertes Gußeisen — seine Zusammensetzung und deren Berechnung unter Berücksichtigung der angestrebten Zugfestigkeit.* Es wird festgestellt, daß für hochwertiges Gußeisen die Zugfestigkeit ein genau aus der Zus. feststellbarer Zahlenwert ist. Für Stahlwerkskokillen, Gußstücke mit hohem Dämpfungsvermögen, hoher Härte u. Verschleißfestigkeit, für feuer- u. alkalibeständigen Guß u. dgl., an die bes. Anforderungen gestellt werden u. für die die Zugfestigkeit keine ausschlaggebende Rolle spielt, besitzen die aufgestellten Berechnungsarten jedoch keine Geltung. 42 Literaturangaben. (Metallurgie u. Giessereitechn. **3.** 45—51. Febr. 1953. Leipzig.) HOCHSTEIN. 6402

R. B. Whitelaw, *Australische Versuche mit sphärolithischem Gußeisen.* Infolge des hohen S-Geh. des austral. Kokses ist es schwierig, im Kupolofen ein Gußeisen mit weniger als 0,08% S zu erhalten. Zur S-Entfernung wird daher das Gußeisen in der Pfanne mit Sodaasche behandelt. Auch kann ein Überschuß an *Mg*- oder *Ce-Legierung* verwendet werden. Als geeignetste Legierungen erwiesen sich zerkleinerte *Mg–Ni*- u. *Mg–Cu-Legierungen* mit $^1/_4$ Zoll Teilchengröße. (Foundry Trade J. **93.** 737—38. 25/12. 1952.) HOCHSTEIN. 6404

P. Laurent und **M. Batisse,** *Untersuchung der Martensitumwandlung in austenitischem Gußeisen.* An drei Schmelzen mit 3,0—3,1(%) C (gesamt), 2,3—2,5 C (Graphit), 2,0 bis 2,1 Si, 0,5—1,6 Mn, 0—2,5 Cr, 0—5,2 Cu u. 14,9—20,7 Ni wird dilatometr. die Austenit–Martensit-Umwandlung untersucht u. der Elastizitätsmodul, die Scher-, Biege- u. Schlagfestigkeit, Härte u. das Gefüge der Legierungen nach verschied. Wärmebehandlung, zum Teil auch nach Tiefkühlung, werden ermittelt. Es zeigte sich, daß die Martensitbldg. die spätere Graphitisierung erleichtert. Martensit ergibt bei der Erhitzung einen Austenit, der mikrograph. deutlich von Ausgangsaustenit verschieden ist. Eine Erhöhung der Abkühlungsgeschwindigkeit im austenit. Gebiet erniedrigt die Ar‴-Temperatur. (Rev. Métallurgie **49.** 129—39. Febr. 1952.) HOCHSTEIN. 6404

Eduard Senfter, *Die Behandlung von Roheisen und Stahl mit Schlacken als Mittel zur Verbesserung des Stahles.* Verss. über das Erhitzen von Hochofen- oder Stahlwerksschlacken ergaben, daß man eine schwefelarme u. heiße Schlacke erhalten kann, die das Roheisen entsiliciert, entschwefelt u. überhitzt. Bei Anwendung dieses Verf. bei der sauren Roheisen- u. Stahlherst. läßt sich ein fast chem. reines Eisen (*Armco*-Eisen) erzeugen. Hierbei werden die Erze ohne Legierungszuschläge für Mn oder P mit keinem oder sehr geringem Kalkzuschlag sauer verhüttet, so daß ein Roheisen mit einem den Erzen entsprechenden P-Geh. u. mit hohem Si- u. S-Geh. anfällt. Dieses wird in einem Schlackenüberhitzungsofen mit den vom Stahl- u. Walzwerk kommenden Schlacken, Auswurf, Walzzunder u. dgl. bei einer Temp. von über 1000° in Berührung gebracht. Die in den Schlacken befindlichen u. eingebrachten Metalloxyde werden durch die Si-Oxydation in Metall umgewandelt. Im anschließenden THOMAS-Verf. kann das auf 1600° überhitzte Eisen den gesamten Schrottanfall aus Stahl- u. Walzwerk aufnehmen. Der überfrischte Stahl wird anschließend mit ca. 0,5 t überhitzter u. S-freier, saurer Hochofenschlacke pro t Stahl in neutraler Umgebung behandelt. Bei der sehr starken Dünnflüssigkeit der Schlacke wird der Stahl weitgehend desoxydiert, von Schlackenteilen gereinigt, wahrscheinlich noch weiter entschwefelt u. so weit erwärmt, daß er in jeder Form vergießbar wird. (Arch. Eisenhüttenwes. **24.** 1—10. Jan./Febr. 1953. Völklingen/Saar.) HOCHSTEIN. 6408

André Kohn, *Untersuchung über die Homogenisierung dendritischer Ausscheidungen von Phosphor und Arsen in legierten Stählen.* Die schon bei C-Stählen mit der autoradiograph. Meth. erhaltenen Ergebnisse (KOHN, C. R. hebd. Séances Acad. Sci. **233.** [1951]. 178) konnten auch bei legierten Stählen gewonnen werden. Die As-Ausscheidung ist schwieriger zu homogenisieren als die P-Ausscheidung. Während die P-Ausscheidung nach 70 std. Glühen bei 1125° noch erkennbar ist, wird die P-Homogenisierung bei höherer Temp., z. B. nach 32 std. Glühen bei 1275°, schon weitgehend, aber nicht vollkommen realisiert. Unter gleichen Bedingungen kann aber die As-Ausscheidung noch einwandfrei beobachtet werden. Sie ist erst nach 70 std. Glühen bei 1275° sehr vermindert, aber noch nicht verschwunden. Die Geschwindigkeit der

Homogenisierung wird durch andere Begleitelemente in n. Konz. wenig beeinflußt. (C. R. hebd. Séances Acad. Sci. **233**. 1617—19. 19/12. 1951.) KLEFFNER. 6410

C. H. Cooke, *Das Vorkommen und einige Wirkungen der Sigma-Phase in molybdänhaltigem nichtrostendem Stahl mit 1% Titan.* Zur Erforschung der Sigma-Phase (I) werden an einem austenit. 18/8/3Mo/1Ti-Stahl das Vorkommen der I in Cr-haltigen Stählen mit Zusätzen an anderen Legierungselementen, die chem. Analyse, der Temperaturbereich ihrer Entstehung u. die charakterist. Eigg. des verwendeten Stahles besprochen. Durch Wärmebehandlungen (bis 4std. Glühen bei 600—900°) wurden unterschiedliche Gefügezustände erzeugt u. diese durch Ferrit u./oder I begründeten Umwandlungen an der Veränderung der magnet. u. mechan. Eigg., der Mikrostruktur u. des Korrosionswiderstandes untersucht. Sigma-anfälliger Werkstoff kann bei richtiger Wärmebehandlung u. Anwendung im bes. Arbeitsbereich davon frei bleiben. (Australas. Engr. **1950**. 80—90. 7/8.) BOENISCH. 6410

A. Lincke, *Werkstoffe für Dauermagnete.* Überblick über die zur Zeit üblichen Dauermagnetstähle bzw. -legierungen. (Giessereipraxis **71**. 179—81. 25/5. 1953.) HOCHSTEIN. 6410

D. P. Chatterjee, *Eigenschaften und Verwendungen von gewöhnlich in der Industrie benutzten Kohlenstoff- und Legierungswerkzeugstählen.* Überblick über die Darst. u. die Wärmebehandlung der verschied. Arten von Werkzeugstählen nebst ihren Verwendungsmöglichkeiten. (Quart. J. geol., Mining metallurg. Soc. India **24**. 173—87. 1952.) GOTTFRIED. 6410

Trident, *Kaltarbeitswerkzeuge. Ihre Zusammensetzung und Wärmebehandlung.* Überblick. (Iron and Steel **23**. 141—44. April 1950.) HOCHSTEIN. 6410

E. M. H. Lips, *Der Mangel an einigen wichtigen Metallen und Möglichkeiten, ihm zu begegnen.* Ersatz hochlegierter Stähle bei der Konstruktion, beim Ofenbau usw., sowie Sparmöglichkeiten bei galvan. Überzügen. (Metalen. **6**. 422—27. 30/11. 1951.) RUMPF. 6410

K. Löhberg, *Das Kriechen von Nichteisenmetallen.* Unterss. ergaben, daß die Bedingungen, unter denen das Kriechen auftritt, für alle Legierungen ähnlich sind. Die Beziehung zwischen der Temp. des Kriechbeginns u. dem F. der Legierungen wird bestimmt. Verschied. Wege zur Erhöhung der Kriechfestigkeit werden erörtert. Schrifttumsangaben. (Vgl. auch C. **1953**. 5144.) (Metal Ind. [London] **82**. 3—6. 2/1. 1953.) APEL. 6420

F. Richter, *Wo sind Lager aus Feinzinklegierungen zu verwenden?* Prakt. Erfahrungswerte über die Verwendbarkeit von Zinklagern auf verschied. Gebieten. (Werkstatt u. Betrieb **83**. 142—44. April 1950. Frankfurt/M.) HABBEL. 6426

S. V. Griffith, *Zinnerzgänge in Nordnigeria.* Es wird eine neue Abbaumeth. für Zinnerz im Schwemmland vorgeschlagen u. in allen Einzelheiten beschrieben, die sowohl zur Aufarbeitung alter Lager als auch für neue Lager in Betracht kommt. (Mining Mag. **82**. 338—43. Juni 1950.) KLEFFNER. 6428

Harold J. Roast, *Betrachtungen über die Güte von Bronzeguß.* Es werden Fortschritte der Bronzegießerei in den letzten Jahren besprochen. Sie beruhen bes. auf der Beschleunigung des Einschmelzens, ferner auf der Einhaltung der günstigsten Gießtemp., der Entw. der Öfen, Verbesserung der Formsande u. Verfeinerung der Untersuchungsmethoden. (Metal Progr. **62**. Nr. 6. 91—92. Dez. 1952.) APEL. 6432

—, *Zirkonium.* Hauptverwendungsgebiete sind Metallglas-Verbindungen u. korrosionsbeständige Gegenstände. (Iron Age **170**. Nr. 15. 286—87. 9/10. 1952.) APEL. 6436

—, *Molybdän.* Mo ist mit silicierter Oberfläche bis unterhalb 3200° F (1760° C) beständig, läßt sich walzen, ziehen, biegen, löten u. schweißen, u. ist in Düsenmaschinen u. für elektr. Zwecke verwendbar. (Iron Age **170**. Nr. 15. 280—81. 9/10. 1952.) APEL. 6440

E. Creutz und **D. Curinsky,** *Verarbeitung von Beryllium.* Das Strangpressen von Be ist möglich, wenn der Rohling mit einem dünnen Graphitmantel umgeben ist; beim Schmieden muß ein Flußeisenmantel vorgesehen sein, um Kantenrisse zu vermeiden. Das Schweißen erfolgt mit Gleichstrom u. negativer W-Elektrode oder mit Wechselstrom in He- oder Ar-Atmosphäre. (Metal Progr. **62**. Nr. 6. 82—84. Dez. 1952. Carnegie Inst. of Technology u. Brookhaven National Labor.) APEL. 6446

R. I. Jaffee, *Was der Eisenhüttenmann über Titan wissen muß.* Ti kann nicht wie Stahl durch Abschrecken gehärtet werden. Das trifft bes. für Ti-Legierungen mit Einlagerungen, wie C, zu. Die Ausscheidungshärtung kann auf Legierungen der unstabilen β-Phase angewendet werden, jedoch leidet die Temperaturbeständigkeit darunter. Ti-Legierungen mit α-β-Struktur müssen in vollausgehärtetem Zustand verwendet werden. Schrifttumsangaben. (Iron Age **171**. Nr. 14. 162—66. 2/4. 1953. Columbus, Ohio, Battelle Memorial Inst., Nonferrous Physical Metallurgy Div.) APEL. 6448

J. W. Gulliksen, *Tiefziehfähigkeit von Titan.* Handelsübliches reines Ti besitzt genügende Duktilität, um n. Tiefziehen mit einer Querschnittsverminderung bis zu 40% durchzuführen. Bei mehreren Zügen sind Zwischenglühungen bei 1325° F (1056° C) einzuschalten. Die Preßdrücke sind größer als bei Flußeisen u. entsprechen denen bei nichtrostendem Stahl. Das Hauptproblem ist die Überwindung der Neigung zum Fressen oder zur Riefenbildung. Hierzu sind ein häufiges Polieren der Werkzeuge sowie Bonderisieren, Trockenfilmschmiermittel oder Kupferplattieren notwendig. (Iron Age **171.** Nr. 7. 136—39. 12/2. 1953. Worcester, Worcester Pressed Steel Co.) APEL. 6448

W. J. Kroll, *Ausblicke für die Titanmetallurgie.* (Metal Ind. [London] **80.** 343—45; 2/5. 383—86. 388. 9/5. 1952.) PAHL. 6448

A. Lincke, *Über Hartmetalle und Schneidmetalle oder Schneidlegierungen.* Überblick. (Giessereipraxis **71.** 25—27. 25/1. 1953.) HOCHSTEIN. 6476

—, *Auffinden von Bruchstellen mit Hilfe von Fluorescenztinte.* Meth. zur Erkennung von mit bloßem Auge unsichtbaren Bruchstellen in Kunststoffen, Nichteisenlegierungen, Stählen u. Leichtmetallen. Die entfettete Oberfläche wird mit einer Fluorescenztinte behandelt u. unter einer UV-Lampe betrachtet, wobei sich Bruchstellen durch intensives grünes Fluorescenzlicht abzeichnen. (Brit. Plastics **25.** 344—45. Okt. 1952.) DALL'ASTA. 6480

A. E. Johnson und **N. E. Frost**, *Bruchcharakter und Langzeitdauerstandproben aus Stahl mit 0,5% Mo nach mehrachsiger Beanspruchung.* Langzeitdauerstandverss. bei 550° mit zylindr. Zugproben u. an Rohren im Gußzustand mit wechselnden Verhältnissen von Zug- u. Verdrehbeanspruchung ergeben bei reiner Zugbeanspruchung interkristalline, bei reiner Verdrehbeanspruchung transkristalline Brüche, während in allen Fällen kombinierterBeanspruchung Mischbrüche auftreten. Diese Ergebnisse sind nicht vereinbar mit der Theorie von W. SIEGFRIED, nach der der Bruch unterhalb der Äquikohesivtemp. trans-, oberhalb interkristallin sein muß, weil im ersteren Falle der das Korn zerstörende größte Spannungsdeviator $1/3\ (2\sigma_1 - \sigma_2)$, im andern die das Korngefüge lockernde hydrostat. Komponente $\sigma_1/3$ für die Trennung maßgebend sein soll. (Engineer **191.** 434—37. 6/4. 1951.) KREITZ. 6480

E. A. Jenkinson, *Mikroskopische Untersuchungen an Langzeitdauerstandproben.* Der Bruch eines Stahles mit 0,5% Mo nach Zug- u. nach Zug- u. Verdrehspannung wurde metallograph. untersucht. Bei den zugbeanspruchten Proben wird der Bruch durch interkristalline Risse eingeleitet u. verläuft erst im letzten Stadium durch die Körner, während bei reiner Verdrehspannung u. bei gleichzeitiger Zug- u. Verdrehbeanspruchung der transkristalline Bruchverlauf überwiegt. (Engineer **191.** 469—72. 13/4. 1951.) KREITZ. 6480

W. Späth, *Reibung, Reiboxydation, Dauerbruch von Metallen.* Zu unterscheiden sind: 1. Reibung im üblichen Sinne (Gleit- u. Rollreibung u. Verschleiß), 2. kleine Relativbewegungen in period. Wechsel (Reiboxydation), 3. innere Reibung bei wechselbeanspruchten Metallen (Ermüdung, Dauerwechselfestigkeit). Die bei diesen drei Arten auftretenden Vorgänge u. Erscheinungen werden beschrieben. (Metall **7.** 34—36. Jan. 1953. Lustadt.) APEL. 6480

G. Batta, L. Scheepers, L. Winandy und **G. Dallemagne**, *Das Dekapieren von Sonderstählen.* Die Unters. der beim Erhitzen von *18/8-Ni-Cr*-Stahl entstehenden Oxydschicht zeigte beim 1. Erhitzen nur Fe_2O_3; erst beim 10. Erhitzen bestand die Oxydschicht aus 92,5(%) Fe_2O_3, 3,5 NiO u. 3,9 Cr_2O_3. Der Vgl. der Einw. verschied. Beizlsgg. (HF, HNO_3, HCl, H_2SO_4) zeigte, daß HF oder auch H_2SO_4 u. HCl unter Zusatz von $Fe_2(SO_4)_3$ für die Entfernung dieser Oxydschichten günstig sind, da der Verlust an Stahl dabei verringert wird. — Diagramme u. Tabellen. (Rev. Métallurgie **50.** 49—56. Jan. 1953. Lüttich, Univ., Labor. de Chim. Ind. Minérale.) MARKHOFF. 6512

Heinz Anders, *Zum Blankbeizen von Stahl mit Trinorm. Trinorm* ist ein Blankbeizmittel für *Fe* u. Stahl, bes. für Fe-Sorten mit bis zu 0,9% C. Fett, Rost u. Zunder müssen vor der Behandlung mit *Trinorm*-Beize von der Oberfläche entfernt werden. (Werkstoffe u. Korrosion **4.** 122—23. April 1953. Berlin-Tegel.) MARKHOFF. 6512

L. Kadaner, *Über die Verbesserung der Qualität von galvanischen Überzügen.* Bei n. elektrolyt. Abscheidung von Ni- u. Sn-Überzügen zeigte sich eine Vergrößerung der abgeschiedenen, zusammenhängenden metall. Flächen, wenn im Anfang des Prozesses kurzzeitig eine hohe Stromdichte angewendet wird. Die Porigkeit wird verringert bei Zusatz von Kolloiden (saurer Elektrolyt beim Verzinnen u. Verkupfern). Vorherige Passivierung der Metalloberfläche führt zu bedeutender Verringerung der Porigkeit u. zur Vergrößerung der Haltbarkeit des Zusammenhalts der Bedeckung mit Grundmetall. (Журнал Прикладной Химии [J. angew. Chem.] **25.** 850—59. Aug. 1952. Charkow, Inst. des Sowjethandels.) A. KUNZE. 6514

Joseph B. Kushner, *Kontrolle der Oberflächenspannung beim Galvanisieren.* Zur einfachen Best. der Oberflächenspannung von Galvanisier-Fll. dient ein Gerät (Sur-Ten-Meter), das auf dem Prinzip des Kapillaranstiegs von Fll. zwischen zwei gewinkelten Glasplatten beruht. Ausführung der Messung. — Abbildung. (Products Finishing **16.** Nr. 12. 32—36. Sept. 1952. Stroudsburg, Pa., Kushner Electroplating School.) SCHEIFELE. 6514

B. Wullhorst, *Aktivkohle in der Galvanotechnik.* Niedrigmol. Stoffe werden in *Ni*-Bädern von Aktivkohle nicht adsorbiert, dagegen lassen sich *Sulfosäuren* entfernen. Der Verlauf der Adsorption ist zeitabhängig. Aus matt arbeitenden Ni-Bädern werden Netzmittel beseitigt. In Glanzbädern mit Netzmittelzusatz konnte kein eindeutiges Bild von der adsorptiven Wrkg. der Aktivkohle gewonnen werden. Eine selektive Adsorption der Netzmittel erfolgt nicht. Bewährt hat sich die Aktivkohle auch bei *Cu*-, *Ag*- u. *Au*-Bädern. — Abbildungen, Diagramme u. Schrifttumsangaben. (Metalloberfläche, Ausg. B **5.** 25—29. Febr. 1953.) MARKHOFF. 6514

J. B. Möller, *Saure galvanische Bäder.* Behandelt wird die Wrkg. geringer Zusätze von edleren Metallen zu sauren galvan. Bädern, wie der Zusatz von *Cu* zu *Pb–Sn*-Bädern u. von *Co* zu *Ni*-Bädern, ferner die Wrkg. von *Resorcinol.* — Diagramme. Metal Ind. [London] **77.** 164—66. 29/9. 1950.) MARKHOFF. 6514

Eugène Darmois, Israël Epelboin und **Djafar Amine,** *Über die Rolle der Hydratation der Ionen in elektrolytischen Polierbädern.* In Fortführung früherer Arbeiten (vgl. C. **1951.** II. 3512 u. früher) wird die Rolle des W. in elektrolyt. Polierbädern mit nicht-hydratisierten Anionen untersucht. Es wird gezeigt, daß die optimale Zus. des Bades mit dem Hydratationsgrad der Kationen zusammenhängt. Die Wassermenge in g/Liter ist für das zu polierende Metall charakterist. u. setzt sich für Legierungen additiv aus den Wassermengen der einzelnen Metalle zusammen. (C. R. hebd. Séances Acad. Sci. **231.** 1222—23. 27/11. 1950.) SKALIKS 6514

C. W. I. Morley, *Die Nickelknappheit.* Behandelt werden die verschied. Möglichkeiten der Einsparung von Ni u. Ni-Salzen bei der galvan. Vernicklung. (Metal Ind. [London] **77.** 218—19. 24/11. 1950.) MARKHOFF. 6520

H. Kalpers, *Zinn im Austausch gegen Nickel für elektrolytische Überzüge.* Behandelt wird die elektrolyt. Abscheidung von *Sn–Cu*-, *Sn–Zn*- u. *Sn–Ni*-Legierungsüberzügen. — 3 Abbildungen. (Feinwerktechnik **56.** 241—42. Aug. 1952. Refrath/Köln.) MARKHOFF. 6524

E. Bertorelle und **F. Fogliani,** *Versuche zur Herstellung eines elektrolytischen Überzuges durch eine Zink–Zinnlegierung.* Es werden die Bedingungen festgelegt, unter denen die Abscheidung einer Legierung von 50% bzw. 80% Sn an einer Fe-Kathode erfolgt. Zus. des Bades in g/Liter: 2,5—5 Zn, 30 Sn, 30—40 NaCN, 12,5—40 NaOH. Eine Erhöhung des Sn-Geh. erfolgt durch Erniedrigung des Badgeh. an Zn u. NaOH sowie durch Erhöhung der Stromdichte. (Chim. e Ind. [Milano] **34.** 639—45. Nov. 1952. Mailand, Univ., Ist. Chim. Ind.; Centro di Studio di Chim. metallurg. del CNR.) STEINER 6524

Heinz Anders, *Neuere Schutzverfahren für Zink und Zinn.* Überblick. Literaturangaben. (Werkstoffe u. Korrosion **3.** 460—61. Dez. 1952. Berlin-Tegel.) MARKHOFF. 6538

A. B. Lauderbaugh, *Grundlagen der galvanischen Korrosion.* Überblick. (Amer. Gas Assoc., Proc. annu. Meeting **1950.** 900—12. Pittsburgh, Pa., Manufac. Light & Heat Co.) J. FISCHER. 6538

Ernst Klosse, *Über die Korrosionsfestigkeit von Schmelzschweißungen an Stahlwerkstoffen.* Erörtert werden die Gründe, die bei Schmelzschweißungen eine Korrosion hervorrufen. Es wird gezeigt, daß durch die hier oft anzutreffende Lokalelementbldg. u. durch Gefügeänderung infolge der Schweißhitze die Korrosion begünstigt wird. Auch das Auftreten von Spannungskorrosion u. Lochfraß hierbei wird erörtert; die Einflüsse auf die Korrosionsfestigkeit an unlegierten Stählen werden behandelt. Maßnahmen zur Erhaltung der Korrosionsfestigkeit beim Schweißen plattierter Bleche u. auf die Schweißungen an Stahlblechen mit metall. Schutzüberzügen (inkromierte u. verzinkte Stahlbleche) werden angegeben. So sollen inkromierte Stahlbleche unter Abdeckung der Randzonen mit hochlegierten Cr–Ni-Draht geschweißt werden. Besser ist es, massive Cr–Ni-Teile vor dem Inkromieren an das zu schützende Blech zu schweißen u. dann die Verbindung zu inkromieren. Bei feuerverzinktem Stahlblech kommen nur überlappte Verbindungen in Frage. — Schrifttumsangaben. (Werkstoffe u. Korrosion **4.** 172—78. Mai 1953. Ladenburg/Neckar.) HOCHSTEIN. 6538

R. D. Taylor, *Verhinderung der Meerwasserkorrosion mit galvanischen Anoden.* Überblick über den kathod. Schutz von Schiffen u. Schiffsteilen durch *Mg.* (Marine Engng. Shipping Rev. **58.** Nr. 6. 69—73. Juni 1953. Federated Metals.) J. FISCHER. 6538

Mars G. Fontana. *Acht Methoden oder Wege zur Bekämpfung der Korrosion.* Herstellen von korrosionsbeständigen Legierungen, kathod. Schutz, metall., anorgan. u. organ. Überzüge, Reinigung der Metalle, Beeinflussung der Umgebung, Änderung der Konstruktion einer Anlage. (Ind. Engng. Chem. **44.** 83—86 A. Dez. 1952.) J. FISCHER. 6538

T. W. O'Brien, *Die Verwendung von Magnesiumband für den kathodischen Schutz.* Das Magnesiumband, *Galvoline* genannt, ist flexibel u. hat einen Stahlkern. Der Stromverbrauch ist infolge der besseren Verteilung geringer. Es wird die Verwendung zum Schutz einer Hochdruckgasleitung beschrieben. Das Potential Leitung zu Erde wird mit 0,9—1,0 V gemessen. Die gemessene Stromstärke liegt zwischen 400 mA u. 1640 mA. (Amer. Gas Assoc., Proc. annu. Meeting **1950.** 819—22. Jackson, Mich., Consumers Power Co.) J. FISCHER. 6538

Paul Heisel, Augsburg, und **Erhard Müller,** Gersthofen, *Schaumschwimmaufbereitung von flotierbaren Materialien (Erze, Flußspat).* Als Schäumerreagens dient Terpencarbinol oder Gemische von Terpencarbinolen aus Pinen, Camphen, Dipenten. Diese Schäumer, z. B. Camphan- oder Menthancarbinol, sind noch besser als die bekannten Terpen–Alkohol-Gemische, **z. B. Camphan- oder Methancarbinol. (Schwz. P. 279 545** vom 14/11. 1949, ausg. 1/3. 1952. D. Prior. 20/11. 1948.) W. HAUSWALD. 6363

Nassau Smelting and Refining Co., Inc., New York, N. Y., V. St. A., *Aufbereitung oxydischer Erze.* Man führt die Oxyde, z. B. von *Sn, W, V, U* oder *Mo* mittels H_2S oder CS_2 bei erhöhter Temp. in Abwesenheit von O_2 in die Sulfide über u. unterwirft das Sulfidmaterial der Flotation. Bei einer Anzahl von Sulfiden erreicht man eine selektive Trennung durch wiederholte Flotation. (**E. P. 636 356** vom 7/8. 1947, ausg. 26/4. 1950. A. Prior. 8/1. 1946.) W. HAUSWALD. 6363

Unterharzer Berg- und Hüttenwerke G. m. b. H. (Erfinder: **Emil Kraume),** Goslar, *Selektives Schaumschwimmverfahren für zinkblende- und pyrithaltige Erzgemische.* Man setzt einer Trübe, der zur Erhöhung der Schwimmeigg. der Zinkblende *Bleisalze,* z. B. *Bleinitrat* u. *Bleiacetat,* zugefügt sind, *Natriumcyanid* zu, wodurch der Pyrit allein gedrückt wird u. eine gute Trennung von Pyrit u. Zinkblende bewirkt wird. (**D. B. P. 869 782** Kl. 1c vom 13/4. 1943, ausg. 9/3. 1953.) W. HAUSWALD. 6363

Stora Kopparbergs Bergslags Aktiebolag, Falun, Schweden (Erfinder: **B. M. S. Kalling, P. A. C. Danielsson** und **O. J. L. Dragge),** *Entschwefeln von Metallschmelzen mit schwerschmelzbaren Metalloxyden.* Man behandelt die Metallschmelze in einer Ofenkammer, bes. Drehofenkammer, mit Oxyden mit hoher Affinität zu S, bes. mit CaO, BaO oder MgO, in einer nichtoxydierenden Atmosphäre bei einer Temp., die ein Erstarren der Metallschmelze verhindert. Eine Oxydation der Metalle muß verhindert werden. Man arbeitet daher reduzierend, gegebenenfalls unter Zusatz von etwas Kohle, oder auch unter Zusatz von Alkaliverbb., bes. Na_2CO_3. — Zeichnung. (**Schwed. P. 135 751** vom 23/12. 1949, ausg. 20/5. 1952.) JÜRGEN SCHMIDT. 6381

Stora Kopparbergs Bergslags Aktiebolag, Domnarvet, Schweden (Erfinder: **B. M. S. Kalling),** *Reduzieren von Erzen ohne Schmelzen und Sintern.* Das Reduzieren erfolgt in einem Drehofen mit feinkörnigen, KW-stoffhaltigen Stoffen in der Weise, daß ein Überschuß an Reduktionsmitteln verwendet wird, der so groß ist, daß sich durch die Rotation eine teilweise Abtrennung der Metallteile ergibt u. die Kohleschicht eine Wiederoxydation der red. Metallteile verhindert. Die Wärme wird durch Verbrennung eines Teiles des C zu CO durch O_2-haltiges Gas, das man gleichzeitig durch die Reaktionszone führt, erzeugt. Das gesamte Beschickungsvolumen soll mindestens 25% des Ofenvolumens betragen. (**Schwed. P. 136 022** vom 11/6. 1943, ausg. 10/6. 1952.) JÜRGEN SCHMIDT. 6381

Paul Blanchard, Frankreich, *Reduktion von Metalloxyden.* Die feingepulverten oxyd. Erze werden mit einem feingepulverten Reduktionsmittel unter die Oberfläche einer Metallschmelze geblasen, z. B. Eisenerze in eine Schmelze aus Gußeisen oder Stahl. Durch den C des Gußeisens wird das Erz reduziert. C muß durch Einblasen von Graphit- oder C-Pulver ergänzt werden. Durch zusätzliches Einblasen von Luft oder O_2 kann die notwendige hohe Temp. aufrechterhalten werden. (**F. P. 1 003 304** vom 13/12. 1949, ausg. 17/3. 1952.) SCHÖNAUER. 6381

Eisenwerke Mülheim/Meiderich Akt.-Ges., Mülheim/Ruhr, und **Eisenwerke Gelsenkirchen Akt.-Ges.,** Gelsenkirchen (Erfinder: **Eugen Piwowarsky,** Aachen), *Reinigen und Entgasen von Eisen- und Metallschmelzen durch Zusatz von Nitriden.* Der fertigen Schmelze werden vor dem Abguß leicht dissoziierbare Nitride der Fe–Mn-Basis zugesetzt. Zweckmäßig wird der Mn-Geh. der Nitride um so höher gewählt, je höher die

Schmelztemp. der betreffenden Metalle oder Legierungen ist. (**D. B. P. 890 054** Kl. 18b vom 24/4. 1941, ausg. 17/9. 1953.) HOCHSTEIN. 6381

Henry Lepp, Paris, Frankreich, *Frischen, Entgasen und Gießen von Metallen und Legierungen.* Die Metalle u. Legierungen werden zwecks Veredelung während des Schmelzprozesses mit einem Gas behandelt, welches als Hauptbestandteil CO_2 enthält, jedoch frei ist von O_2, H_2, W., KW-stoffen, Sulfiden oder Hydrosulfiden. Die Rk. wird angeregt durch Zusatz von CO zu dem zur Behandlung verwendeten Gas; jedoch soll das Verhältnis $CO:CO_2$ kleiner als 1 sein. Das Gasgemisch wird in den Schmelztiegel eingeführt, um die Atmosphäre über dem Metall zu bilden. Das geschmolzene Metall kann auch von dem Gasgemisch durchdrungen werden. Auch beim Gießen des Metalles wird eine Atmosphäre aus einem solchen Gasgemisch angewendet. Eine Einrichtung zur Durchführung des Verfahrens wird beschrieben. — Abbildung. (**D. B. P. 856 055** Kl. 40a vom 1/1. 1949, ausg. 17/11. 1952. F. Priorr. 27/3. 1947 und 24/3. 1948. **E. PP. 637 398** vom 12/8. 1947, ausg. 17/5. 1950. F. Prior. 27/3. 1947 und **662 796** [Zusatz] vom 28/4. 1949, ausg. 12/12. 1951.) HANS HOFFMANN. 6381

Ford Motor Co. Ltd., London, England, *Metallkernkasten* für Sandblasmaschinen, die durch den Kernsandstrahl ausgeschliffen sind, werden instand gesetzt, indem die Oberfläche mit Trichloräthylen gereinigt u. mit einem Gemisch von Polyvinylacetatchlorid in Dioctylphthalat u. Phenolharz ausgebessert werden. Die M. wird mit einer Cellulosehydratfolie abgedeckt u. auf 177° erwärmt. (**E. P. 645 563** vom 5/10. 1948, ausg. 1/11. 1950. A. Prior. 28/1. 1948.) BÜLTMANN. 6383

Valentin Aage Moller & Co., Kopenhagen, Dänemark, *Herstellung von Formen und Kernen für Gießereizwecke.* Durch Aufbringen einer Mischung aus einem Formstoff u. einem Bindemittel auf das Modell. Als Bindemittel für den Formstoff wird mindestens ein Silicon verwendet. Als Trennmittel zwischen Modell u. Formstoff dient fl. Silicon. (**Schwz. P. 280 246** vom 16/12. 1949, ausg. 16/4. 1952.) BÜLTMANN. 6383

Metallgesellschaft Akt.-Ges. (Erfinder: **Gerhard Roesner, Hellmut Ley** und **Hans Kassner**), Frankfurt/M., *Entfernen von Arsen und Antimon aus Eisenerzen.* Als reduzierend wirkende Gasgemische werden solche H_2 u. Wasserdampf enthaltende Gasmischungen verwendet, bei denen eine Red. über die Eisenoxyduloxydstufe hinaus nicht möglich ist. Zweckmäßig werden die Gasgemische durch teilweise Verbrennung von Generatorgas hergestellt. (**D. B. P. 873 252** Kl. 18a vom 17/6. 1939, ausg. 13/4. 1953.) HOCHSTEIN. 6391

Deutsche Edelstahlwerke Akt.-Ges., Krefeld (Erfinder: **Gerhard Riedrich,** Watten-scheid-Höntrop), *Erschmelzen von praktisch kohlenstofffreiem Eisen.* Nach Beendigung der für die Erzeugung dieser Werkstoffe üblichen Chargenführung wird 0,05—0,20% *Mg*, gegebenenfalls unter vorheriger Zugabe von 0,10% *Al*, dem Bade zugesetzt u. nach einer Wartezeit von ca. 5 Min. u. bis zu 15 Min., vorzugsweise ca. 10 Min., abgestochen. Der C-Geh. des so hergestellten Eisens beträgt im Höchstfalle 0,01%. (**D. B. P. 887 824** Kl. 18b vom 3/7. 1943, ausg. 27/8. 1953.) HOCHSTEIN. 6391

Orkla Grube-Aktiebolag, Lökken, Norwegen, *Herstellung von Eisen aus Eisensulfatlösungen auf elektrolytischem Wege.* Man geht von $FeSO_4$-Lsgg. aus, die durch Behandlung von FeS mit H_2SO_4 erhalten wurden. Hierbei wird als Diaphragma ein in der Wärme stabilisiertes, aus einem Kondensationsprod. aus Vinylchlorid u. Acrylnitril bestehendes Tuch verwendet. (**Finn. P. 25 433** vom 9/5. 1950, Auszug veröff. 30/11. 1951. N. Prior. 27/5. 1949.) JÜRGEN SCHMIDT. 6393

Leo H. Timmens, Montreal, Quebec, Can., übert. von: **Donal F. McCarthy,** New York, N. Y., V. St. A., *Herstellung von metallischem Eisen.* Eine eine Fe-Verb. u. schlackenbildende Stoffe (bes. SiO_2 u. CaO) enthaltende Schmelze wird in Ggw. von reduzierenden (bes. C-haltigen) Stoffen elektrolysiert. Die Menge des Reduktionsmittels ist nur wenig höher oder geringer als die theoret. erforderliche. (**Can. P. 478 803** vom 9/4. 1949, ausg. 20/11. 1951. A. Prior. 13/4. 1948.) HOLM. 6393

Reinhold Baake, Maximilian H. Kraemer, Walter Noll und **Hans-Joachim Lux,** Chemnitz (Erfinder: **Kurt Säuberlich,** Krölpa, Kr. Saalfeld), *Erschmelzen von Roheisen beliebiger Qualität* unter Verwendung geringwertiger Brennstoffe u. auch mit armen u. sauren Erzen in einem Blasniederschachtofen mit oder ohne Zusatz von O_2 zum Gebläsewind, dad. gek., daß das Erz, der Brennstoff u. die Zuschläge auf geringe Korngröße gebracht u. vom Feingut abgesiebt werden u. der so hergerichtete Möller vor der Gichtung gut miteinander vermischt, dem Ofen aufgegeben wird, wo er mit Wind von über 650° erschmolzen wird. — Das gesamte Beschickungsgut wird auf eine Korngröße von ca. 4—40 mm gebracht u. dasselbe wird nach dem Absieben der kleineren Körnungen, bes. nach dem Einsatz, gut durchgemischt. — Das abgesiebte Feinerz wird entweder gesintert u./oder mit dem Brennstoffkleinzeug, gegebenenfalls unter Zusatz von Zuschlagskleinzeug, brikettiert u. dem Möller zugeführt. (**D. P.** [**DDR**] **1 000** Kl. 18a vom 15/1. 1952, ausg. 12/6. 1952 [Wirtschaftspatent].) M. F. MÜLLER. 6401

British Cast Iron Research Association, Alvechurch bei Birmingham, England, *Herstellung von grauem Gußeisen.* Bei der Herst. von grauem **untereutekt.** Gußeisen, das Cu-haltig ist u. in dem der Graphit vollständig oder vorwiegend durch Zusatz von *Mg* in Kugelform vorliegt, wird *Ce* früher oder gleichzeitig oder später als der Mg-Zusatz der Schmelze zugeführt. Der Zusatz von Ce u. Mg kann in Form von gesonderten Legierungen oder in Form von Legierungen, die sowohl Ce als auch Mg enthalten, erfolgen. Diese Legierung enthält *Ni*, Mg u. Ce oder Cu, Mg u. Ce. Der fertige Guß soll vorzugsweise noch 0,001—0,20 (%) Ce, bes. 0,01—0,02, sowie 0,02—0,20 Mg, bes. 0,04—0,06, bei 7 Cu enthalten. Nach dem Zusatz von Ce u. Mg wird die Schmelze durch weiteren Zusatz von Ferrosilicium geimpft. (**E. P. 688 588** vom 7/2. 1951, ausg. 11/3. 1953.) HOCHSTEIN. 6405

Mond Nickel Co. Ltd., London, England, *Legiertes und unlegiertes Gußeisen.* Dem Gußeisen wird vor dem Abguß soviel *Mg* zugesetzt, daß das fertige Eisen noch 0,02 bis 0,04% Mg enthält. Der Graphit liegt im Gußeisen in kugelförmiger Ausbildung vor. (**E. P. 671 467** vom 17/3. 1949, ausg. 7/5. 1952. **Schwz. P. 285 534** vom 19/3. 1949, ausg. 16/1. 1953. Beide A. Prior. 20/3. 1948.) HOCHSTEIN. 6405

Mond Nickel Co. Ltd., London, England, *Zusatzlegierung für Gußeisen.* Zur Ausbildung von Kugelgraphit wird dem geschmolzenen Gußeisen eine Legierung zugesetzt, die aus 7—17 (%) *Mg*, 55—70 *Si*, Rest *Eisen* besteht. Auch kann Eisen durch ***Cu***, ***Mn***, *Ca* oder *Al* derart ersetzt werden, daß in der Legierung jeweils noch mindestens 5% Fe vorhanden sind, u. der Geh. an Cu bis zu 30%, an Mn, Ca oder Al jeweils bis zu 5% beträgt. Zweckmäßig liegt C in der Legierung in Lsg. vor. (**E. P. 672 618** vom 21/11. 1950, ausg. 21/5. 1952.) HOCHSTEIN. 6405

Mond Nickel Co. Ltd., London, England, *Herstellung von Temperguß mit Kugelgraphit.* Es wird ein weiß erstarrter, massive Carbide enthaltender Temperrohguß verwendet, der 0,03—0,5 (%), vorzugsweise 0,06—0,2, *Mg* enthält. Zweckmäßig beträgt der *C*-Geh. 1,8—4 u. der *Si*-Geh. 0,4—4. Auch können noch bis 3,5 *Ni*, bis 2 *Cu* u. bis 2 *Mn*, einzeln oder zu mehreren vorhanden sein. Zweckmäßig wird bei der Herst. der Eisenschmelze so viel Mg zugesetzt, daß der S-Geh. auf unter 0,02 verringert wird u. 0,03—0,5% Mg im Eisen verbleiben. Das Gußstück wird bei Tempp. von 870—980° zweckmäßig bei 900—925°, während 5—15 Std. getempert. Nach dem Tempern wird eine Glühung bei einer Temp. unter dem A_3-Umwandlungspunkt, vorzugsweise 2 bis 5 Std. bei 690—710°, vorgenommen. (**Oe. P. 174 620** vom 28/8. 1950, ausg. 25/4. 1953. E. P. **678 487** vom 25/8. 1950, ausg. 3/9. 1952. Beide A. Prior. 2/9. 1949.) HOCHSTEIN. 6407

Eugen Piwowarsky, Aachen (Erfinder: **Eugen Piwowarsky,** Aachen, und **Adalbert Wittmoser,** Gelsenkirchen), *Herstellen von schwarzem Temperguß.* Das rasche Erhitzen von weiß oder meliert erstarrtem Temperrohguß auf ca. 1050—1150° mit nachfolgender Abkühlung nach bekannten Verff. wird so durchgeführt, daß beim Erhitzen der Temperaturbereich von ca. 950° aufwärts sehr schnell durchschritten wird. Auch soll zweckmäßig beim Abkühlen der Temperaturbereich von maximaler Glühtemp. bis auf ca. 950° schnell durchschritten werden. Vorteilhaft werden zur Erhitzung hochfrequente Ströme verwendet. (**D. B. P. 864 404** Kl. 18c vom 10/3. 1949, ausg. 26/1. 1953.) HOCHSTEIN. 6407

Spojené Ocelárny, Národní Podnik, Tschechoslowakei, *Herstellung von legierten stickstoffhaltigen Stählen.* Nach dem Einschmelzen der Stähle wird *Mn* oder eine Mn-Legierung zugesetzt, die 0,1—15 (%) N_2 enthalten. Die gesamte zugesetzte N_2-Menge verbleibt prakt. im Schmelzbad. Zur Herst. eines Stahles mit 0.1 *C*, 15 Mn, 12 ***Cr*** u. 0,2 N_2 wurde metall. Mn mit 8% N_2 zugesetzt. (**F. P. 983 665** vom 24/3. 1949, ausg. 26/6. 1951. Tschech. Prior. 25/3. 1948.) HOCHSTEIN. 6411

N. V. Philips' Gloeilampenfabrieken, Holland, *Magnetischanisotroper Dauermagnet.* Der Dauermagnet auf der Fe-Basis enthält 6—11 (%) *Al*, 10—20 *Ni*, 16—30 *Co*, 0—10 *Nb*, 0,5—12 *Ta*, 0—7 *Cu* u. 0—5 *Ti*. Vorzugsweise soll der Ta-Geh. 10% nicht übersteigen u. unter 8% liegen. Außerdem kann der Dauermagnet noch geringe Gehh. an *W*, *Cr*, *Mo*, *V*, *Zr*, *Ca*, *Ce* u. *Si*, einzeln oder zu mehreren, enthalten. Durch Abkühlung des in eine Kokille gegossenen Magneten mit einseitiger Wärmeabführung u. Anlegung eines Magnetfeldes während der Abkühlung von Tempp. oberhalb des CURIE-Punktes bis auf ca. 600° sowie durch eine Alterungsbehandlung bei 600° wird dem Dauermagneten zweckmäßig eine Kristallorientierung in der (100)-Richtung erteilt. (**F. P. 995 283** vom 14/9. 1949, ausg. 29/11. 1951. E. Prior. 16/9. 1948 u. 19/7. 1949.) HOCHSTEIN. 6411

Akt.-Ges. für Unternehmungen der Eisen- und Stahlindustrie (Erfinder: **Hermann Fahlenbrach** und **Heinz Schlechtweg**), Essen, *Eisen–Aluminium-Legierungen als Werkstoff für magnetisch beanspruchte Gegenstände.* Technisch reine Fe–Al-Legierungen mit bis zu 10% Al, die nach ihrer Verarbeitung einer mehrstündigen Glühung bei Tempp. zwischen 500 u. 800° unterworfen sind, werden als Werkstoff für Gegenstände verwendet, von denen hohe u. konstante Anfangspermeabilität u. gegebenenfalls geringe magnet. Nachwirkungen verlangt werden. Zweckmäßig werden die Legierungen vor der Glühung bei 500—800° noch einer Glühung oberhalb 900° im Schutzgas unterworfen. (**D. B. P. 876 248** Kl. 18c vom 25/7. 1941, ausg. 11/5. 1953.) HOCHSTEIN. 6411

Akt.-Ges. für Unternehmungen der Eisen- und Stahlindustrie, Essen (Erfinder: **Hermann Fahlenbrach,** Essen-Margarethenhöhe), *Wärmebehandlung von Eisen–Chrom–Silicium-Legierungen.* Legierungen mit 2—10% *Cr* u. 1—7% *Si*, Rest *Eisen*, werden einer Glühung in H_2 oder einem ähnlichen Schutzgas bei 900—1200° unterworfen u. als Werkstoff für magnet. beanspruchte Gegenstände verwendet, bei denen eine höhere Permeabilität u. kleinere Koerzitivkraft erforderlich ist, als mit unlegiertem Eisen erreicht wird u. bei denen eine im Bereich kleiner Feldstärken konstante Permeabilität gefordert wird, z. B. für **Transformatoren**bleche. In der Legierung kann Cr ganz oder teilweise durch *Mo* oder *W* oder beide ersetzt werden. (**D. B. P. 878 808** Kl. 18c vom 18/6. 1940, ausg. 5/6. 1953.) HOCHSTEIN. 6411

Akt.-Ges. für Unternehmungen der Eisen- und Stahlindustrie, Essen (Erfinder: **Hermann Fahlenbrach,** Essen-Margarethenhöhe, und **Heinz Schlechtweg,** Essen), *Behandlung von magnetisch beanspruchten Gegenständen der Fernmelde- u. Schwachstromtechnik, die eine hohe und konstante Permeabilität bei kleinen Feldern erfordern.* Es werden *Fe–Si*-Legierungen verwendet, die im fertig bearbeiteten Zustand einer Glühung bei ca. 600—750° unterworfen werden, wobei für Legierungen, bei denen die Glühung im Anschluß an eine Verarbeitung erfolgt, die den Legierungen eine Kristallorientierung (Textur) verleiht, als Magnetflußrichtung eine Richtung schwerer Magnetisierbarkeit gewählt wird. Zweckmäßig erfolgt die Glühung im Schutzgas, z. B. H_2. (**D. B. P. 880 595** Kl. 18c vom 27/6. 1941, ausg. 22/6. 1953.) HOCHSTEIN. 6411

Heinrich Koppers G. m. b. H., Essen (Erfinder: **Elisabeth Lux,** Essen, und **Hubert Frank,** Düsseldorf-Heerdt), *Aufarbeitung von ausgebrannten Zinkretorten u. -muffeln oder dergleichen aus Siliciumcarbid.* Um das Zn aus den Steinen zu entfernen, wird eine lose Aufschüttung von Gesteinsbrocken aus SiC-Steinen einer hohen Temp. ca. > 1050° ausgesetzt u. gleichzeitig dafür gesorgt, daß ein reduzierendes Gas oder Gasgemisch die Steinbrocken umspült. Hierdurch wird sowohl das an der Oberfläche als auch das im Innern der Steine befindliche Zn verdampft u. im Gasstrom aus dem Ofen abgeführt. Der im SiC enthaltene C wirkt bei dieser Rk. mit. Das bei dem Verf. entstehende Zn wird einem Zn-Abscheider zugeführt. (**D. B. P. 832 568** Kl. 80b vom 8/8. 1950, ausg. 25/2. 1952.) REINHART. 6427

Mond Nickel Co. Ltd., England, *Magnesiumlegierungen* bestehen aus 12—30 (%) *Mg*, 10—45 *Si*, ohne oder mit *C* in einer Menge, die in der fl. Legierung noch lösl. ist, Rest mindestens 35 *Ni*. Das Ni kann durch eines oder mehrere der Metalle *Co* bis 0,5, *Fe* bis 3, *Mn* bis 2, *Mo* bis 1, *Cr* bis 1, *Ca* bis 3, *Al* bis 2 ersetzt sein. Auch können die Legierungen *Cu* enthalten, dessen Geh. jedoch nicht größer sein darf als der halbe Ni-Gehalt. Die Legierungen dienen zur Einführung von Mg in Schmelzen, sie können aber auch benutzt werden, um z. B. Stahl zu entschwefeln. (**F. P. 991 315** vom 22/7. 1949, ausg. 4/10. 1951. E. Prior. 28/7. 1948.) GÖTZE. 6445

Mathieson Chemical Corp., New York, N. Y., übert. von: **John Harry Jackson,** Columbus, O., V. St. A., *Verbundmetall aus Magnesiumlegierungen.* Das Grundmetall besteht aus einer hochfesten *Mg Li*-Legierung mit 15 (%) *Cd* u. 5 *Ag*, Rest *Mg* u. *Li* im Verhältnis 6:1. Die korrosionsbeständige Deckschicht ist eine bin. Legierung aus 8 Teilen Mg u. 1 Teil Li. (**Can. P. 477 476** vom 27/4. 1949, ausg. 2/10. 1951. A. Prior. 21/7. 1948.) SCHÖNAUER. 6445

Aluminum Co. of America, Pittsburgh, Pa., übert. von: **Robert Thomas Wood** und **Maria Everett Gantz,** Cleveland, Ohio, V. St. A., *Wärmebehandlung von Gußstücken aus Mg-Legierungen,* die ein Element enthalten, das eine feste Lsg. bildet, die bei Tempp. zwischen der Raumtemp. u. der Temp. der Wärmebehandlung unstabil ist, u. die Neigung zur Bldg. großer Körner zeigen. Das Gußstück wird eine bestimmte Zeit auf eine Temp. erhitzt, bei der sich eine feste Lsg. des Elementes im Mg in ausreichender Menge bildet, dann wird abgekühlt auf eine Temp., bei der eine Ausscheidung stattfindet. Diese Behandlung wird mehrere Male wiederholt. (**Can. P. 479 070** vom 9/10. 1945, ausg. 4/12. 1951. A. Prior. 16/12. 1944.) SCHÖNAUER. 6445

Vereinigte Deutsche Metallwerke Akt.-Ges., Frankfurt/M. (Erfinder: **Albert Hermes, Herbert Schulze** und **Carl Vogt,** *Altena*), Westf., *Herstellung von Eisenpulver aus* $FeSO_4$ (I) durch Abrösten u. Red., wobei ein I-Pulver mit einem unteren Korndurchmesser von ca. 0,05—0,1 (mm) u. einem oberen von 0,1 bis ca. 1,5 verwendet wird. (**D. R. P. 767 217** Kl. 12n vom 31/7. 1940, ausg. 3/3. 1952.) NEBELSIEK. 6475

Dr. Koehler-Gleitmetall G. m. b. H. (Erfinder: **Max Koehler**), Herbede/Ruhr, *Herstellung von Kolbenringen auf Eisengrundlage mit Zusatz von Graphit und bis 10% Blei.* Die pulverförmigen Ausgangsstoffe werden zu Rohlingen gepreßt, die Rohlinge gesintert u. nachgedichtet. Sodann wird durch weitere Wärmebehandlung das für den beabsichtigten Verwendungszweck geeignete Gefüge erzielt. Zur Herst. von Kolbenringen für schnell laufende Verbrennungskraftmaschinen mit weniger hoher therm. Beanspruchung wird zweckmäßig den Kolbenringrohlingen nach dem Verdichten ein lamellarperlit. Gefüge erteilt; bei hoher Betriebsbeanspruchung der Kolbenringe wird ihnen ein körnigperlit. oder sorbit. Gefüge gegeben. Vorzugsweise erfolgt das Sintern bei 1000—1200° mit einem anschließenden Nachverdichten bei 900—1000°. (**D. B. P. 861700** Kl. 18b vom 13/12. 1949, ausg. 5/1. 1953.) HOCHSTEIN. 6475

Goetzewerke Friedrich Goetze Akt.-Ges. (Erfinder: **Carl Adag,** Burscheid/Rhld., *Herstellung von Kolbenringen aus Sintereisen.* Eisenpulver mit hohem Phosphidgeh. wird bei oder über ca. 950° in die Form eines geschlossenen Ringes gepreßt, gesintert u. darauf der Ring geschlitzt, gespannt u. zu einem selbstfedernden Kolbenring fertigbearbeitet. Zweckmäßig wird als Ausgangswerkstoff für die Pulverherst. ein Gußeisen der Zus. 3,0—3,8 (%) *C*, 0,7—1,2 *P*, 0,0—3,2 *Si*, 0,0—0,6 *Mn*, Rest Eisen mit den üblichen Begleitern u. Verunreinigungen verwendet. (**D. B. P. 889 165** Kl. 18b vom 27/9. 1944, ausg. 7/9. 1953.) HOCHSTEIN. 6475

Hard Metal Tools Ltd., Coventry, England (Erfinder: **E. M. Trent**), *Gesinterte Hartlegierung aus einem Doppelcarbid aus Cr- und Ti-Carbid.* Die Legierung enthält eine feste Lsg. oder Mischkristalle von *CrC* u. *TiC*, wobei CrC ca. 5—35% des Doppelcarbides ausmacht. Außerdem enthält die Legierung ein Bindemittel in Mengen von 10—60% der Gesamtlegierung. Als Bindemittel dienen *Ni*, *Co* u. *Fe*. Zur Herst. der Legierung sintert man Preßstücke aus einem Gemisch der Doppelcarbide u. der Bindemetalle nach Maschinenbearbeitung u. Sinterung bei 2000° in einer reduzierenden Atmosphäre oder im Vakuum. (**Schwed. P. 134 770** vom 19/6. 1947, ausg. 4/3. 1952. E. Prior. 21/6. 1946.) JÜRGEN SCHMIDT. 6477

General Electric Co., New York, übert. von: **Dallas T. Hurd**, Schenectady, N. Y., V. St. A., *Wolframcarbidgewinnung.* Man erhitzt feste Teilchen von W-Carbonyl zuerst auf 650—1100° u. dann die erhaltenen pyrolysierten Prodd. im CO-CO_2-Strom (4:1) auf ca. 800—1800°. (**A. P. 2 601 023** vom 6/6. 1950, ausg. 17/6. 1952.) NEBELSIEK. 6477

Kennametal, Inc. (Erfinder: **Philip M. McKenna**), V. St. A., *Herstellung von Wolframmonocarbid* aus Scheelit, Wolframit oder Hübnerit. Das Erz wird mit SiO_2 u. C mit einem Zusatz von Ni auf 2500° erhitzt. Die erstarrte Schmelze wird mit Säuren ausgelaugt. Der Rückstand wird zerrieben u. nach der D. getrennt. Der schwere Anteil ist WC. — Beispiel: 3,3 kg Wolframit (73% WO_3) werden mit 1 kg Ni, 750 g MnO_2, 150 g SiO_2 u. 600 g C mehrere Std. im Graphittiegel auf 2400° erhitzt. Die abgekühlte Schmelze wird mit warmer 30%ig. Salzsäure, der 5% HNO_3 zugesetzt ist, ausgelaugt. Der Rückstand wird in einer Kugelmühle zermahlen u. nach seiner D. in eine schwere u. eine $^1/_3$ leichtere Fraktion getrennt. Die schwere Fraktion enthält 1,465 kg WC mit 6,19% C. Das entspricht einer Ausbeute von 79,3%, bezogen auf W. *Ni* kann zurückgewonnen werden. (**F. P. 1 008 046** vom 6/1. 1950, ausg. 13/5. 1952. A. Prior. 12/1. 1949.) SCHÖNAUER. 6477

Goetzewerke Friedrich Goetze Akt.-Ges. (Erfinder: **Carl Adey, Paul Eicker** und **Joseph Dümler**), Burscheid (Bez. Düsseldorf), *Vorbehandlung eines in der Wärme auf Verschleiß beanspruchten Dichtungsringes.* Der Ring aus Gußeisen, dessen Ausgangsgefüge überwiegend aus Austenit u. ferner aus Martensit, mit u. ohne Perlit, besteht, wird vor seiner Betriebsbeanspruchung so geglüht, daß der Martensit derart ganz oder teilweise zu einem perlitähnlichen Gefüge zerfällt, daß der beim Betrieb auftretende Verschleiß ganz oder teilweise durch den dann gleichzeitig eintretenden Austenitzerfall ausgeglichen wird. (**D. B. P. 874 147** Kl. 18c vom 7/1. 1942, ausg. 20/4. 1953.) HOCHSTEIN. 6493

Westfälische Union Akt.-Ges. für Eisen- und Drahtindustrie, Hamm (Erfinder: **Julius Rath,** Oberspach/Rh.), *Restloses Beseitigen der inneren Spannungen in kaltverformten Drähten.* Kaltverformte Drähte von hoher Naturhärte werden zunächst ihrer werkstofflichen Charakteristik entsprechend auf Tempp. zwischen 300 u. 721° spannungsfrei erwärmt u. darauf zusätzlich durch Hinundherbiegen in mindestens fünf gegeneinander um gleiche Winkel versetzten Ebenen vollkommen symmetr. entspannt.

Kaltverformte Drähte geringerer Naturhärte, geringen Reckgrades u. dadurch bedingter geringer Vorspannung können bereits ohne Wärmebehandlung durch das Hinund-herbiegen entspannt werden. — Abbildungen. (D. B. P. **874 148** Kl. 18c vom 7/5. 1942, ausg. 20/4. 1953.) HOCHSTEIN. 6493

Patent-Treuhand Gesellschaft für elektrische Glühlampen m. b. H., Heidenheim/Brenz (Erfinder: **Eugene Lemmers**, Cleveland Heights, Ohio, V. St. A.), *Herstellen eines Lotes für Metallteile von Vakuumgefäßen.* Ein Gemisch aus 12—40 (%) pulverförmigem oder kleinstückigem *Mn* u. 88—60 *Ni* wird zwecks Legierungsbldg. vorerst in einer reduzierenden Atmosphäre, wie H_2, auf annähernd 1450° u. nach Erstarren erneut in einer inerten Atmosphäre, wie Ar oder N_2, bis zum Durchschmelzen erhitzt u. in dieser Atmosphäre bis zum Ankühlen belassen. (D. R. P. **764 696** Kl. 49h vom 6/4. 1939, ausg. 29/6. 1953. A. Prior. 13/4. 1938. **Zusatz zu D. R. P. 668 847; C. 1939. I. 3255.**) GÖTZE. 6505

Th. Goldschmidt Akt.-Ges., Essen (Erfinder: **Wilhelm Sander**, Essen-Bredeney), *Vergütung von aluminogenetischem Stahl für Schweißzwecke.* Dem Stahl wird *Cu* in Mengen bis 1,5 (%) zulegiert. Zweckmäßig werden die anderen stahlvergütenden Zusätze, wie *Mn, Si, V, Ti* u. *C*, auf den Cu Geh. des Stahles abgestimmt, vorzugsweise derart, daß bei ca. 1,2—1,4 Cu ca. 60—70 Mn, ca. 20—40 Si, ca. 10—15 V, bis ca. 5 Ti u. ca. 20—25 C, in %-Teilen des Cu-Geh. ausgedrückt, vorliegt. (D. B. P. **879 193** Kl. 49h vom 22/1. 1944, ausg. 11/6. 1953.) HOCHSTEIN. 6507

Linde Air Products Co., New York, N. Y., V. St. A., *Periodisches elektrisches Schweißverfahren.* Man führt die elektr. Schweißung mit Wechselstrom bei prakt. konstanter Spannung unter Verwendung eines mineral. Schweißpulvers u. einer abschmelzenden Elektrode durch. Das Vorschieben der Elektrode wird bei beginnendem Abschmelzen unterbrochen, so daß sich der Luftspalt zwischen Schweißstück u. Elektrode vergrößert u. der Lichtbogen abreißt. Dann wird die Elektrode vorgeschoben, so daß ein neuer Lichtbogen entsteht u. das Wechselspiel sich wiederholt. (N. P. **79 612** vom 20/12. 1947, ausg. 28/1. 1952. A. Prior. 27/1. 1944.) JÜRGEN SCHMIDT. 6507

Gustav Richter, Bochum, *Schweißen von Grauguß.* Durch elektr. Lichtbogenschweißung wird mit einer an H_2 angereicherten C-Elektrode zuerst das Schweißgut u. dann ein Schweißdraht aus einer *Ni—Al—Cu—P*-Legierung (I) zum Schmelzen gebracht. I besteht prakt. aus ca. 30(%) Ni, 20 Al, 45 Cu u. 5 P. (D. B. P. **858 117** Kl. 21h vom 13/12. 1949, ausg. 4/12. 1952.) KESSEL. 6507

Gebr. Böhler & Co. Akt.-Ges., Wien, Österreich, *Herstellung nichtaustenitischer Schweißen mit erhöhter Dauerstandfestigkeit und Warmfestigkeit.* In die Schweiße werden schwerlösl. Nitride der 3., 4. u. 5. Vertikalgruppe des Period. Syst., vorzugsweise des *Ti, Zr, Ta, Na, Al* u. *V*, so eingeführt, daß der Geh. an schwerlösl. Nitriden in der Schweiße einem N_2-Geh. von 0,008—0,5% entspricht. Vorzugsweise werden bei einem Verf., bei dem sich die Nitride erst während des Elektroschweißvorganges durch Rk. des im Lichtbogen aktivierten N_2 mit den nitridbildenden Metallen bilden, diese als Legierung im Schweißdraht, in der Seele einer Seelenelektrode, in einer Schweißpaste (Schweißpulver) oder als Ferrolegierungen in der Umhüllung von Mantelelektroden enthaltenen Metalle in die Schweiße eingebracht. (D. B. P. **875 602** Kl. 49h vom 3/11. 1950, ausg. 4/5. 1953. Oe. Prior. 11/3. 1948.) HOCHSTEIN. 6507

Glacier Metal Co. Ltd. und **Peter Garnett Forrester**, Wembley, Middlesex, England, *Erzeugen von Lageroberflächen.* Vor dem Aufbringen des Überzugs aus Lagermetall wird die Stahloberfläche elektrolyt. poliert, z. B. in einer alkoh. H_3PO_4-Lsg., u. dann leicht geätzt u. mit einem Flußmittel versehen. Der schmelzfl. aufgebrachte Überzug aus Lagermetall haftet hierauf bes. fest. (E. P. **661 793** vom 2/5. 1949, ausg. 28/11. 1951.) MARKHOFF. 6517

Akt.-Ges. für Unternehmungen der Eisen- und Stahlindustrie (Erfinder: **Julius Bergerfurdt, Walther Koch** und **Walter Tofaute**), Essen, *Herstellung von Diffusionsüberzügen auf Gegenständen aus Metall, besonders aus Eisen und Stahl.* Zur Abscheidung der Diffusionsmetalle aus gasförmigen Verbb. werden homogene, sich nicht entmischende reine Chloridgase bei weniger als 500 mm Hg u. bei Tempp. von 900—1100° verwendet, z. B. Gemische aus niederen Chloriden des Ti u. $CrCl_2$. Man erhält gleichmäßige Schichten. — Abbildung. (D. B. P. **880 086** Kl. 48b vom 25/4. 1942. ausg. 18/6. 1953.) MARKHOFF. 6517

Udylite Corp., übert. von: **Henry Brown**, Detroit, Mich., V. St. A., *Elektrolytisches Abscheiden von Nickel aus sauren Bädern.* Zum Niederschlagen von feinkörnigen Glanznickelüberzügen wird ein saures Bad verwendet, das $NiCl_2$ oder $NiSO_4$ enthält oder deren Mischungen untereinander oder mit Ni-Fluoborat oder -Sulfamat. Weiter werden dem Bad zugesetzt eine organ. Verb. aus der Reihe der α- oder β-ungesättigten aliphat. Sulfonsäuren, z. B. Vinylsulfonsäure, Chlorvinylsulfonsäure, Bromvinylsulfonsäure in einer Menge von 1 g/Liter bis zur Sättigung. (**Can. P. 477 506** vom 11/3. 1946, ausg. 2/10. 1951. A. Prior. 7/7. 1945.) SCHÖNAUER. 6521

Udylite Corp., übert. von: **Henry Brown**, Detroit, Mich., V. St. A., *Elektrolytisches Abscheiden von Nickel aus sauren Bädern.* Zum Niederschlagen von feinkörnigen Glanznickelüberzügen wird ein saures Bad verwendet, das $NiCl_2$ oder $NiSO_4$ enthält oder deren Mischungen untereinander oder mit Ni-Fluoborat oder -Sulfamat. Weiter werden dem Bad zugesetzt eine organ. Verb. aus der Reihe der α- oder β-ungesättigten Sulfonsäuren, Sulfonamide oder -imide u. eine geringe Menge einer ungesättigten aliphat. Carbonylverbindung. (**Can. P. 477 507** vom 12/3. 1947, ausg. 2/10. 1951. A. Prior. 20/4. 1946.) SCHÖNAUER. 6521

Udylite Corp., übert. von: **Henry Brown**, Detroit, Mich., V. St. A., *Elektrolytisches Abscheiden von Nickel aus sauren Bädern.* Zum Niederschlagen von feinkörnigen Glanznickelüberzügen wird ein saures Bad verwendet, das $NiCl_2$ oder $NiSO_4$ enthält oder deren Mischungen untereinander oder mit Ni-Fluoborat oder -Sulfamat. Weiter werden dem Bad zugesetzt eine Verb. aus der Reihe der Allylsulfonsäuren oder der Allyl- oder Vinylsulfonamide oder -imide in einer Menge von 0,1 g/Liter bis zur Sättigung u. eine Verb. aus der Reihe der N-aliphat. Pyridinpyrazole oder der N-aliphat. Chinolinpyrazole, wobei die N-aliphat. Gruppe 1—8 C-Atome enthält, in einer Menge von 0,001 bis 0,02 g/Liter. Das Bad hat einen p_H-Wert von 1—6. (**Can. P. 477 508** vom 22/3. 1947, ausg. 2/10. 1951. A. Prior. 20/4. 1946.) SCHÖNAUER. 6521

Udylite Corp., V. St. A., *Nickelglanzbäder.* Das saure Bad enthält $NiSO_4$, $NiCl_2$, *Borsäure*, 4—8 g/Liter eines *ungesättigten sulfonsauren Salzes* in α- oder β-Stellung, *Allylamin, Fluorid, Fluoborat, Sulfamat* u. *Sulfonamid* oder *-imid*; p_H 2—5, Badtemp. 40—50°, Stromdichte ca. 1,07—10,7 Amp/dm². (**F. PP. 998 185** u. **998 186**, beide vom 25/10. 1949, ausg. 15/1. 1952.) HOLM. 6521

Lucien-Jules-Victor Granier, Frankreich (Alpes-Maritimes), *Versilberungsbad.* Die Lsg von Halogensilber in Hyposulfiten enthält inerte, metall., feine Scheuer- u. Poliermittel die als Bindemittel oder Zwischenschicht für den Ag-Überzug dienen. (**F. P. 998 841** vom 10/10. 1949 ausg. 23/1. 1952.) HOLM 6527

Metallwerk Plansee G. m. b. H., Österreich, *Erzeugen gut haftender und gasdichter Überzüge auf Metallen.* Die Gegenstände, z. B. aus *Mo*, werden mit Legierungen des Si mit hochschmelzende Oxyde bildenden Metallen, wie *Al, Mg, Zr, Ti, Th, Cr* oder *Be*, schmelzfl. oder durch Aufdampfen überzogen u. dann in oxydierender Atmosphäre erhitzt. Bei Verwendung einer Legierung aus 65 (%) Al u. 35 Si bildet sich beim Erhitzen auf 1400° eine dichte, festhaftende Schicht aus Sillimanit. So überzogene Mo-Drähte können in oxydierender oder reduzierender Atmosphäre auf 1300—1500° erhitzt werden. (**F. P. 990 427** vom 8/7. 1949, ausg. 21/9. 1951. Oe. Prior. 25/10. 1948.) MARKHOFF. 6529

Ernst Leitz G. m. b. H. (Erfinder: **Alfred Riede**), Wetzlar, *Erhöhung der Widerstandsfähigkeit von Aluminiumspiegeln.* Die spiegelnde Al-Oberfläche wird mit einem Überzug aus *B* u./oder *BN* versehen. Der Überzug wird durch Aufdampfen im Vakuum, Kathodenzerstäubung, Abscheiden aus einer gasförmigen B-Verb. oder durch ähnliche Verff. erzeugt. Die Schicht bietet einen wirkungsvollen Schutz, ohne die opt. Eigg. der Spiegelschicht zu verschlechtern. (**D. B. P. 881 891** Kl. 48b vom 3/10. 1944, ausg. 6/7. 1953.) MARKHOFF. 6529

Badische Anilin- & Soda-Fabrik (I. G. Farbenindustrie Akt.-Ges. „In Auflösung") (Erfinder: **Werner Gysin**), Ludwigshafen/Rh., *Herstellen eines dichten feinkörnigen Oxydüberzuges auf Aluminium und seinen Legierungen.* Die Gegenstände werden mit wss. Lsgg. von alkal. reagierenden Carbonaten, wie $(NH_4)_2CO_3$, behandelt, denen wasserlösl. Polymerisate mit Amino-, Amid- oder Carboxylgruppen zugesetzt sind. Beispiel einer Lsg.: 400—500 (Teile) *W.*, 6 $(NH_4)_2CO_3$, 0,3 *polyacrylsaures Na* u. 0,6—1,2 $K_2Cr_2O_7$. Temp. 85—95°. 30 Minuten. (**D. B. P. 871 239** Kl. 48d vom 8/6. 1951, ausg. 19/3. 1953.) MARKHOFF. 6531

Siegfried Junghans, Deutschland, *Anodische Oxydation von Aluminium und seinen Legierungen.* Als Elektrolyt wird eine Salzschmelze verwendet, die anod. O_2 entwickelt, z. B. Schmelzen von *Nitraten* oder *Nitriten* mit einer Temp. von 300—350°. Die Schmelzen sollen prakt. wasserfrei sein. Man erhält Oxydschichten ohne Poren. (**F. P. 1 008 216** vom 11/1. 1950, ausg. 15/5. 1952.) MARKHOFF. 6531

Imperial Chemical Industries Ltd., London, **Richard Chadwick**, Birmingham, und **William George Heaton**, Sutton Coldfield, England, *Anodische Oxydation von Leichtmetallen.* Um die lokale Überhitzung großflächiger Gegenstände bei der anod. Oxydation zu vermeiden, wird die Oxydation in mehreren Arbeitsgängen vorgenommen, wobei stets nur ein Teil der Oberfläche oxydiert wird, während der andere isoliert u. gekühlt wird. Bei Hohlkörpern wird z. B. der Elektrolyt zunächst von der Innenfläche ferngehalten u. durch den Innenraum ein Kühlmittel geleitet. (**E. P. 669 335** vom 10/2. 1949, ausg. 2/4. 1952.) MARKHOFF. 6531

Pyrene Co. Ltd., Brentford, Middlesex (Erfinder: **Mark Barent** und **Sydney Walgate Johnson**, London, England, *Phosphatieren von Metallen*. Es wird eine Lsg. verwendet, die aus einem Phosphat, das basischer ist als das prim. Orthophosphat des gleichen Metalls, durch Auflösen in wss. H_3PO_4 so hergestellt ist, daß die Säuremenge kleiner ist als diejenige, die zur Umsetzung des gesamten Phosphats in prim. Orthophosphat erforderlich ist, u. die mit einer so hergestellten Phosphatlsg. regeneriert wird. Als zu lösendes Phosphat werden z. B. tert. oder sek. Orthophosphat, Meta- oder Pyrophosphat verwendet. Die Lsgg. sind sehr stabil. Der anfallende Schlamm kann mit H_3PO_4 aufgearbeitet werden. (**D. B. P. 869 891** Kl. 48d vom 1/10. 1950, ausg. 9/3. 1953. E. Priorr. 7/11. 1945 u. 13/6. 1946.) MARKHOFF. 6533

Eivind Eckbo, Oslo, übert. von: **Ole Thome Johannesen**, Oslo, Norwegen, *Phosphatieren von Eisen und Stahl*. Der Gegenstand wird mit einer wss. Paste saurer Phosphate (p_H 1—5) behandelt; die getrocknete Paste wird mit einer Kalklsg. angefeuchtet. Ein *Cu-Phosphat-* u. *H_2O_2*-Zusatz wirken katalytisch. Die Konsistenz der Paste wird durch Zusätze von *Dextrin*, *Bentonit* u. *Diatomeenerde* bestimmt. (**Can. P. 478 620** vom 29/7. 1946, ausg. 13/11. 1951.) HOLM. 6533

Metallgesellschaft Akt.-Ges., Frankfurt/M. (Erfinder: **Aloys Wüstefeld**, Hamburg-Langenhorn), *Herstellung von Phosphatschichten auf Eisen, Zink und deren Legierungen*. Die Phosphatierungsfl. soll einen p_H-Wert von 2—5 besitzen u. einen Bodenkörper des Oxyds u. Phosphats der schichtbildenden Metalle aufweisen. Die Bäder liefern bei einer Temp. von 20° festhaftende u. schützende Schichten, die auch das Ziehen erleichtern. (**D. B. P. 880 833** Kl. 48d vom 24/5. 1942, ausg. 25/6. 1953.) MARKHOFF. 6533

Metallgesellschaft Akt.-Ges., Frankfurt/M. (Erfinder: **Aloys Wüstefeld**, Hamburg' und **Robert Krause**, Frankfurt/M.), *Einstellen des p_H-Wertes von Phosphatierungslösungen' besonders von Zinkphosphatbädern, die bei Temperaturen unter 50° arbeiten*. Als Einstellverb. dient *ZnO*, z. B. in Form einer Aufschlämmung. Auch kann ZnO in fester Form in einem Behälter in die Badlsg. eingehängt werden. Hierbei treten nur geringe Schlammverluste auf. (**D. B. P. 881 138** Kl. 48d vom 30/5. 1943, ausg. 29/6. 1953.) MARKHOFF. 6533

United Chromium, Inc., New York, N. Y., übert. von: **Jesse Edwin Stareck**, Birmingham, Mich., V. St. A., *Tauchbad für Metallfärbungen*. Das Bad enthält lösl. 6wertiges *Cr*, ein aktivierendes *Säureradikal* u. > 0,2 g einer lösl. *Ag*-Verb., z. B. 30—90, 6wertiges Cr, 34—101 g SO_4, 8—22 g Essigsäureradikal u. > 0,2 g Ag/Liter. (**Can. P. 483 806** vom 29/10. 1946, ausg. 3/6. 1952.) HOLM. 6535

Vereinigte Aluminium-Werke Akt.-Ges., Berlin und Bonn (Erfinder: **Johannes Rolle**, Grevenbroich/Ndrh.), *Schwarzfärben von Gegenständen aus Aluminium und seinen Legierungen*. Die elektrolyt. erzeugte Oxydschicht wird nacheinander in Lsgg. von *Fe-Ammonoxalat* u. von *organ. Reduktionsmitteln* getaucht. Die Temp. der Oxalatlsg. beträgt 40—60°. Als Reduktionsmittel werden *Gerbsäure*, *Gallussäure* oder *Pyrogallol* verwendet. Die Oxydschicht erhält eine tiefschwarze Färbung, die lichtecht, temperaturbeständig u. abriebfest ist. (**D. B. P. 882 178** Kl. 48d vom 14/4. 1944, ausg. 6/7. 1953.) MARKHOFF. 6535

Reynolds Metals Co., Richmond, Va., übert. von: **James F. Mason** und **Frederick H. Hesch**, Glen Cove, N. Y., V. St. A., *Anodisches Färben von Aluminiumfolien*. Zwei aufeinanderliegende Al-Bleche werden gewalzt, ihre Kanten dicht verbunden u. beide Seiten anod. gefärbt. Nach dem Trennen der beiden Folien haben diese eine glatte u. eine matte Oberfläche. — Zeichnung. (**Can. P. 478 767** vom 27/7. 1947, ausg. 20/11. 1951. A. Prior. 28/12. 1945.) HOLM. 6535

—. A S T M standards on light metals and alloys; aluminum and aluminum alloys, cast and wrought magnesium and magnesium alloys, cast and wrought method of testing light metals. Philadelphia Amer. Soc. for Testing Materials. 1953. (215 S., Diagr.) $ 3.—.

IX. Organische Industrie.

Friedrich Klema, *Eine Besprechnung der Arylbiguanidine, des Dicyandiamidines, Cyanurchlorides und des Kaliumsalzes des Dicyanguanidines unter Berücksichtigung der amerikanischen Arbeiten*. Überblick über Herst., Eigg. u. Verwendung. (Chem. Rdsch. Solothurn] **6**. 39—41. 1/2. 54—55. 16/2. 71—72. 2/3. 1953.) WINIKER. H 880

Urs Deffner, *Die Phenolerzeugung in den USA.* Überblick über die in den USA angewandten Verfahren. (Chem. Rdsch. [Solothurn] **6.** 58. 16/2. 1953.)
WINIKER. H 1060

Will H. Shearon jr., Lee G. Davy und **Harold von Bramer,** *Die Herstellung von Hydrochinon.* Überblick über Herst., Reinigung u. Anwendung von Hydrochinon (I) unter besonderer Berücksichtigung des Verf. der TENNESSEE EASTMAN CO., bei dem das durch Red. von Chinon entstandene I nicht wie bisher mit Hilfe eines Lösungsm., sondern durch Wasserdampfdest. abgetrennt wird. — 21 Literaturhinweise. (Ind. Engng. Chem. **44.** 1730—35. Aug. 1952. Kingsport, Tenn., Tennessee Eastman Co.)
WINIKER. H 1060

F. Wittka, *Über Furfurol.* Überblick über Herstellungsverff. u. Verwendung. (Chem. Rdsch. [Solothurn] **6.** 199—200. 15/6. 234—36. 1/7. 1953. Gardone-Riviera.)
WINIKER. H 3061

Deutsches Hydrierwerk Rodleben VEB (Erfinder: **Heinz Schuster**), Rodleben bei Roßlau, *Sulfurieren und Neutralisieren organischer Stoffe,* dad. gek., daß man die Ausgangsstoffe für die Sulfurierung u./oder Neutralisierung in fl. oder gelöster Form auf eine oder mehrere in einem Reaktionsgefäß auf einer Antriebsachse angeordnete Flächen, von denen wenigstens die oberste schräg zur Achse gelagert ist, auffließen läßt, worauf das Prod. in Form einer breiten dünnen Schicht auf die gekühlten oder erhitzten Gefäßwandungen geschleudert wird. Von hier fließt es herab u. wird am Boden des Gefäßes als Fertigprod. abgeführt. — Vorr., Zeichnung. (**D. P.** [**DDR**] **546** Kl. 12a vom 15/3. 1941, ausg. 22/3. 1952 [Wirtschaftspatent].) M. F. MÜLLER. 6567

Badische Anilin- & Soda-Fabrik, Ludwigshafen/Rh., *Zerlegung von Gemischen, die Nitrierungserzeugnisse nichtaromatischer gesättigter Kohlenwasserstoffe oder Halogenkohlenwasserstoffe enthalten,* dad. gek., daß man sie mit fl. SO_2 extrahiert. Man kann mit oder ohne Verdünnungsmittel arbeiten. Will man einen möglichst reinen Ausgangsstoff wieder erhalten, so arbeitet man zweckmäßig bei höheren Tempp. u. Drucken. (**D. B. P. 874 766** Kl. 12o vom 11/3. 1944, ausg. 27/4. 1953.) G. KÖNIG. H 500

Badische Anilin-& Soda-Fabrik (Erfinder: **Heinrich Hopff** und **Otto von Schickh**), Ludwigshafen/Rh., *Alkalisalze von Nitroalkanen und Nitrocycloalkanen* durch Rk. von Nitroverbb. mit wss. Alkalilauge (15%ig) in Ggw. geringer Mengen von Oximen. — Beispiel: 129 (Teile) Nitrocyclohexan + 10 Cyclohexanonoxim, 40 Ätznatron (30%ig) kühlen u. rühren. Es scheidet sich das Na-Salz des Nitrocyclohexans aus. (**D. B. P. 884 042** Kl. 12o vom 2/6. 1951, ausg. 23/7. 1953.) UNGER. H 500

Badische Anilin- & Soda-Fabrik, Ludwigshafen/Rh., *Herstellung von gesättigten aliphatischen Halogenverbindungen,* dad. gek., daß man auf einfach ungesätt. aliphat. Halogenverbb. in Ggw. von Katalysatoren vom FRIEDEL-CRAFTS-Typ gesätt. aliphat. Halogenverbb. einwirken läßt, in denen mindestens ein Halogenatom an ein sek. oder tert. C-Atom gebunden ist. Die Rk. gelingt am besten bei n. oder erniedrigter Temperatur. — Aus Vinylchlorid u. tert.-Butylchlorid erhält man bei —40° *Dichlorhexan,* $Kp._{38}$ 55°, $Kp._{760}$ 144°. Ferner werden hergestellt: *Dichlorheptan,* Kp. 170—172°; *Bromchlorhexan,* $Kp._{15}$ 55°, u. *Dichlorheptan,* Kp. 127°. (**D. B. P. 876 840** Kl. 12o vom 26/9. 1942, ausg. 18/5. 1953.) G. KÖNIG. H 510

Ruhrchemie Akt.-Ges., Deutschland, *Herstellung von Nitroparaffinen* aus gesätt. KW-stoffen, bes. von der katalyt. CO-Hydrierung, welche mehr als 6 C-Atome enthalten, durch Behandlung mit konz. HNO_3 bei höheren Drucken u. möglichst hohen Tempp., welche bei 150—300° liegen. Bei tieferen Tempp. werden bes. *Di-* u. *Polynitroparaffine* gebildet. (**F. P. 1 011 106** vom 7/12. 1948, ausg. 19/6. 1952.)
M. F. MÜLLER. H 510

Friedr. Krupp Akt.-Ges., Essen, *Halogenierung von aus gesättigten und ungesättigten aliphatischen Kohlenwasserstoffen bestehenden Gas- und Flüssigkeitsgemischen* durch Vereinigen von Halogen u. vorgewärmtem KW-stoff in der Gasphase in geheizten oder gekühlten Misch- oder Umsetzungskammern unter Kreislaufführung der nichtumgesetzten KW-stoffe, dad. gek., daß die Rk. in zwei hintereinandergeschalteten Misch- oder Umsetzungskammern stattfindet, u. daß die Halogenzufuhr vor dem ersten, die Frischgaszufuhr zwischen dem 1. u. 2. Umsetzungsraum stattfindet. — Beispiel: Cl_2 + Propan → Chlorpropan. (**D. R. P. 766 203** Kl. 12o vom 10/8. 1941, ausg. 4/5. 1953.) G. KÖNIG. H 510

Shell Development Co., übert. von: **John H. Raley,** San Francisco, Calif., V. St. A., *Trennung von Halogenwasserstoff von olefinischen ungesättigten organischen Verbindungen* in einer Fraktionierkolonne. Der Halogenwasserstoff wird über Kopf abdest., während die olefin. Komponente am Boden abgelassen wird. Die Trennung findet in

Anwesenheit einer geringen Menge eines Nitrils statt, z. B. Acetonitril. Als Olefin-KW-stoff ist Propylen genannt. (**Can. P. 484 381** vom 25/10. 1950, ausg. 24/6. 1952. A. Prior. 25/11. 1949.) M. F. MÜLLER. H 520

Jacques-Jean Estignard-Bluard, Seine, Frankreich, *Stabilisierung verflüssigter Gase.* Leichtpolymerisierbare verflüssigte Gase (niedrigmol. Olefine oder Diolefine) werden durch Zusatz von Polymerisationsverhinderern haltbar gemacht. — Z. B. werden Butylene durch Äthylacetat, ferner Vinylchlorid sowie Butadien durch Hydrochinon gegen Polymerisation geschützt. (**F. P. 1 010 108** vom 29/7. 1948, ausg. 9/6. 1952.) NOUVEL. H 520

Badische Anilin- & Soda-Fabrik, Ludwigshafen/Rh. (Erfinder: **Kurt Hill,** Krefeld-Uerdingen, und **Richard Conrad,** Heidelberg), *Mechanisch beständige und abreibfeste Katalysatoren zur Dehydrierung von Kohlenwasserstoffen.* Man verwendet zum Anpasten außer 20—80% nicht alternder, bes. mit Säuren oder Salzen peptisierter, in seiner Quellfähigkeit nicht herabgesetzter Tonerde [$Al(OH)_3$; z. B. hergestellt nach Schwz. P. 185 935, C. **1937.** II. 1640] nicht mehr quellfähige oder in ihrer Quellfähigkeit herabgesetzte, zweckmäßig aus nicht alternder Tonerde durch Erhitzen hergestellte Tonerde in feingemahlenem Zustand. — 53 (Teile) einer nicht mehr peptisierbaren Tonerde, Al_2O_3-Geh. 95%, werden mit 10 $Al(NO_3)_3$, 4,5 CrO_3, 4,5 $K_2Cr_2O_7$ u. 28 eines noch reaktionsfähigen Tonerdehydrates (70% Al_2O_3) in einem Kneter mit 30 W. geknetet. Die zu Kugeln verformte u. bei 450° geglühte M. dient zur *Dehydrierung* von *n-Butan.* Der Katalysator wird alle 4 Std. durch Behandeln mit einem O_2-armen N_2-Luft-Gemisch wieder belebt. (**D. B. P. 874 306** Kl. 12o vom 3/9. 1942, ausg. 23/4. 1953.) KRAUSS. H 520

Badische Anilin- & Soda-Fabrik, Deutschland, *Gewinnung von ungesättigten Kohlenwasserstoffen* durch Überleiten eines Gemisches von Olefinen oder Alkoholen mit aliphat. Äthern über wasserabspaltende Katalysatoren bei 200—500° u. bei n. oder höheren Drücken. Als Ausgangsstoffe sind genannt Äthylen, Propylen, Butylen oder die entsprechenden Alkohole mit der gleichen C-Zahl, ferner Methyläthyläther, Diäthyläther, Diisopropyläther oder Methylvinyläther. — Als wasserabspaltende Katalysatoren dienen schwer reduzierbare Metalloxyde, wie die Oxyde des Mg, Al, Cr, W, Co, Th oder Ti, sowie Phosphate, Silicate, Kaolin, Infusorienerde oder Graphit. — In dem Beispiel wird aus n-Butylen u. Dimethyläther in Ggw. eines akt. Al_2O_3-Katalysators bei 350 bis 360° ein Gemisch gewonnen, welches ca. 25 (%) Pentene mit 16 Diolefinen, 12,7 Hexene mit 16 Diolefinen, 8 Heptene mit 37 Diolefinen, 8,3 Octene mit 71 Diolefinen, 44 höhermol. KW-stoffe mit der JZ. 215—367 u. 2 feste Stoffe enthält. (**F. P. 1 000 234** vom 22/11. 1949, ausg. 11/2. 1952. D. Prior. 2/6. 1949.) M. F. MÜLLER. H 520

Ruhrchemie Akt.-Ges., Oberhausen-Holten, *Gewinnung von reinen Olefinen aus flüssigen olefinhaltigen Kohlenwasserstoffgemischen.* Diese werden in Fraktionen mit gleicher C-Zahl zerlegt, in denen die vorhandenen olefin. KW-stoffe mit $ZnCl_2$ u. HCl in aliphat. Monochloride übergeführt werden. Diese werden durch Dest. von den gesätt. KW-stoffen getrennt. Danach werden die Alkylmonochloride durch HCl-Abspaltung in Olefin-KW-stoffe übergeführt, wobei der abgespaltene HCl in den Kreislauf des Verf. übergeführt wird. — Die Anlagerung des HCl an die olefin. Einzelfraktionen geschieht in fl. Phase unterhalb 100° in einer Schicht von $ZnCl_2$–KW-stoff-Additionsverbb., u. die HCl-Abspaltung aus dem Alkylmonochlorid erfolgt in fl. Phase unter Zusatz von Al-Hydrosilicaten. (**Oe. P. 172 925** vom 19/3. 1951, ausg. 25/10. 1952. D. Priorr. 23/3. u. 6/4. 1950.) M. F. MÜLLER. H 520

Ruhrchemie Akt.-Ges., Deutschland, *Herstellung von Olefinen aus Alkylchloriden* mit höchstens 20 C-Atomen durch Abspaltung von HCl in Ggw. eines Al-Hydrosilicats bei 180—250°. Als Katalysator dient z. B. mit Säure aktivierte Bleicherde, wie „Tonsil". Zur Bindung des abgespaltenen HCl setzt man gegebenenfalls ZnO oder MgO zu. (**F. P. 1 011 701** vom 7/3. 1949, ausg. 26/6. 1952.) M. F. MÜLLER. H 520

United Kingdom Chemicals Ltd., London, und **Georg Schäfer,** Swansea, Glamorganshire, England, *Olefinhalogenide* der Formel R—C(Y)=C(X)—Z (R = H, Alkyl, X = Cl, Br; Y = H, Cl, Br; Z = H, Alkyl, Cl-, Br-Alkyl, Cl, Br) erhält man in einem 2stufigen Verf. durch Erhitzen einer Gasmischung aus Olefinen [Propen, Buten-(1) oder -(2), Isobuten oder deren Mischungen], H_2, $COCO_2$, Halogen u. Paraffinen auf Tempp. bis zu 200°, wodurch additive Halogenierung erfolgt. Durch Erhitzen auf 400 bis 700° wird dann Halogenwasserstoff abgespalten. — Eine Mischung aus C_2H_4, C_2H_6, H_2, CO, CO_2, N_2 u. Cl_2 wird durch ein mit Koks gefülltes auf 50—60° erhitztes Stahlrohr u. anschließend durch ein auf 500—515° erhitztes Quarzrohr geleitet. Nach dem Auswaschen der HCl, des *Vinylchlorids* u. Äthylendichlorids enthält die Gasmischung C_2H_4, H_2, CO, CO_2 u. N_2. — *Vinylbromid.* (**E. P. 670 523** vom 1/7. 1949, ausg. 23/4. 1952.) KRAUSS. H 520

Minnesota Mining & Mfg. Co., übert. von: **James Donald La Zerte,** St. Paul, Minn., V. St. A., *Herstellung von Tetrafluoräthylen aus einem Salz der Trifluoressigsäure.* Durch Erhitzen eines entwässerten Gemisches von CF_3COOH u. NaOH auf 270° entsteht unter exotherm. Rk. $CF_2 : CF_2$. (**A. P. 2 601 536** vom 8/5. 1950, ausg. 24/6. 1952.) GRÄGER. H 520

Chloberag Chlor Betrieb Rheinfelden Akt.-Ges. (Erfinder: **Ernst Ferder**), Rheinfelden, *Direkte Herstellung von Perchloräthylen* aus C_2H_2 u. Cl_2, dad. gek., daß ein inniges Gemisch aus 1 (Volumenteil) C_2H_2 u. 4—5,5 Cl_2 bei erhöhter Temp. (450—550°) so umgesetzt wird, daß dabei keine sichtbare Flammenerscheinung auftritt. Eintrittsgeschwindigkeit des Gasgemisches: < 10 m/Sekunde. (**D. B. P. 868 294** Kl. 12o vom 22/9. 1950, ausg. 23/2. 1953.) G. KÖNIG. H 520

Badische Anilin- & Soda-Fabrik, Ludwigshafen/Rh. (Erfinder: **Hans Krzikalla,** Heidelberg, und **Ernst Woldan,** Burgkirchen/Alz), *1.4-Dichlorbutan-2, gegebenenfalls neben 1-Monochlorbuten-2-ol-4,* erhält man durch Einw. von wasserfreiem HCl unterhalb von 70° auf Buten-2-diol-1.4 (I). Bei 0—20° entstehen beide Verbb. nebeneinander, bei höheren Tempp. u. bei HCl-Überschuß wird die Bldg. der Dichlorverb. begünstigt. Bei Tempp. wesentlich über 70° erhält man O-haltige chlorfreie Produkte. — 2 Beispiele bei 50°, ein weiteres in Ggw. von Bzl. oder Äthylenchlorid bei Siedetemp. dieser Lösungsmittel. Aus Substitutionsprodd. von I sollen analoge Verbb. erhalten werden. (**D. B. P. 857 369** Kl. 12o vom 20/5. 1941, ausg. 27/11. 1952.) GANZLIN. H 520

Firestone Tire & Rubber Co., übert. von: **William S. Barnhart,** Akron, O., V. St. A., *1.4-Dibrom-2.3-dichlor-2-buten.* Zur Herst. läßt man Br_2 auf 2.3-Dichlorbutadien-(1.3) in Chloroformlsg. bei n. Temp. bis höchstens 50° einwirken. Das feste Prod. hat F. 47—48° u. Kp. 205—208°, das fl. Isomere F. 17° u. $Kp._{25}$ 125°, letzteres wirkt tränenreizend. (**A. P. 2 605 294** vom 2/6. 1949, ausg. 29/7. 1952.) GRÄGER. H 520

Badische Anilin- & Soda-Fabrik (Erfinder: **Ernst Bartholomé, Lothar Lorenz,** Ludwigshafen/Rh., und **Erwin Lehrer,** Bad Dürkheim), *Gewinnung von Acetylen* (**I**) aus **I**-haltigen Gasen. Zum Auswaschen des **I** verwendet man eine Wasch-Fl., die neben W., zweckmäßig 0,5—10 (%), > 50 eines organ. Lösungsm. enthält, das **I** gut löst, mit W. mischbar ist u. einen höheren Kp. als W. besitzt (Alkylketone, Aldehyde, deren Acetale, Alkyläther, die noch eine Oxygruppe oder weitere Äthergruppen enthalten, Carbonsäureester, Lactone, Säureamide, alkylierte Säureamide, alkylierte Harnstoffe, Dicarbonsäure-bis-dialkylamide, Pyrrolidon u. dessen N-Alkyl- u. -Acetylderivv., Lactame). Aus dem Waschwasser wird **I** durch Erwärmen im Vakuum bei ca. 0,2 bis 0,5 at gewonnen. Im Beispiel wird als Wasch-Fl. ein Gemisch aus 97 γ-Butyrolacton u. 3 W. verwendet. — Vorr., Zeichnung. (**D. B. P. 874 773** Kl. 12o vom 15/10. 1950, ausg. 27/4. 1953.) KRAUSS. H 530

Henkel & Cie., G. m. b. H., Düsseldorf, *O-haltige organische Verbindungen, besonders Aldehyde und Alkohole,* erhält man bei der katalyt. Einw. von CO u. H_2 auf Olefine bei ca. 300° im Wirbelschichtverfahren. Als Katalysatoren kommen bes. Metallcarbonyle (Co) in Betracht. Erhöhter Druck kann angewandt werden. (**E. P. 668 557** vom 14/4. 1949, ausg. 19/3. 1952. D. Prior. 1/10. 1948.) G. KÖNIG. H 550

Celanese Corp. of America, Del., übert. von: **Henry K. Dice, Samuel B. Jeffries jr.** und **Warren D. Hull,** Corpus Christi, Tex., V. St. A., *Trennen der Oxydationsprodukte gasförmiger Kohlenwasserstoffe,* wie C_3H_8, C_4H_{10}, indem man die Fraktion, die Aceton, Methyläthylketon, Acetaldehyd, Alkohole, Alkylenoxyde, Acetale u. hochmol. Aldehyde enthält, der katalyt. Hydrierung bei 150—250°, 300—2000 lbs./sq.in. u. p_H 5—7 unterwirft, wobei die Reaktionsbedingungen so eingehalten werden, daß sämtliche Aldehyde, jedoch nur ein geringer Teil der Ketone zu entsprechenden Alkoholen hydriert werden. Durch anschließendes Fraktionieren u. Extrahieren kann man die einzelnen Komponenten gewinnen. — Zeichnung. (**A. P. 2 580 528** vom 14/6. 1948, ausg. 1/1. 1952.) G. KÖNIG. H 550

Badische Anilin- & Soda-Fabrik (Erfinder: **Walter Reppe, Nikolaus v. Kutepow** und **Manfred Heintzeler**), Ludwigshafen/Rh., *Herstellung von Alkoholen,* dad. gek., daß man auf Olefine in neutralem oder alkal. Medium W. sowie Formiate, bes. mit N-Basen, bes. unter gleichzeitigem Aufpressen von CO, in Ggw. von Metallcarbonylen, bes. Eisencarbonyl bzw. von Salzen der Metallcarbonylwasserstoffe, einwirken läßt. Wurde ein tert. Amin verwandt, so kann zwischen diesem Amin u. dem gebildeten Alkohol ein Austausch der Alkylgruppen eintreten. Z. B. können aus entstehendem Propanol u. ameisensaurem Triäthylamin A. u. entsprechende Mengen Diäthylpropylamin, Äthyldipropylamin u. Tripropylamin entstehen. (**D. B. P. 874 301** Kl. 12o vom 3/5. 1951, ausg. 23/4. 1953.) G. KÖNIG. H 550

E. I. du Pont de Nemours & Co., Wilmington, Del., V. St. A., *Primäre Alkohole erhält man durch Oxosynthese* aus Olefinen (2—30 C-Atome im Mol), CO u. H_2 bei 250 bis 400° u. 325—1500 at in Ggw. von 0,1—1,5 (Gewichtsteilen) W. auf 1 Olefin u. eines Co-Salzes (I) als Katalysator, der in einem der Reaktionsteilnehmer gelöst angewandt wird. Als I sind vorteilhaft die Salze von organ. Carbonsäuren, wie Co-Acetat, -Naphthenat. Es werden hergestellt: aus Diisobutylen vorwiegend 3.5.5-Trimethylhexanol-(1), n_D^{25} 1,4300; aus Propylen n-Butanol u. Isobutanol; aus Äthylen vorwiegend Propanol u. 2-Methylpentanol. (**E. P. 665 705** vom 7/7. 1949, ausg. 30/1. 1952. A. Prior. 24/7. 1948.) G. KÖNIG. H 550

Deutsche Hydrierwerke Akt.-Ges., Düsseldorf (Erfinder: **Richard Hueter** und **Hans Haldenwanger,** Dessau), *Herstellung von höhermolekularen Alkoholen*, dad. gek., daß man gegebenenfalls durch cycloaliphat. oder aromat. Reste substituierte einwertige aliphat. Alkohole, die wenigstens 3 C-Atome in unverzweigter Kette enthalten, mit Estern aus diesen Alkoholen u. anorgan. Säuren, bes. mit Borsäure, in Ggw. von Alkalimetallen oder deren Alkoholaten bei erhöhten Tempp. kondensiert. — Octylalkohol ergibt mit wasserfreiem Borsäuretrioctylester u. Na-Metall, am Rückfluß bis auf 280° erhitzt, hauptsächlich *β-n-Hexyl-n-decylalkohol.* (**D. R. P. 765 726** Kl. 12o vom 29/6. 1939, ausg. 27/4. 1953.) G. KÖNIG. H 550

Badische Anilin- & Soda-Fabrik, Ludwigshafen/Rh. (Erfinder: **Emma Wolffhardt,** Heidelberg), *Ausführung von Barbier-Grignard-Reaktionen.* Aromat. oder gesätt., aliphat. KW-stoffhalogenide werden zusammen mit Carbonylverbb., Estern oder Nitrilen unter Ausschluß von W. u. zweckmäßig auch O_2 ohne Zusatz oder in Ggw. nur geringer Mengen von Lösungs- oder Verdünnungsmitteln mit aktiviertem Mg in geschlossenen Gefäßen auf ca. 60—180° erhitzt. Durch Erhitzen von Mg mit Äthylchlorid (I), getrocknetem Diäthylketon u. einer Spur Äthylbromid im Rührdruckgefäß auf 80° erhält man nach 9 Std. bei Zers. mit Eis u. verd. H_2SO_4 *Triäthylcarbinol*, Kp. 140 bis 142°. — Isopropylchlorid + Isobutyron → *Triisopropylcarbinol* enthaltendes *Alkoholgemisch*, das beim Erhitzen über akt. Tonerde ein *Olefin*-Gemisch mit JZ. 196 liefert. — Brombenzol + Benzoesäureäthylester → *Triphenylcarbinol.* — I + Fluorenon → *Äthylfluorenol*, F. 100—101°. — Isobutyron + Methylchlorid → *2.3.4-Trimethylpentanol-(3).* — CH_2O + I → *n-Propanol.* — CH_2O + Isopropylchlorid → *Isobutanol.* — Acetaldehyd + CH_3Cl → *Isopropanol.* — Aceton + CH_3Cl → *tert. Butylalkohol.* Durch Wasserabspaltung aus diesen Alkoholen gewinnt man Olefine. (**D. B. P. 860 362** Kl. 12o vom 13/11. 1941, ausg. 22/12. 1952.) KRAUSS. H 550

Chemische Werke Hüls G. m. b. H. (Erfinder: **Walter Franke, Karl Weißbach** und **Karl Heinz Seemann**), Marl, *Acetylenalkohole und Diacetylenalkohole.* Acetylene mit mindestens einem an ein Acetylen-C gebundenen H, die neben der Dreifachbindung noch mindestens eine doppelte oder dreifache Bindung enthalten, oder ihre Derivv. werden mit Carbonylverbb. in Ggw. von Alkalialkoholaten oder Alkalihydroxyden in Alkoholen umgesetzt. Oder man läßt Diacetylen (I) in fl. Phase auf Aldehyde in Ggw. von Ag oder Ag-Verbb. einwirken. — I gibt mit Isobutyraldehyd in Ggw. von 24% ig. äthanol. KOH *2.9-Dimethyldecadiin-(4.6)-diol-(3.8)*, $Kp._3$ 148—150°, F. 50—60°; Ausbeute ca. 76—81%. — 1-Äthoxyvinylacetylen + Aceton → *6-Äthoxy-2-methylhexin-(3)-en-(5)-ol-(2)*, $(CH_3)_2{=}C(OH){-}C{\equiv}C{-}CH{=}CH{-}OC_2H_5$, $Kp._2$ 82—89°. — *7-Äthoxy-2-methylheptin-(4)-en-(6)-ol-(3)*, $Kp._{12}$ 92—96°. — I + CH_2O → *Hexadiin-(2.4)-diol-(1.6)*, F. 112°, neben wenig Pentadiinol u. Penteninol. — Zwischenprodd., bes. zur Herst. von Alkoholen, Aminoalkoholen u. Ätheralkoholen. (**D. B. PP. 876 998** Kl. 12o vom 11/7. 1943, ausg. 18/5. 1953, u. **877 453** Kl. 12o vom 9/7. 1942, ausg. 26/5. 1953.) KRAUSS. H 550

Märkische Seifen-Industrie und **Karl-Heinz Imhausen** (Erfinder: **Arthur Imhausen** und **Karl-Heinz Imhausen**), Witten/Ruhr, *Gewinnung von primären aliphatischen Alkoholen* aus den durch Hydrieren von CO entstehenden Mischungen von Alkoholen u. KW-stoffen durch Abscheidung von Alkoholadditionsverbb. mittels $CaCl_2$ u. Aufarbeitung dieser Additionsverbb. in bekannter Weise, dad. gek., daß man einen in bezug auf die vorhandenen Gewichtsmengen an Alkoholen größeren Überschuß, bes. die fünffache Gewichtsmenge, an $CaCl_2$ anwendet. (**D. B. P. 874 302** Kl. 12o vom 14/2. 1940, ausg. 23/4. 1953.) G. KÖNIG. H 560

Herbert Grasshof, Deutschland, *Herstellung von Äthanol aus Gemischen von CO und H_2* in zwei Stufen in Ggw. bekannter Katalysatoren, wie phosphorsaure Salze, oder mit Cu oder Ce_2O_3 aktivierte Phosphorsäure, wobei in der ersten Stufe Essigsäure gebildet wird, die dann in der zweiten Stufe zu Äthanol red. wird. Das als Nebenprod. entstehende Methanol wird im Gemisch mit CO u. H_2 zur Synth. der Essigsäure in der ersten Verfahrensstufe verwendet. Reaktionstemp. 200—400°. (**F. P. 1 006 012** vom 29/10. 1947, ausg. 18/4. 1952.) M. F. MÜLLER. H 560

Michael Erlenbach und **Adolf Sieglitz,** Frankfurt/M., *Katalytische Hydrierung aliphatischer Aldehyde in der Gasphase.* Man leitet das Gasgemisch aus H_2 u. Aldehyd durch einen Reaktionsraum, der in dichter Folge parallel zueinander angeordnete vertikale Reaktionszonen enthält, die mit dem Katalysator (**I**) beschickt u. von einer Anzahl von Rohrleitungen durchsetzt sind, die von einem, die Temp. regulierenden Mittel durchflossen werden. — Aus Crotonaldehyd wird bei 180° mit einem aus Cu u. Kieselgur bestehenden **I**, der mit Mg aktiviert wurde, *Butanol* erhalten. — Acetaldehyd → *Äthanol.* (**E. P. 687 775** vom 1/3. 1950, ausg. 18/2. 1953. D. Prior. 1/10. 1948.) Brösamle. H 560

Camille Dreyfus, übert. von: **William J. Myles,** New York, N. Y., V. St. A., *Herstellung von organischen Schwefligsäureestern* durch Rk. einer organ. OH-Verb. mit Thionylchlorid unter Druck, wobei eine rasche Entfernung des frei gemachten HCl stattfindet. — Z. B. wird n-Decanol mit Thionylchlorid zu *n-Decylsulfit* umgesetzt. Nach dem Abtreiben der HCl wird das Reaktionsgemisch, welches stark abgekühlt u. gefroren ist, in eine wss. Lsg. eines Neutralisationsmittels eingetragen, um die restliche HCl zu binden. Der Ester wird danach gewaschen u. getrocknet. (**Can. P. 485 980** vom 24/8. 1946, ausg. 19/8. 1952. A. Prior. 27/9. 1945.) M. F. Müller. H 590

Badische Anilin- & Soda-Fabrik, Ludwigshafen/Rh., *Metallsalze organischer Sulfonsäuren* erhält man durch Rk. von Alkali-, NH_4- oder Aminsalzen von organ. Sulfonsäuren mit Salzen anderer Metalle u. anderer Säuren in Ggw. von nicht wss. Lösungsmitteln, die die Alkali-, NH_4- oder Aminsalze dieser anderen Säuren nicht lösen (fl. oder niedrigschm., aliphat., cycloaliphat. oder aromat. Alkohole, gegebenenfalls im Gemisch mit KW-stoffen). — Eine Mischung aus nach D. R. P. 715 747 (C. **1942**. I. 3282) gewonnenem Na-Monosulfonat u. wasserfreiem $CaCl_2$ in Isopropanol wird 1 Std. erhitzt. Man erhält in 99% ig. Ausbeute das Ca-Sulfonat. In weiteren Beispielen wird unter Verwendung anderer Lösungsmittel aus dem gleichen Ausgangssulfonat das Ba-, Mg-, Ce-, Al-Salz hergestellt. Aus den Na-Salzen von höhermol. Alkylsulfon- u. Polysulfonsäuren Mg- u. Be-Salz. (**D. B. P. 847 895** Kl. 12o vom 19/1. 1943, ausg. 28/8. 1952.) Krauss. H 600

VEB Farbenfabrik Wolfen (Erfinder: **Hans Seifert**), Wolfen, *Herstellung von chloräthansulfonsaurem Natrium* durch Rk. von Dichloräthan mit der erforderlichen Menge Na_2SO_3 in Ggw. von W. unter Druck u. erhöhter Temp., dad. gek., daß die Umsetzung des Dichloräthans bei Tempp. über 100° erfolgt u. die wss. Sulfitlsg. nach Maßgabe des Verbrauchs allmählich zugegeben wird. (**D. P. [DDR] 892** Kl. 12o vom 2/7. 1941, ausg. 20/12. 1952 [Wirtschaftspatent].) M. F. Müller. H 600

Farbwerke Hoechst, vormals Meister Lucius & Brüning (Erfinder: **Martin Reuter**), Frankfurt/M.-Höchst, *Sulfamidoalkylcarbonsäurenitrile bzw. Sulfamidoalkylcarbonsäuren* erhält man durch Kondensation von organ. Sulfamiden mit aliphat. Aldehydcyanhydrinen oder deren Bestandteilen oder von N-Alkylolverbb. von organ. Sulfamiden mit HCN oder ihren Salzen. Die gebildeten Nitrile können gegebenenfalls zu den Carbonsäuren verseift werden. — Benzolsulfamid wird in 8% ig. NaOH mit Glykolsäurenitril 1 Std. auf 90° erwärmt. Nach dem Ansäuern wird das *Benzolsulfamidoessigsäurenitril*, F. 77°, mit NaOH oder starker HCl zur *Benzolsulfamidoessigsäure*, F. 165°, verseift. — *p-Toluolsulfamidoessigsäurenitril*, F. 137°. — *α-(Benzolsulfamido)-propionsäurenitril*, F. 73°. — *Butansulfamidoessigsäurenitril.* — *Octylsulfamidoessigsäurenitril.* — Sulfonsäurechloride geradkettiger, aliphat. KW-stoffe, Kp. 200—350°, werden mit NH_3 in das Sulfonamid übergeführt, das mit KCN u. CH_2O *Alkylsulfamidoessigsäurenitrile* liefert, die beim Verseifen die *Alkylsulfamidoessigsäuren* geben, deren Na-Salze *Emulgier-* u. *Schaummittel* sind. Zwischenprodd. zur Herst. von Textilhilfsmitteln, Farbstoffen u. Heilmitteln. (**D. B. P. 847 006** Kl. 12o vom 5/12. 1942, ausg. 18/8. 1952.) Krauss. H 600

VEB Farbenfabrik Wolfen (Erfinder: **Hans Wesche** und **Günter Hilgetag**), Wolfen, Kr. Bitterfeld, *Unschädlichmachen des β.β'-Dichlordiäthylsulfids.* Hierzu werden die Lsgg. von am Stickstoff mono- u. dichlorierten aliphat. Sulfamiden sowie ihre Derivv. u. Substitutionsprodd. u. auch die von Polysulfamiden dieser Verbb. in Phosphorsäureestern verwendet. Genannt sind Methansulfamiddichlorid, Isohexylsulfamidmonochlorid; an Lösungsmitteln Butylphosphat, Trichloräthylphosphat, Trikresylphosphat, Xylenylphosphat. (**D. P. [DDR] 1 605** Kl. 61b vom 26/5. 1936, ausg. 3/1. 1953.) Wittholz. H 600

Rohm & Haas Co. (Erfinder: **Warren Dexter Niederhauser**), Philadelphia, Pa., V. St. A., *Herstellung von isomeren Bis-(chlorbutenyl)-sulfiden* der Formeln $ClCH_2CH{=}CHCH_2{-}S{-}CH_2CH{=}CHCH_2Cl$ u. $CH_2{=}CH{-}CHCl{-}CH_2{-}S{-}CH_2{-}CHCl{-}CH{=}CH_2$, dad. gek., daß man mindestens 2 (Mol) Butadien mit 1 SCl_2 bei 0—50°, bes. bei 10—30°, umsetzt. Die Isomeren werden durch fraktionierte Dest. getrennt. (**D. B. P. 863 198** Kl. 12o vom 10/12. 1950, ausg. 15/1. 1953. A. Prior. 26/1. 1950. **A. P. 2 604 492** vom 26/1. 1950, ausg. 22/7. 1952.) Dersin. H 600

Chemische Werke Hüls G. m. b. H., Marl (Erfinder: **Daniel Kästner**, Leverkusen), *Herstellung von Aldehyden bzw. Ketonen* durch Spaltung von α-Oxynitrilen in HCN u. Aldehyde oder Ketone, dad. gek., daß man α-Oxynitrile mit einem Salz der schwefligen Säure behandelt u. HCN oder Cyanide von den gebildeten Aldehyd- oder Ketonbisulfitverbb. trennt. Es werden hergestellt: neben HCN, Acetaldehyd aus Milchsäurenitril; Isobutyraldehyd aus α-Oxyvaleriansäurenitril u. Aceton aus Acetoncyanhydrin. (**D. B. P. 874 001** Kl. 12o vom 23/9. 1943, ausg. 20/4. 1953.) G. KÖNIG. H 650

Bergbau Akt.-Ges. Neue Hoffnung (Erfinder: **Paul Nashan**), Oberhausen/Rhld., *Oxydation von Methan und seinen Homologen* nach D. B. P. 871 445, dad. gek., daß die zur Aufheizung der Reaktionsgase dienenden Gase mit einer größeren Affinität zu O_2 zunächst mit dem umlaufenden Reaktionsgemisch in einer Vorkammer vor Eintritt in den eigentlichen Reaktionsraum vermischt u. mit O_2 oder O_2-haltigen Gasen zur Rk. gebracht werden, worauf das vorerhitzte Reaktionsgasgemisch unter Zusatz von Stickoxyden in den mit festen Katalysator beschickten Reaktionsraum geleitet wird. Man erhält *CH_2O*. (**D. B. P. 878 202** Kl. 12o vom 10/4. 1951, ausg. 1/6. 1953. **Zusatz zu D. B. P. 871 445; C. 1953. 6764.**) G. KÖNIG. H 670

Merck & Co., Inc., Rahway, übert. von: **John F. Mahoney**, Linden, N. J., und **Earl Pierson**, Harrisonburg, Va., V. St. A., *Reines Chloral* erhält man aus wss. Mischungen durch azeotrop. Dest. nach Zugabe eines Azeotropbildners, der unterhalb des Kp. des Chlorals (97°) mit W. als konstant sd. Azeotrop übergeht. Bes. geeignet sind Bzl. u. n-Hexan, die mit W. konstant sd. Azeotrope bei 69—70° bzw. 63° bilden. Unter Chloral ist auch Chloralhydrat zu verstehen. (**A. P. 2 584 036** vom 13/4. 1946, ausg. 29/1. 1952.) G. KÖNIG. H 670

Distillers Co. Ltd., Edinburgh (Erfinder: **Edward James Gasson, Anthony Musgrave Wild** und **Alfred Frank Millidge**, Epsom), England, *Herstellung von 2.4.4-Trimethylpentanal*, dad. gek., daß man 1.2-Epoxy-2.4.4-trimethylpentan mit sauer wirkenden Substanzen (I), mit Ausnahme von Säuren, behandelt. Als I eignen sich: BF_3, Halogenide von Fe^{III}, Sn, Zn, Al, Ti, mit Säuren aktivierte Mineralerde, aktivierte Wasserstoffionenaustauscher. Vorteilhaft sind Tempp. von 50—80° u. eine inerte Atmosphäre, sowie die Abwesenheit von W.; die Ggw. von Lösungsmitteln ist erwünscht. (**D. B. P. 852 993** Kl. 12o vom 26/11. 1950, ausg. 20/10. 1952. E. Prior. 3/12. 1949.) G. KÖNIG. H 670

Distillers Co. Ltd., übert. von: **D. J. Hadley** und **R. Heap**, England, *Herstellung von ungesättigten Aldehyden aus Olefinen*, wie Propylen oder Isobuten durch Oxydation mit einem O_2-haltigen Gas, wie Luft, in Ggw. eines Katalysators in Form von Metallen u./oder Metalloxyden, wie V, Fe, Ni, Co, Mn, Cr, Mo, W, U, Sn oder Ce, u. gegebenenfalls einer geringen Menge elementarem Se, welches dem Reaktionsgasgemisch in Dampfform zugesetzt wird. Als Katalysatorträger dient Silicagel auf akt. Tonerde. — Es entsteht dabei z. B. *Acrolein* u. *Methacrolein*. (**F. P. 1 011 562** vom 25/1. 1950, ausg. 24/6. 1952. E. Prior. 17/2. 1949.) M. F. MÜLLER. H 670

Badische Anilin-& Soda-Fabrik, Ludwigshafen/Rh. (Erfinder: **Josef Aschenbrenner**, Altötting), *Herstellung α-substituierter Acroleine* in Weiterbldg. des Verf. nach D. B. P. 857 951, dad. gek., daß man hier die Wasserabspaltung aus Monomethylverbb. des Aufbaus $OHH_2C \cdot CH(R) \cdot CHO$, worin R einen aliphat. Rest bedeutet, in einem Arbeitsgang mit der Herst. dieser Verbb. durch Kondensation von CH_2O u. aliphat. Aldehyden, die in Nachbarstellung zur Aldehydgruppe eine Methylengruppe mit 2 H-Atomen tragen, in fl. Phase in Anwesenheit von prim. oder sek. Basen oder deren Aldehydanlagerungsverbb. durchführt. — Ein Gemisch von CH_2O, Propionaldehyd, NaCl, Buttersäure wird zum Sieden unter Rückfluß erhitzt u. mit Piperidin versetzt. Man dest. die unter 100° sd. Bestandteile ab, friert W. aus u. erhält nach einer abermaligen Dest. α-Methylacrolein als Rückstand verbleibt Dimethylpropionaldehyd. — Ähnlich wird α-Äthylacrolein, Kp. 92—94°, hergestellt. (**D. B. P. 875 194** Kl. 12o vom 24/8. 1939, ausg. 30/4. 1953. **Zusatz zu D. B. P. 857 951; C. 1953. 2834.**) G. KÖNIG. H 670

Badische Anilin-& Soda-Fabrik, Deutschland, *Herstellung von Acetalen* durch Rk. von C_2H_2 oder Acetylen-KW-stoffen mit Alkoholen in Ggw. von $HgSO_4$, wobei das gebildete Acetal fortlaufend abdest. wird. — In dem Beispiel wird C_2H_2 mit $CH_3 \cdot OH$ unter Zusatz von Oleum (30% SO_3) u. HgO umgesetzt. (**F. P. 1 011 180** vom 21/12. 1948, ausg. 19/6. 1952.) M. F. MÜLLER. H 670

Bozel-Maletra (Soc. Industrielle de Produits Chimiques), Paris, Frankreich, *Herstellung von Glyoxal und Polyglyoxal durch Oxydation von Acetaldehyd oder Paraldehyd mit Salpetersäure in Gegenwart von salpetriger Säure.* Man führt die Oxydation kontinuierlich bei einer Temp. oberhalb des Zersetzungspunktes der Salpetrigen Säure, bes. bei 35—45°, durch. Um der Reaktionszone die notwendige Menge salpetriger Säure zu-

zuführen, wäscht man die abziehenden Gase mit HNO_3 (D. $< 1{,}4$), unterhalb des Zersetzungspunktes der Salpetrigen Säure, u. verwendet diese Waschsäure als Oxydationsmittel. Bes. wird die Rk. in einer Füllkörperkolonne durchgeführt, die unten mit einem Reaktionsbehälter verbunden ist. Man erhält eine ca. 10—11% ig. wss. Glyoxallsg., die beim Eindampfen weißes, pulverförmiges Polyglyoxal ergibt. (**Schwed. P. 136 098** vom 22/11. 1948, ausg. 10/6. 1952. F. Prior. 24/4. 1948.) JÜRGEN SCHMIDT. H 680

Badische Anilin- & Soda-Fabrik (Erfinder: **Alois Seib**), Ludwigshafen/Rh., *Herstellung von Ätheracetalen* durch Kondensation von Alkoholen oder Phenolen mit Vinyläthern in Ggw. von FRIEDEL-CRAFTS-Katalysatoren, dad. gek., daß man die Vinyläther, bes. im Überschuß, oberhalb 100°, z. B. 120—150°, auf Alkohole oder Phenole einwirken läßt. Je höher der Überschuß an Vinyläthern, um so höher ist die Ausbeute an Polyätheracetalen. — Man erhitzt 200 (Teile) eines Gemisches von 1600 Vinylmethyläther (I) u. Methanol im Mol.-Verhältnis von 4 : 1 im geschlossenen Gefäß auf 150° in Ggw. von 100 einer 5% ig. Lsg. von Borfluoriddihydrat in Dioxan. Man erhält: *Acetaldehyddimethylacetal*; *3-Methoxy-n-butyraldehyd-*, Kp. 158°; *3.5-Dimethoxy-n-capronaldehyd-*, $Kp._1$ 80°; *3.5.7-Trimethoxy-n-caprylaldehyd-*, $Kp._1$ 110–111°; *3.5.7.9-Tetramethoxy-n-caprinaldehyd-*, $Kp._1$ 148—150°; *3.5.7.9.11-Pentamethoxy-n-laurinaldehyd-*, $Kp._1$ 179 bis 180°; *3.5.7.9.11.13-Hexamethoxy-n-myristinaldehyddimethylacetal*, $Kp._{0,5}$ 200—201°. — Aus I u. Phenol im Molverhältnis 13 : 1 bei 150° erhält man ein Öl. — Vinylisobutyläther u. Isobutylalkohol im Molverhältnis 2 : 1 ergeben bei 180°: *Acetaldehyddiisobutylacetal*, $Kp._{12}$ 60—61°; *3-Isobutoxy-n-butyraldehyd-*, $Kp._{12}$ 128—132°, *3.5-Diisobutoxy-n-capronaldehyd-*, $Kp._{0,6}$ 158—164°, *3.5.7-Triisobutoxy-n-caprylaldehyddiisobutylacetal*, $Kp._{0,6}$ 190—195°; sowie undestillierbaren Rückstand an höheren Acetalen. Verwendung als Zwischenprodd., als Weichmacher für Lackrohstoffe u. Vinylpolymerisate. (**D. B. P. 857 950** Kl. 12o vom 6/12. 1950, ausg. 4/12. 1952.) G. KÖNIG. H 690

Usines de Melle, Saint-Léger-dès-Melle, Frankreich (Erfinder: **P. Godet**), *Herstellung von Aceton durch Decarboxylierung von Essigsäure in der Dampfphase bei Gegenwart von Mangankatalysatoren.* Man leitet Essigsäuredämpfe über MnO, ein anderes Mn-Oxyd oder eine Verb., die sich zu Mn-Oxyden zers., bei 350—450° u. erhöhtem Druck, bes. 1—10 atü, wobei die Essigsäuredämpfe zweckmäßig durch Wasserdampf verd. sind. Ausbeuten von 90—99%. (**Schwed. P. 136 100** vom 21/11. 1949, ausg. 10/6. 1952. F. Prior. 22/11. 1948.) JÜRGEN SCHMIDT. H 710

Märkische Seifen-Industrie (Erfinder: **Arthur Imhausen** und **Werner Prosch**), Witten, *Fettsäuren.* Man leitet z. B. durch 2000 (kg) eines Kohlehydrierungsprod. aus der Benzinsynth. (Kp. $> 250°$) in Ggw. von 20 clupanodonsaurem Co bei 115° einen kräftigen Luftstrom u. arbeitet das Reaktionsprod. in bekannter Weise auf. (**D. R. P. 764 946** Kl. 12o vom 16/11. 1935, ausg. 22/6. 1953. **Zusatz zu D. R. P. 737 763; C. 1943. II. 1934.**) MÜLLER-MEININGEN. H 800

Stanolind Oil & Gas Co., Tulsa, Okla., übert. von: **Vesta F. Michael,** Wichita, Kans., V. St. A., *Gewinnung und Reinigung von Fettsäuren.* Man säuert die bei der Hydrierung von CO als wss. Salzlsgg. anfallenden Gemische, bes. mit H_2SO_4, an, trennt die wss. Phase von den organ. Säuren ab u. dest. sie mit Dampf. Mit dem wss.-sauren Kopfprod. werden die anorgan. Salze aus den organ. Säuren im Gegenstrom ausgewaschen. — Zeichnung. (**A. P. 2 615 912** vom 7/4. 1949, ausg. 28/10. 1952.) LÜTTGEN. H 800

Badische Anilin- & Soda-Fabrik, Ludwigshafen/Rh. (Erfinder: **Paul Schlack,** Bobingen), *Reinigung von aliphatischen Carbonsäuren* erfolgt durch Behandeln ihrer wss. Lsgg. oder Suspensionen, bes. in Verbindung mit dem Umkristallisieren, mit geringen ClO_2- oder Chloritmengen (0,2—1%). (**D. B. P. 857 361** Kl. 12o vom 20/5. 1944, ausg. 27/11. 1952.) MÜLLER-MEININGEN. H 800

Socony-Vacuum Oil Co., Inc., übert. von: **William A. Stover,** Woodbury, N. J., V. St. A., *Cr-Salze von niedermolekularen Fettsäuren* mit nicht mehr als 6 C-Atomen erhält man durch Red. von Cr^{VI}- zu Cr^{III}-Salzen mit Glykolsäure (I) in Ggw. der entsprechenden Carbonsäuren, z. B. CH_3COOH, bei mindestens 130, bes. 160—230°, wobei je (Mol) Chromat oder Bichromat 1,4 I verwendet werden. (**A. P. 2 615 031** vom 18/7. 1950, ausg. 21/10. 1952.) MÜLLER-MEININGEN. H 800

Märkische Seifen-Industrie o. H. G. und **Karl-Heinz Imhausen** (Erfinder: **Arthur Imhausen†** und **Karl-Heinz Imhausen**), Witten, *Herstellung von Fettsäuren.* Man versetzt z. B. 1000 (g) KW-stoffe aus der CO-Hydrierung mit einem Siedebeginn von 320° mit 5 eines fettsauren Co-Salzes u. 5 $KMnO_4$ (I), bläst durch eine Filterkerze 8 Std. bei 120° Luft ein u. erhält ein Prod. mit der VZ. 140 u. 0% PAe.-Unlöslichem. Arbeitet man ohne **I,** so ist die VZ. 105, PAe.-Unlösliches 1,2%. (**D. B. P. 879 245** Kl. 12o vom 30/9. 1936, ausg. 11/6. 1953.) MÜLLER-MEININGEN. H 800

M. W. Kellogg Co., Jersey City, N. J., V. St. A., *Trennung von Nitrilen* (I), die durch Rk. von Fettsäuren mit NH_3 (II) bei einer zur Nitrilbldg. ausreichenden Temp. erhalten wurden, erfolgt durch Fraktionieren im II-Strom, wobei die I mit weniger als 12 C zusammen mit II als Kopf-, die höhermol. I als Bodenprodd. der Destillationskolonne erhalten werden. — Vorr., Zeichnung. (**A. P. 2 616 838** vom 27/8. 1948, ausg. 4/11. 1952.) MÜLLER-MEININGEN. H 800

Tide Water Associated Oil Co., Bayonne, übert. von: **Carl N. Zeller**, Providence, und **Fred Lister**, Elizabeth, N. J., V. St. A., *Gewinnung von Estern* aus Prodd. der Oxydation von KW-stoffen mit O_2 in fl. Phase in Ggw. von sauren Katalysatoren wird an Hand zahlreicher Tabellen beschrieben. (**A. PP. 2 581 506** vom 10/1. 1948, **2 581 507** vom 27/7. 1949, u. **2 581 508** vom 13/9. 1949, alle ausg. 8/1. 1952.) MÜLLER-MEININGEN. H 800

Armour & Co., Chicago, Ill., V. St. A. (Erfinder: **R. H. Potts**), *Herstellung von hochmolekularen Säurenitrilen.* Man behandelt Fett- oder Harzsäuren von mindestens 8 C-Atomen kontinuierlich in einer Kolonne mit entgegenströmendem NH_3, bes. bei 297—320°. Hierbei wird die NH_3-Menge über die stöchiometr. erforderliche Menge bemessen u. im oberen Teil der Kolonne das mit den Dämpfen abziehende Nitril fraktioniert, so daß die mitgeführten Säuremengen zurückfließen. Man kann auch den oberen Teil der Kolonne mit einem Dehydratisierungskatalysator versehen, so daß die Dämpfe dort über ihn strömen müssen. (**Schwed. P. 134 539** vom 31/1. 1946, ausg. 19/2. 1952. A. Priorr. 1/9. u. 17/10. 1945.) JÜRGEN SCHMIDT. H 800

Imperial Chemical Industries Ltd., London, England (Erfinder: **A. G. Taylor** und **W. A. Caldwell**), *Destillation von Ameisensäure.* Man dest. eine pastenförmige M., die durch Rk. von Alkali- oder Erdalkaliformiat mit H_2SO_4 erhalten wird, in einer horizontalen, rotierenden Trommel, wobei die M. gegen eine Prallplatte gespritzt wird, so daß sie gegen die erhitzte Fläche stößt u. die festen Teilchen als krümelige M. ausgeführt werden können. Man leitet die Dest., z. B. bei Unterdruck, so, daß zunächst eine Fraktion mit weniger als 90% u. dann eine Fraktion mit mehr als 90% Ameisensäure erhalten wird. (**Schwed P. 136 011** vom 25/5. 1949, ausg. 10/6. 1952. E. Prior. 26/5. 1948.) JÜRGEN SCHMIDT. H 800

Samuel Soloveichik, New York, N. Y., V. St. A., *Ameisensäureester* (I) erhält man im kontinuierlichen Verf. durch Rk. von Borsäurealkyl-, -aralkyl- oder -cycloalkylestern mit HCOOH, Abtrennung des I von $B(OH)_3$, die in das Verf. zur Veresterung zurückgeführt wird. — 50 (g) HCOOH (88%ig.) werden 1 Std. mit 55 $B(OC_2H_5)_3$ unter Rückfluß bei einer Badtemp. von 100—130° erhitzt u. dann dest., wobei 70 (99%) *Ameisensäureäthylester* erhalten werden. (**A. P. 2 617 821** vom 30/6. 1951, ausg. 11/11. 1952.) MÜLLER-MEININGEN. H 810

British Celanese Ltd., London, England, *Essigsäure* (II) erhält man durch Red. von CH_3OH (I) mit CO, wobei I in einer 1. Stufe des Verf. aus CO u. H_2 an einem $ZnO \cdot Cr_2O_3$-Katalysator bei z. B. 310—325° u. 300 at gebildet werden kann. Die Umwandlung von I → II erfolgt bei mindestens 100, bes. 250—350 at, u. einer Temp. <200°, bes. 130—190°, in Ggw. von W. u. Ni-, Co- oder Fe-Jodid. (**E. P. 669 760** vom 8/4. 1949, ausg. 9/4. 1952.) MÜLLER-MEININGEN. H 810

Courtaulds Ltd. (Erfinder: **George Anthonie Rathbone Hartley**), London, England, *Wiedergewinnung von Essigsäure* (I) aus ihren wss. Lsgg. durch extraktive Dest., dad. gek., daß man als Extraktionsmittel der wss. Lsg. Dimethoxytetraäthylenglykol (II) zufügt, alles oder nahezu alles W. aus der Mischung abdest. u. aus der zurückbleibenden I–II-Mischung I bes. durch fraktionierte Dest. gewinnt. — Vorr., Zeichnung. (**D. B. P. 871 753** Kl. 12o vom 29/8. 1950, ausg. 26/3. 1953. E. Prior. 2/9. 1949.) MÜLLER-MEININGEN. H 810

Cities Service Oil Co., Bartelsville, übert. von: **William B. Hughes**, Barnsdall, Okla., V. St. A., *Reinigung von Carbonsäuregemischen* von beigemengten Carbonylverbb. erfolgt durch Rk. mit Mennige („red lead") (I) oder $(CH_3COO)_4Pb$ (II) bei ca. 80° u. anschließendes Fraktionieren. — Man erhitzt z. B. ein Gemisch aus 200 (g) CH_3COOH, 50 $C_2H_5 \cdot COOH$ u. 50 C_3H_7COOH mit einem Ketongeh. von 4,5 Gew.-% unter Rühren u. gibt 5 I in 0,5—1 g-Portionen bei 80° zu, erhitzt dann 2 Std. unter Rückfluß zum Sieden u. erhält durch anschließendes Fraktionieren ein Prod. mit einem Ketongeh. von 0,6 Gew.-% berechnet auf $CH_3 \cdot CO \cdot C_2H_5$. Statt des I kann man zu je 100 Ausgangsgemisch 20 II zugeben. (**A. P. 2 600 166** vom 9/2. 1949, ausg. 10/6. 1952.) MÜLLER-MEININGEN. H 810

Bata, Národní Podnik, Gottwaldov, Tschechoslowakei, *Entwässern von Essigsäure* (I) durch Erhitzen mit Äthylidendiacetat (II) nach der Gleichung $H_2O + CH_3 \cdot CH(CH_3COO)_2 \rightarrow CH_3CHO$ (III) $+ 2\ CH_3COOH$. Man erhitzt z. B. 146 (Teile) II mit 98,5 80% ig. I, bes. in Ggw. von wenig konz. H_2SO_4, einige Zeit unter Abdest. von III.

Anschließend wird wasserfreie I quantitativ durch Dest. erhalten. (E. P. **672 867** vom 26/6. 1947, ausg. 28/5. 1952. D. Prior. 16/10. 1941.) MÜLLER-MEININGEN. H 810

Steirische Chemie Akt.-Ges. (Erfinder: **Iwan Morghen** und **Karl Chalupny,** Wien), Kapfenberg, Steiermark, Oesterreich, *Herstellung von Halogenfettsäuren* durch Halogenieren von Fettsäuren mittels gasförmiger Halogene in Ggw. von Zusatzstoffen, z. B. Fettsäureanhydrid, Sulfurylchlorid oder dgl., u. bzw. oder von als Katalysatoren für diesen Zweck bekannten Elementen bzw. Verbb. der 5.—7. Gruppe des Period. Syst., bei erhöhter Temp., gegebenenfalls unter Bestrahlung, dad. gek., daß das zur Anwendung gelangende Halogen mit dampfförmigen Katalysatoren, bes. Chlorschwefelverbb. der Formel S_xCl_y, wobei x = 1 u. y = 1—4 sein kann, u. Cl—O—S-Verbb. der Formel $SOCl_2$, SO_2Cl_2 usw. entweder ganz oder teilweise gemischt oder getrennt eingeleitet werden. — Die Halogenierung wird in einem Kolonnenapp. kontinuierlich im Gegenstrom ausgeführt, wobei die Temp. im unteren Teil der Kolonne auf ca. 100—180°, am Kopf der Kolonne auf ca. 60—120° gehalten wird. — Zwecks Herst. von Monohalogenfettsäuren wird eine gleichzeitige Bestrahlung geringer Intensität mit Strahlen einer Wellenlänge von über 3500 Å vorgenommen. — Zwecks Herst. von höherhalogenierten Fettsäuren wird bes. die von der Herst. der Monohalogenfettsäure stammende Mutterlauge, in Abwesenheit zusätzlicher Katalysatoren als Ausgangsstoff verwendet u. eine Intensivbestrahlung mit UV-Strahlen vorgenommen. — Die Kolonnenapp. besteht zumindestens teilweise aus lichtdurchlässigem Material, wie Glas, Quarz u. anderem. — In die Kolonnenapp. können Strahlungsquellen eingebaut sein, die gegebenenfalls gleichzeitig zur Beheizung dienen. — Eine 98—100% ig. Essigsäure wird mit 2,5% Essigsäureanhydrid u. 0,5% SO_2Cl_2 versetzt, erwärmt u. am Kopf einer Glockenbodenkolonne mit 25 zum Teil heizbaren Böden zufließen gelassen. Am dritten Glockenboden (von unten gerechnet) wird Cl_2, am fünften Cl_2 u. Dampf von Schwefelchloriden eingeleitet. Am Kopf der Kolonne ist eine Temp. von ca. 100°, am Fuß von ca. 135°. Reaktionszeit 6 Stunden. Es entsteht vornehmlich *Monochloressigsäure* neben geringen Mengen an höherchlorierten Produkten. (**Oe. P. 173 230** vom 7/1. 1950, ausg. 25/11. 1952.) M. F. MÜLLER. H 810

Farbwerke Hoechst, vormals Meister Lucius & Brüning (Erfinder: **Hermann Petri** Frankfurt/M.-Höchst, und **Paul Landmann,** Wiesbaden-Biebrich), *Alkalisalze der Monochloressigsäure* (**I**) erhält man, wenn man feste **I** u. Alkalicarbonat in stöchiometr. Mengen ohne Verwendung eines Lösungsm. zusammen mahlt u. mischt oder getrennt mahlt u. dann mischt. Man kann die Salze zur Vollendung der Rk. in ein Lösungsm., bes. die Mutterlaugen von Alkalimonochloracetaten, einrühren u. abtrennen. Die Rk. verläuft nach der Gleichung $2\,Cl\cdot CH_2\cdot COOH + Na_2CO_3 \rightarrow 2\,Cl\cdot CH_2COONa + H_2O + CO_2$ z. B. in 2 Std. mit 98—99% Umsatz ohne Schäumen oder Aufblähen der Reaktionsmischung. (**D. B. P. 860 354** Kl. 12o vom 4/2. 1944, ausg. 22/12. 1952.) MÜLLER-MEININGEN. H 810

Lech-Chemie Gersthofen (Erfinder: **Paul Heisel**), Gersthofen bei Augsburg, *Trennung von Mischungen aus Mono- und Dichloressigsäure oder deren Salzen,* dad. gek., daß man die Alkali- oder Erdalkalisalze dieser Gemische mit W. u./oder wasserlösl. Alkoholen behandelt u. gegebenenfalls aus den voneinander getrennten Salzen die Säuren frei setzt. — Man teigt z. B. ein Gemisch aus 100 (kg) $ClCH_2\cdot COONa$ (I) u. $Cl_2\cdot CH\cdot COONa$ (**II**) mit 155 vergälltem A. mehrere Std. an, zentrifugiert dann u. erhält durch Trocknen des in der Zentrifuge verbleibenden Salzes 86 **I** mit einem Geh. von 2,3% **II.** Im A. sind ca. 14 **I** u. 138 **II** gelöst. (**D. B. P. 860 355** Kl. 12o vom 8/7. 1942, ausg. 22/12. 1952.) MÜLLER-MEININGEN. H 810

Lech-Chemie Gersthofen (Erfinder: **Hans Kolb, Oskar Klopfer** und **Erhard Grams**), Gersthofen bei Augsburg, *Herstellung von reiner Dichloressigsäure* (**I**). Man chloriert CH_3COOH oder $CH_2Cl\cdot COOH$ (**II**) oder deren Gemische bei < 100°, bes. bei 80—110°, bis die $D.^{20}$ 1,60 beträgt, entfernt die $CCl_3\cdot COOH$ durch Decarboxylierung als Chlf., bes. unter Zusatz von Beschleunigern, die auch die Verseifung der **II** katalysieren (z. B. Metallsalze, -oxyde, -hydroxyde, SiO_2-Gel), u. dann das W. durch Dest. u. fraktioniert schließlich **I** im Vakuum. (**D. B. P. 852 997** Kl. 12o vom 15/7. 1951, ausg. 20/10. 1952.) MÜLLER-MEININGEN. H 810

Lech-Chemie Gersthofen (Erfinder: **Paul Heisel, Hans Kolb** und **Josef Scholz**), Gersthofen, *Herstellung von Formlingen aus Trichloressigsäure* (**I**), dad. gek., daß man von den nichthygroskop. Verbb. der **I** mit organ. Stoffen, bes. schwachbas. oder amphoteren Aminoverbb., ausgeht u. diese durch Gießen oder Pressen verformt. Nach den Beispielen werden Harnstoff- oder Glykokolltrichloracetat, gegebenenfalls zusammen mit Melamin–CH_2O-Kondensationsprodd. verwendet. (**D. B. P. 885 603** Kl. 30h vom 16/3. 1951, ausg. 6/8. 1953.) SCHINDLER. H 810

Lech-Chemie Gersthofen (Erfinder: **Paul Heisel**), Gersthofen, *Elektrolytische Reduktion von Chlor- oder Bromessigsäuren* ohne Anwendung eines Diaphragmas. Tempp. 30—70°, Konz. der Säurelsgg. 50—80%, Stromspannung 2,3—3,8 V, Kathodenstromdichte je m^2 500—700 A. Hohe Ausbeuten. (**D. B. P. 848 807** Kl. 12o vom 12/3. 1942, ausg. 8/9. 1952.) SCHINDLER. H 810

Minnesota Mining & Mfg. Co., St. Paul, übert. von: **Torkil Holm**, Minneapolis, Minn., V. St. A., *Orthoester von Perfluoralkylmonocarbonsäuren* der Zus. $C_nF_{2n+1}C(OR)_3$ (n = 1—11, R = Alkyl) erhält man, indem man z. B. unter Rühren zur Suspension von 54 g CH_3ONa in 250 cm^3 absol. Ae. 1 (Mol) eines Esters aus einer Perfluorcarbonsäure, zutropft u. nach 30 Min. 1 Dialkylsulfat zugibt, 4 Std. weiterrührt, vom Na_2SO_4 absaugt u. den Ester durch Dest. abgewinnt. — Z. B. $CF_3 \cdot COOCH_3 + CH_3ONa \rightarrow CF_3 \cdot C(ONa)(OCH_3)_2 + (CH_3)_2SO_4 \rightarrow CF_3 \cdot C(OCH_3)_3$. — *Orthotrifluoressigsäuremethylester*, $Kp._{740}$ 106°; n_D^{25} 1,3380; Gefrierpunkt 55—53°. — *Orthoperfluorpropionsäuremethylester*, $CF_3 \cdot CF_2 \cdot C(OCH_3)_3$, $Kp._{740}$ 116°. n_D^{25} 1,3789. — *Orthoperfluorbuttersäurebuttersäuremethylester*, $CF_3 \cdot CF_2 \cdot CF_2 \cdot C(OCH_3)_3$, $Kp._{740}$ 142°; n_D^{25} 1,3207. (**A. P. 2 611 787** vom 19/5. 1951, ausg. 23/9. 1952.) MÜLLER-MEININGEN. H 810

Farbwerke Hoechst, vormals Meister Lucius & Brüning, Frankfurt/M.-Höchst (Erfinder: **Franz Steinberger**, Bad Soden), *Kontinuierliche Herstellung von Carbonsäureestern* vom Kp. > 100°, z. B. *Butylacetat* oder *Methoxybutylacetat*, erfolgt unter Einführung eines annähernd äquimol. Gemisches aus Säure u. Alkohol am Oberteil einer Fraktionierkolonne (I) in Ggw. kleiner Mengen Katalysatorsäure, azeotrop. Entfernung des W., Kondensation des azeotrop. Gemisches, Trennung der Schichten, Aufarbeitung der wss. Schicht, Rückführung der organ. Schicht in die I u. kontinuierlichesAbziehen des fl. Esters am Boden von I. — Vorr., Zeichnung. (**D. B. P. 860 353** Kl. 12o vom 21/7. 1939, ausg. 22/12. 1952.) MÜLLER-MEININGEN. H 810

Standard Oil Development Co., übert. von: **William Selby Harney jr.**, Elizabeth, N. J., V. St. A., *Gewinnung von sek.-Butylacetat* (I) aus seinem Gemisch mit sek.-Butanol (II) u. W. [Geh. 50—85 (Gew.-%) I, 5—35 II, 2—10 W.] erfolgt durch Druckherst. bei 10—75 lbs./sq.in., Abziehen der unteren wss. Schicht des Destillats u. destillative Zerlegung der oberen I + II-Schicht. (**A. P. 2 614 972** vom 28/10. 1948, ausg. 21/10. 1952.) MÜLLER-MEININGEN. H 810

Knapsack-Griesheim Akt.-Ges. für Stickstoffdünger und Autogentechnik, Knapsack, Köln, *Essigsäureanhydrid* entsteht aus Acetaldehyd u. O_2 oder O_3 unter Verwendung von Schwermetallsalzen von höhermol. organ. Säuren, die im Reaktionsgemisch gelöst bleiben. Beispiele für Katalysatoren: Co-Naphthenat, Cu-Oleat, Salze von Hexahydrobenzoesäure, höhermol. gesätt. u. ungesätt. Fettsäuren u. von Säuregemischen der Paraffinoxydation. (**Schwz. P. 281 433** vom 15/2. 1949, ausg. 1/7. 1952.) LANGER. H 810

Farbwerke Hoechst, vormals Meister Lucius & Brüning (Erfinder: **Otto Nicodemus, Walter Schmidt** und **Reinhard Hirt**), Frankfurt/M., *α·β-Dichlorpropionylchlorid* erhält man durch Chlorierung der β-Monochlorverb. bei 70—110° in Ggw. von Überträgern oder unter Einw. von UV-Strahlen. (**D. B. P. 857 051** Kl. 12o vom 24/12. 1940, ausg. 27/11. 1952.) MÜLLER-MEININGEN. H 810

American Viscose Corp., Wilmington, Del., übert. von: **David W. Chaney**, Nether Providence Township, Pa., V. St. A., *Fluorpropionsäureester* der Zus. $CF_2X—CClX—COOR$ (X = F u. Cl, R = Alkyl $c_1—c_4$) erhält man durch Behandeln eines Fluorpropylens $CF_2X—CX{=}CCl_2$ mit einem O_2–Cl_2-Gemisch bei 30—80° unter Einw. von akt. Licht u. Rk. des intermediär erhaltenen Acylhalogenids mit einem niedermol. aliphat. Alkohol. — Beispiel: In ca. 2785 Teile 1.1.2.3-Tetrachlor-3.3-difluorpropen-1 ($CF_2Cl—CCl{=}CCl_2$) leitet man unter Belichtung mit einer 80 Watt-Hg-Lampe u. Rühren eine Mischung von O_2 u. Cl_2 (10 : 1) bei 45—60° unter Außenkühlung mit W. ein, wobei zuerst je Min. 50, nach 20 Std. 10 cm^3 Gas absorbiert werden. Man setzt dann unter Rühren u. Kühlen bei ca. 40° 1600 absol. A. zu, läßt ca. 1 Std. stehen u. gießt dann in 4000 W. ein, wäscht das erhaltene Öl mit verd. $NaHCO_3$-Lsg. u. W., trocknet über $Na_2 \cdot SO_4$ u. erhält bei 170—174° ca. 1670 *α.α-Dichlor-β.β-difluor-β-chlorpropionsäureäthylester*, Kp. 172,5°, n_D^{23} 1,4188, $D.^{23}$ 1,46. — 1.1.3-Trichlor-2.3.3-trifluorpropen-1 → *α-Chlor-α-fluor-β.β-difluor-β-chlorpropionsäureäthylester*, Kp. 142°, n_D^{23} 1,3830, $D.^{23}$ 1,405. — Zwischenprodd., Lösungsmittel u. dergleichen. (**A. P. 2 583 415** vom 28/6. 1946, ausg. 22/1. 1952.) MÜLLER-MEININGEN. H 810

Ruhrchemie Akt.-Ges. (Erfinder: **Hans Feichtinger**), Oberhausen-Holten, *Säureamide* erhält man durch Erhitzen von α-substituierten aliphat., araliphat., cycloaliphat. oder heterocycl. Carbonsäuren mit wss. Polyammoniumsulfidlsgg. bei 150—250° unter Druck, zweckmäßig in Ggw. eines organ. Lösungsm. (Alkohole, Dioxan). — α-Brombuttersäure gibt in Pyridin mit S-haltigem, wss. NH_4HS im Druckrohr *Propionamid* (I), F. 77—78°. — α-Phenylbromessigsäure → *Benzamid*, F. 126—127°. Leucin → *Isovaleramid*, F. 128—130°. — Glutaminsäurehydrochlorid → *Säureamide* → *Bernsteinsäure*. — Phenylalanin → *Phenylacetamid*, F. 154,5—156°. — α-Mercaptobuttersäure oder α.α'-Dithiodibuttersäure → **I.** (**D. B. P. 877 605** Kl. 12o vom 3/9. 1950, ausg. 26/5. 1953.) KRAUSS. H 810

Badische Anilin- & Soda-Fabrik (Erfinder: **Adolf Hrubesch** und **Otto Schlichting**), Ludwigshafen/Rh., *Derivate der Buttersäure* erhält man, gegebenenfalls neben solchen der Croton- u./oder Fumarsäure, durch Hydrolyse oder Alkoholyse von γ-Chlorbuttersäure oder ihren Halogeniden oder Estern oder der hieraus durch Rk. mit Cl_2 oder SO_2Cl_2 in Ggw. von Cl-Überträgern erhaltenen Polychlorderivv., gegebenenfalls nach Zerlegung in Fraktionen einheitlicher Zus., oder durch Rk. mit Alkoholaten, Phenolaten, Mercaptiden oder Thiophenolaten. — Beispiele: Man leitet in 1410 (Teile) γ-Chlorbuttersäurechlorid (**I**) + 100—150 roten P bei 120—130° Cl_2 ein bis zur Aufnahme von 500—700, bläst HCl mit Luft aus, dest. den Rückstand durch eine hohe Kolonne u. erhält 1320 *α.γ-Dichlorbuttersäurechlorid* (**II**), $Kp._{20}$ 80—82°. 100 **II** + 100 CH_3OH, ½std. Kochen u. Dest. → 81 *α.γ-Dichlorbuttersäuremethylester* (**III**), $Kp._8$ 78—82°. — Ferner wird erhalten: *Trichlorbuttersäurechlorid* (**IV**), $Kp._{18}$ 90—92°. — *Tetrachlorbuttersäurechlorid*, $Kp._{16}$ 110—114°. — *Pentachlorbuttersäurechlorid*, $Kp._7$ 103—109°. Die entsprechenden *Methylester* sd. bei 87—90°/8 mm, 98—101°/9 mm u. 110—112°/8 mm. — **IV** + CH_3ONa → *Fumarsäuredimethylester*, F. 106—108°, $Kp._{18}$ 120—124°. Aus den Mutterlaugen: *α-Methoxy-γ-oxocrotonsäuredimethylacetal* (**V**), $(CH_3O)_2CH—CH=C(OCH_3)—COOH$, $Kp._{12}$ 112—125°, u. **V**-*Methylester*, $Kp._{12}$ 125—127°. — **III** + W. bei 80° → *α.γ-Dichlorbuttersäure*, $Kp._{24}$ 138°. — γ-Chlorbuttersäuremethylester ($Kp._{10}$ 72 bis 74°) + P + Cl_2 + CH_3OH → **III**. — **I** + W. + CH_3ONa + CH_3SNa → *γ-Methylmercaptobuttersäure*, $Kp._{10}$ 140—144°. — Zwischenprodukte. (**D. B. P. 835 888** Kl. 12o vom 22/6. 1950, ausg. 7/4. 1952.) MÜLLER-MEININGEN. H 810

Johann G. W. Opfermann & Sohn, Bergisch-Gladbach, *Herstellung von γ-Chlorbutyrylchlorid* durch Umsetzung von Butyrolacton mit Schwefeloxyhalogeniden, wobei letztere im Überschuß angewendet werden, dad. gek., daß die Rk. durch Einleiten von trockenem HCl-Gas u./oder Zusatz von Spuren von W. katalyt. beeinflußt, bzw. im Temperaturintervall von 0—80° ausgeführt wird. (**Oe. P. 172 339** vom 16/1. 1951, ausg. 25/8. 1952. Holl. Prior. 18/2. 1950.) M. F. MÜLLER. H 810

Standard Oil Development Co., übert. von: **Ralph Burgers Mason**, Baton Rouge, La., V. St. A., *Herstellung von C_{15}—C_{18}-Fettsäuren* (**I**). Man verestert aus C_8—C_{16}-Olefinen erhaltene „Oxoalkohole" in Ggw. saurer Katalysatoren, wie H_2SO_4 oder BF_3, bei 150—300° F mit **I**, setzt die erhaltenen Estergemische bei 200—700° F u. 1000 bis 6000 lbs./sq.in. in Ggw. von z. B. $Ni(CO)_4$ mit CO u. W. um u. hydrolysiert das erhaltene Estergemisch. ROH + HOOC—R → R—COOR + CO → R·CO—O—CO—R + H_2O → 2 R·COOH. — Vorr., Zeichnung. (**A. P. 2 607 787** vom 1/8. 1950, ausg. 19/8. 1952.) MÜLLER-MEININGEN. H 810

Badische Anilin- & Soda-Fabrik (Erfinder: **Walter Reppe** und **Hugo Kröper**), Ludwigshafen/Rh., *Herstellung von Carbonsäuren*. Durch Druckerhitzung von CO u. W. in Ggw. von Halogeniden des Ni oder Co bzw. Ni oder Co oder deren Verbb. in Anwesenheit von Halogen oder Halogenverbb. werden höhermol. KW-stoffe mit mindestens 8 C-Atomen in Carbonsäuren umgewandelt. Die Rk. findet bei 120—130°, bes. bei 50 u. 250 at, gegebenenfalls kontinuierlich u. in inertem Lösungsmittel **statt**. — Beispiel: 50 (Teile) Octadecylen, 3 Ni-Jodid u. 25 W. werden 48 Std. mit CO bei 160 at auf 270° erhitzt. Verbrauchtes CO wird durch Nachpressen von frischem CO laufend ergänzt. Das Umsetzungsgemisch wird mit verd. HCl gewaschen u. destilliert. 60% *Methylstearinsäure*, berechnet auf Octadecylen. — *Methyllaurinsäure* ($Kp._1$ 142°) aus Dodecylen W. u. NH_4Cl bei CO-Druck von 200 at unter Anwendung von mit Cu u. Cr aktiviertem Ni-Katalysator auf Kieselgur. (**D. B. P. 842 341** Kl. 12o vom 20/2. 1941, ausg. 26/6. 1952.) SCHMAUSER. H 810

Rohm & Haas Co., Philadelphia, übert. von: **Edward H. Specht**, Philadelphia, **Andrew Neuman**, North Hills, und **Harry T. Neher**, Bristol, Pa., V. St. A., *Acrylsäure*. In Ggw. eines inerten organ. Lösungsm., das teilweise mit W. mischbar ist, läßt man bei 25—75° Acetylen (**I**), W., $Ni(CO)_4$ (**II**) u. Acrylsäure miteinander reagieren u. führt während der Rk. zusätzlich CO, **I** u. W. ein, wobei das CO 60 Mol.-% der gesamten CO-Gruppen (**II** mitgerechnet) nicht übersteigen soll, **I** insgesamt in äquimol. Verhältnis zum Gesamt-CO (**III**) angewandt wird u. die verwendete Menge W. wenigstens der Hälfte von **III** äquimolar ist. (**A. P. 2 613 222** vom 6/4. 1951, ausg. 7/10. 1952.) BRÖSAMLE. H 810

Badische Anilin- & Soda-Fabrik (Erfinder: **Rudolf Keller,** Mannheim, **Peter Pfaff,** Neustadt a. d. Weinstraße, und **Ernst Keyssner**), Ludwigshafen/Rh., *Acrylnitril* (**I**). Das durch Anlagerung von HCN an Acetylen erhaltene Gasgemisch wird mit einer organ. Fl., in der **I** u. die entstandenen Nebenprodd. (z. B. Mono- u. Divinylacetylen, Acetaldehyd) lösl. sind, gewaschen. Zweckmäßig wird **I** selbst als Lösungsm. verwendet. (**D. B. P. 860 213** Kl. 12o vom 10/12. 1950, ausg. 18/12. 1952.) KRAUSS. H 810

Farbenfabriken Bayer, Leverkusen-Bayerwerk (Erfinder: **Peter Kurtz,** Leverkusen-Wiesdorf, **Horst Bretschneider** und **Hans Möller,** Mannheim), *Acrylsäurenitril* entsteht aus Acetylen u. HCN in der Dampfphase in Ggw. von Wasserdampf u. eines festen, aus CuCl u. NH_4Cl oder salzsauren Alkylaminen bestehenden Katalysators, zweckmäßig in Ggw. von Reduktionsmitteln ($SnCl_2$, Hydrazinhydrochlorid, Na_2SO_3), um das Cu in der 1-wertigen Form zu halten. Ausbeute: > 90%, bezogen auf HCN. (**D. B. P. 877 302** Kl. 12o vom 11/1. 1941, ausg. 21/5. 1953. **Zusatz zu D. R. P. 728 767; C. 1943. I. 2758.**) KRAUSS. H 810

Farbenfabriken Bayer (Erfinder: **Rudolf Stroh, Richard Ludwig, Kurt Hess** und **Daniel Kästner**), Leverkusen, *Aufarbeitung wässeriger Acrylnitrillösungen.* Man leitet durch die aus HCN u. C_2H_2 in Ggw. von Katalysatoren erhaltenen wss. Reaktionsgemische unterhalb 50° ein indifferentes, bes. O_2-freies Gas, wodurch die leichtflüchtigen Bestandteile, wie Divinylacetylen, Äthinylbutadien, Chlorbutadien, Acetaldehyd u. HCN entfernt werden, die sonst bei der Mischpolymerisation stören würden. Die im W. verbliebenen Anteile werden durch Dest. entfernt, u. anschließend wird Acrylnitril fraktioniert destilliert. (**D. B. P. 857 373** Kl. 12o vom 13/2. 1943, ausg. 27/11. 1952.) KRAUSS. H 810

Röhm & Haas G. m. b. H. (Erfinder: **Carl T. Kautter** und **Adolf Gerlach**), Darmstadt, *Methacrylsäure und deren Derivate.* Man läßt Acetoncyanhydrin mit solcher Geschwindigkeit in konz. H_2SO_4 unter feinster Verteilung u. kräftiger Mischung einfließen, daß die Temp. 130—160° beträgt. Das entstandene *Methacrylsäureamid* (höchste genannte Ausbeute 96,37%) wird abgetrennt oder durch Erhitzen mit W. oder einem Alkohol in die Säure oder in den Ester übergeführt. *Methacrylsäuremethylester.* (**D. R. P. 765 734** Kl. 12o vom 4/12. 1941, ausg. 22/12. 1952.) KRAUSS. H 810

Imperial Chemical Industries Ltd., London (Erfinder: **John William Croom Crawford,** Welwyn Garden City, und **James Grigor,** Norton, Stockton-on-Tees), England, *Ungesättigte Carbonsäureamide.* Eine Mischung aus Ketoncyanhydrin u. H_2SO_4, Oleum, Alkylschwefelsäure oder deren Mischungen im Verhältnis 1—2 (Mol) Säure : 1 Cyanhydrin wird höchstens 10 Min., bes. $^1/_4$—5 Min., auf 140—180° erhitzt, wobei zweckmäßig die Mischung der Reaktionsteilnehmer bei ca. 80° erfolgt. — 95%ig. Acetoncyanhydrin u. 0,2% freies SO_3-haltige H_2SO_4 (1 : 1,5) werden bei 85—100° gemischt u. dann 130 Sek. auf 150° erwärmt, wodurch sich in 98,3%ig. Ausbeute *Methacrylamid* bildet. — Methyläthylketoncyanhydrin → α-*Methylcrotonamid.* — Cyclohexanoncyanhydrin → *Cyclohexan-1-carbonsäureamid.* Abhängigkeit der Ausbeute von Zeit u. Temperatur. — Tabelle. (**D. B. P. 859 450** Kl. 12o vom 10/5. 1936, ausg. 15/12. 1952. E. Prior. 10/5. 1935.) KRAUSS. H 810

Badische Anilin- & Soda-Fabrik, Ludwigshafen/Rh. (Erfinder: **Fritz Kögler,** Uerdingen), *Dicarbonsäuregemische* erhält man durch Oxydation von 1-wertigen aliphat. Alkoholen mit mindestens 5 C oder deren Gemischen mit HNO_3, deren Konz. während der Rk. nicht wesentlich unter 50% sinkt. (**D. B. P. 857 049** Kl. 12o vom 9/7. 1943, ausg. 27/11. 1952.) MÜLLER-MEININGEN. H 820

Walter Reppe, Ludwigshafen/Rh., *Aliphatische Dicarbonsäuren* erhält man durch Rk. von CO u. W. mit α.β-ungesätt. Monocarbonsäuren in alkal. Medium bei 60—200° u. mindestens 30 at in Ggw. einer Ni–CN-Komplexverb., z. B. $K_2[Ni(CN)_4]$. Man erhält so z. B. aus Acrylsäure, auch wenn man von C_2H_2 ausgeht, *Bernsteinsäure*: $CH{\equiv}CH + CO + H_2O \rightarrow CH_2{=}CH{-}COOH + CO + H_2O \rightarrow HOOC{-}CH_2{-}CH_2{-}COOH$. (**A. P. 2 604 490** vom 3/2. 1951, ausg. 22/7. 1952. D. Prior. 3/2. 1951.) MÜLLER-MEININGEN. H 820

Chemische Werke Hüls G. m. b. H., Marl (Erfinder: **Walter Franke, Karl Weißbach,** Marl, **Hugo Kröper,** Heidelberg, und **Friedrich Pyzik,** Ludwigshafen/Rh.), *Aliphatische Dicarbonsäuren* erhält man durch Oxydation von Hexandiol-(1.6) in fl. Phase mit HNO_3 oder höheren N-Oxyden. Beschrieben wird die Herst. von Bernstein-, Adipin- u. Glutarsäure. (**D. B. P. 860 352** Kl. 12o vom 10/6. 1942, ausg. 22/12. 1952.) MÜLLER-MEININGEN. H 820

Badische Anilin- & Soda-Fabrik, Ludwigshafen/Rh. (Erfinder: **Walter Reppe,** Ludwigshafen/Rh., und **Hans Joachim Pistor,** Mannheim), *Gemisch aus Dicarbonsäuren, Monocarbonsäuren und gegebenenfalls Lactonen* erhält man durch Rk. von CO mit cycl. Äthern oder Lactonen mit mindestens 4 C, z. B. Tetrahydro-, Dimethyltetrahydro-,

Methyltetrahydrofuran, Hydropyranen, 1.4-Dioxan, Butyrolacton, Ketodioxan, Glykolid, Cumarin, Phthalid u. dgl., bei > 100, bes. 150—300°, u. 10 bis > 100 at in Ggw. von carbonylbildenden Metallen oder deren Verbb., bes. der Halogenide, oder von Halogen oder Halogenverbb., bes. J_2 bzw. J-Verbb., gegebenenfalls in Ggw. von Wasser. — Man behandelt z. B. ein Gemisch aus 216 (Teilen) Tetrahydrofuran, 54 W., 9 $NiCl_2$ (wasserfrei) u. 27,5 C_6H_5J 4 Std. bei 250° mit CO bei 100—200 at, bis kein CO mehr aufgenommen wird, u. erhält neben 130 *Adipinsäure Valeriansäure* u. *Valerolacton*. (**D. B. P. 857 192** Kl. 12o vom 6/2. 1941, ausg. 27/11. 1952.) MÜLLER-MEININGEN. H 820

Titan Co., Inc., New York, N. Y. (Erfinder: **Leonard Martin Kebrich,** Brooklyn, N. Y., und **John George Hendricks,** Chatham, N. J.), V. St. A., *Herstellung von basischen Bleisalzen aliphatischer Dicarbonsäuren* (**I**) mit mindestens 3 C-Atomen, z. B. Malon-, Adipin-, Sebacin-, Malein-, Fumarsäure. Man läßt PbO (**II**) in wss. Suspension bei Raumtemp. so lange mit den **I** reagieren, bis mindestens 1,5 (Mol) **I** mit 1 **II** umgesetzt ist. Man kann der wss. Suspension wenig CH_3COOH zufügen, in einer Kugelmühle arbeiten u. die Rk. bis Erreichung eines bestimmten p_H durchführen. (**D. B. P. 860 209** Kl. 12o vom 31/1. 1951, ausg. 18/12. 1952.) MÜLLER-MEININGEN. H 820

Socony-Vacuum Oil Co., Inc., New York, übert. von: **Hastings S. Trigg,** West Hempstead, N. Y., und **Henry D. Norris,** Woodbury, und **Ralph V. White,** Pitman, N. J., V. St. A., *Dicarbonsäuremonoester* (**I**). Dicarbonsäuren, die nicht zur Anhydridbldg. neigen, werden mit 1 Mol eines Trialkylamins zum Salz umgesetzt, dieses wird mit einem Alkohol verestert, das entstandene Estersalz zerlegt u. **I** isoliert. — Beispiele: Es werden Äpfelsäure, Weinsäure, Adipinsäure mit Tri-n-butylamin, Triamylamin zum Salz umgesetzt u. dann mit Oleylalkohol, Octadecanol-(1), Hexadecanol-(1), Dodecanol-(1), 2-Äthylhexanol-(1), Hexanol-(1), Decanol-(1) verestert; die Prodd. werden mit verd. Alkalilauge zerlegt u. **I** wird isoliert. (**A. P. 2 610 205** vom 2/2. 1949, ausg. 9/9. 1952.) LANGER. H 820

I. G. Farbenindustrie Akt.-Ges., Frankfurt/M. (Erfinder: **Friedrich Becke** und **Walter Flemming,** Mannheim), *Reinigung von Adipinsäure und ihren Homologen* von die geschmolzenen Säuren oder deren Reaktionsprodd. dunkelfärbende Bestandteile durch Druckerhitzen in ca. 5—60%ig. HNO_3 auf 150—200° u. Auskristallisierenlassen der erhaltenen Lösung. (**D. R. P. 764 488** Kl. 12o vom 17/7. 1940, ausg. 15/6. 1953.) MÜLLER-MEININGEN. H 820

Badische Anilin- & Soda-Fabrik, Ludwigshafen/Rh. (Erfinder: **Heinz Heinze,** Wuppertal, **Elly Jagla,** Ludwigshafen, **Fritz Kögler,** Uerdingen/Rhld., und **Karl Rumscheidt,** Luzern, Schweiz), *Herstellung aliphatischer Carbonsäuren* von der Art der Adipinsäure u. ihrer Homologen durch Oxydation ringförmiger Verbb. [Cyclohexanol (**I**), Cyclohexanon usw.] durch Behandeln mit HNO_3, dad. gek., daß man im kontinuierlichen Betrieb die fl. Ausgangsstoffe im unteren Teil eines Gefäßes mischt, die Mischung während der Oxydation von unten nach oben mit solcher Geschwindigkeit führt, daß am oberen Gefäßende die Rk. beendet ist, u. dort das Reaktionsgemisch abführt. — Beispiel für Adipinsäure aus **I**. (**D. B. P. 844 144** Kl. 12o vom 22/8. 1940, ausg. 17/7. 1952.) SCHINDLER. H 820

Badische Anilin- & Soda-Fabrik, Ludwigshafen/Rh. (Erfinder: **Karl Rumscheidt,** Luzern, Schweiz, und **Fritz Kögler,** Krefeld-Uerdingen), *Alkyladipinsäuren* erhält man durch Eintragen von Alkylcyclohexanolen oder -hexanonen in überschüssige HNO_3 bei nicht > 55°, wobei deren Konz. > 40% gehalten wird. (**D. B. P. 857 193** Kl. 12o vom 10/1. 1943, ausg. 27/11. 1952.) MÜLLER-MEININGEN. H 820

Badische Anilin- & Soda-Fabrik (Erfinder: **Josef Schmidt** und **Walter Schulze**), Ludwigshafen/Rh., *Herstellung von Dinitrilen aliphatischer α.ω-Dicarbonsäuren* (**I**), dad. gek., daß man durch wss. Lsgg. oder Schmelzen von **I** in Ggw. von **Phosphorsäure** oder deren Salzen bei 240—320° NH_3 mit solcher Geschwindigkeit leitet, daß das entstehende Dinitril mit den NH_3 unterhalb seines Kp. überdestilliert. — Man leitet z. B. durch 300 (Teile) Pimelinsäure + 3 **Metaphosphorsäure** bei 250—300° 70 Liter NH_3 je Std., arbeitet das Reaktionsgemisch nach ca. 7 Std. auf u. erhält 188 (82,2%) *Pimelinsäuredinitril*, $Kp._4$ 120—160°. — *Adipinsäuredinitril*, $Kp._{18}$ 160—165°, F. 2°. — *Sebacinsäuredinitril*, F. 7,6°. (**D. B. P. 857 194** Kl. 12o vom 19/12. 1942, ausg. 27/11. 1952.) MÜLLER-MEININGEN. H 820

Standard Oil Development Co., übert. von: **Louis A. Mikeska,** Westfield, N. J., V. St. A., *Dicarbonsäuren* erhält man durch Rk. von gesätt. Monooxymonocarbonsäuren, deren sek. OH-Gruppe nicht endständig ist, mit Alkalihydroxyd in Ggw. eines bei 230—320° sd. Erdöl-KW-stoffs, Ausziehen des Reaktionsgemisches mit W. u. Ansäuern der alkal.-wss. Lösung. — Man erhitzt z. B. 100 (g) 12-Oxystearinsäure,

33 NaOH, 45 KOH u. 200 cm³ Paraffinöl (white oil; I) unter Durchleiten von N_2, bis bei 235° H_2-Entw. beginnt. Bei 320° wird die Rk. abgebrochen, die Masse abgekühlt u. die Seife durch Rühren unter Wasserzusatz gelöst. I wird mit Naphtha herausgelöst, die wss. Lsg. mit HCl angesäuert, das Öl in Ae. aufgenommen u. aus dem Destillationsrückstand (10%) 29,5 *Dodecandicarbonsäure* erhalten, F. 123° (aus Toluol). (**A. P. 2 614 122** vom 23/5. 1951, ausg. 14/10. 1952.) MÜLLER-MEININGEN. H 820

Soc. Organico, Paris, Frankreich, *Herstellung von Sebacin- und 10-Oxydecansäure* (I). Ricinusöl wird mit konz. Laugen in Ggw. von Phenol, Kresol, Xylol oder Naphthol, die in Form ihrer Alkaliverbb. gute Lösungsmittel für die Reaktionskomponenten u. Reaktionsprodd. sind, auf höhere Tempp. erhitzt. Man erhält neben Octan-2-on u. Octan-2-ol bei 180° hauptsächlich I, bei 250° prakt. nur Sebacinsäure. (**E. P. 675 434** vom 30/6. 1950, ausg. 9/7. 1952. F. Prior. 1/7. 1949.) LÜTTGEN. H 820

B. F. Goodrich Co., New York, N. Y. (Erfinder: **Harry Gilbert** und **Alan Edric Ardis,** Cuyahoga Falls, O.), V. St. A., *Monomeres Vinylidencyanid* (1.1-Dicyanäthylen) erhält man durch Erhitzen des entsprechenden Polymeren auf eine Temp. oberhalb seines Zersetzungspunktes, notfalls unter Vakuum, bes. unterhalb 100 mm Hg, in Ggw. von Trikresylphosphat. Die entstehenden Dämpfe können in Ggw. von Polymerisationsverzögerern, bes. P_2O_5, kondensiert werden. — Polyvinylidencyanid wird in Ggw. von P_2O_5 bei 2 mm Hg auf 170° erwärmt, die Temp. wird dann auf 250° gehalten, bis die Dest. des I, F. 8°, aufhört. Ausbeute 68%, in weiteren Beispielen 70 u. 75%. (**D. B. P. 847 892** Kl. 12o vom 1/10. 1950, ausg. 28/8. 1952. A. Prior. 4/3. 1949.) KRAUSS. H 820

B. F. Goodrich Co., New York, N. Y. (Erfinder: **Harry Gilbert,** Cuyahoga Falls, O.), V. St. A., *1.1-Dicyanäthylen* (I), F. 8°, Kp.$_2$ 47°, n_D^{20} 1,442, erhält man durch therm. Zers. von 1.1.3.3-Tetracyanpropan in der Gasphase bei bes. 150—250° u. gegebenenfalls im Vakuum, zweckmäßig unter Zusatz von Polymerisationsverzögerern (P_2O_5, SO_2) nach dem Reaktionsschema: $(CN)_2CHCH_2CH(CN)_2 \rightarrow H_2C{=}C(CN)_2 + CH_2(CN)_2$. Zur Reinigung kann I in W. polymerisiert oder mit Olefinen mit konjugierten Doppelbindungen in feste Cyclohexenderivv. übergeführt werden; aus den gebildeten Prodd. kann durch Erhitzen auf 170—250° bzw. 400° I wiedergewonnen werden. (**D. B. P. 875 350** Kl. 12o vom 30/9. 1950, ausg. 30/4. 1953. A. Prior. 19/9. 1947.) KRAUSS. H 820

Thüringische Zellwolle Akt.-Ges., Gronau, Westf., und **Zellwolle- und Kunstseide-Ring G. m. b. H.,** Berlin, *Harnstoff-N.N'-dicarbonsäuren.* Man setzt Lsgg. von Salzen von Aminosäuren mit $COCl_2$ um. — Z. B. wird die *Carbamid-N.N'-dicarbonsäure* durch Einleiten von $COCl_2$ in eine 5—10% ε-Aminocapronsäure enthaltende verd. wss. H_2SO_4, welche mit NaOH versetzt wurde, erhalten. (**D. B. P. 888 847** Kl. 12o vom 31/5. 1942, ausg. 3/9. 1953.) BRÖSAMLE. H 880

Thüringische Zellwolle Akt.-Ges., Gronau, Westf., und **Zellwolle- und Kunstseide-Ring G. m. b. H.,** Berlin-Zehlendorf, *Substituierte Carbaminsäureester.* Man setzt N-Halogencarbonsäureamide mit Alkoholen in alkal. reagierendem wss. Medium um. — Aus Capronsäure-N-chloramid u. Methanol erhält man in wss. NaOH-Lsg. *N-Amylmethylurethan,* analog aus N-Chloradipinsäurediamid *Tetramethylendimethylurethan.* — *1.4-Tetramethylendiphenylurethan.* (**D. B. P. 888 846** Kl. 12o vom 9/12. 1941, ausg. 3/9. 1953.) BRÖSAMLE. H 880

Deutsche Gold- & Silberscheideanstalt vormals Roessler, Frankfurt/M. (Erfinder: **Wilhelm Querfurth,** Oberursel), *Amine* entstehen in hervorragender Reinheit u. guter Ausbeute, wenn man Alkohole mit NH_3 in Ggw. wasserabspaltender Katalysatoren u. inerter Verdünnungsmittel, bes. Wasserdampf, umsetzt. — *Trihexylamin* u. *Dihexylamin* entstehen aus n-Hexanol, NH_3, W. in Ggw. eines Katalysators aus Th u. Zn auf Silicagel bei 320°. (**D. B. P. 866 939** Kl. 12q vom 7/2. 1943, ausg. 12/2. 1953.) LANGER. H 910

Farbenfabriken Bayer, Leverkusen (Erfinder: **Walter Reppe** und **Erwin Bauer,** Ludwigshafen/Rh.), *Kontinuierliche Herstellung aliphatischer Amine* durch katalyt. Red. der entsprechenden Dinitrile in fl. Phase in Ggw. eines organ. Lösungsm., wobei das zu erzeugende Amin, bes. in Ggw. von NH_3, als Lösungsm. verwendet wird. — *Hexamethylendiamin* (I). Aus Adipinsäuredinitril, H_2 u. einem Co-Katalysator auf Bimsstein, der Mn u. Ag enthält, in Ggw. von I u. NH_3 bei 190 at u. 70—85°. (**D. B. P. 870 264** Kl. 12q vom 14/1. 1942, ausg. 12/3. 1953.) LANGER. H 910

Badische Anilin- & Soda-Fabrik (I. G. Farbenindustrie Akt.-Ges.), Deutschland, *Herstellung gesättigter hochmolekularer Amine.* Ungesätt. aliphat. oder hydroaromat. Ketone von 7—10 C-Atomen werden mit prim. Aminen u. H_2 in Ggw. von Hydrierungskatalysatoren unter Druck zur Rk. gebracht. Man kann auch die ungesätt. Ketone mit

NH_3 umsetzen u. dann in die Aminogruppe einen organ. Rest einführen. — Z. B. erhitzt man 45,5 (Teile) des durch alkal. Kondensation aus Isovaleraldehyd u. Aceton erhältlichen Prod. mit 31 Isoamylamin in Ggw. von 3 RANEY-Ni unter 100 at H_2-Druck 1—2 Std. auf 80°. Es entsteht *Isooctylisoamylamin*, Fl., Kp.$_{16}$ 115—120°. — Pharmazeutica, Desinfektions- u. antiparasitäre Mittel. (**F. P. 1 006 523** vom 28/1. 1948, ausg. 24/4. 1952.) NOUVEL. H 910

Badische Anilin- & Soda-Fabrik (I. G. Farbenindustrie Akt.-Ges.), Deutschland, *Herstellung hochmolekularer stickstoffhaltiger Äther.* Schwefelsäureester von Verbb. der Formel R—X—$(CHR'—CH_2O)_n—C_2H_4$—OH (R = Alkyl, Aryl, Aralkyl oder heterocycl. Rest, R' = H oder Alkyl, X = O, S, NH, CONH oder SO_2NH) werden in alkal. Lsg. mit NH_3 oder prim. oder sek. Aminen umgesetzt. — Z. B. verestert man 470 (Teile) einer durch Einw. von 6 Mol Äthylenoxyd auf Dodecylalkohol erhaltenen Verb. mit H_2SO_4 u. erhitzt das Na-Salz des Esters mit 120 Hexamethylenimin u. 100 40% ig. NaOH im geschlossenen Gefäß 16 Std. auf 140—150°. Es entsteht der *Hexamethyleniminododecylpolyglykoläther*, Öl, in quantitativer Ausbeute. Weitere geeignete Ausgangsstoffe sind die Einwirkungsprodd. von Äthylenoxyd auf die Schwefelsäureester von Ölsäureäthanolamid oder Hexylnaphthol, sowie Methyl- oder Dimethylamin. — Hilfsmittel für die Textil-, Leder- u. Papierindustrie. (**F. P. 1 006 537** vom 29/1. 1948, ausg. 24/4. 1952.) NOUVEL. H 920

Farbenfabriken Bayer (Erfinder: **Walter Noll** und **Peter Simons**), Leverkusen, *Organohalogensilane*, bes. *Diorganodihalogensilane* erhält man durch Rk. von Alkyl- bzw. Arylhalogeniden mit einer Kontaktmasse aus Si u. Cu, wobei eine Berührung des strömenden Alkyl- bzw. Arylhalogenids mit verbrauchter Kontaktmasse im angewendeten Temperaturbereich vermieden wird, indem man die verbrauchte Kontaktmasse aus der Reaktionszone kontinuierlich oder diskontinuierlich abführt u. das Gas derart einleitet, daß es sogleich auf frische Kontaktmasse trifft. Zweckmäßig wird die Temp. in der Reaktionszone auf der Anspringtemp. der Rk. mittels bekannter Maßnahmen konstant gehalten. Durch die laufende Entfernung der verbrauchten Kontaktmasse wird die Zers. des Alkyl- bzw. Arylhalogenids im wesentlichen vermieden. Die Rk. erfolgt zweckmäßig in einem Turm, wobei das einzuleitende Gas stufenweise auf die einzelnen Schichten der Kontaktmasse umgeschaltet wird. (**D. B. P. 848 953** Kl. 12o vom 17/4. 1949, ausg. 11/9. 1952.) KRAUSS. H 980

Farbenfabriken Bayer, Leverkusen, *Alkylhalogensilane*, bes. Dialkyldihalogensilane, erhält man durch Rk. von Si mit Alkylhalogeniden (I) ($2\,RX + Si \rightarrow R_2SiX_2$), wobei letztere über eine Kontaktmasse (**II**) aus Si u. Cu geleitet werden. Dabei wird eine Berührung des strömenden **I** mit erschöpfter **II** bei Reaktionstemp. vermieden, indem man z. B. die **II** aus der Reaktionszone entfernt u. das gasförmige Reaktionsgemisch derart einleitet, daß es, ohne mit erschöpfter **II** in Berührung zu kommen, sofort auf frische **I** trifft. Die Reaktionstemp. im Reaktionsraum wird dabei auf Anspringtemp. der Rk. gehalten. (**Schwz. P. 279 908** vom 13/4. 1949, ausg. 1/4. 1952.) MÜLLER-MEININGEN. H 980

Rudolf Decker und Hellmuth Holz, München (Erfinder: **Siegfried Nitzsche**, Burghausen, **Karl Hertwig** und **Egon Wiberg**, München), *Organohalogensilane.* Man setzt Si-Subhalogenide mit Chlor-KW-stoffen bei erhöhter Temp. in Ggw. von Katalysatoren um. Die Rk. erfolgt zweckmäßig in Ggw. von Halogenen, Halogenwasserstoffen oder H_2, gegebenenfalls bei erhöhtem Druck. — Aus mit pyrophorem Cu vermischtem $SiCl_{1,1}$ u. CH_3Cl wird bei 350° in Ggw. von H_2 CH_3SiCl_3 u. etwa die gleiche Menge $(CH_3)_2SiCl_2$ erhalten. (**D. B. P. 862 604** Kl. 12o vom 24/8. 1950, ausg. 3/8. 1953.) BRÖSAMLE. H 980

Farbenfabriken Bayer (Erfinder: **Walter Noll** und **Heinz Jonas**), Leverkusen, *Organohalogensilane.* Man setzt Si-Tetrahalogenide im Gemisch mit Alkyl- bzw. Arylaluminiumhalogeniden bei erhöhter Temp., bes. im geschlossenen Gefäß unter autogenem Druck, um. — Ein Gemisch aus 35 (Gew.-%) CH_3AlCl_2 u. 65 $(CH_3)_2AlCl$ wird mit $SiCl_4$ im Gewichtsverhältnis 1 : 2 im Autoklaven 6 Std. auf 300° erhitzt. Man erhält 8,3 $(CH_3)_2SiCl_2$ u. 28 CH_3SiCl_3. (**D. B. P. 888 852** Kl. 12o vom 10/6. 1950, ausg. 7/9. 1953.) BRÖSAMLE. H 980

Soc. des Usines Chimiques Rhône-Poulenc, Paris, Frankreich, *Dimethylsiloxan.* Man führt Dimethyldihalogensilan in Dimethylsilyldiacetal über u. verseift, z. B. mit sd. W., Wasserdampf oder H_2SO_4. (**Schwz. P. 282 726** vom 4/8. 1948, ausg. 16/8. 1952. F. Prior. 8/8. 1947.) LANGER. H 980

British Thomson-Houston Co. Ltd., London, England, *Organosilane* der Formel $R_nSi(OCH_2CH_2OR')_{4-n}$ erhält man durch Erhitzen einer Verb. der Formel R_nSiX_{4-n} mit einem einwertigen Alkohol der Formel $HOCH_2CH_2OR'$ (R = Alkyl, Aryl, Alkaryl, Aralkyl, Cycloalkyl, Olefin- oder Diolefinrest, R' = Methyl oder Äthyl, X = Halogen, n = 1—3). — Durch 3—8std. Erhitzen von Methyltrichlorsilan mit Methoxyäthanol (I) im Mol.-Verhältnis 1 : 4 erhält man *Methyltris-2-methoxyäthoxysilan*, $Kp._{16}$ 145°; n_D^{20} 1,4200; $D.^{20}_4$ 1,0454. — Dimethyldichlorsilan + I (1 : 2,6) → *Dimethyl-bis-2-methoxyäthoxysilan*, Kp. 203—204°; n_D^{20} 1,4114; $D.^{20}_4$ 0,9663. — Trimethylchlorsilan + I (1 : 1,3) → *Trimethyl-2-methoxyäthoxysilan*, Kp. 128°; n_D^{20} 1,3952; $D.^{20}_4$ 0,8492. — Methylbenzyldichlorsilan + I (1 : 3,0) → *Methylbenzyl-bis-2-methoxyäthoxysilan*, $Kp._{15}$ 181—185°; n_D^{20} 1,4795; $D.^{20}_4$ 1,0141. — Methyl-2-pentyldichlorsilan + I (1 : 3) → *Methyl-2-pentyl-bis-2-methoxyäthoxysilan*, Kp. 146—152°; n_D^{20} 1,4298; $D.^{20}_4$ 0,9454. — Phenyltrichlorsilan + I (1 : 2,5) → *Phenyltris-2-methoxyäthoxysilan*, $Kp._{15}$ 204°; n_D^{20} 1,4727; $D.^{20}_4$ 1,0818. — Dimethyldichlorsilan + Äthoxyäthanol (1 : 3) → *Dimethyl-bis-2-äthoxyäthoxysilan*, $Kp._{30}$ 136°; n_D^{20} 1,4131; $D.^{20}_4$ 0,9368. Verwendung zur Herst. von Polysiloxanen. (**E. P. 672 162** vom 12/7. 1950, ausg. 14/5. 1952. A. Prior. 26/7. 1949.) KRAUSS. H 980

Dow Corning Corp., Midland, Mich., V. St. A., *Symm. Bisoxymethyltetramethyldisiloxan*. Durch Alkoholyse eines Diacyl-, bes. des Bis-acetoxytetramethyldisiloxans. Unbeständig, F. —7,5 bis —5°; Viscosität bei 56° 9,1 cst; n^{25} 1,4385. (**Schwz. P. 282 727** vom 24/8. 1948, ausg. 16/8. 1952. E. Prior. 26/8. 1947.) LANGER. H 980

Dow Corning Corp., Midland, Mich. (Erfinder: **John L. Speier**, Pittsburgh, Pa.), V. St. A., *Di- oder Triorganosilylalkohole*. Man setzt Verbb. der Formeln $R_2Si[O(CH_2)_b\cdot Cl]_2$ bzw. $R_3SiO(CH_2)_bCl$ in Ggw. von Silanen der Formel R_3SiCl mit Na, Li oder Mg um u. hydrolysiert die Reaktionsprodukte. R bedeutet C_6H_5 u./oder C_2H_5 bzw. CH_3, b hat den Wert 3—5. — Aus $(CH_3)_2Si(OCH_2CH_2CH_2Cl)_2$ u. Na erhält man in Ggw. von $(CH_3)_3SiCl$ ein Reaktionsprod., das bei der Hydrolyse *$(CH_3)_2Si[(CH_2)_3OH]_2$*, $Kp._{24}$ 176°, liefert. — Analog erhält man: *$C_2H_5(CH_3)_2Si(CH_2)_3OH$*, $Kp._{25}$ 101°, u. *$C_2H_5(CH_3)_2\cdot Si(CH_2)_5OH$*, $Kp._{24}$ 124°. — Zwischenprodukte. (**D. B. P. 888 695** Kl. 12o vom 13/7. 1951, ausg. 3/9. 1953. A. Prior. 26/7. 1950.) BRÖSAMLE. H 980

Dow Corning Corp., Midland, Mich. (Erfinder: **John L. Speier jr.**, Pittsburgh, Pa.), V. St. A., *Neue Aminomethylorganosiloxane*. Man bringt Organosilylmethylamine der Formel $[R(CH_3)_2SiCH_2]_aNR'_{3-a}$, wobei R Methyl- oder Phenylreste u. R' Alkylreste oder H bedeuten u. a = 1 oder 2 ist, bei 50—115° mit konz. H_2SO_4 zur Rk., hydrolysiert das Reaktionsprod. mit W. u. neutralisiert mit Alkali. — Trimethylsilylmethylcyclohexamin liefert so *Bis-(N-cyclohexylaminomethyl)-tetramethyldisiloxan*, $D.^{25}_4$ 0,922; n^{25} 1,4679. $[(CH_3)_3SiCH_2]_2NH$ liefert eine cycl. Verb. der Formel $[—OSi(CH_3)_2CH_2\cdot NHCH_2Si(CH_3)_2]_2$ mit einem Mol.-Gew. von 359; $(CH_3)_3SiCH_2NHCH(CH_3)_2$ das *Bis-(N-isopropylaminomethyl)-tetramethyldisiloxan*, Kp. 132—140°. — Zwischenprodukte. (**D. B. P. 888 694** Kl. 12o vom 9/6. 1951, ausg. 3/9. 1953. A. Prior. 30/6. 1950.) BRÖSAMLE. H 980

Farbenfabriken Bayer (Erfinder: **Peter Simons**), Leverkusen, *Herstellung von niedermolekularen, cyclischen Dialkylsiloxanen* durch Hydrolyse von Dialkyldihalogensilanen (I) in Ggw. eines mit W. vollständig mischbaren, gegenüber I u. Polysiloxan indifferenten Lösungsm. (Tetrahydrofuran, Dioxan), wobei zur völligen Hydrolyse eine hinreichende Menge an W. u. ein solcher Überschuß an Lösungsm. angewandt werden, daß hierin eine verd. Halogenwasserstofflsg. von höchstens 20% gebildet wird. — Beispiel: $(CH_3)_2SiCl_2$ → niedermol. cycl. *Dimethylsiloxan*. — Zwischenprodukte. (**D. B. P. 888 851** Kl. 12o vom 19/4. 1950, ausg. 7/9. 1953.) BRÖSAMLE. H 980

Frederick C. Bersworth, Verona, N. J., V. St. A., *Alkylenpolyaminphosphonsäuren* der Formel I, worin Alk einen Alkylenrest mit 2—6 C-Atomen bedeutet, bilden Chelate u. nicht ionisierbare Komplexsalze mit 1- u. mehrwertigen Metallionen. — *Äthylendiamin-N.N'-diessigsäure-bis-(methylphosphonsäure)*. — Man versetzt 1 (Mol) Äthylendiamin-N.N'-diessigsäure in W. mit 1 $Cu(OH)_2$, erhitzt, versetzt mit NaOH bis p_H 10—11, gibt 2 $Cl\cdot CH_2\cdot PO(OH)_2$ hinzu, erhitzt, neutralisiert mit HCl, fällt Cu mit H_2S aus u. fällt I durch Ansäuern mit HCl auf p_H 2 aus. (**A. P. 2 609 390** vom 1/6. 1950, ausg. 2/9. 1952.) LANGER. H 980

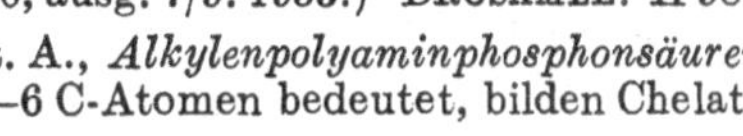

I

Pest Control Ltd., Bourn (Erfinder: **Gilbert Spencer Hartley**, Fulbourne), England, *Geruchlosmachen von Chlorphenoxyessigsäuren und Chlormethylphenoxyessigsäuren* bzw. ihren Salzen u. Estern. Schwach saure, neutrale oder alkal. Lsgg. dieser Verbb. werden mit $KMnO_4$ in solchen Mengen behandelt, daß nur die Geruchsstoffe zerstört werden. Deren größerer Teil kann auch vorher durch Extraktion mit einem mit W. nicht mischbaren Lösungsm. entfernt werden. (**D. B. P. 889 301** Kl. 12q vom 15/9. 1950, ausg. 10/9. 1953. E. Prior. 19/9. 1949.) FABEL. H 1060

C. F. Boehringer & Söhne G. m. b. H., Mannheim-Waldhof (Erfinder: **Ekkehard Schauffele**, Schwäbisch Hall), *Herstellung von Vanillin*, dad. gek., daß man in Ausarbeitung des Verf. des Hauptpatents 857 360 die Trennung der erfindungsgemäß zu verarbeitenden Nebenprodd. des Aufschlusses vom ursprünglich gebildeten Vanillin in der Weise bewirkt, daß das durch eine alkal. Extraktion der Druckaufschlußlauge erhaltene Rohvanillat nach Zerlegung mittels Säure mit Kalk behandelt wird, worauf das das Ca-Vanillat enthaltende Filtrat aufgearbeitet u. das ausgefällte Harz nach Befreiung vom Kalk gemäß Hauptpatent weiterverarbeitet wird. (**D. B. P. 874 600** Kl. 12o vom 4/2. 1943, ausg. 23/4. 1953. **Zusatz zu D. B. P. 857 360; C. 1953. 2996.**) G. KÖNIG. H 1140

Ruhrchemie Akt.-Ges., Oberhausen-Holten, *Herstellung von substituierten Carbonsäuren* mit Hilfe der WILLGERODT-Rk., dad. gek., daß man ausgeht von organ. Verbb., die neben ein- u. zweiwertigen, in einer aliphat. Kette enthaltenen Substituenten noch eine wasserlösl. machende Gruppe besitzen u. welche die allg. Formel X·R·Y aufweisen, worin X eine wasserlösl. machende Gruppe, z. B. eine SO_3H-Gruppe, u. R ein aus aliphat. oder aliphat. u. ringförmigen Bestandteilen bestehendes C-Atomgerüst, bes. ein Alkylphenylrest, ist. Y ist eine nach WILLGERODT umsetzbare Gruppe, bes. ein Halogenatom. Diese organ. Verbb. werden in wss. Lsg. mit NH_4-Polysulfid oder NH_3 u. S bei erhöhter Temp. u. bei erhöhtem Druck umgesetzt. — Z. B. wird in der Seitenkette chloriertes p-toluolsulfonsaures Na mit NH_4-Polysulfid oder mit NH_3 u. S umgesetzt. Man erhält das *NH_4-Salz* des *benzoesäure-p-sulfonsauren Natriums*. (**Oe. P. 174 904** vom 10/8. 1951, ausg. 26/5. 1953. D. Prior. 9/6. 1951.) M. F. MÜLLER. H 1210

Soc. des Usines Chimiques Rhône-Poulenc, Paris, Frankreich, *Herstellung von p-Chlorphenylcyanamidisopropylguanidin* (II). Man löst z. B. 7,5 Teile Na in 95 absol. CH_3OH (I), gibt bei ca. 22° langsam trockenes Isopropylguanidinsulfat zu, zentrifugiert Na_2SO_4 ab, wäscht mit I, konz. die Lsg. im Vakuum unterhalb 35° u. erhält 77 II vom F. 98°. (**Schwz. P. 285 675** vom 8/7. 1949, ausg. 5/1. 1953. F. Prior. 26/1. 1949. **Zusatz zu Schwz. P. 277 982; C. 1952. 6437.**) MÜLLER-MEININGEN. H 1280

Badische Anilin- & Soda-Fabrik, Ludwigshafen/Rh. (Erfinder: **Friedrich Achterberg†**, Krefeld, **Gustav Steinbrunn**, Ludwigshafen/Rh., und **Karl Huttner**, Gendorf, Obb.), *Isocyanate*. Man setzt prim. Amine mit $COCl_2$ bei erhöhter Temp. ohne Katalysatoren kontinuierlich um, wobei die Amine vorteilhaft im Strom eines inerten Gases oder der Dämpfe eines inerten Lösungsm. (I) zur Anwendung gebracht werden, das $COCl_2$ vorteilhaft stets im Überschuß vorhanden ist u. die Reaktionstemp. $> 150°$ liegt. — Bei Verwendung von mit n-Butylamin beladenem N_2-Strom erhält man bei 200° *Butylisocyanat* (II). Als I kommen in Frage: Bzl., Dekahydro- oder Chlornaphthalin. Außer II werden hergestellt: *Phenylisocyanat*; *Hexamethylendiisocyanat*; *o-Methoxyphenylisocyanat*, $Kp._4$ 110°; *o-Chlorphenylisocyanat*, $Kp._{3-5}$ 74—76°; *Tolylisocyanat*, $Kp._{13-15}$ 71—74°. (**D. B. P. 870 847** Kl. 12o vom 7/8. 1941, ausg. 16/3. 1953. **Zusatz zu D. B. P. 852 085; C. 1953. 5934.**) BRÖSAMLE. H 1290

Distillers Co. Ltd. (Erfinder: **William Webster** und **Denis Cheselden Quin**, Epsom, Surrey, England), *β-Isopropylnaphthalinhydroperoxyd*, F. 59—61°, aus Bzn. (Kp. 60 bis 80°), entsteht durch Oxydation von β-Isopropylnaphthalin, $Kp._{24,5}$ 147,4°, n_D^{20} 1,5867, in fl. Phase in Abwesenheit von Schwermetalloxydationskatalysatoren bei ca. 100—150°, bes. 110—135°, u. n. oder erhöhtem Druck mit O_2 oder O_2 enthaltenden Gasen, bes. in Ggw. von Alkaliverbb., oder auch in wss. Dispersion unter Zusatz eines Dispergierungsmittels. Ausbeute: ca. 96%. — Zwischenprodukt. (**D. B. P. 871 011** Kl. 12o vom 20/9. 1949, ausg. 19/3. 1953. E. Prior. 30/10. 1948.) KRAUSS. H 2700

I. G. Farbenindustrie Akt.-Ges., Frankfurt/M. (Erfinder: **Mathias Pier**, Heidelberg, und **August Eisenhut**, Ludwigshafen/Rh., *Gewinnung von 1.12-Benzoperylen oder Coronen oder beiden* unter Anwendung des Verf. nach Patent D.R.P. 699 306 (C. **1941**. I. 3621) auf Druckhydrierungsprodd. von Steinkohlenextrakten, gegebenenfalls nach einer Dehydrierung, wobei gewünschtenfalls gemäß Patent D.R.P. 726 546 (C. **1943**. I. 2757) die Dest. unter Zuführung geringer Mengen O_2 oder O haltiger Gase durchgeführt werden kann. (**D. R. P. 754 618** Kl. 12o vom 2/4. 1937, ausg. 26/5. 1953.) G. KÖNIG. H 2950

Sandoz Akt.-Ges., Basel, Schweiz, *Herstellung von neuen Furanderivaten* der allg. Formel I, worin X = Halogen u. R einen Alkyl- oder Acylrest bedeutet, dad. gek., daß

man auf in 2- u. 5-Stellung durch Oxyalkyl- oder Oxyacylreste substituierte Dihydrofuranderivv. Verbb. der allg. Formel ROX einwirken läßt, worin X = Halogen u. R entweder H oder ein Alkylrest ist. — Man läßt auf Furanderivv. der allg. Formel II entweder freie unterchlorige oder unterbromige Säure oder deren aliphat. Ester einwirken, z. B. tert.-Butylhypochlorit, wobei an die Doppelbindung $\Delta^{3.4}$ der Rest HOX angelagert wird. — Man erhält viscose, fast farblose Öle; Verwendung als reaktionsfähige *Zwischenprodukte.* — Aus 2.5-Diäthoxy-2.5-dihydrofuran u. tert.-Butylhypochlorit (**III**) entsteht *2.5-Diäthoxy-3-oxy-4-chlortetrahydrofuran,* $Kp._{14}$ 96—115°, gereinigt $Kp._{0,3}$ 94—96°. — Aus 2.5-Diacetoxy-2.5-dihydrofuran entsteht in entsprechender Weise *2.5-Diacetoxy-3-oxy-4-chlortetrahydrofuran,* $Kp._{0,15}$ 132—134°. — 2.5-Diisopropoxy-2.5-dihydrofuran u. **III** bilden *2.5-Diisopropoxy-3-oxy-4-chlortetrahydrofuran.* (**Oe. P. 174905** vom 18/1. 1952, ausg. 26/5. 1953. Schwz. Prior. 2/12. 1949.) M. F. MÜLLER. H 3061

American Cyanamid Co., New York, N. Y. (Erfinder: **Ludwig Jacob Christmann,** Bronxville, N. Y., und **George H. Foster,** Stamford, Conn.), V. St. A., *Herstellung von Melamin* u. seinen Desaminierungsprodd. (*Melam, Melem* u. *Mellon*) als Gemisch. Geschmolzenes Dicyandiamid wird in einem Ofen bei prakt. n. Druck in Form dünner Filme in Berührung mit ausgedehnten Flächen erheblicher Wärmekapazität erhitzt, bes. in einem rotierenden Ofen, der eine Kugelmühle darstellt. — Arbeitsschema. (**D. B. P. 889749** Kl. 12p vom 30/3. 1940, ausg. 14/9. 1953.) BRÖSAMLE. H 3313

X. Färberei. Organische Farbstoffe.

—, *Neue Farbstoffe und Hilfsmittel.* Prodd. der CIBA AKT.-GES., Basel: *Chloranilinlichtblau 2 BLL* für Baumwolle u. Reyon. Die Lichtechtheit der Färbung ist gut. Der Farbstoff deckt streifig färbende Viscosereyon u. färbt Baumwolle u. Viscosereyon Ton-in-Ton (Zirkular Nr. 695). — *Cibaechtblau F 3 R* färbt Acetatreyon sowie Nylon, Perlon, Grilon u. andere Polyamidfasern. Die Allgemeinechtheiten sind gut. Der Farbstoff ist auch für den Direktdruck geeignet (Zirkular Nr. 704). — *Cibalanbordeaux RL* besitzt gute Echtheitseigg. u. ergänzt das Cibalansortiment. — *Coprantingelb RL* gibt auf Baumwolle, Zellwolle u. Reyon reine Gelbfärbungen von guter Lichtechtheit u. von sehr guten Naßechtheiten. Sie widerstehen der Knitterfestausrüstung u. sind weiß ätzbar (Zirkular Nr. 702). — *Cibantingelb 2 GB* für den Druck auf Baumwolle, Zellwolle u. Reyon. Die Färbungen besitzen vorzügliche Wasch- u. Chlorechtheit u. gute Lichtechtheit (Zirkular Nr. 703). — *Sapamin WP* ist ein Weichmachungsmittel für die Permanentappretur, das den verschied. Fasern, ausgenommen Wolle, einen kochbeständigen Weichgriff verleiht (Zirkular Nr. 2096). — Prodd. der FARBWERKE HOECHST, Frankfurt/M.: *Remalangelb GG* ist ein Säurefarbstoff, der sich durch sehr gute Echtheitseigg. auszeichnet. Dient hauptsächlich zum Färben loser Wolle, Kammzug, Web-, Wirk- u. Strickgarnen sowie von Polyamidfasern, ferner zur Herst. von Ätzböden auf Wolle u. Perlon. — *Indanthrenblau HCGK Plv. fein für Färbung.* Einheitlicher Farbstoff, der sich durch sehr gutes Egalisiervermögen sowie durch seine Cl-Beständigkeit auszeichnet. Er eignet sich für die Apparatefärberei sowie für Fondfärbungen von Weißätzartikeln. — *Indanthrendruckblau HR Suprafix Teig* ist ein einheitlicher Druckfarbstoff mit sehr guten Echtheitseigenschaften. Verwendbar bes. für Waschartikel. — *Indanthrengelb H 2 GK Plv. fein für Färbung* ist sowohl für Wasch- als auch für Buntgewebe- u. Buntbleichartikel geeignet. Gefärbt wird nach Verf. IK. — *Anthrasololivgrün IBB* kann zum Färben von Baumwolle, Leinen, Viscose- u. Kupferreyon bzw. -zellwolle verwendet werden. Die Echtheitseigg. werden als sehr gut bezeichnet. (Textil-Rdsch. [St. Gallen] **8.** 319—20. Juni 1953.) P. ECKERT. 7018

Anders Bengtsson, *Einige Gesichtspunkte zum Färben mit Direktfarbstoffen.* Vortrag: Definitionen; hochkonz. Farbstoffe, homogene u. heterogene Farbstoffe; graph. Darst. der Färbeeigg. (Aufziehkurven mit u. ohne Salzzusatz; Klassifiziersyst.; Wrkg. der Salzkonz., der Basverhältnisse, der Temp., der Flüssigkeitsströmungsgeschwindigkeit; Färbung verschied. Cellulosematerials; Ursachen der häufigsten Fehler; Egalisiermittel. (Färgeriteknik **28.** 261—65. Dez. 1952. Eiser, Borås.) R. K. MÜLLER. 7020

R. Paltzer, *Die Metallkomplexverbindungen in der Baumwollfärberei.* Nach eingehenden Ausführungen über die theoret. Grundlagen der Komplexbldg. von Farbstoffen an Hand von Formelbildern wird die Nachkupferung u. Nachchromung von Direktfarbstoffen sowie die dadurch erzielten Nuancen u. Echtheitseigg. besprochen, ferner wird das Färben mit Copraminfarbstoffen behandelt. (Klepzigs Textil-Z. **55.** 799—802. 5/7. 1953.) P. ECKERT. 7020

A. Wolff, *Die Coprantinfarbstoffe beim Direktdruck und Ätzartikel.* (Vgl. C. **1953.** 1085.) Die Coprantinfarbstoffe (CIBA) haben im Textildruck u. Ätzartikel für die Herst. licht- u. waschechter Waren große Bedeutung gewonnen, namentlich für tiefe Grundtöne in Marineblau, Marron, Braun, Schwarz, Flaschengrün usw., die sich so echt mit andern Farbstoffklassen nicht erreichen lassen, soweit hierbei keine höchsten Ansprüche an Beuchechtheit u. Lebhaftigkeit gestellt werden. Vf. hebt die einfache u. vielseitige Verwendungsmöglichkeit dieser Farbstoffe hervor. Die bei der Stück- oder Apparatefärberei erhaltenen Farbtöne werden zunächst durch Dämpfen fixiert u. die besonderen Echtheitseigg. dann durch Nachkupfern entwickelt. Bei der Weißätze auf Coprantingrund traten, namentlich bei Viscose, oft Trübungen durch Schwefelkupfer auf, die sich zwar mit Hilfe von Cyaniden entfernen lassen, deren Giftigkeit aber eine allg. Anwendung ausschließt. Bessere Ergebnisse liefern alkal. oder pigmentierte Ätzen unter Zusatz von Anthrachinon u. opt. Bleichmitteln. Erst neuerdings gelang es, alle diese Mißstände durch das Ätzen der noch nicht entwickelten Färbungen u. Drucke u. nachheriges Kupfern zu beheben, wodurch zugleich auch die bisherigen Schwierigkeiten beim Weißätzen u. beim Illuminieren mit Küpenfarbstoffen entfallen. Das Ausbluten der nichtfixierten Färbungen läßt sich dabei, bes. in den tiefen Tönen, durch geringe Zusätze von Harnstoff u. Biphosphat verhüten. — Beispiele u. ausführliche Vorschriften. (Teintex **17.** 449—59. 15/7. 1952.) Sander. 7020

—, *Hydrolysierbare Ester und ihr Nutzen in der Wollfärberei.* Bericht über Unterss., die Verwendung hydrolysierbarer Ester beim Färben der Wolle mit neutralen Säurefarbstoffen u. Chromfarbstoffen betreffend. Die Geschwindigkeit der Hydrolyse nimmt in der Reihe: Weinsäurediäthylester, Milchsäureäthylester, Oxalsäurediäthylester zu, ferner ist sie abhängig vom Anfangs-p_H-Wert u. der Temp. des Färbebades. Die Ester bewirken je nach dem Farbstoff mehr oder weniger eine Verzögerung der anfänglichen Aufziehgeschwindigkeit des Farbstoffs, ohne aber die Endausnützung des Färbebades zu beeinträchtigen. (Textile Recorder **70.** Nr. 839. 82. Febr. 1953.) A. v. König. 7020

C. Th. Speiser, *Zweifarbeneffekte auf Acetatmischgeweben mit Indigosolen.* Inhaltlich ident. mit der C. **1953.** 4283 referierten Arbeit. (Färgeriteknik **29.** 25—27. Febr. 1953.) R. K. Müller. 7020

Karaflat, *Färbung und Appretur der Perlon- und Nylonstrümpfe.* Allg. Ausführungen über die Vorbehandlung von besonderen Strumpfwaren, das Färben u. die Nachbehandlung. (Fibre e Colori **3.** 229—34. Juni 1953.) Sander. 7020

Lee S. Harrow, *Bericht über Arsenik und Antimon in Kohleteerfarben.* Das Verf. von Cassil-Wichmann ergab bisher in verschied. Laborr. noch nicht genügend übereinstimmende Werte. Vf. beschreibt einen Arsendestillationsapp. u. As-Absorptions- u. Titrationsröhren, die genauer übereinstimmende Resultate ergeben. (J. Assoc. off. agric. Chemists **34.** 396—406. 15/5. **1951.** Washington, D. C., Federal Security, Agency, Food and Drug Admin., Div. of Cosmet.) Haevecker. 7086

Farbwerke Hoechst, vormals Meister Lucius & Brüning Frankfurt/M.-Höchst (Erfinder: **Max Kerth,** Bad Soden, Taunus), *Herstellung von Drucken auf Polyamidfasern* u. auf Geweben, die diese Fasern enthalten, mit Druckpasten, die einen Küpenfarbstoff u. ein Reduktionsmittel enthalten. Man verwendet weder in den Pasten noch bei der Entw. der Färbungen alkal. wirkende Stoffe, sondern Pasten mit neutraler oder schwach saurer Reaktion. Diesen können auch verteilende, lösende oder fixierungsfördernde Stoffe zugesetzt werden. Sie sind bes. geeignet zur Herst. von Buntätzen auf ätzbar vorgefärbten Geweben u. für Mischgewebe aus Acetatkunstseide. (**D. B. P. 870 083** Kl. 8n vom 24/1. 1945, ausg. 9/3. 1953) v. Schiller. 7023

Sandoz Akt.-Ges., Basel, Schweiz, *Azofarbstoffderivate.* In Azofarbstoffen der

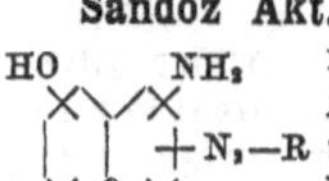

nebenst. allg. Formel wird die NH_2-Gruppe durch Behandlung mit Alkalilaugen oder Säuren, gegebenenfalls bei hohen Tempp. u. Drucken u./oder Zusatz von Nitriten, durch die OH-Gruppe ersetzt. Hierbei bedeutet R einen gegebenenfalls substituierten Benzol- oder Arylazobenzolrest, ein X eine SO_3H-, das andere X ebenfalls eine SO_3H-Gruppe oder ein H-Atom. — Beispiel: 43,2 (Teile) des aus 5-Nitro-2-diazobenzol-1-carbonsäure u. 2-Amino 5 oxynaphthalin-7-sulfosäure **erhaltenen Farbstoffes** werden in 700 W. mit der berechneten Menge NaOH gelöst u. mit 35 konz. HCl 48 Std. am Rückflußkühler gekocht. Die Prodd. werden zur Herst. von Polyazofarbstoffen verwendet. (**Schwz. P. 278 942** vom 2/3. 1950, ausg. 16/2. 1952.) Kalix. 7055

Sandoz Akt.-Ges., Basel, Schweiz, *Trisazofarbstoffe.* 3.3'-Dimethoxy-4.4'-diaminodiphenyl wird tetrazotiert u. zuerst mit 1 Mol 1-Oxynaphthalin-3.8-disulfonsäure (**I**) oder mit dem Monoazofarbstoff aus diazotierter Aminobenzoesäure u. 5.5'-Dioxy-2.2'-dinaphthylamin-7.7'-disulfonsäure (**II**) u. an zweiter Stelle mit dem Azofarbstoff aus **II** + 2-Amino-1-methoxybenzol-4-sulfonsäureamid oder mit **I** gekuppelt u. die so entstandenen Trisazofarbstoffe mit Cu-abgebenden Verbb. behandelt. Die Reaktionsprodd. färben Baumwolle u. regenerierte Cellulose lebhaft blau mit guter Licht- u.

Waschechtheit. (**Schwz. PP. 280 734** u. **280 735** vom 15/8. 1949, ausg. 1/10. 1952. **Zusätze zu Schwz. P. 277 659; C. 1952. 7895.)** KALIX. 7055

Sandoz Akt.-Ges., Basel, Schweiz, *Azofarbstoff.* 1 (Mol) tetrazotiertes Dianisidin wird zuerst mit 1 1-Oxynaphthalin-3.5.7-trisulfonsäure, dann mit 1 2-Sulfo-4-oxy-α.β-naphthophenazin gekuppelt u. der isolierte Farbstoff durch 18 std. Kochen am Rückflußkühler mit einer Cu-abgebenden Verb. in den Cu-Komplex umgewandelt. Wasserlösl. Pulver, das Baumwolle u. Cellulose grünstichig blau u. lichtecht färbt. (**Schwz. P. 283 641** vom 25/5. 1950, ausg. 1/10. 1952.) KALIX. 7055

J. R. Geigy Akt.-Ges., Basel, Schweiz, *Polyazofarbstoffe* der nebenst. allg. Formel erhält man durch Kupplung einer Aminobenzoldisulfonsäure $B-NH_2$ einerseits u. eines Aminodisazofarbstoffs andrerseits mit einer 2 mal kupplungsfähigen 1.3-Diaminobenzolverb.; hierbei bedeutet A den Rest einer o-Oxybenzolcarbonsäure X ein H-Atom oder CH_3; das eine Y ein H-Atom, das andere Y eine SO_3H-Gruppe u. B den Rest einer Benzoldisulfonsäure. — Man kuppelt z. B. je 1 (Mol) 1.3-Diaminobenzol, 1 1-Aminobenzol-2.5-disulfonsäure u. 1 des Farbstoffes aus 1 (Mol) 4.4'-Tetrazo-3.3'-dimethyldiphenyl, 1 Salicylsäure u. 1 des techn. Gemisches aus 1-Aminonaphthalin-6- u. -7-sulfonsäure. Schwärzliche, wasserlösl. Pulver, die Leder aus ameisensaurem Bade dunkelbraun färben. (**Schwz. P. 278 941** vom 28/6. 1949, ausg. 16/2. 1952.) KALIX. 7055

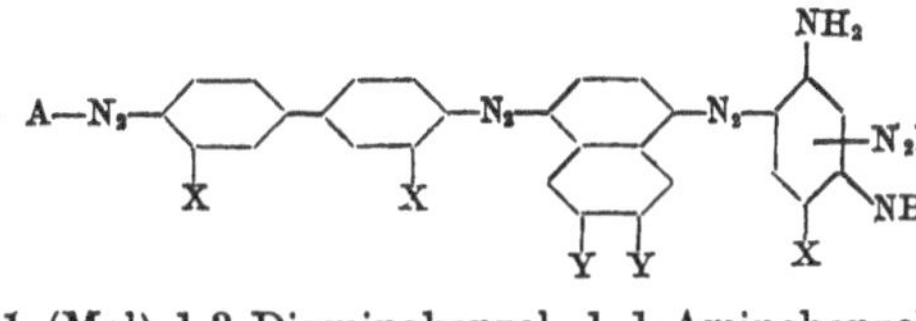

XIa. Farben. Anstriche. Lacke. Naturharze.

A. Pass, *Zinkstaub als Schutzpigment.* Überblick über die physikal. Eigg. u. chem. Zus. von Zn-Staub, Diskussion der Eignung von Zn–ZnO-Pigmenten für Schutzanstriche auf Eisen- u. Stahloberflächen. Grundanstriche auf Holz. (Paint Manufact **22.** 299—301. Aug. 1952.) DALL'ASTA. 7092

B. B. Rossa, *Ketone als Lacklösungsmittel.* Allg. Ausführungen. (Prakt. Chem. [Wien] **4.** 32—37. Febr. 59—60. März 1953. Wien.) WINIKER. 7100

A. K. Somcox, *Über synthetische Ketone und Alkohole aus Erdöl.* Überblick über die lacktechn. Bedeutung von Erdölderivaten. (Chem. Rdsch. [Solothurn] **5.** 209—11. 1/7. 229—30. 15/7. 240—41. 1/8. 1952.) WINIKER. 7100

—, *Farbtypen und Teste.* Zusammenstellung von 40 Standardtypen von Öl-, Wasserfarben, Lacken u. Glasuren für die verschiedensten Verwendungszwecke, zusammengefaßt im British Standard Code of Practice. Vorschriften zur Vermeidung der typ. Schäden bei Anstrichen sowie Erläuterung ihrer Ursachen. Vorschriften zum Testen der Farbanstriche auf Qualität u. Beständigkeit gegen Atmosphärilien. (Paint Manufact. **22.** 289—95. 301. Aug. 1952.) DALL'ASTA. 7106

E. Straub, *Über Qualität und Qualitätserkennung bei Anstrichstoffen.* Allg. Ausführungen. (Chem. Rdsch. [Solothurn] **6.** 213—14. 1/7. 1953. Zürich.) WINIKER. 7106

W. Sandow, *Fehlerverhütung bei Schutzanstrichen.* Allg. Ausführungen. (Chem. Rdsch. [Solothurn] **6.** 217—19. 1/7. 1953. Killwangen, Verband Schweiz. Lack- u. Farbenfabrikanten.) WINIKER 7106

A. Muhr, *Schutzanstriche und Zemente auf Basis von Furfurylalkohol.* Allg. Ausführungen. (Chem. Rdsch. [Solothurn] **6.** 221. 1/7. 1953.) WINIKER. 7106

K. Buser, *Anstrichfarben aus oxydiertem Kautschuk und cyclisiertem Kautschuk.* Allg. Ausführungen. (Chem. Rdsch. [Solothurn] **6.** 149. 1/5. 1953.) WINIKER. 7106

B. Scheifele, *Kunstharzmöbellacke. Typen, Filmeigenschaften und Anwendungsmerkmale.* (Ind.-Lackier-Betrieb **21.** 163—65. Aug. 1953.) WINIKER. 7106

Erich Karsten, *Über die Außenlackierung feiner Blechwaren.* Allg. Ausführungen. (Ind.-Lackier-Betrieb **21.** 25—26. Febr. 1953. Kettwig/Ruhr.) GRAF. 7106

A. Muhr, *Bekämpfung von Pilzwachstum auf und in Anstrichstoffen.* Allg. Ausführungen. — 11 Literaturhinweise. (Chem. Rdsch. [Solothurn] **6.** 222. 1/7. 1953.) WINIKER. 7106

R. Quarendon, *Die Verwendung des Elektronenmikroskops in der Anstrichindustrie.* An Hand der Literatur (34 Hinweise) gibt Vf. einen zusammenfassenden Überblick über die Unters. von Anstrichen mit Hilfe des Elektronenmikroskops. (Paint Manufact. **23.** 111—18. 133. April. 152—59. Mai 1953.) DALL'ASTA. 7158

Albert-Casimir Malzac, Frankreich, *Herstellung von hochprozentigen gelben Eisenoxydpigmenten aus natürlichen Ockerarten.* Die natürlich vorkommenden Ocker, die neben 15—20% Fe_2O_3 noch Quarz u. Ton enthalten, werden unter Druck mit NaOH aufgeschlossen, wobei Na-Silicat (I) u. Na–Al-Silicat (II) entstehen. Man entfernt I durch Dekantieren. Der Nd., der aus II u. 45—50% Fe_2O_3 besteht, kann direkt als Pigmentfarbe (III) verwendet werden. Behandelt man III mit verd. HCl oder H_2SO_4, um II zu entfernen, so erhält man ein farbstarkes gelbes Pigment mit sehr hohem Geh. an Eisenoxydhydrat. (**F. P. 1 012 600** vom 16/12. 1949, ausg. 15/7. 1952.) HEYNE. 7093

Metals Disintegrating Co., Inc., Elizabeth, N. J., V. St. A., übert. von: **Othon Adolf Ziehl,** *Herstellung von Bronzepulver und Bronzepaste.* Al- bzw. Cu-Metall wird in einer Kugelmühle in Ggw. einer Fl. u. einer folienbildenden Substanz zu Blättchen vermahlen u. dann die Fl. so weit vom Metall abgetrennt, daß eine ziemlich steife u. trockene M. mit einem Metallgeh. von 80—90% entsteht. Zur Erhöhung des Reflexionsvermögens wird die Paste zu zylindr. Strängen verpreßt, wobei sich die Metallblättchen infolge Reibung u. lamellaren Fließens flach übereinander fortbewegen. (**Can. P. 483 611** vom 5/4. 1946, ausg. 27/5. 1952.) OPPERMANN. 7093

Édouard Marie Barthélémy und **Marcel Jean Collet,** Frankreich, *Herstellung von Leuchtfarben und leuchtenden plastischen Überzugsmassen,* dad. gek., daß man CaS, ZnS oder anderen Metallsalzen oder Metalloxyden eine Spur eines radioakt. Metalls (Ra, Mesothorium) zusetzt u. z. B. mit Polyvinylchlorid- oder Polystyrollsgg. vermischt. (**F. P. 999 753** vom 21/11. 1949, ausg. 5/2. 1952.) OPPERMANN. 7093

Badische Anilin- & Soda-Fabrik, Ludwigshafen/Rh. (Erfinder: **Otto Hecht,** Philadelphia, Pa., V. St. A.), *Herstellung von Lackrohstoffen.* Man setzt Gemische von Phenolharzen, erhalten aus 1 (Mol) Monochloraceton u. 3 Phenol oder Kresolen, Xylenolen, p-tert.-Butylphenol, p-Hexylphenol, p-Octylphenol, p-Dodecylphenol, Hexylresorcin, mehrwertigen mehrkernigen Phenolen oder deren Gemischen, u. mindestens 5 C-Atome enthaltenden aliphat. oder cycloaliphat. Carbonsäuren, wie Valerian-, Capron-, Laurin-, Öl-, Linol-, Linolen-, Eläostearin-, Clupanodon-, Parinar-, Licansäure, den Vorlauffettsäuren sowie seifenbildenden Säuren aus der Paraffinoxydation, Cocosfettsäuren, Naphthensäuren, Tallöl oder Harzsäuren, mit solchen Mengen Acetylen um, daß Prodd. niedriger SZ. entstehen. (**D. B. P. 878 825** Kl. 22h vom 25/12. 1941, ausg. 8/6. 1953.) GRÄGER. 7097

General Mills Inc., Del., übert. von: **David Aelony,** Minneapolis, Minn., V. St. A., *Lackgrundstoff.* Phenolharz (Mol.-Gew. 450—900) u. 10—60% eines Harzsäureesters eines mehrwertigen Alkohols, wie 2.2.6.6-Tetramethylolcyclohexanolharzester, wird mit einer ungesätt. höheren Fettsäure des Sojabohnen- oder Leinöls verestert. Ein Lack besteht z. B. aus 20 (g) Naturharz, 24 Phenolharzester, 5 cm^3 1%ig. Trockenstofflsg. u. 27 niedrigsd. Mineralöl. (**A. P. 2 608 538** vom 21/10. 1949, ausg. 26/8. 1952.) SALZMANN. 7097

Bakelite Gesellschaft m. b. H., Frankfurt/M. (Erfinder: **Walter Scheib,** Letmathe/Westf.), *Lösliche Lackharze* erhält man durch Rk. von Harnstoff–Aldehyd-Anfangskondensaten mit Monoalkoholen in Ggw. von Methacryl- oder Acrylsäure (I) oder deren Polymerisaten als Katalysator. — 60 (g) Dimethylolharnstoff, 180 Butanol u. 2 I werden bei 120—130° polymerisiert. (**D. B. P. 872 267** Kl. 39c vom 22/2. 1944, ausg. 30/3. 1953.) MÖLLERING 7097

Badische Anilin- & Soda-Fabrik, Ludwigshafen/Rh. (Erfinder: **Lisa Rössig** und **Walter Pinkernelle,** Krefeld-Uerdingen), *Trockenstoffe für Öllacke, Firnisse u. dgl.*; es werden Metallsalze, bes. der sogenannten Sikkativmetalle, wie Co, Mn, Pb, Cu, Ni, Fe oder Zn, oder auch Al, Cd, Ce, Cr, Hg, Tl, U, V oder Sn, von Halbestern aliphat. Dicarbonsäuren, wie Oxal-, Malon-, Malein-, Bernstein-, Glutar-, Adipin- oder Methyladipinsäure oder deren Gemischen, mit aliphat. oder hydroaromat. Alkoholen, wie Isobutyl-, Isoamyl-, Isohexyl-, Isoheptyl- oder Isooctylalkohol oder den bei der katalyt. Hydrierung von CO, Kresolen, Xylenolen oder ähnlichen Phenolen erhaltenen Alkoholgemischen, verwendet. (**D. B. P. 864 586** Kl. 22h vom 25/5. 1943, ausg. 26/1. 1953.) GRÄGER. 7097

Chemisches Forschungsinstitut der Industrie Oesterreichs, Wien, Österreich, *Herstellung hochwertiger trocknender Öle mit hoher Dienzahl aus Mineralöl.* Man chloriert mittlere Fraktionen paraffinbas. Öle, gegebenenfalls in Ggw. von $AlCl_3$ oder AlF_3 als Katalysator, bei einer Temp. zwischen 80 u. 100°, bis die Chlorierungsprodd. einen Cl-Geh. von über 40% aufweisen. Durch Abspaltung von Cl_2 erhält man aus denselben Öle mit einer Dienzahl zwischen 50 u. 70, die beim Erhitzen wie Holzöl gelatinieren, zu Standöl u. faktisartigen Massen, sowie mit fetten Ölen u. den in der Lackindustrie üblichen Harzen verkocht werden können. Mit den Ölen hergestellte Anstriche trocknen durch Einbrennen oder nach Sikkativierung an d Luft. — In eine bei 320—360° sd. Fraktion eines paraffinbas. Erdöls leitet man in Ggw. von 0,5% frisch sublimiertem $AlCl_3$ bei 80—100° trockenes Cl_2, bis eine entnommene Probe ca. 60% Cl-Geh. zeigt.

Das chlorierte Öl wird durch Erwärmen mit 20%ig. NaOH-Lsg. auf nicht über 260° entchlort u. getrocknet. (**Oe. P. 173 235** vom 1/3. 1950, ausg. 25/11. 1952.) ASMUS. 7097

Gabriel-Henri-René Guary, Frankreich, *Dispergieren von Pigmenten in Bindemitteln* u. Homogenisieren von Emulsionen zur Herst. von *Druck-* u. *Anstrichfarben.* Die Mischung von Pigment u. Bindemittel wird kontinuierlich durch eine Vorr. geschickt, in der sie der Einw. von Schall- u. Ultraschallwellen ausgesetzt ist. — Vorrichtung. (**F. P. 999 417** vom 24/10. 1949, ausg. 31/1. 1952.) HEYNE. 7097

Canadian General Electric Co. Ltd., Toronto, Ontario, Canada, übert. von: **Craig M. Sage,** Schenectady, N. Y., V. St. A., *Verhinderung des Ausschwimmens von Pigmenten in Lackfarben.* Lackfarben auf der Basis von ölmodifizierten Alkydharzen, ölmodifizierten Phenolaldehydharzen oder amidoaldehydmodifizierten Alkydharzen setzt man, um das Ausschwimmen der Pigmente zu verhindern, 0,000001—0,01% eines fl. Methylpolysiloxans oder eines fl. polymeren Dimethylsiloxans hinzu, wobei 1,95—2,2 Methylgruppen auf ein Si-Atom kommen. (**Can. P. 480 065** vom 4/12. 1948, ausg. 8/1. 1952. A. Prior. 29/12. 1947.) HEYNE. 7097

Soc. à r. l. Alex, Italien, *Mittel zum Entfirnissen,* dad. gek., daß die hauptsächlich wirksamen Substanzen CaO u. $Ca(OH)_2$ sind. Man verrührt z. B. mehrere Std. lang 4 (%) NH_3, 9,5 Na_2CO_3, 0,1 Tropäolin (Indicator für p_H 7—7,5), 10,5 CaO u. $Ca(OH)_2$, 0,7 Glucose, 5 $KAl(SO_4)_2$, 20 $CaCO_3$, 0,2 $C_6H_5NO_2$ u. 50 H_2O zu einer Paste. (**F. P. 1 012 729** vom 13/2. 1950, ausg. 16/7. 1952. It. Priorr. 22/4. u. 28/10. 1949.) OPPERMANN. 7101

Laboratoires Industriels Alchimiques, Frankreich, *Reinigungs- und Abbeizmittel für Farben und Lacke* in Form einer stabilen Emulsion mit saurer Reaktion. Fettsäureglyceride, freie Fettsäuren, Naphthensäuren, Rückstände von der Margarineherst. werden bei 130—150° in Ggw. von Al_2O_3 als Katalysator mit einem Aminoalkohol, z. B. Monoäthanolamin, behandelt, in einem cycl. oder acycl. Lösungsm. gelöst u. sulfoniert. Als Lösungsmittel sind angeführt: Petroleumdestillate, Bzl., Toluol, Xylol, chlorierte Naphthaline. Durch Zugabe von W. erhält man eine stabile Emulsion mit einem p_H-Wert zwischen 2 u. 4. Soll das Prod. statt als Reinigungsmittel als Abbeizmittel verwendet werden, so wird der Anteil der Lösungsmittelmenge verdoppelt. (**F. P. 1 005 599** vom 19/8. 1947, ausg. 11/4. 1952.) HEYNE. 7101

International General Electric Co., Inc., New York (Erfinder: **Birger W. Nordlander, Robert C. Burnett,** Schenectady, **John A. Loritsch,** Scotia, und **Murray Berdick,** New York), N. Y., V. St. A., *Thixotrope, lösungsmittelfreie Überzugs- oder Füllmasse* aus einer polymerisierbaren organ. Fl., wie Alkydharz, u. einem akt. Füllstoff nach D. B. P. 855 440, in der als Füllstoff ein toniges Material vom Kaolinittypus, bes. Georgia-Kaolin, Catalpoton, Buccaton, Kentucky-Kugelton oder Bentonit, oder auch Silicaaerogel, gegebenenfalls mit einem Zusatz von Flint oder Muskovit, enthalten ist. Ferner sind Gemische anwendbar, die ein oberflächenakt. Mittel enthalten, das sowohl das Harz als auch den Füllstoff benetzen, wie die oberflächenakt., keine Ionen enthaltenden Polyäther oder Aryl–Alkyl-Polyätheralkohole oder auch polymerisierte Äthylenoxydkondensationsprodd. der allg. Formel $R_1-CO-O \cdot R_2(OR_2)_x \cdot OH$, in der R_1 eine hydrophile aliphat. Kette u. R_2 eine kurze KW-stoffkette, gewöhnlich C_2H_4, ist, oder auch bestimmte mehrwertige Alkohole, wie Äthylenglykol, Diäthylenglykol oder Glycerin, oder deren Derivv., wie Sorbitmonooleat. Bei Zusatz solcher die Thixotropizität steigernden bzw. hervorrufenden Mittel können auch Ester der Acryl- oder Methacrylsäure, Triglycerin-(cyclohexyl)-maleat, ein Copolymeres des Vinylacetats oder Vinylchlorids oder auch decarboxyliertes Ricinusölmaleat mit verwendet werden. Als Füllstoffe sind dann auch Flint, Baryt, Diatomeenerde oder Tripel in Mengen von 10—80 Gew.-% verwendbar. Weiterhin kann die polymerisierbare Fl. neben dem ungesätt. Alkydharz einen polymerisierbaren Methacrylsäureester, bes. einen Glykol-, wie Äthylenglykolester, z. B. Tetraäthylenglykoldimethacrylat, enthalten. Zur Beeinflussung der Stabilitätsdauer wird diesem Gemisch Chinon u. tert.-Butylbrenzcatechin zugesetzt. Als Füllstoff enthält es zweckmäßig Ni_2O_3 oder SiO_2. (**D. B. PP. 863 833, 863 834, 863 835** u. **863 836** vom 30/12. 1950, ausg. 19/1. 1953. Alle A. Prior. 31/12. 1949. **Zusätze zu D. B. P. 855 440; C. 1953. 4775.**) GRÄGER. 7107

Dow Corning Corp., Midland, Mich. (Erfinder: **James Franklin Hyde,** Corning, N. Y.), V. St. A., *Oberflächenbehandlungsmittel, z. B. Lacke, Imprägnier- und elektrische Isoliermittel* aus Siloxanen, dad. gek., daß die Mittel solche Siloxane enthalten, die durch Hydrolyse u. Kondensation einer hydrolysierbaren Mischung von Silanen der Formeln $CH_3-Si{\equiv}X_3$ u. $R-Si{\equiv}X_3$, in denen R ein höherer Alkylrest u. X ein hydrolysierbares Atom oder eine solche Atomgruppe bedeuten, gewonnen sind. Zweckmäßig soll die Mischung solche Siloxane enthalten, bei denen die gleichzeitige Hydrolyse u. Kondensation der einzelnen Reaktionskomponenten durch eine entsprechend langsame u. dosierte Zugabe von W. bewirkt ist, wie sie z. B. aus einem Gemisch von Octadecyltrichlorsilan u. Methyltrichlorsilan erhalten worden ist (vgl. auch F. P. 949 419; C. **1950.** II. 118). (**D. B. P. 864 303** Kl. 22h vom 19/9. 1950, ausg. 22/1. 1953. A. Prior. 26/2. 1942.) GRÄGER. 7107

Karl Petrik, Bad Aussee, Oberösterreich, *Erzeugung eines korrosionsschützenden Überzuges.* Um die Metalloberfläche für den Anstrich mit Rostschutzfarben vorzubereiten, wird sie zunächst mit Erdalkalilauge, bes. mit Kalkmilch, behandelt u. nach dem Trocknen bei n. Temp. mit einer 5—25%ig. Phosphorsäurelsg., der als Reaktionsbeschleuniger 1—5% eines Nitrates zugesetzt wurden, überzogen. (**Oe. P. 173 931** vom 5/7. 1950, ausg. 10/2. 1953.) HEYNE. 7107

XIb. Plaste (Kunstharze. Plastische Massen).

Ludwig Föppl, *Fortschritte in der Spannungsoptik.* Vortrag über spannungsopt. Unterss. mit Hilfe eines Polyesterharzes (*VP 1527* der DYNAMIT AKT.-GES. VORM. ALFRED NOBEL & Co., Troisdorf). Polyesterharze sind spannungsopt. weniger akt. als die bisher verwendeten Phenol–Formaldehyd-Harze, werden dafür aber nicht infolge von Randeffekten nach kurzer Zeit unbrauchbar. (Kunststoffe **43.** 346—49. Sept. 1953. München, TH.) WINIKER. 7170

Werner Laeis, *Das Spritzgußverfahren thermoplastischer Kunststoffe.* Überblick. (Kunststoffe **43.** 336—40. Sept. 1953. Köln.) WINIKER. 7170

Theodor Henne, *Die Verarbeitung härtbarer Kunststoffe zu Großpreßteilen.* Allg. Ausführungen. (Kunststoffe **43.** 341—45. Sept. 1953. Troisdorf.) WINIKER. 7170

O. Dammer, *Verarbeitung thermoplastischer Kunststoffe durch Warmformen und Schweißen.* Überblick über die charakterist. Eigg. der thermoplast. Kunststoffe u. die Methoden zur Weiterverarbeitung der aus ihnen gefertigten Halbfabrikate durch Warmformen u. Schweißen. (Kunststoffe **43.** 330—36. Sept. 1953. Leverkusen.) WINIKER. 7170

Georges Ardichvili, *Induktive Temperaturcorrektur an Kunststoff-Kalanderwalzen.* (Kunststoffe **43.** P77—80. Okt. 1953. La Hulpe, Belgien.) WINIKER. 7170

P. Dornbusch, *Das Kontinue-Prinzip bei der Oberflächenveredlung von Kunststoffbahnen.* Behandelt wird die kontinuierliche Oberflächenveredlung von *PVC*-Folien u. PVC-beschichtetem Gewebe. (Kunststoffe **43.** 399—401. Okt. 1953. Krefeld.) WINIKER. 7172

H. R. Jacobi, *Vinylcarbazol und Polyvinylcarbazol.* Überblick über Entw., Herst., Verarbeitung u. Anwendung von Mono- u. Polyvinylcarbazol (*Luvican*). — 22 Literaturhinweise. (Kunststoffe **43.** 381—86. Okt. 1953. Ludwigshafen/Rh.) WINIKER. 7172

Hans Mair, *Schlagfestes Polystyrol.* Überblick über Eigg., Verarbeitung u. Anwendung von *Polystyrol EB* (butadienmodifiziertes Polystyrol der BAD ANILIN- & SODA FABRIK AKT.-GES.). (Kunststoffe **43.** 397—99. Okt. 1953. Ludwigshafen/Rh.) WINIKER. 7172

Klema, *Epikote-Harze.* Überblick über Zers., Eigg. u. Anwendungen. (Chem. Rdsch. [Solothurn] **6.** 127—28. 15/4. 1953.) WINIKER. 7176

Konrad Meyerhans, *Äthoxylinharze in der Hochspannungstechnik.* Überblick über den Stand der Entw., der mit *Äthoxylinharzen* neben Porzellan in der Hochspannungstechnik erreicht worden ist. — 8 Literaturhinweise. (Kunststoffe **43.** 387—92. Okt. 1953. Basel.) WINIKER. 7176

Alfred Müller, *Einbetten von Metallteilen in ungesättigte Polyesterharze.* (Kunststoffe **43.** P76—77. Okt. 1953. Ludwigshafen/Rh.) WINIKER. 7176

Werner Kunzer und **Karl Vogel,** *Bascodur, ein neuer Werkstoff für den chemischen Apparatebau.* Überblick über physikal. Daten, Festigkeitswerte, Verarbeitung u. Anwendungsmöglichkeiten von *Bascodur* (Preßmasse aus phenolmodifizierten Kondensationsprodd. u. aufbereiteten Füllstoffen, wie z. B. Graphit, Kohle, Koks). (Kunststoffe **43.** 376—79. Okt. 1953. Ludwigshafen/Rh.) WINIKER. 7204

W. Zebrowski, *Eignung von Melaminharz-Preßmassen für die Herstellung von Eß- und Trinkgeschirr.* Überblick über Eigg. u. Verarbeitbarkeit von *Melaminharz*-Preßmassen u. die Vorteile der aus ihnen hergestellten Haushaltsartikel. (Kunststoffe **43.** 380—81. Okt. 1953. Troisdorf.) WINIKER. 7204

G. B. von Hartmann, *Die Kunststoffplatte als Werkstoff — ihre Anwendung und Verarbeitung.* (Kunststoffe **43.** 392—96. Okt. 1953. Groß-Umstadt.) WINIKER. 7204

H. Zickel, *Tips für die Bearbeitung von Schichtpreßstoffen.* Behandelt wird die spanabhebende Bearbeitung von Hartpapier, Hartgewebe u. Preßschichtholz. (Kunststoffe **43.** P73—74. Okt. 1953. Troisdorf.) WINIKER. 7204

Siegmund Wintergerst, *Die Polarisationsoptik im Dienste der Untersuchung von Kunstharzteilen.* Anregungen zur Anwendung der Polarisationsoptik in der Betriebskontrolle der Kunststofferzeugung u. für die Beurteilung u. Überwachung der Verarbeitung. (Kunststoffe **43.** 415—17. Okt. 1953. München.) WINIKER. 7210

Cassella Farbwerke Mainkur, Frankfurt/M. (Erfinder: **Heinrich Ritter,** Frankfurt/M., **Horst Bretschneider,** Hannover, **Hugo Kröper,** Heidelberg), *Herstellung von Lösungsmitteln für hochmolekulare Verbindungen.* 2.3-Dihalogentetrahydrofurane, z. B. die Dichlorverb., werden mit CuCN umgesetzt u. die entstandenen 2-Cyan-3-halogentetrahydrofurane mit halogenwasserstoffabspaltenden Mitteln (Piperidin) behandelt. — *2-Cyan-3-chlortetrahydrofuran,* $Kp._9$ 76—78°; *2-Cyandihydrofuran,* Kp. 54°. (**D. B. P. 872 048** Kl. 12q vom 9/4. 1943, ausg. 30/3. 1953. **Zusatz zu D. B. P. 862 015; C. 1953. 4609.)** FABEL. 7171

N. V. de Bataafsche Petroleum Mij., Holland, *Herstellung von wässerigen Dispersionen aus Vinyl-, Acryl-, Styrol-, Fumarsäureester-, Butadien- oder Chloroprenpolymeren.* Man mischt Plastiziermittel, Stabilisatoren u./oder Farbstoffe mit konz. Emulgatorlsgg., gibt sie zu den Harzsuspensionen u. homogenisiert durch Rühren, auch durch Erhitzen unter Druck über 100°. — Man löst 6,9 (kg) $NaHCO_3$ in 82 einer 33,5 gew.-%ig. Na-Mersolatlsg., gibt allmählich 500 Dioctylphthalat unter Rühren in 3 Min. zu u. mischt das Gel mit 2800 einer 60%ig. Polyvinylchloridsuspension unter Rühren. Verwendung der Dispersion zum Imprägnieren oder Überziehen von Gewebe oder Papier. (**F. P. 980 529** vom 8/2. 1949, ausg. 15/5. 1951. Holl. Prior. 11/2. 1948.) PANKOW. 7171

I. G. Farbenindustrie Akt.-Ges., Deutschland, *Konzentrieren wässeriger Dispersionen organischer Stoffe mit hohem Molekulargewicht,* dad. gek., daß die Dispersionen bei der Temp. ihres Verdickungspunktes oder etwas unterhalb mittels geeigneter Vorr. zu Schaum geschlagen werden. Beim Stehenlassen trennt sich der Schaum in eine Schicht, die nur Dispersionsmittel u. in eine Schicht, welche die konz. Dispersion enthält. Das Verf läßt sich anwenden bei wss. Dispersionen von natürlichem oder synthet **Kautschuk,** bei Dispersionen der Polymerisate von Vinyl- u. Acrylsäureestern, ungesätt. Ketonen, Vinylpyridin, Acrylnitril u. ähnlichen. (**F. P. 1 013 957** vom 14/1. 1943, ausg. 6/8. 1952.) HEYNE. 7171

Dewey & Almy Chemical Co., V. St. A. (Erfinder: **Manson Elmer Wood**), *Trennen der Innenwände von platten Schläuchen aus plastischem Material.* Die gespritzten u. danach in Bandform abgeplatteten u. aufgerollten Schläuche werden etwa durch Einblasen von Luft wieder aufgeblasen. Durch die kurze Lufteinw. wird die innere Oberfläche des Schlauches so verändert, daß die Wandungen nicht mehr miteinander verkleben. Die Schläuche können jetzt verschickt oder auf Behälter verarbeitet werden. (**F. P. 1 008 330** vom 6/1. 1950, ausg. 16/5. 1952. A. Prior. 18/1. 1949.) PANKOW. 7171

Visking Corp., Chicago, Ill., V. St. A. (Erfinder: **E. D. Fuller**), *Abgeplattete Rohre aus thermoplastischen Stoffen, insbesondere Polyäthylen.* Die Rohre werden nahtlos aus einem Mundstück erzeugt u. außerhalb des Mundstückes durch eingeblasene Luft noch im plast. Zustand erweitert. Dann werden sie zwischen Walzen abgeplattet. Gleichzeitig werden sie auf dem Stück zwischen Mundstück u. Walze nach dem Ausweiten außen gekühlt, u. zwar durch Gegenblasen von Luft. Durch das Gegenblasen von Luft werden gleichzeitig die Eigg. der Rohre beeinflußt. Außer Polyäthylen können in dieser Weise verformt werden: Celluloseacetat, Celluloseacetatbutyrat, Äthylcellulose, Methylmethacrylatpolymerisate, Nylon, Polystyrol, Polyvinylformalacetatbutyrat, Mischpolymerisate aus Vinylchlorid u. Vinylacetat, Polyvinylchlorid u. Mischpolymerisate aus Vinylchlorid u. Vinylidenchlorid. (**Schwed. P. 134 760** vom 21/9. 1948, ausg. 4/3. 1952.) JÜRGEN SCHMIDT. 7171

Universal Oil Products Co., übert. von: **Mitchell S. Bielawski,** Chicago, Ill., V. St. A., *Phosphorsäurekatalysator mit einem Harz als Bindemittel, z. B. zur Polymerisation von Olefinen.* 50—75 Gew.-% einer Phosphorsäure (Ortho-, Pyrophosphorsäure) werden mit 20—49,5 Gew.-% eines SiO_2 enthaltenden Trägers (Diatomeenerde, Kieselgur, künstlicher SiO_2, Al-Silicate, wie Fullererde, oder Tone, wie Bentonit, Montmorillonit) u. 0,5—5 Gew.-% eines Kiefernharzes, das sich zwischen 70—450° F in Paraffin-KW-stoffen nicht löst, zusammengemischt, die Mischung geformt, bei 350 bis 500° F getrocknet u. bei 500—900° F calciniert. (**A. P. 2593 720** vom 18/11. 1948, ausg. 22/4. 1952.) STEIL. 7173

Standard Oil Development Co., Del., übert. von: **Egi V. Fasce**, Baton Rouge, La., V. St. A., *Hartharze aus öligen Olefinpolymeren* eines Siedebereiches von 260—274° u. einer JZ. von 50—110, deren größerer Anteil aus cycl., bes. Diolefinen mit 14 bis 16 C-Atomen besteht, erhält man durch Umsetzung in Ggw. von $AlCl_3$ bei 66—121° mit Dicarbonsäureanhydriden, z. B. Malein- oder Citraconsäureanhydrid. — Als Ausgangsgut geeignet sind bes. die Nebenprodd., die bei der Herst. von C_2H_5Cl aus Äthylen u. HCl anfallen. Die erhaltenen hellfarbigen Harze haben F. 38—66° u. sind in O enthaltenden Lösungsmitteln, nicht dagegen in KW-stoffen löslich. Sie eignen sich als Füllmittel für künstlichen Kautschuk, für Bakelit- u. Glyptalharze sowie als Zusatz zu trocknenden Ölen. (**A. P. 2 589 069** vom 4/6. 1948, ausg. 11/3. 1952.) MÖLLERING. 7173

Rolf Moroni, Troisdorf (Bez. Köln), *Fortlaufendes Herstellen von endlosen Platten, Bahnen oder Folien aus aufschäumbaren Stoffen, besonders solchen auf Polyäthylenbasis.* Die Reaktionskomponenten werden nach ihrer Vereinigung auf eine sich mit einer der Reaktionsgeschwindigkeit entsprechenden Geschwindigkeit fortbewegende Unterlage aufgegossen oder aufgedüst u. dann zum Aufschäumen gebracht. Die Unterlage besteht aus einer mit regelbarer Geschwindigkeit von einer Vorratsrolle ablaufenden Gewebebahn beliebiger Faserart, die an der dem Schaumstoffprod. abgewandten Seite durch eine heiz- u./oder kühlbare Platte abgestützt ist. (**D. B. P. 842 267** Kl. 39a vom 20/12. 1950, ausg. 15/9. 1952.) SCHLITT. 7173

General Electric Co., N. Y., übert. von: **George F. Roedel**, Schenectady, und **Robert L. Myers**, Burnt Hills, N. Y., V. St. A., *Polymerisate aus Chlortrifluoräthylen* (I) mit Erweichungspunkt 220—270° erhält man durch Emulsionspolymerisation, wobei auf 1 (Teil) I 1—8 W. kommen u. p_H 2,3—4, bes. 2,5—3,5, eingehalten wird. Dabei verwendet man ein organ. Peroxyd als Katalysator u. eine Schwermetallverb. (II), die in I lösl. ist, als Aktivator, sowie ein in W. lösl. Reduktionsmittel für II. — 125 (Teile) I, 125 W., 0,125 Butylperbenzoat, 0,075 $NaHSO_3$ u. 0,057 lösl. Fe-Phosphat werden 4 Std. unter O_2-Ausschluß bei 25° polymerisiert. — Nach A. P. 2 613 203 läßt man die Rk. im Bombenrohr bei $<35°$ vor sich gehen u. erhält so Polymerisate mit F. $>350°$. (**A. PP. 2 613 202** u. **2 613 203** vom 28/6. 1950, ausg. 7/10. 1952.) MÖLLERING. 7173

United States Rubber Co., New York, N. Y., V. St. A., *Ternäre Zwischenpolymerisate.* 1 (Mol) 2-Propenylpolyester (I), 0,1—8 einer olefin., polymerisierbaren Verb. der Formel RR'C=CR''R''' (R = H, F oder CH_3; R' = H, F oder COOH; R'' = H, Alkyl, Cl, F oder COOH, u. R''' = H, Cl, F, COOH, Alkoxy, Aryloxy, Aralkyloxy oder Acyloxy) u. 0,2—15 einer von I abweichenden 2-Propenylverb., wie Propenylalkohol, -chlorid oder bes. der Propenyläther des Nonenalkohols, werden bei 25—75° in Ggw. von Peroxyden (II), wie Benzoylperoxyd (III), zu lösl., ungesätt., festen oder fl. Verbb. polymerisiert, die bei Zusatz von II u. bei Einw. von Wärme in Form von Filmen, Lacken oder Formstücken zu harten, unlösl. Harzen auspolymerisieren. — Tabelle mit 107 Beispielen. — 39,2 (Teile) *Diallylfumarat*, 54 *Allylalkohol*, 37,9 *Vinyltrichloracetat* u. 6,43 III ergeben nach 6,5 Std. bei 60° ein in üblicher Weise abtrennbares u. dann festes Polymerisat mit JZ. 117. (**E. P. 666 604** vom 10/6. 1949, ausg. 13/2. 1952.) MÖLLERING. 7173

Deutsches Hydrierwerk Rodleben VEB, Rodleben (Erfinder: **W. Hentrich** und **H. Höllerer**), *Lösungs-, Weichmachungs- und Gelatinierungsmittel für Polyvinylverbindungen.* Man verwendet gemischte Kohlensäureester aus sek. aliphat. Alkoholen u. cycl. OH-Verbb. in Polyvinyl-, -acryl-, -methacrylverbb., Polystyrol, Polybutadien, Polyisobutylen. Genannt sind Diheptylcarbinol-3-kresolcarbonat, Diheptylcarbinol-2-chlorphenylcarbonat, Methyldecylcarbinolkresolcarbonat, asymm. Carbonate aus sek. Alkoholen aus Hydrierungsprodd. der Ketone aus Fettsäuren mit 5—11 C-Atomen u. techn. Kresol, Diheptylcarbinolmethylcyclohexylcarbonat, Dinonylcarbinolhexahydrobenzylcarbonat, Bis-(diheptylcarbinol)-1.3-dioxyphenyldicarbonat. Aus einer Lsg. von 170 (Gewichtsteilen) Kresol, 300 W. u. 63 NaOH sowie 400 Chlorkohlenester eines Gemisches sek. Alkohole, die durch Hydrieren der Ketonisierungsprodd. von Vorlauffettsäuren mit 6—7 C-Atomen erhalten wurden, erhält man durch Erwärmen u. mehrstd. Rühren bei 80—90° eine Fl. vom $Kp._{0,8}$ 178—186°, die bei 140° mit Polyvinylchlorid verknetet wird. Hohe Kältebeständigkeit u. hohes Isoliervermögen. (**D. P. [DDR] 1 405** Kl. 39b vom 13/11. 1943, ausg. 7/8. 1952. [Wirtschaftspatent]. **Zusatz zu D. P. [DDR] 273; C. 1952. 7423.**) PANKOW. 7173

Soc. An. des Manufactures des Glaces et Produits Chimiques de Saint-Gobain, Chauny & Cirey, Seine, Frankreich, *Weichmacher für Kunstharze, besonders Vinylharze.* Man verwendet Iminosäureester mit 1 oder mehr NH-Gruppen, deren N mit 2 oder mehr Carbonsäureestergruppen enthaltenden Resten verbunden ist, der Formel

R'OOC·$(CH_2)_n$·NH·$(CH_2)_m$·COOR oder R'·NH·$(CH_2)_m$·COOR (R u. R' = aliphat. Reste mit 4 u. mehr C-Atomen, araliphat. oder aromat. Reste; m u. n $\geqq 1$). Man leitet durch eine Lsg. von 184,5 g Benzylmonochloracetat in 100 g Bzl. bei 110—120° NH_3, filtriert, entfernt Bzl. u. dest. im Vakuum (Kp.$_{15}$ 135—155°). Der ölige, nichtdestillierbare Rückstand ist der Iminodiessigsäuredibenzylester, der als Weichmacher in Polyvinylchlorid oder Nitrocellulose verwendet werden kann. Die Herst. u. Verwendung des Iminodiessigsäuredibutylesters wird ebenfalls beschrieben. (**F. P. 1 007 084** vom 23/2. 1948, ausg. 30/4. 1952.) PANKOW. 7173

Badische Anilin- & Soda-Fabrik, Ludwigshafen/Rh. (Erfinder: **Hans Krzikalla**, Heidelberg), *Aminocarbonsäureester*. — *γ-Aminobuttersäure-n-butylester-N-carbonsäureäthylester*. Man setzt γ-aminobuttersaures Na mit Chlorkohlensäureäthylester u. Na_2CO_3 um, säuert an u. verestert mit n-Butanol u. p-Toluolsulfonsäure. Kp.$_{6-7}$ 170 bis 175°. — Analog: *N-Methyl-γ-aminobuttersäurevorlauffettalkoholester-N-carbonsäureäthylester*, Kp.$_{25}$ 220—240°. — *Weichmacher*, bes. für *Polyvinylchlorid*. (**D. B. P. 865 310** Kl. 12q vom 8/12. 1944, ausg. 2/2. 1953.) LANGER. 7173

Carbide & Carbon Chemicals Corp., V. St. A. (Erfinder: **M. Franklin Johnston**), *Herstellung von Abkömmlingen von Phosphonsäurediestern*. Ester, Amide oder Nitrile von α.β-ungesätt. aliphat. Carbonsäuren werden mit Dialkylphosphiten, zweckmäßig in Ggw. eines Katalysators ($NaNH_2$) u. eines inerten Lösungsm. (Bzl., Dioxan, Dibutyläther, Äthylenglykoldimethyläther), bei 25—125° umgesetzt. — Z. B. versetzt man ein Gemisch aus 1 Mol Dibutylphosphit u. 5 g $NaNH_2$ bei 50° tropfenweise mit 1 Mol Dibutylmaleat, rührt noch 75 Min., neutralisiert mit Eisessig, filtriert u. dest. im Vakuum. Man erhält *2-(Dibutylphosphono)-bernsteinsäuredibutylester*, $(C_4H_9—O)_2PO—CH(COO—C_4H_9)—CH—COO—C_4H_9$, Kp.$_{1,2}$ 190°, in 85%ig. Ausbeute. Analog werden nachst. Verbb. hergestellt. Derivv. der *2-(Dibutylphosphono)-bernsteinsäure*: *Diäthylester*, Kp.$_{1,7}$ 172°; *Diallylester*, Kp.$_{0,35}$ 122°; *Di-β-chloräthylester*, Kp.$_{0,4}$195°; *Dicyclohexylester*, Kp.$_{0,01}$ 145°; *Ditetrahydrofurfurylester*, Kp.$_{0,5}$ 185°; *Di-2-äthylhexylester*, Kp.$_{0,3}$ 185°; *Diphenoxyäthylester*, Kp.$_{0,3}$ 210°; *Dibenzylester*, Kp.$_{0,013}$ 156°; *Di-(2-methylcyclohexylmethyl)-ester*, Kp.$_{0,002}$ 156°; *Di-3-methoxybutylester*, Kp.$_{0,002}$ 156°; *Di-(diisobutylmethyl)-ester*, Kp.$_{0,008}$ 145°. — Derivv. der *2-(Diäthylphosphono)-bernsteinsäure*: *Dimethylester*, Kp.$_{1,7}$ 150°; *Diäthylester*, Kp.$_{2,5}$ 155°; *Dibutylester*, Kp.$_{2,7}$ 184—186°; *Di-2-äthylhexylester*, Kp.$_{0,001}$ 156°; *Di-(methoxyäthyl)-ester*, Kp.$_{2,2}$ 200°. — *Bernsteinsäuredibutylester* mit folgenden Substituenten in 2-Stellung: *Diallylphosphono-*, Kp.$_{0,7}$ 185°; *Dicyclohexylphosphono-*, Kp.$_{0,2}$ 168°; *Dibutylphosphonomethyl-*, Kp.$_{2,4}$ 211°; *Ditetrahydrofurfurylphosphono-*, Kp.$_{0,001}$ 156°; *Di-2-äthylhexylphosphono-*, Kp.$_{0,2}$ 170°; *Di-n-octylphosphono-*, Kp.$_{0,6}$ 195°; *Dibenzylphosphono-*, Kp.$_{0,01}$ 145°; *Diäthoxyäthylphosphono-*, Kp.$_{0,001}$ 145°; *Dimethylcyclohexylmethylphosphono-*, Kp.$_{0,006}$ 156°; *Diphenylphosphono-*, Kp.$_{0,005}$ 148°; *Diisopropylphosphono-*, Kp.$_{2,3}$ 182°. — Ferner: *2-(Di-[methoxyäthyl]-phosphono)-bernsteinsäuredi-(methoxyäthyl)-ester*, Kp.$_{0,7}$ 185°; *2-(Dicyclohexylphosphono)-bernsteinsäuredi-(2'-äthylhexyl)-ester*, Kp.$_{0,001}$ 156°; *2-(Dimethoxyäthylphosphono)-bernsteinsäuredi-(2'-äthylhexyl)-ester*, Kp.$_{0,005}$ 156°; *2-(Diäthoxyäthylphosphono)-bernsteinsäuredimethoxyäthylester*, Kp.$_{0,001}$ 145—156°; *2-(Dibutylphosphono)-bernsteinsäure-N.N.N'.N'-tetramethylamid*, Kp.$_{2,1}$ 207°, u. *-tetrabutylamid*, Kp.$_{0,004}$ 156°; *2-(Dibutylphosphono)-bernsteinsäuredinitril*, Kp.$_3$ 170°; *2.3-Dicyan-2-(dibutylphosphono)-bernsteinsäurediäthylester*, Kp.$_4$ 104°; *2-(α-Dibutylphosphonobenzyl)-malonsäurediäthylester*, Kp.$_{0,009}$ 149°; *2-Cyan-3-phenyl-3-(dibutylphosphono)-propionsäureäthylester*, Kp.$_{0,05}$ 149°, u. *-propionsäureamid*, F. 105—106°; *2-Cyan-3-(dibutylphosphono)-hydrozimtsäureäthylester*, Kp.$_1$ 169°; *(Dibutylphosphono)-tricarballylsäuretriäthylester*, Kp.$_{0,001}$ 135°, u. *-tributylester*, Kp.$_{0,01}$ 171°; *α-(Dibutylphosphono)äthan-α.α.β.β-tetracarbonsäuretetraäthylester*, Kp.$_4$ 155°. — *Weichmachungsmittel*, bes. für Vinylharze. (**F. P. 988 748** vom 17/6. 1949, ausg. 30/8. 1951. A. Prior. 1/7. 1948.) NOUVEL. 7173

Badische Anilin- & Soda-Fabrik (Erfinder: **Heinrich Neresheimer** und **Alfred Ehrhardt**), Ludwigshafen/Rh., *Weichmachungsmittel für Polyvinylchlorid* u. seine Mischpolymerisate, bestehend aus dem Phosphorsäuretri-(2-äthyl-n-hexyl)-ester. Lacke für Holz, Metall, Leder u. Kunstleder, gegebenenfalls in Verbindung mit Cellulosederivaten. (**D. B. P. 869 268** Kl. 39b vom 21/7. 1944, ausg. 2/3. 1953. **Zusatz zu D. B. P. 859 523; C. 1953. 3803.**) SALZMANN. 7173

Soc. An. des Manufactures des Glaces et Produits Chimiques de Saint-Gobain, Chauny & Cirey, Seine, Frankreich (Erfinder: **Paul Ehrmann** und **André Guillaumin**), *Stabilisieren von Polyvinylverbindungen*, bes. Polyvinylchlorid, u. Verbessern ihrer mechan. Eigg. durch Zusatz höherer Polyoxyverbb., wie Cellulose, Äthylcellulose, Stärke, Glucose. (**F. P. 999 788** vom 4/1. 1946, ausg. 5/2. 1952.) PANKOW. 7173

Soc. An. des Manufactures des Glaces et Produits Chimiques de Saint-Gobain, Chauny & Cirey, Seine, Frankreich (Erfinder: **Paul Ehrmann**), *Stabilisieren von Poly-*

meren oder Mischpolymeren von Äthylenderivaten, wie Polyvinylchlorid (I), nachchloriertes I, Polyvinylidenchlorid, durch Zusatz geringer Mengen (0 5—2 Gew.-%) von Alkydharzen aus Äthylendicarbonsäuren u. Alkoholen der Formel $XH_n(CH_2CH_2OH)_m$ (X = S oder N; n = 0—2, m = 3—1), wie Mono-, Di-, Triäthanolamin, Thiodiglykol, Morpholin (als Deriv. des Diäthanolamins gedacht); als Carbonsäuren sind genannt: Malein-, Methylmalein-, Fumar-, Methylfumar-, Aconit-, Itaconitsäure oder deren Anhydride, die teilweise durch ein oder mehrbas. gesätt. organ. Säuren ersetzt werden können. Die sauren Gruppen der Alkydharze können auch durch Mg oder Pb neutralisiert werden. Zusätzlich zu den Alkydharzen können Alkali- oder Mg-Hyposulfite angewandt werden, auch Mischungen der genannten Alkydharze mit solchen aus gesätt. Polycarbonsäuren. (**F. P. 1 005 132** vom 7/6. 1947, ausg. 7/4. 1952.) PANKOW. 7173

Soc. An. des Manufactures des Glaces et Produits Chimiques de Saint-Gobain, Chauny & Cirey, Seine, Frankreich (Erfinder: **Paul Ehrmann**), *Stabilisieren von Polymeren oder Mischpolymeren von Äthylenhalogeniden* [Polyvinylchlorid (I), nachchloriertes I, Polyvinylidenchlorid] durch Zusatz von 1—10 Gew.-% Terpen-KW-stoffen (Pinen, Nopinen, Dipenten, Pyronen, Alloocimen, Polyterpene), wie man sie auch beim Erwärmen niederer Terpen-KW-stoffe (Pinen, Terpentinöl) mit u. ohne H_2SO_4, $FeCl_3$, BF_3 erhält; z. B. erhitzt man Terpentinöl 3 Std. bei 10—11 kg/cm² auf 285° u. verwendet davon die beiden Fraktionen $Kp._{30}$ 85—180° u. 180—215° zum Stabilisieren von I. (**F. P. 1 006 210** vom 3/12. 1947, ausg. 21/4. 1952.) PANKOW. 7173

United States Rubber Co., New York, N. Y., übert. von: **Dexter C. Seymour,** Wyckoff, N. J., **Leonard F. Marous,** Waterbury, und **Mayer H. Danzig,** Naugatuck, Conn., V. St. A., *Unterbrechungsmittel für die Polymerisation von Vinylchlorid* bei Ggw. von Peroxydkatalysatoren u. gegebenenfalls einem Zusatz von bis 20% polymerisierbarer Verbb., z. B. Methylacrylat oder Dimethylmaleat, sind nach A. P. 2 616 880 0,05 bis 1,1(%) Triterpene, z. B. Myrcen oder Alloocimen; nach A. P. 2 616 881 0,05—1 α-alkylierte, α.β-ungesätt. Ketone, z. B. Methylisopropenylketon, 4-Äthoxy-3-methyl-3-buten-2-on oder 3-Methyl-4-phenyl-3-buten-2-on; nach A. P. 2 616 882 0,05—1 Vinylpyridine, z. B. 2-Vinylpyridin, 2-Methyl-5-vinylpyridin oder 2.4-Dimethyl-6-vinylpyridin; nach A. P. 2 616 883 0,02—1 konjugierte Doppelbindungen aufweisende Diene, z. B. Butadien-(1.3), 2.3-Dimethylbutadien-(1.3), Piperylen, Cyclopentadien oder 1-Vinylcyclohexen; nach A. P. 2 616 884 0,1—1 Cyclomonoolefine, z. B. Cyclopenten, -hexen, -hepten, -octen oder deren Gemische; nach A. P. 2 616 885 0,05—1 Styrol oder Chlor(alkyl)-styrole, z. B. α-Methyl-3.4-dichlorstyrol; nach A. P. 2 616 886 0,3—1 vielfach ungesätt. Carbonsäuren, z. B. Furylacrylsäure, Linol- oder Linolensäure, Eläostearin- oder Sojaölsäure, β-Vinylacrylsäure oder (dehydrierte) Geraniumsäure; nach A. P. 2 616 887 0,1—1 ungesätt. Aldehyde, z. B. Zimtaldehyd, Acrolein, Crotonaldehyd, Citral oder Citronellal; nach A. P. 2 616 888 0,5—1 konjugierte Doppelbindungen aufweisende Nitrile, z. B. (Meth-) Acrylnitril oder Acrylnitril oder deren Gemische. (**A. PP. 2 616 880, 2 616 881, 2 616 882, 2 616 883, 2 616 884, 2 616 885, 2 616 886, 2 616 887** u. **2 616 888** vom 10/7. 1951, ausg. 4/11. 1952.) MÖLLERING. 7173

Farbwerke Hoechst, vormals Meister Lucius & Brüning (Erfinder: **Alex Jahn, Guido Lorentz, Gerhard Bier** und **Werner Starck**), Frankfurt/M., *Korn- oder perlförmige Polymerisations- oder Mischpolymerisationsprodukte* aus Vinylhalogeniden in Ggw. einer Mischung aus W., organ. wasserlösl. Lösungsm. u. Katalysatoren erhält man dadurch, daß die Lösungsmittelmenge kleiner als die Wassermenge ist u. der Ansatz bei der Polymerisationstemp. aus 2 Phasen besteht. Genannt sind CH_3OH u. Butanol, die zu W. im Verhältnis 1:2 bis 1:5 stehen. — Beispiele. (**D. B. P. 888 173** Kl. 39c vom 13/5. 1951, ausg. 31/8. 1953.) SCHINDLER. 7173

Distillers Co. Ltd., Edinburgh, **Charles Edward Hollis, Henry Malcolm Hutchinson, Kenneth Henry Charles Bessant, Anthony Grayson Goodchild** und **Stanley Gordon Kemp,** Great Burgh, England, *Pastenförmige Polyvinylchloridemulsionen* erhält man durch kräftiges Rühren des Polymerisationsansatzes aus W., monomerer Verb., des Emulgators, bes. einer mit einem Alkanol von 4—18, vorteilhaft 5—18 C-Atomen veresterten Phthalsäure, mit einem Peroxydkatalysator, z. B. $K_2S_2O_8$. Das Rühren wird auch während der Koagulation fortgesetzt. (**E. P. 685 838** vom 22/7. 1949, ausg. 14/1. 1953.) MÖLLERING. 7173

B. F. Goodrich Co., New York, N. Y., V. St. A., *Mischpolymerisate für Filme und Überzüge*, die kein Weichmachungsmittel erfordern, werden durch Emulsionspolymerisation eines Gemisches aus 35—90, bes. 40—85(%) Vinylchlorid (I), 5—65, bes. 10 bis 50 Alkylacrylat mit 5—10 C-Atomen im Alkylrest, u. 2—40, bes. 2—30 Acrylnitril (II) erhalten. — Geeignet ist z. B. ein Ansatz aus 60 I, 20 Äthylhexylacrylat, 20 II, 1,2 $K_2S_2O_8$, 4 Emulgator, 0,2 NH_4OH u. 94,6 Wasser. (**E. P. 682 914** vom 26/1. 1951, ausg. 19/11. 1952. A. Prior. 1/2. 1950.) MÖLLERING. 7173

I. G. Farbenindustrie Akt.-Ges., Werk Rheinfelden, Rheinfelden (Erfinder: **Georg Wick,** Bitterfeld), *Herstellen von Formgegenständen aus Polyvinylchlorid.* Preßlinge aus nachchloriertem Polyvinylchlorid werden auf die Verformungstemp. erhitzt u. dann zu Fertigartikeln unter Druck verformt. Die Formteile verlieren ihre Form in kochendem W. nicht, da der Erweichungspunkt bei ca. 105° liegt. (**D. B. P. 856 525** Kl. 39a vom 3/9. 1944, ausg. 24/11. 1952.) SCHLITT. 7173

Reinhard Stäger, Brienz, Schweiz, *Herstellung von Zellkörpern mit geschlossenen Zellen und sehr niedrigem spezifischem Gewicht.* Zellhaltige, plast., nichtausgehärtete Massen, bes. aus Gemischen von *Polyvinylchlorid* mit *Diisocyanaten,* z. B. *Phenyldiisocyanat,* u. gegebenenfalls unter Zumischung von 20% Diazoaminobenzol, werden mit einem Gas, z. B. CO_2 oder Wasserdampf, behandelt, wodurch sie weiter ausgedehnt werden. Dann werden sie in diesem Zustand vollständig ausgehärtet. Zu Anfang sind die Zellen mit N_2 gefüllt. (**N. P. 80 001** vom 28/7. 1949, ausg. 31/3. 1952. Schwz. Prior. 17/8. 1948.) JÜRGEN SCHMIDT. 7173

Joseph Henri Louis Galuszka, Kopenhagen, und **Axel Jens Mejloe,** Gentofte, Dänemark, *Dekorieren von Oberflächen aus thermoplastischen Kunststoffen.* Auf den Kunststoff, z. B. *Polyvinylchlorid* (**I**), welcher mit einer Unterlage, z. B. Webstoffen oder Papier, verbunden ist, wird mustergerecht eine Paste aus 100 (Teilen) **I** u. 120 Dibutylphthalat (**II**), mit der 30 TiO_2 u. 25 **II** verrieben sind, aufgebracht. Danach werden Dekoration u. Oberfläche durch Erwärmen, z. B. auf 150°, zusammengeschmolzen u. dann mittels gekühlter Walzen zusammengepreßt. (**D. B. P. 870 815** Kl. 75b vom 20/4. 1951, ausg. 16/3. 1953. Dän. Prior. 21/4. 1950.) LAASS. 7173

Abbott M. Rohn, Detroit, Mich., V. St. A., *Harzmassen.* Polyvinylalkohol, doch auch Oxyäthylcellulose, Gummi arabicum, Leim, Gelatine, Casein usw., werden mit einem Glykol, bes. Trimethylenglykol (10—100%), zu Prodd. von verminderter Wasseraufnahmefähigkeit u. besserer Biegsamkeit verarbeitet. — Beispiel. (**A. P. 2 594 498** vom 15/11. 1948, ausg. 29/4. 1952.) DONLE. 7173

Soc. An. Soc. Nobel Française, Seine, Frankreich, *Emulsionspolymerisation von Vinylacetat.* Als Schutzkoll. u. Emulgierungsmittel verwendet man Polyvinylalkohol, der noch Acetylgruppen enthält, zusammen mit einem Geliermittel, wie $B(OH)_3$, deren Derivv., Tannin, Salzen mehrwertiger Metalle, Kongorot, Polyisocyanaten, Methylolverbb., auch zusammen mit oberflächenakt. Stoffen vom Seifentyp u. einem Lösungsm. für das Vinylacetat, wie A., u. neutralisiert am Ende der Polymerisation mit einem Äthanolamin, wie Monoäthanolamin. (**F. P. 1 006 358** vom 23/12. 1947, ausg. 22/4. 1952.) PANKOW. 7173

Badische Anilin- & Soda-Fabrik, Deutschland (Erfinder: **Hans Fikentscher, Karl Herrle** und **Jack Jousset**), *Suspensionspolymerisation* durch starke mechan. Bewegung der Monomeren in einem wss., nicht emulgierend wirkenden Medium. Als Ausgangsmaterial dienen viscose Lsgg. oder höhermol. Gele in den Monomeren, wie man sie durch Vorpolymerisation erhält. Die Polymeren fallen in Korn- oder Perlform an. — Man erwärmt z. B. 500 (Gewichtsteile) Vinylacetat mit 2 Benzoylperoxyd 1 Std. bei 65—70°, mischt dann mittels eines Schnellrührers eine Lsg. aus 22 Polyvinylpyrrolidon in 2500 W. ein u. rührt 2½ Std. bei 70—85°. Ebenso wird die Polymerisation von Methylmethacrylat, Styrol, Acrylnitril u. Acrylsäurebutylester beschrieben. (**F. P. 1 005 601** vom 19/8. 1947, ausg. 15/4. 1952.) PANKOW. 7173

Farbwerke Hoechst, vormals Meister Lucius & Brüning, Frankfurt/M. (Erfinder: **Werner Starck,** Hofheim/Taunus), *Herstellung von Polymerisaten oder Mischpolymerisaten von Vinylestern,* dad. gek., daß man den monomeren Estern H_2O_2, bes. hochkonz., zusetzt. Dann werden sie in Block oder Lsg. in Ggw. von organ. Peroxyden oder in wss. Dispersion in Ggw. von Reduktionsmitteln polymerisiert. — Beispiele. (**D. B. P. 888 007** Kl. 39c vom 10/11. 1950, ausg. 27/8. 1953.) SCHINDLER. 7173

Page's Inc., Gloucester, Mass., übert. von: **Walter G. Kunze** und **Raymond Bertram Evans,** Catonsville, Md., V. St. A., *Polyvinylacetatemulsionen.* Für die Herst. von Überzügen u. als Klebmittel eignen sich solche Emulsionen, die 50—60% Festsubstanz, ein Weichmachungsmittel u. 4—50% eines unsubstituierten Glykols mit 4—8 C-Atomen, z. B. Hexylenglykol oder Hexylenglykolacetat, enthalten. (**A. P. 2 588 543** vom 6/4. 1950, ausg. 11/3. 1952.) HERBST. 7173

British Resin Products Ltd., London, **Edward Michael Evans, Johann Joseph Peter Staudinger** und **John Edward Seager Whitney,** Sully, England, *Vinylphenol enthaltende Mischpolymerisate.* Monovinylphenol (**I**) wird mit einem Acetal oder Halbacetal eines ungesätt. Aldehydes in Ggw. eines Katalysators durch Wärmeeinw. oder durch UV-Bestrahlung polymerisiert. — 50 **I**, 50 Acroleinacetal u. 1 Laurylperoxyd werden in 30 Std. bei 100° zu einem thermoplast. Harz polymerisiert. (**E. P. 679 374** vom 26/8. 1949, ausg. 17/9. 1952.) MÖLLERING. 7173

E. I. du Pont de Nemours & Co., Wilmington, Del., übert. von: **Orville Horwitz Bullitt jr.**, Swarthmore, Pa., V. St. A., *Polymerisation von Acrylnitril* (**I**). Als Polymerisationsaktivatoren werden Alkalisalze von schwach sauer wirkenden Verbb. von pK_a 15—75 (HAMMETT, Physical Organic Chemistry 1940, S. 48), wie Na-Methylat, Na-Äthylat, C_6H_5-Li, KNH_2, verwendet. Das Eintragen dieser Aktivatoren soll möglichst bei tiefen Tempp., wie —50 bis —90°, erfolgen. Ferner soll die Polymerisation in einem inerten Medium, wie Butan (**II**), durchgeführt werden. — Z. B. werden unter starkem Rühren zu 80 (Teilen) **I** in 300 **II** bei —85° 15 einer äther. Lsg. von 1,5 Li-Diphenylamid in 70 Min. gegeben. Am Ende der Rk. wird W. u. A. zugegeben, das Polymerisat abfiltriert u. mit alkoh. HCl, A. u. Ae. gewaschen. Es werden 42 eines hellgrünen Pulvers vom Mol.-Gew. 78000 erhalten. (**A. P. 2 608 554** vom 3/7. 1948, ausg. 26/8. 1952.) HERBST. 7173

Chemstrand Corp., Decatur, Ala., übert. von: **Marion R. Lytton**, West Chester, Pa., V. St. A., *Herstellung von Mischpolymerisaten.* 1—99, bes. 1—20 (Teile) Dimethylbenzyl-(2-oxy-3-butenyl)-ammoniumchlorid oder -bromid (**I**) u. 99—1, bes. 99—80 Acrylnitril (**II**) werden gegebenenfalls unter Zusatz von 1—19 einer dritten, äthylen. ungesätt. Verb. in wss. Emulsion u. in Ggw. von $K_2S_2O_8$ polymerisiert. Die Prodd. sind in organ. Lösungsmitteln lösl., leicht anfärbbar u. für die Herst. von *Fäden* geeignet. — Zur Herst. der quaternären Verb. **I** werden 650 (Teile) 3.4-Epoxybuten-(1) mit 1530 wss., 25%ig. Dimethylaminlsg. bei 60° umgesetzt zu *3-Oxy-4-dimethylaminobuten-(1)* ($Kp._{14}$ 48°; n_D^{23} 1,4472); von dem Prod. werden 46 mit 54,8 n-Butylbromid auf dem Wasserbad zu **I** (F. 78—80°) umgesetzt. — Analog erhält man aus 3-Acetoxy-4-dimethylaminobuten-(1) ($Kp._{14}$ 66—68°; n_D^{26} 1,4309) das *Dimethylbenzyl-(2-acetoxy-3-butenyl)-ammoniumchlorid*, das mit **II** polymerisiert wird. Das Polymerisat wird in Dimethylacetamidlsg. zu leicht färbbaren Filmen vergossen. (**A. P. 2 617 781** vom 12/3. 1950, ausg. 11/11. 1952.) MÖLLERING. 7173

E. I. du Pont de Nemours & Co., Wilmington, Del., V. St. A., *Herstellung von Formkörpern aus Acrylsäurenitrilpolymerisaten* oder Mischpolymerisaten mit mindestens 85 Gew.-% Acrylsäurenitril. Man löst die Polymerisate oder Mischpolymerisate in *Dimethylformamid.* Die Lsgg. der Polymerisate (Mol.-Gew. zwischen 15000 u. 250000) sollen eine Viscosität von 50—750 Poises aufweisen; sie werden unmittelbar verformt. (**Dän. P. 73 799** vom 15/10. 1946, ausg. 18/2. 1952. A. Prior. 4/11. 1944.) JÜRGEN SCHMIDT. 7173

Abraham Brothman, New York, N. Y., V. St. A., *Polymerisation ungesättigter Verbindungen.* Olefin- oder Acetylenverbb. werden in Ggw. langsam wirkender Katalysatoren, bes. organ. Peroxyde, wie tert.-Butylperoxyd, u. in Ggw. rasch wirkender Katalysatoren, wie Benzoylperoxyd, so polymerisiert, daß die Trübung des Endprod. stark vermindert wird. Das Verf. ist für die *Emulsionspolymerisation* u. vornehmlich für die Blockpolymerisation geeignet. Die Beispiele betreffen die Herst. von Platten aus *Methylmethacrylatpolymerisat.* (**Schwz. P. 284 420** vom 25/1. 1949, ausg. 17/11. 1952.) MÖLLERING. 7173

American Cyanamid Co., V. St. A., übert. von: **Edward Lewis Kropa, Arthur Stanley Nyquist** und **Arthur Cresswell**, *Acrylnitril–Allylalkohol-Mischpolymerisation.* Man polymerisiert in M., Lsg., Emulsion oder in Perlform 25—95 (Teile) Acrylnitril (**I**) mit 75—5 Allylalkohol (**II**) u./oder Methallylalkohol, bes. 85—93 **I** mit 15—7 **II**; das Polymere enthält dann 0,6—7 Gew.-% **II** in gebundener Form. Es hat einen niedrigeren Erweichungspunkt u. bessere Löslichkeit als Poly-**I** u. ist mit letzterem sowie mit Harnstoff- u. Melamin–HCHO-Harzen mischbar; es kann verseift u. acetyliert werden. Außer für Preßmassen dient es auch bes. zur Herst. von Filmen, Fasern u. Überzügen. Die etwa aus einer Ca-Thiocyanatlsg. gesponnenen *Fäden* werden gereckt u. können für sich oder in Mischung mit anderen Natur- oder Kunstfäden auf Gewebe, Tuche, Netze, Teppiche u. a. verarbeitet werden. (**F. P. 1 010 202** vom 27/1. 1950, ausg. 9/6. 1952. A. Prior. 15/2. 1949.) PANKOW. 7173

United States Rubber Co., New York, N. Y., V. St. A., *Mischpolymerisate von Trichloralkenen* (**I**) mit 3—5 C-Atomen durch Polymerisation mit Olefinen, die 1—4 olefin. Bindungen enthalten, in Ggw. von Peroxydkatalysatoren. — Tabelle über Polymerisationsansätze von 3.3.3-Trichlorpropen oder 4.4.4-Trichlor-2-methyl-1-buten u. β-Allyloxyäthylacrylat oder -fumarat oder -adipinat, sowie einpolymerisierte Mengen von Stryol, Methylacrylat oder Vinylbutyläther. Die bei 100° in 7 Std. erhaltenen Harze haben Erweichungspunkte von 50—90° u. können zu Preßmassen, Überzügen u. Filmen verarbeitet werden. (**E. P. 680 330** vom 11/3. 1949, ausg. 1/10. 1952.) MÖLLERING. 7173

N. V. de Bataafsche Petroleum Mij., Den Haag, Holland, *Polymerisationsverfahren.* Durch starke mechan. Bewegung, z. B. hochtouriges Rühren, Mahlen, Kneten oder Zerreiben, werden in einem Gemisch aus monomeren olefin. Verbb. u. linearen Hochpolymerisaten (I) die Ketten von I unterbrochen u. die Anlagerung der monomeren Anteile ermöglicht. Die Bewegung soll unter O_2-Ausschluß erfolgen. Das Verf. ist leicht regulierbar u. arbeitet bei niedrigen Temperaturen. — Z. B. werden 10 (Teile) Polymethylmethacrylat mit 1500 frisch dest. Methylmethacrylat unter Vakuum 68 Std. geschüttelt, wobei 236 Polymerisat gewonnen werden. (**Schwz. P. 286 509** vom 15/11. 1949, ausg. 16/2. 1953. A. Prior. 16/11. 1948.) MÖLLERING. 7173

Cassella Farbwerke Mainkur, Frankfurt/M. (Erfinder: **Paul Schlack,** Bobingen), *Verformen von Polyacrylnitrilverbindungen* (I), gegebenenfalls in Verbindung mit anderen Vinylpolymeren, dad. gek., daß die I vor oder während der Verformung mit 1- oder mehrwertigen wasserlösl. oder cycl. Sulfonen (Tetramethylen-, Diäthyl- oder Diisopropylsulfon), die gegebenenfalls ganz oder teilweise aus den Gebilden wieder entfernt werden, behandelt werden. Herst. von Folien (photograph.), Platten, Schläuchen (Kunstdärmen), Kapseln, Dichtungsscheiben, Behälterauskleidungen, Bändern, Borsten u. Fäden. (**D. B. P. 879 313** Kl. 39b vom 22/9. 1942, ausg. 11/6. 1953.) SALZMANN. 7173

Polaroid Corp., Cambridge, übert. von: **Saul G. Cohen,** Brighton, Mass., V. St. A., *Phenyltrifluoräthylen* [= *α.β.β-Trifluorstyrol,* C_6H_5—CF=CF_2 (I)]. Frisch dest. Difluorchloracetylchlorid, $F_2C(Cl)COCl$, gibt mit Bzl. in CS_2 in Ggw. von $AlCl_3$ bei 2—3° nach der Zers. mit konz. HCl *Difluorchloracetophenon* in 67%ig. Ausbeute, $Kp._{37}$ 95—97°, n_D^{23} 1,4950; dieses liefert beim Erhitzen mit PCl_5 auf 185° nach 21 Std. *β.β-Difluor-α.α.β-trichloräthylbenzol,* Ausbeute 78%, $Kp._{15}$ 98—99°, $n_D^{22,6}$ 1,5103; aus diesem entsteht beim Erhitzen mit SbF_3 u. Br_2 auf 140° *α.β.β-Trifluor-α.β-dichloräthylbenzol,* $Kp._{38}$ 92—94°, $n_D^{22,6}$ 1,4772. Durch Erhitzen mit Zn-Staub in A. in Ggw. von Spuren von $ZnCl_2$ bildet sich I, $Kp._{75}$ 68—70°, F. —23 bis —22°; $n_D^{22,6}$ 1,4723. Es kann auch aus α.β.β.β-Tetrafluor-α-chloräthylbenzol durch Erhitzen mit Zn-Staub in A. gewonnen werden. — Verwendung zur Herst. von *Polymerisaten.* (**A. P. 2 612 528** vom 16/4. 1949, ausg. 30/9. 1952.) KRAUSS. 7173

Louis Desalbres, Landes, Frankreich, *Kunstharze* durch Rk. von Pinen oder den Nebenprodd. der Campher- u. Terpineolherst. mit Stoffen mit aktivierten Äthylenbindungen, wie Maleinsäureanhydrid (I), in Ggw. saurer Tonerde. Die erhaltenen Harze können mit Polyalkoholen, wie Glykol, Glycerin oder Pentaerythrit, zu sehr harten thermoplast., in Essigester lösl. Harzen verestert werden. Man gibt z. B. zu 400 (kg) Terpentinöl von 130—140° 200 I u. nach dessen Lsg. bis zu 5% des Terpentinöls saurer akt. Tonerde. Die Temp. steigt auf 200—215°. Weiches Harz. (**F. P. 999 096** vom 6/11. 1945, ausg. 28/1. 1952.) PANKOW. 7173

Erich Cohnhoff, Saint-Marcellin, Frankreich, *Wässerige kolloidale Lösungen von Kondensationsprodukten aus Phenolen und Aldehyden.* Man führt die Kondensation bis zur wasserlösl. Stufe durch u. fügt alsdann der Reaktionsmischung 1—10% Gerbsäure oder eines natürlichen Gerbstoffes sowie gegebenenfalls Füllmittel, wie Holzmehl u. Farbpigmente bzw. ähnliche Hilfsstoffe, zu. Die Gerbstoffe stabilisieren die wasserlösl. Kondensationsprodd.; die Überführung in die 2. u. 3. Stufe erfolgt durch Temperaturerhöhung bei der anwendungstechn. Verarbeitung. (**E. P. 673 634** vom 31/12. 1947, ausg. 11/6. 1952. F. Prior. 4/11. 1941.) HERBST. 7177

Middlesex Oil & Chemical Works Ltd., West Drayton (Erfinder: **Edward Henry George Sargent**), England, *Wachsartig modifizierte Phenolharze.* Saure Amide der Formel RCONH·R′ (R = Alkylrest mit 8—10 C-Atomen u. R′ = H oder Alkylrest mit 1—4 C-Atomen), z. B. Stearinsäureamid (I), Laurinsäureamid oder N-Monomethylstearinsäureamid, werden mit Kondensaten aus alkylierten Phenolen u. CH_2O (II) unter Erwärmen umgesetzt. — 560 (Teile) I u. 280 Kondensat aus 2 (Mol) II u. 1 p-Butylphenol ergeben nach mehrstd. Erhitzen auf nicht mehr als 170° ein hartes Wachs, F. 92°. (**E. P. 678 019** vom 21/11. 1949, ausg. 20/8. 1952.) MÖLLERING. 7177

Bakelite Ltd., London, England, *Lagerfähige Resolharzpulver* erhält man durch Zusatz von H_3BO_3 (I), indem man z. B. das Harz mit I vermahlt oder eine Lsg. von Harz in A. mit I ausfällt. (**E. P. 680 800** vom 9/9. 1948, ausg. 15/10. 1952.) MÖLLERING. 7177

Gesellschaft für Teerverwertung, Duisburg-Meiderich, *Herstellung von Kunstharzen.* Indol (I) oder Indolfraktionen aus Kohlenteer werden mit Aldehyden, bes. CH_2O (II), in Ggw. von Lösungsmitteln kondensiert. — 500 (kg) Teerölfraktion (Kp. 245 bis 265°) mit ca. 20% I-Geh. werden mit 60 wss. II-Lsg. (33%ig) u. 0,5—2 konz. H_2SO_4 3 Std. bei 100—105° polymerisiert, worauf der Ölanteil abgezogen u. im Vakuum dest, wird, bis 124 Harzrückstand vom F. 97° zurückbleiben. (E. P. **682 862** vom 24/5. 1949, ausg. 19/11. 1952.) MÖLLERING. 7177

Texas Co., New York, übert. von: **Robert J. Agnew**, Pawling, N. Y., V. St. A., *Mischpolymerisate.* Ein Gemisch aus ca. 70 (Teilen) eines ungesätt. Polyesters aus Äthylenglykol u. äquimol. Mengen Maleinsäureanhydrid u. Phthalsäureanhydrid u. ca. 30 Diallylester der 4-Chlor-1.2.3.6-tetrahydrophthalsäure wird in Ggw. von z. B. Acetylperoxyd in 100 Std. bei ca. 80° zu einem als Lackgrundlage geeigneten Harz polymerisiert. (A. P. **2 584 315** vom 20/5. 1948, ausg. 5/2. 1952.) MÖLLERING. 7177

American Cyanamid Co., New York, N. Y., V. St. A., *Herstellung ungesättigter kristalliner Alkydharze.* Äthylenglykol (I) wird mit Fumarsäure (II) bei 150—200° in Abwesenheit von Lösungsmitteln (III) oder bei 90—145° in Ggw. von inertem III umgesetzt. Die Prodd. dienen zum Imprägnieren von Fasermassen, z. B. Filz, auf denen durch Erhitzen das Harz ausgehärtet wird. — 186 I u. 348 II werden 35 Std. auf 160—180° erhitzt. Das Harz mit SZ. 52 kann aus heißem Aceton umkristallisiert werden. (Schwz. P. **284 087** vom 21/11. 1945, ausg. 1/11. 1952. A. Priorr. 22/11., 4/12. u. 15/9. 1945.) MÖLLERING. 7177

Lewis Berger & Sons Ltd., London, England, *Zwischenpolymerisate*, z. B. für die Herst. von *Alkydharzen*, erhält man durch Erhitzen eines Gemisches von (alkyliertem oder chloriertem) Styrol u. ungesätt. Fettsäuren oder deren Estern oder Seifen in Ggw. von 0,5—5% S als Katalysator. — 250 (g) Leinölfettsäurediglycerid, 250 Styrol u. 3,5 S werden 5 Std. auf 215° erwärmt. (Schwz. P. **285 780** vom 27/5. 1949, ausg. 16/1. 1953. E. Prior. 28/5. 1948.) MÖLLERING. 7177

Shell Development Co., San Francisco, übert. von: **Richard R. Whetstone**, Albany, und **Theodore W. Evans**, Oakland, Calif., V. St. A., *Allylester enthaltende Mischpolymerisate.* Allylester von gesätt. Fettsäuren mit 3—6 C-Atomen werden unter Zusatz von (10—25%) Diallylestern von aromat. Dicarbonsäuren in Ggw. von 2% Diamylperoxyd polymerisiert. Geeignet ist z. B. ein Gemisch aus 602 (Teilen) Allylpropionat u. 54 Diallylphthalat oder 45 Diallylmaleat. — Die Harze geben in Gemisch mit Nitrocellulose wetterbeständige Filme u. Überzüge. (A. P. **2 585 359** vom 11/12. 1948, ausg. 12/2. 1952.) MÖLLERING. 7177

Joseph Marian, Saltsjobäden, Schweden, *Hitzehärtbare Harnstoff-Aldehyd-Harze.* In üblicher Weise hergestellte Vorkondensate können bei niedriger Temp. ausgehärtet werden, wenn man zur Härtung ein Syst. zusetzt, das aus einem H_2O_2-Disulfation u. einer durch Hitze zerstörbaren oder einkondensierbaren Verb. besteht, wie NH_4Cl, Hexamethylentetramin oder Guanidin (I). — 100 (Teile) einer Harnstoff–CH_2O-Kondensatlsg. werden mit 1,1 I-Persulfat u. 75 α-Cellulose als Füllmittel vermischt, im Vakuum getrocknet u. in einer Kugelmühle zu einem gut lagerfähigen u. gut preßbaren Kunststoff verarbeitet. — Ferner als Katalysator angegeben ist ein Gemisch aus I-Phosphat u. Diphenyl-I-persulfat. (E. P. **682 677** vom 2/9. 1949, ausg. 12/11. 1952. Schwed. Prior. 6/9. 1948.) MÖLLERING. 7181

Hermann Basler, München (Erfinder: **Hermann Staudinger** und **Reinard Ernst Vogel**, Freiburg/Br.), *Kolloide Lösungen von (Thio-)Harnstoff-Formaldehyd-Kondensaten* erhält man durch eine Nachbehandlung der Kolloidlsg. mit geringen Mengen Dimethyl- oder Diäthylsulfat in Ggw. einer entsprechenden Menge Lauge. Durch Dialyse können die Lsgg. salzfrei gemacht werden. Die Lsgg. eignen sich als Emulgier- oder Textilhilfsmittel u. zur Papierleimung. (D. R. P. **739 451** Kl. 39c vom 2/2. 1938, ausg. 18/5. 1953.) MÖLLERING. 7181

Farbenfabriken Bayer (Erfinder: **Max Coenen** und **Karl Hamann**), Krefeld, *Kondensationsprodukte* erhält man durch Kondensation vom Amiden von Ketosäuren, bes. β-Ketosäuren (I) mit Aldehyden, bes. CH_2O, oder von funktionellen Derivv. von I, die mindestens 2 Ketonsäurereste im Mol. enthalten, mit Polyaminen, in denen mindestens 2 Aminogruppen auf mindestens ein kondensationsfähiges H-Atom treffen. Z. B. wird Acetessigsäurebutylamid oder Äthylen-bis-acetessigsäureamid (II) mit CH_2O oder II mit Tetramethylendiamin bzw. Hexamethylendiamin kondensiert. (D. B. PP. **883 348** Kl. 39c vom 15/2. 1944 u. **883 349** Kl. 39c vom 3/5. 1944, beide ausg. 16/7. 1953.) SCHINDLER. 7181

Badische Anilin- & Soda-Fabrik (Erfinder: **Heinrich Hopff** und **Hanns Ufer**), Ludwigshafen/Rh., *Herstellung von Kondensationsprodukten* aus aliphat. Dihalogenverbb. u. Hydrazin oder dessen Derivv., zweckmäßig unter Zusatz HCl bindender Mittel, dad. gek., daß man Hydrazin u./oder solche Derivv., die an jedem N mindestens ein reaktionsfähiges H besitzen, mit Halogenkohlensäureestern von Glykolen umsetzt. Nach den Beispielen werden 1.4-Butandioldichlorkohlensäureester mit Hydrazinhydrat, Semicarbazid, Phenylhydrazin oder auch im Gemisch mit Diaminen, wie Hexamethylendiamin, p.p'-Diaminodicyclohexylmethan oder -äthan, oder mit Dicarbonsäuredihalogeniden oder mit Disulfohalogeniden usw. umgesetzt. Fadenziehende Kondensationsprodukte. (**D. B. P. 883 650** Kl. 39c vom 21/5. 1942, ausg. 20/7. 1953.) SCHINDLER. 7181

Badische Anilin-& Soda-Fabrik (Erfinder: **Hans Scheuermann**), Ludwigshafen/Rh., *Herstellung von S und N enthaltenden Kondensationsprodukten* aus N-haltigen Verbb. des H_2S u. Aldehyden, dad. gek., daß man Verbb. des H_2S mit NH_3 oder Aminen mit mehreren Aldehyden oder mit einem Gemisch von mindestens einem Aldehyd u. mindestens einem Keton mit aktivierter Methyl- oder Methylengruppe kondensiert. Nach den Beispielen werden NH_4SH, Piperidinsulfid, Monäthanolaminsulfid usw. mit CH_2O, Acetaldehyd u. Crotonaldehyd, CH_2O u. Cyclohexan oder Furfurol usw. kondensiert. Geeignet zur Herst. von Kleb- u. Überzugsmassen, Preßkörpern mit oder ohne Füllstoffe. (**D. B. P. 883 505** Kl. 39c vom 12/5. 1939, ausg. 20/7. 1953.) SCHINDLER. 7181

Süd-West-Chemie G. m. b. H., Neu Ulm/Donau, *Erzeugung farbiger Effekte bei Schichtfolien aus thermoplastischen Kunststoffen.* Zwischen 2 Folien, von denen mindestens eine durchsichtig sein muß, z. B. aus Celluloseacetat, Polyvinylchlorid oder Polystyrol, ist eine gefärbte Folie, z. B. aus Polyvinylacetat, angeordnet. Diese Folie wird bei einer Temp., bei der die Außenfolien prägsam sind u. die Mittelfolie fließt, mit Hilfe von Prägewalzen geprägt, wobei an den geprägten Stellen die gefärbte Mittelfolie verdrängt wird u. in die benachbarten Stellen ausweicht, wodurch hier helle Farbeffekte entstehen. (**D. B. P. 879 527** Kl. 75b vom 30/8. 1951, ausg. 15/6. 1953.) LAASS. 7205

Rheinpreußen Akt.-Ges. für Bergbau und Chemie, Homberg/Ndrh. (Erfinder: **Walter Grimme**, Moers, **Friedrich Josten**, Moers-Utfort, und **Willi Haferkamp**, Oberhausen-Holten), *Herstellung von Spanplatten unter Verwendung von Phenolharzen als Bindemittel*, indem man dem alkal. Phenolharz (I) Füllstoffe von organ. oder anorgan. Natur, wie Kieselgur, Glimmer, MgO, Roggen- oder Walnußschalenmehl, in einer das Verdüsen der Mischung nicht störenden Feinheit u. Menge zusetzt u./oder eine hochviscose verdüsbare I-Lsg. anwendet, deren Viscosität 150° E/20° nicht unterschreitet. Hierdurch wird ein nutzloses Eindringen des **I** in die einzelnen Späne verhindert. Zweckmäßig bringt man vorher auf das Spanmaterial eine leicht hydrolysierbare, farblose Hydroxyde liefernde Metallsalzlsg., wie von $Al_2(SO_4)_3$, $AlCl_3$, $ZnSO_4$, $MgSO_4$, oder bereits gebildetes Hydroxydsol auf. Zwecks schnellerer Härtung ist die I-Lsg. auf einen p_H-Wert unter 7 einzustellen u. dieser Lsg. noch Paraformaldehyd zuzusetzen. (**D. B. P. 863 261** Kl. 39b vom 15/8. 1950, ausg. 15/1. 1953.) GRÄGER. 7205

XII. Kautschuk. Guttapercha. Balata.

Raoul Giorda-Issaly, Isère, Frankreich, *Trocknen von Kautschukmilch.* Man gießt Kautschukmilch oder deren Mischung mit Zusatzstoffen in flache Schalen, die in Druckbehälter gesetzt werden, in denen man überhitzten Wasserdampf bei z. B. 40 kg/cm² 5—30 Min. erzeugt. Nach Entfernen des Dampfes erhält man ein schwammförmiges Koagulat, das zu Platten ausgezogen werden kann. (**F. P. 983 425** vom 19/8. 1943, ausg. 22/6. 1951.) PANKOW. 7223

Johan Hubert Egbert Hessels, Medan, Indonesien, *Verfahren zum Scheiden von Kautschukmilch in Rahmfraktionen mit Kautschukteilchen verschiedener Durchmesser.* Man kombiniert die 4 Faktoren, welche den Effekt der Schleuderung bedingen, wie Einführungsgeschwindigkeit des zu schleudernden Latex, Tourenzahl der Schleuder, Abstand zwischen den Tellern der Schleuder, Entfernung der Ableitungsstelle von der Achse, einige Male derart zu einem Schleudereffekt, daß eine Reihe steigender Effekte dieser Art entsteht, von denen der erste nicht höher ist als ca. 70%, u. die gewonnenen Latices nach einer etwa vorhergehenden Reinigung koaguliert oder konzentriert werden. (**D. B. P. 880 800** Kl. 39a vom 30/6. 1942, ausg. 25/6. 1953.) SCHLITT. 7223

Farbenfabriken Bayer (Erfinder: **Heinrich Rathjen** und **Otto Bayer**), Leverkusen, *Chlorierung von festem Kautschuk oder dessen Umwandlungsprodukten.* Unter Verzicht auf Lösungsmittel behandelt man mit gasförmigem oder fl. Cl_2 solchen Kautschuk, der feste anorgan., nach der Cl-Behandlung in W. lösl. Verbb., wie z. B. Na_2SO_4, NaCl, $NaHCO_3$, enthält. (**D. B. P. 878 704** Kl. 39b vom 31/3. 1951, ausg. 5/6. 1953.) MÖLLERING. 7223

Badische Anilin- & Soda-Fabrik (Erfinder: **Martin Müller-Cunradi †, Rudolf Herbeck** und **Walter Daniel**), Ludwigshafen/Rh., *Künstlichen Kautschuk* erhält man durch

Emulsionspolymerisation von überwiegenden Mengen, z. B. 80 (%) Isopren u. geringen Mengen, z. B. 15 Vinyläthinylalkylcarbinol, bes. Vinyläthylinyldimethylcarbinol, u. z. B. 5 Acrylnitril. (**D. B. P. 863 415** Kl. 39c vom 15/3. 1942, ausg. 5/6. 1953.) MÖLLERING. 7225

Phillips Petroleum Co., Del., übert. von: **Robert G. Boatright** und **John Fetchin**, Borger, Tex., V. St. A., *Verhinderung der Bildung von wilden bzw. geblähten Polymerisaten („Popcorn") an Saatkristallen bei der Polymerisation ungesättigter, besonders gasförmiger Monomerer, wie 1.3-Butadien, Styrol usw., zu kautschukähnlichen Produkten.* Die nach der Reinigung der Polymerisationsanlage noch versteckt zurückgebliebenen Saatkristalle werden durch Durchpumpen von HNO_3, 70% ig, von 4,4— 52° mit 100 lbs./sq.in. inaktiviert. (**A. P. 2 616 935** vom 22/9. 1947, ausg. 4/11. 1952.) MÖLLERING. 7225

Farbenfabriken Bayer, Leverkusen (Erfinder: **Erich Konrad, Guido Fromandi**, Leverkusen, und **Kurt Oettner**, Düsseldorf), *Fahr- oder Flugzeugbereifungen.* Als solche eignen sich durch Emulsionspolymerisation von Butadien-KW-stoffen mit aktivierten Vinylverbb. unter Ausschluß von Salzen von höhermol. Fettsäuren u. unter Zusatz von Polymerisationsreglern auf einen DEFO-Wert von 3500—1000 eingeregelte Polymerisate. (**D. B. P. 878 706** Kl. 39b vom 29/2. 1944, ausg. 5/6. 1953.) MÖLLERING. 7225

Farbenfabriken Bayer, Leverkusen (Erfinder: **Alfred Rohm**, Köln-Deutz), *Verbesserte Kerbzähigkeit von vulkanisiertem Kunstkautschuk* aus Vinylverbb. erhält man bei Zusatz von anorgan. hydratisierten Kolloiden, z. B. einem 5% ig. wss. SiO_2-Sol, zur Emulsion der monomeren Verbindungen. (**D. B. P. 878 705** Kl. 39b vom 4/6. 1941, ausg. 5/6. 1953.) MÖLLERING. 7225

Farbenfabriken Bayer, Leverkusen (Erfinder: **Hans Murke** †, Leverkusen, und **Reinhard Meyer**, Schkopau), *Stabilisieren von kautschukähnlichen Butadienpolymerisaten.* Man setzt vor der Lagerung u. Vulkanisation alkylierte Phenole zu, die mindestens 1 Alkylgruppe mit $>$ 5 C-Atomen enthalten, z. B. mit Hexyl- bis Dodecyl- oder Cyclohexylresten substituierte Phenole. (**D. B. P. 878 710** Kl. 39b vom 22/7. 1943, ausg. 5/6. 1953.) MÖLLERING. 7227

United States Rubber Co., New York, N. Y., übert. von: **Byron A. Hunter**, Oxford, Conn., V. St. A., *Rißschutzmittel* gegen Licht- u. Lufteinw. für Kautschuk, bestehend aus einem Monooxalat eines N.N'-Di-sek.-alkylphenylendiamins, z. B. dem Monooxalat von N.N'-Di-sek.-butyl-p-phenylendiamin. (**A. P. 2 605 250** vom 18/1. 1949, ausg. 29/7. 1952. **E. P. 659 560** vom 27/10. 1949, ausg. 24/10. 1951. A. Prior. 18/1. 1949.) OVERBECK. 7227

E. I. du Pont de Nemours & Co., Wilmington, Del. (Erfinder: **Maynard Foster Torrence**, Woodstown, N. J., und **John Joseph Verbanc**, Wilmington, Del.), V. St. A., *Plastifizieren von Kautschuk.* Man setzt 0,003—0,5 (%) aromat. Mercaptane oder Mercaptide 2wertiger Schwermetalle u. 0,0004—0,05 eines neutralen Ni-Dithiocarbamats oder aliphat. Ni-Xanthogenats zu. — 8 Tabellen über WILLIAMS-Plastizitäts-Elastizitätsmessungen mit verschied. Mengen u. Arten der Zusätze, wie z. B. Xylylmercaptan u. Ni-Dibutyldithiocarbamat. (**D. B. P. 878 707** Kl. 39b vom 1/12. 1950, ausg. 5/6. 1953. A. Prior. 3/12. 1949.) MÖLLERING. 7227

Abraham Nathan Spanel, New York, N. Y., V. St. A., *Herstellen tafelförmiger Gegenstände aus Kautschukmilch.* Eine schneidbare Metallfolie wird durch ein Latexband hindurchgeführt, worauf der auf einer oder auf beiden Seiten abgelagerte Überzug (I) auf der Folie getrocknet, vulkanisiert, die Folie zusammen mit I auf derselben in die Form des gewünschten Gegenstandes, z. B. Fäden oder Litzen, zerschnitten u. I von der Folie abgestreift wird. Auf die Metallfolie wird eine Säure oder ein Alkali aufgebracht, um den später aufgetragenen Latex zu koagulieren. — 16 Abbildungen. (**D. B. P. 880 801** Kl. 39a vom 17/5. 1938, ausg. 25/6. 1953.) SCHLITT. 7231

Hermann Mayer, Hannover, *Hochelastische Kautschukkörper* erhält man durch Bespritzen einer alkal. Kieselsäuregallerte mit Kautschuklösung oder durch Einfüllen oder -pressen der Gallerte in einen Hohlkörper. (**D. B. P. 878 708** Kl. 39b vom 24/10. 1944, ausg. 5/6. 1953.) MÖLLERING. 7231

XV. Gärungsindustrie.

George B. Beattie, *Englische Flaschenwaschmethoden, Maschinen und Kontrollsysteme.* Überblick. — Zahlreiche Abbildungen. 68 Literaturhinweise. (Wallerstein Lab. Commun. **15**. 225—59. Sept. 1952.) HAEVECKER. 7500

John White und **D. J. Munns**, *Quantitative Untersuchungen über die Wichtigkeit der Nährstoffe in der Hefeproduktion.* Vff. untersuchten die Hefeausbeute bei Darreichung verschied. Nährsubstrate mit Dextrose bzw. Rohrzucker- u. Rübenmelassen verschied.

Qualität. Es konnte gezeigt werden, daß trotz ausreichender Versorgung mit Zucker Hefen schlechter Ausbeuten oder mangelhafter Eigg. bei Fehlen von Nährstoffen neben dem Zucker erhalten wurden. (Amer. Brewer **86**. Nr. 5. 29—32. Mai 1953. Birmingham.) HAEVECKER. 7506

John White und **D. J. Munns,** *Der Einfluß der Belüftung und anderer Faktoren auf das Hefewachstum und die Gärung.* Das Hefewachstum erfordert als Grundbedingung das Vorhandensein aller notwendigen Nährstoffe. Vff. entwickeln Formeln zur mathemat. Behandlung der mit dem Hefewachstum zusammenhängenden Nährstoffaktoren. Die Funktionen der Belüftung sind Versorgung mit O_2, Haltung der Hefe in dauernder idealer Suspension u. Entfernung gebildeter CO_2 aus der Würze. Die Hefeausbeute steigt kontinuierlich mit steigender Belüftung. Daher steigt auch der Zuckerbedarf bei stärkerer Belüftung bis zu dem Punkt, wo das Hefewachstum sein Maximum erreicht hat. (Wallerstein Lab. Commun. **14**. 199—221. Sept. 1951. Birmingham.) HAEVECKER. 7506

R. S. W. Thorne, *Das Problem der Flockung in Brauereihefen.* Vf. bespricht den Mechanismus der Flockung als einer angeborenen Eig. der Hefe, die Genetik der Flokkung in Hefen, die Beziehung zwischen der Hybridentype u. den Elterntypen, die Instabilität der Flockungscharakteristika, die Graduierung der Flockungseigg. durch Mutation. (Wallerstein Lab. Commun. **15**. 201—11. Sept. 1952. Kopenhagen, Alfred Jørgensen Labor. of Fermentology.) HAEVECKER. 7506

Philip P. Gray, *Einige praktische Gärungsprobleme im Licht neuerer Hefeforschungen.* Fortschrittsbericht über Reinzucht u. chromatograph. Methoden. — 11 Literaturhinweise. (Wallerstein Lab. Commun. **14**. 185—97. Sept. 1951. Wallerstein Labor.) HAEVECKER. 7510

D. E. Bullis und **D. D. Hill,** *Qualitative Bewertung der Hopfenernte 1949.* Bericht über Unterss. (Best. von Feuchtigkeit, α-Harz u. β-Harz, sowie der physikal. Eigg.) an Hopfenproben amerikan. Provenienz. (Wallerstein Lab. Commun. **14**. 223—32. Sept. 1951. Oregon Agricultural Experiment Station.) HAEVECKER. 7540

Winkler und **Grünewald,** *Erste Mälzungsergebnisse von Gersten der Ernte 1953.* (Vgl. C. **1953**. 8733.) (Brauerei **7**. 395. 24/9. 1953.) WINIKER. 7540

Peter J. Dax, *Die Technologie des Mälzens.* Allg. Ausführungen. (Wallerstein Lab. Commun. **15**. 5—19. März 1952. Montreal, Canada Malting Co., Ltd.) HAEVECKER. 7544

M. Clausen, *Isolierung und Reinzüchtung biertrübender Kokken.* Aus Anstellhefen, Bottichbieren, Tank- u. Faßbieren, Flaschenbier, Anstellwürzen, W., Luft u. leeren Flaschen wurden biertrübende Kokken isoliert. Folgende Nährsubstrate haben sich zum Isolieren u. Züchten biertrübender Kokken geeignet: Hefewasser, Nährbouillon, ungehopfte Würze, Hefewasseragar, Nähragar, ungehopfter Würzeagar sowie Hefewassergelatine, Nährgelatine u. ungehopfte Würzegelatine. (Schweiz. Brauerei-Rdsch. **64**. 68—69. Mai 1953. Salmenbräu, Rheinfelden.) HAEVECKER. 7544

Kurt Becker, *Schwache Punkte in den biologischen Schutzmaßnahmen der Brauerei.* Zusammenfassende Mitteilung über die Infektionsmöglichkeiten mit wilden Hefen u. Schimmel u. die entsprechenden biol. Prüfungsmethoden. (Brewers Digest **28**. Nr. 3. 47—49. März 1953. Chicago, Ill., J. E. Siebel Sons' Co.) HAEVECKER. 7544

R. C. Brostedt, *Brauereiinstrumente.* Beschrieben werden mit Abb. Temperaturschreiber, Manometer, Flüssigkeitsmesser, Luftkontrollgeräte. (Wallerstein Lab. Commun. **15**. 45—60. März 1952.) HAEVECKER. 7544

Torkil Schmith, *Über den Einfluß von Kolloiden auf die Stabilität übersättigter Kohlendioxydlösungen mit besonderer Berücksichtigung von überschäumendem Bier.* Inhaltlich ident. mit der C. **1952**. 7751 referierten Arbeit. (Brygmesteren **9**. 179—97. Juli 1952.) HENTSCHEL. 7550

Roy E. Morse und **Henry V. Moss,** *Schaumzerstörende Mittel.* Der bei Gärungsprozessen auftretende Schaum kann durch geeignete Mittel zerstört werden. Zur Prüfung der Wrkg. solcher schaumzerstörender Stoffe (I) beschreiben Vff. einen App., in dem mittels Luft in einer bestimmten Gär-Fl. aus Melasse u. Hefe Schaum erzeugt wird, der in einem Zylinder hochsteigt. Die Zeit bis zur Füllung des Zylinders mit Schaum wird registriert. Zusatz von I zur Gär-Fl. erhöht diese Zeit mehr oder weniger. Dauer der Beobachtung 20 Stunden. Die besten I weisen ein Zeitmaximum auf. Geprüft werden I, die durch Kondensation von Tallöl (II) u. Äthylenoxyd (III) in Molverhältnissen 1 : 1 bis 1 : 12 bestehen, u. II. Die mit Molverhältnissen von 1 : 1 bis 1 : 5 hergestellten Prodd. haben die beste Wrkg.; auch andere I werden nach diesem Verf. geprüft, wobei Tetradecanol als Bezugssubstanz gilt. Als einfache Vorprüfung kann das Verh. von I gegen W. bereits Auskunft geben. Von in W. leichtlösl. I ist keine schaumzerstörende Kraft zu erwarten, bildet I einen Film auf W., so ist die Wrkg. gut u. wird noch gesteigert, wenn mit W. eine leichte Dispersion erzielt wird. Anschließendes Filtrieren der Hefesuspension gibt Aufschluß über etwaige tox. Eigg. der geprüften I. Die I–II-Kondensationsprodd. sind weder tox., noch geben sie Geruchsabweichungen. (Ind. Engng. Chem. **44**. 346—48. Febr. 1952. Anniston, Ala., Monsanto Chem. Co. Food Techn. Labor.) GRAU. 7590

Dan O. McClary, Norberto J. Palleroni und **Carl C. Lindegren,** *Ein billiges Fermentometer.* Beschreibung eines Fermentometers, bestehend aus einem kleinen Gärgefäß mit anschließender kalibrierter U-förmiger Bürette (WARBURG-Manometer). Die Resultate haben eine Genauigkeit bis zu 5%. (Wallerstein Lab. Commun. **15**. 219—24. Sept. 1952. Carbondale, Ill., Southern Illinois Univ.) HAEVECKER. 7598

Philip P. Gray, *Einige Fortschritte in der mikrobiologischen Kontrolle der Bierqualität.* Erläuterungen der Meth. zur Auszählung der Mikrobakterien im Bier durch sukzesive Verdünnung. (Wallerstein Lab. Commun. **14**. 169—84. Sept. 1951. Wallerstein Labors.) tories.) HAEVECKER. 7600

Erik Johan von Heidenstam, Stockholm, und **Herman Fredrik Vilhelm Bödcher,** Angby, Schweden, *Mälzereiverfahren.* Das Getreide wird auf das eine Ende einer perforierten, durch Zwischenwände in mehrere Abschnitte geteilten Bodenfläche ausgeweicht u. schubweise, aber zeitweise aussetzend im Laufe der Wachstumsperiode auf das gegenüberliegende Ende der Bodenfläche gebracht, wobei es partienweise bei einem bestimmten Entwicklungsstadium mit in bezug auf Temp. u. Wassergehalt eingestellter Luft behandelt wird. Vorrichtung. (E. P. **641 650** vom 6/3. 1947, ausg. 16/8. 1950. A. Prior. 6/3. 1946.) KETTNER. 7541

Robert Boby Ltd., Bury St. Edmunds, Suffolk, **Arthur Guinness Son & Co. Ltd.,** London, und **Frederick Charles Stewart,** Glasgow, England, *Mälzereiverfahren.* Das Weichen, Keimen u. Darren des Getreides bzw. Grünmalzes wird in einer Trommel vorgenommen, die ein zwischen zwei Unterteilungen sich erstreckendes, perforiertes Tragblech, eine Luftein- u. eine -austrittsöffnung u. einen Wasserein- u. -auslauf sowie eine Lufttemperier- u. -befeuchtungsvorrichtung u. einen Lufterhitzer aufweist. Die beiden letzteren sind in einem Luftkreislaufsystem angeordnet, das mit der Luftein- u. -austrittsöffnung in Verb. steht. (E. P. **648 711** vom 13/1. 1949, ausg. 10/1. 1951.) KETTNER. 7541

Aktiebolaget Separator, Stockholm, Schweden, *Klären von Bier durch Zentrifugieren.* Zur Ausscheidung der Kältetrübungsstoffe wird das Bier zuerst unter 2° abgekühlt u. dann durch eine Zentrifuge geführt, deren Trommel entweder mit einer Kühlvorr. versehen ist oder sich in einem abgeschlossenen, unter Vakuum stehenden Gefäß oder Raum befindet, um eine Erwärmung des Bieres u. eine damit verbundene, merkliche Wiederauflsg. der ausgeschiedenen Verunreinigungen zu verhindern. (E. P. **647 786** vom 12/11. 1947, ausg. 20/12. 1950. Schwed. Priorr. 28/11. 1946 u. 7/3. 1947.) KETTNER. 7551

Soc. Alfa-Laval, Paris, Frankreich, und **Soc. Belge Alfa-Laval,** Brüssel, Belgien, *Reifen von Bier.* Das Bier wird in einem Plattenapp. auf 15° erwärmt, in einer Zentrifuge mit O_2 oder O_3 oder beide enthaltender Luft behandelt u. dann durch Zentrifugieren geklärt u. entgast. Das so vorbehandelte Bier wird anschließend im Plattenkühler abgekühlt, gegebenenfalls aufgekräust u. durch Behandeln mit komprimiertem CO_2 wieder geklärt. (E. P. **648 311** vom 30/6. 1947, ausg. 3/1. 1951. Belg. Prior. 4/7. 1946.) KETTNER. 7551

XVI. Nahrungs-, Genuß- und Futtermittel.

E. S. Sellers, *Reinigen und Klassieren bei Nahrungsmitteln.* Technolog. Darlegungen über Siebe u. Separatoren. (Food **22**. 228—32. Juni 1953. Cambridge, Univ., Dep. of Chemical Engineering.) FRESENIUS. 7630

—, *Neues keimtötendes Mittel für Konservenfabriken.* Bericht über *Movidyn,* ein Mittel zur Wassersterilisation auf Basis von koll. Silber. Es soll zur Keimfreimachung von Oberflächen von Glas- oder Metallbehältern dienen. (Canner **116**. Nr. 18. 39—41. 44. 4/5. 1953.) FRESENIUS. 7634

B. Drews und **H. Specht,** *Myceleiweißgewinnung durch Züchtung von Oospora lactis in Melasseschlempe.* Bei der Myceleiweißgewinnung durch Züchtung von *Oospora lactis* in Melasseschlempe (I) erhält man im submersen Schüttelverf. 9 g Atro-Mycel/ Liter I in 48 Std., im submersen Belüftungsverf. in der App. nach FINK 9 g Atro-Mycel/ Liter I in 18 Std. u. bei Anwendung eines Laboratoriumsfermentators unter Rühren u.

Belüften 11 g Atro-Mycel/Liter I in 18 Std. (40 Liter Luft/Std., 420 Umdrehungen [Min.]). Auf 100 cm^3 I werden 0,13% $(NH_4)_2SO_4$ u. 0,2% Superphosphat zugesetzt; Temp. 28—29°; p_H bei Züchtungsbeginn 5,0—5,3. Züchtung von *O. fragrans*, eine *O. lactis*-Abart, ergab unter gleichen Bedingungen im Fermentor nur 5,37 g Atro-Mycel/Liter I, wobei eine charakterist. Aromabldg. auftrat. Die red. Substanz der Nährlsg. wurde von beiden *O.*-Arten schlecht verwertet. (Branntweinwirtschaft **74**. 445—48. 25/12. 1952. Berlin, Inst. f. Gärungsgewerbe.) K. MAIER. 7646

E. Timm, *Die Qualität der Brotgetreideernte 1952.* Analysendaten von Weizen- u. Roggenproben aus Nord- u. Süddeutschland. (Müllerei **5**. 699—700. 1/11. 1952. Berlin, Versuchsanst. für Getreideverwertung.) WINIKER. 7664

E. Timm, *Die Qualität der Brotgetreideernte 1952.* Zusammenfassender Bericht über die deutsche Weizen- u. Roggenernte 1952. (Mühle **89**. 716—17. 13/11. 1952. Berlin, Versuchsanst. für Getreideverwertung.) WINIKER. 7664

Erika Timm, *Die Qualität der Brotgetreideernte 1953.* Analysenergebnisse von Weizen- u. Roggenproben deutscher Provenienz. (Müllerei **6**. 565—66. 12/9. 578—79. 19/9. 613. 10/10. 1953.) WINIKER. 7664

James W. Pence, Ali Mohammad und **Dale K. Mecham**, *Hitzedenaturierung von Kleber.* Die Hitzedenaturierung von *Kleber* bei 80 u. 90° ist geringfügig bei niedrigem Wassergeh. u. steigt schnell bis zu einem Maximum bei 35—40% Feuchtigkeitsgehalt. Die Denaturierung von Feuchtkleber ist bis p_H 4,0 niedrig u. verläuft oberhalb p_H 4,0 sehr schnell. Die unterhalb 4,0 eintretenden Kleberschädigungen können nicht auf die Hitzeeinw. zurückgeführt werden. Die Salzkonz. wirkt nur bei niedrigem p_H fördernd auf die Kleberschädigung. Die Denaturierung von *Gliadinpräpp.* ist wesentlich geringer als die des gesamten Kleberkomplexes. (Cereal Chem. **30**. 115—26. März 1953. Albany, Calif., Western Regional Research Labor.) HAEVECKER. 7674

H. J. Peppler und **F. J. Rudert**, *Vergleichende Bewertung einiger Methoden zur Bestimmung der Qualität von aktiven Trockenhefen.* Durch Methylenblaufärbung u. Agarplattenkulturen können die Unterschiede von akt. Trockenhefen (I) bzgl. ihrer Backfähigkeit nicht bestimmt gemacht werden. Temp. u. Wiederbelebungszeit von I beeinflussen den lebenden Zellverband in gleicher Weise wie die Bedingungen bei der Brotgärung. Anfeuchten von I bei verhältnismäßig niedrigen Tempp. (4—15° C) ergibt nur kurzlebige Zellen und schlechte Backresultate. In W. von 54° suspendierte I wiesen viele ungefärbte Zellen (89%) auf u. hatten nur etwa 60% der üblichen Hefeaktivität. Anfeuchten von I bei mittleren Tempp. (37—43°) mit folgender mäßiger Kühlung ergab bessere Erhaltung ihrer Aktivität. (Cereal Chem. **30**. 146—52. März 1953. Milwaukee, Wisc., Red Star Yeast and Products Co., Res. Labor.) HAEVECKER. 7674

A. Rotsch, *Neue Untersuchungen über die Wirkung von phosphorsauren Kalksalzen, insbesondere saurem Calciumpyrophosphat auf die Backfähigkeit.* Die backtechn. Wirkg. von Ca-Monophosphat u. -Pyrophosphat ist bei verschied. Mehlen nicht immer gleich groß, da der gärfördernde Effekt des Phosphorsäureesters nur dann in Erscheinung tritt, wenn das Mehl eine genügend hohe diastat. Aktivität besitzt; auch die Säurewrkg. des Phosphoresters ist besonders in Roggenteigen von Bedeutung. (Getreide, Mehl Brot **4**. 244—45. Nov. 1950. Detmold, Zentralanst. für Getreideverarbeitung.) HAEVECKER. 7674

E. Beccard, *Die Bedeutung der Feuchtigkeitskontrolle bei der Brotherstellung.* Vf. bespricht die Best. der optimalen Teigausbeute u. deren Einhaltung in der Praxis. (Getreide, Mehl Brot **4**. 233—34. Nov. 1950.) HAEVECKER. 7674

A. Stoy, *Beitrag zur Herstellung und Verwendung von Trennemulsionen.* Die Güte einer Trennemulsion ist durch die Menge des Fettes, die Art des Emulgators u. die Art der Homogenisierung bedingt. Die Beständigkeit hängt von der Teilchengröße u. dem Emulsionstyp, die Haltbarkeit vom Alter des Emulgators u. vom Zusatz an Konservierungsmitteln ab. Der Verbrauch steht mit der Viscosität in engem Zusammenhang. Mittlere Viscosität u. kleine Teilchengröße sind Kennzeichen einer guten Emulsion. (Getreide, Mehl Brot **4**. 241—44. Nov. 1950. Detmold, Zentralanst. für Getreideverarbeitung.) HAEVECKER. 7674

G. L. Bertram, *Untersuchungen über die Krustenfarbe.* 1. Mitt. *Die Wichtigkeit der Bräunungsreaktion bei der Bestimmung der Krustenfarbe von Brot.* Die graue Krustenfarbe von Gebäcken gewisser holländ. Weizenmehle ist nicht auf mangelnde Caramelisierung der Zucker in der Kruste zurückzuführen, sondern vielmehr auf Rkk. vom MAILLARD-Typ, d. h. Rkk. zwischen red. Zuckern u. Proteinen oder ihren hydrolyt. Produkten. Zugabe von Trockeneiweiß zu grau backenden Mehlen verbesserte die Krustenfarbe. Die Zugabe von Trockeneiweiß u. gewissen Aminosäuren u. reduzierenden

Zuckern zu Weizenstärke ergaben einen gleichen Effekt auf die Krustenfarbe. Zur Entw. der Krustenfarbe ist ein Dampfstoß bei Backbeginn erforderlich. (Cereal Chem. **30**. 127—39. März 1953. Wageningen, Holland, Zentralinst. für Ernährungsforsch.) HAEVECKER. 7674

W. G. Bechtel, D. F. Meisner und **W. B. Bradley,** *Die Wirkung der Kruste auf das Altbackenwerden von Brot.* Krustenlose Brote halten den ursprünglichen Feuchtigkeitsgeh., während im n. Brot eine Abwanderung der Feuchtigkeit von der Krume zur Kruste stattfindet, die für das Altbackenwerden verantwortlich ist. Demnach werden krustenlose Brote auch nicht altbacken. (Cereal Chem. **30**. 160—68. März 1953.) HAEVECKER. 7674

G. S. Siddappa, B. S. Bhatia und **Girdhari Lal,** *Eindosen von Röstbohnen und anderen indischen Hülsenfrüchten mit Tomatensauce.* Beschreibung eines Verf. zum Rösten u. Eindosen von Dolichos lablab u. anderen **ind.** Hülsenfrüchten. (Bull. centr. Food technol. Res. Inst., Mysore **2**. 10—13. Sept./Okt. 1952. Mysore, Central Food Technol. Res. Inst.) FRESENIUS. 7684

G. S. Siddappa und **B. S. Bhatia,** *Der Nährwert der Banegara-Frucht (Randia dumetorum Lam).* Das innere Mark, in dem die Kerne liegen, enthält 5,5% Zucker, davon über die Hälfte reduzierende Zucker. Die gekochte Frucht kann als Gemüse gegessen werden, nachdem die Gerbstoffe durch Kochen oder mittels Salzlsg. entfernt wurden. (Bull. centr. Food technol. Res. Inst., Mysore **2**. 16. Sept./Okt. 1952. Mysore, Central Food Technol. Res. Inst.) FRESENIUS. 7688

K. Kirpal Singh und **P. B. Mathur,** *Das Reifen von Mangofrüchten unter Temperaturkontrolle.* Es erwies sich als vorteilhaft, Mangofrüchte bei 67—70° F statt wie üblich bei Zimmertemp. nachreifen zu lassen (Erhöhung der Qualität, geringerer Vitamin-C-Verlust). (Bull. centr. Food technol. Res. Inst., Mysore **2**. 14—16. Sept./Okt. 1952. Mysore, Central Food Technol. Res. Inst.) FRESENIUS. 7688

Julius Koch, *Über sinnesphysiologische Veränderungen von Erdbeeren nach der industriellen Verarbeitung zu Konserven.* Licht wirkt auf die Aufgußlsg. stärker entfärbend als auf die Früchte. Das Aroma hält sich bei Aufbewahrung im diffusen Licht besser als im Dunkeln. (Ind. Obst- u. Gemüseverwert. **38**. 138—40. 7/5. 1953. Geisenheim/Rh., Lehr- u. Forschungsanstalt für Wein-, Obst- u. Gartenbau, Inst. für Obst- u. Gemüseverwertung.) FRESENIUS. 7688

—, *Die Sauerkrautherstellung in USA.* Überblick über Herstellungsverff. u. Qualitätsanforderungen. (Ind. Obst- u. Gemüseverwert. **38**. 110—13. 9/4. 1953.) WINIKER. 7690

A. Schaller, *Zum Blanchieren von Spinat in Tiefkühlbetrieben.* Allg. Ausführungen. — 18 Literaturhinweise. (Ind. Obst- u. Gemüseverwert. **38**. 325—26. 3/9. 1953. Wien.) WINIKER. 7690

Walter Fuhrmann, *Erbsenverarbeitung in den Vereinigten Staaten von Nordamerika.* (Ind. Obst- u. Gemüseverwert. **38**. 363—68. 9/10. 1953. Braunschweig.) WINIKER. 7690

R. Heiss, *Entwicklungsstand der Herstellung von Fruchtsaftkonzentraten.* Überblick. — 22 Literaturhinweise. (Ind. Obst- u. Gemüseverwert. **38**. 374—79. 9/10. 1953. München, Inst. für Lebensmitteltechnol. u. Verpackung.) WINIKER. 7706

Fr. Hall, *Infektionsgefahren bei kaltsterilen Flaschenfüllungen.* Allg. Ausführungen unter besonderer Berücksichtigung des Süßmostgewerbes. (Ind. Obst- u. Gemüseverwert. **38**. 113—14. 9/4. 1953. Schwäbisch-Gmünd, Schenk-Filterbau G. m. b. H.) WINIKER. 7706

J. Pritzker und **H. Forster,** *Über Infra-Roast, ein neues Kaffeeröstverfahren.* Bericht über günstige Erfahrungen mit einem auf der Anwendung von Infrarotstrahlen beruhenden Röstverfahren. (Chem. Rdsch. [Solothurn] **6**. 289—90. 1/9. 1953. Bern u. Zürich.) WINIKER. 7720

K. Schmid, *Versuchsergebnisse über den Anbau von Tabak unter künstlicher Beschattung für Deckblatterzeugung.* Die Beschattung, bes. in geschlossenn Zelten, führt zu einer erheblichen Verfeinerung der Blätter, mithin zu einer beträchtlichen Steigerung des Deckblattanteils, ferner wird ein fahler Farbton u. ein nicht süßliches Zigarrentabakaroma erzielt. Die Blatterträge als solche sind allerdings geringer als im Freiland. Bei sehr trockener Witterung sind Beschattung u. Feldberegnung zu kombinieren. Die chem. Zus. des Tabaks wird durch Beschattung u. Beregnung stark beeinflußt. So nahm der N-Geh. etwas zu, der Nicotingeh. dagegen ab. Der Rohfettgeh. war bei Beschattung im Durchschnitt niedriger als im Freiland; Kali- u. Kalkgeh. waren leicht erhöht. (Tabak-Forsch. **1953**. 5—12. Sonderh. Juli.) WINIKER. 7734

Erich Wegner, *Zur Kenntnis der Leitalkaloide fermentierter Tabake.* Je nach der Art des Leitalkaloids lassen sich 2 Gruppen von Tabaken unterscheiden, nämlich die der

Nicotin (I)- u. die der Nornicotin (II)-Gruppe, wobei letztere die I-armen Tabake umfaßt. Sorten vom I-Typ können II, solche vom II-Typ I als Begleitalkaloid enthalten. Anbaubedingungen, die eine wesentliche Verminderung des Alkaloidgeh. bedingten, führten bei den untersuchten Sorten (Virginia u. Havanna IIc; I-Typ) keine Änderung der Art des Leitalkaloids herbei. (Tabak-Forsch. **1953**. 20—22. Sonderh. Juli.) WINIKER. 7734

Luciano Tombesi und **Mario Giovannozzi,** *Untersuchungen über die Physiologie und Biochemie von Nicotiana tabacum var. Virginia bright.* 3. Mitt. *Über die enzymatische Aktivität während der Trocknung durch indirekte Erhitzung.* (1. u. 2. vgl. C. **1951**. II. 3105.) Es wurde festgestellt, daß ein erhöhter Geh. an Oxydasen u. Katalasen im Blattgewebe bei der künstlichen Trocknung leicht zum Grünbleiben führt. Bei höherem Geh. an reduzierbaren Verbb. vom Typ der Ascorbinsäure hingegen wird eine gute Gelbfärbung erzielt. (Tabacco **56**. 53—61. Febr. 1952.) GRIMME. 7734

R. Wahl, *Über das Vorkommen von Metanicotin in natürlich nicotinfreien Tabaksorten.* Beim Einengen der Pikratfiltrate des Nornicotins von nicotinfreien Tabaken zeigte sich zunächst eine koll. Trübung, die sich nach Wochen zu kleinen warzenartigen Kristallrosetten verdichtete; F. 162—163° (ident. mit dem F. des Pikrats des Metanicotins). Benzoylierung nach SCHOTTEN-BAUMANN lieferte ein hellbraunes, in W. schwer lösl. Öl; F. des Pikrats 126—128° (ident. mit dem F. des Pikrats der Benzoylverb. des Metanicotins). (Tabak-Forsch. **1953**. 36. Sonderh. Juli.) WINIKER. 7734

Koenig, *Von Natur nicotinfreie und nicotinarme Tabake als einfachste Mittel zur Gewinnung milder Tabakfabrikate.* Allg. Ausführungen. — 23 Literaturhinweise. (Tabak-Forsch. **1953**. 12—15. Sonderh. Juli.) WINIKER 7734

W. Dörr, *Beitrag über die Kohlensäureabspaltung und die Veränderungen stickstoffhaltiger Substanzen bei der Fermentation.* Es wurde festgestellt, daß während der Fermentation des Tabaks (I) bei 35° u. 21% Wassergeh. in Stickstoff (II)-Atmosphäre ebensoviel CO_2 entsteht wie in Ggw. von O_2, so daß also die entstandene Menge CO_2 nicht von der Sauerstoffaufnahme des I abhängig ist. Bei dichter Pressung sowie bei Zugabe von Antisepticis wie Toluol u. Chlf. nimmt die CO_2-Bldg. erheblich ab. Die Verminderung des Zuckergeh. während der Fermentation hängt mit der Feuchtigkeit des I sowie der Höhe u. Dauer der Erwärmung zusammen u. steht in Beziehung zum Unlöslichwerden der II-Verbindungen. Bei Zigarren-I können im Verlauf der Fermentation erhebliche II-Verluste eintreten u. kann der Nitrat-II zum Verschwinden gebracht werden, gleichzeitig findet eine Vermehrung des Eiweiß-II statt. Fermentation im Klimaschrank führt zur Versäuerung des I. Zur Feststellung der Veränderlichkeit der II-Verbb. im Verlauf der Fermentation wurden mehrere I-Sorten vor u. nach der Fermentation mit verschied. Lösungsmitteln extrahiert. Tabellar. Zusammenfassung der Ergebnisse dieser Extraktionsverss. u. Diskussion derselben. (Tabak-Forsch. **1953**. 37—42. Sonderh. Juli.) WINIKER. 7734

Josef Schmidt, *Die Tabakfermentation vom Standpunkt mikrobiologischer Forscher.* Allg. Ausführungen. — 10 Literaturhinweise. (Tabak-Forsch. **1953**. 42—45. Sonderh. Juli.) WINIKER. 7734

David Le Roi, *Schnellgefriertrocknung der Milch.* Die Bedeutung des Verfahrens wird besprochen. (Milk Ind. **33**. Nr. 12. 50—55. Juni 1953.) FRESENIUS. 7756

J. A. Pearce, Dyson Rose und **H. Tessier,** *Prüfung der kontinuierlichen Fritz-Buttermaschine auf ihre Einsatzmöglichkeit in Canada.* Da nach dem FRITZ-Verf. hergestellte Butter etwa 20% W. u. kein NaCl enthält, kann dieses Verf, in Canada, wo maximal 16% W. verlangt werden u. ungesalzene Butter nicht gefragt ist, nicht zur Einführung empfohlen werden, da auch verschied. Modifikationen der Herst. u. nachträglichen Salzung nicht die gewünschten Erfolge brachten. (Canad. J. Technol. **30**. 167—77. Juli/Aug. 1952. Ottawa, Defence Res. Board.) KRUSEN. 7758

W. Summer, *Verpackung und Ranzigkeit.* Die geschmackliche Schädigung von Fetten, z. B. Butter, erfolgt durch Absorption kurzwelliger Strahlen. Aufbewahrung soll daher im Dunkeln erfolgen. Das Verpackungsmaterial soll für blaue, violette u. ultraviolette Strahlung undurchlässig sein. Glas als Verpackung soll entsprechend eingewickelt oder gefärbt sein. Milchflaschen sollen undurchlässig für die genannten Strahlen sowie für Blaugrün sein u. Infrarot reflektieren. (Food **22**. 253—54. Juni 1953.) FRESENIUS. 7758

—, *Landkäse (Cottage Cheese).* Die in Queensland übliche Herstellungsart u. die häufig auftretenden Käsefehler werden besprochen. (Queensland agric. J. **76**. 38—40. Jan. 1953.) FRESENIUS. 7760

W. Kranz, *Die Futtermittelherstellung nach dem neuesten Stand der Patentliteratur.* (Müllerei **6**. 99. 102. 14/2. 131. 28/2. 421—23. 11/7. 501—06. 15/8. 558—60. 12/9. 1953.) WINIKER. 7780

Cecil Gordon Dunn, *Futterhefe.* Zusammenfassende Darst. über Produktion, Zus., Nährwert u. Verwendung von Futterhefe. — 213 Literaturhinweise. (Wallerstein Lab. Commun. **15.** 61—81. März 1952. Cambridge, Massachusetts Inst. of Technology.) HAEVECKER. 7786

G. Barile, A. M. Stein und **E. Pascucci,** *Die Papierchromatographie auf dem Gebiete der Warenkunde.* Behandelt wird die papierchromatograph. Best. von synthet. organ. Farbstoffen in Lebensmitteln. (Ind. ital. Conserve **27.** 152—54. Sept./Dez. 1952. Rom. Laboratorio Chimico Centrale delle Dogane.) GRIMME. 7788

Karl F. Finney und **William T. Yamazaki,** *Ein alkalischer Viscositätstest für Weichweizenmehle.* Vff. beschreiben eine Viscositätsunters. mit $NaHCO_3$ an Stelle von Milchsäure. Die alkal. Viscositätswerte stehen zum Durchmesser von Keksen in besserer Beziehung als die sauren Werte. (Cereal Chem. **30.** 153—59. März 1953.) HAEVECKER. 7800

E. Drews, *Die Bestimmung von Milch-, Essig- und Propionsäure im Sauerteig und Brot.* Die Best. der Essigsäure im Sauerteig u. Brot kann auf Grund einer einfachen Dest. (20 Min.) erfolgen. Vf. entwickelt Rechenformeln für die Best. von Essigsäure neben Propionsäure nach der Destillationsmethode. (Getreide, Mehl Brot **4.** 245—48. Nov. 1950. Detmold, Zentralanst. für Getreideverarbeitung.) HAEVECKER. 7800

W. Dörr, *Erfahrungen über die Anwendung verschiedener Wasserbestimmungsmethoden in geschnittenen Tabaken.* Als zuverlässigste Meth. für die Beurteilung von Tabaktrocknungsverff. sieht Vf. die Meth. von FISCHER (a) an. Das Carbidverf. von SCHÜTZ u. KLANDITZ liefert bei Anwendung von A. als Extraktionsmittel Werte, die mit denen von a sehr gut übereinstimmen. Trocknung im Trockenschrank bei 100° liefert bei Virginia-Tabaken im Durchschnitt etwas höhere, bei luftgetrockneten Tabaken etwas niedrigere Werte als a. Das Toluol-Verf. befriedigt nicht immer hinsichtlich der Reproduzierbarkeit der Werte. Der SIEMENSsche Tabakfeuchtemesser liefert Werte, die mit denen der Trockenschrankmeth. in befriedigender Übereinstimmung stehen, u. dürfte als Schnellmeth. für die Betriebskontrolle geeignet sein. (Tabak-Forsch. **1953** 22—27. Sonderh. Juli.) WINIKER. 7836

Forrest G. Houston und **James L. Hamilton,** *Schnelle Bestimmung von organischen Säuren in getrocknetem Tabak.* Vff. vereinfachen die chromatograph. Meth. von ISHERWOOD, indem sie die Probe mit dem Lösungsm. auf die Säule (Silicagel) bringen; dadurch geschehen Extraktion u. Teilung in einem Arbeitsgang. Bei der Unters. von getrocknetem Tabak erwiesen sich 15- u. 30% ig. l-Butanol als **das** beste Lösungsmittel bei den verschiedensten Konzz. der organ. Säuren. Die Lösungsmittel werden mit 0,5 n H_2SO_4 gesättigt u. unter Druck auf die Säulen gebracht. Die verschied. Säurefraktionen werden mit 0,01 n $Ba(OH)_2$ titriert. Genaue Versuchsanordnungen u. Tabellen der Analysenwerte sind angegeben. (Analytic. Chem. **24.** 415—16. Febr. 1952. Lexington, Ky., Kentucky, Agric. Exp. Stat.) KNÖPKE. 7836

B. G. Chatterjee, B. Ramamoorthy, C. Dakshinamurti und **K. C. Gulati,** *Bestimmung von Nicotin in Tabak.* Nicotin wird in einem Halbmikroverf. durch Dest. mit überhitztem Wasserdampf nach Alkalisieren mit Natronkalk isoliert u. spektrograph. mittels der Absorptionsbande bei 2590 Å bestimmt. Nornicotin wird miterfaßt. (Proc. Indian Acad. Sci., Sect. B. **37.** 22—26. Jan. 1953. New Delhi, Indian Agricult. Res. Inst.) FRESENIUS. 7836

Forrest G. Houston, *Trennung und Bestimmung von Nicotin und Nornicotin in Tabak.* Die getrocknete Tabakprobe wird mit $Ba(OH)_2 \cdot 8H_2O$ gemischt u. mit einer gesättigten $Ba(OH)_2$-Lsg. angerührt. Bei Anwesenheit von mehr als 0,1% NH_4^+ in der Probe muß 15—20 Std. über konz. H_2SO_4 gehalten werden, um die NH_4^+-Konz. zu erniedrigen. Nach Hinzufügen von 1 g Stärke wird die Analysensubstanz auf eine Stärkesäule gebracht u. mit Hexan durchgewaschen. Dabei bleibt das Nornicotin (I) auf der Säule, während das Nicotin im Filtrat erscheint. I kann mit Chlf. aus der ursprünglichen Probe extrahiert werden. Die beiden Fraktionen werden dann getrennt durch Titration bestimmt. Genauer Analysengang u. erhaltene Ergebnisse im Vgl. mit anderen Methoden sind angegeben. (Analytic. Chem. **24.** 1831—32. Nov. 1952. Lexington, Ky., Univ., Agric. Exp. Stat.) KNÖPKE 7836

Wahl und **O. Heil,** *Die Entwicklung einer neuen Rauchapparatur unter besonderer Berücksichtigung der Strömungsverhältnisse.* Beschreibung einer Abrauchapp., mit deren Hilfe auch der Zugwiderstand von Zigarren, Pfeifen u. Zigaretten gemessen werden u. der Rauch in 3 Phasen (kolloiddisperse, molekulardisperse u. Gasphase) zerlegt werden kann (Tabak-Forsch. **1953.** 16—20. Sonderh. Juli.) WINIKER. 7836

H. P. Kaufmann, J. Baltes und **B. Sibbel,** *Studien auf dem Fettgebiet.* 122. Mitt. *Zur Kenntnis der Phosphatide in Lebensmitteln:* 1. Mitt *Der Phosphatidgehalt von Milch und Milcherzeugnissen.* (121. vgl. Fette, Seifen einschl. Anstrichmittel **52.** [1950.] 555.)

Nach einem Überblick über die in Milch u. Milcherzeugnissen enthaltenen Phosphatide (I) behandeln Vff. die I-Bestimmungsmethoden u. berichten über Unterss. mit einer von ihnen entwickelten Modifikation der Meth. von GROSSFELD-ZEISSET (durch nochmaliges Extrahieren des getrockneten Äthanol-Benzol-Extrakts mit Bzl. wurden I rein u. völlig frei von anderen P-Verbb. isoliert; Veraschung u. Phosphatbest. nach THALER-JUST). (**Fette, Seifen einschl. Anstrichmittel 52. 600—09. Chemisches Landes-Untersuchungsamt Nordrhein/Westfalen**) LIEBNER. 7856

—, *Über den Einfluß der Probeentnahme auf das Ergebnis der F. i. T.-Bestimmung in Käse.* Prakt. Hinweise für die Entnahme von Proben zur Best. des Fettgeh. in der Trockenmasse bei verschied. Käsearten. (Molkerei- u. Käserei-Ztg **4.** 5€5—66. 7/5. 1953.) FRESENIUS. 7860

Erich Rabald, Mannheim, *Konservierungsmittel.* Anwendung von Vanillinen als Konservierungsmittel. (**D. B. P. 875 607** Kl. 53c vom 29/12. 1942, ausg. 4/5. 1953.) MAASS. 7635

Jörgen Petersen, Svendborg, Dänemark, *Vitaminisiertes Nährmittel.* Dampfpräparierten oder auf andere Weise wärmebehandelten *Haferflocken* (**I**) bzw. *Hafergrütze* (**II**) wird nach Entfernung der Schalen eine Lsg. von Carotin u. A-Vitamin in Fett (z. B. Erdnußöl), einem Lipoid oder einem Lipoidlösungsm. in solcher Menge zugesetzt, daß z. B. 1 g **I** oder **II** 8—14 internationale Vitamineinheiten enthält. Dem Präp. kann außerdem $CaHPO_4$ hinzugefügt werden. In dem Prod. sollen die Vitamine u. die Carotine ein halbes Jahr oder länger haltbar sein. (**Oe. P. 173 950** vom 3/5. 1947, ausg. 10/2. 1953. E. Prior. 21/10. 1938.) HEYNE. 7665

American Home Foods, Inc., New York, N. Y., V. St. A., *Stärkepräparat* für Kaltansatz von Süßspeisen, wie *Puddings.* Stärke, z. B. von Mais, wird in W. aufgeschlämmt, nach Zusatz von Zucker u. einem Gelatinierungsmittel, z. B. $CaCl_2$, auf Heißwalzen verkleistert, getrocknet u. auf einen bestimmten Feinheitsgrad vermahlen. Weitere Verbesserung der Gelierungseigg. durch Zusatz einer organ. Säure, z. B. Citronensäure, u. eines Neutralisierungsmittels oder eines proteolyt. Enzyms, wie Trypsin oder Pepsin. (**E. P. 688 220** vom 17/3. 1950, ausg. 4/3. 1953.) KRANZ. 7711

Mario Francone, Leon Braier, Rebeca Berlinsky de Schraga und **Maria Elena Patino de Gibellini,** Buenos Aires, Argentinien, *Entgiften von Tabakrauch.* Das sich neben Nicotin u. Teerstoffen im Rauch bildende schädliche CO wird durch ein aus einer Mischung von Metalloxyden, z. B. 60 (%) MnO_2, 38 CuO, $2 Fe_2O_3$ u. Spuren von AgO u. Co_2O_3, mit $Ca(OH)_2$ im Verhältnis 1 : 3 gebildetes Filter in CO_2 übergeführt. (**E. P. 685 822** vom 22/5. 1951, ausg. 14/1. 1953.) KRANZ. 7735

Siemens-Schuckertwerke Akt.-Ges., Berlin und Erlangen (Erfinder: **Hellmuth Bayha,** Erlangen), *Behandlung von Flüssigkeiten, besonders Milch,* indem man die Fl. nach vorhergegangener Pasteurisierung oder UV-Bestrahlung in einer Gasatmosphäre, z. B. Luft oder CO_2, welche vor oder während der Zuführung mit UV-Strahlen bestrahlt wird, kühlt. Vorrichtung. (**D. B. P. 878 458** Kl. 53c vom 9/9. 1941, ausg. 1/6. 1953.) MAASS. 7757

Nederlandsche Organisatie voor Toegepast-Natuurwetenschappelijk Onderzoek ten Behoeve van de Voeding, In 's-Gravenhage, Holland (Erfinder: **Frederik Dirk Tollenaar**), *Verfahren zur Stabilisierung von Trockenmilch,* dad. gek., daß der Milch vor, während oder nach der Verdampfung des W. *Gallussäureester* von Alkoholen mit mehr als 6 C-Atomen in Mengen von 0,001—0.005 Gew.-%, bezogen auf das Trockenmilchpulver, zugesetzt werden. Als geeignete Ester sind genannt· *Gallussäureoctyl-* u. *-tetradecylester.* (**Oe. P. 174 275** vom 19/7. 1949, ausg. 10/3. 1953. Holl. Prior. 4/8. 1948.) HEYNE. 7757

Ostra-Chemie G. m. b. H., Fulda (Erfinder: **Johann Georg Friedel,** Dresden), *Hinauszögerung des Lösungsvorganges schwer und langsam wasserlöslicher Salze, gegebenenfalls in Verbindung mit Labferment, während der Gerinnung der Milch und Nachgerinnung der Bruchmasse,* indem man die Salze, für sich allein oder in Verb. mit dem Ferment, in Kolloidstoffe einhüllt, zu koll. Feinheit vermahlt u. in diesem Zustand der Milch vor der Gerinnung zusetzt. (**D. B. P. 876 187** Kl. 53c vom 23/3. 1951, ausg. 11/5. 1951. **Zusatz zu D. B. P. 834 948; C. 1952. 6455.**) MAASS. 7757

Sasterhausen Chemie G. m. b. H., Deutschland, *Nutzbarmachung der Molke.* Auf bekannte Weise gewonnene trockene Molke wird als solche, oder nachdem sie einen Reifeprozeß durchgemacht hat, einer therm. Behandlung unterzogen, bis zumindest ein Teil des Lactose u. der Kohlenhydrate geröstet oder in Caramel verwandelt worden ist. Durch die hierdurch eintretende Geschmacksverbesserung ist es möglich, das Prod. für die menschliche Ernährung zu verwenden. (**F. P. 976 167** vom 30/9. 1948, ausg. 14/3. 1951.) OPPERMANN. 7757

Franz Gintersdorfer, Enns, Oberösterreich, *Verbesserung der Haltbarkeit von Butter.* In buttereitauglichem W. aufgelöst oder in Puderform werden 1—3 Gew.-% techn. einer Milchzucker in die Butter eingeknetet. (**Oe. P. 174 276** vom 7/10 1949, ausg. 10/3. 1953.) HEYNE. 7759

Josef Dreher, Kempten, *Herstellung von Schmelzkäse.* Das Schmelzen erfolgt unter Zusatz alkoholhaltiger Prodd., wie Bier, Wein, Weinbrand oder dergleichen (**D. B. P. 880 669** Kl. 53c vom 24/10. 1951, ausg. 22/6. 1953.) MAASS. 7761

G. W. Scott Blair, ed. Foodstuffs, their plasticity fluidity and consistency. (Deformation and flow. Monographs on the rheological behaviour of natural and synthetic products, ed. by J. M. BURGERS, J. J. HERMANS and G. W. SCOTT BLAIR.) Amsterdam: Noord-Hollandsche U. M. (XV + 262 S., 12 Photogr.) fl. 25.—.

XVII. Fette. Seifen. Wasch- u. Reinigungsmittel. Wachse. Bohnermassen usw.

—, *Forschungsarbeiten der Sektion Öle und Insektenkunde.* Zusammenfassender Bericht. 1. *Sitaphal Samen* (Custard Apple, Sharifa, *Annona squamosa, Linn.*). Der Ölgeh. beträgt etwa 40%. Das Öl (JZ. 83,3) ist dem Erdnußöl ähnlich u. hat folgende Zus.: (in Gew.-%) 12,5 Palmitin-, 8,9 Stearin-, 54,2 Öl- u. 20,0 Linolsäure. Außerdem enthalten die Samen etwa 1% einer tox. (insekticid) wirkenden Substanz mit folgenden Kennzahlen: VZ. 543, JZ. 32 u. AZ. 212. — 2. *Ramphal Samen* (Bull's Heart, *Annona reticulata, Linn.*). Das Öl dieser Pflanze hat ebenfalls insekticide Eigg. u. enthält folgende Fettsäuren: 16,6 Palmitin-, 6,7 Stearin-, 49,6 Öl- u. 22,3 Linolsäure. — 3. *Ricinusöl.* Es wird berichtet über Verss. zur Dehydratation des Öles, Darst. des Na-Ricinoleates, ferner über analyt. Methoden sowie über Arbeiten, die die Zucht der Tussah-Seidenraupe auf den Blättern der Pflanze zum Ziele hatten. — 4. *Baumwollsaat.* Bericht über analyt. Unterss. des in Hyderabad gewonnenen Öles (JZ. 102,8). — 5. *Chlorierung pflanzlicher Öle.* Kurzer Bericht über Verss. mit Öl- u. Ricinusölsäure. — 6. *Oxydation von Ölen.* Unters. der Ranzidität von Erdnußöl in Ggw. von Metallen. Darst. von organ. Trockenstoffen für Leinöl. — 7. *Unters. über die bleichenden Eigg. einheimischer Erden.* — 8. *Arbeiten über Insekten u. Bakterien.* Unters. der intracellularen Mikroorganismen im Tumor am Abdomen von Homopteren. (Indian Soap J. **18.** 200—03. Dez. 1952. Hyderabad, Central Labors. f. Scientif. and Industr. Res.) R. KÖNIG. 7894

S. M. Husaini und **S. A. Saletore,** *Die Wirkung von Metallen auf pflanzliche Öle.* Durch Einlegen von Metallstreifen (7,2 cm²) in frisch gepreßtes Erdnußöl (90 g; Peroxydzahl: 5,8 bzw. 2,0) wurde der Einfl. verschied. Metalle auf die Stabilität des fetten Öles näher untersucht. Es ergab sich mit abnehmender Beständigkeit folgende Reihenfolge: Ag, Stahl, Al, Fe, Zn, Sn, Messing, Cu, Pb. Weiterhin wurden die Oxyde von Al, Sn u. Cu untersucht, wobei die ersten beiden geringere Wrkg. hatten als die freien Metalle, während CuO als starkes Oxydationsmittel rasch die Ranzidität des Öles erhöhte. (Indian Soap J. **18.** 192—95. Dez. 1952. Hyderabad, Deccan, Central Labors. f. Scientif. and Ind. Res.) R. KÖNIG. 7894

A. Eglin, *Tetranatriumpyrophosphat, kristallisiert — in der Seifen- und Waschmittelindustrie.* Beim Auflösen von Wasch- u. Seifenpulvern, die calciniertes Tetranatriumpyrophosphat enthalten, löst sich neben dem Phosphatsalz auch schon die Seife auf, so daß eine Kalkseifenbldg. beginnt, bevor sich das Pyrophosphat auswirken kann, u. nur eine Teilwrkg. erzielt wird. Dies kann durch Anwendung von krist. Tetranatriumphosphat, welches sich 2—4mal schneller löst als die anderen anhydrischen Phosphate, vermieden werden. (Seifen-Öle-Fette-Wachse **79.** 130. 18/3. 1953.) SEIFERTS. 7910

H. P. den Otter, *Synthetische Waschmittel.* Über synthet. Waschmittel werden Herst. u. Eigg. von *Fettalkoholsulfonaten* (genauer Alkalisalze der Schwefelsäureester höherer Fettalkohole $R \cdot OSO_3Na$) u. von Alkalisalzen der *Alkylsulfonsäuren* ($R \cdot SO_3Na$) besprochen. Hierbei wird ausführlich die Herst. von *Mersol* u. *Mersolaten* sowie deren waschtechn. Eignung erörtert. (Oliën, Vetten Oliezaden **35.** 109—11. 12/5.; 121—22. 26/5. 1951; **36.** 4—5. 5/1.; 42. 2/2.; 65. 1/3.; 100—01. 12/4. 1952.) GERHARD GÜNTHER. 7912

A. Schmitz, *Amphotere oberflächenaktive Stoffe als Wasch- und Desinfektionsmittel.* Erörterung des Aufbaus der von der TH. GOLDSCHMIDT AG. entwickelten sogenannten „*Ampholytseifen*", zu deren Netz-, Schaum- u. Emulgier-Wrkg. sich noch eine bactericide gesellt. Der Anwendungsbereich dieser neuen Wasch- u. Desinfektionsmittel (Grob- u. Händedesinfektion, Milchhygiene Fleisch- u. Fischwirtschaft) wird besprochen. (Fette, Seifen einschl. Anstrichmittel **55.** 10—16. Jan. 1953. Essen, Forschungslabor. der Th. Goldschmidt AG.) SEIFERT. 7912

D. G. Stevenson, *Eine mikroskopische Untersuchung über die Bildung molekularer Komplexe und die Schmutzentfernung.* Vf. untersuchte im Projektionsmikroskop die Bldg. mol. Komplexe polarer Verbb. (höhere Säuren oder Alkohole) in verschied. Waschmittellsgg., die spontane Emulgierung, die Wrkg. 0,02%ig. Waschmittellsgg. auf angeschmutzte Wollhaare, die Entfernung öliger Verschmutzungen von Wollhaaren. Bzgl. der Versuchsergebnisse wird auf die 3 Tabellen u. 21 Mikrophotographien verwiesen. (J. Textile Inst., Trans. **44.** T 12—35. Jan. 1953. Hendon, Brit. Launders Res. Assoc.; Southampton, Univ. Coll.) ZAHN. 7912

Milton A. Lesser, *Metallreiniger.* An Hand von 97 Schrifttumangaben wird ein Überblick über die zur Zeit in Gebrauch befindlichen Chemikalien zur Metallreinigung gegeben. (Soap Sanit. Chemicals **28.** Nr. 10. 42—46. 169. 171. Okt. Nr. 11. 46—49. 98. Nov. 1952.) ROSENDAHL. 7916

Edwin R. Cousins, S. P. Fore, H. J. Janssen und **R. O. Feuge,** *Reiskleieöl.* 8. Mitt. *Tankablagerungen aus rohem Reiskleieöl als Quelle für Wachs.* Im Hinblick darauf, daß das im rohen Reiskleieöl (**I**) in unterschiedlicher Menge enthaltene Wachs bis zu einem gewissen Grad das Carnaubawachs ersetzen kann, werden systemat. Verss. zur Gewinnung dieses Reisölwachses durchgeführt. Ausgangsmaterial sind die Ausscheidungen, die sich bei der Tanklagerung von rohem **I** bilden. Zur Aufarbeitung derselben auf ein hartes Wachs werden 5 verschied. Verff. herangezogen, die sich im letzten Schritt auf die fraktionierte Kristallisation aus Isopropanol gründen, worin das Reiswachs prakt. unlösl. ist. Zur Abtrennung der das Wachs begleitenden Stoffe (Fett, Fettsäuren, Phosphatide usw.) werden entweder der acetonunlösl. Anteil (**A**) bzw. die Ausscheidung aus dem rohen **I** (**B**) selbst herangezogen. **A** wird entweder durch Erhitzen (117°, 1 Std.) mit W. oder durch Verseifen (NaOH, 2 Std. bei 80°) hydrolysiert u. dann aus Isopropanol fraktioniert. **B** wird durch Hydratation der Phosphatide mit W. (Erhitzen 5 Min. auf 71°) sowie Behandlung mit Aceton bzw. durch Behandeln mit Isopropanol krist.; auch durch wiederholtes Behandeln mit Isorpopanol ist die Gewinnung des Wachses möglich; Einzelheiten s. Original. Das Wachs ist im fl. Zustand prakt. schwarz u. durch Bleicherde bzw. Aktivkohle nicht bleichbar; dies gelingt unter Anwendung von Hydroperoxyd bzw. von CrO_3 in schwefelsaurer Lsg., am besten durch Kombination der beiden Bleichmittel; 0,5 Teile H_2O_2 (29%ig) + 1 Teil CrO_3 auf 1 Teil Rohwachs führen zu einem prakt. weißen Wachs. Je nach der Art der Tankausscheidungen fällt das Wachs in einer Menge von 8,3—13,7% an (JZ. 11,1—17,6; freie Fettsäuren 2,1—7,3%; Geh. an P 0,01—0,15%; F. 75,3 bis 79,9°). (J. Amer. Oil Chemists' Soc. **30.** 9—14. Jan. 1953. New Orleans, La., Southern Reg. Res. Labor.) TÄUFEL. 7924

Shri R. K. Bhatnagar und **S. Dutt,** *Die Anwendung der Baudoin-Probe bei Vanaspati.* Vff. stellen fest, daß die *Baudoin-Probe* (**I**) auf Sesamöl, dem Vanaspati zugesetzt wurde, nur unter Einhaltung besonderer Bedingungen einwandfrei ist. Die Färbung bei der **I** wird durch *Sesamöl* hervorgerufen. Diese Verb. ist flüchtig u. kann bei dem Desodorisierungsprozeß bei der Herst. von Vanaspati verschwinden. Keineswegs darf **I** zu quantitativen Unterss. herangezogen werden. (Indian Soap J. **18.** 196—99. Dez. 1952. Delhi.) R. KÖNIG. 7932

California Research Corp., San Francisco, übert. von: **John J. Morrisroe,** Berkeley, Calif., V. St. A., *Waschmittel,* bestehend aus anorgan. Salzen [14—44 (%) $Na_4P_2O_7$ u. 23—41 Na_2SO_4], 6—12 Seife u. 15—28 Na-Alkylbenzolsulfonat. Das Prod. schäumt stark in hartem Wasser. — Mischungsdreieck. (**A. P. 2 610 950** vom 23/7. 1947, ausg. 16/9. 1952.) LÜTTGEN. 7913

Asho Laboratories Ltd. (Erfinder: **Frank Bently Marmoy**), Leatherhead, England, *Tubenwaschmittel,* bestehend aus Polyvinylalkohol, Triäthanolaminseife, W. u. Glycerin. (**E. P. 683 395** vom 19/9. 1949, ausg. 26/11. 1952.) LÜTTGEN. 7913

N. V. de Bataafsche Petroleum Mij., Den Haag, Holland, *Herstellung trockener Präparate aus oberflächenaktiven Sulfonierungsprodukten.* Man mischt die wss. Lsg. von Sulfonierungsprodd., z. B. sek. saurem Alkylsulfat, mit schlecht kristallisierenden, in W. lösl. oder dispergierbaren organ. Stoffen, wie Stärke, Dextrin, Eiweiß usw., u. trocknet die Lsg. durch Versprühen oder dergleichen. (**E. P. 680 924** vom 21/2. 1950, ausg. 15/10. 1952 u. **Schwz. P. 284 334** vom 20/2. 1950, ausg. 17/11. 1952. Beide Holl. Prior. 21/2. 1949.) LÜTTGEN. 7913

Märkische Seifen-Industrie, Witten, *Netz-, Wasch- und Emulgiermittel* erhält man durch Sulfonierung von aliphat., prim. u. sek. Alkoholen. Ein Fettsäuregemisch mit 4—16 C-Atomen wird in 2 Fraktionen mit Schnittpunkt ca. C_9 zerlegt. Die Fraktion mit C_4—C_9 wird in bekannter Weise über die Ca-Salze in Ketone übergeführt. Die

Fraktion mit Säuren $> C_9$ wird über die Ca-Salze unter Zusatz von HCOOH in Aldehyde umgewandelt. Das Gemisch aus Aldehyden u. Ketonen wird in Ggw. von Ni-, Co-, Cu- oder Mischkatalysatoren zu den entsprechenden sek. u. prim. Alkoholen hydriert, die dann in üblicher Weise sulfoniert werden. Man verwendet z. B. Fettsäuregemisch aus der Paraffinoxydation u. trennt dieses in 2 Fraktionen von 50—120 u. 120 —220°. (**D. R. P. 766 265** Kl. 12o vom 16/11. 1941, ausg. 18/5. 1953.) KRAUSS. 7913

Jean-Marie-Anne Brizon, Frankreich, *Reinigungsmittel für Oberflächen aller Art,* wie Wände, Mauern, Türen, abwaschbare Tapeten usw., bestehend aus einer Mischung eines neutralen oberflächenakt. Schaummittels, z. B. Sulfonat, eines Verdikkungsmittels, z. B. Methyl- oder Carboxymethylcellulose u. Wasser. Das Prod. kann mit Bürste, Pinsel oder Pistole aufgetragen werden. — 5(%) einer 30%ig. Lsg. eines Fettalkoholsulfonates, 50 einer 34%ig. Lsg. von Methylcellulose werden mit W. bis zur gewünschten Konsistenz gemischt. Der Mischung können Phenol oder Kresol als desinfizierende u. insekticide Mittel zugesetzt werden. (**F. P. 1 007 039** vom 16/2. 1948, ausg. 30/4. 1952.) HEYNE. 7913

Anglo-Iranian Oil Co. Ltd., London, **Wilfred John Oldham** und **Max Marin Wirth,** Sunburg-on-Thames, England, *Herstellung oberflächenaktiver Mittel.* Alkylhydroperoxyde u. alkylierte Naphthenhydroperoxyde mit einer C-Atomkette von bes. 12—16 C-Atomen werden bei —10—60° mit SO_2 in einem inerten Lösungsm. behandelt u. die entstandenen Schwefelsäureester mit Alkali, NH_4OH oder einem Amin neutralisiert. (**E. P. 685 621** vom 19/7. 1949, ausg. 7/1. 1953.) LÜTTGEN. 7913

Henkel & Cie., G. m. b. H. (Erfinder: **Fritz Schlegel** und **Georg Ziehr**), Düsseldorf, *Capillaraktive Sulfonsäuren und deren Salze* erhält man durch Behandeln von halogenierten, aliphat. oder cycloaliphat. KW-stoffen mit 6—25 C-Atomen mit SO_2Cl_2 in Ggw. organ. N-Verbb. (aliphat., hydroaromat. u. heterocycl. Basen) u./oder Bestrahlung mit aktin. Licht u. nachfolgende Verseifung, wobei die Halogenierung auch gleichzeitig durch Zusatz von Cl_2 erfolgen kann. Als Ausgangsstoffe können halogenierte Benzine, Dieselöle, Schmieröle, Erdölfraktionen, Cycloparaffine, synthet. Prodd. aus der Hydrierung von Teeren, Spaltprodd., Kohlen u. CO u. Olefinpolymerisate verwendet werden. — Ein bei 60—80° chloriertes (1 Cl), nach FISCHER-TROPSCH hergestelltes, aliphat. KW-stoffgemisch mit Mol.-Gew. 194 wird in Ggw. von Pyridin mit SO_2Cl_2 bei 40—60° behandelt, wobei das entstandene viscose Öl nach der Verseifung mit NaOH eine schäumende, klar wasserlösl. Paste gibt, die durch Zerstäubungstrocknung u. gegebenenfalls nach Zusatz von Salzen (Na_2SO_4, Na_2CO_3, Phosphate) in ein *Waschpulver* übergeführt werden kann. In einem weiteren Beispiel wird n. Dodecylchlorid verwendet. Verwendung als Hilfsmittel für die *Textil-* u. *Papierindustrie* u. als *Waschmittel.* (**D. R. P. 765 128** Kl. 12o vom 20/3. 1940, ausg. 22/12. 1952.) KRAUSS. 7913

Henri Scherbe, Kopenhagen, Dänemark, *Neutralisieren von capillaraktiven Sulfonierungsprodukten von Fettsäuremonoglyceriden.* Die Neutralisierung erfolgt in mehreren Stufen mit Carbonat oder Bicarbonat, bes. mit NH_4-Verbb., wobei die Wassermenge des Neutralisationsmittels <40% u. weniger als die Menge beträgt, die zu einem Schäumen des Neutralisationsgemisches führt. Z. B. neutralisiert man 2 kg Sulfonierungsprod. von techn. Monoglycerid mit 2 kg Na_2CO_3 u. 300 g Wasser. (**N. P. 80 170** vom 19/5. 1949, ausg. 5/5. 1952. Dän. Prior. 20/5. 1948.) JÜRGEN SCHMIDT. 7913

Allied Chemical & Dye Corp., New York, N. Y., übert. von: **Robert L. Reynolds,** Bethesda, Md., und **Harland M. Rice,** Syracuse, N. Y., V. St. A., *Entfetten von Gegenständen aus Holz, Beton, Ton und dergleichen.* Mit einer Lsg. von o-Dichlorbenzol u. 1—25% eines in W. lösl. aromat. Sulfonats einer alkylierten Nucleinsäure, deren Seitenkette 12—30 C-Atome enthält, wird die Oberfläche des Gegenstandes benetzt u. dann die Fettschicht mit W. weggeschwemmt. — Ebenso ist das Additionsprod. eines Olefingemisches mit 14—24 C-Atomen mit einem Nitrosylhalogenid u. Na_2SO_3 u. lösenden anorgan. Salzen geeignet. Das Sulfonat kann N- u. Ketoverbb. enthalten. (**Can. PP. 485 599** u. **485 600** vom 1/2. 1943, ausg. 12/8. 1952. A. Prior. 6/5. 1942.) HOLM. 7917

Detrex Corp., übert. von: **John H. Secrist,** Detroit, Mich., V. St. A., *Nichtkorrosives Metallreinigungsmittel,* bestehend aus (stabilisiertem) Trichloräthylen (100 cm³), Triäthanolaminoleat (2 g), Monoäthanolaminoelat (6 g), Na-Oleat (1 g), Benzylthiocyanat (3 g) u. W. (11 cm³). (**A. P. 2 599 729** vom 26/8. 1947, ausg. 10/6. 1952.) GRÄGER. 7917

A. J. C. Andersen, Refining of oils and fats for edible purposes. New York: Academic Press. 1953. (212 S. m. Abb.) $ 7.—.

XVIIIa. Holz. Cellulose. Zellstoff. Papier. Papierdruck. Celluloid. Linoleum.

Josef Kisser und **Wilhelm Serentschy,** *Untersuchungen über die Wirkungsweise der chemischen Erweichungsmethoden von Holz.* 1. Mitt. *Fluorwasserstoffsäure.* Zur Erleichterung der Schnittanfertigung harter Hölzer für mkr. Zwecke wurde wiederholt HF empfohlen. Ihre erweichende Wrkg. beruht auf der Herauslösung der mineral. Bestandteile, wobei u. a. die Holzcellulosen, nicht aber das Lignin angegriffen werden. Danach kann Erweichung mittels HF bei mkr.-anatom. Unterss. zur Charakterisierung u. Identifizierung von Hölzern auf Grund größerer mkr. Struktureigentümlichkeiten in Betracht gezogen werden, wobei jedoch auffällige stärkere Schrumpfungen des Materials unter dem Einfl. hoher konz. HF-Lsgg. bei längerer Einwirkungsdauer zu beachten sind. Bei der Unters. der Feinstrukturen des submkr. Gefüges oder des physikal. oder chem. Verh. der Membranen u. ihrer einzelnen Schichten muß jedoch die Vorbehandlung des Materials mit HF unterbleiben. (Mikroskopie [Wien] **8.** 84—95. 1953. Botan. Inst. der Hochschule für Bodenkultur in Wien u. Österreich. Gesell. für Holzforsch.) P. ECKERT. 7952

Paul Deschamps, *Meeresxylophagen. Schutz von in Wasser eingetauchtem Holz gegen holznagende Tiere.* Überblick über die Möglichkeiten des Schutzes von in W. eingetauchten Holzteilen gegen Meeresxylophagen. Am geeignetsten sind Imprägnierungen mit Kreosot oder Pentachlorphenolen. — 9 Abbildungen. (Peintures, Pigments, Vernis **28.** 607—10. Sept. 1952.) DALL 'ASTA. 7952

Harold R. Murdock, *Geeignetes Chlordioxydbleichverfahren für Papierfabriken.* Mit ClO_2 läßt sich ein starker u. sehr heller Zellstoff herstellen. Da es nicht transportiert werden kann, muß es in der Papierfabrik selbst hergestellt werden. Die Herst. erfolgt aus $NaClO_3$ mit Chromsulfat oder HCl oder aus $NaClO_2$ (I). Letztere Meth. ist besser, da das ClO_2 gleich im Bleichbad erzeugt werden kann. Dazu kann I entweder in eine saure Lsg. oder eine alkal. I-Lsg. zu einer NaCl-Lsg. gegeben oder Cl_2 durch die I-Lsg. geleitet werden. Zum Bleichen kann auch Cl_2 u. ClO_2 gut zusammen verwendet werden. (Paper Mill News **76.** Nr. 12. 65—66. 21/3. 1953. Atlanta, Ga.) H. BECKER. 7956

T. T. Collins jr., *Die Oxydation von Sulfat-Schwarzlauge.* 1. Mitt. Zur Verminderung von Korrosion, S-Verlusten u. Geruchsbelästigungen kann die Schwarzlauge in geeigneten Anlagen mit Luft oxydiert werden. Vf. gibt hierzu eine Übersicht über die Literatur, Patente u. Verff. mit 36 Literaturangaben. (Paper Trade J. **136** Nr. 12. 37—40. 20/3. 1953. Appleton, Wis.) H. BECKER. 7960

Oscar E. Anderson, *Verfahren zur Herstellung von Säure für Sulfitzellstoff.* Ein Vgl. der verschied. Kochsäuren auf Basis Dolomit, Ca, Mg, Na u. NH_3, mehrerer Absorptionstürme u. Angaben von Verff. zur Best. des freien u. gebundenen SO_2. (Paper Trade J. **135.** Nr. 20. 161—64. 14/11. 1952. Chisholm, Me., Intern. Paper Co.) H. BECKER. 7962

W. C. Stevens, *Untersuchung und Einfluß der Holzschnitzelgröße auf die Variablen der Zellstoffherstellung.* Vf. berichtet über den Einfl. von Feuchtigkeitsgeh. u. Eigg. der Messer auf die Herst. der Holzschnitzel. Über den Einfl. von Länge u. Breite der Holzschnitzel auf die Eigg. des erhaltenen Sulfitzellstoffs werden genaue Angaben gemacht. Mit steigender Holzschnitzellänge fallen Helligkeit, Durchreißfestigkeit u. Zellstoffausbeute; Cl_2-Zahl u. unaufgeschlossene Teile steigen bei größerer Länge an, während sie bei kürzeren Holzschnitzeln keinen eindeutigen Verlauf zeigen. (Paper Mill New **76.** Nr. 12. 80—82. 21/3. 1953. Intern. Paper Co., Otis Div.) H. BECKER. 7962

Hans Wilhelm Giertz, *Die Opazität von Papierzellstoffen.* 5. Mitt. *Einfluß der Bleiche.* (4. vgl. C. **1952.** 4707.) Sulfit- u. Sulfatzellstoffe wurden nach verschied. Verff. gebleicht u. davon nach der in der früheren Mitt. des Vf. beschriebenen Meth. die Lichtbrechungskoeffizienten bestimmt. Durch die Bleiche nimmt die Opazität des aus den Zellstoffen erzeugten Papieres ab, wobei sich Chlor, Hypochlorit u. ClO_2 gleich verhalten. Wird aber durch die Bleiche die Faserstruktur geschwächt, so wird das Papier dichter u. weniger opak, bes. bei hohem Preßdruck. Dann können mit ClO_2 gebleichte Stoffe opaker sein als die mit Hypochlorit gebleichten Stoffe. (Svensk Papperstidn. **55.** 897—900. 15/12. 1952. Mitt. aus der holzchem. Abt. des schwed. Holzforschungsinst.) BORCHERS. 7962

G. M. Barton, R. S. Evans und **J. A. F. Gardner,** *Die Papierchromatographie phenolischer Substanzen.* Vff. benutzen für die papierchromatograph. Unters. phenol. Bestandteile in aceton. Extrakten aus dem Kernholz der Coniferen *Tsuga mertensiana, Tsuga heterophylla, Tsuga plicata* u. *Pseudotsuga taxifolia* CO_2-haltiges W. vom p_H-Wert 4,2. Die Wanderung der Substanzen ist schnell (3,8 cm in 4 Std.). Es werden in jedem

Fall gut definierte, runde Flecke erhalten. Die Flecke werden durch Besprühen mit einer frisch bereiteten wss. Lsg. von $K_3Fe(CN)_6$, gemischt mit einer 1% ig. wss. Lsg. von $FeCl_3$ zu gleichen Teilen, sichtbar gemacht. Es zeigen sich augenblicklich tiefblaue Flecken, ähnlich *Turnbulls*-Blau. Durch nachfolgendes Waschen mit verd. HCl u. W. wird die Färbung beständig. Die Rk. scheint durch die Bldg. eines 1 : 1-Komplexes des Fe^{3+} mit Phenol, welcher dann die Fe^{2+}-Rk. gibt, erklärt zu werden. (Nature [London] **170.** 249—50. 9/8. 1952. Vancouver, Univ. of British Columbia, Forest Prod. Labor. Div., Dep. of Resources and Developm.) ENDRASS. 8004

Günther Kurz, *Neuer Apparat zur Wassergehaltsbestimmung.* Zur Best. des Wassergeh. von Papier wird ein 2fach tubulierter Exsiccator mit eingebauter elektr. Heizplatte vorgeschlagen. (Papier u. Druck **2.** Zellstoff u. Papier 60—61. April **1953.**) GNAUCK. 8010

P. R. Bange, *Messung der Wasserdampfdurchlässigkeit von Verpackungsmaterialien.* Verschied. Meßmethoden (bes. für Dachpappen) werden beschrieben, nach denen die Wasserdampfdurchlässigkeit gemessen wird. Für die Best. niedriger Wasserdampfdurchgänge hat die Prüfstation für Verpackung ein neues Gerät entwickelt. (Bitumen, Teere, Asphalte, Peche verwandte Stoffe **3.** 158—60. Juni 1952.) F. C. MÜLLER. 8016

Marianne Haustein, geb. Petow, Leipzig (Erfinder: **Marianne Haustein, geb. Petow** und **Paul Hille,** Markkleeberg), *Dichtungsmasse für Schiffsplanken,* bestehend aus 70 bis 85 (%) Mineralrubber oder einem ähnlichen Bitumen, 5—12 Latex u. 3—7 Emulgator. (D. B. P. **883 181** Kl. 22i vom 28/11. 1950, ausg. 16/7. 1953.) LÜTTGEN. 7953

Joh. Teigstad, Bodø, und **Gerhard Winje,** Sortland, Norwegen, *Mittel zum Imprägnieren oder Anstreichen von Bauholz, Holzfahrzeugen oder Schiffen.* Das Mittel enthält Teer, trocknende Öle u. ein flüchtiges Verdünnungsmittel. Es besteht z. B. aus einem Gemisch von Teer u. Schwerbenzin u. ferner Lack im Verhältnis von 60 : 40. Man verwendet hierzu einen Holzteer, der frei von Pech oder polymerisierenden Bestandteilen ist. Als trocknende Bestandteile dienen bes. Leinöl oder Lacke auf Leinölbasis. (**N. P. 79 671** vom 30/9. 1950, ausg. 4/2. 1952.) JÜRGEN SCHMIDT. 7853

Zellstoff-Fabrik Waldhof (Erfinder: **Kurt Tramer**), Mannheim, *Herstellung von Papier mit hoher Dehnung.* Papier wird bei n. oder mäßig erhöhter Temp. mit einer ca. 20—50% ig. Lsg. eines hygroskop. Stoffes, bes. $MgCl_2$, behandelt u., gegebenenfalls nach Entfernung überschüssiger Lsg., im feuchten Zustand einige Zeit gelagert. Bei der Verarbeitung des Prod. wird ein Wassergeh. von ca. 12—14% aufrechterhalten. Feuchte Lagerung erübrigt sich, wenn das Papier bei ca. 115—130° im Kalander behandelt wird, wobei der Wassergeh. nicht unter vorst. Wert sinken darf. (**D. B.P. 868 846** Kl. 55f vom 18/6. 1943, ausg. 26/2. 1953.) G. VOGEL. 7987

Farbenfabriken Bayer, Leverkusen, *Flachdruckverfahren.* Als Druckträger (**II**) für Bürozwecken dienende Druckverff. wird ein mechan. widerstandsfähiges Papier verwendet, das mit einer M. bestrichen wird, die aus ZnO (**I**), u. einem Bindemittel (Gelatine) besteht, das man mit Formalin, $Al_2(SO_4)_3$ oder andern, gleichwirkenden Mitteln härtet. **I** oder TiO_2 wirken als Mattierungsmittel, so daß die Druckfarbe an den unbeschrifteten Stellen von dem in der Mattierung angesaugten Feuchtwasser abgestoßen wird. Die getrocknete Schicht wird z. B. mit Bleistift oder auf der Schreibmaschine mittels Farbband beschriftet. Für photmechan. Zwecke wird die Schichtseite dieses **II** z. B. mit einer Eiweiß-Bichromatlsg. beschichtet u. dann wie üblich weiterbehandelt. Das Trägerpapier kann durch Lackieren wasserfest oder mittels einer dünnen hinterklebten Metallfolie verzerrungsfrei gemacht werden. Diese **II** können in den üblichen Offsetdruckmaschinen verwendet werden. (**Schwz. P. 277 682** vom 25/7. 1949, ausg. 1/12. 1951. D. Prior. 15/12. 1948.) BAUR. 7989

Lufa S. A., Freiburg, Schweiz, *Herstellung von Matern und Reproduktionen derselben aus thermoplastischem Material* für Flach- u. Rotationsdruck. Die zu verprägende thermoplastische M. wird mit dem in sie einzuprägenden Teil zwischen einer beweglichen Unterlagplatte u. einer beweglichen Druckplatte unter Zwischenlage von Distanzstücken zusammengepreßt. Beide Platten sind mit Kanälen durchsetzt zur Aufnahme von elektr. Heizkörpern oder zur Durchleitung von Warm- oder Kühlwasser, um während u. nach der Pressung die Temp. regeln zu können. (**Schwz. P. 277 335** vom 7/11. 1949, ausg. 16/11. 1951.) BAUR. 7989

Artur Walter Zimmermann, Hützel, Kr. Soltau, *Herstellung von Raumbildern* (Anaglyphen) durch Druck. Die komplementärfarbigen Teilbilder werden auf den entsprechenden Druckplatten so angebracht, daß sie beim Drucken negative Bilder ergeben, d. h. die das Bild erzeugenden Linien keine Farbe erhalten u. nur der Grund farbig gedruckt wird. Beide so angefertigten Platten werden mit den Komplementärfarben übereinander gedruckt. (**D. B. P. 826 800** Kl. 15k vom 8/10. 1948, ausg. 27/12. 1951.) BAUR. 7989

Interchemical Corp., New York, übert. von: **Paul J. Whyzmuzis**, Jamaica, N. Y., V. St. A., *Ätzung von Offsetplatten.* Das Ätzmittel (**I**) besteht aus einer konz. Lsg. von $CaCl_2$ oder $MgCl_2$, einer konz. Lsg. von $SnCl_2$ oder $CrCl_3$ u. einem geringen Geh. einer Säure, die geeignet ist, den p_H-Wert unter 2,0 herunterzudrücken. **I** löst Cr auf, ohne Cu anzugreifen, u. wirkt auf eine leichtgehärtete Bichromatschicht verhältnismäßig langsam. (**A. P. 2 572 228** vom 20/7. 1950, ausg. 23/10. 1951.) BAUR. 7989

British Cellophane Ltd., Bridgwater, England, *Wasserdichter Überzug auf Cellulosefilmen für Verpackungszwecke.* Ein Monomerengemisch aus 1—15, bes. 10 (%) Vinylacetat oder 2-Oxyäthylacrylat, 15—15, bes. 10 Acrylnitril u. 70—94, bes. 80 Vinylidenchlorid wird in Ggw. von $NH_4S_2O_8$ in wss. Emulsion durch Erwärmen unter Rückfluß polymerisiert. Das Prod. wird als Lsg. in einem organ. Lösungsm. oder als wss. Emulsion auf den Film aufgebracht. (**E. P. 651 769** vom 30/8. 1948, ausg. 11/4. 1951. A. Prior. 25/6. 1948.) MÖLLERING. 995

Pierre Baelen, Seine, Frankreich, *Behandeln von Papier- oder Gewebeoberflächen.* Zwecks Veredelung von geschmeidigen, verzierten oder colorierten Papier- oder Gewebeoberflächen überzieht man die Faserstoffe zunächst mit einer Schicht aus einem durchscheinenden, in warmem W. lösl., lösungsmittelbeständigen Stoff, wie Polyvinylalkohol (**I**) oder Methylcellulose, u. darauf mit einer Schicht aus einem durchscheinenden, wasserunlösl., in organ. Lösungsmitteln lösl. Stoff, wie Polyvinylchlorid, Vinylchloracetat, Celluloseacetat oder Polystyrol oder deren Gemischen. Man überzieht z. B. ein bedrucktes, coloriertes Baumwollgewebe mit einer warmen wss. Lsg. von **I**, trocknet es u. überzieht es alsdann mit einem Celluloselack. Man erhält so ein glattes, geschmeidiges, undurchlässiges, wasser-, wein-, kaffee-, säure- u. alkalibeständiges wachstuchähnliches Erzeugnis ohne Veränderung der ursprünglichen Verzierung. (**F. P. 973 945** vom 4/9. 1948, ausg. 16/2. 1951.) RAETZ. 7999

XVIII b. Textilfasern.

—, *Neuzeitliche Entwicklungen bei der Textilausrüstung.* Betrachtung über die Herst. von Prägungseffekten mit Thermoplasten u. CH_2O-Harnstoff bzw. Melamin-Harzen sowie über die wasserabweisendmachende Ausrüstung mittels Al-, Zr-, oder Ti-Verbb. u. Wachsen, mit *Velan, Persistol VS* oder organ. Si-Verbindungen. (Textile Recorder **71.** 79—81. Juli 1953.) A. v. KÖNIG. 8032

—, *Konditionierung von Baumwolle, Leinen, Hanf, Wolle und Fibranne.* Normung (SNV 9 64 41). (Textil-Rdsch. [St. Gallen] **8.** 313—16. Juni 1953.) P. ECKERT. 8040

M. Nopitsch, *Mikrobenschäden an Wolle und anderen tierischen Fasern.* Grundbedingung für den Mikrobenbefall tier. Fasern ist eine relativ hohe Temp. (25—40°), hohe Feuchtigkeit mindestens 40% u. eine schwach alkal. Rk. (p_H 8—8,5). Unterhalb $p_H = 7$ ist die Entw. von Mikroben, (hauptsächlich *Saprophyten* u. *Thallophyten*) bereits erheblich herabgesetzt. Bei dem Angriff von Mikroben auf Wolle wird nur die amorphe Substanz angegriffen, daher auch bei starkem Befall ein völliges Auflösen der Wolle in Spindelzellen. Caseinfaser wird ebenfalls leicht angegriffen u. wird durch die proteolyt. Fermente der Bakterien wöllig aufgelöst. (Ciba-Rdsch. **1953.** 3947—51. April.) H. G. FRÖHLICH. 8060

G. Nitschke, *Die chemischen und physikalischen Eigenschaften der Wolle in bezug auf die textilen Verarbeitungsvorgänge.* Verkürzte Wiedergabe der in C. **1953.** 5760 referierten Arbeit. (Tierzucht **7.** 233—35. Juli 1953.) P. ECKERT. 8060

—, *Die neuen Fasern, ihre Eigenschaften und Anwendungsmöglichkeiten als Gewebe für die Gummi- und Kunstharzindustrien.* Kurze allg. Betrachtungen über die Chemiefasern, ihre besonderen Eigg. sowie ihre verschied. Verwendungsmöglichkeiten. Die genauen physikal., chem. u. technolog. Eigg. der Cellulose-, Protein- u. vollsynthet. Fasern sowie der Glasfasern werden tabellar. wiedergegeben. (Rubber Age Synthetics **34.** 110—14. Mai 1953.) P. ECKERT. 8070

O. F. Linström, *Über die Wiedergewinnungsmöglichkeiten von Natronlauge und Schwefelsäure aus den Spinnbädern der Kunstseidenfabrikation.* Inhaltlich ident. mit der C. **1953.** 1208 referierten Arbeit. (Chem. Techn. **1952.** 11—17. Sonderheft. VEB Farbenfabrik Wolfen.) P. ECKERT. 8074

—, *Ardil, eine Proteinfaser.* Es werden 3 Ardiltypen unterschieden: B, F. u. K. Die Einzeltiter der Typen B u. F betragen $3^1/_2$, 5 u. 8 den., der Type K 12 u. 22 den. F. u. K enthalten geringe Mengen CH_2O u. ca. 4% H_2SO_4 an die Faser gebunden, K ungefähr

0,3% Essigsäure. Genaue Angaben über die physikal., chem. u. technolog. Eigg. werden gemacht (Tabelle). Ferner wird auf die Verarbeitung der Faser u. die Verwendung der daraus hergestellten Textilien näher eingegangen. (Brit. Rayon Silk J. **30**. Nr. 350. 58—59. Juli 1953.) P. ECKERT. 8078

D. Traill, *Die neuen wollähnlichen Fasern.* Zusammenfassender Bericht über die Herst. wollähnlicher Fasern aus Seiden- u. Wollabfällen, aus tier. Proteinen, wie Casein, Keratin sowie aus pflanzlichen Proteinen (Sojabohnen, Erdnuß, Baumwollsamen, Mais). Kurze Angaben über die physikal., chem. u. technolog. Eigg. der verschied. Proteinfasern werden gemacht. In diesem Zusammenhang wird abschließend kurz auf die Terylene-Faser eingegangen. (Rubber Age Synthetics **34**. 108—09. Mai 1953. ICI., Ltd. Nobel Div., Research Dep.) P. ECKERT. 8078

—, *Die Technologie der synthetischen Fasern.* Bericht über Verbrauch, Eigg., Chemie, Färben u. Ausrüsten der synth. Fasern, bes. das Färben, Drucken u. Stabilisieren von *Terylen*, das Färben von *Orlon* nach der „*Cuproion*“-Meth. sowie das Packfärben von *Äthylan.* (Textile Recorder **71**. Nr. 842. 77—81. Mai 1953.) A. v. KÖNIG. 8080

J. A. Somers, *Die Forschung nach neuen Polymeren. Die Herstellung von Polyamiden bei niederen Temperaturen mittels neuen Zwischenprodukten.* (Vgl. C. **1953**. 4626.) Es wird ein Verf. zur Herst. von Polyamiden für die Fasererzeugung beschrieben, wobei von Dinitrilen u. sek. Dialkoholen ausgegangen wird. Als Katalysatoren werden Schwefel- bzw. Phosphorsäure oder deren Alkylverbb. verwendet. Die Polymerisationstemp. dieser Verbb. liegt unterhalb 100°. Als Komponenten werden beispielsweise angeführt: Adipinsäurenitril u. 2.11-Dimethyl-2.11-dodecandiol. Angaben über die Eigg. der Polymerisate u. der daraus hergestellten Fäden werden nicht gemacht. Die Beispiele werden an Hand von Reaktionsgleichungen besprochen. (Brit. Rayon Silk J. **30** Nr. 350. 52—54. Juli 1953.) P. ECKERT. 8080

—, *Orlon — eine kurze Beschreibung.* (Rubber Age Synthetics **34**. 114. Mai 1953.) P. ECKERT. 8080

Heinrich Kägi, *Die Belastungs–Dehnungs-Kurve bei Werkstoffen mit Faserstruktur, Textilien, Leder, Papier.* Auf mathemat. Grundlage u. durch kurvenmäßige Darst. werden die Belastung u. Dehnung, die Kraft–Dehnungs-Kurve, die Belastungs–Dehnungs-Kurve, die gesamte, die elast. u. bleibende Dehnung u. der Elastizitätsgrad behandelt. Ferner besprochen werden: der momentane Elastizitätsmodul, die Elastizitätslänge im elast. Bereich, die Zerreißarbeit, der Völligkeitsgrad sowie die Arbeit der elast. u. der bleibenden Verformung. — 19 Abbildungen. (Textil-Rdsch. [St. Gallen] **8**. 168—76. Apr. 233—42. Mai 1953. St. Gallen, Materialprüfungs- u. Versuchsanstalt, Hauptabt. C.) P. ECKERT. 8096

—, *Eine vereinfachte Methode zur Bestimmung des Ölgehaltes von Textilien.* Einfache Meth. zur Best. von Ölen in Textilien, welche ebenso genau ist wie die klass. SOXHLET-Methode. Man wägt eine 10 g-Probe geschmälzten Kammzug oder Reyongewebe auf der Centigrammwaage, behandelt in einem 250 cm³-Becherglas mit 50 cm³ CCl_4 3—4 Min., entnimmt 25 cm³ Lsg. u. dampft in einem gewogenen 100 cm³-Becherglas auf der Heizplatte ein. Bis zu einem Ölgeh. von 5% kann man auch die Gewebe mit einer 0,05% ig. Lsg. eines nichtion. Waschmittels auswaschen. (Amer. Dyestuff Reporter **40** P 30—32. 8/1. 1951.) ZAHN. 8098

R. Preston und **N. Warburton**, *Eine Methode zur quantitativen Bestimmung von Ardil in Mischung mit Wolle.* Das Verf. der quantitativen Trennung von *Ardil* u. *Wolle* beruht auf der besseren Löslichkeit von Wolle in einer Lsg. aus $Ba(OH)_2$ u. KNO_3 bzw. $NaNO_3$. Reihenunterss. zur Ermittlung der günstigsten Konzentrationsbedingungen werden durchgeführt u. die Ergebnisse tabellar. wiedergegeben. Die günstigsten Arbeitsbedingungen werden angegeben u. mittels der festgelegten Meth. Unterss. an Kammzug, Garnen u. Geweben aus Ardil/Wollgespinsten durchgeführt. Ausführung der Analyse: 1 g der durch Extraktion mit einer Mischung aus Bzn. u. Methanol entfetteten Probe wird lufttrocken in 100 ml einer kochenden Lsg. aus 5 g $Ba(OH)_2$ u. 20 g $NaNO_3$ bzw. KNO_3 eingebracht u. 6 Min. kochend dort belassen. Der Inhalt des verwendeten Kolbens wird heiß durch einen Tiegel mit Glasfritte (Pyrex S.F. 2 BL) filtriert u. der Rückstand 3mal mit 20 ml heißer 2 n HCl, dann mit heißem W. u. schließlich mit Aceton gewaschen. Der Rückstand wird bei 95—100° bis zur Gewichtskonstanz getrocknet u. der Ardilanteil aus den gegebenen Unterlagen berechnet. (J. Textile Inst., Trans. **44**. T 298—305. Juni 1953.) P. ECKERT. 8114

Horst Heidenreich, *Mikroskopische Unterscheidungsmerkmale vollsynthetischer Kunstfasern.* Zur Unterscheidung von *Orlon*, *Perlon* u. *Nylon* wird als Reagenz Chlorzinkjodlsg. (I) verwendet. *Orlon* löst sich in I, wenn der Objektträger etwas erwärmt wird, auf. *Perlon* wird gelbbraun gefärbt, cellulosehaltige Fasern, auch Acetatreyon, werden aufgelöst. Bei *Nylon* wird am Rande der von I gelbgefärbten Faser bei leichtem Erwärmen nur eine schwache Buchtung sichtbar (Abb.). Bei stärkerem Erhitzen nimmt die Faser ein stark eingekerbtes Aussehen an. Im Innern hebt sich deutlich ein dunkler Kanal ab. Bringt man das Material auf dem Objektträger zum Kochen, so quillt die Nylonfaser vorerst nur sehr stark auf, Perlon hingegen schmilzt ziemlich rasch. (Mikrokosmos **42.** 43—44. Nov. 1952.) P. ECKERT. 8116

Badische Anilin- & Soda-Fabrik (Erfinder: **Gustav Steinbrunn**), Ludwigshafen/Rh., *Herstellung von N-substituierten Lactamen*, dad. gek., daß man Lactame in Abwesenheit von W., zweckmäßig in Ggw. indifferenter Verdünnungsmittel u. unter Ausschluß von mol. O_2, mit Alkalimetallen umsetzt u. auf die entstandenen Alkalimetallverbb. Verbb. einwirken läßt, die aliphat. gebundenes Halogen enthalten. — Z. B. erhält man aus der Na-Verb. (**II**) von α-Pyrrolidon mit Octadecylbromid (**I**) *N-Octadecyl-α-pyrrolidon*, $Kp._{1-1,3}$ 209—225°. — Aus **I** u. Caprolactam-Na (**III**) *N-Octadecylcaprolactam*, $Kp._{1,5-2,5}$ 223—248°. — **II** + 1.4-Dichlorbutan → *N.N'-Butylen-1.4-di-*(*α-pyrrolidon*), F. 82—83°. — **III** + Benzylchlorid → *N-Benzylcaprolactam*, $Kp._{0,6-1}$ 147—158°. — **II** + γ-Chlorbuttersäuremethylester → *α-Pyrrolidon-N-γ-buttersäuremethylester*, $Kp._{0,4}$ 145—160°. — **II** + α-Chlor-α-nitroäthan → *N-(1-Nitroäthyl-1)-α-pyrrolidon*, $Kp._{2,5}$ 97—108°. — *Textilhilfsmittel*. (**D. B. P. 859 016** Kl. 12p vom 6/7. 1944, ausg. 11/12. 1952.) DONLE. 8029

Henkel & Cie., G. m. b. H. (Erfinder: **Arthur Zimmermann**), Düsseldorf, *Salze hochmolekularer chitosanartiger Stoffe* erhält man durch Rk. hochmol. chitosanartiger Stoffe mit starken Säuren, wie HCl, HNO_3, H_2SO_4, in Ggw. von organ. Lösungsmitteln. — Die Prodd. dienen als *Textilhilfsmittel* u. Zwischenprodukte. (**D. B. P. 870 562** Kl. 12q vom 24/11. 1943, ausg. 16/3. 1953.) LANGER. 8029

Cassella Farbwerke Mainkur (Erfinder: **Werner Zerweck** und **Eduard Cofferjé**), Frankfurt/M., *Weichmachungsmittel für Textilien*, z. B. Viscosestrangseide, sind Isothioharnstoffäther HN:(H_2N)C–S–R (R ist aliphat. Rest mit 8 C-Atomen), z. B. eine mit 0,1 (%) Essigsäure angesäuerte, 0,01%ig. wss. Lsg. von *Isothioharnstoffoctadecyläther-hydrochlorid*. (**D. B. P. 866 639** Kl. 8k vom 9/8. 1942, ausg. 12/2. 1953.) MÖLLERING. 8029

Imperial Chemical Industries Ltd., London, übert. von: **Andrew Harold Little**, Welwyn Garden City, England, *Glänzendmachen von Garnen und Geweben*. Garne aus Wolle, (Kunst-) Seide oder Nylon werden mit einem geringen Geh. von Fasern aus polymerisiertem Äthylen (**I**) oder einem hydrolysierten Mischpolymerisat aus **I** u. Vinylacetat unter kurzem Erhitzen auf 200° durch hochpolierte Metalldüsen gezogen, wobei **I** schm. u. die abstehenden Faserenden des Garnes verklebt. (**A. P. 2 615 231** vom 17/1. 1947, ausg. 28/10. 1952. E. Prior. 15/2. 1946.) MÖLLERING. 8033

Badische Anilin- & Soda-Fabrik, Ludwigshafen/Rh. (Erfinder: **Wilhelm Lehmann**, Mannheim, **Conrad Schöller**, Gersthofen, **Guido v. Rosenberg**, Mannheim, und **Herbert Bestian**, Frankfurt), *Waschbeständige Textilappretur*. Man imprägniert mit wasserlösl., carboxylgruppenhaltigen Polymerisaten u. solchen Mengen von wasserlösl., mit Wasserdampf nicht leicht flüchtigen Substitutionsprodd. des Äthylenharnstoffs, daß höchstens ca. 1 Äthyleniminogruppe auf 1 COOH-Gruppe kommt, u. setzt bei solchen Tempp. um, daß noch keine Selbstpolymerisation eintritt. — Z. B. druckt man Viscoseseide mit einem auf 1000 (Teile) mit W. ergänzten Ansatz aus 100 Eisenoxydrot, 140 Lsg. von polyacrylsaurem NH_4 (21%ig) u. 35 Hexamethylen-1.6-diäthylenharnstoff u. trocknet die Druckfarbe 15 Min. bei 110°. — Zellwollgewebe oder Superpolyamidseide werden ohne Pigmentzusatz mit ähnlichen Lsgg. appretiert. (**D. B. P. 867 085** Kl. 8k vom 20/3. 1941, ausg. 16/2. 1953.) MÖLLERING. 8033

Kunstlederwerk Laufenburg G. m. b. H. (Erfinder: **Adolf Schoeler**), Laufenburg (Bad.), *Wasserabstoßende und seidenglänzende Textilstoffe* erhält man durch Aufbringen von 2 dünnen Kunstharzfilmen verschied. Lichtbrechungsvermögens, z. B. aus einerseits Polymethacrylsäuremethylester u. andererseits Celluloseacetobutyrat. (**D. B. P. 864 987** Kl. 8l vom 12/12. 1950, ausg. 29/1. 1953.) MÖLLERING. 8037

Deutsche Hydrierwerke Akt.-Ges., Düsseldorf (Erfinder: **Erik Schirm** und **Ernst Götte**, Dessau), *Hydrophobierte Textilien* erhält man durch Behandlung mit quaternären NH_4-Basen, die aus α-Halogenalkyläthern von höhermol. Fettalkoholen (10 u. mehr C-Atome) u. tert. Aminen mit mindestens 1 Alkylrest von 10 u. mehr C-Atomen hergestellt sind. — Z. B. wird Baumwollgewebe mit einer 2%ig. wss. Lsg. von Octadecoxymethyldimethyloctadecylammoniumchlorid unter Zusatz von 0,6% Na-Acetat imprägniert, geschleudert u. getrocknet. (**D. R. P. 759 604** Kl. 8k vom 6/8. 1941, ausg. 26/1. 1953.) MÖLLERING. 8037

Henri Jeanneton, Seine-et-Oise, Frankreich, *Überziehen von Geweben.* Man schm. Überzugsmassen, wie Bitumina von hohem F. oder Kunstharze, wie Polyvinylchlorid, in einer erhitzten Mischvorr., setzt Plastizierungsmittel, wie Anthracenöl oder Trikresylphosphat, u. nach Bedarf außerdem Füllstoffe, wie Talk oder Kaolin, zu u. trägt das geschmolzene Gemisch mit Hilfe eines beheizten festen Kastens, der als Stütze für das zu überziehende Textilgut dient, u. einer ebenfalls beheizten regelbaren Rakel, welche die Stärke der Überzugsschicht bestimmt, auf Gewebe oder ähnliche Unterlagen auf. Man erhält so Erzeugnisse, die sich für die Herst. von Überzugsfilzen, Linoleum, Wachstuch, Kunstleder, undurchlässigen Geweben oder Doublierstoffen aller Art eignen. (**F. P. 996 694** vom 23/5. 1945, ausg. 24/12. 1951.) RAETZ. 8037

Le Joint Français G. m. b. H. (Erfinder: **Jean Cornette**), Seine, Frankreich, *Imprägnieren von Stopfbuchsenpackungen.* Stopfbuchsenpackungen aus Faserstofflitze von hoher Hitzebeständigkeit, Dichtigkeit u. Schmierfähigkeit erhält man durch Imprägnieren in Bädern, die neben Fettstoffen, wie Talg, Wollfett, Stearin, Palmitin, Wachs oder Mineralfett, Metallseifen, wie Ca-, Ba- oder Al-Stearat, u. mineral. Füllstoffe, wie Talk, enthalten. Man versetzt z. B. ein Gemisch aus 1 (Teil) Mineralöl u. 1 Paraffin mit 0,2 (Teilen) Ca- u. Al-Stearat u. 1,25 Talk. Die Verflüssigungstemp. der Bäder wird auf diese Weise um ca. 50° erhöht u. dadurch die Festigkeit der imprägnierten Stopfbuchsenpackungen verbessert; neben einer hervorragenden Dichtigkeit u. Schmierfähigkeit der letzteren wird ferner ein besseres Haftvermögen des Imprägniermittels an den Fasern erzielt. (**F. P. 996 110** vom 8/8. 1949, ausg. 13/12. 1951.) RAETZ. 8037

Glanzstoff-Courtaulds G. m. b. H., Köln-Weidenpech, *Herstellung von gut filtrierbarer Viscose aus Zellstoffen mit hohem α-Cellulosegehalt* durch Alkalisierung mit NaOH, unter Vermeidung von Tauchen u. Abpressen u. nachfolgender Xanthogenierung mit CS_2, dad. gek., daß bei der Alkalisierung nur so viel Lauge angewendet wird, daß eine Alkalicellulose von 13—15% Cellulose u. 13—15% NaOH, bes. von 14% Cellulose u. 14% NaOH, entsteht u. die Xanthogenierung in mehreren Stufen in den üblichen Knetern vorgenommen wird, wobei das nach den Vorstufen erhaltene Sulfidierungsgemisch vor der Zugabe der letzten CS_2-Menge mit W. auf eine Cellulose- u. Laugenkonz. von ca. 12% verd. wird. Der Alkalicellulose wird vor oder nach der Mercerisierung, jedoch jedenfalls vor der Sulfidierung, ein Netzmittel zugefügt. Ein Teil des zur Sulfidierung benötigten CS_2 wird dem Zellstoff schon vor der Zugabe der Mercerisierungslauge zugefügt. (**Oe. P. 173 704** vom 29/6. 1951, ausg. 26/1. 1953. E. Prior. 1/9. 1950.) M. F. MÜLLER. 8075

Kurmärkische Zellwolle und Zellulose Akt.-Ges., Wittenberge, **Rheinische Kunstseide Akt.-Ges.,** Krefeld, **Rheinische Zellwolle Akt.-Ges.,** Siegburg, **Schlesische Zellwolle Akt.-Ges.,** Hirschberg, **Zellwolle und Zellulose Akt.-Ges.,** Küstrin, zusammengeschlossen in der **Phrix-Arbeitsgemeinschaft,** Hirschberg (Erfinder: **Hugo Koch,** Bad Warmbrunn, **Herbert Bader** und **Josef König,** Hirschberg), *Künstliche Fasern mit verminderter Quellbarkeit und guter Schlingfestigkeit* aus Viscose unter Zusatz von CH_2O oder entsprechender Nachbehandlung in Ggw. saurer Katalysatoren. Die das saure Spinnbad verlassenden, noch nicht getrockneten Fasern werden mit CH_2O, gegebenenfalls gemeinsam mit dem Avivagebad, behandelt. (**D. R. P. 752 586** Kl. 29b vom 24/10. 1941, ausg. 26/5. 1953.) SALZMANN. 8075

Glenn L. Martin Co., Middle River, Md., übert. von: **George E. Walter,** Baltimore, und **Irwin Hornstein,** East Riverdale, Md., V. St. A., *Bromierte N.N'-Alkylen-bis-diallylamidophosphate* erhält man durch Bromierung von ungesätt. aliphat. Phosphonamiden der allg. Zus. I (R = Methylen- u. Äthylengruppen). — Z. B. werden 360 (Teile) *N.N'-Methyl-bis-diallylphosphonamid* (**II**) in 1000 eines Gemisches aus 70 (%) Äthylendichlorid (**III**) u. 30 Isopropanol (**IV**) gelöst, bei Raumtemp. 640 Br_2 zugetropft, mit wenig konz. H_2SO_4 neutralisiert u. durch Zugabe von weiteren **III** + **IV** eine Lsg. von *Octabrom*-**II** erhalten. — Verwendung zum *Flammfestmachen* von *Cellulose-* u. *Celluloseacetat-Geweben, Kunststoffen* u. als *Weichmacher.* (**A. P. 2 574 518** vom 26/11. 1948, ausg. 13/11. 1951.)

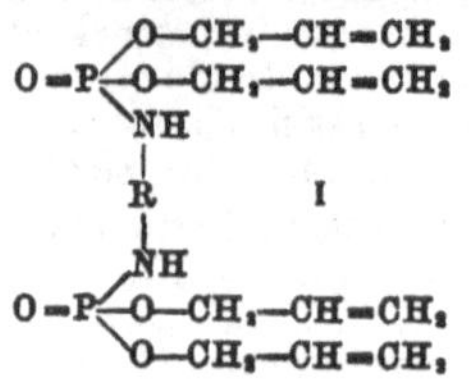

I

MÜLLER-MEININGEN. 8075

Deutsche Rhodiaceta Akt.-Ges. (Erfinder: **Arnulf Sippel**), Freiburg, *Essigsäurearme Acetatstreckkunstseide mit erhöhter Dehnung.* Die Celluloseacetatseide wird einer desacetylierenden Behandlung mit Hilfe eines Gemisches aus 40—70 (Volumteilen) 32 Gew.%ig. wss. NH_4OH u. 60—30 A. unterworfen. (**D. B. P. 860 240** Kl. 29b vom 8/1. 1944, ausg. 18/12. 1952.) SALZMANN. 8077

Niedieck & Co. Akt.-Ges. (Erfinder: Josef Backes), Lobberich bei Krefeld, *Erzeugung echter Effekte bei Polgeweben aus Acetatseide,* die nachher durch Kochen verwollt werden, dad. gek., daß bei der Herst. des Poles Acetatseide oder Zellwolle verschied. Mattierungsgrade verwendet werden u. das Gewebe durch Kochen verwollt wird. (**D. B. P. 868 432** Kl. 8k vom 5/3. 1944, ausg. 26/2. 1953.) MÖLLERING. 8077

Deutsche Hydrierwerke Akt.-Ges., Düsseldorf (Erfinder: **Winfried Hentrich**, Riehen, Schweiz, und **Alfred Kirstahler**, Düsseldorf), *Polykondensationsprodukte* erhält man durch Kondensation von Lactonen von Oxyalkoxyessigsäuren (I) mit prim. oder sek. Diaminen (II) u. Erhitzen der Glykole mit bifunktionellen esterbildenden Verbb. auf 150—300° bis zur Bldg. superpolymerer Kondensationsprodukte. Als I sind z. B. genannt: β-Oxyäthoxyessigsäurelacton, als II Hexamethylendiamin, das Reaktionsprod. *N.N'-Di-(β-oxyäthoxyacetyl)-1.6-hexamethylendiamin*, F. 92—93°, gibt mit Adipinsäure ein wachsartiges Kondensationsprod., das, weiter mit Hexamethylendiisocyanat kondensiert, ein zu Fäden *verspinnbares Prod.* liefert. (**D. B. P. 869 867** Kl. 39c vom 22/7. 1942, ausg. 9/3. 1953.) SCHINDLER. 8081

Johann Otto Zentgraf (Erfinder: **Johann Otto Zentgraf** und **Maria Bauer**), Tulling, *Künstliche Borsten*. Verschied. sehr dünne Fasern werden oberflächlich angelöst oder mit Klebstoff versehen, unter Druck oder Verdrallung zusammengefügt u. zu Borsten beliebiger Länge geschnitten. Das Faserbündel wird nur an bestimmten Stellen verklebt u. an den nichtverklebten Stellen möglichst schräg geschnitten, so daß die Enden zu einer Fahne aufgespalten werden. (**D. B. P. 880 383** Kl. 29b vom 24/2. 1943, ausg. 22/6. 1953.) SALZMANN. 8081

Soc. An. des Manufactures des Glaces et Produits Chimiques de Saint-Gobain, Chauny & Cirey, Paris, Frankreich, *Herstellung von feinen Fasern aus thermoplastischen Stoffen, besonders Glas*. Die Glasfasern werden beim Austreten aus der Düse von den Zentrifugalkräften eines Gasstroms aus heißen Verbrennungsgasen erfaßt u. ausgezogen. Die Düsen selbst sind Rotationskörper u. schleudern die Glasschmelze an ihrer Peripherie durch Zentrifugalkräfte in feinen Fäden heraus. — Zeichnungen. (**N. P. 78 920** vom 19/5. 1947, ausg. 13/8. 1951. F. Prior. 31/5. 1946.) JÜRGEN SCHMIDT. 8083

Soc. An. des Manufactures des Glaces et Produits Chimiques de Saint-Gobain, Chauny & Cirey, Seine, Frankreich, *Glasfasern* werden zwecks späterer Färbung im Strang, als Band, Schnur oder Faden mit einem Textilfarbstoffe anhaltenden, festhaftenden Überzug aus Kunstharzen, bes. Kondensationsprodd. des Melamins, oder aus chloriertem Kautschuk versehen. Z. B. erfolgt die Überzugsbehandlung mit einer Mischung aus 10 (%) lösl. Mineralöl, 1,5 Glucose, 4 weißem Dextrin u. 1 „Handels-Sandofix". (**F. P. 1 001 313** vom 15/4. 1946, ausg. 22/2. 1952.) BEWERSDORF. 8083

XIX. Brennstoffe. Erdöl. Mineralöle.

W. A. Kirkby und **R. J. Sarjant**, *Konstitution der Kohle und Koksbildung*. Um Kokskohlen, die etwa gleiche Zus. nach der Elementaranalyse, aber ungleiches Verh. bei der Verkokung zeigten, auf Inhaltsstoffe zu untersuchen, wurden sie mit Phenol extrahiert. Dabei trat neben Lsg. auch Depolymerisation ein. Die Extrakte wurden chromatograph. mit Chlf., Bzl., Aceton u. n-Hexan zerlegt u. die Eluate im Infrarot-Spektrographen analysiert. Die einen festeren Koks liefernden Kohlen zeigen deutliche Banden, die für Aromaten u. kondensierte Ringsysteme charakterist. sind. Somit erscheint ein Weg zur Prüfung der Verkokungseigg. von Kohlen im Labor. gegeben. (Nature [London] **170.** 597—99. 11/10. 1952. Sheffield, Univ., Dep. of Fule Technol.) SCHMELING. 8126

Karl Patteisky, *Die Veränderungen der Steinkohlen beim Ablauf der Inkohlung*. Nach dem ersten, rein biol. Abschnitt, der unter dem Einfl. von Mikroorganismen stattfand, sind für das Fortschreiten der Inkohlung hauptsächlich physikal. Ursachen, wie Tiefendruck u. Tiefentemp. infolge des Mächtigerwerdens der Deckschichten, maßgebend. Die Best. des Inkohlungsgrades erfolgt am sichersten am *Vitrit*, dessen Herkunft u. Zus. im allg. einheitlich ist u. daher die Probennahme einfach vorgenommen werden kann. Als Maß für den Inkohlungsgrad gilt der Geh. an flüchtigen Bestandteilen, der bei Steinkohlen von der Gasflammkohle bis zum Anthrazit u. schließlich Graphit von ca. 45% der wasser- u. aschefreien Kohle bis praktisch 0% zurückgeht. (Brennstoff-Chem. **34.** 75—82. 18/3. 1953. Bochum.) H. SCHÖBERL. 8126

N. Y. Kirov, *Die Verwendung von Koksgrus*. Es wird über die Verwendung von Koksgrus als Heizmaterial zur Dampferzeugung berichtet, weiter über die Verwendung in Verbindung mit Kohle, Bitumen, Pech, Öl. Weitere Betrachtungen dienen der Wiederverkokung mit Kohle u. der Brikettierung. (Brit. Coal Utilisat. Res. Assoc., monthly Bull. **15.** 37—44. Febr. 1951.) BOYE. 8144

—, *Die unterirdische Vergasung in verschiedenen Ländern*. 2. Mitt. *Experimente in Italien*. — 3. Mitt.: *Experimente in Gorgas* (*USA*). (1. vgl. C. **1951.** II. 1080.) In einem

Großvers. in *Valdarno* (Toskana) wurde unregelmäßige u. feuchte Braunkohle nach der Strömungsmeth. (1. Mitt.) vergast. Es gelang nicht, die Verlagerung der Reaktionszone unter Kontrolle zu bringen. Nach Unterbrechung wegen Gefahr der Beschädigung der Abdämmung wurde die Rk. erneut in Gang gebracht u. liefert schließlich Gas mit im Mittel 725, bisweilen sogar 1000 Cal/m³. Bestes Gas wurde stets bei maximalem Luftangebot (6500 m³/Std.) erhalten. Bei sehr geringem Luftangebot (infolge von Defekten der elektr. App.) traten Verpuffungen ein, die schließlich zum Abbruch der Verss. zwangen. Die guten Resultate sind vermutlich auf die große Reaktionsfreudigkeit u. den hohen Geh. der Kohle an flüchtigen Bestandteilen zurückzuführen. In einem 2. Großvers. in *Terni* wurden wegen Undichtheit des Terrains nur wenige Resultate erhalten. Unterird. wurde Gas mit 1320 Cal/m³ entwickelt, oben konnte aber nur Gas mit 400—600 Cal/m³ aufgefangen werden. In Gorgas (*USA*) wurde 1947 ein 90 cm dickes Steinkohlenflöz durch Einblasen von verschied. Gasen abgebaut. Es entstand mit Luft ein Gas mit 560 Cal/m³, Luft + O_2: 416, Luft + O_2 + H_2O: 875, O_2 + H_2O: 1125, H_2O: 1670 u. natürlicher Zug: 2160. Die Überprüfung nach Aufgrabung ergab: Ein Teil war vollständig ohne Verbleib von Koksresten ausgebrannt u. durch Einsturz verfüllt. Der restliche Kern war von einem Koksrand von 1 m Dicke umgeben. In einem 2. Vers. 1949/50 wurde in einer geraden Galerie gearbeitet, die 50 m tief lag u. mit Bohrungen nach oben versehen war. Es gelang jedoch trotz Anwendung verschied. Kunstgriffe nicht, einen genügenden Kontakt zwischen Brennstoff u. Zündmittel zu erreichen, so daß kein brennbares Gas erhalten werden konnte. (Ann. Mines Belgique **50.** 174—95. März 1951.) GERHARD GÜNTHER. 8148

Heimo Schöberl, *Die technischen Brenngase und ihre Erzeugung.* An Hand neuerer Literatur wird neben der Erläuterung allg. Grundlagen ein Überblick über die Entw. der Brenngaserzeugung gegeben. Zur Verbreiterung der Kohlenbasis sind Entgasungsverff. entwickelt worden, die es gestatten, auch nicht oder nur schwach backende Steinkohlen u. sogar Braunkohlen u. Holz zu entgasen. Auf dem Gebiet der Kohlenwertstoffgewinnung u. Gasreinigung sind die neueren Fortschritte auf die apparative Anordnung u. Ausführung beschränkt. Die Verff. der restlosen Vergasung haben zum Ziel, praktisch alle Kohlen — z. B. backende, feinkörnige oder aschenreiche — der Veredlung zugänglich zu machen. (Chemiker-Ztg. **76.** 779—83. 20/11. 1952. Langenberg/Rhld., Gaswärmeinst.) H. SCHÖBERL. 8148

A. B. Densham, D. J. Langston und **A. J. Simpson,** *2-Äthylpyridin als ein Bestandteil von Steinkohlenteerbasen.* Vff. isolierten aus handelsüblichem *β-Picolin* (**I**) (Kp. 144,5°) durch Kolonnendest. eine Fraktion (Kp. 147,6—149,5°), die 65% *2-Äthylpyridin* (**II**), 25% *γ-Picolin,* etwas **I** u. *2.6-Lutidin* enthielt. Außerdem wurde festgestellt, daß aus Steinkohlenteerbasen gewonnenes rohes Pyridin entgegen den Beobachtungen von COULSON, HALES, HOLT u. DITCHAM (vgl. J. Appl. Chem. **2.** [1952.] 71) neben 3-Äthylpyridin auch 0,3% **II** enthält. **II**, Kp. 148,7°, wurde durch Infrarotspektr. (in Paraffin oder CS_2) u. Darst. des *Pikrats,* F. 106,5° (A.), identifiziert. (J. chem. Soc. [London] **1952.** 5044. Dez. Fulham, North Thames Gas Board, Fulham Labors.) W. HOFFMANN. 8176

M. Vahrman, *Einige Betrachtungen über die Chemie des Steinkohlenteers.* 1. Mitt. *Die chemische Natur.* Die chem. u. physikal. Eigg. von Teeren verschied. Herkunft werden beschrieben, bes. solcher, die in senkrechten Kammeröfen aus bituminösen Kohlen gewonnen wurden. Ebenso wird auch eine Zusammenstellung der amorphen Bestandteile gegeben u. eine Einteilung dieser auf Grund bekannter Eigenschaften. (J. appl. Chem. **2.** 532—38. Sept. 1952. Surrey, Leatherhead.) ROSENDAHL. 8176

M. Vahrman, *Einige Betrachtungen über die Chemie des Steinkohlenteers.* 2. Mitt. *Allgemeine Charakteristik und chemische Zusammensetzung von Teeren aus senkrechten Kammeröfen.* (1. vgl. vorst. Ref.) Der zur Unters. gelangende Teer entstammte einer nicht backenden Kohle mit einem hohen Geh. an flüchtigen Bestandteilen (Haunchwood peas.) Es handelt sich um einen Tieftemperaturteer. Seine kinemat. Zähigkeit ist größer (bei 20°) als 1600 stokes, die Wichte bei gleicher Temp. 1,11. Die Zähigkeitskurve zeigte bei 27° einen scharfen Knick, der darauf zurückgeführt wird, daß die zuerst disperse Phase sich hier in Öl löst u. so eine große Beweglichkeit verursacht. Bei Zugabe bestimmter Mengen Bzl. trat Flockenbldg. ein, bei Erhöhung der Benzolmenge auf das 8—10fache der Teermenge wurde die Hauptmenge des Nd. wieder gelöst, der verbleibende, abfiltrierte Rest war vollkommen unlösl. in Benzol. Bei der Dest. des Teeres erhielt man bis 352° verschied. Ergebnisse, je nachdem, ob ein frischer Teer aufgearbeitet wurde oder einer, der seit Wochen stand. Ebenso war ein starker Unterschied, ob die Dest. schnell oder langsam durchgeführt wurde, weil bei der langsamen Dest. starke Polymerisationen eintraten, wodurch der Geh. an Anteilen zwischen 300 u. 352° stark erhöht wurde. Dieser Siedeanteil war sehr zäh u. enthielt „Asphalte“ mit Öl gemischt.

Anthracen konnte durch Oxydation nicht nachgewiesen werden. Der Geh. an alkalilösl. Anteilen war wie bei Tieftemperaturteeren (19,5 Vol%). Der Siedeanteil zwischen 230 u. 270° war klar, selbst bei Eiskühlung u. längerem Stehen zeigten sich keine Ausscheidungen. Bei rascher Dest. des Teeres wurde zwischen 370 u. 400° ein rohes Destillat erhalten, das bei Abkühlung zu einem rubinroten Harz erstarrte. Mit wenig Bzl. erhielt man eine klare Lsg., während bei höheren Mengen des gleichen Lösungsm. Flocken abgeschieden wurden. Beim Schmelzen konnten lange, glasklare Nadeln erhalten werden. Beim Aufarbeiten des Teeres mit Lösungsmitteln wurde mit Bzl. u. Pyridin eine M. erhalten, die an „Freien Kohlenstoff" des n. Steinkohlenteers erinnerte. Die in n-Hexan unlösl. Phenole („Resinole" genannt) stellen ein gelbes amorphes Pulver dar, F. 100°, sie sind geruchlos u. dunkeln beim Stehen nach. Die in W. lösl. Phenole zeigten einen deutlichen Geruch nach Kresolen. UV-Adsorptionsspektren gaben keinen Anhaltspunkt für die Konst., nur daß die Alkylgruppen in p-Stellung zum OH stehen müssen. Die aus dem Teer erhaltenen Basen haben einen süßlichen Geruch u. haben eine höhere Wichte als Pyridin, Picolin usw. Vf. nimmt an, daß es sich um Chinoline oder Isochinoline handelt. Ein geringer Geh. an O wird auf nachträgliche Oxydation zurückgeführt. Ausführliche Tabellen, Zerlegungsschema des Teeres u. Zusammenstellung der Analysen. (J. appl. Chem. **2.** 538—46. Sept. 1952. Surrex, Leatherhead.) ROSENDAHL. 8176

John M. Campbell und **Lawton L. Laurence,** *Entwässerung von Naturgasen und flüssigen Kohlenwasserstoffen.* Neben den korrosiv wirkenden Trockenmitteln, z. B. $CaCl_2$ in Form von Salz oder Sole, H_2SO_4 u. LiCl, werden die nicht korrodierenden Mittel wie Triäthylenglykol, Diäthylenglykol, Glykol–Amin–Wasser-Gemische u. Glycerin hinsichtlich ihrer trocknenden Wrkg. an Hand von Verss. besprochen. Zusammenstellung u. Gegenüberstellung der chem. u. physikal. Eigg. u. Kennzahlen sowie Vorteile u. Nachteile bei der Trocknung von fl. KW-stoffen. — Arbeitsdiagramme u. Kurven im Original. (Petroleum Refiner **31.** Nr. 11. 109—16. Nov. 1952. Oklahoma City, Black, Sivalls u. Bryson, Inc.) K. O. MÜLLER. 8186

Curt Lochmann, *Zusammenstellung des neueren Schrifttums über physikalische Daten und Wärmewerte der Erdöl-Kohlenwasserstoffe, deren binäre und multiple Mischungen und ihre Thermodynamik.* Vf. gibt eine Literaturzusammenstellung über DD., FF., Kpp., Brechungsindices, krit. Werte von KW-stoffen der n-Paraffinreihe, Iso-KW-stoffen u. Olefinen; ferner Verdampfungs-, Schmelz- u. spezif. Wärmen, Enthalpie, Entropie, Flüchtigkeit, JOULE-THOMPSON-Koeff., Kompressibilitätsfaktoren, Bildungswärmen, Gleichgewichte in Gasen; ferner über bin. u. tern. Gemische u. Wärmewerte von KW-stoff-Gemischen u. Erdölfraktionen, außerdem über Thermodynamik der KW-stoff-Systeme. — Es werden 372 Literaturstellen angegeben. (Brennstoff-Chem. **32.** 301—09. 17/10. 1951. Baiersbronn.) FREIWALD. 8188

Paul F. Swanson und **Neilson R. Adams,** *Erdölverarbeitung.* Betrachtungen sowohl chem.-physikal. als auch wirtschaftlicher Art über die zukünftige Erdölverarbeitung, d. h. Verbesserungen der grundlegenden Verff. durch Anwendung von Katalysatoren. Die Raffinerien der Zukunft werden weitläufiger sein, komplexer u. stärker unterteilt als in der Vergangenheit. Die grundlegenden Raffinier- u. Aufarbeitungsverff. werden durch neue petrochem. u. synthet. Verff. ergänzt werden. Die Herst. von Olefinen durch Hochtemperaturspaltung sowie die auf Kohle aufgebauten Syntheseverff. sind in den Betrachtungen eingeschlossen. (Ind. Engng. Chem. **45.** 1429—35. Juli 1953. New York, N. Y., M. W. Kellog Co.) K. O. MÜLLER. 8192

Jerome J. Morgan, *Vergasung von Kohlenwasserstoffen zur Gewinnung eines Gases, das dem Naturgas der Stadtgasversorgung zugesetzt werden soll.* 9. Mitt. *Beschleunigte Crackverfahren.* (8. vgl. Gas Age **110.** [1952.] Nr. 10. 37. Es werden beschrieben: DAVIS Reformierungsverfahren, Verf. der PHILLIPS PETROLEUM Co., Reformieren von Naturgas durch Oberflächenverbrennung. (Gas Age **110.** Nr. 11 u. 12. 59—65. 20/11. 41—45. 4/12. 1952. Columbia, Univ.) ROSENDAHL. 8196

J. N. Wilson, J. W. Otvos, D. P. Stevenson und **C. D. Wagner,** *Hydrierung von Olefinen über Metalle.* Zur Klärung des Mechanismus der katalyt. Hydrierung wurden Olefine über einem handelsüblichen Ni-Katalysator mit einem großen Überschuß reinen Deuteriums behandelt u. die isotop. Zus. der Prodd. durch Massenspektroskopie ermittelt. Das Reaktionsprod. vom cis-2-Buten u. Deuterium bei —78° enthielt alle isotopen Sorten von C_4H_{10} bis C_4D_{10} in wahlloser Verteilung der Deuteriumatome zwischen den H_2-Stellungen, wenn auch die durchschnittliche Zus. der Endprodd. nahe bei $C_4H_8D_2$ lag. Dies läßt vermuten, daß bei tiefer Temp. sowohl die Alkanbldg. als auch die Wiederverteilung von H-Atomen innerhalb der chem. sorbierten KW-stoff-Sorten langsam durch Elementar-Rkk. vor sich geht, wobei ein H-Atom von einem chem. sorbierten KW-stoff-Fragment auf ein anderes übergeht, statt daß chem. sorbierter H_2 unmittelbar einwirkt.

Bei höherer Temp. tritt die Austausch-Rk. mit chem. sorbiertem H_2 stärker hervor. Auf Grund dieser Unterss. u. fremder Beobachtungen schlagen Vff. einen neuen Reaktionsmechanismus für die katalyt. Hydrierung von Olefinen über Metalle vor. Verss. u. weitere Erläuterungen im Original. (Ind. Engng. Chem. **45.** 1480—87. Juli **1953.** Emeryville, Calif., Shell Develop. Co.) K. O. MÜLLER. 8198

G. E. Langlois, *Olefinpolymerisation mit sauren Katalysatoren.* Der Reaktionsmechanismus, der die Katalyse mit FRIEDEL-CRAFTS-Katalysatoren sowie mit herkömmlichen Säurekatalysatoren, z. B. Phosphorsäure, umfaßt, wird beschrieben. 3 Typen der Polymerisation werden unterschieden: die reine Polymerisation, die Heteropolymerisation, bei der Olefin als ungrades Vielfaches des Monomeren anfällt, u. die vereinigte Polymerisation, die Paraffine, Polyolefine u. cycl. Prodd. liefert. Die Reaktionsbedingungen, die diese verschied. Typen begünstigen, u. der jeweilige Reaktionsmechanismus wird an Hand von Verss. beschrieben. (Ind. Engng. Chem. **45.** 1470 bis 1476. Juli 1953. Richmond, Calif., California Res. Corp.) K. O. MÜLLER. 8200

R. C. Teitsworth, *Verbesserter Polyform-Betrieb auf Grund neuer Beziehungen.* Beim Polyformverf. tritt neben Polymerbldg. eine Verdünnungswrkg. ein, welche die Koksbldg. mehr oder weniger verhindert. Aus prakt. Verss. abgeleitete Beziehungen, die kurvenmäßig dargestellt sind, zeigen, daß sich der Durchsatz von Polyformanlagen erheblich erhöhen läßt, wenn weniger Gas in Umlauf genommen wird. Rechnungsmäßig ergibt sich nur ein geringer Abfall der Ausbeute, dagegen zeigt sich ein erheblicher Verlust an Klopffestigkeit im Endprodukt. Es wird eine Formel aufgestellt, aus der sich die mögliche Verweilzeit im Reformierofen (soaking factor) ohne Bldg. von Koks errechnen läßt. (Petroleum Refiner **32.** Nr. 2. 91—94. Febr. **1953.** Beaumont, Texas, Magnolia Petr. Co.) SCHMELING. 8200

H. P. Landerl und **B. M. Sturgis,** *Untersuchungen über die Bildung von Ablagerungen im Verbrennungsraum mit Hilfe von radiumaktiviertem Tetraäthylblei.* Das für die Unters. verwendete $(C_2H_5)_4$ Pb wurde aus einem mit Ra D aktivierten Pb Cl_2 (Konz. 2 m/Curie/100 g) nach GRIGNARD in einem Autoklaven unter Eigendruck unter Verwendung von weniger als 0,5 Mol Äther pro Mol Mg mit 65% ig. Ausbeute nach der Gleichung $4\ C_2H_5Cl + 3\ Mg + PbCl_2 \rightarrow —(C_2H_5)_4Pb^* + 3\ MgCl_2$ hergestellt. Die Prüfstandverss. wurden in einem wassergekühlten Lausonmotor, Modell H-2, durchgeführt. Als Kraftstoff dienten 2 Spaltbenzine, von denen das eine 1 Mol Äthylendichlorid, 0,5 Mol Äthylendibromid u. 1 Mol Tetraäthylblei enthielt, während das andere keine Halogenverbb., die die Bleisalze aus dem Verbrennungsraum herausspülen sollen, sondern nur Tetraäthylblei enthielt. Der Motor wurde unter gleichmäßiger Belastung so lange gefahren, bis ein gewünschter Stand der Abscheidung erreicht war. Dann wurde auf das mit Ra aktivierte Tetraäthylblei umgeschaltet u. eine kurze Zeit noch weitergefahren. Mit einem DU PONT-Röntgenpapier wurde dann der zusätzliche Nd. kenntlich gemacht. Aus den Verss. u. Bildern ist zu ersehen, daß sich in einem schon Abscheidungen enthaltenden Verbrennungsraum neue Abscheidungen vorzugsweise nur auf der prim. Schicht bilden. Bei den Verss. wurde auch eine Wanderung von Ndd. durch ständiges Abbröckeln von Niederschlagspartikelchen gefunden, die von den Vff. als „Flecking" bezeichnet wird. Diese wandernden Partikelchen sind, was bisher noch nicht erkannt worden ist, die Träger des Herausspülens u. sind auch verantwortlich für die Bldg. der großen Abscheidungsmengen am Auspuffventil. Weiterhin glauben Vff. den Nachweis von Gas–Feststoff-Rkk. in Motoren erbracht zu haben durch das Herausspülen von vorgebildeten Abscheidungen durch Halogene. Die Verss. geben einen Einblick über das Verh. von in Verbrennungsräumen gebildeten Abscheidungen u. erleichtern für die zukünftige Entwicklung Mittel zu finden, die diese Abscheidungen im prakt. Betrieb laufend entfernen, um den Wirkungsgrad des Motors zu erhalten. (Ind. Engng. Chem. **45.** 1744—48. Aug. **1953.** Wilmington, Del., E. I. du Pont de Nemours & Co., Inc., Organic Chem. Dep., Jackson Lab. and Petroleum Lab.) K. O. MÜLLER. 8208

Frederick E. Pierce, Hannover, N. H., V. St. A., *Lagerung und Wiedergewinnung von Torf.* Dieser wird in bröckligem u. trockenem Zustand aufgeschüttet u. mit W., dem gegebenenfalls 1—2% mit W. mischbare Öle zugesetzt sind, besprengt. Die sich bildende Kruste wird abgehoben, getrocknet u. vermahlen. Mit dem verbleibenden Material wird in gleicher Weise verfahren. (**Can.. P. 476 816** vom 13/10. 1948, ausg. 11/9. 1951. A. Prior. 4/11. 1947.) WITTHOLZ. 8123

George Kopp, Rugby, England, *Verbrennen von Öl.* Man leitet das Öl feinverteilt durch eine nichtbrennbare Fl. der Brennzone zu. Es bildet sich auf der Fl., z. B. W., ein Ölfilm; diesem wird die Verbrennungsluft zugeführt, die Verteilung der Luft kann ebenfalls durch das W. hindurch erfolgen, wobei die Luftkanäle dicht unterhalb des

Ölfilmes enden. — Vorr., Zeichnungen. (**N. P. 79 297** vom 17/3. 1950, ausg. 5/11. 1951. E. Priorr. 18/3. 1949 u. 13/3. 1950.) JÜRGEN SCHMIDT. 8129

David Dalin, Rönninge, **Claes Joel Gejrot,** Örebro, und **Tore J. Hedbäck,** Södertälje. Schweden, *Verbrennung bzw. Trockendestillation von Brennstoffen mit niedriger Sintertemperatur.* Die Trockendest. solcher Brennstoffe, bes. *Brennschiefer,* wird in hohen Schichten durchgeführt, wobei durch Zuführung von W. oder Dampf ein Überschreiten der Sintertemp. vermieden wird. Das W. wird hierbei durch ein besonderes, in die Verkokungs bzw. Brennkammer eingebautes Rohrsyst. geleitet. — Vorr., Zeichnung. (**N. P. 78 903** vom 4/12. 1946, ausg. 6/8. 1951. Schwed. Priorr. 31/3. 1944 u. 10/2. 1945.) JÜRGEN SCHMIDT. 8129

Quaker Oats Co., Chicago, Ill., V. St. A. (Erfinder: **H. B. Johnson**), *Reinigen von kohlehaltigen Stoffen auf elektrostatischem Wege.* Man läßt die Massen, z. B. Anthrazitstaubkohle, bituminöse Schiefer, zwischen Elektroden hindurchfallen, zwischen denen eine hohe Gleichspannung aufrechterhalten wird. Diese Trennung wird in mehreren Stufen durchgeführt, in der Weise, daß man die Elektroden als rotierende Scheiben ausbildet u. hierbei dann je nach der Richtung des elektr. Feldes die Kohle oder die Asche länger an der größeren rotierenden Elektrode zurückhält als den anderen Bestandteil u. hierdurch eine Trennung erzielt. — Diagramme. (**Schwed. P. 133 761** vom 11/10. 1946, ausg. 4/12. 1951. A. Prior. 11/10. 1945.) JÜRGEN SCHMIDT. 8135

Antoine Vloeberghs, Antwerpen, Belgien, *Herstellung von Preßstücken aus Brennstoffen.* Zur Herst. von Kohlenbriketts wird Kohlenstaub, z. B. Anthrazitstaub, mit über 6 (%) Sulfitablauge (I) u. mit bis 3 eines Phenolformaldehydharzes (II) vermischt, worauf die Mischung verformt u. auf Temppp. von ca. 100° erhitzt wird. I dient als Bindemittel, während II wasserabweisend macht. (**A. P. 2 567 136** vom 1/10. 1946, ausg. 4/9. 1951. Belg. Prior. 22/9. 1939.) HANS HOFFMANN. 8137

Antoine Vloeberghs, Antwerpen, Belgien, *Bindemittel zur Herstellung von Preßlingen aus Brennstoffen,* bestehend aus einem polymerisierenden Stoff, z. B. Kunstharz (I) u. Sulfitzellstoffpech (II), z. B. 2—6 (%) II u. 0,5—3 I. Der Preßling ergibt bei der Verbrennung keine größere Rauchentwicklung als der Grundbrennstoff u. ist außerdem sehr wetterbeständig. (**D. R. P. 751 737** Kl. 10b vom 2/12. 1941, ausg. 21/7. 1952. Belg. Prior. 22/9. 1939.) W. HAUSWALD. 8137

Standard Oil Development Co., übert. von: **Karl J. Nelson,** Cranford, N. J., V. St. A., *Vergasung fester Brennstoffe wie Stein-, Braunkohle, Torf, Ölschiefer, Koks und dergleichen.* Man vergast den Brennstoff im fluidisierten Zustand u. zieht die erzeugten Gase u. den Vergasungsrückstand ab. Letzterer wird in einer Erhitzungszone unvollständig verbrannt derart, daß die Temp. unterhalb des Aschschmelzpunktes liegt. Die Abgase dieser Teilverbrennung u. ein Teil des festen Rückstandes werden abgezogen, während ein anderer Teil des Rückstandes in einer Verbrennungszone einer vollständigen Verbrennung unterworfen wird. Die heißen Abgase dieser Verbrennung werden hauptsächlich in die Erhitzungszone geleitet u. ein anderer Teil der Rückstandserhitzerzone zugeführt, um mindestens teilweise die für die Vergasung erforderliche Wärme zu liefern. (**A. P. 2 554 263** vom 18/12. 1946, ausg. 22/5. 1951.) W. HAUSWALD. 8149

Koppers Co., Inc., Pittsburgh, Pa., V. St. A., *Vergasen von feinverteilten festen Brennstoffen.* Man führt den festen Brennstoff zusammen mit O_2 durch eine Düse der Verbrennungskammer zu. Hierbei wird konzentr. zu diesem Strom ein mit dem Brennstoff endotherm. reagierendes Mittel (CO_2, Wasserdampf) zugeführt, so daß zwischen der Brennzone u. der Kammerwand eine Schicht des endothermen Reaktionsmittels vorhanden ist. — Zeichnung. (**N. P. 78 917** vom 28/12. 1948, ausg. 13/8. 1951. Schwz. Prior. 29/12. 1947.) JÜRGEN SCHMIDT. 8149

Koppers Co., Inc. (Erfinder: **Friedrich Totzek,** Essen), Pittsburg, Pa., V. St. A., *Vergasung von feinverteilten festen Brennstoffen* in der Schwebe mit O_2, wobei zusätzlich ein Brenngas (I) ständig in den Reaktionsraum (II) so eingeleitet wird, daß es bei der Unterbrechung der Brennstoffzufuhr mit dem O_2 reagiert. Das I wird unabhängig u. getrennt von der Zufuhr von O_2 an einer solchen Stelle in den II eingeleitet, daß es im n. Betrieb die Vergasungs-Rk. nicht stört, wobei die Menge u. Temp. des I so gewählt wird, daß das im Falle eines Versagens der Brennstoffzufuhr entstehende Brenngas–O_2-Gemisch eine Temp. oberhalb der Zündtemp. des Gemisches besitzt u. der gesamte freie O_2 verbraucht wird. (**D. B. P. 856 188** Kl. 24e vom 29/12. 1948, ausg. 20/11. 1952. Schwz. Prior. 29/12. 1947.) DEMMLER. 8149

Heinrich Koppers G. m. b. H. (Erfinder: **Friedrich Totzek**), Essen, *Erzeugung von heizkräftigem Brenngas* durch Vergasen von staubförmigen Brennstoffen, wie Schwelkoks, Koks, Steinkohle, Braunkohle, mit O_2 (Luft) u. Wasserdampf, wobei der Brennstaub in der Schwebe mit dem Vergasungsmittel in Berührung kommt. Die Vergasungsmittel werden nach Vorwärmung mit dem Brennstaub in einem Reaktionsraum solcher Größe u. Wärmeableitung umgesetzt, daß die Asche in diesem Raum in Form einer dünnfl. Schmelze anfällt, die von den Reaktionsraumwänden abläuft u. fl. vom Boden des Raumes abgezogen wird. (**D. R. P. 765 992** Kl. 24e vom 1/3. 1941, ausg. 26/1. 1953.) DEMMLER. 8149

Metallgesellschaft Akt.-Ges., Frankfurt/M. (Erfinder: **Otto Hubmann**, Bad Homburg), *Vergasen von festen Brennstoffen*, bes. mit O_2 oder mit an O_2 angereicherter Luft u. Wasserdampf u./oder CO_2 in 2 Zonen, von denen die eine, in die der Brennstoff zuerst gelangt, mit hoher u. die folgende mit niedrigerer Temp. betrieben wird, indem zur Erzeugung eines an CH_4 u. CO-reichen Gases, bes. bei der Vergasung unter Druck, die 1. Zone mit Luft oder mit O_2 oder dgl. mit einem geringen Zusatz von wärmebindendem Wasserdampf bzw. CO_2 u. die folgende oder folgenden mit einem stärkeren Zusatz des wärmebindenden Mittels betrieben werden. — Vorrichtung. (**D. B. P. 865 624** Kl. 24e vom 8/11. 1941, ausg. 2/2. 1953.) DEMMLER. 8149

Koppers Co., Inc. (Erfinder: **Fred Denig**), Pittsburgh, Pa., V. St. A., *Entfernung saurer Gase, wie H_2S und HCN, sowie des Naphthalins aus Gasen*, in dem letztere mit einer wss. alkal. Lsg. gewaschen werden, deren Temp. so hoch ist, daß prakt. kein Naphthalin kondensiert wird u. daß dann die aus der wss. Lsg. mittels einer Heißregenerierung abgetriebenen sauren, naphthalinhaltigen Gase mit einem Waschöl behandelt werden, dessen Temp. mindestens so hoch ist wie die Temp. der dem Waschölwascher zugeführten Gase, wonach die naphthalinfreien sauren Gase abgezogen werden, während das naphthalinhaltige Waschöl getrennt weiterbehandelt wird. — Zeichnung. (**D. B. P. 855 751** Kl. 26d vom 29/9. 1950, ausg. 17/11. 1952. A. Prior. 2/11. 1945.) DEMMLER. 8165

Koppers Co., Inc. (Erfinder: **Herbert Gollmar**), Pittsburgh, Pa., V. St. A., *Aufarbeiten des aus der Regenerierstufe für Alkalicarbonatwaschlösung abgetriebenen Gas–Dämpfe-Gemischs* (I) durch Abkühlung des I u. Behandlung mit einem Lösungsm. (II) für hochsd. KW-stoffe wie *Naphthalin* oder dgl., indem das bei n. Temp. fl. **II** dem **I** vor Eintritt in eine Kühlstufe (**III**) in Dampfform zugemischt, in der **III** zusammen mit Wasserdampf kondensiert u. das W.–Lösungsm.-Gemisch aus der **III** zwecks Rückgewinnung u. Rückführung des **II** abgezogen wird. — Als **II** wird z. B. ein Erdöldestillat verwendet, dessen Kp. zwischen 100 u. 300°, bes. zwischen 180 u. 280°, liegt. — Zeichnung. (**D. B. P. 856 034** Kl. 26d vom 28/12. 1950, ausg. 17/11. 1952. A. Prior. 6/1. 1950.) DEMMLER. 8165

Fa. Carl Still (Erfinder: **Carl Still**), Recklinghausen, *Gewinnung von Teer und NH_3 aus Gasen*. Außer dem Wasserkreislauf durch den Kondenser u. Verdunster wird ein gesonderter Kreislauf von Einspritzkühlwasser durch die Ofenvorlage u. einen Scheidebehälter derart durchgeführt, daß sich prakt. alle Gasüberhitzungswärme in Wasserdampfsättigung umsetzt; die ständige Verringerung dieser Kreislaufwassermenge wird durch Zusatz von heißem Ablaufwasser des Kondensers ausgeglichen. — Zeichnung. (**D. B. P. 851 534** Kl. 26d vom 8/5. 1949, ausg. 6/10. 1952.) DEMMLER. 8165

F. I. Collin Akt.-Ges. (Erfinder: **Karl Bayerlein**), Dortmund, *Auswaschen von NH_3 aus Gasen*, wobei in mindestens einer Stufe das Auswaschen mit NH_3–W. zur Gewinnung eines mit NH_3 hoch angereicherten W. erfolgt, während das die mit nicht enthärtetem Frischwasser beaufschlagte Endstufe verlassende W. ganz oder teilweise getrennt abgeführt wird, indem das wenig NH_3 enthaltende Waschwasser einen Reaktionsraum in so langer Verweilzeit passiert, daß die Erdalkalien, bes. das Ca-Bicarbonat, durch den NH_3-Geh. ausgefällt werden u. anschließend das so enthärtete W. einem Kühlwasserkreislauf zugeführt wird. — Zeichnung. (**D. B. P. 855 452** Kl. 26d vom 28/3. 1950, ausg. 13/11. 1952.) DEMMLER. 8169

Badische Anilin- & Soda-Fabrik (Erfinder: **Fritz Giller, Fritz Winkler** und **Ferdinand Markert**), Ludwigshafen/Rh., *Entfernung von Schwefelverbindungen*, bes. H_2S, aus Gasen mittels Aktivkohle in Ggw. von O_2, Alkalien u. Feuchtigkeit. Man leitet die Gase vor der Entschwefelung, erforderlichenfalls nach Zugabe fehlender Feuchtigkeit durch Wasser- oder Dampfzufuhr mittels einer Brause, durch mit großoberflächigen Körpern versehene Räume. — Zeichnung. (**D. B. P. 851 106** Kl. 26d vom 25/1. 1942, ausg. 2/10. 1952.) DEMMLER. 8173

Badische Anilin- & Soda-Fabrik, Ludwigshafen/Rh., *Entfernen von Cyanverbindungen aus Gasen* mittels einer im Kreislauf durch eine Waschvorr. (I) u. über S geführten Alkali- oder Erdalkalimetallpolysulfidlsg. bei ca. 60° nicht übersteigenden Tempp., indem die aus der I abfließende Fl. auf 70—100°, bes. ca. 70—90°, erwärmt wird, ehe sie mit dem S in Berührung kommt, u. vor oder nach der Behandlung mit dem S auf die Waschtemp. gekühlt wird. (**D. B. P. 856 497** Kl. 26d vom 25/5. 1941, ausg. 20/11. 1952.) DEMMLER. 8173

Phillips Petroleum Co., übert. von: **William E. Bergman,** Bartlesville, Okla., V. St. A., *Bohrschlamm.* Der Schlamm soll eine niedrige Viscosität aufweisen. Er besteht aus W. (**I**), tonigen Stoffen (**II**), Alkali (**III**) u. einem Zusatz von Chinon (**IV**) u. Chinhydron (**V**). Die einzelnen Stoffe sollen in solchen Mengen in dem Schlamm enthalten sein, daß durch **I** eine ausreichende Flüssighaltung der Mischung, durch **II** die Bldg. eines Filterkuchens an der Bohrlochwandung, durch **III** alkal. Rk. (p_H-Wert höher als 7,0) u. durch **IV** u. **V** eine niedrige Viscosität des Schlammes gewährleistet ist. (**A. P. 2 555 265** vom 19/9. 1949, ausg. 29/5. 1951.) HANS HOFFMANN. 8191

Union Oil Co. of California, Los Angeles, übert. von: **Paul W. Fischer** und **James F. Cook,** Long Beach, Calif., V. St. A., *Bohrschlamm.* Dieser besteht aus einer wss. Tonsuspension u. enthält 0,5—5,0 (%) eines Alkalisalzes einer polymeren Acrylsäure mit einem Mol.-Gew. zwischen 5000 u. 50000 sowie 3—7 Alkalichlorid oder NH_4Cl. Eine solche Mischung besteht z. B. aus 20 (%) Ton, 4,9 NaCl, 12 Na-Polyacrylat, Rest Wasser. (**A. P. 2 552 775** vom 20/3. 1948, ausg. 15/5. 1951.) HANS HOFFMANN. 8191

Standard Oil Development Co., Elizabeth, N. J., übert. von: **Gilbert G. Wrightsman,** Houston, Tex., V. St. A., *Abdichten von wasserführenden Formationen bei Bohrungen.* Man führt in die abzudichtende Formation eine Lsg. ein, die aus einer Mischung von W. u. einer organ., bei der Behandlungstemp. der Formation hydrolysierbaren Fl. u. einer Substanz besteht, die im Lösungsm. lösl., aber im hydrolysierten Lösungsm. unlösl. ist, u. ermöglicht die Hydrolyse des Lösungsm. u. die Ausfällung des größten Teiles der gelösten Substanz, für die Diphenylthio**harnstoff** in Betracht kommt, u. deren Menge ca. 25% des Lösungsm. beträgt. Lösungsmittel sind z. B. Äthylacetat, Äthylformiat, Äthylpropionat, Methylacetat, Isopropylacetat oder Alkylnitrate, Alkylnitrite, Acetyl-, Propionyl-, Benzoyl- oder Salicylsäurechlorid. (**A. P. 2 556 863** vom 10/6. 1946, ausg 12/6 1951.) W. HAUSWALD. 8191

Gulf Research & Development Co., Pittsburgh, übert. von: **Harvey T. Kennedy,** Oakmont, Pa., und **Walter F. Rogers,** Houston, Tex., V. St. A., *Korrosionsverminderung bei Öl- und Gasbohrungen.* Man setzt den Bohr-Fll. Alkalibicarbonate oder deren Mischungen mit Alkalicarbonaten zu, um die Bldg. unlösl., verstopfender Ndd. zu vermeiden. Die Zusatzmenge richtet sich nach dem Säuregrad des Naturwassers, das auf p_H 6,0 bis 8,0 eingestellt wird. Man kann das Bicarbonat in den Zwischenraum zwischen **Innen- u. Außenrohr** oder in das Bohrrohr in fl. oder fester Form einführen. Im letzteren Falle wird das Zusatzmaterial in Form zylindr. Stangen benutzt, deren Durchmesser ca. ½ inch geringer als der geringste Durchmesser der Bohrrohre oder Fittings sind. Diese Stangen werden z. B. hergestellt aus: a) 100 (pds.) Na-Bicarbonat (**I**), 4,7 Äthylsilicat u. 3 W., b) 100 **I**, 5 calc. Magnesia (**II**) u. 7,1 $MgCl_2$-Lsg. (**III**) (D. 1,19) oder c) 100 **I**, 2,5 **II**, 3 Melaminharze u. 3,6 **III**. Die Mischungen werden dann bei ca. 5000 lbs./sq.in. gepreßt. (**A. P. 2 581 540** vom 2/9. 1948, ausg. 8/1. 1952.) W. HAUSWALD. 8191

Socony-Vacuum Oil Co. Inc., New York, N. Y., übert. von: **Abraham Shapiro,** Pasadena, und **Albert F. Clark,** Los Angeles, Calif., V. St. A., *Brechung von Emulsionen von Petroleum in Wasser.* Die wss. Phase wird durch Zusatz von Alkali auf ein p_H 7—9 gebracht u. mit 2—7 (Teilen) lösl Permanganate, z. B. des Na, K oder Ca, auf 1 Million Emulsion versetzt. (**A. P. 2 572 223** vom 5/8. 1950, ausg. 23/10. 1951.) DERSIN. 8191

Edeleanu G. m. b. H., Frankfurt/M. (Erfinder: **Ernst Terres,** Karlsruhe, **Karl Fischer,** Ahrensburg, **Alfred Hoppe,** Frankfurt/M., und **Paul Jodeck†,** Berlin-Charlottenburg), *Gewinnung von hochviscosen Ölen.* Man entasphaltiert Rückstandsöle mit leichtflüchtigen gesätt. KW-stoffen (Propan) u. extrahiert mit selektiven Lösungsmitteln, die ein bevorzugtes Lösungsvermögen für Ölanteile mit niedrigem Viscositätsindex haben. Aus der durch Entasphaltierung mit 600—1000 Vol.-% leichtflüchtiger KW-stoffe erhaltenen asphaltfreien Rückstandsöllsg. dampft man das Entasphaltierungsmittel bis auf 150—400 Vol.-% aus u. unterwirft die eingeengte Lsg. der selektiven Extraktion mit Phenol, Phenolhomologen, Phenolderivv. oder Mischungen davon. — Zeichnung. (**D. B. P. 867 271** Kl. 23b vom 4/7. 1951, ausg. 16/2. 1953.) UNGER. 8193

Gulf Oil Corp., Pittsburgh, Pa., übert. von: **William A. Slater,** Hunt, Tex., V. St. A., *Reinigung von Rohölen hohen Schwefelgehalts.* S-haltige, getoppte oder teilweise gereinigte Rohöle werden mit Katalysatoren (Fe, Ni, Co, oder deren Oxyde u. Mischungen) in einer 1. Behandlungszone unter Druck bei höherer Temp. in Ggw. von H_2 behandelt, wobei der S chem. an das Kontaktmaterial gebunden wird. Man beendet diese Behandlung, bevor wesentliche Mengen H_2S in das Öl gelangen, toppt das entschwefelte Prod., um Leichtbenzin u. leichtere Bestandteile zu entfernen. Den Rückstand unterwirft man in einer getrennten Spaltzone der Spaltung mit Hilfe schwefelfester Spaltkatalysatoren u. beendet die Spalt-Rk., wenn ca. 30% des Prod. umgewandelt sind. — Zeichnung. (**A. P. 2 600 931** vom 29/8. 1950, ausg. 17/6. 1952.) UNGER. 8193

Atlantic Refining Co., übert. von: **Seymour W. Ferris, Edward R. Lamson** und **Douglas M. Smith,** Philadelphia, Pa., V. St. A., *Extrahieren eines flüssigen Kohlenwasserstoffgemisches mit einem damit teilweise nichtmischbaren Lösungsmittel.* Das KW-stoffgemisch rieselt in einem zylindr. Behälter im Innern an zahlreichen senkrechten Wänden in dünner Filmschicht herunter, wobei es im Gegenstrom mit dem Lösungsm. in Berührung kommt u. die zu extrahierenden Anteile dabei aufgenommen werden. — Zeichnung. (**Can. P. 479 078** vom 17/6. 1946, ausg. 4/12. 1951.) M. F. Müller. 8193

Sun Oil Co., Philadelphia, Pa., übert. von: **Earl M. Honeycutt,** Claymont, Del., V. St. A., *Wiedergewinnung von entaschtem Öl und Naphthensäuren aus Rückständen.* Man mischt das Rückstandsöl, welches Alkalinaphthenate enthält, innig mit einem wss. Propylalkohol (20—40 Gew.-% Alkohol), um die meisten Naphthenate aufzunehmen u. dem gleichen Vol. eines KW-stofflösungsm. (I; C_5—C_{10}), läßt die Mischung oberhalb 80° F absetzen, wobei sich eine Alkohol- u. eine Ölphase ausbilden, die man trennt. Man verdampft das Lösungsm. aus der Ölphase u. erhält entaschtes Öl. Die Alkoholphase behandelt man im Gegenstrom mit I, um restliches Öl zu entfernen, u. säuert sie an. Man läßt absitzen, wobei sich eine Naphthensäurephase, die I enthält, von einer salzhaltigen wss. Alkoholphase trennt. Man verdampft das I von der Naphthensäurephase, wobei man gereinigte Naphthensäuren enthält. Den Alkohol dest. man zur Wiedergewinnung aus der Alkoholphase ab; im Sumpf erhält man Salzwasser. — Zeichnung. (**A. P. 2 600 537** vom 18/2. 1950, ausg. 17/6. 1952.) Unger. 8193

Pan American Refining Corp., Texas City, übert. von: **Simon Miron,** Galveston, Tex., V. St. A., *Reinigung von Kohlenwasserstoffen mit Flußsäure.* Teerhaltige Mineralöle bringt man bei 375—450° F mit mindestens $^1/_{10}$ Gewichtsteilen fl. HF in Berührung, u. zwar unter genügendem Druck, um HF in fl. Zustande zu erhalten, läßt die Mischung bei dieser Temp. absitzen, wobei sich infolge verschied. D. 3 Phasen — eine Teer-, Öl- u. leichtere HF-Phase — bilden, trennt die 3 Phasen voneinander u. entfernt HF aus der Teer- u. Ölphase. — Zeichnung. (**A. P. 2 600 671** vom 18/10. 1949, ausg. 17/6. 1952.) Unger. 8195

Anglo-Iranian Oil Co. Ltd. (Erfinder: **W. B. Porter** und **Frank Robert G. Green**), England, *Katalytische Entschwefelung von Erdölraffinaten* (Kp. 150—240°) in Dampfform durch Überleiten über einen Katalysator, welcher neben der Eig., Naphthenverbb. zu aromat. Verbb. zu dehydrieren, auch die Fähigkeit besitzt, organ. Schwefelverbb. in H_2S überzuführen u. durch Schwefel nicht vergiftet wird. Hierfür geeignete Katalysatoren sind z. B. *Co-Molybdat* oder Bauxit, welcher mit Co u. Mo imprägniert ist. Als Träger für den Katalysator kommt Tonerde in Betracht. Weiter sind als Katalysatoren genannt *Mo-Oxyd* auf Tonerde, *W-Ni-Sulfid* u. *Mo-Sulfid.* — Arbeitstemp. 370 bis 425°, Druck 3,5—18 at. — Zeichnung. (**F. P. 970 690** vom 25/8. 1948, ausg. 8/1. 1951. E. Prior. 26/8. 1947.) M. F. Müller. 8195

Standard Oil Development Co., Elizabeth, N. J., übert. von: **Linie P. Hodges,** Baytown, Tex., V. St. A., *Trennen der O-haltigen organischen Verbindungen von Kohlenwasserstoffen* erfolgt durch Dest. nach Zugabe von ca. 5—30 Volumenteilen einer Mischung aus Alkalinaphthenaten, Alkalihydroxyden u. einem KW-stofföl mit Kp. $>600°$ u. Abziehen der verschied. Fraktionen aus der Fraktionierkolonne. — Zeichnung. (**A. P. 2 584 269** vom 25/10. 1948, ausg. 5/2. 1952.) G. König. 8195

Standard Oil Development Co., übert. von: **Earl E. Willauer,** V. St. A., *Entasphaltieren von Erdölen* unter gleichzeitiger Abscheidung der darin enthaltenen Metallverbb. durch Behandlung mit einem Fällungsmittel, wie Propan oder Butan, bei 32—82° u. einem Druck von 28—42 at. Die abgeschiedenen Prodd. werden als Boden-Nd. von dem Öl abgetrennt, während das Öl als obere Schicht abgelassen wird. — Zeichnung. (**F. P. 972 484** vom 18/6. 1948, ausg. 30/1. 1951. A. Prior. 6/8. 1947.) M. F. Müller. 8195

Tide Water Associated Oil Co., San Francisco, übert. von: **Lee T. Devol** und **William J. Ayers,** Associated, Calif., V. St. A., *Erniedrigung des Mercaptangehaltes von Leichtkohlenwasserstoffen* erfolgt durch Oxydation der Mercaptane zu den entsprechenden Disulfiden in Ggw. eines öllösl. N.N'-Dialkyl-p-phenylendiamins. — Therm. gecrackte KW-stoffe mit Kp. 100—250° F u. einem Mercaptangeh. (als S) von 0,02% werden mit NaOH (10° Bé) gewaschen, um H_2S zu entfernen, u. anschließend mit starken organ. Säuren; dann setzt man 0,06% N.N'-Di-sek.-butyl-p-phenylendiamin zu, erwärmt auf 125° F u. behandelt mit Luft. Nach 24 Std. beträgt der Mercaptangeh. 0,006%, nach weiteren 24 Std. nur 0,001%. — Vorr., Zeichnung. (**A. P. 2 508 817** vom 18/4. 1947, ausg. 23/5. 1950.) Krauss. 8195

Pure Oil Co., Chicago, übert. von: **Donald C. Bonde,** Northbrook, Ill., V. St. A., *Oxydation von Mercaptanen zu Disulfiden bzw. Regenerierung mercaptanhaltiger Alkalilösungen,* die beim „Süßen" von Gasolinen durch Extraktion erhalten wurden. Die mercaptanhaltigen Alkalilsgg. werden mit O_2 in Ggw. eines C-Nitrosophenols oder aromat. Amins (p-Nitrosophenol, 2-Nitroso-1-naphthol, o-Nitroso-m-kresol, p-Nitrosodiäthylanilin, p-Nitrosodimethylanilin, p-Nitrosodiphenylanilin, Nitrosothymol, 1-Nitroso-2-oxy-4-diäthylaminobenzol; Nitrosoresorcin u. Nitrosophloroglucin sind unwirksam) als Katalysator oxydiert. — Tabelle. (**A. P. 2 494 687** vom 15/11. 1947, ausg. 17/1. 1950.) KRAUSS. 8195

Texaco Development Corp., übert. von: **Frederick Burton Sellers,** New York, N. Y., V. St. A., *Druckhydrierung von Kohle.* Die umzuwandelnden Kohleteilchen werden in beim Prozeß anfallendem Öl unter Zusatz von H_2 u. einem Hydrierungskatalysator (z. B. $FeSO_4$) dispergiert, worauf die Dispersion unter einem Druck von 3,5—35 at durch einen auf 650—1200° F gehaltenen Röhrenerhitzer geschickt wird, wobei ca. 95% des Öls verdampfen. Nach Passieren eines Kühlers geht das Gemisch in einen Separator, wo Trennung in Dämpfe u. eine Öl-Kohle-Paste stattfindet. Letztere wird nach Zusatz von H_2 in ein Hydriergefäß (I) gepumpt, das auf 600—900° u. 210—700 at gehalten wird. Vor Eintritt in I kann der Paste ein Teil der den Separator verlassenden Dämpfe beigemischt werden. Das Hydrierungsprod. geht in einen 2. Separator, in dem eine Trennung in nichtumgesetzten H_2, Pech u. schweres Öl stattfindet. Ein Teil des letzteren dient als Dispergiermittel für die Ausgangskohle. — Vorrichtung. (**A. P. 2 572 061** vom 16/9. 1948, ausg. 23/10. 1951.) BEIERSDORF. 8199

Badische Anilin- & Soda-Fabrik, Ludwigshafen/Rh. (Erfinder: **Mathias Pier,** Heidelberg, **Ernst Donath,** Pittsburgh, Pa., V. St. A., und **Ortwin Reitz,** Heidelberg), *Herstellung von Motortreibstoffen und Heizölen* aus Schwerölen oder Mittelölen durch *katalyt. Druckhydrierung* bei ca. 420° oder höherer Temp. unter einem H_2-Partialdruck von >20 at bei einem Durchsatz von 0,3—4 kg/Liter Katalysatorraum je Std. in Ggw. von Metalloxyden u. Fluorverbb., dad. gek., daß man die Ausgangsstoffe in Ggw. eines Metallfluorids oder von Ammoniumfluorid u. eines oder mehrerer auf anorgan. Trägern, bes. Tonerde, befindlicher Metalloxyde, bes. von Oxyden von Metallen der 5. oder 6. Gruppe des Period. Syst., unter solchen Bedingungen der Temp. u. des Druckes erhitzt, daß die gebildeten Mittelöle höchstens 3%, vorteilhaft höchstens 2%, mehr H_2 enthalten als der Ausgangsstoff u. die nach ihrem Siedeverh. dem Ausgangsstoff entsprechende Fraktion der Prodd. wasserstoffärmer ist als der Ausgangsstoff. (**D. B. P. 867 847** Kl. 12o vom 1/8. 1941, ausg. 19/2. 1953.) G. KÖNIG. 8199

Badische Anilin- & Soda-Fabrik (Erfinder: **Wilhelm von Füner** und **Otto Göhre**), Ludwigshafen/Rh., *Ausführung katalytischer Reaktionen,* bes. katalyt. Behandlung von KW-stoffölen in Ggw. von H_2 bei erhöhtem Druck, dad. gek., daß man als Katalysator akt. Tonerde verwendet, die durch Ausfällen von Tonerdehydrat aus einer Al-Salzlsg. bei Tempp. $<80°$ u. nicht $<20°$ u. nachträgliches Erhitzen des gewaschenen u. getrockneten Nd. hergestellt wurde u. die während oder nach ihrer Herst. mit einer kleinen Menge, zweckmäßig bis zu ca. 25% Kieselsäure oder eines wasserlösl. Silicats, vorteilhaft in Form eines feuchten Gels, u. vor oder nach dem Erhitzen mit Verbb. der Metalle der 5. bis 8. Gruppe des Period. Syst., bes. der Metalle der 5. u. 6. Gruppe, sowie vorteilhaft mit Verbb. der Metalle der Fe-Gruppe, versehen wurde. Der Katalysatorträger kann noch mit HF behandelt oder mit Metallfluoriden versehen werden. (**D. B. P. 872 204** Kl. 12o vom 12/5. 1951, ausg. 30/3. 1953.) G. KÖNIG. 8199

Badische Anilin- & Soda-Fabrik (Erfinder: **Walter Simon, Gerhard Free** und **Wilhelm von Füner**), Ludwigshafen/Rh., *Katalysator für die Druckhydrierung von Kohlenwasserstoffen bei 350—800 at.* Eine Kieselgallerte oder eine Lsg. eines Kieselgel bildenden Stoffes wird mit einem Al- u./oder Mg-Salz u. gegebenenfalls einem Fe-Salz, gegebenenfalls unter Zugabe eines Fällungsmittels vermischt. Das gebildete Silicat wird getrocknet u. auf 250—800° erhitzt. (**D. B. P. 869 199** Kl. 12o vom 29/9. 1938, ausg. 5/3. 1953.) v. HUHN. 8199

Texas Co., New York, übert. von: **Ernest F. Pevere,** Beacon, und **George B. Arnold,** Glenham, N. Y., V. St. A., *Kohlehydrierung unter Tage.* Die Kohle wird untertags bei erhöhter Temp. (550—850° F u. Druck über 1000 pds./sq. in.) hydriert. Der unter Druck in die Kohle eingeleitete H_2 erzeugt zunächst dabei ein Öl, das ein Lösungsm. für H_2 bildet. Die Wärmezufuhr kann beliebig sein. So kann man einen elektr. Erhitzer oder überhitzten Dampf in die Bohrung zur Vorerhitzung der Reaktionsteilnehmer einführen. Im weiteren Verlauf liefert die exotherm. Rk. die zur Aufrechterhaltung der Reaktionstemp. erforderliche Wärme. Die gebildeten fl. Prodd. werden durch das Bohrloch abgeführt. (**A. P. 2 595 979** vom 25/1. 1949, ausg. 6/5. 1952.) W. HAUSWALD. 8199

Robert R. Ruthruff, Chicago, Ill., V. St. A., *CO-Hydrierung* erfolgt mit einem Synthesegas, bestehend aus CO u. H_2 im Verhältnis 1:2, das aus Wassergas durch Anreicherung mittels H_2 erhalten wird, in Ggw. von feinverteiltem akt. Co-Katalysator im Wirbelschichtverfahren. Der zur Anreicherung notwendige H_2, gewonnen aus CO u. W. oder durch Oxydation von CH_4, wird in den Synthesegasstrom, gegebenenfalls nach Entfernen des bei der Rk. gebildeten CO_2, geleitet. Bes. vorteilhaft ist die Gewinnung des zusätzlichen H_2, indem man einen kleinen Teil des Synthesegases mit Wasserdampf zur Rk. bringt. Zeichnung. (**A. P. 2 557 842** vom 8/1. 1945, ausg. 19/6. 1951.) G. KÖNIG. 8201

Montecatini Soc. Gen. per l'Industria Mineraria e Chimica, Italien, *Herstellung von Synthesegas aus gasförmigen aliphatischen Kohlenwasserstoffen und Sauerstoff* ohne Zuführung von Wärme u. Wasserdampf. Die KW-stoffe werden in vorgewärmtem Zustande in den Verbrennungsofen zur partiellen Verbrennung eingeleitet, u. gleichzeitig wird O_2 u./oder Luft in geringem Überschuß ebenfalls in vorgewärmtem Zustande zugeführt. Das dabei gewonnene Gasgemisch wird danach in Ggw. von Synthesekatalysatoren weiterbehandelt, wobei die bei der Vorverbrennung entwickelte Wärme ausgenutzt wird. — Der zur Bldg. von CO u. H_2 errechnete Überschuß an O_2 oder Luft soll höchstens 10% betragen. — Zeichnung. (**F. P. 990 050** vom 4/7. 1949, ausg. 17/9. 1951. It. Prior. 7/7. 1948.) M. F. MÜLLER. 8201

Standard Oil Development Co., Linden, N. J., V. St. A., *Herstellen von Synthesegas* aus KW-stoffen, z. B. CH_4 oder Naturgas. Man verwendet als Katalysator Fe, Co, Ni oder Gemische hiervon, gegebenenfalls zusammen mit Zn, u. zwar in der Reaktionszone zu 90—95% als Metalle u. zu 5—10% als Oxyde u. führt ständig einen kleinen Teil davon in die Oxydationszone, aus der die Oxyde wieder in stöchiometr. Verhältnis zu den eingebrachten KW-stoffen in die Reaktionszone zurückgeführt werden. (**E. P. 641 945** vom 17/3. 1947, ausg. 23/8. 1950.) E. PETERSEN. 8201

Texas Co., New York, übert. von: **Howard V. Hess,** Beacon, und **George B. Arnold,** Glenham, N. Y., V. St. A., *CO-Hydrierungsprodukte*, erhalten aus CO u. H_2 in Ggw. eines Fe-Katalysators bei 450—700° F u. 150—300 lbs./sq in., ergeben bei der Kühlung eine wss. u. eine KW-stoffphase. Die wss. Phase enthält die Carbonsäuren u. Alkohole mit 2—3 C-Atomen sowie geringe Mengen der C_4- u. C_5-Alkohole, während die KW-stoffphase neben KW-stoffen noch Alkohole mit mehr als 3 C Atomen enthält. In beiden Phasen kommen geringe Mengen Aldehyde u. Ketone vor. Aus der KW-stoffphase gewinnt man mittels selektiver Absorptionsmittel, z B einer azeotrop. Mischung der Alkohole C_2—C_3, oder Glykolen, Furfurolen, Nitromethan, die höhermol. Alkohole. Die Absorptionsmittel sollen bei der Arbeitstemp. mit den KW-stoffen nicht mischbar sein. — Zeichnung. (**A. P. 2 558 557** vom 13/9. 1946, ausg. 26/6. 1951.) G. KÖNIG. 8201

Hydrocarbon Research, Inc., New York, N. Y., übert. von: **Percival C. Keith,** Peapack, und **Earl W. Riblett,** Tenafly, N. J., V. St. A., *CO-Hydrierung* zu fl. KW-stoffen erfolgt mittels eines Katalysators, bestehend aus Metallen der Fe-Gruppe oder des Ru u. geringen Mengen eines Alkalimetalls oder einer Alkaliverb. sowie Beschleunigern, wie Oxyden des Th, U, Mg, Mn, V oder der Erdmetalle. Die Aktivität des Katalysators wird durch laufende oder absatzweise Zugabe von Alkaliverbb. in die bewegte Katalysatormasse aufrechterhalten. (**A. P. 2 564 696** vom 3/12. 1946, ausg. 21/8. 1951.) G. KÖNIG. 8201

Standard Oil Development Co., Elizabeth, N. J., übert. von: **Winfred O. Milligan,** Houston, und **James C. Schiller,** Baytown, Tex., V. St. A., *Katalysator für die Fischer-Tropsch-Synthese* erhält man durch Mischen von γ-Fe_3O_4-Hydrat mit einem Stabilisierungsmittel (I) u. Erhitzen der Mischung auf 750—1400° (F) während 10 Min. bis 24 Std., wobei sich γ-Fe_2O_3 in Kristallform bildet. Hierauf wird der Katalysator zwischen 750 u. 1400° innerhalb 10 Min. bis 24 Std. reduziert. Als I finden Oxyde, Hydroxyde oder Carbonate der Alkali- oder Erdalkalimetalle in Mengen von 1—15 Gew.-%, als Oxyde berechnet, allein oder gemischt, Verwendung. (**A. P. 2 567 297** vom 5/7. 1949, ausg. 11/9. 1951.) G. KÖNIG. 8201

Ruhrchemie Akt.-Ges., Oberhausen-Holten (Erfinder: **Karl Büchner,** Duisburg-Hamborn, und **Heinrich Heckel,** Dinslaken), *Herstellung von Kobalt und/oder Nickel und hochadsorptive Trägerstoffe enthaltenden Kontakten für die CO-Hydrierung*, dad. gek., daß die Auswaschung der in den Ausgangssubstanzen enthaltenen u. bei der Fällung gebildeten lösl. Bestandteile aus Fällungen, die in bekannter Weise aus Lsgg. von Nitraten von katalyt. wirksamen Metallverbb. mit lösl. Carbonaten erhalten werden, unter Anwendung einer Waschung mit Lsgg. von Alkalihydroxyden bzw. -carbonaten von einer Konz. von 1/20 n durchgeführt wird. Der alkal. Waschung kann eine Waschung mit W. vorausgehen. (**D. B. P. 870 245** Kl. 12o vom 16/4. 1939, ausg. 12/3. 1953.) G. KÖNIG. 8201

Phillips Petroleum Co., Del., übert. von: **John D. Upham**, Bartlesville, Okla., V. St. A., *Alkylierung einer Olefinmischung.* Die Mischung wird mit einem Halogenwasserstoff (HCl, HBr, HF) einer selektiven Halogenierung unterworfen, wobei ein leichter mit dem Halogenwasserstoff reagierendes Olefin (z. B. Propylen) als Alkylhalogenid anfällt. Dieses wird von unverändertem Olefin (z. B. Äthylen) u. einer geringen Menge nichtumgesetztem Halogenwasserstoff abgeschieden u. gegebenenfalls mit einem alkylierbaren KW-stoff, bes. aromat. KW-stoff, in Ggw. eines FRIEDEL-CRAFTS-Katalysators zur Rk. gebracht. Das nichtumgesetzte, angereicherte Olefin wird ebenfalls in Ggw. eines FRIEDEL-CRAFTS-Katalysators u. der geringen Menge Halogenwasserstoff mit einem KW-stoff, wie Isoparaffin, Naphthen- oder aromat. KW-stoff, umgesetzt. Dieses Verf. liefert besondere Treibstoffe mit hoher Octanzahl. — Zeichnung. (**A. P. 2 570 407** vom 5/1. 1948, ausg. 9/10. 1951.) G. KÖNIG. 8201

Phillips Petroleum Co., Del., übert. von: **John Gordon Allen**, Bartlesville, Okla., V. St. A., *Gewinnung von HF aus Reaktionsmischungen der Alkylierung, Isomerisierung, Reformierung,* indem man das Reaktionsgemisch in einem Abscheider in eine KW-stoff- u. Katalysatorphase trennt. Die Katalysatorphase wird durch Fraktionieren, gegebenenfalls unter gleichzeitigem Einleiten eines inerten Gases, in eine bes. HF-haltige Kopffraktion, eine Bodenfraktion, enthaltend Schweröle, HF u. W., u. in eine Zwischenfraktion, enthaltend leichte Öle sowie HF, aufbereitet. Die Zwischenfraktion wird über ein Dekantiergefäß in eine Abtreibkolonne geleitet, wobei das Leichtöl als Bodenprod. u. HF als Kopfdestillat anfällt. — Zeichnung. (**A. P. 2 574 006** vom 17/10. 1947, ausg. 6/11. 1951.) G. KÖNIG. 8201

Standard Oil Development Co., Del., übert. von: **William M. Smith**, Roselle, N. J., V. St. A., *Flüssige gesättigte Kohlenwasserstoffmischung,* bes. geeignet als *Motortreibstoffe,* erhält man durch Polymerisation gasförmiger Olefine in Ggw. von Alkylierungsprodd. von aliphat. KW-stoffen als Verdünnungsmittel. — Zeichnung. (**A. P. 2 554 275** vom 20/11. 1947, ausg. 22/5. 1951.) G. KÖNIG. 8201

Universal Oil Products Co., Chicago (Erfinder: **Harrison Carl Mayland**, La Grange), Ill., V. St. A., *Katalytische Alkylierung von Kohlenwasserstoffen,* dad. gek., daß die Alkylierung eines Isoparaffins mit einem Olefin in einer Reaktionszone in Ggw. einer Katalysatorphase bewirkt wird, die HF als wesentlichen akt. Bestandteil umfaßt u. organ. Verdünnungsmittel von höherem Mol.-Gew. als das alkylierte Isoparaffin u. weniger als 15 Gew.-% W. enthält, wobei der Wassergeh. dieser Katalysatorphase auf einem niedrigeren Gewichtsprozentsatz als der Geh. an organ. Verdünnungsmittel in dieser Phase gehalten u. die Ansammlung des organ. Verdünnungsmittels in der Phase so geregelt wird, daß die HF-Konz. der Katalysatorphase innerhalb des Bereiches von ca. 65—95 Gew.-% liegt. Das Isoparaffin u. das Olefin werden in einem mol. Verhältnis von mindestens 4:1 mit der Katalysatorphase in der Reaktionszone bei einer Raumzeit von 5—80 Vol. Katalysatorphase je 1 **Vol.** in der Min. in diese Zone eingespeister KW-stoffe bei —18 bis +95° u. Drucken, welche die fl. Phase des Katalysators u. der KW-stoffe aufrechterhalten, in Berührung gebracht. — 2 Skizzen. (**D. B. P. 849 099** Kl. 12o vom 26/8. 1950, ausg. 11/9. 1952. **E. P. 592 345** vom 3/2. 1944, ausg. 16/9. 1947. Beide A. Prior. 24/7. 1942.) G. KÖNIG. 8201

Badische Anilin- & Soda-Fabrik (Erfinder: **Gerhard Free** und **Wilhelm von Füner**), Ludwigshafen/Rh., *Umwandlung von Naphthenkohlenwasserstoffe enthaltenden Benzinen in klopffeste Treibstoffe.* Die Benzine werden auf über 600° in Ggw. akt. Tonerden erhitzt, die aus einem aus Al-Salzlsgg. bei einem p_H-Wert über 7 oberhalb 80° gefällten Aluminiumhydroxyd hergestellt wurden. (**D. B. P. 848 984** Kl. 23b vom 12/12. 1944, ausg. 11/9. 1952.) v. HUHN. 8201

Badische Anilin- & Soda-Fabrik (Erfinder: **Gerhard Free** und **Wilhelm von Füner**), Ludwigshafen/Rh., *Katalytische Umwandlung von naphthenische Kohlenwasserstoffe enthaltenden Benzinen in klopffeste Treibstoffe* durch Erhitzen auf über 600°. Als Katalysator dienen akt. Tonerden, die aus Alkalialuminatlsgg. durch Fällung mit Säure bis zu einem p_H-Wert unter 7, Auswaschen des Alkalis, Peptisieren u. Erhitzen auf ca. 450° erhalten werden. (**D. B. P. 849 465** Kl. 23b vom 12/12. 1944, ausg. 15/9. 1952.) v. HUHN. 8201

Houdry Process Corp., Philadelphia, übert. von: **David B. Ardern**, Moylan, Pa., V. St. A., *Aromatisieren, Dehydrieren, Reformieren oder Spalten von Kohlenwasserstoffen* in Ggw. bekannter Katalysatoren, erfolgt unter fortlaufendem Regenerieren des aus der Reaktionszone mit C-Ablagerungen versehenen, freifließenden Katalysators u. Rückführen des regenerierten Katalysators in den Reaktionsraum mittels eines Trägergases, das bei der Regenerierung anfällt u. trocken (weniger als ca. 5 Vol.-% Wasserdampf) oder feucht (mindestens 10 Vol.-%) sein kann. Das Regenerieren wird mit O_2 oder mit an O_2 angereicherter Luft ausgeführt. — Zeichnungen. (**A. PP. 2 561 409** vom 25/7. 1949 u. **2 561 771** vom 21/5. 1949, beide ausg. 24/7. 1951.) G. KÖNIG. 8201

Standard Oil Development Co., Chicago, Ill., übert. von: **Alan K. Roebuck,** Hammond, Ind., und **Bernard L. Evering,** Chicago, Ill., V. St. A., *Isomerisieren alkylsubstituierter, besonders methylsubstituierter, gesättigter Kohlenwasserstoffe* mit mindestens 6 C-Atomen im Mol. u. mindestens einer sek. C-Atomgruppe, an welche die Alkylgruppe angelagert ist, erfolgt mittels einer Mischung von 99—100% ig. H_2SO_4 mit 2—15 Gew.-% Halogensulfonsäure, bes. $HFSO_3$ oder $HClSO_3$ (bezogen auf H_2SO_4) bei 15—50°. Bes. geeignet sind die mono- u. dimethylsubstituierten KW-stoffe, wie 2- oder 3-Methylpentan, -hexan u. cis- u. trans-2.3-Dimethylcyclopentan oder -hexan. Die Reaktionsprodd. besitzen eine hohe Octanzahl u. werden als Motortreibmittel, Lösungsmittel u. als Zwischenprodd. verwendet. — Zeichnung. (**A. P. 2 564 080** vom 29/6. 1949, ausg. 14/8. 1951.) G. KÖNIG. 8201

Anglo-Iranian Oil Co. Ltd., London, **Patrick Docksey** und **Frederick William Bertram Porter,** Sunbury-on-Thames, England, *Thermisches Reformieren von S-haltigen Benzinen* erfolgt in einer Entschwefelungszone bei hohen Tempp. u. Drucken in Ggw. von H_2 u. eines Katalysators (I), der die Bldg. von H_2S aus H_2 u. organ. gebundenem S herbeiführt u. selbst durch S oder S-Verbb. nicht vergiftet wird. Aus dieser Zone austretender H_2S u. H_2 werden abgeschieden u. die KW-stoffe anschließend der therm. Reformierung in bekannter Weise unterworfen. Als I kommen bes. Co-Molybdat auf Al_2O_3, CoO, MoO_3, Al_2O_3 u. Graphit als Plättchen geformt u. auf 550° 2 Std. erhitzt, MoO_3 auf Al_2O_3 sowie Mischungen der Sulfide des W, Ni u. Mo in Frage. (**E. P. 665 618** vom 10/11. 1949, ausg. 30/1. 1952.) G. KÖNIG. 8201

Standard Oil Development Co., übert. von: **David W. Young,** Roselle, N. J., V. St. A., *Polymerisation von Äthylen.* Man leitet C_2H_4 in eine gesätt. Lsg. von $AlCl_3$ in C_2H_5Cl (I) bei gewöhnlichem Druck u. 0—20°, wäscht das Reaktionsprod. mit W. u. Isopropylalkohol, entfernt die wss. Lsg. u. dest. I ab. Man erhält fl. C_{10}—C_{20}-Polyäthylene mit gerader Kette u. α-Olefincharakter. (**A. P. 2 603 665** vom 18/11. 1948, ausg. 15/7. 1952.) DERSIN. 8201

Imperial Chemical Industries Ltd., London (Erfinder: **Harry Clough,** Norton-on-Tees), England, *Entalkylieren von monocyclischen aromatischen Kohlenwasserstoffen,* dad gek., daß monocycl. aromat. KW-stoffe, z. B. Toluol, Xylole, bei einer Temp. von über 500° u. einem Druck von über 10 atü mit H_2 in Ggw. eines Katalysators, der Al-Silicat u. FeF_3 enthält, behandelt wird. Der Katalysator wird von Zeit zu Zeit bei erhöhter Temp. mit einem O haltigen Gas u./oder Wasserdampf regeneriert. (**D. B. P. 871 745** Kl. 12o vom 17/7. 1951, ausg. 26/3. 1953. E. Prior. 17/7. 1950.) G. KÖNIG. 8203

Texas Co., New York, übert. von: **Arthur R. Goldsby,** Beacon, N. Y., V. St. A., *Motortreibstoffe* erhält man aus Olefinmischungen u. ungesätt. Isoparaffinen, indem man die einzelnen Olefine in der Mischung selektiv polymerisiert u. die in jeder Stufe erhaltenen polymeren Prodd. getrennt alkyliert. — Zeichnung. (**A. P. 2 567 283** vom 25/6. 1938, ausg. 11/9. 1951.) G. KÖNIG. 8205

Leo Corp., übert. von: **Gerald E. Hendricks,** Chicago. Ill., V. St. A., *Verbesserung der Verbrennung von Motortreibstoffen* durch Einleiten einer katalyt. wirksamen Co-Verb. u. gegebenenfalls Al-, Cr- oder Cu-Verb. gleichzeitig mit der Verbrennungsluft. Als Zusatzmittel sind z. B genannt Co- u. Al- Salze von β-Diketonen. (**Can. P. 477 645** vom 6/11. 1948, ausg. 9/10. 1951.) M. F. MÜLLER. 8205

Standard Oil Development Co., übert. von: **Pharis Miller,** Linden, N. J., V. St. A., *Herstellung von klopffesten Hochkompressionsmotortreibmitteln* aus einem gecrackten Gasolin mit hohem Olefingeh. u. wesentlichem Geh. an aromat. u. Naphthen-KW-stoffen. Man schneidet eine Gasolinfraktion von 158—350 bis 400° F heraus u. hydriert diese in Ggw. eines Katalysators, so daß der Olefingeh. auf weniger als 10 Vol.-% gebracht wird. Dieses Hydrierungsprod. wird mit dem olefinreichen, unterhalb 158° F abgetrennten KW-stoffanteil gemischt. (**A. P. 2 434 577** vom 27/3. 1941, ausg. 13/1. 1948. **Can. P. 477 330** vom 30/1. 1942, ausg. 25/9. 1951. A. Prior. 27/3. 1941.) M. F. MÜLLER. 8205

Standard Oil Development Co., Linden, übert. von: **Herbert G. M. Fischer,** Westfield, N. J., V. St A., *Motorenbenzin.* Asphalt (gum)-bildendes u. zum Absetzen Pb-haltiger Antiklopfmittel neigendes Bzn. wird mit 0,1 (lb.) n-Butyl-p-aminophenol u. 0,1 Hydrochinon auf 1000 gallons Brennstoff versetzt. (**Can. P. 489 874** vom 3/8. 1944, ausg. 10/1. 1953. A. Prior. 11/1. 1944.) HOLM. 8205

Ethyl Corp., New York, N. Y., übert. von: **Ellis B. Riflein** und **Douglas H. Ewen,** Detroit, Mich., V. St. A., *Entfernung des Bleitetraäthyls aus gebleiten Benzinen.* Man läßt bei n. Temp. durch das Bleibenzin ein Oxyd des N, speziell NO_2, hindurchperlen. (**A. P. 2 580 243** vom 30/4. 1951, ausg. 25/12. 1951.) v. HUHN. 8207

Standard Oil Development Co., übert. von: **Harry W. Rudel**, Linden, N. J., V. St. A., *Stabilisieren von Bleitetraäthyl* in Lsg., z. B. in *Motortreibstoffen*, gegen die Zers. durch Einw. von Licht durch Zusatz einer geringen Menge eines Metallsalzes eines aromat. Sulfids der Formel $M(XAr)_2S$, worin M ein Alkali- oder Erdalkalimetall ist, Ar ist ein aromat. Ring, X ist O oder S. Genannt ist z. B. das Bis-(Ba-diisobutylphenolat)-sulfid, erhalten durch Kochen von Diisobutylsulfid mit Ba $(OH)_2$ in Benzol. (**A. P. 2 378 793 vom 26/3. 1942, ausg.** 19/6. 1945; **Can. P. 477 110** vom 10/2. 1943, ausg. 18/9. 1951. A. Prior. 26/3. 1942.) M. F. MÜLLER. 8209

Ethyl Corp., New York, N. Y., übert. von: **George Calingaert**, Geneva, N. Y., und **Hymin Shapiro**, Detroit, Mich., V. St. A., *Alkyl- und Aryl-Pb-Verbindungen* erhält man durch Behandeln von Pb mit alkylierenden oder arylierenden Mitteln in Ggw. von Aryl- oder Alkyl-Li oder -Zn, z. B. nach dem Reaktionsschema $Pb + 2RX + 2RLi \rightarrow R_4Pb + 2LiX$ (R = Alkyl oder Aryl, X = anorgan. Säurerest). — Eine NaPb-Legierung wird mit C_2H_5Cl im Druckgefäß in Ggw. von C_2H_5Li auf 70° bei ca. 75 lbs./sq. in. erwärmt; nach dem Aufarbeiten enthält man in ca. 66%ig. Ausbeute Tetraäthyl-Pb. In weiteren Beispielen beträgt die Ausbeute 85 bzw. 89,5%. (**A. PP. 2 558 207** vom 27/7. 1950, ausg. 26/6. 1951, u. **2 562 856** vom 27/7. 1950, ausg. 31/7. 1951.) KRAUSS. 8209

Daimler-Benz Akt.-Ges. (Erfinder: **Wilhelm Glamann**), Stuttgart, *Erhöhung der Klopffestigkeit von Brennstoffen für Brennkraftmaschinen*, bes. mit Einspritzung des Brennstoffs u. mit Fremdzündung des verdichteten Gemisches, durch Beimengung eines die Klopffestigkeit erhöhenden Zusatzes, dad. gek., daß als solcher ein zur Schmierung einer in der Brennstoffzuleitung angeordneten Fördereinrichtung, bes. der Brennstoffpumpe, geeigneter Stoff, z. B. eine schmierfähige Fl. auf aromat. Basis, wie α-Methylnaphthalin oder eine Fl. mit ähnlichem Aufbau wie dieses, verwendet wird. — Zeichnung. (**D. B. P. 875 103** Kl. 46a vom 13/7. 1940, ausg. 30/4. 1953.) DERSIN. 8209

Gasoline Research Industrial & Commercial Co., Inc., Panama, Pa., übert. von: **Jean Pathus Labour**, Washington, D. C., V. St. A., *Fester Brennstoff*. Man emulgiert Bzn. mit einer alkal. Lsg. von Methylcellulose (Tylose), zerkleinert das Gel in haselnußgroße Brocken u. koaguliert es durch Eintauchen in H_2SO_4-, Na_2SO_4- oder $CuSO_4$-Lsg.; an Stelle von Tylose oder zusammen mit ihr kann man auch Gelose, mit Alkali aufgeschlossene Leguminosenmehle oder Sojamehl verwenden. (**A. PP. 2 578 432** u. **2 578 433** vom 28/2. 1948, ausg. 11/12. 1951. F. Prior. 27/6. 1939.) DERSIN. 8211

Sherwin-Williams Co., Cleveland, übert. von: **James V. Hunn**, Avon Lake, O., V. St. A., *Gelförmige flüssige Brennstoffe*. Man geliert Bzn., indem man in ihm 3—8% Alkoxy–Al-mono- oder -dicarboxylate, z. B. Dimethoxy-Al-monolaurat, -naphthenat, -resinat oder -soyaoleat, in der Weise erzeugt, daß ein wasserfreier Alkohol mit Al-Spänen in Ggw. geringer Mengen Hg-Salze in das Alkoholat übergeführt u. dieses mit der Fettsäure in Ggw. von Bzn. umgesetzt wird. (**A. P. 2 618 536** vom 20/9. 1950, ausg. 18/11. 1952.) DERSIN. 8211

Aktiebolaget Separator, Schweden, *Reinigen von Schwerölen zwecks Gewinnung von Dieseltreibstoffen*. Die Schweröle, welche bes. W. u. feste Verunreinigungen enthalten, werden auf 80° erwärmt u. dann geschleudert. Dabei wird das W. u. der größte Teil der festen Verunreinigungen entfernt. Danach wird zur Entfernung der restlichen festen Verunreinigungen nochmals geschleudert, wobei die Temp. des Öles ca. 10° tiefer gehalten wird. (**F. P. 973 065** vom 7/10. 1948, ausg. 7/2. 1951. Schwed. Prior. 18/10. 1947.) M. F. MÜLLER. 8213

Standard Oil Development Co., Elizabeth, übert. von: **Pharis Miller**, Mountainside, N. J., V. St. A., *Dieselmotorenbrennstoff*. Dem KW-stofföl vom Kp. ca. 95—400° wird 0,025—5% *tert.-Butylperbenzoat* zugesetzt. (**Can. P. 489 877** vom 30/6. 1947, ausg. 20/1. 1953. A. Prior. 31/8. 1946.) HOLM. 8213

Carbide & Carbon Chemicals Corp., V. St. A., *Trennung von Phenolen und Kohlenwasserstoffen*. Das Gemisch von Phenolen u. KW-stoffen wird mit einer 20—50%ig. Lsg. von Na-Phenolat behandelt. In der Lsg. lösen sich die Phenole u. nur ein kleiner Teil der KW-stoffe, während der größte Teil der letzteren ungelöst zurückbleibt. Aus der Phenolatlsg. wird die geringe Menge der KW-stoffe mit PAe. vom Kp. 30—60° ausgewaschen, worauf die freien Phenole mit einem neutralen sauerstoffhaltigen Lösungsm. (Äther, Ketone, Acetate, bes. Diisopropyläther) extrahiert werden. Aus dem Extrakt werden die Phenole durch Abdest. des Lösungsm. gewonnen. — Enthält das ursprüngliche Gemisch noch *Teerbasen*, so gehen diese zu einem geringen Teil in die Phenolatlsg., während der größte Teil bei den ungelösten KW-stoffen bleibt u. von diesen mittels Mineralsäuren getrennt wird. Der in die Phenolatlsg. übergegangene Teil wird entweder nach Entfernung der KW-stoffe zusammen mit den Phenolen extrahiert u. von diesen nach Abdest. des Lösungsm. durch Mineralsäuren getrennt oder aus der Phenolatlauge zusammen mit den KW-stoffen durch ein zwischen 49 u. 81° sd. Cycloparaffin ausgewaschen u. nach dessen Abdest. von den KW-stoffen mit Mineralsäuren getrennt. — Zeichnung. (**F. P. 991 376** vom 26/7. 1949, ausg. 4/10. 1951. A. Prior. 11/8. 1948.) NOUVEL. 8215

Atlantic Refining Co., übert. von: **Arthur B. Hersberger** und **Kenneth M. Thompson**, Philadelphia, Pa., V. St. A., *Herstellung eines flüssigen Brennstoffes* in Form einer stabilen Suspension von feinverteiltem bituminösem Brennstoffmaterial in einem KW-stofföl bei deren Herst. zuvor dem feinen Material etwas Säureschlamm von der Mineralölraffination mit H_2SO_4 zugesetzt wird. — Es ist angegeben, daß das Gemisch ca. 0,1 bis 5,0% H_2SO_4, KW-stoffsulfonsäuren u. Phosphorsäure enthält. (**Can. P. 479 077** vom 18/10. 1943, ausg. 4/12. 1951.) M. F. MÜLLER. 8217

Shell Development Co., San Francisco, Calif., übert. von: **Calmy Wies**, New York, N. Y., und **John B. R. Caron**, North Plainfield, und **Everett B. Glendenning**, Cranford, N. J., V. St. A., *Verhinderung der Schlammabscheidung in Heizölen*, die durch Cracken erhalten wurden. Man setzt dem Öl ca. 0,005% Dioctyl-Na-sulfosuccinat, ca. 0,0042% eines Ba-Salzes eines Alkylphenoldisulfids u. ca. 0,0265% Diäthylenglykolmonobutyläther zu. (**A. P. 2 579 890** vom 3/7. 1948, ausg. 25/12. 1951.) DERSIN. 8217

Anglo-Iranian Oil Co. Ltd., London (Erfinder: **Graham Percy Cooper** und **John Rhys Lodwick**, Lunburg-on-Thames), England, *Transformatoren- und Isolieröle* werden aus den gesamten, durch Alkylierung am Isobutan mit Buten erhaltenen KW-stoffen nach Abdest. der bei $<150°$ sd. Fraktionen gewonnen, indem man den ca. 5—10 Vol.-% betragenden Rest bei Unterdruck dest. u. die zwischen 290 u. 357° sd. Fraktion herausschneidet. (**D. B. P. 876 878** Kl. 23b vom 22/2. 1951, ausg. 25/6. 1953. E. Prior. 22/2. 1950.) UNGER. 8219

Gutehoffnungshütte Oberhausen Akt.-Ges., Oberhausen, Rhld. (Erfinder: **Paul Danninger**, Schliersee), *Behandlung von z. B. als Schmier- oder Steuermittel verwendeten Umlaufölen*, bes. für Dampfturbinen, dad. gek., daß die Öle vor jeder Wiederverwendung einem Unterdruck ausgesetzt werden, wobei Luft u. gegebenenfalls W., letzteres in verdampftem Zustande, abgetrennt werden. — Dadurch soll die Lebensdauer des Öles erhöht u. die Schmierwrkg. verbessert werden. — Vorrichtung. (**D. B. P. 865 176** Kl. 23c vom 9/10. 1951, ausg. 29/1. 1953.) DERSIN. 8221

Farbwerke Hoechst, vormals Meister Lucius & Brüning, Frankfurt/M.-Höchst (Erfinder: **Ludwig Orthner**, Frankfurt/M., **Karl Platz**, München, und **Ludwig Mack**, Rosario de San Fe, Argentinien), *Öle für die Metallverarbeitung*. Verwendung von Ölen oder ihren wss. Dispersionen mit einem Geh. an Verbb. der allg. Formel $R \cdot X \cdot R_1 \cdot COOH$, in der R einen geraden oder verzweigten aliphat. oder cycloaliphat. KW-stoffrest mit mindestens 6 C-Atomen, X eine Heteroatomgruppe, welche den Rest $-CO \cdot N=$ bzw. $CS \cdot N=$ enthält, u. R_1 einen niedrigmol. KW-stoffrest, der durch ein Heteroatom unterbrochen sein kann, bedeuten, oder ihren wasserlösl. Salzen bei der Bearbeitung von Metallen. Die Öle können zusätzlich begrenzte Mengen wasserlösl. Prodd., die einen geraden oder verzweigten aliphat. oder cycloaliphat. KW-stoffrest mit mindestens 6 C-Atomen aufweisen, enthalten. — X kann z. B. Carbonamid-, Urethan-, Harnstoff-, Thioharnstoff- oder Biuretgruppen, die auch am N substituiert sein können, bedeuten. (**D. B. P. 843 459** Kl. 23c vom 26/3. 1943, ausg. 10/7. 1952.) DERSIN. 8221

United States of America, übert. von: **William B. Burford**, Baltimore, Mg., und **Clifford E. Weber**, Schenectady, N. Y., V. St. A., *Stabilisieren von H-haltigen perfluorierten Ölen* erfolgt durch Behandlung mit verd. F_2 bei anfangs 60—150° u. am Ende 250—315°, zweckmäßig in Ggw. eines wasserfreien Katalysators (CoF_3, CeF_3, MnF_2). — Ein perfluoriertes Öl mit 0,073% H wird in einem Cu-Gefäß zuerst 2 Std. bei 150°, dann 4,4 Std. bei 200°, 3 Std. bei 250° u. 3 Std. bei 300° mit F_2 behandelt. Man erhält ein bei 300° kaum mehr F_2 absorbierendes, stabilisiertes Perfluoröl. Weiter sind genannt: *Perfluorheptan* u. *Perfluordimethylcyclohexan*. Verwendung als *Kühl-* u. *Schmiermittel*. (**A. P. 2 496 115** vom 2/2. 1948, ausg. 31/1. 1950.) KRAUSS. 8221

Standard Oil Development Co., übert. von: **Carl S. Carlson** und **Robert S. Merrington**, Elizabeth, und **Frank A. Biribauer**, Cranford, N. J., V. St. A., *Selektive Polymerisation von Propylen* (I) in fl. Phase zu niedermol. Polymeren. Fl. I wird mit BF_3, das durch eine geringe Menge einer fl., O-haltigen Verb. (Isopropyläther) aktiviert ist, in einer Reaktionszone polymerisiert. Die Reaktionsmischung wird in einem weiteren Reaktionsgefäß unter solchem Druck behandelt, daß die C_3-KW-stoffe fl. bleiben u. BF_3, frei von organ. Verbb., entfernt u. in den Kreislauf zurückgeführt werden kann.

Zusatzmittel für *Schmieröle*. — Vorr., Zeichnung. (**A. P. 2 508 744** vom 30/12. 1947, ausg. 23/5. 1950.) KRAUSS. 8221

Standard Oil Development Co., übert. von: **Louis A. Mikeska**, Westfield, N. J., V. St. A., *Zusatzmittel für Mineralschmieröle*, bestehend aus den Erdalkalimetallsalzen substituierter Thiophosphorsäuren, die durch Erhitzen eines Gemisches von Wachsphenol (erhalten durch Erhitzen von gechlortem Paraffinwachs mit Phenol in Ggw. von $AlCl_3$) u. Alkoholen, z. B. Octyl-, Decyl-, Stearyl- oder Oleylalkohol, mit P_2S_5 in Ggw. von Lösungsmitteln, z. B. Dioxan, erhalten wurden. Durch Zusatz von 0,02—3% soll der Stockpunkt u. die Korrosionsbeständigkeit verbessert werden. (**A. P. 2 506 310** vom 28/12. 1946, ausg. 2/5. 1950.) DERSIN. 8221

Standard Oil Development Co., Linden, N. J., V. St. A., *Hochdruckzusatz für Schmieröle*, bestehend aus öllösl. Reaktionsprodd. von halogenierten aliphat. KW-stoffen (8—30 C-Atome u. wenigstens 2 labile Halogenatome im Mol.) mit Alkalisalzen von Alkyl- oder Aryldithiocarbaminsäuren der allg. Formel $RR_1NCSSR_2 \cdot Halogen_{(x-1)}$, in der R u. R_1 H, Alkyl-, Cycloalkyl-, Aryl-, Aralkyl- oder Alkarylreste darstellen u. wenigstens 1 Rest R oder R_1 ein KW-stoffrest ist oder beide die End-KW-stoffgruppen einer C-Kette darstellen, z. B. in der Piperidyldithiocarbaminsäure. R_2 ist der Rest eines KW-stoffs mit 8—30 C-Atomen. Die Verbb. werden nach der Gleichung $RR_1 \cdot NCSS \cdot Metall + R_2 \cdot Halogen_x = RR_1NCSSR_2.Halogen_{x-1} + Metallhalogenid$ durch Erhitzen in Ggw. eines Ketons als Lösungsm., z. B. Aceton oder Methyläthylketon, unter Rückfluß erhalten. Die halogenierten Dithiocarbaminsäureester enthalten 2—10 (%) S u. 25—35 Cl u. werden Mineralölen in einer Menge von ca. 10% zugesetzt. (**E. P. 636 118** vom 8/10. 1946, ausg. 26/4. 1950.) DERSIN. 8221

British Thomson-Houston Co. Ltd., London, England, *Schmierölmischung für hohe Drucke*, bestehend aus einem Gemisch von organ. substituierten Polysiloxanen (I) mit 1,9—2,6 KW-stoffgruppen je Si-Atom mit einer geringeren Menge einer Mischung von a) chlorierten aliphat. oder cycloaliphat. KW-stoffen, oder einem Ester aus einem chlorierten, gesätt. aliphat. 1 wertigen Alkohol mit einer gesätt. aliphat. Fettsäure mit 2—5 C-Atomen, z. B. Acetylentetrachlorid oder Monochloräthyltrichloracetat, u. b) Verbb. der allg. Formel $HS \cdot CH_2 \cdot COOR$, in der R ein Alkyl mit 2—8 C-Atomen darstellt, z. B. Äthyl-, Propyl- oder Hexylthioglykolat. I können fl. Äthyl-, Propyl-, Butyl-, Isopropyl- oder Arylpolysiloxane sein. (**E. P. 638 605** vom 15/1. 1948, ausg. 14/6. 1950. A. Prior. 16/1. 1947.) DERSIN. 8221

British Thomson-Houston Co. Ltd., London, England, *Schmieröl mit niedrigem Reibungskoeffizienten*, bestehend aus Alkyl-, bes. Methylpolysiloxanen, die 1,9—2,5 Alkylreste je Si-Atom enthalten, unter Zusatz von 0,1—1% gesätt. aliphat. C_8—C_{14}-Säuren, z. B. Laurin-, Myristin- oder Caprinsäure. — Tabelle für verschied. Ansätze u. deren Reibungskoeffizienten. (**E. P. 638 317** vom 23/9. 1947, ausg. 7/6. 1950. A. Prior. 25/9. 1946.) MÖLLERING. 8221

Standard Oil Development Co., Wilmington, Del., V. St. A., *Viscositätsverbessernder Zusatz zu Mineralschmierölen*, bestehend aus einem Gemisch von a) polymeren Isobutenen, polymerem Laurylmethacrylat oder polymeren Vinylestern mit b) Oxyestern, z. B. Dibutoxyäthylphthalat, Butylacetylricinoleat oder Triäthylenglykol-di-2-äthylbutyrat. (**E. P. 638 353** vom 6/8. 1946, ausg. 7/6. 1950.) DERSIN. 8221

Standard Oil Development Co., New Jersey, N. J., V. St. A., und **John Conrad Arnold**, London, England, *Doppelsalze als Antioxydationsmittel, besonders für Schmieröle*. Man erhitzt ein Metallalkylxanthat, dessen Metall der 1. oder 2. Gruppe des Period. Syst. angehört u. dessen Alkylgruppe wenigstens 2 C-Atome enthält, mit einem Metallorganothiophosphat oder -thiophosphit der allg. nachst. Formeln (R = Alkyl mit wenigstens 5 C-Atomen, Alkaryl mit wenigstens einer Alkylseitenkette von wenigstens 4 C-Atomen, X = nichtmetall. Element der 6. Gruppe, M = Metall der 1. oder 2. Gruppe des Period. Syst., n = Wertigkeit von M)

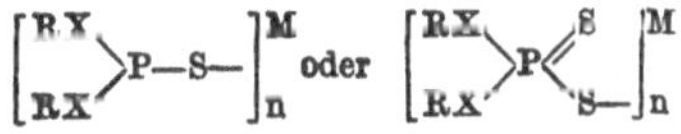

bis zur Schmelze oder in Ggw. eines Lösungsm. (Mineralöl) — 2-Äthyl-n-hexanol wird mit P_4S_7 3 Std. auf 80—90° erhitzt, dann setzt man ZnO in Bzl. u. Isopropanol zu u. erwärmt 2 Std. auf 50° u. 2 Std. auf 78°. Nach dem Filtrieren u. Dest. erhält man als Rückstand Zn-2-Äthyl-n-hexylthiophosphit mit 9,56% S, 8,21% P u. 6,94% Zn. — Ba-2-Äthyl-n-hexylthiophosphit mit 12,79% Ba. — Ba-2-Äthyl-n-hexylthiophosphat mit 15,14% Ba. — Zn-„Lorol-B"-thiophosphat („Lorol B"-Mischung aus C_{12}—C_{16}-Alkoholen) mit 5,32% Zn-Thiophosphit. — Zn-tert.-Octylphenylthiophosphat. Das Doppelsalz erhält man durch Erhitzen von 1 (Teil) Zn-Isopropylxanthat mit 3 der vorst. genannten Verbb. auf 100—110°, wobei man eine homogene Lsg. nach 10—15 Min. erhält. Als weitere Xanthate sind genannt: Zn-Äthyl-, thioxanthat, K-Butyl-, -Amylxanthat, Ba-Cetylthioxanthat, Cd-Laurylxanthat. (**E. P. 636 552** vom 3/4. 1947, ausg. 3/5. 1950.) KRAUSS. 8221

Monsanto Chemical Co., St. Louis, Mo., V. St. A., *Alkyliertes Polystyrol* (**I**). 10 (Teile) des in 250 o-Dichlorbenzol gelösten **I** (Mol.-Gew. 3000) werden mit einer Lsg. von 2 $AlCl_3$ in 10 Nitrobenzol versetzt u. mit Polypropylen (trimer), Amyl-, tert.-Butylchlorid, Butylen, Di-, Tri-, Tetraisobutylen, chloriertem Wachs oder Kerosin (Kp. 150 bis 300°) alkyliert. *Zusatz zu Schmieröl.* (**E. P. 640 566** vom 24/3. 1947, ausg. 26/7. 1950. A. Prior. 15/5. 1946.) SALZMANN. 8221

Monsanto Chemical Co., übert. von: **John Mann Butler,** St. Louis, Mo., V. St. A., *Zusatzmittel für Schmieröle* mit viscositätsverbessernder Wrkg., bestehend aus Polystyrol (**I**) mit Mol.-Gew. 20000—60000, das mit trimerem Propylen (**II**) alkyliert wurde. Die Alkylierung erfolgt durch Einw. von $AlCl_3$, HF oder BF_3 auf die in Lösungsmitteln, z. B. $C_2H_2Cl_2$, Nitrobenzol, CCl_4 oder CS_2, gelösten Ausgangsstoffe. Auf 1 (Teil) **I** werden 0,2—0,8 **II** verwendet. Durch die Alkylierung wird das Reaktionsprod. öllöslich. (**E. P. 640 567** vom 11/4. 1947, ausg. 26/7. 1950. A. Prior. 15/5. 1946.) DERSIN. 8221

Standard Oil Development Co., Linden, N. J., V. St. A., *Zusatzmittel für Mineralschmieröle,* bestehend aus Mischpolymerisaten von Fumarsäurediestern von gesätt. Alkoholen (8—18 C-Atome), z. B. Decyl-, Lauryl- oder Tetradecylalkohol, u. von Fettsäurevinylestern, z. B. Vinylacetat, die durch Erhitzen der Monomeren in Ggw. von Benzoylperoxyd auf 60—100° erhalten wurden (Mol.-Gew. von 7000—14000). Zusatz von 0,01—5% verbessert den Stockpunkt u. den Viscositätsindex. (**E. P. 635 903** vom 28/10. 1946, ausg. 19/4. 1950.) DERSIN. 8221

Standard Oil Development Co., übert. von: **Lawson W. Mixon** und **Edward N. Roberts,** Hammond, Ind., V. St. A., *Neutralisierte Kondensationsprodukte* erhält man durch Rk. von Olefin-KW-stoffen mit einem Mol.-Gew. von wenigstens 150 mit 1—50% eines P-Sulfids (P_2S_3, P_4S_3, P_4S_7, P_2S_5, P_4S_{10}) bei 100—500° F in Ggw. von 5—100 Gew.-% eines ein- oder mehrkernigen Aromaten oder Alkylaromaten (Bzl., Toluol, Tetramethylbenzol, Methyl- bzw. Polymethylnaphthalin, Mono- bzw. Polypropylanthracen, Methylphenanthren) u. anschließende Neutralisation. Ein Butylenpolymeres (SAYBOLT-Viscosität 1050 Sek./210° F) wird mit $P_4S_{10} \cdot H_2O$ 6 Std. unter N_2 auf 400° F erhitzt, wobei noch etwas S zugesetzt wird. Dann neutralisiert man bei 400° F mit wss. KOH u. behandelt die Mischung 1 Std. bei 400° F mit Dampf. Die erhaltenen Prodd. emulgieren nicht mit W. u. werden als *Zusatzmittel* für *Schmieröle,* als *Korrosionsschutzmittel,* als *Schaumverhütungsmittel* u. als *Antioxydantien* verwendet. (**A. P. 2 507 731** vom 17/10. 1947, ausg. 16/5. 1950.) KRAUSS. 8221

Harvel Corp., Irvington, N. J., V. St. A., *Öllösliche Metallsulfomethylphenole* erhält man durch Kondensation eines Phenols mit wenigstens einem KW-stoffrest mit mehr als 5 C-Atomen mit CH_2O u. einem Metallsulfit (Na-, K-, Li-Sulfit, -Bisulfit). Das gebildete Metallsalz wird dann in das Ca-, Pb-, Zn-, Al-, Ni-, Co-, Fe- oder Ba-Salz umgewandelt. — Aus hydriertem Cardanol (OHC_6H_4–$C_{15}H_{31}$, im wesentlichen 3-Pentadecylphenol) u. 37 ½%ig. HCHO u. Na_2SO_3 erhält man durch Erhitzen $HO-C_6H_3\cdot(C_{15}H_{31})-CH_2SO_3H$ u. daraus mit Ba-$(OH)_2$ das entsprechende *Ba-Di-(sulfomethylhydriertes Cardanol).* — Diamylphenol → *Ba-Di-(sulfomethyldiamylphenol)* $(HOC_6H_2\cdot[C_5H_{11}]_2-CH_2SO_3)_2Ba$. — *Ba-Di-(sulfomethyldiisobutylphenol).* — Menthylphenol → *Ba-Di-(sulfomethylmenthylphenol)* $(HOC_6H_3[C_{10}H_{19}]-CH_2SO_3)_2Ba$. Die Prodd. sind öllösl. u. dienen zur *Stabilisierung von Mineralölen.* (**E. P. 637 741** vom 28/7. 1947, ausg. 24/5. 1950. A. Priorr. 23/3. u. 14/8. 1946.) KRAUSS. 8221

Socony-Vacuum Oil Co., Inc., New York, N. Y., übert. von: **Frederick C. Frank,** Ardmore, Pa., V. St. A., *Synthetische Schmieröle* erhält man durch Kondensation eines Mercaptans mit 6—14 C-Atomen mit einem aliphat. Keton mit ca. 14 bis ca. 20 C-Atomen in Ggw. von wasserfreiem $ZnCl_2$ u. HCl bei 150—180°. — „Oleon" (Diheptadecenylketon) wird mit n-Octylmercaptan mit 10 Gew.-% $ZnCl_2$ auf 70° erhitzt, wobei HCl eingeleitet wird. Dann erhitzt man noch 1½ Std. auf 150—157°, wobei W. abdestilliert. Nach dem Abkühlen auf 100° gibt man nochmals n-Octylmercaptan zu, wodurch die Doppelbindung des Oleons nicht abgesätt. wird, u. erhitzt 7 Std. auf 150—180°. Nach dem Aufarbeiten erhält man Oleon-n-octylmercaptan als Öl mit D. API 26,7; Fließpunkt 10° F, kinemat. Viscosität/100° F 115,2 u. S-Geh. von 7,2%. Verwendung auch als Zusatzmittel zu Schmierölen. — Tabellen. (**A. P. 2 522 669** vom 21/5. 1947, ausg. 19/9. 1950.) KRAUSS. 8221

British Thomson-Houston Co., Ltd., London, England, *Flüssige, lineare Hydrogenpolysiloxane,* deren Viscositätstemperaturkoeff. bei ca. 25° gleich dem bei —80° oder höchstens um 50% erhöht ist, der allg. Formel $(R)_3Si—O—[Si(H_2)O—]_n—Si(R)_3$ (R = Alkyl, Cycloalkyl, Aryl, Alkaryl, Aralkyl, die auch durch Halogen substituiert sein können, n = wenigstens 1, z. B. 5—500 oder höher), erhält man durch Kondensation des Hydrolyseprod. eines Halogensilans H_2SiX_2 mit einer Verb. der Formel $(R)_3SiX$ (X = Cl, Br) im Mol.-Verhältnis 1:0,4 in Ggw. von H_2SO_4, HCl, H_3PO_4. — Eine Mischung aus 20 (Teilen) Trimethylchlorsilan u. 80 H_2SiCl_2 wird mit konz. HCl hydrolysiert u. dann in W. gegossen. Die Viscosität des mit Ae. extrahierten Öls beträgt 10 cSt. Wird die Behandlung mit HCl länger durchgeführt, so bildet sich unter H_2-Entw. ein Gel. — $H_2SiCl_2 + H_3SiCl \rightarrow H_3SiO—[Si(H_2)—O]_n—SiH_3$. — Triphenylchlorsilan + $H_2SiCl_2 \rightarrow (C_6H_5)_3SiO—[Si(H_2)—O]_n—Si(C_6H_5)_3$. Verwendung als *Schmieröle*. (**E. P. 638 586** vom 8/10. 1947, ausg. 14/6. 1950. A. Prior. 11/10. 1946.) KRAUSS. 8221

Standard Oil Development Co., Elizabeth, N. J., V. St. A., *Schmiermittel* auf Ölgrundlage, gek. 1. durch einen geringen Geh. an Dialkylfumarsäureesterpolymerisaten (I) oder Mischpolymerisaten (II) mit mindestens 2 verschied. Alkylgruppen, die 1—30 C-Atome, durchschnittlich 5—15 C-Atome enthalten, von denen mindestens eine mehr als 10 C-Atome besitzt; 2. dad., daß die I oder II mindestens 2 verschied. Alkylgruppen mit 1—20 C-Atomen enthalten. — 13 weitere Ansprüche. — Die Ölgrundlage soll aus paraffin. KW-stoffen bestehen, ferner kann man dem Schmiermittel noch paraffin-substituierte Aromaten mit hohem Mol.-Gew. zusetzen, die z. B. durch Kondensation chlorierter Paraffine mit Naphthalin erhalten wurden u. die ein Mol.-Gew. zwischen 1500 u. 3000 haben. I u. II sollen keine hochverzweigten, sondern im wesentlichen geradkettige Alkylgruppen enthalten u. z. B. durch Veresterung der Fumarsäure mit dem bei der Hydrierung von Cocosöl anfallenden Alkoholgemisch hergestellt sein u. ein Mol.-Gew. von 1000—5000 haben. II kann z. B. aus einem Gemisch von 10—40 (Gew.-%) Decylfumarsäureester mit 90—60 Dialkylfumarsäureestern bestehen, die sich von C_{10}—C_{18}-Cocosölalkoholen, bes. Laurylalkohol, ableiten. Durch die Zusätze soll der Fließpunkt u. der Viscositätsindex verbessert werden. (**D. B. P. 845 227** Kl. 23c vom 1/11. 1949, ausg. 31/7. 1952. A. Priorr. 29/12. 1945 u. 22/8. 1946.) DERSIN. 8223

Standard Oil Development Co., Elizabeth, N. J., V. St. A., *Herstellung von Schmierfetten*, dad. gek., daß 1. Metallsalze von niedermol. heterocycl. Carbonsäuren in eine Fettgrundlage eingearbeitet werden, die aus einem mit Metallseifen von höhermol. Fettsäuren eingedickten Öl besteht; 2. als Metallsalze von heterocycl. Carbonsäuren Salze der Furan- oder Thiophencarbonsäure verwendet werden. — 12 weitere Ansprüche. Als Metallsalze u. -seifen sollen die der Erdalkali- oder Alkalimetalle, bes. von Li oder Na, u. als Fettsäuren solche mit 12—22 C-Atomen, bes. die aus hydriertem Fischöl stammenden Fettsäuren oder Stearinsäure, verwendet werden. Die Menge der Metallsalze soll 1—15 u. die der Metallseifen 5—25 Gew.-% betragen. Es können ferner geringe Mengen der dem Säureradikal der Metallsalze entsprechenden Alkohole oder deren Ester mit den Fettsäuren der Metallseifen, z. B. 0,5—3 Gew.-% zugesetzt werden. Die Herst. erfolgt, indem die Ausgangsstoffe zur Bldg. der Metallsalze u. -seifen vermischt u. mit der Ölkomponente verkocht werden. Die Bldg. der Furancarbonsäure kann bei der Herst. durch die Einw. von Alkali nach der CANNIZZAROschen Rk. aus Furfurol bewirkt werden. Man benutzt dazu Mineralöle, die noch Furfurol von der Raffination mit diesem enthalten. Die Schmierfette sollen ihre Stabilität bei hohen Tempp. für lange Zeit beibehalten. (**D. B. P. 845 228** Kl. 23c vom 1/11. 1949, ausg. 31/7. 1952. A. Priorr. 30/10. u. 17/11. 1948.) DERSIN. 8223

Standard Oil Development Co., Elizabeth, N. J., V. St. A., *Schmierfette*, bes. aus Mineralschmierölen, gek. durch einen Zusatz von 3—20, bes. 9—18 (Gew.-%) Acetylenruß, berechnet auf das Schmierfett. — Man kann ferner 1—6, bes. 0,1—2, eines linearen hochmol., öllösl. polymeren Stoffes, bes. Polybutylen u. polymerisierte Ester, z. B. Polymethacrylat, ferner 0,5—10 eines ölunlösl. Phosphorsulfids, bes. P_2S_3, zusetzen. Die Viscosität des Öles, die Menge des Rußes u. der Polymerisate soll so gewählt werden, daß das Öl eine fettartige Konsistenz erhält. (**D. B. P. 832 032** Kl. 23c vom 1/11. 1949, ausg. 21/2. 1952. A. Prior. 6/12. 1947.) DERSIN. 8223

Esso Akt.-Ges. (Erfinder: **Erhard Willig** und **Werner Stock**), Hamburg, *Entparaffinieren von Öl durch Filtrieren*. Im Inneren eines zylindr. Behälters wird durch einen beweglichen Kolben das in regelmäßigen Zeitabständen (in Übereinstimmung mit der Kolbenbewegung) eingeführte Öl zusammengedrückt. Die fl. Bestandteile werden durch ein einen Teil des inneren Behälters einnehmendes, eine Filterkammer umgebendes zylindr. Filtertuch nebst Sieb gepreßt. Infolge Druckerhöhung wird das weiter ausgepreßte Filtrat durch das mit Gatsch bedeckte Filtertuch gedrückt. Bei der Weiterbewegung des Kolbens wird das am Filtertuch haftende Paraffin abgeschabt u. zum Austrittsende des Behälters befördert. Zweckmäßig werden zwei gleiche Vorrichtungen abwechselnd betrieben. — Zeichnung. (**D. B. P. 871 045** Kl. 23b vom 2/10. 1948, ausg. 19/3. 1953.) UNGER. 8227

Michael Barthel & Co., Chemische und Mineralölwerke G. m. b. H., Regensburg, und **Erich Asser,** Oberhof bei Rottach-Egern (Erfinder: **Erich Asser** und **Hans-Ullrich Schultze,** Regensburg), *Trennung der Bestandteile von Bitumenpechen,* dad. gek., 1. daß die bei der Erdöl-, Braunkohlenteer- u. Steinkohlenteerdest. anfallenden Peche in einem höhersd. Alkohol, z. B. Butylalkohol, oder einem alkoholartigen Körper, wie Methyl- oder Äthylglykol oder deren Mischungen, zweckmäßig bis zur dickfl. Konsistenz gelöst u. anschließend mit einem geeigneten selektiven Lösungsm. (I), z. B. Aceton oder einem seiner Homologen, extrahiert werden; 2. daß die Extraktion (II) stufenförmig wiederholt wird; 3. daß die nach der II entstehenden Schichten, von welchen die eine aus einer alkoh. Lsg. der Asphaltkörper (III) u. die andere aus einer Lsg. von Harz u. Öl in I besteht, getrennt u. die III von dem Lösungsm. befreit werden, worauf die Trennung des in I gelösten Harzes u. des Öles durch Abkühlen der Lsg. erfolgt u. anschließend I aus der Harzlsg. verdampft wird. (**D. B. P. 831 552** Kl. 12r vom 11/5. 1950, ausg. 14/2. 1952.) Dersin. 8229

American Bitumuls & Asphalt Co., übert. von: **Paul E. McCoy,** San Francisco, Calif., V. St. A., *Bitumenemulsionen* aus in W. unlösl., in W. dispergierbaren organ. thermoplast., festen oder viscosen Stoffen, wie Naturasphalt, Mineralwachs, Lignit, Teer u. bes. Petroleumasphalt, werden zur Erhöhung des Haftvermögens, bes. in Ggw. von W. oder Wasserdampf, mit 0,05—2, meist 0,1—1 Gew.-% Persulfat, z. B. $(NH_4)_2S_2O_8$, versetzt. (**A. P. 2 615 818** vom 21/3. 1950, ausg. 28/10. 1952.) Matthaes. 8231

N. V. de Bataafsche Petroleum Mij., Den Haag, Holland (Erfinder: **John Frederick Thomas Blott** und **Peter Alexander,** London, England), *Bituminöse Straßenbaumasse.* Ein Mineralstoff, z. B. Sand, wird durch Benetzen auf einen Wassergeh. von 3 bis 6,5 (Gew.-%) gebracht u. mit 3—8 entweder eines nichtdispergierten bituminösen Bindemittels, das den Mineralstoff nur bei Abwesenheit von W. benetzt, oder eines entsprechenden Bindemittels, das bei An- oder Abwesenheit von W. den Mineralstoff benetzt, bei einer Temp. nicht über 100° vermischt. Der Mischung kann noch ein Füllstoff, wie $Ca(OH)_2$, zugesetzt werden. (**D. B. P. 854 325** Kl. 80b vom 11/8. 1950, ausg. 4/11. 1952. E. Priorr. 15/11. 1943 u. 3/10. 1944.) Hans Hoffmann. 8237

Gesellschaft für Teerstraßenbau m. b. H., Deutschland, *Gefärbte bituminöse Straßenbelagmassen für Parkwege, offene Veranden und Straßen.* Die üblichen bituminösen Bindemittel werden mehr oder weniger durch Entfernung der schwarzen Kohlenstoffteilchen aufgehellt u. dann mit Polyvinylharzen oder anderen hellen Harzen vermischt. Die Gesteinskörnungen werden so hell wie möglich oder nach Wunsch bes. gefärbt ausgewählt. Sodann werden entsprechende Farbstoffe eingemischt. — Z. B. finden zur Herst. einer roten Asphaltgußmasse, die bis 200° erhitzt u. bei 170—180° vergossen werden kann, 20 (%) einer hellen Mineralkörnung, 40 Quarzsand, 40 Feinteile aus Quarz u. gegebenenfalls 5 roter Porphyr, 5 rotes Fe-Oxyd u. 10 einer Mischung aus 80 Petrolrückstandsharz u. 20 hartes Holzharz Verwendung. (**F. P. 993 604** vom 19/8. 1949, ausg. 5/11. 1951. D. Prior. 20/5. 1949.) Bewersdorf. 8237

XX. Schieß- und Sprengstoffe. Zündmittel.

James Taylor und **G. P. Sillitto,** *Sprengwirksamkeit und Zündungsfähigkeit.* Vff. geben einen allg. Überblick über das Sprengen im Bergbau mit verschied. Sorten von Sprengstoffen u. behandeln bes. das Sprengen von Kohle mittels zugelassenen Sprengstoffen. Hierbei werden bes. die seit 1949 entwickelten Eq. S.-Sprengstoffe (equivalent to sheathed Explosives, gleichwertig den Mantelsprengstoffen) behandelt, die ohne abkühlenden Mantel gezündet werden können u. in bezug auf Wirksamkeit (bezogen auf das Bohrlochvol.) u. Zündfähigkeit von schlagenden Wettern gegenüber den früheren Sprengstoffen Vorteile bieten, wie an einigen Beispielen gezeigt wird. (Colliery Guardian **181.** 53—55. 20/7. 1950.) Freiwald. 8290

Eugen Sänger, *Theorie der Pulververbrennung.* Vf. gibt eine Theorie der Pulververbrennung, bei der er zwischen der Pulveroberfläche u. den Verbrennungsgasen eine Aufbereitungs- u. eine Reaktionsschicht annimmt. Vf. gibt in einer graph. Darst. die Verbrennungsgeschwindigkeit, Luminescenz- u. therm. Strahlungsintensität u. Aufbereitungsschichtdicke eines rauchlosen *Nitroglycerin–Nitrocellulose*-Pulvers mit einer Gleichgewichts–Verbrennungs-Temp. von 2500° K an. Das der Theorie zugrunde liegende physikal. Modell des Verbrennungsvorganges wird dadurch wahrscheinlich gemacht, daß es gestattet, die beobachteten vier fundamentalen Abhängigkeiten der Verbrennungsgeschwindigkeit von Druck, Lagertemp. des Pulvers, Verbrennungstemp. u. Wassergeh. wiederzugeben sowie durch die Erklärungsmöglichkeit einer Reihe weiterer, bei der Pulververbrennung auftretender Erscheinungen. (Z. physik. Chem. **197.** 265—76. Aug. 1951. Courcelle-sur-Yvette (S.-&-O.), France.) FREIWALD. 8292

S. Travers, *Gegenwärtiger Stand und Wert der hydro-thermodynamischen Theorie der Explosionen und Stöße. 2. Mitt. Die Dicke der Stoßwellen und der Mechanismus der Zündung in Verbrennungswellen.* (1. vgl. Mém. Artillerie franç. Nr. 2 u. 3, 1950.) Vf. behandelt die Dicke der Stoßwelle unter besonderer Berücksichtigung der Gleichungen von BECKER, wobei die Wärmeleitung u. Viscosität Null u. ≠ Null betrachtet werden. Die Eigg. der Stoßwelle sowie die Vorgänge innerhalb derselben werden untersucht. Vf. betrachtet die Stoßwelle in festen Stoffen u. Fll. u. gibt einen Überblick über die Detonationswellen u. die Theorie der krit. Welle. Ferner wird die Detonation in Gasgemischen behandelt. (Mém. Artillerie franç. **25.** 505—624. 1951.) FREIWALD. 8292

Robert Lévy, *Darstellung neuer Stabilisierungs- und Gelatinierungsmittel.* Die Darst. einer Reihe von Verbb. der Zus. $(C_6H_5)_2N \cdot CO \cdot NRR'$ aus Diphenylcarbamylchlorid (**I**) wird beschrieben.

V e r s u c h e: *Diphenylcarbamylpiperidin,* F. 123° (A.), durch 3std. Kochen von **I** u. Piperidin mit Na_2CO_3 in A.; 83% (Ausbeute). — *Diphenylcarbamylmorpholin,* F. 108,5° (A.), wie vorst. aus **I** u. Morpholin; 88%. — *N'-α-Naphthyl-N.N-diphenylharnstoff,* F. 185—185,5° (A.), aus **I** u. α-Naphthylamin (6 Std. Kochen); 66%. — *N'-β-Naphthyl-N.N-diphenylharnstoff,* F. 182°, wie vorst. aus **I** u. β-Naphthylamin; 71%. — *Diphenylcarbamyldiäthanolamin,* F. 124,5—125° (A.), aus **I** u. Diäthanolamin; 84%. — *Diphenylcarbamylmonoäthanolamin,* F. 117,5° (A.), aus **I** u. Äthanolamin (6 Std. Kochen); 85%. — *Diphenylcarbamylallylamin,* F. 82° (A.), wie vorst. mit Allylamin; 82%. — *Bis-[diphenylcarbamyl]-äthylendiamin,* F. 184°, aus **I** u. 70% ig. Äthylendiamin (6 Std. Kochen); 71%. — **I** reagiert nicht mit Benzylanilin, p-Nitranilin, Phthalimid-Na oder Harnstoff. (Mém. Poudres **32.** 309—12. 1950. Bouchet, Centre d'Études.) SPAETH. 8304

Georges Bourjol, *Darstellung von Nitroguanidin durch Dehydratation von Guanidiniumnitrat mittels konzentrierter Schwefelsäure.* Auf Grund systemat. Verss. über den Einfl. von Konz. u. Menge an H_2SO_4, Reaktionsdauer u. -temp. u. der Menge des zum Verdünnen am Schluß der Rk. verwendeten W. gibt Vf. für die Dehydratation von Guanidiniumnitrat (**I**) zu *Nitroguanidin* (**II**) nachst. Vorschrift: In 300 g 95% ig. H_2SO_4 wird unter Rühren von 200 g **I** $^1/_3 < 20°$, $^1/_3$ bei 20—30° u. $^1/_3$ unter Erwärmung auf 40° allmählich eingetragen; nach 1std. weiterem Rühren bei 40° wird in 1570 g Eis + W. gegossen, 1 Std. bei 0° stehengelassen, abgesaugt u. nach Waschen mit mit **II** gesätt. W. in W. suspendiert u. mit $(NH_4)_2CO_3$ neutralisiert; prakt. Ausbeute an **II** 92,8%. (Mém. Poudres **32.** 11—25. 1950. Toulouse, Poudrerie Nat.) SPAETH. 8304

Gérard Desseigne, *Darstellung von Dinitroxydiäthylnitramin (D. I. N. A.).* Zur Darst. von *β.β-Dinitroxydiäthylnitramin* (**I**; *D. I. N. A.*) werden 52,5 g Diäthanolamin (**II**; F. 27,5°) u. 107 g 97% ig. HNO_3 gleichzeitig während 40 Min. zu 170 g Acetanhydrid u. 1 g **II**·HCl in 4 cm³ CH_3COOH bei 10—15° zugetropft, nach weiterem $^1/_4$std. Rühren wird auf 200 g Eis gegossen, das feuchte Prod. in etwas Soda enthaltendes sd. W. eingetragen u. kräftig gerührt; das geschmolzene **I** wird in Aceton gegossen, in dem es sehr leicht lösl. ist, u. daraus mit NH_3-haltigem W. bei 10° ausgefällt; 108 g Ausbeute. **I** ist ein gutes Gelatinierungsmittel für Nitrocellulose von großer Detonationsgeschwindigkeit, aber wesentlich weniger schlagempfindlich als Nitroglycerin. (Mém. Poudres **32.** 117—20. 1950. Labor. Central des Poudres.) SPAETH. 8304

Duncan MacRae, *Chemische Kriegführung.* Übersicht über die gegenüber der Zusammenstellung von ALEXANDER (Colloid Chem. **3.** [1931.] 229) auf der Grundlage der Kolloidchemie neu entwickelten *Kampfgase, künstliche Nebel, gefärbte Signalrauche, Brandmittel* u. *Gasmaskenfilter.* — 21 Literaturangaben. (Colloid Chem. **7.** 685—95. 1950. Army Chem. Center, Techn. Command.) SPAETH. 8316

Mario F. Sartori, *Neue Entwicklungen in der Chemie der Kampfstoffe.* (Chim. e. Ind. [Milano] **34.** 204—17. April 1952. — C. **1951.** II. 3119.) ENDRASS. 8316

L. Deffet, *Gegenwärtige Hilfsmittel, welche zu Untersuchungen bei hohen Drucken und an Sprengstoffen verwendet werden.* Kurzer Überblick über Einrichtungen zur Erzeugung u. Messung extrem hoher stat. Drucke zur Durchführung von physikal.-chem. Gleichgewichtsunterss. u. anderer Forschungen. — Verff. zur Messung physikal. Größen bei der Detonation, bes. der Detonationsgeschwindigkeit auf mechan., elektron. u. opt. Wege. (Chim. analytique [4] **34.** 51—54. März 1952. Inst. Belge des Hautes Pressions.) AHRENS. 8320

M. R. Leclercq, *Untersuchung der Stabilität von Pulvern und Sprengstoffen durch Bestimmung der entwickelten Stickoxyde.* Inhaltlich ident. mit der C. **1951.** II. 3541 referierten Arbeit; etwas erweitert u. um einige Beispiele (Sprengstoffe u. Pulver) bereichert. (Mém. Artillerie franç. **25.** 635—50. 1951. Belgien, Labor. du Serv. de l'Inspect. des poudres et explosifs de guerre.) FREIWALD. 8322

Frank Pristera, *Verfahren zum Anfärben von Cyclotolen, Ednatolen, Pentoliten und Picratolen zur Beobachtung und Untersuchung der Nicht-Trinitrotoluol-Phase.* Die in der Überschrift benannten Mischungen aus *Trinitrotoluol* (I) u. *Hexacyclotriäthylentrinitramin* (*Hexogen*) bzw. *Äthylendinitramin* bzw. *Pentaerythrittetranitrat* bzw. *Ammoniumpikrat* vereinigen die Gießbarkeit u. mechan. Unempfindlichkeit von I mit den besonderen Eigg. der jeweils zweiten Komponente, z. B. gegebenenfalls deren hoher Brisanz. Als Anfärbeverf., welches die I-haltige Phase in roter Farbe hervortreten läßt, hat sich die Anwendung einer 1n Lsg. von KOH in Diäthylenglykol unter Kühlung der vorbereiteten Gießprobe in einem besonderen Behälter mit Trockeneis bewährt. Verss. ohne Kühlung u. mit KOH bzw. NaOH bzw. NH_4OH bzw. $(NH_4)_2S$, gelöst in A. oder Aceton, auch aufgesprüht ergaben eine unbefriedigende Unterscheidung der beiden Phasen. (Analytic. Chem. **54.** 1216—17. Juli 1952. Dover, N. J., Picatiany Arsenal.) AHRENS. 8324

Wilibald Mayerl, *Hohndorf*/Sachsen, *Staffelschießverfahren in Streckenvortrieben,* bei welchem die Sprenglöcher so tief gebohrt sind, daß mehrere voneinander unabhängige Sprengladungen in jedes Sprengloch gesetzt werden, dad. gek., daß die Zündung der Sprengladungen mittels Zeitzünder nach einem Zeitschema so erfolgt, daß zunächst der Einbruch in mehreren Staffeln hintereinander vorgetrieben wird u. dann die Abschläge der Kranzlöcher in derselben Weise abgeschossen werden. (**D. P.** [**DDR**] **1 324** Kl. 78e vom 23/11. 1951, ausg. 30/7. 1952 [Wirtschaftspatent].) M. F. MÜLLER. 8299

Imperial Chemical Industries Ltd., übert. von: **Thomas Thomson,** London, England, *Nicht aufblitzendes Schießpulver,* bestehend aus Nitrocellulose, einem fl. Salpetersäureester, Dibutylphthalat, Diäthyldiphenylharnstoff u. KNO_3. — Heizwert des Gemisches 730—830 g/cal. (**Can. P. 479 298** vom 30/7. 1943, ausg. 11/12. 1951.) M. F. MÜLLER. 8301

Victor Kohl, Wien, Österreich, *Hochbrisanter Sprengstoff.* Als O_2-Träger enthält der Sprengstoff ein homogenes Gemisch aus NH_4NO_3 u. HNO_2-freier HNO_3 u. als C-Träger einen mit HNO_3 mischbaren Nitro-KW-stoff, z. B. Dinitrobenzol (I) oder Trinitrotoluol. Zur Stabilisierung kann noch etwas Harnstoffnitrat (II) zugegeben werden. — Beispiel: 49 (%) NH_4NO_3, 1 **II,** 26 **I** u. 24 HNO_3 (D. 1,5). Der Sprengstoff ist handhabungssicher. (**Schwz. P. 279 297** vom 22/11. 1949, ausg. 1/3. 1952.) KALIX. 8305

Imperial Chemical Industries Ltd., übert. von: **James Taylor,** London, England, *Plastisches Sprengmittel,* bestehend aus fl. explosivem Salpetersäureester, gegebenenfalls selbstentzündlichen kristall. Verbb. u. einer Mischung von Nitrocellulose, deren größerer Anteil in den Salpetersäureestern unlösl. ist. — Z. B. 73,0% einer Mischung aus 80 Nitroglycerin, 20 Diäthylenglykoldinitrat, 14,5% unlösl. Nitrocellulose (N = 10,5—11,2%), 5% lösl. Nitrocellulose (N = 11,8—12,3%), 0,75% Diäthyldiphenylharnstoff als Stabilisator u. 0,75% $CaCO_3$ als säurebindendes Mittel. (**Can. P. 485 671** vom 7/5. 1947, ausg. 12/8. 1952.) WITTHOLZ. 8305

Imperial Chemical Industries Ltd., übert. von: **John Whetstone,** London, England, *Herstellung von granulierten oder pulverförmigen Sprengstoffen von geringer Dichte* durch Emulgieren eines geschmolzenen u. leicht schm. Sprengstoffes in einem wss. Medium in Ggw. eines Emulgierungsmittels. — Man verwendet als Ausgangsgemisch eine gesätt. Lsg. von NH_4NO_3, welche festes $NH_4 \cdot NO_3$ suspendiert enthält; — oder ein Gemisch von $NH_4 \cdot NO_3$, Trinitrotoluol, einem Emulgierungsmittel u. 3—8% Wasser. (**Can. P. 477 854** vom 15/9. 1942, ausg. 16/10. 1951.) M. F. MÜLLER. 8305

Imperial Chemical Industries Ltd., London, England, übert. von: **James Taylor** und **Alec Harold Phillips,** Saltcoats, England, *Sicherheitssprengpatrone.* Der Sicherheitsüberzug besteht aus einer Mischung von 1 (Mol) eines in W. nicht völlig lösl. Metallcarbonats ($NaHCO_3$, $CaCO_3$, $MgCO_3$) u. 0,33—2 trockenem hydratisiertem Al_2O_3. (**A. P. 2 513 531** vom 20/9. 1945, ausg. 4/7. 1950. E. Prior. 15/11. 1944.) STEIL. 8305

Denver Fire Clay Co., übert. von: **Iver C. Wood,** Denver, Colo., V. St. A., *Überzug für Sprengpatronen.* Eine flammenlöschende Mischung von 95% $NaHCO_3$, Bentonit u. Dextrin u. 5% W. wird in aneinandergereihten zylindr. Formen, deren innere konkave Oberflächen durch V-förmige Aussparungen getrennt sind, gebracht, die um die zylindr. Sprengpatrone gelegt werden können. (**A. P. 2 499 440** vom 27/1. 1945, ausg. 7/3. 1950.) STEIL. 8305

United States of America, übert. von: **Harner Selvidge,** Hohokus, N. Y., V. St. A., *Sprengzündschnur.* Ein sehr biegsames geschlossenes Material (Litze) aus dünnen Schnüren (mercerisierte Baumwolle, Baumwoll-Linters, Wolle, Glaswolle) wird mit einer Mischung von Bariumazid (I) u. einem Bindemittel (Nitrostärke) imprägniert u.

überzogen. Infolge der niedrigen Zündtemp. von **I** ist die entwickelte Wärme gering. Starke Knicke beeinträchtigen die Wrkg. nicht. (**A. P. 2 498 050** vom 31/7. 1947, ausg. 21/2. 1950.) STEIL. 8309

Imperial Chemical Industries Ltd., London, England (Erfinder: **Henryk Zenftman**, Saltcoats, Schottland), *Zündschnur*. Das Kernstück der Zündschnur weist ein thermoplast. Bindemittel (**II**) auf, das ein wasserunlösl., harzartiges, zwischen 90 u. 125° erweichendes Polymerisationsprod. (**I**) einer ungesätt. Verb. u. ein Gemisch (**III**) aus pulverförmigen Oxydations- u. Reduktionsmitteln in einem solchen Mengenverhältnis enthält, daß eine kontinuierlich fortschreitende Verbrennung erzielt wird. — Beispiele für **I**: polymerisierte Acrylsäure- u. Methacrylsäureester, Polyvinylester, Polyacrylsäurenitril, Polystyrol, für **II**: 48 (%) Methylmethacrylatpolymerisat + 52 Dibutylphthalat, für **III**: Si + Pb_3O_4 [oder $Pb(NO_3)_2$] + KNO_3 oder $Ba(NO_3)_2$. (**D. B. P. 852 073** Kl. 78e vom 19/11. 1948, ausg. 6/10. 1952. E. Prior. 6/10. 1943.) • KALIX. 8309

Imperial Chemical Industries Ltd., London, England (Erfinder: **H. Zenftman** und **R. D. J. Owens**), *Wasserfeste, nichtdetonierende Zündschnur*. Sie besteht aus einem selbstbrennenden, nichtporösen Kern aus einer homogen thermoplast. M., in dem gleichmäßig pulverförmige Oxydations- u. Reduktionsmittel verteilt sind, wobei die M. zwischen 60 u. 200° verpreßbar sein muß. Als Thermoplast verwendet man hierfür Nitropolystyrol mit einem N-Geh. zwischen 9,4 u. 14,4, bes. 11,0 u. 14,4%. — Z. B. verformt man 80 (Teile) eines Gemisches aus 43% Mennige, 20,3% KNO_3 u. 32,4% Si mit 20 Nitropolystyrol, verpreßt die M. bei 80° u. überzieht sie mit einem Jutegewebe, über dem Überzüge aus bituminösen Stoffen, Baumwollgarn u. schließlich Firnis angebracht werden. Man erhält eine Zündschnur mit einer Brenngeschwindigkeit von 105 sec/m. (**Schwed. P. 134 267** vom 13/8. 1948, ausg. 15/1. 1952. E. Prior. 15/8. 1947.) JÜRGEN SCHMIDT. 8309

Imperial Chemical Industries Ltd., London, England (Erfinder: **Cecil Robert Lovett Hall**, Saltcoats, Schottland), *Zündsatz*. Ein an einem Ende offenes Metallrohr enthält am geschlossenen Ende die Zündladung, darüber eine Muffe aus weichem Material, z. B. Papier oder Kautschuk, deren innerer Durchmesser dem äußeren des zu verwendenden Zünders entspricht. In die Muffe wird der Zünder eingesetzt, z. B. ein Al-Rohr mit 3,17 mm äußerem Durchmesser, das Tetranitromethylanilin, versehen mit einer M. aus Pb-Azid + Pb-Styphnat + Al, enthält. (**D. B. P. 851 920** Kl. 78e vom 24/12. 1948, ausg. 9/10. 1952. E. Prior. 5/3. 1947.) KALIX. 8309

Dynamit Akt.-Ges., vormals Alfred Nobel & Co. (Erfinder: **Helmut Menke**), Troisdorf bei Köln, *Elektrischer Sicherheitszünder*. Zur Erzielung einer wirksamen Doppelsicherung des Zünders gegen Zündung durch elektr. Fremdspannungen, verbunden mit starken Fremdströmen, wird ein Nebenschluß mit großem elektr. Leitungsquerschnitt u. spannungsabhängiger, dünner, elektr. momentan durchschlagbarer Isolierschicht aus oxydierten, lackierten, oberflächenbehandelten Metalldrähten, -blechstreifenpulvern (lose oder in Tablettenform) eingebaut, der den n. Zündvorgang nicht beeinflußt. — Zeichnungen. (**D. B. P. 845 466** Kl. 78c vom 17/3. 1950, ausg. 31/7. 1952.) KALIX. 8309

Imperial Chemical Industries Ltd., London (Erfinder: **James Taylor**, Saltcoats, und **John Whetstone**, West Kilbride, Schottland), *Feste brennbare Mischungen für Druckgaserzeugung*. Die Mischung enthält NH_4NO_3, einen oxydierbaren Stoff (**I**), ein Chromat (**II**) u. eine den F. von NH_4NO_3 erniedrigenden, bei n. Temp. festen Stoff (**III**), dies alles in solchen Mengenverhältnissen, daß die M. bei 100—115° gießfähig wird; außerdem kann noch ein Emulgator zugesetzt werden. Als **I** werden z. B. verwendet: Lampenruß, Graphit, Harze, Wachse oder Nitro-KW-stoffe; als **II**: ein Alkali- oder Ammonbichromat oder Polychromat in Mengen von 2—20% des NH_4NO_3; als **III**: Verbb., die mit NH_4NO_3 eutekt. Gemische bilden, z. B. die Nitrate von Alkalien, Erdalkalien, Pb, Guanidin, ferner Alkali- u. Erdalkalichloride, $MgSO_4$, Dicyandiamid, Acetamid usw. (**D. B. P. 851 919** Kl. 78d vom 17/4. 1949, ausg. 9/10. 1952. E. Prior. 6/11. 1942.) KALIX. 8311

Folke Knut Knutson-Hall, Lofta, Schweden, *Wiederholt verwendbarer Zündstab*. Die Zündmasse besteht aus einem brennbaren Grundstoff, z. B. Metaldehyd, einem brennbaren, zündungsfördernden Mittel (**I**), z. B. Phthalsäure oder deren Derivv., gegebenenfalls einem O_2 abgebenden Mittel (**II**) u. Stoffen, die die Zündung bewirken u. die Flamme erhalten, wie NH_4ClO_4, P, Cyanide oder Rhodanide. Wenn der Stab angezündet ist, reichern sich **I** u. **II** infolge der Verdunstungswärme der brennbaren M. am brennenden Ende an, so daß sich dieses nach dem Löschen an einer Reibfläche wieder entzünden läßt. (**D. B. P. 859 867** Kl. 78b vom 30/11. 1948, ausg. 18/12. 1952. Schwed. Prior. 13/11. 1946.) KALIX. 8315

United States of America, übert. von: **Morris S. Kharasch**, Chicago, Ill., und **Sidney Weinhouse**, Chester Pa., *Chemische Kampfstoffe*. *Äthyldichlorarsin*, $Kp._{75}$ 82°, erhält man bei $>80^0$ nach der Gleichung: $Pb(C_2H_5)_4 + 3 AsCl_3 \rightarrow 3 C_2H_5AsCl_2 + PbCl_2 + C_2H_5Cl$. Mit PCl_3 bzw. $SbCl_3$ erhält man analog *Äthyldichlorphosphin*, $C_2H_5PCl_2$, Kp. 94 bis 97°, u. *Äthyldichlorstibin*, $C_2H_5SbCl_2$, $Kp._1$ 62—83°. (**A. P. 2 615 043** vom 21/2. 1944, ausg. 21/10. 1952.) BRÖSAMLE. 8317

XXIV. Photographie.

S. D. Stookey, *Die chemische Herstellung von lichtempfindlichem Glas.* Vf. beschreibt ein neuartiges lichtempfindliches Glas, dessen Herst. als Massenartikel möglich ist. Unter der Bezeichnung „*lichtempfindliches Opalglas*" wurde es aus dem früher (vgl. C. **1951**. II. 3682) beschriebenen Glas weiterentwickelt. Wie jenes enthält es zum Aufbau des photograph. Bildes Spuren von Metallen, z. B. Au, Ag, Cu, die beim Erhitzen des Glases auf ca. 600° als Kristallisationszentren wirken. Durch diese wird das Glas an den belichteten Stellen in den Kristallzustand übergeführt, der sich von der nichtbelichteten Umgebung in seinem physikal. u. opt. Verh. z. B. in der D., im Ausdehnungskoeff., in der Lichtbrechung unterscheidet. Das belichtete Glas ist infolge der Änderung im Kristallgefüge in HF (2—10% ig. wss. Lsg.) leichter lösl. als das unbelichtete. Diese Eig. des neuen Glases wird in besonderer Weise ausgenutzt u. läßt sich im Verf. der „kontrollierten Löslichkeit" techn. verwerten. Das lichtempfindliche Glas besteht aus einem Li-Silicat folgender Zus.: 81,5% SiO_2, 12,0% LiO_2, 3,5% K_2O, 3,0% Al_2O_3, 0,03% CeO_2 u. 0,02% Ag. Die Übertragung des Bildes ins Glas erfolgt durch Kontaktkopieren, wobei als Lichtquelle UV-Licht der Wellenlänge 320 mμ dient. Die Belichtungszeit hängt von der Intensität der Lichtquelle ab, sie beträgt bei Verwendung einer WESTINGHOUSE-Hg-Hochdrucklampe von 800 Watt einige Sek. bis Minuten. Das unbelichtete Glas bleibt transparent u. farblos, an den belichteten Stellen erscheint eine milchige Trübung. (Ind. Engng. Chem. **45**. 115—18. Jan. 1953. Corning, N. Y.) W. GÜNTHER. 8600

G. W. W. Stevens, *Die Sensibilisierung photographischer Emulsionen durch Schwefelwasserstofflösungen.* Vf. untersucht die Möglichkeit, photograph. Emulsionen mit H_2S in ihrer Empfindlichkeit zu steigern. Mischt man unter Beachtung einer guten Durchmischung eine Emulsion, anstatt sie nachzudigerieren, mit dem gleichen Vol. einer wss. H_2S-Lsg., die unter Ausschluß von Luftsauerstoff aus $Na_2S \cdot 9 H_2O$ durch Ansäuern mit 0,01% ig. Essigsäure bereitet wurde, so läßt sich eine erhebliche Zunahme der Empfindlichkeit des durch Oberflächenentwickler entwickelbaren latenten Bildes feststellen. Die Zunahme der Oberflächenempfindlichkeit ist mit einem deutlichen Rückgang der internen Empfindlichkeit verbunden. 10 mg $Na_2S \cdot 9 H_2O$ pro Liter genügen, um einen beträchtlichen Empfindlichkeitszuwachs zu erzielen. Die Verss. wurden mit einer wenig empfindlichen Jodbromsilberemulsion, mit einer hochempfindlichen Ammoniaknegativemulsion u. mit einer reinen Bromsilberemulsion durchgeführt. Mit der Empfindlichkeitssteigerung ist ein Steilerwerden der Gradationskurve verbunden. — Die Versuchsergebnisse werden diskutiert u. im Einklang mit den Vorstellungen von SHEPPARD befunden, nach denen die Verteilung des photolyt. Ag vom Ag_2S abhängt. (Sci. Ind. photogr. [2] **24**. 173—78. Mai 1953. Harrow, Kodak Ltd., Labor. de Rech.) W. GÜNTHER. 8604

Lloyd E. West, *Standards unbeständiger Stoffe.* An Entwickler- u. Kupplungslsgg. für Farbenfilme wird gezeigt, daß trotz Vorbeugungsmaßnahmen (Luftabschluß, Kühlung) sich allmählich verändernde Standards zur Aufklärung der Zers. u. Kontrolle der Analysen (unter Berücksichtigung der n. Abnahme der Gehh.; doppelter mittlerer Fehler als zulässige Abweichung) bzgl. Genauigkeit u. Richtigkeit von Wert sind (Statistik). — Bei hohem p_H unstabile (träge werdende) Glaselektroden (Typ E) werden durch Messen einer entsprechenden Pufferlsg. kontrolliert u. bei Erreichen eines Fehlers von —0,06 p_H innerhalb 2 Min. gegen neue oder in $(NH_4)HF_2$-Lsg. regenerierte ausgewechselt. Als Entwicklerlsg. wurde ein *Elon* (*Monomethyl-p-aminophenolsulfat*)–*Hydrochinon*-Entwickler verwendet. (Analytic. Chem. **23**. 1562—65. Nov. 1951. Rochester, N. Y., Eastman Kodak Co., Coluor Control Div.) BLUMRICH. 8656

Herausgeber u. verantwortlich für den Inhalt: Prof. Dr. Maximilian Pflücke, Berlin W 8, Jägerstraße 22/23, Fernsprecher: 200481, 201464. Redaktion: Chefredakteure Dr. Eugen Klever und Prof. Dr. Maximilian Pflücke. Verlag: Akademie-Verlag GmbH, Berlin N 8, Mohrenstraße 39 (Fernsprecher 203096, Postscheckkonto Berlin 35021) u. Verlag Chemie, GmbH, Weinheim/Bergstraße (Postscheckkonto Frankfurt/M. 145314 u. Berlin [West] 7430, Fernsprecher: Weinheim 2017). Bestell- u. Verlags-Nr. dieses Heftes: 1007/124/50. Das Chemische Zentralblatt erscheint wöchentlich.
Satz u. Druck: VEB Leipziger Druckhaus, Leipzig, III/18/203. XII. 53.
Veröffentlicht unter der Lizenznummer 1212 des Amtes für Literatur und Verlagswesen der Deutschen Demokratischen Republik.
Printed in Germany.

Fortsetzung s. umstehend

MIX
Papier | Fördert gute Waldnutzung
FSC® C083411

Zeitfracht Medien GmbH
Ferdinand-Jühlke-Straße 7
99095 Erfurt, Deutschland
produktsicherheit@kolibri360.de